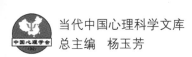
当代中国心理科学文库
总主编 杨玉芳

"十三五"国家重点出版物出版规划项目

Personality Research (Second Edition)

人格研究（第二版）

郭永玉 等著

华东师范大学出版社
·上海·

图书在版编目(CIP)数据

人格研究/郭永玉等著. —2版. —上海:华东师范大学出版社,2019
(当代中国心理科学文库)
ISBN 978-7-5675-9778-5

Ⅰ.①人… Ⅱ.①郭… Ⅲ.①人格心理学 Ⅳ.①B848

中国版本图书馆CIP数据核字(2019)第259704号

教育部第八届高等学校科学研究优秀成果奖(人文社会科学)二等奖

当代中国心理科学文库
人格研究(第二版)

著　　者　郭永玉等
责任编辑　彭呈军
项目编辑　白锋宇
审读编辑　王冰如
装帧设计　倪志强　陈军荣

出版发行　华东师范大学出版社
社　　址　上海市中山北路3663号 邮编 200062
网　　址　www.ecnupress.com.cn
电　　话　021-60821666　行政传真 021-62572105
客服电话　021-62865537　门市(邮购)电话 021-62869887
地　　址　上海市中山北路3663号华东师范大学校内先锋路口
网　　店　http://hdsdcbs.tmall.com

印　刷　者　上海景条印刷有限公司
开　　本　787×1092　16开
印　　张　35.25
字　　数　769千字
版　　次　2019年12月第2版
印　　次　2021年7月第2次
书　　号　ISBN 978-7-5675-9778-5
定　　价　86.00元

出 版 人　王　焰

(如发现本版图书有印订质量问题,请寄回本社客服中心调换或电话021-62865537联系)

《当代中国心理科学文库》编委会

主　任　杨玉芳
副主任　傅小兰
编　委　（排名不分先后）
　　　　　莫　雷　舒　华　张建新　李　纾
　　　　　张　侃　李其维　桑　标　隋　南
　　　　　乐国安　张力为　苗丹民
秘　书　黄　端　彭呈军

本书撰稿人（按目录顺序）

郭永玉　李　静　胡小勇　张　钊　尤　瑾　潘　哲
杨慧芳　章若昆　喻　丰　李　琼　汤舒俊　白　洁
马丽丽　韩　磊　刘　毅　陈真珍　杨沈龙　谭树华
涂阳军　王小妍　周春燕　傅晋斌　刘　超　谷传华
李　然　刘邦春

总主编序言

《当代中国心理科学文库》(下文简称《文库》)的出版,是中国心理学界的一件有重要意义的事情。

《文库》编撰工作的启动,是由多方面因素促成的。应《中国科学院院刊》之邀,中国心理学会组织国内部分优秀专家,编撰了"心理学学科体系与方法论"专辑(2012)。专辑发表之后,受到学界同仁的高度认可,特别是青年学者和研究生的热烈欢迎。部分作者在欣喜之余,提出应以此为契机,编撰一套反映心理学学科前沿与应用成果的书系。华东师范大学出版社教育心理分社彭呈军社长闻讯,当即表示愿意负责这套书系的出版,建议将书系定名为"当代中国心理科学文库",邀请我作为《文库》的总主编。

中国心理学在近几十年获得快速发展。至今我国已经拥有三百多个心理学研究和教学机构,遍布全国各省市。研究内容几乎涵盖了心理学所有传统和新兴分支领域。在某些基础研究领域,已经达到或者接近国际领先水平;心理学应用研究也越来越彰显其在社会生活各个领域中的重要作用。学科建设和人才培养也都取得很大成就,出版发行了多套应用和基础心理学教材系列。尽管如此,中国心理学在整体上与国际水平还有相当的距离,它的发展依然任重道远。在这样的背景下,组织学界力量,编撰和出版一套心理科学系列丛书,反映中国心理学学科发展的概貌,是可能的,也是必要的。

要完成这项宏大的工作,中国心理学会的支持和学界各领域优秀学者的参与,是极为重要的前提和条件。为此,成立了《文库》编委会,其职责是在写作质量和关键节点上把关,对编撰过程进行督导。编委会首先确定了编撰工作的指导思想:《文库》应有别于普通教科书系列,着重反映当代心理科学的学科体系、方法论和发展趋势;反映近年来心理学基础研究领域的国际前沿和进展,以及应用研究领域的重要成果;反映和集成中国学者在不同领域所作的贡献。其目标是引领中国心理科学的发展,推动学科建设,促进人才培养;展示心理学在现代科学系统中的重要地位,及其在我国社会建设和经济发展中不可或缺的作用;为心理科学在中国的发展争取更好的社会文化环境和支撑条件。

根据这些考虑,确定书目的遴选原则是,尽可能涵盖当代心理科学的重要分支领域,特别是那些有重要科学价值的理论学派和前沿问题,以及富有成果的应用领域。作者应当是在科研和教学一线工作,在相关领域具有深厚学术造诣,学识广博、治学严谨的科研工作者和教师。以这样的标准选择书目和作者,我们的邀请获得多数学者的积极响应。当然也有个别重要领域,虽有学者已具备比较深厚的研究积累,但由于种种原因,他们未能参与《文库》的编撰工作。可以说这是一种缺憾。

编委会对编撰工作的学术水准提出了明确要求:首先是主题突出、特色鲜明,要求在写作计划确定之前,对已有的相关著作进行查询和阅读,比较其优缺点;在总体结构上体现系统规划和原创性思考。第二是系统性与前沿性,涵盖相关领域主要方面,包括重要理论和实验事实,强调资料的系统性和权威性;在把握核心问题和主要发展脉络的基础上,突出反映最新进展,指出前沿问题和发展趋势。第三是理论与方法学,在阐述理论的同时,介绍主要研究方法和实验范式,使理论与方法紧密结合、相得益彰。

编委会对于撰写风格没有作统一要求。这给了作者们自由选择和充分利用已有资源的空间。有的作者以专著形式,对自己多年的研究成果进行梳理和总结,系统阐述自己的理论创见,在自己的学术道路上立下了一个新的里程碑。有的作者则着重介绍和阐述某一新兴研究领域的重要概念、重要发现和理论体系,同时嵌入自己的一些独到贡献,犹如在读者面前展示了一条新的地平线。还有的作者组织了壮观的撰写队伍,围绕本领域的重要理论和实践问题,以手册(handbook)的形式组织编撰工作。这种全景式介绍,使其最终成为一部"鸿篇大作",成为本领域相关知识的完整信息来源,具有重要参考价值。尽管风格不一,但这些著作在总体上都体现了《文库》编撰的指导思想和要求。

在《文库》的编撰过程中,实行了"编撰工作会议"制度。会议有编委会成员、作者和出版社责任编辑出席,每半年召开一次。由作者报告著作的写作进度,提出在编撰中遇到的问题和困惑等,编委和其他作者会坦诚地给出评论和建议。会议中那些热烈讨论和激烈辩论的生动场面,那种既严谨又活泼的氛围,至今令人难以忘怀。编撰工作会议对保证著作的学术水准和工作进度起到了不可估量的作用。它同时又是一个学术论坛,使每一位与会者获益匪浅。可以说,《文库》的每一部著作,都在不同程度上凝结了集体的智慧和贡献。

《文库》的出版工作得到华东师范大学出版社的领导和编辑的极大支持。王焰社长曾亲临中国科学院心理研究所,表达对书系出版工作的关注。出版社决定将本《文库》作为今后几年的重点图书,争取得到国家和上海市级的支持;投入优秀编辑团队,将本文库做成中国心理学发展史上的一个里程碑。彭呈军社长是责任编辑,他活跃机敏、富有经验,与作者保持良好的沟通和互动,从编辑技术角度进行指导和把关,帮助作者少走弯路。

在作者、编委和出版社责任编辑的共同努力下,《文库》已初见成果。从今年初开始,有一批作者陆续向出版社提交书稿。《文库》已逐步进入出版程序,相信不久将会在读者面前"集体亮相"。希望它能得到学界和社会的积极评价,并能经受时间的考验,在中国心理学学科发展进程中产生深刻而久远的影响。

杨玉芳
2015 年 10 月 8 日

目 录

序:从个人幸福到世界和平(黄希庭) ············· 1
第一版自序:用中文讲心理学 ················· 4
第二版自序 ····························· 10

1 绪论 ································ 1
  1.1 人格心理学概观 ···················· 2
  1.2 人格心理学的学科架构 ················ 11
  1.3 人格研究的三种范式 ················· 23
  1.4 "大五"结构与五因素模型 ·············· 32
  1.5 能动与共生及其关系 ················· 45
  1.6 从人际关系看人格 ·················· 57

第一编　人格特质

2 健康特质 ···························· 77
  2.1 自我批评 ······················· 78
  2.2 自我宽恕 ······················· 88
  2.3 物质主义 ······················· 96

3 政治特质 ···························· 113
  3.1 权威主义 ······················· 114
  3.2 社会支配倾向 ···················· 126
  3.3 马基雅弗利主义与厚黑学 ·············· 142
  3.4 阴谋论 ························ 161

第二编　人格动力

4　目标 ⋯⋯ 179
- 4.1　目标单元 ⋯⋯ 180
- 4.2　目标内容 ⋯⋯ 189
- 4.3　目标追求 ⋯⋯ 199
- 4.4　无意识目标 ⋯⋯ 212

5　自主与自由 ⋯⋯ 229
- 5.1　自主 ⋯⋯ 230
- 5.2　自主—受控动机 ⋯⋯ 241
- 5.3　自由意志 ⋯⋯ 250

6　自我调节 ⋯⋯ 271
- 6.1　调节定向与调节匹配 ⋯⋯ 272
- 6.2　控制感的丧失与复得 ⋯⋯ 283
- 6.3　有限自制力 ⋯⋯ 291
- 6.4　创伤后成长 ⋯⋯ 302

第三编　人格发展

7　依恋 ⋯⋯ 327
- 7.1　依恋的内部工作模型及成人探索 ⋯⋯ 328
- 7.2　成人的浪漫关系 ⋯⋯ 343

8　死亡意识 ⋯⋯ 355
- 8.1　死亡提醒效应 ⋯⋯ 356
- 8.2　临终关怀 ⋯⋯ 366

9　人生叙事与心理传记 ⋯⋯ 377
- 9.1　人格的叙事研究 ⋯⋯ 378
- 9.2　心理传记研究 ⋯⋯ 387

第四编 人格与社会文化

10 幸福 ······ **403**
   10.1 经济因素对幸福感的影响 ······ 404
   10.2 幸福悖论:质疑与解释 ······ 412
   10.3 如何破解中国的幸福悖论 ······ 422

11 文化与人格 ······ **435**
   11.1 文化与人格研究中的几个问题 ······ 436
   11.2 孝文化与中国人人格形成的深层机制 ······ 445
   11.3 叙事:心理学与历史学的桥梁 ······ 453
   11.4 和平心理 ······ 464

12 人格研究:中国学者的贡献 ······ **479**
   12.1 中国人格心理学的发展历程 ······ 479
   12.2 中国当代人格心理学主要研究成果 ······ 485
   12.3 中国人格心理学发展前瞻 ······ 494

结语:个人幸福·社会公平·世界和平——心理学家的人文情怀 ······ **504**

中英术语索引 ······ **518**
英中术语索引 ······ **526**
跋:学会说话和写文章 ······ **534**

序：从个人幸福到世界和平

黄希庭

一年前，知悉郭永玉教授应杨玉芳教授之邀，正在主持编写一部反映当代人格心理学研究成果的专著，我即对此大作很是期待。不久前，郭永玉教授把他即将付梓的《人格研究》一书电子稿发给我，并请我为该书写序。我断断续续地阅读了书稿，然后欣然应允了。因为在我看来，这部近百万字的著作既是郭永玉教授及其团队多年研究成果的一个阶段性汇集，也深刻反映了近年来国际和国内人格研究的新进展、新方向。

人格心理学研究现实的人，描述和解释个人的认知、情绪及行为的独特模式，并综合诸多足以影响个人的各种与环境交互作用的过程，包括与生物学的、发展的、认知的、情绪的、动机的和社会的种种交互作用，进而对现实生活中的个人进行整体性的揭示。正是这一特点，使得人格心理学与其他心理学分支不同，更加充满奥秘，更加令人神往。虽然心理学是一门研究人性的学科，但心理学的各分支基本上都是分门别类地探索人性的某些构成要素，只有人格心理学是将完整的人作为研究对象，并且囊括了最全面的视角和最充分的因素。它既关注内在动力，也关注外部表现；既探求生理基础，也探求文化烙印；既考虑进化共同性，也考虑个体独特性。因此从这一角度来说，人格研究的价值首先是深入理解人性的需要。

然而，人格研究又不仅限于对人性进行描述和解释，还要回应个人和社会的现实需要，为实现心理健康和人生幸福作出自己的贡献。心理健康是一个很复杂的问题，如果我们将其视为一个连续体，它最佳一端的心理健康水平即健全人格。人格健全的人能以辩证的态度对待世界、他人和自己，过去、现在和未来，顺境和逆境，是一个自立、自信、自尊、自强、幸福的进取者。那么如何实现人格健全和个人幸福呢？对此，人格研究恰恰能有所贡献。比如过去我们一直强调多做自我批评，但人格研究表明，自我批评如果过度、过于严苛，就会引发心理健康问题，而一定程度的自我宽恕反倒有助于更好的生活适应。通过研究人格、理解人性，我们会进一步了解到人性中的优势与弱点及其成因，选择合适的途径来优化人格，点燃心灵的真善美，使自己成为幸福的进取者。

人格研究还可以为实现社会和谐乃至世界和平发展贡献一份力量。《中共中央关于构建社会主义和谐社会若干重大问题的决定》明确指出,建设和谐文化、巩固社会和谐的思想道德基础,要"注重促进人的心理和谐,加强人文关怀和心理疏导","塑造自尊自信、理性平和、积极向上的社会心态"。社会和谐归根到底是人的和谐。社会现实的矛盾、世界各地的冲突,很大程度上可以归结为人性的根源和人格的结构。例如偏见的一个重要影响因素叫权威主义人格,是二战中德国法西斯极端反犹主义、种族中心主义的心理基础;而近年来兴起的和平心理、和平人格的研究,对防止青少年暴力冲突、群体冲突,乃至化解种族、国际冲突和维护世界和平都具有重要的意义。总之,人格研究可以是基础性的,也可以是应用性的;其视野可以很细微,也可以很宏大;从个人幸福、社会和谐,直到世界和平,都可以成为人格研究的核心关切,而这些关切又都统一于对人性奥秘的揭示。

郭永玉教授主编的《人格研究》一书为我们提供了很好的启示,这本书充分体现了人格研究应有的如上所述的目标和价值。多年来,郭永玉教授及其团队在人格心理学领域辛勤耕耘,取得了丰富的令人瞩目的研究成果,为我国人格心理学的发展作出了突出的贡献。这本《人格研究》代表了他过去十多年的一些重要工作,既有翔实的内容,又有清晰的框架;既有广阔的人格研究视角,又有深邃的人性哲学思考。

具体来说,该书有如下创新与特色:

第一,结构严谨,层次分明。本书除绪论外,由四部分构成,分别是人格特质、人格动力、人格发展、人格与社会文化。这其中人格特质、人格动力、人格发展是人格专题研究架构的三个组成部分,而人格与社会文化则属于人格与社会心理学的交叉领域。因此从总体上,这四部分也体现了当代人格心理学的学科体系,展示了人格研究更宽广的视角。而具体到每一章节的组织层次,有的逻辑严密,按照概念间的内在联系来展开;有的则独具匠心,将原本零散的一些内容按照一种心理生活上的递进关系来加以组织,如人格发展部分,表现了作者力求整合人格心理学广阔领域的最新研究成果,沟通各个研究专题间的联系的努力和尝试,值得称道。

第二,科学性与人文性相结合。郭永玉教授认为,在这样一个全球化、多样化的时代,尤其是中国社会历史文化巨大变革的时代,心理学研究者若两耳不闻窗外事,一心只做所谓纯科学研究,不能对周遭的问题有所回应,虽然无可厚非,但是令人遗憾;他强调科学与人文的统一,理论与实际的统一,窗内(实验室)与窗外的统一。对于这些观点,我非常赞同。自然科学研究取向强调研究变量的可操作性、结论的可重复性和可证伪性,这有助于我们认识心理与行为的一般规律性。然而人格又是社会化的产物,它不是一个纯自然的范畴,而是取决于一个人被视为什么、社会角色如何,取决于特定的文化模式。好的人格研究当然离不开自然科学的逻辑和方法,但也渗透着研究者深厚的人文素养和深切的人文关怀。此书的很多章节都体现出了作者深沉的社会责任感和时代关切感。例如第三编人格发展,作者选取典型研究专题,来回答青少年、成年、老年以及人生整合中的人格心理问题,贯穿着对人生全程发展的深度思考与终极关怀;再如第四编涉及的中国的幸福悖论、社会阶层心理学等内容,深刻地揭示了当代中国社会的特征与矛盾,而这些内容又无不基于科学的研究设计和实证数据,这是非常难得的。

第三,人格研究中国化与瞄准国际前沿相结合。我国人格心理学研究最大的困难是,人格心理学是在西方的社会历史文化背景下发展出来的。不可否认,西方国家特别是美国在心理学研究上居于领先地位,并引领着世界学术潮流。但如果一味地把西方的人格理论、概念和测量工具硬套在中国人头上,显然不是研究中国人人格的正确途径。对于中国人人格的研究,必须要深入中国实际,从中国社会、文化和历史背景的实际出发,同时又批判地吸收西方人格心理学理论的合理因素,采用多取向、多方法相结合的研究方法,构建出既符合中国人实际又能为各国心理学家所采纳的人格概念和理论,从而为普世心理学的建立作出我们应有的贡献。在这方面,本书也有值得借鉴之处。例如作者在研究马基雅弗利主义人格时发现,这个概念与中国传统的厚黑学文化不谋而合,异曲同工。作者在批判地吸收马基雅弗利主义研究合理因素的基础上,深入地开展了本土厚黑人格的实证研究,得出中国本土厚黑人格的独特结构、形成机制及其心理行为后效。这项研究还有进一步深入研究的必要。如果能广泛地开展厚黑人格的国际合作研究,这种人格结构可能会被更多人所接受,这将是我国心理学家对普世心理学的一种贡献。

总之,在我看来,郭永玉教授主编的《人格研究》一书,围绕人格基础研究领域,贯穿着作者对个人健康、社会和谐直至世界和平的关怀,立意新颖深刻,学理严谨公允,资料翔实前沿,文字流畅通达,是一部严肃、厚重而又不失趣味性的学术著作。它定能使读者更有兴趣并站在更高的起点上去探索人格的奥秘,进而推进我国人格心理学的研究事业。我相信,只要我们坚持用更丰富、更包容、更整合的世界观和方法论来考察人性,持续不懈地推进人格研究的中国化,推进理论、研究和实践的紧密结合,我国的人格心理学必将有更蓬勃的发展,为个人幸福、社会和谐与世界和平作出更多的贡献。

是为序。

2015 年元月 18 日于重庆有容斋

第一版自序：用中文讲心理学

眼下中国的高校教师被要求用双语教学以至全英文教学，研究成果最好发在英文期刊上，SCI和SSCI成为评价研究水平的首要标准。这种标准有其合理性，尤其对于自然科学和社会科学而言，其话语体系来自西方，用英语教学或做研究更能准确实现其本意，翻译往往难以确切表达，而这些学科的发展又特别需要与西方的交流，平时用翻译的中文，习惯了，在与外国人交流时又要翻回去，实在是额外的负担。中国学人在英文与中文、中文与英文之间的转换上耗费了太高的成本。为此，我坚信一个趋势：总有一天，中国会从中小学开始在数学和科学课程中直接使用英文教学。尽管目前的条件还不具备，但我坚信这是进步的方向。2012年底中国拟向北欧出口高铁，该项目离竞标成功仅一步之遥，最终却因方案翻译中出现用词错误而被否决。如果科技类课程一开始就用英文教学，那该省去多少成本啊。那些内容本来就来自西文，我们却把它翻成中文来教学，然后又要费劲地去将自己的成果翻成英文。至于人文学科的中国部分，当然要基于中文。中国的文史哲，当然要基于中文的经典，并且应该发扬光大。当年钱玄同等一批学者提出的废除汉字、取消中文的主张，在今天的背景下更加不可能，也没有必要。但从教育成本和全球化的要求而言，区别对待是明智的做法。对于源自西方的科学技术(science and technology)、社会科学(social science)和部分人文学科(humanities)应以英文为导向，对于中国自己的人文学科(文史哲)或某些特定的传统知识门类(如中医)则应保留中文。

为此，我也在积极投入双语教学，教学材料以英文为主，使用最新版的英文教材，用英文做PPT，要求学生使用英文文献数据库，研究论文也有若干篇发表于SCI或SSCI的英文期刊。现代心理学的话语体系和主要文献来自西方，当今的心理学文献主要来自英文，所以，对于心理学科而言，强调英文教学和论文发表应该是没有问题的，关键是要从实际出发并取得好的效果。

但是，对于中国的心理学者而言，无论从实然还是应然上讲，英文教学和论文发表都不是也不应该是我们工作的全部。从实然上讲，中国大学心理学专业的全英文教学和论文发表还处于起步阶段,无论对教师还是学生都是一种挑战。它将是一个逐步实现的漫长的过程,实际上还需要大量的中文资料,需要前沿的研究者将英文的知识体系转换成中文。所以一些心理学的教授(包括本人)做了大量的翻译工作,还要编写中文教材,并且也看重中文论文的发表。在我负责学院的科研管理工作期间,每到年底我都会将全院师生一年来发表的文章和著作信息汇集成册,无论英文中文,权威非权威,核心非核心。因为在我看来,所有发表都是对学院的贡献。从应然上讲,在一个全球化的同时尊重文化多样性的时代,也许除极少数从事纯自然科学研究的人以外,中国的心理学者在教学或研究中只说英文、写英文而不说中文、不写中文,即便能做到也不应该。因为我们处在中国的社会文化背景中,我们的研究对象和服务对象是中国人,我们研究的问题具有中国社会文化的特征,而中文是中国社会文化的重要表征和载体。此外,一个学科的价值还取决于外行专家和大众的尊重,而向外行专家和大众讲心理学,中文就显得尤其重要。无论是心理学的中国社会文化属性还是要得到外行专家和大众的尊重,其核心都是心理学要积极回应当今中国的现实问题。中国正处在"三千年未有之大变局"之中,社会问题层出不穷,个人经验千差万别,这本身就是心理学难得的样本库或数据库。我们这些心理学研究者生活在这个千载难逢的时代,随处都是问题,随处都是样本,只怕我们视而不见,听而不闻。我经常对学生讲,要瞪大眼睛看着这个世界!生活在这样一个时代而以心理学为职业,居然未能对周遭的问题有所回应,而是两耳不闻窗外事,一心只做所谓纯科学研究(心理学确有这样的领域),尽管无可厚非,但也令人遗憾。我这里强调的是科学与人文的统一,理论与实际的统一,窗内(实验室)与窗外的统一,当然不是否定心理学的科学性,恰恰是为了更好地实现其科学性。

因此,在我从教30年的职业生涯中,通常是阅读以英文为主,写作以中文为主。用中文讲来自英文的心理学知识,更用中文讲中国的社会历史文化的心理学蕴涵。与此相对的是用英文讲来自英文的心理学知识,以及用英文讲中国的社会历史文化的心理学蕴涵。用王登峰教授略带调侃的说法,即是胡话汉说,汉话汉说,胡话胡说,汉话胡说。四种工作各有其合理性。当然,前二者我做得更多、更胜任。主要原因是我不太会"胡说",这当然是一种局限,但也可将中文发表视为一种优势。我和我的学生们翻译出版了300多万字的心理学名著和教材,出版了270余万字的专著和教材,发表了150余篇中文论文,其中仅被中国人民大学复印报刊资料全文转载的就有33篇,十余年来仅在《心理科学进展》上就发表了综述30篇。

这些文字用现在的大学评价标准看都不属于高水平的标志性的"科研成果",也基本拿不到奖金,但在我看来,它们自有其价值。"文章我自甘沦落,不觅封侯但觅诗。"(陈寅恪语)与其说这是一种矫情或文饰,不如说是一种坚守,因为这是我多年带研究生的经验。早些年科研项目很少,而研究生扩招,每届要带好几位硕士生,还有一两位博士生。我很少依项目指定题目,而是要求研究生读 JPSP (*Journal of Personality and Social Psychology*)等人格与社会心理学领域的主要英文期刊,通过大量阅读找到感兴趣的问题,然后写出综述并在小组报告。综述在投稿之前要在我的指导下反复修改,投稿后通常也要经过一两次修改才能发表。学生在此基础上确定学位论文题目,经过开题报告后进入实证研究,完成后通过答辩。我的经验是,凡是在综述环节上做得好的学生,后面的学位论文环节上也做得好。基本功很大程度上是在这个环节上打下的,好学生也是在这个环节上脱颖而出的。综述写作是一种综合训练。首先,它要求一种主动性。学生要经过艰难的迷茫和探索,加上持之以恒的阅读,还要与老师同学反复讨论才能确定一个题目。正如《新约》中所说:"祈求,就给你们;寻找,就寻见;叩门,就给你们开门。"[①]对神圣价值的内在的寻求是不竭的动力。其次,它要求下苦功夫。写一篇综述要求围绕一个专题至少阅读30至40篇文章(主要是英文文献),从理论到方法都要融会贯通,然后形成自己的思路和文章结构。用了这番功夫,就成为某个研究领域的专家了。与此要求相适应的是,进入新世纪后,由于电子数据库和网络的使用,文献的检索及其全文获得更加便利,这为研究提供了保障。现在的师生再也不用像过去那样付出大量时间精力去找文献了。最后,它要求严格的写作训练。我提出了文章写作的初级标准和高级标准,初级标准包括准确、简练、连贯、完整、规范,高级标准包括流畅、厚实、有趣、文采、创新,并向学生讲解每个标准的具体含义。经过这种训练,发出一两篇文章,学生学位论文的写作就水到渠成了,中文写作也可以说过关了。当然,博士生与硕士生的标准不同,主要是在选题和方法的创新性以及工作量上有更高的要求,但基本功的训练是相通的。令人忧虑的是,在我看来,就算是用我的初级标准,现在的很多硕士生甚至博士生也没有过中文写作这一关,更糟糕的是他们自己甚至他们的导师并未意识到这个问题。至于中国学人写不好中文而能写好英文者,即使有,也必定是很罕见的。

我将我做的这部分工作称作"用中文讲心理学",如果包含目标和标准,应该说是"用优质的中文讲心理学"。心理学界似乎早已习惯了佶屈聱牙、晦涩难解(翻译而来)的定义和理论,似乎心理学家的工作就是将人人都懂的事儿说得人人都不懂。对此,我在学生时代就有切肤之痛,深受其害。我知道很多人与我有同感,对心理学兴致勃勃而来,大失所望而去。我希望自己能为改变这种状况尽点力。为此,我要求自己和学生写东西尽可能不带翻译痕迹,尽可能用标准的现代汉语讲西方的心理学。

[①] 出自《马太福音》(Matthew)第7章,原文为:"Ask, and it will be given to you; seek, and you will find; knock, and it will be opened to you."

当然,我们是这样要求自己的,实际做得如何,还需要读者评判。

这本书自然也是这种工作的一部分。开始接到杨玉芳老师的任务,要我主持编写一部反映当代人格心理学研究成果的专著,我犹豫了几个月不知如何下手。因为我曾经编著过三部以《人格心理学》为题的书,有 60 多万字的大部头研究性著作,也有 40 多万字的教材,它们各有其定位,也各有版权所属。现在要接手的工作,必须是新的,不能重复,然而又要有连续性,不能自己否定自己。这是个难题,我陷入了一筹莫展的境地。直到突然有一天,我的脑子豁然开朗!十余年来我和我的研究生们所做的工作,略加梳理就可形成一个清晰的框架!这个框架与我们过去的工作是一脉相承的,就是整合人格心理学的主要理论和专题研究成果,体现这一领域从理论流派的纷争到深入的专题研究的重大转向,构建一种主要围绕专题研究展开的能够充分呈现本学科研究成果的知识体系。这个体系的基本构架由绪论、人格特质、人格动力、人格发展以及人格与社会文化五部分组成。由于以上所述的原因,早些年我带研究生时基本没有事先指定的题目,但学生们自选的题目大致都可以分别归入这五大部分。而我近年承担的与社会文化问题相关的国家自然科学基金项目、国家社会科学基金重点项目以及教育部人文社科基金项目的一些文章,也可以归入这五大部分。于是就有了如下框架:

1　绪论

第一编　人格特质

2　健康特质

3　政治特质

4　精神特质

第二编　人格动力

5　目标

6　自主与自由

7　自我调节

第三编　人格发展

8　自我

9　依恋

10　死亡意识

11　人生叙事与心理传记

第四编　人格与社会文化

12　幸福

13　问题行为

需要说明的是,这只是一个粗略的框架,而不是一个严密的学科体系。人格心理学还没有一个公认的学科体系,我试图搭建的框架应该是学科体系建设的一种努力,这一点在绪论部分有专门的论述。体系构建的主要任务应该是教材编写,这在我之前出版的教材中已有充分的体现。但本书只是我和我的小组十余年来研究工作的一个汇集,它的任务是用一种思路将我们的研究工作串起来,有思路但没有严密的逻辑。严格地说,心理学既不像成熟的自然科学如物理学、化学、生物学,也不像成熟的社会科学如经济学,其科学发现与数学、逻辑高度结合;也不像成熟的理论学科如哲学、数学、逻辑学,其学科知识本身就具有逻辑体系的完整性。心理学还是一门发展中的科学,一方面研究发现层出不穷,另一方面海量知识缺乏严密的组织。人格心理学尤其如此。

我这个框架,从宏观上看,人格特质、人格动力、人格发展属于人格心理学领域内部的问题,而人格与社会文化则属于人格与社会心理学的交叉领域。还有一个交叉领域是从生理学(特别是神经科学)、行为遗传学和进化心理学的视角和方法研究人格,由于不是本小组研究所长,本书虽有涉及,但没有作为专题来探讨,而在我之前出版的教材中是有专章介绍的。从广义上讲,人格的生物学基础和人格的社会文化背景都可以归入人格发展的条件,所以,以人格特质、人格动力和人格发展来构建人格心理学的宏观体系,其理由是充分的。

从中观上看,每一个宏观领域之下包括哪些分领域,则取决于现有研究的积累情况。有的显得松散,如人格特质领域下,我们将涉及的主题分为健康特质、政治特质和精神特质三个分领域。这种划分不是公认的,而是根据现有主题临时归类的,其合理性只能是大致上的,而不是经过逻辑论证的,只能说它们之间似乎有一种心理生活上的递进关系。人格动力领域下,涉及目标、自主和自我调节三个分领域,都是人格动力领域的研究热点,但这种排列也只能反映我们对于这些主题之间关系的一种理解,好像它们之间有一种从知到行的关系。有的则显得严密一点,如人格发展领域下,涉及自我、依恋、死亡意识、人生叙事和心理传记,分别着重探讨了青少年、成年、老年以及人生的整合,这部分贯穿着人生全程发展的思路。

从微观上看,每个中观分领域下为什么是这几个主题,也不是基于逻辑,而是基于现有研究的积累情况。如自我批评、自我宽恕、物质主义都与心理健康相关,权威主义、社会支配倾向和马基雅弗利主义都涉及人的政治行为并且概念提出的背景都有政治因素,所以我们分别用健康特质和政治特质来归类。但严格地说,这些主题都与广泛的心理生活领域相关,甚至有些主题究竟是特质还是价值观,还没有定论。至于同一分领域下的几个主题之间是什么关系,有的是不清楚的,硬要去说明它们之间的关系,必然牵强附会。如自我批评、自我宽恕、物质主义虽然都被列在健康特质之下,但它们三者之间是什么关系,前二者之间有比较明显的关系,但物质主义与前二者之间的关系则不清楚。有的似乎更清楚些,如精神特质下的儒家人格、道家人格和佛家人格,它们是中国传统文人的三大精神取向,但严格地说是缺乏心理学研究的。为此,我们对道家人格做了初步的较系统的探索。为了引起学界的关注,我特邀了两篇理论稿件,从心理学思想史的角度分别讲儒家人格和佛家人格。虽然与本书其他章节在写作风格上不太一致,但从内容的完整性和重要性上看,它们是不可或缺的。还有,自我领域下,通常讲自我概念、自尊和同一性,但我们小组只对同一性和自我概念中的关系自我有所研究,为了保证主题的完整性,我又特邀了国内专家分别提供了自我概念和自尊的专稿。

无论从宏观、中观,还是从微观,我们组织本书的基本方法论还是历史与逻辑的统一。历史是指人格研究的实际进展情况,这是前提和依据,在此基础上观照逻辑关系便是统一。但这种统一首先取决于学科本身的发展,在不同的发展阶段有不同的统一水平,高水平的历史与逻辑的统一有赖于学科的成熟。

本书是我和我的硕博研究生及博士后们十余年来用中文讲人格心理学的大多数文章的汇集,有些文章本来很好,但难以归入本书的框架,只好割爱。为了编写这本书,很多文稿都得到修改、扩充甚至重写。胡小勇、孙灯勇、张钊、李静、杨沈龙等分头进行了统稿,由我负责全书的框架、组稿和统稿定稿。在此,我要向这些弟子们表示感谢。教学相长,青出于蓝而胜于蓝,这种欣慰和骄傲是我人生最宝贵的经验。

如前文所述,在该框架内,有些专题很重要,但我们小组没有涉及过,所以特邀了如下作者撰写相应的稿子,他们是:南京师范大学心理学院汪凤炎教授(儒家人格),江西师范大学心理学院刘佳明硕士(佛家人格),湖南师范大学心理学系凌辉教授和复旦大学副教授王燕博士(自我概念),辽宁师范大学心理学院张丽华教授(自尊),华中师范大学心理学院谷传华教授(心理传记研究)。他们的赐稿为本书增色添彩,在此深表谢意!

感谢杨玉芳教授的邀请和建议,感谢付出辛勤劳动的编校人士。

由于本书初稿出自多位作者之手,虽多是我的学生且经过我反复修改,但风格不一、水平不齐以至疏漏错误的情况在所难免,恳请读者批评指正。

郭永玉
2014 年 5 月于武昌

第二版自序

本书第一版定稿于 2014 年。自那时以来,我们涉及了很多新的主题,其中一部分可以归入此书的体系。

在人格心理学的基本理论即绪论部分,能动(agency)与共生(communion)是一种与五因素模型分庭抗礼的人格分类系统,如果沿用"大五"的说法,可以称其为"大二"。能动意为个体通过权力、控制等方式追求自身的独立,共生意为个体通过关爱、交流等方式追求群体和社会的融入。这两个主题似乎具有深刻的人性基础,贯穿于人生的历程,并且表现出明显的个体差异。因此,一些学者认为这种划分比"大五"更具适用性,这一对范畴使我们可以对特质、动机、价值观等不同的人格领域产生新的认识。

在政治特质部分,阴谋论是一个非常有意思的话题。对于这一源远流长的社会文化现象,如何从心理学的视角去研究?也就是说在心理学的视角下,阴谋论被视为个体将重大的社会或政治事件视为有权力的组织或个人暗中蓄意预谋以达成其预定目的的解释倾向。研究者开发了阴谋论的测量问卷,探讨了影响阴谋论形成的人格、认知、动机和社会因素,试图揭示什么人在什么情况下更容易或更不会信奉阴谋论,以及信奉阴谋论会对人的行为造成哪些影响,甚至提出了一些减少阴谋论的干预策略。

人格心理学与心理学的其他分支一样,其知识体系来自西方,中国学者在这一领域有什么贡献?人格心理学在中国作为一个学科是如何发展起来的?我们从中国古代的人格心理学思想、中国近代的人格研究、1949 年至 20 世纪 70 年代的曲折甚至停滞的阶段、1980 至 1990 年代的恢复和发展时期、新千年的快速发展时期这样五个阶段描述了学科的发展历程,又按照人格特质、人格动力、人格发展的基本知识体系梳理了中国学者的主要研究贡献,最后从人与社会的现代化、中国化与国际前沿的结合、科学性与人文性的结合,以及研究方法的多元化趋势几个方面讨论了该学科的发展方向。

除了以上完全新增的部分,还有些专题有较大的修改,如物质主义、控制感等专题改动很多,甚至是根据新的研究进展重写的。

由于第一版已有90万字,太厚了。于是我考虑第二版的篇幅不仅不能增加,而且最好能减少。删减的内容主要是研究还不成熟或我的研究小组未作为进一步研究方向的部分,如精神特质(儒家人格、道家人格、佛家人格),这本来是中国人格心理学者可以大有作为的领域,但由于多方面的原因,只好将其留给别的研究者。又如自我(自我概念、自尊、自我同一性),本来属于人格心理学的核心概念,但我们涉及很少,这当然完全是个人兴趣的缘故。还有,关于网路成瘾和攻击性这两种问题行为,我们也没有进一步去关注。这样,删减的部分就明显多于增加的部分,第二版就明显没有第一版那么厚了,同时也更集中于我们自己已有的研究。

第二版修订工作得到了博士生解晓娜的协助,王冰如、白锋宇两位编辑付出了辛勤的劳动,在此我一并表示感谢。

最后还需要说明一点:我一直认为英文人名不要翻译成中文,并且坚信这一点终究会成为共识和习惯,理由在这里不重述。但出版社认为按出版规范必须翻译(包括文献注释中"et al."要翻译为"等","&"要翻译为"和")。这就好比美女脸上忽然长出了许多雀斑,让人看上去很刺眼。当然我原稿中的英文人名在那些坚持应该翻译的人士看来也很刺眼。没办法,只好服从规定。为此,建议读者在遇到翻译的人名时将注视点放在括号内的原文献人名上。

郭永玉

2019年12月于金陵随心斋

1 绪 论

1.1 人格心理学概观 / 2
    1.1.1 人格的意涵 / 3
    1.1.2 人格心理学的发展脉络 / 4
    1.1.3 西方人格心理学的研究进展 / 5
    1.1.4 中国社会文化背景下的人格心理学研究 / 8
    1.1.5 发展我国人格心理学的建议 / 10
1.2 人格心理学的学科架构 / 11
    1.2.1 人格心理学架构的历史源流 / 12
    1.2.2 当前四种主要的人格心理学架构 / 13
    1.2.3 学科整合的新动向 / 15
    1.2.4 "3D"修正模型 / 18
    1.2.5 结语 / 21
1.3 人格研究的三种范式 / 23
    1.3.1 人格特质研究 / 23
    1.3.2 人格动机研究 / 25
    1.3.3 人格叙事研究 / 27
    1.3.4 三种研究范式的整合 / 29
    1.3.5 小结与讨论 / 31
1.4 "大五"结构与五因素模型 / 32
    1.4.1 词汇学传统和理论取向——不同的历史渊源 / 33
    1.4.2 五因素结构和五维六层面模型——不同的内容和形式 / 34
    1.4.3 表现型人格结构和基因型人格结构——不同的本质 / 37
    1.4.4 描述和解释——不同的研究走向 / 38
    1.4.5 结语 / 41
1.5 能动与共生及其关系 / 45
    1.5.1 能动与共生的概念及测量 / 45
    1.5.2 特质领域中的能动与共生维度 / 47
    1.5.3 动机领域中的能动与共生维度 / 49
    1.5.4 价值观领域中的能动与共生维度 / 51
    1.5.5 关系分歧的缘由 / 53
    1.5.6 小结与展望 / 56

1.6 从人际关系看人格 / 57
  1.6.1 问题的提出 / 58
  1.6.2 用CAPS理论解释二人群体的形成 / 60
  1.6.3 CAPS理论与其他人际关系理论的契合 / 61
  1.6.4 小结 / 63

人格(personality)是一个学术概念,但是离人们的日常生活并不遥远,人们平时也经常使用相关的人格概念。在日常生活中,人们清晰地认识到人与人之间是有差异的,正所谓"人心不同,各如其面";同时,人与人又有共通之处,所谓"人同此心,心同此理"。人们描述某人时会说他具有大方、勇敢、勤劳或者小气、懦弱、懒惰等性格特点。此处所讲"人心"就是人格心理学所研究的"人格","性格特点"就是人格心理学中的"特质"。另外,孔子讲"三十而立,四十不惑,五十知天命,六十耳顺,七十从心所欲,不逾矩",讲的就是人格的终身发展。但是与人们对人格的常识性理解不同,人格心理学是系统地研究人格这一主题的学科,内容涉及人格结构、人格动力、人格发展等方面。

人格心理学(personality psychology)研究现实的个人,探寻、描述和解释个人的思想、情绪及行为的独特模式,并综合诸多足以影响个人的各种与环境交互作用的过程,包括与生物学的、发展的、认知的、情绪的、动机的和社会的各种交互作用,进而对现实生活中的个人作整体性的解释(黄希庭,2006,p. 321)。人格心理学将人性作为其核心,关注整体的人,是心理学中最具整合性的领域,在整个心理科学中处于基础性的重要地位。

人格心理学自诞生以来,经历了确立、质疑与重建和振兴等三个时期,当前在诸多领域都有较大的进展,已经形成精神分析、行为主义、人本主义等人格大理论(grand theory),并在依恋、焦虑、成就动机、习得性无助等主题上取得了丰硕的成果。本章讲述人格的意涵、人格心理学的发展历程、人格心理学的学科架构、人格研究的范式和当前几种主要的人格理论。

1.1 人格心理学概观[①]

人格心理学是心理学学科体系中注重从整体的视角探究人性本质的一个分支,

[①] 本节基于如下工作改写而成:(1)郭永玉.(2005).人格心理学:人性及其差异的研究.北京:中国社会科学出版社,第1章引论.(2)郭永玉,李静,胡小勇.(2012).人格心理学:人性及其差异的研究.中国科学院院刊(心理学理论体系与方法论专辑),12,88—97.撰稿人:郭永玉.

它以人性及其差异作为其核心,研究对象是作为整体的人。人格心理学不仅在心理学的学科体系内部处于重要地位,而且在关于人的所有生命科学、社会科学和人文科学中也处于基础性的位置。经过一百多年曲折的发展,人格心理学已经步入了一个新的发展和繁荣时期。近二十年来西方人格心理学的研究进入了快速发展阶段,在研究范式、研究方法以及研究内容(包括人格结构、人格动力、人格发展)方面都有了较大的进展。与此同时,我国学者在大量介绍西方人格心理学的基础上,开始着手研究中国人的人格问题。当前中国社会文化背景下的人格心理学研究主题主要包括人格与创造力、人格与人员选拔及安置、人格与贪腐行为、人格与暴力犯罪、人格与疾病以及和谐社会的健全人格建构问题。鉴于人格心理学具有重要的科学价值及其在社会进步中所能作出的重要贡献,建议未来中国人格心理学研究应在研究现代化背景下中国人的人格和研究方法多元化等方面予以加强。

1.1.1 人格的意涵

"人格"一词是近代从日文中来的,而日文"人格"又是对英文"personality"一词的翻译(黄希庭,2002, p.5)。从词源上讲,英文"personality"来自拉丁文"persona",此拉丁词本义是指面具,即戏剧演员所扮演的角色的标志。通过引申,"人格"在西文中已是一个非常复杂、涵义广泛而又歧义众多的词。因此,对其下定义是非常困难的。不同的学者依据其对人格研究的侧重点不同、理解不同,下了不同的定义。据人格心理学家 G·W·奥尔波特(Allport, 1937, pp. 43-46)说,人格的定义有 50 种之多。在当代,珀文(Pervin)的定义是有代表性的。他认为,人格是为个人的生活提供方向和模式(一致性)的认知、情感和行为的复杂组织(Pervin, 1996, p.414)。在对所有定义加以分析的基础上,结合中国人的表达习惯,我们认为:人格是个人在各种交互作用过程中形成的内在动力组织和相应行为模式的统一体。

人格心理学就是研究一个人特有的内在动力组织和相应行为模式的一门科学。它以作为整体的人为研究对象,并从三种水平上来分析人格。克拉克洪和默里(Kluckhohn 和 Murray, 1953)在他们的一本关于文化与人格的书中对这三种水平进行了很好的总结。他们认为,每个人都在某种程度上:(1)与其他所有人相似(like all others),即人类本性水平;(2)与某些人相似(like some others),即个体和群体差异水平;(3)与任何人不相似(like no others),即个体独特性水平。理解这些区别的另一种方法是:第一种水平指"普遍性"(universals),我们和其他所有人都相似的方面;中间的水平指"特殊性"(particulars),我们与一些人相似但与另一些人不相似的方面;第三种水平指"唯一性"(uniqueness),我们和其他所有人都不相似的方面。

人格心理学的任务或目的在于通过系统的专业研究,揭示人格的事实和规律,以帮助了解人,从而提升个人的生活品质。与一般科学的目的一样,人格心理学的目的可分为四个层面,即描述、理解、预测和控制(Liebert 和 Liebert,1998, p.21)。带着这样的目的,人格心理学有哪些成果?或者说人格心理学家都做了哪些工作,现在又在做什么?通常,人格心理学家致力于以下四个方面的工作,有人称之为人格心理学的四个**基本关切**(fundamental concerns)(Liebert 和 Liebert,1998, p.8):创建一种理论;通过研究检验这种理论;找到一种方法测评人格;将人格心理学应用于生活实际。当然,不同的人格心理学家提出了不同的理论,得到了不同的研究发现,也找到了不同的测评方法,并且致力于不同领域的应用。不同的人格心理学家在这四个方面的工作也各有侧重。但总体上,人格心理学的知识体系或学科结构就是由理论、研究、测评和应用四个部分构成。至于研究范围,在心理学领域,没有哪个分支的范围像人格心理学这样广阔。人格心理学与其他心理学分支的重叠或交叉也最多,是人的发展和变化研究的焦点,是正常和异常研究的焦点,是动机、情感和认知研究的焦点,是学习和适应研究的焦点,是个别差异研究的焦点,也是个人与社会关系研究的焦点。之所以有这么多焦点,是因为人格心理学研究的是整体的人(陈仲庚,张雨新,1987, p.6)。

1.1.2 人格心理学的发展脉络

人格心理学历史可以分为三个时期(McAdams, 1997)。大约从1930年到1950年为第一个历史阶段,是人格心理学的确立期。在这一时期,人格心理学家提出了全面理解人的综合概念系统,一些伟大的人格理论直至今天仍然非常具有影响力。该时期提出的较有影响力的人格理论是奥尔波特的个体心理学,默里的人格系统,卡特尔和艾森克的特质理论,罗杰斯的人本主义理论,凯利的个人建构的认知理论,埃里克森的人格发展的心理社会理论,美国行为主义和社会学习理论,以及早在20世纪30年代弗洛伊德、荣格和阿德勒提出的精神分析理论。

从1950年到1970年是第二个历史阶段。该时期开始于对人格研究的合理性和价值的批评与普遍质疑。随着第二次世界大战结束后高等教育的激烈扩张,心理学系急剧增长,并逐渐专业化,产生了与人格有关的专业,如临床心理学、咨询心理学和工业/组织心理学。在美国,联邦资金的增加支持了在实验室和现场实验的人格研究。此时,人格心理学家着重于考察特定的人格概念,如外向性(Eysenck, 1952),焦虑(Taylor, 1953),成就需要(McClelland, 1961),以及其他一些特质、需要和动机等。这些概念都能得到有效而可靠的测量,并能直接观察到其对行为的影响。总体来说,人格心理学从20世纪30年代和40年代的大理论转身,开始把重点放在了有关人格测量的问题和争议上。例如,什么是人格结构的有效测量措施(Cronbach 和 Meehl, 1955; Loevinger, 1957)?对人格的客观测量要优于临床直觉吗(Meehl, 1954;

Sawyer,1966)？人格量表测量的就是研究者想要测量的吗(Block,1965；Edwards, 1957；Jackson和Messick,1958)？

在20世纪60年代末至70年代初,人格心理学家发表了一系列毁灭性的批评,使得该领域陷入一场危机。卡尔森(Carlson,1971)严厉批评人格心理学家忽略了早年间的伟大理论,并且偏离了研究现实生活和深入整个人的真正任务。菲斯克(Fiske,1974)想要知道是否人格心理学已经走到了尽头,它因依赖于人们不精确的口头报告而受到了限制。施韦德(Shweder,1975)质疑任何基于人格差异的心理学存在的需要。然而最有影响力的还是米歇尔(Mischel,1968,1973)的批评,他反对基于内部人格特质的人类行为的解释,而提倡关注于情境和认知/社会学习因素对行为的解释。米歇尔的批评在人格心理学领域引发了一场旷日持久的辩论,争议的焦点是特质取向和情境取向用来预测与理解社会行为的方法的有效性。这场特质与情境的争论持续整个70年代,并由此进入80年代。

人格心理学发展的第三个阶段,开始于1970年左右,并持续到今日。该时期为广泛意义上的重建和振兴期(Buss和Cantor,1989；Hogan,Johnson,和Briggs,1997；Maddi,1984；McAdams,1990,1994；Pervin,1990；West,1983)。随着特质与情境的争论偃旗息鼓,当代人格领域已经对预测行为的内部人格变量和外部情境因素的复杂交互作用(Kenrick和Funder,1988)展开研究。人格特质模型也已经恢复了他们在心理学中的地位和影响,特别是在五因素模型出现后(McCrae和Costa,1990；Wiggins,1996)。在解决或抛开一些测量争议后,人格心理学家改进了关于人的科学研究的研究方法(Robins,Fraley,和Krueger,2007)。最近,研究者的兴趣转向整合性的人格理论(McAdams和Pals,2006；Mischel和Shoda,1995)和整个生命过程的人格发展(Mroczek和Little,2006),并重新致力于研究在完整人生履历的复杂之中的整个人(Franz和Stewart,1994；Nasby和Read,1997；Schultz,2005)。当代人格研究的复兴证实了人格心理学家对于这个特殊领域的看法:作为一个整体,人格心理学是心理学的核心。人格心理学领域最为普遍和基本的问题是:什么是人性？什么是一个人？我们该如何理解人？这是最基本和最迷人的心理学领域,因为它直接面对我们每个人,包括我们自己。

1.1.3 西方人格心理学的研究进展

万晓霞(2009)以美国科技信息研究所出版的《科学引文索引》(SCI)为数据源进行检索,对1999—2008年SCI人格心理学研究文献进行计量分析。结果显示,人格心理学研究在这十年进入了快速发展阶段,文献量呈逐步上升趋势(如表1.1所示)。

表 1.1 人格心理学 SCI 十年载文量统计

年份	1999	2000	2001	2002	2003	2004	2005	2006	2007	2008	总计
文献量	69	61	89	207	169	185	188	223	268	282	1 741
%	3.96	3.50	5.11	11.89	9.70	10.63	10.80	12.82	15.39	16.20	100.00

来源:万晓霞,2009.

从学科分布来看,人格心理学研究广泛分布在138种学科中,其中既包含社会科学领域,又涉及自然科学领域。收录人格心理学论文排名前十名的学科为:社会心理学、多学科心理学、精神病学、临床心理学、神经科学、心理学、临床神经学、应用心理学、教育心理学、医学遗传心理学。这表明人格心理学具有自然科学和社会科学的交叉学科的特征。

从研究范式来看,精神分析、特质论、行为主义和人本主义是人格研究的传统范式。近二十年来,这四种范式都已扩展了各自的领域,并繁衍出一些新的人格研究范式,包括:社会—认知范式、生物学范式、积极心理学范式,这三者分别源自行为主义、特质论和人本主义。当代的依恋研究则得益于精神分析的发展。除此以外,进化心理学范式和后现代心理学范式(如叙事心理学)可被视为人格心理学的新范式(万晓霞,2009;张兴贵,郑雪,2002)。

从研究内容来看,当代人格心理学在人格结构、人格动力、人格发展等领域都有较大的进展,分别简要介绍如下。

人格结构

20世纪末,人格领域最令人欢欣鼓舞的进展应该是两个相似的人格分类系统——**"大五"结构**("Big Five" Structure)和**五因素模型**(Five-Factor Model, FFM)的出现。两种模型分别是词汇学取向和理论取向研究成果的结晶,但让人惊叹的是,两种取向的研究殊途同归,最终在人格结构的问题上达成了初步共识,即人格是由外向性(E)、随和性(A)、尽责性(C)、神经质(N)和开放性(O)五个因素构成的。毫无疑问,这种五因素人格模型(包括"大五"结构和FFM)是当前人格研究的主导范式,在整个心理学界都是最有影响力的模型之一。正如麦克雷(McCrae, 2009)所言,"五因素模型"就像一棵圣诞树,与综合性、稳定性、遗传性、会聚效度、跨文化普适性和预测效度有关的研究成果正是满缀其间的圣诞礼物。直到近两年,五因素人格模型仍然是活跃于权威期刊《人格与社会心理学杂志》(*Journal of Personality and Social Psychology*)上的重要研究主题,具体内容涉及一些更为细小的争议较多的问题,例如"大五"人格因素的代际差异(Smits, Dolan, Vorst, Wicherts, 和 Timmerman, 2011)、年龄差异(Soto, John, Gosling, 和 Potter, 2011),"大五"人格因素之间的相关是由测量误差造成的还是由更高阶因素导致的(Chang, Connelly, 和 Geeza, 2012),使用简式问卷测量"大五"人格特质的有效性(Credé, Harms, Niehorster, 和 Gaye-Valentine, 2012),等等。随着这些研究的开展,人们对于人格结构的认识会越来越深入。

人格动力

人格动力领域有两大较为突出的理论进展。一是米歇尔和翔田(Mischel 和 Shoda, 1995)基于传统特质理论无法准确预测和解释跨情境行为变化的主要缺陷,提出了著名的**认知—情感系统**(Cognitive-Affective Personality System, CAPS)理论。该理论试图在人格研究中引入情境因素,强调个体的人格系统与外部环境的动态交互作用,将人格的基本单元(如特质)视为"如果……那么……"的系统,人格便是大量"如果……那么……"的集合,于是出现在什么样的情境中,不同的"如果……那么……"图式会指引着人们做出不同的行为。这样不仅考虑了人格的稳定结构,而且还兼顾了人格的动力过程。事实上,研究者(Kammrath, Mendoza-Denton, 和 Mischel, 2005)已通过实验研究证实了人际知觉中"如果……那么……"图式的有效性。具体来说,在对他人的社会行为和人格倾向进行解释的过程中,人们会考虑人与情境的交互作用,并以"如果……那么……"的方式进行描述。此外,认知—情感系统理论是一个**元理论**(meta-theory),即它是不包含具体内容的。近年来,研究者已将此元理论应用于建构特定领域(如戒烟、精神病理学、组织行为)包含具体内容的模型(Shoda 和 Mischel, 2006)。

另一重大理论进展是由德西和瑞安(Deci 和 Ryan, 2009)提出的**自我决定论**(self-determination theory, SDT),使人们对人类动机的普遍性有了新的认识。德西和瑞安认为,人类具有三种基本的普遍的心理需要,即**自主**(autonomy)、**胜任**(competence)和**关系**(relatedness)的需要。这三种心理需要的满足对于个体的幸福感、心理健康甚至生理健康都是必需的。在自我决定论的理论框架下,研究者开展了大量的实证研究,内容涉及动机类型,社会环境对不同类型动机的影响,不同类型动机对一系列结果变量如学习、绩效、认知功能和幸福感的影响,不同的抱负或生活目标与基本心理需要满足及绩效和幸福感等结果变量的关系,基本心理需要满足的跨文化研究,以及自我决定论在养育、教育、工作和医疗等具体生活领域的应用。

人格发展

稳定与变化是人格发展的永恒主题。从研究的数量和规模来看,人格特质的发展是当前研究的主要内容,从婴儿气质怎样发展为成人特质,特别是成年期人格特质如何发展,是当今研究得最为广泛的问题。目前研究者进一步关注人格特质稳定性与可变性的深层影响因素,如年龄、生活事件等(Specht, Egloff, 和 Schmukle, 2011)。除了特质的发展以外,动机和目标的发展及叙事认同的发展也成为人格发展领域新的研究内容(McAdams 和 Olson, 2010)。对于人格发展的影响因素,当代的行为遗传学研究、神经科学研究和进化人格心理学研究已为天性的作用提供了越来越多的证据,而教养的作用如家庭环境对人格的影响也积累了丰富的成果。随着文化心理学的兴起,研究者越来越重视社会文化因素对人格发展的影响(Cheung, van de Vijver, 和 Leong, 2011)。将人格置于特定的社会文化背景下进行研究,有助于获得对人格更为生动、具体、深刻的理解。总之,人格发展的个人与情境交互作用的观点已深得人心。

1.1.4　中国社会文化背景下的人格心理学研究

20世纪70年代末,我国大陆地区开始恢复心理学教学和研究,西方人格心理学也得到介绍;90年代以来,我国心理学者在反思西方人格心理学的理论和研究方法论问题的基础上,开始着手研究中国社会文化背景下的人格问题。

在理论研究层面,体现为学者对中国人的人格结构、动力和影响因素等一些具体问题开展了探索性的研究。人格结构的研究是人格心理学的一个重要范畴,是了解人格的基本特点、类型以及对个体进行有效评估的基础。杨国枢等(杨国枢,李本华,1971;Yang 和 Bond, 1990)较早地进行了相关的本土研究,从中文人格特质形容词入手,得到了4—5个独立的人格维度;王登峰和崔红(2003)将杨国枢等人收集到的用于描述稳定人格的形容词与从《现代汉语词典》和有关刊物中收集到的词汇合并,用因素分析法进行研究,最后确定了中国人人格结构的七个维度,并编制成中国人人格量表;张建新和周明洁(2006)将他们自己编制的中国人人格测量表(CPAI)与西方的五因素问卷(NEO-PI)合起来进行联合因素分析,研究结果显示出一个六因素结构。所有这些结果都表明,中国人与西方人的人格结构有共同性也有特殊性。此外,还有许燕、王芳(2008, pp. 277-287),张进辅(2006)对价值观等人格动力进行了研究;申继亮、陈勃和王大华(1999)对人格发展进行了研究等。

在应用研究层面,体现为我国心理学者们立足本国实际,借鉴西方心理学的方法,去解决我国经济社会发展中有关人格心理学的问题。这些问题就构成了当前中国人格心理学的研究主题。大致说来,有如下一些主题:

人格与创造力

创造型人物的新发现、新发明和新成果,对整个社会文明进步有着重要的意义。心理学家关注人格对个体创造活动的影响。王极盛和孙福立(1984)用自评法调查了28位学部委员和127位一般科学工作者,发现影响创造活动的主要人格因素有:事业心、勤奋、兴趣、责任心、求知欲、进取心、意志等。张景焕(2005)对34位院士进行访谈,发现创造人才心理特征排在前三位的是:一般智力强、勤奋努力、内在兴趣和研究技能策略。更有研究者(刘邦惠,张庆林,谢光辉,1994)在与国外学者的研究结果相对照后提出了两类创造型人格特征的假设:一类称作创造型人格特征的内核,是与创造力关系最为密切且比较稳定的部分,另一类称为创造型人格特征的外壳,是较多受到文化背景影响的部分。

人格与人员选拔及安置

人格测验对组织中的人员选拔和安置具有重要的意义。20 世纪 80 年代初,随着改革开放,外资企业进入中国,为中国带来了先进的管理思想、观念和技术,推动了人格测验在人事管理中的应用,一批学者和专家开始关注和着手人格测验在中国企业人事管理中的应用,并致力于研究开发具有自主知识产权、体现中国特色、适用于中国文化的人格测验。例如,王重鸣和陈民科(2002)建立的管理胜任力模型,王登峰(2012, pp. 166 - 194)对中国党政干部的胜任特征的研究。更有研究者(陈静,苗丹民,罗正学,等,2007)考察了 MBTI 人格测验对陆军指挥院校学员心理选拔的预测性,发现 MBTI-G 人格类型量表对陆军指挥院校学员胜任特征评价有一定的预测性,可以作为选拔工具使用;他们还建立了初级军官、航天员和陆军学院学员等军队人员胜任特征模型。这些基于工作特性的人格模型的建构,为组织进行人事决策提供了更全面、更科学的信息,提高了组织人事决策的效率,帮助组织更有效地进行人员的聘用、选择、训练、开发等工作。

人格与贪腐行为

腐败问题是当今中国较为严重的社会问题。目前,从宏观层面来说,制度建设在不断完善,监管力度在持续加大,但在微观层面,对于腐败主体——个人的腐败心理动因认识不清,对于腐败过程的心理机制了解不够(王芳,刘力,许燕,蒋奖,2011)。在西方文化背景下展开的研究表明,存在一种固化和内化的,为达目的不择手段、操纵他人、谋取私利的人格特质,即马基雅弗利主义。中国学者(汤舒俊,2011)已通过实证方法证实了在中国人身上存在这种人格特质,并且设计了信效度良好的测量工具。在西方文化背景下已经证实,马基雅弗利主义和贪腐行为、经济机会主义是正相关的,在信息不对称的情况下,马基雅弗利主义者倾向于利用手中的优势,使自己的利益最大化(Maria, Clive, 和 Yves, 2007)。但这一发现,在我国文化背景下迄今为止还没有被研究过。对于中国文化背景下的贪腐行为,马基雅弗利主义人格在其中到底起到何种作用?如何起作用?如何抑制?这些问题亟待回答。

人格与暴力犯罪

2010 年的《法治蓝皮书》表明,现阶段我国的暴力犯罪现象十分严重,并且发展的趋势也越来越严峻。更令人担忧的是,在越来越多的暴力犯罪中,由于反社会人格而导致严重暴力犯罪的案件数量较之往年有增无减。反社会人格者由于其易于冲动、不吸取经验教训、不能爱别人和缺乏内化了的社会价值系统或良心的特点,非常容易触犯社会规范和法律。在违法犯罪人群中具有反社会人格的人的数量较多,可达 30% 以上,远高于一般人群中的比例(1%以下),且屡次犯罪以及罪行特别残酷或情节恶劣的现象非常严重。我国学者(蒋奖,许燕,2007)通过问卷调查发现了反社会人格者的一些特征,但反社会人格如何导致暴力犯罪,其间的过程是怎样的;是否有其他变量的中介作用或交互作用;如何控制这些因素来减弱或防止它们在暴力行为发生过程中起到的作用;如何在暴力犯罪发生之后,更加彻底地去了解暴力犯罪者,有效地帮助他们改造,减少累犯的几率等问题的研究尚处于起步阶段,迫切需要开展更深入和更广泛的系统性研究。

人格与疾病

许多研究表明,一个人的人格特征与疾病之间存在十分密切的关系,人格直接或间接地影响个体的心理和生理健康,具有某些人格特征的人面临患某些特定疾病的风险。国内研究者(侯玉波,张梦,2009)指出与疾病有关的四组人格因素:易发怒和具有敌意;情绪性压抑;有失望经历;悲观与宿命论的态度。在这四组因素中,易发怒和具有敌意对心脏病的发病有影响,情绪性压抑与心脏病和癌症的产生有关。在压抑的情境下不愿表达情感以及对抑郁心情的压抑则是癌症产生的最主要原因。

正如艾森克(Eysenck,1996)所说:"已有足够的证据可以说明在人格与压力以及疾病之间存在着必然的联系,这种联系影响免疫系统的功能……人格与压力因素是癌症产生的重要原因。"然而,该研究领域正处于不断发展和逐步完善的过程中,它也面临着许多有待探讨和解决的问题。例如,如何运用心理学知识改进医疗与护理制度,建立合理的保健措施,节省卫生经费和减少社会损失,以及为有关的卫生决策提供建议等。

和谐社会的健全人格建构问题

当前我们正致力于构建和谐社会,诚如黄希庭(2007)所言,构建和谐社会提出了许多亟待解决的人格心理学问题,其中尤其重要的是健全人格的形成问题。具有健全人格的人能以辩证的态度对待世界、他人和自己,过去、现在和未来,顺境和逆境,是一个自立、自信、自尊、自强、幸福的进取者(黄希庭,2006,p.321)。黄希庭及其团队对中国人的自我价值感和自立、自信、自强人格等进行的探讨,以及陈建文(2008)对健康人格结构、健康人格功能与健康人格状态的探讨,为培养和塑造中国人的健康人格提供了理论支持。

1.1.5 发展我国人格心理学的建议

我们的工作刚刚起步,还有许多理论和实证研究要去完成。我国人格心理学应该朝着什么方向发展呢?我们认为以下两点十分重要。

现代化背景下的中国人人格研究

英格尔斯(Inkeles,1985)在对人的现代化问题作了长达二十几年的研究之后认为,一个国家只有当它的人民是现代人,它的国民从心理和行为上都转变为现代人格,它的现代政治、经济和文化管理机构中的工作人员获得了某种与现代化发展相适应的现代性,这样的国家才可真正称之为现代化的国家。可见,国家现代化首先是人的现代化,而人的现代化,最根本的是人的行为方式和思想观念的现代化。

随着改革开放政策的实施和市场经济制度的确立,中国正沿着现代化的道路迅猛发展。作为一场深刻的社会变革,中国的现代化建设一方面带来了市场经济的繁荣发展,另一方面又使得整个社会环境产生了躁动起伏的剧烈变化。与此同时,人的问题也变得越来越突出。虽然传统人格在一定程度上还是具有适应性的,但是我们更应该看到,传统人格确有很多特征是不适应甚至阻碍现代化发展的。因此,在我们这个古老的民族从传统负重之下迈向现代化的今天,研究现代化人格是极具现实意义的课题。心理学家杨国枢(1974,p.389)做了一些开创性的工作,初步探讨了现代化人格的内涵、特征及影响因素。但是现代化人格的形成机制是怎样的,该如何塑造等问题,都是摆在我国心理学者面前的紧迫的研究任务。同时,前文提及的当前中国人格心理学一些备受关注的研究主题也是现代化背景下中国人人格研究的重要范畴。

研究方法的多元化

人格研究目前使用的方法可大致归纳为实验法、临床法与问卷调查法,而这些方法本身都面临一对矛盾,即内部效度与外部效度的矛盾。严格控制变量的实验研究保证了内部效度,却很难将复杂的社会文化变量还原为个别实验室变量,导致研究的生态效度低下。相反,临床研究较好地还原了人的生活场景,但由于变量不易控制,研究的内部效度不尽人意,难以精确地刻画出变量间的因果联系。此外,问卷调查法虽然在一定程度上吸收了前两种方法的优点,但仍存在理论基础与现实情境相脱节、被试回答真实性难以保证、量表预测效度有限、测量目标的含义难以确定等问题,这些问题将直接影响研究结论的效度。

很显然,上述三种研究方法各有侧重和忽略,各有优势和不足。由于人格现象十分复杂,我们必须多种研究方法(如文献分析法、深度访谈法、问卷调查法、测量法、实验法、叙事研究法、故事谚语分析法,以及遗传学和神经科学的方法等)并用,才能对所要研究的人格问题有一个全面而深入的把握。

1.2 人格心理学的学科架构[①]

人格心理学是庞大的心理学体系中的一个重要分支,也是最为繁杂的一支:大到

---

① 本节基于如下工作改写而成:郭永玉,张钊.(2007).人格心理学的学科架构初探.心理科学进展,15(2),267—274.撰稿人:郭永玉、张钊。

人性本质,小到具体的行为细节,人格心理学无所不及。与心理学其他分支相比,人格心理学的主要特征是将人性作为其核心,关注整体的人。自科学心理学创立以来,心理学家们就认为应该以一种层次性的心理系统去拓展这门学科:其最底层应该是感觉、意识和学习等问题;中层是动机、情绪和智力等问题;而最高层则应是"精神人格的总体发展系统"(Wundt, 1897)。

基于这种观点,人格心理学应当成为整个心理学体系中最有组织、最具整合性的一个分支(Mayer, 2005)。因为它不仅关注心理系统最高层的问题,而且要将底层和中层整合起来。正是人格心理学的这一特性,使它不仅在心理学的学科体系内部处于重要地位,而且在所有关于人的生命科学、社会科学和人文学科中也处于基础性的位置。它与所有关于人性的学科有关,并整合关于人性的知识。

但是,人格心理学自创立以来一直缺乏一个完整合理的学科体系结构。这种状况极大地限制了现代人格心理学的发展。本节回顾人格心理学的起源和发展,归纳学科发展的趋势,呈现当下主要的人格心理学体系结构,以新的视角介绍学科体系发展的新动向,并在综合比较的基础上提出人格心理学体系结构的"3D"修正模型:人格表现—人格动力—人格发展,对人格心理学学科体系结构的发展提出新的思考。

1.2.1 人格心理学架构的历史源流

相对于心理学其他各主要分支较完备的学科结构而言,人格心理学是唯一一个现存知识体系不能反映其研究现状的心理学分支(Pervin, 2001)。首先对于人格的定义,长久以来就存在广泛的分歧。在奥尔波特(Allport, 1937)所著的《人格:心理学的解释》(*Personality: A Psychological Interpretation*)一书中,他就归纳了关于人格的50种不同的定义。时至今日,不同的人格心理学家对人格的定义也各不相同。暂且不说这些对人格定义的分歧,更为重要的是,长久以来人格心理学一直缺乏一个相对完善的学科体系结构来及时总结、吸纳层出不穷的新的研究发现。造成这种局面的根本原因,要从人格心理学这门学科的起源和历史发展说起。

第一个正式意义上的人格理论要从20世纪初由弗洛伊德、荣格、阿德勒等所创立的精神分析学说开始。其中,又以弗洛伊德的理论最为成熟、最有影响力。弗洛伊德的人格理论包括人格结构、人格动力、人格发展三个部分(Freud, 1966)。这种人格理论的架构划分极大地影响了日后人格心理学学科架构的发展。现代人格心理学的正式诞生是以奥尔波特的《人格:心理学的解释》(1937)和默里的《人格探究》(*Explorations in Personality*)(1938)两书的出版为标志的。奥尔波特的理论架构是其所提出的特质理论,默里的理论体系则建构在他提出的23种需求或驱力的概念之上(Murray, 1938)。现在看来,这两部著作各自阐释了一种人格理论,而非提出人格心理学的学科体系架构(Mayer,2005)。这些先驱者对人格心理学的创建作出了重大的贡献,产生了深远的影响,但他们的贡献更多的是在创建一个理论派别(精神分析学派或特质学派),而非将这一学科的知识用一个完整的体系架构组织起来。当然在那时,学科的知识积累也不够充分。

自二战之后到20世纪60年代,先后出现了三种对人格心理学知识整合的初步探索。第一种是由西尔斯(Sears,1950)提出的人格心理学学科架构构想:人格发展,即探寻人格的形成历程;人格结构,即分析人格的组成部分;人格动力,即发掘行为矛盾冲突的原因。第二种由詹森(Jensen)和纳丁(Nuttin)等人所倡导,他们主张人格心理学应以个人差异为核心线索,以分析个体特质、群体性格和人格类型等方面的差异来建构和整合人格心理学(Nuttin, 1955)。第三种是由霍尔(Hall)和林赛(Lindzey)提出的以理论流派来组织人格心理学的构想,其著作《人格理论》(*Theories of Personality*)涵盖了从弗洛伊德、荣格、阿德勒到奥尔波特、默里等当时所有重要的人格理论(Hall 和 Lindzey, 1978)。这3种对人格心理学学科体系架构的初步探索明显地受到了当时人格心理学研究状况的限制,但这些尝试也对日后人格心理学的整合方向产生了重要影响。

1.2.2 当前四种主要的人格心理学架构

人格心理学在之后的三四十年间发生了巨大的变化。其中一方面,是人格心理学理论流派的发展,从19世纪末20世纪初形成的早期人格理论,到20世纪后期,出现了包括精神分析、行为主义、特质理论、人本主义、认知理论和生物学理论等的"**大理论**"(grand theory)。另一方面,更多的人格心理学家开始围绕一些明确的主题展开研究。这些主题有的明显受到了某种大理论的影响,如潜意识、依恋等;有的与大理论没有特定的关系,但可以用多种大理论来研究,如社交焦虑、攻击性等;还有的则很少受到大理论的影响,它们是在经验中产生,并通过具体的实证研究形成特定的"**小理论**"(mini-theory),如A型性格、成就动机等(郭永玉,2005)。于是该学科出现了理论(theory)和研究(research)两大(不是一强一弱)知识领域,尽管它们之间存在密切的关系,但实际整合起来却十分困难。这样就形成了这门学科在知识体系建构上与其他心理学分支很不相同的情形:同样以《人格心理学》为名的教科书,内容体系(学科架构)却大相径庭。在这种情形之下,当前主要有四种人格心理学的知识架构。

理论—理论型架构(theory-by-theory frameworks)

这是一种大理论体系或**理论型架构**(theories frameworks)(Mayer, 1998)。这种体系发展了霍尔和林赛(Hall 和 Lindzey, 1978)的理论性体系,将精神分析、行为主义、特质理论、人本主义、认知理论和生物学理论这六大人格理论派别组合在一起。

这是人格心理学的一种传统体系，人们通常将这种体系称为"人格理论"，也有人辅以人格测评等内容而直接构成"人格心理学"。此类教科书不胜枚举，也是国内外广为熟悉的人格心理学体系。但随着专题研究的发展，这种架构越来越不能吸纳、组织和整合人格心理学领域不断涌现的新的研究成果。

视角—视角型架构（perspective-by-perspective frameworks）

这种架构以大理论整合专题研究，是一种**大视野型架构**（big perspectives frameworks）（Mayer，2005），其基本形态是"理论—研究—理论—研究……"。这种架构将人格理论视作本学科的不同范式（paradigm）、取向（approach）或视角（perspective），或将不同的大理论视为对人格心理学的不同层面（level or aspect）的探索，试图将不同取向的理论和研究整合起来，但仍以理论流派为线索。这种架构虽然在一定程度上整合了专题研究成果，但整个架构还是建立在"大理论"之上，割裂了研究专题之间的联系。研究成果不仅没有被很好地整合到理论体系之下，反而被切割得支离破碎。所呈现的问题研究成果是片段的、相互孤立的，并且只是大理论的派生物或附属物。已有中译本的伯格（Burger）著的《人格心理学》教科书就是这一架构的典型代表之一（郭永玉，2005）。

理论—研究型架构（theory-research frameworks）

这种架构是**大理论加上问题研究**（grand theories plus research topics），打破了以人格理论流派为写作提纲的传统人格心理学学科体系，主张将专题研究成果及时地组织、吸纳和整合到人格心理学学科体系之中。这种架构打破了大理论统整一切的局面，避免了将丰富的研究成果分割开来填塞到不同学派或取向之下的尴尬，为问题研究及其成果被组织、吸纳和整合到相应的学科体系中争得了空间。但这种体系主要由两大块组成，二者之间的联系问题难解决，而且仍以大理论为主，只能涉及少数几个研究主题，难以将众多的主题纳入其中。

问题中心型架构（problem-centered frameworks）

这是一种**研究主题型架构**（research topics frameworks）。这种学科体系架构是颠覆性的，完全抛开传统的大理论或让这些理论服务于具体问题的解决的模式，以研究主题为核心，按照一定的逻辑结构将学科内容组织起来。这种架构给人以耳目一新的印象，代表着人格心理学体系建构的新趋势（郭永玉，2005）。目前，有关这种学科体系的建构仍在探索之中，国内外的很多人格心理学家都致力于完善这样一种新的学科体系，来建构一个更具完整性、准确性、一致性和系统性的人格心理学。

这四种学科架构被广泛地运用于人格心理学教学，对人格心理学知识体系的整合和传播起了重要作用。目前，新兴的架构正在迅猛发展，其中最有代表性的是：麦克亚当斯（McAdams）的"人格房子"（the house of personality）模型，迈耶（Mayer）的人格系统化架构(system framework for personality)模型,麦克雷和科斯塔(Costa)的五因素人格理论(Five Factor Theory of Personality)模型和克洛宁格(Cloninger)的人格"描述—动力—发展"("3D")模型等(McAdams, 1995; Mayer, 2003; McCrae 和 Costa, 1999; Cloninger, 1996)。下面简要介绍这几种新型的人格心理学架构。

1.2.3 学科整合的新动向

麦克亚当斯的"人格房子"模型

麦克亚当斯把人格心理学划分为三个层次:第一层由去情境化的**特质**(traits)单元构成。特质是行为的显著性倾向,属于对人格的最基本的描述。仅仅知道一个人在特质测验上的得分并不意味着你了解这个人,或者说你对于他(她)的了解还是很表面的,他(她)对于你还是陌生的,因此特质心理学被称为"陌生人的心理学"(psychology of stranger)。第二层是**个人关注**(personal concerns),描述个体在特定的时间、地点、身份等情境下的**个人奋斗**(personal strivings)、**生活任务**(life tasks)、防御机制、应对策略等大量有关人格动机和策略等方面的建构。知道了一个人在不同情境下的动机、关切和策略,你就进一步了解他(她)了,因此有关这一层面的研究被称为"逐渐了解某个人"(getting to know someone)的心理学。第三层是**人生叙事**(life narratives)。这一层更多地只与成人相关,因为对人格的全面把握需要去探究个体一生中如何将自我个性化,如何形成认同;需要去寻觅生命的目标和意义。人生叙事用人生故事的方法,让我们获得"特定他人的私密性知识"(intimate knowledge of the other)。麦克亚当斯的人格三层次模型逐层递进,在形式上呈现出来的好似一座房子(图 1.1),因而这一模型又被称作**"人格房子"**(the house of personality)(McAdams, 1996)。

图 1.1 麦克亚当斯的"人格房子"模型

来源:McAdams, 1996.

迈耶的人格系统化架构模型

迈耶提出了人格心理学的系统化架构,指出人格心理学的四个核心问题是:人格界定(personality identification)、人格成分(personality components)、人格组织

(personality organization)和人格发展(personality development)。他从内—外(internal-external)、分子—摩尔(molecular-molar)、机体—建构(organismic-constructed)和时间(time)四个维度对人格变量进行了分类,并进一步提出应该根据人格变量不同的数据类型采取不同的研究方法进行研究(Mayer, 2004)。他还特别就人格成分、人格组织和人格动力提出了人格系统模型(the system set)。迈耶认为人格主要由四个部分构成:(1)能量单元(energy lattice),包括动机和情绪及其交互作用;(2)知识网络(knowledge works),包括心理对自我和外部世界的模型以及认知机制等;(3)角色扮演(role player),包括行为表现、社会角色与社会行为以及运动机制等;(4)执行意识(executive consciousness),包括意识机制和自我控制机制等,这个部分是人格系统的最高层,能够监控和管理其他的人格部分。如图1.2所示。

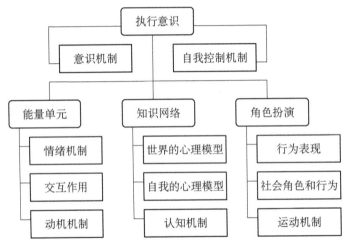

图1.2 迈耶的人格系统化架构模型
来源:Mayer, 2003.

麦克雷和科斯塔的"FFT"模型

麦克雷和科斯塔从人格特质取向出发提出了著名的五因素模型(Five-Factor Model, FFM),继而成为特质取向在当代的代表人物(尤瑾,郭永玉,2007)。值得注意的是,这里所指的**五因素人格理论**(Five-Factor Theory of Personality, FFT),尽管也是由麦克雷和科斯塔所提出,但却并不等同于人格特质的五因素模型(FFM)。五因素模型包括外向性(Extraversion)、神经质(Neuroticis)、开放性(Openness)、随和性(Agreeableness)、尽责性(Conscientiousness)五种因素。而五因素人格理论,则是麦克雷和科斯塔提出的关于人格心理学所涉及的五种人格变量的分类,并由此建构的人格心理学知识架构模型:(1)基本行为倾向(basic tendencies),包括个体的先天遗传倾向、生理特征、生理驱力、人格特质、认知能力和心理障碍易发点等;(2)特异性适应(characteristic adaptations),即胜任感、态度、信仰、目标和人际适应等;(3)自我概念(self-concept),即自我、认同和自我叙述的人生故事等;(4)客观传记(objective biography),即一个人真实的生命过程;(5)外部影响因素(external influences),即发展、历史、文化、特殊情境和社会影响等(McCrae 和 Costa, 1999)。

克洛宁格的人格"3D"模型(3D Model)

克洛宁格提出了人格的**"3D"模型**:(1)人格描述(personality description),这是讨论人格所有问题的基础,包括人格特质的概念和模型、个体差异和群体差异;(2)人格动力(personality dynamics),即人类行为背后的动因,包括心理动力学说、动机、环境适应、自我;(3)人格发展(personality development),即人格随时间发展的历史进程和影响因素,包括跨时间的差异性和一致性、人格的生物学基础、社会任务以及人格的文化背景。整个模型以研究主题为线索,从生物化学到文化制度,从无意识的直觉表象到有意识的逻辑推理,从单个个体到社会群体,把影响人格的多层面经验及其交互作用融合在一起。克洛宁格以对人格的描述性模型开始,深入讨论了影响人格的所有重要因素,将实证研究与传统理论流派有机地结合在研究主题的探讨之中,立体化、系统化地呈现了现代人格心理学所涵盖的研究主题、理论渊源和研究方法(Cloninger, 1996)。

几种新型人格心理学架构的比较

如表1.2所示,这几种"问题中心"型人格心理学架构各有优劣。麦克亚当斯的"人格房子"模型,架构简洁,层次分明,得到了很多心理学家的认同和支持(例如,Emmons, 1995; Little, 2000)。但这种体系架构内容略显单薄,不能涵盖现有人格心理学的全部研究主题。此外,支持这一架构模型的心理学家大多是"个人关注"或"人生叙事"中某些"小理论"的倡导者,缺乏足够的影响力。迈耶的人格系统化架构模型,从对人格的界定开始,系统地构建了人格组织和人格动力,并以人格数据的分类作为支持,整个模型显得详尽而周全。但这种过于庞杂和深奥的架构体系也受到了许多心理学家的质疑,因而没有被广泛接纳(例如,Funder, 1998; Hogan, 1998)。再者,这种试图通过整合人格心理学来整合整个心理学的思路是否适合于现阶段人格心理学的发展程度也值得商榷,因为现阶段人格心理学的发展水平还不具有整合整个心理学的能力。至于麦克雷和科斯塔的"FFT"模型,虽然也尽力体现了现有人格心理学学科发展的内容和趋势,但由于其明显的特质取向痕迹,侧重于对人格的描述而较为忽视人格动力机制的揭示。相比而言,克洛宁格的人格心理学"3D"模型则显得更为完备一些。因为其他三种体系架构模型几乎都能被纳入"3D"模型,人格特质、人格成分、动机、情绪、人生叙事等内容都可以体现在人格描述、人格动力和人格发展之中。不足的是,克洛宁格的"3D"之间缺乏更为充分的联系和逻辑支持,她本人并没有对人格心理学的架构这一核心问题做出清晰而完整的阐述,只是按照这一思路编写出了教科书。因而,我们有必要对克洛宁格的人格"3D"进行补充。

表 1.2　几种人格心理学知识架构

"人格房子"模型 (麦克亚当斯)	人格系统化架构模型 (迈耶)	"FFT"模型 (麦克雷和科斯塔)	"3D"模型 (克洛宁格)
人格特质 个人关注 人生叙事	人格界定 人格成分 人格组织 人格发展	基本行为倾向 特异性适应 自我概念 客观传记 外部影响因素	人格描述 人格动力 人格发展

1.2.4　"3D"修正模型

为了建构一个更为完整合理的人格心理学知识架构,我们必须回到人格心理学最基本的问题上来。首先,关于人格的定义,即什么是人格。回顾奥尔波特对人格的定义,人格是指决定着个人特有的思想和行为的个人内在的心理生理系统的动力组织(Allport, 1937)。再到当代学者珀文对人格的定义,人格是为个人的生活提供方向和模式(一致性)的认知、情感和行为的复杂组织,和身体一样,人格包含结构和过程两个方面,并体现着个人的天性(基因)和教养(经验)。此外,人格还包含过去的影响及对现在和未来的建构(Pervin, 2001, 2003)。可以看出对于人格的定义需要包括以下五个方面的内容:(1)人格是指一个人外在的行为模式,即个人与环境(特别是社会环境)的互动方式。(2)人格是指一个人内在的动力组织,包括稳定的动机,习惯性的情感体验方式和思维方式以及稳定的态度、信念和价值观等。正是一个人内部的动力组织决定了其外在的行为模式。(3)人格就是这样一种蕴蓄于内、形诸于外的统一体,这种统一体往往由一些特质(traits)所构成。(4)动力组织与行为模式的统一体意味着人格具有整体性、稳定性、复杂性和独特性等特点。(5)人格既是各种交互作用的结果,也是各种交互作用的过程。这里所说的各种交互作用,包括身体与心理之间、心理与环境(特别是社会文化)之间、天性与教养之间、成熟与学习之间、思想—感情—行为之间、过去—现在—未来之间复杂的交互作用。结合中国人的表达习惯,我们认为,人格是个人在各种交互作用过程中形成的内在动力组织和相应行为模式的统一体(郭永玉,2005)。

其次,关于人格心理学的研究对象。人格心理学的研究对象是作为整体的人。人格心理学家大体从三个层面分析一个人:第一,人性的层面(the human nature level),即一个人首先是人,与所有人相似(like all others);第二,个体差异和群体差异的层面(the level of individual and group differences),即一个人与部分他人是相似的(like some others),个体之间的差异仅仅是程度的差异,如外向的程度不同而已,并且一个人与其所在群体的其他成员具有相似性,但与其他群体的成员明显不同;第三,个人独特性的层面(the individual uniqueness level),即一个人不同于任何人(like no others)、唯一、不可重复、不可替代的特征(Kluckhohn & Murray, 1953)。

最后,人格心理学的学科目的与其他心理学分支一样,都寻求准确的描述,合理的解释,有效的预测和控制。

人格的定义、人格心理学的研究对象和研究目的是对该学科知识进行整合的理论基础。在此基础上,我们综合四种新的人格心理学架构模型,尝试对克洛宁格的"3D"模型进行如下修正。首先,第一个"D",克洛宁格命名为人格描述(Description),这种命名有待商榷。因为对研究对象的"描述"正是学科任务之一,"描述"的主体是研究者,而不是人格。鉴于这一层面所呈现的知识大多属于那些外显的或易于测量的人格变量的研究,我们认为应该把第一个"D"改为"人格表现"(Demonstration)①。"表现"的主体才是人格,这样也与人格动力和人格发展的表述一致。这就是说,人格心理学知识架构的第一部分是关于人格表现的知识。"Demonstration"意为:(1)证明、论证;(2)示范、解释;(3)集会、游行;(4)表现、实例(《牛津高阶英汉双解词典(第6版)》,2004, p.382)。牛津词典的这四种含义恰恰是人格心理学学科架构第一部分所需要完成的任务:(1)对人格的论证;(2)示范和解释什么是人格;(3)罗列并集中呈现所有外显的人格维度;(4)归纳人格表现,提出人格结构。这四种含义又以第四种"表现"最为概括、形象,也最便于理解和记忆。这一部分的内容基本与Cloninger的人格描述部分一致,即人格的界定、人格特质、个体与群体差异、人格结构。将人格结构置于这一部分,是因为这样做符合对人格的描述从差异性到共性、从具体到抽象的逻辑关系。同时,人格结构本身包含描述性结构和动力性结构,这样也便于从第一层人格表现自然过渡到第二层人格动力(Cervone, 2005)。

其次,第二个"D"即人格动力(Dynamics),考虑到对人格动力的研究从被动性向主动性发展的趋势,需要对克洛宁格的原有内容加以补充和完善。传统的人格动力研究由于受弗洛伊德的影响,强调人是受动体,而人格的意动心理学(conative psychology)强调个体作为行为主体的主动性,关注个人目标、动因等内容的研究。情感(情绪)作为人格思想—感情—行为交互作用的关键一环,越来越受到人格心理

---

① 现在看来,这里用"人格特质"(Disposition)更好。在一些英文版教材中,如Larsen和Buss(2010)、Carver和Scheier(2004)等,都是将"disposition"作为人格特质(trait)领域的标题概念,在这种语境中,可以将"disposition"理解为"trait"的更为概括或抽象的表达。

学家的重视,理应作为人格动力的重要内容之一。同时,归因这种认知活动既影响动机,也影响情绪。因而,这一层的内容包括:动机、情绪、意动、归因和对环境的适应。

最后一个"D"即人格发展(Development),与克洛宁格原有内容相比,应该更准确地体现人格在时间维度上的变化和发展,从遗传、生理和进化等生物学因素,到依恋关系,再到成人人格。这样的修正一方面涵盖现有人格理论对人格发展阶段的划分,另一方面也将具体的人格研究主题融入人格的发展历程,如养育方式、依恋、特质稳定性与可变性等影响人格形成和发展的各种遗传—生物—生理因素和环境—学习—经验因素。此外,人格发展的核心命题就是有关"self"的理论和概念。人格发展的目的对于个体自身来说是不断寻找和发现"self",对于他人的"self"来说就是从陌生到熟稔。有关"self"的理论和概念包括自我概念(self-concept)、自我控制(self-control)、自尊(self-esteem)、自我效能(self-efficacy)、自我评价(self-evaluation)、自我决断(self-determination)等。虽然它们各自之间存在差别,但也具备一定的相似之处,且在形式上都满足"self-x"的结构,可以从时间、功能等多方面予以整合。"self-x"也是人格心理学各种学术期刊中出现频率最高的关键词(Endler & Speer, 1998)。将所有有关"self"的内容整合在一起,纳入人格发展范畴的理由是,"self"本身就是一个发展的概念,关于"self"的理论和研究体现在不同的人格发展阶段之中。尽管关于"self"的一些理论也能解释人格动力,但总体来说,有关"self"的理论和研究是人格心理学中最具整合性、最具综合性、最具持续性的命题。因此,把有关"self"的内容提升到人格发展这一层面才能更好地体现人格发展的内容、方式和目的,也更能凸显"self"在整个学科体系中的重要地位。

综上所述,我们对克洛宁格的人格"3D"模型进行完善和补充,得出了人格"3D"修正模型:人格表现(Demonstration)、人格动力(Dynamics)和人格发展(Development)。具体内容如下:(1)人格表现,即对体现于外显行为的人格进行描述的知识。内容包括人格特质、个体差异和群体差异以及人格结构,所涉及的人格变量大多属于静态。(2)人格动力,即探寻人格表现之后的原因和动力。内容包括人格的本能机制、心理动力学、动机、情绪、意动心理学、归因和对环境的适应。这部分所涉及的人格变量大多属于动态,时间跨度较大。(3)人格发展,即体现在人生历程中的人格发展和变化。内容包括行为遗传学、客体关系理论、人格发展阶段、依恋理论、成人人格与老龄化、人生叙事、文化背景以及自我。这部分所涉及的人格变量具有更长的时间跨度,持续性更强。

如果按照上述思路写成一本人格心理学教材,可以方便地将人格研究方法融进每一个研究主题的探讨之中。修订后的人格"3D"模型,更加凸现了以人格研究主题为核心的架构线索。一方面,"3D"每一个独立的层次所包含的内容由浅入深、由具体到抽象;另一方面,"3D"诸层之间也逐步递进、紧密联系。整个模型从人性的共同性到个体的唯一性,从外到内,从静态到动态,连贯有序,涵盖了当代人格心理学的研究领域,体现了这个学科的发展历程和趋势,更有利于对人格心理学的学习、理解和运用,也更加适合人格心理学的教学。

但这种彻底的问题中心架构还是未能整合各大重要的人格理论,目前也很难完全按范畴或问题设计出一种架构,同时将各大理论和重要专题研究整合起来。在这种现状下,完全抛弃大理论可能背离人格心理学从整体上把握人性及其差异的宗旨。经验研究注重分析,理论建构注重概括。在经验研究越来越深入的同时,理论的提炼和整合也十分迫切,而传统的大理论恰好提供了理论概括的思想基础。于是,我们认为将第三和第四两种架构结合起来考虑不失为一种策略,即保留大理论传统,并从大理论开始叙述,但这种叙述是高度概括的、简略的,以各大传统的开创者为主,在随后的问题探讨中再回到这些理论传统并对其加以展开。这种做法西方也有,如恩德勒和斯皮尔(Endler and Speer,1998),但西方的这种同类架构中大理论所占篇幅还是太多了一些,问题研究部分的内容选择和组织也很难令人满意。与西方作者不同,我们以大理论加上三大主题(理论加3D,或"T & 3D")为基本单元来组织人格心理学的知识具有理论上和经验研究上的依据,也就能体现逻辑和历史的统一。它与前文所述第三种即理论—研究型架构的不同之处在于,理论从主要内容变为背景或纲领,充分整合第四种即问题中心架构并使其占据绝大部分的篇幅。因此,我们可以将"理论加3D"的思路视为第五种方案(见表1.3和图1.3)。

表1.3 人格"3D"修正模型

	主要内容	人格变量
人格表现	人格特质、个体差异、群体差异、人格结构	静态
人格动力	生物学机制、心理动力学、动机、情绪、意动心理学、归因、对环境的适应	动态 时间跨度较大
人格发展	行为遗传学、客体关系理论、人格发展阶段、依恋理论、成人人格与老龄化、人生叙事、人格与文化、自我	动态 时间跨度更大

1.2.5 结语

一个学科的体系架构就是为了对该学科的学术领域有一个提纲挈领的认识,并把重要的学科内容有效地组织在一起。如今的人格心理学恰恰缺乏一种整合的、一致认可的学科架构,而缺乏一个明确的学科架构必然无法将人格心理学中的理论流派、研究主题、研究方法和新兴研究发现等内容组织在一起。这一现状极大地限制了

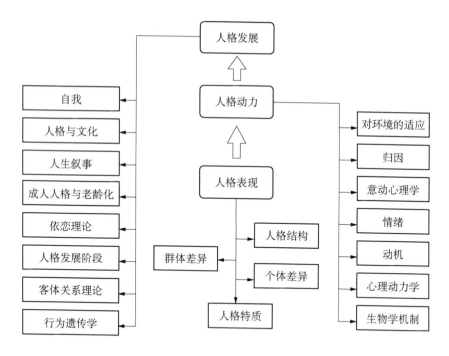

图 1.3 人格"3D"修正模型

人格心理学的学习、研究和教学工作,也不利于人格心理学的学科形象,几乎将整个人格心理学推向末路(Mayer, 2005)。为了探寻一个能够完整体现现代人格心理学内容、方法和发展趋势的学科架构,许多心理学家进行了深入的思考,提出了更具整合性的人格心理学架构模型,从早期的理论—理论型架构到视角—视角型架构,再从理论—研究型架构到正在兴起的问题中心型架构,人格心理学体系架构经过了一条漫长的整合之路。当前,又以麦克亚当斯的"人格房子"模型、迈耶的人格系统化架构模型、麦克雷和科斯塔的"FFT"模型以及克洛宁格的"3D"模型这四种问题中心型架构最具影响力。这四种知识架构都以人格主题研究为线索呈现了人格心理学这一学术领域,却也有各自的不足之处。比较起来,人格"3D"模型较为合理、完善。我们依据学科发展的趋势,针对克洛宁格原有人格"3D"模型的不足之处,提出了修正后的人格"理论加3D"模型:以各大理论作为背景和纲领开始叙述,再深入探讨人格表现、人格动力和人格发展。当然,一个完整、准确的学科体系是不能一蹴而就的,迈耶从1993 年提出人格系统化架构模型后,每隔三五年就会予以修正完善(Mayer, 1993, 1998, 2004, 2005);麦克亚当斯近期也将人格的生物学基础和社会文化情境等内容"装修"进了"人格房子"(McAdams 和 Pals, 2006)。因此,一种好的学科架构应该是开放的、发展的、可以不断自我完善的。

1.3 人格研究的三种范式[①]

自从奥尔波特(Allport,1937)将人格心理学界定为对个体人的科学研究,人格心理学家一直将整体的人作为研究对象;它关心人性问题,既关心人的共同性(human nature),也关心个体差异(individual differences)(Hogan, Harkness,和 Lubinski, 2000)。在对人性的分析过程中,先后出现过三种不同的研究范式:特质研究、动机研究和叙事研究,分别回答人格的"所有"(having)、"所为"(doing)与"所成"(becoming)。人格特质研究对应的就是人格的"所有",回答人格"是"什么的问题。人格动机研究对应的就是人格的"所为",回答人格"做"什么的问题(Cantor, 1990)。此外,麦克亚当斯(1996)认为,20世纪90年代之后,人格心理学领域出现了第三种研究范式,即叙事研究。该研究范式从人生故事的角度对人格进行研究,试图回答人格是如何形成的,即人格的发展过程问题,并试图整合这三种范式。

1.3.1 人格特质研究

奥尔波特(Allport,1937, p.295)认为**特质**(traits)是人格的基本单元,是一个宽泛的、聚焦的神经生理系统;它使许多刺激在机能上等值,能够激发和引导形式一致(等同)的适应性行为和表现性行为。卡特尔(Cattell,1957)与奥尔波特一样,视特质为人格的基本元素,认为特质决定个体在给定情境下将作出何种反应,使个体行为具有跨时间的稳定性和跨情境的一致性,能对行为起决定和预测作用。第一种定义强调了特质存在生物基础,第二种定义指出了特质的倾向性性质。当代大多数人格心理学家都倾向于认同作为描述人格基本结构的单元,特质所标识的是那些一致的、相互关联的行为模式和可辨别的、稳定的个体差异。这表明,首先,人格是一种结构化的系统,个体以此来组织自身,并适应周围的世界。这一系统是个人内部的,而不是环境塑造或者强加的。其次,人格具有跨时间的稳定性。在人的一生中,人格可能有很多"改变",但是有些发展的线索似乎是始终保持稳定的,比如,一个人的童年和青年似乎是相连贯的。第三,个体具有跨情境的一致性。尽管具体的行为可能会因不同的情境而发生改变,然而"我是谁"以及"我知觉这个世界的方式"则是保持一致的(McAdams, 2008)。

自奥尔波特提出了人格结构的初步构想开始,特质理论家有一个共同的目标就

[①] 本节基于如下工作改写而成:郭永玉,胡小勇.(2015).特质、动机、叙事:人格研究的三种范式及其整合.心理科学.38(3):521—528. 撰稿人:郭永玉、胡小勇。

是确定普遍的人格结构。那么到底有多少特质存在呢？奥尔波特等人翻阅英语词典，找出了 17 953 个与人格相关的词语，并尝试对这些词语分类，试图找出描述人格的单元，并最终确定 4 500 个与相对稳定的持久特质有关的词语（Allport 和 Odbert，1936）。随后，众多的研究者以此为资料或者沿袭奥尔波特的思路，就基本特质的数量、本质、组织方式展开探索。例如，卡特尔提出了 16 种根源特质，艾森克确定了三个人格维度，其他研究者也各自提出自己的人格结构。但是他们始终没有达成共识，特质研究也因此陷入困境。直到"大五"结构和五因素模型出现，特质心理学才得以复苏。研究者们发现，有五个独立的因素反复出现在不同的研究中，许多不同的倾向性特质被划分为五个类别就足以描述个体。这五个因素是：开放性（O）、责任心（C）、外向性（E）、随和性（A）和神经质（N）（Costa 和 McCrae, 1985; Goldberg, 1990; John 和 Srivastava, 1999; Wiggins 和 Trapnell, 1997）。其实特质论的支持者早就宣布过："一个高度稳定的人格结构得以确立了。"（Norman, 1963）人格心理学家们在五因素人格模型上达成了一致（尤瑾，郭永玉，2007）。它为描述人格提供了一个整合性的参考框架，并很快被人格心理学领域内外所接受。对于大部分人格心理学家而言，特质就是人格的主要元素，甚至是唯一的元素（Buss, 1989）。

特质理论家的一个主要任务是在标准化情境中，通过比较受测者和其他人的得分，来确定这个人在一个或者多个维度（如焦虑）上的位置。特质研究者不注重查明行为机制，而是关注描述人格和预测行为，尤其是预测那些得分处在特质连续体上某一点的人一般会表现出什么行为。因此，特质主要回答人格"是"什么这一问题，即人格的"所有"层面。这是分类学上的一个重要的进步，我们可以在一些稳定和重要的维度上说人是不同的。很长一段时间里，特质心理学成为人格心理学中的优势取向，但特质理论有其自身的局限性。首先，特质心理学并没能提供一个完整的人格理论。戈德伯格（Goldberg, 1993）认为，五因素人格模型并没有企图成为一个全面的人格理论，它关注更多的是个体差异的描述。更为重要的是，虽然今天大部分特质理论家承认了情境对人的行为具有重要的影响作用，但特质研究并没有很好地把情境因素纳入自己的研究过程中。缺少了情境因素的特质评定，似乎更适合用来了解陌生人。如戈德伯格（Goldberg, 1981）指出，通过提供这个人在一些线性维度上的相对位置，特质评定能够可信而有效地提供对人的第一解读。另外，特质描述具有的三个重要优点：可描述性、非情境性和可比较性，这些同样也是其局限性。因为当人们相互熟悉的时候，他们就开始寻找高度情境性的、非比较性的和背景性的信息。要在第一解读的基础上进一步了解一个人，必须深入到解释性、功能性、动力性的层面，而不能停留在描述性、结构性、特质性的层面。由此可见，特质单元不足以解释全部的人格现象，描述人格的另一取向——动机研究的力量日益彰显出来。

1.3.2 人格动机研究

动机是指促使个体去从事某种活动的内在原因。**人格动机**(personality motivation)是个体长期起作用的、概括性的从事某种活动的内在原因,不限于某一特定目标,通常不随情境的改变而改变,与一个人的人生目标和价值取向密切相关,如求知动机、审美动机、成就动机、权力动机、亲和动机等。它是与由诱因和驱力激发起来的情境动机(situational motivation)相区别的。人格动机是比特质更深层的东西。如果特质倾向构成了人格的第一层,那么动机和目标则处于人格的第二层;如果特质研究考察的是人格的结构,那么动机研究考察的就是人格的功能;如果特质研究回答的是人格"是"什么这一问题,那么动机研究回答的是人格"做"什么的问题;如果特质研究处于描述人的层面,那么动机研究处于解释人的层面(Cantor, 1990)。动机是人格心理学的核心概念,动力学的关注是人格心理学的标志性特征。特质概念对于理解人格只是初步的,要深入理解人格,就要深入到人的动力层面(Allport, 1937)。

虽然动机研究有着深远的历史渊源,但心理学家对动机的关注却是在20世纪初期的事。20世纪初,本能论者试图通过对动物本能行为(McDougall, 1908)或人的潜意识行为(Freud, 1915/1957)的分析来解释人类全部的行为。而后驱力论者(Hull, 1943)提出个体的行为起于驱力,如果行为结果导致驱力降低,那么之后同样的驱力就会引起同样的行为反应。该理论掀起了20世纪30—50年代动机研究的第一次高潮,同样也引起人们在动机问题上更多的争论。心理学家逐渐认识到,只依靠驱力无法对人类行为做出充分合理的解释,因为它对人类行为的动力解释是从消极方面(即缓解紧张)着手的。需要理论的解释力相对而言更大。该理论从需要的角度来具体阐明人类行为的源泉和动力,包括默里(Murray, 1938)的需要—压力理论和马斯洛(Maslow, 1968)的需求层次理论。由默里(Murray, 1938)开创而后由麦克莱兰(McClelland, 1985)发展起来的动机研究,深入探讨了三种重要的社会性动机:成就动机、权力动机和亲密动机。这些动机在个体身上可以看到明显的差异,因此我们可以将它们视为人格性动机。通过分析人们在进行主题统觉测验(TAT)中想象出的故事的内容,就可以测量出在这三种动机中存在的个体差异。研究结果证明了三种动机与个人社交行为特征、事业奋斗、领导能力、人际关系、自我建构、心理调节和健康等之间的重要关系。

而20世纪60年代以来,随着认知心理学的兴起,认知的观点逐步介入到动机的研究中,先后形成了期待价值理论、归因理论、自我效能论等有关动机的认知理论。尽管这些理论之间存在着较大的差异,但是它们有一个共同点:行为的动机都被视为一个单一的、完整的概念,只是在量(quantity)上存在差异,而不是在质(quality)上存在差异。动机的核心被认为是个体在从事某行为时所具有的动机的量的多少,在对行为的结果进行预测的时候,动机的质是不被考虑的。尽管后来有研究者将动机区分为内部动机和外部动机,但仍然只是把它们当作补充,认为在对行为进行预测时,动机的量才是关键的,动机的量越多,才越可能导致所期望的行为结果(Deci & Ryan, 2008)。而后,一种新的动机认知理论——德西和瑞安的**自我决定论**(self-determination theory, SDT)认为,对个体行为的结果进行预测时动机的质才是更为关键的。该理论和其他动机认知理论最主要的一个差异是,SDT 关注的是某个特定情景中的个体动机的质,而不是动机的量。依据动机不同的性质,SDT 将动机区分为**自主动机**(autonomous motivation)和**受控动机**(controlled motivation)两大类型,而自主动机又包括**内部调节**(intrinsic regulation)、**整合调节**(integrated regulation)和**认同调节**(identified regulation)三种具体的动机形式;受控动机则包括**外部调节**(external regulation)、**内摄调节**(introjected regulation)两种具体的动机形式(Ratelle, Guay, Vallerand, Larose, 和 Senécal, 2007; Vansteenkiste 和 Sheldon, 2006)。SDT 认为相较于动机的量,这些不同类型的动机对结果变量的预测力更强(Gagné 和 Deci, 2005; Baumeister 和 Vohs, 2007)。

到了 20 世纪 80 年代,认知革命在不断地演进,从"冷"认知演变到关注认知与动机、情感之间关系的"热"认知,与此紧密相连。动机目标理论悄然兴起,并逐渐成为动机研究领域中的一股强劲势力。从定义上讲,动机是行为的原因,目标是行为的结果。但人是有意识的,意识到的目标实际上就是动机。如果将动机区分为"推"(push)的动机和"拉"(pull)的动机,那么目标就属于"拉"的动机。建立在詹姆斯(James)、麦克杜格尔(McDougall)、德国意志心理学以及行为主义者们所提出的目标及目标定向行为理论的基础上,当代目标研究者们提出了大量不同的关于目标以及目标定向行为的理论和观点。为了尽可能将这些不同的观点给呈现出来,从相似性出发,可以将其归为三类:一是目标内容理论。该理论尝试用个体所设定的具体目标来解释为什么不同目标定向行为导致不同的结果,研究者假设目标内容的差异能显著地影响个体的行为(Deci 和 Ryan, 2000; 胡小勇, 郭永玉, 2008)。二是目标追求过程中的自我调节理论。该理论关注于人们如何克服实施目标过程中遇到的问题,尝试解释自我调节策略在目标对行为影响过程中的作用(Gollwitzer 和 Moskowitz, 1996)。前者致力于回答人们追求什么样的目标,后者致力于回答人们如何有效地追求目标。三是目标单元,包括当前关注(Klinger, 1975)、个人计划(Little, 1983; 1993)、生活任务(Cantor, 1990)、个人奋斗(Emmons, 1986)等。尽管意义上各有侧重,但它们拥有最基本的共同之处,即它们都注重目标导向的行为,认为个体行为是围绕着对目标的追求而组织起来的。目标单元被视为是个人特征与情境交互作用的结果,它在对行为的评价中兼顾了评估情境影响的作用,并为人格的测量与评价提供了新的方法与标准。目标单元的研究包含了行为的时间、地点、角色等情境因素。"情境中的个人",可以用来理解个体不一致的行为(Little,1999)。

目标理论把动机概念置于人格心理学家所关注的领域的中心地位。它认为,要了解人类行为,特别是要理解其模式化的、组织的、有指向性的性质,就必须考察其动机。目标理论以其独特的视角,将导致行为的情感因素、动机力量与认知过程有机结合起来,成为动机研究领域中的一股强劲势力。该理论关注的是目的性的、目标指向的行为,认为个体的行为是围绕着目标追求而组织起来的,人是一个组织化的目标系统。目标概念的出现是令人欣喜的,因为目标具有将认知、情感、动机和行为联系起来的功能,具有整合人格并使行为组织化、模式化的功能。目标理论更明确地突显出动机的意志功能,使我们更有理由认为人格心理学中的动机研究也可以被视为对人格意志功能的研究,这样当代的人格心理学体系又与传统心理学的知、情、意三分法不谋而合。对动机的探索是心理学为人性研究所作的重要贡献之一。不同的动机理论从不同的层面加深了人们对人性的了解。一般说来,动机被认为是人格连续性的来源,赋予行为以意义的力量。与特质取向相比,动机取向将人格"做"什么作为自己研究的出发点,并致力于解释和功能分析。也就是说,它试图阐述人格的"所有"是凭借何种机制转换为不同情境和时间下的具体行为,并用交互作用的观点来考虑人与情境的关系。但是,动机的来源何在?为什么面对相同的情境,人与人之间的动机不同、目标不同?这就要深入到个人的生命历程——人生叙事,即人格研究的第三种范式。

1.3.3 人格叙事研究

人格的叙事研究范式认为人们通过故事来筛选和理解其自身的经验,就像小说家用情节、场景和人物来解释人的行为和经历。这种途径可以更好地理解和解释人们的意图和欲望如何转变成行为,以及这些行为长期以来又是如何得以表现的。人生故事充满着个体对生活经验的体验、表达和理解,具有建构自我和让他人认识自我的双重作用。当人们建构人生故事并把它叙述出来时,也就是在体验个体生命进程和表达个人的内心世界。因此,对那些讲述人生故事的人来说,这是一种人格的重构过程。在这个过程中,个人重整了自身的经验,把片段的情节组织成完整的故事,从而使隐藏在情节后的意义显现出来。由此,我们就不难理解研究人生故事为什么会对于我们了解个人的人格有如此重要的意义(McAdams,1993,1996)。

叙事心理学家发展出了不同的人格叙事理论,包括汤姆金斯(Tomkins)的剧本理论、麦克亚当斯的同一性人生故事模型理论、赫门斯(Hermans)的对话自我理论等,试图从不同角度来说明人们如何用故事讲述人生,进而探析人格。用叙事范式探讨人格的先驱者是汤姆金斯,其剧本理论将叙事置于人格的中心地位,且认为通过心理放大这一过程,人们把情感主宰的各个场景组织成人生的剧本,从而为他们的人生寻求一种叙事秩序,将以往纷乱复杂的事件融合到一个连贯的有意义的人生故事当中。人格叙事研究的集大成者麦克亚当斯(McAdams,1995)则建构了以人生故事为核心的同一性人生故事模型,认为人们从青少年期和成年早期开始会面临一个重大的挑战,即需要建构一个能赋予自身生活一贯性、目的性和意义性的自我。而后赫门斯提出了叙事研究的对话自我理论,认为自我就好像是一部"多声部的小说",不单只有一个作者,而是有许多不同作者的声音表达不同的观点,每一种声音也都代表了它自己统一的世界。麦克亚当斯看到的是一个故事的讲述者,他讲述了一个具有不同侧面的人生经历,也可以说拥有许多个无意识意象。而赫门斯则看到了许许多多的故事讲述者,并且每一个都对应着故事本身的一个特征。

如何通过人生故事来了解一个人的人格呢?尽管每一个人生故事都是独一无二的,但仍然有一些共同的维度可以用来对个体的人生故事进行研究和比较,进而从人生故事中去了解一个人的人格。关于人生故事的分析,无外乎就是考察叙述者讲述了什么(What)——故事的内容,以及如何来讲述的(How)——故事的形式。关于故事内容的分析,研究者大多是从故事的主题和讲述时所用的语言种类或者频次来考察人格;关于故事形式的分析,则可以对叙事语调、叙事结构的复杂性、叙事故事的类型进行研究。例如,研究者们利用人生故事中的中心主题线索(thematic lines)展开对人格的分析。中心主题线索是指人生故事中的人物一直想要得到的、渴望得到的或者避免得到的东西(McAdams, 1985)。在许多人生故事里,人物都不断尝试去追求各种形式的权力和爱。麦克亚当斯认为中心主题线索在很大程度上反映了Bakan(1966)所提到的在所有生命过程中存在的两种基本形态——**能量**(agency,又译为"能动",可理解为"主动性")和**交流**(communion,又译为"共生",可理解为"亲和性")。能量涉及权力、成就、独立和自我扩展等主题,包括个体为扩展、维护、完善和保护自我,以及将自我与他人相区分,并控制自我所处的环境等所付出的一切努力。从人格特质角度来看,能量更多表现了支配性和外倾性,而从动机角度,则又反映了成就动机和权力动机。交流则体现了个体想要与他人融合,与他人建立爱、亲密、友情及沟通等各种联系所做出的努力。它表现了随和性的人格特质,并反映了人的亲和动机。

随后,研究者们又发展出了对人生故事的主题进行编码的方法。他们将能量和交流这两个主题各自进一步分成了四个子主题,每一个子主题又可以用人生故事中关键片段的叙事进行编码(McAdams, Hoffman, Mansfield, 和 Day, 1996)。对于能量这一主题,人生故事片断可分为自我掌控、地位/胜利、成就/责任、权力授予四个子主题;而交流这一主题在人生故事片断中则可以分为爱/友谊、对话、关怀/帮助、统一/归属四个子主题。因此,个体的人生故事就可以通过体现在这两种主题线索的强度和显著性方面的差异进行比较。例如,在一个强调能量主题的人生故事中,人物奋斗的目标是权力、成就、独立、控制等,而在一个交流主题占支配地位的人生故事里,人物就会为了友谊、爱、亲密和沟通不断努力。有些人生故事在能量和交流两个主题线索上都显示了较高的水平,还有些人生故事则在这两方面都处于较低的水平。

1.3.4 三种研究范式的整合

如果说特质对人格做出了宽泛的、可比较的和非情境的描述,那么人格动机取向通过包容情境性,从而将陌生人的心理学转变为有血有肉的心理学。两种研究取向的进展促进了人格整合性研究的发展。1996年麦克亚当斯从人格的叙事研究出发,进一步融合特质论和动机论的观点,为特质、动机以及其他元素提供了一个序列,使之整合成一个连续的、不断发展的整体。由此,麦克亚当斯提出"人格房子"模型,从人格特质、人格动机和人格的叙事研究三个水平解释人格(如图1.1所示)。

水平一是人格特质,由去情境化的和可比较的人格维度即特质组成,可以用来描述人的行为模式中一般性的、可观察的部分。人格的这些基本成分具有普遍性和持久性特点。水平二是人格动机,由能促使一个人去完成各种任务、实现个人重要生活目标的策略、计划以及关注点组成,可以用来阐明人们在人生某一特定时期和特定行为领域想要做什么以及人们用什么样的生活方式(策略、计划、防御等)来得到他们想要的,回避他们不想要的。它与人格特质最根本的区别就在于它的情境性,个人关注有着具体的时间、地点和角色(McAdams, 1996)。人格特质为研究者理解人格提供了最初的概况,人格动机使研究者看到的是生活在具体时空中的个体。但是,无论是第一层的人格特质还是第二层的人格动机研究,都无法展现出个体生活的全部意义和目的,无法让我们真正了解一个人。要达到对个体的全面理解,还需要一个能够把二者统一起来的时空框架,这就是第三个水平:**人生叙事**(life narratives)。一个鲜活生动的人格是需要用说故事的方式来描述的,这种描述呈现出人生的统一性和目的性。同一性体现在个人为实现生命意义和生活目标而建构的生活故事里。故事为自我提供了连续性,一个完整的故事可以告诉我们昨天的你是如何成为今天的你、明天的你(McAdams 和 Olson, 2010)。在故事中,人们可以建构过去,体验现在,期待将来。故事是自我统一与整合的表征。故事还展示了特质与情境相互作用的过程:行为最初是由情境激发的,不同的情境激发出不同的行为,相似的情境中会出现相似的行为。情境的重复导致个体形成习惯性的行为模式,这种行为模式最终成为一个人自我的一部分,即特质。但由于特质是从过去情境中抽象出来的,也就是去情境化的,对于未来,它只是一种行为的可能性。自我的连续性只能在故事的水平上才能体现出来,而故事中某一个片断(即情境)中的目标、任务则需在第二水平上予以分析。

水平一和水平二分别属于人格的静态结构和人格的动力机制,而人生叙事则为特质和目标提供了一种时空坐标系,使它们整合成一个连续的、不断发展的整体。人生叙事是融和了重构的过去、感知的现在和期盼的未来的一种连续的自我历程。

与麦克亚当斯(McAdams,1996)的"人格房子"模型相似,克洛宁格(Cloninger,1996)提出了"3D"模型,认为人格心理学的知识结构包括:人格描述(Description)、人格动力(Dynamics)和人格发展(Development);西尔斯(Sears,1950)则认为人格心理学由人格结构、人格动力和人格发展三个部分构成;迈耶(Mayer,1998)也认为人格成分、人格组织和人格发展是构成人格知识结构的三个部分。显然,这四个模型之间有很高的一致性。如果再回顾一下更早的弗洛伊德的人格理论,主要解决的也是人格的结构、动力和发展问题。麦克亚当斯和帕尔斯(McAdams和Pals,2006)认为人格理论的整合应建立在以下五个原则的基础上:进化、特质、适应、生活叙事、文化。但应注意到,进化和文化分别是从生物学和文化学来解释人格的,而人格本身还是特质、适应(动机、功能)和叙事,因此,还是可以在三层面的框架内进行整合。表1.4清晰地呈现了人格研究三种范式的整合框架。具体来说,对特质的描述研究考察的是人格的结构,属于人格"3D"模型中的人格特质部分,回答的是人格的"所有"问题,即人格是由哪些因素构成的,通常采用的是相关法;对动力的解释研究考察的是人格的功能,属于人格"3D"模型中的人格动力部分,回答的是人格的"所为"问题,即人格的机制是怎样的,通常采用实验法进行研究;对叙事的整合研究考察的是人格的发展问题,属于"3D"模型中的人格发展部分,回答的是人格的"所成"问题,即人格的发展过程是怎样的,通常采用叙事法。

表1.4 三种人格研究范式的整合框架

特质的描述	结构	人格特质(Disposition)	所有(having)	因素(what)	相关法
动力的解释	功能	人格动力(Dynamics)	所为(doing)	机制(why)	实验法
叙事的整合	发展	人格发展(Development)	所成(becoming)	过程(how)	叙事法

麦克亚当斯(McAdams,1996)指出这三个水平在功能上基本是互不相关的,并以不同的方式进入意识。但埃蒙斯(Emmons)却认为麦克亚当斯所描述的三个水平并非绝对独立,在具体的生活中,不同的水平之间应该存在着相当大的交互作用(Emmons,1999)。例如,一个人可能根据自己的外向性(水平一)特点选择一项工作作为他的个人目标(水平二),然后来讲述他的人生故事(水平三)。特质、动机和叙事可以被视为一个三水平的框架,也可以被视为人格研究的三种范式,也就是说不同的人格心理学家在这三个层面上各有侧重,也可以说有不同的认同。只有整合来自这

三个水平或范式的知识才能实现对人格较为全面的描述和解释,同时也可能较为有效地预测人的行为并控制其朝着有利于个人与社会健康的方向发展。

1.3.5 小结与讨论

20世纪30年代诞生的人格心理学,在走出了由情境论者的攻击带来的低迷后,于80年代逐渐复苏。人格特质论在人格心理学领域再次产生了广泛的影响,以致许多人格心理学家都在五因素人格模型上达成了一致。但与此同时,研究者也逐渐意识到特质单元并不足以解释全部的人格现象,因此,人格的动机领域日益受到重视,动机研究者关注对个体具有独特意义的生活目标,通过评价个体目标的各项属性来理解个体人格。人格动机研究取向包容了人格研究中时间、地点、角色等情境因素。如果说特质对人格所做的描述是一种宽泛的、可比较的、不受情境约束的"陌生人的心理学"(Goldberg,1981),那么人格动机取向所做的则是将陌生人的心理学转变为有血有肉的心理学。它为人格研究提供了新思路,并促进了对人格知识的整合。麦克亚当斯(McAdams,1996)就在此基础上提出了人格叙事研究范式,并提出了一个三水平的框架。他认为特质属于人格的静态结构,考察的是人格表现是由哪些因素构成的,回答了人格的"所有"问题;动机属于人格的动力机制,考察的是人格动力或机制,回答了人格的"所为"问题;叙事属于人格的发展,考察的是人格的发展或过程,回答了人格的"所成"问题,并认为综合来自这些水平的信息就可以实现对人格较为完整的理解。

自从奥尔波特(Allport,1937)将人格心理学界定为对整体人的科学研究,人格心理学家一直在努力寻找一个概念框架来整合关于人格的知识,并试图从中找出规律指导人们寻求关于人的未知的知识。特质研究和动机研究的发现能否被整合以及如何整合,是当代人格心理学研究者面临的一个重要课题。以上所述反映了这一领域寻求整合的进展历程。当代研究者如麦克亚当斯(McAdams,1996)等人的三水平模型为我们提供的思路应该是颇具启发意义的。人们之所以期待并致力于整合,是由于分裂或分歧的现状过于严重。看待人的角度如此之多,研究变量如此之细,研究结论还相互矛盾,那么,机能完整的活生生的人在哪里?人格心理学要把握的整体的人在哪里?必须将现有的理论、研究和测量加以整合才能形成整体的架构。但这一工作是十分艰巨的,过程也是漫长的,它取决于学科的基本范式的形成。而人格叙事研究范式能够将人格特质范式和人格动机范式的观点结合起来一同去理解人格。而且它倾向于从当事人的角度看待问题,重视研究者个人与被研究者之间的互动,这种研究方法使得研究与"人"的日常生活更加接近。在叙述人生故事的过程中,人们重整了自身的经验,把片段的情节组织成完整的故事,从而使隐藏在情节后的意义能够显现出来。另一方面,他人也可以通过倾听人生故事,进入到故事叙述者的内心世界,从而更全面地了解这个人。人格心理学创建之初,奥尔波特(Allport,1937)就提出了**通则研究**(nomothetic research)与**特则研究**(idiographic research)的结合,而特质包括**共同特质**(common traits)和**个人特质**(personal traits)。人格研究终究要落脚到活生生的个人上,但人格心理学家们长期以来优先关注的却是特则研究或共同特质研究,奥尔波特的设想经过了很长的时间才得以初步实现,这里面当然包含了科学本身的发展逻辑。

由于叙事研究刚刚兴起,尚处在发展初期,还没有成为一致公认的范式,该范式还面临着许多困难和局限,有待研究者们进一步完善。首先,叙事的研究方法强调对人的心理、意识和行为的研究应放到社会互动中,放到特定的历史、文化背景中,这本是其优越性所在。但是,它主张人们关于世界的知识都是一种语言的建构,人们的心理过程、自我、人格等仅仅是特定文化条件下的语言建构物,并不存在这样的实体,在不同社会文化条件下得到的知识和认识不具有普遍性。也就是说,尽管"叙事研究能让一个研究者获得真实生活事件的全部和有意义的特征"(Yin, 1984, p. 14),但是,单个案例研究所得的结论在多大程度上是一般性的或者规律性的?单个案例如何能够代表除了它自己以外的任何样本或者人群?这是外部效度的问题。外部效度涉及的不只有被试的样本(subjects),同样还有情境(situations)和主题(topics)的样本(Brunswik, 1956; Dukes, 1965)。尽管一个案例研究只取了一个被试,但它抽样调查了参与者生命中多种不同的情境和主题。此外,由于研究缺乏统一的程序,研究者除了很难建立公认的质量标准,也很难给出一个类似于量化研究的信度指标。换言之,在叙事研究中研究者几乎不讨论信度问题。人生故事的研究结果不具备量化研究意义上的代表性。因而可以说在这一研究范式下,每个研究都是独特的。最后,人生故事的研究是耗时又耗力的。研究者在整理和分析资料时所面对的叙事资料多半庞杂无序,且该研究范式也没有建立统一的标准来指导资料的整理,因而研究工作的开展时常困难重重。

1.4 "大五"结构与五因素模型[①]

人类所有的自然语言中都有大量的词汇用于描述每个人稳定的、一致的个人特点。自20世纪初期开始,心理学家一直在寻找人格的基本单元,并试图发展一个科学的人格分类系统,描述人类复杂多样的性格,概括难以穷尽的人格特点。奥尔波特提出了特质的概念,认为特质是人格的基本单元,是更普遍的客观存在,是更广泛的

---

① 本节基于如下工作改写而成:尤瑾,郭永玉.(2007)."大五"与五因素模型:两种不同的人格结构.心理科学进展,15(1),122—128.撰稿人:尤瑾。

习惯,是动态的、彼此独立的,是心理特征,而不是道德特点(Allport,1931)。基于奥尔波特对特质形容词的总结,卡特尔运用因素分析的统计技术,发现了16种重要的根源特质,包括人际温暖、智商、情绪、情绪稳定性、主导性、冲动、服从、敏感性、想象力等。艾森克则提出了人格的层级模型,包括三个更为宽泛的人格维度:外向性(Extraversion, E)、神经质(Neuroticism, N)和精神质(Psychoticism, P),而且这三个人格维度分别包括了一系列更具体的人格特质、习惯和行为模式(Larsen, 2009)。虽然上述人格理论各有贡献,但是彼此有很大的分歧,而且各模型并不令人非常满意。直至20世纪末,词汇学取向的研究者提出了**"大五"结构**("Big Five" Structure)(Goldberg和Saucier, 1995),理论取向的研究者提出了**五因素模型**(Five-Factor Model, FFM)(McCrae和Costra, 1992),人格研究者终于对人格特征的分类表征问题达成了初步的共识。从表面上看,虽然两种模型有惊人的相似之处,多数研究者也常常将二者的名字混用,甚至将二者完全等同起来(Goldberg和Saucier, 1995),然而事实上,二者在历史渊源、内容形式、基本性质、研究走向等方面都有着本质的区别。

1.4.1 词汇学传统和理论取向——不同的历史渊源

在探索人格分类系统的历程中,"'大五'结构"这个名称最早出现于1981年,由词汇学研究者戈德伯格和索西尔(Goldberg和Saucier, 1995)提出,用以概括词汇学研究中反复出现的5个基本维度:外向性、随和性、尽责性、情绪稳定性,以及智慧(intellect)或文化(culture)。上述五个人格维度——"大五"结构的起源可以追溯到高尔顿(Galton)的词汇学研究思想。在19世纪末,高尔顿率先明确提出了基本的词汇学假设,指出可以通过词典估计人格描述词的个数,确定不同术语的语义重叠程度(Goldberg, 1993)。

将上述思想应用于特质研究,奥尔波特和奥德波特(Allport和Odbert, 1936)对韦氏大词典中的17 953个描述个体的形容词进行了归类,整理成四个类别:(1)稳定的特质词;(2)描述短暂的状态、心境和活动的词语;(3)社会评价词;(4)隐喻的、生理的和不确定的词语。卡特尔(Cattell, 1957)将第一类的特质形容词缩减至171个词群;经过进一步的归类、删减,最后得到了35个词群,不仅开创了词汇学研究的先河,而且奠定了"大五"研究的基础。以卡特尔确定的35个词群中的22个词群为基础,菲斯克(Fiske, 1949)通过因素分析,首先发现了"大五"结构,但是由于样本的局限,他们的结果还不足以成为"大五"结构的有力证据。塔佩斯和克丽丝塔尔(Tupes和Christal, 1961)在8个样本中重新检验了上述22个词群背后的因素结构,一致发现了五个因素:健谈(surgency)、随和性(agreeableness)、尽责性(conscientiousness)、情绪稳定性(emotional stability)和文化(culture)。沿承上述研究者的思路,诺曼

(Norman)重新将词典中的人格描述词收集、整理、缩减、分析,再次验证了"大五"结构的存在(Norman,1963)。在诺曼研究的基础上,戈德伯格对诺曼的词表进行缩减,以其中熟悉度最高的人格描述词为分析对象,仍然重复了"大五"结构(John和Srivastava,1999)。正是由于大量类似证据的积累,词汇学研究发现的"大五"结构在1990年前后终于在人格领域取得了举足轻重的地位。

如果说词汇学传统对日常语言中的人格描述词所做的研究是一种自下而上的探索,那么与之对应,麦克雷和科斯塔等人基于已有理论和问卷的工作则是以理论为导向的自上而下的研究。作为理论取向的研究,麦克雷和科斯塔的五因素模型主要源于对已有心理学理论或问卷中重要概念的概括和分析,与许多经典理论中的核心问题都有关(McCrae和Costa,1996)。鉴于大多数研究者对消极情感和人际活动的强调,同时受到艾森克的PEN模型的影响,麦克雷和科斯塔最初将外向性(E)和神经质(N)确定为NEO体系的两个基本维度。由于罗杰斯对开放性的强调以及卡特尔对实验性和创新性的关注,麦克雷和科斯塔(McCrae和Costa,1996)又明确了经验开放性(O)维度的重要性。上述三个维度共同构成了麦克雷和科斯塔的NEO体系的最初架构。到1980年前后,受到"大五"结构的影响,麦克雷和科斯塔意识到随和性(A)和尽责性(C)的重要性,也将之纳入了NEO体系。由此可以看出,词汇学研究的"大五"结构以及前人理论和问卷共同构成了五因素模型的基础,"大五"结构只是五因素模型诸多理论来源的一种。在麦克雷和科斯塔看来,即使"大五"结构没有被发现,五因素模型仍有可能出现。他们在1980年左右已经意识到了自我控制维度的重要性,其他理论家也指出了与尽责性相似的约束维度;而随和性在人际圈(Interpersonal Circle)理论和其他很多理论中也都曾被多次提及(Costa和McCrae,1992)。

1.4.2　五因素结构和五维六层面模型——不同的内容和形式

"大五"结构和五因素模型之所以经常被人相提并论甚至合二为一,主要原因就在于两个模型发现的五个比较广泛的维度,特别是前四个维度(神经质、外向性、随和性和尽责性),在内容和形式上都非常相近。譬如,"大五"结构和五因素模型都发现,神经质的个体倾向于建构、知觉并感觉到现实是有问题的、威胁自我的、困难的,更经常感觉到负面情绪。外向的个体有更多、更亲密的人际关系,更主动、更积极地寻求社会联系,对个人经历有更积极的知觉。随和性描述了个体与他人的人际关系的情感基调(如和善的、敌意的),更强调的是人际关系的质量。尽责性强调了对行为的自我控制和抑制能力(组织、坚持、遵守标准)及动机(任务取向、成功取向)。虽然相似,但即使在最为相似的表层,两个模型仍不完全一致。

首先,"大五"结构和五因素模型的命名系统是不同的。"大五"结构一直采用诺曼的罗马字母命名系统,即Ⅰ.外向性或热情;Ⅱ.随和性;Ⅲ.尽责性;Ⅳ.情绪稳定性;Ⅴ.文化或智慧。而五因素模型则以首写字母的缩写命名,构成了"OCEAN"模型,即**外向性**(extraversion)、**神经质**(neuroticism)、**随和性**(agreeableness)、**尽责性**(conscientiousness)和**开放性**(openness)。根据索西尔和戈德伯格的观点,"大五"结构的罗马字母命名本质上反映着"大五"因素在日常人格描述词中的表征次序或相对重要性,即前面的因素比后面的因素更重要,对人格结构有更强的解释力,也更容易被重复验证。而对于五因素模型的"OCEAN"提法,其他研究者指出,它给人一种错觉:五个因素是并列等同的,彼此的相对重要性和重复验证性也相同,然而事实相反(Saucier 和 Goldberg,1996)。

表1.5 五因素模型的子维度

维度	子维度
神经质	焦虑(anxiety)、敌意(angry hostility)、抑郁(depression)、自我意识(self-consciousness)、冲动(impulsivity)和脆弱(vulnerability)
外向性	热情(warmth)、合群性(gregariousness)、果断性(assertiveness)、活泼(activity)、刺激寻求(exciting-seeking)和积极情绪(positive emotions)
尽责性	胜任力(competence)、条理(order)、尽职(dutifulness)、追求成就(achievement striving)、自律(self-discipline)和谨慎(deliberation)
随和性	信赖(trust)、坦率(straightforwardness)、利他主义(altruism)、顺从(compliance)、谦逊(modesty)和软心肠(tender-mindedness)
开放性	幻想(fantasy)、美学(aesthetics)、感受(feelings)、行动(actions)、理念(ideas)和价值观(values)

来源:Costa 和 McCrae,1985。

其次,"大五"结构和五因素模型的结构是不同的。五因素模型明确指出每个**因素**(domain)下的六个具体的**子维度**(facet),见表1.5。但是,对"大五"结构而言,虽然几乎所有由词汇学研究得到的"大五"结构都试图给出每个因素的形容词定义,甚至确定每个因素下的子维度,但词汇学研究者在任何因素的子维度上迄今仍未达成共识(Saucier 和 Goldberg,2003)。譬如,诺曼(Norman,1963)提出"大五"结构里的每个子维度都包括四个重要标识(key markers),见表1.6。戈德伯格(Goldberg,1990)则确定了"大五"结构每个因素的重要形容词标识:外向性(健谈的、外向的、果断的、成熟的、直言不讳的——害羞的、文静的、内向的、压抑的);随和性(有同情心的、和善的、温暖的、理解的、真诚的——没同情心的、不和善的、残酷的、冷漠的);尽责性(有条理的、整洁的、有秩序的、务实的、准时的、一丝不苟的——没条理的、没秩序的、不细心的、草率的、不切实际的);情绪稳定性(冷静的、放松的、稳定的——情绪多变的、焦虑的、没安全感的);智慧或想象力(有创造力的、有想象力的、智慧的——没创造力的、没想象力的、没智慧的)。根据词汇学假设,虽然"大五"结构也包括了多个维度和层级的结构,但是五个因素的相对重要性并不完全等同(Saucier 和 Goldberg, 1996, 2003),对应的人格描述词的个数也不一定完全相同。索西尔和戈德伯格(Saucier 和 Goldberg, 1996)指出,将每个因素人为地等分为六个方面是没有道理的,"大五"结构中相对重要的因素很可能包括更多的次级因素。

表1.6 "大五"结构的子维度

因素	重要标志
Ⅰ. 外向性	健谈的(talkative)—寡言的(silent)、合群的(sociable)—隐居的(reclusive)、敢于冒险的(adventurous)—谨慎的(cautious)、开放的(open)—神秘的(secretive)
Ⅱ. 随和性	和善的(good-natured)—易怒的(irritable)、合作的(cooperative)—抗拒的(negativistic)、温和的(mild-gentle)—任性的(headstrong)、不嫉妒的(not jealous)—嫉妒的(jealous)
Ⅲ. 尽责性	负责任的(responsible)—不可靠的(undependable)、严谨的(scrupulous)—不小心的(unscrupulous)、坚韧的(persevering)—退缩的(quitting)、讲究的/有条理的(fussy/tidy)—粗心的(careless)
Ⅳ. 情绪稳定性	镇定的(calm)—焦虑的(anxious)、安详的(composed)—容易激动的(excitable)、不抑郁的(non-hypochondriacal)—抑郁的(hypochondriacal)、沉着的(poised)—紧张的(nervous/tense)
Ⅴ. 文化—智慧	智慧的(intellectual)—鲁莽的/狭隘的(unreflective/narrow)、风雅的(artistic)—缺乏艺术性的(non-artistic)、有想象力的(imaginative)—简单的(simple)、优雅的/有修养的(polished/refined)—粗鲁的/笨拙的(crude/boorish)

来源:Norman, 1963.

最后,"大五"结构和五因素模型维度的内容也并不完全一致,特别是第五个因素的内容和命名最明了,也最具争议。麦克雷和科斯塔强调第五个因素的开放性特征,如独创性、好奇心、对艺术的兴趣、幻想等;而以戈德伯格为代表的"大五"研究者则强调智慧(intellect)特征,如世故性、洞察力、创造力、好想象等(John 和 Srivastava, 1999)。显然,两个模型对第五个因素的强调点是不同的。麦克雷指出,在自然语言中,描述开放性的形容词相对较少,那些被研究者称之为"智慧"的形容词如好奇的、有创造性的、智慧的等只不过反映了开放性的认知层面(Costa 和 McCrae, 1992)。尽管如此,多数研究者仍承认,两个模型的第五个因素有相当的重合,如想象力、原创性等(如图1.4所示),两个模型对第五个因素的命名过度强调了二者的差异,而忽略了二者的共同部分(Goldberg 和 Saucier, 1995)。此外,热

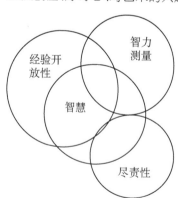

图1.4 经验开放性、智力测量、尽责性与智慧的语义关系图
来源:McCrae 和 Costa, 1992.

情(warmth)是五因素模型中外向性维度的一个方面,而在"大五"结构中则是随和性的重要特征。"大五"结构中的智慧维度和五因素模型的随和性、尽责性也有一定的重合(Goldberg,1993;John 和 Srivastava,1999;Costa 和 McCrae,1992)。

1.4.3 表现型人格结构和基因型人格结构——不同的本质

如前所述,"大五"结构的理论基础是词汇学假设,而五因素模型的理论前提则是特质概念及其隐含的人性假设——可知性、理性、变异性、前动性等。不同的理论前提决定着它们截然不同的本质。

词汇学假设的第一个理论前提指出,自然语言中的人格描述词描述的是**表现型人格**(phenotypic personality),而不是**基因型人格**(genotypic personality)(Saucier 和 Goldberg,2001)。表现型人格是指可观察的外在特征,基因型人格则包括了潜在的因果本质。自然语言对人格外在表现的观察不仅没有描述它的观察对象(人格的外在表现)的内在机制,而且与基因型人格特征也不存在准确的对应关系(Saucier 和 Goldberg,1996),因此,基于自然语言的"大五"结构虽然有可能可以被基因结构解释,但本身并不是解释性模型,也没有规定任何基因型特征。如戈德伯格和索西尔所说,词汇学假设从来没有假设编码进入语言的表现型人格特点是相对稳定的。从本质上说,"大五"结构并不是人格特质(personality traits)的结构,只是人格特征(personality attributes)的结构(Saucier 和 Goldberg,1996)。

与之相对,五因素模型则以特质概念为基础,是一个综合的人格特质分类系统。根据麦克雷和科斯塔的早期定义,特质是基本倾向的个体差异的维度,反映着稳定的思想、情感和行为模式(McCrae 和 Costa,2003)。特质是内源性的基本倾向,从本质上说,是遗传决定的,是不受外在环境影响的(McCrae 和 Costa,2003),具有跨时间的一致性和跨情境的稳定性。作为特质的分类系统,五因素模型具有客观的遗传基础,很大程度上取决于生理结构和内在生物过程,如图 1.5 所示。因此,五因素模型不仅描述了个体的表现型特征,而且描述了个体的基因型特征,是具有解释意义的因果模型。

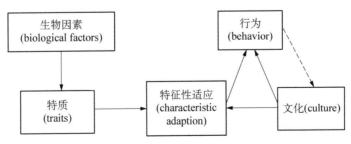

图 1.5 五因素人格理论的简化模型
来源:McCrae,2004.

由于五因素模型的维度与已有的人格心理学理论有密切的联系,五因素模型可以被看成是心理学的专业概念结构。"大五"结构作为对自然语言中特质术语进行因素分析的产物,常被认为是**常识心理学**(folk psychology)的概念结构,甚至有研究者批评"大五"结构过于依赖常识,而忽略了心理学理论的贡献(McCrae 和 Costa,1996;Saucier,1992)。此外,麦克雷和科斯塔指出,五因素模型提供了组织所有人格特质的理论框架。尽管这种提法经常受到质疑,但他们仍在不断地为之积累证据。事实上,就五因素模型与其他理论的兼容性而言,他们已经积累了相当的证据,虽然仍有较大的探讨空间。就"大五"结构而言,索西尔和戈德伯格则认为,词汇学假设并未暗含以下涵义,即自然语言涵盖了人格概念的全部。相反,他们认为,人格的日常描述词虽然涵盖了人格属性的基本成分,但却无法穷尽人格属性的全部,很可能没有将许多普通人无法观察或口头描述的重要特征包括在内,因此,"大五"结构只是相对重要的、有意义的表现型人格结构(Goldberg 和 Saucier,1995;John 和 Srivastava,1999;Saucier 和 Goldberg,2001)。

1.4.4 描述和解释——不同的研究走向

由于两种模型的理论前提和本质不同,研究者为各自的模型寻求支持的研究方法和研究关注点也并不相同。可以说,从研究走向来看,"大五"结构和五因素模型已是渐行渐远:"大五"研究者强调重要的、有意义的人格地图的描绘,而以麦克雷和科斯塔为代表的特质心理学家则不仅强调人格结构全貌的勾勒,而且强调对五因素模型特质属性的证实(McCrae 和 Costa,1996)。

就源于自然语言的"大五"结构而言,有关研究无一不遵循词汇学假设的原则。根据词汇学假设,人格特征的重要性与其在语言中被表征的程度存在着一定的对应关系,而这种表征包括了两个层面,即某种语言内部的表征和跨语言的表征(Saucier 和 Goldberg,2001)。语言内部的表征表现为同义词频次(synonym frequency),在某种特定的语言里会有越多的同义词或近义词描述这个特质的不同侧面;跨语言的表征表现于外是**跨文化普遍性**(cross-cultural universality),即一个人格特质越重要,与之对应的人格形容词应该在各种人类语言中都可以找到(Saucier 和 Goldberg,1996)。因此,确定某种语言中具有较高重要性和普遍性的人格特征,对不同的语言分别加以分析并以此为基础进行跨文化比较,即跨文化研究的**主位**(emic)研究策略,是词汇学研究的必然选择。虽然由于上述研究策略相对严苛,**客位**(etic)研究策略近年来也开始为词汇学研究者所接受(Saucier 和 Goldberg,1996;Saucier,2003),但从总体来看,采用主位研究策略对不同文化下的人格特征结构进行探索,寻求最佳的表现型人格结构,仍是词汇学研究的主流。

在过去的二十年间,词汇学研究者对英语、荷兰语、德语、匈牙利语、意大利语、法语、西班牙语、波兰语和捷克语等欧洲语言和土耳其语、希伯来语、汉语、菲律宾语等非欧洲语言的人格特征结构进行了大量的探索。与前面提到的"大五"结构的相对重要性结果一致,跨语言的分析表明,外向性和随和性基本可以在每种语言中发现,说明这两个维度在所有文化和语言中都是描述自己和他人的重要维度;尽责性是能从多数语言中抽取出来的另一维度,反映着在多数文化中描述配偶、父母、朋友、雇员和同事的责任感的重要性;神经质在多数文化中可以很好地描绘交往对象的情绪稳定性,因而在各种语言中也很重要(De Raad 等, 2010)。虽然对上述多种语言分析得到的人格特征结构与英语语言中的"大五"结构都有一定的重合,但只有大约一半的词汇学研究如愿以偿地与"大五"结构存在着重合。而且,上述研究多以描述"稳定倾向"的术语为研究对象,而忽略了情感状态描述词和评价性词语等。因此,要验证"大五"结构具有跨文化普遍性,似乎还前路漫漫(Saucier 等, 2005)。事实上,近年来词汇学研究者开始关注"大五"结构之外的其他更具跨文化普适性的可能结构,如阿什顿(Ashton)的六因素结构,几种不同的"大五加二"结构,索西尔的"多语七因素"(Multi-Language Seven, ML7)等,试图寻求一种比"大五"结构更具普遍性和综合性的表现型人格结构,以期能够更好地解决由英语语言得到的人格结构与其他文化下人格结构不一致的现状(Saucier 和 Goldberg, 2001;Saucier, 2003;Saucier 等, 2005;Ashton 等, 2004)。

与"大五"研究者尝试勾勒人格地图不同,以特质心理学的假设前提为基础的五因素模型更强调对特质的现实性(reality)、普遍性(universality)、渗透性(pervasiveness)和生物学基础(biological basis)等特点的证实。因此,文化普适性、群体差异、遗传本质、生理基础、预测效用等都是五因素模型的研究重点。

虽然跨文化普适性也是词汇学取向的重要研究方向,但是理论取向跨文化研究的重点、策略、结果和意义与词汇学取向的研究都有很大的差异。与词汇学取向的主位研究策略相反,理论取向的五因素模型研究是自上而下的结构,具有预先的理论构架,只能采取客位研究策略。正是研究策略的标准相对宽松,五因素模型的跨文化研究结果也比"大五"结构更为理想(Saucier 等, 2005)。麦克雷和科斯塔对 50 多个国家进行的跨文化研究结果表明,五因素模型中的人格结构在多数文化下得到了验证(McCrae 和 Terracciano, 2005)。此外,对五因素模型的性别差异和年龄差异的跨文化研究也为五因素模型的跨文化普适性提供了证据。此类研究背后的逻辑是,虽然五因素模型的性别差异和年龄差异有可能是不同历史和社会文化生活的产物,但如果不同文化下性别和年龄差异非常相似,那么五因素人格结构的群体差异很可能是自然发展的结果(McCrae, 2002)。有关五因素模型性别差异的研究发现,五因素模型的性别差异与性别刻板一致:女性有更高的神经质、随和性和对情感的开放性,男性有更高的外向性和对思想的开放性;同时上述性别差异在26个不同文化背景的大学生、成人和老年人样本中都得到了验证,而且性别差异远小于每个性别内部的个体差异(Costa, Terracciano, 和McCrae, 2001; Chapman等, 2007)。与之相似,有关五因素模型年龄差异的研究发现,从成年早期到中年期,来自全世界62个国家的884 328个个体随着年龄的增加都更随和,更尽责,情绪更稳定(Bleidorn等, 2014);而且上述人格的年龄差异具有跨文化的普遍性(Bleidorn等, 2014; Fung和Ng, 2006)。

为了揭示五因素模型的解释性本质,以麦克雷和科斯塔为代表的特质论者还就五因素模型的遗传本质进行了大量的探索。大量的双生子研究表明,对于各种人格变量,同卵双生子的相似度远大于异卵双生子的相似度,大约有45%—50%的变异可以被基因因素来解释(Bouchard和Loehlin, 2001; Jang等, 1998)。分子遗传学研究发现,从德国、日本和加拿大样本的基因相关矩阵中可以抽取到相似的结构,说明五因素模型在不同文化中有共同的基因和生物基础(Yamagata等, 2006)。最近的脑成像研究表明,神经质与较少的脑容积、白质微结构的减少、更小的前颞叶表层区域相关;外向性与更小的额下回相关;尽责性与颞叶、枕叶交汇区的区域化有负相关,这从另一个角度证明了五因素人格的生理基础(Bjørnebekk等, 2013)。

另一系列关于五因素模型的研究还强调五因素模型的每个人格因素对各种结果的预测效度。外向性高的个体倾向于和陌生异性相处(Berry和Miller, 2001);更快乐,体验到更强烈的积极情绪(Fleeson, Malanos, 和Achille, 2002);更投入工作,更享受工作,对工作组织有更高的承诺感(Burke, Matthiesen, 和Pallesen, 2006);更容易与人合作(Hirsh和Peterson, 2009),但同时他们又会有更多的健康风险行为,如飚车、出车祸(Lajunen, 2001)。随和性高的个体更倾向于用协商、退缩的方法解决冲突,更少用个人权力解决冲突(Graziano和Tobin, 2002);更回避不和谐的环境,更喜欢和谐的社会交往和合作的家庭氛围(Jensen-Campbell等, 2002);更擅长观察别人的心思,更不可能在青春期成为受害者(Nettle和Liddle, 2008);更有同情心,在受到挑衅的时候更可能原谅别人(Strelan, 2007)。尽责性与平均学分绩点(Conrad, 2006)、工作满意感、工作安全感、承诺感(Langford, 2003)、坚持锻炼计划(Bogg, 2008)、坚持长期目标(Duckworth等, 2007)有正相关,却与拖延有负相关(Lee, Kelly, 和Edwards, 2006)。神经质高的个体在一天之后更容易疲倦(De Vries和Van Heck, 2002);在丧偶后更容易有悲伤和抑郁情绪(Wijngaards-de Meij等, 2007);更不容易回忆起重要的生活事件,更容易觉得自己和生活、他人脱轨(Kwapil, Wrobel, 和Pope, 2002);更容易有自杀意念,有更差的生理健康,更多的生理症状,更少的健康促进行为(Stewart 等,2008;Williams, O'Brien, 和 Colder, 2004);在繁忙的工作环境中的工作表现更差(Smillie, Pickering, 和 Jackson, 2006)。开放性高的个体更容易记住自己的梦境,有更多清醒的、生动的、问题解决的梦(Watson, 2003);更难忽略之前经历过的刺激(Peterson, Smith, 和 Carson, 2002);对少数民族有更少的偏见,有更少消极的刻板印象(Flynn, 2005)。

更值得一提的是,理论取向的研究者从未将自己的理想局限在五因素模型解释性本质的证据寻求上,而是一直致力于建构一个能够统合心理学领域大量理论的元理论框架。麦克雷和科斯塔在1992年就提出了一个以五因素模型(FFM)为基础,涵盖了多数人格理论的元理论框架——五因素人格理论(FFT)(见图1.6)。五因素人格理论不仅是对五因素模型相关研究成果的总结,而且可以看作是对人格领域所有理论和研究成果的总结(McCrae 和 Costa, 1996)。在过去的十多年间,为了为它寻求支持证据并不断地将之完善,以麦克雷和科斯塔为代表的支持者进行了大量的研究(McCrae 和 Costa, 2003)。显然,这不过是个开始,在相当长的时间内,上述工作仍将继续下去。

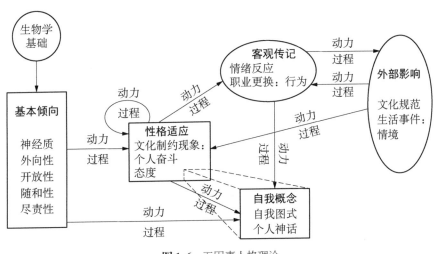

图 1.6　五因素人格理论
来源:McCrae 和 Costa, 1992.

1.4.5　结语

虽然用"大五"结构和五因素模型指称词汇学取向和理论取向最终得到的人格特质结构只是称名问题,但是比区分名称更有意义的是研究者对"大五"结构和五因素模型在内容和本质上的区分。尽管研究者尤其是词汇学研究者极力强调两种模型在本质上的差异,但两种取向研究者对各自模型本质的界定和研究都还处于理论探讨和证据积累阶段,仍存有很多值得进一步商榷的问题。然而无论如何,两种研究取向仍为我们探索中国人的特质结构提供了相对可行且值得借鉴的研究思路。沿着上述两种研究思路,国内的研究者不仅对西方的"大五"结构和五因素模型进行了重复性验证,而且对中国人的特质结构进行了初步的本土化探索:词汇学研究者以中文形容词为分析对象分别得到了"大五"和"大七"结构,理论取向的研究者也为特质的六因素假说积累了相当的支持证据(王登峰,崔红,2005;张建新,2006)。虽然两种取向的研究都得到了相对理想的结果,但是中国人特质结构的探索才刚刚开始,仍有很多问题留待我们不断地发现、思考并解决。

就特质结构的确定而言,无论是词汇学取向还是理论取向的研究者都面临着研究变量和统计方法的选择问题。虽然西方学者就此已争论了十多年之久,但时至今日,就上述两个问题研究者仍没有给出相对明确的标准(Saucier 和 Goldberg, 1996; Saucier, 2002)。因此,在本土化的探索过程中,研究变量和分析方法的选择仍应是我们需要深入探讨的问题。譬如,就词汇学研究而言,由于中西方思维方式的差异,在进行变量选择时,我们该如何处理中国人在描述人时使用频率更高的评价性术语?它们和描述性术语的关系究竟如何?由于汉英两种语言自身特点的差异,形容词是否是最佳的分析对象?对特质名词进行分析能否得到更理想的结果?两种结果会有怎样的差异?我们又能否找到更客观、更有效的方法将不同范畴的术语归类?同时,将哪些范畴的术语纳入分析范围会更合理?就理论取向的研究而言,由于西方的五因素模型可以说是西方心理学中与人格相关的所有概念和理论的概括,那么我们在构建特质结构的理论框架时,是否应该采用相似的思路,将现有人格体系中的所有概念综合?如果是,那么对西方心理学、本土心理学乃至其他相关体系中的概念该如何取舍才是合理的?将西方心理学的概念和理论纳入其中,有无将之强加其中的嫌疑?相反,将之完全抛弃,依靠仅有的一些本土化研究成果,我们能否看到中国人人格结构的全貌?此外,在分析过程中,该采用何种具体的因素分析方法?随着统计学的发展,我们可否将其他更为有效的方法如项目反应理论等应用于人格结构的探索?诸如此类问题仍需要我们进一步探讨并给出更合理的回答。

虽然两种取向的研究者根据前提假设,即词汇学假设和特质假设,对各自模型的本质在理论上给出了界定,并一直试图寻求更多的证据为自己的理论假设提供支持,但是两种模型的内容和本质仍有很多值得进一步探讨的地方。如前所述,"大五"结构和五因素模型之所以常常被混淆,就是因为二者在渊源和内容上存在相当程度的重合(John 和 Srivastava, 1999)。从内容上说,这种重合似乎是可以理解的,因为自然语言和专业语言本身就有一定的重合并能够相互影响,日常生活中重要的人格特征会被编码进入语言,也会被人格学者注意并发展为概念或纳入理论,而理论中真正简洁、重要的人格术语也会被普通人逐渐接受,最终进入自然语言(Saucier,1992)。然而,两种取向的研究者对模型本质的规定却是值得怀疑的。虽然从不同的前提假设出发,两种模型被赋予不同的内涵似乎无可非议,但是对两种模型的重合因素(如内外向和神经质)而言,尽管指称的是相同的人格特征,并且同样具有跨文化普适性,但两种模型对其本质的规定却截然不同。从逻辑上讲,这种本质上的区分究竟是否合理?这似乎是值得讨论的问题。而且,从研究现状来看,词汇学和理论取向研究者对其本质假设的验证刚刚开始,仍需要更多证据的支持。因此,可以说,对于两种模型的本质,研究仍处于理论探讨和假设形成阶段,仍需要更多研究者的进一步参与和探讨。

虽然词汇学取向和理论取向研究者将各自的模型界定到人格不同层面的做法仍有待证实和商榷,但是这种思想却渊源已久,对我们理解和研究人格也颇有意义。在此之前,卡特尔就对特质做出了表面特质和根源特质的区分(Feist和Feist,2002)。在五因素人格理论中,麦克雷和科斯塔做出了更清楚的阐释:特质这种特殊的基本倾向(basic tendencies),是由推断得到的、不可观察的、内在的抽象倾向,是不受环境或文化因素影响的,是个体的"所有"(having);适应性特征(characteristic adaptations)则是个体在与环境作用过程中习得的技术、习惯、态度等,是特质的具体表现形式,是个体的"所为"(doing)(McCrae和Costa,1996)。因此,明确自己要研究的"特质"的内涵及其所处的层面,应该是研究特质结构前要首先明确的内容。如果认可上述区分,在探索麦克雷等定义的"特质"时,是否有必要考虑文化因素对特质的影响?而在研究词汇学定义的表现型人格时,是否有必要再深究它们的遗传或生物学根源?所有这些都将指导我们在研究中国人人格结构时的走向和思路。

在借鉴国外的思路对特质结构进行本土化探索的过程中,我们还应该尤其注意自己的文化和社会的特殊性,回避西方研究中的不足。在西方研究中,无论词汇学研究还是理论取向的研究,研究对象多是大学生群体或受教育程度较高的中产阶级群体,而研究表明这些群体的自我描述不仅不同于较低阶层的被试,而且具有更高的个体主义倾向(Suh和Triandis,2002)。

国内的研究也显示,居住环境的现代化程度越高,个体的开放性程度也越高(张建新,2006)。因此,在未来的研究中,对不同年龄、不同地区、不同阶层的人群进行大规模的抽样对我们探索转型期这一特殊时期的中国人的人格结构是非常有意义的。

虽然词汇学取向和理论取向为我们研究人格结构提供了两条相对成功的路径,但从本质上说,两种取向的研究都是对奥尔波特和卡特尔所说的共同特质的研究,采用的也是卡特尔的R技术,而得到的也是一个"陌生的平均人",并不能准确地描述现实生活中任何一个活生生的人。有研究用卡特尔的P技术对人格结构进行分析时也发现,五因素模型或"大五"结构仅在少数个案中得到了证实(Cervone,2005;

McAdams，1995）。因此，在对人格结构的进一步探索过程中，采用个体内（intra-individual）研究策略（如P技术）和质化方法分析人格结构也许能够帮助我们更准确、更生动地刻画中国人人格的全貌。

虽然从总体看特质心理学在西方人格研究中扮演着重要角色，但是在中国这个特殊的文化背景下，该如何对中国人的特质结构进行探索仍是我们不得不慎重思考的问题。根据马库斯（Markus）的观点，无论是"大五"结构还是五因素模型，都有一个共同的假设前提，即个体的行为由潜在的特质决定，可以并能够不受社会经验或角色的影响。而这又是以西方哲学或西方宗教的人性假设为基础的（Markus，2004）。研究表明，在西方个体主义文化下，个体往往将自己的内在特质看作是固定的，而在东方文化下，人格则不仅更多地受到情境因素的影响，而且更多地是通过关系或个体在社会关系中的角色被人判断的（Cervone，2005；Markus，2004）。与上述研究一致，关系取向、面子、人情、孝道等行为倾向，不仅开始逐渐被国内外研究者所察觉和接受，而且得到了相当的实证证据的支持（Hwang，2005；杨国枢，2004；Yang，2006），被看作是中国人稳定而独特的行为倾向。同时，与其他国家或种族的人相同，中国人也的确具有内外向性、神经质等稳定的特质（王登峰，崔红，2005；张建新，2006）。在这种情况下，我们是否能够遵循西方的人性假设对特质结构进行研究？如果是，我们又该如何理解中国人人格中文化普适性成分（如内外向性）与文化特异性成分（如人际关系性）的关系？按照麦克雷和科斯塔的说法，两种不同的成分在人格结构中是否处于同一个层面？与西方人所共有的那些人格特质是否会受到文化特异性成分（如关系取向）的影响？因此，在未来的研究中，求证特质在何种程度或何种层面上存在，探寻文化特异性成分与文化普适性成分的关系，也应该是特质结构研究的重要问题。

如张等人（Cheung等，2011）所言，西方跨文化研究的人格研究结果和本土心理学研究结果应该是相互补充的，分别涉及了人格的不同方面；我们应该采用主位和客位研究策略相结合的方式研究人格。这不仅可以为主流的西方心理学和本土心理学架起一个对话的桥梁，还可以为我们理解人格的普遍性和文化特异性提供一个更综合的理论框架。具体地说，主位—客位相结合的研究取向包括如下工作：（1）开发并采用一个测量工具，整合主位和客位研究的结果；（2）在不断修订工具的过程中，区分出人格的共有成分和文化特异成分；（3）用定量和定性研究相结合的方式不断完善人格工具。采用上述研究取向，张等人（Cheung等，1996）利用中国人人格测评问卷研究发现，西方的"大五"结构为理解人格的个体差异提供了一个良好的框架，但是可以被人格的社会、关系方面所补充。针对这个方向的研究，张等人（Cheung等，2011）给出若干建议：第一，开发一个良好的本土问卷，研究者需要对所在文化中的人格测量文献做一个全面的回顾，充分了解当前研究的现状和空白；第二，由于开发本土问卷的复杂性,研究者最好以团队的方式开展工作,同时从主位和客位两个研究视角展开。这为主位、客位研究策略结合的研究取向提供了很好的思路,并为当代人格测量研究提供了一个新方向。

1.5 能动与共生及其关系[①]

人格心理学家一直致力于寻找统合的人格分类系统,用以汇总数量繁多的个体特征形容词。在众多的分类系统中,五因素模型(Costa 和 McCrae, 1992)最为著名,它可以有效地描绘个体特质,但却难以整合特质以外的诸如能力、价值观等个体特征(Goldberg 和 Saucier, 1998)。**能动**(agency)与**共生**(communion)是一种较五因素模型更抽象的人格分类系统。从基本概念的角度来说,能动指个体通过权力、控制等方式追求自身的独立;共生指个体通过关爱、交流等方式追求集体的融入。有学者认为这一分类系统更具适用性,能够对特质、动机、价值观等不同的人格领域进行有效划分(例如,Abele 和 Wojciszke, 2007, 2014; Wiggins, 1991; Paulhus 和 Trapnell, 2008)。

不过,广泛的适用性也伴随着代价,在不同人格领域的实证研究中,能动与共生之间的关系出现了一些争议。具体而言,在特质领域,大多数学者认为两者是相互独立的;在动机领域,两者的关系存在着对立与不完全对立的分歧;在价值观领域,两者的关系存在着对立与正交[②]的分歧。能动与共生之间的关系是其理论及应用价值的基础,因而,要推动这一分类系统在不同领域的应用,必须明晰其相互关系。基于此,本节首先对能动与共生的概念及测量进行介绍,随后以能动与共生和特质、动机、价值观三大人格领域的结合为主线,梳理在不同人格领域这两者的内涵及其相互关系,并阐明研究结果存在分歧的可能原因。

1.5.1 能动与共生的概念及测量

能动与共生的概念最早由巴坎(Bakan, 1966)引入心理学。他将这两者视为是人类生存的基本形式,并认为它们具有深刻的进化意涵。在其理论中,能动是有机体作为独立个体存在的生存形式,这种属性通过持有权力、控制等方式表现出来。共生则是个体融入更为庞大的有机体之中,并使自身作为其部分存在的生存形式,这种属性通过与他人的联合、交流与合作表现出来(例如,Abele 和 Wojciszke, 2014;

[①] 本节基于如下工作改写而成:潘哲,郭永玉,徐步霄,杨沈龙.(2017).人格研究中的能动与共生及其关系.心理科学进展,25(1),99—110.撰稿人:潘哲。

[②] 在本节中,"正交"指互不影响,不存在显著相关。

McAdams, Hoffman, Mansfield, 和 Day, 1996; Wiggins, 1991)。实际上,关于"communion"一词的翻译,国内并未形成统一的意见,已有的译法包括:亲和性(黄飞,李育辉,张建新,朱浩亮,2010;佐斌,代涛涛,温芳芳,索玉贤,2015),交流性(喻丰,彭凯平,董蕊,柴方圆,韩婷婷,2013),社交性(张庆鹏,寇彧,2012)等。"communion"源自拉丁语中的"communio",意为友谊、共同参与和分享,在基督教语境中指教徒之间以及教徒与耶稣基督之间的紧密联结,也指参与"圣礼"(Harper,2010)。结合巴坎的定义,我们认为将其译作"共生(相依生存)"更加合适:一是接近原意;二是区别于日常生活中的常用词,免去冗杂之意;三是较好地体现了其进化的意味。巴坎认为能动与共生之间的平衡是适应性的,两种属性之间应相互调节。一旦个体过分地专注于其中一者,而完全忽视另一者,则会出现极端的能动(unmitigated agency)——关注自身而完全忽视他人,常与自恋、马基雅弗利主义相联系;或极端的共生(unmitigated communion)——过度卷入他人的问题而完全忽视自身的需求,从而对个体的生存造成威胁(例如,Helgeson 和 Palladino, 2012; Helgeson, Swanson, Ra, Randall, 和 Zhao, 2015)。

鉴于能动与共生两种生存形式根植于人类社会,学者们在众多不同的领域中都提出了具有类似含义的两分框架。例如,霍根(Hogan, 1983)在其社会分析(social-analysis)理论当中将能动与共生分别称为**超越他人**(get-ahead)和**与人相处**(get-alone)。在他看来,人类习惯于生活在具有地位等级差异的社会团体中。群体生活(即与人相处)的方式使我们的祖先享受到合作的益处,而拥有地位(即超越他人)则允许个体获得更丰富的食物与配偶选择权,这两者均是人类生存的基本追求。表1.7呈现了学者们在其他领域提出的类似框架。可见,这些具有相似内涵的两分法渗透于社会生活的各方各面。威金斯(Wiggins,1991)认为传统儒家思想中提升自身能力(如格物、致知、诚意、正心、修身)与融入更大的集体(如齐家、治国、平天下)的观念也和能动与共生概念存在着联系。

表1.7　不同领域中的能动、共生维度

研究者	能动维度	共生维度	领域
Parsons 和 Bales(1955)	工具性(instrumentality)	表达性(expressiveness)	社会结构/群体功能
Rosenberg, Nelson, 和 Vivekananthan(1968)	智能(intellectual)	社会赞许(social desirability)	社会认知/印象形成
Bem (1974); Spence, Helmreich, 和 Holahan (1979)	男性化(masculinity)	女性化(femininity)	社会认知/性别刻板印象

续表

研究者	能动维度	共生维度	领域
McAdams(1988)	权力(power)	亲密(intimacy)	人格/动机
Markus 和 Kitayama (1991)	独立(independent)	互依(interdependent)	社会认知/自我建构
Wiggins(1991)	支配/抱负(dominant/ ambitious)	热情/随和(warm/ agreeable)	人格/人际特质
McAdams 等(1996)	能动主题(agency theme)	共生主题(communion theme)	人格/生活叙事
Digman(1997)	β 因子(β factor)	α 因子(α factor)	人格/特质
Paulhus 和 John(1998)	超级英雄型偏差 (superheroes bias)	圣人型偏差(saints bias)	社会认知/自我认知偏差
Fiske, Cuddy, 和 Glick (2007)	能力(competence)	热情(warmth)	社会认知/刻板印象
Abele 和 Wojciszke(2014)	能动(agency)	共生(communion)	社会认知/社会判断

由于巴坎(Bakan,1966)认为能动与共生是分属于男性与女性的特征,研究社会性别角色的学者率先注意到这两个概念的价值,并构建出了一系列相应的测量工具。贝姆性别角色量表(Bem Sex Role Inventory, BSRI)(Bem, 1974)以及扩展版个人特征问卷(Extended Version of the Personal Attributes Questionnaire, EPAQ)(Spence 等, 1979)被普遍认为是测量个体能动与共生属性的有效工具(例如, Berger 和 Krahé, 2013; Helgeson 和 Palladino, 2012)。在这些量表当中,**男性化**(Masculinity)对应着能动属性的测量,**女性化**(Femininity)对应着共生属性的测量(Spence 等, 1979)。BSRI 与 EPAQ 是对于个体两种属性的综合考察,不过由于能动与共生结合的领域非常广泛,根据其所结合的领域编制相应的测量工具逐渐成为一种流行的趋势。

1.5.2 特质领域中的能动与共生维度
能动与共生特质的来源及界定

能动与共生概念以其深刻的进化与社会意涵,逐渐为特质领域的研究者们所接受,并被用于解决一些该领域中长期存在的问题,比如确定特质空间(trait space)中基本维度的数量(Saucier, 2009)。在众多确定特质基本维度的努力中,最具影响力的成果即五因素模型。但随着五因素模型的快速发展,一些质疑的声音随之而来。例如,有研究者提出模型中的各因素之间存在微弱甚至中等程度的相关(Digman, 1997; DeYoung, 2006),而一般来说作为分类系统的维度之间应该是相互独立的。在此现象的基础上,Digman(1997)对若干五因素模型的相关研究数据再次进行了因子分析，发现五因素背后存在两个高阶的正交因子（α，β），并且五因素在这两个高阶因子上的负载存在跨研究、跨文化的一致性。在迪格曼（Digman）看来，α因子意为个体融入社会、接受社会化的过程，对应着共生概念；而β因子则意为个体的自我成长与实现，对应着能动概念（De Raad & Barelds, 2008；Saucier, 2009）。

人际环状模型（interpersonal circumplex, IPC）（Wiggins, 1979）结合了人际特质与环状模型，构成了人际特质的一个分类系统。它展现了能动与共生维度在特质领域的另一重要应用（例如，Miller, Price, Gentile, Lynam, 和 Campbell, 2012；Rauthmann 和 Kolar, 2013）。**人际特质**（interpersonal traits）指社会交际当中个体的一般行为倾向性，如个人在与他人交往时是否总是处于主导的地位，是否喜欢与他人竞争等，而环状模型则是一种变量按圆周顺序排列的系统。在环状模型所处的两维变量空间中，定义这一空间的两个维度被视为是空间中变量的笛卡尔坐标系，其中所有的变量都可以用它们在坐标轴上的投影来表示（Gurtman, 2009）。威金斯（Wiggins, 1991）考察了大量心理学以及其他社会文化领域中与之具有相似含义的成对概念，提出了能动与共生这一对"元概念"。这一对"元概念"以其广泛的包容性、社会内涵的深刻性最适合作为定义人际特质空间的坐标轴。具体来说，能动概念对应IPC中的支配/抱负，共生概念则对应热情/随和。相应地，缺乏能动对应懒惰/顺从，缺乏共生则对应冷漠/好斗。另外，将能动与共生两个维度作为主轴，还可以使研究者更加清晰地理解人际特质空间中变量的内涵。例如IPC中的计较/自负特质，就可以被视为高能动与低共生的结合（A+，C−），其内涵是以损害与他人的关系为代价，获取成就与地位；谦逊/朴实（A−，C+）则可以被理解为专注于与他人保持良好的社会关系，而缺乏对自身的关注。

能动与共生特质之间的关系

作为定义变量空间的轴线，能动与共生之间的关系是正交的（见图1.7）。这一关系主要是因为在定义时威金斯（Wiggins, 1991）强调能动概念中权力与控制的含义。权力的结果既可以是分离性的掠夺与冲突，也可以是共生性的施加保护。近来亦有学者指出，权力既可以促进也可以抑制亲社会行为的表达（蔡颜，吴嵩，寇彧，2016）。在组织管理中，高权力者既可以利用权力谋私，也可以运用权力服务组织的整体利益（段锦云，卢志巍，沈彦晗，2015）。因此在威金斯（Wiggins, 1991）看来，能动与共生之间相对独立。从理论建构的角度来看，假设能动与共生之间存在正交关系，意味着两种属性的所有组合都是可能的，即个体在拥有高或低的能动特质时，也可以同时拥有高或低的共生特质，两者之间不存在必然的对立（Paulhus 和 Trapnell, 2008）。

能动与共生之间的正交关系得到了一些研究的支持。有研究者对被试同时施测EPAQ以及测量人际特质的**人际形容词量表"大五"修订版**（Interpersonal Adjective

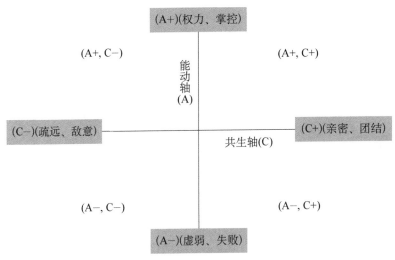

图1.7 能动与共生维度的正交关系
资料来源:Wiggins,1991

Scales Revised-Big Five Version, IASR - B5)(Trapnell 和 Wiggins,1990),发现能动特质确实与支配/抱负轴相符,而共生特质亦确实与热情/随和轴相符(Ghaed 和 Gallo,2006)。劳斯曼和科拉尔(Rauthmann 和 Kolar,2013)也发现,两者在 IASR - B5 以及其他的能动与共生特质测量工具中的相关不显著,总体上支持了两者的正交关系。另外,有研究者(Strus, Cieciuch,和 Rowiński,2014)还建构出了以"大二"因子为坐标轴的、更具一般意义的人格特质环状模型,为能动与共生在特质领域中的正交关系提供了进一步的理论支撑。

1.5.3 动机领域中的能动与共生维度

能动与共生动机的来源及界定

本质上来说,动机是个体对一类能唤起强烈情绪体验的刺激的持久偏好(McClelland,1987)。自默里提出需要理论以来,确定基本动机的类型已经成为动机领域的核心问题。麦克莱兰(McClelland,1987)提出的基本的社会性动机包括**权力**(power)、**成就**(achievement)、**联结**(affiliation)以及**亲密**(intimacy)动机。麦克亚当斯(McAdams,1988)支持的基本的社会性动机包括权力与亲密动机。瑞安和德西(Ryan 和 Deci,2000)在**自我决定论**中提出了与内部动机相联系的三种基本需要,即**胜任**(competence)、**自主**(autonomy)以及**关系**(relatedness),这三种需要是内部动机的基础。

为整合各种类似而又不完全一致的动机理论,有学者提出权力与成就动机以及胜任与自主需要应被归为更抽象的能动动机,而联结与亲密动机以及关系需要应被归为更抽象的共生动机(例如,Deci 和 Ryan, 1991;McAdams, Hoffman, Mansfield, 和 Day, 1996;Schönbrodt 和 Gerstenberg, 2012;Winter, John, Stewart, Klohnen, 和 Duncan, 1998)。其中,能动动机主要指个体追求超越他人的成就与地位、支配与影响他人以及强调自己与他人区别的动机;而共生动机则主要指个体追求照料养护他人、与他人合作分享以及与他人产生联系的动机(Locke, 2015)。这一整合思路不仅囊括了前述几种基本的社会性动机,还反映了巴坎(Bakan, 1966)和其他学者对能动与共生概念的定义,使得动机分类的形式更加简明,内涵更加深刻。

能动与共生动机之间的关系

尽管将社会性动机组织进两维的能动与共生框架中符合**简效**(parsimonious)原则,但这也为两类动机的内部结构赋予了复杂性(Locke, 2015)。内部结构的复杂性导致在定义这两类动机时,不同学者往往强调能动与共生内涵中的不同成分,而这也直接引起了学者们在两者关系问题上的分歧。

主张对立关系的研究者强调能动概念中追求独立以及与他人分离的内涵,这与追求联合、团结的共生概念存在矛盾。另外,能动与共生动机在带来益处的同时也伴随着相应的代价:能动动机会使个体追求有风险的目标,容易被他人认为是极端的或具有攻击性的(Križan 和 Smith, 2014);共生动机会使个体重视在人际关系中关怀与保护他人,但他人可能无法给予相应的回报。付出代价是资源消耗的过程,由于每个人所拥有的资源总量是有限的,因此个体很难权衡这两类追求(Locke, 2015)。

能动与共生动机的对立关系得到了一些研究的支持。在关注伴侣间亲密关系的研究中,有研究者发现能动动机与伴侣间的冲突以及较低的关系满意度呈正相关(Hagemeyer, Schönbrodt, Neyer, Neberich, 和 Asendorpf, 2015),而共生动机则与稳定的伴侣关系及更高的关系满意度呈正相关(Hagemeyer, Neberich, Asendorpf, 和 Neyer, 2013)。还有研究者提出将能动与共生动机的外延扩展为与个体所处的社会文化环境的分离与融合(Gebauer, Leary, 和 Neberich, 2012;Gebauer, Paulhus, 和 Neberich, 2013;Gebauer, Sedikides, Lüdtke, 和 Neberich, 2014)。格鲍尔等人(Gebauer 等, 2013)在关于能动与共生动机和宗教信仰的相关研究中发现,能动动机强的个体追求与其周遭文化的背离,因而在重视宗教信仰的文化中,这类人更少地参与宗教活动;反之,共生动机强的个体追求与其周遭文化的融合,因而在重视宗教信仰的文化中,这类人更多地参与宗教活动。在生理层面,有研究发现睾酮素(testosterone)有提升个体能动动机与压抑共生动机的效用(Knight 和 Mehta,

2014),拥有较高水平睾酮素的男性会表现出更强烈的能动动机以及更弱的共生动机(Turan, Guo, Boggiano, 和 Bedgood, 2014)。与之对应,亦有研究发现催产素(oxytocin)可以诱发个体的共生动机(Bartz 等, 2015)。

然而,其他一些学者并不认同能动与共生动机的完全对立。在他们看来,追求自身利益与关注他人利益之间不存在必然矛盾。虽然在日常生活中往往存在着这两类动机间的冲突,但动机的整合却是有可能的,并且这种整合是形成适应性人格的必要条件(Blatt 和 Luyten, 2009; Frimer, Walker, Dunlop, Lee, 和 Riches, 2011)。显然,在这种立场下,研究者主要强调能动概念中追求自身利益、掌控社会资源的内涵。一方面,较多地关注自身利益会阻碍对于他人福祉的关注;另一方面,掌控社会资源也可以成为维护群体利益的前提。

能动与共生动机的不完全对立关系也得到了一些研究的支持。在道德人格的研究中,有研究者发现相较于普通人或其他类型的公众人物,道德模范在其个人记叙中更多地表现出能动动机与共生动机的**层级整合**(hierarchical integration)。具体而言,道德模范在叙说生活故事时,能动与共生动机往往在同一情境或生活目标中以工具性或终极性的方式联合呈现,如"争取权利(工具性的能动动机)……为了女性的解放(终极性的共生动机)"(Frimer, Walker, Lee, Riches, 和 Dunlop, 2012; Walker 和 Frimer, 2015)。从社会文化的层面来看,陆洛和杨国枢(2005)指出,虽然西方文化背景下"个人取向的自我实现"与华人社会当中"社会取向的自我实现"之间存在着对立,但现代社会中的个体在交融文化的影响下,可能会发展出多元的自我实现取向,即能动与共生的整合。在其实证研究中,陆洛和杨国枢通过半结构化访谈发现,台湾地区的大学生群体对于自我实现的定义包含了"完全做自己"、"以成就回馈家庭"、"自我安适,兼善天下"三类范畴,反映出了两种取向自我实现的并存与融合,支持了能动与共生动机虽然存在对立,但这种对立又并不绝对的观点。

1.5.4 价值观领域中的能动与共生维度
能动与共生价值观的来源及界定

价值观是一种追寻期许结果的信念,这种信念具有跨情境的一致性且能指引人们选择与评价具体的行为或事件。一般而言,个体对于不同价值观的重视程度存在差异(Schwartz, 1992)。特拉普内尔和保卢斯(Trapnell 和 Paulhus, 2012)在对过往一些具有代表性的价值观实证研究进行再次分析后发现,这些使用不同价值观测量工具的研究在因子分析或高阶因子分析中总能得到两个可解释较多变异的因子,并且这两个因子依照内容可以分别被归为能动与共生价值类型。特拉普内尔和保卢斯还认为,即使是该领域中颇具影响的价值观环状模型也实质性地涵盖了这两个维度。

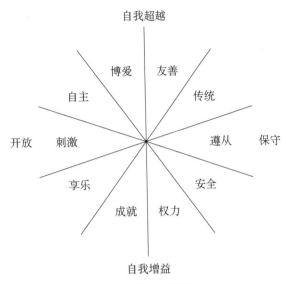

图 1.8 施瓦茨价值观环状模型
资料来源：Schwartz，1992

施瓦茨(Schwartz,1992)建构的价值观环状模型包含10类具有文化普适性的基本价值观,这些价值观按照其相互之间的关系依次排列成环形,距离相近者可兼容(可同时持有),而距离越远则越不兼容(不可同时持有)(见图1.8)。定义此环状模型的其中一条双极坐标轴是自我增益—自我超越轴,它在含义上和能动与共生维度相对应(Buchanan 和 Bardi, 2015; Paulhus 和 Trapnell, 2008; Trapnell 和 Paulhus, 2012)。其中,能动价值类型(自我增益)包含了成就、权力价值观,意为个体重视自身的利益与社会地位;而共生价值类型(自我超越)则包含了博爱与友善价值观,意为个体超越自己,关注他人甚至是全人类的福祉。

能动与共生价值观之间的关系

在探讨能动与共生价值观的关系时,一些学者强调能动概念中自我增益的含义,认为两者之间相互阻碍;而另一些则强调能动概念中权力与控制的含义,认为两者之间互不影响(Trapnell 和 Paulhus, 2012)。

在价值观环状模型中,能动与共生两者处于一种非此即彼的对抗状态。这首先源于其能动概念包含了自利以及获得超越他人的成就的部分。施瓦茨(Schwartz, 1992)认为,接受他我之间的平等地位势必阻碍个体将超越他人作为生活与行事的指导原则。其次,传统的价值观研究者强调价值观的相对重要性,重视一种价值观往往使得其他价值观的重要性下降。

能动与共生价值观的对立关系得到了一些研究的支持。有研究者(Hansla, Gärling,和Biel,2013)考察了价值取向与对环境保护政策的态度之间的关系,结果表明随着环保政策造成个人利益损失的增长,持有自我增益价值观的个体将会由支持转为不支持甚至反对这些政策,而持有自我超越价值观的个体由于更多地关注生态与他人,因而较少改变其支持的态度。另外,还有研究者发现,通过物质激励的方式鼓励人们做出保护环境的行为(赋予该行为以能动价值),反而会抑制个体在未来做出以自我超越价值观为基础的环保行为(Evans, Maio, Corner, Hodgetts, Ahmed,和Hahn, 2013)。

价值观环状模型关注普适的人类价值观,但如果把焦点放在和能动与共生维度相关的价值观上,减少对能动概念中自利含义的强调,则或许能以正交的能动与共生轴来定义价值观空间,并符合能动与共生在特质领域的正交传统(Horowitz和Strack, 2010)。基于此,特拉普内尔和保卢斯(Trapnell和Paulhus,2012)设计出了以两者正交关系为基础的**能动与共生价值观量表**(Agentic and Communal Values scale, ACV),并在实际的施测中发现两者仅有微弱的相关。他们还提出,这种正交的建构并不是对施瓦茨的直接反对,而是一种使用更加精简的方式来解释各种价值观之间的相关以及定义价值观空间的尝试。能动与共生价值观的正交关系允许研究者单独考察其中一者,而免受另一者的干扰。甚至可以将两者同时放在回归方程中作为预测变量,考察其交互作用对于结果变量的影响(Gebauer, Sedikides, Verplanken,和Maio, 2012)。

能动与共生价值观的正交关系也得到了一些研究的支持。特拉普内尔和保卢斯(Trapnell和Paulhus,2012)发现,对过往研究中基于价值观环状模型构建的价值观量表进行因子分析,能够清晰地抽取两个分别对应于能动与共生,并可解释大部分变异的因子。有研究者在荷兰样本中也发现了类似的两因子价值观结构(De Raad和Van Oudenhoven, 2008)。另外,埃伯利(Abele,2014)使用ACV测量了这两种类型的价值观,发现在不同的文化背景下它们之间的相关较弱或不显著,进一步佐证了两类价值观的正交关系。

1.5.5 关系分歧的缘由

至此,本节梳理了特质、动机、价值观领域中能动与共生的内涵及其相互关系。可以看到,在不同的研究中,能动与共生的关系不仅会随着所结合领域的不同而不同,且在同一领域内部也存在着不一致。对于能动与共生之间的关系,同一领域当中出现的结果分歧与不同研究者对能动概念的定义不一致有关;不同领域之间出现的结果分歧则与各人格领域的独特属性有关。

对能动概念的定义不一致

研究者在将能动与共生概念引入各自领域中时对两者的定义不同——特别是对

"能动"概念内部不同成分的强调,直接导致了不同研究者对它们在同一领域当中是何关系的看法出现分歧。而定义不一致的前提在于,能动概念的内涵相较共生概念更为复杂。

巴坎(Bakan,1966)最初对能动概念的定义是"通过权力与控制等方式以获得独立的状态",这就赋予了能动概念"目的性"的独立状态含义与"工具性"的权力与控制含义,使得其内涵较为丰富。对共生概念的定义是"通过联合、合作与亲密等方式融入更大的集体当中",相较而言,工具与目的上的连贯使得其内涵较为统一。这种内涵一致性的差异可以借由两者之间的密度差异反映出来。布鲁克穆勒和埃伯利(Bruckmüller 和 Abele,2013)采用**密度假说**(The Density Hypothesis)(Unkelbach, Fiedler, Bayer, Stegmüller, 和 Danner, 2008)的观点,考察了能动与共生特质词汇团在紧密程度上的差异,结果表明能动概念的密度较共生概念低,说明其相关词汇在特质空间中较为分散,内涵更为复杂。此外,还有研究发现,在关于特质形容词的能动与共生属性评定中,不同国家的被试对于特质形容词共生属性评定的一致性要显著高于对其能动属性评定的一致性(Abele, Uchronski, Suitner, 和 Wojciszke, 2008)。

威金斯(Wiggins,1997)指出,能动与共生之间关系的分歧正是源于能动概念中存在着不同的成分。在他看来,能动的其中一部分与权力联系紧密,意为对自我或外界的掌控,与共生呈正交关系;能动的另一部分强调个体的独立性,意为与他人分离,与共生呈对立关系。弗里默等人(Frimer 等, 2011)也提出了类似的观点,即不同的学者在界定概念时形成了两种不同的解释体系——**心理距离体系**(psychological distance scheme)与**利益寻求体系**(promoting interests scheme)。心理距离体系涵盖了能动与共生概念中关于分离与聚合的内容,能动意为增加与他人的心理距离,而共生意为减少与他人的心理距离,能动与共生在此含义下呈对立关系。利益寻求体系则涵盖了能动与共生概念中关于自我增益与增益他人的内容,能动意为寻求对自身有益的事物,常以支配控制、集聚物质财富、获取个人地位与成就等主题表现出来;而共生则意为寻求对他人有益的事物,常以仁爱、人际关怀等主题表现出来。一般而言,寻求自身利益与寻求他人利益之间存在着一定程度的对立,但这种对立并不绝对。

综上,我们认为能动概念内部可能包含了三个成分,即**权力**(power)、**成就**(achievement)与**分离**(separation)。权力涵盖了能动概念中控制的部分,成就涵盖了能动概念中高效达成个人目标的部分,分离涵盖了能动概念中追求与群体的疏远、保持其个体性与独立性的部分。而弗里默等人(Frimer 等, 2011)的利益寻求体系中的能动概念则综合了权力与成就两成分。

能动概念中的第一个成分是权力,其核心是控制。控制存在指向,指向外界时是为支配与影响他人(表现为获得社会地位);指向内部时是为自控与坚守信念

(Wiggins,1979,1997)。权力既可以被用于共生目的(如负责地行使公权),也可以被用于非共生目的(如放任地行使特权),即权力本身是中性的(Anderson,John,和Keltner,2012),其对立面是易受外部影响的消极被动(passivity)而不是共生。强调这一含义时,能动与共生呈正交关系。

能动概念中的第二个成分是成就与抱负,其核心是以超越常人的能力达成自己的目标。成就与抱负隐含了竞争的意味,个体要在竞争关系中证明自己较他人更有能力,并借此获得个人成就(McClelland,1987; Schwartz,1992)。一般而言,在追求超越他人的同时,个体难以兼顾他人的目标。但同时,成就与财富的获取也可以作为达成共生目标的资源。因而强调这一含义时,能动与共生存在着一定程度但又不完全的对立。

能动概念中的第三个成分是分离与独立,描述个体作为独立有机体的存在形式(例如,Gebauer等,2013)。这与能动中目的性的独立状态相一致,与共生中目的性的融入集体互斥。强调这一含义时,能动与共生呈对立关系。

结合领域的不同与领域间的相互作用

此部分以利益寻求体系为基础,强调能动与共生概念自我增益与增益他人的内涵。在定义一致的情况下,不同人格领域间能动与共生的关系差异源于各领域的独特属性以及领域间的相互作用。在本节中,这种不同人格研究领域的差异性具体体现为特质、动机与价值观之间的差异。虽然学界在这三者的区分与相互作用的机制上还未形成统一的意见,但一些研究者已经开始通过诸如元分析的方法,来重点关注它们之间的关系(Fischer和Boer,2015; Parks-Leduc,Feldman,和Bardi,2014)。

能动与共生概念在与不同领域结合时,其相互关系会受到各领域独特属性的影响。特质是去情境化的,因此有研究者将其视为实现目标的一种资源(McCabe和Fleeson,2016),可以服务于不同的目标。作为资源的能动与共生特质受到生物学因素的影响较大,拥有一种资源不一定会抵消另一种资源的获得。因而在同一个体身上这两类特质的表达互不阻碍,两者之间呈正交关系。一些研究间接支持了这一看法,例如有研究者(Cislak和Wojciszke,2008)在考察社区民众对地方政客的印象时发现,当描述一位政客做出利己行为时,人们倾向于认为他具有高水平的能动特质,而对其共生特质的评价不受影响;当描述政客做出利他行为时,人们倾向于认为他具有高水平的共生特质,而对其能动特质的评价则不受影响。价值观与动机则受情境的影响较大,并且指向特定的目标。一般而言,受制于外部的或心理的资源,个体需要在追求自我增益的目标与追求增益他人的目标之间做出取舍权衡(Locke,2015),因而能动与共生在这两个领域中存在冲突(Schwartz,1992)。与这种观点相一致,有研究者在**自我损耗**(ego depletion)的实验中发现,经过自我损耗处理后,实验组被试的利他行为相较于控制组被试显著减少(DeWall, Baumeister, Gailliot, 和 Maner, 2008;任俊等,2014),在一定程度上说明了个体在资源受限的情况下难以兼顾自我和他人的利益。

能动与共生的关系同时还受到各领域间相互作用的影响。温特等人(Winter等,1998)考察了动机与特质之间的联系,认为动机代表了基本的目标与渴求,而特质是实现目标的生物基础。有学者依此提出,可以从**个人发生学**(ontogeny)的角度来探讨不同领域的能动与共生在个体发展过程中的相互作用(Paulhus 和 John, 1998; Paulhus 和 Trapnell, 2008)。在某种社会价值观的引导下,个体产生了追求能动或共生目标的动机,其相应的动机导向行为又会受到个体特质的调节。比如拥有能动特质的个体,在其成长的过程中受到了共生社会价值观的影响而产生了共生动机。受自身能动特质的影响,其共生动机引导的行为就会表现出能动的属性,使得存在紧张关系的两者出现了整合的可能。

综上,本节对不同研究中能动与共生关系出现分歧的可能原因进行了阐释。存在分歧并不意味着不应进行相关的研究,或者将其引入这些领域是不合适的。须知,在相同内涵的条件下,不同人格领域中能动与共生关系的差异正是对各领域独特属性的深刻刻画。

1.5.6 小结与展望

自能动与共生概念进入心理学研究者的视野以来,对于这两者的探讨在不同的研究领域中产出了丰硕的成果。近年来,能动与共生在西方心理学界受到越来越多的关注(Abele, Cuddy, Judd, 和 Yzerbyt, 2008),但在东方文化背景下与之相关的实证研究还较少。考虑到能动与共生的内涵及其关系有待进一步阐明以及文化环境对这两者的影响还有待考察,未来的研究可以关注以下几个方面:

第一,进一步关注定义对能动与共生之间关系的影响,以及两者关系在个体发展过程中的动态变化。能动概念包含权力、成就与分离三个成分,并且已经有学者提出共生概念内部亦存在不同成分,即**道德性**(morality)与**社交性**(sociability)(例如,Brambilla 和 Leach, 2014)。强调两者内涵中的不同的成分会使得能动与共生表现出不同的关系,若不指明其含义,混淆的使用就可能降低研究结果的解释力(Frimer等,2011)。另外,从个体生命全程发展的视角来看这两者的关系,或许能使我们对各领域间能动与共生相互作用的心理机制有更深入的认识(Locke, 2015; Walker 和 Frimer, 2015),因而未来的研究可以从纵向数据入手,考察两者之间的动态关系。

第二,关注文化对能动与共生之间关系的影响。马库斯和北山村(Markus 和 Kitayama,1991)认为个人主义与集体主义文化会引导其社会中人产生有差异的**个人**

认同(personal identity),即**独立**(independent)与**互依**(interdependent)的自我建构。在独立的自我建构中,个体倾向于以特殊的个人品质来定义自我;而在互依的自我建构中,个体倾向于以人际关系来定义自我。诚然,追求自身的成就与融入集体、追求集体利益,在西方文化背景下很可能存在矛盾。但在互依的东方文化背景下两者的对立并不必然,例如对于日本学生来说,追求学业成就(能动动机)的目的之一就在于与重要他人保持和谐的关系,更好地融入家庭(共生动机)(Markus 和 Kitayama,1991)。这可能是因为在东方文化中,特别是在以儒家价值观为内核的中国传统文化的影响下,共生价值观具有主导性。例如,儒家的内核在于"仁",始于"亲亲",终于"不独亲其亲"、"仁者爱人",体现出一种由近及远关爱他人的价值取向。而能动更多地被视为工具性的存在,其中竞争超越的部分被削弱,进而使两者的对立关系得到了缓和。因此,东西方文化中的能动与共生的相互关系也就可能存在差异。

第三,关注这一分类系统在中国人人格中的适用性。与"大五"结构类似,能动与共生同西方语词体系关系紧密,并且不少研究也都采用了基于词汇学假说的方法(例如,Abele 等,2008)。要在国内开展进一步的实证研究,首先要编制相应的测量工具,而测量工具是否高效,关键在于对以下三个问题的回答:(1)在中国的语词体系当中是否存在类似内涵的词汇?(2)词汇内部是否存在相似的成分?(3)其相互关系是否也存在上述的复杂性?

不过,正如上文指出的,深刻的进化与社会意涵使得能动与共生概念具有相当的跨文化普适性,并且威金斯(Wiggins,1991)也直接提到了这两者与儒家思想之间的联系。尽己之谓忠,强调的是主体的自我提升;推己及人之谓恕,强调的是主体与外界的连通(陆洛,杨国枢,2005)。求诸己,施于人,以至内圣外王,无一不体现出个体生命历程中提升自我与融入社会的整合。目前,国内有研究者已经开始探索中国人的人格二分系统(黄飞,2014),但实证性质的成果尚不丰富。未来将能动与共生概念引入中国传统人格与现代人格的比较研究之中,探索中国人特质、动机与价值观的变迁,或许能为我们理解正处于剧烈社会转型期的中国人的人格提供一定的启示。

1.6 从人际关系看人格[①]

人格的**认知—情感系统**(Cognitive-Affective Personality System, CAPS)理论被视为是与五因素人格理论齐名的一种人格理论。在这一节中,我们拟从个体外部的

[①] 本节基于如下工作改写而成:杨慧芳,郭永玉.(2006).从人际关系看人格:认知—情感系统理论的视角.心理学探新,26(1),13—17.撰稿人:杨慧芳。

人际关系层面来阐述该理论,以加深对该理论的理解。然后,本节将从CAPS与其他人际关系理论的契合说明该理论是一种整合性的人格理论,并指出CAPS的优点和局限性,由此对人格研究的未来发展方向进行探讨。

1.6.1 问题的提出

人格的认知—情感系统理论

自人格心理学建立伊始,人格心理学家一直在追求两个不同的目标:人格结构和人格过程。两种目标体现在人格心理学的两个主要任务中:其一,确定人格结构组织,以说明每个个体的独特性;其二,所确定的人格组织必须一方面能解释个体行为的稳定性和一致性,另一方面能对刻画个体生活经验特征的思维、情感和行为的变异性进行解释(Zayas, Shoda, 和 Ayduk, 2002)。早在1937年,人格心理学之父奥尔波特就提出,应根据个体在不同情境中的独特和稳定的特征来刻画个体。由此思想顺承下来,在人格心理学中有重要影响的特质论致力于寻找人格中稳定的结构。而另外一批人格心理学家则发出"人格是如何运作"的疑问,并根据不同情境中社会行为变异性内在的心理过程来寻求答案(Mischel, 1973)。由于目标各异,不同的人格理论似乎彼此冲突,并形成不同的理论取向。

米歇尔等人提出的认知—情感系统理论是继五因素人格理论之后的又一重要理论。这两种理论分别代表了人格研究中的特质研究取向与社会认知研究取向(石伟,尹华站,2004)。作为人格特质论的一种典型,五因素人格理论认为人格主要包括五个因素:神经质、外向性、开放性、随和性、尽责性,构成人格的特质可以依据这五个维度来加以组织(Burger, 2000, pp. 131-133)。五因素人格理论从结构的角度来研究人格,可以对人格作静态的描述并反映人格的稳定性,却不能对人格的过程动态进行解释,忽视了情境的作用和人格的复杂性。

针对五因素人格理论的不足,CAPS不仅考虑了人格的结构和稳定性,而且兼顾了人格的过程和变异性,反映了人格的认知、情绪和社会取向的研究日益受到重视并逐渐整合的趋势(杨子云,郭永玉,2004)。CAPS认为,个体稳定的人格系统结构是由**认知情感单元**(CAUs)以某种稳定的组织关系构成的,反映了个体人格的独特性。在Mischel等人看来,个体人格的差异是由认知建构能力、解码策略、结果期望、结果价值和自我管理系统等认知层面的人格变量不同造成的。个体稳定而独特的人格结构是个体经验、社会学习与生理遗传因素相互作用的产物。个体的人格系统不断地与外部环境发生动态的交互作用:人格系统产生的行为影响着社会环境,影响着个体对随后面临的人际情境的选择;反过来,这些情境又会影响人格系统(Mischel和Shoda, 1995),如图1.9所示。

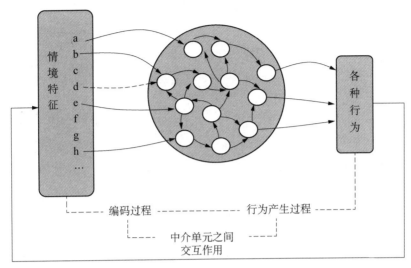

图1.9　认知—情感加工系统示意图
来源：Mischel 和 Shoda，1995.

从人际关系的角度研究人格的原因

个体人格要受到所处人际关系的影响。沙利文（Sullivan）提出，"人格永远无法与个人生活于其中的人际关系背景相分离"（Zayas，Shoda，和 Ayduk，2002）。如果从人际关系的角度入手，我们能得到哪些关于人格的知识呢？

许多可归于人格的行为不仅反映了单独个体的特点，而且与其发生的人际关系背景密不可分。文化心理学家维果茨基（Vygotsky，1978）、格根（Gergen，1973，1990）以及符号互动论者（Cooley，1922；Mead，1934）都提出过这一思想。此外，发展心理学家和自我理论家都认为，自我及其所有的认知、情绪特征都是在人际关系中得以形成、展现和维持（Markus 和 Cross，1990）的。

根据人格的社会认知概念和人类信息加工的原则，翔田等人提出，被归于人格的行为是由个体与其关系背景之间的互动所产生的，而非个体单独的特质所致（Zayas，Shoda，和 Ayduk，2002）。个体行为由两种心理过程决定：一是个体内部的由其CAPS决定的个体差异；二是外在于个体的情境。当个体处于某种人际关系中时，其伙伴的行为构成了个体的情境，这两个过程之间的交互作用决定了个体的行为。

鉴于CAPS在人格心理学中的重要性以及人际关系对人格的重要影响，同时又因为该理论过于抽象，本节拟从人际关系的角度来对其进行具体阐述，以加深对该理论的了解。此外，用CAPS来解释两个人之间人际关系的形成可同时对人格的稳定性和可变性做出说明。

1.6.2 用CAPS理论解释二人群体的形成

理论是由概念组成的系统,用来描述、解释和预测所研究的现象。心理学中的理论首先是被设计来理解个体的(Reis, Collins, 和 Berscheid, 2000),CAPS就是这么一种工具,它具有以下三种功用:第一,能将情境的作用包括进来而非排除出去;第二,通过说明不同个体如何对同一情境做出认知、情感和行为上的不同反应,CAPS能解释为何同一情境对不同个体的作用不同;第三,该模型认为个体行为会影响其所面临的情境。

以下将以CAPS和**情境中的人格**(personality-in-context)来解释二人群体的形成机制。二人群体由**个体内**(intra-individual)和**个体间**(inter-individual)的两个过程一起运作,经两个阶段而形成(Zayas, Shoda, 和 Ayduk, 2002)。第一阶段分为两个过程:(1)每个个体稳定的个体内认知—情感过程可被视为一个CAPS网络模型;(2)个体间认知—情感过程在所遇到的情境中产生了稳定的个体差异。第二阶段,两个个体的CAPS网络长时间互动并结合成为**二人群体系统**(dyadic system),由此就产生了个体的行为和二人群体中稳定的互动行为。

用CAPS对二人群体中每个个体的心理概念化

利用CAPS可将**二人群体**(dyad)中每个个体的心理表征为认知和情感相互连接的独特网络(network)。不同个体的CAPS网络的不同之处在于:特定的认知或情感的**可得性**(availability)不同;认知和情感联合的模式与强度不同,这就决定了它们被激活的容易程度,即**可及性**(accessibility)不同(Zayas, Shoda, 和 Ayduk, 2002)。通过引导个体对那些被自动激活的情境、认知和情感进行解释,CAPS网络促成了个体所面临的情境和对情境反应之间的独特关系。

个体内过程:个体通过其CAPS网络对情境的心理意义进行编码,对情境赋予心理意义和主观解释。对于不同个体,同一种人际情境会激活不同的认知和情感模式,从而导致不同人对同一情境的知觉、解释和反应不同。

个体间过程:CAPS影响所面临的情境。个体的CAPS网络在特定人际情境中被激活,影响其行为反应,并进而影响其人际情境。该过程与巴斯(Buss, 1987)提出的人格影响情境的"选择(selection)—唤起(evocation)—操纵(manipulation)"模型相似(Buss, 1987)。"选择"指:(1)个体的人格特征影响其选择进入何种人际情境;(2)其人格特征影响他人是否愿意与其交往。此外,个体既会无意识地通过"唤起",即个体的人格特征从他人那里引出某些连续和可预测的反应而影响其人际情境,也可能以有意地试图去改变他人行为的一些方式,即"操纵",去影响人际情境和社会。

两个CAPS网络结合形成二人群体

对二人群体的形成和发展的解释主要根据两个理论假设:(1)具有相似特征的情

境倾向于激活同一个CAPS次网络,使得个体产生相似的行为反应;(2)在亲密关系中,伙伴(partner)的行为会成为另一个体的情境输入。

经过一段时间后,二人群体中的个体为应对伙伴特定行为而被激活的认知—情感动态会变得越来越容易接近,用最小的行为输入就可被激活。当一种人际关系建立后,每个成员内隐或外显地形成关于伙伴的心理图式(如他是一个喜欢独处的人),并更可能进行**自上而下**(top-down)、**图式驱动**(scheme-driven)而非**自下而上**(bottom-up)、**刺激驱动**(stimulus-driven)的心理加工。从而,个体对伙伴行为的解释与其图式一致(Zayas, Shoda, 和 Ayduk, 2002)。于是,一个动态的二人系统就形成了。

二人群体的动态性意味着每个个体的CAPS网络中被激活的特定认知和情感以及每个CAPS网络所产生的可观察行为并不稳定,而是随时间、情境输入而变化的。对社会中的个体而言,其所面临的环境主要由与其结成人际关系的各种各样的人组成,故环境或情境最重要的特征应是内在的动态性和变化性。在二人群体中,人际环境由那些不断变化的、个体性的、活动的和反应的伙伴行为组成。因此,同一个个体,尽管其自身的CAPS不变,但如果与不同人建立不同的人际关系,该个体就会表现出不同的行为。

CAPS对人际关系形成的解释作用

利用CAPS,可以较好地解释人际情境中个体人格的稳定性和变异性。就稳定性而言,个体情境和行为之间这种"如果……那么……"(if ... then ...)的关系是由个体独特而稳定的CAPS网络造成的(Mischel 和 Shoda, 1995),可以独特地描述个体在跨情境行为变异性中蕴涵的一致性。当个体遇到具有相似特征的情境时,同样的CAPS网络会被激活,从而产生相似的行为反应。在较短时期内,个体内在的CAPS自身会在不同情境中保持相对稳定和不变,但在特定时刻,被激活的特定思维和情感会随激活它们的情境输入而变化。因此,CAPS稳定的结构性质会影响特定情境中特定认知和情感的动态激活,反过来,不同的认知和情感会导致个体表现出不同的行为。

因此,CAPS理论将个体的心理概念化为一种稳定的认知—情感处理系统,可以将情境中的人际特征概念化,关注情境中的个体差异。这种概念化有助于建立一种结构(framework),由此结构出发,可以将人格领域和人际关系领域中许多看似不同的研究取向加以整合。事实上,人格心理学一直呼唤一种整合模型,既能阐明个体内部稳定的心理过程,也能解释亲密关系中的人际动态,而CAPS正好是这样一种理论。

1.6.3 CAPS理论与其他人际关系理论的契合

运用CAPS理论和情境中的人格模型,可以将有关人际行为中个体差异的几种理论如**关系图示**(relational schemas)、**成人依恋理论**(adult attachment theory)和**拒绝敏感性模型**(model of rejection sensitivity, RS)等不同的研究取向加以组织和整合(Zayas, Shoda, 和 Ayduk, 2002)。

这些研究取向具有一些共同特点:将每个个体的心理概念化为认知和情感相互联系的一种稳定模式,既重视个体的终生经历(a life-time of experience),也重视个体的遗传结构(genetic make-up)。

关系图式

Baldwin(1992)将关系图示定义为"集中体现了人际关系模式中的规律性的认知结构",这些结构包括人际关系中的自我的表征、互动中的他人的表征以及互动模式的**人际脚本**(interpersonal script)。除了认知结构,关系图式还包括情感反应(Downey 和 Feldman, 1996),即对人际关系中的自我、互动中的他人以及在亲密关系中指导行为的人际脚本的情感和感受。因此,可以将关系图式概念化为一种认知和情感的特定结构(configuration),该结构表征了人际互动中自我和**重要人物**(significant persons)的关系,在相关的人际情境中会被激活,并有稳定的个体差异。

成人依恋理论

成人依恋理论从理论上进一步对关系图式中的个体差异加以阐述。成人依恋理论假定,婴儿通过与最初的养育者反复互动形成的依恋类型会形成有关重要他人的**依恋表征**(attachment representation),由自动的和无意识的认知和情感过程组成,这些过程会成为其未来人际关系的心理表征的基础。心理表征通过让人们在对许多人际行为进行解释和反应时经历图示驱动的心理加工过程,从而对个体生活施加影响(Crowell 和 Treboux, 1995)。在与陌生人交往时,人们也会用已经存在的有关重要他人的心理模式去处理新认识的人的有关信息。因此,这些心理模型不仅促进了个体与不同关系伙伴之间关系的稳定性和一致性,而且促进了其在整个人生进程中的稳定性。

拒绝敏感性模型

拒绝敏感性模型不仅阐明了人格和亲密关系的 CAPS 结构,更阐明了情境线索如何引发某种特定的认知和情感动态。那些拒绝敏感性高的个体在进入某种关系后,焦虑地期待着被拒绝,这种担忧和期待会明确地被那些情境中的拒绝性线索引发出来。有关 RS 的研究阐述了个体内与该人格类型相联系的认知和情感过程如何导致了特定的负面结果(Downey 和 Feldman, 1996)。高拒绝敏感性的个体因为期待着被拒绝,他们一般将环境中相关的线索编译成真实的拒绝。知觉到的拒绝增强了他们最坏的担忧,并自动引发了消极的认知—情感反应(Ayduk, Downey, Testa, Yen, 和 Shoda, 1999)。

总体上,关系图示、成人依恋理论以及拒绝敏感性模型的理论和研究都阐述了情境与人格互动对行为的决定作用。这些研究与 CAPS 结构一致,都提供了一种理论结构,由此可将行为互动的研究与社会认知的研究联结起来。即,个体的人格特征无论是被概念化为认知—情感过程或是一般性的人格维度,都会使他们倾向于在其环境中创造出特定的情境。反过来,他们的环境会维持或增强其已有的人格特征。

1.6.4 小结
对 CAPS 理论的评价

传统人格理论局限于从个体内部探讨人格,将个体作为人格分析的单元,认为每个个体内部都存在一种能够被描述、测量,甚至可以改变的人格。而事实上,人格不仅存在于个体内部,也存在于个体外部的社会关系中。CAPS 体现了社会建构论的倾向,不仅考察了人格结构,也重视对动力过程的分析,且同时兼顾了个体和情境两种因素,认为人格是在人境互动或人际互动的过程中得以建构的。

通过将二人群体概念化为两个相互关联的 CAPS 网络组成的二人系统,就可以理解人格的稳定性如何产生。即,通常只被归因于个体自身的人格特质既是由个体内部的认知—情感动力系统所引起,也是由所遇到的情境中的稳定的个体差异所造成。

从人际关系的角度理解 CAPS,可以看出,个体所经历的思想、情感和行为并非只是个体人格系统单独的功能,而是个体所处人际系统的功能。CAPS 整合了人格中的个体观念与群体观点,认为要理解个体独特的人格结构,也要对其在人际系统中发展出来的关系特征加以了解。而人际关系一直是社会学和社会心理学的兴趣所在,将人际关系纳入人格心理学的研究范畴,体现了 CAPS 对人格心理学、社会心理学以及其他相关学科的整合。

人格心理学不仅要说明个体的特征性的结构和动态现象,而且要研究人格现象内在的过程。CAPS 从分析形成个体 CAPS 网络的认知、情感以及它们之间的联系入手,通过分析二人群体的形成,关注个体与人际情境之间的互动,阐明了人际系统对个体人格的影响作用。不仅个体的人格可以用"如果……那么……"的"情境—行为"(situation-behavior)关系来建构,人际关系中也有这样一些独特而稳定的关系特征,可以用"如果……那么……"的关系来建构。例如,如果到了人多的地方,他就会紧张得说不出话来。

为什么人格领域中的不同研究取向似乎是不一致的? 如果用情境中的人格来回答,则不同的研究取向反映了个体内在系统中的不同方面。有的人格研究取向只反映了个体面临的情境中的个体差异,即"如果"(if)的不同;有的人格研究取向侧重于个体的行为差异,即"那么"(then)的不同;还有的人格研究取向偏重于"如果……那么……"的关系,而不单单指某一方。因此,不同的人格研究取向由于研究重点不同,对于那些能解释个体行为差异的人格系统就会得出不同的结论。CAPS提供了一种较好的方法论:从分析个体的认知—情感处理系统入手来研究人格的静态结构和动态过程(Zayas, Shoda, 和 Ayduk, 2002)。

CAPS虽然能根据个体以及二人群体之间稳定的"情境—行为"剖面图(profile)帮助人们理解个体的行为,并对个体和处于二人群体中的个体行为进行预测(Zayas, Shoda, 和 Ayduk, 2002),但这种方法重在解释,因而在某种程度上缺乏理论深度,也不可能对个体在每种情境下的特定行为都绘出剖面图。与之相反,尽管五因素人格理论招致了许多批评,如不能涵盖人格的复杂性(Burger, 2000, pp. 131-133),但随着五因素人格理论在社会各个领域的广泛应用表明,五因素人格理论仍是目前广为流行并得到普遍认可的一种人格理论(杨波,1998)。

此外,CAPS以建构主义为基础,其对人际关系的重视更像社会学理论。尽管人格的建构无法排除人际环境,但脱离个体本身的人格建构则有违人格心理学对个体内在人格探讨的初衷。因此,如何在强调人际互动对人格的建构的同时,也对个体内部的人格差异进行探讨,即如何在个体与群体间找到一个平衡点,这也是未来人格心理学应该努力的方向之一。

CAPS试图对人格的过程和结构进行整合,但在整合时却没有对过程和结构进行区分,整个理论体系有些混乱(Cervone, 2004)。CAPS利用认知—情感变量系统来建构人格特质,但这种建构有时指的是动态的过程,有时则指的是稳定的结构。例如,"期望"这个变量既可作为过程变量,也可作为结构变量。其实,CAPS的提出者之一米歇尔也意识到了该理论的局限性,他评价自己的理论是"尝试性的、建议性的、开放性的",并有待进一步的修正(Mischel, 1973)。

未来展望

从以上对CAPS理论的阐述可知,未来人格心理学的发展趋势应体现在以下几点:(1)人格心理学应将情境的作用包括进来而非排除出去。情境的内涵应扩展开,不仅包括个体所处人际关系的人际情境,还应包括构成个体生活各个层面的过去和当前的各种情境,如年龄、家庭、教育、社会阶层、民族、文化、历史和性别等(杨子云,郭永玉,2004)。(2)对人格的关系性质进行研究。在社会心理学和自我理论中,多个"关系自我"(relational self)在确定自我同一性(如作为妻子的自我、作为女儿的自我、作为母亲的自我)时越来越重要。尽管这些在人格和个体差异的大多数研究取向中没有被重视,但就人格不断走向整合的趋势来看,应对人格的关系性质进行研究。换言之,不但要对人格的个体性进行研究,还应对人格的社会规定性进行研究。

(3)未来的人格研究应关注复杂的行为互动和动力学,集中于将二人群体当作人格分析的单元,而不再将其中的个体看作是孤立的(Zayas, Shoda, 和 Ayduk, 2002)。
(4)形成对人格的全面理解。未来的人格心理学既要对人格稳定的结构进行描述,也应对人格的动力系统加以解释,还应对人格内部的动力过程进行研究。(5)人格心理学应结合其他学科,诸如生物学、医学、社会学等,以更好地理解个体的人格。

参考文献

蔡頠,吴嵩,寇彧.(2016).权力对亲社会行为的影响:机制及相关因素.心理科学进展,26(1),120—131.
陈建文.(2008).人格与社会适应.合肥:安徽教育出版社.
陈静,苗丹民,罗正学,等.(2007).MBTI人格测验对陆军指挥院校学员心理选拔的预测性.第四军医大学学报,28(16),1527—1529.
陈仲庚,张雨新.(1987).人格心理学.沈阳:辽宁人民出版社.
段锦云,卢志巍,沈彦晗.(2015).组织中的权力:概念、理论和效应.心理科学进展,23(6),1070—1078.
郭永玉.(2005).人格心理学:人性及其差异的研究.北京:中国社会科学出版社.
侯玉波,张梦.(2009).对中国人自我结构的理论分析.心理科学,1,226—229.
胡小勇,郭永玉.(2008).目标内容效应及其心理机制.心理科学进展,16(5),826—832.
黄飞.(2014).大五人格背后的高级人格因素:社会关系模型.心理学探新,34(4),236—242.
黄飞,李育辉,张建新,朱浩亮.(2010).环形模型——人格研究的一种取向.心理科学进展,18(1),132—143.
黄希庭.(2002).人格心理学.杭州:浙江教育出版社.
黄希庭.(2006).时间与人格心理学探索.北京:北京师范大学出版社.
黄希庭.(2007).构建和谐社会 呼唤中国化人格与社会心理学研究.心理科学进展,15(2),193—195.
蒋奖,许燕.(2007).罪犯反社会人格障碍的调查.中国特殊教育,83(5),80—85.
刘邦惠,张庆林,谢光辉.(1994).创造型大学生人格特征的研究.西南师范大学学报(自然科学版),19(4),553—557.
陆洛,杨国枢.(2005).社会取向与个人取向的自我实现观:概念分析与实证初探.本土心理学研究,23,3—69.
牛津高阶英汉双解词典(第6版).(2004).北京:商务印书馆,牛津:牛津大学出版社.
任俊,李瑞雪,詹鋆,刘迪,林曼,彭年强.(2014).好人可能做出坏行为的心理学解释——基于自我控制资源损耗的研究证据.心理学报,46(6),841—851.
申继亮,陈勃,王大华.(1999).成人期人格的年龄特征:中美比较研究.心理科学,22(3),202—205.
石伟,尹华站.(2004).人格六焦点模型及老化研究.心理科学进展,12(4),573—577.
汤舒俊.(2011).厚黑学研究.武汉:华中师范大学博士学位论文.
万晓霞.(2009).近10年SCI人格心理学研究文献计量分析.心理科学进展,17(6),1281—1286.
王登峰.(2012).心理学研究的中国化:理论与策略.北京:中国轻工业出版社,166—194.
王登峰,崔红.(2003).中国人人格量表(QZPS)的编制过程与初步结果.心理学报,35(1),127—136.
王登峰,崔红.(2005).解读中国人的人格.北京:社会科学文献出版社.
王芳,刘力,许燕,蒋奖.(2011).社会心理学:探索人与社会的互动推动社会的和谐与可持续发展.中国社科院刊,26(6),640—649.
王极盛,孙福立.(1984).科技工作者创造力的研究.科学学研究,2(4),36—43.
王重鸣,陈民科.(2002).管理胜任力特征分析:结构方程模型检验.心理科学,25(5),513—516.
许燕,王芳.(2008).社会变迁与大学生价值观的演变.载于北京市社会科学界联合会,北京师范大学编,科学发展:社会秩序与价值建构——纪念改革开放30年论文集(上卷).北京:北京师范大学出版社.
杨波.(1998).大五因素分类的研究现状.南京师大学报(社会科学版),1,79—83.
杨国枢.(1974/2013).中国"人"的现代化.载于杨国枢,中国人的蜕变(pp.254—309).台北:桂冠图书股份有限公司.
杨国枢.(2004).中国人的心理与行为:本土化研究.北京:中国人民大学出版社.
杨国枢,李本华.(1971).五百五十个中文人格特质形容词之好恶度、意义度及熟悉度.台湾大学心理学系研究报告,13,36—57.
杨子云,郭永玉.(2004).人格分析的单元——特质、动机及其整合.华中师范大学学报(人文社会科学版),43(6),131—135.
尤瑾,郭永玉(2007)."大五"与五因素模型:两种不同的人格结构.心理科学进展,15(1),122—128.
喻丰,彭凯平,董蕊,柴方圆,韩婷婷.(2013).道德人格研究:范式与分歧.心理科学进展,21(12),2235—2244.
张建新.(2006)中国人人格结构探索——人格特质六因素假说.心理科学进展,14,574—585.
张建新,周明洁.(2006).中国人人格结构探索——人格特质六因素假说.心理科学进展,14(4),574—585.
张进辅.(2006).青少年价值观的特点:构想与分析.北京:新华出版社.
张景焕.(2005).科学创造人才心理特征及影响因素研究.北京:北京师范大学博士学位论文.
张庆鹏,寇彧.(2012).自我增强取向下的亲社会行为:基于能动性和社交性的行为路径.北京师范大学学报:社会科学版,

(1),51—57.

张兴贵,郑雪(2002).人格心理学研究的新进展与问题.心理科学,25(6),744—745.

佐斌,代涛涛,温芳芳,索玉贤.(2015).社会认知内容的"大二"模型.心理科学,38(04),1019—1023.

Burger,J.(陈会昌译).(2000).人格心理学.北京:中国轻工业出版社.

Inkeles A.(殷陆君译).(1985).人的现代化.成都:四川人民出版社.

Pervin, L. A.(黄希庭主译).(2001).人格科学.上海:华东师范大学出版社.

Pervin, L. A., & John, O. P.(黄希庭主译).(2003).人格手册:理论与研究.上海:华东师范大学出版社.

Abele, A. E. (2014). Pursuit of communal values in an agentic manner: A way to happiness? *Frontiers in Psychology*, 5, 1–9.

Abele, A. E., & Wojciszke, B. (2007). Agency and communion from the perspective of self versus others. *Journal of Personality and Social Psychology*, 93(5),751–763.

Abele, A. E., & Wojciszke, B. (2014). Communal and agentic content in social cognition: A dual perspective model. *Advances in Experimental Social Psychology*, 50,195–255.

Abele, A. E., Cuddy, A. J. C., Judd, C. M., & Yzerbyt, V. Y. (2008). Fundamental dimensions of social judgment. *European Journal of Social Psychology*, 38(7),1063–1065.

Abele, A. E., Uchronski, M., Suitner, C., & Wojciszke, B. (2008). Towards an operationalization of the fundamental dimensions of agency and communion: Trait content ratings in five countries considering valence and frequency of word occurrence. *European Journal of Social Psychology*, 38(7),1202–1217.

Allport, G. W. (1931). What is a trait of personality? *Journal of Abnormal and Social Psychology*, 25,368–372.

Allport, G. W. (1937). *Personality: A psychological interpretation*. New York, NY: Holt, Rinehart & Winston.

Allport, G. W. & Odbert, H. S. (1936). Trait-names: A psycho-lexical study. *Psychological Monographs: General and Applied*, 47,171–220.

Anderson, C., John, O. P., & Keltner, D. (2012). The personal sense of power. *Journal of Personality*, 80(2),313–344.

Ashton, M. C., Lee, K., Perugini, M., Szarota, P., De Vries, R. E., Di Blas, L., & De Raad, B. (2004). A six-factor structure of personality-descriptive adjectives: Solutions from psycholexical studies in seven languages. *Journal of Personality and Social Psychology*, 86(2),356–366.

Ayduk, O., Downey, G., Testa, A., Yen, Y., & Shoda, Y. (1999). Does rejection elicit hostility in high rejection sensitive women? *Social Cognition*, 17,245–271.

Bakan, D. (1966). *The duality of human existance: An essay on psychology and religion*. Oxford: Rand Mcnally.

Baldwin, M. W. (1992). Relational Schemas and the processing of social information. *Psychological Bulletin*, 112(3),461–484.

Bartz, J. A., Lydon, J. E., Kolevzon, A., Zaki, J., Hollander, E., Ludwig, N., & Bolger, N. (2015). Differential effects of oxytocin on agency and communion for anxiously and avoidantly attached individuals. *Psychological Science*, 26(8).1177–1186.

Baumeister, R. F. & Vohs, K. D. (2007). Self-regulation, ego depletion, and motivation. *Social and Personality Psychology Compass*, 1(1),115–128.

Bem, S. L. (1974). The measurement of psychological androgyny. *Journal of Clinical and Consulting Psychology*, 42(2),155–162.

Berger, A., & Krahé, B. (2013). Negative attributes are gendered too: Conceptualizing and measuring positive and negative facets of sex-role identity. *European Journal of Social Psychology*, 43(6),516–531.

Berry, D. S., & Miller, K. M. (2001). When boy meets girl: Attractiveness and the Five-Factor Model in Opposite-Sex Interactions. *Journal of Research in Personality*, 35(1),62–77.

Bjørnebekk, A., Fjell, A. M., Walhovd, K. B., Grydeland, H., Torgersen, S., & Westlye, L. T. (2013). Neuronal correlates of the five factor model (FFM) of human personality: Multimodal imaging in a large healthy sample. *NeuroImage*, 65,194–208.

Blatt, S. J., & Luyten, P. (2009). A structural-developmental psychodynamic approach to psychopathology: Two polarities of experience across the life span. *Development and Psychopathology*, 21(3),793–814.

Bleidorn, W., Klimstra, T. A., Denissen, J. A., Rentfrow, P. J., Potter, J., & Gosling, S. D. (2014). Personality maturation around the world: A cross-cultural examination of social investment theory. *Psychological Science*, doi: 10.1177/0956797614521015.

Block, J. (1965). *The challenge of response sets: Unconfounding meaning, acquiescence, and social desirability in the MMPI*. New York, NY: Appleton-Century-Crofts.

Bogg, T. (2008). Conscientiousness, the transtheoretical model of change, and exercise: A neo-socioanalytic integration of trait and social-cognitive frameworks in the prediction of behavior. *Journal of Personality*, 76(4),775–802.

Bouchard, T. J., Jr. & Loehlin, J. C. (2001). Genes, personality and evolution. *Behavior Genetics*, 31,243–273.

Brambilla, M., & Leach, C. W. (2014). On the importance of being moral: The distinctive role of morality in social judgment. *Social Cognition*, 32(4),397–408.

Bruckmüller, S., & Abele, A. E. (2013). The density of the Big Two: How are agency and communion structurally represented? *Social Psychology*, 44(2),63–74.

Brunswik, E. (1956). *Perception and the representative design of psychological experiments*. Berkeley: University of

California Press.

Buchanan, K., & Bardi, A. (2015). The roles of values, behavior, and value-behavior fit in the relation of agency and communion to well-being. *Journal of Personality*, 83(3), 320-333.

Burke, R. J., Matthiesen, S. B., & Pallesen, S. (2006). Personality correlates of workaholism. *Personality and Individual Differences*, 40(6), 1223-1233.

Buss, A. H. (1989). Personality as traits. *American Psychologist*, 44(11), 1378-1388.

Buss, D. M. (1987). Selection, evocation, and manipulation. *Journal of Personality and Social Psychology*, 53, 1214-1221.

Buss, D. M., & Cantor, N. (1989). Introduction. In D. M. Buss & N. Cantor (Eds.), *Personality psychology: Recent trends and emerging directions* (pp. 1-12). New York, NY: Springer-Verlag.

Cantor, N. (1990). From thought to behavior: "having" and "doing" in the study of personality and cognition. *American Psychologist*, 45(6), 735-750.

Carlson, R. (1971). Where is the person in personality research? *Psychological Bulletin*, 75(3), 203-219.

Cattell, R. B. (1957). Personality and motivation structure and measurement. New York, NY: World Book Company.

Cervone, D. (2004). The architecture of personality. *Psychological Review*, 111(1), 183-204.

Cervone, D. (2005). Personality architecture: Within-person structures and processes. *Annual Review of Psychology*, 56, 423-452.

Chang, L., Connelly, B. S., & Geeza, A. A. (2012). Separating method factors and higher order traits of the Big Five: A meta-analytic multitrait — multimethod approach. *Journal of Personality and Social Psychology*, 102(2), 408-426.

Chapman, B. P., Duberstein, P. R., Sorensen, S., & Lyness, J. M. (2007). Gender differences in five factor model personality traits in an elderly cohort: Extension of robust and surprising findings to an older generation. *Personality and Individual Differences*, 43, 1594-1603.

Cheung, F. M., Leung, K., Fan, R. M., Song, W. Z., Zhang, J. X., & Zhang, J. P. (1996). Development of the Chinese Personality Assessment Inventory (CPAI). *Journal of Cross-Cultural Psychology*, 27, 181-199.

Cheung, F. M., van de Vijver, F. J. R., & Leong, F. T. L. (2011). Toward a new approach to the study of personality in culture. *American Psychologist*, 66(7), 593-603.

Cislak, A., & Wojciszke, B. (2008). Agency and communion are inferred from actions serving interests of self or others. *European Journal of Social Psychology*, 38(7), 1103-1110.

Cloninger, S. C. (1996). *Personality: Description, dynamics, and development*. New York, NY: Freeman.

Conrad, M. A. (2006). Aptitude is not enough: How personality and behaviour predict academic performance. *Journal of Research in Personality*, 40, 339-346.

Cooley, C. H. (1922). *Human nature and the social order*. New York, NY: Charles Scribner's Sons.

Costa, P. T., & McCrae, R. R. (1992). Four ways five factors are basic. *Personality and Individual Differences*, 13(6), 653-665.

Costa, P. T., Jr., & McCrae, R. R. (1985). *The NEO personality inventory manual*. Odessa: Psychological Assessment Resources.

Costa, P. T., Jr., & McCrae, R. R. (1992). Four ways five factors are basic. *Personality and Individual Differences*, 13, 653-665.

Costa, P. T., Jr., Terracciano, A. & McCrae, R. R. (2001). Gender differences in personality traits across cultures: Robust and surprising finding. *Journal of Personality and Social Psychology*, 81(2), 322-311.

Credé, M., Harms, P., Niehorster, S., & Gaye-Valentine, A. (2012). An evaluation of the consequences of using short measures of the Big Five personality traits. *Journal of Personality and Social Psychology*, 102(4), 874-888.

Cronbach, L. J., & Meehl, P. E. (1955). Construct validity in psychological tests. *Psychological Bulletin*, 52(4), 281-302.

Crowell, J. A., & Treboux, D. (1995). A review of adult attachment measures: Implications for theory and research. *Social Development*, 4, 294-327.

De Raad, B., & Barelds, D. P. H. (2008). A new taxonomy of Dutch personality traits based on a comprehensive and unrestricted list of descriptors. *Journal of Personality and Social Psychology*, 94(2), 347-364.

De Raad, B., & Van Oudenhoven, J. P. (2008). Factors of values in the Dutch language and their relationship to factors of personality. *European Journal of Personality*, 22(2), 81-108.

De Raad, B., Barelds, D. P., Levert, E., Ostendorf, F., Mlačić, B., Blas, L. D., ... & Katigbak, M. S. (2010). Only three factors of personality description are fully replicable across languages: A comparison of 14 trait taxonomies. *Journal of Personality and Social Psychology*, 98(1), 160-173.

De Vries, J., & Van Heck, G. L. (2002). Fatigue: Relationships with basic personality and temperament dimensions. *Personality and Individual Differences*, 33, 1311-1324.

Deci, E. L., & Ryan, R. M. (1991). A motivational approach to self: Integration in personality. In R. Dienstbier (Ed.), *Nebraska symposium on motivation: Perspectives on motivation* (Vol. 38, pp. 237-288). Lincoln, NE: University of Nebraska Press.

Deci, E. L., & Ryan, R. M. (2000). The "what" and "why" of goal pursuits: Human needs and the self-determination of behavior. *Psychological Inquiry*, 11(4), 227-268.

Deci, E. L., & Ryan, R. M. (2008). Facilitating optimal motivation and psychological well-being across life's domains. *Canadian Psychology*, 49(1), 24-34.

Deci, E. L., & Ryan, R. M. (2009). Self-determination theory: A consideration of human motivational universals. In P. J. Corr & G. Matthews (Eds.), The Cambridge handbook of personality psychology (pp. 441 – 456). Cambridge: Cambridge University Press.

DeWall, C. N., Baumeister, R. F., Gailliot, M. T., & Maner, J. K. (2008). Depletion makes the heart grow less helpful: Helping as a function of self-regulatory energy and genetic relatedness. *Personality and Social Psychology Bulletin*, 34(12), 1653 – 1662.

DeYoung, C. G. (2006). Higher-order factors of the Big Five in a multi-informant sample. *Journal of Personality and Social Psychology*, 91(6), 1138 – 1151.

Digman, J. M. (1997). Higher-order factors of the Big Five. *Journal of Personality and Social Psychology*, 73(6), 1246 – 1256.

Downey, G. & Feldman, S. (1996). Implications of rejection sensitivity for intimate relationship. *Journal of Personality and Social Psychology*, 70, 1327 – 1343.

Duckworth, A. L., Peterson, C., Matthews, M. D., & Kelly, D. R. (2007). Grit: Perseverance and passion for long-term goals. *Journal of Personality and Social Psychology*, 92(6), 1087 – 1101.

Dukes, W. F. (1965). N = 1. *Psychological Bulletin*, 64, 74 – 79.

Edwards, A. L. (1957). *The Edwards Personal Preference Schedule*. New York, NY: The Psychological Corporation.

Emmons, R. A. (1986). Personal strivings: An approach to personality and subjective well-being. *Journal of Personality and Social Psychology*, 51(5), 1058 – 1068.

Emmons, R. A. (1995). Levels and domains in personality: An introduction. *Journal of Personality*, 63, 341 – 364.

Emmons, R. A. (1999). *The psychology of ultimate concerns: Motivation and spirituality in personality*. New York, NY: Guilford Press.

Endler, N. S. & Speer, R. L. (1998). Personality psychology: Research trends for 1993 – 1995. *Journal of Personality*, 66, 621 – 669.

Evans, L., Maio, G. R., Corner, A., Hodgetts, C. J., Ahmed, S., & Hahn, U. (2013). Self-interest and pro-environmental behaviour. *Nature Climate Change*, 3(2), 122 – 125.

Eysenck, H. J. (1952). *The scientific study of personality*. London: Routledge & Kegan Paul.

Eysenck, H. J. (1996). Personality and Cancer. In C. L. Cooper (Ed.), *Handbook of stress, medicine and health* (pp. 193 – 215). Boca Raton, FL: Chemical Rubber Company.

Feist, J., & Feist, G. J. (2002). *Theories of personality* (5th ed.). New York, NY: McGraw-Hill.

Fischer, R. & Boer, D. (2015). Motivational basis of personality traits: A meta-analysis of value-personality correlations. *Journal of Personality*, 83(5), 491 – 510.

Fiske, D. W. (1949). Consistency of the factorial structures of personality ratings from different sources. *Journal of Abnormal and Social Psychology*, 44, 329 – 344.

Fiske, D. W. (1974). The limits of the conventional science of personality. *Journal of Personality*, 42, 1 – 11.

Fiske, S. T., Cuddy, A. J., & Glick, P. (2007). Universal dimensions of social cognition: Warmth and competence. *Trends in Cognitive Sciences*, 11(2), 77 – 83.

Fleeson, W., Malanos, A. B., & Achille, N. M. (2002). An intraindividual process approach to the relationship between extraversion and positive affect: Is acting extraverted as "good" as being extraverted? *Journal of Personality and Social Psychology*, 83(6), 1409 – 1422.

Flynn, F. J. (2005). Having an open mind: The impact of openness to experience on interracial attitudes and impression formation. *Journal of Personality and Social Psychology*, 88, 816 – 826.

Franz, C., & Stewart, A. (1994). *Women creating lives: Identities, resilience, and resistance*. Boulder, CO: Westview Press.

Freud, S. (1966). (Strachey, J. S. Trans.). *Introductory lectures on psychoanalysis*. New York, NY: Norton.

Freud, S. (1915/1957). The unconscious. In J. Strachey (Ed. & Trans), *The standard edition of the complete psychological works of the complete psychological works of Sigmund Freud* (Vol. 14, pp. 166 – 204). London: Hogarth Press.

Frimer, J. A., Walker, L. J., Dunlop, W. L., Lee, B. H., & Riches, A. (2011). The integration of agency and communion in moral personality: Evidence of enlightened self-interest. *Journal of Personality and Social Psychology*, 101(1), 149 – 163.

Frimer, J. A., Walker, L. J., Lee, B. H., Riches, A., & Dunlop, W. L. (2012). Hierarchical integration of agency and communion: A study of influential moral figures. *Journal of Personality*, 80(4), 1117 – 1145.

Funder D. C. (1998). Why does personality psychology exist? *Psychological Inquiry*, 9, 150 – 152.

Fung, H. H., & Ng, S. K. (2006). Age differences in the sixth personality factor: Age differences in interpersonal relatedness among Canadians and Hong Kong Chinese. *Psychology and Aging*, 21(4), 810 – 814.

Gagné, M., & Deci, E. L. (2005). Self-determination theory and work motivation. *Journal of Organizational Behavior*, 26(4), 331 – 362.

Gebauer, J. E., Leary, M. R., & Neberich, W. (2012). Big Two personality and Big Three mate preferences: Similarity attracts, but country-level mate preferences crucially matter. *Personality and Social Psychology Bulletin*, 38(12), 1579 – 1593.

Gebauer, J. E., Paulhus, D. L., & Neberich, W. (2013). Big two personality and religiosity across cultures communals as religious conformists and agentics as religious contrarians. *Social Psychological and Personality Science*, 4(1), 21 - 30.

Gebauer, J. E., Sedikides, C., Lüdtke, O., & Neberich, W. (2014). Agency-communion and interest in prosocial behavior: Social motives for assimilation and contrast explain sociocultural inconsistencies. *Journal of Personality*, 82(5), 452 - 466.

Gebauer, J. E., Sedikides, C., Verplanken, B., & Maio, G. R. (2012). Communal narcissism. *Journal of Personality and Social Psychology*, 103(5), 854 - 878.

Gergen, K. J. (1973). Social Psychology as history. *Journal of Personality and Social Psychology*, 26(2), 309 - 320.

Gergen, K. J. (1990). Toward a postmodern psychology. *The Humanistic Psychologist*, 18(1), 23 - 34.

Ghaed, S. G., & Gallo, L. C. (2006). Distinctions among agency, communion, and unmitigated agency and communion according to the interpersonal circumplex, five-factor model, and social-emotional correlates. *Journal of Personality Assessment*, 86(1), 77 - 88.

Goldberg, L. R. (1981). Language and individual differences: The search for universals in personality lexicons. In L. Wheeler (Ed.), *Review of personality and Social Psychology* (Vol. 2, pp. 141 - 166). Beverly Hill, CA: sage publications.

Goldberg, L. R. (1990). An alternative "Description of personality": The Big-Five factor structure. *Journal of Personality and Social Psychology*, 59(6), 1216 - 1229.

Goldberg, L. R. (1993). The structure of phenotypic personality traits. *American Psychologist*, 48(1), 26 - 34.

Goldberg, L. R., & Saucier, G. (1995). So what do you propose we use instead? A reply to Block. *Psychological Bulletin*, 117, 221 - 225.

Goldberg, L. R., & Saucier, G. (1998). What is beyond the Big Five? *Journal of Personality*, 66(4), 495 - 524.

Gollwitzer, P. M., & Moskowitz, G. B. (1996). Goal effects on action and cognition. In E. T. Higgins & A. W. Urvglauski (Eds.), *Social Psychology*, *Handbook of basic principles* (pp. 361 - 399). New York, NY: Guilford Press.

Graziano, W. G., & Tobin, R. M. (2002). Agreeableness: Dimension of personality or social desirability artifact? *Journal of Personality*, 70(5), 695 - 728.

Gurtman, M. B. (2009). Exploring personality with the interpersonal circumplex. *Social and Personality Psychology Compass*, 3(4), 601 - 619.

Hagemeyer, B., Neberich, W., Asendorpf, J. B., & Neyer, F. J. (2013). (In) Congruence of implicit and explicit communal motives predicts the quality and stability of couple relationships. *Journal of Personality*, 81(4), 390 - 402.

Hagemeyer, B., Schönbrodt, F. D., Neyer, F. J., Neberich, W., & Asendorpf, J. B. (2015). When "together" means "too close": Agency motives and relationship functioning in coresident and living-apart-together couples. *Journal of Personality and Social Psychology*, 109(5), 813 - 835.

Hall, C. S., & Lindzey, G. L. (1978). *Theories of personality* (3rd ed.). New York, NY: Wiley.

Hansla, A., Gärling, T., & Biel, A. (2013). Attitude toward environmental policy measures related to value orientation. *Journal of Applied Social Psychology*, 43(3), 582 - 590.

Harper, D. (2010). Online etymology dictionary. Retrieved January 30, 2016, from http://www.etymonline.com.

Helgeson, V. S., & Palladino, D. K. (2012). Agentic and communal traits and health: Adolescents with and without diabetes. *Personality and Social Psychology Bulletin*, 38(6), 415 - 428.

Helgeson, V. S., Swanson, J., Ra, O., Randall, H., & Zhao, Y. (2015). Links between unmitigated communion, interpersonal behaviors and well-being: A daily diary approach. *Journal of Research in Personality*, 57, 53 - 60.

Hirsh, J. B., & Peterson, J. B. (2009). Extraversion, neuroticism, and the prisoner's dilemma. *Personality and Individual Differences*, 46, 254 - 256.

Hogan, R. (1983). A socioanalytic theory of personality. In M. Page (Ed.), *Nebraska Symposium on Motivation*: *Personality—Current theory and research* (Vol. 30, pp. 55 - 89). Lincoln, NE: University of Nebraska Press.

Hogan, R. (1998). What is personality psychology? *Psychological Inquiry*, 9, 152 - 153.

Hogan, R., Johnson, J., & Briggs, S. (1997). *Handbook of personality psychology*. San Diego, CA: Academic Press.

Hogan, R. T., Harkness, A. R., & Lubinski, D. (2000). Personality and Individual Differences. In K. Pawlik, M. R. Rosenzweig (Eds.), *International handbook of psychology* (pp. 283 - 304). Thousand Oaks, CA: Sage Publications Ltd.

Horowitz, L. M., & Strack, S. (2010). *Handbook of interpersonal psychology: Theory, research, assessment, and therapeutic intervention*. Hoboken, NJ: Wiley.

Hull, C. L. (1943). *Principles of behavior: An introduction to behavior theory*. Oxford: Appleton-Century-Crofts.

Hwang, K. K. (2005). From anticolonialism to postcolonialism: The emergence of Chinese indigenous psychology in Taiwan. *International Journal of Psychology*, 40, 228 - 238.

Jackson, D. N., & Messick, S. (1958). Content and style in personality assessment. *Psychological Bulletin*, 55(4), 243 - 252.

Jang, K. L., McCrae, R. R., Angleitner, A., Riemann, R., & Livesley, W. J. (1998). Heritability of facet-level traits in a cross-cultural twin sample: Support for a hierarchical model of personality. *Journal of Personality and Social Psychology*, 74, 1556 - 1565.

Jensen-Campbell, L. A., Adams, R., Perry, D. G., Workman, K. A., Furdella, J. Q, & Egan, S. K. (2002). Agreeableness, extraversion, and peer relations in adolescence: Winning friends and deflecting aggression. *Journal of Research in Personality*, 36, 224–251.

John, O. P., & Srivastava, S. (1999) The Big Five trait taxonomy: History, measurement, and theoretical perspectives. In L. A. Pervin & O. P. John (Eds.), *Handbook of personality: Theory and research* (2nd ed., pp. 102–138). New York, NY: Guilford.

Kammrath, L. K., Mendoza-Denton, R., & Mischel, W. (2005). Incorporating if...then... personality signatures in person perception: Beyond the person-situation dichotomy. *Journal of Personality and Social Psychology*, 88(4), 605–618.

Kenrick, D. T., & Funder, D. C. (1988). Profiting from controversy: Lessons from the person-situation debate. *American Psychologist*, 43, 23–34.

Klinger, E. (1975). Consequeces of comitment to and disengagement from incentives. *Psychological Review*, 82(1), 223–231.

Kluckhohn, C., & Murray, H. A. (1953). *Personality in nature, society, and culture*. New York, NY: Knopf.

Kluckhohn, C., Murray, H. A., & Schneider, D. M. (1953). *Personality in nature, society, and culture* (2nd ed.). Oxford England: Knopf.

Knight, E. L., & Mehta, P. H. (2014). Hormones and hierarchies. In J. T. Cheng, J. L. Tracy &, C. Anderson (Eds.), *The psychology of social status* (pp. 269–302). New York, NY: Springer.

Križan, Z., & Smith, R. H. (2014). When comparisons divide. In Z. Krizan & F. X. Gibbons (Eds.), *Communal functions of social comparison* (pp. 60–94). New York: Cambridge University Press.

Kwapil, T. R., Wrobel, M. J., & Pope, C. A. (2002). The five-factor personality structure of dissociative experiences. *Personality and Individual Differences*, 32, 431–443.

Lajunen, T. (2001). Personality and accident liability: Are extraversion, neuroticism and psychoticism related to traffic and occupational fatalities? *Personality and Individual Differences*, 31, 1365–1373.

Langford, P. H. (2003). A one-minute measure of the Big Five? Evaluating and abridging Shafer's (1999) Big Five markers. *Personality and Individual Differences*, 35, 1227–1140.

Larsen, R. J. (2009). *Personality psychology*. India: McGraw-Hill Education.

Lee, D. G., Kelly, K. R., & Edwards, J. K. (2006). A closer look at the relationships among trait procrastination, neuroticism, and conscientiousness. *Personality and Individual Differences*, 40(1), 27–37.

Liebert, R. M. & Liebert, L. L. (1998). *Liebert & Spiegler's personality: Strategies and issues*. Thomson Brooks/Cole Publishing Co.

Little, B. R. (1983). Personal projects a rationale and method for investigation. *Environment and Behavior*, 15(3), 273–309.

Little, B. R. (1993). Personal projects and distributed self: Aspects of a conative psychology. In J. Suls (Eds.), *Psychological perspectives on the self: The self on social perspective* (pp. 157–185). Hillsdale, NJ: Erlbaum.

Little, B. R. (1999). Personality and motivation: Personal action and the conative evolution. In L. A. Pervin (Eds.), *Handbook of personality: Theory and research* (pp. 501–524). New York, NY: Guildford Press.

Little, B. R. (2000). Free traits and personal contexts: Expanding a social ecological model of well-being. In W. B. Walsh, K. H. Craik, & R. Price (Eds.), *Person environment psychology* (2nd ed., pp. 87–116). New York, NY: Guilford.

Locke, K. D. (2015). Agentic and communal social motives. *Social and Personality Psychology Compass*, 9(10), 525–538.

Loevinger, J. (1957). Objective tests as instruments of psychological theory: Monograph supplement 9. *Psychological Reports*, 3(3), 635–694.

Maddi, S. R. (1984). Personology for the 1980s. In R. A. Zucker, J. Aronoff, & A. I. Rabin (Eds.), *Personality and the prediction of behavior* (pp. 7–41). New York, NY: Academic Press.

Maria, S., Clive, R., & Yves, T. (2007). Machiavellianism and economic opportunism. *The Journal of Applied Social Psychology*, 37, 1181–1190.

Markus, H., & Cross, S. (1990). The interpersonal self. In L. A. Pervin. (Ed), *Handbook of Personality: Theory and Research* (pp. 576–608). New York, NY: Guilford Press.

Markus, H. R. (2004). Culture and personality: Brief for an arranged marriage. *Journal of Research in Personality*, 38, 75–83.

Markus, H. R., & Kitayama, S. (1991). Culture and the self: Implications for cognition, emotion, and motivation. *Psychological Review*, 98(2), 224–253.

Maslow, A. H. (1968). *Toward a psychology of being* (2nd ed). Oxford: D. Van Nostrand.

Mayer, J. D. (1993). A system-topics framework for the study of personality. *Imagination, Cognition, and Personality*, 13(2), 99–123.

Mayer, J. D. (1998). A systems framework for the field of personality. *Psychological Inquiry*, 9(2), 118–144.

Mayer, J. D. (2003). Structural divisions of personality and the classification of traits. *Review of General Psychology*, 7, 381–401.

Mayer, J. D. (2004). A classification system for the data of personality psychology and adjoining fields. *Review of General Psychology*, 8, 208–219.

Mayer, J. D. (2005). A tale of two vision: Can a new view of personality help integrate psychology. *American*

Psychologist, *60*, 294–307.

McAdams, D. P. (1985). *Power, intimacy, and the life story: Personological inquiries into identities*. Homewood, IL: Dow-Jones-Irwin.

McAdams, D. P. (1988). *Power, intimacy, and the life story: Personological inquiries into identity*. New York, NY: The Guilford Press.

McAdams, D. P. (1990). Unity and purpose in human lives: The emergence of identity as a life story. In A. I. Rabin, R. A. Zucker, R. A. Emmons, & S. Frank (Eds.), *Studying persons and lives* (pp. 148–200). New York: Springer.

McAdams, D. P. (1992). The five-factor model in personality: A critical appraisal. *Journal of Personality*, *60*(2), 330–361.

McAdams, D. P. (1993). *The stories we live by: Personal myths and the making of the self*. New York, NY: Guilford Press.

McAdams, D. P. (1994). Can personality change? Levels of stability and growth in personality across the life span. In T. F. Heatherton & J. L. Weinberger (Eds.), *Can personality change?* (pp. 229–314). Washington, D. C.: APA Press.

McAdams, D. P. (1995). What do we know when we know a person?. *Journal of Personality*, *63*(3), 365–396.

McAdams, D. P. (1996). Personality, modernity, and the storied self: A contemporary framework for studying persons. *Psychological Inquiry*, *7*(4), 295–321.

McAdams, D. P. (1997). A conceptual history of personality psychology. In R. Hogan, J. Johnson, & S. Briggs (Eds.), *Handbook of personality psychology* (pp. 3–39). San Diego, CA: Academic Press.

McAdams, D. P. (2008). Personal narratives and the life story. In O. John, R. Robins, & L. Pervin (Eds.), *Handbook of personality: Theory and research* (3rd ed., pp. 241–261). New York, NY: Guilford Press.

McAdams, D. P., Hoffman, B. J., Day, R., & Mansfield, E. D. (1996). Themes of agency and communion in significant autobiographical scenes. *Journal of Personality*, *64*(2), 339–377.

McAdams, D. P., Hoffman, B. K., Mansfield, E. D., & Day, R. (1996). Themes of agency and communion in significant autobiographical scenes. *Journal of Personality*, *64*(2), 339–377.

McAdams, D. P., & Ochberg, R. L. (1988). *Psychobiography and life narratives*. Durham, NC: Duke University Press.

McAdams, D. P., & Olson, B. D. (2010). Personality development: Continuity and change over the life course. *Annual Review of Psychology*, *61*, 517–542.

McAdams, D. P., & Pals, J. L. (2006). A new Big Five: Fundamental principles for an integrative science of personality. *American Psychologist*, *61*(3), 204–217.

McCabe, K. O., & Fleeson, W. (2016). Are traits useful? Explaining trait manifestations as tools in the pursuit of goals. *Journal of Personality and Social Psychology*, *110*(2), 287–301.

McClelland, D. C. (1961). The achieving society. New York, NY: D. Van Nostrand.

McClelland, D. C. (1985). *Human motivation*. Glenview, IL: Scott, Foresman.

McClelland, D. C. (1987). *Human motivation*. New York, NY: Cambridge University Press.

McCrae, R. R. (2002). Cross-cultural research on the five-factor model of personality. In Lonner, Dinnel, Hayes et al. (Eds.), *Online readings in psychology and culture*. Bellingham, WA: Center for Cross-Cultural Research, Western Washington University.

McCrae, R. R. (2004). Human nature and culture: A trait perspective. *Journal of Research of Personality*, *38*(1), 3–14.

McCrae, R. R. (2009). The five-factor model of personality traits: Consensus and controversy. In P. J. Corr & G. Matthews (Eds.), *The Cambridge handbook of personality psychology* (pp. 148–161). Cambridge: Cambridge University Press.

McCrae, R. R., & Costa, P. T., Jr. (1990). *Personality in adulthood*. New York, NY: Guilford Press.

McCrae, R. R., & Costa, P. T., Jr. (1992) An introduction to the five-factor model and its applications. *Journal of Personality*, *60*, 175–215.

McCrae, R. R., & Costa, P. T., Jr. (1996) Toward a new generation of personality theories: Theoretical contexts for the five-factor model. In J. S. Wiggins (Ed.), *The five-factor model of personality: Theoretical perspectives* (pp. 51–87). New York, NY: Guilford.

McCrae, R. R., & Costa, P. T., Jr. (1999). A Five-Factor theory of personality. In L. A. Pervin & O. P. John (Eds.), *Handbook of personality: Theory and research* (2nd ed., pp. 139–153). New York: Guilford Press.

McCrae, R. R., & Costa, P. T., Jr. (2003). *Personality in adulthood*. New York, NY: Guilford.

McCrae, R. R., & Terracciano, A. (2005). Universal features of personality traits from the observer's perspective: Data from 50 cultures. *Journal of Personality and Social Psychology*, *88*, 547–561.

McCrae, R. R., Costa, P. T., Jr., Terracciano, A., et al. (2002). Personality trait development from age 12–18: Longitudinal, cross-sectional and cross-cultural analyses. *Journal of Personality and Social Psychology*, *83*, 1456–1468.

McDougall, W. (1908). *An introduction to Social Psychology*. London: Methuen & Co.

Mead, G. H. (1934). *Mind, self, and society from the perspective of a social behaviorist*. Chicago, IL: University of Chicago.

Meehl, P. E. (1954). *Clinical versus statistical prediction: A theoretical analysis and a review of the evidence*. Minneapolis, MN: University of Minnesota Press.

Miller, J. D., Price, J., Gentile, B., Lynam, D. R., & Campbell, W. K. (2012). Grandiose and vulnerable narcissism from the perspective of the interpersonal circumplex. *Personality and Individual Differences*, *53*(4), 507–512.

Mischel, W. (1968). *Personality and assessment*. New York, NY: Wiley.

Mischel, W. (1973). Toward a cognitive social learning reconceptualization of personality. *Psychological Review*, *80*, 252–283.

Mischel, W., & Shoda, Y. (1995). A cognitive-affective system theory of personality: Reconceptualizing situations, dispositions, dynamics, and invariance in personality structure. *Psychological Review*, *102*, 246–268.

Mroczek, D. K., & Little, T. (2006). *The handbook of personality development*. Mahwah, NJ: Erlbaum.

Murray, H. A. (1938). *Explorations in personality*. New York, NY: Oxford University Press.

Nasby, W., & Read, N. W. (1997). Introduction. *Journal of Personality*, *65*(4), 787–794.

Nettle, D., & Liddle, B. (2008). Agreeableness is related to social-cognitive, but not social-perceptual, theory of mind. *European Journal of Personality*, *22*(4), 323–335.

Norman, W. T. (1963). Toward an adequate taxonomy of personality attributes: Replicated factor structure in peer nomination personality ratings. *Journal of Abnormal and Social Psychology*, *66*(6), 574–583.

Nuttin, J. (1955). Personality. *Annual Review of Psychology*, *6*, 161–186.

Parks-Leduc, L., Feldman, G., & Bardi, A. (2014). Personality traits and personal values: A meta-analysis. *Personality and Social Psychology Review*, *19*(1), 3–29.

Parsons, T., & Bales, R. (1955). *Family, socialization, and interaction processes*. Glencoe, Scotland: Free Press.

Paulhus, D. L., & John, O. P. (1998). Egoistic and moralistic biases in self-perception: The interplay of self-deceptive styles with basic traits and motives. *Journal of Personality*, *66*(6), 1025–1060.

Paulhus, D. L., & Trapnell, P. D. (2008). Self-presentation of personality: An agency communion framework. In O. P. John, R. W. Robins, & L. A. Pervin (Eds.), *Handbook of personality psychology: Theory and research* (pp. 492–517). New York, NY: Guilford Press.

Pervin, L. A. (1990). *Handbook of personality theory and research*. New York, NY: Guilford Press.

Pervin, L. A. (1996). *The science of personality*. New York, NY: Wiley.

Peterson, J. B., Smith, K. W., & Carson, S. (2002). Openness and extraversion are associated with reduced latent inhibition: Replication and commentary. *Personality and Individual Differences*, *33*, 1137–1147.

Ratelle, C. F., Guay, F., Vallerand, R. J., Larose, S., & Senécal, C. (2007). Autonomous, controlled, and amotivated types of academic motivation: A person-oriented analysis. *Journal of Educational Psychology*, *99*(4), 734–746.

Rauthmann, J. F. & Kolar, G. P. (2013). Positioning the Dark Triad in the interpersonal circumplex: The friendly-dominant narcissist, hostile-submissive Machiavellian, and hostile-dominant psychopath? *Personality and Individual Differences*, *54*(5), 622–627.

Reis, H. T., Collins, W. A., & Berscheid, E. (2000). The relationship context of human behavior and development. *Psychological Bulletin*, *126*, 844–872.

Robins, R. W., Fraley, R. C, & Krueger, R. F. (2007). *Handbook of research methods in personality psychology*. New York, NY: Guilford Press.

Rosenberg, S., Nelson, C., & Vivekananthan, P. (1968). A multidimensional approach to the structure of personality impressions. *Journal of Personality and Social Psychology*, *9*(4), 283–294.

Ryan, R. M., & Deci, E. L. (2000). Self-determination theory and the facilitation of intrinsic motivation, social development, and well-being. *American Psychologist*, *55*(1), 68–78.

Saucier, G. (1992). Openness versus Intellect: Much ado about nothing? *European Journal of Personality*, *6*, 381–386.

Saucier, G. (1994). Trapnell versus the lexical factor: More ado about nothing? *European Journal of Personality*, *8*, 291–298.

Saucier, G. (2002). Gone too far — Or not far enough? Comments on the article by Ashton and Lee (2001). *European Journal of Personality*, *16*, 55–62

Saucier, G. (2003). An alternative multi-language structure for personality attributes. *European Journal of Personality*, *17*, 179–205.

Saucier, G. (2009). What are the most important dimensions of personality? Evidence from studies of descriptors in diverse languages. *Social and Personality Psychology Compass*, *3*(4), 620–637.

Saucier, G., Georgiades, S., Tsaousis, I., & Goldberg, L. R. (2005). The factor structure of Greek personality adjectives. *Journal of Personality and Social Psychology*, *88*(5), 856–875.

Saucier, G., & Goldberg, L. R. (1996) The language of personality: Lexical perspectives on the five-factor model. In J. S. Wiggins (Ed.), *The five-factor model of personality: Theoretical perspectives* (pp. 21–50). New York, NY: Guilford Press.

Saucier, G., & Goldberg, L. R. (2001). Lexical studies of indigenous personality factors: Premises, products, and prospects. *Journal of Personality*, *69*, 847–875.

Saucier, G., & Goldberg L. R. (2003). The structure of personality attributes. In M. Barrick & A. Ryan (Eds.), *Personality and work: Reconsidering the role of personality in organizations* (pp. 1–29). San Francisco, CA: Jossey-Bass.

Sawyer, J. (1966). Measurement and prediction, clinical and statistical. *Psychological Bulletin*, *66*, 178–200.

Schönbrodt, F. D. & Gerstenberg, F. X. (2012). An IRT analysis of motive questionnaires: The unified motive scales.

Journal of Research in Personality, 46(6),725 – 742.
Schultz, W. T. (Ed.). (2005). *The handbook of psychobiography*. New York, NY: Oxford University Press.
Schwartz, S. H. (1992). Universals in the content and structure of values: Theoretical advances and empirical tests in 20 countries. *Advances in Experimental Social Psychology, 25*(1),1 – 65.
Sears, R. R. (1950). Personality. *Annual Review of Psychology, 1*,105 – 118.
Shoda, Y., & Mischel, W. (2002). Personality as a dynamical system: emergence of stability and constancy from intra- and interpersonal interactions. *Personality and Social Psychology Review, 6*(4),316 – 325.
Shoda, Y., & Mischel, W. (2006). Applying meta-theory to achieve generalisability and precision in personality science. *Applied Psychology: An International Review, 55*(3),439 – 452.
Shweder, R. A. (1975). How relevant is an individual difference theory of personality? *Journal of Personality, 43*,455 – 484.
Smillie, L. D., Pickering, A. D., & Jackson C. J. (2006). The new reinforcement sensitivity theory: Implications for personality measurement. Personality and Social Psychology Review, 10,320 – 335.
Smits, I. A. M., Dolan, C. V., Vorst, H. C. M., Wicherts, J. M., & Timmerman, M. E. (2011). Cohort differences in Big Five personality factors over a period of 25 years. Journal of Personality and Social Psychology, 100(6),1124 – 1138.
Soto, C. J., John, O. P., Gosling, S. D., & Potter, J. (2011). Age differences in personality traits from 10 to 65: Big Five domains and facets in a large cross-sectional sample. *Journal of Personality and Social Psychology, 100*(2),330 – 348.
Specht, J., Egloff, B., & Schmukle, S. C. (2011). Stability and change of personality across the life course: The impact of age and major life events on mean-level and rank-order stability of the Big Five. *Journal of Personality and Social Psychology, 101*(4),862 – 882.
Spence, J. T., Helmreich, R. L., & Holahan, C. K. (1979). Negative and positive components of psychological masculinity and femininity and their relationships to self-reports of neurotic and acing out behaviors. *Journal of Personality and Social Psycholology, 37*(10),1673 – 1682.
Stewart, J. L., Levin-Silton, R., Sass, S. M., Heller, W., & Miller, G. A. (2008). Anger style, psychopathology, and regional brain activity. *Emotion, 8*,701 – 713.
Strelan, P. (2007). Who forgives others, themselves, and situations? The roles of narcissism, guilt, self-esteem, and agreeableness. *Personality and Individual Differences, 42*(2),259 – 269.
Strus, W., Cieciuch, J., & Rowiński, T. (2014). The circumplex of personality metatraits: A synthesizing model of personality based on the big five. *Review of General Psychology, 18*(4),273 – 286.
Suh, E. M., & Triandis, H. C. (2002) Cultural influences on personality. *Annual Review of Psychology, 53*,133 – 160.
Taylor, J. (1953). A personality scale of manifest anxiety. *Journal of Abnormal and Social Psychology, 48*,285 – 290.
Trapnell, P. D., & Paulhus, D. L. (2012). Agentic and communal values: Their scope and measurement. *Journal of Personality Assessment, 94*(1),39 – 52.
Trapnell, P. D., & Wiggins, J. S. (1990). Extension of the Interpersonal Adjective Scales to include the Big Five dimensions of personality. *Journal of Personality and Social Psychology, 59*(4),781 – 790.
Tupes, E. C., & Christal, R. E. (1961). Recurrent personality factors based on trait ratings (Technical Report No. ASD - TR - 61 - 97). Lackland Air Force Base, TX: U. S. Air Force.
Turan, B., Guo, J., Boggiano, M. M., & Bedgood, D. (2014). Dominant, cold, avoidant, and lonely: Basal testosterone as a biological marker for an interpersonal style. *Journal of Research in Personality, 50*,84 – 89.
Unkelbach, C., Fiedler, K., Bayer, M., Stegmüller, M., & Danner, D. (2008). Why positive information is processed faster: The density hypothesis. *Journal of Personality and Social Psychology, 95*(1),36 – 49.
Vansteenkiste, M., & Sheldon, K. M. (2006). There's nothing more practical than a good theory: Integrating motivational interviewing and self-determination theory. *British Journal of Clinical Psychology, 45*(1),63 – 82.
Vygotsky, L. S. (1978). *Mind in society: The development of higher psychological functions*. Cambridge, MA: Harvard University Press.
Walker, L. J., & Frimer, J. A. (2015). Developmental trajectories of agency and communion in moral motivation. *Merrill-Palmer Quarterly, 61*(3),412 – 439.
Watson, D. (2003). To Dream, perchance to remember: Individual differences in dream recall. *Personality and Individual Differences, 34*,1271 – 1286.
West, S. G. (1983). Personality and prediction: An introduction. *Journal of Personality, 51*,275 – 285.
Wiggins, J. S. (1979). A psychological taxonomy of trait-descriptive terms: The interpersonal domain. *Journal of Personality and Social Psychology, 37*(3),395 – 412.
Wiggins, J. S. (1991). Agency and communion as conceptual coordinates for the understanding and measurement of interpersonal behavior. In W. Grove & D. Ciccetti (Eds.), *Thinking clearly about psychology: Essaysin honor of Paul Everett Meehl* (pp. 89 – 113). Minneapolis, MN: University of Minnesota Press.
Wiggins, J. S. (1996). *The five-factor model of personality: Theoretical perspectives*. New York, NY: Guilford Press.
Wiggins, J. S. (1997). Circumnavigating Dodge Morgan's interpersonal style. *Journal of Personality, 65*(4),1069 – 1086.
Wiggins, J. S., & Trapnell, P. D. (1997). Personality structure: The return of the Big Five. In R. Hogan, J. A. Johnson, & S. R. Briggs (Eds.), *Handbook of personality psychology* (pp. 737 – 765). San Diego, CA: Academic Press.

Wijngaards-de Meij, L., Stroebe, M., Schut, H., Stroebe, W., van den Bout, J., van der Heijden, P. G. M., & Dijkstra, I. (2007). Patterns of attachment and parents' adjustment to the death of their child. *Personality and Social Psychology Bulletin*, 33(4), 537–548.

Williams, P. G., O'Brien, C. D., & Colder, C. R. (2004). The effects of neuroticism and extraversion on self-assessed health and health-relevant cognition. *Personality and Individual Differences*, 37, 83–94.

Winter, D. G., John, O. P., Stewart, A. J., Klohnen, E. C., & Duncan, L. E. (1998). Traits and motives: Toward an integration of two traditions in personality research. *Psychological Review*, 105(2), 230–250.

Wundt, W. (C. H. Judd, Trans.). (1897). *Outlines of psychology*. Leipzig, Germany: Wilhelm Engelmann.

Yamagata, S., Suzuki, A., Ando, J., Ono, Y., Kijima, N., Yoshimura, K., Ostendorf, F., Angleitner, A., Riemann, K., Spinath, F. M., Livesley, W. J., & Jang, K. L. (2006). Is the genetic structure of human personality universal? A cross-cultural twin study from North America, Europe, and Asia. *Journal of Personality and Social Psychology*, 90, 987–998.

Yang, K. S. (2006). Indigenous personality research: The Chinese case. In U. Kim, K. S. Yang, & K. K. Hwang (Eds.), *Indigenous and cultural psychology: Understanding people in context* (pp. 285–314). New York, NY: Springer.

Yang, K. S., & Bond, M. H. (1990). Exploring implicit personality theories with indigenous or imported constructs: The Chinese case. *Journal of Personality and Social Psychology*, 58(6), 1087–1095.

Yin, R. K., (1984). *Case study research: Design and methods*. Beverly Hills, CA: Sage Publications.

Zayas, V., Shoda, Y., & Ayduk, O. N. (2002). Personality in context: An interpersonal systems pespective. *Journal of Personality*, 70(6), 852–900.

第一编 人格特质

看过小说《红楼梦》的人都知道，书中有一个重要人物王熙凤。在贾府中，论辈分，王熙凤只是贾母的孙媳，但她却能成为这样一个大家族中的"大管家"，可见其能力非同一般。书中描述，王熙凤长着"一双丹凤三角眼，两弯柳叶吊梢眉"，"未见其人，先闻其声"。她"明是一盆火，暗是一把刀"。她聪明、漂亮、能干、泼辣，但也八面玲珑、狡诈。聪明、能干、泼辣等这些描述王熙凤特点的形容词，在人格心理学中被称为特质。

人格心理学特质流派的创造人奥尔波特认为，特质是人格的基础，是心理组织的基本建构单位，是每个人以其生理为基础而形成的一些稳定的性格特征。当一个人具有某种特质时，其思想和行为会具有经常朝某个方向反应的倾向。奥尔波特进一步把人的特质分为**共同特质**（common traits）和**个人特质**（personal traits）。共同特质是人类共有的特质，个体之间的差异在于不同的人具备此特质的强弱程度不同。而个人特质是个人独有的，代表着个人的独特倾向。Allport区分了三种不同的个人特质：**首要特质**（cardinal trait）、**中心特质**（central trait）和**次要特质**（secondary trait）。首要特质是指最能代表一个人特点的人格特质。如我们说起一个人时，经常用一个词来评价，这个词就是该个体的首要特质。中心特质是指代表一个人性格的核心成分。如在对一个人进行考核写评语时，经常会用几个词语来描述，这几个词就是该个体的中心特质。次要特质是指一个人某种具体的偏好或反映倾向。例如，一般认为林黛玉的首要特质是多愁善感，中心特质是聪慧、孤僻、抑郁、敏感，次要特质是冷漠。

与奥尔波特一样，心理学家卡特尔也把特质看成是人格的基本单元。卡特尔根据不同的标准把人的特质分为不同的类型。例如**表面特质**（surface trait）和**根源特质**（source trait）。表面特质是个体相对外显的特质，根源特质是内在的、稳定的、作为人格结构基本因素的特质（郭永玉，2005）。心理学家艾森克提出人的人格结构包括三个维度，分别是**外向性**（extraversion）、**神经质**（neuroticism）和**精神质**

(psychoticism)。心理学家麦克雷和科斯塔通过大量的研究,认为人的人格结构包含五个维度,分别是**外向性**(extraversion)、**随和性**(agreeableness)、**尽责性**(conscientiousness)、**神经质**(neuroticism)和**开放性**(openness)。这5个维度的首写字母组合起来正好是英文单词"OCEAN",中文意思是"海洋",意味着人的人格像海洋一样浩瀚无际而又深不可测。国内有研究者从本土化的视角对中国人的人格进行了大量的研究,认为中国人的人格包括七个维度,分别是外向性、善良、行事风格、才干、情绪性、人际关系和处事态度(王登峰,崔红,2004)。

总的来说,人格特质具有不同的层次,也有不同的结构,而上面的每一种层次的定义和结构的区分都对人格研究产生了深远的影响,为我们理解人性提供了帮助。除了从大理论的视角去探讨人的人格结构外,国内外的人格研究者还研究一些更微观的人格特质,例如涉及健康方面的人格特质自我批评、自我宽恕、物质主义等,涉及政治方面的人格特质权威主义、社会支配倾向和马基雅弗利主义等。近年来对这些具体特质的研究,产生了很多有价值的成果,在这一编中,我们将主要对这些研究进展加以介绍。

2 健康特质

- 2.1 自我批评 / 78
  - 2.1.1 自我批评人格概念 / 78
  - 2.1.2 自我批评人格与抑郁 / 80
  - 2.1.3 自我批评人格研究带来的反思 / 87
- 2.2 自我宽恕 / 88
  - 2.2.1 何谓自我宽恕 / 89
  - 2.2.2 自我宽恕的测量与相关研究 / 93
  - 2.2.3 讨论 / 95
- 2.3 物质主义 / 96
  - 2.3.1 物质主义的概念与测量 / 96
  - 2.3.2 物质主义的成因 / 98
  - 2.3.3 物质主义的影响 / 101
  - 2.3.4 小结与展望 / 103

对人格与健康的关系的研究由来已久。早在古希腊时期，希波克拉底就曾提出著名的"体液说"，将人的气质类型分成了四种，分别是多血质、胆汁质、黏液质和抑郁质。这既是对人格类型的划分，也是对个体体质的一种判别，是当时医生对患者进行疾病预测的基础。可见那时的人们就已经能明确地感觉到个体人格与其健康之间的关系。而自奥尔波特提出人格的特质观后，大量的研究开始关注具体人格特质与其他心理和行为变量之间的关系，其中人格特质与健康之间的关系一直是研究者们关注的非常重要的一个方面，而在这一领域也取得了大量有益的研究成果。譬如，一个人的敌意和愤怒的特质可以很好地预测其患心血管系统疾病的概率，而乐观主义特质可以预测一个人的多项健康指标，这些都是已经得到广泛支持和认可的经典结论。然而还有一些特质，其对健康的直接影响可能不那么明显，例如自我批评。研究表明，自我批评人格特质与妄想、自恋、强迫症、精神分裂、边缘性人格障碍和被动攻击性等心理问题显著正相关，而自我宽恕的失败与抑郁、焦虑呈显著正相关（Maltby, Macaskill, 和 Day, 2001），这与我们通常提倡自我批评的观念有所出入。此外，目前社会上存在较为浓厚的物质主义思想,人们热衷于对物质层面欲望的追求和满足,但研究证明,物质主义与幸福感之间存在负相关(Roberts 和 Clement,2007)。这些发现提示我们,一个人的人格对其身心健康的影响,可能并不同于我们通过经验感知的结论。很多人格特质都是复杂的、内涵丰富的,而人格研究的魅力也常常正在于此。以下将对自我批评、自我宽恕和物质主义这几种与个体的心理健康紧密相关的人格特质的相关研究进行梳理。

2.1 自我批评[①]

在中国越来越开放和现代化的今天,社会急剧转型,高速发展,人们面临的压力之大也是前所未有的。这种压力一方面与个人的过高追求有关,另一方面可能来自于过分的自我批评。自我批评人格作为个体如何看待和对待自身的一个重要建构,在社会适应过程中会起到关键的作用。无论是在个人的发展过程中,还是在日常的工作中,具有适度的自我批评是有利的。但是,假如自我批评过度,就有可能给个体的心理带来极大的负面影响。近年来,人格心理学领域已经围绕具有高自我批评特质的个体展开大量研究,发现高自我批评具有以下几个方面的不良后果。首先,高自我批评者对期望获得的成就有很高的自我要求,却比常人对挫折更为易感和脆弱,而他们的目标又多不是基于内在兴趣的,因此他们更难获得成功。其次,高自我批评者在人际交往中过于关注自己的表现及他人的评价,并将遭遇的不快归因于自己的过错,因此他们苦于交际,回避交往,常常难以发展出良好的人际关系。最后也是最重要的是,高自我批评者容易遭受抑郁及其他心理问题的困扰,尤其是在经历了消极的生活事件后,这种人格特质会使个体感到无法达到自我的期望和标准,产生强烈的自卑感、罪恶感和无价值感,因而容易引发一系列的心理问题。可见,过高的自我批评人格应值得我们警惕。下面我们将结合具体的研究,来揭示这一人格特质及其对个体的影响。

2.1.1 自我批评人格概念

自我批评人格及其行为特征

有关抑郁与人格之间关系的讨论,至少从古希腊时代就开始了,如抑郁质气质。

[①] 本节基于如下工作改写而成:(1)章若昆,郭永玉.(2009).自我批评人格及其对社会适应的影响.西南大学学报(社会科学版),35(6),11—15;(2)郭永玉,章若昆.(2010).对自我批评的"批评"——过度自我批评有损心理健康.中国社会科学报,4月13日第8版.(3)章若昆.(2010).自我批评人格对抑郁的易感性及其机制研究.华中师范大学硕士论文.撰稿人:章若昆。

一些来自不同研究领域的现代心理学家也都认为存在一种与过高成就需求和过度自我批判相关的人格维度,叫作易感抑郁(Blatt, D'Afflitti, 和 Quinlan, 1976)。1976年,布拉特(Blatt)及同事在研究抑郁与人格关系时把这种人格命名为**自我批评**(self-criticism)。在自我批评人格维度提出后,三十多年来西方心理学界涌现了大量的研究,它们有的着重考察其对个体的应对方式、人际交往、成就动机等方面的作用机制,有的着重考察其对个体心理健康的影响。这些研究的研究方法多元,包括横断设计研究、纵向设计研究、交叉滞后设计研究等;测量手段多样,包括回溯式报告、自陈量表、自然观察法以及严格的实验室实验设计等;研究样本也很广泛,涵盖了从儿童到老年的各年龄段人群,既包括正常人群,也包括临床患者。

而作为一种人格建构,自我批评人格水平较高的人(即高自我批评者)的人格及行为特征是:他们对自己有非常高的标准和期望,力求做到完美无缺,并且担心不被别人赞同或接受,害怕受到他人批评;他们经常做严厉的自我审查与监督,当他们感觉到自己行为的缺点时,会对自己进行苛刻的批判并可能随之产生罪恶感(Blatt, D'Afflitti, 和 Quinlan, 1976; Blatt 和 Zuroff, 1992)。

自我批评人格的测量

自我批评人格的测量工具主要是自陈量表。最常用的是**抑郁体验问卷**(the Depressive Experiences Questionnaire, DEQ)(Blatt, D'Afflitti, 和 Quinlan, 1976),该量表包含 66 个项目。这些项目并不评价抑郁症状本身,而是评价常与抑郁相关联的广泛的内心体验、对自身的感受和人际关系等内容。DEQ 采取 7 点记分,从 1 分(强烈不同意)到 7 分(完全同意)。自我批评人格维度量表是 DEQ 三个子量表中的一个,其余两个是依赖人格量表和效能量表。关于自我批评的典型项目包括"我经常发现我达不到自己的标准或理想"、"在我是谁和我想成为谁之间有很大差距"等。DEQ 有一套特别的计分程序,后来有研究者认为这种计分程序过于复杂,从而制定了 DEQ 的一些简短版本,这些简短版本的计分程序相对较简单。此外,DEQ 还有针对青少年的版本**青少年抑郁体验问卷**(the Depressive Experiences Questionnaire Adolescent version, DEQ‐A)(Blatt 和 Zuroff, 1992)。

自我批评人格的形成与发展

自我批评人格概念提出后,Blatt 等人对其源头进行了进一步的探讨。他们认为自我批评人格是在人的社会化发展过程中产生的。人的社会化发展包括发展人际关系和发展自我定义这两个非常重要且影响广泛的过程。其中,发展人际关系指建立亲密的、稳定的、有益的和受保护的人际关系;发展自我定义是指建立一致的、特别的、稳定的、现实的和积极的自我感觉。这两个过程在人的社会化发展中相互作用,个体心理健康的特征就是这两个发展进程的整合,即心理健康的个体在人际关系中不会丧失自我,而在追求自身成就的同时也不会忽略人际关系。如果这两个发展过程不够平衡,就会影响个体的人格,即过分强调人际关系可能会发展成为依赖人格,而过分强调自我定义则可能形成不良自我定义,进而发展成为自我批评人格(Blatt,1998)。

随后的一些实证研究也为这一理论假设提供了证据。研究表明,自我批评者的父母在其童年时对他们的教养方式是影响他们形成自我批评人格的最关键因素。有研究用对父母行为的回溯性报告,检验了被试的自我批评水平与父母行为的关系,认为高自我批评水平与父母在抚育中缺乏温情有关(Brewin, Firth-Cozens,和Furnham, 1992)。这些父母的教养模式往往是父母对孩子的控制十分严厉,他们有着矛盾的情感表达和对子女成就的高期望,经常限制孩子的行为和拒绝孩子的要求。一项长达26年的纵向研究发现,个体12岁及31岁时的自我批评水平与个体5岁时父母的严苛教养方式显著相关(Koestner, Zuroff,和Powers, 1991)。而且在控制了潜在的混淆因素,即个体的情绪状态和社会称许性以及可能的中介变量"儿童早期气质因素"后,仍然得出了相似的结论。在临床样本(Rosenfarb, Becker,和Mintz, 1994)上的研究也表明,高自我批评的起源与父母的这些教养方式显著相关。另外,与拒绝行为的后果类似的是,父母对孩子的过度保护也与自我批评水平显著正相关(Irons, Gilbert,和Baldwin, 2006)。

由此,研究者认为可用精神分析理论或社会学习理论来解释自我批评的实质。精神分析理论的视角认为,自我批评在实质上就是严酷的父母在儿童心理上的内化,从而在儿童内心形成苛刻的超我,苛刻的超我使个体对自己有不切实际的高标准要求,在不能达到这样的要求时,个体会产生过度的罪恶感和痛苦感。而从社会学习理论的角度看,自我批评的实质被认为是失败的自我管理的结果。社会学习理论认为,儿童通过观察学习获得自我强化的标准;有着严酷父母的儿童,有可能会用类似的严厉和不接纳来评估与强化他们自己,从而形成自我批评人格。

除了父母教养方式这一因素,童年时期缺少同辈依恋(Rosenfarb, Becker,和Mintz, 1994)或经历不幸遭遇(Pagura, Cox,和Sareen, 2006)也与自我批评人格的形成相关。此外,对曾受过的不公正待遇的知觉,以及父母对他们所受不公正待遇的知觉,也影响着自我批评人格水平(Katz和Nelson,2007)。此外来自诠释学的研究表明,除了家庭的源头,个体受文化背景和语言影响而形成的一些混乱的二元观念(如是非对错的标准等),与糟糕的自我感觉一起也会造成严重自我批评(Hochberg和Judy, 2007)。

2.1.2 自我批评人格与抑郁

在自我批评人格提出后的三十多年里,涌现了大量相关研究。研究发现高自我批评水平会给人带来不少适应不良的后果。在成就目标方面,高自我批评者由于受自我定义的影响,对成就挫折非常易感。他们对成就与控制有过高的自我要求,而受到挫折时更容易感到自卑(Blatt, 2004)。但比起其他个体,高自我批评者的目标与他们自身的兴趣和想法联系更小,并与影响目标进展的反思及拖延等不良习惯相关,因此高自我批评对目标进展的影响是消极的(Shahar, Henrich, Blatt, Ryan,和Little, 2003)。其他研究也发现,青少年的高自我批评水平和抑郁症状的交互作用能预测他们成绩等级的下降(Shahar 等,2006)。在归因方面,高自我批评者的归因风格趋于消极,他们经常认为自己该对消极事件负责(Brown, Silberschatz, 和 George, 1989),并认为消极事件是由于他们自身的原因造成的。在情绪方面,自我批评水平高的个体在日常生活中会更少地处于积极情绪中,他们常常经历强烈的消极情绪,而且对消极情绪的管理较差,易怒,社会能力也较缺乏(Mongrain, 1998)。自我批评还与其他人格变量存在联系,比如自我批评水平与自尊水平呈负相关(Bartholomew 和 Horowitz, 1991),与五因素模型中的神经质水平呈中等程度的正相关,与随和性水平呈负相关(特别是在女性中)(Dunkley, Blankstein, 和 Flett, 1997),而低自尊、高神经质和低随和性被普遍认为是适应不良的人格特征。

在社会性方面,高自我批评者通常会在很多社会领域经历冲突,冲突对象包括朋友、伴侣、父母,甚至是自己的孩子。人际交往会引起高自我批评者不舒服的感觉,由于他们更关注自主性(autonomy)和个体性(individuality),所以他们倾向于低自我表露,亲密动机较低,有较多疏远甚至敌意竞争的人际关系(Mongrain, 1998)。同时,他们较少寻求情感支持(Blatt, 2004),不愿接受朋友的建议或和朋友分享资源(Santor 和 Zuroff, 1998)。在亲密关系中,他们对伴侣的信任程度较低(Blatt & Zuroff, 1992),认为自己是不值得被爱的(Blatt, 1991),并且常常表现出敌意和烦躁,这使他们经常面临亲密关系解散的风险。而在亲子关系中,高自我批评者与孩子的互动不太有效,甚至会对孩子气质性特质形成不利影响,并且使其子女的自我批评与抑郁水平也相应较高(Pesonen 等,2006)。高自我批评者的这些人际上的困难,也许来自高自我批评者的不安全的依恋模式。有研究表明,高自我批评与不安全的成人依恋模式里的恐惧—回避(fearful-avoidant)依恋模式相联系(Zuroff 和 Fitzpatrick, 1995)。

作为不良人际关系的后果,高自我批评者得到的社会支持较少(Mongrain, 1998)。此外,高自我批评者在得到的社会支持下降的同时,还通过压力事件、日常争论和慢性疲劳增加了社会适应不良的可能,这反过来又维持和加剧了其自我批评人格特征,从而形成恶性循环。在遭遇一些消极事件时,自我批评者甚至会产生一些心理健康问题(章若昆,郭永玉,2009)。

自我批评人格是抑郁的易感因素

自我批评人格与广泛的心理健康问题有关。比如在控制了一些混淆变量后,自我批评水平与妄想、自恋、强迫症、精神分裂、边缘性人格障碍和被动攻击性等心理问题显著正相关,并且是抑郁和创伤后应激障碍(PTSD)的易感性人格因素。PTSD患者的自我批评水平很高,在控制了抑郁症状水平后,自我批评分数仍能预测患者PTSD的严重程度以及曾遭遇过的创伤事件数量(Valdivia, 2006)。对精神障碍患者来说,高自我批评还让他们在建立和维持治疗配合关系上存在困难(Whelton, Paulson, 和 Marusiak, 2007)。

在这些心理问题中,研究者最关注的是自我批评人格与抑郁的关系。自我批评人格与抑郁的关系十分密切,如前文提到的,自我批评这一人格维度的概念就是在研究抑郁与人格关系时提出的。更具体地说,自我批评是抑郁的易感性人格。这里的抑郁是一个连续的维度概念,既包括正常人群的抑郁情绪,也包括临床患者的抑郁症状。

Blatt提出的两种人格,即依赖人格和自我批评人格都与抑郁有关。而自我批评在这两者中似乎是更为本源性的(Fichman, Koestner, 和 Zuroff, 1994)。与依赖人格相比,自我批评人格水平与抑郁风险增长的相关更显著(Shahar, Gallagher, Blatt, Kuperminc, 和 Leadbeater, 2004),并对更广泛种类的生活事件易感(Luthar 和 Blatt, 1995; Zuroff 和 Mongrain, 1987)。而且自我批评人格还能预测重度抑郁症,而依赖人格未能预测(Cox, McWilliams, Enns, 和 Clara, 2004)。

大量实证研究重复验证了自我批评人格与抑郁之间的关系,样本涵盖临床患者以及大学生和社区成人样本,研究均发现自我批评人格与抑郁间存在显著相关。基于分布如此广泛、层次如此全面的样本的各种研究结果,使自我批评人格对抑郁的易感性被研究者们广泛接受。值得注意的是,不仅横断研究验证了自我批评人格与抑郁的高相关,许多纵向研究也证明自我批评人格能预测个体以后的抑郁水平。比如一个以年轻医生为样本的纵向研究,在实验起始阶段以及两年后和十年后进行了三次测量,统计时控制了起始阶段的抑郁水平以排除当前抑郁状态会持续影响情绪的因素,研究结果表明起始阶段的自我批评人格水平有效地预测了两年后所有医生的抑郁水平,并预测了男性医生十年后的抑郁水平(Brewin 和 Firth-Cozens, 1997)。

自我批评人格与抑郁的关系是如此之密切,以致有研究者(Coyne 和 Whiffen, 1995)提出质疑:自我批评人格是否就是抑郁症状的体现,它与抑郁能区分开吗?它是一个独立的有意义的人格维度吗?首先,质疑者认为自我批评人格只是一个潜在的对抑郁易感的因素,只有在遭遇压力事件时,被压力事件激活才会引发抑郁,而未被触发时,不对个体产生影响。然而研究(Shahar, Henrich, Blatt, Ryan, 和 Little,

2003)表明,自我批评人格不仅被社会情境所影响,同时也影响着社会情境:自我批评人格预示着更多的消极生活事件和更少的积极生活事件,以及一些长期的生活问题。因此自我批评人格并不是一个沉默的潜在因素,而是会对个体造成有力影响的人格变量。其次,在控制了初始或同时的抑郁状态水平后,自我批评人格仍能预测日后的抑郁水平,而且与多种重要的变量相关。比如大量控制了初始抑郁水平的纵向研究显示,自我批评人格能有效预测几周后到数年后的抑郁水平(Fichman, Koestner, 和 Zuroff, 1994, 1996, 1997; Mongrain, Lubbers, 和 Struthers, 2004; Mongrain 和 Leather, 2006)。还有一些横断研究,在控制了同时存在的抑郁状态水平后,仍发现自我批评人格与"大五"人格变量(Mongrain, 1993)、功能性失调态度(Mongrain 和 Zuroff, 1994)、社会行为(Zuroff, Stotland, Sweetman, Craig, 和 Koestner, 1995)、人际关系行为(Mongrain, Vettese, Shuster, 和 Kendal, 1998)等显著相关。因此,自我批评人格是一个独立的重要的人格因素,它是抑郁的易感性人格,但并不同于抑郁本身,也不是抑郁伴生的症状。

自我批评人格对抑郁易感的权变模型

在自我批评人格对抑郁的易感机制里,社会情境因素起到了重要的作用。那么自我批评人格、情境因素与抑郁三者关系究竟是怎样的呢? 在自我批评人格与社会情境因素的关系上,早期的自我批评研究者大多持 Reactive 的观点,认为自我批评个体在与社会情境的关系中是被动的,他们会对压力事件作出反应,但并不会影响情境。因此在这样的模型中,社会情境变量(比如压力事件和社会支持等)被看作是自我批评人格对抑郁效应的调节变量,不同情境影响着自我批评与抑郁的关系。**人格—事件权变模型**(Personality-events Congruency Hypothesis)(Coyne 和 Whiffen, 1995)是这种观点的代表。权变模型认为两种不同的易感人格维度是在经历与之相应的不同生活事件后产生抑郁情绪的。其中,自我批评者在经历与成就相关的失败事件(比如留级或考试失败)后容易导致抑郁(如图 2.1 所示),因为他们主要是从成就事件中获得自尊;而具有依赖人格的个体则是在经历人际拒绝等消极事件(比如分离或拒绝)后易感抑郁(Blatt 和 Zuroff, 1992)。

图 2.1 自我批评人格与抑郁及社会情境的权变模型
来源:Robins, 1995.

权变模型既清晰明了,又符合人们已有的常识,因此非常有吸引力。然而关于权变模型的众多横断及纵向研究呈现的结果却并不一致。这其中,仅有少数研究验证了权变模型,比如一个在抑郁症康复者样本上的研究(Segal, Shaw, Vella, 和 Katz, 1992),而绝大多数在临床和正常人群样本上的研究中,权变模型都未能得到验证。这些研究结果中,依赖人格与情境因素的关系大多符合权变模型,而自我批评人格通常不符合权变模型。自我批评者往往并不只在遭遇消极成就事件后产生抑郁,对人际拒绝事件也会表现出类似的效应。这也许是因为依赖和自我批评个体解释自己所经历的事件的方式不同:同样的消极生活事件可以被一个个体解释为对自尊的威胁也即消极成就事件,也可以被另一个个体解释为对人际关系的威胁也即消极人际事件。

因此权变模型结论的不一致很可能是由于研究使用的测量方法带来的问题,在自然研究中测量的生活事件也许不是完全的成就相关事件。因此,有一个研究采取对成就相关事件进行主观评定的方法,而不是仅仅测量事件频率,这个研究得到的结果便是显著的(Rude 和 Burnham, 1995)。由此,研究者认为采取实验室控制法,使用标准化设计的压力源,就能同时统计成就事件的频率及主观影响方面个体差异产生的变异,从而避免测量带来的弊病,有助于弄清自我批评人格与抑郁之间的本质联系。

让人吃惊的是,也仅仅只有几个实验验证了权变模型。第一个公开发表的此类实验室研究是朱罗夫和蒙格伦(Zuroff 和 Mongrain, 1987)做的,该研究对自我批评、依赖和控制组分别使用了内容为失败和人际拒绝的录音材料。研究结果与权变模型相反,自我批评组被试对失败事件和人际拒绝事件都表现出了抑郁的增加。有研究者认为结果不显著的原因有可能是由于实验使用的失败材料中也包含人际成分,而且研究没有控制初始抑郁水平(Helleotes, Kutcher, 和 Blaney, 1998)。Blaney 随后所做的研究在控制这些因素后支持了权变模型(Blaney, 2000)。还有研究者认为这些实验可能并未能有效诱导出自我批评者的失败体验(Mendelson 和 Gruen, 2005)。由于与依赖者相比,自我批评者有一些更具适应性的有效的应对技巧,压力诱导程序对他们的效应可能较为轻微。为此,研究者采取了 in vivo 压力诱导范式。in vivo 范式是通过让被试相信他们在一个成就相关的认知任务中成绩很差而使其体验到失败,更能诱导出被试主观的失败感受。该研究结果支持了权变模型。

由此可见,权变模型的研究结论是如此地纷杂各异,充满争议。近年来,一些有关易感性人格内隐认知偏向的实验为它重新注入了生机。布拉特等人认为,依赖和自我批评的个体在知觉和解释社会环境方面有显著的不同(Blatt, 2004)。这种选择性的过程也部分解释了为何依赖人格个体在经历消极人际事件后有着更大的抑郁风险,而自我批评人格个体在经历失败或者其他有失自尊的消极事件后更容易抑郁(即权变模型)。为了更好地探究自我批评人格相关的选择性信息加工,有研究者比较了被试对成就和人际方面的刺激词语的无意识学习过程和再认结果,考察被试对四类词的不同认知偏向:积极人际、积极成就和消极人际、消极成就(Besser, Guez, 和 Priel, 2008)。研究结果显示,自我批评人格水平与消极成就类别词语的回忆成绩显著相关,也即是自我批评水平越高,对消极成就词语的回忆成绩也就越好。这一结果证明了自我批评人格个体的认知加工过程存在权变性和选择性,为权变模型的正确性提供了依据。不过,目前自我批评人格内隐认知机制方面的研究还相当匮乏,有待更多广泛深入的重复验证研究。

自我批评人格对抑郁易感的中介模型

关于人格和情境关系的一些理论观点包括动力交互机制、相互作用模型和动作理论,都认为个体可以动态地改变环境。由于权变模型的结论是如此模棱两可,令人困惑,研究者们试图寻求关于易感性人格与社会情境及抑郁之间关系的新的模型。受上述理论的启发,研究者们提出了一种新模型——中介模型(mediating model),中介模型认为易感性人格会影响和改变社会情境,而不是只对社会情境作出反应(Blatt 和 Zuroff, 1992; Mongrain 和 Zuroff, 1994; Shahar 和 Priel, 2003)。

在中介模型中,消极生活事件解释了全部或部分易感性人格对抑郁的效应,不再只是影响此效应的外部条件。也就是说,这些社会情境因素是中介变量而不是调节变量(如图 2.2 所示),因此模型被称作中介模型。中介变量 Z 能解释自变量 X 对因变量 Y 的全部或部分效应,尤其是当 X 影响中介变量 Z,继而 Z 影响因变量 Y 时,可以认为 Z 全部或部分阐释了 X 导致 Y 的机制。自我批评人格的中介模型说明消极生活事件在自我批评对抑郁的预测效应中起完全或部分中介作用,即自我批评水平越高,预示着越多消极生活事件的产生,而增加的消极生活事件又预示了一段时间后抑郁水平的上升。这解释了自我批评人格对抑郁易感的部分机制。

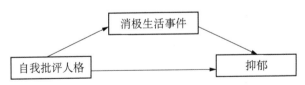

图 2.2 自我批评人格与抑郁及社会情境的中介模型
来源:Blatt 和 Zuroff, 1992.

研究者布拉特和朱罗夫(Blatt 和 Zuroff, 1992)最先提出自我批评人格会导致压力事件的增多,进而促使抑郁水平上升。蒙格伦和朱罗夫在 1994 年的研究中表明自我批评人格真的能预测压力事件。在 2000 年和 2003 年,沙哈尔(Shahar)和普里尔(Priel)检验了依赖人格和自我批评人格的调节及中介模型。依赖人格的结果与调节模型相吻合,依赖人格与人际压力事件的交互作用预测了抑郁水平的上升。与之相反,自我批评人格符合中介模型,它预测了消极生活事件的增多,继而引发抑郁水平上升。还有众多纵向研究也验证了中介模型,有力地说明了自我批评人格会影响社会情境,它不仅会产生情境性危险因素,还会减少情境性保护因素。比如自我批评人格预测了青少年人际问题的增多(Fichman, Koestner, 和 Zuroff, 1994);对伴侣产生敌意以及消极生活事件的增多和知觉到的社会支持的减少(Mongrain, 1998; Mongrain, Vettese, Shuster, 和 Kendal, 1998; Mongrain 和 Zuroff, 1994; Zuroff 和 Duncan, 1999),进而导致抑郁水平的上升。这些研究都表明自我批评人格是一个严重的抑郁易感人格因素。章若昆(2010)采用中国大学生为样本进行研究,也验证了自我批评人格、抑郁与消极生活事件的中介模型。该研究是一个历时三个月的纵向研究,对被试测量两次。第一次测量被试的自我批评人格水平(DEQ 自我批评子量表)和抑郁水平(BDI)。三个月后,再次测量被试的抑郁水平(BDI)和这三个月期间的生活事件应激量(ASLEC)。结果表明,自我批评人格在控制起始抑郁水平后预测了三个月后的抑郁水平,并预测了这三个月内消极生活事件的应激量,且消极生活事件在自我批评人格与三个月后抑郁水平的关系中充当了中介变量。在控制其他变量之后,自我批评人格对三个月后的抑郁水平的直接效应显著,因此消极生活事件是部分中介变量。而起始抑郁水平也在控制其他变量后预测了三个月后的抑郁水平以及这三个月内消极生活事件的应激量,且消极生活事件也是充当了部分中介变量(见表 2.1)。

表 2.1 模型各参数的估计值(标准化)及标准误以及 t 值

参　数	估计值	SE	t
自我批评→消极生活事件	0.16	0.05	2.43*
自我批评→抑郁 2	0.17	0.03	3.21**
抑郁 1→消极生活事件	0.30	0.10	4.53**
抑郁 1→抑郁 2	0.37	0.06	6.84**
消极生活事件→抑郁 2	0.33	0.03	6.59**
自我批评↔抑郁 1	0.50	0.07	7.07**

来源:章若昆,2010.

研究还发现,在中介模型中自我批评人格能引起的消极生活事件范围广泛,涵盖了以下七个领域:家庭关系、与朋友的关系、与室友的关系、与伴侣的关系、学业相关压力、普遍的成就相关压力和工作压力(Shahar, Joiner, Zuroff, 和 Blatt, 2004)。其可能原因是自我批评者在某一个生活领域产生的压力会扩散到其他领域,从而形成一个充满拒绝及主观或客观失败等消极因素的社会生存情境(Blatt, 1995)。比如,自我批评者脆弱的自尊会使他们工作到精疲力竭从而损害工作绩效,失败更会伤害他们的自尊。为了寻求补偿,他们可能会在人际关系领域表现得咄咄逼人,导致人际摩擦。讽刺的是,这又会给他们带来人际挫败感。于是,广泛发生的消极生活事件极大增加了抑郁情绪产生和抑郁水平上升的风险。

总之,关于自我批评人格对抑郁的易感性机制研究中,中介模型得到了普遍的验证,权变模型的研究结论则颇为矛盾。需要注意的是,中介模型和权变模型并不是互斥的:因为从统计角度而言,一个变量有可能同时充当中介变量和调节变量,而消极生活事件与消极成就事件是两个不同的变量,更可能会同时存在中介效应与调节效应。而从人格、情境关系角度而言,自我批评人格虽然能影响和改变社会情境,但不可能控制全部社会情境因素,同时也一定会受情境的影响及对情境作出反应,与情境因素发生相互作用。

2.1.3 自我批评人格研究带来的反思

自我批评是中国人较为熟悉的,因为我们从小可能被要求、被鼓励尽量多做自我批评。我们可能都被批评过,批评的结果或高级阶段就是自我批评。自我批评的传统在中国古已有之。反省内求是儒家素来提倡的修养方法。孔子提倡"内自省"(《论语·里仁篇第四》)与"内自讼"(《论语·公冶长篇第五》),曾子曰"吾日三省吾身"(《论语·学而篇第一》),孟子对子路"闻过则喜"的态度大加赞赏(《孟子·公孙丑上》)。佛家戒律中,有一项修行功课叫"安居",亦曰"结夏",也称"坐腊",修行内容即是自我批评、自我反省,修行者每年有一个月专门用来修行此项功课,此外每月还要固定做两次。中国现代以来,批评与自我批评是党的建设的重要策略,与理论联系实际、密切联系群众并称为党的三大优良作风。由此可知,自我批评在中国普遍被认为有提升自我的作用,能使人更好地自我改造,以便更好地适应社会。

在西方,基督教让人们每天忏悔,改过自新,也提倡多做自我批评。但在神面前人人平等,忏悔是每个人为自己的灵魂得救所做的努力,不是为了响应现实社会中某位导师的教导。但现代西方人在世俗生活中通常认为自我批评是自我增强的对立面,高自我批评倾向的人难以适应社会。一般而言,自我批评者受到夸奖时可能会显得不自然,或者尽快地将功劳归因为别人,或者尽快地表达自己做得还很不够。

改革开放以来,那种极端的对个人造成强大政治压力的批评与自我批评明显减少,但是在一定范围内反而兴起了一种夸大的"表扬与自我表扬"(自我批评与自我表扬是同一种性格结构在不同情境中的表现,正如自卑者在另一种情境中可能表现为自大一样)。但官方意识形态和教育实践中对自我批评的提倡还是一直延续下来,仍然鼓励甚至要求民众多做自我批评,努力审视和揭露自身的缺点,遇事首先反省自身是否有错。自我批评被视为一种美德,无论对他本人还是对于社会(郭永玉,章若昆,2010)。

目前,已有本土研究试图揭示在中国自我批评人格对抑郁的易感性及其机制,研究结果验证了自我批评人格对抑郁的易感性及消极生活事件的中介模型(章若昆,2010)。抑郁的危害性之大众所周知,自我批评人格是如此严重的抑郁易感性因素,自我批评的消极影响也应当不容忽视。也就是说,我们需要适度的自我批评,但不应过度地自我批评。由于人格在人的一生中是较为稳定的东西,一旦形成,很难改变,因此应把关注点主要放在如何避免形成自我批评人格上。

如前文所述,影响自我批评人格形成的主要因素是父母教养和社会环境。因此,为了避免形成自我批评人格,首先应该倡导父母积极地向孩子表达关爱,并帮助儿童发展自主性和胜任感。目前信奉棍棒式教育的父母已经大大减少,但望子成龙、对子女期望过高的父母还普遍存在,如果这种过高的期望在日常生活中经常表现为惩罚和过度控制,就会对儿童的人格成长造成不良影响。

更重要的问题是,我们的社会价值观应当如何看待自我批评? 不可否认,适当程度的自我批评在客观地认识自我、提高修为、促人进取方面是有益的,但如果片面强调自我批评的益处而忽略过度自我批评导致的消极后果,对人的心理健康则是有害的。尤其是在中国越来越开放和现代化的今天,更应重视个人身心的自由和独立,认识到过度的自我批评在当今的社会背景下极有可能会给人带来巨大的适应困难,甚至心理健康问题。所以,这里的问题是:对自我批评应以何种方式、何种程度来加以提倡,才能真正促进民众的身心健康,进而以新的精神面貌创造新的时代?

2.2 自我宽恕[①]

与自我批评相对的特质是自我宽恕。对**宽恕**(forgiveness)特别是**人际宽恕**(interpersonal forgiveness)的关注古已有之,东西方皆然。儒家尤其强调对他人的宽

[①] 本节基于如下工作改写而成:喻丰,郭永玉(2009).自我宽恕的概念、测量及其与其他心理变量的关系. 心理科学进展,17(6),1309—1315. 撰稿人:喻丰。

恕,子曰"宽则得众"(《论语·阳货》),又说"其恕乎!己所不欲,勿施于人"(《论语·卫灵公》)。"宽"即雅量容人,"恕"是推己及人,宽恕便要求"躬自厚而薄责于人"(《论语·卫灵公》),所以"古之君子,其责己也重以周,其待人也轻以约。重以周,则不怠;轻以约,故人乐为善"(韩愈《原毁》)。古之哲学家们将宽恕作为一种道德规范,且尤为注重。他们都强调责己而宽人,并把它作为修养之一,以求人际和谐。西方文化对于宽恕的强调亦如此,《旧约》说"人有见识,就不轻易发怒。宽恕人的过失,便是自己的荣耀"(箴19:11),《新约》言道"你们要谨慎!若是你的弟兄得罪你,就劝诫他;他若懊悔,就饶恕他"(路17:3),等等。这也是让人在人际交往中受到侵犯时以宽恕待人。

长久以来,宽恕一直是哲学与神学的话题,但自20世纪末,它开始走进心理学家们的视野,并在不断深入。有研究者(McCullough等,2009)在近期的一篇综述中说道,十年之前研究者们能轻易跟上其主要理论和实证研究的进展,但那个时代过去了,宽恕的研究发展迅速、势态良好。但当宽恕的研究渐渐深入之时,对**自我宽恕**(self-forgiveness)或说**个体内宽恕**(intrapersonal forgiveness)的关注却还远远不够。从古至今,我们都更多地关注自己在人际关系中的宽恕,而且是我们作为受害者在面对被侵犯时的表现,但当我们侵犯了别人或者自己时,我们会去寻求自己的宽恕吗?我们又会宽恕自己吗?

2.2.1 何谓自我宽恕
对自我宽恕的界定

宽恕的定义由哲学发展而来,在众多定义之间,麦卡洛(McCullough)的界定较可操作,也较为综合(罗春明,黄希庭,2005)。麦卡洛(McCullough,2001)认为宽恕是个体遭受侵犯时的一系列亲社会动机的变化。他将宽恕置于动机水平,但并不认为宽恕就是动机,而是将它看成一系列动机的变化过程。其中,建设性的行为取代了破坏性的反应,从而达到了人际间的和解(McCullough等,2001)。但这一定义明显是将宽恕过程特别是人际宽恕过程限定于受害者,但是宽恕也会发生于侵犯者身上,某人在对他人实施了侵犯行为或者认为自己有不当之处时也可能会宽恕自己。

梅杰等人(Mauger等,1992)在其研究中首先将宽恕分为两种,即宽恕自己与宽恕他人。宽恕自己与宽恕他人又有所不同,宽恕自己在某种程度上是假定自己为侵犯者,而宽恕他人则是假定自己为受害者。宽恕这一动机变化过程有明显的方向性,即它有固定的指向,那就是侵犯者,受害者不会成为被宽恕的对象。但是宽恕行为的施予者却不尽相同,站在侵犯者的角度上来说,也许受害者会宽恕他,也许他自己会宽恕他,甚至与之无关的旁人也会涉及是否宽恕他的问题。于是,当这个侵犯者是自己时,发生于侵犯者也就是自己内部的动机变化,就是自我宽恕。其中,冒犯与报复自己的动机降低,而善待自己的动机增加(Hall 和 Fincham,2008)。

综合来看,自我宽恕也就是当自己是侵犯者时,发生于自己内部的,对待自己的动机由报复转向善待的变化。这一定义包含以下几点:首先,自我宽恕者的定位是侵犯者;其次,自我宽恕过程发生于侵犯者自己内部;第三,自我宽恕过程的指向是侵犯者自己;最后,自我宽恕是一系列动机变化,是由恶转好的变化。

有关自我宽恕的争论

尽管对自我宽恕进行了界定,但此界定仍然存在许多争议,对于自我宽恕的内涵,研究者们在其对象、过程、实质以及价值和伦理等方面都没有形成共识。

自我宽恕是自己对自己的宽恕,但是自己宽恕的是对自己的伤害还是对别人的侵犯,抑或是兼而有之呢?由于对别人的侵犯是显而易见的,那么这里讨论的重点是对自己的侵犯与对自己的宽恕。它包含了两个问题:其一是,存不存在自己对自己的伤害?也就是说除了在人际间侵犯别人,自己会不会在去人际的情况下伤害自己?其二则是,如果存在自我伤害,那么在自我伤害后,自己会不会宽恕自己?对第一个问题的回答是肯定的,个体的确能在去人际的情境中伤害自己。我们许多的失败是由自己造成的,如某些自我设限的行为,也有很多人特别是精神疾患者有时或长期地被自己不恰当的感觉或者思想所困扰。当然,严格地说,把这些情境叫作去人际的情境是不恰当的,因为自己在评定自己是否做了错事时,是依据了一定的道德标准的,而且每个人的标准不同,这些道德标准的形成必须依赖于人的社会性发展。对第二个问题的回答,有学者(Horsbrugh,1974)认为,行为所带来的伤害才是宽恕的对象,对于自己的伤害,人们只会表示后悔,不会有宽恕。而也有学者(Dillon,2001)持相反观点,认为自我伤害的情境真实存在,此时也能发生自我宽恕的过程。如果在自我伤害后,个体能够宽恕自己,那么自我宽恕就可以分为两种类型,即侵犯他人—宽恕自己型与侵犯自己—宽恕自己型。在侵犯他人—宽恕自己型的自我宽恕中,侵犯的主体与受害的客体显而易见,自己是主体而别人是客体。而侵犯自己—宽恕自己型的自我宽恕的整个过程都发生在个体内部,其侵犯的主体与受害的客体都是自己。但此时在个体内部,本我、自我和超我究竟在自我宽恕的过程中扮演了什么样的角色,还不得而知。

在人际宽恕的研究中,现阶段的宽恕研究皆为对给予宽恕(granting forgiveness)的过程的研究,而与之相对应的寻求宽恕(seeking forgiveness)的过程则少有研究者涉足(Rodney 等,2006)。给予宽恕和寻求宽恕的过程会伴随人们的生命历程而逐渐发展成熟(傅宏,2002)。在人际宽恕中,给予与寻求是两个截然相反的过程,而自我宽恕发生于个体内部,因此两者都是自我内部的过程,但其关系如何很少有人做过论述。恩莱特等人(Enright 等,1996)认为宽恕过程有四个阶段,即揭露阶段(uncovering phase)、决策阶段(decision phase)、工作阶段(work phase)和结果阶段(outcome phase)。这四个阶段如果用于自我宽恕,就包括宽恕的寻求、给予与接受等过程。在揭露阶段,个体体验到一些情感,如否认、内疚、羞愧等;在此过程之后,个体会去寻求自己的宽恕。而在决策阶段个体决定是否宽恕自己,如果决定给予自己宽恕,那么将会引发宽恕这一系列的动机变化。但由于自我具有很高的统合性,寻求自我宽恕与给予自我宽恕也许是同样的过程,在个体内部,也可能寻求宽恕就是给予宽恕。在人际宽恕中,受害者的给予宽恕与侵犯者的寻求宽恕并没有直接的因果关系,但是侵犯者寻求宽恕的行为,如道歉(Eaton 等,2007),会对受害者的给予宽恕产生积极的效应。在个体内部,寻求宽恕与给予宽恕是否能够分离,能否分别独立存在,还需要更深入的研究去证实。

对自我宽恕的另一个争论涉及宽恕这个概念本身,即自我宽恕是特质倾向性的还是情境特异性的。有研究表明,作为一种人格特质,自我宽恕与神经质(Maltby, Macaskill,和 Day, 2001)、外向性(Ross 和 Hertenstein, 2007)有较为显著的相关。但也有研究整体测量了各种宽恕,并未发现自我宽恕与某些人格特质相关(Thompson, Snyder, 和 Hoffman, 2005)。对于宽恕是否具有跨时间的稳定性和跨情境的一致性,也是人格心理学曾经面临的主要争论之一,即**"个人—情境之争"**(person-situation debate)。尽管这个问题渐渐不被提起,但是用在自我宽恕这个主题上却是十分恰当的。无论自我宽恕是否可被看作是一种人格特质,它的发生还是会受当时外在情境以及情绪和某些社会认知因素的影响(McCullough, Worthington, 和 Rachal, 1997; McCullough 等, 1998)。

自我宽恕的价值与伦理问题也是争论之一。自我宽恕的成功与否,代表了个体的某种倾向与类型,自我宽恕失败者倾向于内部惩罚(intro-punitive),而人际宽恕失败者倾向于外部惩罚(extra-punitive),自我宽恕的成功也与心理幸福感显著相关(Hall 和 Fincham, 2005)。在临床咨询领域,自我宽恕也能够有效减轻焦虑尤其是道德焦虑(Currier, McCormick, 和 Drescher, 2015),减少自杀意向(Webb, Hirsch, 和 Toussaint, 2015),甚至能够增进身体健康(Davis 等, 2015)。但成功的自我宽恕还是涉及一些伦理问题。当个体犯下社会所认定的罪行时,应该自我宽恕吗?对于普通的小错,个体可以宽恕自己,以求自我和谐,但犯下杀人、强奸、故意伤害等罪行的个体,应不应该去宽恕自己?另一个方面,在受害者并未同意或并不知情的情况下,自己应不应该宽恕自己?虽然得到他人的宽恕和自我宽恕并不一定是先后继发的行为,但是从经验上看,得到他人宽恕的侵犯者更可能自我宽恕,而未得到他人宽恕的侵犯者自我宽恕成功时,要受伦理道德的谴责。

自我宽恕与人际宽恕的区别

为更好地理解自我宽恕的含义,必须了解自我宽恕与人际宽恕的区别。霍尔和芬彻姆(Hall 和 Fincham,2005)通过理论探讨总结了自我宽恕与人际宽恕的区别(见表 2.2)。他们认为自我宽恕与人际宽恕在伤害的形式,宽恕的对象,移情,限制,与受害者的调和,逃避、报复与善待的对象以及不宽恕的后果上存在区别。在人际宽恕中,伤害的形式只能是行为;而在自我宽恕中,除了行为,思想、欲望和感觉都能对自己造成伤害。人际宽恕所宽恕的伤害是在人际过程中对受害者的伤害,而自我宽恕的对象可以包括对自己和对他人的伤害。人际宽恕是受害者对侵犯者的宽恕,此时移情能促进宽恕;而自我宽恕是侵犯者去宽恕自己,此时移情就会抑制宽恕。在探讨自我宽恕与人际宽恕的限制时,霍尔和芬彻姆(Hall 和 Fincham,2005)认为在自我宽恕中,个体可能会确定某种条件,只有达到这种条件,个体才会宽恕自己,而在人际宽恕中则不需要条件。霍尔和芬彻姆的探讨主要以麦卡洛对宽恕的论述为基础。麦卡洛认为在人际宽恕中,逃避与报复是对待侵犯者的两种经典的消极反应,移情、沉思等因素也与人际宽恕有关(McCullough,2001;McCullough,Bono,和 Root,2007)。在这些方面,自我宽恕与人际宽恕均有所区别。在人际宽恕中,受害者逃避、报复与善待的对象都是侵犯者,即他人;而自我宽恕中由于侵犯者是自己,除了伤害别人,自己的行为、思想、欲望等也能伤害自己,所以自我宽恕逃避的对象是与侵犯相关的刺激,包括受害者、情境、思想等,其报复与善待的对象也是侵犯者,即自己。最后在没有自我宽恕时,相对于比较平和的人际宽恕失败,其后果更加极端(Hall 和 Fincham,2005)。

表 2.2 自我宽恕与人际宽恕的区别

	自我宽恕	人际宽恕
伤害的形式	行为、思想、欲望、感觉	行为
宽恕的对象	对自己和他人的伤害	对受害者的伤害
移情	抑制宽恕	促进宽恕
限制	条件性或非条件性的	非条件性的
与受害者的调和	需要	不需要
逃避的对象	与侵犯相关的刺激(如受害者、情境、思想等)	侵犯者
报复的对象	侵犯者(即自我)	侵犯者(即他人)
善待的对象	侵犯者(即自我)	侵犯者(即他人)
不宽恕的后果	极端的	平和的

来源:Hall 和 Fincham,2005.

2.2.2 自我宽恕的测量与相关研究

自我宽恕的测量

在人际宽恕的研究中,测量是重要的研究方法,在自我宽恕的研究中更是如此。对宽恕的测量有两个问题待解决,其一是给予宽恕与寻求宽恕的问题,其二是特质性宽恕与状态性宽恕的问题。在人际宽恕的测量中,测量给予宽恕的工具十分丰富(Thompson 和 Snyder,2003),但是在自我宽恕的测量中,无论是给予宽恕还是寻求宽恕的测量工具都很少。最早的自我宽恕量表是梅杰及其同事编制的**宽恕自我量表**(Forgive of Self, FS),它是**行为测量系统**(the Behavioral Assessment System, BAS)的一个部分,即一个分量表。FS 量表共包含 15 个项目,其内容包括对过去行为的内疚、自认有罪以及对自己的多种消极态度,它使用"对/错"记分,其中一个项目是"我常常因没有好好遵守规则而烦恼"(Mauger 等,1992)。FS 量表的 α 系数达到 0.82,重测信度达到 0.67,符合测量学的要求,几位研究者(Mauger 等,1992; Maltby, Macaskill, 和 Day, 2001)用此量表分别考察了自我宽恕与人格特质以及各种心理病理学指标间的关系。其后,汤普森(Thompson)等人编制的**哈特兰德宽恕量表**(Heartland Forgiveness Scale, HFS)中也有一个分量表测量自我宽恕。HFS 的自我宽恕分量表在不同样本中的 α 系数在 0.72—0.75 之间,其间隔 3 周的重测信度达到 0.72,间隔 9 个月的重测信度达到 0.69,且 HFS 与其他多种宽恕量表间的相关显著,有较好的信效度(Thompson, Snyder, 和 Hoffman, 2005)。汤普森(Thompson 等, 2005)也用其量表考察了自我宽恕与人格特质和亲密关系的各种变量间的相关。

但这二者并非专门的自我宽恕量表,而且测量的都是特质性自我宽恕,并不能让人满意。沃尔等人(Wohl 等,2008)在前人的基础上编制了**状态自我宽恕量表**(State Self-Forgiveness Scale, SSFS),该量表有两个子维度,共 17 个项目。两个子维度分别是自我宽恕感觉和行动,有 8 个项目,以及自我宽恕信念,有 9 个项目,每个项目都用 4 点记分。自我宽恕感觉和行动维度的某个项目是"当我觉得我做错了时,我对自己感到同情"或者"当我觉得我做错了时,我惩罚自己"。自我宽恕信念维度的其中一个项目是"当我觉得我做错了时,我觉得我不是一个好人"(Wohl, DeShea, 和 Wahkinney, 2008)。沃尔等人(Wohl 等,2008)以被试报告的自我宽恕水平(对问题"当你犯错时,你会宽恕自己吗?"的回答)为因变量,以 SSFS 的两个维度为自变量做回归,$R^2 = 0.67$,两个自变量的回归系数显著,且 SSFS 与校标自责(self-blame)、内疚(guilt)显著相关,具有比较好的测量学指标。

自我宽恕的相关研究

自我宽恕与人格特质 对于自我宽恕与人格的关系,前文已有所提及。心理学家们对自我宽恕与人格的关系很感兴趣,在为数不多的自我宽恕研究中,对它和人格特质之间的探讨占据着主要的部分。莫尔特比利等人(Maltbly 等,2001)测量了 324 名大学生的自我宽恕、人际宽恕、人格和健康,他们使用 EPQ 量表修订版作为人格的测量工具,结果表明自我宽恕的失败与人格和健康之间存在相关,它与焦虑、抑郁相关显著,且不存在性别差异。在另一项研究中,研究者(Ross 等,2004)使用 NEO-PI-R 量表探讨了人格五因素模型与自我宽恕的关系,发现自我宽恕与神经质呈负相关,与外向性和尽责性呈正相关,且与随和性无关。还有一项研究却显示,自我宽恕不仅与神经质、外向性相关,与随和性也存在相关(Ross 和 Hertenstein,2007)。但在汤普森(Thompson 等,2005)的研究中,他们并未发现自我宽恕与人格特质之间存在相关关系。这些研究结果并不相同,甚至相互抵触,这可能是由于测量上存在一定的问题。另一项研究则抛开自我宽恕与特质的相关,直接从时间维度上考察它与自我宽恕的关系(Hall 和 Fincham,2008)。研究者对 148 名被试分 8 个时间段分别收集数据。他们并未采用量表来测量自我宽恕水平,而是仅仅采用单个条目去询问被试,即"你在多大程度上宽恕你对他人的伤害",此条目用李克特(Likert)7 点量表记分。对被试的选取遵循两个条件,一是被试报告在过去 3 天内他们曾经有伤害他人的行为,二是他们表示对那些行为感到悔恨,并且希望在先前的情境中他们能够换种方式去处理。从第 1 周至第 8 周每周对被试进行测量,结果发现其自我宽恕水平呈线性上升。此研究发现了时间对自我宽恕的作用,而要探讨自我宽恕跨时间的稳定性,还需要后续研究的证明。

自我宽恕与心理健康 人际宽恕对于人类的心理健康和良好生活状态具有潜在影响作用(傅宏,2003)。研究者发现人际宽恕对家庭关系(Maio 等,2008)、婚姻关系(McNulty,2008)以及幸福感(Bono 和 McCullough,2006)有积极的影响,而自我宽恕的失败与抑郁、焦虑呈显著正相关(Maltby, Macaskill, 和 Day, 2001)。自我宽恕也与生活适应、心理健康相关。有研究者(Romero 等,2006)测量了 81 名患乳腺癌且正在接受治疗的妇女的自我宽恕、精神性(spirituality)与心理适应。研究发现,自我宽恕和精神性是低情绪紊乱和高生活质量的有效预测源,而且对自我宽恕的干预能提高生活质量,减轻压力(Wohl, DeShea, 和 Wahkinney, 2008)。在其后续的研究中,研究者又发现自责是自我宽恕和情绪紊乱以及生活质量的中介变量,高自责的人相对于低自责的人体验到更多的情绪紊乱和更差的生活质量,因此对自我宽恕的干预如果能潜在降低自责水平,就可以促进患者的心理适应(Friedman 等, 2007)。在对 110 名大学生样本的测量中,也发现情绪管理能力与自我宽恕有一定相关(Hodgson 和 Wertheim, 2007)。但是,这些研究并没有推及普通人群,自我宽恕与心理健康之间的关系还需探讨。

2.2.3 讨论

自我宽恕无疑是宽恕研究中的新兴领域,由于对其研究只是刚刚起步,因此在自我宽恕的研究中充满着疑问,还有很多问题有待探讨。就其现在的发展而言,以下问题是需要讨论的。

第一,自我宽恕概念界定的问题。如前所述,宽恕与自我宽恕本是哲学与神学讨论的问题,哲学家们对自我宽恕所作的解释虽然能让人明白自我宽恕的大致意义,但并不能为心理学研究所用。有哲学家(Dillon,2001)说,人们在探讨宽恕概念时就假设,自己在对待自己的时候只有两种方式,积极的或者是消极的,人不是穷凶极恶地对待自己就是安然轻松地对待自己。但实际上,在二者之间,有极为广阔的空间使人能复杂地看待自我,其间矛盾丛生。人能够在生活中体验自己的价值,并同时对自己的罪恶感到羞耻和懊丧,在越接近道德标准的同时,就越不能放下如此重担。在这个时候,我们需要自我宽恕。自我宽恕不必和自责相区别,它和消极情感与判断无关,它仅仅是一种力量。宽恕自我意味着不再体验到自责并不再受其奴役,不再被消极的自我概念所控制和驱使,不再感到痛苦,不再体验到和自己的分离,于是人能生活得很美好。

读完这段话,我们都知道自我宽恕的大概意思,但只有用科学、可操作的方式去下定义,自我宽恕的概念才能为心理学研究所用。虽然在本节的开头,我们对自我宽恕进行了界定,但实际上,现阶段的定义是套用已经公认的人际宽恕的定义。自我宽恕和人际宽恕有着诸多的区别,自我宽恕与人际宽恕的概念内涵也并不相同。现阶段由于对自我宽恕的研究还十分有限,所以文章开头套用人际宽恕的定义来界定自我宽恕是可行的。但随着研究的深入,对自我宽恕的界定应该从自我宽恕的内涵与本质属性出发,进行更多的探讨。

第二,自我宽恕研究方法上的局限。在人际宽恕的研究中,研究者们广泛地使用叙事方法,让被试描述某些和侵犯有关的事件,要求被试尽可能详细地描述出自己认为重要的方面,最后由研究者进行内容分析。而在有限的自我宽恕文献中,仅有一项研究使用了叙事的方法(Beiter,2007)。叙事方法能够有助于详尽地了解各种因素对自我宽恕的影响,但是其主观性较大。在自我宽恕的研究中,广泛使用的是自陈式问卷测量的方法。

有研究者认为在测量自我宽恕时,叙事方法和量表测量的量化方法都存在严重的局限,因为很难判断测得的自我宽恕的真实性。真实的自我宽恕需要自己外显或内隐地认识到自己行为上的过错,且为这些行为承担责任、接受指责(Hall 和 Fincham,2005)。在被试自我报告的情况下,确实很难区分真实的自我宽恕与虚假的自我宽恕,因此自我宽恕研究的工具和手段还有待完善。

第三,自我宽恕研究内容的狭窄。如前所述,自我宽恕研究的内容只是涉及了有关人格、心理健康的一些变量,如特质、焦虑、抑郁等。自我宽恕是日常生活中普遍存在的现象,自己的过错情境几乎每天都在发生,因此对自我宽恕的研究范围可以扩大到更为广阔的空间,探讨自我宽恕与更多变量之间的关系。而现阶段的自我宽恕研究仍然还局限于简单的相关研究,探讨自我宽恕和某些变量之间是否存在相关等。简单的相关研究只能得出自我宽恕和某些变量之间有关系的简单结论,它们之间究竟是什么关系,自我宽恕的前因后果是什么,这些问题都需要大量的研究去解决。

"人非圣贤,孰能无过?"(《左传·宣公二年》)对自己的过错,我们如何适当处理,关系到自我的心理和谐与人际和谐。对自我宽恕的研究刚刚开始,但却意义深远。

2.3 物质主义[①]

关注了自我批评和自我宽恕这两种根植于东西方历史文化之中的人格特质之后,我们将目光定位于当前社会的现实层面。近些年来,伴随着经济的突飞猛进,人们的生活空间被铺天盖地的广告信息和物质消费的话题所笼罩,个体获取财物和消费的欲望也迅速膨胀,以至于获取财物和消费成了众多文化普遍接受的寻求成功和幸福生活的重要手段。然而,人们能否通过对物质的无限追求获得他们所期望的幸福呢?对物质主义的研究有助于理解这个问题。物质主义的课题激起了很多学科研究者的兴趣,包括人口统计学家、政治学家、社会心理学家、消费者行为研究者和社会评论家等。迄今为止,心理学领域已经涌现了大量关于物质主义的文献,主要集中在探讨物质主义的概念及测量、物质主义的成因、物质主义的影响尤其是对幸福感的影响等方面的内容。

2.3.1 物质主义的概念与测量

物质主义(materialism)原本是一种哲学观念,即"唯物主义",在哲学基本问题上主张物质第一性、精神第二性,认为世界的本原是物质,物质决定意识,精神是物质的产物和反映。现代心理学研究中对物质主义的界定有很多种,有人将其看作人

[①] 本节主要基于如下工作改写而成:(1)李静,郭永玉.(2008).物质主义及其相关研究.心理科学进展,16(4),637—643.(2)李静,郭永玉.(2009).物质主义价值观量表在大学生群体中的修订.心理与行为研究,7(4),280—283.(3)李静,郭永玉.(2012).大学生物质主义与儒家传统价值观的冲突研究.心理科学,35(1),160—164.(4)李静.(2009).物质主义与儒家传统价值观的冲突:当代大学生的精神困惑.华中师范大学硕士学位论文.(5)李静,杨蕊蕊,郭永玉.(2017).物质主义都是有害的吗?来自实证和概念的挑战.心理科学进展,25(10),1811—1820.撰稿人:李静。

格特质的集合(Belk,1985),有人将其看作价值观(Richins 和 Dawson,1992),有人将其看作追求经济成功的外部目标(Kasser 和 Ryan,1996),有人将其看作对身份的目标追求(Shrum 等,2013),等等。但目前使用最为广泛的概念是里奇斯和道森(Richins 和 Dawson,1992)提出的,他们认为物质主义是"一种强调拥有物质财富对于个人生活重要性的价值观"。因此,我们这里讲述的也是基于价值观的物质主义。

具体而言,物质主义的内涵包括三个方面:(1)中心(centrality),指认为财物在生活中占据中心位置,追求物质财富是生活的首要目标;(2)幸福(happiness),指相信获得财物是幸福的最大源泉;(3)成功(success),指以拥有财物的数量和质量来衡量个人的成功(Richins & Dawson,1992)。一般认为物质主义者具有几个典型的人格和行为特征:(1)特别看重财物的获得,渴望更高水平的收入,更重视经济安全,而更少注重人际关系;(2)自我中心和自私,更愿意保留资源为己所用,而不愿意与他人分享自己所拥有的东西;(3)追求充满财物的生活风格,不愿意过物质上简单的生活,如在交通方面,他们往往会选择汽车而非自行车;(4)相对于非物质主义者,物质主义者对生活更不满意。

为了对个体的物质主义价值观进行测量,里奇斯和道森(Richins 和 Dawson,1992)以大学生和普通成人为样本,编制了**物质价值观量表**(Material Values Scale,MVS),包括中心、幸福、成功三个维度,共 18 个项目。该量表被大量研究证明具有较高的内部一致性信度(Richins,2004),因此得到广泛应用。后来,里奇斯(Richins,2004)又对 18 个项目的 MVS 进行了修订,删除了 3 个项目,形成了 15 个项目的 MVS,研究证明该版本具有更好的维度属性。为了进一步提高量表的信效度,还有研究者将 MVS 的每个项目由原来的陈述句改为疑问句,例如,"购物能带给你多少快乐?""你所拥有的物质能够说明你有多么成功吗?"(Baker,Moschis,Ong,和 Pattanapanyasat,2013;Wong,Rindfleisch,和 Burroughs,2003)。国内学者李静和郭永玉(2009)以中国大学生群体为对象,对 18 个项目的 MVS 进行了修订,修订后的量表有 13 个项目,结构维度与原量表基本一致。除此以外,其他研究者还开发了专门针对青少年或儿童的物质主义测量工具,如戈德伯格等人(Coldberg 等,2003)编制的青少年物质主义量表(Youth Materialism Scale,YMS)、奥普林(Opree 等,2011)编制的物质主义价值观量表—儿童版(Material Value Scale-children,MVS-c),查普林和约翰(Chaplin 与 John,2007)设计的拼贴画法(collage)。总体来说,目前物质主义的测量还是以自陈式问卷为主,因而难以避免社会称许性问题(Mick,1996)。为了克服这一局限,王予灵、李静和郭永玉(2016)率先开发了物质主义的内隐测量工具,为后续研究奠定了良好的基础。

对物质主义的实验室操纵并不多见,有少量研究成功地启动了物质主义,例如使用混词组句任务(Bauer, Wilkie, Kim,和 Bodenhausen, 2012),观看奢侈品广告(Ashikali 和 Dittmar, 2012),以及想象范式和观看社会榜样视频(Ku, Dittmar,和 Banerjee, 2014)。

2.3.2 物质主义的成因

促使物质主义形成的原因主要有两个方面:不安全感和社会学习。

不安全感

不安全感(insecurity)是人们在社会环境中感知到的威胁或风险刺激超过了本身控制和释放能量的界限时,在内心形成的一种主观感知或感受,比如创伤感、危险感、焦虑、无力感和不确定等(Cameron 和 McCormick, 1954)。研究表明,当个体内心缺乏安全感时,往往会把物质主义作为一种补偿策略,以减少不安全感所带来的痛苦。而个体的不安全感又有不同的来源。

存在不安全感 对死亡的恐惧可能是物质主义的一个成因。基于**恐惧管理理论**(terror management theory, TMT),研究者认为,人类为了应对未来无法避免的死亡而导致的焦虑,会增加对物质财富的追求(Arndt, Solomon, Kasser, 和 Sheldon, 2004; Rindfleisch 和 Burroughs, 2004)。这一观点已得到众多研究的支持。在**死亡提醒**(mortality salience)的条件下,人们的物质主义倾向会提高,即死亡威胁所带来的不安全感使得人们对物质更加贪婪(傅鑫媛,文佳佳,寇彧,2014;王予灵,李静,郭永玉,2016; Kasser 和 Sheldon, 2000; Sheldon 和 Kasser, 2008)。

自我不安全感 如果人们对自己的**身份**(identity)感到不安全,会试图通过获得财物以提升自己的身份或地位。研究表明,物质主义与低自尊相联系,实验诱导青少年的高自尊,会降低其物质主义倾向(Park 和 John, 2011)。当个体体验到对自己的不确定(自我怀疑)或自我概念不清晰时,会将物质主义作为应对机制(Chang 和 Arkin, 2002; Noguti 和 Bokeyar, 2014)。当自我受到威胁或体验到无助时,个体倾向于通过消费象征高地位的商品来进行补偿(Rucker 和 Galinsky, 2008; Sivanathan 和 Pettit, 2010)。

人际不安全感 根据自我决定论(self-determination theory),关系需要是人类的基本心理需要之一(Kasser 和 Ryan, 1996)。研究表明,不和谐的家庭环境如家庭破裂、父母离异、父母冲突(Benmoyal-Bouzaglo 和 Moschis, 2010),以及不当的教养方式(Fu, Kou, 和 Yang, 2015; Richins 和 Chaplin, 2015),会导致子女发展出物质主义倾向来补偿其未能满足的亲密关系需求。当个体只能得到重要他人有条件的积极关注时,会更加看重对经济成功等外部目标的追求(Sheldon 和 Kasser, 2008)。同样地,在群体中被同伴忽视或排斥的个体也会表现出更多的物质主义和炫耀性消费倾向(Jiang, Zhang, Ke, Hawk, 和 Qiu, 2015;Lee 和 Shrum, 2012)。

经济不安全感 物质主义是儿童早期贫困经验的结果。研究者(Chaplin, Hill, 和 John,2014)的调查发现,尽管来自贫穷家庭与来自富裕家庭的儿童(8—10岁)具有相似的物质主义水平,但当他们进入青春期(11—17岁)时,来自贫穷家庭的青少年明显表现出更高的物质主义水平。特文格和卡塞(Twenge 和 Kasser,2013)采用超过35万名美国青少年的大样本数据,再次证实了儿童期的家庭社会经济地位与青少年时期的物质主义水平呈负相关。此外,以中国大学生为样本的调查研究(夏婷,李静,郭永玉,2017)发现,低阶层者比高阶层者具有更高的物质主义倾向,且自尊在其中起到了中介作用(如图 2.3 所示)。

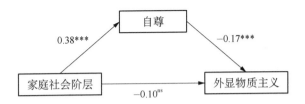

图 2.3 自尊在家庭社会阶层与外显物质主义之间的中介作用(*** $p<0.001$, ns $p>0.05$)

来源:夏婷,李静,郭永玉,2017

研究者采用实验法,通过操纵被试的主观阶层地位感知,然后测量被试的状态自尊水平以及内隐物质主义态度,得到了类似的研究结果(如图 2.4 所示);且进一步的实验研究发现,物质主义至少在短期内可以补偿低阶层大学生的自尊(Li, Lu, Xia, 和 Guo, 2018)。

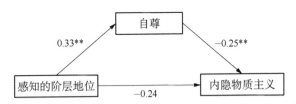

图 2.4 自尊在感知的阶层地位与内隐物质主义之间的中介作用(* $p<0.05$, ** $p<0.01$)

来源:Li, Lu, Xia, 和 Guo, 2018

社会不安全感 研究发现,在那些经历了社会剧变的国家里,由于社会流动性的增加和社会规则的混乱,国民的物质主义水平会急剧增加(Ger 和 Belk, 1996;

Twenge 和 Kasser,2013),因为物质主义可以为人们提供生活的目的和意义。在个体水平上,研究也发现,当个体感知到社会失范或社会秩序混乱时,会增加对社会的忧虑,从而导致其物质主义倾向的增强(Chang 和 Arkin,2002)。因此,无论是社会层面还是个体层面,社会失范都有可能使人们在混乱中寻求物质主义来缓解不安全感。

社会学习

除了不安全感,个体还可以在社会学习的过程中发展物质主义,这种社会学习主要来自家庭成员、同伴,以及那些频繁出现在电视节目尤其是商业广告中的物质主义信息。

来自家庭成员的社会化模式主要是价值观的传播,它是通过儿童模仿其看护者价值观的认同过程来实现的。在父母物质主义水平高的家庭中,其子女也会形成较高的物质主义倾向(Ahuvia 和 Wong,2002;Chaplin 和 John,2010),其中母亲对子女的影响更大,相对其他价值观来说,更重视子女经济成功的母亲,其子女往往也具有与她相似的价值观结构(Kasser 等,1995)。

同伴的影响也是促使个体物质主义形成的一个重要因素。尤其是当父母的养育投入比较低时,同伴的支持与其物质主义有更为紧密的关联(Flouri,2004)。与同伴交流频繁的个体以及容易受同伴影响的个体更容易与同伴进行社会比较,而比较的差距促进了物质主义的形成(Chan 和 Prendergast,2007)。

此外,电视节目尤其是商业广告的观看也是物质主义的有力预测因素,来自相关研究、实验研究、纵向研究和跨文化研究的证据均表明,随着电视广告观看时间的延长,个体的物质主义水平会提升(例如,Benmoyal-Bouzaglo 和 Moschis,2010;Buijzen 和 Valkenburg,2003;Moschis 等,2011;Opree 等,2014)。根据格布纳等人(Gerbner 等,1982)的**培养理论**(cultivation theory),电视等媒体所代表的虚拟世界与现实世界是明显不同的(如电视上的人物生活更富裕),这种对现实的歪曲影响了观看者的信念(如认为现实生活中富裕是普遍存在的),因此过多地看电视使人们培养了一种富裕社会的错觉。随着时间的延长,电视节目中的物质主义信息就会被同化到个体价值观的结构中去。施勒姆(Shrum 等,2005)的研究表明,电视对物质主义的这种培养效应的实现主要通过个体在观看过程中积极主动的信息加工过程,而不是一种被动的基于记忆的启发式过程。当观看者投入更多的注意力,对信息有更多的阐述时,电视对物质主义的影响更大。有研究者(Chan 和 Prendergast,2007)则强调观看广告的动机,认为热衷于看广告的青少年更可能与媒体人物进行社会比较,这种比较的差距导致其物质主义的增强。

2.3.3 物质主义的影响

物质主义强调借助物质财富的占有和消费来获得幸福。然而,心理学领域的大量研究都发现,物质主义会显著降低个体的幸福感,而且还可能带来强迫性购买、生态环境恶化、亲社会行为减少、不道德行为等一系列社会问题(Kasser, 2016)。因此,物质主义长期以来被视为一种消极的、有害的价值观念。不过,近年来也有一些研究证据指出物质主义不一定都是消极的,在某些条件下对幸福感也存在积极效应(李静,杨蕊蕊,郭永玉,2017)。一些宏观经济学的研究也暗示了物质主义对生活质量的积极作用。下面我们将从消极和积极两个方面来阐述相关的理论和实证研究。

物质主义对幸福感的消极影响

国内外大量研究均发现了物质主义对个体幸福感的负面影响(例如,蒋奖,宋玥,邱辉,时树奎,2012;李原,2015;谢晓东等,2013;于晓波,陈俊波,2016;Chen, Yao, 和 Yan, 2014;Choi 和 An, 2013;Jiang 等, 2016;Kasser 等, 2014;Nagpaul 和 Pang, 2017;Podoshen, Andrzejewski, 和 Hunt, 2014;Roberts, Tsang, 和 Manolis, 2015;Tsang 等, 2014;Wang, Liu, Jiang, 和 Song, 2017)。一项元分析(Dittmar, Bond, Hurst, 和 Kasser, 2014)也表明,物质主义与幸福感之间存在着稳定的负相关。正因如此,一些研究者(Burroughs 等, 2013;Kasser, 2016)极力倡导对物质主义进行心理和政策上的干预。

为什么物质主义并没有带来人们所期望的幸福呢?研究者们转向更深的层次,试图提出一些理论或者探索两者关系的中介变量,以揭示这种消极效应的心理机制。

西尔吉(Sirgy, 1998)提出的**渗溢理论**(spillover theory)认为,总体的生活满意度取决于个体对重要生活领域(如物质生活、工作、家庭生活等)的满意度。物质主义者设置的物质生活标准太高,不切实际,以至于没有能力去实现,因此他们会体验到更多的对实际物质生活水平的不满意,而这种不满意会自下而上渗溢到整个生活中去,造成对总体生活的不满意。

瑞安和德西(Ryan 和 Deci, 2000)从自我决定论的角度来解释,他们认为,人类的三种基本心理需求——**胜任**(competence)、**自主**(autonomy)和**关系**(relatedness)如果能得到满足,就会沿着健康的轨道发展并体验到幸福感,否则就会产生心理疾病。对内在生活目标(如友好关系、个人成长)的追求和实现能够相对直接地满足这些需求,从而有助于个体幸福感的提升,而对外在生活目标(如物质财富、名声)的追求将不会有助于甚至会偏离于这些基本需求的满足,从而导致心理疾病。由于物质主义者把物质目标看得比其他生活目标更重要,因此他们会体验到较低的幸福感。无论是横断研究(Chen, Yao, 和 Yan, 2014)还是纵向研究(Wang, Liu, Jiang, 和 Song, 2017),都证实基本心理需求的满足确实在物质主义与幸福感之间起到了中介作用。

巴勒斯和林德弗莱施(Burroughs 和 Rindfleisch,2002)则从价值观冲突的视角来解释物质主义与幸福感之间的关系,认为物质主义是个体价值观系统的一部分,对它与幸福感关系的考察应该置于更广泛的价值观系统的背景中才有意义。他们的研究表明,物质主义与传统宗教价值观的交互作用导致个体内心紧张或冲突,从而降低了其幸福感。贝克(Baker 等,2013)的研究也得到了类似的结论,且该结论在中国文化背景下的研究中也得到了一定的支持(李静,郭永玉,2012)。

此外,研究者还发现了其他中介变量,如社会支持(Christopher 等,2004)、自我展示(Christopher 和 Schlenker, 2004; Christopher, Lasane, Troisi, 和 Park, 2007)、控制点(Christopher, Saliba, 和 Deadmarsh, 2009)、自尊(蒋奖等,2012)、感恩(谢晓东等,2013;Tsang 等,2014)。这些变量都可以在一定程度上解释物质主义对幸福感的消极影响。

物质主义对幸福感的积极影响

物质主义都是有害的吗?这个问题值得我们深刻反思。从社会层面来看,在特定历史条件下,物质主义提供了更为常识性的生活态度,相对于宗教禁欲主义、原教旨主义、国家社会主义、极左思潮(如"宁要社会主义的草,不要资本主义的苗"、"反对唯生产力论"),物质主义具有一定的启蒙价值(如对法国唯物主义的影响)(葛力,1982);比起"一大二公"、"狠斗'私'字一闪念"、"毫不利己专门利人",物质主义是更接近市场经济社会的价值观。宏观经济学的研究显示,物质主义对生活质量有积极的影响(例如,Britton, 2010; Bunker 和 Ciccantell, 2003; Fata-Villafranca 和 Saura-Bacaicoa, 2004; Fernandez, 2007),因为物质主义会激发人们的经济动机或工作动机,从而促进人们生活质量的提高(Sirgy 等,2013)。

在心理学研究领域,也有少数研究者开始关注物质主义对幸福感的积极作用。例如从动机视角来看,卡弗和贝尔德(Carver 和 Baird,1998)把每种目标背后的动机区分为内部动机和外部动机,他们发现虽然总体上物质主义与幸福感呈负相关,但同时经济成功目标的内部动机与幸福感呈正相关,外部动机与幸福感呈负相关。斯里瓦斯塔瓦等人(Srivastava 等,2001)研究发现,当控制赚钱的动机尤其是社会比较、寻求权利、炫耀等消极动机后,物质主义与幸福感之间的负相关就消失了,而积极的动机(安全、维持家庭、市场价值、自豪)和行动的自由(休闲、自由、冲动、慈善)对幸福感的主效应不显著。这说明物质主义与幸福感的负相关只是由于这些消极动机的影响。兰德里等人(Landry 等,2016)重新修订了斯里瓦斯塔瓦等人(Srivastava 等,2001)编制的赚钱动机量表,将赚钱动机分为**自我整合的动机**(self-integrated motives)和**非整合的动机**(nonintegrated motives)。进一步研究发现,自我整合的赚钱动机能增加需要满足感,从而有助于提高幸福感;而非整合的赚钱动机会增加需要挫败感,进而降低幸福感。以上研究都支持了潘德莱里(Pandelaere,2016)的观点,即物质主义对幸福感并不一定是有害的,其结果取决于物质主义背后的动机。

还有研究者(Sagiv 和 Schwartz, 2000)提出了个人价值观与环境支持一致性的假设,即价值观与幸福感的关系取决于价值观与环境支持的匹配,不管价值观的内容如何,拥有和环境支持一致的价值观与幸福感呈正相关。他们以商学院和心理学院的大学生为被试展开研究,发现物质主义价值观对商学院的大学生而言并不是有害的,因为他们所处的环境支持和鼓励这种价值观。

另外,有研究者通过分析美国成人被试的数据发现,生活中有20%的人属于"幸福的物质主义者",他们往往是受教育程度较高并拥有高收入的男性(Burroughs 和 Rindfleisch, 2002)。根据目标达成假设,这些物质主义者很可能是由于已经完成了设定的物质主义目标,才会产生较高的幸福感(Martos 和 Kopp, 2012)。由此可见,物质主义与幸福感之间的关系并不是简单的负相关,事实上,物质主义在某些条件下有助于提升幸福感。

除了以上实证研究的证据支持物质主义对幸福感的积极作用外,还有研究者对物质主义价值观的概念本身提出质疑,认为传统的物质主义概念没有区分物质主义背后的动机,因而导致研究者忽视了物质追求对消费者可能存在的积极效应。持这一观点的代表性学者是契克森米哈和罗奇伯格-哈尔顿(Csikszentmihalyi 和 Rochberg-Halton,1978),他们根据消费的目的和动机将物质主义区分为两种类型:一种是**工具性的物质主义**(instrumental materialism),指将物质财富作为实现个人价值和生活目标的手段,这种物质主义对于个人生理和心理需要的满足是必不可少的,因此是无害的;另一种是**终极性的物质主义**(terminal materialism),指将获得物质财富作为个人的终极目标,通过积累物质财富去获得社会地位并赢得他人的赞美和羡慕,这种物质主义则是有害的。

2.3.4 小结与展望

综上所述,有关物质主义的研究已经取得了丰富的成果。不过,物质主义对幸福感的影响到底是积极的还是消极的,研究者对这一问题还没有达成共识。总体来看,现有绝大多数研究都聚焦于物质主义对幸福感的消极影响,忽略了物质主义背后的动机和可能存在的积极效应。尽管有少量研究者提出了质疑的声音,并提供了部分理论和实证依据,但总体上仍显薄弱。从进化的角度来看,物质财富对人类生存是必需的,也是有益的。现代市场经济社会中,衣食住行、教育发展、人际交往等各个方面都需要经济支撑。每个人在某种程度上可能都是物质主义的,人们对物质财富的重视和追求本身并无好坏之分,关键是其背后的动机和目的(Pandelaere, 2016)。那么,物质主义在何种情况下有助于提高幸福感,在何种情况下又会降低幸福感呢?这是未来研究有必要深入探讨的一个问题。围绕这个问题,我们可以尝试从以下几个方面去努力。

第一,开发工具性的与终极性的物质主义测量工具,并考察工具性与终极性物质主义对幸福感的影响是否不同,从而更加细致和深入地揭示物质主义的本质。如前所述,尽管研究者基于动机的视角,区分了工具性和终极性物质主义概念,但目前还主要停留在理论层面的解释。虽有少量实证研究对工具性—终极性物质主义的测量工具进行了初步探索(Gurel-Atay等,2014;Scott,2009),但结果并不尽如人意,还需要未来研究进一步完善。此外,两种类型的物质主义对幸福感的影响究竟如何,也是尚未解决的问题。

第二,加强对物质主义影响幸福感的调节机制或边界条件的研究。例如,西尔吉等人(Sirgy等,2013)提出了一个物质主义与生活质量的认知模型,认为物质主义对生活满意度的影响取决于物质主义者如何评价自己的物质生活水平。当物质主义者经常使用**基于幻想的期望**(fantasy-based expectations)(如我想成为非常富裕的人)来评价其生活水平时,他们就会失望,因为实际的生活水平达不到理想的标准,这样会使得他们对实际的物质生活水平不满意,进而导致较低的总体生活满意度。相反,当物质主义者经常使用**基于现实的期望**(reality-based expectations)(如教育、技能、家庭状况、社会关系)来评价其生活水平时,他们相信自己的经济目标虽然是有挑战性的,但是可以通过努力工作而达成,那么其努力工作的动机就会增强,从而有助于提高其生活满意度。根据这个模型,物质主义对生活满意度的影响是一个双路径模型,且个体评价其生活水平所用的期望在其中起调节作用。但是,这一调节作用和整体模型还缺乏实证研究的支持。

第三,基于动机和认知的整合视角探究物质主义对幸福感的影响。如前所述,基于动机视角,物质主义可区分为工具性的物质主义和终极性的物质主义,且前者被认为是无害的(Csikszentmihalyi 和 Rochberg-Halton, 1978);基于认知视角,物质主义可分为基于现实期望的物质主义和基于幻想期望的物质主义,且研究发现前者有利于提高生活满意度(Sirgy等,2013)。未来研究可以尝试将认知和动机视角进行整合,提出四种类型的物质主义:基于现实期望的工具性物质主义、基于现实期望的终极性物质主义、基于幻想期望的工具性物质主义和基于幻想期望的终极性物质主义,由此探讨并比较这四种类型的物质主义对幸福感的影响。

以上研究有助于揭示什么类型的物质主义会对幸福感产生积极或消极影响,以及在何种条件下能够促进物质主义的积极效应,或者弱化物质主义的消极效应,进而为公共管理对策的制定提供科学依据。比如,有针对性地干预有害的物质主义,引导民众树立健康有益的物质主义价值观并设置合理的期望来评价其生活水平,从而提高民众的获得感和幸福感。

参考文献

傅宏.(2002).宽恕:当代心理学研究的新主题.南京师范大学学报(社会科学版),6,80—87.
傅宏.(2003).宽恕心理学:理论蕴蓄与前瞻发展.南京师范大学学报(社会科学版),6,92—97.
傅鑫媛,文佳佳,寇彧.(2014).大城市职场未婚女性的安全感对其择偶中物质倾向的影响.心理科学,37(4),950—956.
葛力.(1982).十八世纪法国唯物主义.上海:上海人民出版社.
郭永玉.(2005).人格心理学——人性及其差异的研究.北京:中国社会科学出版社.
郭永玉,章若昆.(2010).对自我批评的"批评"——过度自我批评有损心理健康.中国社会科学报,4月13日第8版.
蒋奖,宋玥,邱辉,时树奎.(2012).大学生物质主义价值观、自尊与幸福感的关系.中国特殊教育,146(8),74—78.
李静,郭永玉.(2009).物质主义价值观量表在大学生群体中的修订.心理与行为研究,7(4),280—283.
李静,郭永玉.(2012).大学生物质主义与儒家传统价值观的冲突研究.心理科学,35(1),160—164.
李静,杨蕊蕊,郭永玉.(2017).物质主义都是有害的吗?——来自实证和概念的挑战.心理科学进展,25(10),1811—1820.
李原.(2015).物质的追求能否带来快乐与幸福——物质主义价值观及其影响研究.北京工业大学学报:社会科学版,15(4),7—12.
刘贤臣,刘连启,杨杰.(1997).青少年生活事件量表的编制与信度效度检验.中国临床心理学杂志,5(1),34—46.
罗春明,黄希庭.(2005).宽恕的心理学研究.心理科学进展,12,908—915.
宁布,尤红,孟宪璋.(2006).抑郁体验问卷(DEQ)的信度和效度研究.中国临床心理学杂志,14(4),45—346.
沙叶新."检讨"文化.http://www.blogchina.com/20070115223519.html,2010-4-10.
王登峰,崔红.(2004).中国人人格量表的信度与效度.心理学报,36(3),347—358.
王予灵,李静,郭永玉.(2016).向死而生,以财解忧? 存在不安全感对物质主义的影响.心理科学,39(4),921—926.
夏婷,李静,郭永玉.(2017).家庭社会阶层与大学生物质主义的关系:自尊的中介作用.心理与行为研究,15(4),515—519.
谢晓东,张卫,喻承甫,周雅颂,叶瀚琛,陈嘉俊.(2013).青少年物质主义与幸福感的关系:感恩的中介作用.心理科学,36(3),638—646.
于晓波,陈俊波.(2016).大学生物质主义与幸福感的关系:行为自主的中介效应.首都师范大学学报(社会科学版),(3),148—156.
张雨新,王燕,钱铭怡.(1990).Beck抑郁量表的信度和效度.中国心理卫生杂志,4(4),164—168.
章若昆.(2010).自我批评人格对抑郁的易感性及其机制研究.武汉:华中师范大学硕士学位论文.
章若昆,郭永玉.(2009).自我批评人格及其对社会适应的影响.西南大学学报(社科版),35(6),15—21.
Ahuvia, A. C., & Wong, N. Y. (2002). Personality and values based materialism: Their relationship and origins. *Journal of Consumer Psychology*, 12(4),389-402.
Allen, M. W., & Wilson, M. (2005). Materialism and food security. *Appetite*, 45(3),314-323.
Arndt, J., Solomon, S., Kasser, T., & Sheldon, K. M. (2004). The urge to splurge: A terror management account of materialism and consumer behavior. *Journal of Consumer Psychology*, 14(3),198-212.
Ashikali, E. M., & Dittmar, H. (2012). The effect of priming materialism on women's responses to thin-ideal media. *British Journal of Social Psychology*, 51(4),514-533.
Baker, A. M., Moschis, G. P., Ong, F. S., & Pattanapanyasat, R. (2013). Materialism and life satisfaction: The role of stress and religiosity. *The Journal of Consumer Affairs*, 47(3),548-563.
Bartholomew, K., & Horowitz, L. M. (1991). Attachment styles among young adults: A test of a four—category model. *Journal of Personality and Social Psychology*, 61,226-244.
Bauer, M. A., Wilkie, J. E. B., Kim, J. K., & Bodenhausen, G. V. (2012). Cuing consumerism: Situational materialism undermines personal and social well-being. *Psychological Science*, 23(5),517-523.
Beiter, J. W. (2007). *Self-forgiveness: A narrative phenomenological study*. Doctorial Dissertation. US: Duquesne University.
Belk, R. W. (1985). Materialism: Trait aspects of living in the material world. *Journal of Consumer Research*, 12,265-280.
Benmoyal-Bouzaglo, S. & Moschis, G. P. (2010). Effects of family structure and socialization on materialism: A life course study in France. *Journal of Marketing Theory and Practice*, 18,53-70.
Besser, A., Guez, J., & Priel, B. (2008). The associations between self-criticism and dependency and incidental learning of interpersonal and achievement words. *Personality and Individual Differences*, 44,1696-1710
Besser, A., Priel, B., Flett, G. L., & Wiznitzer, A. (2007). Linear and nonlinear models of vulnerability to depression: Personality and postpartum depression in a high risk population. *Individual Differences Research*, 1,1-29.
Blaney, P. H. (2000). Stress and depression: A personality/situation interaction approach. In S. L Johnson, A. M. Hayes, T. Field, P. McCabe, & N. Schneiderman (Eds.), *Stress, coping, and depression* (pp.89-116). Mahwah, NJ: Erlbaum.

Blatt, S. J. (1974). Levels of object representation in anaclitic and introjective depression. *Psychoanalytic Study of the Child*, 29, 107–157.
Blatt, S. J. (1991). Depression and destructive risk-taking behavior in adolescence. In L. P. Lipsett & L. L. Mitnick (Eds.), *Self-regulatory beavior and risk-taking: Causes and consequences*. Norwood, NJ: Ablex, 285–309.
Blatt, S. J. (1995). The destructiveness of perfectionism: Implications for the treatment of depression. *American Psychologist*, 50(12), 1003–1020.
Blatt, S. J. (1998). Contributions of psychoanalysis to the understanding and treatment of depression. *Journal of the American Psychoanalytic Association*, 46, 723–752.
Blatt, S. J. (2004). *Experiences of depression: Theoretical, clinical and research perspectives*. Washington, D. C.: American Psychological Association Press.
Blatt, S. J., & Zuroff, D. C. (1992). Interpersonal relatedness and self-definition: Two prototypes for depression. *Clinical Psychology Review*, 12, 527–562.
Blatt, S. J., D'Afflitti, J. P., & Quinlan, D. M. (1976). Experiences of depression in normal young adults. *Journal of Abnormal Psychology*, 85, 383–389.
Blatt, S. J., Quinlan, D. M., & Chevron, E. (1990). Empirical investigations of a psychoanalytic theory of depression. In J. Masling (Ed.), *Empirical studies of psychoanalytic theory* (Vol. 3, pp. 89–147). Hillsdale, NJ: Analytic Press.
Blatt, S. J., Quinlan, D. M., Chevron, E. S., McDonald, C., & Zuroff, D. (1982). Dependency and self — criticism: Psychological dimensions of depression. *Journal of Consulting and Clinical Psychology*, 50, 113–124.
Bono, G. & McCullough, M. E. (2006). Positive responses to benefit and harm: Bringing forgiveness and gratitude into cognitive therapy. *Journal of Cognitive Psychotherapy*, 20, 147–158.
Brewin, C. R., & Firth-Cozens, J. (1997). Dependency and self-criticism as predictors of depression in young doctors. *Journal of Occupational Health Psychology*, 2(3), 242–246.
Brewin, C. R., Firth-Cozens, J., & Furnham, A. (1992). Self-criticism in adulthood and recalled childhood experience. *Journal of Abnormal Psychology*, 101(3), 561–566.
Britton, E. (2010). Consumption: New key to Chinese growth. *The China Business Review*, 37, 26–30.
Brown, J. D., & Silberschatz, G. (1989). Dependency, self-criticism, and depressive attributional style. *Journal of Abnormal Psychology*, 98(2), 187–188.
Buijzen, M. & Valkenburg, P. M. (2003). The effects of television advertising on materialism, parent-child conflict, and happiness: A review of research. *Applied Developmental Psychology*, 24(4), 437–456.
Bunker, S. G. & Ciccantell, P. S. (2003). Generative sectors and the new historical materialism: Economic ascent and the cumulatively sequential restructuring of the world economy. *Studies in Comparative International Development*, 37, 3–20.
Burroughs, J. E., Lan, N. C., Pandelaere, M., Norton, M. I., Ordabayeva, N., & Gunz, A., et al. (2013). Using motivation theory to develop a transformative consumer research agenda for reducing materialism in society. *Journal of Public Policy & Marketing*, 32(1), 18–31.
Burroughs, J. E., & Rindfleisch, A. (2002). Materialism and well-being: A conflicting values perspective. *Journal of Consumer Research*, 29(3), 348–370.
Cameron, W. B., & McCormick, T. C. (1954). Concepts of security and insecurity. *American Journal of Sociology*, 59(6), 556–564.
Carver, C. S., & Baird, E. (1998). The American dream revisited: Is it what you want or why you want it that matters? *Psychological Science*, 9, 289–292.
Chan, K., & Prendergast, G. (2007). Materialism and social comparison among adolescents. *Social Behavior and Personality*, 35(2), 213–228.
Chang, L. C., & Arkin, R. M. (2002). Materialism as an attempt to cope with uncertainty. *Psychology and Marketing*, 19(5), 389–406.
Chaplin, L. N., & John, D. R. (2010). Interpersonal influences on adolescent materialism: A new look at the role of parents and peers. *Journal of Consumer Psychology*, 20, 176–184.
Chaplin, L. N., & John, D. R. (2007). Growing up in a material world: Age differences in materialism in children and adolescents. *Journal of Consumer Research*, 34, 480–493.
Chaplin, L. N., Hill, R. P., & John, D. R. (2014). Poverty and materialism: A look at impoverished versus affluent children. *Journal of Public Policy & Marketing*, 33, 78–92.
Chen, Y., Yao, M., & Yan, W. (2014). Materialism and well-being among Chinese college students: The mediating role of basic psychological need satisfaction. *Journal of Health Psychology*, 19(10), 1232–1240.
Choi, H., & An, D. (2013). Materialism, quality of life, and the well-being lifestyle of urban consumers: a cross-cultural study of Korea and China. *Global Advanced Research Journal of Management and Business Studies*, 2(5), 245–257.
Christopher, A. N., Drummond, K., Jones, J. R., Marek, P., & Therriault, K. M. (2006). Beliefs about one's own death, personal insecurity, and materialism. *Personality and Individual Differences*, 40(3), 441–451.
Christopher, A. N., Kuo, S. V., Abraham, K. M., Noel, L. W., & Linz, H. E. (2004). Materialism and affective well-

being: The role of social support. *Personality and Individual Differences*, 37(3),463-470.
Christopher, A. N. , Lasane, T. P. , Troisi, J. D. , & Park, L. E. (2007). Materialism, defensive and assertive self-presentational tactics, and life satisfaction. *Journal of Social and Clinical Psychology*, 26(10),1145-1162.
Christopher, A. N. , Morgan, R. D. , Marek, P. , Keller, M. , & Drummond, K. (2005). Materialism and self-presentational styles. *Personality and Individual Differences*, 38(1),137-149.
Christopher, A. N. , Saliba, L. , & Deadmarsh, E. J. (2009). Materialism and well-being: The mediating effect of locus of control. *Personality and individual differences*, 46(7),682-686.
Christopher, A. N. , Victoria Kuo, S. , Abraham, K. M. , Noel, L. W. , & Linz, H. E. (2004). Materialism and affective well-being: The role of social support. *Personality and Individual Differences*, 37(3),463-470.
Christopher, A. N. & Schlenker, B. R. (2004). Materialism and affect: The role of self-presentational concerns. *Journal of Social and Clinical Psychology*, 23,260-272.
Clark, I. , & Micken, K. S. (2002). An exploratory cross-cultural analysis of the value of materialism. *Journal of International Consumer Marketing*, 14(4),65-86.
Cox, B. J. , McWilliams, L. A. , Enns, M. W. , & Clara, I. P. (2004). Broad and specific personality dimensions associated with major depression in a nationally representative sample. *Comprehensive Psychiatry*, 45,246-253.
Coyne, J. C. (1976a). Towards an interactional description of depression. *Psychiatry*, 39,28-40.
Coyne, J. C. (1976b). Depression and the response of others. *Journal of Abnormal Psychology*, 85,186-193.
Coyne, J. C. , & Whiffen, V. E. (1995). Issues in personality as diathesis for depression: The case of sociotropy-dependency and autonomy-self-criticism. *Psychological Bulletin*, 118,358-378.
Csikszentmihalyi, M. , & Rochberg-Halton, E. (1978). Reflections on materialism. *University of Chicago Magazine*, 70,6-15.
Csikszentmihalyi, M. , & Rochberg-Halton, E. (1981). *The meaning of things: Domestic symbols and the self*. Cambridge, England: Cambridge University Press.
Currier, J. M. , McCormick, W. , & Drescher, K. D. (2015). How do morally injurious events occur? A qualitative analysis of perspectives of veterans with PTSD. *Traumatology*, 21(2),106-116.
Davis, D. E. , Ho, M. Y. , Griffin, B. J. , Bell, C. , Hook, J. N. , Van Tongeren, D. R. , & Westbrook, C. J. (2015). Forgiving the self and physical and mental health correlates: A meta-analytic review. *Journal of counseling psychology*, 62(2),329-335.
Diener, E. , & Biswas-Diener, R. (2002). Will money increase subjective well-being?. *Social indicators research*, 57(2),119-169.
Dillon, R. S. (2001). Self-forgiveness and self-respect. *Ethics*, 112,53-83.
Dittmar, H. (2005). Compulsive buying — a growing concern? An examination of gender, age, and endorsement of materialistic values as predictors. *British Journal of Psychology*, 96,467-491.
Dittmar, H. , Bond, R. , Hurst, M. , & Kasser, T. (2014). The relationship between materialism and personal well-being: A meta-analysis. *Journal of Personality and Social Psychology*, 107(5),879-924.
Dunkley, D. M. , Blankstein, K. R. , & Flett, G. L. (1997). Specific cognitive-personality vulnerability styles in depression and the five-factor model of personality. *Personality and Individual Differences*, 23,1041-1053.
Eaton, J. , Struthers, W. C. , Shomrony, A. , & Santelli, A. G. (2007). When apologies fail: The moderating effect of implicit and explicit self-esteem on apology and forgiveness. *Self & Identity*, 6,209-222.
Emmons, R. A. , & McCullough, M. E. (2003). Counting blessings versus burdens: An experimental investigation of gratitude and subjective well-being in daily life. *Journal of Personality and Social Psychology*, 84(2),377-389.
Enright, R. D. , the Human Development Study Group. (1996). Counseling within the forgiveness triad: On forgiving, receiving forgiveness, and self-forgiveness. *Counseling and Value*, 40,107-126.
Fata-Villafranca, F. & Saura-Bacaicoa, D. (2004). Understanding the demand-side of economic change: A contribution to formal evolutionary theorizing. *Economics of Innovation and New Technology*, 13,695-710.
Fernandez, J. E. (2007). Resource consumption of new urban construction in China. *Journal of Industrial Ecology*, 11,99-115.
Fichman, L. H. , Koestner, R. & Zuroff, D. C. (1994). Depressive styles in adolescence: Assessment, relation to social functioning, and developmental trends. *Journal of Youth and Adolescence*, 23,315-330.
Fichman, L. H. , Koestner, R. & Zuroff, D. C. (1996). Dependency, self-criticism, and perceptions of inferiority at summer camp: I'm even worse than you think. *Journal of Youth and Adolescence*, 25,113-126.
Fichman, L. H. , Koestner, R. , & Zuroff, D. C. (1997). Dependency and distress at summer camp. *Journal of Youth and Adolescence*, 26,217-232.
Fichman, L. H. , Koestner, R. , Zuroff, D. C. , & Gordon, L. (1999). Depressive styles and the regulation of negative affect: A daily experience study. *Cognitive Therapy and Research*, 23,483-495.
Flouri, E. (2004). Exploring the relationship between mothers' and fathers' parenting practices and children's materialist values. *Journal of Economic Psychology*, 25(6),743-752.
Friedman, L. C. , Romero, C. , Elledge, R. , Chang, J. , Kalidas, M. , Dulay, M. F. , et al. (2007). Attribution of blame, self-forgiving attitude and psychological adjustment in women with breast cancer. *Journal of behavioral medicine*, 30(4),351-357.
Fu, X. Y. , Kou, Y. , & Yang, Y. (2015). Materialistic values among Chinese adolescents: Effects of parental rejection

and self-esteem. *Child & Youth Care Forum*, 44,43-57.
Ger, G. & Belk, R. W. (1996). Cross-cultural differences in materialism. *Journal of Economic Psychology*, 17(1),55-77.
Gerbner, G., Gross, L., Morgan, M., & Signorielli, N. (1982). Charting the mainstream: Television's contributions to political orientations. *Journal of Communication*, 3,100-127.
Goldberg, M. E., Gorn, G. J., Peracchio, L. A., & Bamossy, G. (2003). Understanding materialism among youth. *Journal of Consumer Psychology*, 13,278-288.
Griffin, M., Babin, B. J., & Christensen, F. (2004). A cross-cultural investigation of the materialism construct: Assessing the Richins and Dawson's materialism scale in Denmark, France and Russia. *Journal of Business Research*, 57(8),893-900.
Gurel-Atay, E., Sirgy, M. J., Webb, D., Ekici, A., Lee, D. J., Cicic, M., ... Hegazy, I. (2014). What motivates people to be materialistic? Developing a measure of instrumental-terminal materialism. *Advances in Consumer Research*, 42,502-503.
Hall, J. H. & Fincham, F. D. (2005). Self-forgiveness: The stepchild of forgiveness research. *Journal of Social and Clinical Psychology*, 24,621-637.
Hall, J. H. & Fincham, F. D. (2008). The temporal course of self-forgiveness. *Journal of Social and Clinical Psychology*, 27,174-202.
Helleotes, E., Kutcher, G. S., & Blaney, P. H. (1998). *Self-criticism, dependency, and vulnerability to failure and rejection*. Coral Gables, Florida: University of Miami.
Hochberg, J. E. (2007). The experience of severe self-criticism: A phenomenological, psychological, linguistic, and cultural exploration. *Dissertation Abstracts International: Section B: The Sciences and Engineering*, 68(4-B),26-96.
Hodgson, L. K. & Wertheim, E. H. (2007). Does good emotion management aid forgiving? Multiple dimensions of empathy, emotion management and forgiveness of self and others. *Journal of Social & Personal Relationships*, 24,931-949.
Horsbrugh, H. J. (1974). Forgiveness. *Canadian Journal of Philosophy*, 4,269-282.
Irons, C., Gilbert, P., & Baldwin, M. W. (2006). Parental recall, attachment relating and self-attacking/self-reassurance: Their relationship with depression. *British Journal of Clinical Psychology*, 45(3),297-308.
Jiang, J., Song, Y., Ke, Y., Wang, R., & Liu, H. (2016). Is disciplinary culture a moderator between materialism and subjective well-being? A three-wave longitudinal study. *Journal of Happiness Studies*, 17(4),1391-1408.
Jiang, J., Zhang, Y., Ke, Y. N., Hawk, S. T., & Qiu, H. (2015). Can't buy me friendship? Peer rejection and adolescent materialism: Implicit self-esteem as a mediator. *Journal of Experimental Social Psychology*, 58,48-55.
Johnson, S. L., Ballister, C., & Joiner, T. E., Jr. (2005). Hypomanic vulnerability, terror management, and materialism. *Personality and Individual Differences*, 38(2),287-296.
Kashdan, T. B., & Breen, W. E. (2007). Materialism and diminished well-being: Experiential avoidance as a mediating mechanism. *Journal of Social and Clinical Psychology*, 26(5),521-539.
Kasser, T. (2016). Materialistic values and goals. *Annual Review of Psychology*, 67,489-514.
Kasser, T., & Ahuvia, A. (2002). Materialistic values and well-being in business students. *European Journal of Social Psychology*, 32(1),137-146.
Kasser, T., Rosenblum, K. L., Sameroff, A. J., Deci, E. L., Niemiec, C. P., Ryan, R. M., ... Hawks, S. (2014). Changes in materialism, changes in psychological well-being: Evidence from three longitudinal studies and an intervention experiment. *Motivation and Emotion*, 38,1-22.
Kasser, T., & Ryan, R. M. (1996). Further examing the American dream: Differential correlates of intrinsic and extrinsic goals. *Personality and Social Psychology Bulletin*, 22,280-287.
Kasser, T., Ryan, R. M., Zax, M., & Sameroff, A. J. (1995). The relations of maternal and social environments to late adolescents' materialistic and prosocial values. *Developmental psychology*, 31(6),907-914.
Kasser, T., & Sheldon, K. M. (2000). Of wealth and death: Materialism, mortality salience, and consumption behavior. *Psychological Science*, 11(4),348-351.
Katz, J., & Nelson, R. A. (2007). Family experiences and self-criticism in college students: Testing a model of family stress, past unfairness, and self-esteem. *American Journal of Family Therapy*, 35(5),447-457.
Koestner R., Zuroff, D., C., & Powers, T. A. (1991). The family origins of adolescent self-criticism and its continuity into adulthood. *Journal of Abnormal Psychology*, 100,191-197.
Ku, L., Dittmar, H., & Banerjee, R. (2014). To have or to learn? The effects of materialism on British and Chinese children's learning. *Journal of Personality and Social Psychology*, 106(5),803-821.
Landry, A. T., Kindlein, J., Trépanier, S. G., Forest, J., Zigarmi, D., Houson, D., & Brodbeck, F. C. (2016). Why individuals want money is what matters: Using self-determination theory to explain the differential relationship between motives for making money and employee psychological health. *Motivation and Emotion*, 40,226-242.
Lee, J., & Shrum, L. J. (2012). Conspicuous consumption versus charitable behavior in response to social exclusion: A differential needs explanation. *Journal of Consumer Research*, 39(3),530-544.
Li, J., Lu, M., Xia, T., & Guo, Y. (2018). Materialism as compensation for self-esteem among lower-class students.

Personality and Individual Differences, *131*, 191-196.

Luthar, S. S. & Blatt, S. J. (1995). Differential vulnerability of dependency and self-criticism among disadvantaged teenagers. *Journal of Research on Adolescence*, *5*, 431-449.

Maio, G. R., Thomas, G., Fincham, F. D., & Carnelley, K. (2008). Unraveling the role of forgiveness in family relationships. *Journal of Personality and Social Psychology*, *94*, 307-319.

Maltby, J., Macaskill, A., & Day, L. (2001). Failure to forgive self and others: A replication and extension of the relationship between forgiveness, personality, social desirability and general health. *Personality and Individual Differences*, *30*(5), 881-885.

Martos, T. & Kopp, M. S. (2012). Life goals and well-being: Does financial status matter? Evidence from a representative Hungarian sample. *Social Indicators Research*, *105*(3), 561-568.

Mauger, P. A., Perry, J. E., Freeman, T., Grove, D. C., McBride, A. G., & McKinney, K. E. (1992). The measurement of forgiveness: Preliminary research. *Journal of Psychology and Christianity*, *11*, 170-180.

McCullough, M. E. (2001). Forgiveness: Who does it and how do they do it? *Current Directions in Psychological Science*, *10*, 194-197.

McCullough, M. E., Bellah, C. G., Kilpatrick, S. D., & Johnson, J. L. (2001). Vengefulness: relationships with forgiveness, rumination, well-being and the Big Five. *Personality and Social Psychology Bulletin*, *27*, 601-610

McCullough, M. E., Bono, G., & Root, L. M. (2007). Rumination, emotion, and forgiveness: Three longitudinal studies. *Journal of Personality and Social Psychology*, *92*, 490-505.

McCullough, M. E., Rachal, K. S., Sandage, S. J., Worthington, E. L., Brown, S. W., & Hight, T. L. (1998). Interpersonal forgiving in close relationships: II. Theoretical elaboration and measurement. *Journal of Personality and Social Psychology*, *75*, 1586-1603.

McCullough, M. E., Root, L. M., Tabak, B., & Witvliet, C. (2009). Forgiveness. In S. J. Lopez (Ed.), *Handbook of positive psychology* (2nd ed., pp.427-435). New York, NY: Oxford.

McCullough, M. E., Worthington, E. L., & Rachal, K. C. (1997). Interpersonal forgiving in close relationships. *Journal of Personality and Social Psychology*, *73*, 321-336.

McNulty, J. K. (2008). Forgiveness in marriage: Putting the benefits into context. *Journal of Family Psychology*, *22*, 171-175.

Mendelson, T. & Gruen, R. J. (2005). Self-criticism, failure, and depressive affect: A test of personality — event congruence and symptom specificity. *Cognitive Therapy and Research*, *29*(3), 301-314.

Mick, D. G. (1996). Are studies of dark side variables confounded bysocially desirable responding? The case of materialism. *Journal of Consumer Research*, *23*(2), 106-119.

Mongrain, M. (1993). Dependency and self-criticism located within the five-factor model of personality. *Personality and Individual Differences*, *15*, 455-462.

Mongrain, M. (1998). Parental representations and support-seeking behaviors related to dependency and self-criticism. *Journal of Personality*, *66*, 151-173.

Mongrain, M., & Leather, F. (2006). Immature dependence and self-criticism predict the recurrence of major depression. *Journal Of Clinical Psychology*, *62*(6), 705-713.

Mongrain, M., Lubbers, R., & Struthers, W. (2004). The power of love: Mediation of rejection in roommate relationships of dependents and self-critics. *Personality and Social Psychology Bulletin*, *30*, 94-105.

Mongrain, M., Vettese, L. C., Shuster, B., & Kendal, N. (1998). Perceptual biases, affect, and behavior in the relationships of dependents and self-critics. *Journal of Personality and Social Psychology*, *75*, 230-241.

Mongrain, M., & Zuroff, D. C. (1994). Ambivalence over emotional expression and negative life events: Mediators of depression in dependent and self-critical individuals. *Personality and Individual Differences*, *16*, 447-458.

Mongrain, M., & Zuroff, D. C. (1995). Motivational and affective correlates of dependency and self-criticism. *Personality and Individual Differences*, *18*, 347-354.

Moschis, G., Ong, F. S., Mathur, A., Yamashita, T., & Benmoyal-Bouzaglo, S. (2011). Family and television influences on materialism: A cross-cultural life-course approach. *Journal of Asia Business Studies*, *5*, 124-144.

Nagpaul, T., & Pang, J. S. (2017). Materialism lowers well-being: The mediating role of the need for autonomy — correlational and experimental evidence. *Asian Journal of Social Psychology*, *20*(1), 11-21.

Ng, W., & Diener, E. (2014). What matters to the rich and the poor? Subjective well-being, financial satisfaction, and postmaterialist needs across the world. *Journal of Personality and Social Psychology*, *107*(2), 326-338.

Nickerson, C., Schwarz, N., Diener, E., & Kahneman, D. (2003). Zeroing in on the dark side of the American Dream: A closer look at the negative consequences of the goal for financial success. *Psychological Science*, *14*(6), 531-536.

Noguti, V., & Bokeyar, A. L. (2014). Who am I? The relationship between self-concept uncertainty and materialism. *International Journal of Psychology*, *49*(5), 323-333.

Opree, S. J., Buijzen, M., van Reijmersdal, E. A., & Valkenburg, P. M. (2011). Development and validation of the Material Values Scale for children (MVS-c). *Personality and Individual Differences*, *51*, 963-968.

Opree, S. J., Buijzen, M., van Reijmersdal, E. A., & Valkenburg, P. M. (2014). Children's advertising exposure, advertised product desire, and materialism: A longitudinal study. *Communication Research*, *41*, 717-735.

Pagura, J., Cox, B. J., & Sareen, J. (2006). Childhood adversities associated with self-criticism in a nationally representative sample. *Personality and Individual Differences*, 41(7), 1287-1298.

Pandelaere, M. (2016). Materialism and well-being: The role of consumption. *Current Opinion in Psychology*, 10, 33-38.

Park, J. K., & John, D. R. (2011). More than meets the eye: The influence of implicit and explicit self-esteem on materialism. *Journal of Consumer Psychology*, 21(1), 73-87.

Pesonen, A.-K., Räikkönen, K., & Heinonen, K... et al. (2006). Depressive vulnerability in parents and their 5-year-old child's temperament: A family system perspective. *Journal of Family Psychology*, 20(4), 648-655.

Podoshen, J. S., Andrzejewski, S. A., & Hunt, J. M. (2014). Materialism, conspicuous consumption, and American Hip-Hop subculture. *Journal of International Consumer Marketing*, 26, 271-283.

Polark, E. L. & McCullough, M. E. (2006). Is gratitude an alternative to materialism? *Journal of Happiness Studies*, 7(3), 343-360.

Richins, M. L. (2004). The material values scale: Measurement properties and development of a short form. *Journal of Consumer Research*, 31(1), 209-219.

Richins, M. L. & Chaplin, L. N. (2015). Material parenting: How the use of goods in parenting fosters materialism in the next generation. *Journal of Consumer Research*, 41, 1333-1357.

Richins, M. L. & Dawson, S. (1992). A consumer values orientation for materialism and its measurement: Scale development and validation. *Journal of Consumer Research*, 19, 303-316.

Richins, M. L. (2004). The material values scale: Measurement properties and development of a short form. *Journal of Consumer Research*, 31(1), 209-219.

Richins, M. L. & Dawson, S. (1992). A consumer values orientation for materialism and its measurement: Scale development and validation. *Journal of Consumer Research*, 19, 303-316.

Rindfleisch, A. & Burroughs, J. E. (2004). Terrifying thoughts, terrible materialism? Contemplations on a terror management account of materialism and consumer behavior. *Journal of Consumer Psychology*, 14(3), 219-224.

Rindfleisch, A., Burroughs, J. E., & Denton, F. (1997). Family structure, materialism, and compulsive consumption. *Journal of consumer Research*, 23, 312-325.

Roberts, J. A., Tsang, J. A., & Manolis, C. (2015). Looking for happiness in all the wrong places: The moderating role of gratitude and affect in the materialism-life satisfaction relationship. *The Journal of Positive Psychology*, 10(6), 489-498.

Roberts, J. A. & Clement, A. (2007). Materialism and satisfaction with overall quality of life and eight life domains. *Social Indicators Research*, 82(1), 79-92.

Robins, C. J. (1995). Personality — event interaction models of depression. *European Journal of Personality*, 9, 367-378.

Rodney, L., Bassett, K. M., Bassett, M. W., & Jason, L. J. (2006). Seeking forgiveness: Considering the role of moral emotions. *Journal of Psychology and Theology*, 34, 111-124.

Roets, A., Hiel, A. V., & Cornelis, I. (2006). Does materialism predict racism? Materialism as a distinctive social attitude and a predictor of prejudice. *European Journal of Personality*, 20(2), 155-168.

Romero, C., Kalidas, M., Elledge, R., Chang, J., Liscum, K. R., & Friedman, L. C. (2006). Self-forgiveness, spirituality, and psychological adjustment in women with breast cancer. *Journal of Behavioral Medicine*, 29, 29-36.

Rosenfarb, I. S., Becker, J., & Mintz, J. (1994). Dependency, self-criticism, and perceptions of socialization experiences. *Journal of Abnormal Psychology*, 103(4), 669-675.

Ross, S. R. & Hertenstein, M. J. (2007). Maladaptive correlates of the failure to forgive self: Further evidence for a two-component model of forgiveness. *Journal of Personality Assessment*, 88, 158-167.

Ross, S. R., Kendall, A. C., Matters, K. G., Wrobel, T. A., & Rye, M. S. (2004). A personological examination of self and other-forgiveness in the Five factor model. *Journal of Personality Assessment*, 82, 207-214.

Rucker, D. D. & Galinsky, A. D. (2008). Desire to acquire: Powerlessness and compensatory consumption. *Journal of Consumer Research*, 35(2), 257-267.

Rude, S. S. & Burnham, B. L. (1995). Connectedness and neediness: Factors of the DEQ and SAS dependency scales. *Cognitive Therapy and Research*, 19, 323-340.

Ryan, L. & Dziurawiec, S. (2001). Materialism and its relationship to life satisfaction. *Social Indicators Research*, 55(2), 185-197.

Ryan, R. M. & Deci, E. L. (2000). Self-determination theory and the facilitation of intrinsic motivation, social development, and well-being. *American Psychologist*, 55(1), 68-78.

Sagiv, L. & Schwartz, S. H. (2000). Value priorities and subjective well-being: Direct relations and congruity effects. *European Journal of Social Psychology*, 30, 177-198.

Santor, D. A. & Zuroff, D. C. (1998). Controlling shared resources: Effects of dependency, self-criticism, and threats to self-worth. *Personality and Individual Differences*, 24, 237-252.

Schaefer, A. D., Hermans, C. M., & Parker, R. S. (2004). A cross-cultural exploration of materialism in adolenscents. *International Journal of Consumer Studies*, 28(4), 399-411.

Scott, K. (2009). *Terminal materialism vs. instrumental materialism: Can materialism be beneficial?* (Unpublished doctorial dissertation). Oklahoma State University.

Segal, Z. V., Shaw, B. F., Vella, D. D., & Katz, R. (1992). Cognitive and life stress predictors of relapse in remitted unipolar depressed patients: Test of the congruency hypothesis. *Journal of Abnormal Psychology*, *101*,26–36.

Shahar, G. & Priel, B. (2003). Active vulnerability, adolescent distress, and the mediating/suppressing role of life events. *Personality and Individual Differences*, *35*,199–218.

Shahar, G., Gallagher, E. F., Blatt, S. J., Kuperminc, G. P., & Leadbeater, B. J. (2004). An interactive-synergetic approach to the assessment of personality vulnerability to depression: Illustration using the adolescent version of the Depressive Experiences Questionnaire. *Journal of Clinical Psychology*, *60*,605–625.

Shahar, G., Henrich, C. C., Blatt, S. J., Ryan, R., & Little, T. D. (2003). Interpersonal relatedness, self-definition, and their motivational orientations in adolescence: A theoretical and empirical investigation. *Developmental Psychology*, *39*,470–483.

Shahar, G., Henrich, C. C., Winokur, A., Blatt, S. J., Kuperminc, G. P., & Leadbeater, B. J. (2006). Self-criticism and depressive symptomatology interact to predict middle school academic achievement. *Journal of Clinical Psychology*, *62*(1),147–155.

Shahar, G., Joiner, T. E. Jr., Zuroff, D. C., & Blatt, S. J. (2004). Personality, interpersonal behavior, and depression: Existence of stress-specific moderating and mediating effects. *Personality and Individual Differences*, *36*,1583–1596.

Sheldon, K. M. & Kasser, T. (2008). Psychological threat and extrinsic goal striving. *Motivation and Emotion*, *32*(1), 37–45.

Shrum, L. J., Burroughs, J. E., & Rindfleish, A. (2005). Television's cultivation of material values. *Journal of Consumer Research*, *32*(3),473–479.

Shrum, L. J., Wong, N., Arif, F., Chugani, S. K., Gunz, A., Lowrey, T. M., ... Sundie, J. (2013). Reconceptualizing materialism as identity goal pursuits: Functions, processes, and consequences. *Journal of Business Research*, *66*(8),1179–1185.

Sirgy, M. J. (1998). Materialism and quality of life. *Social Indicators Research*, *43*(3),227–260.

Sirgy, M. J., Gurel-Atay, E., Webb, D., Cicic, M., Husic-Mehmedovic, M., Ekici, A., ... Johar, J. S. (2013). Is materialism all that bad? Effects on satisfaction with material life, life satisfaction, and economic motivation. *Social Indicators Research*, *110*(1),349–366.

Sivanathan, N. & Pettit, N. C. (2010). Protecting the self through consumption: Status goods as affirmational commodities. *Journal of Experimental Social Psychology*, *46*(3),564–570.

Srivastava, A., Locke, E. A., & Bartol, K. M. (2001). Money and subjective well-being: It's not the money, it's the motives. *Journal of Personality and Social Psychology*, *80*(6),959–971.

Tan, S. J., Tambyah, S. K., & Kau, A. K. (2006). The influence of value orientations and demographics on quality-of-life perceptions: Evidence from a national survey of Singaporeans. *Social Indicators Research*, *78*(1),33–59.

Thompson, L. Y. & Snyder, C. R. (2003). Measuring forgiveness. In S. J. Lopez & C. R. Snyder (Eds.), *Positive psychological assessment: A handbook of models and measures* (pp. 301–312). Washington, D. C.: APA.

Thompson, L. Y., Snyder, C. R., & Hoffman, L. (2005). Dispositional forgiveness of self, others, and situations. *Journal of Personality*, *73*,313–360.

Tim, K. & Sheldon, K. M. (2000). Materialism, mortality salience, and consumption behavior. *Psychological Science*, *11*(4),348–351.

Tsang, J. A., Carpenter, T. P., Roberts, J. A., Frisch, M. B., & Carlisle, R. D. (2014). Why are materialists less happy? The role of gratitude and need satisfaction in the relationship between materialism and life satisfaction. *Personality and Individual Differences*, *64*,62–66.

Twenge, J. M. & Kasser, T. (2013). Generational changes in materialism and work centrality, 1976–2007: Associations with temporal changes in societal insecurity and materialistic role modeling. *Personality and Social Psychology Bulletin*, *39*,883–897.

Valdivia, I. (2006). *Vulnerability to traumatic events: Dependency and self-criticism*. Dalhousie University (Canada), 298.

Van Boven, L. (2005). Experientialism, materialism, and the pursuit of happiness. *Review of General Psychology*, *9* (2),132–142.

Van Boven, L., & Gilovich, T. (2003). To do or to have? That is the question. *Journal of Personality and Social Psychology*, *85*(6),1193–1202.

Wang, R., Liu, H., Jiang, J., & Song, Y. (2017). Will materialism lead to happiness? A longitudinal analysis of the mediating role of psychological needs satisfaction. *Personality and Individual Differences*, *105*,312–317.

Wang, Y. (2006). Value changes in an era of social transformations: College-educated Chinese youth. *Educational Studies*, *32*(2),233–240.

Webb, J. R., Hirsch, J. K., & Toussaint, L. (2015). Forgiveness as a positive psychotherapy for addiction and suicide: Theory, research, and practice. *Spirituality in Clinical Practice*, *2*(1),48–60.

Whelton, W. J., Paulson, B., & Marusiak, C. W. (2007). Self-criticism and the therapeutic relationship. *Counselling Psychology Quarterly*, *20*(2),135–148.

Wohl, M. J. A., DeShea, L., & Wahkinney, R. L. (2008). Looking within: Measuring state self-forgiveness and its relationship to psychological well-being. *Canadian Journal of Behavioural Science*, *40*,1–10.

Wong, N., Rindfleisch, A., & Burroughs, J. E. (2003). Do reverse-worded items confound measures in cross-cultural consumer research? The case of the material values scale. *Journal of Consumer Research*, *30*(1), 72–91.

Zuroff, D. C., & Duncan, N. (1999). Self-criticism and conflict resolution in romantic couples. *Canadian Journal of Behavioral Science*, *31*, 137–149.

Zuroff, D. C., & Fitzpatrick D. A. (1995). Depressive personality styles: Reciprocal relation. *Advances in Behaviour Research and Therapy*, *5*, 3–25.

Zuroff, D. C., & Mongrain, M. (1987). Dependency and self-criticism: Vulnerability factors for depressive affective states. *Journal of Abnormal Psychology*, *96*, 14–22.

Zuroff, D. C., Mongrain M., & Santor D. A. (2004). Conceptualizing and measuring personality vulnerability to depression: comment on Coyne and Whiffen (1995). *Psychological Bulletin*, *130*(3), 489–511.

Zuroff, D. C., Moskowitz, D. S., & Coté, S. (1999). Dependency, self-criticism, interpersonal behavior and affect: Evolutionary perspectives. *British Journal of Clinical Psychology*, *38*, 231–250.

Zuroff, D. C., Stotland, S., Sweetman, E., Craig, J. A., & Koestner, R. (1995). Dependency, self-criticism, and social interactions. *British Journal of Clinical Psychology*, *34*, 543–553.

3 政治特质

3.1 权威主义 / 114
    3.1.1 概念的提出及早期研究 / 115
    3.1.2 概念分析 / 116
    3.1.3 已有的相关研究 / 121
    3.1.4 心理机制 / 122
    3.1.5 权威主义人格的形成 / 123
    3.1.6 讨论 / 124
3.2 社会支配倾向 / 126
    3.2.1 社会支配倾向的含义及其影响社会不平等的机制 / 126
    3.2.2 影响社会支配倾向的因素 / 130
    3.2.3 社会支配倾向与群际偏差间的关系 / 132
    3.2.4 社会支配倾向量表在中国的应用 / 138
    3.2.5 社会支配倾向与权力 / 139
    3.2.6 结语 / 140
3.3 马基雅弗利主义与厚黑学 / 142
    3.3.1 马基雅弗利和马基雅弗利主义 / 143
    3.3.2 马基雅弗利主义的结构与测量 / 144
    3.3.3 马基雅弗利主义的相关研究 / 146
    3.3.4 中国的马基雅弗利主义——厚黑学 / 151
    3.3.5 小结 / 160
3.4 阴谋论 / 161
    3.4.1 阴谋论的概念与测量 / 161
    3.4.2 阴谋论的成因 / 163
    3.4.3 阴谋论的影响 / 166
    3.4.4 有待完善的问题 / 168

人格特质多种多样,内容十分丰富,会对个体生活中的方方面面产生影响。上一章我们介绍了三种主要会对个体身心健康起到重要影响的特质,然而人格特质对一个人的作用并不局限于此。从某种角度来讲,健康是一个人自身的事情,健康特质对人健康的影响机制也主要定位于机体内部,但人生存于社会之中,很多时候要面对错综复杂的人际关系。当人与人的关系发展到一定程度,随着等级的固化和利害冲突的加剧,政治也就进入人的生活领域。常言道,有人的地方就有政治,政治在人类社会中的重要作用是不言而喻的。

在人格心理学的研究中,研究者们很早以前就开始关注人类的政治心理和政治行为,并致力于探求其人格心理机制,尤其是从特质角度去探索一个人政治态度的成因。例如,通过深入地思考为什么二战期间对犹太人的非理性情绪会成为民族意志,研究者们提出了权威主义人格的概念,经过几十年的研究,发现这种权威主义的人格特质可以成功预测个体一系列的政治态度倾向。另一种政治特质马基雅弗利主义起源更早,可以追溯至16世纪意大利政治思想家马基雅弗利(Machiavelli)所著之《君主论》。而相对新近被提出的社会支配理论及其最重大的理论贡献——社会支配倾向特质,同样为理解个体对社会平等的态度提供了稳定的预测源和广阔的研究视角。时至今日,这些政治特质依然是人格与社会心理学中非常活跃的研究领域,产生了大量有价值的成果。

3.1 权威主义[①]

二战是人类历史上的一场劫难,就在短短的几年时间里,反犹主义、种族中心主义的思想以不可遏制的态势席卷德国全境,人性中恶的一面以集体的方式暴露无遗。人们不禁要问,这场劫难只是一次偶然事件,还是在人性的层面上一直就存在着某种因素,导致了它在这一时间的必然发生?如果是后者,人类是否会在将来的某个时刻陷入在劫难逃的境地呢?心理学家们试图对这一问题做出自己的回答。权威主义人格的概念正是在这种背景下成为心理学的研究范畴之一。阿多诺(Adorno)等人在20世纪50年代发表《权威主义人格》(*The Authoritarian Personality*)一书后,人们已经在这一领域进行了多年的探索,本节将回顾这一系列研究,并尝试展望未来的研究方向。另外,关于翻译问题,在政治学领域中,国内学者常把authoritarism译为"威权主义",与"权威主义"同义,同时与极权主义(totalitarianism)相区别。在本节中,我们还是采用"**权威主义**"(authoritarism)这种习惯的译法。

---

① 本节基于如下工作改写而成:李琼,郭永玉.(2007).作为偏见影响因素的权威主义人格.心理科学进展,15(6),981—986.撰稿人:李琼、李竹。

3.1.1 概念的提出及早期研究

如果只是为数不多的人对犹太或其他少数族裔抱有偏见,或许很快就会被忽略掉,但在面对纳粹时期大量普通民众身上所表现出的非理性情绪和行为时,人们就不得不正视偏见现象了。导致偏见的原因自然是多方面的,心理学家们关心的是,这里面是否有人格层面的因素在起作用。在对这一问题的最初探索中,阿多诺等人的工作是最系统、最为人称道的。阿多诺等人都拥有精神分析的理论背景,他们希望能用这一理论揭示纳粹兴起的心理根源,因此,该研究不论从研究思路、量表编制,还是对权威主义人格的核心成分及其形成的解释上,都有着浓厚的精神分析色彩。

尽管在他们之前,已有人做过分析,但对此人格因素的认识还非常有限,所以他们面临的任务是很艰巨的。他们首先看到的是战时德国人的普遍特征,也是纳粹所具有的典型特点,即拥有极端的反犹主义(anti-Semitism)、种族中心主义(ethnocentrism)思想。这种纯粹思想意识领域的内容和心理因素有关系吗?如果有,又如何能通过它找出深层次的心理根源呢?他们以精神分析理论为背景,提出这样一种基本假设(Adorno, 2002),即一个人的政治、经济、社会信念通常构成一种广泛而又一致的模式,这种模式反映了其人格中根深蒂固的倾向。也就是说,存在一种一般性的人格力量,它是深层次的、非理性的、被压抑的人格力量。正是由于它的影响,才使得权威主义者在社会生活中,表现出了特定的思想倾向,并进而产生歧视或保守的行为。基于这一假设,他们希望通过对表面的意见、态度和价值观进行测量,能进一步找出那些被压抑、以间接形式表现出来的思想倾向,并最终使得深藏于被试潜意识之中的人格力量清晰地显示出来。

于是,他们先对**反犹主义量表**(AS量表)和**民族中心主义量表**(E量表)得出的结果和临床访谈的材料进行分析,逐个找出可能的核心人格倾向。比如,他们从分析中发现,反犹主义者之所以反对犹太人,是因为他们认为犹太人持有反传统的价值观。于是阿多诺等人推测,反犹主义的个体特别顽固地坚持传统的价值观。这样,顽固地坚持传统价值观这一人格倾向,就作为可能的核心人格倾向之一。在找出所有可能的核心人格倾向之后,就能够编制出初始的测量这一人格维度的量表。在随后的量表施测中,他们将被试在此量表上的反应与被试在AS量表、E量表上的反应相比较,看两者相关是否较高,相关较高的项目才能被保留下来。

值得注意的是,这个量表不包括那些很容易与反犹主义或民族中心主义联系起来的项目,而且也不提及任何少数民族团体的名称。被试仅从项目内容来看,几乎无从知晓研究者到底想探索何种问题。阿多诺等人认为,既然这份看上去没有明显的反民主表述的量表,能够与AS量表、E量表高相关,那么说明该量表确实揭示了人格内部的反民主倾向。

最后形成的量表被简称为 **F 量表**(Fascist Scale, F Scale)，它所测量的人格因素便是**权威主义人格**(authoritarian personality)。F 量表主要包含了九个方面的内容：传统主义、服从、攻击（针对反传统群体）、低内省、迷信、尊崇权力、犬儒主义、投射以及对性的过度固着(McCourt, Bouchard Jr., Lykken, Tellegen, 和 Keyes, 1999)。他们结合精神分析理论，认为 F 量表的九个子量表中，只有三个子量表代表着较为基本的成分。这三种成分分别是：**因袭主义**(conventionalism)、**权威主义服从**(authoritarian submission)和**权威主义攻击**(authoritarian aggression)。其中，因袭主义是指刻板地坚持传统的中产阶级价值观；权威主义服从是指把内群体理想化，屈从于当局，对内群体不抱批判态度；权威主义攻击是指提防、谴责、拒绝和惩罚那些违反传统价值观念的人们。这三种成分表现了人格内部的一种特定结构，是权威主义人格的核心成分。

他们认为，权威主义者一方面会对权威人物表现出过度的尊重、服从、感激，这就出现了权威主义服从，它反映了权威主义人格中受虐狂的成分。权威主义服从并非真实地尊敬权威，而是夸张的、情感上的服从需要(Feather, 1993)。在另一方面，他们会将敌意转移到外群体身上，将权威的坏的方面（不公正、支配他人等）投射到外群体身上，从而对其进行指责和攻击，他们还可能会对违背传统价值观的人进行谴责、惩罚，所以攻击常常是以道德的名义进行的。这反映了权威主义人格中施虐狂的成分。这里可以很明显地看出阿多诺等人吸收了弗洛姆(Fromm, 1941)的观点。

此后，这一研究成果被编纂成《权威主义人格》一书出版，引起广泛关注。后来的研究者都是以此为基础进行自己的研究的，因此，阿多诺等人的工作在这一领域中具有里程碑式的意义。

3.1.2 概念分析

阿尔特迈耶的右翼权威主义量表

F 量表发表后，权威主义人格的研究出现了一次高潮。而随着研究的深入，研究者们发现阿多诺对这一概念的认识并不十分恰当，这些人中，阿尔特迈耶(Altemeyer)是一个不得不提及的名字。为了找到权威主义人格者，他的做法和阿多诺等人不同。他希望编制出一份能够有效预测偏见的量表，然后从量表的项目中找出权威主义人格者的特征，以此作出界定。整个过程是以统计分析为主导的，不依靠任何理论的指导。

阿尔特迈耶经过了长时间的系统研究，在 F 量表的基础上编制了**右翼权威主义量表**(Right-Wing Authoritarianism Scale, RWA)，然后根据右翼权威主义量表的项目构成，提出了**右翼权威主义**(Right-Wing Authoritarianism)的概念。这一概念包含三个成分：权威主义服从(authoritarian submission)、因袭主义(conventionalism)和权威主义攻击(authoritarian aggression)(Altemeyer, 1988)。在结构上,他基本沿袭了阿多诺所认为的权威主义人格的三个主要成分,但所指的具体内容发生了变化。权威主义服从指的是接受一个社会中已建立且合法的权力结构,并且服从于权威的要求。这里要强调的是,它并非是一般性的服从倾向,高右翼权威主义者只对权威服从,但当他作为领导者时,就并不会比别人更多地向其下属屈服(Leanne, Boboce, 和 Mark, 2007)。因袭主义是指顽固地坚持一个社会或一个群体的传统规范。传统的性别角色和家庭秩序、信仰原教旨主义、严格的性规范,都是右翼权威主义者要坚持的典型信念(Furr, Usui, 和 Hines-Martin, 2003)。这种因袭伴随着自认为有道德(self-righteous)、认为自己的行为是合法的,以及对他人的信念感到愤慨等观念。权威主义攻击,是指对各种人的攻击,而且是被已建立的权威认可的。阿尔特迈耶认为权威主义者是具有广泛的攻击性的。他们相信对那些不符合规范的人就应该严厉对待,所以喜欢用惩罚的方式来控制他人的行为,在家或在公众场合都是如此(Furr, Usui, 和 Hines-Martin, 2003)。任何改变已有生活的企图,权威主义者都会予以抵抗。总之,在阿尔特迈耶眼里,权威主义者与非权威主义者比起来,更多地强调对权威的服从,更倾向于通过惩罚来控制他人的行为,更接受和忠于传统的社会规范(Feather, 1993)。经阿尔特迈耶重新编排后的右翼权威主义量表在信效度上均有良好指标(Patrick, 1984),而且能够和单纯的保守主义量表区分开来(和保守主义量表间缺乏区分也是对 F 量表的批评之一),因此逐渐成为测量权威人格的首选工具(Crowson, Thoma, 和 Hestevold, 2005)。

但有研究者指出最早的权威主义的概念包含了两种形式的权威主义,一种是**领导者的权威主义**(leader's authoritarianism),是指让他人向自己的权威屈从的倾向,第二种是**跟从者的权威主义**(follower's authoritarianism),即服从权威的倾向。而人们的注意力越来越多地局限于跟从者的权威主义。阿尔特迈耶的右翼权威主义,便是一种跟从者的权威主义(Roccato 和 Ricolfi, 2005)。近年来有人提出一个新的概念,即**社会支配倾向**(social dominance orientation, SDO),有些研究者将它定义为一个人希望内群体支配或优于(superior)外群体的程度(Guimond, Dambrun, Michinov, & Duarte, 2003)。阿尔特迈耶(Altemeyer, 1998)认为,社会支配倾向所反映的正是领导者的权威主义,把它与右翼权威主义结合起来,能够较全面地描述权威主义人格。

还有研究者从另外的角度提出质疑,认为右翼权威主义量表及 F 量表中的项目测量的并不是人格特质,而是广泛的思想领域的社会态度和信念。在权威主义攻击成分中,有大量的内容与偏见和不容忍(intolerance)很相似;因袭主义中的项目和保守主义(conservatism)量表又如出一辙,几乎就能独立成一个保守主义量表。而且,右翼权威主义量表和 F 量表的得分都会明显受到情境中威胁的影响(Duckitt, Wagner, Plessis, 和 Birum, 2002),这不符合特质的特点。所以右翼权威主义量表离它所声称要测量的权威主义人格,已经太远了。

既然阿多诺和阿尔特迈耶都没能真正触及权威主义人格,那么研究者们只有继续寻找产生偏见的人格基础。

雷编制的平衡 F 量表和趋向量表

雷(Ray)的工作主要是针对 F 量表的两个问题进行改进:一是 F 量表没有平衡默认倾向。雷编制了平衡的 F 量表,它是直接以 F 量表的项目为基础的,测量的还是权威主义态度。二是 F 量表测得的权威主义态度与权威主义行为相关极低(Duckitt, 1992)。阿多诺当年编制 F 量表时,非常强调其隐蔽性(covert)。雷认为,可能是太隐蔽了,所以完全失去了预测效度。于是他决定编制一个新的量表来解决这个问题。他采用了更公开(overt)的方式,直接问被试自己的权威主义行为,如"你常常批评别人做事的方式吗"。雷认为这张量表测量了支配行为中的攻击子集(the aggressive subset of dominant),并将其命名为**趋向量表**(Directiveness Scale)。这一量表是专门用来预测权威主义行为的,后来的研究说明了此量表与支配和攻击行为之间确实有着很好的相关(Heaven, 1986;Ray 和 Lovejoy, 1986)。

当然,雷的量表一样受到了批评。达克特(Duckitt)认为趋向量表并不能测量阿多诺所提出的权威主义,因为它并不是按阿多诺的原意进行的测量,这一量表并没有测量敌意与服从的组合物(a combination of hostility and submissiveness),而只是测量了服从,所以它并不是一个测量阿多诺所说的权威主义人格的合适的工具。

雷认为有理由把服从作为权威主义的基本成分(Ray, 1976)。达克特的批评是站在假定阿多诺是正确的立场上,即认为敌意与服从一定是相关的。然而,这一点是需要检验的,需要把这两个变量分开来看,看是否相关。趋向量表就是这样做的。它测量的是阿多诺的理论中的一个变量,而且是最基本的一个。随后,他做了一个研究,将趋向量表、F 量表与**敌意量表**(Buss-Durkee Hostile Scale)一起施测,结果发现,只有趋向量表与敌意量表相关,而 F 量表则与敌意量表无关。雷认为,只有经过这样的检验,才能证明阿多诺的理论是正确的,当然这同时也证明了趋向量表是符合阿多诺的理论的。

以上三种测量工具可以从整体上看作是 F 量表和在它基础上的变换,因此,那种认为 F 量表测量的是社会态度和信念,而不是它所声称的人格特质的批评,对其余两种量表也是适用的。

达克特的模型

达克特使用**认知—动机理论**(cognitive-motivational theory)来解释偏见的产生

(Duckitt, Wagner, Plessis, 和 Birum, 2002)。他认为,是**社会服从**(social conformity)这一人格维度和**危险世界信念**(belief in a dangerous world)这一世界观维度共同影响了权威主义的态度,并进而影响了群体间的态度。这一想法是从德安德雷德(D'Andrade, 1992)和斯特劳斯(Strauss, 1992)那里获得的灵感,他们提出,个人的社会价值和态度表现了个人的动机性目标(motivational goal),它会被具有高度可接近性(highly accessible)的社会图式(social schema),或者感知的社会现实所激活,激活后这个目标对个人来说就是显著的(salient)。高度可接近性的社会图式从广义上讲,可以看作是世界观(social world views),或相对稳定的对他人和世界的解释或信念(Ross, 1993)。个人的世界观既反映社会现实,也受人格因素的影响。而且,人格因素既能通过影响世界观而间接影响动机性目标,也可能直接影响对个人而言显著的动机性目标。

达克特把这一理论应用到了右翼权威主义这一社会态度维度上(Duckitt, Wagner, Plessis, 和 Birum, 2002)。他认为右翼权威主义包含了一对相反的动机性目标图式。高右翼权威主义表现出了社会控制和安全的动机性目标,将世界看作是危险的和具威胁性的看法能激活它。低右翼权威主义表现出了相反的动机性目标,即个人自由和自主,将世界看作是安全稳定的看法能激活它。相应的人格维度是社会服从对自主(social conformity vs. autonomy)。高社会服从者更可能感知到现存社会秩序中的威胁,将世界看成是危险的。社会服从还能直接地影响权威主义态度。

达克特为自己对偏见的解释找到了理论支持,融入了认知因素,而且在这个模型里,已看不到思想意识方面的内容了。他认为影响权威主义态度的人格因素是社会服从。为对这一人格维度进行测量,他从索西尔的人格特质形容词评定量表中选出社会服从项目,并排除了可能属于态度和信念的项目,编制了单一维度的具有较好信度的量表(Duckitt, 2001)。

另外,该模型将社会支配倾向的概念也整合了进来。这是一个不得不提的相关概念。斯达纽斯和普拉托(Sidanius 和 Pratto, 1999)认为社会支配倾向表现了个体希望内群体支配外群体或是优于外群体的程度,以及对地位层级观和加大群体间差异行为的偏好。右翼权威主义表现的是一种跟从者的权威倾向,与之相对的应该还有一种领导者的权威倾向,而社会支配倾向体现的就是这种领导者的权威倾向。双过程模型理论获得了众多研究结果的支持(Asbrock, Sibley, 和 Duckitt, 2010; Sibley, Wilson, 和 Duckitt, 2007)。

在现今的偏见研究领域,社会支配倾向和右翼权威主义是最主要的两个人格变量,二者可以共同预测绝大多数歧视行为。但是在对具体行为的预测效度上,这两个人格变量也存在一定差异(Duckitt 和 Sibley, 2007),并且所针对的歧视群体也有所不同(Thomsen, Green, 和 Sidanius, 2008)。大量跨文化的研究都得到了社会支配倾向与右翼权威主义得分有中等程度相关的结果,但也有元分析研究显示二者间的相关受地区文化和国家政体的调节作用影响(Roccato 和 Ricolfi, 2005)。

达克特和西布利(Duckitt 和 Sibley, 2007, 2009)认为,这两者的区别部分是由于权威主义人格受到了危险世界信念的影响,而社会支配倾向受到了**竞争丛林信念**(competitive jungle belief)的影响。持有竞争丛林信念的个体,会将世界视为一个充满竞争、弱肉强食的"丛林",好比动物世界,弱者受支配是天经地义的,所以会有较高水平的社会支配倾向。

费尔德曼(Feldman)的模型

费尔德曼(Feldman, 2003)也试图给出权威主义人格的理论解释,并且在这种理论的指导下编制测量工具,进行实证研究,而不是仅仅依靠统计分析的结果来决定量表项目的取舍。

他从社会理论家的观点出发,认为与他人共处一个社会,就会产生**个人自主**(personal autonomy)和社会凝聚的目标间的紧张,会有个体利益和社会利益间的冲突。如果所有人都只追求自身利益,毫无控制,社会就会陷入混乱。所以,在一定程度上,是行为规范指导了社会成员的互动,使社会秩序保持稳定。

对具体的个人而言,价值取向可能并不相同。有些人主要受个人自主的意愿的支配,而另一些人会对无限制的自由深感恐惧,觉得自由就会带来失序。施瓦茨(Schwartz, 1992)进行了一项社会价值研究,证实了这一价值取向上个体差异的存在。他发现,服从和自我导向(self-direction)的价值在很多国家都是各自集聚在一起(cluster together)的,而且两者相互对立。

于是,费尔德曼定义了一个维度,一端是无限制的个人自主,另一端是严格地服从社会行为规范。这个维度代表了个人自主和社会服从这两种价值的相对的优先权。在费尔德曼看来,权威主义是一种**先在的气质**(predisposition),产生于社会服从和个体自主的价值冲突。从互动论的角度讲,行为是人格特质和情境因素的混合函数(Snyder 和 Cantor, 1998),所以倾向于社会服从的人并不总是会表现出偏见,必须有特定的情境因素的配合。这一情境因素就是感知到社会凝聚受到威胁。从这个角度,他认为权威主义的行为是社会服从一个人自主与感知到的威胁之间交互作用的结果。这种理论有助于解释为什么权威主义者并非对所有的外群体都表现出同样的偏见,因为并非所有的外群体都会对社会凝聚产生威胁。

费尔德曼和达克特分别从不同的理论基础出发,得出了非常类似的权威主义的模型。为了寻找纯粹的人格因素,他们都把因袭主义成分从权威主义人格中排除出去。这样做有助于澄清权威主义人格与思想意识间的关系。这两者是有区别的。右翼权威主义量表的表述带有明显的思想倾向性,这常使得研究者们不得不在那些根本不涉及政治的研究中,还要把带有明显的思想倾向的测量内容包含进来。现在这种做法能够避免这种情况。

费尔德曼和达克特都认为,权威主义人格的核心成分是权威主义服从和敌意,且敌意会在感知到威胁时转化为具体的攻击行为而表现于外。但在对这两种成分具体含义的理解和测量上,两人是不同的。费尔德曼使用社会服从和个人自主这两种价值取向的相对权重,来评价权威主义这一先在的气质;而达克特使用形容词评定量表测量社会服从,似乎更符合寻找人格特质的要求。对于威胁的来源,达克特以群体认同理论为基础,这种威胁是指对内群体的威胁,群体凝聚的需要是从群体认同中生发出来的;费尔德曼则认为威胁是指对社会凝聚的威胁,社会凝聚的需要是被对社会秩序的关注所激发的。从对威胁的测量上看,达克特所看重的是一般的威胁的感知和对于世界本质的信念;费尔德曼在测量时,既注重一般的威胁层面,也关注来自特定群体的威胁。

以上是几种主要的有关权威主义人格的理论和测量工具,每一种都会招致各种批评,但对它们的评价标准中始终包含着一条共同的原则,那就是必须能够较好地预测偏见。这是从阿多诺开始就定下的基调,寻找权威主义人格就是为了寻找偏见的人格基础。所以偏见一直是权威主义人格研究所关注的重点。

3.1.3 已有的相关研究

权威主义人格概念的提出,曾使得战后对群体间偏见与歧视的研究达到一个高峰。这其中很多研究集中于测量和比较国家间的权威主义态度,或者一个国家内部不同地区间的权威主义态度,或者一个国家较长一段时间里,权威主义的变化趋势(Altemeyer, 1988; Todosijevie 和 Enyedi, 2002)。如,根据阿尔特迈耶的计算,加拿大学生的权威主义倾向自20世纪70年代后有上升趋势。20世纪70年代,45%的加拿大学生的权威主义倾向得分高于中等分数,1987年这一数字上升到80%。

另外一条研究线索是用权威主义的量表来预测包括种族偏见在内的各种偏见。右翼权威主义除了对一般歧视倾向有显著预测力外(Duckitt 和 Sibley, 2007),也能很好地预测针对各种具体群体的歧视,如对同性恋(Goodman 和 Moradi, 2008)、职场女性(Christopher 和 Wojda, 2008)、新移民(Thomsen, Green, 和 Sidanius, 2008)等的歧视态度。

在一些非歧视的态度方面,右翼权威主义也有很好的预测力。如对暴力态度(Benjamin, 2006)、对战争的态度(Lyall 和 Thorsteinsson, 2007)、对人权的态度(Cohrs, Maes, Moschner,和Kielmann, 2007; Crowson, 2007),以及宗教原教旨主义(Shaffer和Hastings, 2007),均和右翼权威主义得分有不同程度的显著相关。

更有研究发现,右翼权威主义与智力(Heaven, Ciarrochi,和Leeson, 2011)、认知风格(Kemmelmeier, 2010)以及创造力(Rubinstein, 2003)间存在着相关。右翼权威主义还可在一定程度上预测人们的职业选择,因为个体更倾向于选择能满足其情感需求的工作(Rubinstein, 2006)。

3.1.4 心理机制

寻找权威主义人格的核心成分,只是权威主义研究的一部分。如果把它看作是静态的部分的话,那么与之相对应的,还要进行权威主义的心理运作机制的研究,找到是出于怎样的心理需要,又是在怎样的情形下,经过了怎样的心理过程,才最终导致了权威主义行为的出现。

首先要提及的是威胁这种情境因素。很多不同的理论都认为,威胁是产生权威主义态度和行为的重要前提,在个人和群体层面都是。弗洛姆认为,法西斯的兴起就是因为社会经济状况的威胁,资本主义社会的自由带给人们的是不安全感,使他们要"逃离自由"而服从权威。利普塞特(Lipset)提出,工人的更高水平的权威主义,反映了相对较高的经济威胁。有研究者将权威主义行为指标与社会层面的威胁联系起来,分析了高威胁的1978—1982年和低威胁的1983—1987年这两个时期的档案数据,结果发现权威主义的大部分态度和行为成分,都随着威胁的降低而显著降低(Doty, Peterson,和Winter, 1991)。结论支持了威胁与权威主义的关系。但这种研究只涉及社会层面的威胁与权威主义的关系,它并不能代表个人层面的情况(Duckitt, 1992)。

于是研究者开始关注人们内心感知到的威胁。阿尔特迈耶提出,权威主义者之所以会产生偏见,一定程度上是由于他们倾向以内群体—外群体这一维度作为他们认识世界的基本维度。对他人,他们首先以此标准进行分类,内群体中的他人是自己人,而外群体中的他人则是外人,并认为属于外群体的那些人,对传统价值观是有威胁的。这种在个人层面感受到的威胁,能够导致权威主义攻击。通过研究,阿尔特迈耶发现权威主义与"世界是个危险的地方"(the world is a perilous place)的感受之间存在0.50相关。在前面已讲过的达克特的模型中,认为社会服从和危险世界的信念(belief in a dangerous world)会影响权威主义的态度,正是对这一结论的验证和发展。在这里,归属于不同的群体被认为是威胁的来源。

而另一些研究者认为是与价值观有关的因素,使人们感知到了威胁。罗克奇

(Rokeach)提出信念一致性理论。他相信,是信念的不同,而不是群体或人种的不同,导致了偏见。费尔德曼则认为感知到的其他人对社会规范或价值观的挑战就会产生威胁,它可以来自于一个特定的群体,也可以是对一般性威胁的感知。这种观点也有证据支持。有研究者发现象征性的信念(symbolic beliefs)(它是指个体认为被评价群体认同传统价值观的程度)是权威主义者所持态度,特别是他们对那些被贬损团体(如同性恋者)态度的强预测源。还有研究者发现,道德判断是权威主义者对他人进行评价的基本维度,会影响到喜不喜欢他人(Smith 和 Kalin, 2006)。而且,权威主义与感知到的犯罪的严重性呈正相关,与感知到的惩罚的严厉性呈负相关(Feather, 1996)。由于人们是按自己所持的价值观对事件进行评价的,所以上述研究结论可以看作是反映了权威主义者的各种价值取向的优先性,他们有着特定的价值取向,比如更重视服从、安全、保守等方面的价值,而不强调自由、开放的价值(Duriez, Van Hiel, 和 Kossowska, 2005)。而且,这还说明了他们对传统价值观受到冒犯特别敏感,感知到这一点就可能会对冒犯者给予权威主义攻击。

至于权威主义是出于什么样的心理需要的问题,达克特使用群体认同理论给出解答(Duckitt 和 Mphuthing, 1998)。他认为是对群体的认同导致了群体凝聚的需要,而外群体会对群体凝聚产生威胁,于是产生权威主义。费尔德曼的观点与此不同,他从社会学的理论出发,认为人与他人共处一个社会,就会在个人自主和社会凝聚的目标之间产生矛盾,会有个体利益和社会利益间的冲突。行为规范在一定程度上指导了社会成员的互动,使社会秩序保持稳定。尽管在社会服从维度上,有些人主要受个人自主的意愿的支配,而另一些人会更倾向于服从社会规范,但是每个人都有保持社会秩序的需要。挑战社会规范和价值观的行为,就会被看作是对社会秩序的威胁。

综合而言,达克特所认为的权威主义的心理机制可以表述为,人们有着群体凝聚的需要,当个体在社会服从对自主这一人格特质的社会服从一端得高分,而且将世界看作是危险的和具威胁性的时候,他就很有可能拥有权威主义态度和行为。而费尔德曼(Feldman, 2003)认为,人们有着保持社会秩序的需要。如果个体更倾向于社会服从这一价值观,同时又感知到价值观受到挑战,社会秩序受到威胁,那么该个体就很有可能出现权威主义态度和行为。

3.1.5 权威主义人格的形成

以上内容已经能够说明,权威主义人格是如何与其他因素相互作用,从而产生权威主义行为的。接下来人们还是会问,权威主义人格是怎样产生的,它是由后天环境造就的,还是人生来就具有的呢?

阿多诺等人最先提出了自己的观点。他们仍然根据精神分析理论,认为是童年期的创伤导致了权威主义人格。如果父母(童年时期内群体中的权威)以严厉的、惩罚性的方式来对待儿童,那么儿童对父母就会产生敌意态度,而此种敌意态度会因恐惧等原因被压抑。敌意只是被压抑,并没有消失,它会被转移到外群体上,而且权威所具有的坏的方面(不公正、支配他人等),也会被投射到外群体上,于是产生了权威主义者指向外群体的攻击。因此,只有让儿童得到真正的爱,把他们当作人来对待,才能从根本上阻止权威主义人格的形成。

阿尔特迈耶认为,社会学习理论能让人们更好地理解一个人是如何成长为一个右翼权威主义者的。学习理论认为,在人与社会环境的互动中,模仿、强化和条件作用的过程塑造了人的态度和行为。对一个孩子而言,如果其父母就是僵化服从权威、严格按照规则行事的人,那么这个孩子就更可能成长为一个有着右翼权威主义态度的成人。而且在这种环境下长大的孩子,会接收到一些信息,认为外群体是危险而有敌意的。这样的信息会一次次地被强化,于是他们就会自然而然地接受这样的看法。

以上两种说法都认为童年期的家庭环境是很重要的因素,实证研究在一定程度上支持了这种观点。有研究发现,父母的权威主义的确与儿童的权威主义相关(Peterson, Smirles, 和 Wentworth, 1997)。父母的权威主义的分数能预测权威主义的教养方式。儿童会把这种方式感知为权威主义的方式。这种感知,会增加他们与父母间的冲突。所以高权威主义父母的孩子,更可能成为一个高权威主义者。这个结果表明,权威主义的根源能从家庭中找到,但机制是复杂的。

罗纳德(Ronald, 2004)从进化心理学的角度对权威主义人格的形成进行了解释。进化心理学总是从种族的生存与繁衍的角度来解释行为,这里也不例外。那些能快速组织起来保护自己的群体,更有可能生存下来,因此服从的倾向无论在攻击的还是防守的群体中,都是重要的。在紧急情况下,如果群体成员过多考虑要不要服从,那么涣散的状态会让群体失去战斗力。根据这种解释,权威主义人格是人与生俱来的一种人格特质,它是人类长期进化的产物。

3.1.6 讨论

从二战结束到今天,人们对权威主义人格的研究尽管经历过低谷,却从未停止过,而且往往会随着新的测量工具的出现,激发出新的研究热情,尤其是右翼权威主义量表出现之后,研究者们纷纷使用它来预测包括种族偏见在内的各种偏见。右翼权威主义还能预测对政府不公正的接受程度、惩罚违法者的愿望以及在米尔格拉姆(Milgram)型实验中的服从行为。还有研究把权威主义与对社会运动的强烈敌意反应联系起来,因为这些运动是对现有经济、文化、思想的挑战,如对环境运动和女权运动(Pratto, Sidanius, Stallworth, 和 Malle, 1994)的偏见。权威主义者更支持美国参加越南战争和海湾战争,也更可能对心理健康服务持负面态度(Furr, Usui, 和 Hines-Martin, 2003)。广泛的研究内容使得权威主义成为理解当今社会生活的重要概念。

但对这一人格因素的认识,还是不够深入和完善的,主要表现在三个方面。一是权威主义人格的定义。对它的定义常是用它所包含的各种各样的成分来进行的,阿多诺和阿尔特迈耶等人的做法就是如此,还有其他一些研究者如海雯(Heaven)认为,权威主义是部分的成就动机,部分的支配,部分的因袭,部分的武力,部分的惩罚,部分的种族主义。尽管这些建构的共变是非常重要的,但把它们这样概括为权威主义的概念则是不太恰当的。这使得权威主义没有一种单一建构的清晰定义,而且也缺乏一个能说明为什么分离的建构能共变的理论(Pratto, Sidanius, Stallworth, 和 Malle, 1994)。从这一角度看,达克特把权威主义的人格基础简化为社会服从对自主,似乎是一种不错的思路。

二是右翼权威主义究竟是人格还是态度的问题,这还可以理解为情境因素对右翼权威主义究竟会起到怎样的作用。很多研究显示了偏见的一般性,即一个不喜欢某个外群体的人,也倾向于不喜欢其他外群体。这个一般性原则(generality principle)被认为是反映了稳定的个体差异。阿尔特迈耶(Altemeyer, 1998)支持这种观点,并且把右翼权威主义和社会支配倾向整合在一起,把它们看作是权威主义人格的两个不同的方面,右翼权威主义是权威主义的服从面,社会支配倾向是权威主义的支配面,还有人把这两者与共情(empathy)合称为偏见的"大三"(Soenens, Duriez, 和 Goossens, 2005)。稳定的个体差异意味着它是独立于即时的社会情境因素的。但有人批评这种个体差异取向忽略了真实的社会冲突(Guimond, Dambrun, Michinov, 和 Duarte, 2003),因为偏见的测量从没有完美地跨目标群体相关过(Duckitt, 1992),对不同群体的敌意会有不同(Furr, Usui, 和 Hines-Martin, 2003)。于是右翼权威主义被看作是态度,会受到人格因素及世界观的影响,当环境发生变化时,右翼权威主义也会发生变化。研究这一问题具有一定的现实性,既然右翼权威主义能预测偏见,那么如何控制偏见便与如何控制右翼权威主义有关。如果右翼权威主义受情境影响,就意味着人们能够通过适当地改变环境来改变右翼权威主义,最终达到减少权威主义行为的目标。

三是如何看待社会服从和个人自主这一维度的问题。达克特把社会服从和个人自主作为一个维度的两端,并且把它们与个人利益和社会整体利益联系起来,类似于个人主义和集体主义的划分。而它们是否属于同一个维度,学界的声音不止一种。这里结合华人的研究来说明这一点。在杨国枢做的中国人的传统性与现代性的实证研究中,有两种成分:遵从权威和平权开放(杨国枢,2004),这和社会服从与个人自主维度相似。按一般的现代化理论,传统性与现代性是此消彼长的关系,二者是一个维度的两端,正如社会服从与个人自主就是一个维度。但杨国枢认为,这是值得怀疑的,他把个人传统性与现代性分成了两个维度,分别进行测量,再检验两者的关系,发现数据并不支持两者处于同一维度的结论。还有研究者认为,中国人既是权威主导的,同时也保留了强烈的个体意识,个人并没有消融于社会关系中(Dien,1999)。中国人是不是真能"从心所欲而不逾矩",还需要进一步的证据。而且如果事实果真如此,我们又该如何看待权威主义人格,也是需要探讨的。

3.2 社会支配倾向[①]

人们只要稍加留心便不难发现存在于这个世界中的不平等现象,比如男性和女性相比,往往容易获得较多的工作机会、较丰厚的报酬和较高的社会地位,即使在女性具有相同甚至更强能力时也是如此。在有些国家种族歧视的现象很严重,有色人种特别是黑人会受到排挤,为争取到必要的社会资源他们需要付出多得多的努力。类似的例子还有很多。人们总是因为自身的某种属性而被归属于一个群体,并随着这个群体在社会中的地位高低而受到公正或不公正的对待。尽管人人平等是人类自古以来的共同理想,但不平等的现象并未因此而消失。除了社会经济政治的根源以外,这其中是否有心理因素在起作用?是否存在某种人格层面的因素,影响了不平等现象的形成和维持?研究者们提出了社会支配倾向的概念,试图对这一问题进行探索。

在前一节中已提到,在现今的偏见研究领域,社会支配倾向和右翼权威主义是最主要的两个人格变量,二者可以共同预测绝大多数歧视行为。右翼权威主义表现的是一种跟从者的权威倾向,与之相对的,社会支配倾向在一定程度上体现的是领导者的权威倾向(Altemeyer,1998)。在本节中将对社会支配倾向进行较全面地论述。

3.2.1 社会支配倾向的含义及其影响社会不平等的机制

社会支配倾向的含义

社会支配倾向(social dominance orientation,SDO)是**社会支配理论**(social dominance theory,SDT)的一部分(Pratto等,1994)。该理论是为了解释以群体为基础的不平等是如何产生的,以及按阶层(hierarchy)的形式组织的社会是如何延续下

[①] 本节基于如下工作改写而成:(1)李琼,郭永玉.(2008).社会支配倾向研究述评.心理科学进展,16(4),644—650.(2)李琼.(2008).社会支配倾向、社会地位和对农民工的偏见的关系研究.华中师范大学硕士论文.撰稿人:李琼。

来的。研究者们注意到,某些思想会让人相信一个群体比其他群体更优越,如社会达尔文主义、性别主义(sexism)、种族主义等,都暗示了一些人不如另一些人优秀。这些思想使群体间的不平等变得合法,所以被称作**加大阶层的合法化神话**(hierarchy-enhancing legitimizing myths)。而另外一些思想则会减少群体间的差异,如"所有的人都是上帝的子民"和女性主义的思想,就是将所有人都一视同仁。这类思想被称作**减少阶层的合法化神话**(hierarchy-attenuating legitimizing myths)。用"神话"(myths)一词是为了说明这些思想就像是早期人类创造的神话一样,被人们用来解释世界,比如,加大阶层的合法化神话能在维持或加大不平等的同时,不增加群体间的冲突,因为接受它的人相信世界本该如此。

社会支配理论假定对以上两种合法化神话的接受程度会影响社会中的不平等的程度,所以那些能够影响对思想的接受程度的因素就显得很重要了。社会支配倾向就是一个在人格层面发挥作用的,能影响个体对合法化神话的接受程度的个体差异变量。它反映了个体对群体间关系是平等的还是有阶层的一般性偏好,以及个体期望优势群体支配劣势群体的程度(Sidanius 和 Pratto, 1999)。研究表明,高社会支配倾向者会希望内群体更多地支配或优于外群体,而且偏好加大阶层差异的思想,而低社会支配倾向者则希望群体间的关系是平等的,偏好减少阶层差异的思想。

社会支配倾向影响社会不平等的机制

社会支配倾向是如何影响社会不平等的呢?我们可以从社会支配倾向与价值观间的相关看出些端倪。有研究者使用**施瓦茨价值量表**(Schwartz Value Survey)进行研究。这一量表包括57项价值观,用以代表10个普遍的价值观动机类型,分别是权力、成就、享乐主义、刺激、自我定向、普世主义、仁慈、传统、遵从、安全(Schwartz, 1992)。结果发现,社会支配倾向与自我提升对自我超越(self-enhancement vs. self-transcendence)的价值观维度之间存在相关。自我提升包含权力和成就等价值观,自我超越是指**普世主义**(universalism)和仁慈等价值观,社会支配倾向与自我提升正相关,与自我超越负相关(Duriez 和 Van Hiel, 2002)。与此一致,有人发现高社会支配倾向者有着竞争的、为权力而斗争的世界观,而低社会支配倾向者有着与人合作、重视他人的世界观(Duckitt, 2006)。而且,社会支配倾向还与一系列的社会态度有关,包括喜欢能立刻使自己获得好处的东西、不顾平等或道德等态度(Hing, Bobocel, Zanna, 和 McBride, 2007)。

从社会认知的角度看,价值观是属于认知层面的人格变量,它能对人所追求的目标进行心理表征,并引发目标导向的行为。根据上述研究所表明的社会支配倾向与价值观的相关,有人提出高或低社会支配倾向者分别拥有两种相反的动机性目标,高社会支配倾向者的目标是优越、支配或比他人拥有更高的权力,低社会支配倾向者则追求平等和利他性社会关怀(Duckitt, Wagner, Plessis,和 Birum, 2002)。

研究表明,高地位群体的成员,如高社会经济地位的人有较高水平的社会支配倾向(Levin, 2004),这反映出高地位群体更希望维持社会的不平等及其对外群体的支配,而低地位群体的成员则相反,他们希望社会能变得平等一些。两者在目标上的不同能从社会支配理论的角度来解释。社会是以群体为基础的阶层来进行组织的,支配群体有着更多的特权、自尊和权力,于是在对有限的资源进行分配时,自然是对支配群体有利,而被支配群体的利益则被牺牲掉。因此,支配群体为了能保持高地位带来的利益,就会更希望维持其优势地位,更偏好阶层划分和对外群体的支配,而处于劣势的低地位群体的成员则反对阶层划分。

当高社会支配倾向者的优势地位受到威胁时,他们更可能表现出内群体偏好,对外群体产生偏见,包括内隐偏见。在一项研究中,研究者使用斯坦福大学的学生为被试,让他们阅读一段名为"声誉的下降导致入学率的下降"的文字,内容是将最近斯坦福大学的公众丑闻和斯坦福的排名从第一降到第五联系起来,把这些归因为斯坦福的学生并不像人们所认为的那样成熟、亲社会、用功或聪明。这篇文章明显触及了被试群体的精英地位和群体认同,而且向其精英地位的合法性和稳定性提出了质疑。接下来,研究者使用了一个启动实验,即先在屏幕上快速显示"我们"或者"他们"作为启动词,然后显示一个效价是好的或者是坏的目标形容词,要求被试评价这些跟随在内群体或外群体的代词(如我们、他们等)后面的特质形容词是好的还是坏的。结果发现,高社会支配倾向者在面对威胁时,内群体或外群体代词都是很强的评价启动词(Pratto 和 Shih, 2000)。

如表3.1所示,当启动词是"我们"时,如果目标词的效价是好的,也就是说将"我们"与好的东西联系在一起,这时高社会支配倾向被试的反应时为910 ms。而当目标词的效价是坏的,也就是将"我们"与坏的东西联系在一起,这时高社会支配倾向被试的反应时为991 ms。这要显著长于前一种实验条件。当启动词是"他们"时,情况则刚好相反。如果目标词的效价是好的,也就是说将"他们"与好的东西联系在一起,

表3.1 不同实验条件下被试的平均反应时(单位:ms)

启动	目标词效价		
	好的	坏的	差异
	所有被试($N = 43$)		
我们	937	996	59
他们	982	940	-42
差异	45	-56	

续表

启动	目标词效价		
	好的	坏的	差异
	低社会支配取向的被试($N = 21$)		
我们	966	1001	35
他们	989	977	−12
差异	23	−24	
	高社会支配取向的被试($N = 22$)		
我们	910	991	81
他们	975	905	−70
差异	65	−86	

来源：Pratto 和 Shih，2000.

这时高社会支配倾向被试的平均反应时为 975 ms，而如果目标词的效价是坏的，即将"他们"与坏的东西联系在一起，这时高社会支配倾向被试的反应时为 905 ms。这要显著短于前一种实验条件。因此，高社会支配倾向的被试无意识地将"我们"与好的东西联系在一起，当这两者配对时反应时较短，同时他们也无意识地将"他们"与坏的东西联系在一起，当这两者配对时反应时也较短。这显示出内隐偏见的存在。尽管文章中没有提到外群体，但高社会支配倾向者已明显从"他们"中读出了负面意义。

当群体之间的地位差距真的变小、资源分配变得更加公平时，高社会支配倾向者会把这种变化看作是一种丧失。有研究表明，那些高社会支配倾向的加拿大本地人，会更倾向于认为移民们从加拿大人手中抢去了就业机会和其他社会经济资源。而在美国则存在这样一种现象，在对种族平等状况的评价上，白人往往会认为社会在种族平等方面已取得很大进步，但黑人却认为进步得不够。有研究者将社会支配理论与期望理论（prospect theory）的观点相结合来对这些现象进行解释（Eibach 和 Keegan，2006）。期望理论认为当人们对等量的丧失和获得进行主观评价时，丧失会更有分量，会对人造成更大的影响。因为白人本来拥有更多的社会资源，群体间的平等的增加对他们意味着丧失，而同样程度的平等的增加对黑人而言则是一种获得，尽管程度相同，但丧失对人的影响更大，所以白人会觉得进步已经很大了。

不论是产生偏见还是把平等看作是丧失，显然都会阻碍社会平等的进程。除此之外，个体还会去寻找与自身的社会支配倾向水平相匹配的社会角色，并通过扮演不同的社会角色来影响社会的平等（Pratto，Stallworth，Sidanius，和 Siers，1997）。有些社会角色是服务于精英或既得利益群体的利益的，这类角色被称为加大阶层的角色,比如公司高层人员等。而另外一些则是服务于劣势群体的,被称为减少阶层的角色,比如社工和慈善团体等。研究表明,高社会支配倾向者会选择加入那些保持或增加社会不平等的机构,而低社会支配倾向者则会成为减少不平等的机构的成员。

3.2.2 影响社会支配倾向的因素

社会支配倾向的性别差异

高社会支配倾向者可能会加大社会的不平等,那么哪些人有可能具有较高水平的社会支配倾向呢?哪些因素会对社会支配倾向的水平产生影响呢?社会支配理论区分了性别和一些情境因素可能产生的不同影响。

几乎所有的社会都存在一个或多个支配群体,拥有更多的权力、地位和物质,而且至少还有一个群体处于被支配的地位。社会支配理论认为,有两类因素能用来对群体进行划分并决定其地位高低,分别是性别和武断设置的系统(arbitrary-set system)(Guimond, Dambrun, Michinov, 和 Duarte, 2003)。武断设置的系统基于种族、国别、宗教等因素来划分群体,"武断"意味着划分的基础来源于广泛的文化因素,并没有一般性的原则(Pratto, Stallworth, Sidanius, 和 Siers, 1997)。例如南非的种族隔离系统、印度的种姓系统,以及混合着阶层、种族、国家的霸权形式,如在美国,白人就比非裔和拉丁裔的人具有更高的社会地位和权力。

性别系统则具有跨文化性,在所有主流文化中,男性总是比女性拥有更多的权力和更高的地位(Levin, 2004)。而高地位群体成员拥有更高的社会支配倾向水平,对此研究者们提出了不变假设(invariance hypothesis),认为社会支配倾向的性别差异具有跨文化和跨情境的稳定性,男性的社会支配倾向水平总是比女性高(Sidanius, Pratto, 和 Bobo, 1994)。为了验证这一假设,他们以 1897 名洛杉矶市民为被试,这些被试的年龄、社会阶层、信仰、教育程度、政治思想、种族、原籍等都有着相当大的差异,结果显示即使是在控制了这些因素之后,男性的社会支配倾向得分仍然比女性的要高。还有一项研究搜集了包括美国、以色列、新西兰、中国在内的一些国家的数据,结果也支持了不变假设,而且男性比女性高出的程度在不同国家之间也是很接近的(Sidanius, Levin, Liu, 和 Pratto, 2000)。

社会支配倾向的性别差异会在很多方面影响个体的行为表现。一种现象是男性在加大阶层的角色中占大多数,而女性在社工和慈善团体等减少阶层的角色中的比例更高。这就出现了一种疑问,究竟是性别因素还是社会支配倾向水平上的差异导致了男女在社会角色上的差异?研究表明,性别、社会支配倾向水平以及对阶层角色的偏好三者间都有相关,但在控制了社会支配倾向水平后,男女被试对阶层角色的偏好是没有差异的。相反,在控制了其他因素后,具有不同社会支配倾向水平的人在偏好上仍然有显著差异(Pratto, Stallworth, Sidanius, 和 Siers, 1997)。这说明是社会支配倾向造成了个体对阶层角色的不同选择,男性和女性正是因为有着不同的社会支配倾向水平才使得他们拥有不同的社会角色。

而且高社会支配倾向者会阻止低地位群体成员对他们的优势地位产生威胁,男性也不例外。他们占据着支配的社会角色,而且有维持他们的群体支配的强烈愿望。当女性接近男性主导的领地时,男性会通过使用传统性别规范等合法化神话的方式来维护他们的高地位(Sidanius, Pratto, 和 Bobo, 1994)。性别社会化,包括男性化和女性化,都与社会支配倾向有关。男性的特质,如支配和武断等,与高社会支配倾向者的特征相对应,维护了他们的支配地位;与女性化相连的特质,如关怀和同情,则与低社会支配倾向者的特征相对应,且会使她们保持较低的社会地位(Poch 和 Roberts, 2003)。所以,女性为了得到领导地位,必须违背社会规范,而当女性表现出支配行为时,可能会得到相当负面的评价。

在一项研究中,实验者先给男性被试看一段女性管理者的支配和服从行为的录像,然后让他们对录像中表现出传统或非传统行为的女性分别给予评价(Poch 和 Roberts, 2003)。结果发现,男性对两者的看法是不同的,他们更不喜欢支配的女性领导者,认为其更无效、更无能。而且这种对支配的女性领导者的不喜欢,受到男性社会支配倾向水平的强烈影响。

从进化论的观点来看,男性之所以会有更高的社会支配倾向,是因为男性能否成功繁衍其后代直接取决于他们是否获得并维持了较高的社会地位和权力。还有研究发现,性别是自我分类和其他分类的主要维度,即使在一个并不是以性别来对群体进行分类的情境下,性别编码也会比种族编码强得多(Kurzban, Tooby, 和 Cosmides, 2001)。因此,性别系统不会像武断设置的系统那样受到情境的影响。

影响社会支配倾向的其他因素

尽管社会支配倾向的性别差异有可能是跨文化跨情境一致的,男性总是比女性高,但对武断设置的系统而言,情况并不是这样,社会支配倾向的水平可能会受到各种情境因素的影响。研究者提出,个体所处的群体是其社会化的来源,该群体的社会地位会影响个体的社会支配倾向的水平。处于支配社会地位的群体,既包括那些处于社会阶层的顶层的群体,也包括加大阶层的组织,这些群体和组织都会拥有相对来说更大份额的财富和权力等社会资源。支配群体中的人会接受更高水平的社会支配倾向,而那些被支配群体的人则会接受较低水平的社会支配倾向。这与群体社会化的思想是一致的(Guimond, 2000),它强调的是人们的社会支配倾向会随着他们所加入的群体而变化。

很多研究都验证了这一观点。有研究用实验操纵的方法,将被试随机安排到支配的社会地位,发现他们的社会支配倾向水平显著上升(Guimond, Dambrun, Michinov,和 Duarte,2003)。而且在真实的社会群体之间,社会地位差异越大,不同群体成员之间的社会支配倾向水平的差异也越大,如白人与黑人之间的社会支配倾向的差异,就比白人和亚裔之间的社会支配倾向的差异要大。而如果两个群体的相对地位发生变化时,群体间的社会支配倾向的差异也会相应地发生变化,如一项在以色列、北爱尔兰和美国开展的研究表明,社会支配倾向的差异会随群体地位差异的加大而增加(Levin,2004)。

在加大阶层的组织中,个体会通过认同相应的合法化神话的方式来与组织的阶层角色相匹配。比如新入编的白人警察在最开始的 18 个月中,对黑人的负面态度会逐渐提高(Pratto, Sidanius, Stalloworth,和 Malle,1994);在大学法律系中,高年级的学生比一年级的学生有着更高的社会支配倾向。还有人发现,个体在减少阶层的环境下生活一段时间后,社会支配倾向的水平就会降低(Sinclair, Sidanius,和 Levin,1998)。

3.2.3　社会支配倾向与群际偏差间的关系

内群体偏好与外群体偏好

在群际关系的研究中,一个最一致的发现就是**内群体偏好**(ingroup favoritism)效应,即社会群体成员更偏好内群体,而不是外群体(Levin, Federico, Sidanius,和 Rabinowitz,2002)。然而,内群体偏好真的是群际关系的必然特征吗? 已有研究对此提出质疑。低地位群体成员对内群体的评价往往不像高地位群体成员对内群体的评价那么积极,他们常对内群体抱有矛盾和冲突的态度,对外群体反而有着较积极的态度(Jost, Pelham,和 Carvallo,2002)。也就是说,低地位群体成员常会表现出外群体偏好。例如,黑人小孩比较喜欢白人玩偶;非裔美国人常会接受对内群体不利的刻板印象,如懒、不负责、暴力等,甚至他们比欧裔美国人更认可这些刻板印象(Brown,1995)。在最小群体范式中,低地位群体也更少做出对内群体有利的分配(Sachdev 和 Bourhis,1987)。

另一个类似的例子是性别歧视。几乎在所有文化中,女性都被限制在低地位的社会角色中(Tavris 和 Wade,1984)。尽管性别角色发生变化,但女性的权力仍比男性少(Diekman, Goodfriend,和 Goodwin,2004)。通常人们认为,性别偏见是处于较高地位的男性对女性的一种群际态度。但其实性别偏见不仅是男性对女性的态度,也是女性对自身群体的态度(Lee 等,2010)。研究者们发现,尽管女性是性别歧视的对象,但是女性也和男性一样会认可性别偏见(Barreto 和 Ellemers,2005;Kilianski 和 Rudman,1998;Swim, Mallett, Russo-Devosa,和 Stangor,2005)。在女性中常常表现出对性别不平等的默许和支持(Jost, Banaji, 和 Nosek, 2004)。对女性而言,这种态度便是外群体偏好的表现。

除此之外,从20世纪70年代开始,研究者们还注意到一个与此相关的现象,即有些低地位群体成员并没有参与那些能改变其群体社会地位的行动(Kinder 和 Winter, 2001)。尽管存在群际冲突,但更多时候人们会选择接受现状,而不是试图改变它。史密斯和麦凯(Smith 和 Mackie, 2002)认为,群际态度比人们已认识到的要更为复杂。

对低地位群体中的外群体偏好现象的解释

这些例证说明,在低地位群体中不仅存在内群体偏好现象,还存在外群体偏好现象。除社会支配理论之外,还有一些理论也试图对这些群际态度的现象做出解释。比如,社会认同理论对于内群体偏好现象做出了较好的解释,但是对外群体偏好现象则缺乏解释力(Sidanius, Pratto, Van Laar, 和 Levin, 2004)。社会认同理论提出较早,此后相继有研究者对社会认同理论进行批评,并借以发展新的理论取向,包括社会支配理论和系统公正理论(Rubin 和 Hewstone, 2004)。与社会认同理论相比,社会支配理论和系统公正理论不仅关注群体成员为何会为其内群体利益而行动,还进一步提出群体成员支持与其群体利益相反的行为和信念的原因。下文主要介绍社会支配理论对群际态度的解释,也会涉及系统公正理论对社会支配倾向概念的理解。

对于群际态度和行为,社会支配理论在很大程度上是从个体差异层面来对群际关系进行解释的,其核心解释变量是社会支配倾向(Huddy, 2004)。而且,社会支配倾向是对群际态度和行为最有解释力的变量之一(Ho 等, 2012)。在解释群体成员为何会支持与其群体利益相反的行为和信念时,社会支配倾向也是一个关键变量。

要了解社会支配理论是如何对群际态度进行全面的解释的,需要对该理论的发展进行系统的阐述。社会支配理论自提出以来,进行了多次修订。理论的核心假设也发生了根本性的改变,这些改变主要在社会支配倾向的定义上表现出来。刚提出社会支配倾向的概念时,理论家把它定义为个体期望内群体支配并且优于外群体的程度(Sidanius, 1993)。高社会支配倾向者会希望内群体更多地支配或优于外群体,而且偏好加大阶层的思想,也就是会更加支持偏见;而低社会支配倾向者则希望群体间的关系是平等的,会偏好减少阶层的思想,不会支持偏见。所以,这时社会支配倾向的含义和内群体利益是一致的,社会支配倾向越高,就越希望能为内群体争取更多的利益。高地位群体的成员,如高社会经济地位的人有较高水平的社会支配倾向(Levin, 2004),这反映出高地位群体更希望维持社会的不平等及其对外群体的支配,而低地位群体的成员则相反,他们希望社会能变得平等一些。

社会是以群体为基础、以阶层为形式来进行组织的,支配群体有着更多的特权、自尊和权力,于是在对有限的资源进行分配时,自然会对支配群体有利,而被支配群体的利益则被牺牲掉。因此,支配群体为了能保持高地位带来的利益,就会更希望维持其优势地位,更偏好阶层划分和对外群体的支配,而处于劣势的低地位群体的成员则反对阶层划分。

然而地位会对内群体偏好产生影响。低地位群体的成员对内群体的评价往往不像高地位群体成员对内群体的评价那么积极,他们常对内群体抱有矛盾和冲突的态度,对高地位群体反而有着较积极的态度(Jost 和 Burgess, 2000)。

据此在第二阶段中,研究者将社会支配倾向的定义改为个体对内群体支配的期望,以及对不平等的、等级化的群体关系的期望(Sidanius, Pratto, 和 Bobo, 1994)。根据这种定义,社会支配倾向表现了两种需要:一是对内群体支配的需要,二是对群际等级关系的需要(Jost 和 Thompson, 2000)。后面这一层意思是新加入的。根据这种定义,对于低地位群体,较高的社会支配倾向水平既有可能意味着期望内群体支配,也有可能意味着期望现存的不平等的等级关系得以延续。前一种需要和社会支配倾向的第一版定义是一致的,这时,不论在高地位群体中还是在低地位群体中,社会支配倾向的含义都与内群体利益一致。偏见会受到高地位群体成员的认可,以及低地位群体成员的反对。而后一种需要,即希望维持不平等的群体关系,对于高地位群体而言,仍是与其内群体利益一致的;对于低地位群体而言,维持不平等的群体关系是和内群体利益相悖的。按照这种需要,尽管像偏见这种合法化神话对低地位群体是不利的,然而个体的社会支配倾向的水平仍可能会和对偏见的支持程度呈正相关。

对社会支配倾向界定的改变,为社会支配理论解释低地位群体中的成员支持与自身利益相违背的偏见这种现象,提供了可能性。但这同时也带来一个问题,即它只是提出了这两种在低地位群体中存在矛盾的需要,如果这两种需要同时存在的话,那么社会支配倾向究竟会如何在低地位群体中发挥作用呢?这个理论矛盾在这一版的社会支配倾向的定义中没有得到解决。

第三版的社会支配理论再一次对社会支配倾向的概念进行了修改,删除了原有定义中的内群体支配的需要。具体的表述是,对不平等的群体关系的一般期望,不管这意味着内群体支配还是内群体从属(Sidanius 等, 2001)。按照这种定义,不管个体所属群体地位是高还是低,只要其社会支配倾向的水平较高,就会更倾向于保持群际差异。在高地位群体中,保持不平等的群际关系和内群体利益是一致的,其支配的社会地位会得以延续。在低地位群体中,保持不平等的群际关系意味着其从属地位将得以维持,这和其内群体利益是相违背的。换句话说,社会支配倾向总能预测人们对合法化思想的接受程度,社会支配倾向的水平越高,对偏见的认可程度也会越高(Levin 等,2002)。

然而,很多实际研究中发现的却是被称为**意识形态不对称**(ideological asymmetry)的现象,即社会支配倾向与合法化思想相关,在地位不同的群体中是有差异的(Sidanius 等,2004)。也就是说,内群体地位会对社会支配倾向和合法化思想之间的相关产生影响,见图 3.1。有两种意识形态不对称的形式:各向同性不对称(isotropic asymmetry)和各向异性不对称(anisotropic asymmetry)(Lalonde 等,2007)。各向同性不对称是指,社会支配倾向和合法化思想之间的相关,在高地位群体和低地位群体中都是正向的,只是前者比后者高(r 高>r 低≥0);各向异性不对称是指,社会支配倾向和合法化思想之间的相关,在高地位群体中是正向的,而在低地位群体中是负向的(r 高>0>r 低)。也就是说,在高地位群体中,社会支配倾向能够较一致地预测其对合法化思想的接受程度。但是在低地位群体中,社会支配倾向和合法化思想之间的相关情况是不确定的(Thomsen 等,2010)。比如拉隆德等人(Lalonde 等,2007)发现,在白人中,社会支配倾向越高,就越反对种族间通婚;而在黑人中,社会支配倾向与种族间通婚的态度之间无显著相关。社会支配倾向在地位不同的群体中所起到的作用似乎是不同的。

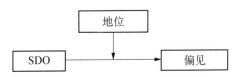

图 3.1 意识形态不对称效应示意图
来源:Sidanius 等,2004.

总而言之,尽管社会支配理论已做了一定的修正,但是各个版本都存在一些问题。最早的理论版本预测了无处不在的内群体偏好,这与事实不符(Reicher,2004)。第二版社会支配倾向的双重概念也受到质疑,因为低地位群体中的高社会支配倾向的个体,会存在对内群体支配的期望,和对等级化的群体关系的期望之间的冲突。第三版社会支配倾向能对低地位群体成员认可偏见的现象提供更好的理论解释(Jost 等,2004),按照该理论逻辑,社会支配倾向在高、低地位群体中能以同样的程度加强对偏见的支持。但研究结果却一再表明,社会支配倾向的这种作用主要出现在高地位群体中,而且它也不能解释为什么有些低地位群体中的高社会支配倾向者会偏好内群体(Rabinowitz,1999)。这使得社会支配理论难以做出一种清晰一致的解释,来说明与支配有关的动机究竟是如何对偏见起作用的(Levin 等,2002)。或许问题的实质一方面在于社会支配倾向的内涵还未彻底厘清;另一方面,单用社会支配倾向对偏见进行较全面的解释是不够的,社会支配理论的解释模型需要其他的变量来解释剩下的变异(Rabinowitz,1999)。

对社会支配倾向概念的再认识

系统公正理论对社会支配倾向的解读　如前所述,社会支配理论为了有更强的解释力,对社会支配倾向的概念进行了多次修订。与此同时,社会支配理论以外的一些研究者也在对社会支配倾向的意义进行探索。在他们看来,或许这个概念并不是社会支配理论本身所认为的那样。

系统公正理论(system justification theory)提出个体存在着系统公正动机,该动机会驱使个体认为现存的社会分配是合法的(Jost 和 Banaji,1994)。对于低地位群体而言,系统公正动机自然会损害其个体和内群体的利益。人会有与自身利益不符的想法和行为似乎是难以理解的。但我们回顾历史,便不难发现在历史上的大多数时候,不仅高地位群体期望不公正的存在,而且即便那些处于较低地位的群体,对不公正的存在采取的也是默许的态度,而不是对此做出反抗(Zinn,1968)。杰克曼(Jackman,1994)的历史和调查研究表明,支配和从属群体都非常厌恶冲突和对抗,两者之间常会发展出合作的关系,甚至在非常不平等的情境如奴隶制中也是如此。低地位群体的成员常会愿意牺牲自身利益而维持不平等的阶层划分。

约斯特和巴纳吉(Jost 和 Banaji,1994)提出的系统公正理论中,区分了三种不同的公正倾向或动机。第一种是自我公正动机,该动机会发展和保持有利的自我形象,感到自我合法;第二种是群体公正动机,这主要是社会认同理论所说的,发展和保持有利的内群体的形象;第三种是系统公正动机,即认为社会现状是合法的、好的、公正的、自然的,甚至是不可避免的(Jost,Banaji,和 Nosek,2004)。由此可以看出,对低地位群体来说,后两者之间存在冲突。自我公正动机和群体公正动机都是对内群体有利的,而系统公正动机则可能导致对内群体不利的结果。由于系统公正理论对这三种动机做了清晰的区分,它能够解释为什么低地位群体会支持不平等的等级关系。

从理论层面,从系统公正理论的角度来看社会支配理论,会发现社会支配理论涉及了第二种和第三种动机。第一版的社会支配倾向的定义与群体公正动机类似,第三版的社会支配倾向更多地与系统公正动机观点相融。斯达纽斯等人(Sidanius 等,2001)认为存在对不平等的群体关系的一般期待,不管这意味着内群体支配还是内群体从属,这使它更近于系统公正。与此一致,奥弗贝克等人(Overbeck 等,2004)发现,有着高社会支配倾向的低地位群体成员也接受不平等的地位关系,而不是反抗。

从研究层面,约斯特和汤普森(Jost 和 Thompson,2000)对**社会支配倾向量表**(Social Dominance Orientation Scale)进行了因素分析,发现它包含两个因素,分别代表了不同的思想建构。一个是以群体为基础的支配(group-based dominance,GBD)和反对平等(opposition to equality,OEQ)。以群体为基础的支配的含义是期望提升内群体的利益、地位和权力,这与社会支配倾向的第一版定义类似,即期望内群体支配并优于外群体的程度(Pratto 等,1994)。反对平等的含义是期望保持现存的等级系统,不管这意味着内群体支配还是内群体从属,这与社会支配倾向的第三版定义类似。

这两个因素对高地位群体来说有着同样的含义,而对低地位群体则不是。对于高地位群体,以群体为基础的支配和反对平等都是内群体利益的反映,两个因素的意义是一致的,都会使其更认可偏见。对于低地位群体,反对平等即支持现存等级系统,就会无视内群体利益,而以群体为基础的支配则意味着为内群体争取利益,不支持现存等级系统。两个因素的作用正好是相反的。因此,反对平等会和偏见正相关,而以群体为基础的支配与偏见之间的相关则较低或无关。见表 3.2。

表 3.2　社会支配倾向的两种因素(动机)含义表

	基本含义	在地位不同的群体中的含义		在地位不同的群体中对偏见的影响			
		高地位群体中	低地位群体中	高地位群体中		低地位群体中	
反对平等	期望保持现存的等级系统	对内群体有利	对内群体不利	与偏见正相关	两因素作用方向相同	与偏见正相关	两因素作用方向相反
以群体为基础的支配	期望提升内群体的利益	对内群体有利	对内群体有利	与偏见正相关		与偏见无关或负相关	

来源:Jost 和 Thompson,2000.

更重要的是,两个因素与偏见之间的相关程度的不同,能解释意识形态不对称效应的产生。对于低地位群体,反对平等与偏见正相关,以群体为基础的支配与偏见无关或负相关,作用方向正好相反。对于高地位群体,两个因素都与偏见正相关。所以,当使用社会支配倾向总分计算与偏见的相关时,就会出现社会支配倾向在高地位群体中的预测力较强,但是却不能很好地预测低地位群体的偏见的情况。

社会支配理论的修正　约斯特和汤普森(Jost 和 Thompson,2000)从系统公正理论出发,区分出社会支配倾向的两种动机,并且认为低地位群体中社会支配倾向的两种动机缺乏一致性,的确能够对意识形态不对称效应做出解释。受此启发,社会支配理论家们也提出了自己的看法(Levin 等,2002)。他们认为,意识形态不对称效应可能说明了社会支配倾向在不同的情境下会反映出两种不同的动机。当社会支配倾向反映了反对平等动机时,它会与支持现状相关。在这种情况下,会出现社会支配理论预测的对称模式,即在高或低地位群体中,社会支配倾向都会与偏见正相关。相反,当社会支配倾向反映了以群体为基础的支配动机时,它就会主要在高地位群体中与偏见正相关。这会导出意识形态不对称作用的模式特征,社会支配倾向在高地位群体中,与偏见相关更强。

这种理解和约斯特等人的观点尽管有相似之处,但还是不太一样。约斯特等人把社会支配倾向区分成两个因素,分别看这两个因素的不同作用。而这里仍把社会支配倾向看作一个整体,只是在不同的情境下,社会支配倾向发挥不同的作用。因此,社会支配倾向会表达哪种动机实际上取决于其他变量的作用。也就是说,存在其他的调节变量,使得社会支配倾向在不同的情境下表现不同的作用。

有研究认为,个体对群际关系实质的看法和信念会对社会支配倾向发挥哪种作用产生一定影响。群际地位差异的合法性感知便是这样的一种信念(Levin 等,2002)。根据社会学中关于等级社会的观点(Weber, 1947),合法性感知会对等级系统的可接受性产生影响(Hogg 和 Abrams, 1990)。当地位差异合法性较高时,无论高低地位群体成员都会接受现存的等级系统;而当地位差异不合法时,每个群体都倾向于维护自身利益。那么可以推出的假设是,在高地位群体中,不管感知到的合法性如何,社会支配倾向都会与内群体偏好正相关。而在低地位群体中,当个体感知到系统合法时,社会支配倾向会表达为反对平等动机,与外群体偏好正相关,而当感知到不合法时,社会支配倾向会表达为以群体为基础的支配动机,与外群体偏好无关。研究结果支持了以上假设。

3.2.4 社会支配倾向量表在中国的应用

如上所述,社会支配倾向的概念和结构仍存在争议。有学者在中国文化下考察了社会支配倾向量表的结构,使用探索性因素分析和验证性因素分析的方法,发现该量表由三个因素组成(Li, Wang, Shi, 和 Shi, 2006)。除了包含前文中提到的两个因素外,还出现了在国外研究中没有的一个因素,即优势群体的排他性。原有的社会支配倾向量表中有三个项目进入了排他主义这个因素,分别是"如果某些群体能够安分地留在他们的位置上,我们就会减少很多麻烦"(项目5)、"比较差的群体应该安分地留在他们自己的位置上"(项目7)和"有时候其他群体必须被限制在他们自己的地方"(项目8)。为了增加这个新的因素的信度,研究者又增加了三个新的项目,分别是"社会发展是由少数精英群体领导的"、"有些群体就该做些简单低等的工作"以及"应该限制比较差的群体向上层流动"。

研究表明,这个因素的得分能预测高地位群体(如管理层员工)和低地位群体(如新晋员工)间的社会支配倾向水平的差异。而且这个因素与权威主义人格正相关,与利他主义负相关。这些结果支持了这个新的因素的有效性。

那么为什么在中国文化中会出现优势群体的排他性因素呢?该研究认为,从社会结构上说,传统的中国社会是家长制的等级结构,各个社会角色的权力是不平等的。这种社会结构已延续了相当长的时间,人们会自觉地遵从其社会角色所赋予的规范(孙隆基,2004)。另外,在财富的分配方面,自20世纪80年代以来,改革开放使中国的经济得到了巨大的发展,并且增加了社会流动。中国社会不再像20世纪六七十年代那样强调平均主义,而开始认识并接受社会中的财富不均等现象。有些精英阶层中的个体可能会认为,将自己与一般人区分开是合理的,而且应该限制一般人进入精英阶层。而那些期望成为精英的一般人则会反对这种排斥,希望能不受限制地向上流动(王春光,2005)。由于这样两种不同观点的存在,就可能在优势群体的排他性这个因素上出现个体差异。

3.2.5 社会支配倾向与权力

早期人们认为社会支配倾向只是以群体为基础的支配,它与个体间支配(interpersonal dominance)之间是相互独立的(Pratto等,1994)。然而,后来的研究表明,个体的社会支配倾向与对权力的渴望和使用权力间,有中等程度的相关(Altemeyer,1998)。高社会支配倾向者会感到优越感,更多支配他人(Lippa和Arad,1999),渴望拥有更高的社会地位和经济地位。而且高社会支配倾向者有着更强硬的态度,更少关心他人,更少表现出温暖和同情(Duckitt,2006),他们在马基雅弗利主义上的得分更高(Heaven和Bucci,2001)。这些结论都说明社会支配倾向与个体间的支配是有关系的。

有一项研究验证了这一点(Hing, Bobocel, Zanna, 和McBride, 2007)。被试被告知这是一项关于决策能力的研究,首先测量他们的社会支配倾向水平,然后将他们分成两人一组,单独在一个房间里用5分钟的时间来表达各自的能力,商量两人由谁当领导者,谁为下属。被试还被告知,他们需要对一项事务做决策,帮助某机构获得最大收益。为了激励被试尽力表现自己,研究者告诉被试将在研究结束时对获得收益最大的5个组给予奖励。研究者会在被试商议出谁当领导时或者5分钟结束时进入房间。结果表明,高社会支配倾向的被试更有可能使用策略去取得领导者的位置,也就是说,社会支配倾向能够预测个体间的支配,以及获取领导职位的愿望和能力。而低社会支配倾向的被试成为领导者或跟随者的可能性是一样的。见表3.3。

表3.3 不同社会支配倾向的被试成为两种角色的人数

结 果	低社会支配倾向的被试	高社会支配倾向的被试
获得领导角色	7	14
获得下属角色	10	3
没有选择	3	3

来源:Hing, Bobocel, Zanna, 和McBride, 2007.

不仅如此,社会支配倾向与权力之间还存在其他的关系。有研究者从社会认知的角度提出,权力的作用能在一定程度上理解为权力—目标的心理联结。启动权力概念之后,就会激活与之相连的目标,生发出目标导向的反应。对有些人而言,权力是与自我取向的目标相连的,激活权力概念会使他们的行为集中于提升私利;对另外一些人来说,权力与社会责任目标相连,会产生关心、响应他人的需要和看法的行为。这两类人分别被称为**交换关系取向**(exchange relationship orientation)和**公共关系取向**(communal relationship orientation)。不难发现,这两类人的目标是与高或低社会支配倾向者的目标十分类似的(Chen, Lee-Chai, 和 Bargh, 2001)。权力究竟会产生积极作用还是消极作用,看来是与拥有权力者的社会支配倾向水平有关的。一项研究表明,高社会支配倾向的领导者的确更有可能做出诸如污染那些不太发达的国家这样的不道德的决定(Hing, Bobocel, Zanna, 和 McBride, 2007)。

社会支配倾向的研究还有助于加深人们对权力的理解。高权力者倾向于更多地在组织中表达自己的意见,而这个效应会在高社会支配倾向者中得到加强,也就是那些认为社会阶层是合理的人,如果获得了高地位,就会更多地表达意见,使用权力来产生影响。这在某种程度上说明,不能只把权力当作一个资源和地位变量,权力的作用并非只是个体的客观地位的产物,它还包含了社会认知成分(Islam 和 Zyphur, 2005),会随着个体态度的不同而不同。

3.2.6 结语

社会支配倾向这个概念有着丰富的社会内涵,它是一个用来解释以群体为基础的社会不平等现象的个体差异变量。它能够驱使人们去接受特定的信念、态度或价值观,去加入能增加或减少群体间不平等的群体或组织。普拉托等人制作了社会支配倾向量表,其得分能可信地预测很广泛的思想信念。对这个概念进行研究有很强的现实意义。从已有研究来看,至少还有以下几个方面值得研究者进一步思考。

第一,从前文的论述中可以看到,社会支配倾向与社会角色和社会地位之间的关系并不是单向的。高水平的社会支配倾向可以使得个体去寻求更高的社会地位和加大阶层的社会角色,同样,处于高地位和加大阶层的社会角色中的个体,也会受到环境的影响而使社会支配倾向的水平提高。这些研究结论对于认识社会支配倾向的性质是很重要的。因为一直以来,社会支配倾向究竟是人格特质还是态度,对此还有争论。有人认为它是特质,这意味着是社会支配倾向决定了人们对社会角色的选择,而不是相反。

但有更多的研究者认为它并不是特质,因为有很多证据表明,社会支配倾向并非稳定持久的,它会受到情境因素的影响而发生变化。也就是说,社会支配倾向并不是独立于个体的社会地位的。因此,把社会支配倾向定义为一个对群体间关系的一般倾向,而不加任何限定,是不可取的。将它看作态度似乎更合理(Duckitt, Wagner, Plessis,和 Birum,2002)。但有研究者仍坚持认为它是特质,因为尽管社会支配倾向量表的得分是随情境变化的,但这是表层的变化,更深层的东西仍没有发生改变,也就是被试的等级序列(rank order)没有变(Van Laar 和 Sidanius,2001)。所以这场争论看来还会继续下去,双方都必须拿出更有力的证据才能让自己的立场更有说服力。

第二,社会支配倾向能解释偏见的产生,为了能减少偏见,人们自然就会想到应使社会支配倾向的水平降低。那么如何能做到呢?有人认为让个体接受教育就能减少偏见(Hewstone, Rubin,和 Willis,2002),但正如曾提到的一项研究所表明的,大学法律系的学生会随着入学时间的延长而拥有更高水平的社会支配倾向,这说明教育并不一定能减少群体间的偏见,只要在一个加大阶层的环境中,个体就会受到影响。尽管这种变化趋势并不是人们愿意看到的,但它也隐含了另外一种可能性,就是假如对情境进行恰当控制,社会支配倾向的水平也有可能下降。不过,具体的做法还需要今后的研究提供进一步的指导。

第三,对社会支配倾向的研究已经由群体支配扩展到个人支配,它与权力之间的相互作用也逐渐为人们所认识。开始时,人们认为社会支配倾向扮演着调节变量的作用,即权力的作用依赖于与之相连的目标建构,权力会发挥积极的还是消极的影响取决于个体是关心提升自身利益还是关注他人需要。对于目标的分类有公共或交换关系取向,还有类似的比如独立或互依的自我建构(Chen 和 Welland,2002),这些都与高或低社会支配倾向者间的差异相似。这类研究在设计时都假设权力的变化不会导致个体目标的变化,或者没有考虑到是否会变化。但是已有研究表明权力对社会支配倾向是有影响的,当权力增加时,个体会变得更多地追求自身利益,当权力减少时,个体会更多地追求与他人有关的利益。因此,今后的研究应考虑社会支配倾向作为中介变量的可能,设计时应包含能检验这种中介作用的步骤。

而且,权力对社会支配倾向的影响还有可能会受到个体所处的情境因素的影响。如果在一个加大阶层的环境下,拥有权力就有可能导致社会支配倾向的增加,但如果在一个减少阶层的环境中,权力的增加可能会导致社会支配倾向的降低(Guimond, Dambrun, Michinov,和 Duarte,2003)。这也是今后这类研究中应考虑的内容。

第四,社会支配理论认为,社会支配倾向的性别差异有着社会生物学渊源,所以在任何主流文化、社会或情境中,都是不变的。已有一些研究给出了支持的证据,但对这一假设人们始终有所怀疑,特别是情境的变化又确实能引起社会支配倾向的变化。也许在女性整体处于弱势的情况下,其社会支配倾向的水平在整体上是无法比男性更高的,但当女性进入高地位群体或加大阶层的组织之后,她们的社会支配倾向到底会有多大的变化却还并没有定论。

有人认为,不同种族的人之间的亲密接触很少,种族支配会唤起高度的敌意,而在男女交往中,男人希望拥有和女人之间的积极的、亲密的、浪漫的关系和友谊(Glick 和 Fiske, 1996),因此男性支配的特点是控制女性,但又不唤起女性的敌意。它表面上更像是一种正面的态度而非偏见,女性可能会心甘情愿地接受男性的支配。这种因素可能导致女性在社会地位提高之后,社会支配倾向的水平也仍与男性有差距(Levin, 2004)。但有研究者认为,性别主义并非都不带有敌意,它分为两种:一种是善意的性别主义,它会为选择了传统性别角色的女性提供保护;另一种便是敌意的性别主义,它有着对女性的负面态度(Fiske, 2000)。那么当女性面对敌意的性别主义时,她们的社会支配倾向水平是否会受到诸如社会地位等情境因素的影响而发生显著变化,还有待进一步研究。

3.3 马基雅弗利主义与厚黑学[①]

通过对权威主义和社会支配倾向的介绍,我们可以看到,一旦我们将个体的人置身在纷繁的社会历史文化之中,人性的多元性、复杂性就得到了更充分的体现。"说人是一种力量与软弱、光明与盲目、渺小与伟大的复合物,这并不是责难人,而是为人下定义。"狄德罗的这句名言还原了人性的真实与复杂。古今中外,先哲贤达大多力倡人性之光,力弘人格之美。从耶稣布道时讲的"博爱关怀"到大乘佛教宣扬的"普渡众生",从西方的"乌托邦"到东方的"天下大同",先哲贤达为我们构设了人性善良、人际和谐、人民幸福的人间天堂。但从草根市侩到精英阶层,现实中的人们跳不出私和利,也舍不了厚和黑,时间在它漫长的轨迹上讽刺性地印记着人性歹毒、人际倾轧、人民苦难。揭开文明礼仪的画皮,上至王室贵胄,下到平民百姓,以正大之名,行猥琐之术,我们看到了诸多见利忘义、尔虞我诈、背信弃义、恩将仇报的人间厚黑剧,这是人性恶,是人性中阴暗讳言的一面,是人性的灾难。在西方的意大利,描述上述内容的一个名词叫马基雅弗利主义,而在中国本土,我们称之为厚黑学。

马基雅弗利主义源于近代意大利,是"舶来品",厚黑学则生于中国,是"土特产"。

[①] 本节基于如下工作改写而成:(1)汤舒俊,郭永玉.(2011).张居正的马基雅弗利主义人格解析.心理学探新,31(3),209—213.(2)汤舒俊,郭永玉.(2011).当前社会中的马基雅弗利主义现象.中国社会科学报,01月25日第159期第9版.(3)汤舒俊,郭永玉.(2010).西方厚黑学——基于马基雅弗利主义及其相关的心理学研究.南京师范大学学报(社会科学版),4,105—111.中国人民大学复印报刊资料《心理学》月刊2011年第1期(第79—85页)全文转载.(4)汤舒俊.(2011).厚黑学研究——人格和价值观的视角.华中师范大学博士论文.(5)汤舒俊,刘亚,郭永玉.(2014).中国人马基雅弗利主义行为影响因素的实验研究.教育研究与实验,4,83—87.(6)汤舒俊,郭永玉.(2015).中国人厚黑人格的结构及其问卷编制.心理学探新,35(1),72—77.撰稿人:汤舒俊。

在语言不通、沟通不畅、交通不便、联系甚少的传统社会,马基雅弗利主义和厚黑学都只是名噪一方,各执其政。近代以后,当东西方文化交流日益增多,马基雅弗利主义来到中国并日益本土化,而厚黑学也走出国门并日益国际化时,人们发现中国的厚黑学和西方的马基雅弗利主义形差而实同,表异而里似。二者的关系可以用一个数学式近似表达为:马基雅弗利主义≈厚黑学。二者之所以可以用约等于号来连接,是因为无论是东方的厚黑学,还是西方的马基雅弗利主义,都可以剥离出"为达目的,不择手段;操纵他人,谋取私利"的理论内核来,都在社会生活中有着相同的现实表现,因此厚黑学和马基雅弗利主义只是人性恶在东西方相对割裂的时空中的各自表征,都是人性阴暗面的产物,在本质上是相同的。但厚黑学和马基雅弗利主义二者之间并没有直接划等号,是因为我们必须考虑到历史、人种、宗教、社会,尤其是东西方文化的巨大差异。

20世纪80年代以来,厚黑学渐成显学,而马基雅弗利主义也激起了更多的兴趣,一时研习成风,蔚然流行。近来,一部美国电视连续剧《纸牌屋》(The House of Cards)在网上热播,这部美剧简直就是马基雅弗利主义的活教材。我们也借此热潮来系统梳理下人性恶在东西方的研究与注解。

3.3.1 马基雅弗利和马基雅弗利主义

尼科罗·马基雅弗利(Niccolo Machiavelli,1461-1526)是意大利著名的政治家、剧作家和历史学家,曾长期在佛罗伦萨共和国任要职,为意大利的国家统一和民族解放奔波驰走,虽屡挫屡试,但最后仍失意于政治。这位深受文艺复兴思想影响的政治家,萃取他的内政历练、外交捭阖,提炼前朝的功过得失,在囹圄中奋笔疾书,留诸后世的《君主论》(The Prince)和《论李维著罗马史前十书》(Discourses on the First Ten Books of Titus Livius)是其代表作。然而书稿甫出,哗声四起,书中屡现惊世骇俗之语:"统治者应当杀掉敌手,而不要只是没收他们的财产。因为被剥夺财产的人,可以图谋复仇,而那些被从肉体上铲除的人,就不可能这样做了。""如果要加害于人,务必坏事做绝,被杀的人对死亡的品味转瞬即逝,忍受的痛苦反而轻得多。""要施惠于人,务必细水长流,点滴为限,恩惠才会被更深地感受到。所谓慷慨就是对自己的财产吝啬小气,对他人的所有物大方施为。"(Machiavelli,1513/2008,p.8)其言语之狠毒、表达之直露,堪称西方前无古人、后启来者的"厚黑教主"。

马基雅弗利主义(Machiavellianism)不是马基雅弗利的思想理念和政治主张的集成,而是其逢迎当时统治者所提出的帝王之术和驭人之道。这使马基雅弗利主义成为西方的厚黑学,沦为权术和谋略的代名词。不同学科背景的研究者对马基雅弗利主义的定义和认识都带有相当的"厚黑"色彩,如克里斯蒂和盖斯(Christie和Geis,1970)将马基雅弗利主义定义为"操纵者得到比不使用操纵策略更多的某种回报,而他人至少在直接背景下所得更少的一个过程"。里克斯和弗雷德里克(Ricks 和 Fraedrich,1999)将马基雅弗利主义定义为"一个可以用来解释操纵的、劝说的行为以达成个人目标的特质"。雅各布伟兹和伊根(Jakobwitz 和 Egan,2006)认为马基雅弗利主义是"提倡自我利益、欺骗和操纵的人际间策略"。尽管语言表述不同,但多数研究者认同马基雅弗利主义是一种操纵他人、不择手段、谋取利益的人格特质。马基雅弗利主义者具有以下几个典型的特征和行为:(1)使用操纵性策略,在人际互动中使用如劝说、欺骗等可能的手段使他人服务于自己的利益;(2)玩世不恭的认知,以消极、玩弄的态度对待他人,将他人视为可操纵与利用的对象;(3)在思想和行动上对传统道德的漠视(Fehr, Samson, 和 Paulhus, 1992)。

一般而言,我们将马基雅弗利主义者分为高低两类,高马基雅弗利主义者冷酷和独立,认为任何感知可能性和行为情境都是为了获得结果,而低马基雅弗利主义者对他人更加开放,容易情感卷入,在个人目标方面更加关注交流的内容而不是最终的结果。对于高、低马基雅弗利主义者,其行为特征上存在哪些差异呢?归纳总结如表3.4所示。

表3.4 马基雅弗利主义者行为特征概要

高马基雅弗利主义	低马基雅弗利主义
抵制社会影响	易受他人意见影响
隐藏个人罪恶	显露内心的罪恶
有争议立即改变态度	坚持己见
拒绝承认	立即坦诚地承认
阐述事实时具有较高的说服力	阐述事实时缺乏说服力
怀疑他人的动机	在表面上接受他人的动机
情境分析	对情境进行了大量的假设
不接受互惠主义	接受互惠主义
对他人可能行为的判断持保留态度	相信他人"应该"以确定的方式行动
能够随情境改变策略	局限自己的行为
说别人喜欢听的话	说实话
对他人的信息很敏感	对他人的影响很敏感
如果他人不能报复则尽可能多地剥削	不愿意去剥削他人
决不明显地去操控他人	操控别人时往往很明显
不容易脆弱到恳求屈从、合作或改变态度	以社会所期望的方式去反应
偏爱变动的环境	寻求稳定的环境

来源:Christie 和 Geis, 1970; Vleeming, 1979; Nelson 和 Gilbertson, 1991.

3.3.2 马基雅弗利主义的结构与测量

马基雅弗利主义的结构

克里斯蒂和盖斯在建构马基雅弗利主义测量工具时,是按照三个主题来组织量表的,即人际间策略技巧的项目(tactics items)、人性观的项目(views items)和道德性的项目(morality items)。这在事实上否定了马基雅弗利主义结构的一元说(Nelson和Gilbertson, 1991),支持了其他研究者认同的马基雅弗利主义结构多元说(Ahmed和Stewart, 1981)。由于研究被试、研究方法和研究者主观理解的差异,不同研究者对马基雅弗利主义结构的探索有着各自的表述,如威廉姆斯(Williams)等用因素分析的方法,找出马基雅弗利主义四个潜在维度,并分别命名为"交往伦理"、"操纵性策略和假设"、"对人性的看法"、"道德行为"(Williams, Hazleton, 和 Renshaw, 1975);拉姆登(Lamdan)等用多元回归的方法,探索出马基雅弗利主义由"对他人的不信任"、"利己"、"抑制同情或帮助的倾向"、"指令和影响他人的偏好"四个维度组成(Lamdan 和 Lorr, 1975)。尽管上述维度的表述各异,但都可概化为近似一致的马基雅弗利主义人格形象。即,认知上,主张人性恶,对别人的宽容就是对自己的残忍,坚持利己的价值观,一切服从和服务于自己现实的既得利益和潜在的或得利益;情感上,冷酷,很少有情感卷入或移情,不易为忠诚、友谊所动;行为上,动用各种可能的手段控制和影响他人,为达目的,不择手段,甚至不惜打道德的擦边球,走法律的钢丝绳。

马基雅弗利主义的测量工具

为了测定马基雅弗利主义,克里斯蒂和盖斯延伸阅读了古今政治著作,包括《政治心理学》(*The Psychology of Politics*)、《商君书》(*The Book of Lord Shang*)、《论政治》(*Arthasastra*),甚至圣经(Moss, 2005),并直接从《君主论》和《论李维著罗马史前十书》中摘抄典型的陈述句,略作测量学的修饰,形成71个备选项目池,最后筛选出区分效果最好的20个项目,形成测量马基雅弗利主义的李克特7点量表Mach IV,盖斯报告的平均分半信度为0.79(Christie 和 Geis, 1970)。

由于测量内容与道德规范相违,社会称许性会造成效度问题,纳尔逊和吉尔伯森(Nelson 和 Gilbertson,1991)发现Mach IV与**马洛-克罗恩社会称许性量表**(Marlowe-Crowne Social Desirability Scale)的得分显著相关,尤其是对女性被试。克里斯蒂又开发了迫选式量表Mach V,包括20个三联项目组,每个项目组有三个表述,一个是关于马基雅弗利主义的表述(Mach项,它与Mach IV中的项目表述基本一致),一个是与马基雅弗利主义无关但与社会称许性相匹配的陈述(匹配项),还有一个用于控制不同的社会称许性(缓冲项),被试从三个选项中标识出其最认同和最不认同的表述,按照被试的选择组合并根据既定评分程序来给予评分,但由于计分程序并非均衡赋予权重而受到批判。罗杰斯和塞敏(Semin)尝试改进计分程序,但仍没有实质性地提高Mach V的准确性(Shea 和 Beatty, 1983)。尽管布鲁姆(Bloom, 1984)为Mach V做出过一些辩解,但似乎更多的研究者倾向于否定它。威廉姆斯认为Mach V和Mach IV并不是平行量表,两者相比,Mach IV要更准确(Williams等, 1975)。谢伊

(Shea)认为采用 Mach V 施测所得分半信度,即使用斯皮尔曼-布朗(Spearman-Brown)公式调整后也只有 0.45,离传统可接受的标准仍相距甚远(Shea 和 Beatty,1983)。金(King)也认为 Mach V 的信度总的来说是站不住脚的(King 和 Miles,1995)。

近年来,也有研究者尝试编制新的测量工具,如**马基雅弗利主义行为问卷**(Mach B),其测量不是建立在认知构建的基础上,而是开发了行为评定设计的情境来预测马基雅弗利主义的行为表现(Moss, 2005)。最近的新编量表还有**马基雅弗利人格量表**(Machiavellian Personality Scale, MPS)(Dahling, Whitaker, 和 Levy, 2008),但这些新量表的使用和检验还很少。在实证研究中,Mach IV 成为研究者们最普遍采用的测量工具,但也有学者对其效度提出过一些怀疑(Hunter 和 Gerbing, 1982; Ray, 1982)。

3.3.3 马基雅弗利主义的相关研究

马基雅弗利主义与绩效

绩效(performance)是员工对组织的贡献。实践中,一些营利性组织钟情于高绩效的业务员,而高绩效的业务员又高度认同马基雅弗利主义(Millord 和 Perry, 1977)。企业似乎可以按图索骥,只要找到了高马基雅弗利主义者,就找到了未来的高产出者,事实果真如此吗?克里斯蒂和盖斯(1970)发现高马基雅弗利主义者仅在以下情境中工作成效显著:(1)当他们与别人面对面直接交往,而不是间接地相互作用时;(2)当情境中要求的规则与限制最少,并有即兴发挥的余地时;(3)情绪卷入与获得成功无关时。可见,人际互动是前提,马基雅弗利主义者要操控他人,如果没有人际互动,就谈不上操控;自由决策的空间和权力是保证,有决策和行为的自由,才有马基雅弗利主义者行为表现的机会;冷血无情是重要条件,马基雅弗利主义者的行为拒绝情感卷入,无情才能无所不为。

盖布尔(Gable)等以零售业为背景,对马基雅弗利主义与绩效的关系进行了系列实证研究,其特点是非常注重调节变量的作用,尤其关注个体特质、情境变量、工作态度在马基雅弗利主义与绩效之间可能发挥的某种交互作用。盖布尔的三个研究都是在一家中等规模、拥有 78 家分店的专卖店连锁公司中进行,在 78 位经理中,排除了女性、任职不到一年以及谢绝调查者,共 48 位男性经理作为被试参与了系列研究。研究分别表明结构启动(initiating structure)、工作卷入(job involvement)和控制点(locus of control)调节着马基雅弗利主义对绩效的作用,即马基雅弗利主义对绩效的作用随着引入的第三个变量的变化而变化(Gable 和 Dangelo, 1994a; Gable 和 Dangelo, 1994b; Gable, Hollon, 和 Dangelo, 1992)。因此,高马基雅弗利主义对高绩效的决定性作用并不是绝对的、无条件的。

结构启动的调节作用

结构启动是领导者在达成目标的过程中,对自己和部属进行角色确定和工作干预的程度。为探讨其可能的作用,盖布尔等对 48 位男性经理进行了问卷施测,用 Mach IV 测量其马基雅弗利主义水平,采用**领导行为描述问卷**(Leadership Behaviour Description Questionnaire, LBDQ)中所内含的有关结构维度的 15 个项目来测量工作中上司所建构的工作环境,并根据分数将其分为低结构维度组和高结构维度组,同时通过每平方英尺销售额(sales per square foot)、毛边际收益百分比(gross margin percent)和存货流转率(inventory turnover)三个指标来考核绩效,数据由财务部门提供。结果表明在上级建构的宽松环境中,高马基雅弗利主义水平的经理会与其绩效显著正相关,反之,在一个严格的环境中,马基雅弗利主义与绩效无关(Gable, Hollon, 和 Dangelo, 1992)。结构启动的调节作用显著。盖布尔的结果印证了克里斯蒂和盖斯的观点,即当情境中要求的规则与限制最少,并有即兴发挥时,高马基雅弗利主义者会有很好的绩效。在上级建构的宽松工作环境里,上司在其管理中有着很大的权力保留,而由此造成的一些权力真空地带就是马基雅弗利主义者施展的绝好舞台,他们或狐假虎威,或越职擅权,由于情境中的要求与限制最少,马基雅弗利主义成就其绩效。反之,宽松不再,羁绊有加,高马基雅弗利主义的经理找不到用武之地,最后的绩效也就不可能优于其他经理。

工作卷入的调节作用

工作卷入是员工认同其工作,积极参与并认为其工作绩效对其自我价值很重要的程度。Gable 通过对 48 位男性经理的综合问卷施测来分析其可能的作用,其中用 Mach IV 测量马基雅弗利主义水平;用**工作卷入量表**(Job Involvement Scale, JIS)测量员工对工作的认同程度,并根据工作卷入量表分数将经理们分为低工作卷入组和高工作卷入组;绩效仍通过每平方英尺销售额、毛边际收益百分比和存货流转率三个指标来考核。结果表明,对于工作卷入度低的经理,其马基雅弗利主义与绩效不相关;对于工作卷入度高的经理,其马基雅弗利主义与绩效显著相关(Gable 和 Dangelo, 1994a)。盖布尔对这一结论的解释是,工作卷入是员工内心深处对工作及其重要性的认同,工作卷入指向最后的结果即工作绩效。高工作卷入者是结果导向的,因此,如果某位经理的工作卷入度很高,同时又在马基雅弗利主义人格上得高分,那对于绩效来说绝对是锦上添花,这意味着该员工不仅会牢记使命(专注于绩效目标),在过程中也会兢兢业业并不择手段,其最终的绩效结果会显著地好。反之,如果某位经理的工作卷入度低,这意味着其心思已游离于本职工作,其目标也抛弃了既定绩效,在决定绩效的核心因素已去的情况下,马基雅弗利主义人格上的得分已经不再重要,因为这时的绩效注定是较差的。

控制点的调节作用

控制点反映了个体对行为过程和行为结果责任的认识和定向。盖布尔采用 Rotter 的**内外控制量表**(Internal-External Locus of Control Scale)来测量控制点,并根据中位数分数将其分为内控组和外控组。马基雅弗利主义水平采用 Mach IV 测量,而绩效采用公司财务所提供的每平方英尺销售额、毛边际收益百分比和存货流转率三个指标来考核。通过相关研究,结果表明对于外控组的经理来说,其马基雅弗利主义与绩效的相关显著,而对于内控组的经理来说,则不存在显著相关,即高马基雅弗利主义、外控组的经理会有更好的绩效(Gable 和 Dangelo,1994b)。盖布尔对上述研究结果的进一步解释是,商店经理的工作是跨边界的,而且缺少上级物理上近距离的监控,这实际上昭示着马基雅弗利主义的存在空间。而不同的控制点决定了不同的绩效取向,外控组向外界(组织和制度之外)要绩效,倾向于利用可能的机会如私自改变商品陈设、订购新商品、控制人事预算来增加绩效,高马基雅弗利主义的经理会得到更好的绩效;内控组则向内部(组织和制度之内)要绩效,倾向于埋头内部工作,服从组织,依靠制度,但在各个商店资源禀赋相当的前提下,其绩效差异不会很大。

由上可见,尽管马基雅弗利主义并非高绩效的充分必要条件,但马基雅弗利主义与绩效确有某种关系,我们应注意考察第三方变量的可能作用。近年来有研究者以销售人员,如房地产置业顾问、汽车营销人员为被试,探讨马基雅弗利主义和绩效的关系,发现二者的关系十分密切,无论是置业顾问,还是汽车营销人员,他们的业绩与 Mach B 的得分均显著相关(Abdul,2004;Abdul,2005)。

马基雅弗利主义与道德

马基雅弗利主义者作为现实的个体,追求个人正当合法利益本也无可厚非,但如果损人利己,损公肥私,牵扯第三方利益,那就是涉及道德的问题。道德是有力量的,但道德是一种软性的约束,并非刚性的诉求。仅仅依靠自觉自制,马基雅弗利主义者会放弃可乘之机,可图之利?马基雅弗利主义和经济机会主义是正相关的,在信息不对称的情况下,马基雅弗利主义者倾向于利用手中的优势,使自己的利益最大化(Sakalaki,Richardson,和 Thépaut,2007)。马基雅弗利主义者总是表现出更少的道德导向(Rayburn 和 Rayburn,1996),对他们来说,当道德遭遇利益,道德总是说服不了利益,道德总是被利益所绑架,这在社会各个阶层都有所体现,也为不同的研究者所证实。有研究者(Tang 和 Chen,2008)以高校学生为被试,发现马基雅弗利主义在贪爱钱财和不道德行为中起着显著的中介作用,而在 IT 业,马基雅弗利主义者对忽视知识产权和侵犯他人隐私表现出更多的认可(Winter,Stylionou,和 Giacalone,2004)。

道德决策制定是一个多维度的构建,包括马基雅弗利主义在内的人格特征同认知道德发展(cognitive morality development)、责任(accountability)以及人口统计学等变量一起决定着道德行为及其意图(Beu, Buckley, 和 Harvey, 2003)。尽管马基雅弗利主义不是唯一的前因变量,但 Beu 等发现马基雅弗利主义是道德行为意图最有力的预测因子。这一点对消除不道德行为具有启发意义,但有研究者(Tang 和 Chen, 2008)发现以降低马基雅弗利主义水平为目的的短期道德干预效果并不理想,而长期的道德教化和整个社会道德舆论环境的提升则有意义。

另外,舍佩尔斯(Schepers, 2003)提醒,马基雅弗利主义者也有着道德判断,他们在道德公正(moral equity)这个维度上同非马基雅弗利主义者一样,内心都有着对事件本身"对"和"错"的感觉和判断。因此不能简单地说马基雅弗利主义者"不道德",确切地讲是"不顾道德",在利益面前顾不上讲道德了。

马基雅弗利主义与社会经济成功(socioeconomic success)

我们经常想当然地认为,马基雅弗利主义者脸厚心黑,使奸耍诈,为达目的不择手段,他们会拿得更多、爬得更快,职场中的马基雅弗利主义者也会得到更多的个人收益和更快的职务晋升。不同的研究者结合不同的行业进行了探索性研究。韦克菲尔德(Wakefield, 2008)对美国的注册会计师进行研究,发现注册会计师行业内的马基雅弗利主义得分显著低于其他行业的从业者,他采用多因素协方差分析,将地位和收入作为因变量,将马基雅弗利主义分数、性别、年龄、教育水平作为自变量,将马基雅弗利主义分数×性别、马基雅弗利主义分数×年龄作为交互作用项,分析结果显示马基雅弗利主义分数同收入和地位并没有显著的相关,而且无论男性还是女性,成功因子(即地位和收入)和马基雅弗利主义分数并不存在显著相关。韦克菲尔德的结论是高马基雅弗利主义的会计师并不会比这一特质上得分低的同行获得更高的收入和更有声望的地位,韦克菲尔德甚至还直白地表达出了严格自律和高度职业操守的会计师行业对马基雅弗利主义的排斥。科尔津(Corzine)等研究了美国银行业的马基雅弗利主义,以银行业从业人员薪水为因变量展开多元回归分析。在其回归方程中有四个显著解释变量:性别、年龄、教育程度和服务年限,其中性别与薪水的点二列相关系数为显著负相关,年龄、教育程度和服务年限与薪水为显著正相关,但与马基雅弗利主义的得分无关(Corzine, Buntzman, 和 Busch, 1999)。赫特和乔柯(Hunt 和 Chonko, 1984)则回答了马基雅弗利主义是否与市场营销业的成功有关。在简单相关研究中,马基雅弗利主义和收入呈负相关,但在以营销业成功的指标工作头衔和收入水平为因变量,以年龄、性别、教育水平和马基雅弗利主义为自变量的多元回归分析中,当年龄、性别和教育水平作为回归中的控制变量时,马基雅弗利主义不再是收入的一个显著预测变量,这也证明了之前变量的简单相关中,马基雅弗利主义和收入的负相关是伪相关。上述研究似乎表明马基雅弗利主义与社会经济成功没有关系。但盖布尔和托普尔

(Gable 和 Topol，1988)等对零售业的研究表明,马基雅弗利主义与社会经济成功有关系,而且不是我们所想当然的正相关,而是负相关。在其报告的商场经理的马基雅弗利主义研究中,多元回归结果表明年龄、性别和马基雅弗利主义是工作头衔和收入水平的显著预测因子,但是马基雅弗利主义分数越低的被试,更可能被提升至更高的管理层级和被给予更好的待遇。以折扣商店经理为被试的研究也得到类似于商场经理的研究结果(Topol 和 Gable，1990)。格米尔(Gemmill)和海泽(Heissler)也发现马基雅弗利主义导向与向上的流动性(即职务晋升)并无显著关系(Gemmill 和 Heissler，1972)。马基雅弗利主义与社会经济成功是无关的,甚至负相关。这样的结论在令人颇感意外的同时,是否也昭示心黑脸厚、寡廉鲜耻也要付出高昂代价?《威尼斯商人》中的夏洛克,这个典型的马基雅弗利主义式的人物,其结局是一种偶然,还是必然?工商业人士是否也应扪心自问其身体中是否还有道德的血液?因为工商业并非仅是短线交易,更是长期博弈,毕竟厚黑仅能作权宜之计,道德才是长久之道。

马基雅弗利主义的跨文化研究

克里斯蒂和盖斯(Christie 和 Geis, 1970)认为马基雅弗利主义是一种跨文化存在,还提出低马基雅弗利主义更可能在传统文化中存在,而高马基雅弗利主义则更可能在非传统文化或者在转型期的背景下存在。一些学者所进行的跨文化研究开阔了我们的视野,奥克森伯格(Oksenberg,1971)通过在中国香港地区施测,发现传统的中国学生的马基雅弗利主义表现显著少于西化的中国学生。而斯塔尔(Starr,1975)则得到了相反的结果,传统的阿拉伯学生和西化的阿拉伯学生相比更加马基雅弗利主义化,与克里斯蒂和盖斯的发现相矛盾。但如果深入探究,会发现阿拉伯的传统社会不同于中国传统社会,儒家体系下的中国传统社会信奉"克己复礼为仁",而阿拉伯传统社会所推崇的原教旨主义易激进、走极端。郭和马塞拉(Kuo 和 Marsella,1977)对64对在性别、年龄、教育水平和社会称许性上都匹配的中国台湾大学生和美国大学生施测,结果表明中国台湾被试和美国被试在量表的得分上无显著性差异,这意味着两个不同的文化种族群体的厚黑程度相仿。但由于文化种族的差异,具体的项目得分分析表明,中国台湾被试在一些厚黑行为策略上的得分显著地高,属"厚黑在行",而美国被试则对人性恶更加认同,属"厚黑在心"。郭和马塞拉(Kuo 和 Marsella,1977)还认为中国台湾被试和美国被试对马基雅弗利主义概念的理解和建构有差异,如中国文化中的"利己"、"损人利己"虽与马基雅弗利主义在意义上相近,但并不一定表明其是马基雅弗利主义的对等概念。他们力主在跨文化人格研究中建构概念上的等值,并建议采用成分分析、语义差异等技术来比较不同文化种族在人格特质上的异同点。

3.3.4　中国的马基雅弗利主义——厚黑学

人性之争与厚黑学的理论之源

人本来是好是坏？一个人为什么是这样而不是那样的？这是中国的哲学家、士大夫十分关心的重要问题，也是中国传统人生哲学和伦理道德的基础。中国古代和近代思想家关于人性提出了各自不同的观点和立场，形成了不同的人性论。这些人类自身对自我本质的看法，总的来说对后世有较大影响力的有性善论、性无善恶论、性恶论、性善恶混论。

性善论主张人性本善。最早明确提出性善论及其系统理论的是孟子，《孟子·公孙丑上》中讲道："无恻隐之心，非人也；无羞恶之心，非人也；无辞让之心，非人也；无是非之心，非人也。恻隐之心，仁之端也；羞恶之心，义之端也；辞让之心，礼之端也；是非之心，智之端也。人之有四端也，犹其有四体也。"同时《孟子·告子上》中又说："仁义礼智，非由外铄我也，我固有之也，弗思耳矣。"孟子认为，人的道德观念是天赋的、先验的，人生而具有天赋的"善心"，而仁义礼智都是"善心"所派生的。孟子的性善论是儒家仁学思想的重要基础，对后世的儒学，特别是宋明理学，产生了深远影响。

性无善恶论主张性无所谓善也无所谓恶。最早提出这一主张的是告子，《孟子·告子上》中记载着他的言论。"告子曰：'性无善无不善也。'或曰：'性可以为善，可以为不善；是故文武兴，则民好善；幽厉兴，则民好暴。'或曰：'有性善，有性不善；是故以尧为君而有象，以瞽瞍为父而有舜；以纣为兄之子且以为君，而有微子启、王子比干。'今曰'性善'，然则彼皆非与？"告子反对孟子的先验道德，反对天赋"善心"。他的这一观点被清末的龚自珍所赞同，《壬癸之际胎观第七》中写道："善非固有，恶非固有，仁义、廉耻、诈贼、很(狠)忌非固有。"很明显，龚自珍是完全赞成告子关于人性的说法的，认为善恶等道德观念是后天形成的。即他在《阐告子》说的："龚氏之言性也，则宗无善无不善而已矣。善恶皆后起者。"

性恶论主张人性本恶。性恶论的旗手是荀子，《荀子·性恶》中记载道："人之性恶，其善者伪也。今人之性，生而有好利焉，顺是，故争夺生而辞让亡焉；生而有疾恶焉，顺是，故残贼生而忠信亡焉；生而有耳目之欲，有好声色焉，顺是，故淫乱生而礼义文理亡焉。然则从人之性，顺人之情，必出于争夺，合于犯分乱理，而归于暴。故必将有师法之化，礼义之道，然后出于辞让，合于文理，而归于治。用此观之，人之性恶明矣，其善者伪也。"荀子反对把人的自然属性道德化，认为"好利"、"好声色"等都是基于生理机制而产生的物质欲求，社会道德是对这种欲求的调节和规范。

性善恶混论主张人性有善也有恶。东汉时期的扬雄是最著名的善恶混论者。《法言·修身卷第三》中写道："人之性也善恶混，修其善则为善人，修其恶则为恶人气也者，所以适善恶之马也与？"这种理论也是对性善论和性恶论的"扬弃"，不同的只是在于性无善恶论认为人性无所谓善恶,而性善恶混论则认为人性既善又恶,是善与恶的混合物。近代康有为、章太炎也都是性善恶混论者。

中国先哲们对人性论的探讨丰富了中国古代哲学的内容,尽管在性善论、性无善恶论、性恶论和性善恶混论中,由于儒家统治地位的确立直接导致了性善论的影响最大,其贬恶扬善,强调社会环境和教育条件对后天社会属性的改造与决定性作用,甚至主张以善或改造过的"善"作为人类社会安立的基础,这正是正统学派的意志力和影响力所在。但这并不意味着性恶论的消弭,作为正统学派的补充或触角不及的旁门左派中,性恶论大行其道,这是厚黑学的理论基础和思想渊薮。

李宗吾对人性恶的系统化总结

尽管中国人关于人性的激辩、反思和总结形成了各自不同的人性论,但自西汉以来儒家当国的政治现实与影响,投射到社会文化生活层面,直接树立了儒家所倡导的性善论作为当时社会主流思想和正统价值观的权威地位。人们对性善论的推崇与褒颂逐渐导致了中国性善文化的形成,而在此背景下人们对性恶论的排斥与忌讳也走向了极端,因此,直到新文化运动前夕,李宗吾才揭示了历史尘封和文化禁锢的人性恶。

厚黑学是李宗吾思索史事时突然解悟的结果,是对历史上的所谓英雄豪杰成功秘诀的揭示。传统史学所推崇的英雄豪杰应该具备仁、义、智、勇四种品格,并且多由此入手考察分析他们成就大业的原因。李宗吾将传统的价值观一并推开,发现"厚"、"黑"才是所谓英雄豪杰最大的本事,曰:"古之为英雄豪杰者,不过面厚心黑而已。"(李宗吾,1912/2010,p. 22)他从三国人物曹操、刘备、孙权的本事悟出此一秘诀,又进而举司马懿、刘邦、项羽、韩信、范增等人为例从正反两个方面加以印证,无一不合。这真是烛破幽隐的大发现。在此基础上,李宗吾又将厚黑分成三步,即三个不同的境界:第一步是厚如城墙,黑如煤炭;第二步是厚而硬,黑而亮;第三步是厚而无形,黑而无色,这更是鞭辟入里之论。从1935年8月1日起,他在成都《华西日报》上陆续发表了不少阐扬"厚黑"的文字,后来编辑成一部《厚黑丛话》。在《厚黑丛话》中,李宗吾对厚黑学理论又有所深化和完善,他说:"厚黑二者,是一物体之两方面,凡厚到极点者,未有不能厚,厚到极点者,未有不能黑。"(李宗吾,1912/2010,p. 201)举例如下:"曹操之心至黑,而陈琳作檄,居然容他得过,未尝不能厚。刘备之面至厚,璋推诚相待,忽然举兵灭之,则未尝不能黑。"又指出,"黑字专长的人,黑者其常,厚者其暂。厚字专长的人,厚者其常,黑者其暂"(李宗吾,1912/2010,p. 132),十分精到地揭示了"黑"和"厚"之间的关系。

为了给厚黑学寻找一个坚实的立足点,李宗吾把厚黑学上升到人性论的高度。他在《厚黑经》中说:"盖欲学者于此,反求诸身而自得之,以去夫外诱之仁义,而充其本然之厚黑。"(李宗吾,1912/2010,p. 25)他把厚黑说成是天性中固有之物,人性的本体(本然),而把仁义说成是外在强加的东西(外诱),这与孟子所主张的"仁义理智,非如外铄我也,我固有之也"的人性论观点针锋相对。当有人指责他时,他却说"我倒没有错,只怕孟子错了"。李宗吾自称他的厚黑学渊源于荀子的性恶说,他在将孟子性善说和荀子性恶说对比的过程中,旗帜鲜明地表达了褒荀贬孟的态度。他说:"孟子书中有'阉然媚于世也'一句话,可说是孟子与宋明诸儒定的罪案,也即是孟子自定的罪案。何以故呢?性恶说是箴世,性善说是媚世。性善说者曰:'你是好人,我也是好人。'此妾妇媚语也。性恶说者曰:'你是坏人,我也是坏人。'此志士箴言也。天下妾妇多而志士少,箴言为举世所厌闻,荀子之步子出孔庙也宜哉。呜呼?李厚黑,真名教罪人也。"(李宗吾,1912/2010, p. 145)李宗吾以人们惯见的生活现象为据驳斥孟子的性善说:"孟子说:'人之所不学而能者,其良能也;所不虑而知者,其良知也。'小孩见母亲口中有糕饼,就伸手去夺,在母亲怀中食乳食糕饼,哥哥近前,就推他打他,都是不学而能,不虑而知,依孟子所下的定义,都该为良知良能。孟子教人把良知良能,扩而充之,现在许多官吏刮取人民的金钱,即是把小孩时夺取口中糕饼那种良知良能,扩而充之。许多志士,对于忠实同志,排挤倾轧,无所不用其极,即是把小孩食乳食糕饼时,推哥哥、打哥哥,那种良知良能扩充出来的。孟子曰:'大人者,不失其赤子之心者也。'现在的伟大,小孩那种心理,丝毫没有失掉,可见中国闹到这么糟,完全是孟子的信徒干的,不是我的信徒干的。"(李宗吾,1912/2010, p. 135)小孩夺母亲口中的糕饼,用手推打靠上前来的哥哥,这是"不学而能,不虑而知"的本能,贪官污吏搜刮民财、志士排挤同志都是这种本能扩充而来的,李宗吾将厚黑作为人性的本然,认为所谓英雄豪杰的本事只是能把厚黑的本性加以充分扩充而已。李宗吾把中国的现状归罪于"不失赤子之心"的"大人",即"孟子之徒"。孟子所谓的"人少则慕父母,知好色则慕少艾,有妻子则慕妻子,仕则慕君",李宗吾则认为这"全是从需要生出来的",孩提慕父母是因为父母能给他食物,少壮慕少艾是因为少艾和妻子能满足他的色欲,而出仕的人慕君是因为君能提供给他赢得功名的机会。李宗吾在"批判"的同时还进行"建设",一方面要人们警惕那些为个人利益行使厚黑的人,另一方面则主张人们扩充厚黑本性,在社会斗争中,尤其是在对外敌的斗争中行使厚黑。呼吁四万万民众以越王勾践为榜样"快快厚黑起来",厚黑救国。

当李宗吾自封"厚黑教主",用犀利的言语直击人性恶,发前人之所未发,言前人之所未言,并总结集合成《厚黑学》时,李宗吾及其《厚黑学》都迅速走红,李宗吾成为民国奇人,《厚黑学》更被誉为"民国第一奇书"。

中国文化下孕育的人性恶抗体:因果报应观念

提及因果报应,人们很自然就会想起佛教。但佛教正式传入中国并融入中国的民俗与政治生活是在东汉,而在此之前,中国本土就已经有了朴素的报应观念,可以佐证的是散落于民间的大量有关惩恶扬善、好人好报、坏人遭殃的故事传说和词赋歌谣。更直接具体的是诸子百家中一些经典作家对此的理性思考与理论探讨,见表3.5。在东汉以前的先贤们关于报应思想的典型描述中,对报应的承受主体、善恶标准、实现途径等核心问题都有所涉及,字里行间更是渗透着原始的道德愿望和宗教理想,可见这种朴素的报应观念在当时就已经初步形成。而尤其引人侧目的是儒家对这种观念的弘扬,无论是经典文献中提及的频次还是论述的深度,其他各家都无出其右。

表3.5 东汉以前关于因果报应的典型描述

描 述	出处
天命有德,五服五章哉!天讨有罪,五刑五用哉!	《尚书》
天道福善祸淫。	《尚书》
惟上帝不常,作善降之百祥,作不善降之百殃。	《尚书》
神福人而祸淫。	《左传》
天祚明德。	《左传》
圣人有明德者,若不当世,其后必有达人。	《左传》
善不可失,恶不可长,其陈桓公之谓乎?长恶不悛,从自及也。	《左传》
积善之家,必有余庆;积不善之家,必有余殃。	《周易》
天道无亲,常与善人。	《老子》
始作俑者,其无后乎。	《孟子》
为善者天报之以福,为不善者天报之以祸。	《荀子》
明乎鬼神之能赏贤而罚暴也。	《墨子》
祸福随善恶。	《韩非子》
君子致其道德而福禄归焉,夫有阴德者必有阳报。	《说苑》

来源:汤舒俊,2011.

佛教源自于印度,因果报应观念是整个佛教的基石。佛教系统地提出了十二因缘说,并以之作为全部佛教教义的理论基础,即所谓"诸法由因缘而起"。佛家认为一切事物与现象皆由因缘和合而成,都生于因果关系。人的种种痛苦和烦恼都是自己种因,自己受苦。十二因缘说(见图3.2)认为,人生由无明(对于佛理的愚昧无知,是

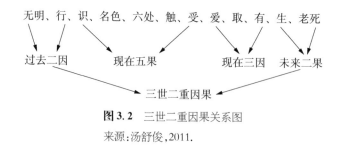

图3.2 三世二重因果关系图

来源:汤舒俊,2011.

万苦的总根源)、行(因无明引起的各种行为)、识(脱胎时的心识)、名色(胎中已具的生命体)、六处(即六根,五官加思维)、触(接触)、受(六根得到的感受)、爱(男女情爱)、取(对物质的贪求和执取)、有(贪爱和执取引起的报应)、生(因爱、取、有引起的果报导致再生)、老死(来世之生又趋老死)等十二个环节组成。其中前两个是过去二因,中间前五个是现在五果,中间后三个是现在三因,最后两个是未来二果。具体来说,无明与行是前世之因,识、名色、六处、触、受是现世果,爱、取、有是现世因,生、老死是来世果。人皆由前世因而辗转轮回于天、人、阿修罗、畜生、地狱、饿鬼的"六道"之中,人现世如果做了好事,来世变为天人,如果做了坏事,来生就可能变成畜生、饿鬼。十二因缘涉及过去、现在和将来三世,现在的果必有过去的因,现在的因又必将产生将来的果。众生只要仍未解脱,就必然按照这种因果律进行生死轮回,永无尽期。

自东汉年间正式传入中国以来,为在中国得到更大的发展,佛教也开始了相应的中国化,其显著标志是承认现世报,肯定人世的福寿利禄,接纳以孝为核心的伦理规范,在保持固有的戒律性、出世性、精神性和个体性的基础上,接受了传统报应观的伦理性、现世性和功利性。佛教因果报应观与中国传统报应观在民间信仰中完全合二为一。二者之所以融合无碍,是因为民间报应信仰本质上是浅薄的实用性的信仰,所关注的是个人和子孙现世的幸福以及来世的好报,没有门户的羁绊和学说的顾忌(陈筱芳,2004)。

中国传统文化中的另一支道家,善恶报应的思想同样体现在其经典著作中。《太上感应篇》是道家的入门典籍,开篇语就是"祸福无门,惟人自召;善恶之报,如影随形",宣传善有善报、恶有恶报的理念。接着指出人要长生多福,必须行善积德,并列举了二十六条善行和一百七十条恶行作为趋善避恶的标准,最后以"诸恶莫作,众善奉行"、"一日有三善,三年天必降之福;一日有三恶,三年天必降之祸"作为总结性结论。《太平经》"力行善反得恶者,是承负先人之过,流灾前后积来害此人也。其行恶反得善者,是先人深有积善大功,来流及此人也。能行大功万万信之,先人虽有余殃,不能及此人也"的论述,则是结合世俗生活深入地剖析和探讨因果报应。

中国传统文化的内核或基因,落脚于中国文化思想体系中三个相互区别又相互联系的思想体系——儒释道上(郝永,2009)。中国传统文化中占据主流地位的儒释道三家对于因果报应观,均浓墨重彩并刻画入微。当然儒释道三家之中,以佛家对因果报应观最为推崇,阐释也最为详尽,自成一体。而由于佛教的风行,统治者的推崇,士林精英的认同,使得因果报应观成为中国传统文化中不可或缺的一部分,并深刻地影响着中国人的日常生活,甚至近代著名启蒙思想家梁启超对因果报应律也笃信不已。1925年7月10日在给梁令娴(思顺)等孩子的一封信中,梁启超写道:"思成前次给思顺的信说'感觉着做错多少事,便受多少惩罚,非受完了不会转过来'。这是宇宙间唯一真理,佛教所说的'业'和'报'就是这个真理,(我笃信佛教,就在此点,七千卷《大藏经》也只说明这点道理。)凡自己造过的'业',无论为善为恶,自己总要受'报',一斤报一斤,一两报一两,丝毫不能躲闪,而且善与恶是不准抵消的。……并非有个什么上帝作主宰,全是'自业自得',……我的宗教观、人生观的根本在此,这些话都是我切实受用的所在。"(梁启超,1925/2000,p. 356)

因果报应说强调道德在生命长流中的作用,恶因结恶果,善因结善果,道德是自我塑造未来生命的决定因素(方立天,2002,p. 110),这必然会促使人们在道德上更加严格地要求自己,从一点一滴小事上,尤其是从心里防非止恶,戒除无始劫来的贪、嗔、痴、慢习气,去除各种不符合道德标准的行为,从而对社会的各个层面产生良性的、积极的影响(牛延锋,2006)。因果报应说旨在劝导人们从善弃恶,而其宣扬的因果报应的必然性具有很大的扬善止恶作用。无疑,因果报应观念会增强人们的道德自律,促进人们的利他行为,也会在某种程度上抑制人们的厚黑行为。

中国人厚黑人格的结构

人格心理学的实证研究必须以测量工具的开发为先导,马基雅弗利主义人格的相关心理学实证研究之所以在国内一片空白,与可靠有效的本土化测量工具缺失是直接相关的。我们在前面已提及了西方已有的马基雅弗利主义测量工具,包括Mach IV、Mach V、Mach B和MPS,但所有这些测量工具在中国的信效度以及对中国被试的适切性都没有实证的检验。我们姑且不提这些工具所受到的信效度质疑(Ray,1982;Pantiz,1989;Aziz和Meeks,1990;King和Miles,1995),仅跨文化的理解性就是一个很大的问题。尽管Mach IV是迄今为止西方实证研究中使用最多的测量工具,但可以肯定的是,它同其他已有测量工具一样,都不是我们研究中国人厚黑人格最好的测量工具。一种人格特质的构建需要从具有该人格的典型人群着手,西方实证研究已经发现高马基雅弗利主义人群集中在商业流通业、银行业、零售业等行业中,尤其是其中的管理者和领导者(Millord和Perry,1977;Ricks和Fraedrich,1999),而且高马基雅弗利主义者比起低马基雅弗利主义者会更可能被选到领导的职位上(Drory和Gluskinos,1980)。相关的研究还发现不同类型的领导者,如魅力型领导者、意识形态型领导者和实用型领导者都展示了程度不同的马基雅弗利主义(Deluga,2001;Gardner和Avolio,1998;House和Howell,1992;Bedell,Hunter,Angie,和Vert,2006)。

基于马基雅弗利主义人格与领导特质和行为的高度相关性,为了探讨中国人厚黑人格的心理构成,研究者对53名现任处级领导干部进行开放式问卷调查,要求他们罗列出其所知晓的官场厚黑官员的外在典型行为和内在心理特征,不少于5项。在开放式问卷调查的基础上,对其中反馈身边有厚黑官员和厚黑事件的7名正处级地方领导干部进行了深度访谈。然后邀请4位心理学博士和研究者一道对开放式问卷调查的结果和深度访谈的结果进行探讨分析、讨论总结,并就中国人厚黑人格的内涵和典型特征达成一致意见。

研究表明,中国人厚黑人格的内涵和典型特点包括:

第一,对人性的偏见。反映个体与人为恶的价值观,即性恶推断,以及对人和人际关系总体持负面态度,不相信他人,不相信善意和善举的特点。代表性的条目和词句包括:"小人满街走,君子不见有";"别人对我好都是冲着我的权势地位来的";"这个社会小人得志,春风得意";"只要有机会,人的邪恶就会暴露出来";"人与人之间的交往很多时候都是利用与被利用的关系";"人都是为自己的";"好人都只是好在一时";"人心险恶";"世俗的竞争早已将人性善的一面挤下舞台";"最毒是人心"等。

第二,对情感的漠视。反映个体在名利面前掩盖自己的真实情感,不近人情,漠视真情,甚至冷血无情的特点。代表性的条目和词句包括:"讲感情都是要付出代价的";"感情都是建立在利益基础之上的";"乐于见到别人落难";"对别人的同情就是对自己的残酷";"向外人流露出你的真实情感是极其危险的";"不讲感情";"只有无情,才能无敌";"滥用感情的人不仅是对别人的不负责,更是对自己的不负责"等。

第三,对名利的执着。反映个体面对要得到的名利目标穷追不放,不达目的誓不罢休的特点。代表性的条目和词句包括:"做自己的事,让别人说去吧";"既然做了恶人,就要恶人做到底";"自己想要,自己就要一直想办法";"不达目的,不能罢休";"专注名利";"面对自己应得的利益,千万不要不好意思"等。

第四,对手段的滥用。反映个体在人际交往及追名逐利的过程中滥用权术手腕、动用歪门邪道的特点。代表性的条目和词句包括:"歪门邪道能解决问题";"为达目的,需要不择手段";"遇非常事,用非常法";"见人说人话,见鬼说鬼话";"台面上解决不了的问题是需要台下的秘密交易的";"说一套,做一套";"暗箱操作";"白的不能解决的问题,用黑的、用黄的";"大凡行使厚黑之时,表面上一定要糊一层仁义道德,不能赤裸裸地表现出来"等。

基于前述,中国人厚黑人格建构包括对人性的偏见、对情感的漠视、对名利的执着和对手段的滥用四个维度,如图3.3所示。

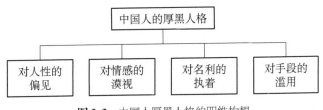

图3.3 中国人厚黑人格的四维构想
来源:汤舒俊,2011.

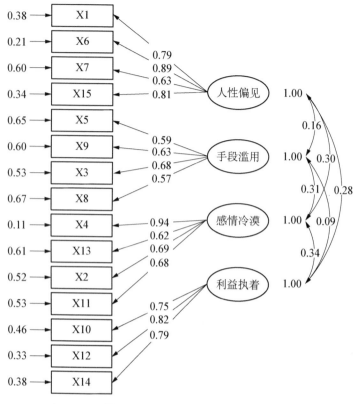

图 3.4 验证性因素分析负荷图
来源：汤舒俊，2011.

研究者对前述研究中调查发现的项目和典型词句进行合并、整理与改写以编制初测问卷的项目，并在编制过程中删除过于特异化的条目和词句，将一些内容表达敏感（如黑白通吃、涉黑涉黄）的条目和词句改写为被试容易接受的项目。项目的撰写以较好地反映人格特质、较好地反映理论构想、含义明确无歧义、表达简练、易于理解为标准。在项目编写过程中，研究者请 2 位中文专业的博士研究生对初步拟定项目的语言表述进行修定和润色。随后请 10 位心理学专业的博士研究生对撰写出的项目进行评价，根据他们的反馈意见对项目进行修改和增删，形成包括 24 个项目的初测问卷。在对初测问卷进行项目分析和探索性因子分析的基础上，最终形成包括 15 个项目、4 个维度的施测问卷。

利用 LISREL8.7 软件对正式调查数据进行验证性因素分析，以检验自编中国人厚黑人格问卷的结构效度，拟比较的模型包括虚无模型、单因素模型和四因素模型。虚无模型是限制最多的模型，单因素模型指所有的 15 个项目只负荷在一个整体的厚黑人格的因子上，四因素模型指 15 个项目分别负荷在人性偏见、手段滥用、感情冷漠、利益执着四个因子(探索性因素分析的结果)上。在衡量模型的指标中,GFI、IFI、CFI、NNFI 的变化区间在 0 到 1 之间,越接近 1,拟合性越好;RMSEA 的变化区间也在 0 到 1 之间,但越接近 0 越好,临界标准为 0.08 以下;另外 χ^2/df 的值小于 3 时,说明模型拟合较好,小于 5 时,表明模型可以接受。模型检验和比较的结果表明,四因素模型的各项拟合指标显著优于单因素模型,因此,中国人厚黑人格是包含人性偏见、手段滥用、感情冷漠、利益执着四个因素的多维结构。

厚黑学与道德价值观的交锋

厚黑学是一种与人为恶的价值观,这与我们大力提倡并践行的与人为善的道德价值观相背离。那么,当个体面临厚黑学的价值观和与人为善的道德价值观的冲突时,会有什么反应呢?研究者采用情境测验法,基于 2×2 的组间设计,第一个组间自变量为厚黑价值观,分为高分组、低分组 2 个水平,第二个组间自变量为道德认同价值观,分为高分组、低分组 2 个水平。测量变量为被试面临价值观冲突两难情境时内心的紧张或焦虑程度。将被试置于基于价值观冲突的两难情境中,考察厚黑价值观和道德价值观对个体心理紧张或焦虑的交互影响。测量工具和实验材料包括中国人厚黑人格问卷、道德认同量表(迟毓凯,2009,pp. 254-255,改编自国外的量表)、社会称许性量表、自编的反映厚黑价值观与道德认同价值观冲突的 5 个两难情境、自编的状态焦虑量表。

分两步在某大学公共心理学课堂上进行模拟情境测验。第一步将中国人厚黑人格问卷、道德认同量表和社会称许性量表作为一个测试组合发给被试,并告诉他们填写此问卷的目的是为了了解他们自己的个性特点。第二步是发给被试另外一套测试组合,同时告诉他们接下来所进行的是大学生对当前校园内人际关系问题的调查。材料中首先给被试呈现一个厚黑价值观与道德价值观冲突的两难情境,阅读完毕后需要被试回答两个问题:(1)面对此情境,你最终会做出怎样的决定?让被试在预设的两个备选项中做出选择。(2)描述你在做出此决定过程中的内心感受。描述的方法是让被试在状态焦虑量表上进行 4 点等级的评价。设计第 1 个问题旨在引导被试深度卷入测验中的情境,并对呈现的情境进行深层次的思考和加工,而被试作答的结果不做统计分析检验。实验真正所需的数据是第 2 个问题上被试的反应得分,即被试在状态焦虑量表上的得分。第二次施测材料共包含 5 个厚黑价值观与道德价值观冲突的情境,问题的设计方式同上所述。

研究者采用协方差分析来进行数据分析。以被试在面临 5 个两难情境下状态焦虑的平均值为因变量,以厚黑价值观和道德价值观为组间自变量,以社会称许性为协变量进行协方差分析,结果如表 3.6 所示。

从表中可以看出,厚黑价值观的主效应显著,$F(1,110) = 61.519$,$p = 0.002$,可见在两难情境下,厚黑价值观对被试的心理紧张或焦虑有着显著的影响。道德价值观的主效应显著,$F(1,110)=29.297$,$p=0.033$,可见在两难情境下,道德价值观对被试的心理紧张或焦虑有着显著的影响。厚黑价值观与道德价值观的交互作用也显著,$F(1,110)=27.002$,$p=0.041$,如图3.5所示。进一步的简单效应分析结果表明,在低道德价值观的条件下,高厚黑价值观被试的状态焦虑程度($M=14.00$)与低厚黑价值观被试的状态焦虑程度($M=13.10$)没有显著差异,$F(1,110)=0.82$,$p=0.368$;但是在高道德价值观的条件下,高厚黑价值观被试的状态焦虑程度($M=13.71$)要显著高于低厚黑价值观被试的状态焦虑程度($M=10.91$),$F(1,110)=13.79$,$p=0.000$。也就是说,对于高道德价值观的被试而言,当其厚黑价值观水平上升时,其心理紧张或焦虑的程度就显著增加,而对于低道德价值观的被试则没有这种效应。

表 3.6 协方差分析的结果($N=115$)

变量	SS	Df	MS	F	Sig
社会称许性	12.288	1	12.288	1.948	0.166
厚黑价值观(A)	61.519	1	61.519	9.751	0.002
道德价值观(B)	29.297	1	29.297	4.644	0.033
A×B	27.002	1	27.002	4.280	0.041
误差	693.999	110	6.309		
总计	842.543	114			

来源:汤舒俊,2011.

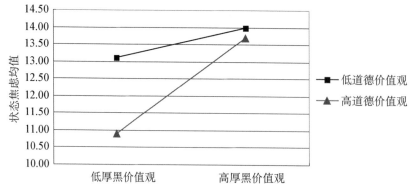

图3.5 厚黑价值观与道德价值观的交互作用分析
来源:汤舒俊,2011.

3.3.5 小结

无论是厚黑学,还是马基雅弗利主义,都是人性恶在东西方的不同演绎与注解,有关马基雅弗利主义的研究已经取得了相当多的成果,研究的内容主要涉及马基雅弗利主义的结构,测量,马基雅弗利主义与绩效、工作成功的关系,以及跨文化研究等方面。中国人关于人性恶有思索、有总结、有践行,但是没有系统的研究。现有有关马基雅弗利主义的研究,多是西方人主持,以西方人为被试,在西方社会环境下进行,反映西方人的内在心理与外显行为的研究,只是偶有跨文化研究中会有中国被试。我们需要的是中国人主持进行的,以中国人为被试,在中国社会文化背景下进行,反映中国人内在心理与外显行为的本土研究。作为一项能够激发多个学科研究者兴趣并极具现实意义的研究课题,对人性恶的探讨与研究必将继续,笔者述作的一些中国文化下的探索性研究权当抛砖引玉,希望在国人重读李宗吾、学习厚黑学的热潮中,有更多探讨社会转型期下中国人心理与行为变迁的研究。

3.4 阴谋论[①]

通过学习马基雅维利主义与厚黑学这两种形异实同的人格特质,我们了解到人会为达目的不择手段,也会操纵他人以谋取私利。而接下来要介绍的阴谋论这一人格特质,仿佛是这两者的镜像。它诠释了人性的黑暗不仅表现在人会玩弄权术,而且还会将周围的世界视为被阴谋的网罗所笼罩。纵观古今中外历史,阴谋论似乎从未止息,如中国古代有稗官野史认为,清朝雍正皇帝可能是通过篡改遗诏而谋夺皇位;又有传言称阿波罗登月计划是美国政府精心策划的骗局;英国黛安娜王妃的身亡并非意外的车祸,而是蓄意谋杀,等等。

阴谋论会产生诸多负面的影响,尤其是在网络迅速发展的当今时代,常常短时间即可在世界范围内引起轩然大波。种种阴谋论究竟是荒诞无稽之谈,还是揭露了不为人知的事实? 这大概是历史学家、政治学家、社会学家更为关心的。心理学家则集中探讨了阴谋论的概念与测量、阴谋论的成因、阴谋论对个体心理与行为的影响等方面的内容。

3.4.1 阴谋论的概念与测量

阴谋论的概念

最初,阴谋论并不是心理学术语。在一些较早的权威词典、政治或历史学书籍中就出现了对阴谋论的阐述。在《美国传统词典》中,**阴谋论**(conspiracy theory)被定义为有组织的密谋行动而非个人行动的理论。而自 1994 年乔特泽尔(Geortzel)发表《阴谋论信念》(Belief in Conspiracy Theories)一文以来,阴谋论开始渐渐进入心理学

[①] 本节基于如下工作改写而成:白洁,郭永玉,徐步霄,杨沈龙. (2017). 阴谋论的心理学探索. 心理科学, 40(2):505—511. 撰稿人:白洁。

研究者的视野。不同学者对阴谋论的含义发表了各自的看法。如阿伦维奇(Aaronovitch,2009)对阴谋论的定义是"在已经存在更可信的解释的情况下,对事件所作出的不必要的阴谋假定"。斯瓦米等人(Swami 等,2010)认为,阴谋论是将重大社会事件解释为某些人(或群体)密谋行动的一般倾向。英霍夫和布鲁德(Imhoff 和 Bruder,2014)将阴谋论视为一种对高权力群体的消极政治态度,认为权力群体应对负面的政治与经济事件承担责任。

尽管上述定义的表述有所不同,但却涵盖了阴谋论的核心特征:(1)阴谋论一般是伴随着一些社会事件尤其是重大的政治或经济事件的发生而产生的信念或态度;(2)阴谋论的矛头通常指向国家政府等高权力组织;(3)区别于对事件的官方解释,阴谋论的说法虽然也为一些群体所接受,但通常是未经证实、不合乎情理的。

阴谋论的测量

目前研究中对阴谋论的测量主要包括特殊和一般阴谋论问卷两种形式。特殊阴谋论问卷广泛选取世界范围内典型的阴谋论作为问卷项目,并要求被试评定对这些项目的同意程度。其中较为流行的有达尔文、尼夫和霍姆斯(Darwin, Neave, 和 Holmes,2011)编制的**阴谋论问卷**(Conspiracy Theory Questionnaire, CTQ),共 38 个项目,α 系数为 0.96;斯瓦米等人(Swami 等,2010)编制的**阴谋论信念问卷**(Belief in Conspiracy Theories Inventory, BCTI),共 14 个项目,α 系数为 0.86,且问卷已经在英国、奥地利、马来西亚等地广泛使用(Swami, 2012; Swami 等, 2011)。

然而特殊阴谋论问卷存在一定的缺陷:第一,除 α 系数之外,问卷无法提供其他重要的心理测量学指标;第二,即使是关于同一事件的阴谋论,在不同问卷中表述的不同会造成被试作答反应偏差;第三,存在跨文化适用性问题,一些问卷中涉及的阴谋论,并非所有文化背景下的群体都十分熟悉。例如,阴谋论信念问卷中提到的"世界新秩序"(new world order)阴谋论也许对于一些人来说比较陌生。斯瓦米等人(Swami 等,2011)也曾提及自己过去研究(Swami 等, 2010)中的不足,即研究调查英国被试对"9·11事件"阴谋论的态度,这显然会影响结论的推广。

针对上述缺陷,之后一些研究者开发出了一般阴谋论量表,其重要的改进之处在于量表报告了良好的信效度指标;且为了提高跨文化适用性,量表的项目未提及任何阴谋组织或团体,而是采用"世界上发生的很多的事情都不为公众所知"类似的一般性的表述。包括英霍夫和布鲁德(Imhoff 和 Bruder,2014)的 12 个项目**阴谋心态量表**(Conspiracy Mentality Scale, CMS)、布拉泽顿等人(Brotherton, French, 和 Pickering,2013)的 15 个项目的**一般阴谋主义信念量表**(Generic Conspiracist Beliefs Scale, GCB)、布鲁德等人(Bruder, Haffke, Neave, Nouripanah, 和 Imhoff,2013)的 5 个项目的**阴谋心态问卷**(Conspiracy Mentality Questionnaire, CMQ)。前两个量表目前只在西方文化背景中使用,而阴谋心态问卷在原有的英文版外,又被翻译成了德语和土耳其语,如表 3.7 所示。

表 3.7 阴谋心态问卷三个语言版本的项目分析

项目	德语			英语			土耳其语		
	M	SD	r_{itc}	M	SD	r_{itc}	M	SD	r_{itc}
1. 我认为世界上发生的许多重要的事情,公众却毫不知情。	8.04	2.37	0.63	8.00	2.14	0.62	8.84	1.53	0.48
2. 我认为政治家通常不会告诉我们其决定的真正动机。	7.48	2.32	0.55	8.12	1.85	0.56	8.68	1.48	0.46
3. 我认为政府正密切操控着所有公民。	3.35	2.94	0.60	3.90	2.93	0.62	3.72	2.72	0.37
4. 我认为一些表面上毫不相干的事件其实是秘密活动的结果。	4.59	2.93	0.72	4.69	2.72	0.70	6.97	2.28	0.65
5. 我认为一些秘密组织对政治决定有着重大影响。	6.22	3.09	0.73	6.54	2.80	0.74	8.23	1.89	0.57

注:r_{itc} 表示题总相关;$N_{德语}$ = 5026, $N_{英语}$ = 1640, $N_{土耳其语}$ = 1007
来源:Bruder 等,2013.

3.4.2 阴谋论的成因

在界定了阴谋论的概念并编制了测量工具之后,一些研究者继续寻找与阴谋论相关的心理与社会因素。虽然这些研究多以问卷调查为主,但却在一定程度上探索出了阴谋论产生的原因,包括人格、认知、动机、社会因素。

人格因素

阴谋论与"大五"人格之间的关系一直备受研究者的关注。研究发现,在五个人格维度中,与阴谋论较为相关的分别是随和性与开放性,其中随和性与阴谋论呈负相关,反映出低随和性的个体更可能成为潜在的阴谋论者(Swami 等,2010;Swami 等,2011;Swami 和 Furnham,2012)。而另一个"大五"维度——开放性与阴谋论之间的正相关关系反映出那些对新奇观点持开放、包容态度的个体,也更易接受阴谋论的说法(Bruder 等,2013;Swami 等,2010;Swami 等,2011)。然而,关于阴谋论与"大五"人格之间的关系也存在争议。如布拉泽顿等人(Brotherton 等,2013)的研究并没有得到随和性、开放性与阴谋论之间的负相关,反而发现尽责性与阴谋论呈负相关。研究者对此作出解释:低尽责性个体的不太严谨细心的性格特征,会使得其在面对大量信息时很难作出全面的考虑判断,因而会盲目地相信阴谋论。也有研究发现神经质与阴谋论呈正相关,这可能是因为高神经质的个体常常有不安全感,偏好穷思竭虑,进而更倾向于相信阴谋的存在(Swami 等，2013)。

也有研究者探索了偏执人格与阴谋论之间的关系。**偏执人格**(paranoia)的主要特征是经常怀疑他人，对他人的意图、行为妄加揣测；认为他人(甚至家人、朋友)对其有敌意，包括身体的威胁、不忠、欺骗、利用等(Freeman，2007)。以大学生、成年人等不同群体为考察对象的问卷调查均发现阴谋论与偏执人格呈正相关(Brotherton 和 Eser，2015；Darwin 等，2011)。研究者认为生活中高偏执的个体对敌意信号更敏感，倾向于将一些中性的社会互动解释为攻击性的。这种过分的敌意归因偏见会使他们感知到周围充满了阴谋。

认知因素

有关阴谋论认知因素的探讨是从认知层面分析阴谋论得以产生的原因。研究者首先揭示了直觉思维、理性思维与阴谋论的关系；发现在面对大量信息时，更多基于直觉、经验等**直觉思维**(intuitive thinking)，而缺乏**理性思维**(rational thinking)的个体会表现出较高的阴谋论倾向(Swami, Voracek, Stieger, Tran, 和 Furnham, 2014)。研究者还进一步通过实验法发现，提升分析性思维可以大大降低个体的阴谋论倾向。实验中采用**组句测验**(scrambled-sentence verbal fluency task)启动被试的分析性思维，具体来说，一部分被试参与的组句测验涉及"分析"、"推理"等与分析性思维有关的词汇，以启动被试的分析性思维；而另一部分被试作为控制组，其参与的组句测验只涉及一些中性词汇。如图 3.6 所示，在实验操纵之前，两组的阴谋论倾向无显著差异；而在实验操纵之后，分析性思维组的阴谋论倾向显著低于控制组。

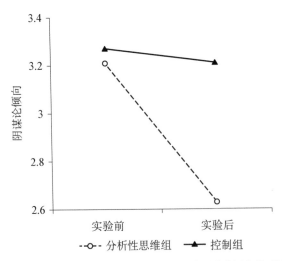

图 3.6　分析性思维组与控制组实验前、后阴谋论倾向的对比
来源：Swami 等，2014.

除思维风格这种正常的认知结构之外,也有研究者发现阴谋论可能源于一些**认知偏差**(cognitive biases),包括敏感性动因觉察、合取谬误。其中**敏感性动因觉察**(hypersensitive agency detection)是指将不存在目的、动因的人或事物赋予目的、动因的倾向(Barnes 和 Gibson, 2013)。**拟人论**(anthropomorphism)、**过度目的论**(inferences of intentionality)都属于典型的敏感性动因觉察。不同的研究者通过呈现移动的几何图形或模棱两可的场景,考察了拟人论、过度目的论与阴谋论之间的关系。研究发现,无论是拟人论(研究中将几何图形想象成为"三角恋"、"江湖恩怨"等有生命的人类活动的倾向)还是过度目的论(过分夸大简单生活场景背后暗藏的行为目的),均与阴谋论呈正相关(Brotherton 和 French, 2015;Douglas, Sutton, Callan, Dawtry, 和 Harvey, 2016;Imhoff 和 Bruder, 2014)。

合取谬误(conjunction fallacy)是一种在概率判断中经常出现的认知偏差现象。最初是由美国著名的行为科学家特韦尔斯基和卡尼曼(Tversky 和 Kahneman, 1983)通过一项有趣的实验发现的。实验中,他们向被试描述了一名叫作琳达(Linda)的31岁单身女性,直率且聪明,大学期间主修哲学,非常关注种族歧视和社会偏见,同时也参加过反核示威。随后,他们要求被试对以下三种情况的概率大小进行排序:(1)琳达是一名女权主义者;(2)琳达是一名银行出纳员;(3)琳达是一名女权主义者同时还是一名银行出纳员。结果发现部分被试判断第三种情况的概率最高,而这显然违反了概率理论的结合规则。这种在概率判断中认为合取事件大于其中一个组合事件概率的现象即被称为合取谬误。合取谬误这一认知偏差反映出个体倾向于将不同的事件关联起来,或者说产生"判断相关"的惯性。布拉泽顿和弗伦奇(Brotherton 和 French, 2014)通过类似的情境判断发现了合取谬误与阴谋论之间的正相关关系。

动机因素

阴谋论为何能够俘获人心?也有研究者从动机的角度出发,认为这可能是因为阴谋论能够满足某些情境或群体的心理需求,包括突发事件中公众的秩序需求、认知需求以及低地位群体的群体合理化需求。**秩序需求**(need for order)是指个体渴望生活中的事物或环境清晰、有条理,社会规范、有序的倾向。在面对战争、恐怖袭击等突发事件时,公众的秩序需求尤为强烈。而这时若政府管理体系未能保障社会秩序,公众就会产生阴谋论倾向,通过阴谋论来发现生活的规律性与可预测性(Rothschild, Landau, Sullivan, 和 Keefer, 2012)。沙利文等人(Sullivan 等, 2010)的研究发现,在2008年金融危机发生后,那些对政府管理体系丧失信心的美国公众,会更倾向于认为有人在自己的生活中设下了阴谋。在突发事件中,阴谋论也是满足公众闭合需求的渠道。**闭合需求**(need for closure)是指个体对于特定的问题想要获得确定答案的渴望,不管答案正确与否,只要能使人无需忍受问题带来的不确定性即可。在突发事件发生后,公众的闭合需求会显著增强,即特别想要知道事件的真相。然而真相的复杂性通常远远超出了普通公众的现有经验和所掌握的信息。阴谋论虽说不等同于真相,甚至与真相背道而驰,但却为公众提供了一个确切的答案。不同的调查研究向被试呈现了飞机坠毁、政治家遭遇枪击等不同事件的资讯,结果均发现闭合需求越高的个体,越倾向于相信事件的发生是一场阴谋(Leman 和 Cinnirella, 2013; van Prooijen 和 van Dijk, 2014)。

阴谋论也是低地位群体为自己的弱势地位进行辩护的武器,即满足了其群体合理化(group justification)的需求。不同的调查研究均发现一些低社会经济地位和受教育程度的个体会成为典型的阴谋论者(Bruder 等, 2013; van Prooijen, Krouwel, 和 Pollet, 2015)。这些阴谋论者通常会抨击政治家、资本家等高权力群体,认为其操纵了社会的发展,使得社会越来越不安全,形势越来越复杂;而自己深受威胁又无能为力(Imhoff 和 Bruder, 2014; Swami, 2012)。

社会因素

已有研究开始渐渐关注宏观的社会因素对阴谋论滋生、传播的加速作用。如在群体层面,研究者发现了阴谋论的**群体极化**(group polarization)现象:人们在群体中,往往比个人独处时更易接受或更加相信阴谋论的说法。例如,有研究发现那些反对美国并认定美国图谋不轨的一群人彼此交谈后会加强这种观点(Sunstein, 2014)。类似地,对印尼穆斯林展开的调查发现,当这些穆斯林具有较强的身份意识、彼此团结时,对西方民众的怀疑和批评会变本加厉,更加认定西方世界是印尼恐怖事件的主谋(Mashuri 和 Zaduqisti, 2014)。而在更宏大的社会层面上,国际或国内冲突也会加速阴谋论的传播。科夫塔和赛德克(Kofta 和 Sedek, 2005)分别在波兰大选的前五周和前一周对华沙市民展开了调查,发现随着大选逼近,国内冲突日益尖锐,指向犹太人的阴谋论也愈演愈烈。有研究者(Uscinski, Parent, 和 Torres, 2011)评估了《纽约时报》在 1897—2010 年的一百多年里收到的公开来信,发现在选举、战争期间阴谋论格外猖獗。

3.4.3 阴谋论的影响

阴谋论会对个体和社会造成诸多负面的影响。在网络迅速发展的当今时代,这种影响常常在无形中就悄然发生。道格拉斯和萨顿(Douglas 和 Sutton, 2008)揭示的阴谋论的**第三方效应**(third-person effect)就是很好的说明。他们发现当曝光于大量的阴谋论之下,人们总是认为他人会更多地受到影响,却没有意识到自己对阴谋论的态度也在发生转变。那么当阴谋论深入人心之后,究竟会对其心理与行为产生怎样的影响呢?

政治层面

阴谋论会使个体的政治态度与行为走向极端。不同的调查研究均显示,阴谋论者的政治参与度较低(Swami 等,2010,2011;Swami 和 Furnham,2012)。乔利和道格拉斯(Jolley 和 Douglas,2014a)则采用实验研究考察了阴谋论对个体政治参与意向的影响。该实验以英国黛安娜王妃"死亡之谜"为背景,招募了 168 名大学生,一半的被试被分配到"支持阴谋论"组,该组被试阅读的大量证据纷纷指向黛安娜王妃的死亡是英国政府暗中策划的阴谋,而另一半的被试被分配到"反阴谋论"组,该组被试通过阅读大量的证据材料了解到黛安娜王妃的死亡与英国政府并无关系。随后研究者询问被试在未来一年之内的政治参与意愿,包括是否会参与下一届选举的投票,是否会给支持的政党捐款等。结果发现,"支持阴谋论"组被试的政治参与意愿显著低于"反阴谋论"组。且研究进一步发现,"支持阴谋论"组的低政治参与意愿是源于**政治无力感**(political powerlessness),即认为整个世界都在被少数权力者操控,自己身为小人物并不能左右什么。而与此政治淡漠相对的是,另一些阴谋论者却对政治满怀热情。范普鲁杰等人(van Prooijen 等,2015)调查了 1010 名荷兰民众,发现那些认为伊拉克战争是一场阴谋的民众会表现出极左或极右的政治倾向。而这种倾向背后暗藏着民众迫切想要通过简单的途径来解决复杂的社会矛盾和问题的需求。2011 年占领华尔街抗议运动更是公众政治热情高涨的典型体现。研究者认为这与自 2008 年金融危机以来美国社会流传的种种有关权钱交易的阴谋论密不可分(Barreto, Cooper, Gonzalez, Parker, 和 Towler, 2011)。

健康层面

除政治阴谋论之外,在过去的几十年里,和健康有关的阴谋论也越来越盛行。如世界范围内广泛流传美国中央情报局打着肝炎接种的幌子,用 HIV 病毒感染了大批非裔美国人;尽管医生和政府知道疫苗会导致自闭症和其他心理疾病,他们仍然希望给孩子接种疫苗(Kata, 2012;Offit, 2010)。这些医疗阴谋论会严重危害公众的健康意识与健康行为。奥利弗和伍德(Oliver 和 Wood,2014)在 2013 年 4—9 月间收集了 1351 名美国成人数据的在线样本。研究者将医疗阴谋论与政治阴谋论进行了比较,发现医疗阴谋论在美国相当普及;且那些更加相信医疗阴谋论的个体,更不愿意注射疫苗、进行年度体检。乔利和道格拉斯(Jolley 和 Douglas,2014b)在一些儿童家长当中开展的调查,得到了类似的结论。除此之外,对于认为 HIV 是用于种族灭绝和人口控制的人造病毒的公众来说,他们不太相信有关 HIV 病毒会导致艾滋病的科学发现(Kalichman, Eaton, 和 Cherry, 2010)。博加特等人(Bogart, Wagner, Galvan, 和 Banks, 2010)调查了 214 名携带 HIV 病毒的非裔美籍男子,发现他们当中的阴谋论者会表现出对医疗机构的不信任,进而很难坚持治疗。

环保层面

与气候变化有关的阴谋论同样在世界范围内广泛流传。早在1996年,在《华尔街日报》上就出现了对政府间气候变化专门委员会(International Panel Climate Change, IPCC)的指控,声称全球变暖是科学家为骗取科研经费而故意捏造出来的(Oreskes 和 Conway, 2010),而近几年来,伴随着美国参议员英霍夫(Inhofe, 2012)所著《最大的骗局:全球变暖阴谋如何威胁你的未来》(*The Greatest Hoax：How the Global Warming Conspiracy Threatens Your Future*)一书的问世,此类阴谋论更是被推到了风口浪尖。而这些阴谋论的散播极大地影响了公众对环境问题的态度及环保行为。有研究者(Lewandowsky, Oberauer, 和 Gignac, 2013)对1377名气候博客的访问者实施了在线调查,结果显示阴谋论者会对气候科学的诸多发现产生质疑,进而对环境问题作出过于乐观的判断,如认为在过去50年里矿物燃料的大幅度利用并未引发气温的上升。乔利和道格拉斯(Jolley 和 Douglas, 2014a)则采用实验研究考察了阴谋论对公众环保行为的影响,其中阴谋论组的被试被告知全球变暖是一场骗局,控制组的被试则阅读其他的材料,结果发现阴谋论组的被试在随后的问卷调查中报告在生活中更少选择节能电器、步行或骑自行车。

以上的研究揭示了阴谋论并不是"无伤大雅"的玩笑,而是会对个体的政治参与、健康行为、环保行动等产生广泛而深刻的影响(Jolley, 2013)。然而将阴谋论完全视为"有害的"也有失偏颇。一些研究发现阴谋论的传播在一定程度上允许公众揭发官方说法中的不合理与矛盾之处,允许公众对现有的意识形态发出挑战(Sapountzis 和 Condor, 2013),鼓励政治透明(Swami 和 Coles, 2010)。但总体上,阴谋论的影响弊大于利这一基本观点已在研究者间达成普遍的共识(Jolley, 2013)。

3.4.4 有待完善的问题

总的来看,有关阴谋论的研究已取得大量研究成果,内容涉及阴谋论的概念、测量、成因及影响。作为不同学科研究者感兴趣且具有重要社会意义的研究课题,有理由相信阴谋论的研究具有良好的发展前景。然而目前研究还存在一定的不足和缺陷,有待于研究者进一步完善。

首先,目前关于阴谋论的研究多以问卷调查为主,这就为未来的实验研究和纵向研究留下了很大的空间。如有研究者推测阴谋论者的认知中存在**封闭的信念体系**(monological belief system),会强烈地忽视、歪曲真实的信息以维持自身的信念体系(Imhoff 和 Bruder, 2014)。那么倘若能够通过缜密的实验考察阴谋论与信念固执之间的关系,想必能够带来一些重要的研究发现。

其次,目前几乎所有阴谋论的研究都是在西方文化背景下展开的,在东方文化背景下展开的研究微乎甚微(Swami,2012)。那么,中国人的阴谋论倾向是怎样的,与西方人有何相似和不同之处?目前尚未有研究者结合社会学与心理学的视角,对阴谋论展开本土化的研究。事实上从古至今,中国社会从不缺少阴谋论的说法,在高度集权专制的封建社会,政治的不透明、信息的封闭,常常使一些阴谋论在民间不胫而走(任剑涛,2015)。而近年来,阴谋论的声音也从未止息,如2008年全球金融危机、2011年温州动车事件、2014年马航MH370失联事件都被阴谋论的迷雾笼罩(方环非,2015)。对这些阴谋论进行剖析,不难发现其或有"西方国家暗算中国"之意,或为"弱者指责强者"的泄愤之词,那么这是否与国人近代屈辱的历史记忆、面对强势文明的不安全感有关呢?而在国内政治生活领域,重大政治事件对社会走向和民众命运的极大影响,官方信息发布不及时、不充分,网络上多种说法真假难辨,民众对高层政治的神秘感有浓厚兴趣的传统定势,这些因素都有可能成为在中国滋生阴谋论的特有土壤,值得未来研究进行深入的探索。

最后,通过已有的研究我们了解到从总体上来说阴谋论的影响弊大于利。在个人层面,阴谋论会使个体忽视自身的健康(Bruder等,2013);而在更宏大的社会层面,阴谋论的弥漫将会带来一定的社会动荡(Barreto等,2011),那么加强对阴谋论的干预,对于促进社会的稳定与发展显得至关重要。已有研究者依据阴谋论的影响因素开发出了有效的干预策略,如斯瓦米等人(Swami等,2014)通过短暂提升个体的分析性思维来提高其对阴谋论的辨别能力。森斯坦和费穆尔(Sunstein和Vermeule,2009)认为直接对阴谋论进行驳斥、全盘否定,其效果只会适得其反。相反,在一定程度上提供思想与观点自由的环境,在此环境背景下再来侦查阴谋论中自我矛盾之处似乎更为合宜。未来研究者应尝试开发出更为有效的,用以降低民众阴谋心态的干预策略,从而为培养国民理性、平和的社会心态带来一定的启示。

参考文献

陈筱芳.(2004).佛教果报观与传统报应观的融合.云南社会科学,1,91—95.
迟毓凯.(2009).亲社会行为启动效应研究——慈善捐助的社会心理学探索.广州:广东人民出版社.
方环非.(2015).阴谋论的认识论审视.绵阳师范学院学报,34(9),6—10.
方立天.(2002).中国佛教哲学要义.北京:中国人民大学出版社.
郝永.(2009).中国文化的基因——儒道佛家思想.北京:光明日报出版社.
李宗吾.(1912/2010).厚黑学全集.南昌:百花洲文艺出版社.
梁启超.(1925/2000).梁启超家书.北京:中国文联出版社.
牛延锋.(2006).佛教因果报应思想对构建和谐社会的积极意义.江淮论坛,1,109—110.
任剑涛.(2015)."阴谋论"与国家危机.江苏行政学院学报,(1),78—90.
孙隆基.(2004).中国文化的深层结构.广西:广西师范大学出版社.
汤舒俊.(2011).厚黑学研究.武汉:华中师范大学博士学位论文.
王春光.(2005).当前中国社会阶层关系变迁中的非均衡问题.社会,243,58—77.
杨国枢.(2004).中国人的心理与行为:本土化研究.北京:中国人民大学出版社.
Adorno, T. W.(李维译).(2002).权力主义人格.杭州:浙江教育出版社.
Machiavelli.(王水译).(1513/2008).君主论.上海:上海三联书店.
Aaronovitch, D. (2009). *Voodoo histories*: *The role of the conspiracy theory in shaping modern history*. London:

Jonathan Cape.

Abdul, A. (2004). Machiavellianism scores and self-rated performance of automobile salesperson. *Psychological reports*, 94, 464-466.

Abdul, A. (2005). Relationship between Machiavellianism scores and performance of real estate salesperson. *Psychological reports*, 96, 235-238.

Ahmed, S. M. S., & Stewart, R. A. C. (1981). Factor analysis of the Machiavellianism scale. *Social Behavior and Personality*, 9, 113-115.

Altemeyer, B. (1988). *Enemies of freedom: Understanding right-wing authoritarianism*. San Francisco, CA: Jossey-Bass.

Altemeyer, B. (1998). The other "authoritarian personality". In M. P. Zanna (Ed.), *Advances in Experimental Social Psychology* (pp. 48-92). San Diego, CA: Academic Press.

Asbrock, F., Sibley, C. G., & Duckitt, J. (2010). Right-wing authoritarianism and social dominance orientation and the dimensions of generalized prejudice: A longitudinal test. *European Journal of Personality*, 24(4), 324-340.

Aziz, A., & Meeks, J. (1990). A new scale for measuring machiavellianism. Unpublished paper, School of Business and Economics, College of Charleston.

Barnes, K., & Gibson, N. J. S. (2013). Supernatural agency: Individual difference predictors and situational correlates. *International Journal for the Psychology of Religion*, 23(1), 42-62.

Barreto, M. A., Cooper, B. L., Gonzalez, B., Parker, C. S., & Towler, C. (2011). The Tea Party in the age of Obama: Mainstream conservatism or out-group anxiety? *Political Power and Social Theory*, 22, 105-137.

Barreto, M., & Ellemers, N. (2005). The burden of benevolent sexism: How it contributes to the maintenance of gender inequalities. *European Journal of Social Psychology*, 35, 633-642.

Bedell, K., Hunter, S., Angie, A., & Vert, A. (2006). A historiometric examination of Machiavellianism and a new taxonomy of leadership. *Journal of Leadership & Organizational studies*, 12, 50-71.

Benjamin, A., Jr. (2006). The relationship between right-wing authoritarianism and attitudes toward violence: Further validation of the attitudes toward violence scale. *Social Behavior and Personality*, 34(8), 923-926.

Beu, D. S., Buckley, M. R., & Harvey, M. G. (2003). Ethical decision-making: A multidimensional construct. *Business Ethics: A European Review*, 12(1), 88-107.

Bloom, R. W. (1984). Comment on "Measuring Machiavellianism with Mach V: A psychometric investigation". *Journal of Personality Assessment*, 48, 26-27.

Bogart, L. M., Wagner, G., Galvan, F. H., & Banks, D. (2010). Conspiracy beliefs about HIV are related to antiretroviral treatment nonadherence among African American men with HIV. *Journal of Acquired Immune Deficiency Syndromes*, 53(5), 648-663.

Brotherton, R., & Eser, S. (2015). Bored to fears: Boredom proneness, paranoia, and conspiracy theories. *Personality and Individual Differences*, 80, 1-5.

Brotherton, R., & French, C. C. (2014). Belief in conspiracy theories and susceptibility to the conjunction fallacy. *Applied Cognitive Psychology*, 28(2), 238-248.

Brotherton, R., & French, C. C. (2015). Intention seekers: Conspiracist ideation and biased attributions of intentionality. *PLoS One*, 10(5), e0124125.

Brotherton, R., French, C. C., & Pickering, A. D. (2013). Measuring belief in conspiracy theories: The generic conspiracist beliefs scale. *Frontiers in Psychology*, 4, 279-293.

Brown, R. (1995). *Prejudice: Its social psychology*. Oxford: Blackwell.

Bruder, M., Haffke, P., Neave, N., Nouripanah, N., & Imhoff, R. (2013). Measuring individual differences in generic beliefs in conspiracy theories across cultures: Conspiracy mentality questionnaire. *Frontiers in Psychology*, 4, 225-240.

Chen, S., & Welland, J. (2002). Examining the effects of power as a function of self-construals and gender. *Self and Identity*, 1, 251-269.

Chen, S., Lee-Chai, A. Y., & Bargh, J. A. (2001). Relationship orientation as a moderator of the effects of social power. *Journal of Personality and Social Psychology*, 80, 173-187.

Christie, R., & Geis, F. L. (1970). *Studies in Machiavellianism*. New York, NY: Academic Press.

Christopher, A. N., & Wojda, M. R. (2008). Social dominance orientation, right-wing authoritatianism, sexism, and prejudice toward women in the workforce. *Psychology of Women Quarterly*, 32, 65-73.

Cohrs, J. C., Maes, J., Moschner, B., & Kielmann, S. (2007). Determinants of human rights attitudes and behavior: A comparison and integration of psychological perspectives. *Political Psychology*, 28(4), 441-470.

Corzine, J. B., Buntzman, C. F., & Busch, E. T. (1999). Machiavellianism in U. S Bankers. *The Intertional Journal of Organizational Analysis*, 17, 72-83.

Crowson, H. M. (2007). Authoritarianism, perceived threat, and human rights attitudes in U. S. law students: A brief look. *Individual Differences Research*, 5(4), 260-266.

Crowson, H. M., Thoma, S. J., & Hestevold, N. (2005). Is political conservatism synonymous with authoritarianism? *The Journal of Social Psychology*, 145(5), 571-592.

Dahling, J. J., Whitaker, B. G., & Levy, P. E. (2008). The development and validation of a new Machiavellianism scale. *Journal of Management*, *35*(2), 219–257.

D'Andrade, R. (1992). Schemas and motivation. In R. D'Andrade & C. Strauss (Eds.), *Human motives and cultural models* (pp. 23–44). Cambridge: Cambridge University Press.

Darwin, H., Neave, N., & Holmes, J. (2011). Belief in conspiracy theories. The role of paranormal belief, paranoid ideation and schizotypy. *Personality and Individual Differences*, *50*(8), 1289–1293.

Deluga, R. J. (2001). American presidential Machiavellianism: Implications for charismatic leadership and rated performance. *Leadership Quarterly*, *12*, 334–363.

Diekman, A. B., Goodfriend, W., & Goodwin, S. (2004). Dynamic stereotypes of power: Perceived change and stability in gender hierarchies. *Sex Roles*, *50*, 201–215.

Dien, D. S. (1999). Chinese authority-directed orientation and Japanese peer-group orientation: Questioning the notion of Collectivism. *Review of General Psychology*, *3*, 372–385.

Doty, R. M., Peterson, B. E., & Winter, D. G. (1991). Threat and authoritarianism in the United States, 1978–1987. *Journal of Personality and Social Psychology*, *64*, 629–640.

Douglas, K. M., & Sutton, R. M. (2008). The hidden impact of conspiracy theories: Perceived and actual influence of theories surrounding the death of Princess Diana. *Journal of Social Psychology*, *148*(2), 210–221.

Douglas, K. M., Sutton, R. M., Callan, M. J., Dawtry, R. J., & Harvey, A. J. (2016). Someone is pulling the strings: Hypersensitive agency detection and belief in conspiracy theories. *Thinking and Reasoning*, *22*(1), 57–77.

Drory, A., & Glukinos, U. M. (1980). Machiavellianism and leadership. *Journal of Applied psychology*, *65*, 81–86.

Duckitt, J. (1992). Threat and authoritarianism: Another look. *Journal of Social Psychology*, *132*, 697–698.

Duckitt, J. (2001). A dual process cognitive-motivational theory of ideology and prejudice. In M. P. Zanna (Ed.), *Advances in experimental social psychology* (Vol. 33, pp. 41–113). San Diego, CA: Academic Press.

Duckitt, J. (2006). Differential effects of right-wing authoritarianism and social dominance orientation on outgroup attitudes and their mediation by threat from and competitiveness to outgroups. *Personality and Social Psychology Bulletin*, *32*, 684–696.

Duckitt, J., & Mphuthing, T. (1998). Group identification and intergroup attitudes: A longitudinal analysis in South Africa. *Journal of Personality and Social Psychology*, *74*, 80–85.

Duckitt, J., & Sibley, C. G. (2007). Right wing authoritarianism, social dominance orientation and the dimensions of generalized prejudice. *European Journal of Personality*, *21*(2), 113–130.

Duckitt, J., & Sibley, C. G. (2009). A dual-process motivational model of ideology, politics, and prejudice. *Psychological Inquiry*, *20*(2-3), 98–109. doi:10.1080/10478400903028540.

Duckitt, J., Wagner, C., Plessis, I., & Birum, I. (2002). The psychological bases of ideology and prejudice: Testing a dual process model. *Journal of Personality and Social Psychology*, *83*, 75–93.

Duriez, B., & Van Hiel, A. (2002). The march of modern fascism. A comparison of social dominance orientation and authoritarianism. *Personality and Individual Differences*, *32*, 1199–1213.

Duriez, B., Van Hiel, A., & Kossowska, M. (2005). Authoritarianism and social dominance in western and eastern Europe: The importance of the sociopolitical context and of political interest and involvement. *Political Psychology*, *26*, 299–320.

Eibach, R. P., & Keegan, T. (2006). Free at last? Social dominance, loss aversion, and white and black Americans' differing assessments of progress towards racial equality. *Journal of Personality and Social Psychology*, *90*, 453–467.

Feather, N. T. (1993). Authoritarianism and attitudes toward high achievers. *Journal of Personality and Social Psychology*, *65*, 152–164.

Feather, N. T. (1996). Reactions to penalties for an offense in relation to authoritarianism, values, perceived responsibility, perceived seriousness, and deservingness. *Journal of Personality and Social Psychology*, *71*, 571–587.

Fehr, B., Samson, D., & Paulhus, D. L. (1992). The construct of Machivellianism: Twenty years later. In C. D. Spielberger & J. N. Butcher (Eds.), *Advances in personality assessment* (vol. 9, pp. 77–116). Hillsdale, NJ: Erlbaum.

Feldman, S. (2003). Enforcing social conformity: A theory of authoritarianism. *Political psychology*, *24*, 41–74.

Fiske, S. T. (2000). Interdependence reduces prejudice and stereotyping. In S. Oskamp (Ed.), *Reducing prejudice and discrimination*. Mahwah, NJ: Erlbaum, 115–135.

Freeman, D. (2007). Suspicious minds: The psychology of persecutory delusions. *Clinical Psychology Review*, *27*(4), 425–457.

Fromm, E. (1941). *Escape from freedom*. New York, NY: Rinehart & Company.

Furr, L. A., Usui, W., & Hines-Martin, V. (2003). Authoritarianism and attitudes toward mental health services. *American Journal of Orthopsychiatry*, *73*, 411–418.

Gable, M., & Dangelo, F. (1994a). Job involvement, Machiavellianism and job performance. *Journal of Business and Psychology*, *9*, 159–170.

Gable, M., & Dangelo, F. (1994b). Locus of control, Machiavellianism and managerial job performance. *The Journal of Psychology*, *128*, 599–608.

Gable, M., & Topol, M. T. (1988). Machiavellianism and the department store executive. *Journal of Retailing*, *64*, 68–84.

Gable, M., Hollon, C., & Dangelo, F. (1992). Managerial structuring of work as a moderator of the Machiavellianism

and job performance relationship. *The Journal of Psychology*, 126,317–325.
Gardner, W. L., & Avolio, B. J. (1998). The charismatic relationship: A dramaturgical perspective. *Academy of Management Review*, 23,32–58.
Gemmill, G. R., & Heissler, W. J. (1972). Machiavellianism as a factor in managerial job strain, job satisfaction and upward mobility. *Academy of management of Journal*, 15,51–62.
Glick, P., & Fiske, S. T. (1996). The ambivalent sexism inventory: Differentiating hostile and benevolent sexism. *Journal of Personality and Social Psychology*, 70,491–512.
Goertzel, T. (1994). Belief in conspiracy theories. *Political Psychology*, 15,731–742.
Goodman, M. B., & Moradi, B. (2008). Attitudes and behaviors toward lesbian and gay persons: Critical correlates and mediated relations. *Journal of Counseling Psychology*, 55(3),371–384.
Guimond, S. (2000). Group socialization and prejudice: The social transmission of intergroup attitudes and beliefs. *European Journal of Social Psychology*, 30,335–354.
Guimond, S., Dambrun, M., Michinov, N., & Duarte, S. (2003). Does social dominance generate prejudice? Integrating individual and contextual determinants of intergroup cognitions. *Journal of Personality and Social Psychology*, 84,697–721.
Heaven, P. C. L., & Bucci, S. (2001). Right-wing authoritarianism, social dominance orientation and personality: An analysis using the IPIP measure. *European Journal of Personality*, 15,49–56.
Heaven, P. C. L. (1986). Directiveness and dominance. *Journal of Social Psychology*, 126,271–272.
Heaven, P. C. L., Ciarrochi, J., & Leeson, P. (2011). Cognitive ability, right-wing authoritarianism, and social dominance orientation: A five-year longitudinal study amongst adolescents. *Intelligence*, 39(1),15–21.
Hewstone, M., Rubin, M., & Willis, H. (2002). Intergroup bias. *Annual Review of Psychology*, 53,575–604.
Hing, L. S., Bobocel, D. R., Zanna, M. P., & McBride, M. V. (2007). Authoritarian dynamics and unethical decision making: High social dominance orientation leaders and high right-wing authoritarianism followers. *Journal of Personality and Social Psychology*, 92,67–81.
Ho, A. K., Sidanius, J., Pratto, F., Levin, S., Thomsen, L., Kteily, N., & Sheehy-Skeffington J. (2012). Social dominance orientation: Revisiting the structure and function of a variable predicting social and political attitudes. *Personality and Social Psychology Bulletin*, 38,583–606.
Hogg, M. A., & Abrams, D. (1990). *Social identifications*. London: Routledge.
House, R. J., & Howell, J. M. (1992). Personality and charismatic leadership. *The Leadership Quarterly*, 3,81–108.
Huddy, L. (2004). Contrasting theoretical approaches to intergroup relations. *Political Psychology*, 25,947–967.
Hunt, S. D., & Chonko, L. B. (1984). Marketing and Machiavellianism. *Journal of Marketing*, 48,30–42.
Hunter, J. E., & Gerbing, D. W. (1982). Machiavellian belief and personality: construct invalidity of the Machiavellianism dimension. *Journal of Personality and Social Psychology*, 43,1293–1305.
Imhoff, R., & Bruder, M. (2014). Speaking (un-) truth to power: Conspiracy mentality as a generalised political attitude. *European Journal of Personality*, 28(1),25–43.
Inhofe, S. J. (2012). *The greatest hoax: How the global warming conspiracy threatens your future*. Washington, D. C.: WND Books.
Islam, G., & Zyphur, M. J. (2005). Power, voice, and hierarchy: Exploring the antecedents of speaking up in groups. *Group Dynamics: Theory, Research, and Practice*, 9,93–103.
Jackman, M. R. (1994). *The velvet glove: Paternalism and conflict in gender, class, and race relations*. Berkeley, CA: University of California Press.
Jakobwitz, S., & Egan, V. (2006). The dark triad and normal personality traits. *Personality and Individual Difference*, 40,331–339.
Jolley, D. (2013). Are conspiracy theories just harmless fun? *The Psychologist*, 26(1),60–62.
Jolley, D., & Douglas, K. M. (2014a). The social consequences of conspiracism: Exposure to conspiracy theories decreases intentions to engage in politics and to reduce one's carbon footprint. *British Journal of Psychology*, 105(1),35–56.
Jolley, D., & Douglas, K. M. (2014b). The effects of anti-vaccine conspiracy theories on vaccination intentions. *PLoS One*, 9(2),e89177.
Jost, J. T., & Banaji, M. R. (1994). The role of stereotyping in system-justification and the production of false consciousness. *British Journal of Social Psychology*, 33,1–27.
Jost, J. T., & Burgess, D. (2000). Attitudinal ambivalence and the conflict between group and system justification motives in low status groups. *Personality and Social Psychology Bulletin*, 26,293–305.
Jost, J. T., & Thompson, E. P. (2000). Group-based dominance and opposition to equality as independent predictors of self-esteem, ethnocentrism, and social policy attitudes among African Americans and European Americans. *Journal of Experimental Social Psychology*, 36,209–232.
Jost, J. T., Banaji, M. R., & Nosek, B. A. (2004). A decade of system justification theory: Accumulated evidence of conscious and unconscious bolstering of the status quo. *Political Psychology*, 25,881–919.
Jost, J. T., Pelham, B. W., & Carvallo, M. (2002). Non-conscious forms of system justication: Cognitive, affective, and behavioral preferences for higher status groups. *Journal of Experimental Social Psychology*, 38,586–602.

Kalichman, S. C. , Eaton, L. , & Cherry, C. (2010). "There is no proof that HIV causes AIDS": AIDS denialism beliefs among people living with HIV/AIDS. *Journal of Behavioral Medicine*, *33*(6), 432–440.

Kata, A. (2012). Anti-vaccine activists, Web 2.0, and the postmodern paradigm — an overview of tactics and tropes used online by the anti-vaccination movement. *Vaccine*, *30*(25), 3778–3789.

Kemmelmeier, M. (2010). Authoritarianism and its relationship with intuitive-experiential cognitive style and heuristic processing. *Personality and Individual Differences*, *48*(1), 44–48.

Kilianski, S. E. , & Rudman, L. A. (1998). Wanting it both ways: Do women approve of benevolent sexism? *Sex Roles*, *39*, 333–352.

Kinder, D. R. , & Winter, N. (2001). Exploring the racial divide: Blacks, whites, and opinion on national policy. *American Journal of Political Science*, *45*, 439–456.

King, W. C. , Jr. , & Miles, E. W. (1995). A quasi-experimental assessment of the effect of computerizing non-cognitive paper and pencil, measurement: A test of measurement equivalence. *Journal of Applied Psychology*, *80*, 643–651.

Kofta, M. , & Sedek, G. (2005). Conspiracy stereotypes of Jews during systemic transformation in Poland. *International Journal of Sociology*, *35*(1), 40–64.

Kuo, H. K. , & Marsella, A. J. (1977). The meaning and measurement of Machiavellianism in Chinese and American college students. *The Journal of Social Psychology*, *101*, 165–173.

Kurzban, R. , Tooby, J. , & Cosmides, L. (2001). Can race be erased? Coalitional computation and social categorization. *Proceedings of the National Academy of Sciences*, *U. S. A*. *98*, 15387–15392.

Lalonde, R. N. , Giguère, B. , Fontaine, M. , & Smith, A. (2007). Social Dominance Orientation and Ideological Asymmetry in Relation To Interracial Dating and Transracial Adoption in Canada. *Journal of Cross-Cultural Psychology*, *38*, 559–572.

Lamdan, S. , & Lorr, M. (1975). Untangling the structure of Machiavellianism. *Journal of Clinical Psychology*, *31*, 301–302.

Larsen, K. S. , Elder, R. , Bader, M. , & Dougard, C. (1990). Authoritarianism and attitudes toward AIDS victims. *Journal of Social Psychology*, *130*, 77–80.

Leanne, S. , Boboce, D. , & Mark, P. (2007). Authoritarian dynamics and unethical decision making: High social dominance orientation leaders and high right-wing authoritarianism followers. *Journal of Personality and Social Psychology*, *92*, 67–81.

Lee, T. L. , Fiske, S. T. , & Glick, P. (2010). Next gen ambivalent sexism: Converging correlates, causality in context, and converse causality, an introduction to the special issue. *Sex Role*, *62*, 395–404.

Leman, P. J. , & Cinnirella, M. (2013). Beliefs in conspiracy theories and the need for cognitive closure. *Frontiers in Psychology*, *4*, 378–387.

Levin, S. (2004). Perceived group status differences and the effects of gender, ethnicity, and religion on social dominance orientation. *Political Psychology*, *25*, 31–48.

Levin, S. , Federico, C. M. , Sidanius, J. , & Rabinowitz, J. L. (2002). Social dominance orientation and intergroup bias: The legitimation of favoritism for high-status groups. *Personality and Social Psychology Bulletin*, *28*, 144–157.

Lewandowsky, S. , Oberauer, K. , & Gignac, G. E. (2013). NASA faked the moon landing — therefore, (climate) science is a hoax: An anatomy of the motivated rejection of science. *Psychological Science*, *24*(5), 622–633.

Li, Z. , Wang, Y. , Shi, J. , & Shi, W. (2006). Support for exclusionism as an independent dimension of social dominance orientation in mainland China. *Asian Journal of Social Psychology*, *9*, 203–209.

Lippa, R. , & Arad, S. (1999). Gender, personality, and prejudice: The display of authoritarianism and social dominance in interviews with college men and women. *Journal of Research in Personality*, *33*, 463–493.

Lyall, H. C. , & Thorsteinsson, E. B. (2007). Attitudes to the Iraq war and mandatory detention of asylum seekers: Associations with authoritarianism, social dominance, and mortality salience. *Australian Journal of Psychology*, *59*(2), 70–77.

Mashuri, A. , & Zaduqisti, E. (2014). The role of social identification, intergroup threat, and out-group derogation in explaining belief in conspiracy theory about terrorism in Indonesia. *International Journal of Research Studies in Psychology*, *3*(1), 35–50.

McCourt, K. , Bouchard Jr. , T. J. , Lykken, D. T. , Tellegen, A. , & Keyes, M. (1999). Authoritarianism revisited: Genetic and environmental influences examined in twins reared apart and together. *Personality and Individual Differences*, *27*(5), 985–1014.

McFarland, S. G. , Ageyev, V. S. , & Abalakina-Paap, M. A. (1992). Authoritarianism in the Former Soviet Union. Journal of Personality and Social Psychology, 63, 1004–1010.

Millord, J. T. , & Perry, R. P. (1977). Traits and performance of automobile salesmen. The Journal of Social Psychology, 103, 163–164.

Moss, J. (2005). Race effects on the employee assessing political leadership: A review of Chistie and Geis' (1970) Mach IV measure of Machiavellisanism. Journal of Leadership and Organization studies, 11, 26–33.

Nelson, G. , & Gilbertson, D. (1991). Machiavellianism revisited. Journal of Business Ethics, 10, 633–639.

Offit, P. A. (2010). *Deadly choices: How the anti-vaccine movement threatens us all*. New York, NY: Basic Books.

Oksenberg, L. (1971). Machiavellianism in traditional and Western Chinese students. In W. W. Lambert & R. Weisbrod

(Eds.), *Comparative Perspectives on Social Psychology* (pp. 92 - 99). Boston: Little, Brown.

Oliver, J. E., & Wood, T. (2014). Medical conspiracy theories and health behaviors in the United States. *JAMA Internal Medicine*, 174(5), 817 - 818.

Oreskes, N. & Conway, E. M. (2010). *Merchants of doubt*. London: Bloomsbury Publishing.

Overbeck, J. R., Jost, J. T., Mosso, C. O., & Flizik, A. (2004). Resistant vs. acquiescent responses to group inferiority as a function of social dominance orientation in the USA and Italy. *Group Processes and Intergroup Relations*, 7, 35 - 54.

Panitz, E. (1989). Psychometric Investigation of the Mach IV Scale Measuring Machiavellianism. *Psychological Reports*, 64, 963 - 968.

Patrick, C. L. H. (1984). Predicting authoritarian behaviour: Analysis of three measures. *Personality and Individual Differences*, 5(2), 251 - 253.

Peterson, B. E., Smirles, K. A., & Wentworth, P. A. (1997). Generativity and authoritarianism: Implications for personality, political involvement, and parenting. *Journal of Personality and Social Psychology*, 72, 1202 - 1216.

Poch, J. & Roberts, S. (2003). The influence of social dominance orientation and masculinity on men's perceptions of women in the workplace. *Colgate University Journal of the Sciences*, 171 - 186.

Pratto, F., & Shih, M. (2000). Social dominance orientation and group context in implicit group prejudice. *Psychological Science*, 11, 515 - 518.

Pratto, F., Sidanius, J., Stallworth, L. M., & Malle, B. F. (1994). Social dominance orientation: A personality variable predicting social and political attitudes. *Journal of Personality and Social Psychology*, 67, 741 - 763.

Pratto, F., Stallworth, L. M., Sidanius, J., & Siers, B. (1997). The gender gap in occupational role attainment: A social dominance approach. *Journal of Personality and Social Psychology*, 72, 37 - 53.

Rabinowitz, J. L. (1999). Go with the flow or fight the power? The interactive effects of social dominance orientation and perceived injustice on support for the status quo. *Political Psychology*, 20, 1 - 24.

Ray, J. J. (1976). Do authoritarians hold authoritarian attitudes? *Human Relations*, 29, 307 - 325.

Ray, J. J. (1982). Machiavellianism, forced choice formats and the validity of the F scale: A rejoinder to Bloom. *Journal of Clinical Psychology*, 38, 779 - 782.

Ray, J. J., & Lovejoy, F. H. (1986). A comparison of three scales of directiveness. *Journal of Social Psychology*, 126, 249 - 250.

Rayburn, J. M. & Rayburn, L. G. (1996). Relationship between Machiavellianism and type A personality and ethical-orientation. *Journal of Business Ethics*, 15, 1209 - 1219.

Reicher, S. (2004). The context of social identity: Domination, resistance, and change. *Political Psychology*, 25, 921 - 945.

Ricks, J., & Fraedrich, J. (1999). The paradox of Machiavellianism: Machiavellisnism may make for productive sales but poor management reviews. *Journal of Business Ethics*, 20, 197 - 205.

Roccato, M., & Ricolfi, L. (2005). On the correlation between right-wing authoritarianism and social dominance orientation. *Basic and Applied Social Psychology*, 27(3), 187 - 200.

Ronald, B. (2004). Is it an unfortunate evolutionary holdover, or the product of bad upbringing? Retrieved October 20, 2004, from https://reason.com/2004/10/20/pathologizing-conservatism/.

Ross, M. (1993). *The culture of conflict*. New Haven, CT: Yale University Press.

Rothschild, Z. K., Landau, M. J., Sullivan, D., & Keefer, L. A. (2012). A dual-motive model of scapegoating: Displacing blame to reduce guilt or increase control. *Journal of Personality and Social Psychology*, 102(6), 1148 - 1163.

Rubin, M., & Hewstone, M. (2004). Social identity, system justication, and social dominance: Commentary on Reicher, Jost et al., and Sidanius et al. *Political Psychology*, 25, 823 - 844.

Rubinstein, G. (2003). Authoritarianism and its relation to creativity: A comparative study among students of design, behavioral sciences and law. *Personality and Individual Differences*, 34, 695 - 705.

Rubinstein, G. (2006). Authoritarianism among border police officers, career soldiers, and airport security guards at the Israeli border. *The Journal of Social Psychology*, 146(6), 751 - 761.

Sachdev, I., & Bourhis, R. Y. (1987). Status differentials and intergroup behaviour. *European Journal of Social Psychology*, 17, 277 - 293.

Sakalaki, M., Richardson, C., & Thépaut, Y. (2007). Machiavellianism and economic opportunism. *The Journal of Applied Social Psychology*, 37, 1181 - 1190.

Sapountzis, A., & Condor, S. (2013). Conspiracy accounts as intergroup theories: Challenging dominant understandings of social power and political legitimacy. *Political Psychology*, 34(5), 731 - 752.

Schephers, D. H. (2003). Machiavellianism, profit and the dimension of ethical judgement: A study of impact. *Journal of Business Ethics*, 42, 339 - 352.

Schwartz, S. H. (1992). Universals in the content and structure of values: Theoretical advances and empirical tests in 20 countries. *Advances in Experimental Social Psychology*, 25(1), 1 - 65.

Shaffer, B. A., & Hastings, B. M. (2007). Authoritarianism and religious identification: Response to threats on religious beliefs. *Mental Health, Religion & Culture*, 10(2), 151 - 158.

Shea, M. T. & Beatty, J. R. (1983). Measuring Machiavellianism with Mach V: A psychometric investigation. *Journal of Personality Assessment*, 47, 509 - 513.

Sibley, C. G., Wilson, M. S., & Duckitt, J. (2007). Effects of dangerous and competitive worldviews on right-wing authoritarianism and social dominance orientation over a five-month period. *Political Psychology*, 28(3),357–371.

Sidanius, J. (1993). The psychology of group conflict and the dynamics of oppression: A social dominance perspective. In S. Iyengar & W. J. McGuire (Eds.), *Explorations in politicalpsychology* (pp. 183–219). Durham, NC: Duke University Press.

Sidanius, J., & Pratto, F. (1999). *Social dominance: An intergroup theory of social hierarchy and oppression*. New York, NY: Cambridge University Press.

Sidanius, J., Levin, S., Federico, C., & Pratto, F. (2001). Legitimizing ideologies: The social dominance approach. In J. T. Jost & B. Major (Eds.), *The psychology of legitimacy: Emerging perspectives on ideology, justice, and intergroup relations* (pp. 307–331). New York, NY: Cambridge University Press.

Sidanius, J., Levin, S., Liu, J., & Pratto, F. (2000). Social dominance orientation, anti-egalitarianism, and the political psychology of gender: An extension and cross-cultural replication. *European Journal of Social Psychology*, 30,41–67.

Sidanius, J., Pratto, F., & Bobo, L. (1994). Social dominance orientation and the political psychology of gender: A case of invariance. *Journal of Personality and Social Psychology*, 67,998–1011.

Sidanius, J., Pratto, F., Van Laar, C., & Levin, S. (2004). Social dominance theory: Its agenda and method. *Political Psychology*, 25,845–880.

Sinclair, S., Sidanius, J., & Levin, S. (1998). The interface between ethnic and social system attachment: The differential effects of hierarchyenhancing and hierarchy-attenuating environments. *Journal of Social Issues*, 54,741–757.

Smith, E. R., & Mackie, D. M. (2002). Commentary. In D. M. Mackie & E. R. Smith (Eds.), *From prejudice to intergroup emotions: Differentiated reactions to social groups* (pp. 285–299). New York, NY: Psychology Press.

Smith, S. M., & Kalin, R. (2006). Right-wing authoritarianism as a moderator of the similarity-attraction effect. *Canadian Journal of Behavioural Science*, 38,63–71.

Snyder, M., & Cantor, N. (1998). Understanding personality and social behavior. In D. Gilbert, S. Fiske, & G. Lindzey (Eds.), *Handbook of Social Psychology*(4th ed., pp. 635–679). New York, NY: Oxford University Press.

Soenens, B., Duriez, B., & Goossens, L. (2005). Social — psychological profiles of identity styles: Attitudinal and social-cognitive correlates in late adolescence. *Journal of Adolescence*, 28,107–125.

Starr, P. D. (1975). Machiavellianism among traditional and westernized Arab students. *The Journal of Social Psychology*, 96,179–185.

Strauss, C. (1992). Models and motives. In R. D'Andrade & C. Strauss (Eds.), *Human motives and cultural models* (pp. 1–20). Cambridge: Cambridge University Press.

Sullivan, D., Landau, M. J., & Rothschild, Z. K. (2010). An existential function of enemyship: Evidence that people attribute influence to personal and political enemies to compensate for threats to control. *Journal of Personality and Social Psychology*, 98(3),434–449.

Sunstein, C. R. (2014). *Conspiracy theories and other dangerous ideas*. New York, NY: Simon and Schuster.

Sunstein, C. R., & Vermeule, A. (2009). Conspiracy theories: Causes and cures. *Journal of Political Philosophy*, 17(2),202–227.

Swami, V. (2012). Social psychological origins of conspiracy theories: The case ofthe Jewish conspiracy theory in Malaysia. *Frontiers in Psychology*, 3,280–289.

Swami, V., Chamorro-Premuzic, T., & Furnham, A. (2010). Unanswered questions: A preliminary investigation of personality and individual difference predictors of 9/11 conspiracist beliefs. *Applied Cognitive Psychology*, 24(6), 749–761.

Swami, V., & Coles, R. (2010). The truth is out there: Belief in conspiracy theories. *The Psychologist*, 23(7), 560–563.

Swami, V., Coles, R., Stieger, S., Pietschnig, J., Furnham, A., Rehim, S., & Voracek, M. (2011). Conspiracist ideation in Britain and Austria: Evidence of a monological belief system and associations between individual psychological differences and real-world and fictitious conspiracy theories. *British Journal of Psychology*, 102(3), 443–463.

Swami, V., & Furnham, A. (2012). Examining conspiracist beliefs about the disappearance of Amelia Earhart. *Journal of General Psychology*, 139(4),244–259.

Swami, V., Pietschnig, J., Tran, U. S., Nader, I. W., Stieger, S., & Voracek, M. (2013). Lunar lies: The impact of informational framing and individual differences in shaping conspiracist beliefs about the moon landings. *Applied Cognitive Psychology*, 27(1),71–80.

Swami, V., Voracek, M., Stieger, S., Tran, U. S., & Furnham, A. (2014). Analytic thinking reduces belief in conspiracy theories. *Cognition*, 133(3),572–585.

Swim, J. K., Mallett, R., Russo-Devosa, Y., & Stangor, C. (2005). Judgments of sexism: A comparison of the subtlety of sexism measures and sources of variability in judgments of sexism. *Psychology of Women Quarterly*, 29,406–411.

Tang, T. L., & Chen, Y. (2008). Intelligence vs. wisdom: The love of money, Machiavellianism, and unethical behavior across college major and gender. *Journal of Business Ethics*, 82,1–26.

Tavris, C., & Wade, C. (1984). *The longest war*(2nd ed.). San Diego, CA: Harcourt Brace Jovanovich.

Thomsen, L., Green, E. G. T., & Sidanius, J. (2008). We will hunt them down: How social dominance orientation and right-wing authoritarianism fuel ethnic persecution of immigrants in fundamentally different ways. *Journal of Experimental Social Psychology*, 44(6), 1455–1464.

Thomsen, L., Green, E. G. T., Ho, A. K., Levin, S., Van Laar, C., Sinclair, S., & Sidanius, J. (2010). Wolves in sheep's clothing: Social dominance orientation asymmetrically predicts perceived ethnic victimization among white and latino students across three years. *Personality and Social Psychology Bulletin*, 36, 225–238.

Todosijevie, B., & Enyedi, Z. (2002). Authoritarianism vs. cultural pressure. *Journal of Russian and East European Psychology*, 40, 31–54.

Topol, M. T., & Gable, M. (1990). Machiavellianism and the discount store executive. *Journal of Retailing*, 66, 71–85.

Tversky, A., & Kahneman, D. (1983). Extensional versus intuitive reasoning: The conjunction fallacy in probability judgment. *Psychological Review*, 90(4), 293–315.

Uscinski, J. E., Parent, J. M., & Torres, B. (2011). Conspiracy theories are for losers. Paper Presented at the 2011 American Political Science Association Annual Conference, Seattle, WA.

Van Laar, C., & Sidanius, J. (2001). Social status and the academic achievement gap: A social dominance perspective. *Social Psychology of Education*, 4, 235–258.

van Prooijen, J. W., & van Dijk, E. (2014). When consequence size predicts belief in conspiracy theories: The moderating role of perspective taking. *Journal of Experimental Social Psychology*, 55, 63–73.

van Prooijen, J. W., Krouwel, A. P. M., & Pollet, T. V. (2015). Political extremism predicts belief in conspiracy theories. *Social Psychological and Personality Science*, 6(5), 570–578.

Vleeming, R. G. (1979). Machiavellianism: A preliminary review. *Psychological Reports*, 44, 295–310.

Wakefield, R. L. (2008). Accounting and Machiavellianism. *Behavior Research in Accounting*, 120, 115–129.

Weber, M. (1947). *The theory of social and economic organization* (A. M. Henderson & T. Parsons, Trans.). New York, NY: Oxford University Press.

Whitley, B. E. (1999). Right-wing authoritarianism, social dominance orientation, and prejudice. *Journal of Personality and Social Psychology*, 77, 126–134.

Williams, M. L., Hazleton, V., & Renshaw, S. (1975). The measurement of Machiavellianism: A factor analytic and correlational study of Mach IV and Mach V. Paper presented at the Annual meeting of the Intertional Communication Association, New Orleans, Lousiana, US.

Winter, S. J., Stylionou, A. C., & Giacalone, R. A. (2004). Individual difference in the acceptability of unethical information technology practices: The case of Machiavellianism and ethical ideology. *Journal of Business Ethics*, 54, 279–301.

Zinn, H. (1968). *Disobedience and democracy: Nine fallacies on law and order*. New York, NY: Vintage.

第二编 人格动力

人格动力(personality dynamics)即人类行为背后的动因,包括心理动力学说、动机、环境适应、自我等(Cloninger,1996)。我们将人格定义为个人在各种交互作用过程中形成的内在动力组织和相应行为模式的统一体。其中内在的动力组织是根本性的,外在的行为方式只是内在组织的表现形式。一个人行为的动力与目标是人格的基本功能,为人生提供动力和目标。

近年来,人格动力领域中目标、自主和自我调节这三个专题的研究有较大的发展。首先,在目标研究领域中,当代目标研究者们提出了大量不同的关于目标以及目标定向行为的理论和观点。为了尽可能将这些不同的观点呈现出来,从相似性出发,可以将其归为四类:一是目标单元理论,该理论认为每个个体都拥有高度个性化的目标系统,都会用各自独特的方法为实现目标而努力。因此,研究者采取特则研究方法,来考察个体特殊的目标单元。二是目标内容理论,该理论尝试用个体所设定的具体目标来解释为什么不同目标定向行为导致不同的结果。研究者假设目标内容的差异能显著地影响个体的行为,致力于回答人们追求什么样的目标(Deci 和 Ryan,2000;胡小勇,郭永玉,2008)。三是目标追求过程中的自我调节理论,该理论关注人们如何克服实施目标过程中遇到的问题,尝试解释自我调节策略在目标对行为影响过程中的作用,致力于回答人们如何有效地追求目标(Gollwitzer 和 Moskowitz,1996)。四是无意识目标及其追求理论,该理论聚焦于个体如何自动、无意识地采纳和追求目标,以及无意识地激活和追求目标对社会评价、社会行为和主观经验的意义(Bargh,1990;Oettingen 等,2006;Shah,2005)。

其次,在自主这一研究领域中,虽然**自主**(autonomy)是一个源远流长的概念,古希腊的政治作品中就曾指出,自主意为从残暴的统治或他国的统治中独立出来,但近年来西方心理学家将其视为一种重要的人格特征、复杂的人格构念、重要的自我系统或自我构念(Sato,2001;Beck,1983)。研究者们从人格特质、动机和心理学是否需要自主等方面介绍了心理学对自主所展开的一系列的研究。包括作为人格特质的自主性，如认知自主性及其相关研究；动机领域中关于自主的相关研究；自由意志所展开的科学研究等。

最后，自我调节日益受到动机研究者的关注，并取得了大量研究成果。随着动机研究深入，期望—价值理论和动机归因理论研究者们都认为，"自我"是一个重要的、具有动机性作用的概念。比如，提升个体的自我价值和免于自我在一些情境中受到威胁，是人们产生行为的主要原因。而"自我调节"除了有动机的功能之外，还反映了人们行为产生的过程。动机回答了行为"为什么"会产生，并推断行为发生是由一个过程所构成的，而自我调节则具体反映了该过程"是怎样"的。该领域的新进展包括，调节定向和调节匹配等作为特质的自我调节研究；有意识的冲动控制的自我调节研究；从创伤和苦痛中自我恢复、痊愈和成长的具有自我调节功能的创伤性成长研究。

4 目　标

4.1　目标单元 / 180
  4.1.1　当前关注点 / 181
  4.1.2　个人计划 / 181
  4.1.3　生活任务 / 182
  4.1.4　个人奋斗 / 183
  4.1.5　四种目标结构的异同比较 / 187
  4.1.6　未来研究方向 / 188
4.2　目标内容 / 189
  4.2.1　目标内容的界定 / 189
  4.2.2　目标内容效应 / 190
  4.2.3　目标内容效应的心理机制 / 196
  4.2.4　未解决的问题 / 198
4.3　目标追求 / 199
  4.3.1　目标追求的过程 / 200
  4.3.2　执行意向对目标追求的促进作用 / 202
  4.3.3　未来研究方向 / 210
4.4　无意识目标 / 212
  4.4.1　无意识目标的激活 / 213
  4.4.2　无意识目标的追求 / 216
  4.4.3　无意识目标与有意识目标的比较 / 219

  心理学家对于行为目标的探索由来已久。早在1890年,詹姆斯就已经建议通过研究个体"对未来目标的追求,以及对目标实现方式的选择"来区分个体。本能论者麦克杜格尔(McDougall)也非常重视行为所具有的目标属性,他甚至宣称自己就是个目标心理学家。他反对机械的、反射的、刺激决定论的行为观,支持积极的、向着预期目标不断努力的行为观,认为在我们预见某件事情的可能性时,就会期待看到这种可能性得以实现,并采取与我们愿望相一致的行为,以引导事件向我们的目标方向发展。几乎在麦克杜格尔的同时代,阿德勒也从不同的角度阐述了目标的意义,认为个体是目标定向的,会受到未来期望的促动。他把目标作为行为解释的原则,用价值和目标的概念来取代驱力的概念。

格式塔心理学强调人的整体行为、行为的目标导向性以及指向对象的正负效价。受到格式塔心理学的影响，托尔曼(Tolman)在行为主义的阵营里提倡目标的研究，指出目标就好比行为的"经纬线"。他认为目的性是行为的特点，并指出了"手段—目的"之间存在的关系的多样性，对行为的组织性、模式性和目的性进行了很好的探索。奥尔波特用"目标导向"来描述这些在他看来比特质更具动力性和区分度的行为倾向，而且认为，目标导向可以用来理解个体某些不一致的行为。例如，一个孩子在一种场合不服管教、爱捣乱，在另一种场合可能非常听话、有礼貌。如果我们推断这个孩子是想"努力获得成人的注意"并学会了在不同环境中实现这一目标的灵活策略，那么这种行为上存在的明显不一致就揭示了深层次的意义。

20世纪五六十年代的认知革命极大地影响了行为科学的各个领域。在人格心理学内部，认知的信息加工观逐渐形成了独立的声音。在认知革命背景下，人的形象变得富有主动性和创造性，目标理论也再度回到研究的中心。比如1960年Miller就指出，计划是与目标相联系的，因为目标对机体具有一定的价值，从而具有了动机的属性。

到了20世纪80年代，认知革命不断演进，从"冷"认知演变到关注认知与动机、情感之间关系的"热"认知，与此紧密相连的是动机目标理论的悄然兴起。建立在詹姆斯、麦克杜格尔、德国意志心理学以及行为主义者们所提出的目标及目标定向行为的理论基础上，当代目标研究者们提出了大量不同的关于目标以及目标定向行为的理论和观点。为了尽可能将这些不同的观点呈现出来，从相似性出发，可以将其归为四类：一是目标单元理论(Cantor和Kihlstrom，1985；Emmons，1989；Little，2000；Young，1987)；二是目标内容理论(Deci和Ryan，2000；胡小勇，郭永玉，2008)；三是目标追求过程中的自我调节理论(Gollwitzer和Moskowitz，1996)；四是无意识目标及其追求理论(Bargh，1990；Oettingen等，2006；Shah，2005)。

4.1　目标单元[①]

从研究方法上看，对目标的研究，可遵循两条路线，即**通则研究法**(nomothetic approach)和**特则研究法**(idiographic approach)。前者旨在对人类目标进行分类，试图揭示普遍的目标类型，以实现个体间的比较；后者则关注个人特殊的**目标单元**

[①] 本节基于如下工作扩展而成：(1)蒋京川，郭永玉．(2003)．动机的目标理论．心理科学进展，11(6)，635—641．(2)张钊．(2007)．个人目标、主观幸福感与自我效能感：一项纵向研究．武汉：华中师范大学硕士学位论文．撰稿人：胡小勇。

(goal units)。目标的通则研究法通常采取对目标进行标准化的列表分类的方法,以期发现普遍性的目标类型(Pervin,1983;Emmons,1986;Novacek 和 Lazarus,1990)。20世纪80年代以来,与动机人格化趋势相一致的是,人格的目标研究领域越来越多地采取特则研究法,对"当前关注点"、"个人计划"、"生活任务"、"个人奋斗"等人格心理学特殊目标单元的研究创造了多个目标的特则研究法的范例。

4.1.1 当前关注点

克林格(Klinger,1975,p.223)提出了**当前关注点**(current concerns)的概念。所谓的当前关注点,指的是一种假想的动机状态,这种状态使个体的感受和经验围绕着追求某一目标而组织起来。一旦这种假想动机状态被激活,它会引导一个人的思想、情感和行为。当前关注点的例子有很多,比如看牙医、减肥、维持恋爱关系等,只要是个体当前所思所虑的事件或领域,都可以是当前关注点。人们处于不断变化的环境之中,因而其潜在的关注对象也是多种多样的。

扬(Young)和克林格等人对当前关注点进行了实验研究。扬(Young,1987)发现,当被试在完成查字典任务时,如果左边电脑屏幕上悄悄呈现与当前关注点有关的词,被试的活动就会受到干扰。这表明与当前关注点相关的环境线索会不自觉地影响认知活动。而克林格(Klinger,1989,p.317)的回忆实验表明,与当前关注点相关的词更容易被回忆起来。这同样证实了当前关注点对认知加工的影响。如何对这一结论进行解释呢?研究者认为,关注状态使个体具有一种心理准备态势,更容易对所关注的线索产生情感唤起,从而影响个体的认知加工过程。从这个意义上说,当前关注点将动机、情感与认知联系了起来,其中情感因素起着重要作用。

目前,研究者正将当前关注点的概念应用到抑郁症、酒精依赖以及工作满意度等领域,采用新的视角解释这些社会现象。例如,克林格和考格斯(Klinger 和 Cox,2002)运用**个人关注点问卷**(the Personal Concerns Inventory, PCI)对有酒精依赖的大学生群体进行研究,发现缺乏健康的个人关注和动机结构的大学生,表现出更多的酗酒行为和更少的生活满意度,而且他们在治疗过程中不易改变其原有的动机结构。

4.1.2 个人计划

与当前关注点相似但又独立的一个概念是**个人计划**(personal projects)。利特尔(Little,1989,p.15)把个人计划定义为意欲实现个人目标的一系列相关活动。个人计划是人们思考、运筹和从事的事情,是通向目标的路线或路径。我们每一天的活动都是围绕着个人计划而组织的,如"学滑冰"、"找一个兼职工作"、"为圣诞节购物"等,都是个人计划的例子。帕雷斯和利特尔(Palys 和 Little,1983)对个人计划进行了精细的研究,得出了富有启发性的结论:(1)个体的生活满意度水平取决于与个人计划相关的压力和效能,即如果个体具有个人计划成功实现的效能感,没有面临超出应对能力的压力,那么可预计他的生活满意度水平较高。反之亦然。(2)个人计划与心理健康密切相关。帕雷斯和利特尔(Palys 和 Little,1983, p.44)发现,那些致力于短期愉快计划(这些计划难度适中)的个体,相比那些置身于长期计划、缺乏即时反馈的个体而言,有更多的愉悦感和更高的健康水平。另外,利特尔(Little,2000)将个人计划概念应用到社会生态学领域,认为个人计划是社会生态学模型中的一个分析单元,另两个分析单元分别是人和情境。这无疑是一个新的学术视角。

4.1.3 生活任务

坎托(Cantor)及其同事认识到,人格是通过个体对任务的参与和努力而发展起来的,应该根据人们"做"什么而不是"是"什么来描述他们。基于这种认识,他们(Cantor 和 Kihlstrom,1985)发展了**生活任务**(life tasks)的概念,并将其定义为人们当前致力于解决的问题和一个特定生活时期个体投入精力面对的一系列任务。比如,"在学业上成功"、"交朋友"、"做我自己"都是生活任务的例子。在生活转型期,生活任务的作用尤为突出。坎托(Cantor,2000)认为,生活任务的提出使个体每天的活动具有了组织性,由此可以用**以问题为中心**(problem-centered)的方法调和人格心理学中的**以情境为中心**(situation-centered)和社会心理学中的**以人为中心**(person-centered)这两种不同取向,打破彼此间的相互对立。

坎托(Cantor,2000)强调人格功能的适应方面,特别是认知功能的适应性。最初发展生活任务这一概念,目的正是为了探查个体在面临生活问题时,如何基于人格的认知基础来选择解决策略。通过问卷和半结构式访谈,坎托和桑德森(Cantor 和 Sanderson,1999)已证实存在两种策略:一种是学业领域的,一种是社会领域的。在学业领域,有乐观者策略和防卫性悲观者策略之分。前者具有相对低的焦虑和相对高的成功期望,后者则相反,具有相对高的焦虑和相对低的期望。防卫性悲观者是那种看上去总在担心,实际上却没有什么值得担心的学生,因为就实际表现而言,乐观者与防卫性悲观者并没有什么显著差别。这两种策略各有利弊:乐观者的态度使他们具有积极期待而避免去想可能会失败,从而减少焦虑;而防卫性悲观者的学业焦虑似乎成为他们学习的永存动力。在社会领域,研究者发现个体在所谓的**社会强制**(social constrain)方面存在差异。具有高社会强制的个体在社会行为上是倾向于他人导向的、焦虑的,他们会报告更多的社会领域中的压力和消极情感。并且,采用高社会强制策略的个体习惯于让他人来指导自己的社会行为,常常以一个跟随者、观察者而不是领导者的行为方式来保护自尊。采取低社会强制策略的个体则与上述特征相反,他们在社会行为表现上更独立、更积极主动,并且社会焦虑水平较低。但需要指出的是,鉴于情境的特定性,高社会强制者与低社会强制者的这些特征并不能推广或迁移到其他生活领域。

4.1.4 个人奋斗

埃蒙斯(Emmons,1989)发展了**个人奋斗**(personal strivings)的概念,旨在描述具有重复性和个性特征的目标努力行为。埃蒙斯(Emmons,1989)将个人奋斗定义为:个体希望在不同情境下实现的目标的典型类型,即带有个性化的追求目标的一贯模式。比如,一个人可能会"努力在异性面前展示魅力"、"得到尽可能多的快乐"、"努力做个好人",这些都可以是个人奋斗的实例。个人奋斗既可以是一种思想、信念,也可以是产生一系列行为的动机原则。个人奋斗这一概念可以追溯到奥尔波特关于人格研究的目的性(teleonomic)理论。埃蒙斯指出每个人都有独特的个人奋斗体系,这使得我们可以根据不同的个人奋斗类型来区别不同的人。个人奋斗把我们日常生活中的目标组织起来,使得主次分明,重点突出。对于个体而言,个人奋斗具有高度的抽象性和综合性,一个奋斗目标常包括多个功能相同的次级目标。比如,一名学生的个人奋斗目标是取得优异成绩,也许他会把这个奋斗过程划分成课堂认真学习、考试前认真复习、考试时仔细审题等多个不同的子目标,即通过多个具体目标的实现最终完成个人奋斗。埃蒙斯和金(Emmons 和 King,1988)还对于个人奋斗中的冲突和矛盾(conflict and ambivalence)进行了专门阐述。前者指的是两种或多种个人奋斗之间的斗争,而后者表达的是一项个人奋斗实现过程中所经历的各种内部的混合感情。个人奋斗既包括要尽力获得或经历的事,也包括要尽力避免的事。个人奋斗既可以是积极的,也可以是消极的。而且,个体之间在其生活由积极奋斗或消极奋斗构成的程度方面是不同的。

埃蒙斯(Emmons,1989)指出了大量个人奋斗的明确特征。首先,个人奋斗对个体来说是独一无二的,尤其表现在构成个人奋斗的目标和一个人表达个人奋斗的方式这些层面。但我们还是可以找到一些共同的或规律性的个人奋斗类别(比如成就、人际关系、自我表征等)。其次,个人奋斗包括认知、情感和行为等成分。第三,尽管个人奋斗是比较稳定的,但它们并不是固定不变的。个体所要努力达成的事件随着情境的变迁和生活的改变而变化。从某种程度上说,个人奋斗反映着我们一生的持续发展。第四,一项个人奋斗中一个子目标的实现并不代表整个奋斗过程的完成。最后,大部分个人奋斗被假定是有意识的,并可以自我报告。

个人奋斗的测评

埃蒙斯(Emmons,1986)对个人奋斗持系统观,最初他把个人奋斗划分为一些具体的维度,通过问卷来测评。埃蒙斯的个人奋斗问卷共有 15 个项目,包括:奋斗价值、冲突、承诺、重要性、投入度、难度、归因、社会期望、确定性、方式、成功可能性、自信、不作为成功可能性、影响以及既往成就等。在具体的测评工作中，首先，他让被试列出15条个人奋斗条目，并让他们写出实现每一种奋斗的具体方法。然后，根据这些被试列出的个人奋斗条目，使用**个人奋斗量表**(the Striving Assessment Scales, SAS)对每一具体奋斗项目进行测评。第三步，将这15个奋斗条目组合成15×15的奋斗方式矩阵(the striving instrumentality matrix, SIM)，分析不同奋斗条目之间的相关关系。使用主轴因子法并采用方差最大法旋转对所收集的数据进行探索性因素分析，得出个人奋斗的五个因素：第一个因素是奋斗的程度（包括价值、重要性、承诺），贡献率为30.9%；第二个因素是成功（既往成就和成功可能性），贡献率为16.2%；第三个因素是容易度（包括不作为成功可能性、投入度和难度），贡献率为11.2%；第四个因素埃蒙斯认为不易解释清楚（其中包含了奋斗的归因、社会期望、环境机遇等），其贡献率为8.2%；第五个因素是奋斗方式，贡献率为6.7%。总的说来，埃蒙斯的个人奋斗问卷的信度指标不是很好。后来，埃蒙斯(Emmons, 1992)进一步对个人奋斗的维度进行了描述。根据涉及面(breadth)、自我反省(self-reflection)和情绪意识(emotion awareness)三种特征，使用个人奋斗编码手册(personal striving coding manual)将个人奋斗划分为高水平和低水平，并用个人奋斗参数来反映高水平目标与低水平目标的差别。高水平目标是概括的、抽象的、开阔的；低水平目标是具体的、明确的、较表面化的。

布伦施泰因(Brunstein, 1993)对个人目标维度的划分和测量方法，与埃蒙斯类似。他将个人目标划分为目标承诺、实现可能性和进展三个因子。其中每个维度下面都涉及三个子维度，分别是决心、迫切性、意愿；机遇、控制度、支持度；进度、结果和障碍。每个子维度都有一正一反两个题项。整个问卷按照符合程度从1（完全不符合）到7（完全符合）进行评分。在布伦施泰因(Brunstein, 1993)的一项纵向研究中，他通过对第一次和最后一次个人目标问卷进行因素分析发现：在个人目标开始阶段，目标承诺这一因子的贡献率最大，为35.9%；成功可能性次之，为16.3%。而在目标追求过程中，成功可能性的贡献率最大，为35.3%；目标进展次之，为12.9%；目标承诺最低，为10.4%。布伦施泰因的个人目标问卷的信度指标比较好，各子维度问卷的克尔巴哈系数(Cronbach's α)均大于0.76；重测信度最大为0.85，最小为0.55。

国内研究者（张钊，2007）将埃蒙斯(Emmons, 1986)和布伦施泰因(Brunstein, 1993)对个人奋斗的测量问卷汉化后进行比较，提取个人目标问卷的项目，选取大学生被试进行修订。预测发现，这一问卷有较好的统计学指标。删去不合要求的项目后正式施测，得出修订后的个人目标问卷有15个项目，包括四个因子：实现可能性、目标承诺、目标投入和目标进展。其中实现可能性项目分数越大，表示目标实现的可能性越小,难度越大。这证实了在我国,对于大学生被试来说,个人目标具有与国外研究发现类似的因子。研究中个人目标的四因子结构,与布伦施泰因(Brunstein, 1993)的研究差异不大,符合埃蒙斯(Emmons, 1986)对个人奋斗结构的划分。因素分析结果见表4.1。

表4.1 个人奋斗量表(中文版)因素分析结果

项目		F1	F2	F3	F4
1	无论发生什么,我都不会放弃这个目标。	**0.706**	0.106	0.209	0.268
2	我有迫切开始实施目标的想法。	**0.542**	−0.199	0.211	0.397
3	平常有很多机会能够帮助我实现这个目标。	0.119	0.012	0.355	**0.630**
4	平时,我没有很多时间来为实现这个目标而努力。	0.243	0.319	0.201	**0.598**
5	目标能否实现,绝大部分取决于我个人不能控制的外部因素。	0.254	0.388	−0.020	**0.634**
6	即使要付出很多努力,我也会竭尽所能去实现目标。	**0.863**	0.130	0.060	0.149
7	为了这个目标,我可以利用周围一切可能的帮助和支持。	**0.823**	0.104	−0.009	0.017
8	对于这个目标,我已经取得了很大的成功。	0.054	0.223	**0.889**	0.071
9	为了实现这个目标,我已经取得了相当的进展。	0.197	0.187	**0.881**	0.074
10	对于这个目标来说,取得任何一步进展都很困难。	0.086	**0.729**	−0.060	−0.159
11	我以前的经验能够帮助我实现这个目标。	0.050	0.114	**0.593**	0.318
12	我为实现目标所做的很多努力都白费了。	0.291	**0.725**	0.095	0.012
13	实现这个目标比我原先设想的要困难得多。	0.035	**0.778**	0.241	0.149
14	目标实现与否完全取决于我自己。	0.089	0.173	0.053	**0.775**
15	在实现这个目标的过程中出现了很多阻碍。	0.062	**0.591**	0.165	0.208
特征值		4.94	1.91	1.47	1.15
累计贡献率(%)		32.91	46.64	55.44	63.07

来源:张钊,2007.

个人奋斗的相关研究

个人奋斗与幸福感 幸福感作为**积极心理学**(positive psychology)的研究主题之一,补充、完善并发展着现代心理学体系。现代心理学的幸福感研究基于**快乐论**(hedonic)与**实现论**(eudaimonic)两种哲学观点,而导致研究中出现了**主观幸福感**(subjective well-being, SWB)和**心理幸福感**(psychology well-being, PWB)两种不同的研究取向。埃蒙斯(Emmons, 1986, 1992)先后研究了个人奋斗与主观幸福感、心理幸福感及身体健康的关系。

个人奋斗与主观幸福感 埃蒙斯对主观幸福感的研究主要集中在积极情感、消极情感和生活满意度上。通过**经验抽样法**[①](experience-sampling method, ESM)记

---

① 经验抽样法(SEM)是一种尽可能在自然条件下研究个人经验的方法。许多心理学家都采用这一方法对心境状况进行记录和研究。在埃蒙斯关于个人奋斗与其他人格变量的相关研究中经常会使用到这一方法。

录下被试的心境状态和思维内容,并结合**生活满意度量表**(the Satisfaction with Life Scale, SWLS)(Diener, Emmons, Larsen,和 Griffin, 1985)提取所需数据。埃蒙斯(Emmons,1986)发现积极情感与个人奋斗维度中的成功可能性、既往成就、奋斗价值及努力度正相关;消极情感与成功可能性、既往成就、重要性负相关,而与奋斗难度、投入度以及冲突正相关;生活满意度与个人奋斗的成功可能性、确定性及奋斗方式正相关,而与难度负相关。此外,与"期望—价值"理论——在奋斗过程中,个体的投入程度越高,其相应的成就期望也就越高——相一致,个人奋斗中的承诺与实现有价值的成就期望呈正相关。埃蒙斯和金(Emmons 和 King,1988)研究发现,在个人奋斗上经历了大量冲突和矛盾的个体也体验到较多的消极情感和较低的生活满意度。埃蒙斯指出,在个人奋斗量表中,奋斗的当前进程(current progress)、既往成就(past attainment)、承诺(commitment)、难度(difficulty)是对主观幸福感的四个显著性预测因子。

个人奋斗与心理幸福感及身体健康　埃蒙斯(Emmons,1992)测评了被试的个人奋斗并让被试接受了其他问卷(其中包括 BSI、BDI、MPQ、SWLS 等[①]）的测量,以个人奋斗水平为指标,得出了个人奋斗与心理幸福感和身体健康之间的关系。他发现,报告为高奋斗水平的被试经历了更多的心理抑郁和较少的身体疾病;而在那些报告为低奋斗水平的被试中则发现了相反的结果,他们的心理抑郁出现得较少而身体疾病却较多。对这一结果的解释,埃蒙斯提出了这样一个假说,低水平思虑(如低水平个人奋斗)可能反映了被试在被问及个人生活目标时,所出现的一种对固有威胁的回避反应。而其他研究表明,这一回避性应对策略与疾病的产生过程相关(Contrada, Czarnecki,和 Pan, 1997)。此外,埃蒙斯和金(Emmons 和 King,1988)研究发现,个人奋斗目标间的冲突与个体身体健康问题的自我报告测量分数相关;这一相关可能反映了个人奋斗目标间的冲突给对目标的反复思考和目标导向行为带来了抑制影响。谢尔登和卡塞(Sheldon 和 Kasser,2001)的纵向研究发现,个人奋斗与人生和个人成熟密切相关,个人奋斗的和谐或一致的测量分数与幸福感呈正相关。埃蒙斯认为人们对幸福感的体验取决于他们目标的实现状况。对于那些重要目标和那些已经实现的目标,人们自身所感受到的幸福感会更为强烈。因而,埃蒙斯认为幸福感不仅仅是一种特质,而应当被看作是一种目标追求的产物。

个人奋斗与特质　对于人格研究中的传统特质分析来说,以人格奋斗这一概念

[①] BSI,简明症状量表(the brief symptom inventory)(Derogatis 和 Spencer, 1982);BDI,贝克抑郁量表(the Beck depression inventory)(Beck 等,1961);MPQ,多元文化人格问卷(the well-being scale of the multidimensional personality questionnaire)(Tellegen, 1982);SWLS,生活满意度量表(the satisfaction with life scale)(Diener, Emmons, Larson,和 Griffin, 1985)

来审视人格将是一种全新的视角。埃蒙斯认为特质研究是关于人格普遍的、规律性的方法,而个人奋斗则既有规律性的层面,也包含了个性化的层面。此外,特质是个人行为的表现形式,而个人奋斗属于人格的动机因素,不一定通过行为表现出来。最后,特质与个人奋斗最根本的不同点在于,特质意味着已经导致了个体的某种行为结果,而个人奋斗则不一定导致行为。举例来说,我们可以说一个人很友善,他就喜欢去交朋友,也善于交到朋友;但不能说一个人努力想让自己表现出友善,那么他就一定会与别人去交朋友、成为朋友。

对于个人奋斗与特质之间的关系,埃蒙斯调查了自恋型人格特质,发现得分高的被试与得分低的被试有不同的个人奋斗。例如,高自恋被试的个人奋斗有努力控制和操作他人、穿着时髦衣物等,而低自恋被试的个人奋斗则包括让父母感到自豪、意识到他人的感受、使他人快乐等。这种个人奋斗上的区别在同伴报告中也得到了证实(Emmons, 1989)。

埃蒙斯没有探讨人格特质的五种因素与个人奋斗之间的具体关系。而在与个人奋斗理论相类似的"个人计划"这一理论中,利特尔使用 NEO-PI 发现人格特质与个人计划这种人格动机单元之间有很强的相关关系。在斯潘格勒和帕尔里查(Spangler 和 Palrecha, 2004)的研究中也有类似发现。

4.1.5 四种目标结构的异同比较

以上讨论的四种目标结构,都强调行为的目的性和目标指向性特征,每一结构都涉及目标的不同方面:目标关注的对象、目标实现的路径或方案、作为任务的目标以及带有个性特征的目标努力行为。这四种目标结构均被视为目标的特则研究法。但与以上目标结构的共性相比更重要的是,由于各个目标结构的侧重点不同,使得它们之间存在着差异。在比较这些差异之前,我们先看一下各个目标的举例说明(见表4.2, Emmons, 1997, p.486)。

表4.2 个人目标结构的实例

类别	实例
当前关注点	吃午餐;下周去野营;写完一本书;假日去滑冰;买一件飞行衫。
个人计划	治疗癌症;学滑冰;让汤姆停止咬指甲;不要让自己失业;为父亲的死报仇。
生活任务	比我高中时心智更成熟;找一个女朋友;确立未来的目标;发展同一性;脱离家庭走自己的路。
个人奋斗	让迷人的女性注意我;尽可能为别人做好事;使人们与自己保持亲密关系;避免依赖男朋友;让父母生活得更愉快。

来源:Emmons, 1997, p.486

观察和体会表 4.2 中所列举的实例可知,首先,这四种目标结构在内涵上是不同的:当前关注点是一种假想的动机状态,虽然它暗含着将来可能发生的倾向,但也仅仅是个体头脑中当前所关注的事情或领域。个人计划则不同,它不是一种假想状态,而是一系列随时间推进而发生的相关行为——与追求目标相适应的外显行为。个人计划不是一个人有什么想法,而是一个人做什么事情。生活任务与发展阶段密切相关,是个人希望解决的重要人生或生活课题,在生活转型期意义尤为突出。个人奋斗则多表现为具有个人特征的一些努力方向或人生信念,它可以很具体,也可以很宏观,可以是一种思想认识,也可以是一种行为动机。一般而言,个人奋斗比前三种目标结构更带有人格特征的意味,更持久稳定。

其次,一般认为,当前关注点、个人计划、生活任务都有明确的终止点。例如,一个人一旦从大学毕业,可能就不再需要和大学打交道了,那么"上大学"这一项生活任务就宣告结束了。而个人奋斗则不会因成功或不成功而终止,它是对一系列目标反复、持久的追求。比如,具有"努力做个好人"奋斗目标的人,不会因某一次做了一件好事而停止这种目标追求。

最后,各个目标结构在类别宽度上的区别也是重要的,因为它决定着目标可接受的范围。困难之处正在于此,虽然在原则上作这种区分是可能的,但现实中,大部分目标结构在类别宽度上并不是那么泾渭分明、清晰可辨的。例如,个人计划可以在"星期天去教堂"(细琐行为)到"探索我的宗教信念"(宏观意图)如此宽泛的维度上变化,而生活任务、当前关注点、个人奋斗也能处在广阔的连续维度中的某一点上。但相比而言,个人奋斗的类别宽度要大一些,因为它被假定在动机控制层次上有更高的水平。

4.1.6 未来研究方向

目标概念的出现是令人欣喜的,因为目标具有将认知、情感、动机、行为相联结的功能,具有整合人格并使行为组织化、模式化的功能。同时,目标又呈现出层次性结构,适合于测量和研究个别差异。奥尔波特曾质疑:"我们采用什么作为人格的结构单元呢?"现在,我们终于可以理直气壮地回答这一质疑了(Emmons, 1997)。

而未来目标研究领域中一个自然而然的方向是:探查动机倾向与个人目标之间的联结。动机倾向与个人目标这两个研究方向一直各走各的路,而且不少目标理论正是在不满动机倾向理论的前提下发展起来的。但动机与目标之间有着天然不可分割的联系,动机激发和维持着目标所导向的行为,目标则是个人生活中人格化了的动机。如果将动机分解为构成动机的具体目标来进行研究,对解决长期以来动机研究中存在的诸多争论(如动机的个别差异、动机的性别差异)是大有助益的。此外,在目标的研究方法上,将目标结构理论运用于个人档案、心理传记的研究,可能是一个颇具前景的研究方向。因为大多数心理传记想要呈现的正是个人长期以来所具有的目标方向,采用目标结构单元的理论和方法去分析、解释这些个人目标方向,对理解个人的人格和行为特征无疑是有帮助的。

4.2 目标内容①

到了 20 世纪 80 年代,随着认知革命的焦点从"冷"认知转移到关注认知与动机、情感之间关系的"热"认知,动机目标理论逐渐发展起来。以利特尔(Little,1989)、埃蒙斯(Emmons, 1989)、克林格(Klinger, 1989)、坎托(Cantor, Mischel, 和 Schwartz, 1982)为代表兴起了一场以个别化、情境化的个人目标单元(personal goal units)为核心的研究热潮(郭永玉,2005, pp. 328 - 336),与此同时,另外一批研究者(例如,Deci 和 Ryan, 2000;Latham 和 Locke, 1975;Dweck, 1991)将他们的研究兴趣放到了**目标内容**(goal content)上,试图通过目标内容来揭示普遍的目标类型,以实现个体间的比较,并以此来理解人们是如何组织他们的生活的。这一批研究者不是通过特则研究法,而是通过通则研究法来研究目标。这些心理学家们关注用行为目标的选择(目标内容)来解释目标定向行为的控制过程,即目标相关的行为的调节过程,使得动机心理学研究取得了显著的进步。

4.2.1 目标内容的界定

目标内容指的是有机体追求的是什么样的目标,即个体所追求的目的行为本身是什么。目标的内容是多种多样的,因为目标可以是挑战性的目标或适度的目标,明确的目标或模糊的目标,抽象的目标或具体的目标,近期目标或远期目标,负面结果为中心的目标或正面结果为中心的目标,等等。对目标内容的研究以如下构念为代表:德西和瑞安的"内部目标与外部目标",洛克(Locke)和莱瑟姆(Latham)的"明确、挑战性的目标与模糊、非挑战性的目标",德韦克(Dweck)的"学习目标与表现目标",班杜拉(Bandura)的"近期目标与长期目标",希金斯(Higgins)等人的"积极结果为中心的目标与消极结果为中心的目标"。在这些构念中又以德西和瑞安的"内部目标与外部目标"研究最为广泛、深入(胡小勇,郭永玉,2008)。

---

① 本节基于如下工作改写而成:(1)胡小勇,郭永玉.(2008).目标内容效应及其心理机制.心理科学进展,16(5),826—832.(2)胡小勇.(2009).中学生的学习目标:效应、机制与促进.武汉:华中师范大学硕士学位论文.撰稿人:胡小勇.

以德西和瑞安(Deci 和 Ryan,2000,2003)为代表的研究者们针对目标内容效应所展开的研究,推动了目标动机研究的深入发展。该研究取向遵循的一个基本假设是:人是积极的有机体,先天具有成长和发展的倾向,会努力征服环境中的挑战,整合自我体验,形成自我统合感。此领域的研究者们关注的是不同的目标类型是如何影响相应的结果变量的。他们采取的研究策略是在相关的因变量(幸福感、学习与工作绩效等)的基础上将感兴趣的目标维度(内部目标与外部目标)进行比较。

通过大量跨文化研究,研究者们发现了具有广泛一致性的目标内容结构维度,即内部目标与外部目标。内部目标与外部目标是两种不同自主水平的目标,如两名艺术班的学生正在潜心创作一幅图画,学生 A 是为了在作画过程中获得乐趣(内部目标),而学生 B 创作这幅作品是为了取悦他的父母(外部目标)。内部目标(intrinsic goals)是指反映个体的内在成长趋向的目标,所追求的目标内容与基本心理需求,即关系、胜任、自主相一致。内部目标内容包括自我接受、亲密关系、健康等。外部目标(extrinsic goals)是指获得外部奖赏或社会赞许,包括获得外部的价值、给别人留下深刻的印象等目标,如财富、权力、地位等(Kasser 和 Ryan, 1996)。内部目标与外部目标可利用因素分析的方法加以区分,在不同的文化背景中,如美国、德国、俄罗斯、韩国的实证研究表明,内、外部目标这一结构维度具有跨文化的一致性(Kasser 和 Ryan, 1996; Vansteenkiste, Duriez, Simons, 和 Soenens, 2006; Ryan 等, 1999; Schmuck, Kasser, 和 Ryan, 2000)。

4.2.2 目标内容效应

德西和瑞安(Deci 和 Ryan, 2000,2003)的目标内容效应理论是建立在自我决定论的基础之上的。**自我决定论**(self-determination theory, SDT)是他们在 20 世纪 80 年代提出的一种关于人类自我决定行为的动机过程理论。SDT 对动机进行了新的阐释,将动机视为从无动机到外部动机再到内部动机的一个连续体,并根据自我调节功能和经验的不同,将动机进行了区分,发展了以往的内部动机与外部动机的简单二分方法。

SDT 是关于动机的宏观理论,主要是研究个体行为调节(behavioral regulations)的原始成分和行为结果。该理论区分了两种不同类型的行为调节:**自主调节**(autonomous regulation)和**受控调节**(controlled regulation)。自主调节指的是个体干着自己想干的、愿意干的事情;而受控调节是指个体做着他们必须这么做的事情,是屈服于内部或外部的压力才这么做的。自主调节和受控调节指的是个体行为的动机或原因,是用来回答"人们为什么产生这种行为"的。与此同时,SDT 将目标分为两类,即内部目标与外部目标,研究者利用它们来回答"人们追求什么样的行为"

(Kasser 和 Ryan,1996)。

SDT 认为,人们能够自己决定自己的行为,但是人们对自己行为的决定需求来自环境的支持。在自我决定论内部,健康发展和有效运转通过基本心理需求的概念而被具体化:当需求被满足时,人们将健康发展,并能有效运转;当需求被阻止时,人们将出现心理问题,并且不能有效运转。当来自环境的支持满足了人们自主的基本心理需求时,人们的行为倾向于自我决定。

目标内容效应的理论观点

德西和瑞安(Deci 和 Ryan,2000)认为,在每个个体身上都存在着一种发展的需求,这就是人类的基本心理需求。在大量实证研究的基础上,他们总结出了三种基本的心理需求:自主需求(autonomy)、胜任需求(competence)和关系需求(relatedness)。自主需求,即自我决定的需求,这种需求的满足最为重要,个体在某个活动上的自主程度高时,体验到的是一种内部归因,感到能主宰自己的活动,此时从事这个活动的内部动机就高。胜任与班杜拉(Bandura,1986)的自我效能感同义,指个体对自己的学习行为或行动能够达到某个水平的信念,相信自己能胜任该活动。而关系需求是指个体需求来自周围环境或其他人的关爱、理解和支持,体验到归属感。

在此基础上,德西和瑞安(Deci 和 Ryan,2000)进一步提出,内部目标和外部目标有着各自不同的效应。他们认为,相对于外部目标来说,追求内部目标和较高的幸福感、良好的适应性等正面结果相联系(内部目标效应)。因为内部目标是和自主、胜任、关系这些基本的心理需求紧密相关的,在内部目标达成的同时,这些基本心理需求也得到了满足。相反,当人们对外部目标赋予更多的权重的时候,他们越是倾向于人际比较、获得表扬、获得自我价值的外部线索。外部目标定向和基本心理需求的满足是不相关的,甚至使得人们偏离基本心理需求的满足。因此,相对于内部目标来说,追求外部目标和较低的幸福感、较差的适应性相联系(外部目标效应)。内部目标效应和外部目标效应统称为目标内容效应。德西和瑞安(Deci 和 Ryan,2000)还认为,自主、胜任和关系等三种基本心理需求是解释目标内容效应的心理机制。

目标内容效应的实证支持

对目标内容效应进行实证研究的发起者是卡塞和瑞安(Kasser 和 Ryan,1993),主要是研究个体的生活目标内容与幸福感和适应性之间的关系。他们首先证实了外部目标与幸福感和适应性之间存在着显著的负相关。随后,他们采用不同年龄组的被试,使用相关研究的方法进一步证实内、外部目标之间存在不同的效应,即外部目标与幸福感之间呈显著负相关,内部目标与幸福感之间呈显著正相关。

此后,一大批研究者被吸引到目标内容效应的研究中来。相关研究的结果表明,当人们对外部生活目标追求的抱负过高时,他们就会表现出较低的生活满意感、自尊和自我实现,以及较高的抑郁和焦虑。极具代表性的有凡士坦基斯特等人(Vansteenkiste等,2006;2007)进行的一系列研究。研究者(Vansteenkiste, Duriez, Simons,和Soenens, 2006)首先是在教育情境中,以教育学院和商学院的学生为被试来研究外部目标内容与幸福感之间的关系。结果表明,外部目标内容上得分高的商学院的学生表现出更低的幸福感和更高水平的物质滥用。这一结论有力地批驳了"当目标内容与环境相匹配的时候,外部目标内容与幸福感应该是正相关的"这一观点。随后,他们(Vansteenkiste, Neyrinck, Niemiec, Soenens, Witte,和Broeck, 2007)以工人为被试,在工作情境中进行的相关研究发现,外部目标内容与消极的工作结果、较差的心理健康水平相联系(如较低的工作满意感、较高的焦虑水平、获得成功后较短时间的满意感)。而威廉姆斯等人(Williams等,2000)则研究了外部目标与年轻人的吸烟、酗酒、吸毒等危险行为之间的关系,结果表明,与报告不吸烟的人相比,吸烟个体的吸烟行为与外部目标上的得分有着显著的相关;外部目标显著地预测了年轻人的吸烟、酗酒、吸毒等危险行为。此外,杜瑞兹等人(Duriez等,2007)的研究结果表明,那些对外部目标赋予更多权重的个体表现出更多的抑郁和身体疾病症状、较差的人际关系质量、较少的合作行为、较高的偏见和社会支配态度,以及更多的社会攻击性。

研究者们除了对外部目标效应感兴趣之外,还对内部目标效应进行了研究。如卡塞和瑞安(Kasser和Ryan, 1996)采用不同年龄组的被试样本进行相关研究的结果一致表明,无论哪个年龄组的被试,内部目标项目上得分较高的个体的健康状况都更好,幸福感水平更高。而谢尔登(Sheldon, 2005)则是用大学新生为被试来研究内部目标与适应性之间的关系,研究结果表明,那些第一学期内部目标内容上得分高的大学新生能够更好地达到目标,目标的完成提高了他们的适应性。更为重要的是,第一学期的目标达成同时导致了第二学期有更多的内部目标,这又使他们在第二学期有更多的目标达成,这些目标达成又会导致更好的适应性。这表明,通过持续的内部目标追求,人们能够不断地提高他们的幸福感水平和适应性。

目标内容效应还得到了跨文化研究证据的支持。瑞安等人(Ryan等,1999)研究了在美国与俄罗斯这两种不同文化背景下,内部目标与外部目标对幸福感的影响。结果表明,内、外部目标这一结构维度在这两种不同的文化背景中具有一致性,并且外部目标与幸福感之间显著负相关。此外,施莫克等人(Schmuck, Kasser,和Ryan, 2000)证实了德国与美国这两种不同文化背景下,内、外部目标与幸福感之间均存在不同的效应。金等人(Kim, Kasser,和Lee, 2003)证实了韩国和美国这两种不同的文化背景下,目标内容效应均显著。谢尔登等人(Sheldon, Elliot等,2004)在美国、中国、韩国这三个不同的文化背景中选取被试来研究内部目标和主观幸福感的关系,结果表明在每种文化中,内部目标都正向预测了主观幸福感。

我们可以看出关于目标内容效应的大部分研究都是关于内、外部目标与幸福感、适应性之间的关系,以及在内、外部目标这个结构维度上所存在的个体差异。与此同时,有研究者用内、外部目标来启动学生的学习行为,即在学生进行与学习相关的活动时,用实验方法来操纵他们的学习目标,进而研究内、外部目标与学习表现之间的关系。

这些研究者(Vansteenkiste, Simons, Lens, Sheldon, 和 Deci, 2004)在一系列的现场研究中,让被试学习与生态学知识相关的一组材料,然后告诉其中一部分被试学会此类知识的目的是用来赚钱(外部目标启动组),而对另外一部分被试说学会这些知识将更有利于为社会作贡献(内部目标启动组)。研究者认为,外部目标启动将分散学生的学习任务,进而干扰对整个学习材料的理解,因此,在外部目标启动的条件下,将出现较差的学习和较低的测验分数。相反,当学习被描述为是对内部目标有用的时候,那么此类启动与个体内部成长的倾向紧密联系,并且很少关注外部价值指标,因此,在内部目标启动的条件下,信息加工的水平和测验的成绩都要相对于外部目标启动条件下好。换句话说,内部目标与外部目标启动将导致对学习活动的参与程度不同,进而影响信息加工过程和成绩。结果表明,内部目标启动促进了较深的加工水平(自我报告和观察的加工水平),并且在测验成绩、持续性上都是内部目标启动要显著好于外部目标启动。

在对上述结论进行验证的研究中,研究者们(Vansteenkiste, Lens, 和 Deci, 2006)运用不同的内部目标,例如个人成长和健康;不同的外部目标,例如外表吸引力;不同的学习材料,例如商务通信;以及不同年龄的被试组,例如5—6年级、11—12年级、大学生,都获得了同样的结果。而且当被试学习的内容不是课本材料,而是体育技能的时候,也得到了同样的结果。例如,凡士坦基斯特等人(Vansteenkiste, Matos 等,2007)通过体育技能学习领域的一项追踪研究来探讨内、外部目标与绩效、持续性的关系。被试是10—12年级的学生,研究者随机将他们分成两组,对其中一组说,体育锻炼能使自己保持迷人的身材,增加外部吸引力(外部目标启动组);而对另外一组说,体育锻炼有利于身体健康(内部目标启动组)。在接下来的实验研究中,主试就会在一个星期、一个月、四个月的时候分别询问被试锻炼的次数与时间。结果表明,内部目标启动导致更好的绩效,增加短期的持续性(一周的实验结果),并且,相对于外部目标启动,内部目标启动显著预测了被试在体育锻炼中的长期持续性。

甚至有研究者(Wang, Hu, 和 Guo, 2013)以188名中国初中生为被试,采用指导语启动的方法来操纵内、外部目标,考察其在考试分数、学习卷入程度和考试焦虑水平上是否存在显著的差异。在该研究中,为了检验内、外部目标和男性、女性在考试分数、学习卷入程度以及考试焦虑水平上是否存在显著的差异,进行了2(目标条件)×2(性别)的多元方差分析。描述性统计分析结果见表4.3。依据Wilks' lambda,

三个因变量在内、外部目标启动条件下均存在显著的差异,$F(3, 182) = 17.96$, $p < 0.001$,并且效应量很大,$\eta_p^2 = 0.228$;但是三个因变量在性别上的差异并不显著,$F(3, 182) = 0.76$, $p = 0.54$,在性别与目标启动条件上的交互作用也不显著,$F(3, 182) = 2.20$, $p = 0.09$。

表4.3 内部目标启动条件下结果变量的平均数和标准误($N=188$)

目标	考试分数		学习卷入程度		考试焦虑水平	
	M	SE	M	SE	M	SE
内部目标						
女生	45.43	2.25	0.75	0.07	32.89	1.28
男生	46.69	2.23	0.59	0.07	34.73	1.26
外部目标						
女生	37.81	2.41	0.32	0.07	38.54	1.37
男生	36.50	2.14	0.51	0.07	40.48	1.21

来源:Wang, Hu, 和 Guo, 2013

在每一个因变量上,目标启动条件的主效应分析结果表明,在内部目标启动条件下,学生有更好的考试成绩,$F(1, 184) = 15.56$, $p < 0.001$, $\eta_p^2 = 0.08$;更高的学习卷入程度,$F(1, 184) = 14.64$, $p < 0.001$, $\eta_p^2 = 0.07$;更低的考试焦虑水平,$F(1, 184) = 19.79$, $p < 0.001$, $\eta_p^2 = 0.09$。依据科恩(Cohen,1988)的标准,所有这些效应均有中等水平的效应量。

该研究进一步证实了目标内容效应。依据自我决定论,强调内部或外部学习目标的学习环境,与个体稳定的追求内部或外部目标的倾向一样,对学习具有同样的功能性的作用。凡士坦基斯特及其同事们(Vansteenkiste, Simons, Lens, Sheldon, 和 Deci, 2004)在西方文化背景中,通过操纵目标内容发现,内、外部目标在对学习材料的加工深度、学业成就和学习持续性上存在显著的差异。该研究还有一个重要推进之处,即通过实验操纵的方法,在中国教育背景下证实了目标内容效应。

目标内容效应研究的结果表明,内部目标定向将导致积极的结果,外部目标定向将导致消极的结果,然而情况是不是总是如此呢?凡士坦基斯特等人(Vansteenkiste, Simons 等, 2005)研究了内、外部目标启动对有意义学习(概念学习)和机械学习是否产生不同影响。三个现场研究的结果表明,外部目标启动会削弱有意义学习的效果,但对机械学习的结果并没有产生影响。甚至部分研究结果表明,外部目标启动对机械学习有促进作用,提高了对文字和事实材料的加工程度。然而这个研究发现的结果并不一致,在随后的验证性研究中,并没有发现外部目标启动促进机械学习的学习效果。但这种情形告诉我们,外部目标启动对学习并非都导致负面效应,对机械学习来说也许会产生正面结果。

目标内容效应与动机效应的关系

目标内容效应是否真的存在?这个问题是来自于卡弗(Carver)(Carver 和 Baird,1998)和斯里瓦斯塔瓦(Srivastava)(Srivastava, Locke, 和 Bartol, 2001)等人对自我决定论的批评。这些研究者认为目标内容效应就是动机效应。卡弗和贝尔德(Carver 和 Baird,1998)认为外部目标与受控动机相联系,是受控动机而不是外部目标内容对幸福感和绩效产生效应。外部目标内容和心理健康之间的负相关,只不过是人们在追求外部目标时,所感受到的控制感和不安全感在起作用。斯里瓦斯塔瓦与他的同事们(Srivastava 等,2001)则更加直接,认为目标内容效应完全可以还原为动机效应。因此,他们认为强烈关注如何变得富有或有名气的个体与关注如何形成有意义的关系或更好成长的个体,只要在追求这些不同目标的时候有相同水平的自主动机,那么这些个体身上的幸福感的程度是不会存在差异的。

针对这种批评,谢尔登等人(Sheldon, Ryan, Deci, 和 Kasser, 2004)提出,虽然内部目标和自主动机、外部目标和受控动机显著正相关,但目标内容和动机对幸福感等是有着独立效应的。德西和瑞安(Deci 和 Ryan,2003)认为目标内容(内部与外部)和目标动机(自主与控制)的概念在本质上存在巨大的差异。目标动机指的是人们追求某个具体目标内容的原因。行为的目标类型能够从追求目标的原因上进行区分。例如,一个人为了使自己更具有吸引力去参加形体课程(外部目标),但是原因可能有两个:一是受控动机,他的老婆希望他保持应有的身材;二是自主动机,他个人的价值观就是希望自己有一个漂亮的身材。

如果卡弗和贝尔德(Carver 和 Baird,1998)的批评是正确的话,那么动机在内、外部目标与幸福感、适应性、绩效之间会起完全中介作用。然而另有研究结果表明,内、外部目标启动对学习结果的效应,只能部分地被自主动机所解释(Vansteenkiste, Simons, Lens, Sheldon, 和 Deci, 2004)。在控制了动机因素之后,内、外部目标启动对学习仍存在独立效应。面对目标内容和动机对幸福感等的影响的争论,研究者们做了一系列的研究,用数据表明了人们追求什么样的目标(内部还是外部目标)和人们为什么追求这些目标(自主还是受控动机)对心理幸福感各自有着不同的效应。

首先是谢尔登等人(Sheldon, Ryan, Deci, 和 Kasser, 2004)为验证这些问题进行的一系列研究。研究一,被试内设计,让被试来评定当他们追求内部或外部目标的时候所感受到的自主的程度以及快乐的程度。研究二,被试间交叉设计,先让被试评定自己生成的目标内容及相应的动机,然后求它们与报告的当前的幸福感之间的关系。研究三,被试间纵向研究设计,以将要毕业的大四学生为被试,让他们列出研究生阶段的学习目标内容,并让他们评定自己所列举的目标的自主或受控程度以及当前的幸福感水平,一年以后重复测量一次,使得能够对幸福的变化进行预测。在这三个研究中,层级回归的结果表明,在控制了动机因素之后,内部目标与幸福感之间仍然存在显著的正相关。

后来许多验证性研究结果都一致表明内部目标和自主动机显著而独立地预测了心理幸福感的变异。例如,凡士坦基斯特等人(Vansteenkiste, Simons, Lens, Sheldon,和 Deci, 2004)的研究结果表明,内部目标与自主动机、学习深度、成就、持续性等结果变量之间都显著而独立地正相关;内、外部目标启动对学习结果的效应只能部分地被自主动机所解释。瑞安和德西(Ryan 和 Deci, 2004)运用高中生和大学生为样本进行三个现场研究来验证目标内容效应,结果表明,自主动机和内部目标显著相关,但对自主动机进行控制之后,目标内容与幸福感之间仍然存在显著相关。因此,目标内容以及相应的动机对幸福感、学业成就等的影响在统计上是互不相关的,它们对幸福感和适应性有着显著独立的效应。

4.2.3 目标内容效应的心理机制

研究者认为基本心理需求是解释内、外部目标与幸福感、适应性、绩效之间关系的心理机制。内部目标定向的个体更有可能从事能够满足自己基本心理需求的活动,进而导致各种各样积极的行为后果。外部目标的追求和基本心理需求的满足不相关,甚至会使人偏离基本心理需求的满足。所以,外部目标定向的个体往往表现出较低的幸福感和较差的适应性(Deci 和 Vansteenkiste, 2004)。

自我决定论认为,在每个个体身上都存在着一种发展的需求,这就是人类的基本心理需求,通过实证研究,研究者们总结出了三种基本的心理需求:自主需求、胜任需求和关系需求。自主需求即自我决定的需求,这种需求的满足最为重要。个体在某个活动上的自主程度高时,体验到的是一种内部归因,感到能主宰自己的活动,此时从事这个活动的内部动机就高。胜任需求与班杜拉的自我效能感同义,指个体对自己的学习行为或行动能够达到某个水平的信念,相信自己能胜任该活动。而关系需求即个体需求来自周围环境或其他人的关爱、理解和支持,体验到归属感。

自我决定论中的"需求"概念是对赫尔(Hull)的驱力论和默里的需求理论的继承与发展。它一方面继承了赫尔的传统,认为需求是天生就有的,而不是后天习得的;同时吸收默里的观点,认为需求是属于心理层面,而不是生理层面的。即认为人的这三种基本心理需求在不同的种族与性别的人身上都存在,具有跨时间、跨文化的一致性,它们使得人们要求主动、选择发展与追求心理健康。

那么,基本心理需求是不是解释内、外部目标效应的心理机制? 卡塞(Kasser,

2002)的研究提供了间接的证据,而凡士坦基斯特等人(Vansteenkiste, Neyrinck, Niemiec, Soenens, Witte,和Broeck, 2007)通过实证研究给出了肯定的答案。

验证心理需求是不是解释内、外部目标效应的心理机制,就是要验证基本心理需求是否在自变量(外部目标)和因变量(幸福感、绩效)之间起到了完全中介作用。凡士坦基斯特等人(Vansteenkiste, Neyrinck, Niemiec, Soenens, Witte,和Broeck, 2007)进行中介变量路径分析时发现:外部目标(自变量)显著地预测幸福感(因变量);外部目标(自变量)显著地预测基本心理需求(中介变量);当控制了外部目标(自变量)之后,基本心理需求(中介变量)显著地预测幸福感(因变量);当基本心理需求(中介变量)得到控制的时候,外部目标(自变量)和幸福感(因变量)之间的关系就不存在了。这表明基本心理需求(中介变量)确实在外部目标(自变量)和幸福感(因变量)之间起到完全中介的作用。并且研究的数据表明,自变量(外部目标)和中介变量(基本心理需求)能解释14%—61%的总变异。

上述研究结果为基本心理需求这个中介变量假设的合理性提供了确切的证据。具体来说,当基本心理需求被控制时,自变量(外部目标)与因变量(工作结果)之间就不存在显著的相关。这是一个重要的发现,因为它表明了基本心理需求是解释目标内容效应的一个有效的心理机制。并且,我们可以从两种不同的角度,对目标内容效应进行解释。

第一,从内部目标定向的角度来解释。内部目标定向的个体会更多地去从事那些能满足基本心理需求的活动,这对内部目标的追求起到了促进的作用。因为内部目标定向的个体重视个人成长和自我发展,他们更有可能主动发起行为和对自己的行为负责,这使得他们能体验到参与、选择、自由等内心的感受。并且,他们的这些努力很容易得到承认,随之能体验到成就感和自我效能感。同时,他们认为对社会或对他人提供帮助是很重要的,于是会用最真诚的方式去帮助别人,使得他们能体验到与他人的亲密感。

第二,从外部目标定向的角度进行解释。外部目标定向的个体倾向于对物质主义过分地理想化。这对基本心理需求的满足至少会产生三个不利的结果。首先,他们的自我价值依赖于这些外部目标的达成,使得他们会失去行为中的自由和选择感。其次,因为对外部目标过分理想化,外部定向的个体会持续体验到理想的外部目标状态和现状之间的分离。而外部目标的达成使个体获得的只是短期的满意感,以致很快就形成了新的外部目标,使得这类个体很少感觉到他们得到了自己想要的。因此,他们会持续地体验到不胜任感和不安全感。最后,外部目标定向的个体把他人当成一种工具,通过这种工具用最有效的方式获得他们想得到的物质利益,因此很少有可能形成信任和满意的人际关系(Vansteenkiste, Duriez, Soenens,和De Witte, 2005;

Duriez, Vansteenkiste, Soenens, 和 De Witte, 2007)。

4.2.4 未解决的问题

以 Kasser 和 Ryan 为代表的研究者们针对目标内容效应所展开的研究,推动了目标动机研究的深入发展。通过大量跨文化研究,研究者们发现了具有广泛一致性的目标内容结构维度,即内部目标与外部目标。在揭示这一普遍的目标类型的基础上,为了实现个体间的比较,研究者们采用相关与实验研究的方法,发现了内部目标与外部目标具有不同的心理效应。相对于内部目标来说,追求外部目标是和较低的幸福感、较差的适应性等负性结果相联系的;相反,相对于外部目标来说,追求内部目标是和较高的幸福感、良好的适应性等正性结果相联系的。

作为一项能够激起不同领域研究者兴趣且具有重要理论与实践意义的研究课题,目标内容效应必将具有良好的发展前景。但是现有的研究还存在诸多不足,有待于研究者进一步完善。

(1) 随着对目标内容效应研究的深入,在未来的研究中实验和相关等研究方法的综合运用将成为一大趋势。首先,从研究的内容上看,由研究内、外部目标与幸福感和适应性之间的关系,发展到研究内、外部目标与学习绩效和持续性之间的关系。其次,从研究的范围上看,由生活领域的目标内容的研究,发展到对学习、体育、工作、失业、减肥、养育等领域的目标内容的研究。再次,从研究的方法上看,由相关研究发展到现场实验研究。但是,不难发现,相关研究中考虑的主要是内、外部目标与幸福感、适应性之间的关系,而现场实验研究中考虑的主要是内、外部目标与学业成就、持续性之间的关系,呈现出特定的研究方法只局限于特定的研究范围的问题,并且越来越多的研究者意识到了这一不足。因此,综合运用实验和相关等研究方法将是研究者今后努力的一个方向。

(2) 深入地探讨目标内容效应的心理机制将成为未来研究的热点。目前,对目标内容效应的心理机制的解释大多停留在理论层面,即使是被自我决定论研究者接受的基本心理需求这一心理机制,也还是凡士坦基斯特等人(Vansteenkiste, Neyrinck, Niemiec, Soenens, Witte, 和 Broeck, 2007)最近才通过实证研究证实的。中介变量路径分析发现,基本心理需求在内、外部目标(自变量)和幸福感、绩效等(因变量)之间起到完全中介的作用。但值得注意的是,凡士坦基斯特等人的研究在取样、获取研究资料的方法等方面都存在缺陷,因此大量的验证性的研究是必需的。同时,还应该要注意到,内、外部目标对幸福感、绩效等因变量的影响只有基本心理需求这一种心理机制可以解释吗? 有研究者(Sheldon, Ryan, Deci, 和 Kasser, 2004)就认为外部目标和幸福感之间的负面关系可以用如高不安全感、低自尊、低合作性等稳定的人格特质来解释。研究还发现,稳定的人格特质如神经质在目标内容效应中起到解释的作用,认为外部目标定向的个体很少对他们的工作产生满意感是因为他们更神经质(Vansteenkiste, Matos, Lens, 和 Soenens, 2007; Solberg, Diener, 和 Robinson, 2004)。这就要求在未来的研究中更深入地去探讨是否存在其他的心理机制。

(3) 目标内容效应及其相关结论可否推广到中国有待于本土化研究的证实。一旦证实,那么对我国现阶段和谐社会的建设将具有重要的实践意义。如为了提升人们的幸福感和适应性,那么政府管理人员、企业管理者或个体就应该重视内部目标,在提出奋斗目标或规划时应以内部目标为主,并降低外部目标的权重。同时,如果证实目标内容效应及其相关结论可推广到中国,那么对我国教育事业的发展同样具有重要的实践意义。如在我国,长期以来实行的应试教育迫使教师、家长以及学生自己都把取得理想的考试成绩作为追求的唯一目标,而忽略了对内部目标的追求,使得许多学生不能适应社会,不能与他人合作和交流,所学的知识不能有效地发挥作用,从而造成教育资源的严重浪费。内、外部目标启动的研究表明,当老师帮助学生理解到所要追求的目标是个人成长、与他人建立有意义的关系、使自己更健康、为社会作贡献等内部目标时,学生更有可能投入到学习活动中去,对学习材料的理解更加深刻,而且能更加有效地运用所学的知识(Vansteenkiste, Joke, 和 Simons, 2004)。这对我国教育事业发展的启示是,在今后的教育教学改革中要充分考虑内、外部目标的不同效应。

4.3 目标追求[①]

目标的达成或失败受哪些因素的影响是心理学的一个基本关切。当代**目标追求**(goal pursuit)的自我调节理论着重探讨的就是,在目标追求过程中自我调节的策略及其作用,以及自我调节策略在帮助个体克服目标追求过程中如何始动目标及如何抵制诱惑等问题(Gollwitzer 和 Moskowitz, 1996)。那么,什么样的自我调节策略能使得个体的目标定向行为更加成功呢? 在大量实证研究的基础上,研究者们发现**执行意向**(implementation intentions)这一前瞻性的自我调节策略在目标追求过程中具有非常重要的作用,有利于目标的实现。执行意向最早由戈尔维策(Gollwitzer, 1993)提出。该概念自提出至今近二十年来,无论是在实验室,还是在健康、教育、环境、宗教等领域都得到了广泛而深入的研究。因此,本节将着重阐述在各个不同领

[①] 本节基于如下工作改写而成:胡小勇,郭永玉. (2013). 执行意向对目标达成的促进及其作用过程. 心理科学进展,21(2),1—8. 撰稿人:胡小勇。

域,执行意向对目标达成的促进作用及其心理机制的研究。

4.3.1 目标追求的过程

纳丁(Nuttin, 1980)认为目标指的是预期的结果状态,计划则是个体如何达到这些预期的结果;目标定向行为的强度,由个体想到这些目标的动机以及这些行为的计划手段所决定。戈尔维策(Gollwitzer, 1990)在纳丁(Nuttin, 1980)的基础上,进行了进一步阐述,提出了**行动阶段模型**(the model of action phase)。该模型认为,个体想要实现的愿望比真正能实现的愿望要多得多。因此,个体就不得不做出选择,而选择就是建立在对这些愿望的**可得性**(feasibility)与**渴望性**(desirability)的深思熟虑的基础上的。只有那些可得的并且具有吸引力的愿望才会被选择去执行,并最终转变成目标。目标定向的行为,在一个给定的情境中,是否能发动,依赖于这个目标的可得性及渴望性,以及感知到当前情境中去执行相关的目标定向行为的合适性。所有与之相关的竞争性目标的可得性和渴望性都应考虑在内。这些与之竞争的目标也期望能在给定的情境中实现。

同时,行动阶段模型吸收了经典动机变量(Atkinson, 1964)的渴望性(即目标的期望值)以及可行性(即目标是否以及怎样能被实现的信念)的概念。这两个概念使人想起阿耶兹(Ajzen, 1991)的计划行为理论,该理论建立在传统的动机理论基础之上。行动阶段模型也是这样的。它假设行为的态度(即渴望性)以及知觉到的该行为的可控性(即可得性)共同地决定了该个体是否决定去执行它。然而,行动阶段模型认为行动目标是这种决定的结果,而计划行为理论认为行为意图才是这种决定的结果。但是行动阶段模型一直被视作是目标定向行为理论的传统动机模型的一种批评理论,因此需要提出更进一步的假设。戈尔维策(Gollwitzer, 1990)认为目标选择,或者说选择一个目标定向行为,经典动机变量的渴望性和可行性已经足够了。但是当面临执行一个已选择的目标或目标定向行为的时候,就需要考虑与意志相关的变量了。因此,行动阶段模型是用于阐明目标选择的动机问题、目标执行的意志问题,以及所选择的目标的执行过程和条件。

研究者(Gollwitzer, 1990)认为,目标追求过程可由四个不同的但又连贯的阶段构成。在每一个阶段,人们都面临一个在质上有区别的任务,每一阶段任务的完成,才能导致目标的实现。第一,前决策阶段,该阶段的任务是设定目标,即个体依据可得性以及渴望性的评价标准对各种欲求(wish/desire)进行评价,以决定是否将某个欲求确定为目标,即形成目标意向(goal intention),做出目标承诺。一个积极的决定将欲求转化成了一个确定的目标,在这个转化的过程中就包含了一种决定感或义务感。第二,前行动阶段,该阶段的任务是如何执行目标,即针对目标来制定一个关于时间、地点以及如何来执行目标的计划,形成执行意向。当一个目标定向的行为常常得以实施或者说本就是一件日常的事情,该目标定向行为的发动和执行就相当容易;而当个体还没有决定时间、地点以及如何行动时,目标定向行为的发动与执行就相当困难。在困难的情况下,执行目标定向行为是需要进行精心准备的,在将愿望转变成行动的过程中,个体需要通过反思以及判断来制定一个关于时间、地点以及如何来执行行动的计划,即执行意向。该阶段任务的完成将使个体发动并成功地执行一个目标定向的行为。第三,行动阶段,该阶段的任务是实现目标,目标定向行为将带来成功的结果。为了这一目的,个体必须迅速地对情境中的机会或需求做出反应,必须抓住所有的能使目标进步的机会,而且当遇到困难和障碍时,能迅速增加其努力程度。对情境中的机会与需求的迅速反应提升了目标达成的可能。第四,后行动阶段,该阶段的任务是评价目标,即通过将达成的结果与自己原来的欲求相比来评价目标成就。通常,当我们将愿望付诸行动的时候,实际结果与我们的愿望并不相符。我们也许会承认,我们做的没有我们所期望的那么好,或者说环境并不是我们所期望的那样理想,因此我们没能达成我们的目标。但是假如我们完全地达成了我们的目标,我们的成功也不会像我们所期望的那样甜美。因此,在后行动阶段,我们会回顾在开始阶段对我们的愿望或欲望的思虑与评价,这就诱使我们重新审视和重新评价这些愿望的可得性与渴望性。结果,我们将会降低正在进行的目标的绩效标准,或者我们会重新考虑其他的竞争性的欲望,这些欲望或许现在看来,相对来说更可行、更有价值、更值得追求。从这个意义上说,后行动阶段让我们看到过去,同时也指引我们展望未来,更重要的是,带领我们到哪儿始动我们的愿望。

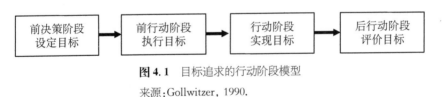

图 4.1 目标追求的行动阶段模型
来源:Gollwitzer, 1990.

简言之,行动阶段模型提出的目标追求的四个阶段是:第一,前决策阶段,个体依据可得性以及渴望性的评价标准对各种欲求(wish/desire)进行评价,以决定是否将某个欲求确定为目标,即形成目标意向。第二,前行动阶段,个体针对目标来制定一个关于时间、地点以及如何来执行行动的计划,即形成执行意向。第三,行动阶段,该阶段目标定向行为将导致预期的结果。第四,后行动阶段,个体通过比较达成的结果与自己原本的期望来评价目标成就。而其中形成目标意向和执行意向,即设定和执行目标是实现目标的重要的前提条件。建立在行动阶段模型的基础上,大量实证研究证据表明,如何设定一个目标以及如何执行一个目标是目标达成的关键。即成功的目标追求依赖于对两个连续任务的解决:设定目标与执行目标(Bargh, Gollwitzer,和 Oettingen, 2010)。

4.3.2 执行意向对目标追求的促进作用

目标追求过程是一个意志过程,自我调节在其中起到重要的作用(Gollwitzer, 1990,1993; Kuhl, 1984)。**自我调节**(self-regulation)是指个人系统地引导自己的思维、情感和行为,使之指向目标实现的过程。

在目标追求过程中,为了促进目标的达成,个体要去解决一系列连续的任务,而卷入到这些任务中,导致个体有了特有的认知定向(即心向)。其中,执行目标阶段的任务是促进目标定向行为的发动,这需要个体承诺什么时间、地点及如何开始实施这个目标。卷入到这一任务中,个体的认知定向具有如下特征:将将认知调整到执行相关的信息,并用一种闭合的、非常乐观的方式来评估目标的可得性和渴望性相关的信息。这些特有的认知定向非常有利于任务的解决。为了加强目标执行阶段特有的认知定向,研究者们提出了执行意向这一认知自我调节策略(Gollwitzer 和 Sheeran, 2006)。下面,通过具体研究来看执行意向这种自我调节策略对目标追求的促进作用。

执行意向也被称为"如果—那么"计划,是将一个预期的情境(机会或时机)与一个确定的目标定向行为联系起来,明确说明了个体在什么时间、地点以及如何追求一个特定目标的计划。这个概念包含两个成分:"如果"成分,指的是采取适当行为的预期情境;"那么"成分,指的是促进目标实现的行为反应。执行意向的具体形式是:如果遇到情境 Y,那么我会采取行动 Z 以达到目标 X (Gollwitzer, 1993,1999)。例如,如果走到通往工作室的电梯入口,那么我会走楼梯而不是搭乘电梯,以达到多运动的目的。

为了形成执行意向,人们必须完成如下任务:(1)确定将促进目标实现的行为反应;(2)预期启动该行为反应的恰当情境。例如,一个服务于目标(如多运动)实现的合理的执行意向,应该联结一个合适的行为(如以走楼梯取代搭乘电梯)与一个恰当的情境(如站在通往工作室的电梯入口前)。作为结果,在等待电梯这一关键情境和走楼梯这一目标导向反应之间就建立了强烈的心理联系。但研究(De Ridder, De Wit, 和 Adriaanse, 2009)也表明,一些个体能自发地形成执行意向。也就是说,他们反思会执行自己计划或目标的情境,尽管他们没有被指导或被鼓励去形成这些意图。具体来说,只有内部动机,而不是外部动机预测了个体形成执行意向的倾向。换句话说,只有当个体知觉到目标能使人觉得满意或者令人愉快时,他们才会保持进展,并决定有必要去形成执行意向。只有这些内部动机定向的个体才赞同下面的陈述："我有一个具体的关于时间、地点以及怎么样执行的计划来提升节食目标。"

执行意向是自主发动的(Gollwitzer 和 Sheeran, 2006)。首先,当执行意向形成后,目标和计划能更快地得到发动(Gollwitzer 和 Brandstätter, 1997)。第二,需要更少的心理资源,目标和计划就能更有效地得到执行。也就是说,目标和计划并不扰乱其他任务的绩效(Brandstätter, Lengfelder, 和 Gollwitzer, 2001)。第三,目标和计划不需要有意识的深思熟虑就能发动。也就是说,即使在个体的注意力关注于其他行为的时候,目标和计划也能自动始动(Sheeran, Webb, 和 Gollwitzer, 2005)。执行意向只需要耗费较少的心理资源;对于完成困难的任务,执行意向特别有效,因为它保护了个体不被分心物所干扰。也就是说,当想象中的时间和地点出现时,个体就能非常快地发动去从事预期行为,并且毫不费力(Gollwitzer, 1999)。

可见,执行意向是一项前瞻性的自我调节策略,是针对未来情况而做出具体反应的心理模拟。使用这种策略,个体就不易形成自发的、无效的反应。通过形成"如果—那么"计划,个体可以充分发挥环境线索的作用,以及在没有要求投入自我调节资源的情况下成功地采取行动(Gollwitzer, 1999)。形成了执行意向的人更容易按照预期的方式行事,而且他们能比那些没有形成执行意向的人更快地发动目标行为。也就是说,执行意向有利于将目标意向转化为行动,从而促进目标实现。

执行意向促进目标达成的实证证据

迄今为止,绝大部分研究是通过实验室或现场实验的方法来考察执行意向对目标达成的促进作用的。通常,实验设计的方式是,将一个形成了执行意向的实验组与没有形成该意向的控制组进行比较;在实验组中,执行意向干预的方法是要求被试在一个前结构(pre-structure)的问卷中,写下明确的时间、地点以及如何达成一个预期目标(De Vet, Oenema, 和 Brug, 2011; Gollwitzer, 1999)。采用这一方法,无论是在实验室,还是在健康、教育、宗教、谈判等领域,研究者们都证实了执行意向对目标达成的促进作用。

最先,研究者们通过实验室任务,验证执行意向对目标达成的促进作用。例如,有研究者(Brandstätter, Lengfelder, 和 Gollwitzer, 2001)通过四个实验研究发现,执行意向的形成有利于目标定向行为的达成。实验一结果表明,正在接受戒除毒瘾治疗的病人中,那些形成了执行意向的被试,比没有形成执行意向的被试,更多且更成功地实现了他们的目标。实验二的精神分裂症病人样本中以及实验三和实验四的普通学生样本中那些形成了执行意向的被试,即将具体的情境(关键的数字)与相关的目标定向行为(在 Go/No-Go 任务中按下相应的按键)联结起来的被试,比没有形成执行意向的被试,对特定数字的反应速度更快。执行意向的积极效应不仅表现在对目标实现具有促进作用,而且还表现在对消极的行为或认知反应具有抑制作用。例如,肖尔茨(Scholz 等,2009)以 42 个年龄在 21—39 岁之间的男性为被试,发现相对于随机分配到对照组的被试来说,随机分配到 Trier 社会压力测验组的被试的皮电反应、心率和焦虑状态水平显著增加,而 Go/No-Go 任务的成绩显著降低。但是,社会压力测验组中那些形成了执行意向的被试,在 Go/No-Go 任务中的成绩与对照组之间并不存在显著的差异。这一结果表明,在压力条件下,个体的执行功能被降低了,但是执行意向能有效地克服这种负面效应,保证了个体在认知任务中取得较好的成绩。随后,研究者们(Wieber, von Suchodoletz, Heikamp, Trommsdorff, 和 Gollwitzer, 2011)以 6—8 岁儿童为被试,进一步证实执行意向能有效地抑制分心刺激所导致的消极结果,促进目标的顺利完成。总之,在严格实验室操作情境中,执行意向对预期目标的实现具有积极的促进作用。

随后,大量真实生活情境中的现场实验研究也考察了执行意向对目标达成的促进作用。在健康领域中,越来越多的研究证据表明,执行意向导致了健康行为(如有规律地锻炼)的增加。例如,在临床情境中,有研究(Luszczynska, 2006)发现形成了执行意向的 116 个心肌梗死的病人,在术后 8 个月还保持了体育锻炼行为,然而对于控制组被试来说,随着时间推移,其体育锻炼次数显著减少。另一项研究(Schwarzer, Luszczynska, Ziegelmann, Scholz, 和 Lippke, 2008)也表明,对于心脏康复病人来说,执行意向能有效地预测其体育运动行为的持续性。以正常人群为被试的研究也表明,执行意向能显著提高人们的健康行为。例如,一些研究者(Milkman, Beshears, Choi, Laibson, 和 Madrian, 2011)在一个大型公司准备为所有 3 272 名员工提供流感疫苗的时候,随机挑选一半被试进行执行意向干预,要求他们写下:(1)计划接受疫苗的日期;(2)计划接受疫苗的日期和具体时间点。结果表明,在邮件中提示被试写下什么时间接受疫苗的执行意向提高了真正接受疫苗的比率。控制组被试接受疫苗的比率为 33.1%,接受提示写下接受疫苗日期的被试真正接受疫苗的比率比控制组高 1.5%;接受提示写下日期和具体时间点的被试接受疫苗的比率比控制组高 4.2%,统计结果表明执行意向能显著地提高目标达成的比率。可见,执行意向能有效地促进健康行为的发生。

在许多实例中,我们发现很多个体放弃了他们苦苦追求的目标,并在诱惑面前败下阵来。例如,当暴露于甜点面前时,他们将会放弃通常追求的节食的目标,面对美食的诱惑,只能缴械投降。为了克服这类问题,个体可以形成执行意向,用这个意向来唤起他们苦苦追求的目标。他们可以形成如下意向:"如果我暴露于诱人的食物面前,我将考虑节食。"

研究者们(van Koningsbruggen, Stroebe, Papies, 和 Aarts, 2011)承担的研究证

实了这种执行意向的可能性。在研究中,一些被试通常不能维持他们节食的目标。其中一个条件要求被试形成执行意向,即无论他们在什么样的情境中看到了诱人的食物(巧克力、披萨、煎烤食品、曲奇、薯片),都要唤起他们的中心目标(苦苦追求的目标)。也就说,他们形成了执行意向:"下次,我再被这类食品诱惑时,我将会想着去节食。"另一个控制性的条件要求被试形成一个执行意向去抑制这些诱惑物,并回避食物,例如"下次,我再被这些食物所诱惑时,我将不会去吃它"。在第三种条件下,被试并没有形成任何执行意向。为了检验这些执行意向是否成功地形成,被试被要求完成一项词汇填充任务。研究者呈现了一系列的词,其中有些词中的某些字母被删掉了,被试的任务就是去识别这些词。在许多情况下,有些答案是与节食相联系的。另外,当答案与节食相联系时,先前呈现的词有时,但并不总是,与许多诱惑物联系在一起,例如巧克力、披萨。如果执行意向是有效的,节食的目标应能够被暴露的诱惑物所诱发。也就是说,这些被试应能很快地识别与节食相关的单词,以及在诱惑食物词呈现之后的节食词。对那些通常不能坚持去节食的被试来说,唤起他们的中心目标(即节食)的执行意向比压抑诱惑物和避免饮食的执行意向要有效得多。也就是说,当个体被"食物"所诱惑后,形成"想着要去节食"的执行意向,他们会快速地去识别在诱惑食物词汇之后呈现的与节食相关的单词。这个执行意向保证了节食这个目标在应对诱惑时保持显著的作用。然而,压制诱惑物的执行意向,增加了诱惑物的显著作用。

在教育领域中,执行意向对目标达成的促进作用亦得到了验证。研究者(Bayer 和 Gollwitzer, 2007)在学生进行数学考试之前,对其进行两种不同的指导语的启动。随机选取其中一半的被试,仅仅要求其形成目标意向——"我尽可能正确地解决越多的问题越好",另外一半被试则除了形成目标意向之外,还进行增强自我效能的执行意向干预——"如果我开始解决一个新问题,那么我会告诉自己,我能解答出来"。研究结果表明,执行意向组被试的数学测试分数要显著地高于目标意向组的被试。值得注意的是,对数学的喜爱程度、数学能力的重要性、自我效能信念、结果预期都能预测数学考试成绩(Pietsch, Walker, 和 Chapman, 2003)。而在拜尔和戈尔维策(Bayer 和 Gollwitzer, 2007)的研究中,通过协方差分析,在控制了上述前因变量之后,执行意向仍能显著地预测数学成绩。当被试的目标不是获得好的数学成绩,而是在智力测验上取得好分数时,拜尔和戈尔维策(Bayer 和 Gollwitzer, 2007)发现与只形成目标意向的被试相比,那些在形成了目标意向基础上进行了执行意向干预的被试,在瑞文高级推理测验(the Raven's Advanced Progressive Matrices)上得分更高。甚至,对于有学习困难的儿童来说,执行意向也能促进他们学习成绩的提高。例如,ADHD(Attention Deficit Hyperactivity Disorder,注意力缺陷多动障碍,即多动症)

儿童的工作记忆和抑制分心物的能力较差,容易遭遇各种学业问题。然而研究(Gawrilow, Gollwitzer, 和 Oettingen, 2011)发现,相对于没有进行执行意向干预的ADHD儿童来说,进行了执行意向干预的ADHD儿童的数学成绩显著提高。

随着研究的深入,研究者们发现,对于克服不良情绪、不良习惯等目标,执行意向亦有显著的促进作用。例如,有研究(Gallo, McCulloch, 和 Gollwitzer, 2012)发现执行意向能显著地调节被试对厌恶刺激的厌恶程度和生理唤醒水平。在另一项研究中,研究者们(Varley, Webb, 和 Sheeran, 2011)通过8周追踪研究发现,执行意向显著地降低了被试的焦虑水平。甚至,有研究者将执行意向这种有效的认知自我调节策略应用到克服不良习惯等领域。例如,康纳和希金斯(Conner 和 Higgins, 2010)在0、4、8、12、16、20、24个月的时间内对有烟瘾的青少年重复进行执行意向干预,结果发现,无论是主观自我报告的吸烟水平,还是客观测量到的呼吸中一氧化碳气体含量,执行意向组被试的分数显著低于控制组。此外,在环境(Holland, Aarts, 和 Langendam, 2006)、宗教(McNamara, Burns, Johnson, 和 McCorkle, 2010)、谈判(Trötschel 和 Gollwitzer, 2007)等领域的现场实验研究结果都表明,执行意向能有效地促进各种目标意向所涉及的目标达成。

综上可以看出,在不同的目标情境中,执行意向显著地促进了目标达成。那么,执行意向的效应到底是多大呢?研究者们采用元分析的技术来回答这个问题。一项对26个独立研究进行的元分析的结果表明,执行意向能显著地影响体育锻炼行为,其效应值 Cohens' d = 0.31(Bélanger-Gravel, Godin, 和 Amireault, 2011)。然而,更有说服力的是戈尔维策和希兰(Gollwitzer 和 Sheeran, 2006)对94个独立的研究报告进行元分析的结果。这个包括8 000名被试,且涵盖了实验室认知目标以及真实生活中健康、教育、环境等领域目标的元分析结果表明,执行意向对目标达成影响的效应值为 Cohen's d = 0.65。依据科恩(Cohen, 1992)的标准,这是一个中等偏上的效应值。这个效应值是非常令人振奋的,因为这意味着执行意向这一认知自我调节策略,对于促进目标实现来说,不仅简单、经济,而且非常有效。

但我们也应注意到,执行意向也并不总是有效的。首先,对于完美主义个体来说,执行意向并不会起作用。当完美主义个体想象着他们将要去完成目标的精确时间以及情境时,想象更多的是他们将会失败的情境。结果,他们感受到的焦虑和抑郁约束了他们的动机和持续性(Powers, Koestner, 和 Topciu, 2005)。其次,当个体形成了逃避行为的意图时,执行意向也不会起到作用。通常来说,当个体形成了执行意向,他们就明确了在未来将要去做的具体行为。例如,他们有可能明确提出:"如果我饿了,我将吃一个苹果。"然而,在另一些情况下,个体也许会形成他们将要回避什么行为的意图。例如,他们会形成如下行为意向:"如果我饿了,我将避免去吃蛋糕。"不幸的是,当个体形成了明确的要避免某种行为的执行意向时,这些执行意向通常是无效的。具体来说,正如阿德里安塞(Adriaanse)等人(Adriaanse, Vinkers, De Ridder, Hox, 和 De Wit, 2011)认为的那样,线索(例如饥饿)将会诱发出企图压制的欲望(吃蛋糕)。正如"讽刺的反弹"(ironic rebound)所表明的那样,压制的欲望通常会反弹,而且比之前的强度更强烈,个体将受一个强大的动机驱使去吃蛋糕。阿德里安塞等人承担的一系列研究证实了这种可能性。

执行意向促进目标达成的作用过程

研究者假定执行意向对目标达成的促进作用是通过增加情境线索的通达性和"情境—反应"的联结强度来实现的(Gollwitzer, 1993, 1999)。即执行意向的优势是通过如下两个过程实现的:"如果"成分,提高了对预期情境线索识别的通达性(accessibility);"那么"成分,形成了对预期情境线索的自动化(automatic)反应。研究者们在证实了执行意向效应的成分过程假设的基础上,考察了情境线索通达性和"如果—那么"之间的联结强度在执行意向影响目标达成过程中的中介作用。

"如果"成分:提高预期情境线索通达性　执行意向中涉及预期的情境线索是"如果"成分。形成一个执行意向意味着确定了一个预期的情境,此情境的心理表征被高度激活,因此有关该预期情境的线索变得更容易获取(Gollwitzer, 1999)。也就是说,形成一个执行意向意味着为"如果—那么"计划中的"如果"成分选择了一个具体的情境线索,使得人们能在众多的可能的机会中确定选择哪一个机会来达成其目标。该情境线索被赋予了一种优先地位,处于一种高度激活状态,并持续至计划得以执行或目标得以达成(Gollwitzer, 1993)。因此,执行意向增加了预期情境线索的通达性。

通过形成执行意向,情境线索的通达性提高,这一假设已经被大量的实验室研究证实。在数字检测任务(Brandstäter, Lengfelder, 和 Gollwitzer, 2001)中,研究者要求被试在单个数字出现时,按 Z 键进行反应;当多个数字出现时,按 M 键进行反应。他们为执行意向组被试明确了一个具体的情境,即"如果数字 3 出现,那么尽可能快地按键反应",那么该组被试对这个数字 3 的识别率显著增加。在双耳分听范式(Parks-Stamm, Gollwitzer, 和 Oettingen, 2007)中,当执行意向组被试明确了一个对单词进行区分的情境后,他们比目标意向组被试对任务的完成更好。而韦伯和希兰(Webb 和 Sheeran, 2004)发现形成执行意向导致了对情境线索识别率的提高,但这并没有导致误报率的增加。具体说来,执行意向组被试比目标意向组被试对预期情境线索的反应更快,对相似但不正确线索的反应速度并没有增加。因此,可以认为执行意向对预期情境线索的识别的提升是由于情境线索的高度激活导致的,而不是由于反应偏差导致的。总之,证据表明,执行意向中"如果"成分提高了预期情境线索的通达性。

执行意向导致了预期情境线索通达性的提高,那么预期情境线索通达性的提高能显著地促进目标的达成吗?对此,研究者们考察了预期情境线索通达性在执行意向促进目标达成过程中的中介作用(Webb 和 Sheeran,2007,2008)。例如,韦伯和希兰(Webb 和 Sheeran,2007)通过综合运用现场和实验室实验考察了线索通达性的中介作用。实验要求所有被试从一个具体地点收集礼券作为实验室任务,并且在这些被试中随机选取一半进行执行意向干预,要求这些被试说明具体的收集礼券的地点作为执行意向中的"如果"成分,收集礼券的行为作为执行意向中的"那么"成分。接下来,进行一个表面看来毫不相关的词汇判断任务,用来评估关键线索的通达性(位置词),以及对关键线索进行阈下启动时目标行为的通达性(即在位置词之前的"收集"这个词)。结果表明,执行意向增加了礼券收集行为的比率和位置线索的通达性;并且,线索通达性在执行意向对目标达成的影响过程中起到中介作用。

"那么"成分:促进目标定向行为自动化反应 形成执行意向使得预期的情境和目标定向行为之间形成了强烈的关联,导致个体自动化地对目标定向行为进行反应(Gollwitzer, 1999)。也就是说执行意向使得目标定向行为的启动具有了自动化的特征,包括即时性、有效性和无意识性(Bargh, 1994)。这意味着,一旦关键的情境与行为通过"如果—那么"计划联结起来,那么当预期情境线索出现时,个体能立即、有效且不需要付出意志努力地进行目标定向行为反应(Parks-Stamm, Gollwitzer, 和 Oettingen, 2007)。执行意向减少了发动目标定向行为所必须的认知资源,这一假设通过实验方法得到了验证。在一个双重任务范式中,当一个数字而不是字母在屏幕上出现时,要求目标意向组中的被试尽可能快地按下按键(Go/No-Go 任务;Brandstätter, Lengfelder, 和 Gollwitzer, 2001,实验三)。执行意向组被试额外地形成了"如果—那么"计划,即"如果数字 3 出现,那么我们尽可能快地按下按键"。并且,所有被试被随机地分配到两个认知负荷条件中:在低认知负荷条件下,被试在完成 Go/No-Go 任务时,自由地组合一串没意义的音节;在高认知负荷条件下,要求被试背诵这串没有意义的音节。结果表明,相对于目标意向组,执行意向组被试对数字 3 的反应速度显著增加。重要的是,无论是高认知负荷的任务还是低认知负荷的任务,执行意向显著地促进了目标任务的完成。

在进一步的研究中(Brandstätter, Lengfelder, 和 Gollwitzer, 2001,实验四),研究者通过不同的方式对认知负荷进行了操纵,要求被试在完成 Go/No-Go 任务的同时跟踪屏幕上移动的一个圆,并将其装到一个 $4 \times 4 \ cm^2$ 的盒子(容易的双任务,低负荷)或一个 $2.2 \times 2.2 \ cm^2$ 的盒子(有难度的任务,高负荷)中。在目标意向组,研究者要求被试对移动的圆环中出现的数字,而不是字母尽快地进行反应;在执行意向组,被试则被额外地要求形成"如果—那么"计划,即"如果数字3出现,那么尽可能快地进行按键反应"。正如布兰兹塔特(Brandstätter等,2001)的实验三中所发现的那样,在高低认知负荷条件下,当数字3出现时,执行意向加速对其反应。这些研究为执行意向的有效性提供了证据。在计划的情境和反应之间建立很强的联结,就像"习惯"那样对线索进行自动反应,使得对行为的控制不要耗费有效的资源。

同时,以"如果—那么"之间联结强度作为目标定向行为的反应自动化水平的指标,研究者们还考察了其在执行意向促进目标达成过程中的中介作用。例如,韦伯和希兰(Webb和Sheeran,2007)通过综合运用现场和实验室实验方法,除了考察预期情境线索通达性的中介作用之外,还考察了反应自动化水平的中介作用。在词汇判断任务中,对关键情境线索进行阈下启动结果表明,执行意向通过"如果—那么"之间的联结强度来影响目标达成。而后,研究者(Parks-Stamm, Gollwitzer, 和 Oettingen, 2007;Webb和Sheeran, 2008)都在同一个研究中,同时考察执行意向中"如果"成分所涉及的情境线索通达性与"那么"成分所涉及的对情境线索的自动反应水平的中介作用。对目标意向组被试的启动是:为了尽可能快地对目标非词进行反应,应熟练记忆这些目标非词(如 *avenda*);对于执行意向组的被试,则要求他们形成对这个目标非词进行快速反应的"如果—那么"计划。序列启动范式被用来测量目标非词的通达性以及目标非词与预期反应之间的联结。他们发现与执行意向相关的每一个过程,都独立地在执行意向对目标达成的影响过程中起中介作用。总之,积累的证据表明,执行意向效应可以通过高通达性的预期情境线索和自动化的目标定向行为反应来进行解释。

尽管许多学者将执行意向的优势归因于线索或情境与预期行为之间确立的联结,即线索或情境被假设为能自动地激活预期行为的心理表征(Webb和Sheeran, 2007),但是还有一些研究者(Papies, Aarts, 和 De Vries, 2009)探讨了其他的机制。在研究中,被试被要求去完成一系列的任务。他们同时被告知,在完成这个研究之后,他们应打开这个实验室的门,并在达到自助餐厅前右转,然后返回到实验者这边。该行为与他们平常的习惯行为,即向左转是背离的。他们的行为经过了两次测评:在另一个不相关的任务之后立即测评与一周之后再进行测评。在第一次测评中,开门再右转之间的联结形式正如执行意向一样有效。相比较于那些控制组被试来说,执行意向组的被试就是按照指导语的要求右转,这些被试更可能去完成这些练习。然而,一周之后,如果被试事先形成了执行意向,他们更可能右转而不是左转。仅仅是开门并右转之间产生联结并不是总是那么有效——并不见得比控制组更有效。研究者们认为,执行意向包含心理模拟,该心理模拟巩固了预期行为的记忆表征。这些表征,通常更加具有通达性。这个机制能够解释执行意向能提升持续性,而不是仅仅发动一个行为(Holland, Aarts, 和 Langendam, 2006)。

作为这些机制的一个后果,执行意向增加了行为被真正执行的可能性。具体来说,执行意向功能体现如下。首先,当遇到具体的情境线索时,执行意向确保具体的意向被发动,而不是被忽略掉(McDaniel, Howard, 和 Butler, 2008)。换句话说,执行意向提升了前瞻性记忆——被试记住他们事先计划好了的要去完成的任务。其次,除了发动行为之外,执行意向确保了这些计划行为或行为过程得以保持。也就是说,在一个行为系列被始动之后,执行意向同时确保其他的刺激或机会不至于干扰个体对目标的追求(Achtziger, Gollwitzer, 和 Sheeran, 2008)。也就是说,执行意向确保在遇到分心刺激,例如有诱惑力的电影时,个体依然能继续追求目标(Gollwitzer 和 Schaal, 1998)。事实上,执行意向能克服西蒙效应(Simon effect)。在另一个实验研究(Cohen, Bayer, Jaudas, 和 Gollwitzer, 2008)中,被试根据呈现的声音音调的高低来决定是按左边的键还是右边的键。在相同的实验中,在身体的右边呈现声音,要按下左边的按键;反之亦然——这种不一致常常导致反应时延长。然而,当个体形成了执行意向时,这种时间的延迟会减少。例如,"如果听到左边的声音,我将尽可能快地按下右边的键",这种意图确保了声音位置与按钮位置之间不一致时不会延长反应时。第三,执行意向抑制其他可能会扰乱预期目标的行为或意向。也就是说,执行意向一旦形成,个体更倾向于不去从事那些预期的行为(Henderson, Gollwitzer, 和 Oettingen, 2007)。最后,形成执行意向的个体不需要深思熟虑般的努力,不需要储藏资源。也就是说,个体能利用有限的资源,发动和维持他们预期的行为,从而将努力或控制专用于其他行为(Webb 和 Sheeran, 2004)。

4.3.3 未来研究方向

哪些因素导致了目标的达成或失败是研究者的一个基本关切。近 20 年来,建立在大量的实验室和现场实验研究基础上,研究者发现执行意向这一前瞻性的认知自我调节策略能有效促进目标的达成。具体来说,无论是在实验室,还是在健康、教育、环境、宗教、谈判等领域;无论是普通被试群体,还是药物成瘾者、精神分裂症患者、额叶病变者以及多动症儿童等群体,执行意向都能有效地促进各种目标的达成。即执行意向这一前瞻性自我调节策略能广泛地应用于各种不同的领域以及各种不同的人群。同时,执行意向这一策略实施简单,适用于对大样本进行干预。因此,对于目标达成来说,执行意向是一种简单、经济、有效的策略。并且,研究证实执行意向对目标达成的促进作用是通过增加情境线索的通达性和"情境—反应"的联结强度来实现的。

作为一种简单、经济、有效的认知干预策略,执行意向已经激起不同领域研究者的兴趣,其理论与实践价值已被不断地挖掘出来,执行意向效应必将具有良好的发展前景。但现有的研究还存在诸多不足,有待于研究者进一步完善。

首先,未来的研究应着重将执行意向这一概念与动机理论整合起来。比如,执行意向是否能提升自我效能信念?拜尔和戈尔维策(Bayer和Gollwitzer,2007)首先发现增强自我效能的执行意向,即"如果我在做作业时遇到了困难,那么我会告诉我自己,我能解决",能显著提高学生的学习成绩。我们可以发现增强自我效能的执行意向中的"那么"成分并不涉及具体目标定向行为反应,而是关注于改变动机相关的信念。那么,这种关注于改变动机相关的信念,而不关注于目标定向行为反应的执行意向,是否在不同的领域中都能导致更加积极的效应,需要在未来研究中进行深入探讨。另外,执行意向效应的认知过程是否受到动机因素的影响呢?尽管自我报告的动机水平没有对执行意向效应的认知过程产生过影响,但是一些研究表明动机过程能被无意识地激活,并内隐地调节行为和认知(Aarts,Gollwitzer,和Hassin,2004)。因此,未来关于执行意向效应的认知过程研究的一个重要方面是检验其是否受到内隐动机的影响。

其次,关于执行意向效应的认知过程及心理机制的研究有待深入。已有证据表明,执行意向中的"如果"成分使得预期情境线索的心理表征高度激活,而"那么"成分使得计划中的反应得以自动实施,而不需要耗费认知资源。这意味着"如果—那么"计划有效的原因是:第一,它使得一个适合目标追求的情境变得具有高度通达性;第二,这个情境导致了自动化的目标定向行为反应。尽管最近的研究表明线索通达性和"情境—反应"之间的联结强度在执行意向对目标达成的影响过程中起到中介作用(Webb和Sheeran,2006,2007),但我们应注意到,假设的执行意向效应的认知过程,除了情境线索的通达性与目标定向行为的自动化反应之外,还包括情境线索的探测、区分以及目标定向行为的有效性与无意识性等(Webb和Sheeran,2008)。因此,未来的研究需要进一步探讨其他的假设过程在执行意向影响目标达成过程中的中介作用。

最后,执行意向对目标达成的促进作用的研究主要是针对个人目标而言的。然而,人的社会属性决定了我们除了拥有个人目标之外,还会拥有团体目标、社会目标以及国家层面的目标。相应地,除了个人的执行意向之外,还应有群体内各成员之间相互合作的执行意向。虽然,有研究者已经意识到这一点,并开始着手探讨群体执行意向对群体成员共同目标的达成的促进作用(Prestwich等,2012),然而,其中涉及的合作对象都是夫妻、情侣或者父子,而且合作的对象只有一人。因此,未来的研究应在更广泛的范围内研究群体执行意向对群体内各成员共同追求的目标达成的促进作用。探明群体执行意向的积极效应及其内在原因,将成为促进团体、社会以及国家目标实现的重要理论依据。例如,当前,我国人民在"十三五"规划的指引下,为建设富强民主文明和谐的现代化国家而奋斗。对这一宏伟目标的实现,群体执行意向能否起作用?多大程度上起作用?其机制是怎样的?科学地回答这些问题,将对这一全国人民共同追求的目标的实现具有重要指导意义。因而,未来还应结合中国实际,积极、深入地开展执行意向的本土化研究。

4.4 无意识目标[①]

一直以来,很多研究者都认为目标设置和目标追求过程是有目的、有意识的(Deci 和 Ryan,2000)。个体根据各个目标的价值、难度等仔细地选择,并使用他们认为最佳的方式有目的地追求目标。然而,近年来越来越多的研究发现,意识并非目标导向行为的先决条件(Aarts 和 Dijksterhuis,2000)。目标是行为满意状态或结果在个体头脑中的表征(Bargh,1990)。目标受到动机和认知规范的支配(Chartrand 和 Bargh,1996)。与社会态度、刻板印象、图式等一样,目标也可以通过相应环境特征自动激活,并在个体没有意识到的情况下指导行为(Shah,2005)。个体可以自动地、无意识地采纳和追求目标,目标的自动激活对社会评价、社会行为和主观经验都具有重要的意义(Oettingen 等,2006;Shah,2005)。

1990 年,巴奇(Bargh)提出了目标的**自动激活模型**(auto-motive model)。模型指出,尽管很多目标都是个体有意识选择和考虑的结果,但有意识选择并非目标激活和操作的必要条件。与社会态度、建构、刻板印象和图式等一样,目标在个体头脑中也是有所表征的。既然建构和刻板印象能够被相关环境刺激自动激活,目标表征也应该具备这种能力。如果个体在一定社会情境下长期重复、一贯地追求某个目标,该目标就会在个体头脑中自动与相应情境表征建立关联。如此一来,环境中的情境特征也就可以自动激活该目标。自动激活的目标反过来又可以自动激活目标计划,从而使计划与环境中的目标相关信息建立关联并得以实施。目标激活和操作的整个过程可以在个体意识不到的情况下发生。总之,目标的自动激活理论认为,目标是行为满意状态或结果在个体头脑中的表征,此表征中包含目标、目标追求情境和目标追求手段。目标可以通过相应情境线索自动激活,并在个体意识不到的情况下指导目标导向行为。研究者往往通过启动技术激活被试的**无意识目标**(nonconscious goal 或

[①] 本节基于如下工作改写而成:(1)马丽丽,郭永玉.(2008).无意识目标:激活与追求.心理科学进展,16(6),919—925.(2)马丽丽.(2009).重要他人对目标追求的影响.武汉:华中师范大学硕士学位论文.撰稿人:马丽丽。

unconscious goal)。之所以称为"无意识",是因为被试并非有意识地选择了目标,而是在没有意识到的情况下采纳或追求了目标(Aarts, Dijksterhuis, 和 De Vries, 2001)。

自动激活模型提出以后,心理学研究者围绕目标的无意识追求进行了大量实证考察,得出了一些有价值的结论。本节拟对以往研究进行总结,考察无意识目标激活的手段和无意识目标的追求,以及无意识目标与有意识目标的异同。

4.4.1 无意识目标的激活
无意识目标的激活

目标是行为满意状态或结果在个体头脑中的表征,是由认知联系构成的、结构功能特征都很独特的网络系统(Bargh, 1990; Kruglanski, Shah, Fishbach, Friendman, Chun, 和 Sleeth-Keppler, 2002)。而无意识目标则是指个体在没有意识到的情况下采纳或追求了目标(Aarts, Dijksterhuis, 和 De Vries, 2001)。研究发现,无意识目标可以通过多种方式激活。例如,巴奇及其同事通过目标与语义相关词之间的关联成功激活了目标,这种激活方式被称作语义启动(semantic goal priming)。除此之外,研究者发现,目标与有助于实现目标的事物之间的关联或目标与他人之间的关联也可以激活目标,这两种激活方式分别被称作工具启动(instrumental goal priming)和人际启动(interpersonal goal priming)。

语义启动 社会认知研究者往往使用无关学习范式研究目标的无意识启动(Bargh 和 Chartrand, 2000)。实验者告诉被试,他们将进行两项毫不相干的作业。实际上,第一项作业是引导被试思考或使用某研究概念以使其得到激活。比如,要激活"诚实"概念,研究者会使被试在造句任务中见到"诚实"的同义词。假设被激活的概念能够在被试意识不到的情况下持续激活一段时间,那么它就会对随后的信息加工过程产生影响,而被试也不会意识到这种影响(Gollwitzer 和 Bargh, 2005)。

沙特朗(Chartrand)等人就使用了无关学习范式考察目标表征能否以同样的方式激活(Chartrand 和 Bargh, 1996)。实验者首先要求被试完成一系列句子测验(Scrambled Sentence Test),测验所用的单词中含有"**印象形成**"(impression formation)或"记忆"(memorization)的近义词。被试做完句子测验后,再进行另一项表面上毫无关联的任务(如阅读故事)并回答问题,最后完成回忆作业。结果发现,印象形成组比记忆组的记忆效果更好,并且他们对行为信息的记忆也具有更高的主题组织性(thematic organization)。曾有研究者使用明确的指导语做过相同的研究,得出了相同的结论(Hamilton, Katz, 和 Leirer, 1980)。麦卡洛克(Mc Culloch)等人的研究也发现,"印象形成"目标激活的被试对人物行为做特质推断的速度更快,也更可能在记忆中构建行为和特质之间的联系(Mc Culloch 等, 2008)。

总之,目标的确能够通过相关语义启动得以激活,并且产生与有意识目标追求同样的结果。大量研究发现,许多目标都具有相似的效果。比如,激活"成就"目标可使被试在言语作业中取得更好的成绩,激活"合作"目标可使被试在协商任务中更为合作(Bargh 等,2001)。

工具启动 除了目标同义词可以直接激活目标概念外,环境特征也可以自动激活与之关系紧密的目标。自动激活模型的假设认为,目标可在现实世界中自动激活,呈现个体追求目标时经常所处环境的特征即可以激活目标(Shah 和 Kruglanski, 2002)。也就是说,只要个体在特定环境中频繁而一贯地追求目标,目标表征就可以自动与该环境建立较强的关系(Shah, 2005)。

如果个体经常在特定情境下和特定的人一起做特定活动时追求特定的目标,目标就可以与这些情境、人或活动间建立联系。这些情境、人和活动统称为目标实现的工具(Gollwitzer 和 Brandstätter, 1997)。目标和工具间关系的紧密程度并非取决于目标和这些工具之间的语义关联,而是取决于个体对目标与工具间功能关联的知觉,即个体认为该工具在多大程度上有助于目标的实现。目标与工具之间的功能关联越强,个体看到工具时越可能自动激活目标(Shah, 2005)。物质启动(material priming)就属于工具性目标启动的一种。研究者发现,物质可以与特定的社会语境建立关联,并在创建不同的场景、传递相关行为规范方面起重要作用(Kay 等, 2004)。但环境特点对启动效应起调节作用,在结构化较低、较模糊的情境中启动效应更大。只有在新奇的、模糊的社会情境下,个体的判断和知觉才会受到环境物质线索的影响。比如,看到与"生意"相关的图片和事物可使被试建构出更多的竞争相关词,在模糊社会交往中知觉到更多的竞争信息,并在"最后通牒游戏"(ultimatum game)中做出竞争性选择(Kay 等, 2004)。这可能是因为人们此时缺乏清晰的认知脚本,需要其他的认知资源维护方式。除了情境以外,工具的特征也会影响其激活目标的能力,其中包括工具对焦点目标以外其他目标的实现有多大的帮助。如果该工具也为其他目标服务,目标就不易激活(Shah 和 Kruglanski, 2002)。目标的工具启动研究使得人们对自我管理更加乐观。研究发现个体周围环境中往往有很多追求目标的工具或手段,可以使相关目标逐渐成为个体注意的中心,从而增强个体的目标承诺(Shah 和 Kruglanski, 2002)。

人际启动 目标追求另一重要而常见的启动源是他人,特别是重要他人。重要他人是个体社会化以及心理形成的过程中具有重要影响的人物,包括父母、兄弟姐妹、朋友、同事等,与他们的交往会对个体的情绪和生活满意度产生重要影响(Fitzsimons 和 Bargh, 2003)。研究者认为,随着人际关系的深入,人们会形成更详细的关系表征,即关系图式(Fitzsimons 和 Bargh, 2003)。关系图式中包含自我图式、他人图式以及关系脚本,而人们对重要他人的心理表征中包含与重要他人一起时经常追求的目标。激活个体的关系图式就可以激活相应的人际关系目标,进而导致个体无意识地追求该目标,且此目标正是个体在重要他人在场时所经常追求的目标。但是重要他人表征对个体的影响远不止激活目标、增强目标承诺那么简单。重要他人也可以自动抑制目标的激活,从而降低个体的目标承诺(Shah,2003a)。它们也会无意识地影响个体对目标的评估和看法,从而对目标追求过程产生更为复杂的影响。重要他人表征会影响个体对目标难度和价值的知觉、目标追求方式的选择以及个体对目标追求成败的体验(Shah,2003b)。

国内研究者(马丽丽,2009)以大学生为被试,采用社会认知流派自我和他人表征研究的常用研究范式——自由描述范式,将问卷法和现场实验结合起来,考察重要他人表征对大学生目标追求意愿的激活效应。研究以重要他人表征的启动为组间自变量,以被试在目标承诺上的得分为因变量进行了单因素方差分析,考察了重要他人表征的启动对目标承诺的影响作用。结果发现,在控制了情绪变量之后,重要他人表征的激活对学习目标承诺具有显著的影响,$F(1, 32) = 4.184$,$p<0.05$。激活关心被试学业、希望其学业测验取得好成绩的重要他人表征的被试在学习目标承诺上的得分显著高于激活与学业无关他人表征的被试。这说明,重要他人表征的激活能够增加个体追求目标的意愿,重要他人表征会自动增加个体对与该重要他人相关目标的承诺。目标承诺的描述性统计分析结果见表 4.4。

表 4.4 重要他人表征的启动对目标承诺的影响的描述性统计分析结果

重要他人启动	人数(N)	平均值(M)	方差(SD)
有启动	16	10.062	1.569
无启动	18	11.000	1.085
合 计	34	10.559	1.397

来源:马丽丽,2009.

不仅重要他人会影响个体的目标追求,非重要他人也可以激活个体的目标。**目标蔓延理论**(goal contagion)认为,个体会无意识地采纳从他人行为中推断出的目标(Dik 和 Aarts,2007)。观察他人的目标导向行为可以激活相应的目标心理表征,从而导致个体追求该目标。一项研究中,实验者仅仅让被试接触到他人的目标行为信息,并提供在其他情境下以其他方式追求该目标的机会(Aarts, Gollwitzer, 和 Hassin,2004)。结果发现,被试自己的行为也开始服务于相同的目标,并具备目标导向性质,即行为受到目标强度影响,目标追求表现出时间上的持久性,当情境与目标吻合时个体更欣然地追求目标。该研究还发现,如果他人的目标追求是不合适的、不被社会所认可的,被试就会对这些目标自动免疫。也就是说,如果个体认为他人的目标追求没有吸引力或令人不快,就不会发生目标蔓延现象。

4.4.2 无意识目标的追求

既然目标能够自动激活,那么个体能否无意识地持续目标追求呢?已有研究为此提供了有力的证据。无意识目标研究完成后,实验者会简要介绍实验并要求被试回答一系列问题,以考察被试是否意识到实验期间追求了特定目标。结果发现,当实验者告诉被试他们已经无意识地追求了特定目标时,大多数被试都感到怀疑或惊讶,只有少数被试意识到了实验期间所追求的目标(Shah,2005)。沙特朗和巴奇的研究发现,"印象形成"启动组和"记忆"启动组的被试在报告是否尽力形成目标人物印象或记忆目标人物信息方面并无差异,并且几乎没有被试意识到自己在阅读目标人物行为时追求了特定目标(Chartrand 和 Bargh,1996)。在美国机场进行的现场研究中,当实验者告诉被试回答有关朋友的问题使他们更愿意参加后续研究时,大部分人都不相信(Fitzsimons 和 Bargh,2003)。

巴奇的另一项实验为目标的无意识操作提供了更为有力的证据(Gollwitzer 和 Brandstätter,1997)。实验者对一部分被试启动"与协商对方合作"的目标,而明确告诉另一部分被试与对方合作,以比较目标的无意识追求和有意识追求。研究发现,被明确告知要合作的被试比没有被告知的被试表现出更多的合作行为。同样,目标启动组的被试也比无目标启动组的被试表现出更多的合作行为。实验完成后,实验者要求所有被试对自己的"合作"程度评分,并把每个被试的评分和他人观察到的实际合作行为评分进行比较。结果发现,明确告知合作组被试的自我报告的确反映了其实际行为。他们的自我报告和实际行为相关很高,那些报告自己尽力合作的被试实际上也表现出了更多的合作行为。但是,目标启动组被试所报告的合作程度与实际合作行为不相关。即便人们成功追求了启动目标,人们也没有意识到自己的目标追求行为。

重要他人对无意识目标追求的影响

目标蔓延理论认为,个体会无意识地采纳从他人行为中推断出的目标(Dik & Aarts,2007)。观察他人的目标导向行为就可以激活相应的目标心理表征,使个体的行为也开始服务于同样的目标,并具备目标导向的性质,即行为受到目标强度影响,目标追求表现出时间上的持久性,当情境与目标吻合时个体更欣然地追求目标等(Aarts,Gollwitzer,和 Hassin,2004)。但是,如果他人的目标追求是不合适的、不被社会所认可的,被试就会对这些目标自动免疫。也就是说,如果个体认为他人的目标追求没有吸引力或令人不快,就不会发生目标蔓延现象。

日常生活中,个体追求的很多重要目标都是人际性质的,如亲密目标、依恋目标等(Fitzsimons 等, 2005)。亲密目标是个体生活基本的驱动力,是健康心理功能的特征。它不仅会影响关系满意度,而且能产生积极的健康结果。除此之外,个体对依恋关系和安全关系也有很强的动机。近年来,成人依恋关系开始考察依恋焦虑和依恋回避的个体差异在不同的人际目标和行为策略中的表现,因而目标也成为此类研究的重点(Mikulincer 和 Florian, 1998)。除了亲密目标和依恋目标外,成功的人际关系还需要关系保护目标(relationship-protecting goal),遇到人际冲突或同伴背叛(transgression)时信守承诺的目标,以及以积极的态度知觉重要他人的目标等(Johnson 和 Rusbult, 1989)。由此看来,个体生活环境中的他人,特别是社会化和心理形成的过程中具有重要影响的他人,对个体的自我管理有着重要的意义。重要他人是个体目标的对象,能引导个体追求并保持亲密关系,通过改变自我知觉保护关系,并寻找安全关系和依恋关系。

重要他人是个体社会化及其心理形成的过程中具有重要影响的他人,包括父母、兄弟姐妹、朋友、同事、恋爱伴侣等(Fitzsimons 和 Bargh, 2003)。随着人际关系的深入,人们会形成详细的关系表征,即关系图式(Fitzsimons 和 Bargh, 2003)。关系图式中包含自我图式、他人图式以及关系脚本,而人们对重要他人的心理表征则包含个体与重要他人一起时经常追求的目标。激活个体的关系图式就可以激活相应的人际关系目标,进而使个体无意识地追求与重要他人一起时经常追求的目标。研究者通过大量的实证研究发现,看到重要他人、与重要他人交往,甚或仅仅思考有关重要他人的事情都可以在特定情境下自动激活个体的目标,并引导其行为(Fitzsimons 和 Bargh, 2003)。重要他人还会影响个体对目标难度和价值的知觉、目标追求方式的选择以及目标追求成败的体验(Shah, 2003b)。除此之外,重要他人表征的激活还会对很多现象自动产生影响。安德森(Andersen)及其同事得出了很多有关"移情"现象的研究证据(Berk 和 Andersen, 2000; Hinkley 和 Andersen, 1996)。如果陌生人身上存在个体重要他人的相关线索,则该陌生人就可以激活重要他人的很多特征以及与该他人一起时个体所具有的特征,并指导个体的知觉和行为。当重要他人表征被激活时,人们会主动靠近与积极重要他人相似的陌生人,疏远与消极重要他人相似的陌生人(Andersen, Reznik, 和 Manzella, 1996)。大量的研究还考察了重要他人表征的激活对个体自我知觉的影响。鲍德温(Baldwin)等人研究发现,阈下呈现皱着眉头的教皇的照片时,实践信仰的天主教徒对自我的评价更加消极(Baldwin, Carrell, 和 Lopez, 1990)。

目标会影响个体对重要他人的知觉和行为,同样,重要他人表征也会影响个体的目标导向行为。重要他人可以自动激活与其在一起时个体经常追求的目标,自动影响个体的自我管理过程(Fitzsimons 和 Bargh, 2003; Andersen, Reznik, 和 Manzella, 1996)。随着时间的推移,个体和重要他人在一起时经常追求的目标会自动与重要他人表征之间建立联系。激活个体的重要他人表征就可以激活相关目标,并影响个体对目标的评估和目标追求行为。

菲茨西蒙斯(Fitzsimons)等人的研究中,实验者阈下激活被试多种重要他人的心理表征,然后提供追求相关目标的机会(Fitzsimons 和 Bargh, 2003)。结果发现,虽然重要他人没有在实验现场出现,但几乎所有的被试都表现出与该重要他人相关目标一致的行为。在学期开始时,研究者要求大学生列出自己和母亲一起时追求的目标,大约一半的被试提到通过学业成绩使母亲高兴。几个月后,被试参加"记忆测验",实验组回答有关母亲的问题以激活其母亲表征,控制组则回答与人际无关的问题。研究者认为,母亲表征的启动会激活被试和母亲一起时追求的所有目标,包括成就目标。"记忆测验"完成后,所有的被试都参加"言语成就测验"。结果发现,启动了母亲表征的被试在"言语成就测验"上的得分明显高于控制组,但是这一现象仅存在于那些在学期开始时报告说希望通过学业成绩使母亲高兴的被试身上。研究者认为,这可能是因为目标的重要性是重要他人激活目标这一过程的中介变量。

重要他人表征不仅可以激活与其在一起时个体追求的目标,也可以激活重要他人为个体设定的目标(Shah, 2003a)。重要他人能够在心理背后"监视"个体,使个体为实现重要他人设定的期望、标准、目标而行动。作为个体的内部观众(inner audience),重要他人可以唤起个体需要追求的目标和评价标准,以与重要他人愿望一致的方式影响个体行为。当然,在很多关系情境中,个体与重要他人在一起时追求的目标和重要他人为个体设定的目标是相关的。个体之所以想通过取得好成绩使母亲高兴,很可能是因为母亲希望他取得好成绩。但是,在人际关系中这也可能是截然不同的两种过程。个体与重要他人一起时追求的目标中,也有很多并不是重要他人为个体设定的目标,如控制他人、给他人留下深刻印象、分析他人的行为等。

为了考察个体对重要他人所设目标的反应,沙阿(Shah)要求被试分别列出希望自己作业表现好的重要他人和不关心其作业表现的重要他人的名字(Shah, 2003a)。研究结果发现,阈下启动重要他人的名字影响了被试的目标承诺、目标可及性和作业成绩。启动"父亲"表征的被试对成就目标有更高的承诺,目标可及性更强,目标追求的程度更大。但是,这种现象的出现是有条件的,即被试认为自己和父亲关系很亲密并且父亲重视自己在该项作业上的成绩。沙特朗等人使用不同的研究范式得出了相同的结论(Chartrand, Dalton, 和 Fitzsimons, 2007)。实验者要求被试分别列出为自己设定各种目标的重要他人的名字,然后阈下启动重要他人的名字,并要求被试进行词汇决策作业。结果发现,当重要他人为被试设定的目标与词语决策作业中出现的目标词一致时,被试对目标词的辨认速度更快,目标可及性更高。

重要他人影响无意识目标追求的调节变量

重要他人可以激活相关目标,并使个体在没有意识到的情况下追求该目标。但是,这一效应很大程度上取决于自我与目标、目标与重要他人以及重要他人与自我之间的关系(Fitzsimons, Shah, Chartrand, 和 Bargh, 2005)。这些关系的性质都会调节重要他人对目标导向行为的影响。

首先,只有个体认为自己和重要他人的关系亲密或重要时,重要他人才会影响其目标追求(Aron, Aron, Tudor, 和 Nelson, 1991)。沙阿通过一系列研究发现,人际关系的亲密程度和重要性会调节重要他人对目标导向行为的影响(Shah, 2003a)。被试越是认为自己与重要他人的关系亲密、重要,其行为越可能与重要他人设定的目标一致。

其次,个体对重要他人控制性程度的知觉,即在多大程度上认为重要他人希望自己做的事是外部对自我施加的压力,也会调节重要他人对目标的激活效应(Chartrand, Dalton, 和 Fitzsimons, 2007)。如果个体认为重要他人是控制性的或专制的,就会对重要他人的目标和希望做出异常反应(Deci 和 Ryan, 2000)。个体可能会主动抑制重要他人激活的目标,甚至追求完全相反的目标,做出与重要他人期望相反的行为。在一项研究中,阈下启动重要他人的名字,而这些重要他人中有的希望被试工作努力,有的则希望被试放松、快乐(Chartrand, Dalton, 和 Fitzsimons, 2007)。结果发现,当被试认为重要他人具有控制性时,被试的行为方向与重要他人为其设定的目标完全相反。控制性的重要他人越希望个体努力学习,个体在"言语成就测验"上的成绩就越差。

最后,重要他人与目标之间的关系也会对重要他人的目标激活效应起调节作用,这表现在重要他人相关目标的数量方面(Shah, 2003a)。重要他人为个体设定的目标越多,重要他人激活任意一个目标并引导个体行为的可能性越小。如果重要他人希望个体在学业任务上成功,那么被试报告出的与该重要他人相关的目标越多,其学业成绩受到重要他人影响的可能性越小。这可能是因为当重要他人与多个目标有较强关联时,目标间会相互竞争、相互抑制,从而消弱目标的激活效应。

4.4.3 无意识目标与有意识目标的比较

无意识目标与有意识目标的相似性

大量研究表明,无意识目标追求与有意识目标追求会对思维、记忆和行为产生相同的影响(Gollwitzer 和 Bargh, 2005)。不管是加工社会信息,进行智力作业,还是与他人交往,目标启动组被试和明确告知目标组被试都表现出明显不同于控制组的行为。无意识目标追求与有意识目标追求的相似之处表现在目标实现、目标投射和动机特征三个方面。

有研究者指出,目标实现与个体如何将目标付诸行动无关(Bargh 和 Chartrand,1999)。不管以何种方式激活目标,目标都会根据相关信息操作,引导思维和行为朝向满意的状态。无论目标何时实现,个体都会体验到积极的自我评价,如感到骄傲、期盼他人称赞等。而积极的自我评价又会使个体产生积极的情绪。除此之外,实现目标也会促使个体追求更具挑战性的目标。沙特朗设计了一系列实验,验证有意识目标与无意识目标在目标实现后效方面的相似性(Bargh 和 Chartrand,1999)。研究者通过启动操作引导被试无意识地追求目标,并控制结果的成功或失败。在一项实验中,实验者激活一部分被试的"高成就"目标,然后要他们做字谜作业。有些字谜很容易,有些字谜无法解决。实验者通过字谜难度控制被试能否成功进行无意识目标追求,并在被试完成字谜作业后对其进行情绪或言语能力测验。情绪测验主要测量个体在目标实现后自我评价的情绪结果,而言语能力测验则测量个体的主动性目标奋斗情况。研究结果发现,无意识目标追求与有意识目标追求有相同的目标实现后效。无目标组的"高成就"目标没有得到激活,因此字谜作业难度并没有对其情绪和言语能力测验结果产生任何影响。然而,字谜作业成败对"高成就"目标启动组被试的情绪以及言语能力测验成绩影响很大。字谜容易组被试明显比字谜困难组被试更高兴,言语能力测验成绩也更加突出。既然"高成就"目标是自动激活的,被试意识不到目标的追求过程,因而个体的情绪及其对更具挑战性目标的追求都是受到了无意识目标追求成功与否的影响。无意识目标追求与有意识目标追求对目标实现有相似的效果。

投射(projection)这一概念是弗洛伊德首先提出来的。个体通过投射这种防御机制把无意识冲动归为是别人的,而不是我们自己的。霍姆斯(Holmes)认为,投射是个体把人格特质、性格特征和动机归于他人身上的过程(Holmes,1978)。也就是说,个体所能投射的对象包括特质和动机,而且动机冲动投射应该比特质投射更易察觉。川田(Kawada)等人通过一系列实验对无意识目标和有意识目标的投射效果进行了验证(Kawada, Oettingen, Gollwitzer, 和 Bargh, 2004)。在一项研究中,实验者通过指导语明确告诉一部分被试要"竞争"(有意识目标组),而运用诸如单词造句技术激活另一部分被试的"竞争"目标(无意识目标组)。然后实验者要求所有被试阅读一段有关"囚犯两难"游戏的故事,并对目标人物的竞争取向评分。结果发现,与无目标控制组相比,有意识目标组与无意识目标组被试所给出的评分值更高,不管是有意识目标还是无意识目标都会发生投射现象。在川田的另一项研究中,实验者给被试提供成功或失败的反馈,并以此改变有意识目标和无意识目标的强度。结果发现,给予成功反馈后,目标投射现象消失。这说明,被试的确是把竞争目标而非竞争特质投射到了他人身上,内隐激活的目标和外显分配的目标都可以投射。

除了有相同的目标实现效果和目标投射性质外,无意识目标与有意识目标也具有类似的动机特征,即目标实现的持续激活(sustained activation)、个体遇到障碍时的坚持(persistence)以及任务打断时的恢复(resumption)。巴奇的研究验证了无意识目标的动机特征(Bargh, Gollwitzer, Lee-Chai, Barndollar, 和 Trötschel, 2001)。实验者首先启动(或不启动)被试的"成就"目标,然后让一部分被试马上进行下一个任务,而另一部分被试过5分钟后再进行下一任务。任务的类型各不相同:有些被试进行社会知觉任务,即阅读一则故事,故事的主人公的成就取向是模棱两可的;另外一些被试进行言语作业任务,即尝试在一串字母中找出尽可能多的、不同的单词。研究结果发现,对于无时间间隔组而言,两种类型的任务都有启动效应。成就目标启动组被试要么认为目标人物具有成就取向(判断任务组),要么找出了更多的单词(言语作业组)。但是,时间间隔对知觉任务和作业任务有明显不同的影响。在知觉任务中,启动效果在5分钟的时间间隔后消失;但是在言语作业中,实际启动效应在5分钟的时间间隔后却显著增强。这说明,目标启动操作的确激活了与知觉、非动机建构相对的动机状态,目标能够保持激活。

在另一项研究中,实验者激活被试的"成就"目标后让他们进行单词查找任务(Bargh, Gollwitzer, Lee-Chai, Barndollar, 和 Trötschel, 2001)。然后实验者告诉被试自己要去另一个房间做其他研究,当任务时间到时,会通过对讲机发出终止任务的信号。被试所不知的是,终止信号发出时或发出后,房间里安装的隐蔽录像机会记录他们的行为表现。而研究的因变量则是终止信号发出后被试的行为表现,即他们是继续查找单词以获得高分,还是在面临"终止"这一成绩障碍时停止作业。结果发现,信号发出后,目标组有50%以上的被试会继续查找单词,而无目标组仅有20%多的被试继续查找单词。由此看来,无意识目标组个体遇到阻碍"高成绩"目标的障碍时,更可能采取行动消除或绕过障碍。正是"高成就"目标的自动激活才使被试更加关注成绩,并努力坚持争取更高成绩,因而他们会在终止信号发出后仍秘密地继续作业。对无目标组被试来说,这可能仅仅是一个实验,并非什么重要的任务,因而他们也表现出很低的持续工作倾向。

此外,巴奇还对目标启动组被试在面临更具吸引力的选择任务时的表现进行了研究(Bargh, Gollwitzer, Lee-Chai, Barndollar, 和 Trötschel, 2001)。研究中,实验者在激活一部分被试的成就目标后,让所有的被试都进行单词查找任务。但任务进行到一半时,电源突然被人为切断,所有的被试都不得不停止作业。5分钟后电源接通,实验者告诉被试剩余的时间已经不足以完成两项实验任务。被试可以自由选择是接着做第一项任务还是直接进行另一项卡通有趣度评定的任务(实验前的试测结果显示,卡通评定任务的确比单词查找任务更有趣)。研究的因变量是目标启动组与无目标组中选择放弃卡通评定而继续单词查找任务的被试所占的比例。结果不出所料,目标启动操作引发强烈的动机状态,目标启动组被试(66%)比无目标组被试(35%)更多地选择继续做未完成的任务。

无意识目标与有意识目标的区别

尽管无意识目标与有意识目标有很多相似之处,但目标追求的过程机制并非相同。对有意识目标而言,个体在采用目的和策略之前都会有意识地评估目标状态的重要性。而无意识目标则利用行为状态表征的情感效价自动指导个体目标追求的努力程度(Custers 和 Aarts, 2005)。动机理论认为,与行为状态相联系的积极情感具有动机性质,与积极情感相联系的刺激或状态能够成为有机体活动的动机。如果将积极情感与原本中性的行为状态建立联系,则会引发目标导向行为,机会来临时有机体也会表现出强烈的目标实现动机。

卡斯特斯(Custers)等人的研究发现,具体行为目标表征与积极情感间建立联系会导致行为目标的无意识操作,而与消极情感间建立联系则不会导致类似结果的出现(Custers 和 Aarts, 2005)。与控制组被试相比,行为目标与积极词同时呈现时,被试更愿意实现相关目标。而消极词对目标无任何影响,消极词组与中性词组之间无结果差异。如此看来,并非所有的目标启动都会对个体产生影响。当目标概念是满意的状态或已经在头脑中存在时,个体会自动判断目标概念的情感价值。这时个体才可能拥有更强烈的目标追求意愿,并表现出实现目标的动机性行为(Custers 和 Aarts, 2007)。在此过程中,个体实现目标意愿的大小对行为表现起调节作用,即积极情感对意愿弱的个体影响更大(Custers 和 Aarts, 2005)。阿尔茨(Aarts)等人的研究也发现,个体认为目标状态是积极的时候会付出更大的努力以实现目标;当目标与消极信息同时启动时,个体追求目标的动机则消失(Aarts, Custers, 和 Holland, 2007)。无意识目标的激活之所以会增强个体目标导向的动机行为,可能是由于积极词的启动增加了目标的可及性,抑制了其他目标的干扰,从而促使个体付出更多努力以增加目标实现的机会。当目标词和消极情绪词的呈现在时间上接近时,个体对目标追求的意愿则降低,目标启动效应也消失。由于研究者对消极情绪词的作用还存在争议,因而还需要进一步研究探讨。

参考文献

郭永玉.(2005).人格心理学——人性及其差异的研究.北京:中国社会科学出版.

胡小勇,郭永玉.(2008).目标内容效应及其心理机制.心理科学进展,16(5),826—832.
蒋京川,郭永玉.(2003).动机的目标理论.心理科学进展,11(6),635—641.
马丽丽.(2009).重要他人对追求的影响.武汉:华中师范大学硕士学位论文.
马丽丽,郭永玉.(2008).无意识目标:激活与追求.心理科学进展,16(6),919—925.
苗元江.(2003).心理学视野中的幸福——幸福感理论与测评研究.南京:南京师范大学博士学位论文.
张钊.(2007).个人目标、主观幸福感与自我效能感:一项纵向研究.武汉:华中师范大学硕士学位论文.
Pervin, L. A. (黄希庭主译).(2003).人格手册:理论与研究.上海:华东师范大学出版社,785—786.
Pervin, L. A. (周榕等译).(2001).人格科学.上海:华东师范大学出版社,130—131.
Aarts, H., Custers, R., & Holland, R. W. (2007). The nonconscious cessation of goal pursuit: When goals and negative affect are coactivated. *Journal of Personality and Social Psychology*, 92(2), 165–178.
Aarts, H., & Dijksterhuis, A. (2000). Habits as knowledge structures: Automaticity in goal-directed behavior. *Journal of Personality and Social Psychology*, 78(1), 53–63.
Aarts, H., Dijksterhuis, A., & De Vries, P. (2001). On the psychology of drinking: Being thirsty and perceptually ready. *British Journal of Psychology*, 92(4), 631–642.
Aarts, H., Gollwitzer, P. M., & Hassin, R. R. (2004). Goal contagion: Perceiving is for pursuing. *Journal of Personality and Social Psychology*, 87(1), 23–37.
Achtziger, A., Gollwitzer, P. M., & Sheeran, P. (2008). Implementation intentions and shielding goal striving from unwanted thoughts and feelings. *Personality and Social Psychology Bulletin*, 34(3), 381–393.
Adriaanse, M. A., Vinkers, C. D., De Ridder, D. T., Hox, J. J., & De Wit, J. B. (2011). Do implementation intentions help to eat a healthy diet? A systematic review and meta-analysis of the empirical evidence. *Appetite*, 56(1), 183–193.
Ajzen, I. (1991). The theory of planned behavior. *Organizational Behavior and Human Decision Processes*, 50(2), 179–211.
Andersen, S. M., Reznik, I., & Manzella, L. M. (1996). Eliciting facial affect, motivation, and expectancies in transference: Significant-other representations in social relations. *Journal of Personality and Social Psychology*, 71(6), 1108–1129.
Aron, A., Aron, E. N., Tudor, M., & Nelson, G. (1991). Close relationships as including other in the self. *Journal of Personality and Social Psychology*, 60, 241–253.
Atkinson, J. W. (1964). *An introduction to motivation*. Princeton, NJ: Van Nostrand.
Baldwin, M. W., Carrell, S. E., & Lopez, D. F. (1990). Priming relationship schemas: My advisor and the Pope are watching me from the back of my mind. *Journal of Experimental Social Psychology*, 26(5), 435–454.
Bandura, A. (1986). *Social foundations of thought and action: A social cognitive theory*. Englewood Cliffs. NJ: Prentice Hall.
Bargh, J. A. (1990). Goal and intent: Goal-directed thought and behavior are often unintentional. *Psychological Inquiry*, 1(3), 248–251.
Bargh, J. A. (1994). The four horsemen of automaticity: Awareness, intention, efficiency and control in social cognition. In R. S. Wyer, Jr. & T. K. Srull (Eds.), *The handbook of social cognition* (Vol. 2, pp. 1–40). Hillsdale, NJ: Lawrence Erlbaum Associates, Inc.
Bargh, J. A., & Chartrand, T. L. (1999). The unbearable automaticity of being. *American Psychologist*, 54(7), 462–479.
Bargh, J. A., & Chartrand, T. L. (2000). The mind in the middle: A practical guide to priming and automaticity research. In H. T. Reis, & C. M. Judd (Eds.), *Handbook of research methods in social and personality psychology* (253–285). New York: Cambridge University Press.
Bargh, J. A., Gollwitzer, P. M., & Oettingen, G. (2010). Motivation. In S. Fiske, D. Gilbert, & G. Lindzey (Eds.), *Handbook of social psychology* (5th ed., pp. 268–316). New York: Wiley.
Bargh, J. A., Gollwitzer, P. M., Lee-Chai, A., Barndollar, K., & Trötschel, R. (2001). The automated will: Nonconscious activation and pursuit of behavioral goals. *Journal of Personality and Social Psychology*, 81(6), 1014–1027.
Bayer, U. C., & Gollwitzer, P. M. (2007). Boosting scholastic test scores by willpower: The role of implementation intentions. *Self and Identity*, 6, 1–19.
Beck, A. T. (1983). Cognitive therapy for depression: New perspectives. In P. J. Clayton & J. E. Barrett (Eds.), *Treatment of depression: Old conroversties and new approaches* (pp. 265–290). New York: Raven Press.
Berk, M. S., & Andersen, S. M. (2000). The impact of past relationships on interpersonal behavior: Behavioral confirmation in the social-cognitive process of transference. *Journal of Personality and Social Psychology*, 79(4), 546–562.
Bélanger-Gravel, A., Godin, G., & Amireault, S. (2011). A meta-analytic review of the effect of implementation intentions on physical activity. *Health Psychology Review*, 5, 1–32.
Brandstätter, V., Lengfelder, A., & Gollwitzer, P. M. (2001). Implementation intentions and efficient action Initiation. *Journal of Personality and Social Psychology*, 84(5), 946–960.
Brunstein, J. C., Schultheiss, O. C., & Graessmann, R. (1998). Personal goals and emotional well-being: The

moderating role of motive dispositions. *Journal of Personality and Social Psychology*, 75, 494-508.
Brunstein, J.C. (1993). Personal goals and subjective well-being: A longitudinal study. *Journal of Personality and Social Psychology*, 65, 1061-1070.
Cantor, N. (2000). Life task problem solving: Situational affordance and personal needs. In E. Higgins & A.W. Kruglanski (Eds.), *Motivational science: social and personality perspectives* (pp100-110). Philadelphia, PA: Psychology Press.
Cantor, N., & Kihlstrom, J. F. (1985). Social intelligence: The cognitive basis of personality. In P. Shaver (Ed.), *Review of personality and social psychology* (Vol.6, pp15-33). Beverly Hills, CA: Sage.
Cantor, N., Mischel, W., & Schwartz, J. C. (1982). A prototype analysis of psychological situations. *Cognitive Psychology*, 14(1), 45-77.
Cantor, N., & Sanderson, C. A. (1999). Life task participation and well-being: The importance of taking part in daily life. In D. Kahneman, E. Diener, & N. Schwarz (Eds.), *Well-being: The foundations of hedonic psychology* (pp338-360). New York: Russeu Sage Found.
Carver, C. S., & Baird, E. (1998). The American dream revisited: Is it what you want or why you want it that matters? *Psychological Science*, 9, 289-292.
Carver, C.S., & Scheier, M. F. (1982). Control theory: A useful conceptual framework for personality, social, and health psychology. *Psychological Bulletin*, 92, 111-135.
Chartrand, T. L., & Bargh, J. A. (1996). Automatic activation of impression formation and memorization goals: Nonconscious goal priming reproduces effects of explicit task instructions. *Journal of Personality and Social Psychology*, 71(3), 464-478.
Chartrand, T. L., & Bargh, J.A. (2002). Nonconscious motivations: Their activation, operation, and consequences. In A. Tesser, D.A. Stapel, & J. V. Wood (Eds.), *Self and motivation: Emerging psychological perspectives* (pp.13-41). Washington: American Psychological Association.
Chartrand, T. L., Dalton, A. N., & Fitzsimons, G. J. (2007). Nonconscious relationship reactance: When significant others prime opposing goals. *Journal of Experimental Social Psychology*, 43, 719-726.
Cloninger, S. (1996). *Personality: Description, dynamics, and development*. New York: Freeman.
Cohen, J. (1988). *Statistical power analysis for the behavioral sciences*. New York: Academic Press.
Cohen, J. (1992). A power primer. *Psychological Bulletin*, 112(1), 155-159.
Cohen, A.L., Bayer, U.C., Jaudas, A., & Gollwitzer, P. M. (2008). Self-regulatory strategy and executive control: Implementation intentions modulate task switching and Simon task performance. *Psychological Research*, 72(1), 12-26.
Conner, M., & Higgins, A. R. (2010). Long-term effects of implementation intentions on prevention of smoking uptake among adolescents: A cluster randomized controlled trial. *Health Psychology*, 29(5), 529-538.
Contrada, R.J., Czarnecki, E. M., & Pan, R. L. C. (1997). Health-damaging personality traits and verbal-autonomic dissociation: The role of self-control and environmental control. *Health Psychology*, 16(5), 451-457.
Custers, R., & Aarts, H. (2005). Positive affect as implicit motivator: On the nonconscious operation of behavioral goals. *Journal of Personality and Social Psychology*, 89(2), 129-142.
Custers, R., & Aarts, H. (2007). In search of the nonconscious sources of goal pursuit: Accessibility and positive affective valence of the goal state. *Journal of Experimental Social Psychology*, 43(2), 312-318.
Deci, E.L., & Ryan, R.M. (2000). The "what" and "why" of goal pursuits: Human needs and the self-determination of behavior. *Psychological Inquiry*, 11, 227-268.
Deci. E. L., & Ryan. R. M. (2003). *Handbook of self-determination research*. Rochester, NY: University of Rochester Press.
Deci, E. L., & Vansteenkiste, M. (2004). Self-determination theory and basic need satisfaction: Understanding human development in positive psychology. *Ricerche di Psichologia*, 27, 17-34.
De Ridder, D., De Wit, J., & Adriaanse, M. A. (2009). Making plans for healthy diet: The role of motivation and action orientation. *European Journal of Social Psychology*, 39(4), 622-630.
De Vet, E., Oenema, A., & Brug, J. (2011). More or better: Do the number and specificity of implementation intentions matter in increasing physical activity? *Psychology of Sport and Exercise*, 12(4), 471-477.
Diener, E. D., Emmons, R. A., Larsen, R. J., & Griffin, S. (1985). The satisfaction with life scale. *Journal of Personality Assessment*, 49(1), 71-75.
Dik, G., & Aarts, H. (2007). Behavioral cues to others' motivation and goal pursuits: The perception of effort facilitates goal inference and contagion. *Journal of Experimental Social Psychology*, 43(5), 727-737.
Duriez, B., Vansteenkiste, M., Soenens, B., & De Witte, H. (2007). The social costs of extrinsic relative to intrinsic goal pursuits: Their relation with social dominance, and racial and ethnic prejudice. *Journal of Personality*, 75(4), 757-782.
Dweck, C.S. (1991). Self-theories and goals: Their role in motivation, personality, and development. In R. Dienstbier (Ed.), *Nebraska symposium on motivation* (Vol.38, No.3, pp.199-235). Lincoln, NE: University of Nebraska Press.
Emmons, R.A. (1986). Personal strivings: An approach to personality and subjective well-being. *Journal of Personality*

and Social Psychology, 51,1058-1068.
Emmons, R. A. (1989). Exploring the relationship between motives and traits: The case of narcissism. In D. M. Buss & N. Cantor (Eds.), *Personality psychology: Recent trends and emerging directions*. New York: Springer-Verlag, 32-44.
Emmons, R. A. (1992). Abstract versus concrete goals: personal strivings level, physical illness, and psychological well-being. *Journal of Personality and Social Psychology*, 62,292-300.
Emmons, R. A. (1997). Motives and goals. In R. Hogan, J. Johnson, & S. Briggs (Eds.), *Handbook of Personality Psychology*. Sandiego Academic Press, 486-512.
Emmons, R. A, & King, L. A. (1988). Conflict among personal strivings: Immediate and long-term implications for psychological and physical well-being. *Journal of Personality and Social Psychology*, 54,1040-1048.
Emmons, R. A., & King, L. A. (1989). Personal Striving Differentiation and Affective Reactivity. *Journal of Personality and Social Psychology*, 56(3),478-484.
Fitzsimons, G. M., & Bargh, J. A. (2003). Thinking of you: Nonconscious pursuit of interpersonal goals associated with relationship partners. *Journal of Personality and Social Psychology*, 84(1),148-164.
Fitzsimons, G. M., Shah, J. Y., Chartrand, T. L., & Bargh, J. A. (2005). Friends and neighbors, goals and labors: Interpersonal and self regulation. In M. Baldwin (Ed.), *Interpersonal cognition* (pp. 103-125). New York: Guilford.
Gallo, I. S., McCulloch, K. C., & Gollwitzer, P. M. (2012). Differential effects of various types of implementation intentions on the regulation of disgust. *Social Cognition*, 30(1),1-17.
Gawrilow, C., Gollwitzer, P. M., & Oettingen, G. (2011). If-then plans benefit executive functions in children with ADHD. *Journal of Social and Clinical Psychology*, 30(6),616-646.
Gollwitzer, P. M. (1990). Action phases and mind-sets. In E. T. Higgins & R. M. Sorrentino (Eds.), *The handbook of motivation and cognition: Foundations of social behavior* (Vol. 2, pp. 53-92). New York: Guilford Press.
Gollwitzer, P. M. (1993). Goal achievement: The role of intentions. *European Review of Social Psychology*, 4(1),141-185.
Gollwitzer, P. M. (1999). Implementation intentions: Strong effects of simple plans. *American Psychologist*, 54(7),493-503.
Gollwitzer, P. M., & Bargh, J. A. (2005). Automaticity in goal pursuit. In A. J. Elliot & C. S. Dweck (Eds.), *Handbook of competence and motivation*. New York: The Guilford Press, 624-646.
Gollwitzer, P. M., & Brandstätter, V. (1997). Implementation intentions and effective goal pursuit. *Journal of Personality and Social Psychology*, 73(1),186-198.
Gollwitzer, P. M., & Moskowitz, G. B. (1996). Goal effects on action and cognition. In E. T. Higgins & A. W. Urvglauski (Eds), *Social psychology: Handbook of basic priciples*. (pp. 361-399). New York: Guilford Press.
Gollwitzer, P. M., & Schaal, B. (1998). Metacognition in action: The importance of implementation intentions. *Personality and Social Psychology Review*, 2,124-136.
Gollwitzer, P. M., & Sheeran, P. (2006). Implementation intentions and goal achievement: A meta-analysis of effects and processes. *Advances in Experimental Social Psychology*, 38,69-118.
Hamilton, D. L., Katz, L. B., & Leirer, V. O. (1980). Cognitive representation of personality impressions: Organizational processes in first impression formation. *Journal of Personality and Social Psychology*, 39(6),1050-1063.
Heckhausen, H., & Gollwitzer, P. M. (1987). Thought contents and cognitive functioning in motivational versus volitional states of mind. *Motivation and Emotion*, 11(2),101-120.
Henderson, M. D., Gollwitzer, P. M., & Oettingen, G. (2007). Implementation intentions and disengagement from a failing course of action. *Journal of Behavioral Decision Making*, 20(1),81-102.
Hinkley, K., & Andersen, S. M. (1996). The working self-concept in transference: Significant-other activation and self change. *Journal of Personality and Social Psychology*, 71(6),1279-1295.
Holland, R. W., Aarts, H., & Langendam, D. (2006). Breaking and creating habits on the working floor: A field-experiment on the power of implementation intentions. *Journal of Experimental Social Psychology*, 42(6),776-783.
Holmes, D. S. (1978). Projection as a defense mechanism. *Psychological Bulletin*, 85(4),677-688.
Ilies, R., & Judge, T. A. (2005). Goal regulation across time: The effects of feedback and affect. *Journal of Applied Psychology*, 90(3),453-467.
Johnson, D. J., & Rusbult, C. E. (1989). Resisting temptation: Devaluation of alternative partners as a means of maintaining commitment in close relationships. *Journal of Personality and Social Psychology*, 57(6),967-980.
Kasser, T. (2002). Sketches for a self-determination theory of values. In E. L. Deci & R. M. Ryan (Eds.), *Handbook of self-determination research*, 123-140.
Kasser, T., & Ryan, R. M. (1993) A dark side of the American dream: Correlates of financial success as a central life aspiration. *Journal of Personality and Social Psychology*, 65,410-422.
Kasser, T., & Ryan, R. M. (1996). Further examining the American dream: Differential correlates of intrinsic and extrinsic goals. *Personality and Social Psychology Bulletin*, 22,80-87.
Kawada, C. L., Oettingen, G., Gollwitzer, P. M., & Bargh, J. A. (2004). The projection of implicit and explicit goals.

Journal of Personality and Social Psychology, 86(4), 545–559.

Kay, A. C., Wheeler, S. C., Bargh, J. A., & Ross, L. (2004). Material priming: The influence of mundane physical objects on situational construal and competitive behavioral choice. *Organizational Behavior and Human Decision Processes*, 95(1), 83–96.

Kim. Y., Kasser, T., & Lee. H. (2003). Self-concept, aspirations, and well-being in South Korea and the United States. Journal of *Social Psychology*, 143, 277–290.

Klinger, E. (1975). Consequences of commitment to and disengagement from incentives. *Psychological Review*, 82, 223–231.

Klinger, E. (1989). Emotional mediation of motivational influences on cognitive processes. In F. Halisch & J. V. Bercken (Eds.), *International perspectives on achievement and task motivation*. Nisse, Netherlands: Swets & Zeitlinger, 317–326.

Klinger, E., & Cox, W. M. (2002). Motivational structure: Relationship with substance use and processes of change. *Addictive-Behavior*, 27(6), 925–940.

Kruglanski, A. W., Shah, J. Y., Fishbach, A., Friedman, R., Chun, W. Y., & Sleeth-Keppler, D. (2002). A theory of goal systems. *Advances in experimental social psychology*, 34, 331–378.

Kuhl, J. (1984). Volitional aspects of achievement motivation and learned helplessness: Toward a comprehensive theory of action-control. In B. A. Maher (Ed.), *Progress in experimental personality research* (Vol. 13, pp. 99–171). NewYork: Academic Press.

Latham, G. P., & Locke, E. A. (1975). Increasing productivity and decreasing time limits: A field replication of Parkinson's law. *Journal of Applied Psychology*, 60(4), 524–526.

Little, B. R. (1989). Personal projects analysis: Trivial pursuits, magnificent obsessions, and the search for coherence. In D. M. Buss & N. Cantor (Eds.), *Personality psychology: Recent trends an emerging issues*. New York: Springer-Verlag, 15–31.

Little, B. R. (2000). Persons, contexts, and personal projects: Assumptive themes of a methodological transactionalism. In S. Wappener & J. Demick (Eds.), *Theoretical perspectives in environment-behavior research: Underlying assumptions, research problems, and methodologies*. Dordrecht, Netherlands: Kluwer Academic Publishers, 79–88.

Louro, M. J., Pieters, R., & Zeelenberg, M. (2007). Dynamics of multiple-goal pursuit. *Journal of Personality and Social Psychology*, 93(2), 174–193.

Luszczynska, A. (2006). An implementation intentions intervention, the use of a planning strategy, and physical activity after myocardial infarction. *Social Science & Medicine*, 62(4), 900–908.

Mc Culloch, K. C., Ferguson, M. J., Kawada, C. C., & Bargh, J. A. (2008). Taking a closer look: On the operation of nonconscious impression formation. *Journal of Experimental Social Psychology*, 44(3), 614–623.

McDaniel, M. A., Howard, D. C., & Butler, K. M. (2008). Implementation intentions facilitate prospective memory under high attention demands. *Memory & Cognition*, 36(4), 716–724.

McDougall, W. (1930). Hormic Psychology. *Psychologies of 1930*. Worcesteer, MA: Clark University Press, 3–36.

McNamara, P., Burns, J. P., Johnson, P., & McCorkle, B. H. (2010). Personal religious practice, risky behavior, and implementation intentions among adolescents. *Psychology of Religion and Spirituality*, 2(1), 30–34.

Milkman, K. L., Beshears, J., Choi, J. J., Laibson, D., & Madrian, B. C. (2011). Using implementation intention prompts to enhance infuenza vaccination rates. *NBER Working Paper*, D03(17183).

Mikulincer, M., & Florian, V. (1998). The relationship between adult attachment styles and emotional and cognitive reactions to stressful events. In J. A. Simpson & W. S. Rholes (Eds.), *Attachment theory and close relationships* (pp. 143–165). New York: Guilford Press.

Norem, J. K. (1989). Cognitive strategies as personality: Effectiveness, specificity, flexibility, and change. In D. M. Buss & N. Cantor (Eds.), *Personality psychology: Recent trends and emerging directions*. New York: Springer-Verlag, 45–60.

Novacek, J., & Lazarus, R. S. (1990). The structure of personal commitments. *Journal of Personality*, 58(4), 693–715.

Nuttin, J. (1980). *Motioation, planning, and action*. Leuven, Belgium: Leuven University Press.

Oettingen, G., Grant, H., Smith, P. K., Skinner, M., & Gollwitzer, P. M. (2006). Nonconscious goal pursuit: Acting in an explanatory vacuum. *Journal of Experimental Social Psychology*, 42(5), 668–675.

Papies, E. K., Aarts, H., & De Vries, N. K. (2009). Planning is for doing: Implementation intentions go beyond the mere creation of goal-directed associations. *Journal of Experimental Social Psychology*, 45(5), 1148–1151.

Palys, T. S., & Little, B. R. (1983). Perceived life satisfaction and the organization of personal project systems. *Journal of Personality and Social Psychology*, 44, 1221–1230.

Parks-Stamm, E. J., Gollwitzer, P. M., & Oettingen, G. (2007). Action control by implementation intentions: Effective cue detection and effecient response initiation. *Social Cognition*, 25(2), 248–266.

Pervin, L. (1983). The stasis and flow of behavior: Toward a theory of goals. In R. Dienstbier & M. Page (Eds.), *Nebraska symposium on motivation 1982* (pp. 1–53). Lincoln: University of Nebraska Press.

Pietsch, J., Walker, R., & Chapman, E. (2003). The relationship among self-concept, self-efficacy, and performance in mathematics during secondary school. *Journal of Educational Psychology*, 95(3), 589–603.

Powers, T. A., Koestner, R., & Topciu, R. A. (2005). Implementation intentions, perfectionism, and goal progress: Perhaps the road to hell is paved with good intentions. *Personality and Social Psychology Bulletin*, 31(7), 902–912.

Prestwich, A., Conner, M. T., Lawton, R. J., Ward, J. K., Ayres, K., & McEachan, R. R. C. (2012). Randomized Controlled Trial of Collaborative Implementation Intentions Targeting Working Adults' Physical Activity. *Health Psychology*, 31(4), 486–586.

Rasinski, K. A., Visser, P. S., Zagatsky, M., & Rickett, E. M. (2005). Using implicit goal priming to improve the quality of self-report data. *Journal of Experimental Social Psychology*, 41(3), 321–327.

Ryan, R. M., Chirkov, V. I., Little, T. D., Sheldon, K. M., Timoshina, E., & Deci, E. L. (1999). The American dream in Russia: Extrinsic aspirations and well-being in two cultures. *Personality and Social Psychology Bulletin*, 25, 1509–1524.

Ryan, R. M., & Deci, E. L. (2000). Self-determination theory and the facilitation of intrinsic motivation, Social Development and well-being. *American Psychologist*, 55, 68–78.

Ryan, R. M., & Deci, E. L. (2004). Autonomy is no illusion: Self-determination theory and the empirical study of authenticity, awareness, and will. In Greenberg, Koole, Pyszcynski (Eds.) *Handbook of Experimental Existential Psychology*, 449–479.

Sandberg, W. H. (2002). The role of personal strivings conflict in the work satisfaction-life satisfaction relationship. *Dissertation abstracts international*, 63(1–B), 548.

Sato, T. (2001). Autonomy and relatedness in psychopathology and treatment: A cross-cultural formulation. *Genetic, Social, and General Psychology Monograph*, 127(1), 89–127.

Schmuck, P., Kasser, T., & Ryan, R. M. (2000). The relationship of well-being to intrinsic and extrinsic goals in Germany and the U. S.. *Social Indicators Research*, 50, 225–241.

Scholz, U., La Marca, R., Nater, U. M., Aberle, I., Ehlert, U., Hornung, R., & Kliegel, M. (2009). Go no-go performance under psychosocial stress: beneficial effects of implementation intentions. *Neurobiology of Learning and Memory*, 91(1), 89–92.

Schwarzer, R., Luszczynska, A., Ziegelmann, J. P., Scholz, U., & Lippke, S. (2008). Social-cognitive predictors of physical exercise adherence: Three longitudinal studies in rehabilitation. *Health Psychology*, 27(1S), S54–S63.

Shah, J. Y. (2003a). Automatic for the people: How representations of significant others implicitly affect goal pursuit. *Journal of Personality and Social Psychology*, 84(4), 661–681.

Shah, J. Y. (2003b). The motivational looking glass: How significant others implicitly affect goal appraisals. *Journal of Personality and Social Psychology*, 85(3), 424–439.

Shah, J. Y. (2005). The automatic pursuit and management of goals. *Current Directions in Psychological Science*, 14(1), 10–13.

Shah, J. Y., & Kruglanski, A. W. (2002). Priming against your will: How accessible alternatives affect goal pursuit. *Journal of Experimental Social Psychology*, 38(4), 368–383.

Sheeran, P., Webb, T. L., & Gollwitzer, P. M. (2005). The interplay between goal intentions and implementation intentions. *Personality and Social Psychology Bulletin*, 31(1), 87–98.

Sheldon, K. M. (2005). Positive value change during college: Normative trends and individual differences. *Journal of Research in Personality*, 39, 209–223.

Sheldon, K. M., Elliot, A. J., Ryan, R, M, et al. (2004). Self-concordance and subjective well-being in four cultures. *Journal of Cross-Cultural Psychology*, 35(2), 209–223.

Sheldon, K. M., Emmons, R. A. (1999). Comparing differentiation and integration within personal goal systems. *Personality and Individual Differences*, 1(18), 39–46.

Sheldon, K. M., & Kasser, T. (2001). Getting older, getting better? Personal strivings and psychological maturity across the life span. *Developmental Psychological*, 37(4), 491–501.

Sheldon, K. M., Ryan, R. M., Deci, E. L., & Kasser, T. (2004). The independent effects of goal contents and motives on well-being: It's both what you pursue and why you pursue it. *Personality and Social Psychology Bulletin*, 30, 475–486.

Solberg, E., Diener, E., & Robinson, M. (2004). Why are materialists less satisfied? In T. Kasser & D. Allen (Eds.), *Psychology and consumer culture: The struggle for a good life in a materialistic world* (pp. 29–48). Washington, DC: American Psychological Association.

Spangler, W., Palrecha; R. (2004). The relative contributions of extraversion, neuroticism, and personal strivings to happiness. *Personality and Individual Differences*, 37, 1193–1203.

Srivastava. A., Locke, E. A., & Bartol, K. M. (2001). Money and subjective well-being: It's not the money, it's the motive. *Journal of Personality and Social Psychology*, 80, 959–971.

Trötschel, R., & Gollwitzer, P. M. (2007). Implementation intentions and the willful pursuit of prosocial goals in negotiations. *Journal of Experimental Social Psychology*, 43(4), 579–598.

van Koningsbruggen, G. M., Stroebe, W., Papies, E. K., & Aarts, H. (2011). Implementation intentions as goal primes: Boosting self-control in tempting environments. *European Journal of Social Psychology*, 41(5), 551–557.

Vansteenkiste, M., Duriez, B., Simons, J., & Soenens, B. (2006). Materialistic values and well-being among business

students: Further evidence of their detrimental effect. *Journal of Applied Social Psychology*, 6(12), 2892-2908.
Vansteenkiste, M., Duriez, B., Soenens, B., & De Witte, H. (2005). Why do adolescents adopt racist attitudes? Understanding the impact of parental extrinsic versus intrinsic goal promotion on racial prejudice. Manuscript submitted for publication.
Vansteenkiste, M., Joke, J., & Simons, W. (2004). Less is sometimes more: Goal content matters. *Journal of Educational Psychology*, 90(4), 755-764.
Vansteenkiste, M., Lens, W., & Deci, E. L. (2006). Intrinsic versus extrinsic goal-contents in self determination theory: Another look at the quality of academic motivation. *Educational Psychologist*, 41, 19-31.
Vansteenkiste, M., Matos, L., Lens, W., & Soenens, B. (2007). Understanding the impact of intrinsic versus extrinsic goal framing on exercise performance: The conflicting role of task and ego involvement. *Psychology of Sport and Exercise*, 8, 771-794.
Vansteenkiste, M., Neyrinck, B., Niemiec, C. P., Soenens, B., Witte, H., & Broeck, A. (2007). On the relations among work value orientations, psychological need satisfaction and job outcomes: A self-determination theory approach. *Journal of Occupational and Organizational Psychology*, 80(2), 251-277.
Vansteenkiste, M., & Sheldon, K. M. (2006). There's nothing more practical than a good theory: Integrating motivational interviewing and self-determination theory. *British Journal of Clinical Psychology*, 45, 63-82.
Vansteenkiste, M., Simons, J., Lens, W., Sheldon, K. M., & Deci, E. L. (2004). Motivating learning, performance, and persistence: The synergistic effects of intrinsic goal contents and autonomy-supportive contexts. *Journal of Personality and Social Psychology*, 87(2), 246-260.
Vansteenkiste, M., Simons, J., Lens, W., Soenens, B, & Matos, L. (2005). Examining the motivational impact of intrinsic versus extrinsic goal framing and autonomy-supportive versus internally controlling communication style on early adolescents' academic achievement. *Child Development*, 2, 483-501.
Vansteenkiste, M., Simons, J., Soenens, B., & Lens, W. (2004). How to become a persevering exerciser? Providing a clear, future intrinsic goal in an autonomy supportive way. *Journal of Sport and Exercise Psychology*, 26, 232-249.
Vansteenkiste, M., Zhou, M. M., Lens, W., & Soenens, B. (2005). Experiences of autonomy and control among Chinese learners: Vitalizing or immobilizing? *Journal of Educational Psychology*, 97(3), 468-483.
Varley, R., Webb, T. L., & Sheeran, P. (2011). Making self-help more helpful: A randomized controlled trial of the impact of augmenting self-help materials with implementation intentions on promoting the effective self-management of anxiety symptoms. *Journal of Consulting and Clinical Psychology*, 79(1), 123-128.
Wang, Z., Hu, X. Y., & Guo, Y. Y. (2013). Goal content and goal contexts: Experiments with Chinese students. *The Journal of Experimental Education*. 81(1), 105-122.
Webb, T. L., & Sheeran, P. (2003). Can implementation intentions help to overcome ego-depletion? *Journal of Experimental Social Psychology*, 39(3), 279-286.
Webb, T. L., & Sheeran, P. (2004). Identifying good opportunities to act: Implementation intentions and cue discrimination. *European Journal of Social Psychology*, 34(4), 407-419.
Webb, T. L., & Sheeran, P. (2006). Does changing behavioral intentions engender behavior change? A meta-analysis of the experimental evidence. *Psychological Bulletin*, 132(2), 249-268.
Webb, T. L., & Sheeran, P. (2007). How do implementation intentions promote goal attainment? A test of component processes. *Journal of Experimental Social Psychology*, 43(2), 295-302.
Webb, T. L., & Sheeran, P. (2008). Mechanisms of implementation intention effects: The role of goal intentions, self-efficacy, and accessibility of plan components. *British Journal of Social Psychology*, 47(3), 373-395.
Wieber, F., von Suchodoletz, A., Heikamp, T., Trommsdorff, G., & Gollwitzer, P. M. (2011). If-then planning helps school-aged children to ignore attractive distractions. *Social Psychology*, 42(1), 39-47.
Williams, G. C., Cox, E. M., Hedberg, V. A., & Deci, E. L. (2000). Extrinsic life goals and health-risk behaviors among adolescents. *Journal of Applied Social Psychology*, 30, 1756-1771.
Young, J. (1987). *The role of selective attention in the attitude-behavior relationship*. Unpublished doctoral dissertation, University of Minnesota, Minneapolis.

5 自主与自由

5.1 自主 / 230
  5.1.1 自主的概念 / 230
  5.1.2 自主的结构 / 231
  5.1.3 认知自主 / 233
5.2 自主—受控动机 / 241
  5.2.1 自主—受控动机的概念与测量 / 242
  5.2.2 自主—受控动机的效应 / 244
  5.2.3 自主—受控动机的应用研究 / 246
  5.2.4 未来研究方向 / 248
5.3 自由意志 / 250
  5.3.1 自由意志的不同含义 / 251
  5.3.2 心理学研究的科学性与自由意志 / 252
  5.3.3 自由意志观的早期研究 / 254
  5.3.4 自由意志观的新近研究 / 255
  5.3.5 自由意志的相容论研究 / 260
  5.3.6 研究展望 / 265

在西方文化中，**自主**(autonomy)是一个源远流长的概念，最初产生和应用于政治情境。在古希腊的政治作品中，自主是指从残暴的统治或他国的统治中独立出来，后来这个概念被用来指人独立而不受外部控制的自我管理能力(Reindal, 1999; Scott 等, 2003)。自主被西方心理学家视为一种重要的人格特征、复杂的人格构念、重要的自我系统或自我构念(Sato, 2001; Beck, 1983)。不过，自主并不是一个简单易懂的概念，它包含了很多混杂的思想(Hmel 和 Pincus, 2002; Saadah, 2002; Spear 和 Kulbok, 2004)。本章尝试从人格特质、动机和心理学是否需要自主等方面介绍心理学对自主所展开的一系列的研究。具体来说，本章首先介绍人格特质的自主性，并着重介绍认知自主及其相关研究；接着介绍动机领域中关于自主的相关研究；最后阐释心理学对作为西方哲学核心问题之一的自由意志所展开的科学研究。

5.1 自主[①]

5.1.1 自主的概念

长期以来,多种理论观点认为自主可以作为青少年发展的一个里程碑(Allen, Hauser, Bell, 和 O'Connor, 1994)。研究者对青少年自主这一概念有不同的界定,主要有精神分析学派、权威控制理论、社会学习理论和社会认知理论、自我决定论等几种不同的观点。

精神分析学派认为,青少年的自主是一种脱离父母的成长感(Freud, 1958),它出现于青少年早期。而新精神分析理论则摒弃了"脱离"的观点,转而强调青少年自主的发展是青少年实现个体化的过程。在新精神分析理论中,个体化是指青少年从心理上摆脱父母影响的同时,建立起更为清晰的自我感,开始形成对自己和父母的新看法(Steinberg, 1990)。

权威控制理论认为青少年自主是青少年的一种独立的主观感受,尤其体现在父母控制和家庭做决定方面(Steinberg, 1990)。父母对青少年的权威控制是青少年自主发展的重要促进因素,如果父母对青少年采用说理的家庭教育方式,营造民主的家庭氛围,而不是使用专制的教育方式,青少年的自主发展会更好一些。但权威控制理论也指出,过早地给予青少年过多的自主权将导致青少年内部控制发展方面的问题。

社会学习理论认为自主是一种心理特性。青少年一旦达到一个自主发展的水平,那么在任何环境中他们表现出来的自主都是与其自身的自主发展水平相符的,因此在各种情境中青少年的自主水平是一定的。

社会认知理论认为自主主要体现在人际关系的变化上,表现为青少年不再容易受各种社会影响源的影响。伯恩特(Berndt, 1996)认为青少年自主就是青少年摆脱父母的控制和同伴压力的影响。他认为在青少年早期,家庭和同伴群体是两个独立的世界,青少年对一个影响源的依从与对另一个影响源的依从是无关的,这一观点被称为"两个世界"观点。

自我决定论是从积极心理学的角度考察自主,认为自主是个动态的过程,涉及互动和成长过程的多个层面,是三种基本心理需求之一(Deci 和 Ryan, 2000)。自我决定论从满足人们基本心理需要的角度对促进外在动机内化的条件进行了探讨,把人类的动机视为一个从无动机到外在调节再到内在动机的动态的连续体。在自我决定

[①] 本节基于如下工作改写而成:韩磊. (2011). 认知自主对创造性思维的影响研究. 武汉:华中师范大学博士学位论文. 撰稿人:韩磊。

论看来,自我决定是该连续体的终端形式,而自主的个体就是自我决定的个体。

不同的理论学派对自主有不同的理解,导致了自主的概念并不统一。但是1986年,希尔(Hill)和霍姆贝克(Holmbeck)提出对青少年自主的解释之后,他们的观点还是得到了大部分研究者的认同。希尔和霍姆贝克(Hill 和 Holmbeck,1986)认为自主是自我依靠(self-reliance)和自我管理(self-regulation),青少年自主的发展主要体现在人际关系的变化方面。他们认为自主既包括内部心理维度,也包括人际维度,表现在行为、情感、认知上的独立以及更大的自我决定权。其中,行为自主是指个体独立功能的主动、全面的展示,包括行为的自我管理和做决定。正常的青少年行为自主的发展经历了几个具体的责任转移过程。其中包括父母的一部分责任转移给子女,比如吃饭、穿衣的选择等,还有就是父母对子女活动的限制越来越小,最终由子女自己做决定,比如择友、是否吸烟喝酒等。情感自主是指承担起个人做决定、情感稳定和价值判断等责任的同时,青少年发展起来的对父母的成熟、现实和稳定的认识(Steinberg, Elmen, 和 Mounts, 1989)。情感自主的获得过程是青少年逐渐消除对父母的情感依赖和不成熟的认知的过程。此时的青少年越来越客观、现实地看待父母,也不再把父母看成是无所不知的人。认知自主(cognitive autonomy)是指一种不需要寻求他人同意,而是完全由自己做决定的主观感觉。杜旺(Douvan)和阿德尔森(Adelson)使用价值观自主(value autonomy)来表示个体做出的选择和判断都是基于个体的个人原则而非服从他人的期望或受他人影响。如果青少年习惯采纳他人的观点或接受他人的价值观,这将不利于青少年认知自主的发展,还会影响青少年形成独立的成人角色。

需要说明的是,自主概念在西方文化下的种种特点与自立在我国的情况比较类似。在我国,自主与自立有时被视为近似的概念,甚至被用来相互解释(夏凌翔,钟慧,2004)。自主和自立都是涉及多种心理成分的综合性人格构念,它们既是静态的人格特征,又是动态的人格过程。但是自主与自立并非完全相同的概念,它们有着本质的不同。具体表现为:第一,自立与自主的功能不同。自立是帮助个人解决基本的生存与发展问题的人格因素(夏凌翔,黄希庭,2004;夏凌翔,黄希庭,2006),强调个体对自然与社会环境的适应;自主则是让个体独立、自由与享有权利的人格因素。因此,对于个体而言,自立与自主导致的人格品质、行为方式与适应特征等都是不同的。第二,与自主相比,自立有明显的人伦道德特征与社会联结特色,自立比自主更强调人际和谐与相互依赖(夏凌翔,黄希庭,2004;2006;2007)。

5.1.2 自主的结构

目前关于自主的结构,有研究者根据功能、情感和态度进行划分,也有研究者根据行为、情感和认知进行划分,两种划分方式有一定的相似性,也有一些不同。下面将介绍这两种关于自主结构的不同划分方式。

功能自主、情感自主和态度自主

努姆等人(Noom等,2001)对青少年自主的概念做了较充分的分析,并总结出了三种不同的自主:功能自主、情感自主和态度自主。努姆等人从成人自主问卷(Bekker,1991)中选取题目,然后根据青少年的自身情况对项目表述进行修改,最终抽取了36个项目。其中,功能自主7个,情感自主21个,态度自主8个。研究以400名青少年为被试,考察了青少年自主的发展,并验证了他们所提出的三维度自主结构。

努姆等人对功能自主(functional autonomy)的认识是结合自我决定论展开的,他们认为自主需要个体的调控,调控是实现目标的途径。对自己能力的知觉、对各种有效策略的选择以及个体目标实现所需具备的能力条件体现为"开发策略并实现目标的能力",即功能自主。类似的概念还有功能独立性和个人控制。

与斯滕伯格(Steinberg)有关情感自主的概念中更多关注的是与父母的脱离不同,努姆等人认为的情感自主与斯滕伯格认为的情感自主在范畴上是有显著不同的。他们认为真正的情感自主是青少年在受到来自父母和同伴的双重压力的同时,在服从和抵抗之间逐渐意识到既不能完全失去与父母和同伴的情感和关系,又需要保持自己的个体方式,因此建立起自己独立的情感。

态度自主是个体对可能性的评价、发展个人价值观以及定义个人目标的认知过程,是在认知层面对自主的理解。努姆等人认为这种带有认知色彩的自主代表了青少年对自己所作所为的理解与认识,是青少年进行选择、做出决策并设定目标的能力。例如,在塞萨和斯滕伯格(Sessa和Steinberg,1991)看来,认知自主是一种自我依赖,一种可以控制自己生活的信念和能够不过度依赖社会认可而做出决定的能力。

行为自主、情感自主和认知自主

虽然Noom等人对自主的结构进行了划分和明确的界定,但是围绕自主展开的研究却大致涉及行为自主、情感自主和认知自主三个部分(Beckert,2005;Noom等,2001;Spear和Kulbok,2004;Steinberg和Silverberg,1986)。

埃里克森(Erikson,1963/1992)认为心理社会发展中的自主概念其实体现的是行为自主,是指儿童掌握了特定的自我调控行为,当儿童学会了为自己"行动",便实现了自主。根据行为表现来衡量自主具有一定的优势,最突出的就是测量方便。因为相比于情感和认知,行为更容易被观测和评估。但是通过行为观测来考察一个人的自主也存在一些问题,最主要的就是我们通过观察被试独立成功地完成某些任务作为其独立性的证据,但是这种独立性与自主性在概念上和逻辑上都是有差别的。

斯滕伯格和西尔弗伯格(Steinberg和Silverberg,1986)认为情感自主是青少年实现彻底成熟的前提条件,青少年切断与父母之间婴儿般的联系或模糊不明的依恋,不再对父母抱有孩子似的想法(如,认为父母永远都是正确的)时,就实现了情感自主。精神分析学派(Freud, 1958; Blos, 1979)对自主的研究关注于青少年与家庭之间的脱离过程,他们认为这一脱离的过程既包括减少对家庭的情感依赖,又包括去理想化过程,即不再对父母抱有天真的想法。实现情感自主,挣脱与父母之间的纽带对青少年发展健康的自我感非常必要(Lamborn 和 Steinberg, 1993)。但是上述关于情感自主的观点都是围绕着亲子之间关系的"脱离"展开的,这也是其他研究者质疑的地方。布洛斯(Blos,1979)强调个体在去理想化过程中的情绪因素,也有学者提出,情感自主实质上是一种情绪体验(Zimmer-Gembeck 和 Collins, 2003)。相比之下,努姆等人对情感自主的界定可能更准确全面。

在关于自主结构的两种不同的划分方式中,可能只有认知自主与态度自主的概念较为接近。带有认知色彩的态度自主反映的是青少年对自己所作所为的理解与认识,是青少年能够独立做选择、做决策和设定目标的能力。与态度自主的概念相似,有研究者(Zimmer-Gembeck 和 Collins, 2003)将认知自主定义为"独立推理和独立决策的能力,是一种自我依赖的主观感,和对自己有选择权的信念"。贝克特(Beckert,2007)认为,简而言之,独立思考就代表了个体的认知自主,也就是"自己独自思考"(think for oneself)。

5.1.3 认知自主

认知自主及其结构

从行为自主、情感自主和认知自主的概念上我们可以发现,行为自主是个体独立功能的展示,是行为上的自我管理和自我决定;情感自主是逐步消除对父母的情感依赖和不成熟的认知,形成对父母成熟的、稳定的、现实的认知;认知自主是基于个人原则做选择和判断,而不需要寻求他人同意或依从他人愿望。已有研究(Zhou, 1998)发现,与低自主的任务环境相比,被试在高自主的任务环境下会产生更多的创造性的想法。因此,有理由相信,高自主环境下个体会产生更多创造性想法的原因不仅仅是行为上的自我管理、情感上的独立,更多的应该是能够不受他人影响地进行独立思考和选择判断,这似乎是自主的维度中影响创造性思维的重要因素,而且体现的正是认知自主的内容。

虽然关于行为自主和情感自主从概念解析到测量工具都还不统一,存在着不少的问题,但是目前关于儿童青少年自主的研究大都还是围绕着行为自主和情感自主展开的,而认知自主作为一个独立的概念在科学研究中并没有得到大家足够的关注,方法上的局限可能是一个原因(Buis 和 Thompson, 1989)。直到近几年,研究者们才开始研究青少年对认知自主能力进行自我评估的意义(Casey 和 De Haan, 2002;

Stefanou, Perencevich, DiCintio, 和 Turner, 2004)。这种评估的重要性因年轻人认知责任性的加速而得到了强调。

现在的青少年外表看上去很像成年人。美国和其他一些发达国家新一代的青少年过早地表现出了成年人的身体特征,青春期的外显特征比过去几代出现得早得多(Herman-Giddens, Kaplowitz, 和 Wasserman, 2004),青少年看上去普遍比他们的实际年龄要成熟。身体发育加速所导致的一个结果就是青少年会更早地面临一些需要社会成熟度的情境(Elkind, 2001),比如,过早地面临冒险行为的诱惑(如毒品、酒精、性活动等)。不幸的是,十几岁的青少年一般在认知上并没有准备好面对如此复杂的环境。自主发展不完全的青少年在考虑是否尝试冒险行为时通常依靠的是本能、直觉或从众,而不是良好的理性判断力。神经心理学家指出,虽然青少年在生理上很接近成年人,但是主要负责判断与理性的大脑区域一直到二十多岁才发育完全(Brown, Tapert, Granholm, 和 Delis, 2000)。这一观点进一步强调了青少年认知发展相对于身体发育较迟缓这一事实。针对这种现象的一个合理的干预方案是加速青少年认知发展以匹配他们在生理发育和社会化程度上的超前(Kuhn, 2006)。在这种情况下,近几年研究者开始越来越多地关注认知自主。

将认知自主概念化为一个决策模型的观点引起了许多研究者的思考与重视(Jacobs 和 Klaczynski, 2005)。不可否认,决策能力是青少年思维独立性的一个重要组成部分,但是它只能代表认知自主的一个方面,而不是全部。心理学、社会学等相关学科还指出了其他许多值得研究的认知自主的维度。贝克特(Beckert, 2007)使用扎根理论的方法来确定认知自主的重要维度并从文献中寻求理论支持,最终认为认知自主包括以下维度:评估性思考(Miller 和 Byrnes, 2001)、表达观点(Reed 和 Spicer, 2003)、做出决定(Galotti, 2002)、对比验证(Bednar 和 Fisher, 2003; Finken, 2005)和自我评估(Demetrious, 2003; Dunning, Heath, 和 Suls, 2004; Peetsma, Hascher, Van Der Veen, 和 Roede, 2005)。Beckert 的研究考察了每一个维度,并且将五个维度整合起来以求更全面地测量认知自主。在此基础上,他编制了**认知自主和自我评价问卷**(Cognitive Autonomy and Self-Evaluation, CASE)来考察青少年认知自主的发展,并认为青少年认知自主包含评价想法(Evaluative Thinking)、表达观点(Voicing Opinions)、做出决定(Decision Making)、对比验证(Comparative Validation)和自我评价(Self-Assessing)五个方面的能力。CASE 包括 27 个项目,整个问卷的内部一致性系数为 0.85,各分量表的内部一致性系数也大都在 0.70 以上。

认知自主概念辨析

认知自主(cognitive autonomy)是基于个人原则做出的选择和判断,而不需要寻求他人同意或依从他人愿望,它体现的是独立推理和独立决策的能力,是一种自我依赖的主观感和对自己有选择权的信念(Zimmer-Gembeck 和 Collins, 2003；Beckert, 2007)。由于认知自主体现的是基于自身原则做选择和判断，而不是依从他人愿望或得到他人认同，因此，我们很容易据此联想到另一个与其看似相似却又截然不同的概念——固执。固执是坚持成见、不懂变通的心理现象。在日常工作中固执表现为缺乏民主作风、一意孤行，只相信自己不相信别人。认知自主与固执相比有几点主要的不同之处：(1)独立性。高认知自主的个体主要从自身知识经验出发，独立思考和做选择判断，而固执的人所持的观点则可能是自己思考所得的观点，也可能是他人的观点。(2)主动性。高认知自主的个体会主动地寻求解决问题的思路和途径，固执的人则很容易故步自封，不思进取。(3)思维全面性。高认知自主个体的思维具有全面性，他们会思考所有可能的解决途径并从中选择最优的解决方案，而固执的人则认定最佳方案后并不去思考其他可能的解决方案，更不会去做对比。(4)思维长远性。高认知自主的个体会考虑到行为的后果以及对自己和他人的长远影响，而固执的人对后果的评估不足，甚至不去思考行为的后果。(5)自我评价与反思。高认知自主的个体会对自己的行为表现和能力情况不断进行评价，并进行反思学习以不断提升自己，而固执的人缺少反思的能力。

认知自主与创造性思维的关系

根据自我决定论，高认知自主的个体是从无动机到外部动机再到内部动机这一连续体的终端体现，是自我决定的个体。依据动机不同的性质，自我决定论将动机区分为自主动机和受控动机两大类型。其中自主动机包括**内部调节**(intrinsic regulation)、**整合调节**(integrated regulation)和**认同调节**(identified regulation)三种具体的动机形式；受控动机包括**外部调节**(external regulation)、**内摄调节**(introjected regulation)两种具体的动机形式(Ratelle, Guay, Robert, Larose, 和 Senécal 2007; Vansteenkiste & Sheldon, 2006)。内部调节是自主程度最高的动机，是指个体的行为完全出于内部兴趣和正性情感，与外部因素无关(Deci 和 Ryan, 2000; Ryan 和 Deci, 2000)。整合调节是指个体接受了外界的目标，并将其视为个人重要的目标而整合为个人的核心价值观和信念，是一种自主程度较高的动机。认同调节是指人们认识到并认可了行为的潜在价值，将其接收到自我内部，是一种较自主的动机。外部调节是受控水平最高的动机，指人们的行为表现是为了获得奖励或避免惩罚，由外部因素所控制的。内摄调节指的是为了避免内疚感或自我责备而采取某行为，此时个体的行为是由内部因素所控制的。因此，对认知自主与创造性思维过程之间关系的考察可以从动机与创造力关系的研究中得到参考。

认知自主与创造性思维之间关系的理论探索

20世纪80年代，阿马拜尔(Amabile)提出了创造性组成成分理论，认为创造性是由有关领域的技能、有关创造性的技能和工作动机三者共同构成的,其中工作动机对一个人的创造行为起着决定性的作用,而内部动机最为重要。阿马拜尔(Amabile,1983)指出,个体可能拥有与创造性有关的特质和能力,但是这些特质和能力能否转变成创造性产品则取决于他们的内部动机。

在阿马拜尔(Amabile,1986)看来,任一领域的创造性都是由有关领域的技能、有关创造性的技能、工作动机三种充分且必要的成分组成的,它们是产生一种创造性的反应或产品的必备因素。其中,工作动机既可被看作一种状态,即一个人对工作任务的态度,也可以被看作一种特质,即对自己能接受的任务的理解,这是工作动机的两个方面。在创造活动过程中,工作动机受到多种因素的影响,包括个体对任务的内部动机的最初水平、是否存在明显的外部压力,以及个体在认识上能否将外部压力降到最低限度等。

工作动机是阿马拜尔的创造性组成成分理论的核心。阿马拜尔极为重视动机在创造活动中的作用,她认为,动机是决定一个人能做什么和将做什么的最重要的因素。她提出了创造性的"内部动机假设":内部动机对创造性的发展有利,外部动机则不利于创造性的发展,创造性最易在内部动机状态下表现出来。内部动机可以被看作一种状态是因为动机容易受到环境影响而变化;它可以被看作一种特质是因为内部动机具有相对稳定性,不易随时间和情境的变化而变化。个体对特定活动的兴趣水平相对稳定,但兴趣水平也受社会环境的影响。

在工作动机中,个体对任务的基本态度是在评价这一任务时产生的,它与个体既有的偏好和兴趣相匹配。另一方面,在特定条件下,个体对从事这一任务的动机的理解在很大程度上依赖于外部的社会和环境因素,特别是环境中存在明显的外部限制的情况。外部限制是指那些实际控制个体活动或者个体认为正在控制自己活动的因素。相对于任务本身而言,它们不是工作活动的必要特征,而是由他人附加的。这种限制通常会导致内部工作动机的降低,从而降低创造性。在阿马拜尔看来,影响创造性的外部限制很多,如外部评价、奖赏、示范作用。当这些外部限制成为个体的目标时,就转化为外部动机。此外,个体内部因素,如从认知上将外部限制最小化的能力,也会影响工作动机。因此,个体动机的最终水平或性质在很大程度上会受到外部限制及其应对策略的影响。

阿马拜尔最初完全否定外部动机的作用,后来她修正了自己的观点(Amabile,1996),认为某些积极的外部动机,如对创造性思想的奖励和认可、明确整个任务的目标、由工作的反馈引起的外部动机,可以对创造活动产生积极的影响。她提出了内外部动机协同的观点:某些外部动机,即**协同的外部动机**(synergistic extrinsic motivation),可以与内部动机相结合,特别是当内部动机的初始水平很高时,进而发挥积极的作用。

阿马拜尔分析了各组成成分的作用机制。工作动机负责发动和维持创造活动过程,而内部动机会促使一个人打破常规,探索新的认知途径。在此过程中,工作动机是与有关领域的技能、有关创造性的技能相互作用的。她把创造过程分为五个阶段,在不同的阶段工作动机所起的作用有所不同,在第一、三阶段,工作动机发挥着直接而主要的影响,其作用相对明显。在第一个阶段,即提出或呈现要解决的问题或任务阶段,工作动机起着极为重要的影响。个体如果对任务的内在动机较强,就会促进任务的完成,而且会促使个体自己提出问题。在第三个阶段,即产生反应或问题解决办法阶段,工作动机与有关创造性的技能一起发挥重要的影响。在这个阶段,个体掌握的创造性技能的数量决定着认知的灵活性,影响着一个人反应的数量和新颖程度。内部动机有利于创造性技能的运用。而在第二、四、五阶段,即准备反应或准备产生解决办法、验证某个问题解决方法或反应是否适当、结果评价或验证这三个阶段,工作动机同样起着间接的影响。

创造性的各个组成成分之间是相互作用的,问题解决的结果会直接影响个体的工作动机,成功通常会增强个体从事类似工作的内部动机,失败则会削弱其内部动机。活动结果的这种影响还会间接影响有关领域的技能和有关创造性的技能,较强的内部动机可以促使个体学习与任务有关的技能及与创造性有关的技能,还可以提高其认知的灵活性。阿马拜尔认为,这个理论模型适用于数学、自然科学以及文学、绘画等领域的创造活动。

阿马拜尔的实验研究进一步支持了内部动机的作用。在一项研究中,她将72名在写作方面富有创造性的大学生和研究生随机分为三组,并将他们分配到三种不同的情境:普通的情境(不施加任何影响)、内部动机定向情境、外部动机定向情境,要求所有被试写一首俳句诗,然后由12位专家评价其创造性。结果表明,内部动机定向组的创造性得分远远高于外部动机定向组。这说明,在没有外部限制的情况下,如果被试以内部动机为主,其创造性将得到增强;反之,则受到削弱。阿马拜尔(Amabile, 2001)的传记学研究也证明了内部动机的这种影响,创造性是由其专业技能、努力程度以及对任务的内部动机共同决定的,而不仅仅是由天赋决定的。

较强的内部动机还可以使个体在遭受失败或得不到认可的时候仍能坚持自己热爱的专业或活动。卡尼(Carney, 1986)利用统觉测验考察了艺术生的内部动机和外部动机,结果表明,那些具有较高外部动机的学生毕业后如果没有立即获得成功,他们就倾向于放弃这一专业;相反,那些更多地关注艺术创作的快乐以及自我价值的个体更可能继续从事这一专业,也更可能获得成功。海因策恩(Heinzen等, 1993)对青少年的访谈研究也表明,与创造性较低的青少年相比,那些高创造性的青少年更可能始终保持高水平的内部动机。

阿马拜尔等人(Amabile, Hill, Hennessey, 和 Tighe, 1994)编制了**工作倾向问卷**(Work Preference Inventory),并用它研究了大学生和成年人的动机特点。该问卷包括内部动机与外部动机两个分量表,内部动机量表分别测量喜好与挑战两个方面,外部动机量表分别测量补偿与外部定向两个方面。这些研究最为一致的结论是,内部动机与创造性之间呈显著的正相关。例如,对职业艺术家的研究表明,专家评定的创造性与内部动机中的挑战倾向呈正相关;对艺术生的研究也发现,专家评定和教师评定的创造性都与学生在内部动机量表的得分呈高度正相关。而且,职业艺术家和科学家在内部动机中的喜好分量表的得分都显著高于一般水平。

此外,还有研究(Prabhu, Sutton, 和 Sauser, 2008)考察人格特质(开放性、自我效能和坚毅性)与创造性之间的关系发现,内部动机在开放性与创造性之间起着部分中介作用,在自我效能与创造性之间起着完全中介作用;而外部动机调节自我效能与创造性、坚毅性与创造性之间的关系,并且是一种负向调节作用。

目前关于外部动机与创造性之间关系的研究和争论还在继续,但是研究者关于内部动机与创造性之间的关系的观点是普遍一致的,即认为内部动机能够促进创造性。根据自我决定论,高认知自主的个体拥有稳定的内部动机,即他们在做事情的时候通常从内部需要出发,而不受外部环境因素的影响。因此,研究者普遍认为高认知自主的个体在创造性思维活动中应该有较好的表现。

认知自主与创造性思维之间关系的实证证据

在一系列的研究中,研究者(韩磊,2011)首先考察了认知自主对顿悟问题解决的影响。该研究采用整群抽样的方法选取医学院的大一学生 72 名。根据他们在认知自主问卷上的得分,选取认知自主总分在前 27% 的被试 20 名作为高认知自主组,选取认知自主总分在后 27% 的被试 20 名作为低认知自主组。采用项目内 2×2×2 的混合实验设计。组间变量为认知自主的水平,分为高认知自主与低认知自主;组内变量有两个,一个是成语谜题的类型(字义别解型和象形),一个是线索提示的有效性(有效提示和无效提示两个水平)。两条规则线索同时呈现在屏幕中央,但对于每一条成语谜题而言,有且只有一条规则线索是正确的。线索出现前会出现向左或向右的箭头,当箭头方向与正确线索方向相一致时为有效提示,当箭头方向与错误线索方向一致时为无效提示。其中,线索有效提示水平下有成语谜题 40 条,线索无效提示水平下有成语谜题 40 条。对线索提示的有效性这一变量采用项目内设计的方式以排除实验材料的不同给实验带来的影响,即同一条成语谜题在 20 名被试(10 名高认知自主被试和 10 名低认知自主被试)中对应着有效规则线索提示,在另外 20 名被试中对应着无效规则线索提示,而谜面、线索的内容和谜底等都不变。实验任务要求被试从三条备选答案中选取前面呈现的谜面的谜底,因变量为被试在成语谜题答案选择任务上的正确率和解题时间。

实验前由主试向被试讲解各类规则线索的含义。"字义别解"是指通过对谜面字面上的语义理解和语义转换来思考谜语谜底的方法,如"仙游",仙即神,游即不在家,仙游的谜底是神不守舍。"象形"是指通过对谜面信息进行空间的表征转换,进而思考谜语谜底的方法,如"狗咬狗",谜底是犬牙交错。实验时首先在屏幕中央呈现注视点 300 ms,然后呈现谜面 2 000 ms,谜面消失后在屏幕的左侧或右侧出现提示箭头 100 ms,然后是两条规则线索 200 ms,线索消失后有 2 000 ms 的空屏供被试思考,空屏消失后在屏幕中央纵向呈现三条备选答案 8 000 ms,被试需在 8 s 内按键选择。正式实验前先进行练习,练习过程中将根据被试的反应情况作出正确、错误和没反应的反馈。正式实验阶段不提供反馈。整个实验过程大约需要 15 分钟,结果见表 5.1。

表 5.1 高低认知自主被试在解谜任务中利用规则线索的正确率描述统计结果

高低认知自主	谜题类型	线索提示有效性	平均正确率(M)	标准误
低认知自主	字义别解型	有效提示	0.75	0.02
		无效提示	0.78	0.02
	象形	有效提示	0.81	0.03
		无效提示	0.76	0.02
高认知自主	字义别解型	有效提示	0.79	0.02
		无效提示	0.78	0.02
	象形	有效提示	0.82	0.03
		无效提示	0.84	0.02

来源:韩磊,2011。

采用 $2 \times 2 \times 2$ 重复测量方差分析发现,谜题类型上主效应显著,$F(1,38) = 6.96$,$p = 0.012 < 0.05$,象形成语谜题的正确率($M = 0.80$,$SD = 0.01$)显著高于字义别解型成语谜题($M = 0.78$,$SD = 0.01$);高低认知自主、谜题类型和线索有效性三项交互作用显著,$F(1,38) = 9.62$,$p = 0.004 < 0.01$。进行三项交互作用的简单效应分析发现,低认知自主被试在字义别解型成语谜题的有效线索提示和无效线索提示两个水平上差异不显著,$F(1,38) = 1.38$,$p = 0.247$;高认知自主被试在字义别解型成语谜题的有效线索提示和无效线索提示两个水平上差异不显著,$F(1,38) = 0.18$,$p = 0.671$;低认知自主被试在象形成语谜题的有效线索提示和无效线索提示两个水平上差异显著,$F(1,38) = 5.37$,$p = 0.026 < 0.05$;高认知自主被试在象形成语谜题的有效线索提示和无效线索提示两个水平上差异不显著,

$F(1,38) = 1.22$，$p = 0.277$。其他主效应和两项交互效应均不显著。

结果表明,对于高认知自主被试而言,他们通常是不受外界干扰、基于自身原则出发去思考问题的。因此,他们在谜面呈现后会根据自己的经验和思考来选择解谜的思路,一旦选定了解谜的规则思路,他们不会去关注提示的线索,而是按照自己的思路一如既往地去思考,因此受线索影响很小。低认知自主被试与高认知自主被试正好相反,他们缺少主见,更多地受外界信息的影响。呈现线索后,他们更多地根据线索信息来调整自己的思路,因此,在无效规则线索提示下,他们的正确率会显著下降。

接下来,研究者(韩磊,2011)还考察了认知自主对创造性科学问题提出的影响。该研究采用整群抽样的方法选取心理学课堂的大二学生78名。根据他们在认知自主问卷上的得分,选取认知自主总分在前27%的被试20名作为高认知自主组,选取认知自主总分在后27%的被试20名作为低认知自主组。采用2×2混合实验设计。组间变量为高、低认知自主被试,组内变量为创造性科学问题提出任务类型(开放式题目和封闭式题目),因变量为被试在创造性科学问题提出任务上的流畅性和灵活性得分。

结果发现,认知自主水平与任务类型(开放式题目和封闭式题目)之间的交互作用边缘显著,$F(1,38) = 4.07$，$p = 0.051$。简单效应分析发现,高认知自主被试在两类题目上差异显著,$F(1,38) = 8.13$，$p = 0.007 < 0.01$,高认知自主被试在开放式题目上的灵活性(9.95)显著高于封闭式题目(7.30);低认知自主被试在两类题目上差异不显著,$F(1,38) = 0.00$，$p = 1.00$。高、低认知自主被试在开放式题目上差异显著,$F(1,38) = 5.27$，$p = 0.027 < 0.05$;在封闭式题目上差异不显著,$F(1,38) = 0.08$,

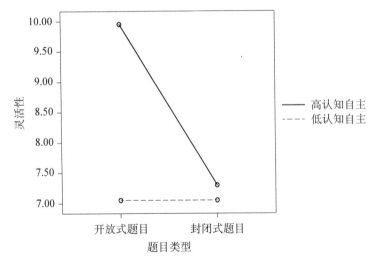

图5.1 认知自主与创造性科学问题提出类型的交互作用图
来源:韩磊,2011.

$p=0.78$。组间差异边缘显著，$F(1,38)=3.34$，$p=0.076$，高认知自主被试在灵活性上的得分(8.63)高于低认知自主被试(7.05)。题目类型上差异边缘显著，$F(1,38)=4.07$，$p=0.051$，被试在开放式题目上表现出来的灵活性(8.50)好于在封闭式题目中的表现(7.18)(见图5.1)。

已有研究(Zhou, 1998)发现，与低自主的任务环境相比，在高自主的任务环境下被试会产生更多的创造性的想法。该研究虽然与前人研究使用的任务不同，但是得到的结果却是可以相互佐证的。一方面，被试在开放式题目上的灵活性得分高于封闭式题目；另一方面，高认知自主个体在创造性科学问题提出上的灵活性得分高于低认知自主个体。这两方面的证据均可证明高自主的环境有利于促进创造性思维和生成创造性想法。

5.2 自主—受控动机[①]

20世纪60年代以来，认知的观点逐步介入到动机的研究中，先后形成了期待价值理论、归因理论、自我效能论等有关动机的认知理论。尽管这些理论之间存在着较大的差异，但是它们有一个共同点：行为的动机都被视为是一个单一的、完整的概念，它们只是在量(quantity)上存在差异，而不是在质(quality)上存在差异。动机的核心被认为是个体在从事某行为时所具有的动机量的多少，在对行为的结果进行预测的时候，动机的质是不被考虑的。尽管后来有研究者将动机区分为内部动机和外部动机，但仍然只是把它们当作补充，认为在对行为进行预测时，动机的量才是关键的，动机的量越多，才越可能导致所期望的行为结果(Deci 和 Ryan, 2008)。

然而，到了20世纪80年代，一种新的动机认知理论——德西和瑞安的**自我决定论**(SDT)认为，对个体行为的结果进行预测时动机的质才是更为关键的。该理论和其他动机认知理论的一个最主要的差异是，SDT关注的是在某个特定的情境中个体动机的质，而不是动机的量(Deci 和 Ryan, 2008)。依据动机不同的性质，SDT将动机区分为自主动机和受控动机两大类型，而自主动机又包括内部调节、整合调节和认同调节三种具体的动机形式；受控动机则包括外部调节、内摄调节两种具体的动机形式(Ratelle 等, 2007; Vansteenkiste 和 Sheldon, 2006)。SDT认为相较于动机的量来说，这些不同类型的动机对结果变量的预测力更强(Gagné 和 Deci, 2005; Baumeister

---

[①] 本节基于如下工作改写而成：胡小勇，郭永玉.(2009).自主—受控动机效应及应用.心理科学进展，17(1)，197—203.撰稿人：胡小勇。

和 Vohs,2007;Ryan 和 Deci,2000)。

5.2.1 自主—受控动机的概念与测量

自主—受控动机的概念

自我决定论是关于动机的宏观理论,主要是研究个体行为动机的原始成分和行为结果。自我决定论区分了两种不同类型的行为动机:自主动机和受控动机。**自主动机**(autonomous motivation)指的是个体出于自己的意愿和自由选择(如兴趣、个人信念等)而从事某行为的动机;相反,**受控动机**(controlled motivation)指的是个体出于内部(内疚)或外部(他人的要求)压力而从事某行为的动机。自主和受控动机指的是个体行为的原因,是用来回答"人们为什么产生这种行为"的(Ratelle, Guay, Vallerand, Larose, 和 Senécal, 2007;Deci 和 Ryan, 2000)。

SDT 认为自主和受控动机并非是完全相反、相互对立的维度,而是可以通过类似一维的连续体将其联系起来的。内部调节、整合调节和认同调节在自主连续体的相对自主的一端彼此邻近;而外部调节和内摄调节分布在这个连续体的相对受控一端,并相互邻近。相互邻近的动机(例如内部调节和整合调节)比非邻近动机(例如内部调节和外部调节)之间的关系要紧密得多(Ryan 和 Deci, 2000)。在这个连续体不同位置上的动机,分别代表着个体在某行为情境中体验到的相对自主的程度。内部调节是自主程度最高的动机,指的是个体的行为完全出于内部兴趣、快乐,与外部的任何奖励无关。整合调节是一种自主程度较高的动机,指的是个体接受了外界的目标,将其视为个人重要的目标,并整合这些目标使其成为个人的核心价值观和信念。认同调节指的是人们认识到并认可了行为的潜在价值,将其接收到自我内部的一种较自主的动机(Deci 和 Ryan, 2000;Ryan 和 Deci, 2000)。内部调节、整合调节和认同调节就是自主动机在自主—受控动机连续体上的三种具体形式。同时,这个动机连续体上还存在两种具体形式的受控动机,即外部调节和内摄调节。外部调节是受控水平最高的动机,指的是人们的表现和行为是为了获得奖励或者是避免惩罚,由外部因素所控制。比外部调节稍微自主一点的动机形式是内摄调节,指的是为了避免内疚感或自我责备而采取某行为,此时人们的行为由内部因素所控制(Deci 和 Ryan, 2000;Ryan 和 Deci, 2000)。

与传统的内、外部动机的简单二分方法相比,SDT 的这种动机划分方法体现了人们从事活动过程中可能存在的动机类型与动机在个体自我调节下由外部转化为内部的动态过程。而自主—受控动机连续体又是在传统的内、外部动机的基础上发展起来的。自主动机的亚类内部调节指的就是内部动机;而自主动机中的整合调节和认同调节以及受控动机中的外部调节与内摄调节,则是依据自主或受控程度的高低将外部动机进行划分所得的四种不同类型动机。自主性的外部动机是向内部动机趋近的动机类型。由自主性的外部动机所激发的个体较多地体验到自我决定感，较少地体验到控制感、负疚感和焦虑。自主性的外部动机已经包含部分内部动机的特征。这种对人类动机特征的关注就是 SDT 对当代动机理论的独特贡献（Deci 和 Vansteenkiste，2004；Ryan 和 Deci，2000）。并且在美国、俄罗斯、日本和以色列等不同文化背景下进行研究的结果表明，这个由不同特征的动机所构成的自主—受控动机连续体结构具有跨文化的广泛一致性（Hayamizu，1997；Chirkov 和 Ryan，2001；Roth 等，2007）。

自主—受控动机的测量

自主和受控动机的测量工具是**自我调节问卷**（Self-regulation Questionnaires，SRQ），不同领域的研究者们编制了不同类型的自我调节问卷。瑞安和康奈尔最先编制了**学业自我调节问卷**（SRQ-Academic）和**亲社会行为自我调节问卷**（SRQ-Prosocial），其适用对象是高年级小学生和中学生。此后，Williams 和 Black 等还编制了针对成人的问卷，问卷的内容也扩大到包括治疗、学习、体育锻炼、宗教和友谊等不同的领域。尽管存在这么多不同类型的自我调节问卷，但每个类型的问卷的编制思路都是一样的，即先询问被试为什么从事该行为，然后让被试在代表着不同动机类型的选择项上进行反应（Ryan 和 Connell，1989）。

例如，在 SRQ-Academic 中受测者会被问到"你为什么要进行下一年的学习"这个问题。接着，测试者会提供许多不同的原因项目，每一个选项代表一种动机类型：因为别人期望我这么做（外部调节）；如果我不这么做我会感到羞愧的（内摄调节）；因为这是我自己的价值观念（认同调节）；因为我喜欢学习（内部调节）。被试在 5 点评分量表上对每一个项目进行反应（1—非常不同意，5—非常同意）。同一个动机类型的所有项目组合起来就构成了一个分量表。在这些分量表中，内摄和外部调节的项目综合起来形成受控分量表；认同和内部调节的项目综合起来形成自主分量表。于是我们将自主分量表和受控分量表上的分数分别相加就得到自主动机和受控动机的分数（Grolnick 和 Ryan，1989；Niemiec 等，2006）。

值得注意的是，SRQ 分量表的分数可以通过权重后合并成一个相对自主指数（relative autonomy index，RAI）。例如，SRQ-Academic 有外部、内摄、认同和内部四个分量表，为了形成一个相对自主指数，瑞安和康奈尔的具体做法是：外部调节×（-2）+ 内摄调节×（-1）+ 认同调节×（+1）+ 内部调节×（+2）。RAI 被视为不同动机类型的标志，当 RAI 是负数时，绝对值越大说明所代表的动机类型越受控；而当 RAI 是正数时，绝对值越大说明所代表的动机类型越自主（Grolnick 和 Ryan，1989；Niemiec 等，2006）。

5.2.2 自主—受控动机的效应

不同类型自主动机的效应

SDT认为,不同类型的自主动机(内部调节、整合调节和认同调节)代表个体在某行为情境中体验到的相对自主的程度是不同的(Deci和Ryan,2000;Ryan和Deci,2000)。虽然个体的行为都是出于自主的原因,但是其自主程度的不同将导致不同的效应(Koestner等,1996)。基于此,近年来不断有研究者在相关因变量的基础上来比较不同类型的自主动机之间的不同效应。例如,凯斯特纳等人(Koestner等,1996)研究了政治领域中内部调节和认同调节的不同效应。在总统大选时,研究者们随机选取被试,通过量表评定他们的动机类型以及相应的结果变量,发现在搜集并了解关于大选的信息方面,内部调节是很好的预测变量;但是,在真正的投票行为上,认同调节才是很好的预测变量。当人们对某事是发自内心地感兴趣的时候,人们会很好地搜集并了解关于这个事件的信息;但是,只有当他们被激发,被了解到这个事件对他们很重要的时候,人们才可能真正付出努力去行动。

随后,凯斯特纳和劳塞尔(Koestner和Losier,2002)研究发现,在有兴趣的任务中内部动机有较好的绩效;在不感兴趣但是很重要的任务中,自主的外部动机会有较好的绩效。对于个体感兴趣的行为来说,要预测其绩效,内部调节是很好的预测变量;对于需要遵循一些规则和付出一定努力的任务来说,要对其绩效进行预测,认同和整合调节是很好的预测变量。

最近,伯顿和莱登(Burton和Lydon等,2006)在教育情境中设计了一系列的研究,验证了内部和认同调节与幸福感和学业成绩之间的不同效应。第一,内部调节预测了心理幸福感,与学业成绩无关,认同调节预测了学业成绩。而且,学生越是表现出认同调节,他们的心理幸福感越是依赖于其学业成绩。第二,启动内部调节导致了10天以后更高的心理幸福感。第三,用内隐方法测量的认同调节与学业成绩之间显著正相关,甚至认同调节预测了6周之后的学业成绩。说明对绩效的作用来说,内部调节和认同调节之间存在显著的不同效应。

自主与受控动机的效应比较

SDT还认为个体行为是出于自主还是受控的原因能够产生不同的效应。当个体行为的原因越是受控,他们的幸福感水平就会越低,绩效越差;相反,当个体行为的原因越是自主,他们的幸福感水平就会越高,绩效也会越好。即,受控动机对个体的积极发展有显著的负向预测作用,而自主动机对个体的积极发展具有显著的正向预测作用(Gagné和Deci,2005;Baumeister和Vohs,2007;Ryan和Deci,2000)。

在教育情境中,这一理论观点得到了大量实证研究的支持。例如,瑞安和康奈尔(Ryan和Connell,1989)所做的相关研究的结果表明,内摄调节(一种相对受控的动机)和认同调节(一种相对自主的动机)与孩子自我报告在家庭作业中的努力程度之间的相关不存在显著的差异;且其与父母报告的孩子在家庭作业中被激励程度之间的相关也不存在显著差异。然而,内摄调节与学生在学校中的焦虑和消极应对失败之间显著正相关;认同调节与快乐、积极应对失败显著正相关。这个发现是非常重要的,因为它表明,从表面上看自主与受控动机之间不存在差异,但是实质上那些被受控动机激发的学生的表现会更差些,并且其幸福感水平也会更低。格罗尔尼克等人(Grolnick 等,2007)以七年级学生为被试,采用实验方法来研究学生的自主动机与学习表现等结果变量之间的关系。为期 15 周的对照研究发现,无论在什么样的环境中,自主动机都能显著地正向预测学生自我报告和教师评定的学习表现。

在跨文化的教育情境研究中,自主—受控动机的不同效应同样得到了证实。例如,凡士坦基斯特等人(Vansteenkiste 等,2005)以中国学生为被试,考察了自主、受控动机与幸福感、学业成绩、辍学率、学习态度之间的关系,结果发现,自主动机与适应性的学习态度、学业成功和个人幸福感显著正相关;受控动机与较高的辍学率、不良的学习态度显著正相关。而我国研究者乔晓熔运用修订后的问卷,探讨了中学生数学学习自我决定动机对数学学习投入的影响,得出了与西方文化背景下较为一致的结论(乔晓熔,2006)。瓦勒朗和布莱森纳特(Vallerand 和 Blssonnette,1992)通过对加拿大大学三年级学生一个学年的学业动机进行前测和后测发现:辍学者在认同、整合和内部调节上的得分比未辍学者要低得多。速水(Hayamizu,1997)评定了日本学生的外部、内摄、认同和内部调节,结果表明这些不同类型的动机对态度、应对、学业成绩等结果变量之间的影响与西方文化背景(美国和加拿大)下的研究结论具有一致性。同样,奇尔科夫和瑞安(Chirkov 和 Ryan,2001)的跨文化研究表明,自主—受控动机连续体在美国和俄罗斯这两种不同的文化之间具有一致性,并且自主动机与个体的积极发展显著正相关。

除了在教育领域中得到证实外,自主—受控动机的效应在其他领域中也得到了验证。例如,瑞安等人(Ryan 等,1993)研究了宗教行为,评估了基督教徒经常前往教堂以及进行祈祷的原因,同时还要求被试完成心理健康和幸福感的测量。结果表明,当被试出于内摄的原因从事宗教行为时,其心理健康得分较低;而当被试出于认同的原因从事宗教行为时,其心理健康和幸福感的得分较高。即,并非宗教行为本身与幸福感相关,真正重要的是人们从事宗教行为的原因。越自主的宗教行为与越高的心理健康水平相联系;反之,越受控的宗教行为与越低的心理健康水平相联系。

一些研究者还将自主—受控动机的效应研究拓展到医疗领域。朱罗夫等人(Zuroff 等,2007)以抑郁病人为被试,研究自主动机与抑郁症疗效之间的关系。抑郁症状的程度通过自我报告和访谈的方法进行测量,自主动机则通过问卷进行测量。

95个抑郁病人被随机分配到认知—行为治疗或者通过临床管理的药物治疗等不同治疗小组中,在进行了16次治疗之后发现,无论哪个组,那些报告了更多自主动机的个体表现出更好的治疗效果和治疗之后更少的抑郁症状。瑞安等人的研究发现,在对酗酒病人的治疗过程中,那些报告自主原因的病人与报告受控原因的病人相比,更倾向于有规律性地参加治疗,疗效也更加明显。霍尔沃里等人(Halvari 和 Halvari,2006)曾进行现场实验研究,在持续7个月的治疗过程中,对牙病患者实施配合心理干预的治疗或者一般的临床治疗,结果发现,患者接受治疗时的自主动机与其口腔健康之间显著正相关。

综上所述,不同领域的研究发现,自主动机将导致积极的结果,受控动机将导致消极的结果。然而情况是不是总是如此呢？本韦尔和德西(Benware 和 Deci,1984)的研究表明,在对文章的概念理解上,自主动机所导致的成绩显著地优于受控动机所带来的成绩;但是在对该文章事实的机械记忆任务中,这两种动机并没有表现出显著差异。凯斯特纳和劳塞尔(Koestner 和 Losier,2002)的研究也表明,在那些简单、乏味的任务中,自主动机和受控动机所带来的绩效并不存在显著的差异;甚至在简单的、一般性的任务中,受控动机导致了较好的工作绩效。但一项对蓝领工人的研究则发现,尽管是在简单、乏味的工作情境中,自主动机并不能带来较高的工作绩效,但是自主动机还是和工作满意感、幸福感显著正相关。那么这意味着,从总体上来看,相对于受控动机来说,自主动机在组织中更具有优越性,因为即使是在乏味、无聊的工作情境中,自主动机也能导致较高的工作满意感和幸福感(Gagné 和 Deci,2005)。

5.2.3 自主—受控动机的应用研究

通过相关和实验的研究方法,在教育、政治、医疗等不同领域中证实了受控动机的消极效应和自主动机的积极效应之后,研究者们面临的一个新的问题是:在实际生活中,为了充分激发个体的潜能,使其能积极、健康地成长,能不能采取措施促使受控动机向自主动机转化呢？德西和瑞安(Deci 和 Ryan,2000)用"内化"来回答了这个问题。**内化**(internalization)指的是个体积极地将外部规则转化为个体内部的价值,通过这种方式,个体吸收和重组先前的外部调节达到自主调节。

内化的过程是如何被激发的呢？人们是如何变得能认同和拥有对于他们自己来说最好的目标呢？SDT认为,通过自主支持来最大化地满足人们的心理需求是十分重要的。**自主支持**(autonomy support)指的是接受他人的观点,承认他人的感受,提供给他们相关信息和选择的机会,将强迫和命令最小化(Williams 等,1996;Halvari 和 Halvari,2006;Sheldon 和 Krieger,2007)。例如,一个采用自主支持方法的老师善于提供给学生必要的信息,同时鼓励学生以自己的方式运用信息去解决问题。这样,不仅使学生的需求得到满足,而且激发了他们整合和成长的潜能,提高了他们认同和整合的动机,从而实现由受控动机向自主动机转化(Gagné 和 Deci, 2005)。

研究者们使用相关研究证实了上述理论假设。例如,谢尔登和克里格(Sheldon 和 Krieger, 2007)以商学院学生为被试进行了长达 3 年的纵向研究,发现自主支持和自主动机之间显著正相关。布莱克和德西(Black 和 Deci, 2000)的一个研究表明,课堂上老师的自主支持不仅提高了学生的自主动机水平,还提高了学生的学业成绩。这种现象在那些起始自主水平较低的学生身上尤其明显。威廉姆斯和德西(Williams 和 Deci, 1996)对医学院学生的价值观内化进行研究发现,如果老师更加自主地去支持学生,会使学生价值观的内化程度提高,并且这预测了 6 个月后学生的自主动机和与价值观一致的行为。

这个理论观点还得到了实验室研究和现场研究的支持。德西等人(Deci 等, 1994)的实验研究发现,自主支持环境有三个具体因素:有意义的指导,承认个体也许不能发现该行为的乐趣,强调选择而不是控制。他们将被试随机分为 A、B 两组,给 A 组被试提供两个或三个自主支持的条件,给 B 组被试提供一个或者不提供自主支持的条件。结果表明,两组被试都出现了动机的内化,但是 A 组被试的内化比例更高,内化程度也最大。更为重要的是,该实验研究还证实了,不同水平的自主支持导致了不同的内化类型。A 组被试表现出整合调节的特征,因为在接下来的行为和自我报告的价值观与采取该行为时的自由程度之间是显著正相关的;B 组被试的内化呈内摄调节特征,因为在接下来的行为和自我报告的价值观与采取该行为时的自由程度之间是负相关的。一份关于戒烟的现场研究报告表明,当医护人员以自主支持的风格对待吸烟病人时,病人就产生了更多的戒烟动机,并且随后实施了更多的戒烟行为(Williams 等, 2002)。格罗尔尼克等人(Grolnick 等, 2007)以七年级学生为被试,开展了为期 15 周的现场实验研究,结果发现处于自主支持环境下的被试相对于控制组被试来说报告了更少受控动机、更多自主动机以及更好的绩效。

即使是在不同的文化背景下,自主支持的环境有利于动机内化的观点亦得到了证实。例如,泰勒等人(Taylor 等, 2008)以 195 个英国大学教师为被试,通过调查数据拟合出的最优结构方程模型表明,知觉到自主支持能较好地预测教师的自主动机。我国研究者暴占光(2006)采用多因素设计实验法来研究初中生学习动机内化。而钱慧(2007)以初中学生为被试,以数学学习为研究情境,采用问卷法、实验法和访谈法研究了学生自主动机的特点以及提高学生自主动机的方法。其结论与美国文化背景下的研究结论较为一致,即自主支持促进了动机的内化,且两个或三个自主支持的条件与一个或零促进条件相比,被试的内化比例更高,内化程度也更大。罗思等人(Roth 等, 2007)调查了以色列 132 个教师和 1 255 个学生,在教师不在场的情况下,主试到教室将自我调节问卷以及相应结果变量问卷分发给学生,让学生按照自己的实际情况来完成。对数据进行相关分析发现,如果个体在一定情境中知觉到别人支持他们的自主需求,那么这样的情境很可能会激发个体的自主动机,而这种自主支持主要是通过理解他们的观点和允许有更多的选择来实现的。

甚至,有研究者(Vansteenkiste 等,2005)以在比利时进行本科预科班的中国学生(年龄在18岁至28岁之间,平均年龄为22.6岁)为被试,考察了父母的自主支持的养育风格对适应性结果(幸福、活力、身体不适、抑郁)和最优学习结果(信息加工、聚精会神、时间管理和考试焦虑)的预测作用,以及自主动机在其中的中介作用。多元回归分析的结果表明,自主支持显著正向预测了中国学生的适应性结果和最优学习结果;结构方程模型对数据进行模拟后的最优模型表明,自主动机在自主支持正向影响适应性结果和最优学习结果的过程中起到完全中介作用。即,自主支持显著正向地预测了相对自主水平,而相对自主水平又显著正向地影响了适应性结果和最优学习结果。该研究通过结构方程模型进一步证实了自主支持对于动机水平和适应性结果以及最优学习结果的积极作用。

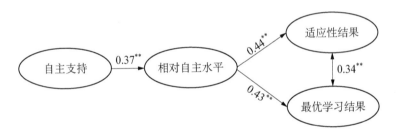

图5.2 自主支持、相对自主水平和最优学习结果及适应性结果之间关系的结构方程模型($^{**}p<0.01$)

来源:Vansteenkiste 等,2005.

5.2.4 未来研究方向

跨文化研究证明,根据质划分的自主和受控动机不是孤立和对立的,而是一个连续体,在一定条件下可以实现由受控向自主动机的转化,例如,自主支持环境是促进受控动机向自主动机转化的一个重要的因素。相关研究、实验室实验和现场实验研究表明,自主动机预测积极的行为结果,受控动机预测消极的行为结果。并且,同属于自主动机的亚类,内部调节、整合调节和认同调节彼此之间有着各自不同的效应。同既往只关注动机的量的研究相比,这种根据动机的质划分的动机类型对结果变量的预测力显然要强得多。这是动机特征类型研究近年来受到越来越多研究者重视的根本原因。但是现有的研究还存在诸多不足,有待于研究者进一步完善。

(1) 现有研究中"以变量为中心",即只关注不同被试的同一类型动机与结果变量之间的关系的研究方法受到了越来越多的研究者的质疑。拉塔尔等人(Ratelle, Guay, Vallerand, Larose,和Senécal, 2007)研究表明,对个体而言,只根据某一类动机不能有效预测其行为结果,因为个体在从事某行为时,既报告了自主动机又报告了受控动机。于是有研究者开始使用"以个人为中心"的研究方法,即关注同一被试在某具体情境下同时拥有的不同类型的动机与结果变量之间关系的一种研究方法。在实际研究过程中,越来越多的研究者认识到"以个人为中心"的方法使研究的结果更具有生态效度。甚至有研究者假设"以个人为中心"的研究得出的结论将会对传统的"以变量为中心"的研究得出的结论形成挑战。这一切都吸引着研究者们在今后研究中广泛地采用"以个人为中心"的方法。

(2) 在自主—受控动机的应用研究中,除了证实自主支持这一社会情境因素能促进动机内化之外,还缺乏对其他因素的证实。自从研究者提出自主支持这一概念时,就假设自主支持事件和情境将会促进受控动机向自主动机的转化,维持或提高自主动机。自主动机已被当作因变量,在自主支持和受控环境中得到广泛的应用,人类的选择和自主通过实证的方法得到了研究,有助于我们进一步理解人和情境之间的交互作用(Ryan 和 Deci, 2000)。但我们注意到,在促进动机内化的过程中,自主支持是非常重要的社会情境因素,但它应该不是唯一的因素。正如德西和瑞安(Deci 和 Ryan, 2008)所认为的那样,满足胜任、关系等基本心理需求的社会环境对动机的内化同样具有重要的作用。除了环境因素之外,个体差异因素在动机内化过程中也应该起到重要作用。然而这方面的研究还比较欠缺,这就有待于研究者们在今后的研究中更加深入地去探讨。

(3) 自主与受控动机的效应及应用研究大都是在西方文化背景下进行的,中国文化背景下的研究相对匮乏。从理论研究上看,刘海燕、闫荣双和郭德俊(2003)最早将自我决定论较详细地介绍给国内研究者;张剑和郭德俊(2003)采用了自我决定论的观点来探讨内部动机和外部动机的关系;随后悻广岚(2005)等研究者或从积极心理学或从动机认知理论等宏观层面对 SDT 的理论观点进行了解读。不难发现,国内关于 SDT 的理论研究还只是停留在引入和介绍层面,迄今为止,还没有研究者从具体的层面来探讨 SDT 的核心问题("人们追求什么样的目标"和"为什么追求这些目标")之一的自主—受控动机。而国内关于 SDT 的实证研究则刚刚起步,且都是在教育情境下进行的。虽然国内的本土化实证研究在对量表修订的基础上,采用西方的研究范式,得出了与西方文化背景下较为一致的结论,但是大量跨文化的研究表明,自主在东方文化中是不太被看重的。仍然有相当一部分研究者认为在东方文化背景下自主动机是不可能用来预测幸福感和学习绩效的。而 SDT 认为自主动机是广泛的、重要的,在各种文化中具有普遍性,当然能够预测包括中国人在内的各种族人的绩效和幸福感。我们需要更多的本土化研究来解决这个争论。

5.3 自由意志[①]

我们是否具有**自由意志**(free will)？这个问题既是西方哲学发展史中最古老、最争论不休的问题之一,也是当代西方哲学中占据核心地位的热点问题之一。诞生于哲学的科学心理学继承了对它的思考,而这成为心理学中充满争议的核心问题之一,并因其在各种人格理论与心理治疗方法中的重要历史作用而闻名(Rychlak, 1994)。对自由意志问题的不同立场在人格心理学中体现得尤为明显,当前人格心理学存在六大取向,即精神分析与新精神分析论、行为主义与社会学习论、特质论、人本主义、生物论以及认知论,各种取向的不同学者在自由意志问题的立场上并未获得一致。围绕人是否真正具有自由意志、心理学是否需要自由意志这一概念等问题,心理学界曾展开激烈的争论。在这场争论中,最引人注目却又针锋相对的两种观点是以斯金纳(Skinner)为代表的行为主义与以罗杰斯为代表的人本主义。前者认为自由与尊严不过是人类的幻觉,因此要"超越自由与尊严",而后者却主张意志自由,认为人具有选择的能力和承担责任的义务。二者的争论在20世纪70年代达到了高潮,最终仍然未分胜负,随后心理学界有关自由意志的争论相对平静了下来。但是近年来,主流心理学中又重新出现了对自由意志相关问题的讨论,心理学重要杂志之一《美国心理学家》(*American Psychologist*)曾用一个月的版面刊登相关问题。世界重要的学术出版社之一牛津大学出版社也出版了一本著作,书中集合了多位著名心理学家对于这一问题的思考。

自由意志问题之所以重新引起心理学家关注,原因之一在于近二十多年来,相关科学研究已经取得了重要的新进展和新发现,这些研究成果为自由意志的争论提供了证据。一些学者主要依据当前来自认知和神经科学等领域的实证研究结果,对意志、意愿、选择、自主性这些密切相关的概念是否存在的问题,提出了深刻的质疑。虽然这些学者质疑的角度、基础不同,但是他们大都宣称这些概念是虚幻的、不真实的,受到了文化、性别等因素的限制。例如,有学者就明确指出,我们所感觉到的自我对

[①] 本节基于如下工作改写而成:(1)刘毅.(2012).当代心理学观照下的自由意志问题.南京师大学报(社会科学版),6,110—115.(2)刘毅,郭永玉.(2010).民众自由意志观及其与决定论相容性的研究.心理学探新,30(4),18—22.(3)刘毅,张掌然.(2012).自由意志概念的演变及其含义辨析.山东理工大学学报(社会科学版),28(1),40—43.(4)刘毅,朱志方.(2012).自由意志与道德判断的实验研究.学术研究,3,30—34.撰稿人:刘毅。

日常行为的控制能力要远远低于我们所能做到的(Park,1999)。另一些学者则根据有关内隐记忆和无意识行为过程的最新研究,认为由于无意识对个体的行为具有重要的发动作用,那么人类所谓的自由意志就只不过是一种幻觉,尽管是有益的幻觉(Wegner,2008)。

自由意志问题在心理学中再次成为关注和探讨焦点的另一个原因则是,随着近二十年科学主义心理学日渐式微,一些新兴的心理学思潮试图对人类的心理和行为做出不同的阐释或解说(况志华,2008)。后现代主义心理学就是这些新思潮的代表之一,它批评现代主义将人类行为视为一个可以通过科学分析而获得完全认识的整体,试图打破现代主义的思维框架来解决自由意志与决定论的难题。后现代主义学者认为,决定论作为现代主义世界观的主要假定,它通常假定所有人类行为都是有原因的,认为先前的经验和条件性的习得支配着所有的人类思想和行为,个体当前状况以及未来发展都是由过去发生在其身上的事情所决定的,因此其他情况不可能发生。所有人类思维和行为必定会按照已发生的那样发生,它们是某些先前条件的结果。与此相反,自由意志论者假定,所有其他因素保持不变时,行动者本来可以做出其他行为。结果,这种界定形成了一种现代主义的非此即彼、互不相容的框架,将自由意志与决定论问题视为一个非此即彼的二分问题,从而很难将这两个概念统一起来。因此后现代主义者认为,自由意志问题一直无法解决的根源就在于其现代主义的思维框架,只要停止自由意志和决定论争论中非此即彼的二分法,那么自由意志就不难理解了。

5.3.1 自由意志的不同含义

纵观自由意志问题的起源和发展,自由意志概念有多种含义。正如有学者(Ryan和Deci,2006)所指出的那样,自由意志讨论的核心问题是如何定义自由意志。总体而言,自由意志的争论主要围绕着三种不同含义。自由意志的最初起源和第一含义是指独立于先前的心理和生理条件的、非决定论的自由意志,现代哲学称之为决定论。其根源最早可以追溯到古代命运哲学,然后是环境的力量、上帝的预知、自然界的因果关系以及动机本身的真实性质等,与之相对应分别出现了环境决定论、神学决定论、因果决定论、心理决定论等。随着自由意志问题讨论的展开,更多学者开始围绕自由意志的第二种含义进行论证:在多种行为变换的可能性中做出选择的一种能力机制。只要我们具有这种选择能力,那么我们就具有自由意志。自由意志的第三种含义是:独立于外部限制却依赖于行动者内部动机和目标的、自我决定论的自由意志。当代相容论者的论述即以自由意志的这一含义为基础。

在以上三种含义中,第一种含义更为核心,它始终是无法回避的问题。第二种与第三种含义与其说解决了第一种含义所提出的问题,不如说其本质实际上是一种回避,虽然似乎给自由意志问题提供了一种回答,并进行了不断完善的论证,但归根结底,它们都没有对第一种含义所提出的问题提供一个直接的、令人满意的回答(刘毅,张掌然,2012)。心理学中对自由意志存在的辩护围绕的是第二、第三种含义。在传统的人本主义之后坚决支持自由意志存在的代表观点之一是自我决定论。尽管自我决定论的倡导者瑞安对生物还原论进行了反驳,力图证明自由意志的存在,但是他也不得不承认这种自我决定论的自由意志并不是真正的非决定论的自由意志。即,自我决定论的辩护基础是第三种含义中的自由意志概念,而某些学者反对的是第一种含义中的自由意志,因此自我决定论对这些人的反驳并不有力,只能说是为另一种含义下的自由意志进行了辩护,却并未解决最核心的第一层含义所提出的问题。

有关自由意志的激烈争论已经表明,第一种含义的讨论所涉及的领域已经远远超出了心理学。在这场旷日持久的讨论中,目前已有包括哲学、神学、物理学、法学、心理学、神经科学、遗传学等学科领域的参与,而且可能还会有新的学科加入其中。不过在自由意志是否存在的争论中,心理学研究扮演着重要角色,神经心理学、生理心理学、认知心理学的大量研究都与自由意志的问题或多或少存在某种联系,为争论提供了直接或间接的证据。根据这些研究结果,有学者认为它们不利于自由意志的存在论,因此甚至进一步提出,对自由意志问题的最大挑战并非来自哲学、法学或者物理学,而是来自心理学(Tait,2003)。例如行使自由意志的有意识感是自我感觉的基础,但是在某些特殊心理状态下,个体的行为会被知觉为不随意的、不听从意志的,这说明对随意行为的经验是可以进行操纵的。再如对注意力缺陷活动过度等行为障碍的研究,都不断地显示出许多我们所熟知的行为具有病理学基础。然而,虽然这些研究结果都可以为自由意志是否存在的争论提供依据,但是它们同样都不够充分。纵观自由意志问题的争论与发展,历史已经表明,尽管心理学可以为争论提供证据与支持,但是心理学本身无法最终解答第一种含义中的自由意志是否存在。随着探讨的不断深入以及更多实证研究结果的出现,心理学家在此问题上的看法还会继续有所发展,并且也已出现了采用后现代观点对此问题的讨论(Slife和Fisher,2000)。

自由意志问题显然是个令人倍感棘手的难题,因为它不可避免地涉及了心理学中的其他基本问题,例如如何解决科学心理学的预测性与自由意志的关系;环境、遗传与自由意志的关系;即使自由意志、选择这些概念是虚幻的,科学心理学研究是否仍然需要这些概念等,这些问题都需要心理学家进行更多的思考。毫无疑问的是,虽然心理学中围绕自由意志的争论已经持续了近百年,但争论仍将继续下去。

5.3.2 心理学研究的科学性与自由意志

尽管心理学并不能从根本上回答自由意志是否存在的问题,但这并不意味着心理学就不需要自由意志的概念。无论自由意志是否存在,其最终争论结果如何,就心理学而言,自由意志概念的存在对于心理学的研究与发展都有着重要作用。

决定论是现代科学的基础,它强调因果律,假设每个物理事件都是有原因的,而科学的目标便是揭示这些规律,从而对未来事件进行预测和控制。冯特等人在最初建立科学心理学时,就假设心理现象符合自然规律的普遍法则,具有以生理、物理知识为基础的总体预测性。既然人类行为是一个物理事件,那么它也应该由先前因素所引发。因此,科学心理学在建立之初,就以自然科学作为自己的榜样,将人类行为视为一个可以通过科学分析来完全认识的整体,并将决定论作为主要假设之一,认为先前经验和条件性习得支配着所有的人类思想和行为,它们是可以进行预测的。现代心理学已就以下问题达成共识:我们的人格、行为是外界环境与先天遗传相互作用的结果;心理现象是脑的功能,我们高级的心理活动最终都决定于脑。绝大多数心理学家,即使是那些有自由意志倾向的学者,可以说都在某种程度上接受了决定论。

在心理学追求科学性的同时,如何处理它与自由意志概念之间的关系呢?在这个问题上不同学者提出了不同看法。一些实证主义的坚守者认为,自由意志概念的存在是对实证主义的诅咒。由于自由意志与行为的可预测性相矛盾,它可能会导致我们最终无法对人类的心理进行量化和预测,这会动摇心理学的科学地位。因此,他们认为如果自由意志不能通过实证来证明,那么它一定是不存在的,或者至少不值得进行研究。例如斯金纳等人就认为人根本没有所谓的自由意志,这类概念不过是来自哲学的不恰当的残余物,而且由于自由选择的行为是不可预测的,因而它与科学任务中的预测与控制目的不相容。

与此相反,虽然有人认为应该将自由意志概念从心理学中删除,但是更多人并不否认它促进了心理学的科学研究与整合。首先,有些学者认为,无论自由意志是不是一个科学概念,能否进行科学研究,它与科学的预测性与控制性之间并不矛盾。他们指出,认为自由意志的存在妨碍了科学研究是一种错误的看法,相反,使用自由意志、意识、选择等这类概念能够使我们更加准确地预测人类的行为。在心理学的科学理论建构中,自由意志概念起到的重要作用在于,它提供了一个元假设,虽然无法对该假设的正确性进行验证,但是这一假设有助于引导研究者搜集资料、预测行为(Sappington, 1990)。其次,更进一步讲,自由意志概念的存在有助于整合心理学众多研究结果,更好地解释人类的心理。自科学心理学独立以来的一百多年的发展表明,在各种行为与内在心理过程的研究上,心理学已经获得了很多颇有价值的发现,有些研究领域也已经做得颇为深入,提出了各种不同的理论。然而,在一些基本问题上心理学始终没有多少突破,原因之一在于这些问题本身的复杂性,但另一个重要原因则是许多心理学家只关注某一具体现象或心理过程,而对从更高层次解释人们的行为与心理过程不感兴趣。甚至在部分学者看来,将心理现象分开解决之后,心理学的所有问题就迎刃而解了,根本没有必要去讨论一些含糊不清的问题。然而,心理学的研究对象具有其特殊性,人类的心理与行为是一种特殊现象,必须区别于其他自然现象来进行认识。例如有学者认为,生物学或环境因素只能解释人类行为整个变异中的一部分,并且我们可能永远无法完全了解人类认知的所有方面(Ferguson,2000)。这意味着除了生物学和环境,人类认知还包括其他内容,在心理测量中被归结为误差的东西往往可能是由于被试的个体差异或自由意志所造成的。另外有学者也认为,我们关于外部世界的知识随着探测工具和数学工具的进步得以不断改善,但我们永远也无法从内在观点去感觉神经元内部的化学积累过程。所以随着知识的进步,概率的知识会逐步减少,自由意志的体验将永远存在(陈刚,2007)。

还有一些学者则试图通过打破传统的现代科学思维模式,从而解决心理学的科学性与自由意志之间的问题。例如一种观点认为,在面临自由意志与决定论、可预测性之间的矛盾时,心理学家所表现出的无所适从只不过是语言的应用问题,而不在于人类行为本身。我们不应该同时应用两种截然不同的思维模式或参考架构,也无法同时从决定论和自由意志的角度来解释行为。它与两种角度的对错无关,在单独应用时,它们都可能完全正确,只有在同时应用这两种思维模式时,我们才会感到困惑。原因在于我们没有认识到材料本身并未变化,改变的只是我们用于解释该材料的参考架构,而这些参考架构是我们创造性想象的产物。只要我们选择任何一种参考架构,遵守其逻辑结构,那么我们就是正确的。当它不再便于使用或有所启发时,我们就可以抛弃它而选择另一种参考架构。

归根结底,自由意志显然并不是个单一问题,它与其他心理学基本理论问题有着密切联系,而这也正是造成它难以解决的原因之一。在自由意志的问题中还涉及了意识、意向性、主观性、身心关系等心理学问题,如果取消自由意志,那么对我们能否自主选择、意识的本质是什么的看法也会相应地发生变化,自由意志正是人类心理与认知结构复杂性的一种表现。对自由意志问题的思考有助于我们更好地理解心理的本质,促进心理学的发展。正因为如此,对于自由意志概念的存在,大多数心理学家的态度要宽容得多。

5.3.3 自由意志观的早期研究

与一些学者关注自由意志是否存在的争论不同的是,自 20 世纪八九十年代起,有心理学家逐渐认识到,在这一问题上心理学的任务应更多地在于探寻相关的心理机制,由此出现了与自由意志心理过程有关的一系列实证研究。近年来,自由意志相关态度的心理学实证研究重新引发了学者们的浓厚兴趣,有学者把自由意志是否存在的争论称为"高度抽象和哲学化的争论的沼泽",认为"对于自由意志是否存在的讨论,事实上可能并不是心理学家应该做的工作。心理学家应该去做更为擅长的事情,那就是检验和精炼关于内部过程的理论"(Baumeister, 2008)。

20世纪80年代,有学者围绕自由意志观及其相关问题进行了初步研究,这些研究主要考察了自由意志观的构成及其与责任归因、惩罚态度、控制点之间的相关。最初的研究对大学生和其他成人进行了深度访谈,考察了他们对"自由、责任、遗传、环境"在一般意义与一些特殊情境下的用法(Steinlinger和Colsher, 1980)。结果表明,多数被试在相信行为是由遗传和环境决定的同时,也认为人们基本上还是自由的,应为自身行为负责,不过个体自由与所负责任大小随其所处情境的不同而不同。研究发现被试使用了各种不同的自由、责任定义来进行辩护,很少认为二者之间彼此冲突。

随后的研究者编制了自由意志观自陈量表,根据得分高低分别将被试分为自由意志论者或决定论者。研究者进一步请被试判断,做出了某种违法行为的个体是否应该受到惩罚。然而不同研究得出了不一致的结论。较早有研究发现决定论者比自由意志论者更具有惩罚性(Viney, Waldman,和Barchilon, 1982),随后的研究却表明自由意志观与惩罚态度之间并没有可靠的相关(Viney, Parker-Martin,和Dotten, 1988)。瓦尔德曼等人(Waldman等,1983)考察了自由意志观与控制点之间的关系,研究预期决定论者更倾向于外控点,但结果却发现自由意志观量表得分的高低与外控点只存在低相关。这表明个体具有外控点不等同于相信决定论,而相信自由意志也并不等同于具有内控点。

针对已有研究结果并不一致的情况,斯特罗斯纳和格林(Stroessner和Green, 1989)认为,这是由于自由意志观中对决定论的态度存在多个维度。从逻辑上严格来说,不相信决定论并不意味着就相信自由意志论。他们通过研究证实,自由意志观是独立的维度,明显区别于非决定论,而决定论的态度也并非单一维度,它至少包括心理社会决定论与宗教哲学决定论这两个维度,同时可能还有基因或生物决定论维度。而在外控点得分上,宗教哲学决定论者比心理社会决定论者的得分更高。这些研究结果表明,自由意志观本身及其与惩罚、内外控点之间的关系比预先设想的还要复杂,需要进行更深入的研究。

5.3.4 自由意志观的新近研究
人是否具有自由意志

早期研究通过自由意志观自陈量表来区别被试属于自由意志论者或决定论者。针对这些早期研究,新近的学者对决定论者的确定和测量提出了质疑(Nichols,

2006),认为在用于区分被试是自由意志论者或决定论者的量表得分中,核心的决定论者评估项目("我相信决定论")只是七个项目中的一项。因此,在核心的决定论者评估项目上做出否定回答的被试可能最终仍被划为决定论者。虽然随后有学者试图对早期量表进行改进,但是又被批评为犯了相反的错误,研究中确定被试是否属于决定论者的标准太保守,有可能将相容论者(即认为自由意志和决定论可以同时存在)从决定论者中排除出去,因此仍然未能准确区分出自由意志论者和决定论者。针对这些问题,对个体自由意志相关态度感兴趣的研究者们采取了一种截然不同的研究方法。在这类研究中,被试首先阅读一段描述材料,其中的物体或个体做出了某种运动或行为,然后再回答与自由意志观相关的各个问题。根据不同研究需要,描述材料也各不相同。

例如在一项研究中,尼科尔斯(Nichols, 2004)考察了18名4—5岁的儿童被试在自由意志问题上的态度,看他们是否认为行动者能够做出其他行为。该研究包括两个实验。在实验一的第一部分中,研究者向儿童呈现以下情境之一:某个体表现出了某种行为,或者某事物表现出了某种运动。随后请儿童回答,该个体或事物是否不得不做出该行为,或者本可以做出其他行为。

比如在个体情境中向儿童呈现了一个带有滑盖的盒子。研究者说:"瞧,盖子是盖着的,什么东西都进不去。"然后研究者把盖子滑开并触摸盒子的底部,并问儿童:"在盖子打开后,我是不得不摸盒子下面呢,还是我本来可以不这么做呢?"在类似的事物情境中,向儿童呈现一个关闭的盒子,盖子上有个静止的球。研究者说:"瞧,盖子是盖着的,什么东西都进不去。我马上把盖子打开。"这时研究者把盖子打开,球落进了盒子的底部,然后问儿童:"盖子打开后,球是不得不落到下面呢,还是它本来可以不这样做呢?"

实验一的第二部分则进一步考察了在外部限制的情况下,儿童对选择的理解。被试为9名平均年龄5岁的儿童。在呈现的情境中,某个可能行为非常明显,但实际上该行为是不可能的。在条件一中,某人试图做出该行为却失败了;在条件二中,该个体没有试图做出该行为。在两种条件下,都请儿童回答该个体是否选择了做出刚才的行为。

比如在向儿童呈现了一个玩偶和一张上面粘有硬币的小桌后,研究者对儿童说:"这是玛丽。她正从桌子旁走过,看见了桌上的钱。她在想是不是要拿走这钱。瞧——钱从桌上是拿不走的——它被粘在上面了!——但是玛丽并不知道。玛丽不打算拿走钱,所以她不知道钱是拿不走的。但她认为她可以把钱从桌子上拿走。她说:'我想我会把钱留在桌子上。'"然后请儿童回答问题:"玛丽是选择了把钱留在桌子上吗?"在类似情境中,研究者同样呈现了玩偶和小桌后,对儿童说:"这是苏珊。她正从桌子旁走过,看见了桌上的钱。她在想是不是要拿走这钱。瞧——钱从桌上是拿不走的——它被粘在上面了!——但是苏珊并不知道。苏珊打算拿走钱,但是她发现钱是拿不走的。她说:'我想我会把钱留在桌子上。'"然后请儿童回答问题:"苏珊是选择了把钱留在桌子上吗?"

结果表明,在个体情境中,所有儿童都认为个体本来可以做出其他行为,而在事物情境中,8名被试都认为事物不得不那样做。

为了排除儿童将"本可以做出其他行为"误解为其条件是在某些特定环境下,研究者随后进行了实验二,考察了当一切条件都相同时,儿童是否仍然认为个体本可以做出其他行为。研究者向5岁儿童呈现了自发选择、道德选择和物理事件三种情境,然后请儿童回答了一些问题,以考察他们是否正确理解了该情境(结果表明儿童在大多数理解性问题上都回答正确),随后再回答与选择相关的问题。例如,在自发选择情境中,"琼在冰激凌店里,她想买些冰激凌,她选择了吃香草味的"。在儿童正确回答了一些理解性问题后,研究者询问儿童:"好,现在想象刚才所有的东西都完全一样,而且琼想要的东西也完全一样。如果在她选择吃香草味的之前,世界上的所有东西都完全一样,那么琼还是不得不选择香草味的吗?"在道德选择情境中,"玛丽在糖果店里,她想吃糖,她选择了偷糖吃"。问题是:"好,现在想象刚才所有的东西都完全一样,而且玛丽想要的东西也是完全一样的。如果在她选择偷糖吃之前世界上的所有东西都完全一样,那么玛丽还是不得不选择偷糖吃吗?"在物理事件情境中,"一壶水放在炉子上烧着,水烧开了"。问题是:"好,现在想象刚才所有的东西完全一样。如果在水烧开之前世界上的所有东西都是完全一样的,那么水不得不烧开吗?"

结果表明,在物理事件与个体的消极行为之间,儿童的回答存在显著差异:他们认为物理事件不得不发生,而人的选择却不是被决定了的,人有自由意志。但是儿童在个体的中性行为与物理事件之间的回答却没有显著差异。由此研究者提出,比起物理事件,人们更倾向于认为人的选择是非决定论的。不过该研究选取的被试数量太少,尚需进一步研究的验证。

对于以上结果,特纳和纳米亚斯(Turner 和 Nahmias, 2006)提出了另一种解释,认为导致这一差异的原因并不在于人们认为个体选择与物理事件过程之间存在根本的不同,而是人们认为某些复杂事件和简单事件之间存在不同。人们认为个体的选择是非决定论的,这是因为选择的复杂性,人们认为复杂过程(包括一些人类的选择与物理事件过程)就是非决定论的。他们以99名大学生为被试进行了研究。每个被试都阅读了在决定论假设下的三种不同情境(发生闪电、某人决定买某种冰激凌、某人决定偷东西)并回答了相关问题。该研究结果与尼科尔斯的发现并不一致,只有少数被试认为人不会做出相同行为而闪电一定会发生。它表明多数人并不相信所有物理过程是决定论的而人的行为是非决定论的,即使他们可能相信某些简单的物理过程是决定论的。相反,对于世界是否是决定论的,人们似乎持各不相同的观点。在所有被试中,30人是决定论者,对所有三种情境都回答了"是",40人是非决定论者,对所有三种情境都回答"否",29人则对不同情境做出了不同回答。研究者认为得到的结果表明,虽然多数人可能相信某些简单物理过程是决定论的,但并不认为所有物理事件过程都是决定论的,而人的行为就是非决定论的。由此研究者的结论是,儿童可能认为不同类型的物理过程(如简单与复杂)之间存在明显差异,某些复杂物理过程与人类选择之间存在明显的相似之处。

自由意志观的形成

尽管对于自由意志是否存在的问题,不同个体的看法并不完全一致,不过随即另一些相关问题引起了学者们的关注:既然至少有部分个体的确认为人是具有自由意志的,那么这种观念是如何起源的?它在早期生活中又是如何获得的?虽然对这些问题还知之甚少,也缺乏系统的研究,但是有学者认为人们在幼儿时期就获得了行动者因果关系观,即行动者是行为产生的原因,行动者对某一行为本可以做出其他行为。目前学者们主要提出了四种途径来解释儿童如何获得行动者因果关系观(Nichols, 2004)。

第三人称的学习 这种观点将儿童视为顽强的自学者,它更关注儿童如何通过观察外部世界以获得学习,认为儿童通过理论建构而推导出行动者因果关系论。导致儿童获得这一观念的过程目前尚不清楚,但一种假设认为,当儿童面对不可预测的现象时,他们可能会由此推导出非决定论的解释。如果儿童接受了这一原则,那么他们就会发现自己常常无法准确预测个体的行为,从而得出结论认为行动者以非决定论的方式做出决定。

第一人称的学习 支持行动者因果关系观的学者们更倾向于第一人称的学习论,他们提出个体自身的决策经验为行动者因果关系观提供了某种证据。虽然人们根据自身内省而获得的证据并不可靠,但它仍然可以是人们相信行动者因果关系观的基础。至于个体自身的选择经验为何会导致人们相信行动者因果关系观,一种可能是自身经验为行动者因果关系观提供了一种原始感觉,人们相信行动者因果关系观的原因就类似于相信疼痛的原因,它在经验上是即刻的、原发的。此外,虽然内省可以使个体了解自己当前的心理状态,但它并不能使其清楚地知道隐藏在决策之下的具体推理过程,因此人们仍然会感觉到自己本可以做出其他选择。

先天论 以上观点都假设行动者因果关系观是个体进行推导的结果,先天论者则认为行动者因果关系观是人类先天观念的组成部分。根据核心知识论,婴儿先天就有一些重要的内在成分,包括客体和数字的概念,这些核心成分一直保留到了成年

(Carey 和 Spelke，1996)。核心知识论者认为行动者因果关系观就是核心知识的一个组成部分，正如我们有理由认为婴儿先天具有物理因果关系观一样，我们也有理由相信婴儿先天就具有行动者因果关系观。

责任观的促进作用　这种观点认为，从很小起儿童就具有了一种责任观念，认知发展中的这一重要组成部分会促使其获得行动者因果关系观。在支持这一观点的学者看来，大量证据表明两岁的幼儿就已经具有了道德责任观，这种观念促使儿童获得了行动者因果关系观，儿童对"应该"的理解就隐含着"本可以做出其他行为"。虽然在以后的成长过程中，这种观念可能会有所改变，但是由于人们无法通过内省来意识到决策的决定论过程本身，因此行动者因果关系观最终在头脑中确立了下来。

无疑，自由意志观的形成开始于儿童时期，虽然迄今为止学者们已经提出了各种理论解释，但其具体形成机制与影响因素尚无系统研究，以上各种观点仍需相关实证研究的证据支持。

自由意志观在现实生活与心理治疗实践中的重要作用

自由意志观作为一种主观信念是客观存在的，人们普遍感觉自己在生活中做出了选择，只是在我们拥有多大程度的自由意志上，不同个体之间的看法各不相同。大量研究表明，个体相信自由意志的存在会对其心理功能产生积极影响，这些研究中直接采用自由意志概念的并不多，而是采用自主性、控制点、自我效能感、自我控制等相关概念，涉及教育、工作情境和心理治疗等领域。事实表明，个体感到可以控制自己的生活就是有用的，而不必从理智上明白自由意志真的存在，即使是否认自由意志存在的心理学家也不得不承认这一事实(刘毅，2012)。具体而言，自由意志的现实意义主要表现在以下三个方面：

首先，对自由意志的态度与人际关系质量、幸福感以及人们对待生活的态度存在着相关。研究发现，人们的日常幸福感随着自主性体验的变化而变化，而如果伴侣关系之间存在更大的自主性，那么双方都会有更高的生活满意度、关系稳定性和幸福感(Knee 等，2006)，对自主性的相信程度也预测了伴侣之间对彼此的感情依赖(Ryan 等，2005)。此外，研究表明人们对自由意志的回答与其对生活意义的回答存在显著相关，否认自由意志存在的被试也的确更倾向于否认生活的意义(Nahmias 等，2007)。

其次，人们对待自由意志的态度影响着其日常运作与身心健康。当自主性动机遭到破坏以后，个体的执行力与创造力同样也会减弱，特别是在完成那些需要灵活性、启发性、创造性或复杂能力的工作时。研究显示，在很多方面自我控制能力高的人都比自我控制能力低的人要成功(Duckworth 和 Seligman，2005)。受控于外部规范的行为依赖于控制的不断呈现，而外部规范最终会导致行为质量低下，当人们被控制时,往往只会去做那些被要求做的事情,而外部规范通常与更低的承诺和满足相联系。在身心健康方面,控制性的情境会对健康产生负面影响,支持自主性的情境则会增强健康,而个体在自主性上的差异也能够在一定程度上预测其身心健康状况。病理学的研究也显示出精神病患者在自主性方面的混乱,并且揭示了过分控制的社会环境如何在患者的疾病形成过程中发挥着作用。这些都证实了自主性的确不是一个无关紧要的幻觉,反而是健康机能的中心特点。

第三,相信自己具有自由意志在心理治疗中发挥着重要作用,有助于获得良好的治疗效果。从事临床实践的心理学家特别考察了自由意志观与心理治疗之间的关系。有关心理治疗效果的许多研究都表明,当治疗师帮助个体认识到其可以控制自己的生活时,治疗效果最好。其实在许多心理治疗中治疗师都提倡"有意"这一因素,因为对于有些治疗,要想获得成功,它是必需的。无论如何,即便自由意志只不过是一种错觉,我们也不得不承认,意志也许是一种对于人类而言至关重要的机能,它的缺乏会导致一系列问题,而拥有自由意志的相关感受对人类也大有裨益,其重要性是我们无法忽视的。

5.3.5 自由意志的相容论研究

近年来,围绕人们是否认为自由意志与决定论、决定论与道德责任之间彼此相容,学者们也展开了心理学研究,它与自由意志问题的哲学争论密切相关。哲学中的自由意志争论由几个问题组成,其中就包括自由意志与决定论、决定论与道德责任是否相容。传统上在该问题上主要有两类观点。自由意志与决定论的相容论认为,二者是可以并存的;而决定论与道德责任的相容论则认为,即使我们的行为是被决定的,没有自由意志,我们也仍然可以对自身行为负责,二者并不冲突。自由意志与决定论的不相容论则认为,要么决定论为真,要么人有自由意志,二者不能并存;决定论与道德责任的不相容论者认为,如果我们的行为是被决定的,那么我们就不应对自身行为负责。

近二十年来,哲学家们对普通大众在这一问题上的态度产生了兴趣,一些学者纷纷声称自己的观点代表了普通大众的态度,但是直到近年来才出现了相容论的心理学研究,为各种观点提供实证支持(刘毅,朱志方,2012)。

在这类研究中,研究者首先向被试呈现一段决定论的描述并假设该情境为真,随后该情境中的个体做出了某种行为,被试根据阅读材料回答材料中的个体是否具有自由意志、是否应对其行为负有道德责任等相关问题。这类研究的关键在于要使被试认识到描述中的情境是决定论的,并以此为基础来进行回答。研究者们采用了各种不同的描述方式,常见的有**拉普拉斯决定论**(Laplacian determinism,认为宇宙是像时钟一样运行的)、神经决定论、心理决定论等,或者将情境假设为现实世界与虚拟世界,试图最好地呈现出个体所处的决定论情境。情境中个体的行为性质则分别在道德状态上是积极的(如拾金不昧)、消极的(如抢劫、杀人),或中性的(如决定中餐吃什么)。

纳米亚斯等人(Nahmias等,2005)考察了不同的决定论描述形式以及情境中个体行为的性质对人们自由意志相关问题回答的影响。结果表明,在决定论情境中,无论个体行为的道德状态,其导致的情感反应如何,都对人们的自由意志与道德判断没有显著影响:在两种不同的决定论情境中,多数被试都认为该个体的行动是出于其自由意志并应为其行为负责,即多数被试并未持不相容论。尼科尔斯(Nichols, 2006)也考察了决定论描述形式对人们自由意志相关问题回答的影响,但得到了不同的结果。在其研究中,当被问到更抽象、更理论化的认知问题时,多数被试给出了不相容的回答。但是在回答引发强烈情感反应的问题时,他们的回答变得更具相容性,因此研究者认为情感在其中起到了关键作用。但也有学者提出,尼科尔斯的结果并未表明被试具有不相容的直觉,他们质疑实验设计没有考察民众是否认识到决定论与道德责任不相容(Turner 和 Nahmias, 2006)。不过他们也承认,这些研究结果有力地证明了个体对行动者消极行为的情感反应很大地影响了其道德判断。

蒙特罗素等人(Monterosso等,2005)则考察了对该行为的不同解释、同等情况下出现该行为的人数比例、惩罚对行为的抑制作用这3个自变量对人们自由意志相关问题看法的影响。在呈现给被试的材料中描述了4种情境,分别是4名不同个体做出了违背社会规范或他人意愿的行为,每种情境中的以上3个自变量水平都有所不同。被试包括96名平均年龄19岁的大学生,100名平均年龄41岁的中等收入成人。研究结果表明,消极行为取决于先前条件的程度影响了人们对该个体的行为是否出于其自由意志的判断,程度越大,人们越认为其行为不是出于自由意志。此外,比起经验性(即心理决定论)的解释,生理性解释(即神经决定论)情境中的被试更多地认为该个体的行为不是出于自由意志。

纳米亚斯等人(Nahmias等,2006)根据研究提出,多数人的直觉并非是不相容论的。他们还进一步提出,大多数人是机械不相容论者,真正对自由意志、道德责任造成威胁的不是决定论,而是还原论。为此他们考察了神经还原论的决定论与心理决定论描述对个体判断的影响。结果表明,在神经还原论的决定论情境中,只有少数被试认为情境中的个体具有自由意志,而在心理决定论中,多数被试给出了肯定的回答。由此研究者认为,多数人对于心理决定论与自由意志持相容论直觉,而对于还原论与自由意志则持不相容论直觉。

在另一项研究中,纳米亚斯等人(Nahmias等,2007)进一步验证了该观点。研究采用被试间设计,考察了决定论描述方式(心理决定论、神经决定论)、行为的具体性

(抽象、积极、消极行为)、情境的现实性(现实、虚拟)对被试判断的影响。研究发现，对于行为是否取决于该个体、该个体是否具有自由意志、个体是否应为其行为负有道德责任的问题，无论决定论的情境是现实或虚拟世界，其描述方式都对自由意志的这些相关判断产生了显著影响，在现实世界中影响尤为明显。当情境设置在现实世界而非虚拟世界时，在以心理学术语描述的决定论情境中，人们表现出更明显的相容论直觉，而机械论对自由意志、道德责任的威胁在现实情境的神经科学术语描述中表现得尤其明显。在虚拟情境中，在决定论描述方式与行为具体性上都分别发现了主效应，但二者没有交互作用。此外，抽象和消极行为情境之间有显著差异，而抽象与积极行为情境、消极与积极行为情境之间则没有显著差异。简而言之，被试对自由意志、道德责任的回答是一致的：在抽象行为情境中最低，在消极行为情境中最高。

尼科尔斯和诺布(Nichols 和 Knobe, 2007)也考察了人们在此问题上是否持非决定论态度。研究呈现的材料既有对宇宙的决定论描述也有非决定论描述，然后请被试回答哪个世界最像人们生活的现实世界。结果表明，几乎所有被试的回答都选择了非决定论的宇宙，认为这种世界与现实世界最相似，即认为人的选择是非决定论的。

费尔茨和科克利(Feltz 和 Cokely, 2009)深化了尼科尔斯与诺布的研究，不同的是他们采用了被试内而非被试间设计。每位被试同时阅读了高低两种情感情境的描述，然后回答了个体是否具有自由意志以及应负有道德责任。研究结果显示，多数人在两种情境中都做出了不相容论的回答，此外，许多被试在两种情境中的判断表现出了显著一致性：在消极行为情境中做出相容论回答的被试在积极行为情境中也做出了相容论的回答，而在消极行为情境中做出不相容论回答的被试在积极情境中也做出了不相容论的回答。因此研究者认为，人们在自由意志与决定论的相容论回答上存在明显的、稳定的个体差异。

随后，费尔茨等人(Feltz, Cokely, 和 Nadelhoffer, 2009)选择了外向性这一重要人格特质进行了进一步研究，他们假设该特质至少可以部分预测个体在相容论回答上的态度：外向者倾向于做出相容论判断，内向者倾向于做出不相容论判断。研究结果证明了该假设。研究者认为，这是因为外向者的社会敏感性比内向者更高，一些影响了个体自由与行为的因素更容易对他们产生作用，尤其当这些行为具有重要的社会意义和潜在情感性时。换而言之，外向者在责任归因的判断上可能受决定论的影响更少，受情感或社会因素的影响更多。由于在维持社会的正常运作中，认为人们是自由的并对其行为负有责任的认识具有重要的调控功能，因此，如果个体做出了某种行为，那么外向者就会更倾向于认为该个体是自由的并负有道德责任。

纳德霍夫尔和费尔茨(Nadelhoffer 和 Feltz, 2007)则在另一项研究中直接向被试询问了有关自由意志与决定论是否相容的问题。例如,如果我们的一切行为完全是由我们的遗传、神经生理学与养育环境所决定的,那么你认为我们的行为是自由的吗?研究者认为,无论这种提问方式是否表达出了决定论的内在深层含义,它避免了在呈现材料中对决定论的描述不够清晰明确的弊病,并且比起引发情感反应的提问,其结果也更加可靠。该研究表明,仍有42%的被试认为人们的行为是自由的,但这一相容论的回答比率低于纳米亚斯等人(Nahmias等,2007)的研究结果。

综上所述,对于人们在自由意志与决定论、决定论与道德判断的相容论态度方面,根据已有研究至少可以初步得出以下几点结论:(1)相同情境下,人们的看法并不完全一致,无论相容论与不相容论哪种观点占多数,总有部分人持不同看法,两种态度是同时存在的。(2)虽然不同研究之间并未得出完全一致的结论,但人们在这一问题上的态度要比预先的设想更加复杂,自由意志的相关判断并不是一个简单的心理过程,很可能存在几种不同的心理机制,它们在不同条件下发挥作用。(3)人们在自由意志问题上的相关态度受到了以下因素的影响:决定论的描述形式、对行为的具体或抽象描述、行为引发的情感水平、人格特质等。

自由意志的相容论心理机制模型

根据已有初步研究,可以肯定的是,在自由意志与决定论、决定论与道德责任是否相容的问题上,人们的态度比预先的设想更为复杂,不同个体的看法并不一致,无论相容论直觉还是不相容论直觉占多数,两种直觉是同时存在的。针对已有结果,学者们做出了以下解释。

对于不相容论直觉,纳米亚斯等人提出,这是由于人们心中的一个深层直觉机制在发挥作用:对行为进行的机械还原论的解释(即使用神经科学和化学术语)不同于心理学的解释(即使用思维、欲望和计划等心理学术语),人们倾向于认为机械还原论与自由意志和道德责任不相容。这就是说,多数人的自由意志和道德判断直觉是一种机械不相容论,即自由意志、道德判断与机械还原论不相容。蒙特罗素等人(Monterosso等,2005)的研究也表明,在对个体的消极行为进行心理学与物理学解释两种情况下,人们更少认为后者的行为应该受到指责并承担责任。

对于相容论的判断,研究者大都赞同,对行动者消极行为的情感反应很大地影响了人们的道德判断。韦纳(Wener)的归因理论认为,归因通过情感影响行为,当个体认为当事人可以控制成败原因时,则会产生愤怒的情感反应,从而产生拒绝行为;而当个体认为当事人不能控制原因时,就会产生同情,从而接受当事人的行为。在解释内外向者在相容论判断上的差异时,研究者也认为部分原因在于相同情境在他们身上激发了不同的情感体验。对于情感在相容论直觉中的作用,主要有两种观点。

第一,表现误差模型。对于人们表现出的相容论直觉,由于研究表明情感反应的强度会影响相容论的直觉,因此最明显的解释是出现了情感偏见,因此有学者提出了情感引发表现误差模型以解释这一结果。根据这种观点,人们通常依据一种心照不宣的理论来进行道德判断,但是当面对显然违背道德准则的行为时,人们就会产生强烈的情感体验并无法正确运用该理论。换言之,该模型区别了责任判断标准的内在表征与将该标准运用于特定事件中的外在表现系统。

有关情感与认知二者间交互作用的大量研究为表现误差模型提供了证据。这些研究表明,情感影响了人们的正常认知能力,它会抑制对某些特定信息的提取,并使其更难以接受与预期不符的证据。根据这些研究,一个合理的推论就是,情感歪曲了我们正确推理的能力,甚至影响了我们对道德责任的判断。因此,根据该模型,人们对于道德判断标准的潜在表象与能使他们将那些标准应用于特殊情境的表现系统之间存在着差别,情感反应干扰了我们正常的道德推理判断,并使得做出的反应并未反映出某种理论。例如在一项研究中,勒纳等人(Lerner 等,1998)比较了在情感和非情感条件下的道德判断。在情感条件下,向被试呈现一段悲伤的录像,以唤起消极情感反应;在非情感条件下,呈现的录像则不会唤起情感反应。研究发现,当消极情感反应被唤起后,即使该消极情感是由其他无关事件引发的,被试仍然认为行动者应负有更多责任并且更应该受到惩罚。因此,支持表现误差模型的学者认为,在决定论与责任归因的相容论判断中也发生了类似的过程。虽然他们承认在某些情境下,人们会做出相容论的回答,但是他们认为,说人们在决定论与责任归因的问题上持相容论态度并不真正具有任何意义。相反,该模型的支持者主张,对于人们在具体情境中做出的相容论反应,应该从情感反应引发的表现误差来进行解释;而在抽象行为情境中,人们本来具有的内在理论即不相容论则表现了出来。

研究表明,人们在消极行为情境中对自由意志、道德责任做出了更高的判断,虽然在积极行为情境中情感也产生了某些作用,但是这种误差明显减弱。对于这一结果,支持情感引发表现误差模型的学者认为,这是因为比起积极行为情境,消极行为情境引发了更强烈的情感反应。

第二,情感能力模型。另有一些学者提出相容论的判断可能来自于一种情感能力。他们认为情感反应实际上在道德责任判断过程中处于核心地位,而不只是使我们的判断产生误差,人们也许通常依靠一种情感反应来进行道德判断,而这种情感反应与一些其他过程相结合来共同完成道德责任判断。虽然有些人建立了关于道德判断的精细理论,并在某些活动中使用这些理论,但是情感能力模型的支持者认为,人们对道德判断的"冷"认知理论在实际过程中并不会真正起到任何作用,而这一过程主要由情感控制。

相关的研究为该模型提供了一些支持,这些研究考察了由于心理疾病而出现情感加工缺陷的患者。例如有研究结果表明,这些人在回答与道德判断相关的问题时,表现出了异常的回答方式(Blair 等,1997)。换言之,当个体缺乏情感反应能力时,并不能进行毫无误差的道德判断,相反却在道德责任的理解上出现了困难。有学者根据这些研究结果而得出结论,认为在影响人们进行道德责任判断的基本能力中,情感一定发挥着重要作用,道德责任判断的一般水平可能取决于一种情感能力(Blair,1995; Haidt, 2001)。

根据这一观点,在实验中的非情感条件下,与道德判断有关的正常情感能力没有表现出来,而在情感条件下,道德判断的真正能力本身则表现了出来。因此该观点的支持者提出,要想真正理解人们的道德判断能力,唯一的方法就是在引发情感反应的情境中观察他们的回答。而在这些实验情境中,人们明显倾向于做出相容论的回答,因此,情感能力论者认为,在决定论与道德责任是否相容的问题上,人们的直觉主要是相容论的。

5.3.6 研究展望

对自由意志观及其相关态度的研究尚处于起步阶段,还存在一些不足之处,有待进一步完善和发展。

首先,研究主要为西方被试,且主要局限于大学生,在研究对象上还需要扩展到其他人群。自由意志虽然是西方思想中一个历史悠久的重要概念,但是它所涉及的心理学问题实际上是每种文化中的每个个体都会产生的对世界的某种根本性看法。大量研究表明,来自不同教育背景和文化的人群在一些涉及世界观的根本性问题上的态度存在差异(如 Machery, Mallon, Nichols, 和 Stich, 2004)。而在已有研究中,除少数以儿童为被试或进行了跨文化比较以外,多数均采用美国大学生为被试,如果要考察一般个体在这些问题上的态度,那么被试就应该包括来自各种教育背景、社会经济地位与文化的人群。在自由意志相关问题上,一般个体的观点是特定文化的结果和道德准则,还是跨文化存在的一般思维结果和人类行为的一种深层特征?不同文化或同一文化下的不同人群在该问题上的回答是否一致,有何差异或特点?东西方文化中自由意志概念存在哪些差异,其根源是什么?这些问题都有待进一步研究。

其次,在研究方法上还存在一些缺陷,方法较单一,系统性不够,研究有待多样化。要想全面、深入而系统地探究人们在这类问题上的态度,不仅可以通过实验法考察被试在各种虚拟情境中的判断和回答,还可以将早期问卷进行改进后将二者结合使用,互相验证。同时,针对不同群体中的被试,也可以在更为开放的结构或半结构访谈中深入地考察被试对相关概念和问题的回答和看法,了解其判断的内在心理过程与机制。此外,该研究所面临的一个重要挑战是,如何在呈现给被试的描述材料中,采用通俗易懂的方式更好地表达出决定论,使不同受教育水平的被试都能真正理解其含义,并根据描述材料做出回答。对此,不同研究者进行了各种尝试,从不同角度设计了各种描述方式来呈现决定论的情境,例如拉普拉斯决定论、神经决定论、心理决定论等,都试图在不误导被试的同时又使其认识到决定论的本质,但是这些描述都存在一些问题,是否真正激发了被试的相关判断还不清楚,需要研究者的不断尝试和验证。

第三,目前研究尚处于初步阶段,已有研究结果并不完全一致,有些甚至相互矛盾,对于相关研究结果以及相应的内部心理机制,还有待进一步验证和探讨,引入更多的心理变量。比如,已有研究发现人们同时具有相容论与不相容论的态度,这表明隐藏在自由意志观与相关态度判断过程下的心理机制是复杂的,它们涉及了不同的心理过程。那么究竟是个体内部的稳定差异如人格特点,还是外部因素如问题的性质(抽象或具体)、是否引发强烈情感、决定论的描述方式等影响了自由意志与决定论的相容性判断?或者内外部因素共同产生了作用?不同道德水平人群的判断是否存在差异?如果情境引发的情感影响了人们的判断,那么其他因素如自我防御机制是否也会影响这一过程?如果情境中的当事人是被试自己而非他人时,回答是否存在差异?人们是否可能采取双重标准,它们之间如何相互作用?此外,自由意志观作为世界观的重要组成部分,与其他观念、态度有着密切关系,必然会影响一些相关心理过程与活动,这些问题都还有待进一步深入研究(刘毅,郭永玉,2010)。

第四,对自由意志相关的心理学实证研究还存在相关概念的梳理与整合问题需要解决。虽然目前对于自由意志相关概念的研究很多,但是直接采用自由意志这一概念的研究却并不多。这也可能是造成现有研究结论存在矛盾的原因之一。有研究者(董蕊等,2012)指出,已有的许多研究者往往仅从自身角度出发,抓住自由意志某一方面,将自由意志概念进行操作化界定后进行实验研究。这些相关概念如有意动作、自我控制、选择、意识、个人能动性、控制错觉、目标追求、自我能动性等。然而这些操作化的概念可能并没有抓住人类自由意志的本质,自由意志是更严格、更抽象和更概括性的概念。因此,未来研究应注意不同概念的区分,或者是从不同的层面来理解和研究自由意志。

参考文献

暴占光.(2006).初中生外在学习动机内化的实验研究.长春:东北师范大学博士学位论文.
暴占光,张向葵.(2005).自我决定认知机理理论研究概述.东北师大学报,218(6),141—146.
陈刚.(2007).知觉二元论与自由意志.自然辩证法通讯,6,32—36.
董蕊,彭凯平,喻丰,郑若乔.(2012).自由意志:实证心理学的视角.心理科学进展,20(11),1869—1878.
韩磊.(2011).认知自主对创造性思维的影响研究.武汉:华中师范大学博士学位论文.
况志华.(2008).自由意志与决定论的关系——基于心理学视角.心理学探新,28(3),5—9.

刘海燕,闫荣双,郭德俊.(2003).认知动机理论的新进展——自我决定论.心理科学,26(6),1115—1116.
刘毅.(2012).当代心理学观照下的自由意志问题.南京师大学报(社会科学版),6,110—115.
刘毅,郭永玉.(2010).民众自由意志观及其与决定论相容性的研究.心理学探新,30(4),18—22.
刘毅,张掌然.(2012).自由意志概念的演变及其含义辨析.山东理工大学学报(社会科学版),28(1),40—43.
刘毅,朱志方.(2012).自由意志与道德判断的实验研究.学术研究,3,30—34.
钱慧.(2007).中学生自我决定动机的初步研究.上海:华东师范大学硕士学位论文.
乔晓熔.(2006).中学生数学学习自我决定及其与数学学习投入的关系.郑州:河南大学硕士学位论文.
夏凌翔,黄希庭.(2004).典型自立者人格特征初探.心理科学,27(5),1065—1068.
夏凌翔,黄希庭.(2006).古籍中自立涵义的概念分析.心理学报,38(6),916—923.
夏凌翔,黄希庭.(2007).自立、自主、独立特征的语义分析.心理科学,30(2),328—331.
夏凌翔,钟慧.(2004).论自立.西北师大学报(社会科学版),3,114—117.
恽广岚.(2005).动机研究的新进展:自我决定理论.南通大学学报,21(3),38—41.
张剑,郭德俊.(2003).内部动机与外部动机的关系.心理科学进展,11(5),545—550.
Erikson, E. H. (罗一静等译).(1963/1992).童年与社会.上海:学林出版社.
Rychlak, J. F. (许泽民,罗选民译).(1994).发现自由意志与个人责任.贵阳:贵州人民出版社.
Allen, J. P., Hauser, S. T., Bell, K. L., & O'Connor, T. G. (1994). Longitudinal assessment of autonomy and relatedness in adolescent-family interactions as predictors of adolescent ego development and self-esteem. *Child Development*, 65, 179-194.
Amabile, T. M. (1983). *The social psychology of creativity*. New York: Springer Verlag.
Amabile, T. M. (1986). *The social psychology of creativity*. US: Westview Press.
Amabile, T. M. (1996). *Creativity in context: Update to "The social psychology of creativity"*. US: Westview Press.
Amabile, T. M. (2001). Beyond talent. *American Psychologist*, 56, 333-336.
Amabile, T. M., Hill, K. G., Hennessey, B. A., & Tighe, E. (1994). The work preference inventory: Assessing intrinsic and extrinsic motivational orientations. *Journal of Personality and Social Psychology*, 66, 950-967.
Baumeister, R. F. (2008). Free will, consciousness and cultural animals. In J. Baer, J. C. Kausman, & R. F. Baumeister (Eds.), *Free Will and Psychology* (pp. 65-85). New York: Oxford University Press.
Baumeister, R. F., & Vohs, K. D. (2007). Self-regulation, ego depletion, and motivation. *Social and Personality Psychology Compass*, 1(1), 115-128.
Beck, A. T. (1983). Cognitive therapy for depression: New perspectives. In P. J. Clayton & J. E. Barrett (Eds.), *Treatment of depression: Old conroverstes and new approaches* (pp. 265-290). New York: Raven Press.
Beckert, T. (2005). Fostering autonomy in adolescents: A model of cognitive autonomy and self-evaluation. *American Association of Behavioral and Social Sciences Perspectives*, 8, 1-21.
Beckert, T. (2007). Cognitive autonomy and self-evaluation in adolescence: A conceptual investigation and instrument development. *North American Journal of Psychology*, 9(3), 579-594.
Bednar, D. E., & Fisher, T. D. (2003). Peer referencing in adolescent decision making as a function of perceived parenting style. *Adolescence*, 38, 607-621.
Bekker, M. H. J. (1991). *De bewegelijke grenzen van het vrouwelijke ego [The movable boundaries of the female ego]*. Eburon, Delft, The Netherlands.
Benware, C. A., & Deci, E. L. (1984). Quality of learning with an active versus passive motivational set. *American Educational Research Journal*, 21(4), 755-765.
Berndt, T. J. (1996). Developmental changes in conformity to peers and parents. *Developmental Psychology*, 15, 608-616.
Black, A. E., & Deci, E. L. (2000). The effects of instructors' autonomy support and students' autonomous motivation on learning organic chemistry: A self-determination theory perspective. *Science Education*, 84(6), 740-756.
Blair, R. (1995). A cognitive developmental approach to morality: Investigating the psychopath. *Cognition*, 57(1), 1-29.
Blair, R., Jones, L., Clark, F., Smith, M., & Jones, L. (1997). The psychopathic individual: A lack of responsiveness to distress cues? *Psychophysiology*, 34(2), 192-198.
Blos, P. (1979). *The adolescent passage*. New York: International Universities Press, Inc.
Brown, S. A., Tapert, S. F., Granholm, E., & Delis, D. C. (2000). Neurocognitive functioning of adolescents: Effects of protracted alcohol use. *Journal of the Research Society on Alcoholism*, 24, 164-171.
Buis, J., & Thompson, D. (1989). Imaginary audience and personal fable: A brief review. *Adolescence*, 24, 773-781.
Burton, K. D., Lydon, J. E., D'Alessandro, D. U., & Koestner, R. (2006). The differential effects of intrinsic and identified motivation on well-being and performance: prospective, experimental, and implicit approaches to self-determination theory. *Journal of Personality and Social Psychology*, 91(4), 750-762.
Carey, S., & Spelke, E. (1996). Science and core knowledge. *Philosophy of Science*, 63(4), 515-533.
Carney, J. (1986). *Intrinsic motivation in successful artists from early adulthood to middle age*. Unpublished doctoral dissertation, University of Chicago.
Casey, B. J., & De Haan, M. (2002). Introduction: New methods in developmental science. *Developmental Science*. 5(3), 265-267.

Chirkov, V. I., & Ryan, R. M. (2001). Parent and teacher autonomy-support in Russian and U. S. adolescents common effects on well-being and academic motivation. *Journal of Cross-Cultural Psychology*, *32*(5), 618–635.

Deci, E. L., Eghrari, H., Patrick, B. C., & Leone, D. R. (1994). Facilitating internalization: The self-determination theory perspective. *Journal of Personality*, *62*(1), 119–142.

Deci, E. L., & Ryan, R. M. (2000). The "what" and "why" of goal pursuits: Human needs and the self determination of behavior. *Psychological Inquiry*, *11*(4), 227–268.

Deci, E. L., & Ryan, R. M. (2008). Facilitating optimal motivation and psychological well-being across life's domains. *Canadian Psychology/Psychologie Canadienne*, *49*(1), 14–24.

Deci, E. L., & Vansteenkiste, M.. (2004). Self-determination theory and basic need satisfaction: Understanding human development in positive psychology. *Ricerche di Psicologia*. *27*, 17–34.

Douvan, E., & Adelson, J. (1966). *The adolescent experience*. New York: Wiley.

Demetrious, A. (2003). Mind, self and personality: Dynamic interactions from late childhood to early adulthood. *Journal of Adult Development*, *10*(3), 151–171.

Duckworth, A. L., & Seligman, M. E. P. (2005). Self-discipline outdoes IQ in predicting academic performance of adolescents. *Psychological Science*, *16*(12), 939–944.

Dunning, D., Heath, C., & Suls, J. (2004). Flawed self-assessment: Implications for health, education, and the workplace. *Psychological Science in the Public Interest*, *5*(3), 69–106.

Elkind, D. (2001). *The hurried child* (3rd ed.). Cambridge, MA: Da Capo.

Erikson, E. H. (1959). Identity and the life cycle: Selected papers. *Psychological Issues*, Vol. 1, 1–171.

Feltz, A., & Cokely, E. T. (2009). Do judgments about freedom and responsibility depend on who you are? Personality differences in intuitions about compatibilism and incompatibilism. *Consciousness and Cognition*, 2009, *18*(1), 342–350.

Feltz, A., Cokely, E. T., & Nadelhoffer, T. (2009). Natural compatibilism versus natural incompatibilism: Back to the drawing board. *Mind & Language*, *24*(1), 1–23.

Ferguson, C. J. (2000). Free will: An automatic response. *American Psychologist*, *55*(7), 762–763.

Finken, L. L. (2005). The role of consultants in adolescents' decision making: A fouc on abortion decisions. In J. J. Jacobs & P. A. Klaczynski (Eds.) *The Development of Judgment and Decision Making in Children and Adolescents* (pp. 255–278). Mahwah, NJ: Erlbaum.

Freud, A. (1958). Psychoanalytic Study of the Child. *Adolescence*. *13*, 255–278.

Gagné, M., & Deci, E. L. (2005). Self-determination theory and work motivation. *Journal of Organizational Behavior*, *26*(4), 331–362.

Galotti, K. M. (2002). *Making decisions that matter: How people face important life choices*. Mahwah, NJ: Erlbaum.

Grolnick, W. S., Farkas, M. S., Sohmer, R., Michaels, S., & Valsiner, J. (2007). Facilitating motivation in young adolescents: Effects of an after-school program. *Journal of Applied Developmental Psychology*, *28*(4), 332–344.

Grolnick, W. S., & Ryan, R. M. (1989). Parent styles associated with children's self-regulation and competence in school. *Journal of educational psychology*, *81*(2), 143–154.

Haidt, J. (2001). The emotional dog and its rational tail: A social intuitionist approach to moral judgment. *Psychological Review*, *108*(4), 814–834.

Halvari, A. E. M., & Halvari, H. (2006). Motivational predictors of change in oral health: An experimental test of self-determination theory. *Motivation and Emotion*, *30*(4), 294–305.

Hayamizu. (1997). Between intrinsic and extrinsic motivation: Examination of reasons for academic study based on the theory of internalization. *Japanese Psychological Research*, *39*(2), 98–108.

Heinzen, T. E., Mills, C., & Cameron, P. (1993). Scintific innovation potential. *Creativity Research Journal*, *6*, 261–269.

Herman-Giddens, M. E., Kaplowitz, P. B., & Wasserman, R. (2004). Navigating the recent articles on girls' puberty in Pediatrics: What do we know and where do we go from here? *Pediatrics*, *113*, 911–917.

Hill, J. P., & Holmbeck, G. (1986). Attachment and autonomy during adolescence. In G. Whitehurst (Ed.), *Annals of Child Development* (Vol. 3). Greenwich, CT: JAI.

Hmel, B., & Pincus, A. L. (2002). The meaning of autonomy: On and beyond the interpersonal circumplex. *Journal of Personality*, *70*(3), 277–310.

Jacobs, J. E., & Klaczynski, P. (2005). *The development of judgment and decision making in children and adults*. Mahwah, NJ: Lawrence Erlbaum.

Knee, C. R., & Lonsbary, A., Canevello, A. & Patrick, H. (2006). Self-determination and conflict in romantic relationships. *Journal of Personality and Social Psychology*, *89*(6), 997–1009.

Koestner, R., & Losier, G. (2002). Distinguishing three ways of being highly motivated: A closer look at introjection, identification, and intrinsic motivation. In E. L. Deci & R. M. Ryan (Eds.), *Handbook of self-determination research*. Rochester, NY: University of Rochester Press, 101–121.

Koestner, R., Losier, G. F., Vallerand, R. J., & Carducci, D. (1996). Identified and introjected forms of political internalization: Extending self-determination theory. *Journal of Personality and Social Psychology*, *70*(5), 1025–1036.

Kuhn, D. (2006). Do cognitive changes accompany developments in the adolescent brain? *Perspectives on Psychological Science*, 1, 59-67.
Lamborn, S. D., & Steinberg, L. (1993). Emotional autonomy redux: Revisiting Ryan and. Lynch. *Child Development*, 64, 483-499.
Lerner, J., Goldberg, J., & Tetlock, P. (1998). Sober second thought: The effects of accountability, anger, and authoritarianism on attribution of responsibility. *Personality and Social Psychology Bulletin*, 24(6), 563-574.
Machery, E., Mallon, R., Nichols, S., & Stich, S. (2004). Semantics, cross-cultural style. *Cognition*, 92(3), 1-12.
Miller, D., & Byrnes, L. (2001). Adolescents' decision-making in social situations: A self-regulation perspective. *Journal of Applied Developmental Psychology*, 22, 237-256.
Monterosso, J., Royzman, E. B., & Schwartz, B. (2005). Explaining away responsibility: Effects of scientific explanation on perceived culpability. *Ethics & Behavior*, 15(2), 139-158.
Nadelhoffer, T., & Feltz, A. (2007). Folk intuitions, slippery slopes, and necessary fictions: An essay on saul smilansky's free will illusionism. *Midwest Studies in Philosophy*, 16, 202-213.
Nahmias, E. (2006). Folk fears about freedom and responsibility: Determinism vs. reductionism. *Journal of Cognition and Culture*, 6(1/2), 215-237.
Nahmias, E., Coates, D. J, & Kvaran, T. (2007). Free will moral responsibility, and mechanism: Experiments on folk intuitions. *Midwest Studies in Philosophy*, 36, 214-242.
Nahmias, E., Morris, S., Nadelhoffer, T., & Turner, J. (2005). Surveying freedom: Folk intuitions about free will and moral responsibility. *Philosophical Psychology*, 18(5), 561-584.
Nahmias, E., Morris, S. G., Nadelhoffer, T., & Turner, J. (2006). Is incompatibilism intuitive? *Philosophy and Phenomenological Research*, 73(1), 28-53.
Nichols, S. (2004). The Folk psychology of free will fits and starts. *Mind Language*, 19(5), 473-502.
Nichols, S. (2006). Folk intuitions on free will. *Journal of Cognition & Culture*, 2006, 6(1/2), 57-86.
Nichols, S., & Knobe, J. (2007). Moral responsibility and determinism: The cognitive science of folk intuitions. *Nous*, 41(4), 663-685.
Niemiec, C. P., Lynch, M. F., Vansteenkiste, M., Bernstein, J., Deci, E. L., & Ryan, R. M. (2006). The antecedents and consequences of autonomous self-regulation for college: A self-determination theory perspective on socialization. *Journal of Adolescence*, 29(5), 761-775.
Noom, M. J., Dekovic, M., & Meeus, W. H. (2001). Conceptual analysis and measurement of adolescent autonomy. *Journal of Youth and Adolescence*, 5, 577-595.
Park, D. C. (1999). Acts of will? *American Psychologist*, 54(7), 461.
Peetsma, T., Hascher, T., Van Der Veen, I., & Roede, E. (2005). Relations between adolescents' self-evaluations, time perspectives, motivation for school and their achievement in different countries and at different ages. *European Journal of Psychology of Education*, 20, 209-225.
Prabhu, V., Sutton, C., & Sauser, W. (2008). Creativity and certain: Personality traits understanding the mediating effect of intrinsic motivation. *Creativity Research Journal*, 20(1), 53-66.
Ratelle, C. F., Guay, F., Robert, J., Larose, V. S., & Senécal, C. (2007). Autonomous, controlled types of academic motivation: A person-oriented analysis. *Journal of Educational Psychology*, 99(4), 734-746.
Ratelle, C. F., Guay, F., Vallerand, R. J., Larose, S., & Senécal, C. (2007). Autonomous, controlled, and amotivated types of academic motivation: A person-oriented analysis. *Journal of Educational Psychology*, 99(4), 734-746.
Reed, V., & Spicer, L. (2003). The relative importance of selected communication skills for adolescents' interactions with their teachers: High school teachers' opinions. *Language, Speech, and Hearing Services in Schools.* 34, 343-357.
Reindal, S. M. (1999). Independence, dependence, interdependence: Some reflections on the subject and personal autonomy. *Disability & Society*, 14(3), 353-367.
Roth, G., Assor, A., Kanat-Maymon, Y., & Kaplan, H. (2007). Autonomous motivation for teaching: How self-determined teaching may lead to self-determined learning. *Journal of Educational Psychology*, 99(4), 761-774.
Ryan, R. M, & Connell, J. P. (1989). Perceived locus of causality and internalization: Examining reasons for acting in two domains. *Journal of Personality and Social Psychology*, 57(5), 749-761.
Ryan, R. M., & Deci, E. L. (2000). Self-determination theory and the facilitation of intrinsic motivation. *Social Development and well-being. American Psychologist*, 55, 68-78.
Ryan, R. M., & Deci, E. L. (2006). Self-regulation and the problem of human autonomy: Does psychology need choice, self-determination, and will? *Journal of Personality*, 74(6), 1557-1585.
Ryan, R. M., La Guardia, J. G., Solky-Butzel, V., Chirkov, I. & Kim, Y. (2005). On the interpersonal regulation of emotions: Emotional reliance across gender, relationships, and cultures. *Personal Relationships*, 12(1), 145-163.
Ryan, R. M, Plant, Robert W, & O'Malley, Stephanie. (1995). Initial motivations for alcohol treatment: Relations with patient characteristics, treatment involvement, and dropout. *Addictive Behaviors*, 20(3), 279-297.
Ryan, R. M., Rigby, S., & King, K. (1993). Two types of religious internalization and their relations to religious orientations and mental health. *Journal of Personality and Social Psychology*, 65(3), 586-596.
Saadah, M. A. (2002). Clinical commentary 'On autonomy and participation in rehabilitation'. *Disability and*

Rehabilitation, 24(18),977-982.
Sappington, A. A. (1990). Recent psychological approach to the free will versus determinism issue. *Psychological Bulletin*, 108(1),19-29.
Sato, T. (2001). Autonomy and relatedness in psychopathology and treatment: A cross-cultural formulation. *Genetic, Social, and General Psychology Monograph*, 127(1),89-127.
Scott, P. A., Vlimki, M., Leino-Kilpi, H., Dassen, T., Gasull, M., Lemonidou, C., & Arndt, M. (2003). Autonomy, privacy and informed consent 1: Concepts and definitions. *British Journal of Nursing*, 12(1),43-47.
Sessa, F. M., & Steinberg, L. (1991). Family structure and the development of autonomy during adolescence. *The Journal of Early Adolescence*, 11(1),38-55.
Sheldon, K. M., & Krieger, L. S. (2007). Understanding the negative effects of legal education on law students: A longitudinal test of self-determination theory. *Personality and Social Psychology Bulletin*, 33(6),883-897.
Slife, B. D., & Fisher, A. M. (2000). Modern and postmodern Approaches to the free will/ determinism dilemma in psychotherapy. *Journal of Humanistic Psychology*, 40(1),80-107.
Spear, H. J., & Kulbok, P. (2004). Autonomy and adolescence: a concept analysis. *Public Health Nursing*, 21(2),144-152.
Stefanou, C. R., Perencevich, K. C., DiCintio, M., & Turner, J. C. (2004). Supporting autonomy in the classroom: Ways teachers encourage student decision making and ownership. *Educational Psychologist*, 39(2),97-110.
Steinberg, L. (1990). *Autonomy, conflict, and harmony in the family Relationship, At the threshold: The developing adolescent*. Cambridge, MA: Haward University Press, 255-277.
Steinberg, L., Elmen, J. D., & Mounts, N. S. (1989). Authoritative parenting, psychosocial maturity, and academic success among adolescents, *Child Development*, 60,1424-1436.
Steinberg, L., & Silverberg, S. (1986). The vicissitudes of autonomy in early adolescence. *Child Development*, 57,841-851.
Steinlinger, M., & Colsher, S. (1980). Beliefs about freedom and responsibility. *The Journal of Social Psychology*, 110(1),14.
Stroessncr, S. J., & Green, C. W. (1989). Effects of belief in free will or determinism on attitudes toward punishment and locus of control. *The Journal of Social Psychology*, 130(6),789-799.
Tait, G. (2003). Free will, moral responsibility and ADHD. *International Journal of Inclusive Education*, 7(4),429-446.
Taylor, I. M., Ntoumanis, N., & Standage, M. (2008). A self-determination theory approach to understanding the antecedents of teachers' motivational strategies in physical education. *Journal of Sport & Exercise Psychology*, 30(1),75-94.
Turner, J., & Nahmias, E. (2006). Are the folk agent-causationists? *Mind & Language*, 21(5),597-609.
Vallerand, R. J., & Blssonnette, R. (1992). Intrinsic, extrinsic, and amotivational styles as predictors of behavior: A prospective study. *Journal of Personality*, 60(3),599-620.
Vansteenkiste, M., & Sheldon, K. M. (2006). There's nothing more practical than a good theory: Integrating motivational interviewing and self-determination theory. *British Journal of Clinical Psychology*, 45(1),63-82.
Vansteenkiste, M., Zhou, M., Lens, W., & Soenens, B. (2005). Experiences of autonomy and control among Chinese learners: Vitalizing or immobilizing?. *Journal of Educational Psychology*, 97(3),468-483.
Viney, W., Parker-Martin, P., & Dotten, S. D. H. (1988). Beliefs in free will and determinism and lack of relation to punishment rationale and magnitude. *The Journal of General Psychology*, 115(1),15-23.
Viney. W., Waldman, D. A, & Barchilon J. (1982). Attitudes toward Punisment in Relation to Beliefs in Free Will and Determinism. *Human Relations*, 35(11),939-950.
Waldman, D. A., Viney W., Bell, P. A., Bennett, J. B., & Hess S. (1983). Internal and external locus of control in relation to beliefs in free will and determinism. *Psychological Reports*, 53(2),631-634.
Wegner, D. M. (2008). Self is magic. In J. Baer, J. C. Kaufman, & R. F. Baumeister (Eds.), *Are we free? Psychology and free will* (pp.226-247). New York: Oxford University Press.
Williams, G. C., & Deci, E. L. (1996). Internalization of biopsychosocial values by medical students: A test of self-determination theory. *Journal of Personality and Social Psychology*, 70(4),767-779.
Williams, G. C., Grow, V. M., Freedman, Z. R., Ryan, R. M., & Deci, E. L. (1996). Motivational predictors of weight loss and weight-loss maintenance. *Journal of Personality and Social Psychology*, 70(1),115-126.
Williams, G. G., Gagné, M., Ryan, R. M., & Deci, E. L. (2002). Facilitating autonomous motivation for smoking cessation. *Health Psychology*, 21(1),40-50.
Zhou, J. (1998). Feedback valence, feedback style, task autonomy, and achievement orientation: Interactive effects on creative performance. *Journal of Applied Psychology*. 83(2),261-276.
Zimmer-Gembeck, M. J., & Collins, W. A. (2003). Autonomy development during adolescence. In G. R. Adams & M. Berzonsky (Eds.), *Blackwell handbook of adolescence* (pp.175-204). Oxford: Blackwell Publishers.
Zuroff, D. C., Koestner, R., Moskowitz, D. S., McBride, C., Marshall, M., & Bagby, M. R. (2007). Autonomous motivation for therapy: A new common factor in brief treatments for depression. *Psychotherapy Research*, 17(2),137-147.

6 自我调节

6.1 调节定向与调节匹配 / 272
    6.1.1 调节定向理论的形成和内涵 / 272
    6.1.2 调节定向的测量与启动 / 275
    6.1.3 不同调节定向的心理、行为特点 / 277
    6.1.4 调节匹配 / 278
    6.1.5 调节匹配效应 / 279
    6.1.6 研究展望 / 282
6.2 控制感的丧失与复得 / 283
    6.2.1 控制感丧失的应对 / 284
    6.2.2 使用控制策略的影响因素 / 287
    6.2.3 从丧失到复得 / 289
    6.2.4 总结与展望 / 290
6.3 有限自制力 / 291
    6.3.1 自我控制 / 292
    6.3.2 有限自制力模型 / 293
    6.3.3 应对有限自制力的策略 / 298
    6.3.4 未来研究方向 / 301
6.4 创伤后成长 / 302
    6.4.1 创伤后成长的概念 / 303
    6.4.2 创伤后成长的测量 / 304
    6.4.3 创伤后成长的影响因素 / 306
    6.4.4 创伤后成长与心理健康的关系 / 310
    6.4.5 研究展望 / 311

20 世纪六七十年代,随着动机研究的深入,期望—价值理论和动机归因理论的研究者们都认为,"自我"是一个重要的、具有动机功能的概念。比如,提升个体的自我价值和免自我在一些情境中受到威胁,是人们产生行为的主要原因。而"自我调节"除了有动机的功能之外,还反映了人们行为产生的过程。对于个体来说,为了"趋近自我价值"、"免于受到威胁"等目标,就会做出相应的行为,同时也许还会去压抑自己的其他欲望,这些过程体现了个体的自我调节。

自我调节的方式由于具有一定程度的跨时间的稳定性,因而可以被看作一种特质。有些人从少年到成年都倾向于采取预防定向的自我调节方式(免于受威胁),而另一些人则倾向于采取促进定向的自我调节方式(追求自我价值)。自我调节的过程存在着个体的差异,这在调节定向和调节匹配的理论及相关研究中已得到了充分的体现。同时,"自我调节"常与"自我控制"通用,但二者有细微的区别:**自我调节**(self-regulation)通常泛指目标导向行为,它既可以是无意识的,也可以是有意识的;而**自我控制**(self-control)通常特指有意识的冲动控制(Vohs 和 Baumeister, 2004)。因而,自我控制以及与自我控制相关的控制感、次级控制等领域的研究也是人格动力研究中的一个重要组成部分。最后,当个体具有从创伤和苦痛中自我恢复、痊愈和成长的力量,认为成长的激发有赖于个体自身内在的信念体系的改变时,创伤性成长就具有了自我调节功能。

6.1 调节定向与调节匹配[①]

调节定向理论(regulatory focus theory)(Higgins, 1997)是希金斯基于**自我差异理论**(self-discrepancy theory)(Higgins, 1987)提出来的动机观点,这个理论的提出与希金斯的研究经历有关。1989 年,希金斯离开纽约大学去哥伦比亚大学任教,由于两个大学的科研环境不同,希金斯似乎无法继续关于自我差异理论的研究,但希金斯认为该理论尚有很大的发展空间,不忍舍弃。在纽约大学,希金斯每年可以拥有几千人的被试库,而且这些被试库里的大学生都要填写包括人口学方面的问题和人格问卷的小册子,其中就有测量自我差异的自我问卷,这就意味着在联系潜在被试来参加研究前就已经拥有这些被试的自我差异数据了。而在哥伦比亚大学,希金斯的实验室拥有的被试库里只有几百人,也没有类似的小册子可以事先收集数据,希金斯的同事只能花时间去收集这些背景信息,而这足以占用所有分配的被试时间,也就无法展开正式的研究。无奈之下,希金斯需要找到有别于这种测量长期的自我差异的方法,这样才促使了调节定向理论的产生。

6.1.1 调节定向理论的形成和内涵
理论起源

为什么人们面对消极事件的时候会有不同的情绪反应,有的人更多地体会到抑

[①] 本节基于如下工作改写而成:陈真珍.(2013).调节匹配对整体/局部加工的影响.武汉:华中师范大学硕士论文.撰稿人:陈真珍.

郁,而有的人则更多地遭受焦虑之苦?自我差异理论认为,人们对特定目标(如上好大学、拥有美好的婚姻)的表征是不同的。这些指导人们进行自我调节的目标或标准在自我差异理论中叫**自我指导**(self-guide)。有的人将这种自我指导表征为理想或希望,是其渴望成为的人,即**理想自我指导**(ideal self-guide);而有的人将这种自我指导表征为义务或责任,是其相信自己应该成为的那种人,即**应该自我指导**(ought self-guide)。当消极的生活事件发生时,人们将其视为**现实自我**(actual self)的状态,当将其与不同的自我指导比较时,便产生了不同的情绪反应。当人们的现实自我与理想自我有差异时,便体会到伤心、失望和气馁——这些沮丧相关的情绪与临床上的抑郁相关;当人们的现实自我与应该自我有差异时,便体会到焦虑、紧张和担心——这些相关的情绪在临床上与焦虑障碍有关。

随着研究的深入,研究者进一步发现,理想自我指导或者应该自我指导可以被启动和激活,并可以产生相应的情绪体验。让被试接触描述他们的理想自我状况的词汇或描述应该自我状况的词汇,便会暂时提高现实—理想自我差异,或者现实—应该自我差异的可及性(accessible),这样就诱发了相应的情绪体验。这种现象在临床样本(Strauman, 1989)和非临床样本(Strauman 和 Higgins, 1987)中都得到了验证。用这种启动方式来激活理想自我指导或者应该自我指导,关于自我差异的研究就可以不再拘泥于自陈式问卷测量的方式,这样希金斯及其同事也便可以解决在新环境中遇到的被试不足的障碍,同时还可以提高对实验的控制。只是在当时,自我差异理论还是被作为人格方面的理论来理解,用启动的方法也只是暂时激活了某种自我差异。虽然有研究者认为情境启动的效果在短时间内可以超过来源于人格特质的作用(Bargh, Lombardi, 和 Higgins, 1988),但自我差异理论考察的始终是自我差异程度这种长期的个体差异变量。只是在两种自我差异都很高的情况下,研究者才使用启动的方法来激活某种自我差异进行研究(Higgins, Bond, Klein, 和 Strauman, 1986)。

在这样一种情况下,旧的自我差异理论似乎不能包含新方法下的研究,而要进行拓展。研究者认为,可及性(不同的自我指导)是一种状态,个体并不了解这种状态的来源,它可能来自长期的可及性(个体差异),也可能来源于启动操纵,或者两者兼而有之,因而可以将可及性理解为人与人之间的变异性(长期可及性)和情境间的变异性(启动)的通用概念,这也为经典的"个人—情境"之争提供了不同的视角(Higgins, 1990)。因此,研究者认识到,基于理想—应该自我指导框架下的自我调节研究,不必囿于自我差异理论,作为长期的自我差异来理解。它们更像是两个不同的自我调节系统,任何时候人们都可以根据理想自我或者应该自我来进行调节,而不必管其长期的自我差异状况如何。这样对自我差异理论进行扩展,提出的新的理论观点就是调节定向理论。

内涵

长期以来,趋利避害的享乐主义原则在有关动机的研究中占有主要地位,是心理学不同领域开展研究的一个基本动机假设,然而这一动机假设并没有解释清楚人们如何趋利避害。调节定向理论最开始关心的问题便是人们追求快乐和避免痛苦的不同方式,即在两个不同的自我调节系统下人们对目标的追求。当人们的自我调节聚焦在理想自我和现实自我之间的差距时,追求的是成长(nurturance, achievement)需要的满足,即**促进定向**(promotion-focus);当人们的自我调节聚焦在应该自我和现实自我之间的差距时,追求的是安全(security, safety)需要的满足,即**预防定向**(prevention-focus)。调节定向理论认为,人们通过这两套不同的调节系统调节目标追求的行为,有其相应的调节策略。当满足**自我实现**(self-realization)、成长的需要占主导时,受到理想自我(ideal self)的指导,追求的是理想、愿望和抱负等,关注是否有积极结果的出现(收益/没有收益),对是否有积极的结果("0到+1"的差异)比是否有消极的结果("-1到0"的差异)更敏感,这时个体表现为促进定向。相反,预防定向调节的是安全需要的满足,受到应该自我(ought self)的指导,追求的是履行责任(responsibilities)、义务(duties),关注是否有消极结果的出现(没有损失/损失),对从"-1到0"的差异比从"0到+1"的差异敏感。

促进/预防的调节定向动机和趋近/回避动机存在区别。以取得优异学习成绩的目标为例,这一目标可以理解为由趋近动机驱使的目标,但同样是有此目标的个体,可以有不一样的自我调节策略。促进定向者认为这是一种自我提升和成长,采取促进定向的调节方式;预防定向者却认为这是责任和义务,采取预防定向的自我调节方式。对于趋近/回避动机来说,自我调节的参照点分别是渴望的结果状态和不渴望的结果状态。而对于促进/预防定向来说,这两者都可以作为调节的参照点,渴望的结果状态在促进定向时是积极结果的出现,追求理想、抱负,在预防定向时则是消极结果的不出现,履行责任和义务。因此,调节定向和调节参照点之间是十字交叉的关系。利用不同调节策略的个体,目标追求获得成功或者失败时,其情绪体验是不一样的。在促进状态时,个体如果成功地达到了目标,其感受到的是愉快相关的情绪;如果失败了,则会感觉到沮丧。在预防状态时,个体如果成功地达到了目标,其心理感受是平静的;如果失败了,则会体验到紧张、焦虑相关的情绪。

另外,根据埃利奥特(Elliot)等研究者提出的**趋近/回避的成就动机层级模型**(a hierarchical model of approach and avoidance achievement motivation),趋近和回避处于气质(temperature)差异水平,这种差异会以不同的行为方式表现出来,同时趋近动机驱动下的目标既可以表现为促进目标,亦可表现为预防目标(Elliot 和 Church,

1997；Elliot, Gable, 和 Mapes, 2006；Elliot 和 Thrash, 2001)。对同一个结果状态的目标,不同的调节定向有不同的表征,也有不同的情绪体验(见图6.1)。

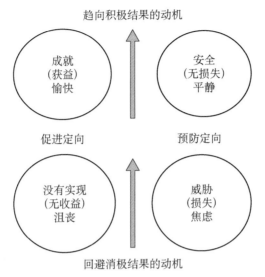

图6.1 调节定向动机和趋近/回避动机之间的关系
来源：Molden, Lee, 和 Higgins, 2008.

6.1.2 调节定向的测量与启动

测量

现有的研究中主要有以下三种测量方法：(1)基于反应时的**自我导向强度测量**(Self-guidance Strength Measures)(Higgins, Shah, 和 Friedman, 1997)，引入反应时的概念测量被试对理想自我的属性和应该自我的属性的可及性快慢，这是一种个人化的测量，每个被试的理想自我和应该自我都有很大的差异,操作较为复杂。(2)基于以往促进/预防自我调节的经验编制的**调节定向问卷**(Regulatory Focus Questionnaire)(Higgins 等，2001)，其理论基础是促进/预防调节定向分别受到理想/应该自我的指导的假设,这一问卷是目前使用最广、信效度最好的测量工具,我国已经有学者对该问卷进行了修订(姚琦,乐国安,伍承聪,李燕飞,陈晨,2008)。(3)基于促进/预防定向个体对收益和损失的敏感性差异编制的**一般性调节定向问卷**(General Regulatory Focus Measures)(Lockwood, Jordan, 和 Kunda, 2002)，由洛克伍德(Lockwood)等人在研究榜样作用时编制，共18个项目，促进维度和预防维度分别9道题,多用于学业领域的研究。萨默维尔和罗伊斯(Summerville 和 Roese, 2008)的一项研究认为后两种自陈式问卷测量结果的相关程度低,在选取研究工具时应该谨慎考虑。也有学者用这两种工具进行研究发现都有很好的预测效度,并认为没有必要采取反应时的测量方法(Keller 和 Bless,2006)。我国已有学者对特质的调节定向测量工具进行了总结(许雷平,杭虹利,王方华,2012),介绍了五种测量方法,并对测量工具的优劣进行了深入的分析。

启动

情境的调节定向的启动主要以情境性调节定向的产生原因为依据,应用最普遍且成熟的方法主要有以下三种:

信息框架 用强调是否有收益和提高的信息框架启动促进定向,用强调是否有损失和安全的信息框架启动预防定向(参见 Lee 等,2000)。在最先采用这种信息框架法的研究中,研究者让被试想象他们在参加入学考试,完成考试任务的成绩影响其是被接受还是被拒绝,进而通过不同的指导语表述方式来启动调节定向:在促进信息框架下,研究者给予被试的信息是成功完成任务有90%的可能被接受,否则只有35%的可能;而预防框架下给予的信息则是如果表现没有变糟糕则有10%的可能被拒绝,如果表现变糟糕则有65%的可能被拒绝(Shah 和 Higgins,1997)。在此后的研究中,这种信息框架启动法有很多种变式,比如让被试阅读相同的关于健康饮食的材料,但是促进的信息框架强调健康饮食带来的是提高和改善,而预防的信息框架强调健康饮食能带来安全保证(Spiegel,Grant-Pillow,和 Higgins,2004)。

理想自我和应该自我两种表征的激活 在这种启动实验中,让被试回忆或者设想他们的理想、愿望或者义务、责任如何随着年龄而变化,以此分别启动促进/预防定向(Freitas 和 Higgins,2002;Higgins 等,1994)。这种操纵方式基于促进/预防定向分别受到理想/应该自我导向的假设。

"老鼠走迷宫"任务 启动促进定向条件下,被试帮助处在迷宫中的老鼠走出迷宫以获得食物,而启动预防定向时让被试帮助老鼠走出迷宫是为了躲避老鹰的追捕(Friedman 和 Förster,2001);前者是为了满足提升、成长的需要,后者则是为了获得安全。

虽然具体的方法不同,其依据都是调节定向理论中的基本假设和结论,即促进定向者受到理想自我的指导,为了满足成长和提升的需要,关注行为结果是否有收益;预防定向受到应该自我的指导,满足安全的需要占主导,关注行为结果是否会有损失。

6.1.3 不同调节定向的心理、行为特点

对信息的敏感性和评价

首先,促进动机和预防动机之间的基本差别就在于前者关注的是**提升需要**(advancement needs)的满足,后者关注的是**安全需要**(security needs)的满足,因此持有不同动机定向的个体在对含有"提升"和"安全"信息的敏感性上就存在着差异(Aaker 和 Lee, 2001;Evans 和 Petty, 2003)。第二,促进/预防调节定向对收益和损失的敏感度也是不同的,促进定向主导者对收益/没有收益(gain vs. no gain)相关的信息敏感,而预防定向主导者对损失/没有损失(loss vs. no loss)相关的信息敏感,因此不同调节定向的被试在不同的激励措施条件下完成相同学习任务时的表现和动机强度都会有所差异(Markman, Baldwin, 和 Maddox, 2005;Liberman, Idson, 和 Higgins, 2005)。第三,不同调节定向主导的个体在情绪体验上也存在差异,促进定向者对喜悦/沮丧(elation/dejection)的情绪评价更敏感、反应更快,预防定向者对放松和愤怒(relaxation/agitation)的情绪评价更敏感、反应更快(Shah 和 Higgins, 2001)。更有趣的是,这种动机定向的差异也体现在了神经生理水平上,促进定向者的左侧大脑的基线活动水平增强而右侧大脑的基线活动水平降低,预防定向者刚好相反(Amodio, Shah, Sigelman, Brazy, 和 Harmon-Jones, 2004)。

判断和决策

促进/预防调节定向在判断和决策上的差异在信号检测任务中表现得尤为明显,在完成信号检测任务时促进定向者力求认出所有信号,提高击中率(gain),避免漏报(no gain),而倾向于做"是"反应;预防定向者则力求辨认出所有噪音,提高正确率,拒绝反应率(no loss)和虚报率(loss),而倾向于做"否"反应(Crowe 和 Higgins, 1997),在与信号检测论类似的词汇判断任务中也出现了同样的反应偏差(Friedman 和 Förster, 2001)。这种决策策略的差异实质上源于不同调节定向个体对收益和损失的敏感性的区别,可以用此来理解不同调节定向在目标追求过程中所选择的行为策略的差异。在要求被试进行速度—正确率的平衡的任务中,促进定向者比预防定向者的反应速度更快、正确率更低,预防定向者的反应速度则较慢,但是准确率更高(Förster, Higgins, 和 Bianco, 2003)。也就是说,促进定向的个体在追求目标的时候更多采取**进取策略**(eagerness strategies),确保能够有所收获;预防定向的个体则采取**谨慎策略**(vigilant strategies),以避免任何损失的发生,履行必要的责任和义务(Higgins, 2000)。进一步地说,调节定向动机也会影响着人们的冒险行为的选择(Scholer, Zou, Fujita, Stroessner, 和 Higgins, 2010)。

知觉水平加工差异

福斯特和希金斯(Förster 和 Higgins, 2005)发现,理想自我指导的强度与整体加

工呈显著的正相关,而应该自我的指导强度与局部加工呈显著的正相关。后来,又有学者采用老鼠迷宫任务来启动被试的趋近/回避行为,以此来探讨其对知觉广度的影响,发现趋近组(寻找奶酪)和控制组对整体水平任务的反应比对局部水平任务的更快,而回避组(逃避老鹰追捕)对局部水平任务的反应比对整体水平任务的更快(Förster, Friedman, Özelsel, 和 Denzler, 2006)。

6.1.4 调节匹配

调节匹配的概念

调节匹配(regulatory fit)概念是基于调节定向的研究结论提出的。根据调节定向理论,人们追求目标的时候存在两种不同的自我调节方式或称调节定向,即促进定向和预防定向。根据这两种不同的动机定向,个体又会采取不同的行为策略。研究者发现,不同调节定向的个体在要求取得高分(90%以上正确)和避免低分(尽量不超过10%的错误)的字谜任务中的表现不一样,促进定向者在前一种要求进取的任务中表现更好,而预防定向者在后一种要求谨慎的任务中表现更好(Förster, Higgins, 和 Idson, 1998)。另外,情绪体验的强度也会受到调节定向和任务关系的影响,面对积极(成功)结果时,促进定向者的积极情绪体验比预防定向者更强,而面对消极(失败)结果时,预防定向者的痛苦体验比促进定向者更强烈(Idson 等, 2000)。这样的研究结果似乎并不太符合日常的经验,并非人人都一样,成功了就会感到同样的愉快,而失败了就会感到同样的不安,其情绪体验的程度是有所差别的。

后来研究者对这种调节定向和任务之间的关系对行为结果不对称影响的现象进行了总结,认为如果任务要求的卷入方式(行为策略)能够维持当前的调节定向,那么人们便体验到了调节匹配(Higgins, 2000),进取行为方式(eager manner)能够维持促进定向,而谨慎行为方式(vigiilant manner)则能够维持预防定向。当调节匹配时,对于正在发生的事情会有一种正确感(feeling right),认为这件事情的发生是正确的、合适的甚至公平的。这种体验独立于结果的效价之外,会让人们认为他们所做的事情更有价值。如果在目标追求的过程中,动机定向和行为方式相互匹配时,就会出现调节匹配效应。例如,达成目标的动机增强;对于渴望的选择有更强的积极情绪体验,而对不渴望的选择则有更强的消极情绪体验;对于在调节匹配时所选择的物品有更高的价值估计等(Higgins, 2000)。

理论上,调节匹配的操作首先要先测量或操纵调节定向,然后在完成目标任务时要求以不同的方式(进取 vs. 谨慎的策略)完成,或者给予被试以不同的外部刺激和奖励(鼓励 vs. 惩罚),或者要求被试关注不同的目标结果状态(得到 vs. 损失)等。接下来介绍测量调节定向和调节匹配产生的具体方式。

调节匹配的操纵

正如前文所述,当任务卷入的方式能够维持(而不是妨碍)当前的调节定向时,个体便体验到了调节匹配。根据阿克和李(Aaker 和 Lee,2006)的总结,操纵调节匹配主要有两种方式。第一,促进/预防的调节定向和各自的行为策略的一致,例如促进—进取策略和预防—谨慎策略。如在弗雷塔斯和希金斯(Freitas 和 Higgins,2002)的研究中,通过让被试描述理想、希望的状态及所应履行的义务和责任来启动促进/预防定向,与前者匹配的任务要求是要被试以主动的、最大化积极结果的策略完成后续的任务,与后者匹配的是要被试以谨慎的、最小化消极结果的方式完成任务,结果发现当调节匹配时,被试对实验任务的评价更加积极。第二,使促进/预防调节定向和不同的信息(或任务)框架匹配,比如,促进定向与强调结果的收益信息相匹配,预防定向与强调结果的损失信息相匹配。例如在塞萨里奥等人(Cesario 等,2004)关于说服的研究中,对于启动促进定向的个体使用强调获益的说服信息更有效;反之,对于启动预防定向的个体使用强调损失的说服信息时的效果更好。我们可以根据不同调节定向带来的心理和行为上的差异,发现不同的调节匹配现象,如调节定向与有趣/重要任务的匹配(Higgins, Cesario, Hagiwara, Spiegel, 和 Pittman, 2010)、调节定向与抽象/具体信息的匹配(Semin, Higgins, De Montes, Estourget, 和 Valencia, 2005),以及调节定向与情感/理性评价的匹配(Avnet 和 Higgins, 2006)。

随着调节定向研究的深入和推广,"匹配"的含义也不局限于调节定向和任务卷入方式,也可以用来理解人的主观态度和行为模式、外界环境因素的匹配,当外界环境因素能够让主体的态度、动机定向和行为模式得以维持,便可以理解为一种"匹配"的关系。比如企业员工的调节定向和不同的领导风格之间的匹配能带来更好的组织满意度和绩效(Benjamin 和 Flynn, 2006),再如学生对学习任务的内隐态度(学习是重要的还是有趣的)和学习要求的匹配关系能够提高学习兴趣等(Higgins 等, 2010)。有研究发现强调任务的有趣性和重要性也会对绩效产生影响(Bianco, Higgins, 和 Klem, 2003),在下文中将进行更加详细的介绍。那么人的动机定向和环境之间的匹配(相对于不匹配)对人的行为结果能带来哪些积极的影响呢?基于现有研究结论,这主要体现在认知表现(cognitive performance)、价值评估(value creation)和说服效果(persuasion)三个方面上。

6.1.5 调节匹配效应

调节匹配让人们对其所正在从事的事情有正确感,并提高对该事情的卷入度(Higgins, 2000),这种调节匹配的体验影响了人们对所经历的事情的评价,甚至影响到后续的任务,也影响了人们的态度改变和任务表现。

调节匹配对认知表现的影响

许多研究探讨了调节匹配对完成字母任务的表现的影响。在这种字母任务中,研究者要求被试将一系列字母序列组成的字母串拼成一个正确的单词,每种字母组合都可以组成至少一个以上的单词,被试将根据完成的情况得到奖励,结果发现促进定向的被试用进取的策略(解出更多的字谜以获得奖励)完成任务,而预防定向的被试用谨慎的策略(解出更多的字谜以避免失去奖励)完成任务,即调节匹配时解字谜的任务表现更好(Förster 等,1998;Shah, Higgins, 和 Friedman, 1998)。

研究者们还在其他的认知任务中验证了调节匹配效应的存在。有研究者探讨了调节匹配对概念分类学习的影响(Grimm, Markman, Maddox, 和 Baldwin, 2008; Maddox, Baldwin, 和 Markman, 2006),他们认为调节匹配的时候能够提高加工灵活性(process flexibility),使得被试在完成基于规则的分类任务时表现更好。在关于调节匹配与非注意盲视的研究中发现,当任务的要求和特质的调节定向匹配时,被试观看视频时能够更多地注意到视频中黑猩猩的出现和窗帘颜色的变化(Memmert, Unkelbach, 和 Ganns, 2010),研究者认为这是因为调节匹配扩大了被试的知觉广度,能够注意到视野范围内更多的变化。研究者验证了调节匹配效应对数学考试表现的影响(Keller 和 Bless, 2006),当调节定向与数学测验的计分框架相匹配(促进定向—加分框架,预防定向—减分框架)时,其成绩比非匹配(促进—减分框架,预防定向—加分框架)的情况下要好。后来又有研究者发现性别和计分框架之间的匹配可以消除刻板印象威胁的作用(Grimm, Markman, Maddox, 和 Baldwin, 2009),女性在面临着数学刻板印象威胁时,如果完成的数学任务采用减分框架计分,数学成绩并不会比男生差,且比加分框架下的任务表现要好。

福斯特和希金斯(Förster 和 Higgins, 2005)在关于调节定向和整体/局部加工对应关系的研究基础上还发现,任务的计分框架对调节定向与整体/局部加工的关系起着调节作用(陈真珍,2013)。研究通过写回忆的方法激活理想自我和应该自我的心理表征,以启动促进/预防定向,接着让被试完成 Navon 字母任务。与前人使用的 Navon 字母任务的不同之处在于,该研究让被试将任务视为一个辨别反应的认知测验,通过不同的方式加以计分,在加分框架组每答对一个得 3 分,答错不得分,在减分框架组每答对一个扣 1 分,答错扣 3 分。结果发现,当启动预防定向时,在减分框架下完成整体/局部水平的 Navon 字母任务的反应时显著快于加分框架下两者的平均反应速度;而启动促进定向时,任务的计分框架对完成整体/局部加工任务并没有显著影响(图 6.2)。由此可见,预防定向与整体/局部加工的关系也会受到任务框架的调节。

上述调节匹配效应在任务绩效上的体现多半局限于实验室的认知任务,验证的是狭义的调节匹配的概念。现在的研究已经将匹配的概念推广,验证调节匹配对实

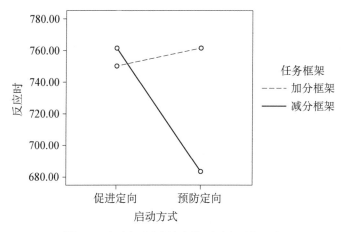

图 6.2　启动方式和任务框架对反应时的影响
来源:陈真珍,2013.

际生活中任务表现的影响,使得人们对人和环境的共同作用对绩效的影响有了更深的认识,也提高了研究的生态效度。

调节匹配与价值评估

调节匹配产生后,影响个体对当前或后续任务、对象的价值评价。调节匹配带来更多的积极效果。例如,相对于非调节匹配的被试,调节匹配对同样一个杯子的价格估计变高,对狗的天性有更积极的评价(Higgins, Idson, Freitas, Spiegel, 和 Molden, 2003),研究者将其称为匹配价值的转移(transfer of value from fit)。这种调节匹配不仅仅影响了人们对客观的价格高低的估计,也影响了人们的心理反应,调节匹配时积极的行为更加积极,消极的行为更加消极(Idson 等, 2004),会影响到目标追求过程中的动机强度(Spiegel 等, 2004),以及目标行为的兴趣(Idson 等, 2004)等。总的来说,调节匹配不仅影响了具体价值评价,如价格的估计,也影响了个体在完成具体的任务时的心理感受(主观的价值),如对事情的兴趣和行为动机。这种调节匹配带来的积极评价是独立于享乐主义的情绪体验(快乐 vs. 痛苦)之外的(Camacho, Higgins, 和 Luger, 2003);也独立于结果的效价之外(Spiegel 等, 2004; Cesario, Grant, 和 Higgins, 2004),即不管一件事的结果是积极的还是消极的,人们都可能觉得它有价值,这是一种基于过程的价值,也叫源于匹配的价值(value from fit)。传统价值判断多建立在对结果的好坏评估上,建立在对完成一件事情是愉快还是痛苦的情绪体验上,如果利大于弊或愉快大于痛苦则认为是有价值的。调节匹配带来的价值感一反传统的观点,为我们提供了价值评价研究的新视角,也为我们理解价值的内涵提供了一个全新的理论视角。

除了希金斯等人早期对匹配的价值转移的研究之外,近来有学者将匹配的概念推广,验证了这种"匹配"的价值,更广泛地探讨不同的目标定向和行为策略之间的关系。布罗德肖尔等人(Brodscholl等,2007)探讨了特质的和情境的调节定向与不同目标关注(目标获得或目标维持)之间的匹配效应。在该研究中,被试完成字谜任务以挣取代金券,积累足够的代金券以换取杯子(否则只能获得一支笔)作为奖励;一半被试在任务开始时没有代金券,需要通过完成字谜任务来挣得代金券换奖品(代金券获得条件),另一半被试在任务开始时就有代金券,目标是维持代金券的数额在一定标准上以获得奖励(代金券维持条件)。这样,前者与促进定向匹配,后者则与预防定向匹配。最后,所有被试都达到了相应数量的代金券而获得奖励,研究者让被试估计杯子的价格时匹配组(促进—获得,预防—维持)比不匹配组(促进—维持,预防—获得)估价更高。

调节匹配对说服效果的影响

当我们要说服他人改变态度或行为习惯时,需要让对方明白这种改变的价值。传统的方法可能对改变的结果进行利弊分析,但是由于调节匹配效应的存在,人们可以通过不同的方式呈现信息以提高被说服者对信息的积极评价和可信度来达到更好的说服效果。有不少研究表明了这一点(Cesario等,2004;Cesario和Higgins,2008)。施皮格尔(Spiegel等,2004)通过调节匹配的方式说服实验参与者提高水果蔬菜的摄入量,结果发现调节匹配组比非调节匹配组在接下来一星期的日常饮食中多摄入20%的果蔬。

匹配的作用在说服领域也有所推广。法姆和阿夫尼特(Pham和Avnet,2004)的研究发现,在决策时促进定向的个体更多地依赖于情感判断,而预防定向的个体更依赖于理性分析。因此可以推断,基于情感判断的信息和基于理性分析的信息对不同的人使用,其说服的效果有所不同。阿夫尼特和希金斯(Avnet和Higgins,2006)让促进/预防定向的被试基于情感/理智的方式去选择两种涂改液,当调节匹配时,被试愿意出更多的钱购买他们选择的那款涂改液。另外,也有研究表明,不同的调节定向描述目标时所用语言的抽象具体程度存在差异,启动促进定向的被试更倾向于用抽象的语言对其目标进行描述,当特质的调节定向和任务的抽象/具体描述的程度相同时,能够提高完成任务的行为倾向(Semin等,2005)。那么同样也可以推测,对不同调节定向的个体使用不同抽象程度的说服时,说服效果也会有所差异。李等人(Lee,Keller,和Sternthal,2010)的研究发现,当描述消费品的语言的抽象程度的高/低分别与促进/预防定向匹配时,能提高对该产品的喜好程度。

6.1.6 研究展望

从自我差异理论到调节定向理论,再到调节匹配理论,希金斯通过一系列的理论建构和实证研究,逐步将关于自我、动机以及情绪的研究进行了整合。目前围绕这一领域已经积累了大量理论研究成果,针对应用领域的研究也已经展开。比如格里姆等人(Grimm 等,2009)考察了调节定向对女性数学刻板印象威胁的影响,为未来对刻板印象威胁的干预提供了依据。未来这一领域的研究可以关注以下方面:

第一,考察个体理想自我和应该自我的内容和结构,以便进一步考察其形成的原因与机制。目前的研究主要针对调节定向和调节匹配对动机、情绪和行为的影响,对其作为理论基础的自我差异理论相对忽视。比如,目前缺少对个体理想自我和应该自我内容的研究,而其内容的不同类型可能对调节定向的作用产生影响。根据马库斯和纽瑞尔斯(Markus 和 Nurius,1986)的"可能自我"(possible selves)理论,个体同时具有大量对可能自我的表征,其中一部分源于自己过去的经验,一部分源于习得的社会角色与期待。作为可能自我的两个类别,理想自我和应该自我的情况应当也是类似的。比如,个体的理想自我既可能是某种社会标准,也可能是自己过去的辉煌成就。渴求已经无法达到的自己过往的辉煌,由此带来的动机强度和情绪体验可能与前者存在极大的差异。

第二,结合生理指标考察自我差异以及调节定向的脑机制。在行为表现与特征上,调节定向中的促进/预防定向与趋近/回避理论存在一定的相似之处。除了理论结构上的差异,两者是否在生理机制上也存在相应的区别值得进一步研究加以考察。另外,调节定向的测量与启动对自我报告法的依赖程度较高,因而很难准确地量化个体自我差异的程度及其带来的动机强度,发展相应的生理替代指标应该是极有前途的研究方向。

第三,继续考察调节匹配的内部机制。虽然目前调节匹配理论催生了大量的研究(Higgins 等, 2010),但是对于调节匹配本身的机制,仍是众说纷纭,尚未形成为大多数学者认同的、较有影响力的观点。许多关键的问题仍然没有得到很好的回答。比如,个体对调节匹配是否存在有意识的加工?面对与自身长期调节定向冲突的环境,个体为何没有被环境启动相应的调节定向,而是产生了调节不匹配?

6.2 控制感的丧失与复得[①]

控制感是人类基本的心理需求之一,它出现于生命早期,且对个体的生存和发展

---

① 本节基于如下工作改写而成:(1)杨沈龙,郭永玉,李静,白洁.(2013).控制还是适应:次级控制研究的两种取向.心理科学进展,21(5),857—866.(2)白洁,郭永玉,杨沈龙.(2017).人在丧失控制感后会如何?——来自补偿性控制理论的揭示.中国临床心理学杂志,25(5),982—985.撰稿人:白洁。

十分重要(Erikson,1963)。心理学对控制感的探讨由来已久。自20世纪60年代,罗特(Rotter,1966)提出控制点理论以来,不同的研究者便纷纷考察了控制感对个体心理与行为的影响。研究发现较高的控制感可以提高个体的学习适应与生活满意度(Stupnisky, Perry, Renaud,和 Hladkyj, 2012;Thompson 和 Prottas, 2005);而控制感的缺乏会使人产生心脏代谢风险、焦虑症、抑郁症等身心疾病(Infurna 和 Gerstorf, 2014;Nanda, Kotchick,和 Grover, 2012)。

上述研究凸显了控制感的重要性。而随着研究的深入,除了考察控制感的影响之外,也有研究者开始以一种新的视角来探讨控制感的问题。这些研究更加聚焦于探讨以下问题:(1)人们将如何面对控制感的丧失或缺乏,即会使用怎样的控制策略;(2)使用控制策略的影响因素,即使用控制策略是否存在年龄、性别、文化等差异;(3)控制感能否失而复得,即通过使用控制策略能否弥补所丧失的控制感。接下来,通过综合梳理首要控制与次级控制领域、补偿性控制领域的理论与研究发现,我们来了解目前研究者对这些问题的探讨结果。

6.2.1 控制感丧失的应对

首要控制与次级控制

控制感固然重要,然而在现实生活中,丧失控制感的体验常常是难以避免的,小到学业挫折、工作失利,大到自然灾害、人为事故、战争等。那么人是如何面对控制感丧失的呢?关于此,罗思鲍姆等人(Rothbaum 等,1982)最先提出了首要控制与次级控制。其中,**首要控制**(primary control)是指通过改变环境来实现目标,满足自身的需要和欲望;**次级控制**(secondary control)是指调整自我以适应环境,包括调整自我的动机、情绪、评价和反应等。**动机毕生发展理论**(Motivational Theory of Life-Span Development)的提出者赫克豪森等人(Heckhausen 等,2010)则在此基础上,引入了**选择性—补偿维度**(selectivity-compensation),将人获得控制的策略区分为四种:**选择性首要控制**(selective primary control),通过投入努力、技巧、坚持等内部资源达到预期目标;**选择性次级控制**(selective secondary control),通过自我调节使自己执着于所选择的目标;**补偿性首要控制**(compensatory primary control),寻求帮助或其他不寻常的方式来克服首要控制资源的不足;**补偿性次级控制**(compensatory secondary control),即脱离目标,并通过自我调节来保护控制感。

研究者通常是以问卷的形式考察个体在丧失控制感后,对不同的首要控制与次级控制策略的选择倾向,包括编制的**首要—次级控制优化量表**(Optimization in Primary and Secondary Control, OPS)(Heckhausen, Schulz,和 Wrosch, 1999)及以此为基础发展出的一些变式(Chipperfield 和 Perry, 2006;Chipperfield, Perry,

Bailis, Ruthing, 和 Loring, 2007)。具体的考察方式是要求受测者想象"假如遇到困难或未能实现目标时, 是否会更加努力, 或是征求建议或选择放弃等"。如, OPS 中测量选择性次级控制的项目是:"如果我在伙伴关系上遇到了很大的困难, 我会寻求他人的建议。"随后, 要求受测者在 5 点计分量表上作出选择(1 表示从不这样, 5 表示总是这样)。现有的**压力反应问卷**(Responses to Stress Questionnaire, RSQ)(Connor-Smith 等, 2000)、**和谐控制量表**(Harmony Control Scale, HCS)(Morling 和 Fiske, 1999)、**压力应对策略**(COPE)(Carver, Scheier, 和 Weintraub, 1989)接受和重新解释了两个维度, 研究者通过这些也能够反映次级控制内涵的问卷来测量被试的次级控制倾向(Tobin 和 Raymundo, 2010; Wang 和 Gan, 2011)。

补偿性控制

除了首要控制与次级控制之外, 凯等人(Kay 等, 2008; Kay, Whitson, Gaucher, 和 Galinsky, 2009)还提出了**补偿性控制理论**(compensatory control theory), 同样旨在探索人在丧失控制感后的应对或补偿策略。他们将个体丧失控制感后, 通过各种策略补偿控制感的过程称为**补偿性控制**(compensatory control)。且补偿性控制理论也区分了四种控制策略, 包括**个人控制**(personal control), 是指通过个人的能力与资源来追求选择的目标; **外部控制**(external control), 是指借助于外部的帮助与支持达到预期的目标; **特定结构确认**(specific structure affirmation), 是指相信行动—结果之间存在一致性; **泛化结构确认**(nonspecific structure affirmation), 是指通过强调外部世界的结构、规律与秩序来感知尽管事物不一定由自我掌控, 但总是在控制之中。尽管这种划分与动机毕生发展理论的做法有所类似, 如个人控制、外部控制非常类似于该理论中的选择性首要控制、补偿性首要控制。但补偿性控制理论在研究内容与方法的侧重上均不同于动机毕生发展理论。首先在研究内容上, 补偿性控制理论重点探讨了泛化结构确认这一控制策略; 其次在研究方法上, 不同于动机毕生发展理论通过问卷法考察个体的控制策略倾向, 补偿性控制理论则是通过实验法创设丧失控制感的情境, 发现了人在知觉、信念、政治行为、经济行为等多个层面的泛化结构确认倾向(Landau, Kay, 和 Whitson, 2015)。

知觉层面 研究者最先考察了知觉层面的结构确认倾向。研究发现人在丧失控制感后会进行**模式识别**(pattern recognition), 即将独立的视觉元素知觉为有意义的整体。研究者首先要求被试在计算机上进行一项**概念形成任务**(concept formation task), 部分被试由于其任务程序已被预先设定, 他们无论怎么努力都无法找到正确答案, 由此不断体验到控制感的丧失。研究者随后向被试呈现所有的散点图, 结果发现相比于对照组, 丧失控制感组的被试更倾向于将散点知觉为完整的、有真实意义的图形(Whitson 和 Galinsky, 2008)。另一项研究采用此实验范式在赌博者、烟瘾者等不同群体中展开研究,得到了相似的结论(Stea 和 Hodgins,2012)。

信念层面 现实生活似乎远比上述实验中呈现的视觉材料复杂得多。置身于现实情境,人会观察到不同的自然现象,目睹、听闻种种社会现象的发生。因此,个体的结构确认倾向还表现在希望了解各种自然或社会现象的发展规律。而这一倾向会使个体相信那些对不同现象作出(看似)合理解释的理论与信念。首先是科学理论。一些研究发现,在回忆丧失控制感的经历后,个体会非常青睐莫里斯(Morris)的进化论观点对人类起源的解释,以及埃里克森的同一性发展的八阶段论与科尔伯格(Kohlberg)的道德发展论对心理现象的解释(Rutjens, van der Pligt, 和 van Harreveld,2010;Rutjens 等,2013)。其次是伪科学信念。除科学理论会对宇宙起源、生理、心理等现象进行解释之外,一些伪科学信念(pseudoscientific beliefs)同样对诸多现象的发展规律作出了看似合理的解释。如占星术(horoscope)试图利用一个人的出生地、出生时间和天体位置来解释人的性格和未来。因此,人们在丧失控制感后也会产生伪科学信念。一些对新加坡籍华人、澳大利亚与美国白人开展的研究发现,无论是东方人还是西方人,当他们回忆丧失控制感的经历后,都倾向于对占星术关于性格的描述笃信不疑,且认为自己的朋友在面临工作等重大人生选择时也应借助占星术进行预测(Greenaway, Louis, 和 Hornsey,2013;Wang, Whitson, 和 Menon,2012)。最后是阴谋论。个体在丧失控制感后也倾向于信奉阴谋论。不同的实验研究发现,当回忆生活中不可控的经历后,被试更加相信所支持候选者的竞争对手在选举中实施了阴谋手段;在铁路建设工程上,市议会与建筑公司相互勾结,不惜牺牲工程的安全谋取私利;环境问题是源于石油公司的不平衡发展(Rothschild 等,2012;Sullivan, Landau, 和 Rothschild,2010;van Prooijen 和 Acker,2015)。

政治行为层面 个体的结构确认倾向还表现在向往稳定、有序的社会体制,进而维护社会等级。典型的维护社会等级的方式包括推崇**精英主义**(meritocracy)和产生**系统合理化**(system justification)。有研究要求被试回忆丧失控制感的经历,随后考察其对精英主义价值观的认同,结果发现回忆丧失控制感经历的被试更倾向于认定一些特定阶级的成员,由于其在心智、社会地位或是财政资源上的优势,更应当被视为精英,且认为他们的观点及行为对社会治理更有建设作用(Goode 等,2014)。另一项研究要求被试阅读《华尔街日报》中题为《今日经济如越雷区》的文章,使之感知到当前经济局势潜藏着大量不可控因素,随后这些被试也表示为了国家的良好运作,某些人或群体理应被赋予更大的权力(Friesen, Kay, Eibach, 和 Galinsky,2014)。而系统合理化是个体维护、支持现存社会体系,并认为其公平、合理、正当的一种倾向。大量实验研究直观揭示了丧失控制感的个体会极力维护现存社会体制,而反对社会变革(Kay, Shepherd, Blatz, Chua, 和 Galinsky, 2010; Kay, Sullivan, 和 Landau, 2015)。

经济行为层面 个体在经济领域的结构确认倾向主要表现在特别注重商品样式与功能上的结构、秩序及不同商品(品牌)间的界限。研究向被试提供了不同设计风格的产品供其选择,结果发现丧失控制感的被试格外喜好有清晰设计轮廓的壁画、餐盘、鞋柜,并认为这类设计会使生活变得更加简约、有序(Cutright, 2012)。类似的研究发现,丧失控制感体验的被试尤为赞赏苹果手机中使生活富有秩序的一些功能(Shepherd 等, 2011)。另一项研究通过巧妙的实验发现,丧失控制感也会使消费者特别在意购买环境的整洁(Cutright, 2012)。此外,个体不仅在意不同商品在物理空间中的界限,还会特别注重不同商品品牌间的定位与界限,以至于对品牌延伸格外保守、谨慎。研究要求被试回忆丧失控制感的经历后,告知其有12种品牌打算推出新的产品或服务,如麦当劳(McDonald's)的照片处理、哈根达斯(Haagen-Dazs)的爆米花、纯果乐(Tropicana)的白酒,接着询问其是否有兴趣尝试,结果发现无论是市场营销部的经理还是普通消费者,他们对于一些新产品,尤其是与原品牌关联度较低的产品无太大兴趣(Cutright, Bettman, 和 Fitzsimons, 2013)。

6.2.2　使用控制策略的影响因素

综合首要控制与次级控制及补偿性控制领域的研究来看,目前研究者不仅区分了不同的首要控制与次级控制策略,且发现了泛化结构确认这一特殊的控制感补偿策略。而不同的研究还进一步探讨了影响控制策略选择的因素,包括年龄、文化、策略可得性。

年龄

动机毕生发展理论认为首要控制与次级控制会随着年龄的发展而变化。如从图6.3中我们可以看到,人追求控制的动机是一生不变的,且始终是保持在较高的水平上。从出生起,首要控制的发展逐渐增加,在中年时达到顶峰,之后随着年龄的增加其水平会逐渐下降。次级控制则随着年龄的增加一直保持上升,特别是到了老年期,首要控制下降而次级控制动机居高不下。这时次级控制体现了它的价值,它保持了稳步上升的趋势,作为首要控制降低的一种补偿而存在(Heckhausen 等, 2010)。而大量研究也支持了次级控制会随着年龄的增加而上升的观点。如研究者(Bruine, Strough, 和 Parker, 2014)对1 075名不同年龄段的中、老年群体实施了在线调查。调查要求受测者想象自己目前的出行计划遇到了阻碍,且继续坚持可能会带来更大的损失。调查结果显示,年龄越大的受测者,越倾向于告诉自己不再去想这件事了,且选择放弃出行。对不同年龄段的成人(21—73 岁),或单独对老年人(62—100 岁)

6　自我调节　　**287**

开展的纵向研究也都发现,年龄越大的个体越是会以降低期望、坦然接受等自我调节的方式来应对孤独等消极的情绪体验(Schoenmakers, van Tilburg, 和 Fokkema, 2015; Shallcross, Ford, Floerke, 和 Mauss, 2013)。

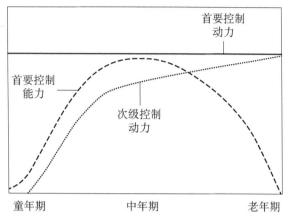

图6.3 毕生控制发展轨迹
来源:Heckhausen 等,2010.

文化

也有研究发现,使用控制策略存在着文化差异。研究者(Spector 等,2004)对比了东、西方员工的控制策略倾向,发现在工作场合中西方员工的首要控制信念更高,而东方员工更倾向于运用次级控制。且有研究发现,即便只是回忆普通的生活场景,美国学生更多回想起了与改变、影响环境有关的事件,而日本学生则更多地提到顺应环境的情形(Morling, Kitayama, 和 Miyamoto, 2002)。该研究团队后来还调查了孕妇这一特殊群体,发现在面对胎儿健康、自身体重变化等种种孕期问题时,日本孕妇最先想到的是寻求医生、家人、朋友的帮助等外部支持;其次是坦然接受任何可能的结果;最后才是采取个人行动(Morling, Kitayama, 和 Miyamoto, 2002)。而另一项研究发现,美国人不仅次级控制倾向较低,甚至还会将这种对外界环境的顺应视为缺乏能动性的、消极的(Stephens, Hamedani, Markus, Bergsieker, 和 Eloul, 2009)。对来自18个文化地区152项研究的元分析也间接支持了控制策略的使用存在文化差异的结论。元分析的结果表明,在集体主义文化中外控倾向与心理症状的联系并不像在个体主义文化中那么强。研究者认为这源于集体主义文化并不是那么强调能动性,而是注重适时顺应环境。因此生活在集体主义文化下的外控倾向者会更多地感受到与文化导向的融合,进而更少产生心理不适(Cheng, Cheung, Chio, 和 Chan, 2013)。

策略可得性

而除微观的年龄差异、宏观的文化差异之外,研究者(Landau 等,2015)认为策略的可得性(availability)也是影响控制策略使用的重要因素之一。也就是说,当一个人丧失控制感后,究竟采用何种控制策略,还在于对个人来说何种策略是可得的、有效的。倘若一个人有较多的个人资源、外部支持等首要控制资源,或是能够通过自我调节等次级控制执着于所选择的目标,那就无需通过泛化结构确认策略来重获控制感;反之亦然。大量研究已经探讨了策略的可得性对使用控制策略的影响。如研究发现与低控者相比,那些个人控制水平较高的个体在回忆生活中的不可控经历之后,其阴谋论倾向较低(Sullivan 等,2010)。类似地,实验研究也发现在遭受控制感威胁之后,当启动被试对自我的肯定,或是使之感受到政府已采取了有效的应对策略时,被试更不易接受相关事件的阴谋论或谣言(白洁,2015;Rothschild 等,2012)。另一些研究则发现,那些个人控制水平较低又缺乏社会支持或资源的个体,会强烈渴望外部环境中的结构与秩序,如特别希望自己的生活井然有序,格外偏好有清晰设计轮廓的商品(Cutright,2012;王艳丽,2017)。

6.2.3 从丧失到复得

那么,控制策略的使用是否真的能够弥补所丧失的控制感呢? 特别是并非通过首要控制,而是借助自我调节等次级控制,或仅仅是确认了外部环境中存在着秩序、结构、规律,是否真的能够使个体的控制感失而复得呢? 相关研究对此作出了肯定的回答。

提升(保护)控制感

有研究发现,在追求目标的过程中,当遇到挫折或困难时恰当地使用选择性次级控制、泛化结构确认策略能够提升个体的控制感,使个体更好地追求所选择的目标。研究者(Hall, Perry, Chipperfield, Clifton, 和 Haynes, 2006)以遭受了学业挫折的大学生为考察对象,对他们中的一部分人实施了为期一年的归因干预训练(积极重评,属于选择性次级控制策略),而另一部分人作为控制组不进行干预。结果表明,与控制组相比,归因训练组的被试在一年后的学业控制感显著提高,学业成绩也有了明显的进步。对于那些遭遇家庭压力事件(父母一方去世或父母离异)的毕业生而言,使用选择性次级控制策略也能够提升其职业控制感及坚持找工作的动力(Poulin 和 Heckhausen, 2007)。即便只是确认了外部环境秩序、结构、规律的存在(属于泛化结构确认策略),也可能有助于个体控制感的提升。研究发现,被试在整洁有序的环境中会表现出对困难任务更高的坚持水平(Chae 和 Zhu, 2014)。当被试通过阅读科普文章了解了植物的生长规律后,他们更愿意为个人的长期目标(如获得学业成就、寻找婚姻伴侣等等)付出努力、坚持不懈(Kay 等,2014)。

而当目标难以实现时,通过使用补偿性次级控制也能够保护个体的控制感,促使个体转向新的目标。研究表明,当被试感到遗憾无法避免或克服时,倾向于采用向下社会比较策略(属于补偿性次级控制),并会开始追求新的目标(Bauer, Wrosch, 和 Jobin, 2008; Bauer 和 Wrosch, 2011)。另一项对学生群体的研究也表明,那些考试失败的考生通过使用补偿性次级控制策略,会很快走出原有的失败,并将动机及情感资源投入到新的目标追求中(Tomasik 和 Salmela-Aro, 2012)。

维护身心健康

次级控制策略的使用不仅能够提升(或保护)个体的控制感,还能够减少因控制感的丧失造成的身心健康损害。大量调查研究发现,对于青少年而言,无论是面对家人的疾病、父母的冲突,还是自身的学业压力,使用次级控制策略都能够帮助他们缓解抑郁、焦虑等心理症状的出现(Hall 等, 2006; Fear 等, 2009; Jaser 等, 2008; Santiago 和 Wadsworth, 2009)。且研究表明这种积极的影响是长效的、稳定的。研究者(Compas 等, 2010)对 111 个家庭开展了干预研究,这些家庭中的父亲(或母亲)有抑郁史。在研究中,一部分家庭接受了为期 12 次的**家庭团体认知—行为干预训练**(family group cognitive-behavior intervention, FGCB)。这项干预的部分作用在于培训子女使用次级控制策略(包括在父亲或母亲发病时,更多地去接受、往好处想等),而另一部分家庭作为对照组只接受书写任务。结果发现,与对照组相比,干预组家庭的子女无论是在培训刚结束还是结束后的 6 个月,其心理症状、问题行为都大大减少。而对于中老年人来说,次级控制策略能够大大弱化由年龄带来的限制与不适感,而使其拥有良好的身心健康水平(Haynes, Heckhausen, Chipperfield, Perry, 和 Newall, 2009)。一项针对 60 岁以上的老人开展的长达 7 年的纵向研究发现,那些拥有较高的次级控制信念(如认为苦难是化了妆的祝福)的老年人,即便有一些身体上的疾病,生活满意度也较高,有更多的积极情绪(Swift 等, 2008)。

6.2.4 总结与展望

总的来看,首要控制与次级控制领域及补偿性控制领域,突破了传统的控制感研究的局限,开始以一种新的视角看待控制感丧失的问题,集中探讨了人在丧失控制后所采用的控制策略、使用控制策略的影响因素及积极效应。这两个领域虽然出发点极为相似,但在研究内容与方法上却各有侧重。首要控制与次级控制领域更侧重于通过问卷法考察个体的控制策略倾向、不同控制策略的关系及对控制感、健康的作用(Heckhausen 等, 2010)。而补偿性控制领域更集中地通过实验法探讨了人在知觉、信念、政治行为、经济行为上的泛化结构确认倾向(Kay 等, 2009; Landau 等, 2015)。结合这两个领域,目前对控制感丧失问题的探讨已带来了一定的现实启示,但仍然有待于理论的深化与研究内容的拓展。

首先是现实的启示。无论是首要控制与次级控制领域,还是补偿性控制领域,均揭示出人并不会被动地等待控制感丧失的降临,而是会积极采取各种补偿或应对策略。而在这一过程中,尽管首要控制具有优先选择性,但它并不是人获得控制的唯一途径。个体也有可能通过自我调节,甚至是确认外部世界的秩序来实现对控制的追求。这就启示社会管理者除通过加强社会资源保障,还可通过增强心理资本、规范社会秩序等多种途径来提升个体的控制感。

其次是理论的深化。尽管对于控制感丧失的问题,动机毕生发展理论、补偿性控制理论都作出了一定的揭示,但这两大理论又各有侧重性。动机毕生发展理论过于侧重在具体的控制感丧失经历(如目标失败)中,个体如何在不同的首要控制与次级控制中进行优化选择,以实现对控制的追求。而补偿性控制理论揭示出,从外部环境中寻找秩序、结构、规律这些看似与原目标无关的行为,实则也是一种补偿控制感的策略。因此可以通过综合这两个理论所提出的控制策略构建出更为宏观的理论,以全面揭示出人在丧失控制感后进行补偿或应对的过程。

最后是研究内容的拓展。一方面是加强影响因素与效应的探索。尽管目前的研究已广泛探讨了使用控制策略的年龄、文化差异及策略可得性的影响,然而可能存在的其他影响因素值得进一步探索,如人格因素等。而对于控制策略的效应,是否所有的控制策略,尤其是泛化的结构确认策略,都是有利于个体的身心健康的呢?这有待于进一步研究的检验。如已有研究发现,阴谋论倾向会降低个体的健康意识与行为(Oliver 和 Wood, 2014)。另一方面是加强本土研究的探索。目前对控制感丧失的探讨多在西方文化背景下开展,然而丧失控制感却是不同文化下的群体都可能遭遇的。尤其是近些年来,自然灾难或人为事故的频发以及食品安全、环境污染等问题的凸显更使人感到"丧失控制感"常常不期而至。那么结合国内特有的文化基础和社会现实,在丧失控制感时中国人是如何重获控制感的?在控制策略的使用上与西方人有何相同与不同之处?这都有待于研究的进一步探索。

6.3 有限自制力[①]

自我控制(self-control)一直是心理学的重要课题之一,弗洛伊德认为,自我的重

[①] 本节基于如下工作改写而成:(1)谭树华,郭永玉.(2008a).有限自制力的理论假设与相关研究.中国临床心理学杂志,16(3),309—311.(2)谭树华,郭永玉.(2008b).大学生自我控制量表的修订.中国临床心理学杂志,16(5),468—470.(3)谭树华.(2009).可一不可再:自制力消耗效应研究.武汉:华中师范大学硕士学位论文.撰稿人:谭树华。

要功能之一就是协调超我和本我的冲突,使个体的活动能在符合社会要求的基础上满足自身的欲望。生活经验和科学研究都表明,自我控制与人类的生存发展和健康福祉息息相关(于国庆,2005),现代西方社会中的很多问题都与自我控制的失败有关。比如各种犯罪、艾滋病等性传播疾病蔓延、青少年怀孕、药物成瘾、辍学辍工、吸烟、酗酒、赌博和家庭暴力等社会问题在一定程度上都是由自我控制的失败引起的。在这些社会问题中,经济的、政治的、社会的原因当然是重要的,然而,自我控制的失败在其中所起的作用是不容否认的。除此之外,自我控制的失败还会引起妨碍个人生活质量的问题,比如暴饮暴食、懒于身体锻炼、非理性的购物等。如果人们能够有效地控制自己的行为,这些社会的、个人的问题都是可以减轻乃至消除的(Baumeister 和 Heatherton, 1996; Wallace 和 Baumeister, 2002; Tangney, Baumeister, 和 Boone, 2004)。

　　大量经验的和科学研究的证据都表明,个体在自我控制能力上存在巨大的差异。一些人比另一些人能更合理、更有效地控制自己,比如,更好地控制自己的情绪,更好地克制自己的各种冲动,更持久地集中注意力等。因此这些个体有和谐的人际关系,有健康的饮食习惯,有节制的消费行为,能更好地坚持学习或工作等。所以,高自制力的个体有更强的适应能力,有更高的人际关系满意感和生活满意感,有更健康的身体与心理,在学习和工作中表现得更好,因而具有更高的主观幸福感(Glassman, Werch, 和 Jobli, 2007; Gailliot, Schmeichel, 和 Maner, 2007; Wills, Isasi, Mendoza, 和 Ainette, 2007)。

6.3.1　自我控制

　　自我控制是个体抑制或克服自身的欲望、需求而改变固有的或者习惯的行为、思维、注意的方式的过程,是一个行为、思想、注意的方式代替(克服)另一个的过程。一些固定的反应是受个体内部的潜在动机或者内部的模式、情感、习惯引起的,而自我控制则是要抑制、阻止这些反应并用另外的反应去代替它们。换句话说,很多反应是受个体内部的机制和外部的刺激引起的,而自我控制则是打断、阻止这些反应的正常进行(Baumeister 和 Heatherton, 1996; Baumeister, Bratslavsky, Muraven, 和 Tice, 1998; Muraven 和 Baumeister, 2000)。例如,一个啤酒广告可能引发观看者喝酒的欲望,若这个人正在戒酒,他就会设法压抑想喝酒的欲望,这个过程就是自我控制。

　　自我控制的实现由三个方面组成:一是标准,包括行为的准绳、目标等,缺乏清晰而一致的标准会导致自我控制的失败;二是达成目标或标准的行动;三是监督,即密切关注行为和状态的改变过程,当个体发现当前的行为背离标准时就会调整行为以使其符合标准(Oaten 和 Cheng, 2007; Carver 和 Scheier, 1982)。对自我控制失败的研究集中在第三阶段。研究者提出个体改变行为以达到目标或标准的过程依赖于一种常用的、有限的能量(strength or energy)(Baumeister 和 Heatherton, 1996; Baumeister, Muraven, 和 Tice, 2000),这种能量的性质有些类似于肌肉的力量,在连续或反复地使用后会损耗(Baumeister 和 Heatherton, 1996)。因此,有时尽管存在行为的标准和有效的监督,自我控制仍然会失败,说明个体有时候缺乏自我改变的能力,就像肌肉因疲劳而无法充分活动一样。

6.3.2 有限自制力模型
有限自制力的理论假设

自我控制属于自我的**执行功能**(executive function)的一种,自我的执行功能区别于自我自动的或者无意识的反应。该功能在执行的过程中需要耗费某种心理能量,类似于肌肉运动需要身体能量一样,当个体在做出审慎的需要承担责任的选择的时候、在做出积极的反应(在可做可不做的情况下选择发起行为)的时候、在进行自我控制(抑制某种行为)的时候,都需要消耗某种心理能量。弗洛伊德曾提出自我的活动需要某种心理能量,但他对这种能量的叙述是模糊和前后不一致的。鲍迈斯特(Baumeister)等在1994年提出了自我控制需要某种能量的推测,并通过实证研究证实了这种猜想(Baumeister, Heatherton, 和 Tice, 1994; Baumeister, Bratslavsky, Muraven, 和 Tice, 1998)。他们认为自我控制失败通常是缺乏自我控制的力量导致的,进一步讲,抑制一个习惯的或者驱力驱动的反应是需要力量的,而每个人用于自我控制的力量是有限的。这种自制的力量就像肌肉的力量一样在使用的过程中会消耗,经过一段时间的休息或调整后能恢复。穆拉文(Muraven)等提出了有限自制力模型(limited self-control strength model),并把它简化为几个关键的假设(Muraven 和 Baumeister, 2000):第一,自我的执行功能需要某种心理能量。执行功能包括自我控制、做出积极的反应、慎重的选择,执行功能主要区别于个体的自动反应。第二,自我控制的力量是有限的,人们只有有限的力量用来进行自我控制,短期内只能进行数量有限的自我控制。第三,所有的自我控制都使用相同的资源,一个领域自我控制的努力会减少另一领域的可用资源。第四,自我控制的力量在控制的过程中会消耗,当前自我控制的努力会减少随后的自我控制的可用力量。自我控制力量消耗后需要一段时间的休息才能恢复,与肌肉疲劳时需要休息一样。第五,自我控制的成功与否取决于自我控制力量的多少,拥有更多力量的人更可能达到自我控制的目标。有限自制力的研究尚处于起步阶段,自我控制的力量的本质还不清楚,目前的研究都是对有限自制力模型的验证和延伸,结果显示有限自制力理论假设得到了验证。当然,并不是所有的行为都需要自我的控制功能,事实上大部分人类的行为是自动化的或者无意识的。需要说明的是,本节的重心在于对自我控制的研究,这也与国外该领域研究的热点相一致,因此并未涉及资源模型中提到的积极反应后效、慎重选择后效的研究。

对有限自制力模型的验证性研究

研究者最初提出自我控制需要某种力量的时候还提出另外两种可能:一是自我控制可能是一种知识结构(knowledge structure);二是自我控制可能是一种技巧(skill)。若自我控制是一种知识结构,第一个自我控制的行为会激活(prime)整个知识结构,从而为随后的自我控制提供便利,即自我控制的表现会越来越好;若自我控制是一种技巧,则前后的自我控制之间没有显著的变化,因为技巧是通过长期的练习习得的,短期内的、连续的自我控制之间不会相互影响。另外还有观点认为有限自制力模型与注意有限资源模型类似,即认为自制力是一种有限而恒定的资源,同时进行的自我控制的努力之间相互干扰,前后相继的自我控制之间没有相互影响(Muraven, Tice, 和 Baumeister, 1998)。根据有限自制力模型,个体在经历自我控制努力后,接下来的自我控制的能力会显著下降。研究者关注的重点是自我控制的后效(aftereffects),即个体在连续的自我控制中,前面的自我控制的经历是否会影响后面的自我控制的表现。

根据有限自制力模型,任何因抑制或克服自身的欲望、需求、习惯而改变固有的行为方式、思维方式的过程都会消耗自我控制的力量;个体在经历自我控制努力后,接下来的能力将会显著下降。研究者从情绪调节、思维控制、抑制冲动、应对压力等几个方面检验了自我控制的后效。

情绪调节后效　调控情绪是一个自我控制的过程,从一种情绪状态调整为另一种状态是耗费自制力的,如从愤怒的状态调整为平静的或者开心的状态,因此研究者常用调控情绪作为消耗被试自制力的方式之一。穆拉文等发现,让被试观看一部电影,与可以自由表达情绪的被试相比,压抑或者夸大情绪反应的被试在后来的肌肉耐力测验(muscle endurance task)上坚持的时间显著少于前者(Baumeister, Bratslavsky, Muraven, 和 Tice, 1998; Muraven, Tice, 和 Baumeister, 1998; Schmeichel, Demaree, Robinson, 和 Pu, 2006)。即一个领域的自我控制行为会降低随后的其他领域的自我控制的能力。沃斯(Vohs)等让被试(节食者)观看一部伤感的录像,实验组的被试被告知尽力保持情绪平静,不要对录像产生任何情绪反应;控制组的被试可以自由表达他们的情绪反应。在随后的测验中,实验组的被试吃的冰激凌的数量显著多于控制组。因为节食是需要自我控制的,先前情绪控制的努力消耗了被试的自制力,使其没有足够的力量来克制吃东西的欲望(Vohs 和 Heatherton, 2000)。

控制思维后效 有意识地压抑自己不去想一件事物是耗费自制力的,很多研究显示,被试在经历了思维控制的操作后自我控制能力显著下降,在控制了各种额外变量后自制力消耗的效应仍然是显著的。例如,穆拉文等在一项研究中把被试分为两组,一组解决中等难度的数学题,一组写下自己当时的想法,同时避免想一只白熊(a white bear)。研究者事先测定两组任务难度是相同的,唯一的区别是避免想一只白熊耗费自制力。随后在观看喜剧电影时要求被试压抑自己的情绪反应,即不要做出开心的反应,结果与解决数学题目的被试相比,避免想白熊的被试表现出更多的大笑等开心的反应,显然,先前的压抑思维的努力使其没有足够的资源来控制现在的情绪反应。另一项研究发现,与可以自由想象的被试相比,被告知不要去想一只白熊的被试在随后的无解测验(unsolvable puzzles task)上坚持的时间更短(Muraven, Tice, 和 Baumeister, 1998)。穆拉文等发现,被要求不去想一只白熊的被试在随后需要克制饮酒欲望的测验中,其饮酒的数量显著高于解决数学题目的被试,而二者在任务难度、唤醒、情绪上并没有显著差异(Muraven, Collins, 和 Nienhaus, 2002)。想到人难免一死是令人焦虑的,所以在日常生活中人们尽力避免去想与死亡有关的事情(Gailliot 等, 2007)。盖里奥特(Gailliot)等发现自制力消耗的个体在随后的实验中更易受死亡相关的想法的干扰,即被试由于自制力的消耗不能有效地把死亡相关的信息过滤掉(Gailliot, Schmeichel, 和 Baumeister, 2006)。华莱士(Wallace)等发现实验组被试在完成 Stroop 任务(耗费自制力的测验)后,在随后的图形跟踪任务(figure-traceing puzzle,一个需要自我控制的任务)中的表现显著低于没有进行 Stroop 任务的控制组的被试,而两组被试在情绪、唤醒等方面没有显著差异(Wallace & Baumeister, 2002)。

控制冲动后效 克制冲动是耗费自制力的,包括克制饮食冲动、攻击性冲动等。很多研究发现克制冲动后自制力消耗的效应非常显著,而且需要克制的冲动越强烈自制力消耗的后效越显著,在控制了额外因素的干扰后自制力消耗的效应仍然显著。例如,鲍迈斯特等发现,同样是面对诱人的巧克力,需要克制吃的欲望的被试在随后的无解测验上坚持的时间显著少于不需要克制的被试(Baumeister, Bratslavsky, Muraven, 和 Tice, 1998)。沃斯等发现,当研究者禁止被试吃时,节食者和非节食者在随后的自制力测验中的表现无显著差异,即不需要耗费自制力时节食者和非节食者在吃冰激凌的数量上无显著差异;当被试需要自己克制吃的欲望时,节食的被试与非节食的被试的差异就比较显著。节食的被试处于高诱惑或低诱惑的环境中一段时间后参加镶嵌图形测验(embedded-figures task),由于研究者的操作,这项任务是无解的。沃斯等发现处于高诱惑条件下的被试在任务中坚持的时间显著低于低诱惑组(Vohs 和 Heatherton, 2000)。穆拉文等用爱喝酒的人作被试,实验组闻酒的味道,控制组闻水的味道,然后要求被试克制喝酒的欲望。实验组的被试在随后的肌肉耐力测验(muscle endurance task)和自我停止任务(self-stop task)中的表现显著差于控制组,且饮酒的欲望越强烈的被试表现越差,而二者在情绪和唤醒上没有显著差异(Muraven, Shmueli, 和 Burkley, 2006)。

芬克尔(Finkel)等发现,恋爱关系中的双方在面临冲突性情境时,高自制倾向的被试在恋爱关系中能更好地克服各种破坏性的冲动而进行建设性的努力,而被试在经历自制力消耗后对恋爱关系中的冲突更倾向于破坏性的行为而不是沟通、忠诚等建设性的行为(Finkel 和 Campbell, 2001)。斯图克(Stucke)等让实验组接受自制力消耗的实验处理,控制组接受不需要耗费自制力的处理,然后对被试给予侮辱性的刺激。结果发现,实验组的被试做出了比控制组的被试更多的暴力反应,即实验组的被试缺乏抑制攻击性冲动的自制力,在控制了各种额外变量后自制力消耗的效应仍然显著(Stucke 和 Baumeister, 2006)。内森(Nathan)等发现被试在消耗自制力后对侮辱性刺激做出的暴力反应显著多于控制组(没有消耗自制力)(DeWall, Baumeister, Stillman, 和 Gailliot, 2007)。

应对压力后效 面对压力性情境或者事件时,个体需要克服一些习惯的反应方式,需要集中注意应对压力,这是耗费自制力的。研究者考察了被试日常生活中的压力事件与自制力消耗的效应之间的关系,研究发现被试应对压力后自制力消耗的效应显著。例如,穆拉文等检验了戒酒者在日常生活中自制力消耗与破戒的关系。研究发现一旦被试报告一天中经历的需要自我控制的事情多于平时,被试破戒乃至酗酒的可能性就大增,而且在控制了情绪和喝酒的欲望等变量的条件下,自制力需求的增加与破戒之间的正相关仍然是显著的;若被试不是戒酒者,则经历的自我控制的事件与饮酒量无关。研究结果也表明,自制力损耗的效应是暂时的,第一天自制力的消耗与第二天的饮酒之间相关不显著(Muraven, Collins, Shiffman, 和 Paty, 2005)。奥滕(Oaten)等研究了考试压力下的被试在实验室测验和日常生活中的表现。他们发现考试压力下的被试在实验室中对自制力消耗的操作更加敏感,更容易出现自制力消耗的效应;被试报告的日常生活事件中也有更多自我控制失败的例子,如吸烟等损害健康的行为、情绪控制失败的例子等都显著增加。而控制组的被试(没有考试压力)无论在实验室中还是日常报告中都没有出现同样的状况,控制各种额外变量后,两组被试的主要差异来自于是否需要应对考试压力(Oaten 和 Cheng, 2005)。显然,被试因为需要应对压力消耗了有限的自制力资源,使其没有足够的资源应对需要自我控制的事件。

国内研究者(谭树华,2009)采用 Stroop 任务范式,考察了自制力高的个体更能达到自我控制的目标,对自制力消耗的操作更不敏感这一假设。

表 6.1　实验组中高分组低分组各项数据 t 检验结果（M±SD）

	实验分组			
	低分组	高分组	t	Sig
疲劳程度(1)	2.75±1.02	3.06±1.30	-1.072	0.288
疲劳程度(2)	3.28±1.22	3.94±1.32	-2.081	0.041
疲劳程度(3)	3.72±1.20	4.10±1.63	-1.047	0.299
情绪	3.63±8.27	4.21±6.75	-0.314	0.755
唤醒	17.45±3.95	16.10±4.52	-0.265	0.791
色词难度	4.69±1.26	4.91±1.23	-0.718	0.476
色词时间	372.38±77.09	384.58±56.39	-0.730	0.468
时间差	8.27±13.98	19.50±26.34	-2.137	0.036

来源：谭树华，2009.

结果表明，自制力高的个体与自制力低的个体面对同样的消耗自制力的操作时，其反应确实有显著的差异，然而结果却与理论预想的想反。原假设为自制力低的个体对自制力消耗的操作更加敏感，由于低自制力的个体本身心理能量少于高自制力的个体，其心理能量在 Stroop 任务上消耗后在随后的握力器任务上应该显著缩短，也就是说自制力低的个体两次在握力器上的时间差应该显著大于自制力高的个体。然而，高分组与低分组的时间差虽然的确存在显著差异，但却是低分组的时间差显著小于高分组的时间差。比较两组被试的三次疲劳程度，只有完成 Stroop 任务后两组被试的疲劳程度差异显著，除此之外，二者无论在情绪、唤醒还是对 Stroop 任务的主观感受上都没有显著差异。

自我控制的能力有特质（trait）和状态（state）之分（Gailliot，Schmeichel，和 Baumeisterl，2006）。所谓特质就是指自我控制量表的得分，而状态性自我控制是指不同时间段个体的自控能力会有所变化，其变化的根本原因可能是个体在不同的时间段经历了不同的消耗自制力的事件。有限自制力理论的后续假设之一就是，当被试预料到在当前的自我控制任务之后不久有未知的或者不可控的场景的情况下，个体会有意识地保留自制力，即在当前进行的自控任务上不尽全力，而是有所保留（Muraven，Shmueli，和 Burkley，2006）。这与我们日常经验是一致的，如在我们存款不多的情况下，我们无论遇到什么合适的商品，买的时候一般会在有节制地满足自己的基础上有所保留，而不会用完所有存款。因此该研究出现低自制力个体的时间差反而大于高自制力个体的结果，可能是因为被试预料到一个心理学实验不会仅仅是测握力这么简单，为节省随后的任务可能要消耗的心理能量，被试在第一次握力器上并没有竭尽全力，而是有所保留；当面临随后的 Stroop 任务时，被试可能觉得不必有所保留了，所以竭尽全力。因此，当面临第三个任务也就是再一次测量其握力器上坚持的时间时，被试已经没有多少自制力可供使用了。这样被试第一次在握力器上没有充分坚持，第二次是没有精力可以坚持了。因为其前后两次都没有充分努力，于是出现了第二次时间与第一次相比差异不大的情况，也就出现了两次时间差小于自制力高的个体的情况。而高自制力的个体因为有相对充足的能量可供消耗，不存在为将来有所保留的情况，因此其在一开始就是努力的，当到第二次握力器任务时，其自制力已经消耗得非常显著，也就出现了时间差大于低自制力的个体的情况。统计数据时两者在 Stroop 任务后的不同疲劳程度间接证实了这一点。从表 6.1 数据可知，两组被试完成同样的 Stroop 任务所花费的时间和报告的主观难度没有显著差异，但其后报告的疲劳程度却显著不同，可能就是因为低分组的被试之前节省的自制力资源已经消耗完了，因此报告了更高的疲劳程度，这种数据上的结果在一定程度上证实了前面推论的合理性。

研究者涉及的自我控制主要是控制情绪（affect regulation）、控制思维（controlling thoughts）、控制冲动（impulse control）、应对压力等，上面的研究都证实了有限自制力的理论假设：所有自我控制的行为使用一种共同的资源（resource）(Baumeister, Muraven, 和 Tice, 2000)，而且这种资源是有限的，一个领域的资源消耗会影响其他领域的自我控制，当前的资源消耗会影响随后的自我控制。

6.3.3 应对有限自制力的策略

应对技巧

日常生活中对自制力的需求是无处不在的，而自制力又是有限的，个体为应付随时会出现的耗费自制力的事件，比较合理的做法就是有节制地进行自我控制，在很多时候个体为了将来的自我控制的需要会有意识地去保留有限的自制力资源。个体在进行自我控制前会无意识或者有意识地计算收获与付出的比值，只有当自我控制的收获大于付出时才会进行自我控制。

穆拉文等发现个体过去自制力消耗的经历和将来自制力消耗的预期会影响当前的自我控制的表现，个体会有意识地为将来的需要保存自制力（Muraven, Shmueli, 和 Burkley, 2006）。穆拉文等把被试随机分配到需要耗费自制力和不需要耗费自制力两种条件下，然后测量他们在随后的肌肉耐力测验中的表现。被试在进行肌肉耐力测验前被告知在当前马上要进行的测验之后还有一个困难的任务，一半被试被告知最后的测验是困难且耗费自制力的，另外的被试被告知最后的测验虽然困难但不需要自制力。结果证明，先前消耗了自制力且相信随后还要消耗自制力的被试在肌肉耐力测验中坚持的时间最短，其次是先前消耗了自制力但被告知将来不必消耗自制力的被试，表现最好的是先前没有消耗自制力而且没有将来消耗预期的被试。

穆拉文等发现动机能减轻自制力消耗的效应。自制力消耗过的个体在随后的测验前若能得到额外的奖励,他们的表现就会显著好于同样消耗了自制力而没有额外奖励的被试(Muraven 和 Slessareva, 2003)。马丁(Martijn)等也进行了类似的研究,他们认为自制力消耗的个体在随后的任务中会无意识或者自动地避免消耗自制力,自制力损耗的被试接受努力坚持的启动(priming)后,自制力消耗的效应会减轻甚至消除(Martijn 等, 2007)。马丁等让被试在经历自制力损耗的处理后,一半被试接受在后续测验中努力坚持的**榜样启动**(exemplar priming),一半被试接受中性的启动。在随后的肌肉耐力测验中,接受中性启动的被试的自制力消耗的效应非常显著,而接受"努力坚持"启动的被试没有出现自制力消耗的效应,即榜样启动能够有效减轻自制力消耗的效应。

韦布(Webb)等对减轻和消除自制力消耗的效应提出了新颖的见解。他们总结了前人的研究,提出**行动意向**(implementation intention)能够有效地减轻乃至消除自制力消耗的效应,并在研究中得到了验证(Webb 和 Sheeran, 2003)。行动意向是一种反应策略,具体地讲就是形成一种自动化的反应来代替意识控制的反应。例如,只要事件 X 发生,我就发动目标指向(goal-directed)行为 Y。研究发现,在 Stroop 任务中形成行动意向的被试在随后的无解测验上的表现显著好于没有形成行动意向的被试,与控制组(先前没有消耗自制力)的被试相比无显著差异,即建立行动意向减轻了自制力消耗的后效。另一项研究发现,被试经历消耗自制力的处理后,在随后的 Stroop 任务中建立了行动意向的被试的表现显著好于没有建立行动意向的被试,与控制组(先前没有消耗自制力)的表现无显著差异,即建立行动意向能有效地消除自制力消耗的后效。两项研究都表明了建立行动意向对减轻和消除自制力消耗的效应有显著效果。

泰斯(Tice)等的研究表明积极的情绪能够有效地减轻自制力消耗的效应(Tice, Baumeister, Shmueli, 和 Muraven, 2007)。在经历自制力消耗的任务后,实验组的被试接受积极的情绪操作,如得到一个让他们惊喜的礼物,或者看一个令人捧腹大笑的喜剧电影片断;控制组的被试接受中性的情绪操作,或者不被给予任何操作而只是进行同样时间的休息。经历情绪操作后测量被试在随后的自制力测验上的表现。结果发现,实验中经历积极情绪操作的被试的表现显著高于经历中性情绪操作的被试,也高于没有接受情绪操作只是中间休息的被试,与没有经历最初的自制力消耗任务的被试相比没有显著差异,这说明积极的情绪能够有效地抵消自制力消耗的效应。

以上研究表明,面对有限的自制力资源,人们会习惯地或者无意识地进行有限次数的自我控制,为了在日常生活中进行尽可能多的自我控制,为了解决有限的资源与无限的需要之间的矛盾，人们可以通过形成强烈的动机、形成积极的情绪、建立行动意向、学习先进事迹以形成榜样启动等策略来减轻自制力消耗的效应。然而面对有限的资源仅仅"节流"是不够的，最好的出路是"开源"。

自制力的提升

自制力对于日常生活是不可或缺的，又是有限的，研究者试图找到能够提升自制力的渠道。自我控制像人类的肌肉一样，使用过后会出现暂时的疲劳，需要一段时间的休息(如一晚上的睡眠)才能恢复。能否通过类似于人类锻炼肌肉的方式来提升自制力呢？穆拉文认为，如果锻炼有效的话，那么提升自制力可能有两种结果：或者提高自制力的总量，或者像锻炼肌肉的耐力一样提升自制力的坚韧性，即让自制力更耐用(Baumeister, Muraven, 和 Tice, 2000；Muraven, Baumeister, 和 Tice, 1999)。具体地讲，通过在一段时间内反复的自我控制来增加自制力的总量或者增强自制力的坚韧性。

穆拉文等先测量出被试自制力的基线，然后安排被试进行为期两周的提升自制力的练习，两周后被试重新回到实验室。研究发现被试的自制力的基线没有变化，而自制力损耗的后效显著下降，即自制力的总量没有变化，但是通过锻炼变得更加耐用。控制组的被试与两周前的测验相比没有显著变化，两组唯一的区别就是是否进行了自制力的练习。这说明通过练习不能提高自制力的总量，但是可以提高自制力的坚韧性(Muraven, Baumeister, 和 Tice, 1999)。

奥滕等用坚持锻炼身体作为提升自制力的途径进行了为期半年的研究。他们把被试分为三组，采用AB多基线设计，采取实验室测验和自我报告法相结合的方法测量被试的自制力水平，实验中采取的提升自制力的形式与实验室中测量的自制力的任务以及生活中的具体事件没有任何相似之处。实验室测验表明，坚持研究规定的锻炼计划能有效地提高自制力水平；被试在生活中的自我控制的表现也有明显改善，比如吸烟、饮酒、摄入咖啡因等的数量显著下降，良好的生活、学习习惯等坚持得更持久，情绪控制能力增强。控制组的被试接受与实验组同等条件测验，测验结果表明，在没有接受锻炼计划时，被试的自制力水平没有任何显著改变，开始锻炼后自制力水平显著提升，被试自我报告的行为表现也与实验室研究结果相一致(Oaten 和 Cheng, 2006a)。奥滕等用坚持学习习惯的方法进行类似的提升自制力的研究。他们把被试分为两组，采用AB多基线设计，采取实验室测验和自我报告法相结合的方法测量被试的自制力水平。被试自我报告的数据和实验室测验的数据都表明，实验组的被试在学期末因考试压力导致的各种自制力下降的情况明显改善；控制组的被试在第一学期末由于应对考试压力消耗了自制力资源，因此在自我报告和实验室测验中都出现了自制力下降的现象，而在第二学期自制力消耗的后效则显著减轻

(Oaten 和 Cheng, 2006b)。

在现代生活中,面对琳琅满目的商品,要控制自己不去买一些可有可无的东西是需要自制力的。奥滕等用控制自己花钱的行为作为提升自制力的途径对被试进行了为期四个月的训练,训练开始时对被试的自制力水平进行测量以建立基线,然后每隔一个月进行一次测验。结果发现,通过实验设计的训练,被试在后来的测验(visual tracking task)中的表现显著提高,而控制组(只接受每月一次的测验而不接受自制力的训练)的被试在几次测验任务上的表现没有显著变化(Oaten 和 Cheng, 2007)。

上述的几个研究都表明,自制力的总量不能增加,但是通过锻炼自制力可以变得更坚韧。锻炼的途径有很多,共同点就是在一段时间内坚持一种状态,坚持这种状态是需要自制力的,通过一段时间持续的自我控制来提升自制力的坚韧性,就像持续的身体锻炼使肌肉更加强劲有力一样。这些研究结果从另外的角度证明了把自制力类比于肌肉力量的合理性。

6.3.4 未来研究方向

综上所述,大多数研究结果都支持了有限自制力理论。无论在实验室中的研究还是对日常生活的研究,几乎所有的结果都显示有限自制力的假设是合理的,后续的减轻自制力消耗效应的研究和提升自制力的研究也从另外的角度证实了这一点。现在大多数关于自我控制的研究也都把有限自制力作为定论处理。然而,目前的研究并不完美。

首先,从1998年鲍迈斯特等首次通过实验验证有限自制力模型的合理性到今天已经十年了,世界各地的心理学家通过各种各样的实验设计对该模型进行检验,模型的五个假设中的前四个都得到了一致性的结果,即自我的执行功能(executive function)需要某种心理能量;自我控制的力量是有限的,人们只有有限的力量用来进行自我控制,短期内只能进行数量有限的自我控制;所有的自我控制使用相同的资源,一个领域自我控制的努力会减少另一领域的可用资源;自我控制的力量在控制的过程中会消耗,当前自我控制的努力减少随后的自我控制的可用力量。但在第五个假设上验证的结果出现了不一致,即对"自我控制的成功与否取决于自我控制力量的多少,拥有更多力量的人更可能达到自我控制的目标"这一假设的验证没有得到一致的结论,有的研究结果显示自制力高的个体更能达到自我控制的目标(Tangney, Baumeister, 和 Boone, 2004; Gailliot, Schmeichel, 和 Baumeister, 2006),而另有研究结果却显示自制力高低不同的个体面对消耗自制力的操作时其反应差异不显著(Oaten 和 Cheng, 2005),那么出现这种情况的原因是实验操作过程中无关变异的影响,还是该假设本身是不完善的?

其次,各种减轻自制力消耗后效的策略到底是对有限自制力的支持还是对这个理论的根本否定?即自我控制的各种后效是否仅仅是期望、暗示、认知等因素决定的因变量而已?例如,马丁等认为自制力消耗效应的出现是因为大多数人接受了这样一种暗示,即进行自我克制的行为是很累的,进行了一次自我克制后需要休息后才能恢复自制力。他们通过问卷调查也得出了类似的结论。马丁等先让被试经历一项自制力消耗的实验操作,然后告诉实验组的被试,进行自我控制的任务不会影响以后的自制行为,甚至可能提升自制行为,而没有给予控制组的被试任何指导语,然后让被试参加肌肉耐力测验。结果显示,实验组的被试没有出现自制力消耗的效应,而控制组的被试在随后任务上的表现显著下降,即自制力消耗的效应显著。当然,他们也认为,自制力消耗的现象可能是存在的,但是很容易受暗示、预期、期望等的影响(Martijn等,2002)。虽然马丁等的研究有比较大的缺陷,但他们对有限自制力理论的质疑的确为今后的研究提供了不同的视角。另外,对各种减轻自制力消耗后效的策略在现实生活中有多大的适用性,即生态效度如何?所有的研究都没有提及这个问题。

第三,存在的一个根本的问题是没有测量自制力消耗数量的工具(量表),虽然研究结果支持研究者的假想,到现在为止仍然没有人能说清楚自我控制究竟消耗了什么。虽然盖里奥特等人的研究指出自制行为消耗的可能是葡萄糖,但是他自己也说自我控制是个复杂的过程,也许葡萄糖仅仅是自我控制的生理基础之一;也许葡萄糖和自我控制一样,都是由其他的因素决定的。

最后,研究中提升自制力的各种操作都有显著效果,这种效果是暂时的还是永久的?如果是暂时的,其有效期有多长?这在研究中也都没有涉及。厘清这个问题对有限自制力理论的应用有重要意义。此外,自制力与几大人格理论的关系是什么?比如与"大五"人格理论的哪几个维度有关?今后的研究应重点解决以上几个问题,这无论从理论上还是从实际应用来考虑都是有重要意义的。

6.4 创伤后成长[①]

"故天将降大任于斯人也,必先苦其心志,劳其筋骨,饿其体肤,空乏其身,行拂乱其所为,所以动心忍性,曾益其所不能。"(《孟子·告子上》)孩提时代耳熟能详的经句告诉我们一个简单的道理:苦难和挫折暗含着成长和成功的可能。一直以来,有关创

[①] 本节基于如下工作改写而成:涂阳军,郭永玉(2010).创伤后成长:概念、影响因素、与心理健康的关系.心理科学进展,18(1),114—122.撰稿人:涂阳军。

伤后心理机制的研究往往过分强调创伤事件引发的负性结果,但随着积极心理学的兴起,创伤后成长在近十几年内受到了学者们的积极关注(Helgeson, Reynolds, 和 Tomich, 2006)。创伤后成长强调创伤后个体自我恢复和自我更新的能力,它的提出一改心理病理领域一直以缺陷为基础的研究预设,对该现象的深入研究能增进对创伤后心理机制的理解,其研究成果将为临床上如何更有效地激发成长以及恢复和提升创伤者的身心机能提供有益的指导。鉴于此,本节将引入创伤后成长这一概念,围绕该概念在理论、相关研究及与心理健康的关系等几个方面展开论述。

6.4.1 创伤后成长的概念

早在 20 世纪八九十年代,特德斯奇(Tedeschi)等人就对个体能从创伤等负性生活事件中获得成长这一现象展开了研究,但在对该现象的正式测量中才首次正式提出并使用"**创伤后成长**"(posttraumatic growth, PTG)一词(Tedeschi 和 Calhoun, 1996),并将其界定为在与具有创伤性质的事件或情境进行抗争后所体验到的心理方面的正性变化(Tedeschi 和 Calhoun, 2004)。创伤后成长不仅能发生在个体水平上,也能发生在群体或国家,甚至世界水平上,历经压力或创伤能使婚姻关系、家庭机能、邻里关系、组织士气发生变化,甚至能使一国和一地区内产生社会变革和文化变动(Cohen, Cimbolic, Armeli, 和 Hettler, 1998)。我们可以想象,在历经大的自然灾害,如地震后,人们的团体凝聚力会增强,慈善或正义的行为会增多。除"创伤后成长"外,指代该现象的词语还有很多,如"与压力相关的成长"(stress-related growth)、"益处寻求"(benefit-finding)、"感知到的益处"(perceived benefit)、"观念的变化"(changes in outlook)及"心理活力"(psychological thriving)等(Linley 和 Joseph, 2004),而约瑟夫和利利(Joseph 和 Linley, 2006)则提出用"逆境后成长"(growth following adversity)一词来统指上述各称谓。但特德斯奇和卡尔霍恩(Calhoun)给出了之所以选择使用"创伤后成长"一词的充分理由。他们认为该词不但抓住了成长的本质,而且和"与压力相关的成长"相比,它突出强调了引发成长的事件的危机性、挑战性和威胁性;与"积极幻想"和"心理活力"相比,它反映了人们在创伤后确实表现出实际的成长以及成长与**心理痛苦**(psychological distress)共存的事实;而与将成长看作应对策略的观点相比,它表明成长是创伤后的结果或适应过程。因此,本节如不作特别说明,仍用"创伤后成长"来指称成长,但所引文献中已有的用以指称成长的各个词语仍予以保留而不作改动。

引发创伤后成长的事件有很多,包括丧失亲人、意外事故、自然灾害、突发心脏病(heart attacks)、战争或政治迫害、性虐待和强奸以及各类疾病,如 SARS、HIV/AIDS、脑损伤和癌症等。但与其他类型疾病相比,癌症具有许多独特性(Mehnert 和

Koch,2007)。而创伤后成长的领域也有很多,主要有觉知到的自我、人际关系和生活哲理方面的变化(Tedeschi 和 Calhoun, 1996),还包括物质获得、娱乐价值、工作上有更好的表现、工作条件改善及法律政策的改变(McMillen 和 Fisher, 1998)、对他人同情和信任的增强、助人能力的提升、更为成熟地处理将至的创伤、加深对自我的认识、终止酒精与毒品的伤害以及邻里之间的互助合作等(McMillen, 2004)。对特定创伤所做的研究也发现了一些特殊的成长领域。如儿童期受到性虐待的成年被试,其创伤后成长体现在保护小孩免受虐待、自我保护、儿童性虐待知识的增加以及更为坚强的人格品质等方面(McMillen, Zuravin, 和 Rideout, 1995)。研究发现各成长测量工具的各个子量表共享一个高阶因素,这似乎表明成长的多个领域或维度可能是一个相互关联的整体(Joseph, Linley, 和 Harris, 2005),成长领域或范围间的差异可能反映了事件类型、发生时间及人格等因素的作用(Cohen, Hettler, 和 Pane, 1998)。

与创伤后成长相关的概念有很多,如韧性(resilience)、坚韧(hardiness)、乐观、凝聚感(sense of coherence)、寻求意义(making sense)等。这其中最容易与创伤后成长相混淆的是心理韧性,许多研究者或明或暗地将创伤后成长与韧性等同了起来。**心理韧性**(psychological resilience)是指尽管面临人生的丧失、困难或身处逆境,但仍然能够有效地应对和适应(Yu 和 Zhang, 2007),而创伤后成长则指挫折后人的身心机能不但能有效地应对和恢复,而且还能有所提升。当面临挫折时,人们的机能水平可能反弹至原先的水平,也即韧性,但也可能机能水平不但反弹至原先的水平,而且在某些方面还超越先前的水平,也即表现为成长(Linley 和 Joseph, 2005)。相比较而言,尽管"韧性"一词也包含成长之意,但创伤后成长则明确提出并强调韧性中的成长,实证研究也初步证明韧性与创伤后成长可能是两个不同的概念(Westphal 和 Bonanno, 2007)。

6.4.2 创伤后成长的测量

创伤后成长问卷(Posttraumatic Growth Inventory, PTGI)由特德斯奇和卡尔霍恩(Tedeschi 和 Calhoun, 1996)编定,其理论依据来自对大量研究文献和实证研究报告的分析和梳理,并最终将创伤后感知到的获益归入以下三个方面:觉知到的自我方面的变化(changes in self-perception),人际关系方面的变化(changes in interpersonal relationships),生活哲理方面的改变(a changed philosophy of life)。由此产生了由34道题项构成的初始问卷。问卷指导语为:"在经历此次危机后,您觉得自己的生活发生了哪些变化,并就这些变化与下面各陈述的适切程度在数字0—5之间作出选择。"被试为年龄17—25岁的604名大学生,评定时间为过去5年以来,而报告该事件发生离被测试时两年前的被试占到55％。报告最多的三件负性事件依次为：亲人离世(bereavement)、致伤的偶发事件(injury-producing accidents)以及父母亲产生隔阂或离婚(separation or divorce of parents)。对初始题项进行主成分分析，在结合因素的可解释性后，保留了21道题项，它们分属于五个不同的因素：与他人的关系(Relating to Others)、新的可能性(New Possibilities)、个人力量(Personal Strength)、精神或信仰的变化(Spiritual Change)、对生活的珍视(Appreciation of Life)。除个人力量与对生活的珍视两个因素的重测信度系数偏低外，该问卷的总体及各因素的内部一致性系数、题总相关、因素相关及因素与总问卷的相关均符合测量学的要求。另外，该问卷也具有比较理想的区分、聚合效度和结构效度。

根据特德斯奇和卡尔霍恩(Tedeschi 和 Calhoun,1996)编定的创伤后成长问卷，研究者与2名心理专业大三学生、3名英语专业大二学生、1名心理学方向博士研究生各自翻译得到中文问卷，将7份翻译稿进行比对，通过协商最终确定中文问卷。接着，研究者请3名中文专业大三学生对翻译所得问卷的用词和流畅性进行评定或修改，随后将修改后的中文问卷交由1名外籍心理学在读博士研究生进行回译，并将回译后的结果与原始英文问卷进行对比，针对不适合中国文化背景的题项进行了修改和删除。下述两道与精神性和宗教信仰相关的题项，"5. I have a better understanding of spiritual matters."与"18. I have a stronger religious faith."，因与中国文化不契合予以删除。最终该中文问卷保留4个维度19道题，按李克特6点计分，从"没有"到"非常多"。

研究者以样本一和样本二进行探索性因素分析，结果均未能复现原始的四因素结构。在不限定因素数目的条件下，对样本一和样本二分别用方差极大的正交旋转法进行分析，根据可解释性、负荷及共同度的大小，表明二因素更好，因此将两样本合并后重新进行二因素探索性因素分析，球性检验显著($p<0.001$)，KMO值为0.79，表明适合作因素分析。按负荷大于等于0.3的标准，删除4道双高负荷题，保留15道题。根据负载于各因素的题项的内容及相关理论，将因素一命名为能力与机会因子(F1)，因素二命名为人际与自我因子(F2)。用样本三进行验证性因素分析，其结果如下：NFI＝0.891，RFI＝0.813，IFI＝0.917，CFI＝0.916，RMSEA＝0.074，卡方值为122.532，自由度为32，卡方与自由度之比为3.83。从各指标来看，二因素模型对数据的拟合较好。

PTGI总问卷、能力与机会因子、人际与自我因子的内部一致性信度系数(α)分别为：0.849、0.729和0.777。间隔两周后(样本量为64名大学生，其中男生为18名，女生为46名)的重测信度系数分别为0.734、0.672和0.614。

大学生经历的生活事件的平均频数为18.20±8.09，被试报告频次最多的最严重的一件生活事件依次为:学业压力(29.2%)、恋爱(15.0%)、人际(5.8%)、重要他人离世(4.0%)以及自己或重要他人重病重伤(2.3%)。该事件离测试时的平均时间为 26.51±16.18 个月,该事件当时发生时的压力感(5.83±2.03)显著高于现在的压力感(3.78±2.07)($t_{(293)}$ = 15.00, $p<0.01$)。以 PTGI 总分为因变量,以性别、年级、专业、是否独生子女、家庭所在地类型、家庭的月平均收入、父母亲职业和文化程度等为自变量所作的一元方差分析,结果均不显著。SRGS 及其两个因素与大学生生活事件的总频次及事件发生的时间长短间呈相关均不显著,而与年龄呈不显著的负相关,与事件发生时和之后感受到的压力程度相关也不显著。

总的看来,在肿瘤医院住院病人、护士及大学生样本中,PTGI 中文修订版的信度、效度符合心理测量学的要求,可以用于考察个体创伤后成长的时间变化趋势以及与这种变化趋势相关联的人格、认知和社会心理变量及其对心理健康的影响、预测作用。在心理咨询与临床治疗中,可用作对当事人创伤或压力后口头和书面表露加以分析和客观量化的提纲。

6.4.3 创伤后成长的影响因素

人口统计学变量

与男性相比,女性在与压力相关的成长量表上得分更高(Kesimci, Göral, 和 Gençöz, 2005; Park, Cohen, 和 Murch, 1996),波拉廷斯基和埃斯普雷(Polatinsky 和 Esprey, 2000)对失去小孩的父母亲所做的比较却发现,父母亲在获益上无显著差异,但因样本量较小,有可能检测不出差异。被试年龄越小,其在益处寻求量表上的得分会越高(Lechner 等, 2003)。随着年龄的增加,个体所体验到的创伤后成长有下降的趋势(Jaarsma, Pool, Sanderman, 和 Ranchor, 2006)。少数民族身份是唯一可以预测新的可能性的因素(Maguen, Vogt, King, King, 和 Litz, 2006),而且与白人相比,有色人种能从创伤事件中获得更多的益处(Siegel, Schrimshaw, 和 Pretter, 2005)。另外,也有研究发现,婚姻状况、教育水平及受雇佣情况对创伤后成长也有显著的预测作用(Bellizzi 和 Blank, 2006)。

除上述人口统计学变量外,文化与宗教信仰对创伤后成长也有影响。研究发现,信仰改变的开放度与创伤后成长有高的正相关(Calhoun, Cann, Tedeschi, 和 McMillan, 2000),精神性(spirituality)也与成长有显著的正相关(Cadell, Regdhr, 和 Hemsworth, 2003)。不但如此,具有宗教性质的应对方式也与益处寻求有密切关系(Proeeitt, Cann, Calhoun, 和 Tedeschi, 2007; Urcuyo, Boyers, Carver, 和 Antoni, 2005)。另外,对历经恐怖事件的青少年所做的研究也发现,与没有宗教信仰的这些青少年相比,那些有宗教信仰者报告发生了更多的成长(Laufer 和 Solomon, 2006)。

肖等人(Shaw,Joseph,和 Linley,2005)在对 11 篇有关宗教信仰(religion)、精神性及创伤后成长间关系的实证研究报告进行分析后认为:宗教信仰和精神性通常对那些正在应付创伤者有助益;创伤体验能导致对宗教和精神性的信赖加深;积极的宗教应对、信仰的开放性、面对存在性问题的准备性(readiness to face existential questions)、宗教参与及发自内心的对宗教的虔诚(intrinsic religiousness)等因素通常都与成长相关联。最后,有证据表明成长的领域及内容具有文化差异性。莎士比亚-芬奇和科平(Shakespeare-Finch 和 Copping,2006)用扎根理论对澳大利亚成人所做的研究,就并未发现精神或信仰因素的存在,而且精神性(spirituality)、宗教信仰和同情的内涵也与美国文化背景下的不同。而研究者(Ho,Chan,和 Ho,2004)对中国香港 188 名成年癌症患者所做的研究也发现,考虑文化因素后的两因素模型能比较好地拟合数据。

创伤事件的特征

(1)严重程度。那些评估事件具有中等程度以上的威胁以及适度挑战性和严重性的被试,其在与压力相关的成长量表上的得分更高(Armeli, Gunthert, 和 Cohen, 2001)。就可控事件而言,对不可控事件采取情绪中心的应对方式将导致更多的成长(Göral, Kesimci, 和 Gençöz, 2006)。感知到的事件的威胁程度对创伤后成长的三个维度都具有显著的预测作用(Maguen 等, 2006),但癌症的客观严重程度却与创伤后成长无关(Barakat, Alderfer, 和 Kazak, 2006)。另外,创伤后成长与事件的严重程度可能并非为学者们早先所认为的那样是直线关系,而实质上也可能是曲线关系。研究发现,与处于不太严重或非常严重程度的癌症患者相比,处于中等严重程度的癌症患者报告出更多的益处寻求(Lechner 等, 2003),托米奇和赫尔格森(Tomich 和 Helgeson,2004)推测,疾病太过于严重可能完全耗尽创伤后成长赖以生长的心理资源,而太轻的疾病却不足以对创伤经历者的认知图式等产生震撼性的影响,因此成长都不易发生。(2)类型。研究发现被试感知到的益处在事件类型上确有差异。譬如,与面临工作压力的人相比,那些面临所爱之人死亡的人在对人同情方面的得分就更高(McMillen 和 Fisher, 1998),而与飞机失事的幸存者相比,历经龙卷风灾难的人在亲密感和个人力量方面有最大的获益(McMillen, Smith, 和 Fisher, 1997)。另外一项为期 18 个月的纵向研究也发现,在控制创伤前的心理痛苦程度后,事件类型仍与创伤后成长各维度的不同组合有关(Ickovics 等, 2006)。但也有研究发现,被试在与压力相关的成长量表上的得分在事件类型上无显著差异(Park 等, 1996)。各研究间之所以出现差异,可能是因为事件本身的差异程度不够大或者不具有质的差异;事件类型本身对创伤后成长无直接影响,需要通过当事人对所发生事件的认知、情感评估才能发生作用。(3)发生时间。发生时间是指创伤事件发生或被诊断出患有某疾病离成长测量时的时间跨度。一些研究表明成长与创伤事件的发生时间无关(Park 等,1996；Tedeschi 和 Calhoun,1996)；还有研究者(Stanton, Bower, 和 Low, 2006)也认为,从现有研究来看,我们无法确知发生时间是否与成长有关。但佐尔纳和梅尔克尔(Zoellner 和 Maercker,2006)认为,成长的发生是需要时间的,从长远来看,随着时间的流逝,创伤后成长的积极面才能呈现出长期的适应价值。

人格、认知变量

除神经质外,创伤后成长与五因素模型(FFM)的其余四个维度及乐观均显著正相关,但神经质与成长无显著相关(Park 等,1996；Zoellner, Rabe, Karl, 和 Maercker,2008),但也有研究发现乐观与创伤后成长的任何子维度无关,而且也不能有效预测成长(Bellizzi 和 Blank,2006)。研究发现,对第一次心脏病发作时所做的归因能够有效预测病人 8 年内的死亡率(Affleck, Tennen, Croog, 和 Levine, 1987),而与那些做外在、特定和不稳定归因的被试相比,对正性事件做稳定、广泛和内在归因的被试报告了更多的成长(Ho, Chu, 和 Yiu, 2008)。除归因方式外,自我效能感、自尊等也对成长有影响。自我效能感对生活不完美的接纳度等多个成长领域有直接影响(Luszczynska, Mohamed, 和 Schwarzer, 2005),而自尊对心理活力有直接作用(Abraido-Lanza, Guier, 和 Colon, 1998),高自尊的高乐观者会报告更多的成长(Evers 等,2001)。另外,韧性(resilience)与创伤后成长显著正相关,而且是创伤后成长唯一的预测变量(Hooper, Marotta, 和 Lanthier, 2008)。创伤后成长也与感知到的**积极品质**(perceived positive attributes)的变化显著相关(Ransom, Sheldon, 和 Jacobsen, 2008)。

事发后旋即发生的沉思(rumination soon after the event)程度与创伤后成长显著正相关(Taku, Calhoun, Cann, 和 Tedeschi, 2008),而且对事件的认知加工深度也与创伤后成长显著正相关(Weinrib, Rothrock, Johnsen, 和 Lutgendorf, 2006)。纵向研究发现,成长与**生活意义**(life meaningfulness)在两个不同时间点上均显著相关(Park, Edmondson, Fenster, 和 Blank, 2008)。另外,对矿难者伴侣所做的质性分析也发现,获得个人成长者,往往感知到事件对自我的威胁,并从创伤中找寻到了意义,而那些未获成长者,往往不能从创伤中发现意义(Davis, Wohl, 和 Verberg, 2007)。除上述因素外,目标的性质与创伤后成长也有关。譬如,创伤后成长与内源性目标和外生性目标间相对重要性的变化相关联,表现为内源性目标变得更为重要(Ransom 等, 2008)。最后,历经创伤并获成长者,将获得苦难人生的回报——智慧(wisdom),它能通过对不确定的认识与管理等三个维度来激发创伤后成长(Linley, 2003)。

社会支持与应对方式

实际所获得的社会支持对创伤后成长具有积极的作用,这一发现在许多研究中都得到了证实(Karanci 和 Erkam, 2007; Schwarzer, Luszczynska, Boehmer, Taubert, 和 Knoll, 2006),不仅如此,感知到的支持对成长也有促进作用。韦斯(Weiss, 2004)研究发现,仅感知得到丈夫的支持,患癌症的妻子都会报告出更多的成长,而与那些体验到成长的癌症幸存者有简单接触的被试相比,那些未有接触者报告的成长会更少。另外,来自重要他人(如伴侣)对疾病的认知和情感因素与患者本人的创伤后成长也显著相关(Manne 等, 2004),并且仅有来自朋友的支持也能对创伤后成长有所助益(Lev-Wiesel 和 Amir, 2003)。莱希纳和安东尼(Lechner 和 Antoni, 2004)认为,由社会支持构筑而成的团体环境成为创伤后成长得以发生、发展的土壤,因为它为创伤经历者提供了一个可以交流观点、获得新的思想和信念以及共享创伤体验的平台,而这些都有利于当事人认知图式的重构和适应。

研究发现,使用问题导向和**宿命应对策略**(fatalistic coping strategies)频率越多者,其在与压力相关的成长量表上得分越高(Kesimci, Göral, 和 Gençöz, 2005),而积极性质的应对也与创伤后成长的多个维度有高的正相关并能显著预测成长(Bellizzi 和 Blank, 2006)。另外,情绪中心的应对策略也能导致更高水平的与压力相关的成长(Göral 等, 2006)。研究还发现,创伤后成长领域与应对机制密切相关(Morris, Shakespeare-Finch, 和 Scott, 2007)。另外几项纵向研究还发现,研究开始之初的积极重评策略能够有效预测12个月时的创伤后成长(Sears, Stanton, 和 Danoff-Burg, 2003),而在骨髓移植前,那些使用积极重评等应对方式的被试会报告出更多的创伤后成长(Widows, Jacobsen, Booth-Jones, 和 Fields, 2005)。

最后,除上述因素外,研究也发现情绪对创伤后成长有影响。正性情绪对心理活力具有显著的直接作用,而负性情绪则通过自尊对心理活力产生间接作用(Abraido-Lanza 等, 1998)。在间隔9个月的三个时间点上,情绪表达和情绪加工对患者本人及其伴侣的创伤后成长有显著的预测作用(Manne 等, 2004)。与那些低正性情绪、高负性情绪以及正负性情绪都低的人相比,那些具有高正性情绪和低负性情绪者,具有最高水平的能从创伤中获得活力(thriving)的能力(Norlander, Schedvin, 和 Archer, 2005)。手术后幸存者在手术前的负性情绪对一年后的创伤后成长水平具有显著的预测作用(Thornton 和 Perez, 2006)。

总的看来,上述研究初步表明,对创伤事件的认知评估而非客观的严重程度是创伤后成长发生的重要条件,但两者到底为何种关系仍不清楚。时间长短并非表征创伤后成长发生过程的有效指标,因为现有的横断研究混淆了时间与创伤后成长的积极和幻想成分间的关系。总的看来,那些非白人的年轻女性,在乐观、韧性、自我效能、自尊、外倾与开放性上得高分并作稳定、广泛和内在归因者,当其认为创伤事件非常具有挑战性和震撼性,对该事件进行深层次的认知加工和积极沉思,并采用了适应良好的应对策略,在有重要他人实际提供的或自己感知到的支持下,更易报告发生了成长,而且具有更高的创伤后自我恢复和发展的潜能以及对创伤更强的抵抗力,创伤后也有更高的身心机能、心理健康、幸福水平和更低的心理痛苦感水平。另外,正性情绪对成长有正向的助益作用,而负性情绪对成长的作用则不明确,其作用机制可能受到创伤事件发生的时间、对创伤事件的认知评估及应对策略的调节。

6.4.4 创伤后成长与心理健康的关系

有越来越多的证据表明,成长与适应良好和高健康水平有关。从横断研究来看,成长与抑郁显著负相关(Siegel 等,2005),与情绪上的痛苦(emotional distress)负相关(Urcuyo 等,2005),与适应水平正相关(McCausland 和 Pakenham,2003)。从纵向研究来看,与压力相关的成长能有效预测 6 个月后的积极心理状态(Park 和 Fenster,2004)。益处寻求对表征积极结果的一些心理指标,包括生活满意度、正性情绪和动态调适,均具有直接的强作用(Pakenham,2005)。而人际关系方面的获益与风湿性关节炎患者的残疾程度及心理痛苦程度显著负相关,并且获益组的心理痛苦程度显著低于无人际关系获益组(Danoff-Burg 和 Revenson,2005)。在术前一周及术后 1 个月和 12 个月的三个时间点上,益处寻求在前两个时间点上的变化能够显著预测第三个时间点上的抑郁、生活质量及对健康的担心水平(Schwarzer 等,2006)。但也有一些研究发现创伤后成长与心理健康无关或呈正相关。研究发现益处寻求与抑郁无关,与高焦虑和高愤怒水平有关(Mohr, Dick, Russo, Likosky, 和 Goodkin, 1999),先天脑损伤病人的焦虑和抑郁得分与创伤后成长显著正相关(Mcgrath & Linley, 2006)。而乳腺癌幸存者在创伤后成长上的得分与**抑郁自评量表**(CES-D)和 **Ryff 心理幸福感量表**(Ryff's Well-Being Scales)上的得分也无关(Cordova, Cunningham, Carison, 和 Andrykowski, 2001),与生活质量也无关(Thornton 和 Perez,2006)。研究甚至还发现,目睹一系列恐怖和暴力事件的被试,其创伤后成长与更高水平的心理痛苦相关联(Hobfoll 等,2007)。

创伤后成长与心理健康间关系的不一致,有许多可能的解释:其一,创伤后成长与心理健康间的无关或正相关,反映了创伤后成长能与心理痛苦共存这一事实。譬如,那些历经丧子之痛的父母会在好些年里频频报告其体验到的痛苦,但同时也会报告体验到了创伤带来的成长(Tedeschi 和 Calhoun,2004)。其二,各研究大多以成长和表征心理健康各指标的总分作为分析单元,这既掩盖了创伤后成长的多领域性以及各个成长领域自身发生发展的特殊性,也会使数据分析发现不了某具体的成长领域与心理健康某一子指标间的关系情形。其三,成长与心理健康可能并非如大多数研究者所预设的那样,是线性关系,而可能是曲线关系。对两个乳腺癌患者样本在术后一年及术后 5—8 年的追踪研究就发现,与益处寻求处于中间组的被试相比,高低益处寻求组均有更好的适应(Lechner, Carver, Antoni, Weaver, 和 Phillips, 2006)。其四,有许多研究表明,成长与心理健康要受到认知等许多变量的调节。创伤发生的平均时间、研究中是否使用特定的测量工具、样本中少数民族被试所占的比例(Helgeson 等,2006)、癌症所处的发生阶段(Tomich 和 Helgeson, 2004)以及乐观和正性情绪(Cordova 等, 2001)都对成长与心理健康各变量的关系具有调节作用。

6.4.5 研究展望

对创伤后成长本质的进一步探究亟待解决以下问题。第一,指称同一现象的不同称谓是否真具有完全的可替代性?从现有研究来看,对癌症等疾病加以研究的学者大多采用益处寻求,对丧失亲友、自然灾难和偶发事件的研究大多采用创伤后成长,而有关校园压力等的研究则更多采用的是与压力相关的成长,这到底反映的仅是各研究者在学术背景、研究领域和使用偏好上的差异,还是暗藏着内涵和本质的不同呢?有研究发现,益处寻求、创伤后成长与积极重评这三者间尽管紧密相关,但却可能是不同的结构(Sears 等, 2003)。另外,未来研究还须注意弄清创伤后成长与韧性、坚韧、乐观及凝聚感等概念的区别(Tedeschi 和 Calhoun, 2004)。第二,引发创伤后成长的事件非得具有危机性和挑战性吗?从现有研究来看,激发成长发生的事件既可能是非常严重的身体疾病,也可能是相对轻微的压力事件,还可能是自然灾害、战争和交通事故,甚至也可以是因见证别人的疾病而带来的替代的痛苦体验(Cadell, 2007)。既然成长是个体主观感知到的(self-perceived posttraumatic growth)(Zoellner 和 Maercker, 2006),那么符合逻辑的推论是,任何一件事件,无论严重程度如何,都有可能令被试感知到成长,只要创伤信息与事发前个体所持的有关自我和世界观念(world assumptions)不相符或相互冲突,并有可能动摇其事发前的假设,成长就可能发生(Joseph 和 Linley, 2005)。第三,创伤后成长具有领域特定性吗?特定的成长领域是否与特定的创伤事件相关联,成长是否为具有整合性的单维结构,只要发生,就会显现在各个领域?还是发生在不同的领域,各个成长领域各有其不同的发展趋势和规律,并受不同因素的影响,而且与心理健康有着各自不同的关系?第四,成长一定只有现实面,或只有幻想面吗?泰勒(Taylor,1983)认为,积极幻想不但是成功应对创伤的过程中必须的,而且个体从创伤中痊愈也有赖于积极幻想。但创伤后成长肯定也不只是一种幻想(Tedeschi, Calhoun, 和 Cann, 2007),它也可以被理解为发生的事实(Sumalla, Ochoa, 和 Blanco, 2009)。佐尔纳等人(Zoellner 等,2006)认为区分二者有赖于随时间的流逝,被试所使用的不同认知策略重要性的相对变化。第五,成长难道只是创伤后的结果吗?尽管从词面意思来看,创伤后成长一词表明成长是创伤后的结果,但不同研究者仍或者将其看成是创伤后的结果,或者看作是一种应对策略,或者是一个过程(Maercker 和 Zoellner,2004)。

从研究方法来看,创伤后成长发生的时间需求特性要求未来更加侧重纵向追溯性的研究并采取更为巧妙的研究设计,如采用重要他人评定法,或使用控制分析法,或使用配对控制组法(Cohen 等,1998),以及借鉴开放式访谈或个人叙事等质性研究的结果,最为重要的是要采用重要他人外显行为测量法,以考察创伤后成长在个体行为层面的实际情形,因为毕竟只有基于信念的行动,才能有效克服有关成长仅是一种防御或幻想的猜测(Johnson 等,2007)。

创伤后成长这一概念本身就对临床治疗具有重要意义,它承认当事人自己就有从创伤和苦痛中自我恢复、痊愈和成长的力量,认为成长的激发有赖于个体自身内在的信念体系的改变。尽管有研究表明益处寻求与焦虑和广泛性痛苦(global distress)无关,与更低的抑郁和更高的幸福水平相关(Helgeson,Reynolds,和 Tomich,2006),但约瑟夫和利利(Joseph and Linley,2006)仍十分严肃地指出:将成长应用于临床应保持充分的谨慎,因为到目前为止,成长发生的内在机制仍不清楚,痛苦可能与成长并存,当痛苦结束时,成长也就可能终止了,这样一来,现有的立足于减轻当事人痛苦的治疗措施,反而会起到间接终止成长发生、发展的负向作用。因此,未来临床上的应用仍需进一步探究各影响因素共同对成长起作用的途径、机制以及与成长的关系情形,深入挖掘调节变量在成长与心理健康间起作用的内在机制,更要弄清成长积极面与幻想面的关系以及探寻如何区分二者的新方法和新证据。

参考文献

白洁.(2015).危机中谣言采信的心理机制及政府应对策略.武汉:华中师范大学硕士学位论文.
宝贡敏,史江涛.(2008).中国文化背景下的"关系"研究述评.心理科学,31(4),1018—1020.
陈伟民,桑标.(2002).儿童自我控制研究述评.心理科学进展,10(1),65—70.
陈真珍.(2013).调节匹配对整体/局部加工的影响.武汉:华中师范大学硕士学位论文.
刁钟伟,郑钢.(2008).父母养育目标的文化差异.心理科学进展,16(1),84—90.
范津砚,叶斌,章震宇等.(2003).探索性因素分析——最近十年的述评.心理科学进展,11(5),579—585.
郭永玉.(2005).人格心理学——人性及其差异的研究.北京:中国社会科学出版.
郭志刚.(1999).社会统计分析方法——SPSS 软件运用.北京:中国人民大学出版社.
李虹,梅锦荣.(2002).测量大学生的心理问题:GHQ-20 的结构及其信度和效度.心理发展与教育,18(1),75—79.
李静,郭永玉.(2008).物质主义及其相关研究.心理科学进展,16(4),637—643.
李婷娜,顾昭明.(2011).大学生学习适应现状与个体控制感的关系研究.中国健康心理学杂志,19(3),350—352.
苗元江.(2003).心理学视野中的幸福.南京:南京师范大学博士学位论文.
裴改改,李文东,张建新,雷榕.(2009).控制感、组织支持感及工作倦怠与武警警官心理健康的结构方程模型研究.中国临床心理学杂志,17(1),115—117.
谭树华.(2009).可一不可再:自制力消耗效应研究.武汉华中师范大学硕士学位论文.
谭树华,郭永玉.(2008a).有限自制力的理论假设与相关研究.中国临床心理学杂,16(3),309—311.
谭树华,郭永玉.(2008b).大学生自我控制量表的修订.中国临床心理学杂志,16(5),468—470.
王大华,申继亮,陈勃.(2002).控制理论:诠释毕生发展的新视点.心理科学进展,10(2),168—177.
王桂平,陈会昌.(2004).儿童自我控制心理机制的理论述评.心理科学进展,12(6),868—874.
王红姣,卢家楣.(2004).中学生自我控制能力问卷的编制及其调查.心理科学,27(5),1477—1482.
王艳丽.(2017).社会阶层对秩序需求的影响及其内在机制.武汉:华中师范大学硕士学位论文.

王益文,林崇德.(2005).额叶参与执行控制的ERP负荷效应.心理学报,37(6),723—728.
王好,宪瑋.(2007).中国护士工作压力源量表的初步修订.中国临床心理学杂志,15(2),129—131.
许雷平,杭虹利,王方华.(2012).长期倾向调节聚焦量表述评.心理科学,35(1),213—219.
杨慧芳,郭永玉,钟年.(2007).文化与人格研究中的几个问题.心理学探新,101(1),3—7.
姚琦,乐国安,伍important,李燕飞,陈晨.(2008).调节定向的测量维度及其问卷的信度和效度检验.应用心理学,14(4),318—323.
于国庆.(2005).大学生自我控制研究.心理科学,28(6),1338—1343.
张灵聪.(2001).我国古代心理学思想家关于自我控制的论述.心理科学,24(2),236—328.
赵菊.(2006).人际关系满意感的结构与测量.武汉华中师范大学硕士学位论文.
Aaker, J. L., & Lee, A. Y. (2001). "I" seek pleasures and "We" avoid pains: The role of self-regulatory goals in information processing and persuasion. *Journal of Consumer Research*, 28(1), 33 – 49.
Aaker, J. L., & Lee, A. Y. (2006). Understanding regulatory fit. *Journal of Marketing research*, 43(1), 15 – 19.
Abraido-Lanza, A. F., Guier, C., & Colon, R. M. (1998). Psychological thriving among Latinas with chronic illness. *Journal of Social Issues*, 54(2), 405 – 424.
Achebe, C. (2010). Igbo women in the Nigerian-Biafran War 1967 – 1970 an interplay of control. *Journal of Black Studies*, 40(5), 785 – 811.
Ackerman, J. M., Goldstein, N. J., Shapiro, J. R., & Bargh, J. A. (2009). You wear me out: The vicarious depletion of self-control. *Psychological Science*, 20, 326 – 332.
Affleck, G., Tennen, H., Croog, S., & Levine, S. (1987). Causal attribution, perceived benefits, and morbidity after a heart attack: An 8-year study. *Journal of Consulting and Clinical Psychology*, 55(1), 29 – 35.
Amodio, D. M., Shah, J. Y., Sigelman, J., Brazy, P. C., & Harmon-Jones, E. (2004). Implicit regulatory focus associated with asymmetrical frontal cortical activity. *Journal of Experimental Social Psychology*, 40(2), 225 – 232.
Armeli, T., Gunthert, K. C., & Cohen, L. H. (2001). Stressor appraisals, coping, and post-event outcomes: The dimensionality and antecedents of stress-related growth. *Journal of Social and Clinical Psychology*, 20(3), 366 – 395.
Avnet, T. & Higgins, E. T. (2006). How regulatory fit affects value in consumer choices and opinions. *Journal of Marketing Research*, 43(1), 1 – 10.
Babb, K. A., Levine, L. J., & Arseneault, J. M. (2010). Shifting gears: Coping flexibility in children with and without ADHD. *International Journal of Behavioral Development*, 34(1), 10 – 23.
Barakat, L. P., Alderfer, M. A., & Kazak, A. E. (2006). Posttraumatic growth in adolescent survivors of cancer and their mothers and fathers. *Journal of Pediatric Psychology*, 31(4), 413 – 419.
Bargh, J. A., Lombardi, W. J., & Higgins, E. T. (1988). Automaticity of chronically accessible constructs in person × situation effects on person perception: It's just a matter of time. *Journal of Personality and Social Psychology*, 55(4), 599.
Bauer, I., & Wrosch, C. (2011). Making up for lost opportunities: The protective role of downward social comparisons for coping with regrets across adulthood. *Personality and Social Psychology Bulletin*, 37(2), 215 – 228.
Bauer, I., Wrosch, C., & Jobin, J. (2008). I'm better off than most other people: The role of social comparisons for coping with regret in young adulthood and old age. *Psychology and Aging*, 23(4), 800 – 811.
Baumeister, R. F., & Heatherton, T. F. (1996). Self-regulation failure: An overview. *Psychological Inquiry*, 7, 1 – 15.
Baumeister, R. F., Bratslavsky, E., Muraven, M., & Tice, D. M. (1998). Ego-depletion: Is the active self a limited resource? *Journal of Personality and Social Psychology*, 74, 1252 – 1265.
Baumeister, R. F., Heatherton, T. F., & Tice, D. M. (1994). Losing control: How and why people fail at self-regulation. San Diego, CA: Academic Press.
Baumeister, R. F., Muraven, M., & Tice, D. M. (2000). Ego depletion: A resource model of volition, self-regulation, and controlled processing. *Social Cognition*, 18(2), 130 – 150.
Beckjord, E. B., Glinder, J., Langrock, A., & Compas, B. E. (2009). Measuring multiple dimensions of perceived control in women with newly diagnosed breast cancer. *Psychology and Health*, 24(4), 423 – 438.
Bellizzi, K. M., & Blank, T. O. (2006). Predicting posttraumatic growth in breast cancer survivors. *Health Psychology*, 25(1), 47 – 56.
Benjamin, L. & Flynn, F. J. (2006). Leadership style and regulatory mode: Value from fit? *Organizational Behavior and Human Decision Processes*, 100(2), 216 – 230.
Bianco, A. T., Higgins, E. T., & Klem, A. (2003). How "fun/importance" fit affects performance: Relating implicit theories to instructions. *Personality and Social Psychology Bulletin*, 29(9), 1091 – 1103.
Brodscholl, J. C., Kober, H., & Higgins, E. T. (2007). Strategies of self-regulation in goal attainment versus goal maintenance. *European Journal of Social Psychology*, 37(4), 628 – 648.
Bruine, D. B. W., Strough, J., & Parker, A. M. (2014). Getting older isn't all that bad: better decisions and coping when facing "sunk costs". *Psychology & Aging*, 29(3), 642 – 647.
Cadell, S. (2007). The sun always comes out after it rains: Understanding posttraumatic growth in HIV caregivers. *Health & Social Work*, 32(3), 169 – 176.
Cadell, S., Regdhr, C., & Hemsworth, D. (2003). Factors contributing to posttraumatic growth: A proposed structural equation model. *American Journal of Orthopsychiatry*, 73(3), 279 – 287.

Calhoun, L. G. , Cann, A. , Tedeschi, R. G. , & McMillan, J. (2000). A correlational test of the relationship between posttraumatic growth, religion, and cognitive processing. *Journal of Traumatic Stress*, 13(3),521–527.

Calvete, E. , Corral, S. , & Estévez, A. (2008). Coping as a mediator and moderator between intimate partner violence and symptoms of anxiety and depression. *Violence Against Women*, 14(8),886–904.

Camacho, C. J. , Higgins, E. T. , & Luger, L. (2003). Moral value transfer from regulatory fit: What feels right is right and what feels wrong is wrong. *Journal of Personality and Social Psychology*, 84(3),493–510.

Carver, C. S. & Connor-Smith, J. (2010). Personality and coping. *Annual Review of Psychology*, 61,679–704.

Carver, C. S. , & Scheier, M. F. (1982). Control theory: A useful conceptual framework for personality-social, clinical, and health psychology. *Psychological Bulletin*, 92,111–135.

Carver, C. S. , Scheier, M. F. , & Weintraub, J. K. (1989). Assessing coping strategies: A theoretically based approach. *Journal of Personality and Social Psychology*, 56(2),267–283.

Cesario, J. , & Higgins, E. T. (2008). Making message recipients "feel right". *Psychological Science*, 19(5),415–420.

Cesario, J. , Grant, H. , & Higgins, E. T. (2004). Regulatory fit and persuasion: Transfer from "feeling right". *Journal of Personality and Social Psychology*, 86(3),388–404.

Chae, B. & Zhu, R. (2014). Environmental disorder leads to self-regulatory failure. *Journal of Consumer Research*, 40(6),1203–1218.

Chen, E. (2012). Protective factors for health among low-socioeconomic-status individuals. *Current Directions in Psychological Science*, 21(3),189–193.

Chen, E. , & Miller, G. E. (2012). "Shift-and-persist" strategies: Why low socioeconomic status isn't always bad for health. *Perspectives on Psychological Science*, 7(2),135–158.

Cheng, C. , Cheung, S. F. , Chio, J. H. , & Chan, M. P. (2013). Cultural meaning of perceived control: a meta-analysis of locus of control and psychological symptoms across 18 cultural regions. *Psychological Bulletin*, 139(1),152–188.

Chipperfield, J. G. , Newall, N. E. , Perry, R. P. , Stewart, T. L. , Bailis, D. S. , & Ruthig, J. C. (2012). Sense of control in late life: Health and survival implications. *Personality and Social Psychology Bulletin*, 38(8),1081–1092.

Chipperfield, J. G. , & Perry, R. P. (2006). Primary- and secondary-control strategies in later life: Predicting hospital outcomes in men and women. *Health Psychology*, 25(2),226–236.

Chipperfield, J. G. , Perry, R. P. , Bailis, D. S. , Ruthig, J. C. , & Loring, P. C. (2007). Gender differences in use of primary and secondary control strategies in older adults with major health problems. *Psychology and Health*, 22(1),83–105.

Cohen, L. H. , Cimbolic, K. , Armeli, S. R. , & Hettler, T. R. (1998). Quantitative assessment of thriving. *Journal of Social Issues*, 54(2),323–335.

Cohen, L. H. , Hettler, T. , & Pane, N. (1998). Assessment of posttraumatic growth. In R. Tedeschi, C. Park, & L. Calhoun (Eds), *Posttraumatic growth: Positive changes in the aftermath of crisis* (pp. 23–42). Mahwah, NJ: Erlbaum.

Compas, B. E. , Champion, J. E. , Forehand, R. , Cole, D. A. , Reeslund, K. L. , & Fear, J. , et al. (2010). Coping and parenting: mediators of 12-month outcomes of a family group cognitive-behavioral preventive intervention with families of depressed parents. *Journal of Consulting & Clinical Psychology*, 78(5),623–634.

Connor-Smith, J. K. , Compas, B. E. , Wadsworth, M. E. , Thomsen, A. H. , & Saltzman, H. (2000). Responses to stress in adolescence: Measurement of coping and involuntary stress responses. *Journal of Consulting and Clinical Psychology*, 68(6),976–992.

Connor-Smith, J. K. , & Flachsbart, C. (2007). Relations between personality and coping: A meta-analysis. *Journal of Personality and Social Psychology*, 93(6),1080–1107.

Cordova, M. J. , Cunningham, L. L. C. , Carison, C. R. , & Andrykowski, M. A. (2001). Posttraumatic growth following breast cancer: A controlled comparison study. *Health Psychology*, 20(3),176–185.

Crowe, E. & Higgins, E. T. (1997). Regulatory focus and strategic inclinations: Promotion and prevention in decision-making. *Organizational Behavior and Human Decision Processes*, 69(2),117–132.

Cutright, K. M. (2012). The beauty of boundaries: When and why we seek structure in consumption. *Journal of Consumer Research*, 38(5),775–790.

Cutright, K. M. , Bettman, J. R. , & Fitzsimons, G. J. (2013). Putting brands in their place: How a lack of control keeps brands contained. *Journal of Marketing Research*, 50(3),365–377.

Dan, O. , Sagi-Schwartz, A. , Bar-haim, Y. , & Eshel, Y. (2011). Effects of early relationships on children's perceived control: A longitudinal study. *International Journal of Behavioral Development*, 35(5),449–456.

Daniels, L. M. , Stewart, T. L. , Stupnisky, R. H. , Perry, R. P. , & LoVerso, T. (2011). Relieving career anxiety and indecision: The role of undergraduate students' perceived control and faculty affiliations. *Social Psychology of Education*, 14(3),409–426.

Danoff-Burg, S. & Revenson, T. A. (2005). Benefit-finding among patients with rheumatoid arthritis: Positive effects on interpersonal relationships. *Journal of Behavioral Medicine*, 28(1),91–103.

Davis, C. G. , Wohl, M. J. A. , & Verberg, N. (2007). Profiles of posttraumatic growth following an unjust loss. *Death Studies*, 31,693–712.

DeWall, C. N. , Baumeister, R. F. , Stillman, T. , & Gailliot, M. T. (2007). Violence restrained: Effects of self-regulation and its depletion on aggression. *Journal of Experimental Social Psychology*, 43, 62–76.

Dufton, L. M., Dunn, M. J., Slosky, L. S., & Compas, B. E. (2011). Self-reported and laboratory-based responses to stress in children with recurrent pain and anxiety. *Journal of Pediatric Psychology*, 36(1), 95–105.

Elliot, A. J., & Church, M. A. (1997). A hierarchical model of approach and avoidance achievement motivation. *Journal of Personality and Social Psychology*, 72(1), 218–232.

Elliot, A. J., & Thrash, T. M. (2001). Achievement goals and the hierarchical model of achievement motivation. *Educational Psychology Review*, 13(2), 139–156.

Elliot, A. J., Gable, S. L., & Mapes, R. R. (2006). Approach and avoidance motivation in the social domain. *Personality and Social Psychology Bulletin*, 32(3), 378–391.

Erikson, E. H. (1963). *Childhood and society* (2nd ed.). New York, NY: Norton.

Etchegary, H. (2009). Coping with genetic risk: Living with Huntington Disease (HD). *Current Psychology*, 28(4), 284–301.

Evans, L. M., & Petty, R. E. (2003). Self-guide framing and persuasion: Responsibly increasing message processing to ideal level. *Personality and Social Psychology Bulletin*, 29(3), 313–324.

Evers, A. W. M., Kraaimaat, F. W., Lankveld, W. V., Jongen, P. J. H., Jacobs, J. W. G., & Bijlsma, J. W. J. (2001). Beyond unfavorable thinking: The illness cognition questionnaire for chronic diseases. *Journal of Consulting and Clinical Psychology*, 69(6), 1026–1037.

Fear, J. M., Champion, J. E., Reeslund, K. L., Forehand, R., Colletti, C., Roberts, L., & Compas, B. E. (2009). Parental depression and interparental conflict: Children and adolescents' self-blame and coping responses. *Journal of Family Psychology*, 23(5), 762–766.

Finkel, E. J., & Campbell, W. K. (2001). Self-control and accommodation in relationships: An interdependence analysis. *Journal of Personality and Social Psychology*, 81, 263–277.

Fiske, S. T. (2002). Five core social motives, plus or minus five. In S. J. Spencer, S. Fein, M. P. Zanna, & J. Olson (Eds.), *Motivated social perception: The Ontario Symposium* (Vol. 9, pp. 233–246). Mahwah, NJ: Erlbaum.

Folstein, J. R. & Van Petten, C. (2008). Influence of cognitive control and mismatch on the N2 component of the ERP: A review. *Psychophysiology*, 45, 152–170.

Förster, J., & Higgins, E. T. (2005). How global versus local perception fits regulatory focus. *Psychological Science*, 16(8), 631–636.

Förster, J., Friedman, R. S., Özelsel, A., & Denzler, M. (2006). Enactment of approach and avoidance behavior influences the scope of perceptual and conceptual attention. *Journal of Experimental Social Psychology*, 42(2), 133–146.

Förster, J., Higgins, E. T., & Bianco, A. T. (2003). Speed/accuracy decisions in task performance: Built-in trade-off or separate strategic concerns? *Organizational Behavior and Human Decision Processes*, 90(1), 148–164.

Förster, J., Higgins, E. T., & Idson, L. C. (1998). Approach and avoidance strength during goal attainment: Regulatory focus and the "goal looms larger" effect. *Journal of Personality and Social Psychology*, 75(5), 1115–1131.

Freitas, A. L., & Higgins, E. T. (2002). Enjoying goal-directed action: The role of regulatory fit. *Psychological Science*, 13(1), 1–6.

Friedman, R. S., & Förster, J. (2001). The effects of promotion and prevention cues on creativity. *Journal of Personality and Social Psychology*, 81(6), 1001–1013.

Friesen, J. P., Kay, A. C., Eibach, R. P., & Galinsky, A. D. (2014). Seeking structure in social organization: compensatory control and the psychological advantages of hierarchy. *Journal of Personality & Social Psychology*, 106(4), 590–609.

Gailliot, M. T., Baumeister, R., DeWall, C., Maner, J., Plant, E., Tice D., et al. (2007). Self-control relies on glucose as a limited energy source: Willpower is more than just a metaphor. *Journal of Personality and Social Psychology*, 92, 325–336.

Gailliot, M. T., Schmeichel, B. J., & Baumeister, R. F. (2006). Self-regulatory processes defend against the threat of death: Effects of self-control depletion and trait self-control on thoughts and fears of dying. *Journal of Personality and Social Psychology*, 91, 49–62.

Gailliot, M. T., Schmeichel, B. J., & Maner, J. K. (2007). Differentiating the effects of self-control and self-esteem on reactions to mortality salience. *Journal of Experimental Social Psychology*, 43, 894–901.

Glassman, T., Werch, C., & Jobli, E. (2007). Alcohol self-control behaviors of adolescents. *Addictive Behaviors*, 32, 590–597.

Goode, C., Keefer, L. A., & Molina, L. E. (2014). A compensatory control account of meritocracy. *Journal of Social and Political Psychology*, 2(1): 313–334.

Göral, F. S., Kesimci, A., & Gençöz, T. (2006). Roles of the controllability of the event and coping strategies on stress-related growth in a Turkish sample. *Stress and Health*, 22, 297–303.

Gould, S. J. (1999). A critique of Heckhausen and Schulz's (1995) life-span theory of control from a cross-cultural perspective. *Psychological Review*, 106(3), 597–604.

Greenaway, K. H., Louis, W. R., & Hornsey, M. J. (2013). Loss of control increases belief in precognition and belief in precognition increases control. *Plos One*, 8(8), e71327.

Grimm, L. R., Markman, A. B., Maddox, W. T., & Baldwin, G. C. (2008). Differential effects of regulatory fit on category learning. *Journal of Experimental Social Psychology*, 44(3), 920–927.

Grimm, L. R., Markman, A. B., Maddox, W. T., & Baldwin, G. C. (2009). Stereotype threat reinterpreted as a regulatory mismatch. *Journal of Personality and Social Psychology*, 96(2), 288–304.

Haase, C. M., Heckhausen, J., & Köller, O. (2008). Goal engagement during the school-work transition: Beneficial for all, particularly for girls. *Journal of Research on Adolescence*, 18(4), 671–698.

Haase, C. M., Poulin, M. J., & Heckhausen, J. (2012). Happiness as a motivator: Positive affect predicts primary control striving for career and educational goals. *Personality and Social Psychology Bulletin*, 38(8), 1093–1104.

Hall, N. C. (2008). Self-regulation of primary and secondary control in achievement settings: A process model. *Journal of Social and Clinical Psychology*, 27(10), 1126–1164.

Hall, N. C., Perry, R. P., Chipperfield, J. G., Clifton, R. A., & Haynes, T. L. (2006). Enhancing primary and secondary control in achievement settings through writing-based attributional retraining. *Journal of Social and Clinical Psychology*, 25(4), 361–391.

Halliday, C. A. & Graham, S. (2000). "If I get locked up, I get locked up": Secondary control and adjustment among juvenile offenders. *Personality and Social Psychology Bulletin*, 26(5), 548–559.

Haynes, T. L., Heckhausen, J., Chipperfield, J. G., Perry, R. P., & Newall, N. E. (2009). Primary and secondary control strategies: Implications for health and well-being among older adults. *Journal of Social and Clinical Psychology*, 28(2), 165–197.

Heckhausen, J., & Schulz, R. (1995). A life-span theory of control. *Psychological Review*, 102(2), 284–304.

Heckhausen, J., Schulz, R., & Wrosch, C. (1999). *Optimization in primary and secondary control scales (OPS-Scales): Technical Report*. Berlin: Max Planck Institute for Human Development.

Heckhausen, J., Wrosch, C., & Schulz, R. (2010). A motivational theory of life-span development. *Psychological Review*, 117(1), 32–60.

Helgeson, V. S., Reynolds, K. A., & Tomich, P. L. (2006). A meta-analytic review of benefit finding and growth. *Journal of Consulting and Clinical Psychology*, 74(5), 797–816.

Higgins, E. T. (1987). Self-discrepancy: A theory relating self and affect. *Psychological Review*, 94(3), 319–340.

Higgins, E. T. (1990). Personality, social psychology, and person-situation relations: Standards and knowledge activation as a common language. In L. A. Pervin (Ed.), *Handbook of personality: Theory and research* (pp. 301–338). New York, NY: The Guilford Press.

Higgins, E. T. (1997). Beyond pleasure and pain. *American Psychologist*, 52(12), 1280–1300.

Higgins, E. T. (2000). Making a good decision: Value from fit. *American Pscycholgist*, 55(11), 1217–1228.

Higgins, E. T., Bond, R. N., Klein, R., & Strauman, T. (1986). Self-discrepancies and emotional vulnerability: How magnitude, accessibility, and type of discrepancy influence affect. *Journal of Personality and Social Psychology*, 51(1), 5.

Higgins, E. T., Cesario, J., Hagiwara, N., Spiegel, S., & Pittman, T. (2010). Increasing or decreasing interest in activities: The role of regulatory fit. *Journal of Personality and Social Psychology*, 98(4), 559–572.

Higgins, E. T., Friedman, R. S., Harlow, R. E., Idson, L. C., Ayduk, O. N., & Taylor, A. (2001). Achievement orientations from subjective histories of success: Promotion pride versus prevention pride. *European Journal of Social Psychology*, 31(1), 3–23.

Higgins, E. T., Idson, L. C., Freitas, A. L., Spiegel, S., & Molden, D. C. (2003). Transfer of value from fit. *Journal of Personality and Social Psychology*, 84(6), 1140–1150.

Higgins, E. T., Roney, C. J. R., Crowe, E., & Hymes, C. (1994). Ideal versus ought predilections for approach and avoidance distinct self-regulatory systems. *Journal of Personality and Social Psychology*, 66(2), 276–286.

Higgins, E. T., Shah, J., & Friedman, R. (1997). Emotional responses to goal attainment: Strength of regulatory focus as moderator. *Journal of Personality and Social Psychology*, 72(3), 515–525.

Ho, S. M. Y., Chan, C. L. W., & Ho, R. T. H. (2004). Posttraumatic growth in Chinese cancer survivors. *Psycho-Oncology*, 13, 377–389.

Ho, S. M. Y., Chu, K. W., & Yiu, J. (2008). The relationship between explanatory style and posttraumatic growth after bereavement in a non-clinical sample. *Death Studies*, 32, 461–478.

Hobfoll, E. H., Hall, B. J., Canetti-Nisim, D., Galea, S., Johnson, R. J., & Palmieri, P. A. (2007). Refining our understanding of traumatic growth in the face of terrorism: Moving form meaning cognition to doing what is meaningful. *Applied Psychology: An International Review*, 56(3), 345–366.

Hooper, L. M., Marotta, S. A., & Lanthier, R. P. (2008). Predictors of growth and distress following childhood parentification: A retrospective exploratory study. *Journal of Child and Family Studies*, 17, 693–705.

Ickovics, J., Meade, C. S., Kershaw, T. S., Milan, S., Lewis, J. B., Ethier, K. A. (2006). Urban teens: Trauma, posttraumatic growth, and emotional distress among female adolescents. *Journal of Consulting and Clinical Psychology*, 74(5), 841–850.

Idson, L. C., Liberman, N., & Higgins, E. T. (2000). Distinguishing gains from nonlosses and losses from nongains: A regulatory focus perspective on hedonic intensity. *Journal of Experimental Social Psychology*, 36(3), 252–274.

Idson, L. C., Liberman, N., & Higgins, E. T. (2004). Imagining how you'd feel: The role of motivational experiences from regulatory fit. *Personality and Social Psychology Bulletin*, *30*(7), 926-937.

Infurna, F. J., & Gerstorf, D. (2014). Perceived control relates to better functional health and lower cardio-metabolic risk: the mediating role of physical activity. *Health Psychology*, *33*(1), 85-94.

Jaarsma, T. A., Pool, G., Sanderman, R., & Ranchor, A. V. (2006). Psychometric properties of the Dutch version of the posttraumatic growth inventory among cancer patients. *Psycho-Oncology*, *15*, 911-920.

Jaser, S. S., Champion, J. E., Dharamsi, K. R., Riesing, M. M., & Compas, B. E. (2011). Coping and positive affect in adolescents of mothers with and without a history of depression. *Journal of Child and Family Studies*, *20*(3), 353-360.

Jaser, S. S., Fear, J. M., Reeslund, K. L., Champion, J. E., Reising, M. M., & Compas, B. E. (2008). Maternal sadness and adolescents' responses to stress in offspring of mothers with and without a history of depression. *Journal of Clinical Child & Adolescent Psychology*, *37*(4), 736-746.

Jaser, S. S., & White, L. E. (2011). Coping and resilience in adolescents with type 1 diabetes. *Child: Care, Health and Development*, *37*(3), 335-342.

Johnson, R. J., Hobfoll, S. E., Hall, B. J., Canetti-Nisim, D., Galea, S., & Palmieri, P. A. (2007). Posttraumatic growth: Action and reaction. *Applied Psychology: An International Review*, *56*(3), 428-436.

Joseph, S., & Linley, P. A. (2005). Positive adjustment to threatening events: An organismic valuing theory of growth through adversity. *Review of General Psychology*, *9*, 262-280.

Joseph, S., & Linley, P. A. (2006). Growth following adversity: Theoretical perspectives and implications for clinical practice. *Clinical Psychology Review*, *26*, 1041-1053.

Joseph, S., Linley, P. A., & Harris, G. J. (2005). Understanding positive change following trauma and adversity: Structural clarification. *Journal of Loss and Trauma*, *10*, 83-96.

Kapsou, M., Panayiotou, G., Kokkinos, C. M., & Demetriou, A. G. (2010). Dimensionality of coping: An empirical contribution to the construct validation of the Brief-COPE with a greek-speaking sample. *Journal of Health Psychology*, *15*(2), 215-229.

Karanci, A. N., & Erkam, A. (2007). Variables related to stress-related growth among Turkish breast cancer patients. *Stress and Health*, *23*, 315-322.

Kay, A. C., Gaucher, D., Napier, J. L., Callan, M. J., & Laurin, K. (2008). God and the government: Testing a compensatory control mechanism for the support of external systems. *Journal of Personality and Social Psychology*, *95*(1), 18-35.

Kay, A. C., Laurin, K., Fitzsimons, G. M., & Landau, M. J. (2014). A functional basis for structure-seeking: exposure to structure promotes willingness to engage in motivated action. *Journal of Experimental Psychology: General*, *143*(2), 486-491.

Kay, A. C., Shepherd, S., Blatz, C. W., Chua, S. N., & Galinsky, A. D. (2010). For god (or) country: the hydraulic relation between government instability and belief in religious sources of control. *Journal of Personality & Social Psychology*, *99*(5), 725-739.

Kay, A. C., Sullivan, D., & Landau, M. J. (2015). Psychological importance of beliefs in control and order: Historical and contemporary perspectives in social and personality. In M. Mikulincer, & P. R. Shaver(Eds.), *APA handbook of personality and social psychology* (Vol. 1, pp. 309-337). Washington, D. C.: American Psychological Association.

Kay, A. C., Whitson, J. A., Gaucher, D., & Galinsky, A. D. (2009). Compensatory control: Achieving order through the mind, our institutions, and the heavens. *Current Directions in Psychological Science*, *18*(5), 264-268.

Keller, J., & Bless, H. (2006). Regulatory fit and cognitive performance: The interactive effect of chronic and situationally induced self-regulatory mechanisms on test performance. *European Journal of Social Psychology*, *36*(3), 393-405.

Kesimci, A., Göral, F. S., & Gençöz, T. (2005). Determinants of stress-related growth: gender, stressfulness of the event, and coping strategies. *Current Psychology: Development · Learning · Personality · Social*, *24*(1), 68-75.

Kidd, L., Hubbard, G., O'Carroll, R., & Kearney, N. (2009). Perceived control and involvement in self care in patients with colorectal cancer. *Journal of clinical nursing*, *18*(16), 2292-2300.

Kurman, J., Hui, C. M., & Dan, O. (2012). Changing the world through changing the self understanding a new control strategy through self-reported coping plans in two cultures. *Journal of Cross-Cultural Psychology*, *43*(1), 15-22.

Lacković-Grgin, K., Grgin, T., Penezić, Z., & Sorić, I. (2001). Some predictors of primary control of development in three transitional periods of life. *Journal of Adult Development*, *8*(3), 149-160.

Lam, A. G., & Zane, N. W. S. (2004). Ethnic differences in coping with interpersonal stressors: A test of self-construals as cultural mediators. *Journal of Cross-Cultural Psychology*, *35*(4), 446-459.

Lamoreaux, M., & Morling, B. (2012). Outside the head and outside individualism-collectivism: Further meta-analyses of cultural products. *Journal of Cross-Cultural Psychology*, *43*(2), 299-327.

Landau, M. J., Kay, A. C., & Whitson, J. A. (2015). Compensatory control and the appeal of a structured world. *Psychological Bulletin*, *141*(3), 694-722.

Laufer, A., & Solomon, Z. (2006). Posttraumatic symptoms and posttraumatic growth among Israeli youth exposed to terror incidents. *Journal of Social and Clinical Psychology*, *25*(4), 429-447.

Lechner, S. C., & Antoni, M. H. (2004). Posttraumatic growth and group-based interventions for persons dealing with cancer: What have we learned so far?. *Psychological Inquiry*, 15(1),35-41.

Lechner, S. C., Carver, C. S., Antoni, M. H., Weaver, K. E., & Phillips, K. M. (2006). Curvilinear associations between benefit finding and psychosocial adjustment to breast cancer. *Journal of Consulting and Clinical Psychology*, 74(5),828-840.

Lechner, S. C., Zakowski, S. G., Antoni, M. H., Greenhawt, M., Block, K., & Block, P. (2003). Do sociodemographic and disease-related variables influence benefit-finding in cancer patients? *Psycho-Oncology*, 12, 491-499.

Lee, A. Y., Aaker, J. L., & Gardner, W. L. (2000). The pleasures and pains of distinct self-construals: The role of interdependence in regulatory focus. *Journal of Personality and Social Psychology*, 78(6),1122-1134.

Lee, A. Y., Keller, P. A., & Sternthal, B. (2010). Value from regulatory construal fit: The persuasive impact of fit between consumer goals and message concreteness. *Journal of Consumer Research*, 36(5),735-747.

Lev-Wiesel, R., & Amir, M. (2003). Posttraumatic growth among holocaust child survivors. *Journal of Loss and Trauma*, 8,229-237.

Liberman, N., Idson, L. C., & Higgins, E. T. (2005). Predicting the intensity of losses vs. non-gains and non-losses vs. gains in judging fairness and value: A test of the loss aversion explanation. *Journal of Experimental Social Psychology*, 41(5),527-534.

Linley, P. A. (2003). Positive adaptation to trauma: Wisdom as both process and outcome. *Journal of Traumatic Stress*, 16(6),601-610.

Linley, P. A., & Joseph, S. (2004). Positive change following trauma and adversity: A review. *Journal of Traumatic Stress*, 17(1),11-21.

Linley. P. A., & Joseph, S. (2005). The human capacity for growth through adversity. *American Psychologist*, 60(3),262-264.

Litman, J. A., & Lunsford, G. D. (2009). Frequency of use and impact of coping strategies assessed by the COPE Inventory and their relationships to post-event health and well-being. *Journal of Health Psychology*, 14(7),982-991.

Lockwood, P., Jordan, C. H., & Kunda, Z. (2002). Motivation by positive or negative role models: Regulatory focus determines who will best inspire us. *Journal of Personality and Social Psychology*, 83(4),854-864.

Luszczynska, A., Mohamed, N. E., & Schwarzer, R. (2005). Self-efficacy and social support predict benefit finding 12 months after cancer surgery: The mediating role of coping strategies. *Psychology, Health & Medicine*, 10(4),365-375.

Maddox, W. T., Baldwin, G. C., & Markman, A. B. (2006). A test of the regulatory fit hypothesis in perceptual classification learning. *Memory & Cognition*, 34(7),1377-1397.

Maercker, A., & Zoellner, T. (2004). The Janus face of self-perceived growth: Toward a two-component model of posttraumatic growth. *Psychological Inquiry*, 15,41-48.

Maguen, S., Vogt, D. S., King, L. A., King, D. W., & Litz, B. T. (2006). Posttraumatic growth among gulf war I veterans: The predictive role of deployment-related experiences and background characteristics. *Journal of Loss and Trauma*, 11,373-388.

Manne, S., Ostroff, J., Winkel, G., Goldstein, L., Fox, K., & Grana, G. (2004). Posttraumatic growth after breast cancer: Patient, partner, and couple perspectives. *American Psychosomatic Society*, 66,442-454.

Markman, A. B., Baldwin, G. C., & Maddox, W. T. (2005). The interaction of payoff structure and regulatory focus in classification. *Psychological Science*, 16(11),852-855.

Markus, H., & Nurius, P. (1986). Possible selves. *American Psychologist*, 41(9),954-969.

Martijn, C., Alberts, H. J. E. M., Merckelbach, H., Havermans, R., Huijts, A., & Vries, A. N. K. D. (2007). Overcoming ego depletion: The influence of exemplar priming on self-control performance. *European Journal of Social Psychology*, 37,231-238.

Martijn, C., Tenbült, P., Merckelbach, H., Dreezens, E., & De Vries, N. K. (2002). Getting a grip on ourselves: Challenging expectancies about loss of energy after selfcontrol. *Social Cognition*, 20,441-460.

McCarty, C. A., Weisz, J. R., Wanitromanee, K., Eastman, K. L., Suwanlert, S., Chaiyasit, W., & Band, E. B. (1999). Culture, coping, and context: Primary and secondary control among Thai and American youth. *Journal of Child Psychology and Psychiatry*, 40(5),809-818.

McCausland, J. & Pakenham, K. I. (2003). Investigation of the benefits of HIV/AIDS caregiving and relations among caregiving adjustment, benefit finding, and stress and coping variables. *Aids Care*, 15(6),853-869.

Mcgrath, J. C. & Linley, P. A. (2006). Post-traumatic growth in acquired brain injury: A preliminary small scale study. *Brain Injury*, 20(7),767-773.

McMillen, C., Zuravin, S., & Rideout, G. (1995). Perceived benefit from child sexual abuse. *Journal of Consulting and Clinical Psychology*, 63(6),1037-1043.

McMillen, J. C. (2004). Posttraumatic growth: What's it all about?. *Psychological Inquiry*, 15(1),48-52.

McMillen, J. C., & Fisher, R. H. (1998). The perceived benefit scales: Measuring perceived positive life changes after negative events. *Social Work Research*, 22(3),173-187.

McMillen, J. C., Smith, E. M. & Fisher, R. H. (1997). Perceived benefit and mental health after three types of disaster. *Journal of Consulting and Clinical Psychology*, 65(5),733-739.

Mehnert, A., & Koch, U. (2007). Prevalence of acute and post-traumatic stress disorder and comorbid mental disorders in breast cancer patients during primary cancer care: A prospective study. *Psycho-Oncology*, 16,181-188.

Memmert, D., Unkelbach, C., & Ganns, S. (2010). The impact of regulatory fit on performance in an inattentional blindness paradigm. *Journal of General Psychology*, *137*(2), 129–139.

Miller, P. A., Kliewer, W., & Partch, J. (2010). Socialization of children's recall and use of strategies for coping with interparental conflict. *Journal of Child and Family Studies*, *19*(4), 429–443.

Mohr, D. C., Dick, L. P., Russo, D., Likosky, W., & Goodkin, D. (1999). The psychosocial impact of multiple sclerosis: Exploring the patient's perspective. *Health Psychology*, *18*(4), 376–382.

Molden, D. C., & Higgins, E. T. (2004). Categorization under uncertainty: Resolving vagueness and ambiguity with eager versus vigilant strategies. *Social Cognition*, *22*(2), 248–277.

Molden, D. C., Lee, A. Y., & Higgins, E. T. (2008). Motivations for promotion and prevention. In J. Shah & W. Gardner (Eds.), *Handbook of motivation science* (pp. 169–187). New York, NY: Guilford Press.

Morling, B., & Fiske, S. T. (1999). Defining and measuring harmony control. *Journal of Research in Personality*, *33*(4), 379–414.

Morling, B., Kitayama, S., & Miyamoto, Y. (2002). Cultural practices emphasize influence in the United States and adjustment in Japan. *Personality and Social Psychology Bulletin*, *28*(3), 311–323.

Morling, B., & Evered, S. (2006). Secondary control reviewed and defined. *Psychological Bulletin*, *132*(2), 269–296.

Morling, B., & Evered, S. (2007). The construct formerly known as secondary control: Reply to Skinner (2007). *Psychological Bulletin*, *133*(6), 917–919.

Morling, B. & Fiske, S. T. (1999). Defining and measuring harmony control. *Journal of Research in Personality*, *33*(4), 379–414.

Morling, B., Kitayama, S., & Miyamoto, Y. (2002). Cultural practices emphasize influence in the United States and adjustment in Japan. *Personality and Social Psychology Bulletin*, *28*(3), 311–323.

Morling, B., Kitayama, S., & Miyamoto, Y. (2003). American and Japanese women use different coping strategies during normal pregnancy. *Personality and Social Psychology Bulletin*, *29*(12), 1533–1546.

Morris, B. A., Shakespeare-Finch, J., & Scott, J. L. (2007). Coping processes and dimensions of posttraumatic growth. *The Australasian Journal of Disaster and Trauma Studies*, 1. Retrieved November 16, 2008, from http://trauma.massey.ac.nz/issues/2007-1/morris.htm.

Muraven, M., & Baumeister, R. F. (2000). Self-regulation and depletion of limited resources: Does self-control resemble a muscle? *Psychological Bulletin*, *126*, 247–259.

Muraven, M., Baumeister, R. F., & Tice, D. M. (1999). Longitudinal improvement of self-regulation through practice: Building self-control strength through repeated exercise. *Journal of Social Psychology*, *139*, 446–457.

Muraven, M., Collins, R. L., & Nienhaus, K. (2002). Self-control and alcohol restraint: An initial application of the self-control strength model. *Psychology of Addictive Behaviors*, *16*, 113–120.

Muraven, M., Collins, R. L., Shiffman, S., & Paty, J. A. (2005). Daily fluctuations in self-control demands and alcohol intake. *Psychology of Addictive Behaviors*, *19*, 140–147.

Muraven, M., & Shmueli, D. (2006). The self-control costs of fighting the temptation to drink. *Psychology of Addictive Behaviors*, *20*, 154–160.

Muraven, M., Shmueli, D., & Burkley E. (2006). Conserving self-control strength. *Journal of Personality and Social Psychology*, *91*, 524–537.

Muraven, M., & Slessareva, E. (2003). Mechanism of self-control failure: Motivation and limited resources. *Personality and Social Psychology Bulletin*, *29*, 894–906.

Muraven, M., Tice, D. M., & Baumeister R F. (1998). Self-control as a limited resource: Regulatory depletion patterns. *Journal of Personality and Social Psychology*, *1998*, *74*, 774–789.

Nanda, M. M., Kotchick, B. A., & Grover, R. L. (2012). Parental psychological control and childhood anxiety: The mediating role of perceived lack of control. *Journal of Child and Family Studies*, *21*(4), 637–645.

Norlander, T., Schedvin, H. V., & Archer, T. (2005). Thriving as a function of affective personality: Relation to personality factors, coping strategies and stress. *Anxiety, Stress, and Coping*, *18*(2), 105–116.

Oaten, M., & Cheng, K. (2005). Academic examination stress impairs self-control. *Journal of Social and Clinical Psychology*, *24*, 254–279.

Oaten, M., & Cheng, K. (2006a). Longitudinal gains in self-regulation from regular physical exercise. *British Journal of Health Psychology*, *11*, 717–733.

Oaten, M., & Cheng, K. (2006b). Improved self-control: The benefits of a regular program of academic study. *Basic and Applied Social Psychology*, *28*, 1–16.

Oaten, M., & Cheng, K. (2007). Improvements in self-control from financial monitoring. *Journal of Economic Psychology*, *28*, 487–501.

Oliver, J. E., & Wood, T. (2014). Medical conspiracy theories and health behaviors in the United States. *JAMA Internal Medicine*, *174*(5), 817–818.

Pakenham, K. I. (2005). Benefit finding in multiple sclerosis and associations with positive and negative outcomes. *Health Psychology*, *24*(2), 123–132.

Park, C. L., Cohen, L. H., & Murch, R. L. (1996). Assessment and prediction of stress-related growth. *Journal of Personality*, *64*(1), 71–105.

Park, C. L., Edmondson, D., Fenster, J. R., & Blank, T. O. (2008). Meaning making and psychological adjustment following cancer: The mediating roles of growth, life meaning, and restored just-world beliefs. *Journal of consulting and Clinical Psychology*, 76(5), 863–875.

Park, C. L., & Fenster, J. R. (2004). Stress-related growth: Predictors of occurrence and correlates with psychological adjustment. *Journal of Social and Clinical Psychology*, 23(2), 195–215.

Pennington, G. L., & Roese, N. J. (2003). Regulatory focus and temporal distance. *Journal of Experimental Social Psychology*, 39(6), 563–576.

Perlstein, W. M., Larson, M. J., Dotson, V. M., & Kelly, K. G. (2006). Temporal dissociation of components of cognitive control dysfunction in severe TBI: ERPs and the cued-Stroop task. *Neuropsychologia*, 44, 260–274.

Pham, M. T., & Avnet, T. (2004). Ideals and oughts and the reliance on affect versus substance in persuasion. *Journal of Consumer Research*, 30(4), 503–518.

Polatinsky, S., & Esprey, Y. (2000). An assessment of gender differences in the perception of benefit resulting from the loss of a child. *Journal of Traumatic Stress*, 13, 709–718.

Poulin, M. J., & Heckhausen, J. (2007). Stressful events compromise control strivings during a major life transition. *Motivation and Emotion*, 31(4), 300–311.

Proeeitt, D., Cann, A., Calhoun, L. G., & Tedeschi, R. G. (2007). Judeo-Christian clergy and personal crisis: religion, posttraumatic growth and well being. *Journal of Religion and Health*, 46(2), 219–230.

Ransom, S., Sheldon, K. M., & Jacobsen, P. B. (2008). Actual change and inaccurate recall contribute to posttraumatic growth following radiotherapy. *Journal of Consulting and Clinical Psychology*, 76(5), 811–819.

Raviv, T., & Wadsworth, M. E. (2010). The efficacy of a pilot prevention program for children and caregivers coping with economic strain. *Cognitive Therapy and Research*, 34(3), 216–228.

Rekart, K. N., Mineka, S., Zinbarg, R. E., & Griffith, J. W. (2007). Perceived family environment and symptoms of emotional disorders: The role of perceived control, attributional style, and attachment. *Cognitive Therapy and Research*, 31(4), 419–436.

Rothbaum, F., Weisz, J. R., & Snyder, S. S. (1982). Changing the world and changing the self: A two-process model of perceived control. *Journal of Personality and Social Psychology*, 42(1), 5–37.

Rothschild, Z. K., Landau, M. J., Sullivan, D., & Keefer, L. A. (2012). A dual-motive model of scapegoating: Displacing blame to reduce guilt or increase control. *Journal of Personality and Social Psychology*, 102(6), 1148–1163.

Rotter, J. B. (1966). Generalized expectancies for internal versus external control of reinforcement. *Psychological Monographs*, 80, 1–28.

Ruthig, J. C., Chipperfield, J. G., Bailis, D. S., & Perry, R. P. (2008). Perceived control and risk characteristics as predictors of older adults' health risk estimates. *The Journal of Social Psychology*, 148(6), 667–688.

Rutjens, B. T., van der Pligt, J., & van Harreveld, F. (2010). Deus or Darwin: Randomness and belief in theories about the origin of life. *Journal of Experimental Social Psychology*, 46(6), 1078–1080.

Rutjens, B. T., van Harreveld, F., Joop, V. D. P., Kreemers, L. M., & Noordewier, M. K. (2013). Steps, stages, and structure: finding compensatory order in scientific theories. *Journal of Experimental Psychology General*, 142(2), 313–318.

Ryan, R. M., & Deci, E. L. (2002). Overview of self-determination theory: An organismic dialectical perspective. In E. L. Deci & R. M. Ryan (Eds.), *Handbook of self-determination research* (pp. 3–33). Rochester, NY: University of Rochester Press.

Sanjuán, P., Arranz, H., & Castro, A. (2012). Pessimistic attributions and coping strategies as predictors of depressive symptoms in people with coronary heart disease. *Journal of Health Psychology*, 17(6), 886–895.

Santiago, C. D. & Wadsworth, M. E. (2009). Coping with family conflict: What's helpful and what's not for low-income adolescents. *Journal of Child and Family Studies*, 18(2), 192–202.

Sasaki, J. Y. & Kim, H. S. (2011). At the intersection of culture and religion: A cultural analysis of religion's implications for secondary control and social affiliation. *Journal of Personality and Social Psychology*, 101(2), 401–414.

Schmeichel, B. J., Demaree, H. A., Robinson, J. L., & Pu, J. (2006). Ego depletion by response exaggeration. *Journal of Experimental Social Psychology*, 42, 95–102.

Schmeichel, B. J., & Vohs, K. D. (2009). Self-affirmation and self-control: Affirming core values counteracts ego depletion. *Journal of Personality and Social Psychology*, 96, 770–782.

Schoenmakers, E. C., van Tilburg, T. G., & Fokkema, T. (2015). Problem-focused and emotion-focused coping options and loneliness: how are they related? *European Journal of Ageing*, 12(2), 153–161.

Scholer, A. A., Zou, X., Fujita, K., Stroessner, S. J., & Higgins, E. T. (2010). When risk seeking becomes a motivational necessity. *Journal of Personality and Social Psychology*, 99(2), 215–231.

Schwarzer, R., Luszczynska, A., Boehmer, S., Taubert, S., & Knoll, N. (2006). Changes in finding benefit after cancer surgery and the prediction of well-being one year later. *Social Science & Medicine*, 63, 1614–1624.

Sears, S. R., Stanton, A. L., & Danoff-Burg, S. (2003). The yellow brick road and the emerald city: Benefit finding, positive reappraisal coping, and posttraumatic growth in women with early-stage breast cancer. *Health Psychology*, 22(5), 487–497.

Seibt, B. & Förster, J. (2004). Stereotype threat and performance: How self-stereotypes influence processing by inducing regulatory foci. *Journal of Personality and Social Psychology*, 87(1), 38-56.
Semin, G. R., Higgins, T., De Montes, L. G., Estourget, Y., & Valencia, J. F. (2005). Linguistic signatures of regulatory focus: How abstraction fits promotion more than prevention. *Journal of Personality and Social Psychology*, 89(1), 36-45.
Shah, J., & Higgins, E. T. (1997). Expectancy × value effects: Regulatory focus as determinant of magnitude and direction. *Journal of Personality and Social Psychology*, 73(3), 447-458.
Shah, J., & Higgins, E. T. (2001). Regulatory concerns and appraisal efficiency: The general impact of promotion and prevention. *Journal of Personality and Social Psychology*, 80(5), 693-705.
Shah, J., Higgins, E. T., & Friedman, R. S. (1998). Performance incentives and means: How regulatory focus influences goal attainment. *Journal of Personality and Social Psychology*, 74(2), 285-293.
Shakespeare-Finch, J., & Copping A. (2006). A grounded theory approach to understanding cultural differences in posttraumatic growth. *Journal of Loss and Trauma*, 11, 355-371.
Shallcross, A. J., Ford, B. Q., Floerke, V. A., & Mauss, I. B. (2013). Getting better with age: The relationship between age, acceptance, and negative affect. *Journal of Personality and Social Psychology*, 104(4), 734-749.
Shaw, A., Joseph, S., & Linley, P. A. (2005). Religion, spirituality, and posttraumatic growth: A systematic review. *Mental Health, Religion & Culture*, 8(1), 1-11.
Shepherd, S., Kay, A. C., Landau, M. J., & Keefer, L. A. (2011). Evidence for the specificity of control motivations in worldview defense: Distinguishing compensatory control from uncertainty management and terror management processes. *Journal of Experimental Social Psychology*, 47(5), 949-958.
Siegel, K., Schrimshaw, E. W., & Pretter, S. (2005). Stress-related growth among women living with HIV/AIDS: Examination of an explanatory model. *Journal of Behavioral Medicine*, 28(5), 403-414.
Skinner, E. A. (1996). A guide to constructs of control. *Journal of Personality and Social Psychology*, 71(3), 549-570.
Skinner, E. A. (2007). Secondary control critiqued: Is it secondary? Is it control? Comment on Morling and Evered (2006). *Psychological Bulletin*, 133(6), 911-916.
Spector, P. E., Sanchez, J. I., Siu, O. L., Salgado, J., & Ma, J. H. (2004). Eastern versus western control beliefs at work: An investigation of secondary control, socioinstrumental control, and work locus of control in China and the US. *Applied Psychology: An International Review*, 53(1), 38-60.
Spiegel, S., Grant-Pillow, H., & Higgins, E. T. (2004). How regulatory fit enhances motivational strength during goal pursuit. *European Journal of Social Psychology*, 34(1), 39-54.
Stanton, A. L., Bower, J. E., & Low, C. A. (2006). Posttraumatic growth after cancer. In L. G. Calhoun & R. G. Tedeschi (Eds.), *Handbook of posttraumatic growth: Research and practice* (pp. 138-175). Mahwah, NJ: Erlbaum.
Stea J. N., & Hodgins, D. C. (2012). The relationship between lack of control and illusory pattern perception among at-risk gamblers and at-risk cannabis users. *The Social Science Journal*, 49(4): 528-536.
Stephens, N. M., Hamedani, M. Y. G., Markus, H. R., Bergsieker, H. B., & Eloul, L. (2009). Why did they "choose" to stay? Perspectives of hurricane katrina observers and survivors. *Psychological Science*, 20(7), 878-886.
Strauman, T. J. (1989). Self-discrepancies in clinical depression and social phobia: Cognitive structures that underlie emotional disorders? *Journal of Abnormal Psychology*, 98(1), 14.
Strauman, T. J., & Higgins, E. T. (1987). Automatic activation of self-discrepancies and emotional syndromes: When cognitive structures influence affect. *Journal of Personality and Social Psychology*, 53(6), 1004.
Stucke, T. S., & Baumeister, R. F. (2006). Ego depletion and aggressive behavior: Is the inhibition of aggression a limited resource? *European Journal of Social Psychology*, 36, 1-13.
Stupnisky, R. H., Perry, R. P., Hall, N. C., & Guay, F. (2012). Examining perceived control level and instability as predictors of first-year college students' academic achievement. *Contemporary Educational Psychology*, 37(2), 81-90.
Stupnisky, R. H., Perry, R. P., Renaud, R. D., & Hladkyj, S. (2012). Looking beyond grades: Comparing self-esteem and perceived academic control as predictors of first-year college students' well-being. *Learning and Individual Differences*, 23, 151-157.
Sullivan, D., Landau, M. J., & Rothschild, Z. K. (2010). An existential function of enemyship: Evidence that people attribute influence to personal and political enemies to compensate for threats to control. *Journal of Personality and Social Psychology*, 98(3), 434-449.
Sumalla, E. C., Ochoa, C., & Blanco, I. (2009). Posttraumatic growth in cancer: Reality or illusion. *Clinical Psychology Review*, 29, 24-33.
Summerville, A. & Roese, N. J. (2008). Self-report measures of individual differences in regulatory focus: A cautionary note. *Journal of Research in Personality*, 42(1), 247-254.
Swift, A. U. A. A., Bailis, D. S., Chipperfield, J. G., Ruthig, J. C., & Newall, N. E. (2008). Gender differences in the adaptive influence of folk beliefs: A longitudinal study of life satisfaction in aging. *Canadian Journal of Behavioural Science / Revue Canadienne Des Sciences Du Comportement*, 40(2), 104-112.
Taku, K., Calhoun, L. G., Cann, A., & Tedeschi, R. G. (2008). The role of rumination in the coexistence of distress and posttraumatic growth among bereaved Japanese university students. *Death Studies*, 32, 428-444.

Tangney, J. P., Baumeister, R. F., & Boone, A. L. (2004). High self-control predicts good adjustment, less pathology, better grades, and interpersonal success. *Journal of Personality*, 72, 271–322.

Taylor, S. E. (1983). Adjustment to threatening events: A theory of cognitive adaptation. *American Psychologist*, 38(11), 1161–1173.

Tedeschi, R. G., & Calhoun, L. G. (1996). The posttraumatic growth inventory measuring the positive legacy of trauma. *Journal of Traumatic Stress*, 9(3), 455–471.

Tedeschi, R. G., & Calhoun, L. G. (2004). Posttraumatic growth: Conceptual foundations and empirical evidence. *Psychological Inquiry*, 15(1), 1–18.

Tedeschi, R. G., Calhoun, L. G., & Cann, A. (2007). Evaluating resource gain: Understanding and misunderstanding posttraumatic growth. *Applied Psychology: An international review*, 56(3), 396–406.

Thompson, C. A., & Prottas, D. J. (2005). Relationships among organizational family support, job autonomy, perceived control, and employee well-being. *Journal of occupational health psychology*, 10(4), 100–118.

Thornton, A. A., & Perez, M. A. (2006). Posttraumatic growth in prostate cancer survivors and their partners. *Psycho-Oncology*, 15, 285–296.

Tice, D. M., Baumeister, R. F., Shmueli, D., & Muraven, M. (2007). Restoring the self: Positive affect helps improve self-regulation following ego depletion. *Journal of Experimental Social Psychology*, 43, 379–384.

Tobin, S. J. & Raymundo, M. M. (2010). Causal uncertainty and psychological well-being: The moderating role of accommodation (secondary control). *Personality and Social Psychology Bulletin*, 36(3), 371–383.

Tomasik, M. J., & Salmela-Aro, K. (2012). Knowing when to let go at the entrance to university: Beneficial effects of compensatory secondary control after failure. *Motivation and Emotion*, 36(2), 170–179.

Tomasik, M. J., Silbereisen, R. K., & Heckhausen, J. (2010). Is it adaptive to disengage from demands of social change? Adjustment to developmental barriers in opportunity-deprived regions. *Motivation and Emotion*, 34(4), 384–398.

Tomasik, M. J., Silbereisen, R. K., & Pinquart, M. (2010). Individuals negotiating demands of social and economic change. *European Psychologist*, 15(4), 246–259.

Tomich, P. L. & Helgeson, V. S. (2004). Is finding something good in the bad always good? Benefit finding among women with breast cancer. *Health Psychology*, 23(1), 16–23.

Ucanok, Z. (2002). Developmental regulation across adulthood: An investigation of control strategies. *Tuerk Psikoloji Dergisi*, 17, 1–19.

Urcuyo, K. R., Boyers, A. E., Carver, C. S., & Antoni, M. H. (2005). Finding benefit in breast cancer: relations with personality, coping, and concurrent well-being. *Psychology and Health*, 20(2), 175–192.

van Prooijen, J. W. & Acker, M. (2015). The influence of control on belief in conspiracy theories: Conceptual and applied extensions. *Applied Cognitive Psychology*, 29(5), 753–761.

van Velzen, J., Eardley, A. F., Forster, B., & Eimer, M. (2006). Shifts of attention in the early blind: An erp study of attentional control processes in the absence of visual spatial information. *Neuropsychologia*, 44, 2533–2546.

Vohs, K. D., & Baumeister, R. F. (2004). Understanding self-regulation. In R. F. Baumeister & K. D. Vohs (Eds.), *Handbook of self-regulation* (pp. 1–12). New York, NY: Guilford.

Vohs, K. D., & Heatherton, T. F. (2000). Self-regulatory failure: A resource-depletion approach. *Psychological Science*, 11, 249–254.

Wadsworth, M. E., & Santiago, C. D. C. (2008). Risk and resiliency processes in ethnically diverse families in poverty. *Journal of Family Psychology*, 22(3), 399–410.

Wadsworth, M. E., Santiago, C. D. C., & Einhorn, L. (2009). Coping with displacement from Hurricane Katrina: Predictors of one-year post-traumatic stress and depression symptom trajectories. *Anxiety, Stress, & Coping*, 22(4), 413–432.

Wallace, H. M. & Baumeister, R. F. (2002). The effects of success versus failure feedback on further self-control. *Self and Identity*, 1, 35–41.

Wang, C. S., Whitson, J. A., & Menon, T. (2012). Culture, control, and illusory pattern perception. *Social Psychological and Personality Science*, 3(3), 630–638.

Wang, Z. H., & Gan, Y. Q. (2011). Coping mediates between social support, neuroticism, and depression after earthquake and examination stress among adolescents. *Anxiety, Stress, & Coping*, 24(3), 343–358.

Webb, T. L. & Sheeran, P. (2003). Can implementation intentions help to overcome ego-depletion? *Journal of Experimental Social Psychology*, 39, 279–286.

Weinrib, A. Z., Rothrock, N. E., Johnsen, E. L., & Lutgendorf, S. K. (2006). The assessment and validity of stress-related growth in a community-based sample. *Journal of Consulting and Clinical Psychology*, 74(5), 851–858.

Weiss, T. (2004). Correlates of posttraumatic growth in married breast cancer survivors. *Journal of Social and Clinical Psychology*, 23(5), 733–746.

Westphal, M. & Bonanno, G. A. (2007). Posttraumatic growth and resilience to trauma: different sides of the same coin or different coins? *Applied Psychology: An International Review*, 56(3), 417–427.

Whitson, J. A., & Galinsky, A. D. (2008). Lacking control increases illusory pattern perception. *Science*, 322(5898), 115–117.

Widows, M. R., Jacobsen, P. B., Booth-Jones, M., & Fields, K. K. (2005). Predictors of posttraumatic growth following bone marrow transplantation for cancer. *Health Psychology*, *24*(3), 266–273.

Wills, T. A., Isasi, C. R., Mendoza, D., & Ainette, M. G. (2007). Self-control constructs related to measures of dietary intake and physical activity in adolescents. *Journal of Adolescent Health*, *41*, 551–558.

Wong, W. C., Li, Y., & Shen, J. L. (2006). The Gould versus Heckhausen and Schulz debate in the light of control processes among Chinese students. In A. M. Columbus (Ed.), *Advances in psychology research* (Vol. 46, pp. 129–164). Hauppaugse, NY: Nova Science.

Wrosch, C. & Schulz, R. (2008). Health-engagement control strategies and 2-year changes in older adults' physical health. *Psychological Science*, *19*(6), 537–541.

Yao, S. Q., Xiao, J., Zhu, X. Z., Zhang, C. C., Auerbach, R. P., & Mcwhinnie, C. M., et al. (2010). Coping and involuntary responses to stress in Chinese university students: Psychometric properties of the responses to stress questionnaire. *Journal of Personality Assessment*, *92*(4), 356–361.

Yu, X., & Zhang, J. (2007). Factor analysis and psychometric evaluation of the Connor-Davidson resilience scale (CD-RISC) with Chinese people. *Social Behavior and Personality: An international journal*, *35*(1), 19–30.

Zhou, X. Y., He, L. N., Yang, Q., Lao, J. P., & Baumeister, R. F. (2012). Control deprivation and styles of thinking. *Journal of Personality and Social Psychology*, *102*(3), 460–478.

Zoellner, T., & Maercker, A. (2006). Posttraumatic growth in clinical psychology — a critical review and introduction of a two component model. *Clinical Psychology Review*, *26*, 626–653.

Zoellner, T., Rabe, S., Karl, A., & Maercker, A. (2008). Posttraumatic growth in accident survivors: Openness and optimism as predictors of its constructive or illusory sides. *Journal of Clinical Psychology*, *64*(3), 245–263.

第三编 人格发展

2014年上映了一部叫作《少年时代》(Boyhood)的电影。与大多数电影不同,这部电影的导演林克莱特(Linklate)用了整整12年的真实时间讲述了一个男孩马森(Mason)从6岁到18岁的成长历程。这部电影,无论是电影之外的12年,还是电影之内的三个多小时,剧中人物都在不断发展变化,细致入微地向观众诠释了主人公马森从无邪童年到叛逆青春再到彷徨成年的成长烦恼与人生初悟;诠释了马森的母亲从婚姻失败到独立拼搏再到独自面对衰老的顽强与伤痛;也诠释了马森的父亲从青年的狂放不羁到中年的归正感恩再到最后家庭稳定的成熟与反思。

人格发展,是人格研究中的一个重要内容。大量研究显示,人格特质自婴儿期起就显示出某种稳定性,而且贯穿人的一生。运用年龄之间的相关系数进行评价,人格稳定性在童年期比较低(变化范围在0.3—0.4之间),而成年阶段个体的人格特质则相当稳定。研究发现,成年人的人格特质即便跨时12年,其相关系数仍能达到0.7—0.85,这表明了人格特质在时间上的高度稳定性。在人格发展的研究中,弗洛伊德主要关注童年阶段心理性欲发展时期的本能相关症状及其派生现象。他认为,人格发展的基本动力是本能,尤其是性本能。埃里克森则认为人格发展贯穿于整个生命周期,个体在一生中要经过八个有固定顺序的发展阶段,每个阶段都有一个发展任务,这些任务是个体的生理成熟和社会文化的要求之间冲突的解决。他认为在这些阶段中,青春期对自我同一性的探索会直接影响人的一生。当然,"自我"是人格发展研究中一个不可回避的话题。在心理学研究中,几乎随处可见以"自我"开头的术语,如自我概念、自我意识、自尊等。到了青春期,个体开始尝试去鉴别真正的"自我",寻找区别于他人的方面,辨识属于自己的方面。而且,一般毋须过多关注如何整合就能在不同时期扮演不同的角色。在青少年时期向成年时期过渡的过程中,青年必须认识到自己在生活各个方面应该承担起的责任。这就要求自己掌握许多新的技能,适应成人社会的生活方式。学习如何应对青春期的变化,如何处理颇具情绪色彩的伙伴关系以及两性关系。随着青春期个体基本确定了"我是谁"以及"是谁在支持我",步入成年后的个体所面临的任务就变为去辨识和与他人共享这种与他人相互支持的新的体验。奥尔波特关于人格成熟的一个标准是自我与他人建立一种亲密的关系,尤其是一个人与自己的父母、孩子、配偶或朋友建立亲密和互爱的关系。鲍尔比(Bowlby)的依恋理论提出,婴儿与养育者所建立的情感联结和在早期依恋关系中所建立的内部工作模型一旦形成,将对个体一生的认知、情感和行为有重要的影响。这种依恋关系到了成年期最直接的体现就在于浪漫关系,浪漫关系深刻地表达了个人对他人的情感、关怀以及承诺等。随着年龄增长到了老年期,特别是当垂死和死亡征兆出现的时候,个体会在生命周期的终点上意识到绝望,进而思考如何面对死亡。通常,对于个体而言,只有当整个生命临将结束时,人生各个阶段的发展任务才有可能整合起来;往往也只有到了这个时候,个体才会把自己的整个一生以传记的形式叙述出来。

《少年时代》这部电影以一种叙事的方法讲述了剧中不同人物的人格发展,呈现出每个人都正在经历着人生:走路、说话、吃饭、学习、成长、恋爱、工作、结婚、持家、养育、衰老、死亡……在这一编中,我们将结合关于人格发展的最新研究,从"自我"出发,解析关于自我概念、自尊和自我同一性的人格研究及其发现,阐述依恋的内部工作模型、成人依恋的发展和探索以及成人的浪漫关系,探究个体面对死亡时的死亡意识与死亡提醒效应,最后以人生故事的视角审视人格发展的全过程,介绍人格的叙事研究和心理传记研究。

7 依 恋

7.1 依恋的内部工作模型及成人探索 / 328
    7.1.1 依恋理论 / 328
    7.1.2 依恋系统的作用机制 / 332
    7.1.3 成人依恋与探索的关系 / 337
    7.1.4 简评与展望 / 342
7.2 成人的浪漫关系 / 343
    7.2.1 成人浪漫关系中的依恋 / 343
    7.2.2 依恋对浪漫关系质量的影响 / 345
    7.2.3 成人浪漫依恋的稳定性 / 347
    7.2.4 成人浪漫依恋的变化及其解释模型 / 349

依恋(attachment)最初是指婴儿与养育者(通常是母亲)建立的情感联结(Bowlby, 1969/1982)。在早期依恋关系中,每个人都会发展出自我和他人关系的内在表征,即**内部工作模型**(working models of attachment)。依恋关系和内部工作模型一旦形成,将对个体一生的认知、情感和行为有重要的影响,帮助个体保持心理安全感、预测与探索环境,促进个体的生存和适应(Simpson, Rholes, 和 Nelligan, 1992; Collins, 1996)。随着成人依恋研究的发展,研究者将研究视野扩展到各种领域,不仅考察了探索过程的情感与体验、信息加工,也考察了探索的结果层面如学业成绩,为成人依恋与探索的关系的研究提供了丰富的信息。本章首先概述依恋理论,接着梳理依恋系统对个体认知、情感、行为的作用机制,进而总结成人依恋系统和探索的关系,并对上述研究领域做出简评。

7.1 依恋的内部工作模型及成人探索[①]

7.1.1 依恋理论

依恋系统及其激活

依恋理论的一个核心主张就是,儿童及成人都有一个天生的依恋行为系统,该行为系统围绕着向依恋对象寻求亲近这一目标而组织(Bowlby, 1969)。鲍尔比认为,人类与生俱来需要与特定的个体形成持久的联系,并以此获得生物保护和进化优势。他把依恋定义为一种"个体与具有特殊意义的他人形成牢固的情感纽带"的倾向,它能为个体提供安慰和保护(Bowlby, 1969/1982)。鲍尔比采用行为控制系统的概念,提出了数种行为系统,并指出每种行为系统由多种行为构成,它们共同完成一种适应功能。而其中最核心的一种行为系统就是依恋系统,它的最主要功能就是对个体提供保护。当个体感知到威胁存在,或者体验到身体或心理的痛苦状态时,依恋系统就会自动激活,使个体产生不安全的感觉。为了应对这些不安全的感受,个体会向依恋对象寻求亲近(proximity),以获得舒适感和保护。一旦获得了亲近性并缓解了不安感,个体的亲近寻求行为就会终止,转而进行其他行为。对于婴儿来说,与一个有反应的和支持性的照顾者亲近,能降低焦虑感,增加安全感(Sroufe 和 Waters, 1977)。

尽管鲍尔比主要关注的是婴儿期的依恋关系,但他同时也强调"人类从摇篮到坟墓"的一生都存在着依恋。不只是婴幼儿时期,普通成人在危险、脆弱或疾病时,同样依靠依恋关系来应对。那么,什么样的关系才称得上依恋关系呢?根据 Bowlby 关于依恋对象的论述,有些研究者总结了对婴儿、儿童、青少年及成人来说称得上依恋关系的三种特征(Mikulincer, Gillath, 和 Shaver, 2002):(1)一个照顾者是主要的维持亲近的目标,与该照顾者的分离典型地引起抗议、生气和不安;(2)该主要照顾者在个体痛苦不安时起到"**安全港**"(safe haven)的功能;(3)该主要照顾者起到"**安全基地**"(secure base)的功能,使个体可以进行非依恋行为(例如,探索或玩耍)。婴儿、儿童、青少年及成人都会在依恋系统激活后表现出相应的依恋行为,只是因发展水平上的差异,表现依恋行为的方式有所不同。对婴儿来说,依恋系统的激活常表现为哭泣等信号行为,以及对依恋对象的视觉追寻;稍大的儿童则能积极跟随依恋对象;到了成人,则不仅仅局限于外在的行为表现,还能利用对依恋对象的内在表征或先前积极依

[①] 本节基于如下工作改写而成:(1)尤瑾,郭永玉.(2008).依恋的内部工作模型.南京师范大学学报(社会科学版),(1),98—104.(2)王小妍,郭永玉.(2008).成年期的依恋与探索.心理学探新,28(1),82—87. 撰稿人:尤瑾、王小妍。

恋经验的内在表征。

依恋系统在外在情境与内在的情绪—认知状态的交互作用下受到激活,这种交互作用使得对依恋对象的需要尤为突出(Siefert, 2005)。许多研究识别了婴幼儿向依恋对象寻求亲近性的情境,这些情境包括：与依恋对象分离、饥饿、生病、感到威胁存在、处在一个陌生的地方、对依恋对象的位置不确定等(Ainsworth, 1973; Ainsworth, Blehar, Waters, 和 Wall, 1978; Bretherton, 1985)。这些威胁情境作为依恋系统激活的信号,使个体体验到焦虑,进而引起个体向依恋对象寻求亲近。而依恋对象能为个体提供安抚,从而使这种焦虑感降低。

对于成人来说,在患病、面临压力或年老时,依恋行为会被更多地激活(Bowlby, 1979)。很多证据表明,威胁或痛苦同样也引起成人期依恋系统的激活(Fraley 和 Shaver, 1998; Vormbrock, 1993)。近来的研究多发现,与浪漫关系伴侣分离是痛苦的重要来源,这种情绪上的压力会引起依恋系统的激活。由于成人相比于儿童在身体及心理上的发展更加完善,依恋系统的激活表现更为复杂,可以是行动上表现为寻找依恋对象,也可以是在认知水平上利用依恋对象的内部表征,还可以是回忆以前积极的依恋经验。所以压力情境引起成人依恋系统激活的证据既有来自实际行为表现、情绪、生理反应的研究,也有来自认知实验的研究。如一个现场研究发现,机场分离的夫妇比不分离的夫妇有更多支持寻求行为(Fraley 和 Shaver, 1998);与伴侣短暂分离后,个体会有焦虑、生气、悲伤的感受(Piotrkowski 和 Gornick, 1987; Vormbrock, 1993);让被试想像伴侣离开他们时,他们的生理唤起水平会提高(Fraley 和 Shaver, 1997),还会增加死亡有关想法的可及性(Mikulincer, Florian, Birnbaum, 和 Malishkevich, 2002)。

内部工作模型及其发展

内部工作模型是依恋理论中的另一重要概念,是指个体在早期依恋关系的基础上,根据依恋对象的可亲近性和反应敏感性等外部因素发展出来的关于自我和他人的内在表征(Pietromonaco 和 Barrett, 2000; Kobak 和 Sceery, 1988)。在生命的早期,个体的自我和他人的工作模型并不是泾渭分明的;随着经验的积累,自我和他人的工作模型才开始逐渐分离,具体的经验才被泛化为普遍的信念和预期。在形成之初,他人工作模型可以被看作是"个体与依恋对象互动经验真实、准确的反应",经过泛化过程,这种具体经验表征被抽象为对他人反应敏感性、可接近性的普遍预期和一般信念(Collins, 1996; Cassidy, 2000);与此同时,以他观自我或镜像我为核心的自我工作模型也得以逐渐形成。工作模型一旦形成,在个体遇到新关系或关系发生变化时,将通过同化和顺应过程继续发展和演化。一方面,内部工作模型高度抗拒变化,更倾向于将与已有模型一致的信息同化进入工作模型,甚至不惜以扭曲它们为代价,因而保持了相当的连续性和准确性(Pietromonaco 和 Barrett, 2000; Van IJzendoorn, 1995; Kobak 和 Hazan, 1991)。另一方面,内部工作模型并不是严密的表征系统,也会根据现实环境和人际情境自行调节,尤其是当与已有模型不一致的信息无法被忽略或排除时,内部工作模型的修正或"更新"就会出现,因而又表现出了一定的适应性(Collins, 1996; Pietromonaco 和 Barrett, 2000; Vermigli 和 Toni, 2004)。

鲍尔比认为,内部工作模型不仅包括关于自我和依恋对象的普遍预期,而且包括与自我和他人有关的人际经验的具体细节及与之相关的情感体验(Pietromonaco 和 Barrett, 2000; Cassidy, 2000)。其中最重要的两种成分是自我意象(image of self)和他人意象(image of other)。自我意象即有关"自己是否是能够引起依恋对象做出有效反应的人"的表征;他人意象即关于"依恋对象在自己需要支持和保护时是否会是及时做出反应的人"的表征(Feeney 和 Cassidy, 2003; Bartholomew 和 Horowitz, 1991)。成人依恋研究者进一步丰富了鲍尔比内部工作模型概念的内涵。梅因(Main)和卡普兰(Kaplan)将这种心理表征操作化为个体对与依恋有关的信息进行组织或取舍的规则(Kobak 和 Sceery, 1988)。梅因等进一步指出,可把内部工作模型看作是个体为获取舒适感和安全感所做的各种努力的表征(Collins, 1996)。社会认知立场的研究者则认为,内部工作模型的主要内容不是自我和他人的抽象表征,而是各种人际预期,即自我和他人典型互动模式的脚本(Baldwin 等, 1996)。

由于内部工作模型的内容有具体和抽象之分,鲍尔比及后来的成人依恋研究者指出,工作模型不仅包括一系列表征不同依恋对象的、具有关系特异性的子模型,而且包括由此抽象得到的具有普遍性的概括模型,是具有不同概括水平和多个表征对象的多维度多层次模型。其中,概括水平较高的模型主要包括与依恋经验有关的抽象规则和假设,而概括水平较低的模型则由与特殊关系有关的信息或关系中的具体事件构成(Pietromonaco 和 Barrett, 2000)。研究表明,处于不同概括水平的自我和他人工作模型有中度的正相关(Pietromonaco 和 Barrett, 2000)。其他研究也发现,多数个体在针对不同的具体关系报告了两种或多种依恋风格之后,仍能报告出一种普遍的依恋风格,并报告了更多与这种普遍依恋风格一致的具体关系(Baldwin 等, 1996)。

卡西迪(Cassidy)从日常互动的层面对内部工作模型得以连续发展的内在过程做出了更清晰的阐述,如图7.1所示(Cassidy, 2000)。以早期经验为基础的内部工作模型,通过影响认知、情感加工过程使个体对他人做出特定的行为反应,进而导致他人做出相应的反应,这反过来又影响个体已有的内部工作模型,如此反复不已。因此,可将内部工作模型看作是随着经验的积累在已有模型基础上不断更新、逐步细

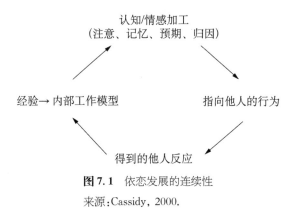

图7.1 依恋发展的连续性
来源:Cassidy,2000.

化、螺旋上升的动态表征模型(Pietromonaco 和 Barrett,2000)。

依恋风格:个体差异的测量

依恋风格(attachment style)用于描述依恋系统的个体差异。依恋风格是通过先天依恋行为系统与特殊依恋经验相互作用而形成的预期、需要、情感、情感调节策略和社会行为的系统模式(Shaver 和 Mikulincer,2002)。依恋风格的分类系统最早由安斯沃思(Ainsworth)提出,根据儿童在与母亲分离和重聚时的依恋反应,儿童的依恋风格被分为安全型、回避型和焦虑—矛盾型三种。哈赞(Hazan)和谢弗(Shaver)进一步将安斯沃思的分类系统应用到了成人依恋风格的描述中(Hazan 和 Shaver,1987)。尽管哈赞的工作是极具意义的,但后来的研究者发现,上述三种依恋类型并不能涵盖所有的依恋模式。儿童依恋研究者指出第四种依恋类型——混乱型的存在;而成人依恋研究者巴索洛缪(Bartholomew)和霍罗威茨(Horowitz)将回避型依恋风格又分为恐惧—回避型(fearful-avoidance)和忽视—回避型(dismissing-avoidance)两类。恐惧—回避型个体的回避行为的目的在于避免对方的伤害或拒绝,而忽视—回避型个体的目的则在于保持自我信赖感和独立感(Fraley 和 Shaver,2000)。研究者通过各种方法证实了四种依恋类型的存在(Bartholomew 和 Horowitz,1991)。

社会与人格取向的成人依恋研究主要采用自我报告的方法测量依恋风格。最初成人依恋测量工具是哈赞和谢弗(Hazan 和 Shaver,1987)构建的简短的三段式描述,通过迫选方式把成人分成安全型、回避型、焦虑—矛盾型三类(采用了和婴儿依恋相对应的分类体系)。后来研究者在此基础上发展了更符合心理测量学标准的多项问卷,如辛普森(Simpson)的13项问卷,经因素分析产生了两个独立的维度——回避和焦虑(Simpson,1990)。由于依恋文献中同时存在多种测量工具,使用的模型各异,分类也不统一,针对这一混乱状态,布伦南(Brennan)等人发展出**亲密关系体验量表**(Experiences in Close Relationships Scales,ECRS)(Brennan,Clark,和 Shaver,

1998),并提议用这一测量工具的两个维度,即焦虑与回避,作为连续测量方式,而不用类型的依恋图式。ECRS 是在所有有名的自我报告类成人依恋量表基础上形成的,由 36 个项目组成,并构成两个正交的维度,即焦虑与回避,与前面提到的自我—他人模型中的两个维度——自我维度与他人维度有相似的理论内涵,在这两个维度的基础上也产生了四种依恋类型(低焦虑+低回避、高焦虑+低回避、低焦虑+高回避、高焦虑+高回避)。

依恋风格和依恋内部工作模型的关系

如上所述,依恋风格的类型模型和依恋内部工作模型的维度模型虽然是描述依恋系统的个体差异的不同方法,但是两种描述思路并不矛盾。研究表明,上述依恋类型和内部工作模型的维度空间存在着一定的对应关系,即不同依恋类型可被置于内部工作模型的维度空间中。研究发现,三种依恋类型与自我—他人维度模型和焦虑—回避维度模型都有一定的对应关系。安全依恋型个体的自我价值感较高,有更平衡、更复杂、更连贯的自我结构,认为他人是值得信赖的、利他的,在社交情景下也比较自信,焦虑和回避的倾向都较低;焦虑-矛盾型个体的自我价值感、社交自信心都相对较低,相信人们无法控制自己的生活,他人是复杂的、难以理解的,有较高的焦虑倾向和较低的回避倾向;而回避型个体则对自己有积极的看法和较高的自我价值感,但在社交情境下并不自信,对人性多持消极的看法,有较高的回避倾向和较低的焦虑倾向(Collins, 1996; Mikulincer, 1995; Shaver 和 Mikulincer, 2002)。

巴索洛缪等研究发现,四种成人依恋类型是自我和他人工作模型交叉结合的结果:安全型(积极自我+积极他人)、专注型(消极自我+积极他人)、冷漠(忽视)—回避型(积极自我+消极他人)与恐惧—回避型(消极自我+消极他人)(Griffin 和 Bartholomew, 1994; Collins 和 Feeney, 2004)。内部工作模型的两种维度模型也存在着明确的对应关系:焦虑维度的高分反映着消极的自我模型,回避维度的高分则反映着消极的他人模型;自我维度与依恋焦虑有正相关,他人维度则与回避有高的负相关(Luke, Maio, 和 Carnelley, 2004)。

7.1.2 依恋系统的作用机制

根据依恋理论,依恋内部工作模型一旦形成,通过反复的使用,将在意识觉察之外自动发挥防御或自我保护的作用(Pietromonaco 和 Barrett, 2000),进而影响个体的认知情感加工乃至行为。如梅因所言,内部工作模型是指导注意、记忆、知觉、情感和行为的心理模型(Collins, 1996)。

依恋内部工作模型的认知加工过程

布雷瑟顿(Bretherton)和柯林斯(Collins)等指出,依恋内部工作模型可以被看作是通过一些认知加工过程帮助个体组织和解释信息的元认知结构(Vermigli 和 Toni, 2004)。这些认知加工过程主要表现在以下方面:首先,依恋内部工作模型影响着个体对他人可接近性和反应敏感性的普遍预期;其次,在模糊情境下,个体将根据依恋内部工作模型对他人的行为做出归因、解释和评价;最后,依恋内部工作模型会影响个体对人际信息的选择、知觉和记忆,更倾向于知觉到与原有模型一致的信息,将之同化进入已有模型,生成与工作模型一致的错误记忆(Feeney 和 Cassidy, 2003; Cassidy, 2000; Kobak, 1999)。

研究表明,依恋焦虑和回避两个维度可以解释个体知觉 8%—12% 的变异。依恋焦虑维度与对他人的积极判断偏差有关,可以预测冲动、易变的知觉风格;依恋回避维度则与对他人的消极判断偏差有关,可以预测保守、防御性、稳定的知觉风格(Zhang 和 Hazan, 2002)。德威特等人(Dewitte, Koster, De Houwer, 和 Buysse, 2007)用点探测任务考察了人们在依恋情境中的注意偏差,其结果表明,在进行点探测任务前无论启动积极依恋情境还是启动消极依恋情境,焦虑都与对依恋对象名字的注意偏差相联系,但未发现回避维度与注意偏差的关系。以与依恋有关的威胁词、积极词为目标刺激,用点探测任务考察了焦虑、回避两个维度与注意偏差的关系后,他们发现,依恋焦虑、回避都与对依恋威胁词的注意回避有关,而且它们的交互项最佳地预测了这一注意效应。

此外,不同依恋风格的个体对积极、消极信息的回忆结果,在不同背景条件下的开放性解释都有显著的差异(Pietromonaco 和 Barrett, 2000)。安全型的成人倾向用更积极的词汇描述早年依恋关系,更能容忍模糊行为和意图,倾向于做出更为积极的归因,能够更好地回忆积极体验,并更善于寻求新信息完善自己的认知表征;回避型的成人更难回忆积极的依恋反应,更倾向于将这些信息排除在记忆之外,并难于接受新信息,对自己的依恋表征也没有清晰的认识;专注型的成人则倾向于将自己看作是对方行为的起因,对事件做出缺乏自我价值感和自我信赖感的解释,难以区分威胁事件和日常事件、重要信息和无关信息,并表现出了更强的场独立趋势(Collins, 1996; Feeney 和 Cassidy, 2003; Cassidy, 2000; Vermigli 和 Toni, 2004)。例如,米库林泽和奥巴赫(Mikulincer 和 Orbach, 1995)从自传体记忆的角度发现,回避型被试回忆童年情绪经验有更多困难,尤其体现在悲伤、焦虑类的情绪事件上。另一项研究中,研究者让被试听一段与依恋有关的访谈,听完故事后在不同时间间隔进行线索回忆测验,结果表明,高回避者的回忆成绩更差,但遗忘速度与低回避者没有差异。研究者推论,高回避者运用了事先防御策略以限制依恋有关信息的编码(Fraley, Garner, 和 Shaver, 2000)。埃德尔斯坦(Edelstein, 2006)考虑到工作记忆与注意有非常紧密的关系,试图从工作记忆的角度揭示回避型个体在注意阶段的认知加工,发现回避维度与对依恋有关词语的工作记忆负相关,不论词语是积极的还是消极的。米歇尔(Michelle)等研究表明,积极的他人模型导致个体对他人的意图做出更积极的推断;自我模型与自尊有较高的正相关,他人模型则与人性尊严(humanity esteem)有较高的正相关(Luke,Maio,和 Carnelley,2004)。

内部工作模型与依恋背景下的情绪加工

秉承精神分析的传统,依恋理论也承认了依恋内部工作模型与情感反应的天然联系。首先,情感在内部工作模型中起概念归类的作用。尼登塔尔(Niedenthal)等研究表明,在内部工作模型中,个体会将具有相似情感反应的经验而非意义相同的经验归为一类。个体对不同生活事件的表征更可能是根据情感反应特点而非语义特点进行归类的(Pietromonaco 和 Barrett,2000)。

其次,依恋内部工作模型对个体的情感反应有重要的影响。研究表明,专注型个体报告了更强烈的情感反应(如更高的焦虑水平和孤独感)、更频繁的情绪波动、更多的情绪表达;忽视—回避型个体报告了更低落的情绪状态、更少的情绪表达和孤独感,并善于压抑自己的情感(Pietromonaco 和 Barrett,2000;Cassidy,2000;Kobak 和 Hazan,1991)。而且有研究者指出,持有消极自我看法成人的情绪反应性都更高(Fraley 和 Shaver,2000;Kobak 和 Hazan,1991)。米库林泽的研究表明,安全型个体往往会以控制的、非敌意的方式表达愤怒;焦虑型个体表现出了更强烈的愤怒感,更易于回想愤怒体验;回避型个体虽然不会报告强烈的愤怒感,却表现出了强烈的生理唤起水平(Shaver 和 Mikulincer,2002)。米库林泽和谢弗进一步总结发现,依恋回避与面对依恋对象积极行为的漠视、经历关系内悲伤事件时的愤恨和敌意、面临关系外悲伤事件时的敌意和轻视、对关系外快乐行为的敌意和嫉妒有密切的关系;依恋焦虑与面对依恋对象积极行为时幸福、被爱、恐惧和焦虑的矛盾体验,经历关系内悲伤事件时的羞愧、沮丧,面临关系外悲伤事件时的自己的悲伤和沮丧,对关系外快乐事件快乐、害怕分离、嫉妒的矛盾体验有关;而依恋安全感则与面对依恋对象积极行为时的幸福、愉悦、被爱和感激之情,经历关系内悲伤事件时的愧疚,面临关系外悲伤事件时的同情和怜悯,对关系外快乐事件的幸福、愉悦、爱和骄傲的体验有关(Mikulincer 和 Shaver,2005)。

最后,依恋内部工作模型影响着情感反应在依恋系统中的作用。研究表明,安全型依恋儿童的消极情感有沟通的作用,能够引起其他人的情感反应;不安全儿童的消极情感则无法引起有效的反应,他们往往压抑或夸大情感反应,导致了病态的情绪表达和他人的消极反应(Kobak 和 Hazan,1991)。成人依恋研究表明,对安全型个体而言,积极情绪可以诱导个体更具创造性地解决问题,并拓宽个体的心理范畴;对回避型个体而言,积极情绪则没有上述作用;对焦虑型个体而言,消极情绪可以导致有效的问题解决,而积极情绪则将削弱个体的创造性,导致心理范畴的窄化(Shaver 和 Mikulincer,2002)。

此外,依恋理论提出,依恋系统的目标在于向个体提供生理和心理安全感(Pietromonaco 和 Barrett,2000)。科巴克(Kobak)认为,依恋理论可以被看作是一种情感调节的理论,依恋风格可以被看作是指导个体对悲伤或压力情境进行反应的规则。因此,依恋风格和依恋内部工作模型与个体的情感调节策略有密切相关(Kobak 和 Sceery,1988)。根据沃特斯(Waters)和罗德里格斯(Rodriguez)等所谓的"安全基地脚本",安全型个体的行为围绕三种主要的情感调节趋势而组织,即寻求支持、参与工具性问题解决、承认并表达悲伤。研究表明,安全型个体在感受到外在威胁时,会采用"基本依恋策略",即向依恋对象寻求支持,重新获得安全感;在遇到问题时,会综合考虑自己和对方的立场,更开放地讨论问题,解决冲突(Shaver 和 Mikulincer,2002)。高焦虑的个体采用"过度激活策略",表现为过分夸大环境对自我的潜在威胁,过度警觉或关注自己与依恋对象的关系,并试图通过各种反应引起依恋对象甚至非依恋对象的爱和支持,将自己与依恋对象的距离最小化(Pietromonaco 和 Barrett,2000;Shaver 和 Mikulincer,2002)。高回避的个体采用"去激活策略",表现为不去亲近依恋对象,抑制依恋系统的激活,并依靠自己应对压力和痛苦。这种与依恋有关的情感调节策略在谢弗和米库林泽的依恋行为系统模块图中有清晰的描述(见图7.2,田瑞琪,2006)。

成人依恋的个体差异与情感调节策略的关系得到了很多研究的支持。运用实际行为观察的研究通常表明,安全型被试比非安全型被试在压力情境下表现出更多的亲近寻求行为。例如在观察实验的情境下,当被试被告知他们将处在一个引发焦虑的程序中时,安全型个体比非安全型个体更多地从约会对象那里寻求支持与安慰(Simpson,Rholes,和 Nelligan,1992;Rholes,Simpson,和 Grich-Stevens,1998)。在有关夫妇机场分离的实验中也发现了相似的结果(Fraley 和 Shaver,1998)。

内部工作模型与认知、情感及行为反应的相互关系

尽管研究者就内部工作模型对依恋反应的影响进行了大量的探索,但关于内部工作模型与认知、情感和行为反应相互关系的探索却刚刚起步。柯林斯和里德(Collins 和 Read,1994)就其相互关系提出了相对完整的理论框架,如图7.3所示。内部工作模型一旦激活就直接影响个体的认知和情感反应;认知和情感加工反应相互作用,进而决定个体的行为反应。这就是说,内部工作模型对行为的作用将受到认知和情感加工的调节(Collins,1996)。

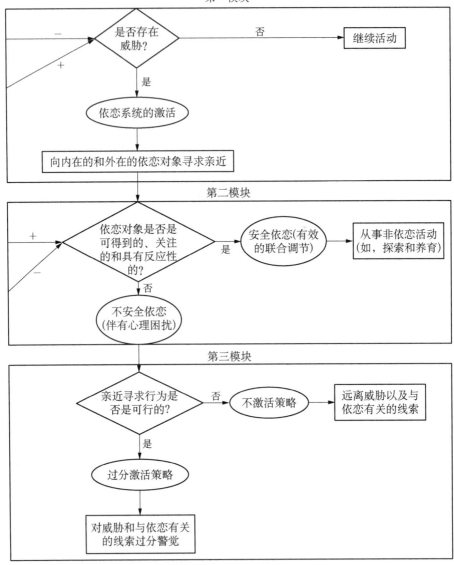

图7.2 谢弗和米库林泽的依恋行为系统

来源：田瑞琪，2006.

图 7.3 依恋内部工作模型与认知、情感和行为反应模式的关系
来源：Collins, 1996.

柯林斯和里德的模型很好地总结了前人的相关研究和论述。根据鲍尔比的观点，无论是婴儿还是成人，特定的情感反应与个体对依恋对象可接近程度的评价总相伴而生，并对个体的行为有重要动力、自我控制和交流作用(Kobak, 1999)。科巴克指出，当个体知觉到难以接近依恋对象时，恐惧将激活依恋系统，导致个体向依恋对象再次寻求接触；当个体知觉到依恋关系被破坏时，个体将表现出强烈的愤怒和敌意，并促使个体努力克服困难与依恋对象重聚；而在个体意识到依恋对象是无法接近的或无法与之再次接触时，悲伤将会导致个体的退缩行为(Kobak, 1999)。此外，成人依恋研究表明，不同的情感反应常常同时出现。如韦斯(Weiss)的研究发现，在成人婚恋关系破裂时，恐惧、愤怒和悲伤会同时出现，并将引起个体使用各种防御应对策略来减少消极情绪(Kobak, 1999)。

柯林斯和里德(Collins 和 Read, 1994)对上述模型进行考察发现，依恋风格对行为的作用将受到解释类型和悲伤情绪的中介调节。进一步分析发现，依恋焦虑维度和依恋回避维度都可以很好地预测个体的悲伤情绪；依恋焦虑维度，而非依恋回避维度，可以很好地预测个体的解释类型；而解释类型是悲伤情绪和冲突性行为的直接预测源；与此同时，悲伤情绪能够很好地预测个体的冲突行为(Collins, 1996)。

7.1.3 成人依恋与探索的关系

由于依恋理论提供了一个理解亲密关系与对环境的探索之间联系的理论框架，在成人依恋研究推动下，一些研究者试图通过对成年期的探索进行概念化，进而研究依恋与探索的关系。虽然他们对成年期探索的界定角度各异，但丰富了我们对该领域的认识。接下来先介绍依恋与探索的理论联系，在此基础上重点概述成年期依恋与探索关系的研究成果。

依恋与探索的理论联系

依恋理论吸收了习性学与进化论的原则，假设存在数种为生存与繁衍的生物学功能服务的天生行为控制系统，其中最主要的行为控制系统即依恋系统和探索系统(Rothbaum, Weisz, Pott, Miyake, 和 Morelli, 2000)。依恋系统的作用在于使婴儿与照顾者保持密切的接近,并提供安全感。探索系统则促使婴儿进入周围世界,去学习、了解环境,从而提高其生存能力。如同婴儿天生具有与照顾者形成强烈的情感联结的能力一样,婴儿天生就具有探索环境的动机。但探索活动本身对婴儿来说是危险且具挑战性的,因而,当婴儿害怕时,依恋系统就会被激活,促使婴儿从依恋对象那里寻求保护与支持;而当依恋对象被看作是可得到的、支持的,婴儿才会满怀信心地探索外部世界。在依恋理论那里,这两种系统是相互补充且密切交融的,尤其体现在安斯沃思的"安全基地"(secure base)这一概念上,即婴儿把照顾者当作一个安全基地,并从那里出发以探索外部世界(Ainsworth, Blehar, Waters, 和 Wall, 1978)。

照顾者对婴儿不同的反应模式被认为塑造了婴儿不同的依恋模式,进而与特定的探索模式相联系。安斯沃思等人提出的陌生情境范式通过特定的情境引发了依恋系统与探索系统的直接交锋,不仅识别了婴儿不同的依恋风格,还发现了其对应的探索行为特点(Ainsworth, Blehar, Waters, 和 Wall, 1978; Green 和 Campbell, 2000)。安全型婴儿的母亲对婴儿总是亲切的、有反应的、可得到的,使婴儿对照顾者形成了积极的信念,即在需要时照顾者总是可得到的和支持的,因而安全型婴儿在母亲在场时会很顺利地探索环境。焦虑—矛盾型婴儿的母亲对婴儿并不总是可得到的、热情的,使婴儿对照顾者在需要时是否是可得到的和支持的抱有不确定感,婴儿因为专注于这种不确定感而在探索过程中表现出焦虑和分心,阻碍了探索活动。回避型婴儿的母亲对婴儿是冷淡的、不反应的,使婴儿把照顾者看成是不可得到的,其探索活动是僵硬的,缺乏真正的兴趣,因为婴儿在防御性地应对照顾者的不可得性。总之,当照顾者不能总是作为一个安全基地起作用时,探索系统就会受到损害。

涉及探索的研究背景很广泛,从动物行为研究到人类行为与发展研究均可见其踪迹,因而对探索的定义也就多种多样。但各观点有一共同点,即把探索视为对环境的参与,以及通过与世界互动而获取信息的动机(Flum 和 Kaplan, 2006)。依恋理论对探索的说明也在这一框架内。如鲍尔比认为,探索行为典型地由新鲜或复杂的刺激引发,并受到探索行为系统的调节,而该行为系统进化的特有功能就是从环境中吸取信息(Bowlby, 1969/1982)。对婴儿期的探索行为,研究者们通常将其操作化为玩玩具、与陌生人互动等。而到成人期,探索在表现形式上则更加复杂化和多样化,不同的研究者往往有不同的理解,研究视角也不尽相同,但都为成年期依恋与探索的关系提供了有价值的信息。

成人依恋与探索的关系研究

工作、家庭、学业领域的探索取向和适应 一些研究者关注成人重要的活动领域,并直接把这些活动领域视为探索,进而考察依恋与这些领域的探索取向及适应的关系。哈赞和谢弗(Hazan 和 Shaver, 1990)通过把工作界定为成人层面上的一种探索活动,从而开创了成人依恋与探索关系研究的先河。他们用自己的测量工具(Hazan 和 Shaver,1987)将被试划分成三种依恋类型,在此基础上比较被试在工作相关项目上的反应。这些与工作相关的项目包含的内容非常广泛,如工作满意度、与工作相联系的情感与体验、身心健康、工作取向。他们发现,成人依恋与工作的关系类似于婴儿期依恋与探索的关系。安全型被试在工作中是自信的,喜欢工作,较少有失败恐惧的负荷。同时,他们一方面认为工作有价值,另一方面却更珍视亲密关系,通常不会让工作妨碍亲密关系。对焦虑—矛盾型被试来说,爱情担忧常常妨碍工作成绩,他们经常为不好的成绩而担心拒绝,工作时的主要动机是获得他人的认可。回避型被试把工作当成回避社会互动的手段,认为工作妨碍亲密关系,对工作持更消极的感受。这一研究为成人浪漫依恋与工作的关系提供了丰富的描述,考察的这些内容也对后来的研究者有很大的启发。

瓦斯克斯(Vasquez)等人的一项研究(Vasquez, Durik, 和 Hyde, 2002)也考察了亲密关系与工作之间的平衡这一问题,但他们的研究样本更有代表性。他们以怀孕妇女及她们的配偶为对象,纵向考察了成人依恋风格在应对家庭和工作的挑战中的作用。研究者以自我—他人模型(Bartholomew 和 Horowitz, 1991)为基础,把被试划分为四种依恋类型,并在孩子出生后的一年和四年半这两个时间点收集了家庭满意度、工作满意度、压力、角色超载等方面的自我报告的资料。结果表明,安全型父母能成功地应对多领域的挑战,恐惧型父母在很多家庭领域和某些工作领域存在明显困难,冷漠型与专注型父母的表现处在前两者之间。另外,安全型与冷漠型两组比专注型和恐惧型两组在各领域的功能上的得分都更高,暗示了积极自我比积极他人对工作、家庭功能的结果更具有影响力。

对处在求学阶段的大学生来说,学业方面的探索对他们的适应尤其重要,也是研究者们最关注的内容。卡特罗纳(Cutrona)等人的研究(Cutrona, Cole, Colangelo, Assouline, 和 Russell, 1994)考察了感知到的父母的社会支持对大学生学业成就的预测作用。该研究发现,感知到的父母的社会支持,尤其是价值保证(reassurance of worth),预测了大学等级均分(对学业天资、家庭成就取向及家庭冲突进行了控制)。考虑到感知到的父母的社会支持与早期依恋的直接渊源——与早期照顾者建立一种安全关系的个体形成的他人工作模型为可得到的和支持性的,所以,此研究结果也间接说明依恋对学业成就的影响。

上述研究只考察了学业成就这一结果层面,其他研究者更关注学业探索过程,如其中的认知、情感、动机成分。阿斯佩尔迈耶和克恩斯(Aspelmeier 和 Kerns, 2003)针对大学生活背景研究了大学生的依恋与探索的动力学。他们构建了测量探索的量表,除了有关好奇心的项目,其他很多内容与哈赞和谢弗(Hazan 和 Shaver, 1990)对工作方面的探索的考察非常相似。在依恋的测量上,研究者用了两个工具:**关系问卷**(Relationship Questionnaire, RQ)(Bartholomew 和 Horowitz, 1991)和辛普森的维度测量工具(Simpson, 1990)。结果显示,安全型评分越高,报告的学业成绩焦虑越小,对学业任务的社会方面(与他人一起工作,寻求他人帮助)所持态度越积极,好奇心也越高。回避这一维度的低分端(即低回避)也呈现类似的特点。专注型和恐惧型两类上的评分越高,学业成绩上的焦虑越大,对学业任务的社会方面的态度越消极。同时,焦虑维度的高分端(即高焦虑)也有这样的表现。

闲暇活动的偏好、动机及情感调节 与工作相对应的是闲暇。成人怎样度过闲暇时光,怎样看待闲暇活动与亲密关系的相配性,进行闲暇活动背后的原因是什么,这类问题也可放在依恋与探索关系的框架内加以考察。有一项研究(Brennan 和 Shaver, 1995)发现,回避与不严肃的性取向有关,还与报告更多的酒精消费有关;焦虑和回避都与"饮酒应对策略"(饮酒以忘记烦恼)有关。卡尼利和鲁舍(Carnelley 和 Ruscher, 2000)的研究也表明,人们实际从事的闲暇活动及其原因与他们的依恋取向有关。研究者以大学生为被试,用布伦南等人的维度测量工具(Brennan, Clark, 和 Shaver, 1998)评估依恋,用感觉寻求量表Ⅵ(Zuckerman, 1984)上的活动列表评估闲暇探索。研究表明,高焦虑的人更少参与兴奋和冒险寻求,可能是因为他们把亲密关系看得比这类活动更重要。高焦虑或高回避者从事闲暇活动是为了获得社会认可,高焦虑者还运用闲暇活动调节亲密关系上的消极情感。值得注意的是,回避维度没有与从事更多的闲暇活动相联系,也没有与运用闲暇活动调节亲密关系上的消极情感相联系。而从依恋理论出发,回避型个体为了应对依恋对象的忽视和调节消极情绪,转而学会参与到探索中去。研究者认为,可能在大学环境下,高回避者的主要探索领域在学校工作上,也可能因为项目涉及的活动对大学生群体不实际,所以导致高回避者没有从事更多闲暇探索。对于调节消极情感这点,原因可能在于回避者较少觉察到他们在依恋有关情境中的情感调节策略(Crittenden, 1997)。

探索行为的特质层面及探索兴趣量表 与其他研究者集中在某种领域的探索活动不同,有些研究者把探索与某些人格概念联系起来,如好奇心、认知闭合性、成就动机,从而借助这些人格特质的测量对探索加以评估;或者根据探索的关键内涵,直接构建探索兴趣量表。米库林泽(Mikulincer, 1997)的一项研究从信息加工的视角考察探索行为,并把信息加工具体化为好奇心和认知闭合性(cognitive closure)两个概念加以考察。前者用了量表法、访谈法进行测量,并设计了一个信息搜索的实验任务;后者也用了量表法,以及两个社会判断的实验任务。被试的依恋风格根据哈赞和谢弗(Hazan 和 Shaver, 1987)的工具分为三种类型。综合各项处理结果,该研究得到的结论是:安全型、焦虑—矛盾型个体比回避型个体对自己的描述是更好奇的,对好奇心的态度更积极；当信息搜索与社会互动有时间竞争时，回避型个体增加了信息搜索，焦虑—矛盾型个体减少了信息搜索，安全型个体则没有变化；在认知闭合性上，安全型个体比另两类非安全型个体报告了更少的认知闭合性偏好，在社会判断任务上更可能依靠新信息作判断。

该研究中的好奇心这一概念值得注意，它与探索有密切的关系，因为获取信息的动机通常就是指好奇心。而研究者在依靠好奇心这一概念评估探索时，并不局限于问卷法，如上述研究中设计的信息搜索实验任务。前面提到的阿斯佩尔迈耶和克恩斯(Aspelmeier和Kerns,2003)的研究，对好奇心及信息搜索方面的资料也用到行为观察法。他们设计了两个实验任务：一是操纵魔方，二是挑选约会对象。前者是对新奇物体的探索，后者是对潜在亲密关系信息的探索。结果发现，对男性来说，冷漠型评分越高，对新奇物体和潜在亲密关系信息的探索水平越低；焦虑维度的得分越高，对新奇物体的探索水平越低，对潜在亲密关系信息的探索水平越高。对女性来说，只发现冷漠型评分越高，对潜在亲密关系信息的探索水平越低。前面发现，冷漠型评分与问卷法测得的探索行为几乎不存在相关，而此处冷漠型评分与观察法评定的探索行为有较强的关系，这种矛盾引起研究者的思考。研究者分析，问卷法评估探索行为时，可能因为冷漠型个体运用了一种限制威胁信息的觉察及承认的情感调节策略(Cassidy和Kobak,1988)。

尽管好奇心探测到了个体对新奇刺激探索的人格特质方面，但缺少关于探索行为类型的信息。格林和坎贝尔(Green和Campbell,2000)的研究有所超越，而且还应用了社会认知方法。他们把探索定义为对新奇和复杂刺激的探索动机，据此构建了探索兴趣量表，包括物理环境、社会、智力三方面的探索。长期可及性的依恋模式采用辛普森(Simpson,1990)的维度测量工具获得，情境可及性的依恋模式用启动方法实现，分为安全型、回避型、焦虑—矛盾型三种启动条件。结果表明，对长期可及性的依恋模式而言，焦虑、回避越高，探索兴趣越低，前者尤其体现在物理、智力环境探索上，后者尤其体现在社会环境探索上；对情境可及性的依恋模式而言，安全型被试比另两种非安全型被试表现出更高的探索兴趣；焦虑—矛盾型被试在物理环境的探索上兴趣更低；两种非安全启动条件的被试都与更低水平的智力探索兴趣相联系。

埃利奥特和赖斯(Elliot和Reis,2003)的一项研究对探索进行了全新的概念化。在理论上，依恋理论的探索系统概念与怀特(White)的效能动机概念相联系，后者又与成就动机文献中最突出的两个构想即成就动机和成就目标相联系(Elliot和Reis,2003)。因而研究者把探索概念化为成就动机和成就目标。他们的研究中对依恋的测量包含了维度的、类型的和连续的测量工具，对成就动机的测量既有自我报告测量，又有半投射测验，对成就目标的测量也包含了**通则**的(nomothetic)和**特则**的

(idiographic)两种测量。结果显示了跨测量的一致性:安全依恋表现出趋近取向的成就动机特点,非安全依恋则表现出回避取向的成就动机特点。总之,在依恋理论与成就动机之间建立起有意义的联系,对两个领域都是极有价值的。特别对于依恋理论,从成就动机的角度考察成年期的探索是个崭新的构想,有助于对成年期探索的深入研究。

7.1.4 简评与展望

经过依恋研究者的努力,依恋理论不仅有了丰富的理论内涵,而且积累了相当的支持证据。依恋研究者用相应的量表或设计实验任务来评估依恋风格及其影响,从多个角度展现了依恋系统与认知、情感、行为(如探索)的关系。总的看来,该领域的研究仍存在很多有待解决的问题。

第一,研究者对依恋内部工作模型概念本身的性质和结构等基本问题仍未达成共识。首先,社会认知流派研究者认为,依恋内部工作模型是一种复杂的认知表征,但皮特罗莫纳科(Pietromonaco)等指出,依恋内部工作模型应该是更具动力色彩、由情感控制的"热"结构(Pietromonaco 和 Barrett, 2000)。因此,考察情感在内部工作模型中的组织作用,进一步澄清内部工作模型的性质,应该是未来研究的一个方向。其次,就其结构而言,虽然研究者认为依恋内部工作模型是以层级形式组织的多层次多维度模型,但对于子模型的具体组织方式,至今仍没有清晰的论述。不同层级和不同类型工作模型如何组织,以层级网络模型的形式组织,还是以激活扩散模型的形式组织? 不同的工作模型如何被激活并发挥作用? 借鉴现代认知心理学的已有研究范式和研究成果,结合依恋内部工作模型自身的特点,将是未来相关研究的一条有效途径。因此,在未来研究中,结合自我概念、人际信任和社会关系的已有研究成果,对内部工作模型的复杂程度和概括程度进行进一步的研究,探索内部工作模型的个体差异,应该是极具意义的。

第二,相对于自我概念等概念的发展理论,研究者对依恋内部工作模型发展过程的论述仍不够精细。根据相关理论,自我和他人工作模型的发展经历了不同的过程,那么这些过程是否可以被看作是相对独立的阶段,各个阶段的发展是否存在关键期,各个阶段的任务又分别是什么,分别与个体的认知和社会性发展的其他方面有何联系,是否存在一些因素或事件对内部工作模型的发展有决定性的影响,所有这些都是该领域悬而未决而又非常重要的问题,应该成为未来研究的重点。

第三,就依恋内部工作模型的影响而言,现有研究多关注了最高概括水平的工作模型对认知、情感和行为反应的影响,但对于具体工作模型的影响却少有研究涉足。在依恋情景下,具体水平的工作模型的作用如何,在此过程中是否会与高概括水平的工作模型发生联系,是否会与之发生交互作用等问题对我们理解内部工作模型的影响极具意义,是近年内部工作模型研究的热点,也将成为未来研究的重点。

第四,对成年期探索的界定还没有一致而清晰的看法。目前,研究者们往往根据自己对理论的把握选择了某个切入点对探索加以评估,但从哪个角度考察探索能更有效地与依恋联系起来,现有的研究并不能提供答案。这种现状与探索一词宽泛的含义有关,在研究初级阶段,各种尝试都值得肯定。在对具体探索行为的考察上,有的研究者强调情境对个体的挑战性,这点值得借鉴。因为当个体面临挑战的压力情境时,容易激活依恋系统,而在依恋系统激活的情况下考察依恋与探索的关系,能够提供更有价值的信息。尤其当考察的焦点在探索过程中的情感反应上时,设置恰当的探索情境就显得更为重要。

第五,对探索的评估采用以自我报告法为主的测量手段也存在一定的局限性。例如,回避型成人在实际任务中的表现和自我报告的探索行为不一致,很可能与其防御风格有关,研究者可结合生理测量指标对此作进一步的解释。再例如,探索意愿和实际探索行为也是有差异的,前者更容易受到**社会称许性**(social desirability)的影响。同样,涉及探索过程的情感和体验的项目也会遇到类似的问题。今后的研究者在问卷编制上应考虑这类因素,同时还可以设计巧妙的实验或选择合适的自然情境,观察被试的行为,以获得对探索更客观的评估。

7.2 成人的浪漫关系[①]

以上内容主要从内部工作模型的视角探讨了依恋系统与认知、情感、行为(如探索)的关系,在有关依恋的研究中,研究者感兴趣的另一个问题是,个体童年期与主要养育者形成的这种内部工作模型对其成年期形成的亲密关系又有怎样的影响?成年期的亲密关系主要指的是成年人与伴侣构成的情感联结——**浪漫关系**(romantic relationship),或者称之为**浪漫依恋**(romantic attachment)。

7.2.1 成人浪漫关系中的依恋

浪漫关系(romantic relationship)是指"情侣间的人际关系",即情侣在交往过程中形成的一种心理关系(刘文,毛晶晶,2011)。鲍尔比将浪漫关系置于进化与发展的框架之中,借用习性学中行为系统的概念,提出浪漫关系中的三大行为系统:依恋、呵

---

① 本节基于如下工作改写而成:周春燕,黄希庭.(2004).成人依恋表征与婚恋依恋.心理科学进展,12(2),215—222.撰稿人:周春燕。

护与性。依恋行为系统的生物学功能是确保个体一直靠近依恋对象,使其避免危险;呵护行为系统主要为长期依赖或暂时需要的个体提供保护和支持(Bowlby, 1953);性行为系统的重要功能则是将基因从上一代传递到下一代。这三大行为系统是相互影响的,对于形成和保持亲密的、令人满意的和长久的浪漫关系至关重要。哈赞和谢弗(Hazan和Shaver, 1987)首次提出成人浪漫关系中的情感联结也可以被理解为一种依恋关系。他们认为,浪漫关系与母婴依恋的情绪及行为动力为同一生物系统所控制,是自然选择的产物,以提高生存的概率及安全性,并列举了两者之间的许多相似之处,如寻求与情侣的亲近,当与情侣相处的时候会觉得安全和舒适,当与情侣分离的时候会感到焦虑等,即在成人—成人的依恋系统与婴儿—照料者的依恋系统中,依恋对象都发挥着**亲近目标**(target for proximity maintenance)、安全港(safe haven)和安全基地(secure base)的功能。另外他们观察到浪漫关系中所表现出的个体差异与母婴关系中的个体差异颇为一致,因而推论浪漫关系中的个体差异源于早期依恋经验中形成的对亲密关系的期望和信念的差异,换言之,在早期依恋经验中形成的内部工作模型是相对稳定的。

是否所有的浪漫关系都可以视为依恋关系呢?作为依恋的浪漫关系与成人的其他亲密关系又有哪些区别呢?弗雷利和谢弗(Fraley和Shaver, 2000)在以往研究的基础之上提出了依恋关系区别于其他亲密关系的条件:(1)把依恋对象作为寻求和保持亲近的目标;(2)在压力情境下把依恋对象作为寻求保护和支持的对象;(3)在探索外部世界时,将依恋对象作为安全基地。在依恋的完整模型中,三者缺一不可。因此,从依恋角度研究浪漫关系是有条件的,而不是指向所有的浪漫关系的。青少年的浪漫关系普遍开始于青春期,但在青少年早期形成的浪漫关系可能只是一种同伴之爱,与友谊类似,而在青少年后期形成的浪漫关系才是一种包含了亲密、承诺和性爱的强烈情感(Bucx和Seiffge-Krenke, 2010),在这种成熟的浪漫关系中才可能形成浪漫依恋。

那么依恋是如何从父母转移到浪漫关系对象身上的呢?有研究(Hazan, Zeifman, 和Middleton, 1994)发现这是一个逐渐发生的过程,在依恋对象的三个功能上,寻求亲近功能在童年早期发生迁移,安全港成分在青春期发生迁移,安全基地成分迁移时间最晚,在成年早期完成。浪漫依恋关系需要大约2年的时间才能发展完全。一项研究发现,这一迁移模式同样适用于中国被试群体,而差异在于,中国被试群体要在结婚后才由父母迁移到伴侣身上(Zhang, Chan, 和Teng, 2011)。另一项研究比较了成年人同伴依恋与浪漫依恋的发展,发现同伴依恋需要3.5年的时间才能发展完全,而浪漫依恋则仅需要2年。伴侣间的相互信任、关怀以及亲密接触,会促使依恋对象和依恋功能从父母一方迁移到恋人一方(Fraley和Davis, 1997)。

7.2.2 依恋对浪漫关系质量的影响

在亲密关系建立之初,依恋类型会影响个体的人际吸引力以及择偶偏向。无论被试属于何种依恋类型,安全型伴侣的吸引力最大;在依恋维度上,回避维度要比焦虑维度对最初的吸引影响更大;另外,依恋类型的相似性也会促进相互吸引(Klohnen 和 Luo,2003)。个体在择偶标准的妥协性(即伴侣的理想标准和最低标准的差距)上存在依恋类型的差异,焦虑型的择偶标准更为僵化和不愿妥协。对男性的研究还发现,焦虑型个体的理想伴侣形象更接近其理想母亲形象,回避型个体的理想伴侣形象更接近其理想自我形象,安全型个体的理想伴侣形象则更为灵活(Tolmacz, Goldzweig, 和 Guttman,2004)。

在浪漫关系持续过程中,依恋安全性会影响浪漫关系的稳定性、满意度、亲密感。大量研究发现,依恋安全性也可以对婚恋关系的稳定性提供一些预测,有研究(Ceglian 和 Gardner,1999)发现,回避型依恋的人比焦虑型依恋的人经历多次婚姻的可能性更大。另一些研究也发现,相对于安全型依恋的人,那些在依恋焦虑或者回避维度上得分更高的个体的浪漫关系更有可能走向结束(Feeney 和 Noller,1990;Fraley 和 Davis,1997;Mikulincer, Gillath, 和 Shaver,2002)。不仅安全型依恋个体的浪漫关系更稳定,大量研究也发现,安全型依恋个体对关系的满意度也更高,在浪漫关系中体验到了更多的亲密感,对关系也更有信心,对伴侣持有更为积极的期待。

研究者们所关心的另一个问题是,浪漫关系的满意度是否与对伴侣的依恋类型的积极感知有关,或者说双方是否感受到这种相似性。一项纵向研究(Cobb, Davila, 和 Bradbury,2001)对 172 对新婚夫妇进行了为期一年的跟踪研究,发现对情侣依恋安全型的积极感知可以预测婚恋关系中的支持行为和满意度。但是另一些研究者则认为,满意度与对情侣的积极幻想即理想化有关,而非对依恋类型的精确感知。

依恋是如何影响人们的浪漫关系的质量呢?大量的研究者将研究重点聚焦于浪漫关系中的双方的互动方式(陈燕蕾,陈红,2008)。根据依恋内部工作模型的假设,依恋系统在压力、紧张、忧虑的情况下会被强烈激活,同时也激起相应的情绪,使伴侣之间的交流互动产生变化。一方面,依恋类型影响伴侣间的自我表露,有研究发现,高逃避的人有较少的心理表露,并且会与伴侣保持距离,更多的高焦虑者较不满意与伴侣间的内心表露(Bradford, Feeney, 和 Campbell,2002)。在苦恼的时候,安全型依恋者会更多表露情感,并寻求伴侣的支持,不安全依恋的人对伴侣能否支持自己缺乏信心(Anders 和 Tucker,2000)。在沟通和自我表露上,一项研究(Mikulincer 和 Nachshon,1991)发现,安全型和焦虑型依恋的个体比回避型更愿意自我表露,但安全型个体的自我表露是积极和反应式的,他们向对方自我表露,并积极回应对方的自我表露,灵活性较高而且沟通话题更为和谐;而焦虑型个体将自我表露当成缓解被抛弃焦虑的手段而非促进亲密程度的方式,对对方自我表露的反应不积极;回避型个体则表现为"强制性封闭"(compulsive closure),他们不愿意表露自我,和高自我表露的伴侣交往时会感到不舒服。研究(Keelan, Dion, 和 Dion, 1998)还发现,在对伴侣和其他人自我表露时,安全型的个体有很好的区别分化,他们对伴侣的亲密性自我表露更多,而且话题更为隐私,而非安全型的个体的分化并不明显。

同时,依恋类型也会影响到伴侣间的沟通方式,尤其是对冲突的解决策略。有研究者(Pielage, 2006)调查了结婚伴侣间的沟通方式,结果发现安全型浪漫依恋与亲密感呈正相关,不安全型浪漫依恋与破坏性的沟通及逃避行为呈正相关,安全型依恋者与积极的语言及非语言沟通呈正相关,并与消极的非语言沟通呈负相关。多虑型与恐惧型依恋者与消极非语言及消极语言沟通有很强的关联,显示了高焦虑维度是偏向消极沟通的。超脱型依恋者则是抑制依恋系统的激活,他们会抑制对消极情绪的表达以减轻冲突。辛普森等(Simpson, Rholes, 和 Phillips, 1996)让情侣对其关系中主、次要矛盾加以讨论解决,低焦虑个体在讨论主要矛盾后对伴侣和关系的评价有所提升,高焦虑个体在讨论中更焦虑、敌对,讨论后对关系的评价降低,而且涉及的问题越重要,情况就越明显;回避型男性在讨论中有较少的支持和关怀,交流质量也较差。在对冲突引起的消极情绪的调节上,研究发现(Mikulincer, 1998a),不同依恋类型个体调节由关系冲突引发的愤怒情绪时也有很大差异。安全型个体对愤怒情绪加以控制,愤怒中包含乐观、希望和自我效能的信念,理性分析事件,积极寻求有效解决方式,表现为有效愤怒(functional anger)。非安全型个体则表现出无效愤怒(dysfunctional anger):焦虑型个体对愤怒表达无法抑制,也无法逃避愤怒情绪的纠缠,导致其建设性行为退缩;回避型个体则表现出分离性愤怒(dissociated anger),虽然在自我报告中和安全型没有差异,但生理上却有愤怒情绪的指标,他们远离问题情境,采取逃跑主义策略。类似地,在应对信任冲突事件的策略上,安全型依恋者也多采用建设性的沟通方式,而焦虑型个体会经常为此不安、辗转思忖,回避型个体则会远离事端,保持距离(Mikulincer, 1998b)。

依恋也会影响成年人对保持伴侣关系的策略的选择。一项以189对平均年龄为25岁的情侣和夫妻为研究对象的研究(Bachman 和 Guerrero, 2006)发现,依恋回避得分越高的个体越少使用相对积极的关系保持策略,例如制造浪漫氛围、庆祝纪念日等的浪漫策略,或者是爱抚、亲吻等情感策略,以及主动进行自我暴露的开放性策略和参加家庭聚会之类的社交网络的策略;而依恋焦虑得分越高的个体则越少使用分担家务、支持和社交网络的策略。另外也有研究(Dainton, 2007; Goodboy 和 Bolkan, 2011)发现,不安全的依恋类型可以显著预测个体消极的关系保持策略,拒绝型和迷恋型的个体多采用嫉妒—监视—控制—冲突的方式维持双方的浪漫关系。

另外,大量的研究(Sümer 和 Cozzarelli,2004;Whisman 和 Allan,1996;侯娟,蔡蓉,方晓义,2010)表明,在依恋风格对浪漫关系质量的影响中,归因方式起到了中介作用,依恋回避和焦虑程度低的安全型依恋的个体对伴侣行为往往能做出更为积极的归因,因此对关系的满意度更高。在研究伴侣的依恋风格与浪漫关系质量的关系时,研究者们常采用的方法为**主—客体互倚模型**(actor-partner interdependence model, APIM),这一模型可用于测量人际间的相互依赖关系,可以在亲子、伴侣等成对样本中使用。APIM 能够检验关系中的主角效应(actor effects)、伴侣效应(partner effects)及主角与伴侣的交互效应,主要使用结构方程模型或是多层线性模型来检验。侯娟等人(2010)的研究就采用了这一模型,结果发现婚姻归因方式确实在依恋风格和感知到的婚姻质量的关系中起到了中介作用。而另一项采用 APIM 模型开展的研究(陈燕蕾,2008)则发现,在浪漫依恋对关系满意度的影响上,情绪调节起到了部分中介作用。

7.2.3 成人浪漫依恋的稳定性

相对于婴儿期的依恋来说,成人依恋的重大改变就是依恋对象逐步增多,依恋成为一个有层次的系统,其中包括与父母间的亲子依恋、与恋人或配偶间的浪漫依恋等(Collins 和 Read,1994)。而在个体的社会化过程中,与亲密伴侣间形成新的浪漫依恋,同时也可能会经历婚姻、分手、离异、成为父母、丧偶等重大事件,那么这些经历究竟会如何改变个体的依恋类型?或者说,对个体的依恋内部工作模型会造成怎样的影响呢?

有研究者(王岩,王大华,2012)认为,在对成人依恋的稳定性进行具体的研究时,有必要对成人浪漫依恋的稳定性与连续性进行区分:稳定性(stability)是指不同时间点上测得的个体依恋风格是一致的;连续性(continuity)指的则是早年形成的依恋风格一直持续下来,贯穿生命全程而不改变。另一个有关的概念是测量的信度,也就是测量工具的可靠程度(Baldwin 和 Fehr,1995)。因此,依恋风格的稳定性和连续性与测量工具的信效度是紧密相关的,但测量结果的不稳定不一定反映了依恋风格的不连续性,因为工具的信度可能从中干扰测量的准确性。目前对依恋风格的测量方法主要有问卷法、访谈法、分类法等,但是在探讨依恋类型的稳定性时多采用纵向追踪研究,问卷是这类研究最经常使用的工具。成人浪漫依恋的问卷测量取向又可以分为两类:第一种从类型的角度出发,即根据外显的、可观察到的行为或分类结果,直接对个体的依恋状况进行分类,例如哈赞和谢弗(Hazan 与 Shaver,1987)编制的成人依恋类型问卷;第二种从维度的角度出发,把依恋的行为维度化,先计算出维度的得分,然后根据维度得分确定依恋类型,例如布伦南等人(Brennan, Clark, 和 Shaver, 1998)编制的**亲密关系体验量表**(Experiences in Close Relationships Scales, ECRS)。对于前者而言,主要考察的是依恋类型的稳定性,而对于后一种而言,考察的是维度得分的稳定性。因此,我们首先来看一下成人浪漫关系中的依恋的测量工具及其有关稳定性的研究。

哈赞和谢弗(Hazan 与 Shaver,1987)编制的成人依恋类型问卷最先被用来测量成人依恋风格。该问卷只有一个题目,要求被试从三个有关依恋类型的描述中挑选一个最能够反映他们在恋爱中经常有的感觉和想法,通过选择对自己最恰当的描述,将被试分为安全型、回避型和焦虑—矛盾型三种依恋风格。利用这一测量工具,以大学生为被试的一项相关研究发现,间隔1周到2年的时间中,72%的被试的依恋风格保持不变,其中17.2%原为安全型依恋的个体、33.5%的回避型个体和55.0%的焦虑—矛盾型个体发生了改变。其他使用该问卷的研究也得到了相对一致的结论,大约有60%—70%的个体其依恋风格会在一定时期内保持相对稳定(Davila, Burge, 和 Hammen, 1997; Frazier, Byer, Fischer, Wright, 和 DeBord, 1996)。

在从维度出发的成人浪漫依恋测量工具中,使用最为广泛的是亲密关系体验量表。该量表把成人依恋分为依恋回避和依恋焦虑两个维度,其信效度得到了大量研究的支持。聚焦到每一个维度上来看,依恋回避分数跨时间的相关性在0.54到0.79之间,依恋焦虑分数跨时间的相关性在0.33到0.82之间(Davila 和 Sargent, 2003; Lam 和 Whiffen, 2005; Scharfe, 2007; Scharfe 和 Cole, 2006)。

以上研究关注的是浪漫关系中的依恋的稳定性,另外一些研究则聚焦于早期亲子依恋与成年期浪漫依恋的一致性,这些研究所关心的问题包括:早期亲子依恋和浪漫依恋是如何相互作用的呢? 早期亲子依恋是否为浪漫依恋关系的建立提供了关系模式及期望等方面的原型,这些原型又在多大程度上影响了浪漫依恋关系的发展呢? 另一方面,浪漫依恋所提供的新的经验是否会对依恋表征进行修正,从而使之与当前的依恋关系相适应呢? 一项回溯研究(Crowell 和 Owens, 1998)考察了成人的早期依恋类型与浪漫依恋类型的相关,早期依恋类型采用**成人依恋访谈**(Adult Attachment Interview, AAI)进行测量,而浪漫依恋类型由当前关系访谈得到,结果表明只存在中等程度的相关(0.29)。克罗韦尔等(Crowell, Treboux, 和 Waters, 1999)在215对恋爱大学生样本中重复了这一研究,但在方法上有所不同,对两种依恋类型的测定均采用自我报告法,所得到的相关系数是0.30。这些研究对早期的亲子依恋采用的是回溯式的研究,这有可能会受到记忆重构等因素的干扰。但是有纵向追踪研究得到了不太一致的结论,例如一项纵向研究(Fonagy, Steele, 和 Steele, 1991)发现,一岁时的陌生情景下的依恋类型与后来的婚恋依恋类型之间的相关系数仅为 0.17。

总之,关于成人依恋的稳定性,研究者们应用不同的测量工具对成人的依恋风格进行考察研究,结果十分相似,均得出成人浪漫依恋风格具有中等程度的稳定性,大部分人会在比较长的时期内保持同样的依恋风格。这在一定程度上说明了测量所反映出的稳定性是由心理本质的稳定性造成的,而非特定测量工具的片面结果。

7.2.4 成人浪漫依恋的变化及其解释模型

但是,这些支持成人浪漫依恋稳定性的研究也同样验证了另一个事实:在浪漫关系中,一部分人的依恋类型确实会发生改变。在一项以**关系问卷**(Relationship Questionnaire, RQ)为工具(Bartholomew 和 Horowitz, 1991)的 3 年追踪研究中,54%的年轻女性的依恋类型未发生改变,也就是说,在 3 年里有近一半女性的依恋类型发生了变化。另外一些研究得出的依恋类型发生变化的比例相对较低一些。例如有研究发现,婚前 3 个月与婚后 18 个月采用 AAI 对被试进行测量,结果显示有 78%的个体两次测量中所属依恋类型是不变的(Crowell, Treboux, 和 Waters, 2002),即使时间间隔增长至 20 年,也仍有 64%的被试的依恋风格稳定(Waters, Merrick, Treboux, Crowell, 和 Albersheim, 2000)。这些数据表明,虽然依恋类型在一定程度上是相对稳定的,但是确实有一些人的依恋类型发生了改变。而且以成年早期到中期的人群为被试的研究显示,安全型个体的稳定性最高(Cozzarelli, Karafa, Collins, 和 Tagler, 2003),对父母的依恋要比对伴侣的依恋更加稳定(Buist, Reitz, 和 Deković, 2008; Fraley, Vicary, Brumbaugh, 和 Roisman, 2011)。

那么究竟是哪些因素导致了成年人浪漫依恋类型的变化呢?对于成人依恋随时间发生改变的原因,研究者们提出了三个解释模型,即生活压力模型、社会认知模型和个体差异模型(王岩,王大华,2012)。

生活压力模型(也叫生活事件模型)认为,成人依恋安全性的改变是对重要生活事件或生活环境重大改变的反应。生活压力模型的研究通常会选择经历了重大生活事件的人们作为被试,而关注的生活事件也以消极事件为主,如分手、流产、亲密他人离去等。追踪研究表明,那些经历过离婚和分手的被试更有可能会由安全型依恋转变为不安全的依恋类型(Cozzarelli, Karafa, Collins, 和 Tagler, 2003; Stansfeld, Head, Bartley, 和 Fonagy, 2008)。另一项持续 8 周的研究(Davila 和 Sargent, 2003)采用日记法考察被试的依恋安全性是否改变,发现其与生活事件确实是有联系的。其他重大生活事件,例如对女性而言,成为母亲对其依恋风格及其与伴侣的互动也会造成较大的影响。辛普森针对刚结婚不久的怀孕夫妇进行研究(Simpson, 1990),在产前 6 周及产后 6 周分别做了测试,结果发现女性成为母亲后感到来自亲密伴侣的支持比以前更少或是来自伴侣的愤怒更多时,其依恋取向在身份转变后会变得更焦虑。拥有高逃避型丈夫的女性在成为母亲后会更少地寻求伴侣的支持,并且她们会在身份改变后变得更逃避。

社会认知模型最早由鲍德温等(Baldwin, Keelan, Fehr, Enns, 和 Koh-Rangarajoo, 1996)提出,用以解释人们为何会在不同的时间报告不同的依恋方式。该模型认为人们在依恋风格和依恋安全水平上的改变是与心理状态有关的。根据此模型,当人们处于不同情境时,被激活的心理与行为模式不同,诸如记忆、自我概念、人际期待等这些子系统的改变会引发依恋风格的整体改变。所以,这个模型适合于解释依恋风格在短期内发生的改变,因其与个体所处的环境息息相关。有研究(Baldwin 等, 1996)表明,在不同刺激的启动下,人们对人际信息的反应是不同的,如在成人为被试的研究中发现,针对不同的亲密关系测量出的依恋风格会有所不同。这一模型还用来探讨伴侣间依恋类型的相互作用,例如达维拉和卡什(Davila 和 Kashy, 2009)的研究显示,如果感知到伴侣是焦虑型依恋风格或支持性低的个体,则自己的依恋风格也易变成不安全型。当然,依恋类型的短期改变也会带来一些好处,例如一些心理治疗方面的研究(Shorey 和 Snyder, 2006; Tasca, Balfour, Ritchie, 和 Bissada, 2007)也发现,通过治疗过程改善来访者的人际认知也会影响他们的依恋风格向安全型转化。

个体差异模型用以解释为什么一些个体较他人更易发生依恋风格的改变。根据此模型,存在易感因素的人群更容易产生依恋方式、依恋安全水平的改变。例如有研究(Davila 和 Cobb, 2004)发现,父母罹患精神疾病会引起亲子依恋和其他人际关系质量发生改变,精神疾病家族史或是自身患有精神疾病会妨碍其形成清晰而稳定的自我和他人认知,从而容易表现出依恋的不稳定性。个体差异模型还认为依恋发生改变本身可能就是一种不安全的倾向(Davila, Burge, 和 Hammen, 1997),而安全型的依恋则不太容易发生改变。由于个体差异模型仅能说明一部分人的依恋风格相对于其他人来说更容易改变,而不能解释为什么改变,因此这一模型还有待进一步深化。

这三种模型分别从不同的视角探讨了影响依恋风格稳定性的因素,生活压力模型和社会认知模型强调情境因素对依恋安全性的影响,而个体差异模型则更加聚焦于个体因素的影响。依恋风格的稳定性与变化的争议从一个侧面反映了人格稳定性和人的毕生发展观点之间的冲突和整合,同时也反映了个体因素与情境因素对人格发展的交互作用。因此,在人格发展的宏观背景之中来看待依恋的稳定性与变化可能会带来一些更深刻的理解。

参考文献

陈燕蕾. (2008). 浪漫依恋和情绪调节对伴侣关系满意度的影响. 重庆: 西南大学硕士学位论文.
陈燕蕾, 陈红. (2008). 浪漫依恋研究及其对中国化研究的启示. 西南大学学报(社会科学版), 34(3), 14—18.
侯娟, 蔡蓉, 方晓义. (2010). 夫妻依恋风格、婚姻归因与婚姻质量的关系. 应用心理学, 16(1), 42—54.
刘文, 毛晶晶. (2011). 青少年浪漫关系研究的现状与展望. 心理科学进展, 19(7), 1011—1019.
田瑞琪. (2006). 大学生成人依恋的测量及相关人格研究. 上海: 上海师范大学硕士学位论文.
王岩, 王大华. (2012). 成人依恋的稳定性. 心理发展与教育, 28(4), 442—448.
Ainsworth, M. D. S. (1973). The development of infant-mother attachment. In B. M. Caldwell & H. Ricciuti (Eds.), *Review of Child Development Research* (Vol. 3, pp. 1 - 94). Chicago, IL: University of Chicago Press.
Ainsworth, M. D. S., Blehar, M. C., Waters, E., & Wall, S. (1978). *Patterns of attachment: A psychological study of the strange situation*. Hillsdale NJ: Erlbaum.
Anders, S. L., & Tucker, J. S. (2000). Adult attachment style, interpersonal communication competence, and social support. *Personal Relationships*, 7(4), 379 - 389.
Aspelmeier, J. E., & Kerns, K. A. (2003). Love and school: Attachment/exploration dynamics in college. *Journal of Social and Personal Relationships*, 20(1), 5 - 30.
Bachman, G. F., & Guerrero, L. K. (2006). Relational quality and communicative responses following hurtful events in dating relationships: An expectancy violations analysis. *Journal of Social and Personal Relationships*, 23(6), 943 - 963.
Baldwin, M. W., & Fehr, B. (1995). On the instability of attachment style ratings. *Personal Relationships*, 2(3), 247 - 261.
Baldwin, M. W., Keelan, J. P. R., Fehr, B., Enns, V., & Koh-Rangarajoo, E. (1996). Social-cognitive conceptualization of attachment working models: Availability and accessibility effects. *Journal of Personality and Social Psychology*, 71(1), 94 - 109.
Bartholomew, K., & Horowitz, L. M. (1991). Attachment styles among young adults: A test of a four-category model. *Journal of Personality and Social Psychology*, 61(2), 226 - 244.
Bowlby, J. (1953). *Child care and the growth of love*. London: Penguin.
Bowlby, J. (1969/1982). *Attachment and loss: Vol. 1.* (2nd ed.). NewYork: Basic Books.
Bowlby J. (1973/1998). *Attachment and loss: Vol. 2.* Separation, Pimlico, London.
Bowlby, J. (1979). *The making and breaking of affectional bonds*. London: Tavistock.
Bradford, S. A., Feeney, J. A., & Campbell, L. (2002). Links between attachment orientations and dispositional and diary-based measures of disclosure in dating couples: A study of actor and partner effects. *Personal Relationships*, 9(4), 491 - 506.
Brennan, K. A., Clark, C. L., & Shaver, P. R. (1998). Self-report measurement of adult attachment. In J. A. Simpson, & W. S. Rholes (Eds.), *Attachment Theory and Close Relationships* (pp. 46 - 76). Guilford Press.
Brennan, K. A., & Shaver, P. R. (1995). Dimensions of adult attachment, affect regulation, and romantic relationship functioning. *Personality and Social Psychology Bulletin*, 21(3), 267 - 283.
Bretherton, I. (1985). Attachment theory: Retrospect and prospect. *Monographs of the Society for Research in Child Development*, 50, 3 - 35.
Bucx, F., & Seiffge-Krenke, I. (2010). Romantic relationships in intra-ethnic and inter-ethnic adolescent couples in Germany: The role of attachment to parents, self-esteem, and conflict resolution skills. *International Journal of Behavioral Development*, 34(2), 128 - 135.
Buist, K. L., Reitz, E., & Deković, M. (2008). Attachment stability and change during adolescence: A longitudinal application of the social relations model. *Journal of Social and Personal Relationships*, 25(3), 429 - 444.
Carnelley, K. B., & Ruscher, J. B. (2000). Adult attachment and exploratory behavior in leisure. *Journal of Social Behavior & Personality*, 15, 153 - 165.
Cassidy, J. (2000). Adult romantic attachments: A developmental perspective on individual differences. *Review of General Psychology*, 4(2), 111 - 131.
Cassidy, J., & Kobak, R. R. (1988). Avoidance and its relation to other defensive processes. In J. Belsky & T. Nezworski (Eds.), *Clinical Implications of Attachment* (pp. 300 - 323). Hillsdale, NJ: Erlbaum.
Ceglian, C. P., & Gardner, S. (1999). Attachment style: A risk for multiple marriages? *Journal of Divorce & Remarriage*, 31(1 - 2), 125 - 139.
Cobb, R. J., Davila, J., & Bradbury, T. N. (2001). Attachment security and marital satisfaction: The role of positive perceptions and social support. *Personality and Social Psychology Bulletin*, 27(9), 1131 - 1143.
Collins, N. L. (1996). Working models of attachment: Implications for explanation, emotion, and behavior. *Journal of Personality and Social Psychology*, 71(4), 810 - 832.
Collins, N. L., & Feeney, B. C. (2004). Working models of attachment shape perceptions of social support: Evidence from experimental and observational studies. *Journal of Personality and Social Psychology*, 87(3), 363 - 383.
Collins, N. L., & Read, S. J. (1994). Cognitive representations of attachment: The structure and function of working models. In Bartholomew, K., & Perlman, D. (Ed), *Attachment processes in adulthood* (pp. 53 - 90). London,

England: Jessica Kingsley Publishers.

Cozzarelli, C., Karafa, J. A., Collins, N. L., & Tagler, M. J. (2003). Stability and change in adult attachment styles: Associations with personal vulnerabilities, life events. and global construals of self and others. *Journal of Social and Clinical Psychology*, 22(3),315-346.

Crittenden, P. M. (1997). The effect of early relationship experiences on relationships in adulthood. In S. Duck (Ed.), *Handbook of personal relationships: Theory, research and interventions* (2nd Edition). Chichester, England: John Wiley & Sons.

Crowell, J., & Owens, G. (1998). Manual for the current relationship interview and scoring system. Unpublished manuscript.

Crowell, J. A., Treboux, D., & Waters, E. (1999). The adult attachment interview and the relationship questionnaire: Relations to reports of mothers and partners. *Personal Relationships*, 6(1),1-18.

Crowell, J. A., Treboux, D., & Waters, E. (2002). Stability of attachment representations: The transition to marriage. *Developmental Psychology*, 38(4),467-479.

Cutrona, C. E., Cole, V., Colangelo, N., Assouline, S. G., & Russell, D. W. (1994). Perceived parental social support and academic achievement: An attachment theory perspective. *Journal of Personality and Social Psychology*, 66(2), 369-378.

Dainton, M. (2007). Attachment and marital maintenance. *Communication Quarterly*, 55(3),283-298.

Davila, J., Burge, D., & Hammen, C. (1997). Why does attachment style change? *Journal of Personality and Social Psychology*, 73(4),826-838.

Davila, J., & Cobb, R. J. (2004). Predictors of changes in attachment security during adulthood. In W. S. Rholes & J. A. Simpson (Eds.), *Adult attachment: Theory, research, and clinical implications* (pp.133-156). New York: Guilford Press.

Davila, J., & Kashy, D. A. (2009). Secure base processes in couples: Daily associations between support experiences and attachment security. *Journal of Family Psychology*, 23(1),76-88.

Davila, J., & Sargent, E. (2003). The meaning of life (events) predicts changes in attachment security. *Personality and Social Psychology Bulletin*, 29(11),1383-1395.

Dewitte, M., Koster, E. H. W., De Houwer, J., & Buysse, A. (2007). Attentive processing of threat and adult attachment: A dot-probe study. *Behavior Research and Therapy*, 45,1307-1317.

Edelstein, R. S. (2006). Attachment and emotional memory: Investigating the sorce and extent of avoidant memory impairments. *Emotion*, 6(2),340-345.

Elliot, A. J., & Reis, H. T. (2003). Attachment and exploration in adulthood. *Journal of Personality and Social Psychology*, 85,317-331.

Feeney, B. C. (2004). A secure base: Responsive support of goal strivings and exploration in adult intimate relationships. *Journal of Personality and Social Psychology*, 87,631-648.

Feeney, B. C., & Cassidy, J. (2003). Reconstructive memory related to adolescent-parent conflict interactions: The influence of attachment-related representations on immediate perceptions and changes in perceptions over time. *Journal of Personality and Social Psychology*, 85(5),945-955.

Feeney, J. A., & Noller, P. (1990). Attachment style as a predictor of adult romantic relationships. *Journal of Personality and Social Psychology*, 58(2),281-291.

Flum, H., & Kaplan, A. (2006). Exploratory orientation as an educational goal. *Educational Psychologist*, 41(2),99-110.

Fonagy, P., Steele, H., & Steele, M. (1991). Maternal representations of attachment during pregnancy predict the organization of infant-mother attachment at one year of age. *Child development*, 62(5),891-905.

Fraley, R. C., & Davis, K. E. (1997). Attachment formation and transfer in young adults' close friendships and romantic relationships. *Personal relationships*, 4(2),131-144.

Fraley, R. C., Garner, J. P., & Shaver, P. R. (2000). Adult attachment and the defensive regulation of attention and memory: The role of preemptive and postemptive processes. *Journal of Personality and Social Psychology*, 79,816-826.

Fraley, R. C., & Shaver, P. R. (1997). Adult attachment and the suppression of unwanted thoughts. *Journal of Personality and Social Psychology*, 73,1080-1091.

Fraley, R. C., & Shaver, P. R. (1998). Airport separations: A naturalistic study of adult attachment dynamics in separating couples. *Journal of Personality and Social Psychology*, 75(5),1198-1212.

Fraley, R. C., & Shaver, P. R. (2000). Adult romantic attachment: Theoretical developments, emerging controversies, and unanswered questions. *Review of General Psychology*, 4(2),132-154.

Fraley, R. C., Vicary, A. M., Brumbaugh, C. C., & Roisman, G. I. (2011). Patterns of stability in adult attachment: an empirical test of two models of continuity and change. *Journal of Personality and Social Psychology*, 101(5), 974-992.

Frazier, P. A., Byer, A. L., Fischer, A. R., Wright, D. M., & DeBord, K. A. (1996). Adult attachment style and partner choice: Correlational and experimental findings. *Personal Relationships*, 3(2),117-136.

Goodboy, A. K., & Bolkan, S. (2011). Attachment and the use of negative relational maintenance behaviors in romantic

relationships. *Communication Research Reports*, 28(4), 327–336.
Green, J. D., & Campbell, W. K. (2000). Attachment and exploration in adults: Chronic and contextual accessibility. *Personality and Social Psychology Bulletin*, 26(4), 452–461.
Griffin, D. W., & Bartholomew, K. (1994). Models of the self and other: Fundamental dimensions underlying measures of adult attachment. *Journal of Personality and Social Psychology*, 67(3), 430–445.
Hazan, C., & Shaver, P. (1987). Romantic love conceptualized as an attachment process. *Journal of Personality and Pocial Psychology*, 52(3), 511–524.
Hazan, C., & Shaver, P. R. (1990). Love and work: An attachment-theoretical perspective. *Journal of Personality and Social Psychology*, 59(2), 270–280.
Hazan, C., Zeifman, D., & Middleton, K. (1994). Adult romantic attachment, affection, and sex. Paper presented at the 7th International Conference on Personal Relationships, Groningen, The Netherlands.
Keelan, J. P. R., Dion, K. K., & Dion, K. L. (1998). Attachment style and relationship satisfaction: Test of a self-disclosure explanation. *Canadian Journal of Behavioural Science/Revue canadienne des sciences du comportement*, 30(1), 24.
Klohnen, E. C., & Luo, S. (2003). Interpersonal attraction and personality: What is attractive-self similarity, ideal similarity, complementarity or attachment security? *Journal of Personality and Social Psychology*, 85(4), 709–722.
Kobak, R. R. (1999). The emotion dynamics of disruptions in attachment relationship: Implications for theory, research, and clinical intervention. In J. Cassidy & P. R. Shaver (Eds.), *Handbook of attachment: Theory, research, and clinical application* (pp. 21–43). New York: The Guilford Press.
Kobak, R. R., & Hazan, C. (1991). Attachment in marriage: effects of security and accuracy of working models. *Journal of Personality and Social Psychology*, 60(6), 861–869.
Kobak, R. R., & Sceery, A. (1988). Attachment in late adolescence: Working models, affect regulation, and representations of self and others. *Child Development*, 135–146.
Lam, T., & Whiffen, G. J. (2005). Exploration of distant retrograde orbits around Europa. *Advances in the Astronautical Sciences*, 120, 135–153.
Luke, M. A., Maio, G. R., & Carnelley, K. B. (2004). Attachment models of the self and others: Relations with self-esteem, humanity-esteem, and parental treatment. *Personal Relationships*, 11(3), 281–303.
Mikulincer, M. (1995). Attachment style and the mental representation of the self. *Journal of Personality and Social Psychology*, 69(6), 1203–1215.
Mikulincer, M. (1997). Adult attachment style and information processing: Individual differences in curiosity and cognitive closure. *Journal of Personality and Social Psychology*, 72(5), 1217–1230.
Mikulincer, M. (1998a). Adult attachment style and individual differences in functional versus dysfunctional experiences of anger. *Journal of Personality and Social Psychology*, 74(2), 513.
Mikulincer, M. (1998b). Attachment working models and the sense of trust: An exploration of interaction goals and affect regulation. *Journal of Personality and Social Psychology*, 74(5), 1209–1224.
Mikulincer, M., Florian, V., Birnbaum, G., & Malishkevich, S. (2002). The death-anxiety buffering function of close relationships: Exploring the effects of separation reminders on death-thought accessibility. *Journal of Personality and Social Psychology Bulletin*, 28, 287–299.
Mikulincer, M., Gillath, O., & Shaver, P. R. (2002). Activation of the attachment system in adulthood: Threat-related primes increase the accessibility of mental representations of attachment figures. *Journal of Personality and Social Psychology*, 83, 881–895.
Mikulincer, M., & Nachshon, O. (1991). Attachment styles and patterns of self-disclosure. *Journal of Personality and Social Psychology*, 61(2), 321–331.
Mikulincer, M., & Orbach, I. (1995). Attachment styles and repressive defensiveness: The accessibility and architecture of affective memories. *Journal of Personality and Social Psychology*, 68, 917–925.
Mikulincer, M., & Shaver, P. R. (2005). Attachment theory and emotions in close relationships: Exploring the attachment-related dynamics of emotional reactions to relational events. *Personal Relationships*, 12(2), 149–168.
Pielage, S. B. (2006). Adult attachment and psychosocial functioning. Unpublished doctoral dissertation, University of Groningen, The Netherlands.
Pietromonaco, P. R., & Barrett, L. F. (2000). The internal working models concept: What do we really know about the self in relation to others?. *Review of General Psychology*, 4(2), 155–175.
Piotrkowski, C. S., & Gornick, L. K. (1987). Effects of work-related separations on children and families. In J. Bloom-Feshbach & S. Feshbach (Eds.), *The Psychology of Separation and Loss* (pp. 267–299). San Francisco: Jossey-Bass.
Rholes, W. S., Simpson, J. A., & Grich-Stevens, J. (1998). Attachment orientations, social support, and conflict resolution in close relationships. In J. A. Simpson & W. S. Rholes (Eds.), *Attachment Theory and Close Relationships* (pp. 166–188). New York: Guilford.
Rothbaum, F., Weisz, J., Pott, M., Miyake, K., & Morelli, G. (2000). Attachment and culture: Security in the United States and Japan. *American Psychologist*, 55(10), 1093–1104.
Scharfe, E. (2007). Cause or consequence: Exploring causal links between attachment and depression. *Journal of Social and Clinical Psychology*, 26(9), 1048–1064.

Scharfe, E., & Cole, V. (2006). Stability and change of attachment representations during emerging adulthood: An examination of mediators and moderators of change. *Personal Relationships*, 13(3), 363–374.

Shaver, P. R., & Mikulincer, M. (2002). Attachment-related psychodynamics. *Attachment & Human Development*, 4(2), 133–161.

Shorey, H. S., & Snyder, C. R. (2006). The role of adult attachment styles in psychopathology and psychotherapy outcomes. *Review of General Psychology*, 10(1), 1–20.

Siefert, C. J. (2005). Activation of the attachment system in adults following exposure to an attachment related threat. A doctoral dissertation from Institute of Advanced Psychological Studies, Adelphi University.

Simpson, J. A. (1990). Influence of attachment styles on romantic relationships. *Journal of Personality and Social Psychology*, 59(5), 971–980.

Simpson, J. A., Rholes, W. S., & Nelligan, J. S. (1992). Support seeking and support giving within couples in an anxiety-provoking situation: The role of attachment styles. *Journal of Personality and Social Psychology*, 62(3), 434–446.

Simpson, J. A., Rholes, W. S., & Phillips, D. (1996). Conflict in close relationships: An attachment perspective. *Journal of Personality and Social Psychology*, 71(5), 899–914.

Sroufe, L. A., & Waters, E. (1977). Attachment as an organizational construct. *Child Development*, 48, 1184–1199.

Stansfeld, S., Head, J., Bartley, M., & Fonagy, P. (2008). Social position, early deprivation and the development of attachment. *Social Psychiatry and Psychiatric Epidemiology*, 43(7), 516–526.

Sümer, N., & Cozzarelli, C. (2004). The impact of adult attachment on partner and self-attributions and relationship quality. *Personal Relationships*, 11(3), 355–371.

Tasca, G. A., Balfour, L., Ritchie, K., & Bissada, H. (2007). The relationship between attachment scales and group therapy alliance growth differs by treatment type for women with binge-eating disorder. *Group Dynamics: Theory, Research, and Practice*, 11(1), 1–14.

Tolmacz, R., Goldzweig, G., & Guttman, R. (2004). Attachment styles and the ideal image of a mate. *European Psychologist*, 9(2), 87–95.

Van IJzendoorn, M. (1995). Adult attachment representations, parental responsiveness, and infant attachment: a meta-analysis on the predictive validity of the Adult Attachment Interview. *Psychological Bulletin*, 117(3), 387–403.

Vasquez, K., Durik, A. M., & Hyde, J. S. (2002). Family and work: Implications of adult attachment styles. *Personality and Social Psychology Bulletin*, 28(7), 874–886.

Vermigli, P., & Toni, A. (2004). Attachment and field dependence: Individual differences in information processing. *European Psychologist*, 9(1), 43–55.

Vormbrock, J. (1993). Attachment theory as applied to war-time and marital separation. *Psychological Bulletin*, 114, 122–144.

Waters, E., Merrick, S., Treboux, D., Crowell, J., & Albersheim, L. (2000). Attachment security in infancy and early adulthood: A twenty-year longitudinal study. *Child Development*, 71(3), 684–689.

Whisman, M. A., & Allan, L. E. (1996). Attachment and social cognition theories of romantic relationships: Convergent or complementary perspectives? *Journal of Social and Personal Relationships*, 13(2), 263–278.

Zhang, F., & Hazan, C. (2002). Working models of attachment and person perception processes. *Personal Relationships*, 9(2), 225–235.

Zhang, H., Chan, D. K., & Teng, F. (2011). Transfer of attachment functions and adjustment among young adults in China. *The Journal of Social Psychology*, 151(3), 257–273.

Zuckerman, M. (1984). Experience and desire: A new format for sensation seeking scales. *Journal of Behavioral Assessment*, 6(2), 101–114.

8 死亡意识

8.1 死亡提醒效应 / 356
　　8.1.1 死亡提醒效应的概念和测量 / 357
　　8.1.2 死亡提醒效应的心理机制 / 358
　　8.1.3 死亡提醒效应的影响因素 / 359
　　8.1.4 死亡提醒效应在多领域中的证据 / 362
　　8.1.5 小结 / 364
8.2 临终关怀 / 366
　　8.2.1 临终关怀的界定 / 367
　　8.2.2 临终关怀的要素 / 368
　　8.2.3 临终护理模式:家庭与医院 / 369
　　8.2.4 临终病人的意义感问题 / 369
　　8.2.5 讨论 / 372

讨论了青年期的自我发展和成年期的依恋关系之后,我们将关注点转向步入老年期不可回避的一个话题——死亡。死亡是人类成长、发展和自我探索过程中的永恒的主题。孔子有言,"未知生,焉知死"(《论语·先进》),反映了中国人几千年以来的现实主义情怀。庄子则言,"且彼有骇形而无损心,有旦宅而无情死"(《庄子·大宗师》),又模糊了生死之界限,体现了"方生方死,方死方生"和"死生一矣"的化有形于无形的浪漫主义精神。而佛家又是一套完全不同的学说,主张整个人生就是"生、老、病、死"四苦,要达到"西方净土"世界,就要戒定慧,清心,寡欲,多布施。西方对待死亡的传统从源头上就有差别,苏格拉底之死体现的不是中国那种"舍生取义"的精神,而是"舍生取真理"的精神。这种精神一直伴随着西方哲学,直到存在主义大师海德格尔(Heidegger,1927/1999)明确指出:"死不是一个事件,而是一种须从生存论上加以领会的现象,这种现象的意义与众不同,还有待进一步予以界说。"

"死亡",自人类自我意识觉醒以来,一直是人们心中最神秘的事件,作为最本己的、不可超越的、不可被他人替代的、发生在将来的事实,当下不可体验,体验之后即意味着个体生命的终结,更无法对生者述说死亡的面貌。尽管许多研究表明濒死经验对个体的人格转变和成长有着巨大的作用,能够长久地、戏剧性地改变经验者的态度、信仰、价值观,并且常常还会导致深刻的精神成长(郭永玉,2003),但是,在某种程度上,濒死经验是个体意识的主观建构,不能仅根据濒死经验而从根本上阐明死亡本身。虽然个体在活着的时候不能亲临死亡,但是他人的死亡却能触人心弦(Heidegger,1927/1999)。其实,不仅是他人的死亡,他物的死亡和衰败以及一些特定的场景也能够引发人们对这个主题的沉思,比如水面上飘零的失去了色泽的花瓣,郊外发臭的鸟的尸体,旷野中传来的火车的鸣笛,等等。

对死亡这一生理现象的感知和领悟转化为**死亡意识**(death awareness),即个体对自己将来在某一个未知时刻必定离开人世的觉知,以及由此认识所引发的情绪情感体验和相应的人生意义问题。这种意识一旦形成,就会制约着个体的生存状况。简单地说,人们对死亡的意识基于对死亡的生理认知,个体的死亡虽然发生在将来,但是由这一事件所引发的死亡意识却发生在当下。对于不同的个体来说,这种意识的强度是不同的:有的人体验到较强的死亡意识,认为生命有限,整日忙忙碌碌;有的人则没有那么强的时间感,过得悠闲自在。而面对同样的死亡境遇,不同的人体验的内容也不一样:有的人体验更多的是死亡焦虑和恐惧,有的人抱着"今朝有酒今朝醉"的态度,而有的人则立志要奋发向上、有所作为,立功、立言、立德,唯恐"白了少年头,空悲切"。

随着生命历程的进行,死亡越来越明晰地逼视个体,死亡意识也就越发地现实。死亡进程不仅意味着更多的新皱纹的出现、记忆机能的下降和关节疼痛的加深,它还无情地使人意识到死亡的不断逼近。对于老年人而言,频繁的医疗问题、伴侣的离去和认知能力的退化只不过是生命已到尽头的少量提示(Maxfield等,2007)。这些提示让人们进一步意识到死亡的不可回避,从而不得不直面这一事件,意识到死亡的必然性对人类的判断和行为有着巨大的影响(Greenberg,Solomen,和Pyszczynski,1997)。

8.1 死亡提醒效应[①]

富兰克林有句名言:"这个世界上没有什么事情是确定无疑的,除了死亡和纳

[①] 本节基于如下工作:(1)傅晋斌,郭永玉.(2011).死亡提醒效应的心理机制及影响因素.心理科学,34(2),461—464.(2)傅晋斌,郭永玉.(2011).死亡提醒效应:概念、测量及来自多领域的证据.心理学探新,31(2),113—117.中国人民大学复印报刊资料《心理学》月刊2011年第10期(第35—40页)全文转载.撰稿人:傅晋斌。

税。"(Burden, 2003)实际上,死亡比纳税确定得多。虽然传统儒家思想并不重视死亡,但谁又能否认死亡对于人类生活有着重要影响? 文化人类学家贝克尔(Becker, 1973/2000)在其普利策获奖作品《拒斥死亡》(*The Denial of Death*)中指出:"死亡是人寻求幸福这一核心要求中深藏的蛀虫。"这样的言论听起来匪夷所思,可是在心理学领域却有理论与之一脉相承,这就是**恐惧管理理论**(terror management theory)。恐惧管理理论认为,人类与其他动物一样,都有一种求生怕死的本能,但人类是唯一能意识到自己时刻面临着死亡威胁并且"必死无疑"的物种,这一宿命昭示着可怕的无意义和彻底的虚无,因此在潜意识层面,死亡极端令人恐惧(Solomon, Greenberg, 和 Pyszczynski, 2004)。为了"管理"死亡恐惧,人类在漫长的进化中发展出了世界观与自尊这两种焦虑缓冲方式,而世界观和自尊是由文化建构的,它们依赖于人的信仰与维持,所以许多社会行为都指向对世界观和自尊的维护(Harmon-Jones 等, 1997)。**死亡提醒效应**(mortality salience effects)是恐惧管理理论的重要组成部分,它整合了理论中涉及的死亡、世界观、自尊等要素,并与现实生活息息相关。

8.1.1 死亡提醒效应的概念和测量

死亡提醒效应的概念

死亡提醒(mortality salience)是恐惧管理理论中的一个术语,意指对人们"必死性"的提醒和揭示。恐惧管理理论的研究者认为,在经历死亡提醒后,人们会更强烈地捍卫自己的世界观(Rosenblatt, Greenberg, Solomon, Pyszczynski, 和 Lyon, 1989)。在最早的一项实证研究中,罗森布拉特等人(Rosenblatt 等, 1989)让被试评定该给一位举报谋杀犯的妇女多少奖金,结果死亡提醒组给出的奖金额度显著高于控制组。同时在死亡提醒后,法官被试对于涉嫌卖淫的妇女提出的保释金数额显著高于控制组。这种现象被称为"**世界观防御**"(worldview defense),即死亡提醒后,人们对于与其世界观相符的行为持更加积极的态度,而更消极严厉地对待那些与其世界观相左的行为(Arndt, Greenberg, Solomon, Pyszczynski, 和 Simon, 1997),这也是死亡提醒效应在早期的主要含义。后来有研究发现,以驾驶能力为自尊来源的被试,在经过死亡提醒后会倾向于发生更多的危险驾驶行为(Taubman-Ben-Ari, Florian, 和 Mikulincer, 1999)。恐惧管理理论的研究者归纳提出,死亡提醒也可以引发人们对自尊的寻求(self-esteem striving),即死亡提醒会促使人们更努力地去迎合某些价值标准,这些价值标准的实现与自尊密切相关(Pyszczynski, Greenberg, Solomon, Arndt, 和 Schimel, 2004)。

鉴于此,有理由认为,由死亡提醒而引起的世界观防御或自尊寻求,可以统称为死亡提醒效应。死亡提醒效应在多个国家及不同文化背景中均得到了证实

(Pyszczynski, Greenberg, Solomon, 和 Maxfield, 2006；Tam, Chiu, 和 Lau, 2007），表明其具有跨文化的一致性。

死亡提醒效应的测量

考虑到人们通常忌讳死亡，所以在经典的死亡提醒操作中，研究者先让被试完成一些人格测验题，以隐瞒真实的实验目的。在测验题后面，会附带两个与死亡相关的开放式问题，事先说明这是一个最新的人格投射测验，以消除被试的疑虑(Rosenblatt 等，1989)。实际上这两个问题就是进行死亡提醒："请想象你自己的死亡，并简要描述你此时的情感体验。""你认为当你死去时，你的躯体会发生什么变化？请快速并详尽地写出。"而控制组被试需要回答类似的问题，不过主题是中性的(如观看电视)，或其他与死亡无关但能引发焦虑的话题(如在公众面前演讲)。接下来，让被试填写情绪量表，并完成填字游戏等分心任务以进行短暂延迟，最后测量被试在世界观防御或自尊寻求上的反应(Greenberg, Pyszczynski, Solomon, Simon, 和 Breus, 1994)。有研究者指出，死亡提醒还可以通过其他途径实现，包括使用死亡焦虑量表(Rosenblatt 等，1989)、阈下启动(Arndt, Greenberg, Pyszczynski, 和 Solomon, 1997)等。

8.1.2 死亡提醒效应的心理机制

从死亡提醒后的延迟到出现世界观防御或自尊寻求，其中的心理机制是什么？格林伯格等人(Greenberg 等，2003)认为，死亡提醒效应是由潜在的死亡焦虑(the potential for death-related anxiety)所引发的。这种潜在的焦虑也是恐惧管理理论中"恐惧"一词的真正含义，它与真实体验到的焦虑是不同的。真实体验到的焦虑会导致明显的负性情绪和生理唤醒，有研究者探讨了这些因素引发死亡提醒效应的可能性。最早的研究表明，虽然死亡提醒引发了世界观防御，但不论是在情绪自评量表上的得分，还是在皮电等生理指标上的水平，死亡提醒组和控制组均无显著差异(Rosenblatt 等，1989)。另外有研究发现，对学生进行考试提醒引发了他们的负性情绪，但不会引发世界观防御，而死亡提醒组则正好相反(Greenberg 等，1995)。这些结果共同证明，死亡提醒并未引发真实体验的焦虑。而格林伯格等人(Greenberg 等，2003)让所有被试服用安慰剂，其中一部分被试被告知此安慰剂可以"防止焦虑"，而其他被试则被告知此安慰剂可以"增强记忆"，接着随机进行死亡提醒或疼痛提醒，短暂延迟后测量被试的世界观防御情况。结果发现，在服用"增强记忆"安慰剂的被试中，存在着死亡提醒效应，但在服用"防止焦虑"安慰剂的被试中，死亡提醒效应却没有出现。这一结果表明，死亡提醒效应确实由潜在的焦虑所引发。当这种潜在的焦虑被安慰剂阻隔时，死亡提醒效应也就消失了。

但是，潜在的死亡焦虑既不能为人的意识所觉察，甚至也不能反映在生理指标中,这就产生了一个问题:如何测量这种潜在的死亡焦虑？有研究者提出,在意识之外的**死亡想法通达性**(death-thought accessibility)可以作为潜在焦虑水平的指标(Greenberg 等, 2003; Greenberg, Solomon, 和 Arndt, 2008)。对死亡想法通达性的测量借鉴了词干补笔测验的方式,研究者给被试20个缺少两个字母的英文单词词干,让他们根据脑海中浮现出的第一个词依次进行补齐。其中6个词干可以既填上中性词,又可以填上与死亡相关的词——比如词干"coff_ _",既可以填为中性词汇"coffee"(咖啡),又可以填为与死亡相关的词汇"coffin"(棺材)。根据被试所填充词中与死亡相关词汇的多少,就可以判断其死亡想法通达性的高低(Greenberg 等, 1994)。有研究证明,死亡想法通达性的增加与世界观防御总是相伴出现。在经典的死亡提醒操作下,只有在经历短暂延迟后,被试才出现了死亡想法通达性的增加,这与世界观防御的出现模式是完全一致的(Greenberg 等, 1994)。而在高认知负荷的条件下,却出现了相反的情形。有一项研究要求被试一直记住一个11位的数字,同时进行死亡提醒,发现在剥夺被试进行压抑所需的认知资源的情况下,死亡想法通达性立即增加,而世界观防御也立即出现(Arndt 等, 1997)。

那么,死亡想法通达性的增加是否是导致世界观防御的原因？如果在死亡提醒操作后,先测量被试的死亡想法通达性,然后测量其世界观防御情况,就有可能存在着干扰作用。恐惧管理理论认为,当死亡相关想法还存在于意识中时,只会引起压抑、否认、理性化等**近端防御**(proximal defenses);当死亡相关想法从意识层面消退,但充斥于潜意识中时,才会引发世界观防御或自尊寻求等**远端防御**(distal defenses)(Pyszczynski, Greenberg, 和 Solomon, 1999)。死亡想法通达性测量中的敏感字词有可能使死亡相关想法进入意识,从而削弱世界观防御(Arndt 等, 1997)。而如果将测量顺序颠倒,却可以进行间接证明,即如果是死亡想法通达性的增加导致世界观防御,那么在世界观防御后,死亡想法通达性会降低。有研究者发现,在死亡提醒后,有机会进行世界观防御的被试,他们的死亡想法通达性显著低于没有这种机会的被试,而与没有进行死亡提醒时的水平相当(Arndt 等, 1997),这说明世界观防御确实起到了降低死亡想法通达性的作用。依据同样的原理,哈蒙－琼斯等人(Harmon-Jones 等, 1997)证实,当死亡想法通达性增加时人们也会进行自尊寻求。

8.1.3　死亡提醒效应的影响因素

个体差异

年龄　随着年龄的增长,老年人越来越无法否认死亡在逼近的现实(McCoy, Pyszczynski, Solomon, 和 Greenberg, 2000)。从恐惧管理的角度,老年人可能面临的状况——如身体状态的每况愈下与亲朋好友的离去——都是明显的死亡提醒。而与此同时，社会的发展、观念的革新使他们的世界观不断遭受着冲击，多种社会角色的淡出和地位的丧失也让他们看起来越来越难以达到某些价值标准。这种失衡是否会导致老年人的死亡提醒效应特别强烈？他们是否会更保守，更固执，更严厉，更充满偏见？马克斯菲尔德等人（Maxfield 等，2007）对此进行了实证探索。研究者分别对老年和青年被试进行死亡提醒，然后使用李克特 7 点量表测量被试对于某些违背道德的行为进行惩罚的严厉程度。结果显示，青年被试表现出了典型的世界观防御，对于不符合其世界观的举动，他们的态度更加严厉；而老年被试则没有这种倾向，即使是进行阈下死亡提醒也是如此。有趣的是，在未进行死亡提醒的控制组中，老年被试的严厉程度毫不逊色于青年被试，而一旦进行死亡提醒，这种模式就发生了颠倒。研究者对此的解释是，死亡提醒可能会促使老年人采取更宽广的视野去看待事物，变得易于谅解和宽容。实际上，麦科伊等人（McCoy 等，2000）也认为，宽容地扩大群体认同、拓展自己的世界观，或许是老年人应对死亡提醒时更合适的策略。

宗教信仰 作为人类精神的重要寄托，宗教信仰对死亡提醒效应的影响成为近期研究者探讨的热点。有研究者发现，无宗教信仰的被试在死亡提醒后出现了典型的世界观防御，而有宗教信仰的被试并没有出现死亡提醒效应（Norenzayan, Dar-Nimrod, Hansen, 和 Proulx, 2009）。但是，相反的结论也是存在的。一项研究表明，在死亡提醒后，高原教旨主义的美国被试会更加支持美国军方以极端严厉的军事行动来捍卫国家权利（Rothschild, Abdollahi, 和 Pyszczynski, 2009）。如何理解这种结论的不一致？乔纳斯和菲舍尔（Jonas 和 Fischer, 2006）的研究具有启发意义。他们把人们的宗教信仰分为外在宗教取向和内在宗教取向。外在宗教取向看重宗教的实用性，而内在宗教取向不注重外在结果，是发自内心的对于宗教的信仰。实验表明，内在宗教取向的被试在死亡提醒后的死亡想法通达性水平较低，而且未进行世界观防御，而外在宗教取向的被试则出现了典型的死亡提醒效应。研究者认为，影响死亡提醒效应的不是宗教本身，而是不同的宗教取向。内在宗教取向可以抵御死亡焦虑，而外在宗教取向则无法起到此作用。如果将宗教信仰的取向区分开来，或许可以解释各种看似矛盾的研究结论。

结构需求 面对变化多端的环境，每个人都会寻求一定的结构来赋予其意义。但不同人愿意为此付出的时间和认知努力是不同的，这取决于一种叫作**结构需求**（personal need for structure, PNS）的特质倾向。高 PNS 的人无法忍受不确定感，他们需要从情境中寻找到结构、秩序和明确性（Thompson, Naccarato, Parker, 和 Moskowitz, 2001）。那么 PNS 对于死亡提醒效应是否有影响？有研究者对此进行了一系列研究。他们先给被试一篇关于无辜的枪击受害者的新闻报道，然后要求被试对一些描述受害者的条目进行评价，结果发现高 PNS 的被试在死亡提醒后会更倾向于给予受害者以低评价,这种"贬损受害者"的做法有利于维护其关于公正世界的世界观。此外,高 PNS 的被试在死亡提醒后会更偏爱那些含有因果关系意味的故事。而低 PNS 者在两个实验中均出现了相反的模式,从而证实了 PNS 在死亡提醒效应中具有调节作用(Landau 等,2004)。这一结果也得到了其他研究的佐证(Landau, Greenberg, Solomon, Pyszczynski, 和 Martens, 2006)。

依恋类型　　在对影响死亡提醒效应的因素的探讨中,不少研究者也将注意力放在了与亲密关系相关的变量上。米库林泽和弗洛里安(Mikulincer 和 Florian, 2000)的研究发现,不同依恋类型的被试在死亡提醒后的表现有所不同(见表 8.1),这与其各自的特点是相符的:安全型被试拥有着强大的内在力量。他们在面临死亡提醒时,不需要通过遵从外在价值标准来进行防御。但是,这并不表明他们面对死亡提醒时可以无动于衷。延迟前后死亡想法通达性的升高说明他们也对死亡相关想法进行着压抑,潜在的死亡恐惧依然存在。而对亲密的寻求,预示着他们拥有不同于非安全型被试的应对模式。回避型被试不信赖他人,不会寻求亲密关系的庇护,只会以世界观防御等外在力量来避免死亡焦虑,而这种世界观防御本身也避免了与他人的联系。因此,回避型被试表现出最典型的死亡提醒效应。焦虑—矛盾型被试无法信任自己,需要通过外在的肯定来证明自己的价值。在可能被人抛弃的亲密关系与相对稳定的世界观间,毫无疑问他们会选择世界观防御。不过他们似乎在抑制死亡恐惧方面做得不是很成功,不论是否进行了世界观防御或是进行了延迟,他们的死亡想法通达性均处于较高的水平。此后,依恋类型的调节作用也得到了其他研究者的进一步证实(Taubman-Ben-Ari, Findler, 和 Mikulincer, 2002)。

表8.1　不同依恋类型的被试在死亡提醒后的表现

	安全型	回避型	焦虑—矛盾型
世界观防御	无	有	有
延迟前后的死亡想法通达性	由低变高	由低变高	一直处于高水平
捍卫世界观前后的死亡想法通达性	无明显变化	显著降低	无明显变化
寻求亲密	有	无	无

来源:Mikulincer 和 Florian, 2000.

情境启动

除了个体差异以外,情境启动也是影响死亡提醒效应的重要因素。由于世界观包含多方面的内容,因此不同的情境启动有可能引发不同的世界观防御。比如,在通常情况下,女性的死亡提醒效应体现为亲密关系的通达性增加,而让被试回想与国家有关的话题后,她们在死亡提醒后的爱国主义通达性增加(Arndt,Greenberg,和Cook,2002)。另一项针对美国女性的研究发现,在对群体认同的内容进行启动后再进行死亡提醒,被试会更倾向于做出与多数人一致的选择,但在询问被试自身的爱好与选择后进行死亡提醒,被试会更倾向于显示自己的独特性。研究者认为,美国女性的世界观中,既存在着融入大众的需求,亦有对独特性的渴望。死亡提醒激发出哪种选择,取决于她们当时参照的情境(Walsh和Smith,2007)。这一解释也得到了其他研究者的支持(Jonas等,2008)。

此外,某些情境启动甚至可以抵消死亡提醒引起的世界观防御。早期就有研究者发现,在提示宽容的重要性后进行死亡提醒,美国被试对于反美的文章并没有表现出负面评价(Greenberg,Simon,Pyszczynski,Solomon,和Chatel,1992)。最新的一项研究也显示,对于高原教旨主义的美国被试,提示圣经中主张同情的语句,会使他们在死亡提醒后对美国军方严厉军事行动的支持率下降(Rothschild等,2009)。

但是,有一种特殊的情境启动,不仅不会抵消死亡提醒效应,反而可能激发出新的防御行为,这就是对人类身上动物性(creatureliness)一面的提示。最早的一项相关研究发现,对于人的动物性异常敏感的高神经质被试,在死亡提醒后对性经历中涉及生理的内容评价降低(Goldenberg,Pyszczynski,McCoy,Greenberg,和Solomon,1999)。而让被试阅读一篇关于人与动物相似之处的文章后再进行死亡提醒,则不论神经质水平的高低,被试均降低了对其的评价(Goldenberg,Cox,Pyszczynski,Greenberg,和Solomon,2002)。戈登堡和阿恩特(Goldenberg和Arndt,2008)还指出,死亡提醒操作中如果提及人类的动物性,会引发人们对于身体相关的健康行为的回避。有研究表明,阻碍女性被试进行乳腺自检的一个非理性因素,就是对其动物性的提示,这会引发她们不自觉的防御,导致她们在死亡提醒后参与乳腺自检的意愿降低(Goldenberg,Arndt,Hart,和Routledge,2008)。

8.1.4 死亡提醒效应在多领域中的证据

由于世界观防御和自尊寻求渗透于人类生活的方方面面,因此在恐惧管理理论的研究者提出死亡提醒效应后,大量以此为主题的研究就应运而生,涉及健康、消费、司法、政治以及和平等领域。这些研究不仅进一步证实了死亡提醒效应,而且对于人们的现实生活富有启示作用。

健康领域

在对死亡提醒效应的研究中,研究者发现众多防御行为均与健康有关。戈登堡和阿恩特(Goldenberg和Arndt,2008)提出了恐惧管理的健康模型(terror management health model),试图从恐惧管理理论的角度来解释与健康相关的行为。根据该模型,如果某项与健康相关的行为增强(减弱)了自尊,那么在死亡提醒后,人们会更多(少)地从事该行为。一项研究发现,低自尊的老年被试在死亡提醒后,更愿意参加那些利于健康的活动,而高自尊的老年被试则没有出现此倾向。研究者推测高自尊的老年人在生活的更多领域获得了足够的意义感和满足感,而低自尊的老年人只能通过寿命的延长而获得些许自尊,因此他们对于促进健康的行为反应不同(Taubman-Ben-Ari 和 Findler,2005)。另一项研究显示,因为外在原因而抽烟的被试,在经历死亡提醒并观看了一段宣传抽烟损害个人自尊的短片后,更倾向于戒烟(Arndt 等,2009)。

消费领域

死亡提醒可以导致人们对世界观的遵从,而消费主义是当今社会流行的世界观之一,死亡提醒效应是否会影响消费行为? 研究者进行了一系列探索,发现:(1)死亡提醒会导致人们更多地追求名牌消费品。曼德尔和海因(Mandel 和 Heine,1999)的研究显示,在死亡提醒后,被试对雷克萨斯汽车、劳力士手表等高档消费品产生了更为浓厚的兴趣,他们对其广告的评价更高,也表现出了更为强烈的购买欲望。另一项研究也证实,死亡提醒会导致被试更倾向于名牌消费和冲动消费(Choi,Kwon,和 Lee,2007)。(2)死亡提醒会引发人们对本国产品的推崇。在死亡提醒后,德国被试对于大众、奥迪等本国汽车品牌表现出了更为强烈的偏好,同时也更加喜爱本国的饭菜(Jonas,Fritsche,和 Greenberg,2005)。弗里斯和霍夫曼(Friese 和 Hofmann,2008)也发现,死亡提醒后,被试对本国食品的评价更高,实际消费量也更大。(3)死亡提醒对消费的影响还与自尊寻求有关。一项研究发现,高身体自尊的女性被试在死亡提醒后,更少选择容易令身体发胖的巧克力(Ferraro,Shiv,和 Bettman,2005)。另外,以饮酒为自尊来源的被试在接受了针对酗酒的死亡恐惧诉求(fear appeals)后,对酒的消费量反而呈上升趋势(Jessop 和 Wade,2008)。

司法领域

司法领域中常常会涉及死亡,因此死亡提醒效应有可能对司法公正产生影响。具体而言,在死亡提醒后,如果被告威胁到了审判人员的世界观,那么对于被告的审判会更加严厉;而如果受害者威胁到了审判人员的世界观,那么他们会倾向于对被告从轻处罚(Arndt,Lieberman,Cook,和 Solomon,2005)。最早关于恐惧管理理论的实证研究就以法官为被试,发现在死亡提醒后,他们对于涉嫌卖淫的妇女提出的保释金数额显著高于控制组(Rosenblatt 等,1989)。另一项研究模拟了这样一个案件:被告殴打了一名参与同性恋集会的男子,同时在殴打过程中对该男子进行辱骂,内容涉及反对同性恋的主题。然后要求异性恋取向的被试写下保释被告的合适金额。结果表明，在死亡提醒后，被试提出的保释金金额明显低于控制组（Lieberman，Arndt，Personius，和Cook，2001）。

政治领域

政治领域作为人们世界观的重要体现，近年来也受到了研究者的关注。有数个研究以2004年美国总统选举为大背景，发现人们对于总统候选人布什和克里的选择也体现了死亡提醒效应，这与9·11事件的影响是分不开的。从恐惧管理理论的角度，9·11事件对于美国人而言是一个强烈的死亡提醒，而在第一时间宣布要捍卫国家尊严并采取强硬反恐政策的布什，无疑是与多数美国人的世界观相吻合的。因此可以预见，死亡提醒后美国人会更加支持布什。研究结果也证实了这一点：在控制组中，被试对另一位总统候选人克里的支持率是高于布什的；但在死亡提醒组，被试对布什的支持率却明显上升。研究者据此推测，布什在2004年总统选举中的获胜，也得益于美国人潜在的死亡焦虑（Cohen，Ogilvie，Solomon，Greenberg，和Pyszczynski，2005；Landau，Solomon等，2004）。

和平领域

在全球化浪潮中，不同文明间的冲突是威胁和平的重要因素。在恐惧管理理论看来，不同的文明意味着不同的世界观，当涉及死亡提醒时，人们对各自世界观的捍卫有可能会造成严重的后果（Salzman，2003），这一观点得到了实证支持。一项研究表明，死亡提醒会使伊朗学生更加支持针对美国人的自杀式袭击，甚至表达出更强的参与意愿。同时，在政治立场上持保守态度的美国学生在死亡提醒后，会更加支持美国军队强硬的军事行动（Pyszczynski等，2006）。那么死亡提醒效应对于和平进程是否只会产生消极影响？有研究者提出了不同意见（Niesta，Fritsche，和Jonas，2008）。他们指出，死亡提醒效应可能导致对外群体的偏见、刻板印象、种族主义、攻击等不利于和平进程的结果，但也可以启动世界观中亲社会的成分，如友爱、无私、宽容等。换言之，对于和平来说，死亡提醒效应犹如一把双刃剑。死亡提醒使人们更加遵从世界观，但不同文化中对行为的价值判断有可能是不同乃至完全相反的，如何让死亡提醒引导人们往相同方向前行？有研究表明，死亡提醒是与标准提醒共同影响社会判断的，所谓标准提醒是指人们当前所注意到的行动标准，它不一定与原有的世界观相符合（Jonas等，2008）。尼斯塔等人（Niesta等，2008）建议，利用宽容、仁爱以及和平主义的标准提醒，有可能使死亡提醒效应对和平进程产生积极影响。

8.1.5 小结

海德格尔（Heidegger，1927/1999）认为，人是向死而生的。死亡并非一个遥远的结果，而是在人活着的每一刻都存在着并产生影响。作为一个本身结合了哲学思想的心理学理论,恐惧管理理论,尤其是其中的死亡提醒效应,与海德格尔的著名论断不谋而合。自从1986年恐惧管理理论诞生以来,与死亡提醒效应相关的研究就层出不穷。研究者围绕着死亡提醒效应及其心理机制、影响因素展开了大量研究,并在不同领域均得到了许多富有启发性的结论。然而,目前的研究也还存在着诸多争议之处,有待于研究者进一步探讨。

首先,恐惧管理理论认为引发世界观防御和自尊寻求的最终原因是死亡,强调死亡在世界观防御以及自尊寻求中的独特作用。围绕死亡提醒效应展开的大量研究有力地证明了死亡不同于疼痛、不确定感、社会排斥等一般意义上的厌恶刺激(Pyszczynski 等, 2006)。但是,这并不意味着只有死亡才能造成防御反应。事实上,确实有许多看起来与死亡无直接关联的刺激,比如对宗教信仰的威胁,甚至与保险公司品牌的接触,也会引起死亡想法通达性升高、世界观防御等类似死亡提醒效应的结果(Fransen, Fennis, Pruyn, 和 Das, 2008; Friedman 和 Rholes, 2007)。它们为何也会引发潜在的死亡焦虑和世界观防御?它们是否属于恐惧管理理论可解释的范围?如果是,它们是否也算一种死亡提醒?它们与那些不引发防御反应的厌恶刺激的实质区别又是什么?它们背后的认知过程是怎样的?这一系列问题,都有待于深入探索。

其次,作为颇令人困惑的"恐惧"一词的真正含义,潜在的死亡焦虑在恐惧管理理论中占据着核心地位。但是这一概念具有浓厚的哲学思辨色彩,在实证研究上存在着困难,因此对潜在焦虑的直接研究极其有限。虽然研究者提出了可量化的死亡想法通达性作为测量潜在焦虑水平的指标,但是并未说明原因。而且,还未有研究对死亡想法通达性在死亡提醒效应中的中介作用进行直接检验。此外,鉴于死亡在恐惧管理理论中的重要性,死亡想法通达性在死亡提醒效应的发生中也应具有重要的指示作用。然而最近的一项研究显示,当提示死亡是由自我决定的时候,被试的死亡想法通达性会增加,但并未出现世界观防御(Fritsche, Jonas, 和 Fankhänel, 2008),这项研究结果很难为恐惧管理理论所解释。总之,恐惧管理理论所强调的潜在死亡焦虑,在实证研究中依然面临着挑战,需要更进一步的阐释与证实。

再次,不论对于世界观防御来说,还是对于以符合世界观的要求为标准的自尊寻求而言,世界观均是重要的基础性概念。虽然研究者为世界观下过定义,但世界观到底包含哪些方面的内容,其中是否存在着优先和不同的权重,恐惧管理理论的研究者却很少进行探讨,这可能造成一系列问题。有研究者指出,世界观可以是个性化的(McCoy 等, 2000)。阿恩特等人(Arndt 等, 2002)的研究也表明,男女在世界观的建构上是不同的,男性更看重爱国主义,而女性对亲密关系更敏感。但许多研究中对世界观防御的测量都偏重于爱国主义,当涉及较多女性或是不看重爱国主义的被试时,就有可能造成结论的偏差。另外,有研究者主张,亲密关系是独立于世界观和自尊的恐惧管理机制(Mikulincer, Florian, 和 Hirschberger, 2003)。恐惧管理理论的支持者虽然承认亲密关系的重要作用,但却试图把它纳入到世界观的范畴中(Greenberg等, 2008)。这种争议就是由于未细化世界观的概念而造成的。从现有研究成果来看,恐惧管理理论并不能完全排除存在着其他恐惧管理机制的可能性。如果没有明确界定世界观的范围,宽泛的定义有可能"包罗万象",导致许多类似的争议,这不利于死亡提醒效应研究的发展。

最后,国内对于死亡提醒效应的研究还十分匮乏。在本土化过程中,国内研究者除了完成对研究工具的修订、进行一般的跨文化比较以外,还需要关注死亡提醒效应研究的新趋势并重视本土文化中的生死观。比如,死亡提醒效应更强调人们对于死亡恐惧的防御反应,但是否存在超越这种恐惧的可能?近年来,研究者初步予以了肯定。他们发现,直面死亡可以使人产生类似创伤后成长的效应,更加注重自己的内在目标(Lykins, Segeratrom, Averill, Evans, 和 Kemeny, 2007)。而此研究结果,不止与不忌死亡,主张回归本真的道家思想有着异曲同工之处吗?对于现今的死亡提醒效应研究,古老的生死智慧依然有着独特的启迪作用。国内的研究者可以积极借鉴,以探寻死亡提醒效应研究可能的新方向。

8.2 临终关怀[①]

上一节中我们探讨的死亡提醒效应更大程度上是关乎那些离死亡还有一定距离的个体,但真的到了直面死亡的时刻,人已经不仅恐惧死亡,而且更加无能为力,甚至连自己的基本需求也不能自理,因此更需要的是**临终关怀**(hospice care)。临终关怀最早出现于中世纪的欧洲,来源于拉丁文"hospes",有招待和款待的意思,意为"人们之间的相互关照"。而"hospice"是朝圣者中途休息的地方,也是教会为无人照料者设立的收容所,为人们提供便利和庇护,这种庇护所为向往天堂和有精神追求的人提供驿站,它从一开始就带有宗教和救赎的色彩。现代临终关怀的建立以桑德丝博士(Dr. Dame Cicely Saunders)于1967年7月在英国伦敦东南方的希登汉(Symdenham)创设的圣克里斯多弗临终关怀院(St. Christopher's hospice)为标志,这家临终关怀院对世界临终关怀运动产生了重大的影响。在当代,临终关怀是指为生存时间有限(6个月或更少)的患者提供护理,以减轻他们的生理痛苦和心理恐惧,其

---

① 本节基于如下工作改写而成:刘超,郭永玉. (2010). 死亡意识:意义感在临终关怀中的作用. 心理研究, 3(1), 9—15. 中国人民大学复印报刊资料《心理学》月刊 2010 年第 7 期全文转载. 撰稿人:刘超。

目的不是治疗疾病或延长生命,也不是加速死亡,而是改善病人余寿的质量,使病人的生命得到尊重,症状得到控制,生命质量得到提高,家属的身心健康得到维护和增强。

8.2.1 临终关怀的界定

临终关怀是一个新兴的交叉学科,处理的不仅是复杂的医患关系,还包括心理卫生等一系列微妙的问题。简言之,身体—心理—精神和医生—病人—家属等各方面各层次的问题都在病房这一特定情境中体现出来。鉴于临终关怀的复杂性,研究者对其界定也有不同的侧重点。

世界卫生组织专家委员会于1990年对临终关怀作了一个简短的界定:为身患绝症病人及家属提供积极的、全方位的治疗(Shan, 1992)。国内的界定则比较具体,其中,李义庭等从病人和家属的角度来界定临终关怀:临终关怀的本质是对无望救治病人的临终照护,它不以延长临终病人生存时间为目的,而是以提高病人临终质量为宗旨;对病人采取生活照顾、心理疏导、姑息治疗(一种保守的治疗方法,主要用于临终病人),着重于控制病人的疼痛,缓解病人痛苦,消除病人及家属对死亡的焦虑和恐惧,使临终病人活得尊严,死时安宁,还应为家属提供居丧期在内的心理、生理关怀,咨询及其他服务(李义庭,李伟,刘芳,2000, pp. 5 - 6)。孟宪武则从社会学的角度对其加以定义:临终关怀是一种特殊的卫生保健服务,指由多学科、多方面的从业人员组成的临终关怀团队,为当前医疗条件下尚无治愈希望的临终病人及家属提供全面的舒缓疗护,以使临终病人缓解极端的病痛,维护病人的尊严,得以舒适安宁地度过人生的最后旅程(孟宪武,2002, pp. 8 - 9)。而美国肿瘤护理论坛(Oncology Nursing Forum, 2007)则认为,临终关怀包括在生理、认知、情绪、社会和精神等层面满足病人的需要,与此同时,促进病人自主性的建立,使得病人对自己的病情有所了解,并做出选择,这一定义体现了明显的心理学色彩。

尽管临终关怀的界定有很多,但这些定义都具有共同的焦点:临终关怀要求护理人员为患者及家庭提供"全面的"关怀,不仅包括一般意义上的生理和心理方面的关怀,还包括超越层面的精神关怀(Davis, Brenner, Orloffs, 和 Worden, 2002)。另外,从定义中不难看出,临终关怀是一个系统工程,仅仅由家庭和医院两方面的力量难以胜任。以往的研究聚焦于个体的内部经验以及转化的过程和阶段,忽视了医护人员、病人、家庭和其他成员之间的互动关系(Lutey 和 Maynard, 1998)。如果我们把死亡看作一个存在互相作用和沟通的社会过程,那么就会有更多的机构和人员以不同的目的参与这一过程:学生为了增长经验,志愿者为了实现自己助人的理想,学者为了更好地了解死亡过程,等等。不管行为的动机出自何处,这些积极的参与都会带给病人这样的感受,即他们并没有为社会所遗忘。

8.2.2 临终关怀的要素

亨特(Hunt)认为"好的死亡"(good death)包括以下要素:对生理症状的控制,对癌症诊断的接纳,保持继续生活的希望和意志,具有躯体移动的能力,能够享受生活,在家中平静地死去(陈娟,2004)。美国老年学会于1996年制定了临终关怀的八大要素(Hunt, 1992)。该学会主要从临终病人及家庭的角度来考察临终关怀的组成成分,包括减轻肉体痛苦,让病人表达自己的愿望,避免不适当的、有创伤性的治疗,给病人和家属提供充分的相聚时间,尽力使病人感到舒适,尽量减少家属的医疗经济负担,告诉病人所花的医疗费用,以及在病人过世时给病人家庭做悲伤抚慰工作。我们也可以从社会动力学的角度及个人需要的角度来分析临终关怀的要素。

第一,关系成分。临终关怀重在护理,而不是治疗,所以关系在其中起到重要的作用。护理是一个充满人际张力的动态的过程,必须把它放在诸多关系的框架下才能实现其效用,这些关系成员包括临终病人、病人的家庭网络、专业护理人员、志愿者以及非正式护理者等(Charles 等, 2006)。其中最主要的关系存在于病人、家属和医生及护理人员之间。家庭的陪伴和与周围人之间建立的良好关系对临终病人有着十分重大的意义,能够为病人提供安全感,满足其归属需要,并帮助其维持同一感(sense of continuity)(Tang, 2000)。

第二,生理疼痛的控制。病人面临的最直接的痛苦来自身体的不适,身体的病痛在病人那里是第一位的。在一项质化研究中(Lloyd-Williams, Kennedy, Sixmith, 和 Sixmith, 2007),一位受访者说:"我想我们都不能永恒地生活下去,我很确信我不害怕死去,然而我却畏惧死亡的方式。"

第三,意义感的获得。当个体面临生命即将结束时,他将淡泊于世俗生活中的名利,转而投向自我内部,追问生存的意义和价值。尽管意义对于不同的个体来说具有不同的含义和内容,但是,一个共同的特征是对生命历程的积极评价将使个体生发出意义感,而消极的评价则导致无意义感。一项元分析的研究结果表明精神性在个体的尾期生活中具有基本的重要性,并认为护理工作人员应致力于帮助临终病人建立意义感,即促使病人领悟到自己的体验是有价值的(Williams, 2006)。

虽然研究者没有特别问受访者心目中"好的死亡"是什么样的,但从他们的表达中似乎可以得出这样的结论:"好的死亡"意味着生理上对他人的最小限度的依赖,尽量避免身体功能失调的困境,少给他人带去负担和麻烦,以及在家中接受死亡的亲临(Tang, 2000)。也就是说,个体只有保持了自己的独立性,完成了与亲人团聚和交流的愿望,感到不枉此生,这才称得上是一个充满尊严的死亡方式。

8.2.3 临终护理模式：家庭与医院

自从伊丽莎白·库布勒-罗斯(Elisabeth Kubler-Ross)的《死亡及其过程》(*On Death and Dying*)一书问世以来，关于死亡的研究层出不穷，涉及的主题包括死亡教育、濒死经验和临终关怀等方面。具体到临终关怀领域的研究还不是特别丰富，其中采用的方法一般是质化研究法和相关法。一项研究调查了307位接受家庭护理模式的病人和67位接受住院护理模式的病人，结果发现，前者除了"身体舒适度"这个项目和"社会支持连续性"这个分量表上的得分低于后者，在其他分量表得分和总得分上显著高于后者(Yao等，2007)。这些分量表有12个：症状控制、病人和家庭满意感、尊严尊重(respect for dignity)、决策参与、焦虑减轻、抑郁控制、语言支持、非语言支持、社会支持连续性、个人经验的认可、临终愿望的满足、哀悼支持。史蒂文森等人(Stevenson等，2007)研究了时间和场所之间的关系，结果发现，相对于家庭护理而言，虽然医院护理人员更有可能提供不同种类的服务，大部分病人在医院待不到一个星期，就希望能够在家中接受护理。另有研究表明，虽然绝大多数新西兰人在医院死亡，但是病人临终前的护理工作基本是由亲人提供的(Visser等，2004)。戈特等人(Gott等，2004)经研究认为在医疗机构中并不能达到善终的目的。很多人希望自己能够在家中寿终正寝(Lloyd-Williams, Kennedy, Sixmith, 和Sixmith, 2007)，正如一位受访者所说："老实告诉你，我希望永远待在家中，直到死亡的降临。"

从根本上讲，关于死亡地点与临终关怀质量之间的研究是一个有关病人角色的扮演和其意义世界是否得以表达的问题。在医院，死亡变成了一个与医疗环境相关的事件，因而常常对死亡经验加以孤立和非人性化(Garles, 2003)，即在医院情境中，个体是被作为"患者"的角色来感知的，个体的品质、情感及意志由于床位序号、疾病名称和角色的扮演隐而不现。如果有社区和志愿者的帮助，家人又懂得一定的护理知识，那么病人在家中接受护理的感觉就完全不同了。在家中，他还可以执行自己作为家庭成员的功能，即使是生病了，在儿子眼中还是父亲，在孙子眼中还是祖父。家庭环境的熟悉程度和便利可以给病人带来心理上的安全感(Garles, 2003)，同时，这种熟悉容易使病人体验并回味往事，重新经历其间的情感，在追忆的过程中，人生的意义感油然而生。

8.2.4 临终病人的意义感问题

意义感的文化差异和个体差异

地缘、历史事件和劳作方式影响文化的形态和特征。不同的文化携带不同的内涵，这也在意义的层面上表现出来。意义感在某种程度上是有关精神性(spirituality)和宗教感的问题，在这一点上，中国文化和其他文化有很大的区别。

构成中国文化传统的儒释道三家,一直是儒家占据主流地位,强调超脱的释家和向往无为的道家一直处于边缘的位置,而基督教文明和伊斯兰文明却一直分别支配着西方国家和伊斯兰民族的文化形态。这在话语表达上也有所体现:其一,汉语中,老百姓之死称作"死",而帝王将相之死则称为"崩"、"驾崩"、"薨",这种区别体现了现实社会生活中的等级制度。然而,在英语世界中没有这种区别,一般用"transition"和"pass"来表达"death"。人们一般说"the person died",取而代之,说"the person transitioned"意味着他或她去了另一个世界,暗示这个人并没有离开我们,只是改变了形态而已(Barrett & Heller, 2002)。其二,中国古语有云:"落叶归根",死亡有如秋叶飘向树根,自然而然,人们无法忍受客死他乡的悲愤和孤独。而圣经也有言:"从尘土中来,到尘土中去。"不妨把这句言说理解为一个隐喻,人之生就是一个起点,人之死就是一个终点,起点与终点重合才能实现人生意义的完满。不难看出,前者的意义系于家庭和邻里,带有很强的现实性,而后者的意义则不局限于家庭关系,带有更强的超越性。

儒家一直以来强调"孝",子女一定要孝敬父母。从积极的方面考虑,这不失为一种美德,在维系社会和家庭的稳定性方面起到了很大的作用;从消极的方面考虑,则包括以下几个方面:(1)"孝"带有强烈的政治伦理功能,"孝"、"仁"、"义"是儒家学说中的核心概念,所以,"孝"已经属于公共政治话语空间的领域,远离了私人性,同时也取消了意义体现的独特性;(2)"孝"是中国传统文化构建的权利义务关系,是由统治阶层、社会和家庭对个人的强制性规定,子女必须行孝,否则就会遭到社会舆论的谴责,所谓"父母在,不远游,游必有方",在某种程度上,这些规定限制了个体的自由;(3)"孝"本身又带有功利色彩,古文中一直有"举孝廉"的说法,行孝才有可能顺利走上仕途,从这种世俗的功利成分可以推测出下辈人对上辈人的行为不一定是出于一种真诚的爱。而一项对美国黑人的研究发现,美国黑人就有一种强烈的使命感去陪伴那些即将过世的家人、邻居和朋友,这是他们的历史传统(Barrett 和 Heller, 2002),在某种意义上,这种陪伴是超功利的。有研究表明内心虔诚的宗教感有助于减轻死亡恐惧,而带有社会目的的宗教行为(去教堂,一般形式上的祈祷)则不能降低死亡恐惧(Wink 和 Scott, 2005)。护理人员应该对病人特殊的宗教信仰和文化背景有所了解并保持一定的敏感性(Holloway, 2006),而且能够及时地觉察病人特殊的精神需要。

意义感在宏观水平的文化取向上存在差异,同时,对于同一文化的不同个体而言,也存在差异。由于每个人的经验以及看待经验的视角和方式有不同,导致意义世界的展现也各具特色。临终关怀面对的是活生生的个体,其意义的内容和表达方式带有个人的色彩,有的人更关心内部自我,而有的人更关心家庭成员,所以,有必要重视意义感的个体差异。

临终病人如何获得意义感

对临终病人的护理需要依靠多方面的力量促成其意义感的获得。临终病人已经丧失了许多社会角色，对于人这种社会动物来说，失去社会性无疑是一种危机和挑战。许多病人认为自己丧失了在同伴和朋友心目中的地位(Millspaugh, 2005)。与此同时，由于疾病的进程和化疗等操作导致面容憔悴和头发脱落，这些外部特征严重损害了个体的身体意象(body image)。在宾利等人(Bingley等, 2006)的研究中，一位女性受访者写道："以前我只知道自己生病了，而我现在是看起来病了。"米尔斯波(Millspaugh, 2005)认为，临终病人的痛苦来自以下几个方面：死亡意识、关系丧失、自我丧失、目的丧失以及控制能力丧失。面对多方面的丧失，如何才能使他们重建意义感呢？

在与临终病人交流的过程中，倾听和理解是最重要的成分。库布勒－罗斯(Wright, 2003)曾经说过："如果你实在想……体验即将丧失生命的感受，静静地坐在他们身边，听听他们在说什么。"给病人提供一个言说的舞台，让他能够在言说的过程中，体验往事和与之伴随的情感，表达那些未完成的心愿，重新确立自己对家庭和社会的价值。在护理学中，系统性的协调是必要条件，给个体提供安全而富于支持气氛的环境同样重要，旁人的倾听和自身的陈述会使得他去发现自己内心的声音，并重新获得个人感(sense of personhood)(Bayona, 2007)。随着网络世界的兴起，更多的人希望与他人交流面对死亡、与死亡抗争并最终与死亡同在这一过程中的感受(Bingley等, 2006)。劳埃德-威廉姆斯等人(Lloyd-Williams等, 2007)对263位80岁以上的老人做了一项质化研究，结果表明倾听病人的观点和经验是很有必要的。另外，一项相关研究评估了病人人口学特征和身体疼痛之间的联系，发现随着病人对痛苦报告次数的增多，疼痛的强度有下降的趋势(Strassels, Blough, Venstra., Hazlet, 和Sullivan, 2008)。也就是说，增加与病人互动的次数和质量，有助于病人心境的改善和疼痛阈限的提高。

要实现临终病人的意义生成，需要注意以下几点：其一，在倾听的过程中，努力捕捉与病人有直接关系的重要因素，如他的价值观、人生观、重要他人以及临终要求等方面的信息。其二，要根据病人自身的个性特征和擅长的表达方式来交流，有的个体不是特别爱说话，一味地要求他用语言描述内心的感受则可能适得其反，不如与他一同静听或吟唱一首老歌，或者看一场对他影响特别深远的电影、话剧或戏曲，这种交流能体现病人的独特性，更容易被其所接受。其三，努力创设机会让病人和亲人温馨相聚，鼓励病人表达自己对亲人的留恋、愧疚之情以及对家庭成员的期望等。

8.2.5 讨论

死亡、死亡意识和与死亡相关的临终关怀问题,每个人都不可回避,直面这些重大的主题,对个人规划自己的人生大有帮助。然而,人们对这些问题的认识,在以下方面还需要厘清。

第一,生者之生与死者之死的界限过于明显。一般认为,生与死之间有着不可跨越的鸿沟,从物质的层面来加以考察是不成问题的,而从意义和精神的层面来看却未必如此。本人的死亡对于本人的生存状态会产生巨大的影响,但本人一经死亡,其生存即告结束,这一死亡对死者而言毫无意义,然而,它对生者即他人的生存状态有很大的意义(张三夕,2007)。任何个人的死亡只是在肉体上解除了与生者的关系,并不意味着在精神领域也解除了这种关系。在某种意义上,可以说临终关怀一方面处理的是死者更好地死,另一方面处理的是生者更好地生,这二者之间是相互关联的。拉蒙纳(Ramona)对黑人死亡经验的研究表明,由于该文化对死亡前后的整个过程都很重视,他们把死亡看作是生命的一部分,死者的家庭成员报告了更多来自他人的情绪和精神上的支持(Rhodes,Teno,和Connor,2007)。

第二,家庭护理与住院疗养的二元对峙。在国外,护士行业正变得越来越趋于在心理—社会的整体框架下思考临终关怀(Shubba,2008)。尽管国外的研究表明在家中接受临终关怀的效果比较好,但是这种模式有其自身的局限性:非正式的护理人员在很多情况下是不可得的,而且这种模式会给家庭和配偶带来巨大的挑战和负担(Visser等,2004);有研究表明,在家接受护理有很大的限制,只有少数的病人得到了合乎标准的临终服务(Lu,2008)。另一方面,住院模式也存在问题:对护士进行的分析表明,护士面对临终关怀时,在人际沟通、与人协作及应对死亡方面的知识和技能均存在不足(Denham,Meyer,Rathbun,Toborg,和Thornton,2006);一项质化研究表明,当医生面对濒临死亡的个体时,那种无助感非常糟糕(Cynthia,Williams,Wilson,和Olsen,2005),而这种负疚是不必要的;虽然人格因素不一定能保证良好的护理,但是人格特质和对待死亡的态度的确会影响护理过程的有效性(Willer,Chibnall,Videen,和Duckro,2005)。由于医生和护士本身有繁重的工作,与医学理论及实践不同的心理学知识和技能又会对他们产生巨大的挑战,同时,伴随着现代家庭结构的骤变和生存的压力,在这种背景下,人们希望用一种生理—心理—社会的模式来化解照顾病人与工作和生活之间的困境。由维勒等人(Willer等,2005)主持的研究表明,采用LTI-SAGE (Supportive-Affective Group Experience for Persons with Life-Threatening Illness)的综合干预模式,降低了病人的抑郁症状和无意义感,并提高了病人的精神愉悦。

第三,有送死无抚生,即有对死者临走前的医疗与陪伴,而没有对生者的悲伤抚慰。对至亲而言,死亡带来的悲痛在一段时间内会影响他们的生活状态和质量,更严重的会导致人格的巨大改变。悲伤抚慰工作具有重要的社会意义和广阔的增值空间(彭红卫,2007),对这类工作也应予以关注。

第四,儿童临终关怀的缺位。儿童临终关怀在我国几乎处于空白,没有得到应有的重视,到目前为止,还没有一家专门为儿童设立的专业临终关怀的机构(王玉梅,2007),这一现象值得重视。另外,由于儿童自身的认知和情感等方面不同于成人,而儿童临终具有最强烈的悲剧性,所以有必要进一步探讨儿童临终关怀。

现代医疗体系由预防、治疗和临终关怀三大部分构成,临终关怀作为最后环节并没有得到应有的重视,心理学作为临终关怀的核心学科地位也没有得以确立,我们需要期待并致力于这一局面的转变。

参考文献

陈娟.(2004).癌症病人的临终关怀护理.中华国际护理杂志,3,929—930.
郭永玉.(2003).濒死经验及相关的心理治疗问题.华中师范大学学报(人文社科版),42,122—126.
李义庭,李伟,刘芳.(2000).临终关怀学.北京:中国科学技术出版社.
孟宪武.(2002).临终关怀.上海:上海文化出版社.
彭红卫.(2007).悲伤抚慰的增值空间:在"死而上学"与"死而下学"之间.江西师范大学报(人文社科版),40,31—37.
王玉梅.(2007).儿童患者临终关怀的研究进展.中国当代儿科杂志,9,179—182.
张三夕.(2007).论死亡作用于生存状态的机制.伦理学,2,112—117.
Becker.(林和生译).(1973/2000).拒斥死亡.北京:华夏出版社.
Heidegger.(陈嘉映,王庆节译).(1927/1999).存在与时间.北京:三联书店.
Arndt, J., Cox, C. R., Goldenberg, J. L., Vess, M., Routledge, C., Cooper, D. P., & Cohen, F. (2009). Blowing in the (social) wind: implications of extrinsic esteem contingencies for terror management and health. *Journal of Personality and Social Psychology*, 96(6), 1191–1205.
Arndt, J., Greenberg, J., & Cook, A. (2002). Mortality salience and the spreading activation of worldview-relevant constructs: Exploring the cognitive architecture of terror management. *Journal of Experimental Psychology: General*, 131, 307–324.
Arndt, J., Greenberg, J., Pyszczynski, T., & Solomon, S. (1997). Subliminal exposure to death-related stimuli increases defense of the cultural worldview. *Psychological Science*, 8, 379–385.
Arndt, J., Greenberg, J., Solomon, S., Pyszczynski, T., & Simon, L. (1997). Suppression, accessibility of death-related thoughts, and cultural worldview defense: Exploring the psychodynamics of terror management. *Journal of Personality and Social Psychology*, 73, 5–18.
Arndt, J., Lieberman, J. D., Cook, A., & Solomon, S. (2005). Terror management in the courtroom: Exploring the effects of mortality salience on legal decision making. *Psychology, Public Policy, and Law*, 11, 407–438.
Barrett, R. K., & Heller, K. S. (2002). Death and dying in the black experience. *Journal of Palliative Medicine*, 5, 793–799.
Bayona, J. (2007). Finding hope in tragedy and chaos: A commentary on "I finally got real parents, and now they're going die". *Families, Systems, and Health*, 25, 234–235.
Bingley, A. F., McDermottet, C., Thomas, C., Payne, S., Seymour, J. E., et al. (2006). Making sense of dying: A review of narratives written since 1950 by people facing death from cancer and other diseases. *Palliative Medicine*, 20, 187–195.
Burden, B. C. (2003). *Uncertainty in American politics*. Cambridge, UK: Cambridge University Press.
Charles, A., Donna, M., Goldman, C., Jupp, P., Papadatou, D., et al. (2006). Caregivers in death, dying and bereavement situations. *Death Studies*, 30, 649–663.
Choi, J., Kwon, K. N., & Lee, M. (2007). Understanding materialistic consumption: A terror management perspective. *Journal of Research for Consumers*, 13, 1–4.
Cohen, F., Ogilvie, D. M., Solomon, S., Greenberg, J., & Pyszczynski, T. (2005). American roulette: The effect of reminders of death on support for George W. Bush in the 2004 presidential election. *Analyses of Social Issues and Public Policy*, 5, 177–187.
Cynthia, M., Williams, Wilson, C. C., & Olsen, C. H. (2005). Dying, death, and medical education: Student voices.

Journal of Palliative, 8, 372-381.
Davis, B., Brenner, P., Orloffs, S. L., & Worden, W. (2002). Addressing spirituality in pediatric hospice and palliative. *Journal of Palliative Care*, 18, 59-67.
Denham, S. A., Meyer, M. G., Rathbun, A., Toborg, M. A., & Thornton, L. (2006). Knowledge of rural nurses' ideas about end-of-life care. *Journal of Family Community Health*, 29, 229-241.
Ferraro, R., Shiv, B., & Bettman, J. R. (2005). Let us eat and drink, for tomorrow we shall die: Effects of mortality salience and self-esteem on self-regulation in consumer choice. *Journal of Consumer Research*, 32, 65-75.
Fransen, M. L., Fennis, B. M., Pruyn, A. T. H., & Das, E. (2008). Rest in peace? Brand-induced mortality salience and consumer behavior. *Journal of Business Research*, 61, 1053-1061.
Friedman, M., & Rholes, W. S. (2007). Successfully challenging fundamentalist beliefs results in increased death awareness. *Journal of Experimental Social Psychology*, 43, 794-801.
Friese, M., & Hofmann, W. (2008). What would you have as a last supper? Thoughts about death influence evaluation and consumption of food products. *Journal of Experimental Social Psychology*, 44, 1388-1394.
Fritsche, I., Jonas, E., & Fankhänel, T. (2008). The role of control motivation in mortality salience effects on ingroup support and defense. *Journal of Personality and Social Psychology*, 95, 524-541.
Garles, F. K. (2003). Buddhism, hospice, and the American way of dying. *Review of Religious Research*, 44, 341-354.
Goldenberg, J. L., & Arndt, J. (2008). The implications of death for health: A terror management model of behavioral health promotion. *Psychological Review*, 115, 1032-1053.
Goldenberg, J. L., Arndt, J., Hart, J., & Routledge, C. (2008). Uncovering an existential barrier to breast self-exam behavior. *Journal of Experimental Social Psychology*, 44, 260-274.
Goldenberg, J. L., Cox, C., Pyszczynski, T., Greenberg, J., & Solomon, S. (2002). Understanding human ambivalence about sex: The effects of stripping sex of meaning. *The Journal of Sex Research*, 39, 310-320.
Goldenberg, J. L., Pyszczynski, T., McCoy, S. K., Greenberg, J., & Solomon, S. (1999). Death, sex, love, and neuroticism: Why is sex such a problem? *Journal of Personality and Social Psychology*, 77, 1173-1187.
Gott, M., Saymour, J., Bellamy, G., Glark, D., & Ahmedzai, S. (2004). Older people's views about home as a place of care at the end of life. *Palliative Medicine*, 18, 460-467.
Greenberg, J., Martens, A., Jonas, E., Eisenstadt, D., Pyszczynski, T., & Solomon, S. (2003). Psychological defense in anticipation of anxiety: Eliminating the potential for anxiety eliminates the effect of mortality salience on worldview defense. *Psychological Science*, 14, 516-519.
Greenberg, J., Pyszczynski, T., Solomon, S., Simon, L., & Breus, M. (1994). Role of consciousness and accessibility of death-related thoughts in mortality salience effects. *Journal of Personality and Social Psychology*, 67, 627-637.
Greenberg, J., Simon, L., Harmon-Jones, E., Solomon, S., Pyszczynski, T., & Lyon, D. (1995). Testing alternative explanations for mortality salience effects: Terror management, value accessibility, or worrisome thoughts? *European Journal of Social Psychology*, 25, 417-433.
Greenberg, J., Simon, L., Pyszczynski, T., Solomon, S., & Chatel, D. (1992). Terror management and tolerance: Does mortality salience always intensify negative reactions to others who threaten one's worldview? *Journal of Personality and Social Psychology*, 63, 212-220.
Greenberg, J., Solomon, S., & Arndt, J. (2008). A basic but uniquely human motivation: Terror management. In J. Y. Shah & W. L. Gardner (Eds.), *Handbook of motivation science* (pp. 114-134). New York: Guilford Press.
Greenberg, J., Solomon, S., & Pyszczynski, T. (1997). Terror management theory of self-esteem and cultural worldviews: Empirical assessments and conceptual refinements. *Advances in Experimental Social Psychology*, 29, 61-139.
Harmon-Jones, E., Simon, L., Greenberg, J., Pyszczynski, T., Solomon, S., & McGregor, H. (1997). Terror management theory and self-esteem: Evidence that increased self-esteem reduces mortality salience effects. *Journal of Personality and Social Psychology*, 72, 24-36.
Holloway, M. (2006). Death the great leveler? Towards a transcultural spirituality of dying and bereavement. *Journal of Clinical Nursing*, 15, 833-839.
Hunt, M. (1992). 'Script' for dying at home — displayed in nurses', patients' and relatives' talk. *Journal of Advanced Nursing*, 17, 1297-1302.
Jessop, D. C., & Wade, J. (2008). Fear appeals and binge drinking: A terror management theory perspective. *British Journal of Health Psychology*, 13, 773-788.
Jonas, E., & Fischer, P. (2006). Terror management and religion: Evidence that intrinsic religiousness mitigates worldview defense following mortality salience. *Journal of Personality and Social Psychology*, 91, 553-567.
Jonas, E., Fritsche, I., & Greenberg, J. (2005). Currencies as cultural symbols — an existential psychological perspective on reactions of Germans toward the Euro. *Journal of Economic Psychology*, 26, 129-146.
Jonas, E., Martens, A., Kayser, D. N., Fritsche, I., Sullivan, D., & Greenberg, J. (2008). Focus theory of normative conduct and terror-management theory: The interactive impact of mortality salience and norm salience on social judgment. *Journal of Personality and Social Psychology*, 95, 1239-1251.
Landau, M. J., Greenberg, J., Solomon, S., Pyszczynski, T., & Martens, A. (2006). Windows into nothingness: Terror management, meaninglessness, and negative reactions to modern art. *Journal of Personality and Social*

Psychology, *90*, 879–892.

Landau, M.J., Johns, M., Greenberg, J., Pyszczynski, T., Martens, A., Goldenberg, J.L., & Solomon, S. (2004). A function of form: Terror management and structuring the social world. *Journal of Personality and Social Psychology*, *87*(2), 190–210.

Landau, M.J., Solomon, S., Greenberg, J., Cohen, F., Pyszczynski, T., Arndt, J., ... & Cook, A. (2004). Deliver us from evil: The effects of mortality salience and reminders of 9/11 on support for President George W. Bush. *Personality and Social Psychology Bulletin*, *30*(9), 1136–1150.

Lieberman, J.D., Arndt, J., Personius, J., & Cook, A. (2001). Vicarious annihilation: The effect of mortality salience on perceptions of hate crimes. *Law and Human Behavior*, *25*, 547–566.

Lloyd-Williams, M., Kennedy, V., Sixmith, A., & Sixmith, J. (2007). The end of life: A qualitative study of the perception of people over the age of 80 on issues surrounding death and dying. *Journal of Pain Symptom Management*, *34*, 60–66.

Lu, C.Y. (2008). The use of four care directive and hospice care in eldly nursing home residents at admission. *The Sciences and Engineering*, *68*, 5140.

Lutey, K., & Maynard, D.W. (1998). Bad news in oncology: How physician and patient talk about death and dying without using those words. *Social Psychology Quarterly*, *61*, 321–341.

Lykins, E.L.B., Segeratrom, S.C., Averill, A.J., Evans, D.R., & Kemeny, M.E. (2007). Goal shifts following reminders of mortality: Reconciling posttraumatic growth and terror management theory. *Personality and Social Psychology Bulletin*, *33*, 1088–1099.

Mandel, N., & Heine, S.J. (1999). Terror management and marketing: He who dies with the most toys wins. In E.J. Arnold & L.M. Scott (Eds.), *Advances in consumer research* (Vol. 26, pp. 527–532). Provo, UT: Association for Consumer Research.

Maxfield, M., Pyszczynski, T., Kluck, B., Cox, C.R., Greenberg, J., Solomon, S., & Weise, D. (2007). Age-related differences in responses to thoughts of one's own death: Mortality salience and judgments of moral transgressions. *Psychology and Aging*, *22*(2), 341–353.

McCoy, S.K., Pyszczynski, T., Solomon, S., & Greenberg, J. (2000). Transcending the self: A terror management perspective on successful aging. In A. Tomer (Ed.), *Death attitudes and the older adult* (pp. 37–63). Philadelphia: Brunner-Routledge.

Mikulincer, M., & Florian, V. (2000). Exploring individual differences in reactions to mortality salience: Does attachment style regulate terror management mechanisms? *Journal of Personality and Social Psychology*, *79*, 260–273.

Mikulincer, M., Florian, V., & Hirschberger, G. (2003). The existential function of close relationships: Introducing death into the science of love. *Personality and Social Psychology Review*, *7*, 20–40.

Millspaugh, C.D. (2005). Assessment and response to spiritual pain: Part II. *Journal of Palliative Medicine*, *8*, 1110–1117.

Niesta, D., Fritsche, I., & Jonas, E. (2008). Mortality salience and its effects on peace processes: A review. *Social Psychology*, *39*, 48–58.

Norenzayan, A., Dar-Nimrod, I., Hansen, I.G., & Proulx, T. (2009). Mortality salience and religion: Divergent effects on the defense of cultural worldviews for the religious and the non-religious. *European Journal of Social Psychology*, *39*, 101–113.

Oncology Nursing Forum (2007). Oncology nursing society and association of oncology social work joint position on palliative and end-of-life care, *34*, 1097–1098.

Pyszczynski, T., Abdooahi, A., Solomon, S., Greenberg, J., Cohen, F., & Weise, D. (2006). Mortality salience, martyrdom, and military might: The great satan versus the axis of evil. *Personality and Social Psychology Bulletin*, *32*, 525–537.

Pyszczynski, T., Greenberg, J., & Solomon, S. (1999). A dual-process model of defense against conscious and unconscious death-related thoughts: An extension of terror management theory. *Psychological Review*, *106*, 835–845.

Pyszczynski, T., Greenberg, J., Solomon, S., Arndt, J., & Schimel, J. (2004). Why do people need self-esteem? A theoretical and empirical review. *Psychological Bulletin*, *130*, 435–468.

Pyszczynski, T., Greenberg, J., Solomon, S., & Maxfield, M. (2006). On the unique psychological import of the human awareness of mortality: Theme and variations. *Psychological Inquiry*, *17*, 328–356.

Rhodes, R.L., Teno, J.M., & Connor, S.R. (2007). African American bereaved family members' perceptions of the quality of hospice care: Lessened disparities, but opportunities to improve remain. *Journal of Pain and Management*, *34*, 472–479.

Rosenblatt. A., Greenberg, J., Solomon, S., Pyszczynski, T, & Lyon, D. (1989). Evidence for terror management theory I: The effects of mortality salience on reactions to those who violate or uphold cultural values. *Journal of Personality and Social Psychology*, *57*, 681–690.

Rothschild, Z.K., Abdollahi, A., & Pyszczynski, T. (2009). Does peace have a prayer? The effect of mortality salience, compassionate values, and religious fundamentalism on hostility toward ourgroups. *Journal of Experimental*

Social Psychology, *45*, 816-827.

Salzman, M. (2003). Existential anxiety, religious fundamentalism, the "clash of civilizations", and terror management theory. *Cross Cultural Psychology Bulletin*, *37*, 10-16.

Shan, M. K. (1992). Hospice care for patients with terminal cancer. *Hongkong Medicine Association*, *44*, 253.

Shubba, R. (2008). Psychological issues in end-of-life care. *Journal of Psychological Nursing*, *45*, 25-29.

Solomon, S., Greenberg, J., & Pyszczynski, T. (2004). The cultural animal: Twenty years of terror management theory and research. In J. Greenberg, S. L. Koole, & T. Pyszczynski (Eds.), *Handbook of experimental existential psychology* (pp. 13-34). New York: Guilford Press.

Stevenson, D. G., Huskamp, H. A., Grabowski, D. C., & Keating, N. L. (2007). Differences in hospice care between home and institutional settings. *Journal of Palliative*, *10*, 1040-1047.

Strassels, S. A., Blough, D. K., Venstra, D. L., Hazlet, T., & Sullivan, S. D. (2008). Clinical and demographic characteristics help explain variations in pain at the end of life. *Journal of Pain and Symptom Management*, *35*, 10-19.

Tam, K. P., Chiu, C. Y., & Lau, I. Y. M. (2007). Terror management among Chinese: Worldview defence and intergroup bias in resource allocation. *Asian Journal of Social Psychology*, *10*, 93-102.

Tang, S. T. (2000). Meaning of dying at home for Chinese patients in Taiwan with terminal cancer: A literature review. *Cancer Nursing*, *23*, 367-370.

Taubman-Ben-Ari, O., & Findler, L. (2005). Proximal and distal effects of mortality salience on willingness to engage in health promoting behavior along the life span. *Psychology and Health*, *20*, 303-318.

Taubman-Ben-Ari, O., Findler, L., & Mikulincer, M. (2002). The effects of mortality salience on relationship strivings and beliefs: The moderating role of attachment style. *British Journal of Social Psychology*, *41*, 419-441.

Taubman-Ben-Ari, O., Florian, V., & Mikulincer, M. (1999). The impact of mortality salience on reckless driving: A test of terror management mechanisms. *Journal of Personality and Social Psychology*, *76*, 35-45.

Thompson, M. M., Naccarato, M. E., Parker, K. C. H., & Moskowitz, G. B. (2001). The personal need for structure and personal fear of invalidity measures: Historical perspectives, current applications, and future directions. In G. B. Moskowitz (Ed.), *Cognitive social psychology: The Princeton Symposium on the legacy and future of social cognition* (pp. 19-39). Mahwah, NJ: Erlbaum.

Visser, G., Klinkenberg, M., Groennou, M. B., Willems, D. L., Knipscheer, C. P., et al. (2004). The end of life: Informal care for dying people and its relationship to the place of death. *Palliative Medicine*, *18*, 468-477.

Walsh, P. E., & Smith, J. L. (2007). Opposing standards within the cultural worldview: Terror management and American women's desire for uniqueness versus inclusiveness. *Psychology of Women Quarterly*, *31*, 103-113.

Willer, D. K., Chibnall, J. T., Videen, S. D., & Duckro, P. N. (2005). Supportive-affective group experience for persons with life-threatening-illness: reducing spiritual, psychological and death-related distress in dying patients. *Journal of Palliative Medicine*, *8*, 333-343.

Williams, A. L. (2006). Perspectives on spirituality and end of life: A meta-summary. *Palliative and Supportive Care*, *4*, 407-417.

Wink, P., & Scott, J. (2005). Does religious buffer against the fear of death and dying in late adulthood? Finding from a longitudinal study. *Journal of Gerontogy*, *60*, 207-214.

Wright, K. (2003). Relationship with death: The terminally ill talk about dying. *Journal of Marital and Family Therapy*, *29*, 439-453.

Yao, C. A., Hu, W. Y., Lai, Y. F., Cheng, S. Y., Chen, C. Y., et al. (2007). Does dying at home influence the good death of terminal cancer patients? *Journal of Pain and Management*, *34*, 497-504.

9 人生叙事与心理传记

9.1 人格的叙事研究 / 378
　9.1.1 汤姆金斯的剧本理论 / 379
　9.1.2 麦克亚当斯的同一性人生故事模型 / 382
　9.1.3 待解决的问题 / 386
9.2 心理传记研究 / 387
　9.2.1 心理传记学的性质 / 387
　9.2.2 心理传记研究的发展简史 / 388
　9.2.3 心理传记研究的基本特征 / 390
　9.2.4 心理传记研究与人格心理学 / 392
　9.2.5 对不同创造领域人格的心理传记研究 / 395
　9.2.6 人格的心理传记研究的未来 / 397

在"人格发展"这一编中,我们已经分别从自我、依恋和死亡三个角度入手,关注了青少年期、成年期和老年期各自的一大重要主题。结合前面的内容,我们也可以用人格特质来对某人的个性加以静态地勾勒,用人格动力来对其在社会生活中的适应性特征进行动态地描述。但在很多人格心理学家的眼中,这还没有真正完整地揭示一个活生生的生命体。因为除了特质和动力,许多人寻求他们自身生活的整合性结构,期待能给他们自己一种融合的、合理的意义。他们会发出今天我是谁,我与过去的我和将来可能成为的我又有什么样的相似和不同之处,是什么联系着我记忆中的过去、感知到的现在以及期望的将来等问题。也有一些人格心理学家试图从这种角度出发去完整地解析一个人,可能是平凡的人,也可能是伟人。这些关于个人生命历程的丰富性、完整性和独特性的问题——麦克亚当斯(McAdams, 1985)将其称为同一性的问题——是人格特质研究和人格动力研究不能完全解答的。而代表了当前心理学研究中的人文学取向的两支重要力量——**叙事心理学**(narrative psychology)和**心理传记学**(psychobiography),则恰恰致力于从这一视角去深度理解和揭示个体的生命历程。在本章我们将分别介绍这两种人格研究的思路。

9.1 人格的叙事研究[①]

自从奥尔波特(Allport,1937)将人格心理学界定为对个体人的科学研究以来,人格心理学家一直将整体的人作为研究对象;他们既关心人的共同性(human nature),也关心个体差异(individual differences)(Hogan, Harkness, 和 Lubinski, 2000)。而在对人性的分析过程中,先后出现过三种不同的研究范式。首先是人格特质的研究范式,它对应的是人格的"所有"(having),回答人格"是"什么的问题。之后兴起的是动机研究范式,它对应的是人格的"所为"(doing),回答人格"做"什么的问题(Cantor, 1990)。此外,麦克亚当斯(McAdams,1996a,1996b)认为,20世纪90年代之后,人格心理学领域出现了第三种研究范式,即叙事研究。该研究范式从人生故事的角度对人格进行研究,试图回答人格是如何形成的,对应着人格的"所成"(becoming),即人格的发展过程问题,并试图整合这三种范式。那么什么是叙事?叙事又怎样地联系着个体的人格呢?

在许多民间传说、神话、史诗、历史、舞剧、电影,甚至在晚间新闻中,都有我们称之为"故事"的这种形式的表达。故事出现在所有已知的人类文化之中(Mink, 1978; Sarbin, 1986)。这种故事将自然、生活中许多不同种类的信息加以集合、组织,通过讲述,向别人展现自己以及自己的世界(Coles, 1989; Howard, 1989; Linde, 1993; Vitz, 1990)。事实上,大部分人与人之间的日常对话的形式就是讲故事。

人都会讲故事,而这种叙事的传统也有着悠久的历史。在远古时期,经过一天紧张的狩猎之后,祖先就有着围在一起总结这一天的习惯。福斯特(Forster,1954)写道:"从原始人头骨的形状可以知道他们是听故事的。原始的观众,目瞪口呆地围绕在篝火旁,已然在与长毛象和强壮的犀牛的搏斗中感到疲劳,却保持清醒的头脑,思考接下来会发生什么事情……"可见,人们天生就是故事的叙说者,故事为人们的经历提供了一致性与连续性,并在我们与他人的交流中扮演着主要的角色。当人们感觉自己的生命若有若无时,当一个人觉得自己的生活变得破碎不堪时,当我们的生活遭到挫伤时,故事让人重新找回自己的生命感觉,重拾被生活中的无常抹去的自我。每个人都有自己的故事,每个人都有能力讲述和倾听故事。而人格发展离不开个人的生活经历,这些独特的人生经历正是由许许多多的故事构成的。在人们对自己生

[①] 本节基于如下工作改写而成:(1)马一波,钟华著,郭永玉审定.(2006).叙事心理学.上海:上海教育出版社.(2)McAdams, D. P.(郭永玉等译,2016).人格心理学.上海:上海教育出版社,第10章.(3)郭永玉(组稿者):叙事心理学专栏.心理科学,2014,37(4):770—796.撰稿人:杨沈龙。

活的叙事中,我们就能了解这些经历究竟如何影响个体自己和他人。

人生叙事并非一味地依靠严格的标准化的方法来研究,其研究目的也不是为了获得人类行为的普遍规律。在叙事心理学的视野下,心理学的目标是更好地理解人的行为,并对其加以解释,而非试图对人的行为进行预测或控制。他们认为人们可以通过故事来筛选和理解其自身的经验,就像小说作家一样,用情节、场景和人物来解释自己的行为和经历。

人生叙事充满着个体对生活经验的体验、表达和理解,具有建构自我和让他人认识自我的双重作用。当人们建构人生故事并把它叙述出来时,也就等同于在体验个体生命进程和表达个人的内心世界。因此,对那些讲述人生故事的人来说,这是一种人格的重构过程。在这个过程中,人们重整了自身的经验,把片段的情节组织成完整的故事,从而使隐藏在情节后的意义显现出来。不仅如此,叙事还有一定的治疗作用。身心疲惫时,故事可以给我们以力量;痛苦绝望时,故事可以给我们以希望;压力倍增时,故事还可以给我们以慰藉。人们在倾诉生活体验的同时,可以缓解心理压力,更加清楚地了解自身和自己所面临的问题,获得更多的力量和支持,朝着心灵满足和自我实现更进一步。

由此,我们就不难理解,研究人生故事对于我们了解人格的意义了。在这一小节中,我们将介绍人格研究领域中几种重要的叙事理论,了解叙事的功能,尝试以故事探析人格。

9.1.1 汤姆金斯的剧本理论

汤姆金斯(Tomkins)早年曾在哈佛心理医疗中心与默里共事,他早期的研究反映了默里对他的深刻影响,比如他认为心理需要是人类动机中最主要的因素,这和默里的观点相吻合。但他很快就不再赞成这一理论,转而强调情感。他认为,人的信念是人类行为的主要动机,而不是弗洛伊德强调的驱力或默里强调的需求;兴奋、喜悦、愤怒可以是独立的驱力,如饥饿和性欲一样,它们为动机提供了巨大的能量。例如,性欲可以是一个很强大的内部动力,但并不是一个强烈的行动,相反,性行为中的人的性爱冲动却被性行为中的兴奋情绪放大。之后,汤姆金斯和其他研究者一起,阐述了约十种人类的情感,每种情感都源于人类生物学和进化理论(Ekman, 1972; Izard, 1977; Tomkins, 1962,1963; Tomkins 和 Izard, 1965)。汤姆金斯认为,这也是人类的十种基本情绪,包括兴奋、愉悦、惊奇、沮丧、愤怒、厌恶、害怕、悲伤、羞愧及内疚。这些情绪被汤姆金斯划分为积极和消极两个维度。前两种情绪是积极的,后几种是消极的,而惊奇既可能是积极的,也有可能是消极的。在一般情况下,人们寻求积极情绪最大化,并最大限度地减少消极情绪。

之后，汤姆金斯扩展了人类情绪理论，并加入更为重要的元素——场景和剧本，形成了**剧本理论**(script theory)，该理论为人格研究提供了一种戏剧式的、叙事的途径。情感成为生活最主要的推动者，而场景和剧本则是生活最重要的组织者。剧本理论的根本隐喻是把每个人都比作戏剧家，人们在不断地将以往的人生经历建构成自身独特的戏剧。

场景和剧本

如果情感是生活的最高动力，那么场景和剧本是重要的组织者。汤姆金斯认为，人作为一个剧作家，从生命初期就开始组织自己的生活。戏剧的基本组成部分是场景，是一个人一生中对于某个特殊事件的记忆，其中至少包含一种情感和这一情感的对象。每一个场景都是一个"有组织的整体，包括人员、地点、时间、行动和感情"(Carlson, 1981, p.502)。当我们每个人回首自己的人生时，看到的是我们从出生到现在一个接一个的场景。剧本使得我们能够去理解不同场景之间的关系。一个剧本就是一整套规则，用来解释、创造、扩充或逃避一类相关的场景(Carlson, 1988)。人们是按照自己特有的剧本来组织生活中的场景的。

情感放大和心理放大

每个场景通过场景内的情感来体现自身的短期重要性。当一个人回想过去时，他可能因为在某个场景中体验到了强烈的情感而对该场景留下了深刻的记忆。和朋友一块儿打排球可能给你带来极大的快乐，与母亲一言不合可能勾起你愤怒的情绪，或者与你感兴趣的男性或女性聊天会使你感到兴奋，每个场景能够脱颖而出就在于它在那一天中有自己的特殊性或重要性。在一个人的整个生活或叙事中，那种体验到强烈情绪的长期重要场景是一种**情感放大**(affective magnification)。例如，突然急促响起的手机铃声可能会使人在当时感到十分惊讶，但如果这一场景没有对其他的生活经验产生任何影响，那么它很可能就是孤立的、未被加工的。所以，获得情感放大的这些场景在人们的记忆中非常短暂，它们在个体的经验中是零散分布的，与其他的人生场景并没有太多联系。

而另一些场景则会对一个人的其他生活经验产生影响，它们可能与个人安危、未来前途、人际关系等密切相关。这是一种**心理放大**(psychological magnification)，意味着将相关场景联合成一个有意义的模式的过程；也是使场景有内在联系，囊括更多的想法、行为、感受和记忆，形成一个完整的认知—情感过程。例如，你和母亲的争吵可能会让你想起和教授的争吵，刚开始都只是心平气和的交流，慢慢地因为彼此观点产生分歧而起了争论，后来不欢而散。这两件事非常相似，心理放大正是通过建构这种类比而起作用的。当人们理解生活中悲伤的场景时，很可能会感受到"事情又变成这样了"，类似的场景再次上演。据汤姆金斯的观点，消极的情感是通过类比而得到心理上的放大的。因此,生活中感到恐惧或悲伤的场景,你可能会发现这些场景基本上是相似的。

剧本的类型

虽然心理学家已经定义了一系列的基本情感,但人类生活中可能出现的场景和剧本的数量却难以估算,因此,没有明确成熟的场景和剧本。不过,汤姆金斯已确定至少有两种类型的剧本,在人类生活中显得尤为重要,能有效地组织人类叙事。它们是**承诺剧本**(commitment script)和**核心剧本**(nuclear script)(Carlson, 1988; Tomkins, 1987)。

人们在承诺剧本当中使自身与一个人生目标或计划紧密相连,而这个目标或计划很可能会带来极大的积极情感。在这项长期投资中,人们憧憬着理想的人生或完美的社会,并为实现这一梦想不遗余力。汤姆金斯认为,承诺剧本由一系列最初或者早期的积极情感引起。这个愉悦兴奋的场景是为了展现理想实现的美好,这一追求成为一个人的人生任务。在承诺剧本中,场景围绕一个明确的和无可争议的目标展开(表9.1)。因此承诺剧本中,不同的目标间出现重大冲突或在单一目标中出现矛盾的状况都不太可能。事实上,那些以承诺剧本为核心来组织自己人生的人都是朝着单一目标,靠坚定不移的努力去完成心中期盼,即使是面对巨大的障碍和不断的消极情感体验,这样的人也会坚定不移地朝着目标继续奋斗,并深信"厄运终究会过去"(Carlson, 1988)。

表 9.1 承诺剧本与核心剧本

剧本特征	承诺剧本	核心剧本
积极情感与消极情感	积极情感多于消极情感	消极情感多于积极情感
社会化情感	强烈的,有益的	强烈的,矛盾的
理想场景的明确程度	清楚,唯一	迷惑,多个
场景放大	变化	类比
顺序	"不好的都会过去"	"好事都变成坏事"

来源:Carlson, 1988.

与承诺剧本形成鲜明对比的是核心剧本,该剧本同时表现个人对人生目标的矛盾和迷惑。一个核心剧本总会涉及复杂的趋避冲突,人们常常极力回避但却不可避免地走进某个独特的冲突场景。其叙事类似于文学形式的悲剧。核心剧本常常是由一个核心场景开始,这一场景总是人们对积极的童年进行回忆,却以糟糕的场景收场。作为一个好的场景,它包括在场他人的兴奋愉悦的体验,尤其是表现出"激动、指导、互助、支持、舒适或者安慰"的个人。场景变坏是随着"一个恐吓、一个染污性事件、一阵混乱,或者一些危害到积极场景事件的结合"(Tomkins, 1987, p. 199)。此时欢乐、兴奋的场景变成恐惧、恶心、侮辱、羞愧或是伤心。一个核心剧本主要是一些核心场景的不断反转。

9.1.2 麦克亚当斯的同一性人生故事模型

如果说汤姆金斯是用叙事范式探讨人格的先驱者,那么麦克亚当斯则称得上是叙事人格理论领域的集大成者。他不仅将叙事方法运用到对亲密、认同、赎罪等不同人生经历的研究中,还建构了以人生故事为核心的同一性人生故事模型,将以往众多的人格理论加以整合,形成了人格领域中新的原则,并开创了一种理解人格的新视角。

同一性人生故事模型融合了特质论和目标论的观点,从三个层次解释人格。第一层是倾向性特质(dispositional trait),指那些跨情境的、可比较的人格维度,如外倾性和神经质(McAdams, 1996a),它为我们提供了一种人格描述的倾向性标志。在通常的情况下,一个极其外向的人与绝大多数人相比会更活泼开朗,更擅长交际。然而,可比性和去情境性既是特质描述的最有价值的两个特点,也是其最大的局限。就像麦克亚当斯所说的那样,特质本身只不过是"一种陌生人的心理学"(McAdams, 1992,1994)。当人们想要更进一步去认识彼此的时候,只依靠第一层的特质描述是远远不够的,还需要更多情境性的信息。

第二层是个人关注(personal concern),也称作个体的独特适应。它包括个人奋斗、人生任务、防御机制、应对策略,以及其他动机的、发展的、策略的建构等(McAdams, 1996a)。具体来说,它涉及在人生某个具体阶段或某个具体领域当中人们期望得到的东西,以及为了得到自己想要的和逃避不愿意面对的东西,人们所采取的各种措施(如策略、计划、防御机制等)。个人关注与倾向性特质最根本的区别就在于它的情境性,个人关注有着具体的时间、地点和角色。

倾向性特质为研究者理解人格提供了最初的概况,个人关注看到的是生活在具体时空中的个体,对他们的人生任务、策略、计划、防御机制等具体建构进行了细致的描述。但是,无论是第一层的人格概况还是第二层的具体建构,都无法展现出个体生活的全部意义和目的,无法让我们真正了解一个人。一个鲜活生动的人格是需要用故事的方式来描述的,让人生具有统一性和目的性。在某种意义上而言,就是要使客体我(Me)[①]具有同一性。个体只有整合了他所扮演的所有角色,融合了自身不同的

[①] 在同一性人生故事模型理论中,麦克亚当斯对自我的"主体我"(I)和"客体我"(Me)两个不同方面进行了阐述。麦克亚当斯不是把主体我(I)和客体我(Me)看作两个实体,而认为主体我(I)是一个过程,客体我(Me)是一个结果。因此,在同一性人生故事模型中,主体我(I)就是从经验中建构自我的基本过程,客体我(Me)则是自我建构过程中最主要的结果。客体我(Me)又被许多心理学家称为"自我概念",它的范围非常广泛,涵盖了个体的物质、社会、精神领域。例如,某个个体的客体我(Me)不仅包括了他的房子、汽车、配偶、宗教信仰等一切属于他的东西,而且还包括了丰富多彩的人格特征。在同一性人生故事模型中,无论是倾向性特质、个人关注还是人生故事,都属于个体,也都是通过自我建构过程而获得的,因此,人格的这些方面也成为客体我(Me)的一部分。但人格毕竟不等同于自我概念,因为客体我(Me)中的某些方面(如房子、汽车等)是不属于人格范畴的,而人格范畴当中的一些部分如果没有经历自我建构的过程也不能进入客体我(Me)(McAdams, 1993)。

价值观和技能,并组织了一个包含过去、现在和未来的有意义的短暂模式时,才可能建构这种同一性,才能将自己与他人的相似和不同区别开来,并清楚明白地界定自我(McAdams,1988)。这就是第三层,**人生故事**(life story)。人生故事是一个由重构的过去、感知的现在、期盼的未来整合而成的内化的、发展的自我叙事(McAdams,1996a)。人生故事赋予了个体一个有关自我的历史,解释了昨天的我是如何成为今天的我,今天的我又是怎样成为明天的我。故事临摹生活并展示内部现实给外部世界。我们通过我们所说的故事了解和发现自己,并把自己向他人展示。人生故事是个体对自我的叙述,是人们对其自身生活的一种理解。对那些聆听者来说,这些人生故事也可以使他们去理解和领悟自己的人生和世界,而人们通过分享彼此的人生故事也可以从中受益。

叙事同一性

在青春期和成年早期,现代人面临的一大社会心理挑战是建构一个为他们的生活提供整合性、目的性和意义性的自我。埃里克森认为当我们着手去解决这些问题时,我们就开始建构他称之为"本质的赠与、本能的需求、明显的认同、有效的防御、成功的升华以及一贯的角色"的这些内容(Erikson,1959,p. 116)。这些身份认同的整合工作构造出"信心的累积,内在的同一性和连续性相匹配"(Erikson,1963,p. 261)。因此,**身份配置**(identity configuration)可以整合很多不同的事物,或者使它们变得更有意义。身份配置汇集成一个连贯的整体,具备技能、价值观、目标和角色。它汇集了可以和想要做什么的充满机遇和制约的社会环境,汇集了各种过去丰富的经验、现在和预期的未来。

这种独特的"配置"身份可能是什么样的?在麦克亚当斯看来,埃里克森所说的身份配置应该被看作是个体对于自己人生故事的整合,这种整合始于青春期晚期和成年早期(McAdams,1987,1993,2006,2008)。今天,越来越多的人格、社会认知、发展、临床心理学家强调人们通过叙事来建构社会和世界,并以此来描述同一性(Angus 和 McLeod,2004;Conway 和 Holmes,2004;Fivush 和 Haden,2003;Hammack,2008;McLean 等,2007;Pratt 和 Friese,2004;Schachter,2004;Singer,2004)。根据辛格(Singer,2004)的观点,叙事同一性,是指一个人自觉或不自觉地将自己的不同方面通过建构整合起来,形成内在的、不断发展的自我的故事。叙事同一性提供了一个人生活中的目的和意义的统一。

人生故事的含义

人生故事是一种心理社会构念,融合了重构的过去、感知的现在和期盼的将来的一种内化的、发展的自我叙事。尽管故事是由创作人来建构,但故事在文化中仍具有本质意义,故事的建构也是由文化来决定的。个体和文化共同创造了人生故事

(McAdams,1996a)。人生故事源于生活,却高于生活。尽管它以个体所经历的事实为基础,然而对过去、现在和未来的叙事却超越了这些事实。它既不是纯粹的事实,也并非纯粹的想象,而是介于两者之间。一个人生故事通常都包括语调、意象、主题、核心情节、意识形态背景、潜意识意象等部分。(1)语调(narrative tone),指的是人生故事所表现出的一种贯穿始终的情绪语气和态度。正如西方文学中,喜剧和浪漫戏剧所表现出的积极乐观,或是悲剧和讽刺戏剧所展现的消极悲观。(2)意象(imagery),指的是作者用以刻画人物和情节特征的特有比喻、象征和图片。它体现了个体独特的个人经历。(3)主题(theme),指的是故事中主人公努力追求或极力逃避的结果,体现了人类的动机。(4)意识形态背景(ideological setting),指的是故事讲述者在故事中自身表现出来的宗教、政治、道德信仰和价值观,其中还包括了个体对这些信仰和价值观形成过程的解释。意识形态背景是人们建构其人生故事/同一性的基础,也是个体评判自己和他人生活的依据。(5)核心情节(nuclear episodes),指的是在人生故事中的特殊场景。其中,重要的有故事的开始、高潮、低谷、转折点和结局。核心情节之所以重要,不是因为那些在过去实际发生的事情,而是这些记忆在今天整个人生叙事中代表的意义。(6)潜意识意象(unconscious imagoes),指的是在叙事中充当主角的自我的理想化人格。潜意识意象能够将你所认为的今天的自己、昨天的自己、明天的自己、理想的自己、害怕会成为的自己等所有方面都人格化。自我的任何一个方面——实际感知到的自我、过去的自我、未来的自我、理想的自我、逃避的自我——都能够融入到人生故事的主要角色当中。自我的各个方面在叙事中都有独特的性格描述,因此所形成的意象能够在一个特定的人生章节占主导地位,并将故事中的特定主题、观念或价值观拟人化地表现出来。作为人生故事中的主要角色,潜意识意象为个体适应生活提供了一种叙事机制。为寻求同一性模式和组织,个体在成年早期(20—40岁)会将各种社会角色和自我中有分歧的其他方面整合成综合的潜意识意象。人生当中的主要冲突和动力将会以冲突和互动的潜意识意象表现出来,就好像任何故事中的主要角色一样,通过他们自身的行动或彼此的互动推动剧情的发展。

人生故事的类型

根据人生故事的语调进行分类,可以得到四种基本的故事类型:喜剧、浪漫戏剧、悲剧和讽刺戏剧。依据故事主角的发展变化,则可以将人生故事分为稳定的、进步的和倒退的故事。在稳定的人生叙事中,故事主角不会有太多的发展和变化;而在进步的人生叙事中,故事主角是随着时间推移不断成长和扩展的;在倒退的人生叙事中,故事主角则在退缩并失去了发展的基础。个体差异可以通过不同人生故事中的语调、意象、主题、意识形态背景、核心情节、潜意识意象等部分表现出来。尽管每一个人生故事都是独一无二的,但仍然有一些共同的维度可以用来将个体的人生故事进行比较(McAdams, 1996a)。

例如,麦克亚当斯通过对40名高繁殖性(generativity)成人和30名低繁殖性成人的访谈研究发现,高繁殖性成人更可能将自身的人生故事描绘成一个承诺故事(commitment story),类似于汤姆金斯所提到的承诺剧本。这种类型的人生故事具备了以下五个特点:(1)早期优势。故事主角在幼儿时期就享受到在家庭中或在同伴当中的优待,感到自己与众不同。(2)他人的遭遇。他们还曾目睹过他人的不幸和痛苦,而且非常同情遭受苦难的人。(3)意识形态的稳固。在青少年时期,他们就已经形成了一个清晰、一致的能够指导自己人生的信仰系统。(4)补偿性顺序。不好的、消极的生活事件会立刻被好的、积极的事情所取代。(5)亲社会的未来。他们为人生故事今后的章节制定了对社会有益的目标。尽管人们的人生故事都是独特的,但具有高繁殖性的成人作为一个整体与低繁殖性的成人相比,特征是很明显的(McAdams, 1995)。显然,这里的"繁殖性"远远不只是生物学意义上的特征。

人们在讲述其人生故事时所体现的个体差异,一方面反映了客观上不同的经历,另一方面则反映了不同的叙事风格。而叙事风格对于其心理社会适应的关系,既可能是因也可能是果。如对生活感到满意,觉得自己对社会有所贡献的人很可能更倾向于以一种更积极的方式来讲述生活,即便陷入困境也仍然相信未来是美好和光明的,这种方式反过来又会进一步提高他们的幸福感和对社会所作出的努力(McAdams, 1996b)。

人生故事的发展

人生故事的发展可以分为三个时期:叙述前期、叙述期和叙述后期。

叙述前期,从出生直到青年早期。在这一时期,人们在为自己的人生故事收集素材。家庭、学校、社会等各种经验都会影响日后所形成的人生故事。这些影响因素又可以分为内在因素和外在因素,其中内在因素是指来自于个人内部的因素,如基因、体质、智力等;而外在因素则是指个体生活的环境,如人际关系、文化环境、社会环境等。另外,早期的依恋经验将会最终影响个体所建构的人生故事的语调。拥有安全依恋关系的个体有着乐观的生活态度并能够信任他人,他(她)所建构的人生故事色彩明亮鲜活,语调积极乐观;而拥有不安全依恋关系的个体总是心存疑虑,生活在悲观的世界里,他(她)所建构的人生故事色彩阴沉灰暗,语调消极悲观。

叙述期,从青少年期或成人早期开始,直至成年晚期。进入青少年期时,由于形式运算思维的出现,人们开始有能力去探索抽象的哲学、道德、政治和宗教问题。他们已经开始拥有了内化的人生经验,这些经验能够在很大程度上影响人生故事中的特定语调、意象和主题。而当青少年开始去创造一个关于自我的人生故事时,他们一方面要巩固一种意识形态背景,将人生故事放置在一个事先假定的有关对错真假的个人信仰和价值观的环境里。个人关于真理、对错、上帝以及其他终极关怀的信仰和价值观,使得人生故事在一个特定的意识形态时空中发生。如果这种有关信仰和价值观的背景没有建好,就很难去建构一个有意义的人生叙事,这正是埃里克森提到的同一性。而另一方面则是要重构过去,青少年开始拥有人生中许多的第一次:第一次回首自己的过去,第一次发现今天的自己与昨天的自己不同,第一次尝试去理解过去的自己,第一次去重构自己的过去,第一次创造一种连续、可信的叙事来解释他们是如何从过去走到现在,又是怎样从现在走向未来(McAdams, 1996a)。

而当人们度过青少年期步入成年早期,他们建构同一性的主要任务就是要创造和完善人生故事当中的"主要角色",亦即我们之前提到的潜意识意象。一个人会有很多不同的潜意识意象,如"从不惹麻烦的人"、"忠实的朋友"、"聪明能干的上司"、"严厉的父亲"、"孝顺的儿子"、"笨拙的运动员"等。进入成年期,人们的潜意识意象将会融入社会角色。潜意识意象的范围远比社会角色广泛,也在更大程度上被内化。如母亲这一社会角色是指一位女性生育并抚养自己的孩子,依据自己的价值观和社会要求来给予孩子关怀和支持,促进孩子的茁壮成长。而当某人的人生故事中的"母亲"意象很强大,那么她在很多方面都会像母亲一样去感受、去思考、去行动。

叙述后期,类似于埃里克森的最后一个人生阶段(自我整合与绝望)。在这一时期里,人们看待自己的人生故事就像是在看一件即将完成的作品,不会再有多大的改变了(McAdams, 1996b)。

9.1.3 待解决的问题

但由于叙事研究刚刚兴起,尚处在发展初期,还没有成为一致公认的范式。而且该范式还面临着许多困难和局限,有待研究者们进一步完善,体现在:首先,叙事的研究方法强调对人的心理、意识和行为的研究应放到社会互动中,放到特定的历史、文化背景中,这本是其优越性所在。但是,它主张人们关于世界的知识都是一种语言的建构,人们的心理过程、自我、人格等仅仅是特定文化条件下的语言建构物,并不存在这样的实体,在不同社会文化条件下得到的知识和认识不具有普遍性。也就是说,尽管叙事研究能让一个研究者获得真实生活事件的全部和有意义的特征(Yin, 1984, p.14),但是,单个案例研究能在多大程度上获得关于人的一般性的知识?单个案例如何能够代表除了它自己以外的任何样本或者人群?这是外部效度的问题。其次,由于研究缺乏统一的程序,研究者很难建立公认的质量标准,也很难给出一个类似于量化研究的信度指标。换言之,在叙事研究中研究者几乎不讨论信度问题。人生故事的研究结果不具备量化研究意义上的代表性。因而可以说在这一研究范式下,每个研究都是独特的。最后,人生故事的研究是耗时又耗力的,研究者在整理和分析资料时,所面对的叙事资料多半庞杂无序,且该研究范式也没有建立统一的标准来指导资料的整理,因而研究工作的开展时常困难重重。这一系列的问题还有待未来的理论和研究来回答。

9.2 心理传记研究[①]

怎样才能真正理解一个人的生命历程?如果我们想通过一种媒介来纵观一个人的人生时间轴,进而从一个整体的角度把握其生命内容,那么这个媒介又是什么呢?很多致力于人生全程研究的人格心理学家都认为心理学意义上的传记很可能是理解人生全程的最好的方式。如埃里克森因其写的马丁·路德(Martin Luther)(1958)、甘地(Mohandas Karamchand Gandhi)(1969)和萧伯纳(George Bernard Shaw)(1959)的心理传记而广为人知。很多学者也都认为个体在传记语境中可以被最好地理解,但心理传记研究在人格心理学中应该处于何种地位,发挥怎样的作用,却充满争议(Anderson, 1981; Runyan, 1982, 1990)。批评者认为,传记研究方法相对于清晰而严格的科学研究而言难以控制、太过主观,单个案例的传记缺乏足够的信度和外部效度。然而传记研究的支持者反驳说,这些批评家眼中的科学过于狭隘,好的传记研究是非常富有启发性的,如果人格心理学家抛弃传记研究,本质上就是逃避研究完整个体的责任。

尽管争议从未停止,心理传记研究也没有因此而止步不前。在过去的三十年里,人格心理学家和其他社会学家对传记和自传的兴趣越来越浓厚,接纳程度也逐渐提高。从20世纪80年代初开始,越来越多的心理传记研究成果被发表,研究者们在理论、方法上都做了大量的探索性工作。到2005年,舒尔茨(W. T. Schultz)主编的《心理传记学手册》(*Handbook of Psychobiography*)出版,标志着作为一门学科的心理传记学的初步诞生(郑剑虹,黄希庭,2013)。

9.2.1 心理传记学的性质

什么是**心理传记学**(psychobiography)?事实上,有关学者对心理传记学的表述并不完全一致。一些学者认为,心理传记学是一门运用心理学理论和研究来分析历

[①] 本节基于如下工作改写而成:(1)Schultz, W. T. 主编.(郑剑虹,谷传华,丁兴祥,舒跃育,雷学军等译).(2011).心理传记学手册.广州:暨南大学出版社,2—120,169—409.(2)McAdams, D. P.(郭永玉等译).(2016).人格心理学.上海:上海教育出版社,第12章.撰稿人:谷传华。

史上有其意义的某个人的生命的研究领域。它的主要目标是要了解人,试图揭示其公众行为的深层动机,无论这种行为属于艺术表演、科学理论的提出,还是政治决策的采纳。舒尔茨(Schultz,2001)认为,心理传记学是明确地运用正式的心理学理论或研究来解释个人的生命的研究领域。在此基础上,台湾学者丁兴祥、赖诚斌(2001)指出,心理传记学研究实际上是明显地将系统化或正式的心理学知识或理论应用于传记研究,并形成连贯的具有启发性的故事。可见,尽管表述方式不完全一致,但大多数学者都认为,心理传记学是运用心理学的理论,从整体上分析和理解具有特定历史背景的个人的真实生命故事的研究领域,它的基本任务主要是描述历史上的某个人(或某几个人)的某种心理现象或人格特征,并从其生命历程中找到其形成和发展的脉络,从而帮助人们理解这个人(或这几个人)为什么会呈现这样一种独特的生命轨迹。

实际上,心理传记学既可以看作心理学的一个分支学科或心理学与历史学的一个交叉学科,也可以看作心理学的一种研究方法。作为心理学的一个分支学科,它承担着心理学研究的使命,要揭示心理活动和人格形成、发展、变化的奥秘。作为心理学与历史学的交叉学科,心理传记学又是历史心理学的一部分,兼有心理学与历史学的特点,要揭示历史上特定时期的特定个体的心理和行为现象背后的本质及其成因。而作为一种研究方法,它可以从一个独特的视角讲述某个人或某几个人的生命故事,揭示其生命轨迹的独特性及成因,从而揭示心理活动的规律,或者为揭示心理活动的规律提供某些参考和启示。在人格心理学研究中,心理传记学方法发挥着不可缺少的作用。美国心理传记学家舒尔茨(Schultz,2011)甚至把它看作人格心理学的一个组成部分。

与那种以实验方法和测量方法为主导的人格心理学研究相比,心理传记研究具有自身的优势。舒尔茨(Schultz,2011)指出,长期以来,心理学的主导方法是实验法,那些实验研究型的心理学家们通常在严格控制的实验背景下对单变量和个别的心理过程进行检验,以理解人的心理。在这种研究中,被研究者是匿名的,实验结果可能是一些假象和关于人的片断性的心理。心理传记研究则不然,它以个体为基本的分析单元,并不在意心理活动的普遍规律,而更注重探讨每个人生命的独特性及其成因。它把心理学中各种各样的理论和研究结果应用于单个生命的研究,一方面检验已有的理论和研究结果的有效性,另一方面补充和丰富有关的心理学理论和研究,特别是人格的理论和研究。

9.2.2 心理传记研究的发展简史

心理传记研究的历史几乎与心理科学的发展史一样长,始于20世纪初期。在冯特建立第一个心理学实验室(1879年)之后的三十多年,也就是1910年,精神分析学派的奠基人弗洛伊德出版了一本心理传记《达·芬奇对童年的回忆》(*Leonardo da Vinci and A Memory of His Childhood*),它被看作心理传记学研究的开山之作。在书中,作者运用精神分析理论分析了达·芬奇的人格与他童年期经历的关系。尽管它本身存在着有违研究规范的做法,如用作论据的历史资料缺乏可信性,分析武断,具有臆断性,其研究结果的可信性并不高,但是却大大拓宽了人格心理研究的视野。它引出了随后的一系列心理传记学著作,如《青年路德》(*Young Man Luther*:*A Study in Psychoanalysis and History*)(Erikson,1958)、《甘地的真理》(*Gandhi's Truth*)(Erikson,1969)等。除了精神分析学家外,人本主义心理学家马斯洛、人格心理学家奥尔波特等都曾从事过类似的研究。他们从分析一个人或少数几个人开始,努力形成适用于所有人的理论。相对而言,精神分析学家的这类研究影响较大。

心理传记研究对个体真实生命故事的看重避免了群体规模的人格研究中无法关注单个人的缺陷,它的这一优势引起了一些人格心理学家的关注。总体上,在20世纪的前半叶,心理传记学研究进展缓慢,但是,大约在1950年之后获得了相对充分的发展(Runyan,1988)。这一时期,关于心理传记研究的理论和方法的著作不断出现,比较有代表性的有鲁尼恩(Runyan,1982)的《生命史与心理传记学:理论和方法的探讨》(*Life Histories and Psychobiography*:*Explorations in Theory and Method*)、埃尔姆斯(Elms,1994)的《揭开生命本相:传记学与心理学的不稳定联盟》(*Uncovering the Lives*:*The Uneasy Alliance of Biography and Psychology*)、舒尔茨(Schultz,2005)的《心理传记学手册》(*Handbook of Psychobiography*)等。这些著作为心理传记学的发展奠定了初步的理论和方法基础。

通常认为,中国的心理传记学研究始于20世纪80年代。这一时期,香港中文大学的华人学者邹秉洛较早地使用了"心理传记学"这一术语,并进行了心理传记学研究。同一时期,台湾辅仁大学的丁兴祥师从美国加州大学戴维斯分校的西蒙顿(D. Simonton)从事历史心理学的研究,在此期间,他对心理传记学产生了浓厚的兴趣,并与当时美国心理传记学领域的代表人物埃尔姆斯(A. C. Elms)建立了学术联系。回国后,丁兴祥在台湾辅仁大学心理系开设了心理传记学课程,并指导研究生进行了一系列心理传记学研究。

与此同时,中国大陆学者开始关注历史心理学。1997年,郑剑虹采用心理传记学方法对梁漱溟人格的形成和发展进行了分析。进入21世纪以来,这类研究逐渐增多。例如,谷传华(谷传华,陈会昌,2006,2009;谷传华,2011)对周恩来人格发展的研究、舒跃育(2009)对诸葛亮人格特征及其成因的研究、吴继霞和薛飞(2008)对梅贻琦人格及其成因的研究、赵晓春(2003)对瞿秋白人格的研究、傅安国(2006)对金庸人格的研究等。2010年在上海召开的第13届全国心理学学术大会还组织了心理传记学专题论坛。总体上，大陆心理传记学研究正呈现平稳发展的趋势，开始系统地学习和借鉴西方心理传记研究的理论和典范。近年来，《生命史与心理传记学：理论与方法的探索》(丁兴祥等译，2002)、《心理传记学手册》(郑剑虹、谷传华、丁兴祥等译，2011)、《社会创造心理学》(又名《领袖人物的创造性人格》，谷传华，2011)等著作陆续出版发行，为心理传记研究和历史心理学研究奠定了理论和方法基础。2012年5月，首届海峡两岸"生命叙事与心理传记学"学术研讨会在台湾召开，并出版了《生命叙说与心理传记学》辑刊(李文玫，郑剑虹，丁兴祥，2012)。这是心理传记研究发展的一个重要事件，它标志着心理传记学研究在中国正逐渐形成规模。

需要注意的是，在相当长的时期内，心理传记学研究都有一种"精神分析化"的倾向。也就是说，心理传记学家倾向于运用精神分析理论分析历史人物，对历史人物的心理进行"诊断"或病态化，将他们的天才、领导力或其他优秀的才能归因于某种疾病、人格障碍或不良的家庭关系，尤其是早期的某个发展阶段或突出事件。这显然是一种偏颇的做法。

从总体上看，心理传记学的发展一直是与精神分析、历史学、人格心理学的发展紧密联系在一起的。精神分析学家和一些早期的人格心理学家十分重视这种方法在人格研究中的作用，甚至身体力行，进行了实际的心理传记研究(如弗洛伊德、奥尔波特就是如此)。近些年来，一些心理传记学家试图打破精神分析理论"一统天下"的局面，不断从多种人格理论和历史科学中汲取养分，尝试运用各种已有的或可用的心理学研究结果对历史人物进行心理学的分析，并努力形成自己的一套理论和方法。尽管如此，心理传记学在心理学研究中始终未占据主流地位，或者说未能被真正纳入主流心理学的轨道。无论是研究队伍，还是迄今发表文献的数量，心理传记研究都处于绝对的劣势。

9.2.3　心理传记研究的基本特征

心理传记研究最基本的特征是探讨每个人生命的独特性，以便从深层次理解一个人。它不追求统计学意义上的显著性，也不追求普遍的心理活动规律，而是试图描绘个体生命的独特轨迹，揭示这种独特性形成的机制或过程。实验研究旨在验证在某个特定的群体中心理的某个片断与其他变量之间的因果关系，而相关研究旨在验证变量之间是否存在相关性，它们都试图在群体水平上探讨变量之间的关系或普遍规律。与此不同，心理传记研究要说明一个人为什么是这样的而不是那样的，为什么他或她会成为一个独特的个体。

通过心理传记学研究虽然难以发现某种普遍的规律，却能提出特定的理论或产生特定的假设。众所周知,早期的精神分析学说就起源于弗洛伊德的自我分析和对精神病人的分析,与他对历史人物的心理传记学分析有关。类似地,马斯洛的人本主义学说、埃里克森的心理社会发展学说等也都与他们的心理传记学研究紧密相连。在心理传记学研究中,需要运用心理学中的各种理论和已有的成果,分析个体的生命轨迹或特定心理现象的成因。在此过程中,实际上也是在验证某种理论或假设。

通常,心理传记研究的对象是那些大众了解的人物或名人,与大众关系密切或利害攸关的人物,如甘地式的人物、希特勒式的人物、毕加索式的人物。舒尔茨(Schultz,2011,pp. 55-82)认为,这些人物反映了人类心理的极限,了解他们的心理就是了解我们自身的心理。

从结构上来看,心理传记不同于普通的传记作品。普通的人物传记侧重于描述一个人人生的方方面面,而心理传记不同。除了极少数研究案例(如埃里克森对甘地和马丁·路德的研究)之外,心理传记研究通常并不评述个体生命的全貌,而是选取个体人生中的某个时期、某一个事件或某一种行为、心理的某一侧面进行深入的分析,从心理学角度澄清这一事件或行为的来龙去脉。舒尔茨(Schultz,2011,pp. 55-82)认为,研究者通常可以在阅读传主的文献资料的过程中提出一个悬念性问题,并阐明这一问题的具体含义,或探索这一问题的意义,激发读者探索的兴趣;然后,再恰当地提供证据,给出问题的答案,揭示"谜底"。例如,埃尔姆斯(Elms,1994)在研究奥尔波特的过程中,发现奥尔波特曾经多次提到他与弗洛伊德初次见面时的故事,这构成了一个悬念。为什么这次见面对奥尔波特如此重要?它对奥尔波特的人格以及他建立的人格理论产生了怎样的影响?作者通过采访与奥尔波特认识的人,搜集有关的资料,揭开了"谜底"。显然,通过这种研究,可以从心理学角度集中地解答人生深层次的谜题,揭示个体生命独特性背后的秘密。

在处理传主的人格资料时,可以依据亚历山大(Alexander,1990)提出的心理**"凸显性指标"**(indicators of saliency)和舒尔茨(Schultz,2005)提出的**"原型情境"**(prototypical scene)的标准进行分析。应用凸显性指标时,研究者应在传主的人生中找到一些至关重要的、对传主人格具有很强解释力的核心事件。而要确定这些重要的事件,就需要甄别哪些事件符合下面的某个(或某些)标准:频率(是否在传主的人格资料中重复出现,如奥尔波特曾多次提起他与弗洛伊德会面的事件),初始性(是否在传主的作品中最先出现),强调(传主是否刻意粉饰,如美国前总统克林顿曾刻意强调他并没有与莱温斯基发生性关系),孤立(在传主资料中,某个事件是否孤立地出现,与其他事件缺乏连贯性),独特(传主是否过分地强调某个事件的独特性),不完整(传主是否在讲述某个事件时刻意避免谈到事情的结局),错误、歪曲、遗漏(传主是否出现记忆错误,歪曲或遗漏了某个细节),否认(传主是否公然否认某个既定的事实)。

如果在传主的资料中,一个事件符合上面的某个或某几个指标,研究者就可以对这个事件进行分析,深入挖掘它对传主人格的影响。

在此基础上,舒尔茨进一步提出"原型情境"的概念,认为在传主的一生中,那些具有丰富而浓缩的信息的情境常常对其人格具有最大的解释力。通常,原型情境具有以下关键特征:清晰,具体且具有较强的情感色彩(传主在这类情境中产生了非常深刻的情绪体验);具有弥漫性或渗透性,渗透在传主不同的语境、活动或创造性的作品中;显示了某种发展危机,如自我认同对角色冲突的危机或主动对内疚的危机;牵涉家庭内部冲突,包括亲子冲突、兄弟冲突等;拒绝接受现状,传主感到难以接受现实,或被抛到一种难以接受的境地,情感出现失调。在研究过程中,抓住了传主生命中的原型情境,就能在很大程度上揭示传主人格的变化,较好地回答悬念性问题。

对心理传记的评价标准,早在20世纪初,弗洛伊德就提出了自己的看法。他认为,应避免依据单一线索提出论点,既要避免把心理传记的传主病态化,又要避免把传主理想化。尽管他在分析达·芬奇时违背了自己提出的标准,但这些标准却成为后来的心理传记学研究的重要准则。舒尔茨(Schultz,2011,pp.55-82)认为,优秀的心理传记研究对传主人格或行为的解释应具有高度的说服力,能让读者有一种妙不可言的"完胜感";应从一系列资料中自然地导出某个结论,具有连贯的叙事结构;应全面地解释传主的某种人格特征或行为,综合考虑决定人格特征或行为的多种因素,解释周全而不偏颇;应尽可能地搜集资料支持某一个事实或解释,资料来源应尽可能广泛;应能使原本互不相干的事实联系起来,构成对传主的悬念性问题的连贯解释;在逻辑上应具有合理性,能保持前后一致,不相互矛盾;对人格的解释经得起"证伪",而且应与所有可获得的证据保持一致,符合人类的常识。因此,心理传记研究是一种讲究实证、有理有据、有血有肉的研究,它力图通过逐渐展开的生命故事揭示传主人格形成和发展的奥秘。人们在这种研究中能够看到具有特定人格的"人"。在这一点上,它与强调普遍规律的人格的实验研究和测量学研究形成了鲜明的对比。

9.2.4 心理传记研究与人格心理学

20世纪初,人格心理学诞生,心理传记学研究也得到了一些早期的人格心理学家的认可。人格心理学的奠基者奥尔波特和默里对心理传记学之类的研究方法持一种友好的态度。他们认为,通过深度的个案研究和传记学研究,既可以应用已有的理论对个体进行分析,还可以从个案资料或对个人的生活细节中归纳出一般性的观点,发现和提出特定的理论。奥尔波特并不认同弗洛伊德的理论,但是他却认同精神分析学家采用过的个案研究和个人档案分析等方法。他甚至认为,个案研究是一种综合性的人格研究方法,是所有方法中最能给人以启迪的方法(Barenbaum, 1997)。他还运用这种方法开展了一项研究:《珍妮的信》(*Letter from Jenny*, 1965)。类似地,默里也曾采用心理传记学方法和个案研究法对赫尔曼·梅尔维尔(Herman Melville)进行研究(Murray, 1949,1951)。

但是,人格心理学在二战之后却转向实验研究和心理测量学研究,致力于研究成就动机、焦虑、场独立性等少数人格结构,心理传记学研究方法受到了冷落。这一倾向一直持续到20世纪80年代。正如麦克亚当斯(McAdams,2011)所指出的那样,长期以来,心理传记学研究并未引起主流的人格心理学家的重视,人格心理学常常自视为"科学",心理传记学则经常自视为"艺术",因而很多主流的人格心理学家是排斥心理传记研究的。20世纪80年代之后,由于叙事学理论等新兴的人格心理学理论的兴起,心理传记学研究才重新引起人们的注意。

人格研究的三个水平

胡克(Hooker)等人指出,当代的人格心理学研究可以分为三个水平(Hooker, 2002; McAdams, 1995,2001),分别是气质性特质或特质性倾向(dispositional traits)水平、适应性特征(characteristic adaptations)水平和整合性的生命故事(integrative life story)水平。它们也可以说是人格心理学研究的三个方向:特质性倾向水平的研究旨在描述一个人在各种情境中的稳定特质(如外向、敏感);适应性特征水平的研究旨在描述各种人格特征在不同情境中的适应性变化,展现人们的人格(如动机、信念)是如何随着年龄和生活环境的变化而变化的;整合性的生命故事水平的研究则重在让个体讲述自身的生活经历,从而了解其如何整合自己的过去、现在和未来,为自己的人生赋予怎样的意义。人格可以看作个体在特定的社会和历史背景下形成的一系列独特而不断进化的特质、适应行为和生活史(McAdams, 2001)。表9.2较好地概括了人格研究的三个水平。

表9.2 人格研究的三个水平

水平	定义	举例
特质性倾向(气质性特质)	可以描述个体内在的、全面而稳定的行为、思想和情感差异的较大的人格维度,解释人们那些在不同的情境和时间内稳定的行为倾向的特质。	友好 支配 忧郁倾向 准时
适应性特征	描述个体适应环境的动机、认知和发展任务的具体的人格侧面。适应性特征通常因时间、地点、情境或社会角色的不同而不同。	目标、动机和生活规划 宗教价值观和信念 认知图式 心理社会发展阶段 发展任务

续表

水平	定 义	举例
整合性的生命故事	内化的和展开的自我叙事,人们由此整合过去、现在和未来,为生活赋予某种统一感、目的感和意义感。生命故事表明了人格中的自我认同和整合问题,这类问题在现代成年人中尤其突出。	早期记忆 童年期重构 对未来自我的预期 "从乞丐到富翁"的故事

来源:McAdams, 2001, p. 10.

通过第一个水平的研究,可以解释个体行为的跨情境和跨时间的一致性,可以将不同的人进行相互比较,在特定的人格维度上相互区分。通过第二个水平的研究,可以说明个体是以怎样的人格倾向更好地适应环境的,可以了解个体在不同的情况下如何达到自己的目的,得到自己想要的东西,而避开自己不想要的东西(Cantor 和 Zirkel, 1990; Little, 1999; Mischel 和 Shoda, 1995)。相同的特质和性格在不同的情况下也会有不同的表现。适应性特征包括了一个人当前的目标和动机、价值观和信念、应对策略和防御机制、人际关系图式、兴趣和特定领域的技能、发展任务等,它们通常因时间、地点或个人所扮演的社会角色的变化而变化。通过第三个水平的研究,可以了解一个人是如何通过对生活故事的叙述重新建构自己过去、现在和未来的身份或自我同一性的,这种身份反映在其所叙述的生活事件、人物、情节和主题上,可以了解生活对个体自身意味着什么(Giddens, 1991; Polkinghorne, 1988)。人格心理学研究的基本目的就是要了解人们在不同的社会环境中展示的人格特质、适应环境的方式和独特的生活经历。

人格心理学研究对心理传记学研究的启示

正如麦克亚当斯(McAdams, 2011)指出的那样,心理传记学研究应当从不同水平的人格心理学研究中获得有益的启示。这样,心理传记学才能逐渐成为一个成熟的心理学分支。

首先,在心理传记学研究中,研究者可以从某种特质理论出发,对要分析的人物进行比较全面的描述,说明这个人物具有哪些人格特质或特质性的倾向。然后分析这个人物可能具有哪些"不可思议"的行为,或与其通常的人格特质不相符的"古怪"行为。此外,还可以分析这些特质性倾向形成的原因,特别是非共享的环境因素(如同伴关系、教师、生活变故、父母对多个孩子的不同教养方式)的影响。

其次,心理传记学家应当了解某个历史人物在特定的情况下所具有的动机、目标、信念、价值观、防御机制、应对策略等,了解个体是如何适应他或她所处的环境的。因此,心理传记学家应当知道,由于生活环境的复杂性和人生的偶然性,对于同样一个主题或悬念性问题,也可能有着多种多样的解释,而不应轻率地给出"唯一"可靠的解释。

再次,与人格心理学研究的第三个水平相应,心理传记学家对历史人物的解读应当努力吸收和整合主人公本人叙述的生活故事,因为主人公自身叙述的生活故事反映了他或她的自我建构,其中涉及的事件、主题、人物对他或她有着特别的意义和价值,可以更好地揭示他或她生活的意义。它是一种主观的自我解读,而不是一种客观的记录。

如前所述,长期以来,心理传记学家更关注历史人物的早年生活。事实上,由于婴儿期和童年期的经验主要是为个体的生活故事提供素材的,直到青少年晚期和成年初期,才能真正形成连贯的有意义的生活故事(McAdams, 1985, 1993; Arnett, 2000)。因而,心理传记研究应更多地关注青少年晚期和成年期,创造性地吸收和分析主人公在青少年晚期之后讲述的生活故事,对主人公的行为给予更切合实际的解释。

麦克亚当斯(McAdams, 2011)指出,优秀的心理传记学研究应当描述传主具有的特质,在不同时期和环境下的适应方式,整合传主叙述的生活故事,从多个水平上更有说服力地回答某个悬念性问题。

心理传记学研究能够从人格心理学研究中寻求启示,这并不意味着当代的人格心理学研究不能从心理传记学研究中汲取养分。实际上,当代人格心理学研究也开始采用传记评估、个案研究法以及其他与心理传记学相近的研究方法。也就是说,当代人格心理学与心理传记学是可以相互学习的。

9.2.5　对不同创造领域人格的心理传记研究

迄今为止,心理传记学家已经探讨了不同领域的历史人物,分析了他们各种各样的人格或行为。如果按照传主所从事的主要的创造性工作进行划分,那么,持续了一个多世纪的心理传记学研究,特别是对于单个历史人物的研究,主要分为这样几大类:对艺术家人格的心理传记研究;对政治人物人格的心理传记研究;对心理学家人格的心理传记研究。其中,每一类研究又可以分出一些子类,例如,艺术家又可以分为作家、画家、摄影家等;政治人物又可以分为总统等领袖人物、社会活动家,以及参与政治活动较多的一些历史人物;而心理学家除了专门从事心理学研究的人物,还常常把一些论述心理哲学的学者(哲学家、宗教家)也包括在内。当然,还有极少数研究的对象是科学家。心理学研究表明(Feist, 1999;谷传华, 2011),不同领域的创造性人物既具有一些相似的人格特征,又具有与其自身的创造活动领域相应的特殊的人格特征,也就是说,他们的人格同时具有领域一般性和领域特殊性。类似地,对不同领域的创造性人物进行的心理传记学研究既具有相似之处,也具有某些不同的特点和要求。

对艺术家进行的心理传记学研究可以追溯到弗洛伊德对达·芬奇人格的分析。通常,对艺术家人格的心理传记学研究会先提出一个难以理解的、神秘的悬念性问题或典型事例,然后,探索传主围绕这个事例展开的整个生命历程,揭示其生命的主题和冲突。艺术家的人格会反映在他们的艺术作品中,包括文学作品、自传、日记、绘画、摄影等,这些作品投射了艺术家的自我。通过分析这些作品,可以了解他们的人格冲突。不仅如此,艺术活动还可能是艺术家解决自身问题的方式。艺术家在其作品中试图表达的主题可能反映了他们真正关心的事实。舒尔茨(Schultz,2011,pp. 55-82)认为,对艺术家的人格进行分析,不仅可以探究他们的诗歌、小说、戏剧、绘画等艺术作品,而且可以分析他们的日记、书信、自传,以及他们的朋友和爱人的回忆录等。

对心理学家人格的心理传记学研究与此类似。心理学家的人格也常常反映在他们提出的心理学理论中,这些理论实际上是他们自己的"作品",反映出他们自身需要解决的心理问题或人格发展危机。例如,对弗洛伊德的分析表明,他在早年有着十分强烈的"俄狄浦斯情结"(恋母情结);他对达·芬奇的研究也投射了他本人晚年的焦虑和欲望(Elms,2011)。类似地,埃里克森提出的自我认同危机(又称为自我同一性危机)也来源于他自身在儿童青少年时期的遭遇:他的父亲是一个丹麦异教徒,母亲既是丹麦人又是犹太人,他自幼在德国长大。他从小被当作一个犹太人抚养,但因为有丹麦人的长相,他经常被犹太人的小孩叫做"外邦人",那些异教徒的孩子则把他看作犹太人;他自认为是德国的民族主义者,但其他的孩子则把他看作"丹麦人";他想做一名画家,但他的继父却让他当一名内科医生。这使得他的自我认同出现了混乱。因此,他提出的理论可以更好地解释他自身的人格发展危机。安德森(Anderson, 2011)认为,对心理学家的研究有助于我们更好地理解心理学理论和心理学家本人,了解其理论的产生背景、适用范围和局限性。

与上述两类研究不同,对政治人物人格的心理传记研究的难度较大。这主要是因为政治人物出于职业的原因非常善于"印象管理",通常不会向外界袒露真实的内心世界。因此,获得分析政治人物所需的资料比较困难。而且,这些政治人物很可能仍然在世,如已经卸任的总统或领袖人物。但是,通过分析他们在多种场合表现出来的一致的政治行动的风格、所扮演的政治角色的类型、在政治上获得初次成功的经历、对民众声明的内容(如演讲、政治声明)、新闻采访,以及与他们关系亲密的人的回忆录等,也可以对他们的人格进行探究。

需要指出,近年来,我国学者对政治人物和艺术家人格的研究较多。谷传华(谷传华,陈会昌,2006,2009;谷传华,2011)对周恩来人格发展的研究、舒跃育(2009)对诸葛亮人格特征及其成因的研究、郑剑虹(1997,2003)对梁漱溟人格的研究等均属于对政治人物人格的研究；傅安国(2006)对金庸人格的研究、张慈宜和丁兴祥(2012)对张爱玲人格的研究、张建人等(2010)对鲁迅人格的研究等均属于对艺术家人格的研究。相对而言，对心理学家人格的研究相对较少。

9.2.6 人格的心理传记研究的未来

总体上，国外开展的心理传记学研究主要是人格心理学研究的一部分，尽管很多主流的人格心理学家并不太认同这种研究方式，但它起步较早，有关的研究也较多。相对而言，中国的心理传记学研究起步较晚，研究也较少，而且主要是承袭西方心理传记学家提出的理论和方法，这在台湾地区的学者中表现得比较明显。因此，如何适应中国文化的特点，在学习西方学者的理论和方法的基础上提出自己的心理传记研究的理论和方法，是中国研究者目前面临的一个重要问题。

另一方面，长期以来，心理传记学的研究对象主要是一些著名的人物，这显然是比较狭隘的，它人为地降低了这类研究的价值。如何扩大心理传记学研究的范围，将心理传记学扩展到一般人，也是一个值得研究者认真思考的问题。谷传华(2012)指出，可以尝试进行"自我心理传记学"(self-psychobiography)研究。在熟悉心理学理论和研究结果的前提下，可以由人们尝试对自己人格的发展历程进行分析。这种分析不同于人格心理学中的个人叙事，它需要人们运用特定的心理学知识进行自我分析。在此意义上，它似乎更适用于对心理学家人格的分析。

参考文献

丁兴祥,赖诚斌.(2001).心理传记学的开展与应用:典范与方法.应用心理研究,12,77—106.
傅安国.(2006).人格与事业生涯的发展:以金庸的心理传记学研究为例.湛江师范学院学报,5,117—122.
谷传华.(2011).社会创造心理学.北京:中国社会科学出版社.
谷传华.(2012).自我的蜕变:个人(自我)心理传记学研究.首届海峡两岸"生命叙事与心理传记学"学术研讨会,台湾龙华科技大学.
谷传华,陈会昌.(2006).社会创造性人格发展的历史测量学研究.湛江师范学院学报,27(4),91—95.
谷传华,陈会昌.(2009).周恩来人格中和性的心理学分析.武汉大学学报(人文社科版),2,207—212.
李文玫,郑剑虹,丁兴祥.(2012).生命叙事与心理传记学.台湾龙华科技大学通识教育中心.
舒跃育.(2011).历史人物之二重形象研究:以诸葛亮的心理分析为例.兰州:西北师范大学硕士学位论文.
吴继霞,薛飞.(2008).梅贻琦人格特征的历史测量学研究.学术交流,11,224—228.
张慈宜,丁兴祥.(2012).以"疏离"自"惘惘的威胁"中出走:张爱玲的心理传记.中华辅导与咨商学报,(34),19—51.
张建人,周晋彪,凌辉.(2010).鲁迅人格的心理传记学研究.中国临床心理学杂志,(3),340—342.
赵晓春.(2003).瞿秋白人格研究.上海:华东师范大学硕士学位论文.
郑剑虹.(1997).梁漱溟人格的心理传记学研究.重庆:西南师范大学硕士学位论文.
郑剑虹.(2003).梁漱溟人格的初步研究.心理科学,26(1),9—12.
郑剑虹,黄希庭.(2013).国际心理传记学研究述评.心理科学,36(6),1491—1497.
Anderson, J. W. (2011).心理学家的心理传记学研究.载于 William Todd Schultz 主编,郑剑虹,谷传华,丁兴祥,舒跃育,雷学军等译,心理传记学手册(pp.247—255).广州:暨南大学出版社.
Elms, A. C. (2011).把自己当作达·芬奇的弗洛伊德:最早的心理传记何以出错.载于 William Todd Schultz 主编,郑剑虹,谷传华,丁兴祥,舒跃育,雷学军等译,心理传记学手册(pp.256—271).广州:暨南大学出版社.
McAdams, D. P. (2011).心理传记学家应该向人格心理学学习什么.载于 William Todd Schultz 主编,郑剑虹,谷传华,丁兴祥,舒跃育,雷学军等译,心理传记学手册(pp.83—105).广州:暨南大学出版社.
Schultz, W. T. (2011a).心理传记学导言.载于 William Todd Schultz 主编,郑剑虹,谷传华,丁兴祥,舒跃育,雷学军等译,心理传记学手册(pp.2—23).广州:暨南大学出版社.
Schultz, W. T. (2011b).如何从传记资料中获得心理学的发展.载于 William Todd Schultz 主编,郑剑虹,谷传华,丁兴祥,舒跃育,雷学军等译,心理传记学手册(pp.55—82).广州:暨南大学出版社.
Alexander, I. E. (1990). *Personology: Method and content in personality assessment and psychobiography*. Durham and London: Duke University Press.
Allport, G. W. (1937). *Personality: A psychological interpretation*. New York: Holt. Rinehart & Winston.
Allport, G. W. (1965). *Letter from Jenny*. New York: Harcourt, Brace & World.
Anderson, J. W. (1981). Psychobiograph-ical methodology: The case of William James. In L. Wheeler (Ed.), *Review of personality and social psychology* (Vol.2, pp.245-272). Beverly Hills, CA: Sage.
Angus, L. E., & McLeod, J. (Eds.). (2004). *Handbook of narrative and psychotherapy*. London: Sage.
Arnett, J. J. (2000). Emerging adulthood: A theory of development from the late teens through the twenties. *American Psychologist*, 55, 469-480.
Barenbaum, N. (1997). The most revealing method of all: Gordon Allport and case studies. *Paper presented at Cheiron*, Richmond, VA.
Cantor, N. (1990). From thought to behavior: 'Having'and 'doing'in the study of personality and cognition. *American Psychologist*, 45(6), 735-750.
Cantor, N., & Zirkel, S. (1990). Personality, cognition, and purposive behavior. In L. Pervin (Ed.). *Handbook of Personality: Theory and Research* (pp.135-164). New York: Guilford.
Carlson, R. (1981). Studies in script theory: I. Adult analogs of a childhood nuclear scene. *Journal of Personality and Social Psychology*, 40, 501-510.
Carlson, R. (1988). Exemplary lives: The uses of psychobiography for theory development. *Journal of Personality*, 56, 105-138.
Coles, R. (1989). *The call of stories: Teaching and the moral imagination*. Boston: Houghton Mifflin.
Conway, M. A., & Holmes, A. (2004). Psychosocial stages and the accessibility of autobiographical memories across the life cycle. *Journal of Personality*, 72, 461-480.
Ekman, P. (1972). Universal and cultural differences in facial expression of emotion. In J. R. Cole (Ed.), *Nebraska Symposium on Motivation* (Vol.26). Lincoln: University of Nebraska Press.
Elms, A. C. (1994). *Uncovering lives: The uneasy alliance of biography and psychology*. New York: Oxford University Press.
Erikson, E. H. (1958). *Young man Luther: A study in psychoanalysis and history*. New York: W. W. Norton.
Erikson, E. H. (1959). Identity and the life cycle: Selected paper. *Psychological Issues*, 1(1), 5-165.
Erikson, E. H. (1963). *Childhood and society* (2nd Ed.). New York: W. W. Norton.
Erikson, E. H. (1969). *Gandhi's truth: On the origins of militant nonviolence*. New York: W. W. Norton.
Feist, G. J. (1999). The influence of personality on artistic and scientific creativity. In R. J. Sternberg (Ed.). *Handbook of creativity* (pp.273-296). New York: Cambridge University Press.
Fivush, R., & Haden, C. (Eds.). (2003). *Autobiographical memory and the construction of a narrative self: Developmental and cultural perspectives*. Mahwah, NJ: Erlbaum.
Forster, E. M. (1954). *Aspects of the novel*. San Diego, CA: Harcourt Brace Jovanovich.
Giddens, A. (1991). *Modernity and self-identity*. Standford, Calif: Stanford University Press.
Hammack, P. L. (2008). Narrative and the cultural psychology of identity. *Personality and Social Psychology Review: An official journal of the Society for Personality and Social Psychology, Inc*, 12(3), 222-247.
Hogan, R. T., Harkness, A. R., & Lubinski, D. (2000). Personality and Individual Differences. In K. Pawlik, M. R. Rosenzweig (Eds.), *International handbook of psychology* (pp.283-304). Thousand Oaks, CA: Sage Publications.
Hooker, K. (2002). New directions for research in personality and aging: A comprehensive model for linking levels, structures, and processes. *Journal of Research in Personality*, 36, 318-334.
Howard, G. S. (1989). *A tale of two stories: Excursions into a narrative psychology*. Notre Dame, IN: University of Notre Dame Press.
Izard, C. E. (1977). *Human emotions*. New York: Plenum Press.
Linde, C. (1993). *Life stories: The creation of coherence*. New York/Oxford: Oxford University Press.
Little, B. R. (1999). Personality and motivation: Personal action and the conative evolution. In L. A. Pervin & O. John (Eds.). *Handbook of Personality: Theory and Research* (2nd ed., pp.501-524). New York: Guilford.
McAdams, D. P. (1985). *Power, intimacy, and the life story: Personological inquiries into identity*. New York: Guilford Press.
McAdams, D. P. (1987). A life-story model of identity. In R. Hogan & W. H. Jones (Eds.), *Perspectives in personality* (Vol.2, pp.15-50). Greenwich, CT: JAI Press.
McAdams, D. P. (1988). Biography, narrative, and lives: An introduction. *Journal of Personality*, 56, 1-18.
McAdams, D. P. (1992). The five-factor model in personality: A critical appraisal. *Journal of Personality*, 60,

329-361.

McAdams, D. P. (1993). *The stories we live by: Personal myths and the making of the self*. New York: William Morrow.

McAdams, D. P. (1994). Can personality change? Levels of stability and growth in personality across the life span. In T. F. Heatherton & J. L. Weinberger (Eds.), *Can personality change?* (pp. 229-314). Washington, DC: APA Press.

McAdams, D. P. (1995). The person: What do we know when we know a person? *Journal of Personality*, 63, 365-396.

McAdams, D. P. (1996a). Narrating the self in adulthood. In J. Birren, G. Kenyon, J. E. Ruth, J. J. F. Shroots, & J. Svendson (Eds.), *Aging and biography: Explorations in adult development* (pp. 131-148). New York: Springer.

McAdams, D. P. (1996b). Personality, modernity, and the storied self: A contemporary framework for studying persons. *Psychological Inquiry*, 7, 295-321.

McAdams, D. P. (2001). *The person: An integrated introduction to personality psychology* (3rd ed.). New York: Wiley.

McAdams, D. P. (2006). *The redemptive self: Stories Americans live by*. New York: Oxford University Press.

McAdams, D. P. (2008). Personal narratives and the life story. In O. P. John, R. W. Robins, & L. Pervin (Eds.), *Handbook of personality: Theory and research* (3rd ed., pp. 241-261) New York: Guilford Press.

McLean, K. C, Pasupathi, M., & Pals, J. L. (2007). Selves creating stories creating selves: A process model of self-development. *Personality and Social Psychology Review*, 11, 262-278.

Mink, L. O. (1978). Narrative form as a cognitive instrument. In R. H. Canary & H. Kozicki (Eds.), *Literary form and historical understanding* (pp. 129-149). Madison: University of Wisconsin Press.

Mischel, W. & Shoda, Y. (1995). A cognitive-affective system theory of personality: Reconceptualizing situations, dispositions, dynamics, and invariance in personality structure. *Psychological Review*, 102, 246-268.

Murray, H. A. (1949). Introduction Pierre. In H. Melville, *Pierre, or, the ambiguities*. New York: Hendricks House.

Murray, H. A. (1951). Uses of the thematic apperception test. *American Journal of Psychological Review*, 102, 246-268.

Polkinghorne, D. (1988). *Narrative knowing and the Human sciences*. Albany, N. Y.: Suny Press.

Pratt, M. W., & Friese, B. (Eds.). (2004). *Family stories and the life course: Across time and generations*. Mahwah, NJ: Erlbaum.

Runyan, W. M. (1982). *Life histories and psychobiography: Explorations in theory and method*. New York: Oxford University Press.

Runyan, W. M. (1988). Progress in psychobiography. *Journal of Personality*, 56(1), 295-326.

Runyan, W. M. (1990). Individual lives and the structure of personality psychology. In A. I. Rabin, R. A. Zucker, R. A. Emmons, & Frank (Ed.), *Studying persons and lives* (pp. 10-40). New York: Springer.

Sarbin, T. R. (1986). The narrative as a root metaphor for psychology. In T. R. Sarbin (Ed.), *Narrative psychology: The storied nature of human conduct* (pp. 3-21). New York: Praeger.

Schachter, E. (2004). Identity configurations: A new perspective on identity formation in contemporary society. *Journal of Personality*, 72, 167-199.

Schultz, W. T. (2001). Psychobiography and the study of lives: Interview with William McKinley Runyan. *Clio's Psyche: A psychohistorical forum*, December Special Issue, 105-112.

Schultz, W. T. (2005). *Handbook of psychobiography*. New York: Oxford University Press.

Singer, J. A. (2004). Narrative identity and meaning-making across the adult lifespan: An introduction. *Journal of Personality*, 72, 437-459.

Tomkins, S. S. (1962). *Affect, imagery, consciousness* (Vol. 1). New York: Springer.

Tomkins, S. S. (1963). *Affect, imagery, consciousness* (Vol. 2). New York: Springer.

Tomkins, S. S. (1987). Script theory. In J. Aronoff, A. I. Rabin, & R. A. Zucker (Eds.), *The emergence of personality* (pp. 147-216). New York: Springer.

Tomkins, S. S., & Izard, C. E. (1965). *Affects, cognition, and personality*. New York: Springer.

Vitz, P. C. (1990). The use of stories in moral development: New psychological reasons for an old education method. *American Psychologist*, 45, 709-720.

Yin, R. K. (1984). *Case study research: Design and methods*. Beverly Hills: Sage Publications.

第四编 人格与社会文化

我们已经广泛探讨了人格特质、人格动力和人格发展这三个人格心理学基本领域的研究进展，回顾了一系列具体的人格构念与人格研究领域，力求呈现人格心理学这一广阔深邃的画卷。然而，若要真正全面地理解人格，不能仅仅从个体人格内部的不同方面及其相互联系的角度来考察，还要有更广阔的视野，把人放在一个更宏观的社会、历史和文化背景中，通过探究具体的社会生活和人际互动过程，来更深刻地洞悉人性规律，把握人格意涵。

人与其所处的社会、历史和文化之间的联系是不言而喻的。如我们前面介绍过的马基雅弗利主义，它发端于古罗马特定的历史背景下，而又深刻地存在于东西方两种不同的文化体系中，几千年来它通过个体行为影响政治文化进而影响着历史进程；在当今社会，马基雅弗利主义同样广泛性地存在着，有着多样的表现形式，既为很多人所不齿又被每个人或多或少地使用着。可见，个体很难超越自身所处的社会文化，而社会文化也要通过个体作为载体来得以延续。因此，有人主张，人格既是文化的产物，也是文化的创造者；文化影响着个体人格的形成与发展，人格也会影响到文化的变迁。这一点在心理学中的跨文化研究中体现得尤为明显。例如有学者认为，西方基督教文化是罪感文化，人们常常感受到自身的"原罪"，被罪恶感侵扰，故他们需要祈求主的宽恕；而儒家文化是一种耻感文化，人们常常被羞耻感所羁绊，因而他们非常在乎别人的评价，对侮辱也特别敏感。这说明不同社会文化背景会使个体人格有很大的差别。在这一编中，我们并不以跨文化人格研究作为探讨的重点，也并不是聚焦于像集体主义/个人主义这样具体的文化心理学主题——这方面的内容在很多论著中都多有涉及。我们只是将社会文化作为一种大的背景，而重点关注在当今社会文化背景之下的现实社会生活，以及人格在其中的作用。

这一编主要包括以下三方面的内容。首先，我们将探讨"幸福"这一主题。幸福是近年来心理学研究的一个热点，也是心理学回应社会关切的一种表现。在短短一章的内容中,当然难以揭示心理学中幸福研究的全貌,我们关注的是其中的一个侧面:在生活中我们都在追求幸福,并且将物质利益的获取视为实现幸福的重要途径,那么经济因素真的会提升人的幸福水平吗?通过这一视角也许可以引发对幸福问题深入思考。其次,我们会研究当今社会文化中的一些消极方面,看看人格心理学对这些问题行为有哪些探讨,包括当今社会关注的青少年游戏成瘾以及攻击性等问题行为。最后,我们将从一个更宏观的层面,综合理论思考、文化命题、心理学与历史的联系以及和平心理学的探索与展望,对有关文化与人格交互作用的一些理论观点和具体研究领域展开叙述。

10 幸 福

10.1 经济因素对幸福感的影响 / 404
  10.1.1 经济因素与幸福感的关系 / 405
  10.1.2 经济因素影响幸福感的发生机制 / 407
  10.1.3 有待深入的问题 / 410
10.2 幸福悖论:质疑与解释 / 412
  10.2.1 对幸福悖论的质疑 / 412
  10.2.2 对幸福悖论的解释 / 414
  10.2.3 未解决的问题 / 421
10.3 如何破解中国的幸福悖论 / 422
  10.3.1 幸福悖论产生的原因 / 422
  10.3.2 幸福悖论的破解 / 426
  10.3.3 我们对幸福的认识 / 429

  千百年来,人类无时无刻不在通过探索幸福来寻求自己存在的意义。从平民百姓到大圣先贤,无数人把幸福当作人生的终极追求和至上目标。而且不论任何种族、任何文化、任何信仰的群体,对幸福的强调也基本上是一致的。但是在面对"什么是幸福"、"你幸福吗"这样似乎很简单的问题时,人与人之间的理解和回答却是大相径庭。那么究竟何为幸福?具体到每个个体,怎样才能实现幸福?这些都是以提升人类生活质量为基本目标(Gerrig 和 Zimbardo, 2003, p. 4)的心理学不得不面对的问题。

  围绕着这些问题,几十年来的心理学界已经产生了大量有价值的研究成果。例如,基于两种不同的哲学传统,研究者将幸福感分成**主观幸福感**(subjective well-being)和**心理幸福感**(psychological well-being)[①]。主观幸福感源于享乐主义哲学观,

---

[①] 国内学界通常把"subjective well-being"译为"主观幸福感",以便与另一个与之并列使用的概念"心理幸福感"(psychological well-being)相区别。但"主观幸福感"的译法不太符合中文的表达习惯,因为在中文中,"感"已能表明其主观性。由于本章讨论的都是"主观幸福感",没有涉及"心理幸福感"这个概念,因此,本部分中我们提到的"幸福感"均指"subjective well-being"。

强调广义的心理、生理愉悦,认为幸福感主要由主观的快乐构成,包含了积极的情感和认知体验;而心理幸福感则基于实现论(eudaimonic),强调人的潜能实现与人格发展,包括自我接纳、个人成长、自主等内容。除此之外,在大量研究的基础上,研究者揭示了一系列可以对幸福感造成影响的因素,包括年龄、自尊、控制点、生活目标等。但是在有些问题上,学界对幸福感的研究还存在着一定的分歧,其中一个受到大量关注的问题就是国家和个人水平的经济因素对于幸福感的影响究竟如何。本章对幸福的探讨也将围绕着这一问题展开,我们将从这一问题的研究数据出发,介绍可能的影响因素与相关的理论解释,尽可能全面完整地阐明最新的研究进展。最后,结合中国的现实,我们将进行针对性的分析,并提供相应的解释视角和应对建议。

10.1 经济因素对幸福感的影响[①]

对于经济因素与幸福之间的关系,传统经济学家认为,财富如收入和资产对幸福或生活满意度有直接的影响,因为高收入能为个体提供更有利的机遇和选择,因此增加财富就能增加幸福。改革开放四十多年来,中国发生了翻天覆地的变化,人民的生活质量得到了较大改善,物质生活得到了较大满足,整体上已解决了温饱问题,步入小康社会。按理说,人民会感到生活越来越幸福。然而,很多研究却显示,这些年国民的幸福感并没有随之提升,半数以上民众不认为自己幸福(见表10.1)(何立新,潘春阳,2011)。那么,问题出在哪里?

表10.1 中国居民主观幸福感频率统计

幸福感	频数	频率(%)
非常不幸福	132	1.37
不幸福	730	7.59
一般	4 288	44.57
幸福	3 915	40.69
非常幸福	556	5.78

来源:何立新,潘春阳,2011

近几十年来,这个课题也成为积极心理学领域研究的热点。在此,人们平常所说

[①] 本节基于如下工作改写而成:(1)李静,郭永玉.(2007).金钱对幸福感的影响及其心理机制.心理科学进展,15(6),974—980.(2)李静,郭永玉.(2010).收入与幸福的关系及其现实意义.心理科学进展,18(7),1073—1080.撰稿人:李静。

的幸福常用幸福感(Subjective Well-being, SWB)这一术语来描述。它是指个人根据自定的标准对其生活质量进行整体性评估而产生的体验,主要由情感和认知两种基本成分构成,其中情感成分包括积极情感和消极情感两个相对独立的维度,认知成分则指个体对自己生活满意程度的评价(Diener, 2000)。1967 年,沃纳·威尔逊(Warner Wilson)在《自称幸福的相关因素》一文中指出,幸福的人是有高收入的(Diener, Suh, Lucas, & Smith, 1999)。自此以后,心理学家们围绕经济因素与幸福感的关系进行了大量的实证研究,得出的结论也不尽相同。本节拟对这些研究进行总结,并探讨经济因素对幸福感产生影响的心理机制,以使人们更科学地理解经济因素与幸福的关系,同时为政府制定提高我国人民整体幸福感的公共政策提供一定的参考。

10.1.1　经济因素与幸福感的关系

积极心理学认为,幸福感是主体对客观生活的主观感受,这种主观感受受经济因素的影响不是很大。基于此观点,研究者从多个角度考察了经济因素与幸福之间的关系,有国内层面的,也有国际层面的;有静态的,也有动态的。

首先,在一个国家内部,个体的收入一般与其幸福感呈显著正相关,相比而言,二者的相关在贫穷国家里比在富裕国家里更高些,但相关系数都不高(Veenhoven, 1991)。迪纳(Diener)等在美国选取了一个有代表性的样本,发现收入与幸福感之间的相关系数是 0.12(Diener, Sandvik, Seidlitz, 和 Diener, 1993)。即使考察非常富有的人时,收入对幸福感的影响仍然很小。迪纳等曾对 1985 年《福布斯》杂志公布的 100 位最富裕的美国人进行调查,结果发现与一般的美国人相比,他们只是稍微幸福那么一点点。49 位超级富翁中,有 80%的人报告"钱可以增加或者减少幸福,关键看你怎么使用它";一位富翁从来不记得自己曾经幸福过;一位妇女报告钱不能解除由她孩子的问题所造成的痛苦(Diener, Horwitz, 和 Emmons, 1985)。

从中国的情况来看,收入与幸福感也没有直接的因果关系。2004 年 4 月,《瞭望东方周刊》与芝加哥大学教授、中欧国际工商学院行为科学研究中心主任奚恺元合作,对中国六个城市进行了一次幸福指数的测试。结果显示:六大城市的幸福指数从高到低依次是杭州、成都、北京、西安、上海、武汉;从当前幸福指数与人均月收入对照来看,上海人均月收入最高,但幸福指数排倒数第二,成都人均月收入最低,但幸福指数排第二,杭州人均月收入居中,幸福指数却最高(任俊,2006,pp. 121 - 122)。

各国之间的收入和幸福感情况又是怎样的呢?迪纳及其同事经过一系列的研究发现,国家财富与国民的平均幸福感有着积极的关系。他们曾对 29 个国家的平均生活满意度及其收入(以购买力为指标)进行了持续四年(1990—1993 年)的调查,发现各国的平均购买力水平与平均生活满意度之间的相关系数是 0.62(Diener, 2000)。

后来,他们又选取了55个国家的有代表性的样本,使用国民生产总值和购买力作为国民经济的指标,重复了此结果(Diener, Diener, 和 Diener, 1995)。但是,值得注意的是,富裕的国家在很多方面与贫穷的国家不同,这些差异可能夸大了收入与幸福感在国际层面的相关。富国比穷国往往更加民主和平等,因此,国家财富与其国民的幸福感的关系至少部分可归结于富裕国家中的人民受到其他利益的间接影响,而非财富本身的直接影响(Diener 等, 1999)。而且,即便是国家财富对国民的幸福感有较大影响,这种影响也不是直线型的。有研究者在分析1991年人均国民收入和幸福感的统计数据时发现,在最贫穷的国家里,财富对幸福感的影响还是比较大的,国家越富裕,人民越能感受到幸福。但是,当人均国民收入超过8 000美元时,国家财富与国民幸福感的相关就消失了(如图10.1所示),而人权、平等等指标的影响开始明显增大(Myers, 2000)。

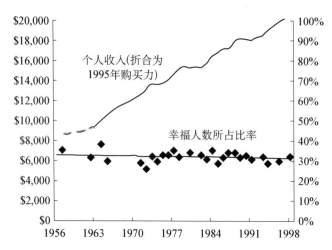

图10.1　美国1956—1998年间个人收入与幸福人数比率的变化趋势
来源:Myers, 2000.

再从收入改变的角度来看,个体收入的增加与其幸福感的提高是没有必然联系的。有研究发现彩票中奖者并不像我们所预期的那样比控制组更幸福(Brickman, Coates, 和 Janoff-Bulman, 1978)。迪纳等人(Diener 等, 1999)的研究表明,在十年的时间里,收入上或下波动半个标准差的人群之间的幸福感水平没有显著差异。迪纳和比斯瓦斯-迪纳(Diener 和 Biswas-Diener, 2002)认为,只有当个体收入的增长是缓慢和稳定的时候,才会导致个体幸福感的增加。而且,收入对幸福感的影响并不总是积极的,也有研究发现收入的迅速增加反而会降低幸福感(Diener 等, 1993)。

同样地,国家经济的发展也并不意味着国民幸福感的增加。迈尔斯(Myers,

2000)研究了自二战以来美国的经济发展水平与其国民的幸福感之间的关系。他发现,到20世纪末,整个社会的财富几乎比1957年时翻了一番,中产阶级扩大了近两倍,绝大部分家庭的收入都有了明显增加,但从调查结果来看,报告自己"非常幸福"的人数却从1957年的35%下降到1998年的33%。而且,更让人触目惊心的是,离婚率翻了一番,青少年自杀增长了3倍,暴力犯罪增长了4倍,抑郁症患者尤其是青少年患者的人数急剧上升。他把这种物质繁荣的同时社会却衰退的现象称为"美国困惑"。迪纳和徐(Diener和Suh,1997)也考察了1946—1990年期间美国幸福感的变化趋势,结果发现可支配的收入(控制了通货膨胀和税收)急剧增长,但幸福感的水平保持不变。迪纳等人(Diener等,1995)考察了55个国家的人均国内生产总值的增长与幸福感之间的关系,发现二者并不相关。

这些结论似乎与我们头脑中已有的生活概念不大相符。在日常生活中,当被问到"没钱你能幸福吗",几乎所有人都会摇头或干脆笑笑不置可否。当再被问到"什么最能改善你的生活质量",大多数人都会回答"金钱"。为什么会出现这种不一致?这主要是因为金钱在我们的日常生活中扮演了太重要的角色,尤其对于一般的民众,我们总是通过金钱这个中介来获得我们想要东西,金钱在我们这个社会几乎具有一切商品的属性,这就使得金钱在我们心理上的作用被夸大了,好像只要有很多钱我们就能过上幸福的生活。而事实上,经济因素对幸福感的影响是相对的。在一定范围之内,经济因素对幸福感的影响较大,而一旦超出这个范围,经济因素对幸福感就不产生什么大的影响或者根本不产生影响。为什么会出现这种情况?大量研究表明,经济因素与幸福感之间可能存在着某些心理变量在调节二者的关系。下面我们就来探讨经济因素影响幸福感的发生机制。

10.1.2 经济因素影响幸福感的发生机制
人格

影响幸福感的因素可分为内部因素和外部因素。研究表明,相对经济因素而言,内部因素尤其是稳定的人格因素常常被认为是幸福感最可靠、最有力的预测源之一。也可以说,经济因素是幸福感的外部影响因素,人格是个体幸福感的内在预测指标。那么,它们之间是否存在某种内在的联系?经济因素对幸福感的影响是否受到人格因素的缓冲?

联系人格和幸福感的一种概念模型是,人们具有一种幸福或者不幸福的遗传素质,这可能是由天生的神经系统的个体差异所造成的(Diener等,1999)。行为遗传学的研究有力地证明了这一点。例如,特利根(Tellegen等,1988)考察了共同抚养和分开抚养的同卵和异卵双胞胎,计算出基因能够分别解释积极情感和消极情感的

40%和55%,而共享家庭环境只能分别解释这二者变异的22%和2%。如果这种先天的体验某种幸福感水平的稳定倾向确实存在,那么幸福感至少在一定程度上具有跨时间和跨情境的一致性。尽管情境因素可能使幸福感偏离基线水平,稳定的人格因素却会施加长期影响。黑迪和韦尔林(Headey 和 Wearing,1989)提出的**动力平衡模型**(dynamic equilibrium model)支持了这一点。他们指出,人们在经历了各种好的或坏的生活事件后,最终会回复到幸福感的基线水平。外部事件对幸福感的影响是短暂的,内在的人格特质或认知因素对幸福感的维持起着关键的作用。根据这一模型,收入的增加或减少会在短期内提高或降低人们的幸福感,但是由于受到人格因素的调节作用,人们最终会回复到之前的幸福感的水平。

那么,究竟有哪些具体的人格因素在此过程中起作用呢?国内研究者(张兴贵,何立国,贾丽,2007)采用结构方程建模技术,结果表明,五因素模型中的外向性和神经质对幸福感有直接效应,而尽责性和开放性则通过这两个人格维度对幸福感有间接效应。另一个已被证明的在其中起作用的人格特质是控制感。例如,约翰逊和克鲁格(Johnson 和 Krueger,2006)的研究表明,对生活的控制感可以调节实际的财富与生活满意度之间的关系。拥有强烈控制感的人更可能采取行动为自己的目标而努力奋斗,通过奋斗,也更可能达到期望的目标,从而导致更多的满意感,这种结果反过来又增强了个体对生活环境的控制感。因此,控制感调节收入与生活满意度之间的关系或许是基于这样一种方式:人们通过工作和其他途径创造物质财富,那些相信自己能够控制生活的这些方面的人更可能成功地为自己创造出有利的经济资源,从而导致更多的幸福感。即使在面临困难的经济状况的时候,控制感也是有适应价值的。拉赫曼和韦弗(Lachman 和 Weaver,1998)研究发现那些收入低但能够维持高度控制感的被试组报告的幸福感的水平几乎与高收入的被试组一样高。他们不将这种低收入状态视为不可变的,而确信能够改变这种情形。结果,这样的低收入者的不幸福程度比那些处于同一状态的悲观的低收入者的不幸福程度要低得多。可见,在经济状况不利的情形中,控制感扮演了一种积极的角色,它能够使人们更成功地调整自己以适应这种困境,从而缓和了低收入对幸福感的负面影响。当然,对于控制感的这种适应价值也存有异议。一种观点认为,对于处于不利经济状况的人们来说,要他们相信自己能够控制这种环境是不现实的,有可能导致不恰当的自责,相反,维持对现状的现实的评估对他们可能更有利;而且,如果低收入不能提供控制的机会,拥有高度的控制感可能还会导致失望和沮丧。因此,能够明确地意识到外在环境的限制对于低收入的阶层可能更有效(Lachman 和 Weaver,1998)。

目标

资源会通过影响人们实现目标的能力而间接影响幸福感,而那些对人们实现自己的目标有利的社会资源会促进幸福感(Emmons, 1986)。因此,经济因素对幸福感的影响可能是因为它影响人们达成各种目标的能力。那么,从理论上来讲,更多的金钱能够使人们达成更多的目标,从而导致更多的幸福感。但是,有这样一种观点,即财富之所以对幸福感产生影响,主要是因为它提供了满足基本的生理需求如食物、水、住房、保健的一种手段。然而,一旦基本需要被满足,它与幸福感的关系就变得复杂(Diener 等,1999)。基于此争议,迪纳等深入地探讨了收入、基本需要的满足和幸福感的关系,发现即使当基本需要被控制时,收入仍然与幸福感显著正相关,表明金钱对幸福感的影响超越了满足基本的生理需要这个目标(Brickman 等,1978)。

以上我们是把金钱作为实现目标所需的一种社会资源来看。换一个角度,当把金钱本身作为追求的目标时,它对幸福感又将产生什么样的影响呢?西尔吉(Sirgy, 1998)提出了**物质主义**(materialism)这一概念,并把它定义为"相对其他生活领域,物质生活领域被认为高度重要"的一种状况。西尔吉认为,物质主义目标本身对幸福感有直接影响。相关研究表明物质主义与幸福感呈负相关,即使控制收入也是如此(Kasser 和 Ryan,1993,1996)。那些认为金钱比其他目标更重要的人对他们的生活标准和生活质量更不满意。西尔吉(1998)对此的解释是,物质主义者把物质追求的目标设置得太高,不切实际,以致根本没有能力去实现这些目标,所以他们对自己的生活不满意。

自我决定论的代表人物卡塞和瑞安(Kasser 和 Ryan,1993,1996)也认为把追求经济的成功作为生活的中心目标会降低幸福感。他们的理论基础是,自我决定是人类天生的需求,过分追求经济目标会消耗大量的能量,这样就减少了实现其他内在目标的机会,而最终阻碍幸福感的提升。他们区分了内在目标和外在目标。其中前者是指定向于自我接纳、情感联系、团体卷入的目标。定向于内在目标的人会体验到更多的幸福,因为这些目标与自我决定需要的满足相联系,而定向于外在目标如金钱的人则会体验到更多心理上的不适应。所以,按照自我决定论,物质目标之所以与低的幸福感相联系,其根本就在于它缺乏自主定向。契克森米哈(Csikszentmihalyi,1999)则认为如果更多的心理能量被投资到物质目标上,追求其他目标如美满的家庭、亲密的友谊、兴趣爱好可用的能量就减少了,而这些目标对于我们的幸福生活同样也是必要的。

动机

前面我们已经讨论了物质主义对幸福感的负面影响,但是也有研究者对此提出了质疑。迪纳等人(Diener 等,1999)在回顾三十年来关于幸福感的研究时提到,目标对幸福感的影响似乎比简单地达到个人的目标更复杂,暗示目标背后潜在的动机可能是一个重要因素。

研究者曾提出过两种类型的物质主义：一种是**工具性的物质主义**（instrumental materialism），指使用物质财富作为实现个人价值和生活目标的手段，这种物质主义是无害的；另一种是**终极性的物质主义**（terminal materialism），指使用物质财富去获得社会地位并赢得他人的赞美和羡慕，这种物质主义是有害的（Srivastava, Locke, 和 Bartol, 2001）。

卡弗和贝尔德（Carver 和 Baird, 1998）认为每个目标背后有四种类型的动机，分别是：内部的（被内在的快乐所激发）、认同的（反映了个人的价值观）、投射的（来自内部的压力如内疚或社会赞许）、外部的（由外部奖励或惩罚的力量所引起）。前两种动机又可被归为内部动机，后两种动机可被归为外部动机。虽然他们发现总体上经济成功的重要性与幸福感呈负相关，但同时也发现经济成功目标的内部动机与幸福感呈正相关，外部动机与幸福感呈负相关。卡弗和贝尔德（Carver 和 Baird, 1998）的研究局限就在于他们考虑的追求经济成功的原因有限。按照他们的假设，如果研究中包含的动机的范围更广，钱的重要性对幸福感可能就没有主效应了。

于是，斯里瓦思塔瓦等人（Srivastava 等, 2001）在后来的研究中考虑到了十种挣钱的动机：安全、维持家庭、市场价值、自豪、休闲、自由、冲动、慈善、社会比较、克服自我怀疑。经进一步因素分析最终确定了三类动机：积极的动机（前四种）、行动的自由（中间四种）和消极的动机（后两种）。结构方程模型显示，当控制挣钱的动机尤其是消极的动机如社会比较、克服自我怀疑后，钱的重要性与幸福感之间的负相关关系就消失了。研究还发现积极的动机和行动的自由对幸福感的主效应不显著。这说明物质主义与幸福感的负相关正是由于这些消极动机的影响。

金钱本身是没有害的，事实上，当金钱被用来帮助满足大量的基本需求时是很有益处的，毕竟，"没有钱是万万不能的"；但是，"钱也不是万能的"，当用金钱来做不能做的事情时，对它的追求就成了问题。比如，金钱不能直接减轻自我怀疑，因为缺少钱不是它的根源（Srivastava 等, 2001）。所以，金钱与幸福感的关系不在于挣钱的目标本身，而在于挣钱的动机。

10.1.3 有待深入的问题

从心理学的研究结论可以看出，经济因素与幸福感的关系，远不止传统经济学的假设那样简单。在一个国家内部，富人与穷人在幸福感上的差异并没有二者在财富上的差异那么大，尽管富裕国家的人民一般来说比贫穷国家的人民感到更幸福，但这种差异也不能简单归结为财富的差异。而且，个体收入的改变和国民经济的增长并不一定带来幸福感的提高。研究者还从人格、目标、动机等方面探讨了经济因素影响幸福感的心理机制，这使得人们对经济因素与幸福之间的关系有了新的认识和更科学的理解。但是仍有一些问题有待深入探讨。

首先,对于经济因素究竟在多大范围内或多大程度上影响幸福感,还没有一致的结论。之所以如此,可能是由于研究对象过于笼统化。其实,对不同阶层的人群而言,金钱对于他们的意义和价值可能是不一样的。对贫穷的人来说,能够用来满足其基本生理需求的金钱对他们的幸福感的影响应该是很大的。而对富裕的人来说,金钱对其幸福感的影响可能很大,因为他们可能需要金钱去实现更高的目标;当然这种影响也可能很小,因为非物质财富的因素如与家人和朋友交往的时间、身体健康、工作稳定、婚姻状况、个人安全感以及人际关系等对他们的幸福可能更重要。而且,在个体不同的生命阶段,金钱对其幸福感的作用可能也是不同的。比如,金钱对成年人幸福感的影响可能比对老年人幸福感的影响更大。因此,今后的研究在研究对象上需要细化,例如把不同阶层或者不同年龄阶段的群体区分开来分别加以考察,然后进行比较,这样才能得出比较准确的、真实的结论。

其次,经济因素对幸福感的影响,并不一定是哪一种心理机制就能解释清楚的。各种心理变量之间可能存在交互作用。例如,有的研究发现非抑郁、乐观的人倾向于关注比自己做得差的人的数量,而抑郁、悲观的人则更多地关注比自己做得好的人的数量(McFarland 和 Miller, 1994)。这说明个体的人格影响其使用社会比较信息的方式。因此,以后的研究最好考虑多个心理中介变量,建构经济因素、心理变量与幸福感的关系模型,以便于更深入、更透彻地理解经济因素是怎样对幸福感产生影响的。在研究方法上,无论是相关研究还是实验研究都有待于进一步完善。

最后,心理学的任何研究主题都需要考虑所处的文化背景,这就涉及本土化的问题。以上结论大部分都是基于国外的研究成果,而这些结论是否可以推广到中国,还有待于本土化的实证研究。而且,在以"构建社会主义和谐社会"为主题的中国现阶段,对此课题的研究还有着重要的实践意义。经济发展、环境优美、人际和谐、全体社会成员欢乐幸福是和谐社会的基本特征。构建社会主义和谐社会,不仅要关注经济硬指标,更要关注人民大众的切身感受。因此,对政府而言,可以此课题的研究成果作为参考,制定一些能够提高人民整体幸福感的相关政策,如解决贫困问题、缩小收入差距等。但是,需要注意的是,目前幸福感测量本身还不完全成熟,应该主要采取探索的方式,尤其需要从中更多地知道到底有些什么因素影响了人们的幸福感,并随之不断完善施政的指标体系。目前幸福感测量研究存在指标不统一、研究方法缺乏创新、文化差异性日益突出等问题,所以从中国的文化背景和当前的经济社会发展程度出发,借鉴国外的理论和方法,提出适合当今中国居民的幸福感理论构念并编制出相应的幸福感量表,是极为迫切的问题。

10.2 幸福悖论:质疑与解释[①]

在幸福感的研究领域,最令人们争论不休的话题之一是收入与幸福的关系。钱到底能不能买来幸福呢？随着研究的深入,很多心理学家和经济学家得出结论:钱对幸福并不是那么重要,人们往往过分估计了它的作用。例如,横向研究的结果一般显示,收入与幸福有着积极的但非常微弱的相关,相关系数一般在 0.2 左右(Diener 和 Biswas-Diener, 2002；North 等, 2008；Georgellis, Tsitsianis, 和 Yin, 2009；Lucas 和 Schimmack, 2009；Caporale 等, 2009),也就是说,收入只能解释幸福感 4% 左右的变异。有的研究甚至发现收入对幸福感没有显著的影响(Sing, 2009；Yao, Cheng, 和 Cheng, 2009；Park, 2009；Inoguchi 和 Fujii, 2009)。纵向研究的结果更是令人惊奇。经济学家伊斯特林(Easterlin,1974)在美国首次发现,尽管人均收入大量增加,但国民幸福水平却并未随之提高,这就是著名的"**伊斯特林悖论**"(Easterlin paradox),国内学者也称之为"幸福悖论"或"幸福—收入之谜"。伊斯特林悖论后来在美国及其他国家也得到了进一步的验证(Veenhoven, 1993；Easterlin, 1995；Diener 和 Suh, 1997；Oswald, 1997；Myers, 2000；Inglehart 和 Klingemann, 2000；Blanchflower 和 Oswald, 2004；Bjørnskov, Gupta 和 Pedersen, 2008)。在以上观点被广泛接受的同时,也有些研究者对此表现出迷惑和担忧:如果收入与幸福之间只有微弱的关联甚至没有关联,那么致力于不断发展国民经济的社会政策还有什么意义呢？尤其令人忧虑的是,在发展中国家,面对大量低收入人群谈所谓"科学心理学"的研究数据发现——幸福与收入之间的低相关关系,不仅是不科学的,更是丧失了一个科学家的基本良知和社会责任。因此,对幸福悖论进行重新考察是非常必要的。本节中,我们将对近年来学界质疑和解释幸福悖论的一些观点进行介绍。

10.2.1 对幸福悖论的质疑

近年来一些研究者认为,以往研究之所以得出收入与幸福关系微弱的结论,主要有以下几点原因:

(1) 样本缺乏代表性。很多跨国调查研究选取的样本局限于经济比较发达的国家,很少包含贫穷国家,即便有,往往也只是考察了贫穷国家中的城市居民,而没有考

[①] 本节基于如下工作改写而成:(1)李静,郭永玉. (2008). 收入与幸福感关系的理论. 心理研究,1(1), 28—34. (2)李静,郭永玉. (2010). 收入与幸福的关系及其现实意义. 心理科学进展,18(7),1073—1080. 撰稿人:李静。

虑农村居民(McFarlin, 2008)。例如,著名的伊斯特林悖论就是仅仅基于发达国家的样本数据而得出的,因此是不能推广的(Hagerty 和 Veenhoven, 2003)。有研究者提高样本的代表性,考察了全球130多个富裕和贫穷的国家,结果发现富国的国民幸福感往往高于穷国,不同国家之间人均收入的差异与国民幸福水平的差异是相关联的,此外,收入增长不仅对提升贫穷国家的幸福更有效,而且收入的增长也与各国国民的生活满意度的增长相关联,似乎不存在收入的上限值(Deaton, 2008)。一些国家内部的调查也是如此。可能主要是因为样本局限于经济富裕地区的居民(参见 North 等, 2008; Sing, 2009; Yao, Cheng, 和 Cheng, 2009),才出现收入与幸福的相关很小,或者收入增长不能带来幸福增加的结果。其实有很多研究都发现,收入与幸福的关联在贫穷国家里比在富裕国家里更强烈;在收入水平较低时,收入增长确实能带来幸福水平的大量提升,只是当收入超过一定范围时,收入对幸福的影响就会减弱甚至消失(Myers, 2000; Diener 和 Biswas-Diener, 2002; Hagerty 和 Veenhoven, 2003; Kahneman 等, 2006; North 等, 2008; Drakopoulos, 2008; Zhang, Yang, 和 Wang, 2009; Mentzakisa 和 Morob, 2009)。因此,研究样本的局限可能掩盖了收入与幸福之间的真正关系。

(2) 纵向研究考察的时间序列(time series)有限。由于幸福的变化通常很小,跟财富不一样,幸福的评价一定会有个上限,那些幸福水平本来就较高的国家,其国民幸福不可能在短时间内增加很多,所以需要很长的时间序列来考察其幸福水平到底有没有上升的趋势;另外,由于经济的上下起伏导致各国平均幸福水平往往略有波动,排除这些波动来估计长期的幸福变化趋势也需要相当的时间序列(Veenhoven 和 Hagerty, 2006)。而现有的一些研究往往基于有限的时间序列信息(参见 Easterlin, 1995; Ferrer-i-Carbonell, 2005; Brockmann 等, 2009),这样得出的结果可能是片面的、不准确的。基于此种考虑,有研究者考察了更长的时间序列,结果发现,经济增长与幸福增长之间确实存在正相关,随着收入的增加,多数国家的国民幸福感都有上升的趋势,尤其是在贫穷国家里,幸福水平有显著的提升,只是富裕国家里幸福感的增加轻微一些(Hagerty 和 Veenhoven, 2003; Veenhoven 和 Hagerty, 2006)。

(3) 收入的测量指标不准确。菲舍尔(Fischer, 2008)认为,以往证实伊斯特林悖论的研究几乎总是依赖人均国内生产总值(gross domestic product, GDP)作为收入的测量指标,但这个指标是很不恰当的,因为它忽视了 GDP 随着时间推移而呈现越来越严重的偏态分布,而且忽略了个人为了获得财富所付出的努力和代价,不能客观体现社会财富的真实水平。他的研究还发现,当使用家庭收入、男性收入和小时工资三个指标的时候,伊斯特林悖论就消失了,国民幸福水平随着这三个指标的增减而发生相应变化,而且这些指标与国民幸福之间存在正相关,相关系数高达0.46。

(4) 统计方法的偏差。研究发现,当收入与幸福感之间小的相关系数被转换成其他的效应值,比如标准化的平均数差异时,不同收入层次之间幸福感的差异就大大增加了,这时富人的幸福感要远远高于穷人甚至是中等收入的人。因此小的相关可能隐藏着大的差异,富人并非只比穷人幸福一点点(Lucas 和 Schimmack, 2009)。另外,当把收入按照不同层次进行分组,比较组间平均数的差异时,也会发现低收入者的幸福感要显著低于中等收入者和高收入者(郭永玉,李静,2009;Smyth, Nielsen, 和 Zhai, 2010)。

10.2.2 对幸福悖论的解释

从以上的质疑中可以看出,收入与幸福的关系是复杂微妙的,样本、时间序列、测量指标和统计方法的不同可能都会导致不同的研究结果。因此,任何研究得出的结论都必须要小心谨慎地推广。结合现有研究来看,也许收入与幸福之间是一种曲线关系:在低收入水平下,收入的增加会导致幸福水平的显著提升;当收入一旦达到某种限值水平(threshold)之后,它对幸福的积极效应就会逐渐减弱甚至消失。但这个限值水平究竟是多少,该如何界定呢?目前还没有明确和统一的认识。不同的研究因考察的时间和样本不同而得出的结论不同。不过可以肯定的是,这个值与特定时期和特定社会的消费水平有关。它至少要能够满足人们的衣食住行等基本的物质生活需要。根据马斯洛的需要层次理论,需要的层次性是以力量的强弱和出现的先后为根据的。越是低层次的需要,力量越强,越力求优先得到满足。如生理需要是最低层次的需要,必须在它得到基本的满足后,较高层次的需要才能占优势。有学者采用公式推导出,需要层次结构中基本需要的满足比随后次级需要的满足对提升个体幸福感的作用更大。一旦基本需要被满足以后,收入对生活满意度的积极效应就会减弱(Drakopoulos, 2008)。

基于以上分析,我们认为可从以下两点来认识收入与幸福的关系:第一,中等收入是幸福的基础或必要条件。整体而言,穷人的幸福感比富人的低,穷国国民的幸福感比富国国民的低。在低收入水平下,即当人的衣食住行等基本需要得不到满足时,收入与幸福的相关较高,增加收入就会增加幸福感。当一个国家的低收入群体很大的时候,增加他们的收入会显著导致整个国民幸福感的提高。第二,当个体收入达到了衣食住行无忧的水平,即超出了基本需要的满足,或当一个国家中等以上收入群体很大的时候,收入与幸福的相关就减小,收入的增加对幸福感的积极效应就会由于受到其他心理因素的干扰而逐渐减弱甚至消失。目前已有一些理论从社会比较、适应和欲望等心理因素的角度来对此进行了解释。

社会比较理论

幸福感没有绝对的衡量标准,人们在评价自己的幸福程度时,往往拿自己的现有情形与周围相关的人(如同事、同学、邻居等)进行对比,在收入方面也是如此,这就是社会比较(social comparison)的心理过程。对于一个人的心理感受来说,最重要的不是他的绝对收入水平,而是他和别人比较的相对地位。尤其是当收入水平较高的时候,相对收入比绝对收入更能预测幸福感(Sweeney 和 McFarlin, 2004;Mentzakisa 和 Morob, 2009)。设想有金钱的购买力完全相同的两个社会 A 和 B,在 A 中,你的年收入是 5 万美元,其他人的收入是 2.5 万美元;在 B 中,你的年收入是 10 万美元,其他人的收入是 20 万美元,你更愿意选择生活在哪个社会中呢?索尼克和海明威(Solnick 和 Hemenway, 1998)的研究发现,有超过一半的被试更愿意选择 A,即为了拥有较高的相对收入,宁愿舍弃追求更高的绝对收入。后来其他研究也得到了类似的结果(Solnick, Li, 和 Hemenway, 2007;Carlsson 和 Qin, 2010)。此外,奚等人(Hsee 等,2009)的模拟实验研究发现,虽然贫穷社会中的富人比富裕社会中的穷人挣的钱还少,但前者比后者更幸福(见图 10.2)。这些结果都从一定程度上说明了相对收入有时比绝对收入对幸福更为重要,也印证了中国的一句古话:"宁做鸡头,不做凤尾。"

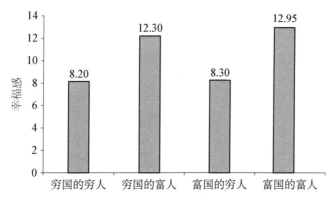

图 10.2　不同国家的不同人群幸福感的比较
来源:Hsee, 2009.

大量研究发现,参照收入(reference income)或比较收入(comparative income)对幸福感有强烈的负面影响(Ferrer-i-Carbonell, 2005;Ball 和 Chernova, 2008;Bjørnskov, Gupta, 和 Pedersen, 2008;Georgellis, Tsitsianis, 和 Yin, 2009;Becchetti 和 Rossetti, 2009;Senik, 2009;Brockmann 等, 2009;Smyth, Nielsen, 和 Zhai, 2010;McBride, 2010),即作为参照或比较对象的收入越高,个体就越处于相

对劣势地位,其幸福感就越低,此谓"**嫉妒效应**"(jealousy effect)或"**地位效应**"(status effect)。绝对收入和幸福感之间的积极关系正是被这种消极效应所削弱的。增加所有人的收入并不会提高所有人的幸福感,因为所有的人与别人相比,自己的收入都没有提高(Easterlin,1974,1995,2005;Clark 等,2008)。当一个国家或地区的贫富差距很大,收入分配不平等现象严重时,这种效应更加明显。贫富差距通过社会比较的心理过程导致普遍的不公平感,使得高收入者和低收入者都觉得不幸福,尤其是低收入者更为敏感。高收入者往往拿自己与更高收入的人比较,结果还是不满足。低收入者对富人的"炫耀消费"(conspicuous consumption)感到愤恨不平,尤其是当他们感知到社会腐败现象猖獗、高收入者是通过腐败或其他非法手段获取财富时,其幸福感会更低,从而更愿意支持收入再分配的政策(Smyth 和 Qian,2009)。

当然,在动荡不定的经济环境中,参照收入对幸福感也有一定的积极效应。研究者发现,在西欧国家个人幸福感与参照收入呈显著负相关,但在处于经济过渡时期的中欧和东欧国家,幸福感和参照收入呈显著正相关(Senik,2008;Caporale 等,2009)。同样,研究者在俄罗斯也发现了参照收入与生活满意度之间的正相关关系(Senik,2004)。此谓"**隧道效应**"(tunnel effect)或"**信号效应**"(signal effect),即参照组收入越高,越能增加个体的幸福感。因为对于经济不稳定的中东欧国家或俄罗斯而言,参照收入不再作为社会比较的尺度,而是作为一种信息来源,使人们形成对自己未来经济前景的期望:"如果有人可以获得经济上的成功,那么在不远的将来我也会有好的前景。"

适应理论

适应就是对重复或连续刺激的减少的反应(Diener,Suh,Lucas,和 Smith,1999)。该理论认为,人们对生活环境中的变化最初会做出强烈的反应,但是不久他们会逐渐习惯,适应新的生活情境,使其又回到原来的幸福水平。因此,幸福和不幸福仅仅是对环境变化的短期反应。然而,人们会继续追求幸福,因为他们错误地相信更多的幸福在下一个目标实现后、下一个社会关系获得后或下一个问题解决后就会来临,因而他们不断地为幸福而奋斗,而没有意识到从长远来看,这种努力是徒劳的(Diener,Lucas,和 Scollon,2006)。这样看来,我们就好比站在一个"快乐踏水车"(hedonic treadmill)上,刺激的新水平只能维持快乐的旧水平,永久的幸福成了一种令人难以捉摸的、最终不可达到的目标(Arthaud-Day 和 Near,2005)。

支持适应理论的一个有力证据来自于布里克曼等人(Brickman 等,1978)的一项经典研究。他们发现,彩票中奖的人并不比一般的人更幸福,而且从一系列平凡的生活事件中得到的快乐更少。他们用对比和适应来解释这种现象。首先,与中奖后的兴奋和高峰体验相比,许多平常的生活事件看起来就不是那么有乐趣了。因此,尽管中奖带来了新的快乐,但它也使旧的快乐减少了,新旧快乐相互抵消,使得彩票中奖者并不像我们所期望的那样幸福。其次,中奖的兴奋会随着时间而逐步消退。当中奖者习惯了由新的财富所带来的快乐时,这些快乐体验就不再那么强烈,对总体的幸福感就不再有很大的影响。

适应理论可以很好地解释为什么收入的增长不一定带来人们幸福水平的提高而是保持相对稳定。然而,有学者认为,我们不能将适应的概念推至极端,认为生活事件对幸福感没有任何长时的影响。事实上,有些生活事件确实会对幸福感有着持续的负面影响,如长期下岗、贫困、饥饿等,人们对之的适应过程较为缓慢甚至难以适应(李维,2005,pp. 18-20)。正因如此,我们不能简单地认为人们对经济条件改善的适应已经达到了这样一种地步,以至于这种改善对提高幸福水平都没能产生实际帮助,我们需要进一步研究适应的区间。而且,即使面临相同的事件,不同的个体在适应的速度和程度上也是有差异的(Diener 等,2006),因此我们还需要进一步研究适应的个体差异。

欲望理论

伴随社会比较和适应两个心理过程而产生的是人们不断上升的收入欲望(income aspirations)。一方面,人们通过收入的比较来获得自己的相对地位,而且人们倾向于向上比较,所以收入欲望往往高于实际达到的水平;另一方面,人们对增加的收入会产生适应,收入的增长最初会给人们带来额外的快乐,但这种快乐通常只是短暂的,当人们适应了这种收入水平以后,又会产生更高的收入欲望。这两个过程综合起来使得人们总是为更高的欲望而努力奋斗(Stutzer,2004;Binswanger,2006)。但是,欲望太高不会使人幸福,因为幸福感取决于收入欲望与实际收入之间的差距而不仅仅是实际收入水平。研究发现,收入欲望与实际收入水平之间的差距越大,幸福感越低(Solberg 等,2002;Stutzer,2004;Bjørnskov,Gupta,和 Pedersen,2008;Brown 等,2009;McBride,2010)。如果保持收入欲望不变而增加实际收入,那么人们的幸福感就会提高。但实际情况是,收入欲望也会随个体收入的增加而增加,因此幸福水平不一定随实际收入的增加而提高(Easterlin,2001;Stutzer,2004)。我们结合伊斯特林(Easterlin,2001)提出的关于幸福感、收入和欲望水平关系的图示(图10.3)具体说明。

幸福感高低是由收入和欲望水平这两个因素共同决定的。A_1、A_2、A_3 为三条欲望水平曲线,$A_1 < A_2 < A_3$。最初,假定人们有一个特定的欲望水平 A_1,这样收入 y_1 产生了幸福水平 u_1。如果欲望水平保持不变,收入水平从 y_1 增加到 y_m,那么幸福水平也就相应地从 u_1 提高到了 u_m。如果收入增加到 y_2,那么幸福水平也会相应地提高到 u_2。这显示了较高的收入水平确实会引起较高的幸福水平,符合传统经济学的假

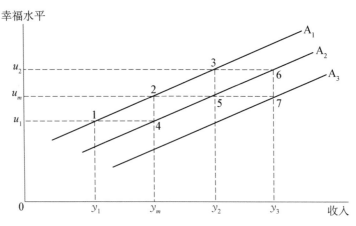

图10.3 由收入和欲望水平决定的幸福函数图
来源：Easterlin，2001。

设。然而，伊斯特林认为，事实上物质欲望几乎是与收入成比例变化的。因此，一般来说，个体从点2既不会上滑到点3也不会下滑到点4，而会滑动到点5。因为当收入从 y_m 增加到 y_2 时，欲望水平也会从 A_1 下滑到 A_2，从而抵消了收入增加对幸福感产生的积极效应。当然，图10.3所示的情况比较特殊，因为欲望水平升高的程度对幸福感产生的消极效应不一定刚好完全抵消收入增加带来的积极效应。但是不管欲望水平升高多少，总会使现实的幸福水平低于预期水平 u_2。

评价的调节作用模型

由于上述三种理论加上我们前面提到的需求层次理论都不能单独解释所有的现象，阿尔托-戴和尼尔（Arthaud-Day 和 Near，2005）在它们的基础上，引入评价理论（evaluation theory），试图提出一种关于收入与幸福感的综合理论模型。评价理论是由迪纳和卢卡斯（Diener 和 Lucas，2000）提出来的，其中幸福感被定义为当个体面临环境中的刺激时所产生的评价性反应的总和。他们认为，个体对周围环境中信息的反应存在差异，而这依赖于个体的人格、价值观和情感定向。个体对刺激的知觉比实际的刺激在预测幸福感上更重要。

阿尔托-戴和尼尔（Arthaud-Day 和 Near，2005）认为，如果对收入的主观评价影响收入与生活满意度之间的关系，这将有助于解释为什么需求层次理论和适应理论相对缺乏数据的支持。需求层次理论往往关注收入的绝对水平，而不是它被个体所感知的重要性。同样地，适应理论关注的是收入水平的变化，而不是个体所感知的收入的变化。相对而言，社会比较和欲望水平理论则涉及了个体的知觉或评价作用，因而得到了更多数据的支持。基于此，阿尔托-戴和尼尔（Arthaud-Day 和 Near，2005）建构了对收入的主观评价对收入与生活满意度关系的调节作用模型(如图10.4所示)。

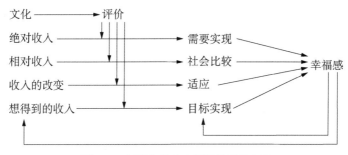

图10.4 评价作为收入指标的调节变量

来源：Arthaud-Day 和 Near,2005.

收入的四个指标(绝对收入、相对收入、收入的改变、想得到的收入即欲望)分别通过需要实现、社会比较、适应、目标实现(欲望满足)四种心理机制对幸福感产生影响,而对收入的评价在其中起调节作用。例如,约翰逊和克鲁格(Johnson 和 Krueger,2006)的研究表明,知觉到的经济状况可以调节实际的财富与生活满意度之间的关系。就是说,如果个体感觉到自己的收入可以满足自己的需要,即使实际的收入水平并不高,也会有较高的生活满意度;反之,如果个体感觉到自己的收入不足以满足其需要,即使实际的收入水平再高,也不会有高的生活满意度。而个体对收入的主观评价又受其所处文化和价值观的直接影响,文化会影响个体把收入与幸福感相联系的程度(Diener 和 Biswas-Diener,2002),因此该模型包含了文化这一变量。此外,由于迪纳和卢卡斯(Diener 和 Lucas,2000)指出生活满意度也能够影响需求实现、社会比较、适应和目标实现,而且还有大量研究表明幸福会导致各个生活领域包括经济领域的成功(Lyubomirsky,King,和 Diener,2005),所以模型中用两个反向箭头表示。

这个模型把四种理论整合起来,弥补了各个理论解释力的不足,从理论上有利于我们更准确、更深入地理解收入与幸福感的关系,但是在实践上还有待于进一步的验证。这就需要在以后的研究中不仅把收入的四个指标作为自变量,还要把对这些指标的评价考虑进来,作为一个潜在的调节变量。

概念所指理论

罗贾斯(Rojas,2005)对于收入与幸福之间的关系提出了一种新的解释,这种解释是基于**幸福的概念所指理论**(The Conceptual Referent Theory of Happiness,CRT)的。CRT的基本内容是,每个人对于幸福生活都有自己的概念所指,而这个概念在他对自己生活质量的判断和幸福的评估上起着重要作用。因此,CRT是从判断过程中的认知因素而非情感因素的角度来理解幸福的,它关注的是个体对于幸福生活的观点是什么。CRT强调异质性的重要性,也就是说,每个人对于幸福的概念所指是不一样的,人们对于幸福是什么有不同的理解。从这个意义上说,CRT打破了传统理论的假设,即每个人对幸福生活有相同的概念所指和解释因素。为了检验这种异质性,罗贾斯(Rojas,2005)在回顾大量关于幸福的哲学论文的基础上,建构了8种类型的幸福概念,分别是:淡泊主义(Stoicism)、美德(Virtue)、享乐(Enjoyment)、及时行乐(Carpe diem)、满足(Satisfaction)、理想化的(Utopian)、宁静(Tranquility)、实现(Fulfillment)。由于这些哲学家的语言不易被常人所理解,所以它们又被转化为简单的、通俗的语句(见表10.2)。

表10.2 幸福的概念所指:简单的句子

概念所指	简单的句子
淡泊主义	幸福就是接受事物本身的样子。
美德	幸福是按照自己的良心适当地行动所产生的一种感觉。
享乐	幸福是享受自己生活中已经得到的东西。
及时行乐	幸福是抓住生活中的每一个瞬间,尽情地享受现在。
满足	幸福是满足于我所拥有的以及我是谁。
理想化的	幸福是一种不可达到的理想状态,我们只能尽力去靠近。
宁静	幸福是过着宁静的生活,没有焦虑,不期待不可得到的东西。
实现	幸福是充分施展我们的能力。

来源:Rojas,2005.

罗贾斯(Rojas,2005)的调查结果显示,选择以上这些概念的人数分布百分比依次为:14.6、8.2、14.0、11.6、24.2、7.7、8.1、11.7。可见,不是每个人都有同样的幸福概念,人们对于幸福的理解存在很大程度的异质性。罗贾斯(Rojas,2007)便是利用这种异质性来解释收入与幸福之间的关系的。他认为,收入对于有些人来说是幸福的一个重要解释变量,而对于另外一些人来说则与幸福完全不相关,这取决于一个人所持的幸福概念是什么。为了验证这一假设,他把幸福的上述八种概念所指做进一步划分,其分类依据是哲学家对获得幸福的条件的两种理论取向。一种取向认为人的内部条件如动机和态度是获得幸福的基础,强调人的内部因素在追求幸福中的作用;另外一种取向则恰好相反,认为幸福来源于个体与外部世界的关系,强调外部因素在追求幸福中的作用。再结合每种概念的含义,他把淡泊主义、美德、理想化、宁静归为内部定向的概念,把享乐、及时行乐、满足、实现则归为外部定向的概念。由于一个人的收入反映了他购买经济商品和服务的能力,它显然是与外部条件相联系的。

因此,如果一个人对幸福持有外部定向的概念,那么收入对他的幸福所产生的作用会更大。换句话说,外部定向的个体会从更高的收入水平中获益,因为其幸福主要依赖于外部条件,而内部定向者的幸福将更少受收入的变化所影响。罗贾斯(Rojas, 2005)对墨西哥样本的研究发现,对于持有及时行乐、实现、满足、享乐这些概念的被试,收入与幸福呈显著正相关关系,而对于持有淡泊主义、美德、理想化、宁静这些概念的被试,收入与幸福的相关不显著。显然,这一结果支持了最初的假设,即收入与幸福的关系取决于个体对幸福的概念所指。收入对于持外部定向概念的人是幸福的一个相关解释变量,而对于持内部定向概念的人却不是。

CRT还存在一些问题有待于进一步研究,例如,人们为什么有不同的概念所指,它是否受到文化、教育水平、教养方式、生活经历、媒体、人格特质的影响?个体所持的概念所指是否具有跨时间和跨情境的一致性?不同国家各种概念所指的人数分布是否有差异?概念所指的分类是不是准确?一个人有没有同时持有两个或多个概念所指的可能性?

10.2.3 未解决的问题

以上是研究者从方法层面和理论层面对于幸福悖论提出了一些质疑和解释,在未来该领域的研究中,也许这两个方面还有一些问题需要解决。

从方法层面来看,也许以下几个问题需要未来的研究者引起更多注意:第一,更好地测量收入。例如把收入划分为更细的类别,以避免被试在总体报告时对某些收入没有回忆起来;另外不能仅仅测量收入,还需要测量对商品和服务的占有、使用和消费等,以免夸大或低估实际的物质生活标准。第二,更好地测量幸福感。由于总体报告法存在着一些缺陷,如容易受记忆偏差、被试报告时的情绪状态、问卷项目编排顺序的影响,可尝试使用经验取样法,还可用幸福感的生理指标如对皮质醇水平和眨眼反应的测量来加以补充。此外,对幸福感的实验研究很少,有待于加强。第三,增加对中介心理过程如社会比较、收入欲望、对收入的评价的测量。第四,采用高级的数据统计方法。

从理论层面来看,以上理论分别从不同角度解释了收入与幸福感之间的关系。但是各种理论模型都有待于进一步验证。而且,由于每种理论各有其优缺点且不能解释所有的现象,未来研究可尝试提出收入与幸福感关系的综合理论模型,把各种理论有机地整合起来,以便于更全面、准确地解释这两者之间的关系。另外,目前有关收入与幸福感关系的研究几乎都是在西方文化背景下完成的,如果我们能够在我国当前的时代背景下加强此领域的实证研究,检验已有的或提出自己的理论模型,将有着非常重要的现实意义。

10.3　如何破解中国的幸福悖论①

通过前面的介绍我们知道幸福悖论已在美、英、法、德、意等很多发达国家出现。那它会不会同样存在于中国这样的发展中国家？国内近期的一项经济学研究发现，1990—2007年间，中国居民的人均GDP有很大幅度的增加，然而整体的幸福感水平并没有显著的提高，居民生活满意度从1990年的大约7.3下降为2007年的6.8，幸福感水平则从1990年的0.68上升到2007年的0.77(曹大宇,2009)。类似地，另外一项经济学研究表明，1990—2008年间，随着人均GDP的增加，我国居民幸福指数保持在6—7之间，基本上呈现水平波动的状况(娄伶俐,2009)。还有研究发现，在1990—2000年间，我国经济虽然有大量增长，但国民幸福却呈现出下降的趋势(Brockmann, Delhey, Welzel, 和 Yuan, 2009)。这说明西方国家普遍存在的幸福悖论目前也开始适用于中国。尽管我国已有的居民幸福感调查数据不如西方国家那样连续和完整，但还是能够说明一些问题。根据前人的研究，幸福悖论一般是在比较发达的国家出现，而我国目前还存在大量的低收入人群，为什么也会存在幸福悖论呢？这不得不引起我们的思考。本节的目的就是在深入剖析我国幸福悖论产生的原因的基础上，有针对性地提出幸福悖论的破解策略，以期为制定提高国民整体幸福感的公共政策提供一定的参考。

10.3.1　幸福悖论产生的原因

幸福悖论的出现对现代经济学以及政府公共政策的制定提出了挑战，这迫使学者们不得不深刻反思其产生的原因。2010年首届中国国际积极心理学大会上，来自中美等二十多个国家和地区的专家学者三百余人齐聚一堂，探讨社会转型时期经济发展与国民幸福的关系，其中就指出了幸福悖论有着深层的心理学因素。目前学者们用来解释幸福悖论的心理学理论最主要的有两个(Binswanger, 2006)。一是社会比较理论，认为对于一个人的心理感受来说，最重要的不是他的绝对收入水平，而是他和别人比较的相对地位。增加所有人的收入并不会提高所有人的幸福感，因为所有的人与别人相比，自己的收入都没有提高。另一种解释是欲望理论，认为幸福感取决于收入欲望与实际收入之间的差距，而不是仅仅是实际收入水平。那么由于人们

---

① 本节基于如下工作改写而成：(1)李静,郭永玉.(2011).如何破解中国的"幸福悖论".华中师范大学学报(人文社会科学版),50(6),155—160.(2)郭永玉：从社会和个人两个层面认识幸福.中国社会科学报,2010年8月5日(第112期)第10版.撰稿人：李静、郭永玉。

对增加的收入会表现出较快的适应倾向,其收入欲望会随着收入的增加而不断上升,从而大大减损了收入增加带来的幸福感增加,使得现实的幸福水平总是低于预期水平。这两种理论我们在前面都已做过详细介绍,在此不再赘述。然而,就中国的幸福悖论而言,也许单单从这些心理因素来解释是不够的,必须要与我国的社会现实背景结合起来讨论。

由收入竞争意识增强而导致的幸福悖论

改革开放以来,伴随着经济社会的转型,我国的社会价值观也发生了相应的变迁,人们比以往更强调对社会地位及财富的追求。在市场经济的影响下,人们不再满足于"平均主义"、"大锅饭"的状态,而是充分发挥自主性,努力追求较高的相对收入,为此有时宁愿舍弃拥有更高的绝对收入的机会。前文我们也介绍了实证研究的例子,表明人具有"宁做鸡头,不做凤尾"的倾向,而这同样适用于中国情境(Carlsson 和 Qin,2010)。不断增强的竞争意识,使个体之间的收入差距逐渐增大,同时也使得整体的社会幸福陷入了一个"囚徒困境"。

所谓"囚徒困境"是西方行为经济学中博弈论的一个经典案例,讲述了一个自利的理性人采取使自己利益最大化的决策却使各个博弈方的整体利益下降的全过程,它反映了个人理性和集体理性的矛盾,即个人的最佳选择并不是团体的最佳选择。"囚徒困境"被广泛应用于各个生活领域,同样,也有研究者尝试建立了幸福的"囚徒困境"博弈模型(娄伶俐,2009)。在这里,我们对其稍作改动来加以分析。假设幸福是个人收入的函数 $H = -0.5(X-8)^2 + 10$,且甲和乙的收入都是 8 个单位,那么,在不存在相互攀比和赶超的情况下,两人都可以获得 10 个单位的幸福感。在加入人际竞争和社会比较之后,无论甲还是乙,其自身的幸福函数都会由于竞争因素的加入而发生改变。两人的幸福不再仅仅是其自身收入的函数,而且两人收入的差距也会成为影响双方幸福感的重要因素。假设甲的幸福函数变为 $H_甲 = -0.5(X_甲-8)^2 - 2(X_乙 - X_甲) + 10$,乙的幸福函数变为 $H_乙 = -0.5(X_乙-8)^2 - 2(X_甲 - X_乙) + 10$。若甲首先对现有的收入水平不满足,进行赶超,获得比原来多 2 个单位的收入,而乙的收入仍然保持原来的水平不变,则甲因为赶超获得的幸福感变为 12。而没有进行赶超的一方乙,由于对方的赶超造成双方的收入差距增大,产生心理落差,对原来的幸福水平产生负的抵消作用,从而只能获得 6 个单位的幸福感。不仅如此,乙还因为差距的扩大也产生了追赶的动机并付诸行动,收入也由 8 个单位提高到 10 个单位,这种行为对甲的幸福感也产生负面影响,使其幸福感出现较大的下降,这时两人的幸福感均变成了 8 个单位。这也就是幸福的"囚徒困境"博弈(如图 10.5 矩阵所示)(娄伶俐,2009)。从个人理性的角度来看,甲乙两人的最优策略都是赶超,但这并非是两人总体幸福感最高的策略选择,最好的结果是双方都得到 10 单位幸福感的策略组合(不赶超,不赶超)。但这种最优结果并不容易实现,因为双方都有竞争获得较高相对地位的冲动。幸福的"囚徒困境"博弈表明,人类在幸福追求的过程中,也存在个体理性和集体理性之间的悖论,追求个人经济利益的最大化却往往导致了集体的不幸福。

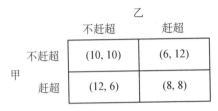

图 10.5 幸福的"囚徒困境"博弈
来源:娄伶俐,2009.

由收入竞争过程不公而导致的幸福悖论

近年来,我国经济发展过程中日益暴露出的一个问题就是贫富差距过大,社会财富集中在少数人手里,使得大部分人的收入处于相对贫穷或贫穷的地位。贫富差距过大通过社会比较的心理机制导致普遍的相对剥夺感和不公平感,不仅严重损害国民幸福,更重要的是威胁社会稳定。大量研究发现,收入不平等现象越严重,国民的生理和心理健康状况越差,社会的犯罪率越高(Babones, 2008)。而造成贫富差距过大的根本原因不在于对收入的自由竞争本身,而在于收入竞争过程的不公平。我国目前的竞争环境不容乐观,贪污、腐败、垄断的现象还不少,能者多得变成了权者多得。中国改革基金会国民经济研究所副所长王小鲁教授曾发表过题为"灰色收入与国民收入分配"的研究报告,其中有一个非常耸人听闻的数据——2008 年,中国城镇居民的灰色收入有 5.4 万亿元,而且这个数字还可能被低估了。这些灰色收入主要有四项来源:钱权交易以权谋私、公共投资与腐败、土地收益的分配、其他垄断收益的分配,而且每一项来源都共同指向"权力寻租",即公权者利用权力去谋求自身的经济利益(腾讯今日话题,2010)。一些社会心理调查表明,我国民众已强烈地感知到由权力造成的不公平。例如,对我国城市居民收入分配公平感的研究发现,人们普遍认为政府官员所得过多、不公平,表明使用权力获得高收入在人们心目中缺乏合法性(吴菲,2010)。由新浪网(2010)组织的"30 年公众公平感调查"结果显示,有近七成的人认为收入分配不公平,四成公众认为当前社会不公平现象突出地表现在由权力造成的不公平上。

为什么我国民众会体验到如此强烈的收入分配不公平感,而且在相当程度上将其归结为权力所致? 对于收入分配不公平感的形成机制,心理学家提出了多种理论解释,主要有自利理论、公正世界信念理论、归因理论和意识形态理论等。对这些理论的比较研究发现,对分配不公平感的预测力最强的是归因理论,即分配不公平感依赖于个体对经济结果(贫富差距、贫穷或富裕)作内部(个人)归因还是外部(情境)归因,如果倾向于作内部(个人)归因(如个人的能力、努力),其分配不公平感就较弱;反之,如果倾向于作外部(情境)归因(如机会不平等、腐败),其分配不公平感就较强(Ng 和 Allen, 2005)。对新西兰一个中等城市居民的研究发现,将贫穷归因为情境因素(如偏见和歧视、社会提供的就业机会少)的个体比将贫穷归因为个人因素(如缺乏能力和努力)的个体有更多的不公平感。同样,对北京和华沙两个城市居民的研究发现,对贫穷或富裕作个人归因的居民,其不公平感较弱,对政府的再分配政策持否定态度;相反,对贫穷或富裕作情境归因的居民,其不公平感受较强烈,对政府的再分配政策持赞成态度(Whyte 和 Han, 2008)。王甫勤(2010)以上海市民生活状况调查的数据为研究基础,发现人们对收入不平等的归因偏好作为分配公平感的解释机制具有相当的稳定性,当人们将收入不平等完全归因于内因时,认为个人收入分配公平的比例是那些将收入不平等归因于外因的人的 3.1 倍,是那些将收入不平等同时归因于内因和外因的人的 1.9 倍。其他一些社会调查也间接支持了归因理论。例如,陆晓文的调查发现,绝大多数人认为有文化/有学历的人、有技术专长的人、吃苦耐劳的人应该获得高收入,而对通过当官、家庭背景硬和社会关系而获得高收入表示不满(陆晓文, 2002)。李春玲(2006)的调查也得到了类似的结果。这些结果说明人们所期望的理想收入分配模式是由人力资本的多少来决定个人收入的高低。人们可以接受由能力和努力而导致的收入差距,但不能接受由权力、社会关系、家庭背景而导致的收入差距。

而人们倾向于作何种归因又会受到客观社会现实的影响(Ng 和 Allen, 2005)。在一个民主、自由、平等、法制健全的社会里,人们会更多地作内部归因。例如,研究表明,绝大多数美国人认为通过个人努力可以从穷人变成富人,他们将财富看作是个人能力、由风险观念形成的企业家精神和努力的结果,贫穷则是由于懒惰和不努力(Alesina, Glaeser, 和 Sacerdote, 2001)。因此,虽然美国这个地方贫富差距也是相当严重的,但并没有出现所谓的"仇富心理",大家接受这样的事实,然后抓住机会来改变自己的处境。因为这个社会在发展的过程中充满了机会,而且这样的机会对每个人来说是公平的,可以单纯依靠自己的努力来改变命运(闾丘露薇, 2007)。中国当前有些制度还不够健全,存在一定程度的机会和规则上的不公平,正是这些客观存在的不公平,使得我国民众对目前的收入差距倾向于作外部归因(如权力和腐败)。这种归因会带来什么后果呢?研究发现,当低收入者感知到社会腐败现象严重,高收入者是通过腐败或其他非法手段获取财富时,他们更容易产生仇富心理,幸福感会更低,从而更愿意支持收入再分配的运动(Smyth 和 Qian,2009)。

　　社会客观现实影响人们的归因倾向,进而还会影响人们对于命运的看法。心理学研究发现,如果社会加诸人们的限制少,现有的社会条件能让人们坚信勤奋会得到回报,人们便会相信自主能动性,不相信命运;反之,如果社会加诸人们的限制多,现有的社会条件使人们坚信勤奋不会带来回报,人们便会相信宿命,其成就动机就会比较薄弱(赵志裕,区颖敏,陈静,杨宇,2008)。我国目前的社会条件还不够完善,人的发展还受到一些限制,这些限制使得部分人群尤其是弱势群体感受到,即使自己再勤奋努力,也无法缩小与优势群体的差距,久而久之,他们对生活就会逐渐丧失希望和信心,甚至对社会产生反感和敌意,哪里还谈得上幸福呢?

10.3.2　幸福悖论的破解

　　由以上论述可知,我国幸福悖论产生的原因主要有两点:一是经济社会转型使人们对收入的竞争意识不断增强,导致整个社会陷入了一个幸福的"囚徒困境";二是由于制度不健全导致的收入竞争过程的不公平,影响了人们对贫富差距的归因认知,进而降低了幸福感。那么,如何才能破解我国的幸福悖论呢?针对以上分析,我们提出以下几点建议。

加强宏观调控,合理调整收入分配

　　我们不可能扼杀人们自由竞争的本性,实行"铲平主义",对收入进行平均分配,实践证明,历史上所有均贫富运动的结果都只是均贫(孙隆基,2004,pp. 342－347)。因此,要提高收入还是得靠自由竞争,能者多得,多劳多得。当然,竞争是残酷的,不可避免地会产生收入差距,但人是有情的,我们可以通过合理的机制设计,对竞争结果进行适当矫正。比如实行收入的二次分配,取富济贫,对竞争中的落败者给予照顾,体现结果的正义。假如在前文所述的幸福"囚徒困境"博弈模型中引入第三方协调机制——政府部门(见图10.6)(娄伶俐,2009),对首先进行收入赶超的一方进行调控,对未赶超的一方进行补偿(比如对赶超方进行使其幸福感下降3个单位的税收调控,然后给未赶超方幸福感增加3个单位的转移补偿),这样先赶超方即使从赶超收入中获得超额的2个单位幸福,但由于调控机制的存在,反而会使其幸福感下降1个单位,变成9个单位,而未赶超方则获得3个单位的幸福感补偿,幸福感也变为9个单位。可见这种赶超得不偿失,会使双方都不会先进行赶超。这时博弈双方均可获得最高的幸福感(10,10)。

　　可见,在竞争日趋激烈的时代,要想破解幸福悖论,提高整体社会幸福度,需要政府等公共部门的正确宏观调控(娄伶俐,2009)。比如,采用税收等手段控制高收入者的收入增加幅度,着重提高低收入者的收入水平,使贫富差距控制在人们可接受的范

	乙	
	不赶超	赶超
甲 不赶超	(10, 10)	(9, 9)
甲 赶超	(9, 9)	(8, 8)

图 10.6 引入第三方协调机制的幸福悖论博弈
来源:娄伶俐,2009.

围;同时进一步完善社会保障制度,保障低收入者的基本福利。

完善社会流动机制,创造公平的竞争环境

解决幸福悖论仅仅依靠对收入的调控还是远远不够的,它只能缓解收入差距加大,治标不治本。因为导致我国贫富差距过大的原因除了依靠个人的能力和努力而进行的正当自由竞争以外,还有社会体制方面的一些缺陷,如不公平的竞争机会、不合理的社会流动机制等。根据分配不公平感的归因理论,这些不公正的客观社会现实条件会使人们倾向于对贫富差距作外部归因(如背景、关系、权力等),进而导致普遍的不公平感和幸福感缺失。因此,要从根本上解决幸福悖论,还有赖于社会现实条件的改变和完善。其中最重要的一个方面就是社会流动机制,它是决定人们在社会中能否获得一定地位和实现向上流动的社会背景和条件。例如,旧的户籍制度、不合理的就业制度、不公平的招聘制度等,都会阻碍人们成功地实现向上流动。早在2004年,中国社科院的《当代中国社会流动》调查报告中就指出,干部子女成为干部的机会是非干部子女的2.1倍多。课题的组长陆学艺教授当时就警惕地指出:"如果三年、五年乃至十年、百年长此以往,就不是2.1倍的问题了,这个数字就会高得多了。"近年来,"农民工二代"、"贫二代"、"富二代"、"官二代"、"垄二代"的概念已日渐清晰,人们感到改变命运的渠道越来越窄,由于社会流动机制的不公所导致的"阶层固化"的严峻社会现实已经摆在我们面前(白天亮,曲哲涵,2010)。一项社会心理学研究表明,实现了向上职业流动和教育流动的个体,更偏好于对收入不平等进行内部归因,因而其不公平感更低(王甫勤,2010)。

因此,我们迫切需要一种制度来有效地约束权力,努力营造一个有利于向上流动的社会环境和氛围,没有权力的优势,没有人为制造的障碍,给每个人公平的起点和过程,使每个人都有平等的机会和上升的空间,都可以凭借自身的才华和拼搏改变命运(闾丘露薇,2007)。只有这样,人们才会对未来的生活充满信心,才会拥有积极健康的社会心态,社会的整体幸福感才能提高。

提升弱势群体的人力资本和心理资本

社会体制的改革和完善对于幸福悖论的破解具有十分重要的作用,然而,这个过程是艰巨而缓慢的,不可能一蹴而就。在既定的社会体制下,我们需要特别关注弱势群体的生存状态。因为大量心理学研究表明,社会阶层较低的人的生理健康状况更差,且具有更多的消极情感、更少的积极情感和更多的心理压力(Gallo, Bogart, Vranceanu, 和 Matthews, 2005)。此外,由于社会阶层较低的人拥有的社会资源更少,使得他们难以应对生活情境施加的压力,因此很容易缺乏控制感(Lachman 和 Weaver, 1998),而缺乏控制感又会导致其往往对贫富差距作外部归因(Kraus, Piff, 和 Keltner, 2009),进而体验到强烈的不公平感。

因此,要增加弱势群体的幸福感,还可以通过创造条件提升他们的能力和心理素质,以增强他们自身对生活的控制感,从而改变其对贫富差距的归因倾向。例如,加大对弱势群体的人力资本投资。人力资本(human capital)是指劳动者受到教育、培训、实践经验、迁移等方面的投资而获得的知识和技能。近年来,我国比较重视对农民工、下岗职工等弱势群体的职业技能培训。这些培训可以增强他们自身的生存本领,有利于增加其向上流动的机会,从而增加其对生活的控制感。另一方面,对弱势群体的心理资本开发也有待于加强。心理资本(psychological capital)是指个体所拥有的积极心理资源,其构成要素有:自信或自我效能感、希望、乐观和坚韧性,是类似于状态(state-like)的积极心理力量,而不是倾向性的、相对稳定的、类似于特性(trait-like)的个性特征,是可以测量、开发和管理的心理状态(仲理峰,2007a)。传统的培训大多注重知识的获得和技能的提高,而忽视了对心理资本的开发。心理资本开发的有效性已得到了心理学实验研究的证实(Luthans, Avey, Avolio, Norman, 和 Combs, 2006),一些企业也开发了心理资本增值(psychological capital appreciation, PCA)项目,并应用到员工的培训中。研究发现,心理资本对员工工作绩效、组织承诺、组织公民行为具有积极影响(仲理峰,2007b),对主观幸福感、心理健康有积极的促进作用,具有积极心理资本的个体对事件的控制感更强(张阔,张赛,董颖红,2010)。可见,提升弱势群体的人力资本和心理资本对于他们有效地应对生活压力,增强对未来生活的信心,提高幸福感具有重要意义。

总之,公平正义是国民幸福的社会基础。在我国经济持续稳定发展的同时,一方面要加强宏观调控,合理调整收入分配,另一方面要完善社会流动机制,创造公平的竞争环境;此外,还要特别关注弱势群体人力资本和心理资本的提升。只有做到过程公平、结果正义,才能真正扭转贫富差距加大的趋势,民众对未来的生活才会有信心,我国的幸福悖论才能真正得到破解。

10.3.3 我们对幸福的认识

本章我们讨论的是收入对人的幸福感的影响。下面我们拟结合他人和我们的研究结果,从社会和个人两个层面来谈谈我们对此问题的认识。

社会层面谈论幸福的基本认识

第一,基本收入是幸福的首要条件。整体而言,穷人的幸福感比富人的低,穷国国民的幸福感比富国国民的低。当人的衣食住行等基本需要得不到满足时,增加收入就会增加幸福感。当一个国家的低收入群体很大的时候,增加他们的收入会显著导致整个国民幸福感的提高。我们在武汉市的调查发现,个人月收入在800元以下居民的各方面的幸福感都明显低于其他收入层次居民的幸福感(郭永玉,李静,2009)。因此,政府和社会要高度关注低收入阶层的生存状态,保障他们的基本物质生活条件,特别是通过劳动获得这些条件的权利和能力。所以从国民幸福的层面讲,就业及最低生活保障制度、失业、养老保障制度,是国民幸福的底线。面对失业、贫困、饥饿的人,奢谈什么幸福和尊严?说穷人也可能很幸福,仅从个人层面而言,没错;但从社会层面而言,这样说话只会贻笑大方,甚至遭受谴责,也不符合事实。各种幸福国家排名中,最幸福的国家也是国民富裕的国家,最不幸福的国家也是国民贫穷的国家,富裕国家不会是最不幸福的国家,贫穷国家更不可能是最幸福的国家。

第二,公平正义是国民幸福的社会基础。相对收入比绝对收入更能预测幸福感,贫富差距通过社会比较的心理过程导致普遍的不公平感,使得高收入者和低收入者都觉得不幸福。低收入者愤恨不平,高收入者拿自己与更高收入的人比较。因此,增加所有人的收入并不会提高所有人的幸福感,因为所有的人与别人相比,其收入都没有提高。着重增加低收入者的收入,通过税收等手段控制高收入者的收入增加幅度,缩小收入差距,使贫富差距控制在人们可接受的范围,可以提高国民的幸福感。

第三,健康保障是幸福的前提。健康对于幸福的重要性不言而喻。为什么奥巴马政府如此看重医保法案,为什么中国现在如此重视医疗改革?因为健康是每个人幸福的基本前提。在一个好的社会里,任何人不会因为看不起病被迫放弃治疗而等死。还有食品安全问题,包括转基因食品安全问题等。如果生活在一个公共卫生和食品安全事件频发的社会,那还有什么幸福和尊严可言?在此基础上,还有自然环境、人口密度、出行便利、社会支持与人际关系等,这些因素与健康的关系在心理学中都有大量研究,如关于拥挤导致行为异常的动物实验研究,关于社会支持与康复的研究等,心理学家要重视将这些研究成果传播给社会和政府。

第四,教育机会与职业成功是现代人幸福感的支柱。从受教育是就业的基本条件这个意义上讲,教育是幸福的保护性条件;从教育是个人潜能实现的基本条件这个意义上讲,教育更是幸福的促进性条件。胜任的需要以及胜任力对于现代社会中的人太重要了,不能胜任往往意味着失败、挫折、焦虑、抑郁,这些都是幸福和自尊的破坏性因素。胜任的需要和潜能实现的需要的满足能大大提高幸福感,同时也使国家的创新能力大大提高。社会和政府有责任保障个人平等受教育的机会,使每个人都可以根据自己的实际情况选择受教育的条件,不因为贫穷、出身、残障等因素受到教育歧视。

第五,社会对个人自由的维护是现代人幸福感的制度保障。 在旧的户籍制度、人事制度还有婚姻登记制度下,个人改变自己命运的可能性受到极大的限制,几乎所有成年的中国人都有切身感受。人身依附关系之中的人是没有幸福可言的。研究发现,对生活的控制感能调节实际收入与生活满意度之间的关系,就是说那些相信自己能够控制自己生活的人更可能成功地为自己创造出有利的经济条件,通过努力工作获得物质财富,从而导致更高的幸福感。收入低但能够维持高控制感的被试组报告的幸福感水平几乎与高收入的被试组一样高,他们不将这种低收入状态视为不可变的,而是确信能够改变这种情形。这里虽然有个人主观因素的作用,如乐观主义、控制感、能力等,但社会对个人自由的容忍程度,对个人自主的支持程度,对个人提供的选择机会,特别是社会对个人自由保障的制度设计,是很重要的外部条件。

个人如何提高幸福感

第一,积极地面对世界,增强自我力量感。 主动争取个人生存和追求个人幸福的基本权利,特别是通过劳动获得基本生活条件和个人幸福的权利。这种权利意识本身就是对自己负责也对社会负责的表现,因为这也是现代公民社会对个人素质的要求。保持乐观并有控制感的生活状态,相信自己能在一定程度上创造条件改变自己的环境,以至于改变自己的经济状况乃至整个生存状况。如果你生性是个内向且情绪很不稳定的人,要提升你的幸福感,还要尽力去改变自己的性格,使自己更外向一些,情绪更平和一些,多接触外向平和、乐观向上的人,寻求社会支持,建立安全的依恋关系,并构建积极的自我概念,提高自尊、自主性和控制感。人是环境的产物,但人也改造环境;性格决定命运,但性格也是可塑的。

第二,不要总是向上比较,适当向下比较,保持理性平和的心态,不仇富,不欺贫。 幸福感没有绝对的衡量标准,人们往往拿自己的现有情形与周围的人进行对比,在收入方面也是如此。对一个人的心理感受来说,最重要的不是他的绝对收入水平,而是他和别人比较的相对地位。研究表明,向上比较能激励个体去做得更好,但也会使满意度降低,而向下比较虽然容易使人安于现状,但会使满意度增加。因此,当我们在朝目标奋进的过程中感觉太累的时候,不妨适当向下比较,缓解一下压力,以便为下一次的奋斗蓄积能量。

第三,科学地认识物质财富与幸福的关系。 金钱不是幸福的充分条件,钱本身买不来幸福。过高的物质生活目标不仅不会使人更幸福,反而会使人更烦恼。彩票中奖是很多人的梦想,如果真中了大奖,我们的幸福是不是会相应增长呢？本章前面表述的研究已经告诉了我们答案,彩票中奖并不会持久地给人带来幸福感,而超级富豪的幸福感也只比普通人高一点点。由此看来,金钱在人们心理上的作用被夸大了。在一定范围内,在贫穷状态下,金钱对幸福感的影响较大,而一旦超出这个范围,金钱对幸福感就不产生什么大的影响或者根本不产生影响。

第四,设置多样化多层次的生活目标。 金钱是个人实现生活目标所需的条件或手段,如果把金钱本身作为追求的终极目标,它对幸福感又将产生怎样的影响呢？大量研究表明,那些认为金钱比其他目标更重要的人对他们的生活质量更不满意,把追求经济的成功作为生活的中心目标反而会降低幸福感。因为过分追求经济目标会消耗大量的能量,如果多数心理能量都被投资到物质目标上,那么追求其他目标如亲密关系、体育锻炼、兴趣爱好、审美活动、公益事务上可用的能量就减少了,这样就减少了实现它们的机会而最终阻碍了总体幸福感的提升,因为这些目标对于幸福也是必要的。

第五,建构有利于幸福的价值观。 幸福在很大程度上取决于个人对于幸福的理解。对于有些人而言,幸福取决于物质享受、功名权势;而对于另一些人而言,幸福在于真知的获得、道德的完善、艺术的享受、宗教的关怀。适当控制物质欲望的增长,从生活中寻找其他快乐因子,特别是更多致力于精神需要的满足,如潜能实现、求知、审美、终极关怀,会增加幸福感。与一味追求金钱相比,更重要的是在物质生活能够得到基本满足的情况下,更多地致力于精神需要的满足,这样才会更幸福。

参考文献

白天亮,曲哲涵.底层人群无背景无身份向上流动困难.人民日报,http://news.qq.com/a/20100916/000137.htm,2010-09-16.
曹大宇.(2009).我国居民收入与幸福感关系的研究.武汉:华中科技大学博士学位论文.
郭永玉,李静.(2009).武汉市居民幸福感现状的调查与思考.华中师范大学学报(人文社会科学版),48(6),136—140.
何立新,潘春阳.(2011).破解中国的"Easterlin悖论":收入差距、机会不均与居民幸福感.管理世界,8,11—22.
李春玲.(2006).各阶层的社会不公平感比较分析.湖南社会科学,1,71—72.
李维.(2005).风险社会与主观幸福——主观幸福的社会心理学研究.上海:上海社会科学院出版社.
娄伶俐.(2009).主观幸福感的经济学理论与实证研究.上海:复旦大学博士学位论文.
陆晓文.(2002).转型社会中的阶层认定和自我意识.社会学,(2),1—4.
闾丘露薇.(2007).我们需要的是公平机会.中国社会保障,(4),71.
任俊.(2006).积极心理学.上海:上海教育出版社.
孙隆基.(2004).中国文化的深层结构.桂林:广西师范大学出版社.
腾讯今日话题.灰色收入:权力诞下的怪胎.http://view.news.qq.com/zt2010/greyincome/index.htm,2010-09-01.
王甫勤.(2010).社会流动与分配公平感研究.上海:复旦大学博士学位论文.
吴菲.(2010).不公平有几何？——中国城市居民收入分配公平感的测量.兰州学刊,(5),94—98.
新浪网.30年公众公平感调查.http://survey.news.sina.com.cn/result/25873.html,2010-10-02.
张阔,张赛,董颖红.(2010).积极心理资本:测量及其与心理健康的关系.心理与行为研究,8(1),58—64.
张兴贵,何立国,贾丽.(2007).青少年人格、人口学变量与主观幸福感的关系模型.心理发展与教育,(1),46—53.
赵志裕,区颖敏,陈静,杨宇.(2008).如何研究社会、文化和思想行为间的关系？共享内隐论在理论和研究方法上的贡献.

中国社会心理学评论, 4, 147—170.
仲理峰. (2007a). 心理资本研究评述与展望. 心理科学进展, 15(3), 482—487.
仲理峰. (2007b). 心理资本对员工的工作绩效、组织承诺及组织公民行为的影响. 心理学报, 39(2), 328—334.
Gerrig, R. J., & Zimbardo, P. G. (王垒, 王甦等译). (2003). 心理学与生活. 北京: 人民邮电出版社.
Alesina, A., Glaeser, E., & Sacerdote, B. (2001). Why doesn't the United States have a European-style welfare state. *Brookings Papers on Economic Activity*, (2), 187 - 254.
Arthaud-Day, M. L., & Near, J. P. (2005). The wealth of nations and the happiness of nations: Why "accounting" matters. *Social Indicators Research*, 74(3), 511 - 548.
Babones, S. J. (2008). Income inequality and population health: Correlation and causality. *Social Science & Medicine*, 66(7), 1614 - 1626.
Ball, R., & Chernova, K. (2008). Absolute income, relative income, and happiness. *Social Indicators Research*, 88, 497 - 529.
Becchetti, L., & Rossetti, F. (2009). When money does not buy happiness: The case of "frustrated achievers". *The Journal of Socio-Economics*, 38, 159 - 167.
Binswanger, M. (2006). Why does income growth fail to make us happier? Searching for the treadmills behind the paradox of happiness. *The Journal of Socio-Economics*, 35, 366 - 381.
Bjørnskov, C., Gupta, N. D., & Pedersen, P. G. (2008). Analysing trends in subjective well-being in 15 European countries, 1973 - 2002. *Journal of Happiness Studies*, 9, 317 - 330.
Blanchflower, D., & Oswald, A. (2004). Well-being over time in Britain and the USA. *Journal of Public Economics*, 88, 1359 - 1386.
Brickman, P., Coates, D., & Janoff-Bulman, R. (1978). Lottery winners and accident victims: Is happiness relative? *Journal of Personality and Social Psychology*, 36(8), 917 - 927.
Brockmann, H., Delhey, J., Welzel, C., & Yuan, H. (2009). The China puzzle: Falling happiness in a rising economy. *Journal of Happiness Studies*, 10, 387 - 405.
Brown, K. W., Kasser, T., Ryan, R. M., Linley, P. A., & Orzech, K. (2009). When what one has is enough: Mindfulness, financial desire discrepancy, and subjective well-being. *Journal of Research in Personality*, 43, 727 - 736.
Caporale, G. M., Georgellis, Y., Tsitsianis, N., & Yin, Y. P. (2009). Income and happiness across Europe: Do reference values matter? *Journal of Economic Psychology*, 30, 42 - 51.
Carlsson, F., & Qin, P. (2010). It is better to be the head of a chicken than the tail of a phoenix: Concern for relative standing in rural China. *The Journal of Socio-Economics*, 39, 180 - 186.
Carver, C. S., & Baird, E. (1998). The American dream revisited: Is it what you want or why you want it that matters? *Psychological Science*, 9(4), 289 - 292.
Clark, A. E., Frijters, P., & Shields, M. A. (2008). Relative income, happiness and utility: An explanation for the Easterlin paradox and other puzzles. *Journal of Economic Literature*, 46, 95 - 144.
Csikszentmihalyi, M. (1999). If we are so rich, why aren't we happy? *American Psychologist*, 54(10), 821 - 827.
Deaton, A. (2008). Income, health, and well-being around the world: Evidence from the Gallup World Poll. *Journal of Economic Perspectives*, 22(2), 53 - 72.
Diener, E. (2000). Subjective well-being: The science of happiness and a proposal for a national index. *American Psychologist*, 55(1), 34 - 43.
Diener, E., & Biswas-Diener, R. (2002). Will money increase subjective well-being? *Social Indicators Research*, 57(2), 119 - 169.
Diener, E., Diener, M., & Diener, C. (1995). Factors predicting the subjective well-being of nations. *Journal of Personality and Social Psychology*, 69(5), 851 - 864.
Diener, E., Horwitz, J., & Emmons, R. A. (1985). Happiness of the very wealthy. *Social Indicators Research*, 16(3), 263 - 274.
Diener, E., & Lucas, R. E. (2000). Explaining differences in societal levels of happiness: Relative standards, need fulfillment, culture, and evaluation theory. *Journal of Happiness Studies*, 1(1), 41 - 78.
Diener, E., Lucas, R. E., & Scollon, C. N. (2006). Beyond the hedonic treadmill: Revising the adaptation theory of well-being. *American Psychologist*, 61(4), 305 - 314.
Diener, E., Sandvik, E., Seidlitz, L., & Diener, M. (1993). The relationship between income and subjective well-being: Relative or absolute? *Social Indicators Research*, 28(3), 195 - 223.
Diener, E., & Suh, E. (1997). Measuring quality of life: Economic, social, and subjective indicators. *Social Indicators Research*, 40(1 - 2), 189 - 216.
Diener, E., Suh, E. M., Lucas, R. E., & Smith, H. L. (1999). Subjective well-being: Three decades of progress. *Psychological Bulletin*, 125(2), 276 - 302.
Drakopoulos, S. A. (2008). The paradox of happiness: Towards an alternative explanation. *Journal of Happiness Studies*, 9, 303 - 315.
Easterlin, R. A. (1974). Does economic growth improve the human lot? Some empirical evidence. In P. A. David & M. W. Reder (Eds.), *Nations and households in economic growth* (pp. 89 - 125). New York: Academic Press.

Easterlin, R. A. (1995). Will raising the incomes of all increase the happiness of all? *Journal of Economic Behavior and Organization*, 27, 35-47.

Easterlin, R. A. (2001). Income and happiness: Towards a unified theory. *Economic Journal*, 111, 465-484.

Easterlin, R. A. (2005). Feeding the illusion of growth and happiness: A reply to Hagerty and Veenhoven. *Social Indicators Research*, 74, 429-443.

Emmons, R. A. (1986). Personal strivings: An approach to personality and subjective well-being. *Journal of Personality and Social Psychology*, 51(5), 1058-1068.

Ferrer-i-Carbonell, A. (2005). Income and well-being: An empirical analysis of the comparison income effect. *Journal of Public Economics*, 89, 997-1019.

Fischer, C. S. (2008). What wealth-happiness paradox? A short note on the American case. *Journal of Happiness Studies*, 9, 219-226.

Gallo, L. C., Bogart, L. M., Vranceanu, A., & Matthews, K. A. (2005). Socioeconomic status, resources, psychological experiences, and emotional responses: A test of the reserve capacity model. *Journal of Personality and Social Psychology*, 88(2), 386-399.

Georgellis, Y., Tsitsianis, N., & Yin, Y. P. (2009). Personal values as mitigating factors in the link between income and life satisfaction: Evidence from the European social survey. *Social Indicators Research*, 91, 329-344.

Hagerty, M., & Veenhoven, R. (2003). Wealth and happiness revisited: Growing national income does go with greater happiness. *Social Indicators Research*, 64, 1-27.

Headey, B., & Wearing, A. (1989). Personality, life events, and subjective well-being: Toward a dynamic equilibrium model. *Journal of Personality and Social Psychology*, 57(4), 731-739.

Hsee, C. K., Yang, Y., Li, N., & Shen, L. X. (2009). Wealth, warmth, and well-being: Whether happiness is relative or absolute depends on whether it is about money, acquisition, or consumption. *Journal of Marketing Research*, 46(3), 396-409.

Inglehart, R., & Klingemann, H. D. (2000). Genes, culture, democracy and happiness. In E. Diener & E. M. Suh (Eds.), *Culture and subjective well-being* (pp. 165-183). Cambridge: MIT Press.

Inoguchi, T., & Fujii, S. (2009). The quality of life in Japan. *Social Indicators Research*, 92, 227-262.

Johnson, W., & Krueger, R. F. (2006). How money buys happiness: genetic and environmental processes linking finances and life satisfaction. *Journal of Personality and Social Psychology*, 90(4), 680-691.

Kahneman, D., Krueger, A. B., Schkade, D., Schwarz, N., & Stone, A. A. (2006). Would you be happier if you were richer? A focusing illusion. *Science*, 312, 1908-1910.

Kasser, T., & Ryan, R. M. (1993). A dark side of the American dream: Correlates of financial success as a central life aspiration. *Journal of Personality and Social Psychology*, 65(2), 410-422.

Kasser, T., & Ryan, R. M. (1996). Further examining the American dream: Differential correlates of intrinsic and extrinsic goals. *Personality and Social Psychology Bulletin*, 22, 280-287.

Kraus, M. W., Piff, P. K., & Keltner, D. (2009). Social class, sense of control, and social explanation. *Journal of Personality and Social Psychology*, 97(6), 992-1004.

Lachman, M. E., & Weaver, S. L. (1998). The sense of control as a moderator of social class differences in health and well-being. *Journal of Personality and Social Psychology*, 74(3), 763-773.

Lucas, R. E., & Schimmack U. (2009). Income and well-being: How big is the gap between the rich and the poor? *Journal of Research in Personality*, 43, 75-78.

Luthans, F., Avey, J. B., Avolio, B. J., Norman, S. M., & Combs, G. M. (2006). Psychological capital development: Toward a micro-intervention. *Journal of Organizational Behavior*, 27(3), 387-393.

Lyubomirsky, S., King, L., & Diener, E. (2005). The benefits of frequent positive affect: Does happiness lead to success? *Psychological Bulletin*, 131(6), 803-855.

McBride, M. (2010). Money, happiness, and aspirations: An experimental study. *Journal of Economic Behavior & Organization*, 74, 262-276.

McFarland, C., & Miller, D. T. (1994). The framing of relative performance feedback: Seeing the glass as half empty or half full. *Journal of Personality and Social Psychology*, 66(6), 1061-1073.

McFarlin, D. B. (2008). Life satisfaction around the globe: What role does income play? *Academy of Management Perspectives*, 22(4), 79-80.

Mentzakisa, E., & Morob, M. (2009). The poor, the rich and the happy: Exploring the link between income and subjective well-being. *The Journal of Socio-Economics*, 38, 147-158.

Myers, D. G. (2000). The funds, friends, and faith of happy people. *American Psychologist*, 55, 56-67.

Ng, S. H., & Allen, M. W. (2005). Perception of economic distributive justice: exploring leading theories. *Social Behavior and Personality: an international journal*, 33(5), 435-454.

North, R. J., Holahan, C. J., Moos, R. H., & Cronkite, R. C. (2008). Family support, family income, and happiness: A 10-year perspective. *Journal of Family Psychology*, 22(3), 475-483.

Oswald, A. J. (1997). Happiness and economic performance. *Economic Journal*, 107, 1815-1831.

Park, C. M. (2009). The quality of life in South Korea. *Social Indicators Research*, 92, 263-294.

Rojas, M. (2005). A conceptual-referent theory of happiness: Heterogeneity and its consequences. *Social Indicators*

Research, 74(2), 261–294.

Rojas, M. (2007). Heterogeneity in the relationship between income and happiness: A conceptual-referent-theory explanation. *Journal of Economic Psychology*, 28(1), 1–14.

Senik, C. (2004). When information dominates comparison: Learning from Russian subjective panel data. *Journal of Public Economics*, 88(9), 2099–2123.

Senik, C. (2008). Ambition and jealousy: Income interactions in the 'Old' Europe versus the 'New' Europe and the United States. *Economica*, 75, 495–513.

Senik, C. (2009). Direct evidence on income comparisons and their welfare effects. *Journal of Economic Behavior & Organization*, 72, 408–424.

Sing, M. (2009). The quality of life in Hong Kong. *Social Indicators Research*, 92, 295–335.

Sirgy, M. J. (1998). Materialism and quality of life. *Social Indicators Research*, 43(3), 227–260.

Smyth, R., Nielsen, I., & Zhai, Q. (2010). Personal well-being in urban China. *Social Indicators Research*, 95, 231–251.

Smyth, R., & Qian, J. X. (2009). Corruption and left-wing beliefs in a post-socialist transition economy: Evidence from China's 'harmonious society'. *Economics Letters*, 102(1), 42–44.

Solberg, E. C., Diener, E., Wirtz, D., Lucas, R. E., & Oishi, S. (2002). Wanting, having, and satisfaction: Examining the role of desire discrepancies in satisfaction with income. *Journal of Personality and Social Psychology*, 83, 725–734.

Solnick, S. J., & Hemenway, D. (1998). Is more always better? A survey on positional concerns. *Journal of Economic Behavior & Organization*, 37, 373–383.

Solnick, S., Li, H., Hemenway, D. (2007). Positional goods in the United States and China. *The Journal of Socio-Economics*, 36(4), 537–545.

Srivastava, A., Locke, E. A., & Bartol, K. M. (2001). Money and subjective well-being: It's not the money, it's the motives. *Journal of Personality and Social Psychology*, 80(6), 959–971.

Stutzer, A. (2004). The role of income aspirations in individual happiness. *Journal of Economic Behavior and Organization*, 54, 89–109.

Sweeney, P. D., McFarlin, D. B. (2004). Social comparisons and income satisfaction: A cross-national examination. *Journal of Occupational and Organizational Psychology*, 77, 149–154.

Tellegen, A., Lykken, D. T., Bouchard, T. J., Wilcox, K. J., Segal, N. L., ... Rich, S. (1988). Personality similarity in twins reared apart and together. *Journal of Personality and Social Psychology*, 54(6), 1031–1039.

Veenhoven, R. (1991). Is happiness relative? *Social Indicators Research*, 24(1), 1–34.

Veenhoven, R. (1993). *Happiness in nations: Subjective appreciation of life in 56 nations, 1946–1992*. The Netherlands: Erasmus University Press.

Veenhoven, R., & Hagerty, M. (2006). Rising happiness in nations 1946–2004: A reply to Easterlin. *Social Indicators Research*, 79, 421–436.

Whyte, M. K., & Han, C. (2008). Popular attitudes toward distributive injustice: Beijing and Warsaw compared. *Journal of Chinese Political Science*, 13(1), 29–51.

Yao, G., Cheng, Y. P., & Cheng, C. P. (2009). The quality of life in Taiwan. *Social Indicators Research*, 92, 377–404.

Zhang, J., Yang, Y., & Wang, H. (2009). Measuring subjective well-being: A comparison of China and the USA. *Asian Journal of Social Psychology*, 12(3), 221–225.

11 文化与人格

11.1 文化与人格研究中的几个问题 / 436
    11.1.1 文化与人格研究中的人格问题 / 437
    11.1.2 文化与人格研究中的文化问题 / 439
    11.1.3 文化与人格的作用机制问题 / 443
    11.1.4 未来的研究方向 / 445
11.2 孝文化与中国人人格形成的深层机制 / 445
    11.2.1 孝文化的解读 / 446
    11.2.2 孝文化对中国人具体人格特征的影响 / 448
    11.2.3 孝文化影响人格形成的机制 / 449
    11.2.4 未解决的问题 / 451
11.3 叙事:心理学与历史学的桥梁 / 453
    11.3.1 叙事的推出 / 453
    11.3.2 心理学与历史学的联结 / 455
    11.3.3 叙事的深度联结功能 / 459
11.4 和平心理 / 464
    11.4.1 和平心理学的历史 / 465
    11.4.2 和平人格研究 / 467
    11.4.3 和平心理学理论模型 / 470
    11.4.4 和平心理学研究展望 / 473

在电影《推手》中,李安导演向我们淋漓尽致地展现了传统的中国文化与美国的风土人情之间的冲突:太极拳师朱老先生在退休后,被儿子接到美国同住,可是语言的隔阂、习惯的差异却使他无法适应美国的生活,与美国儿媳玛莎更是矛盾重重,本来很幸福的三口之家,却因老人的到来,几乎到了崩溃的边缘。美国人很难接受老人与儿女同住,而对于倡导孝文化的中国人来说,这似乎是天经地义的事情。不同文化的汇合和撞击,是这部影片最主要的议题。

心理学家在研究人格时,文化常常成为一个无法忽视的问题,但它又确实经常被弱化。的确,千万年的进化使全世界的人们面对某些共同的挑战,有着许多共同的生活目标,然而进化也使人们生成了大量的不同的适应方式,来面对他们各自的挑战。我们也许不会面临《推手》中的家庭矛盾,但我们需要明白世界各地的文化迥异,明白每一个社会都有不同的文化共存,明白世上有很多人像朱老先生一家一样要去努力地调和其生活中不同文化的冲突。文化成了人类心理与行为最广阔、最深远的宏观背景,它不仅存在于人们的周围,也存在于人们的内心,它提供给每个人一种了解和建构自己、世界和他人的方式,也塑造了不同的人格倾向(Bruner,1990)。

进入20世纪以来,文化与人格问题逐渐受到许多社会科学研究的重视。人类学家、社会学家、心理学家纷纷加入到该研究领域中(McCrae,2004),文化问题从传统心理学的边缘地带进入了心理学的中心,被誉为是继行为主义、精神分析和人本心理学之后的"第四个解释维度"(叶浩生,2001)。美国著名心理学家迪纳也认为,与文化相关的人格研究代表了未来研究的一个趋势,有着深远的研究意义(Diener和Scollon,2002)。但文化与人格的问题是庞大的、宏观的,牵涉到诸多的学科范畴,涉及的具体的领域、理论和概念更是繁复庞杂,显然在本书短短一章的内容里,是不可能展现其全貌。因此,我们选取了这一大主题的不同层面,又在每一层面里选取有代表性的主题,旨在揭示心理学上对此问题的一些最新研究成果。首先,我们就文化与人格研究领域中几个重要的基本理论问题展开辨析;其次,我们将探讨中国传统的孝文化影响中国人人格形成的作用和机制;第三,作为人格研究的一种新取向,叙事心理学为文化与人格的研究提供了新的方法和解释视角,本书前文已有介绍,这里我们将从叙事作为心理学与历史学的桥梁这一独特视角来加以探讨;最后,和平心理学,我们试图用心理学的理论和方法回应古往今来人类历史和现实中的最大挑战,即冲突与和平问题,以引起心理学同行更多地关注人类的和平心理、和平行为及经验,进而为世界和平事业作出贡献。

11.1 文化与人格研究中的几个问题[①]

"文化与人格"包含着"文化中的人格"(personality in culture)和"人格中的文化"(culture in personality)两个命题(Oishi,2004)。这两个命题分别对应于人格与文化研究中居主导地位的两种理论观点:特质心理学观和文化心理学观。在特质心理学观的指导下,人格心理学家进行了一系列跨文化实证研究,将特质作为理解和预测所有文化中人们行为的基础,并得出了人格特质具有普遍性的结论(McCrae,2000)。

---

① 本节基于如下工作改写而成:杨慧芳,郭永玉,钟年.(2007).文化与人格研究中的几个问题.心理学探新,27(1),3—8.撰稿人:杨慧芳。

同时,一些文化心理学家却对特质概念的功用持怀疑态度,并认为至少在集体主义文化中,个体行为更多地由背景因素而非特质因素所决定(Markus & Kitayama, 1998)。这两种观点引起了一个基本的问题:在不同文化中,人格特质与背景因素在理解个体及其行为时各自的重要程度如何?本节拟对文化与人格研究中相关的几个问题进行探讨。

11.1.1　文化与人格研究中的人格问题

在探讨文化与人格的问题时,有必要先界定"文化"和"人格"两个概念。奥尔波特将人格定义为个体内部决定其特征性行为和思想的身心系统和动力组织(周晓虹,1997, p. 444)。许多社会学家和人类学家把"文化"定义为一套社会成员所共有的价值观、意义体系和物质实体(Popenoe, 1987, p. 102)。

特质问题在人格心理学中争议颇多。特质指的是一种人格维度,是依据人们在某一特征上所表现出的程度而分类的(Burger, 2000, pp. 122-123)。文化与人格研究的大部分精力都集中在人格特质的普遍性问题上(Markus, 2004),普遍性问题最终又集中在文化的普遍性上。

人格特质的普遍性问题

人格特质的普遍性问题关注的是,所有人是否具有共同的人格结构,这些人格结构由一些共同的特质组成。五因素模型(FFM)和人格的跨文化研究结果大都支持人格特质的跨文化普遍性观点。五因素模型作为一种相当全面的人格特质分类法,得到了广泛的支持。对不同文化群体的研究都发现了五种共同的人格维度,包括:神经质(neuroticism, N)、外向性(extraversion, E)、开放性(openness, O)、随和性(agreeableness, A)和尽责性(conscientiousness, C)(尤瑾,郭永玉,2007)。此外,跨文化纵向和横向研究表明,人格特质表现出年龄上的差异,并具有文化普遍性。研究发现,在从青少年晚期向老年期的成人发展过程中,各国的男性和女性在 N、E、O 三种特质维度上的分数都逐渐降低,而 A 和 C 维度上的分数则有所升高。人格特质还具有性别上的跨文化普遍差异。研究者对 26 种文化研究发现,几乎在所有文化中,女性都在 N 和 A 上的得分比男性高,而男性只在少数几种人格特质上的得分比女性高,如求新性、果断性和兴奋寻求(McCrae, 2004)。

总之,特质心理学家关于人格的基本假设包括:(1)个体的社会行为建立在潜在气质或特质的基础上,并由其决定;(2)个体的行为能够并且应该与个体特定的社会经历和社会角色分离开来加以理解。

然而,文化心理学家认为,以上研究并不能说明人格特质具有跨文化普遍性。如在美国,人格的核心——自我同一性是被个体而非社会群体所规定的,因而人格的维度特质只有在美国这样的个体主义文化中才有意义。而在有些集体主义文化中,人们的行为更多地受到社会背景因素的影响而非个体特质的影响。因此,这两种文化中的特质一致性可能相当低。

反对特质普遍性主要有以下几方面的原因:(1)特质理论和研究是西方人格心理学家从西方文化的立场得到的。因此,对特质的描述是否可以应用到所有文化中的所有人,还是个悬而未决的问题。(2)特质心理学家假定特质具有跨时间和跨情境的一致性,可以根据特质来描述人格和预测行为。但这种假设只有在特定文化中才有意义。在欧美文化背景中,一个符合社会规范的人将所有特质统一或整合进一个人格系统,这种人格具有跨时间稳定性且不受外界影响;他人作为情境性因素被置于一边,对个体的影响较小;自我在不同情境中保持相对稳定。而在亚洲文化背景中,对符合社会规范的个体的规定往往更多地考虑了个体的社会规定性;理解人格的单元并非特质,而是个体与他人的关系、个体所扮演的角色以及个体所从事的特定社会活动。

中国的一些心理学者通过研究发现,中国人与西方人在人格结构上有显著差异。杨国枢以中文人格特质形容词入手,用因素分析的方法研究中国人的人格结构,得到了独立的人格维度。而王登峰等也用因素分析方法研究中文形容词,最后确定中国人的人格结构由七个因素构成(王登峰,崔红,2003)。

尽管以特质为单元的人格研究的基本假设通常被当作人格研究的基本模型,但这种假设并不具有跨文化普遍性。贝里(Berry)曾提出跨文化比较的"强制一致性策略"(imposed-etic),即用某种文化下建立起来的概念和工具去测量另一种文化下人们的特点,然后根据这个结果来比较不同的文化是否具有相似的特点。用产生于西方文化的"大五"结构去研究非西方文化中的人们,实际上是采用了这种研究策略,把西方文化的概念强加于他们(崔红,王登峰,2004)。由此得出的结果也只是在各人格维度上的水平不同,在人格结构上不会有实质性差异。

关于特质普遍性问题的实质

关于特质普遍性问题的争论实则体现了人格心理学中的 **emic/etic 问题**。人格是由遗传、环境等众多因素共同决定的。除了影响人格的其他因素,从跨文化的角度来看,人格结构可分为两部分:(1)emic 成分(独特性),指某一文化下的人们所特有的人格成分,它是该文化下的人们适应其特有的生存压力的结果;(2)etic 成分(一致性),指所有文化下的人们共有的人格成分,它是人类生存和发展过程中适应共同的或相似的生存压力的结果(Church,1987;崔红,王登峰,2004)。

持人格跨文化普遍性观点者关注的是人格中的 etic 部分,而反对特质普遍性者则只看到了人格中的 emic 部分。从方法论的视角出发,emic/etic 问题在跨文化心理学中被称为主位—客位问题。具体来讲,主位研究者本身就是熟知该文化的圈内人,只从该文化内研究个体行为;客位研究者则属于所研究文化的外来者或闯入者,从外部研究一种或数种文化(Marsella、Tharp,和 Ciborowski,1991, pp. 18 - 20)。

杨国枢将人格心理学中的 emic/etic 问题整理成三个向度,也就是"研究者观点/被研究者观点"、"特有现象/非特有现象"及"单文化研究/跨文化研究"(宋文里,2005)。人格的 emic/etic 问题实质上反映了人格中两种不同的成分(差异性和共同性)和研究方略。事实上,在文化与人格的所有研究中,它们都不同程度地相互渗透,并非完全对立。如果没有任何普遍性的存在,而只有客位的存在,那么任何两种文化都没有共同点,比较将是不可能的。相反,如果只有主位的存在,那么任何文化都是相同的,也就没有比较的必要了。

文化与人格研究只有 emic 或 etic 的立场显然不足,应将 emic 与 etic 两种观照方式在更高的层次上综合起来(钟年,1999)。

11.1.2 文化与人格研究中的文化问题

文化与人格研究中,人格往往可以根据特质维度来加以组织,并能被测量和评价。而文化问题,很少有研究者从心理学的角度来对其进行明确规定。因此,人格与文化研究中就往往有偏重人格、忽视文化的厚此薄彼现象。关于人格与文化研究中的"文化",有以下几个问题。

真实文化与文化构念

尽管文化与人格成为一个大众化的主题,但阻碍该领域发展的一个重要问题是:文化构念仅仅是文化刻板(stereotype)的表现吗(Oishi, 2004)?如人们说,日本文化是安静的,或美国文化是快节奏的,这些就属于文化构念,它们在某种程度上就反映了文化刻板,与真实文化不完全相符。

真实文化(real culture)与**文化构念**(cultural constructs)有所不同。从社会学的角度看,文化是符号集合的承载,包括语言符号、非语言符号(如人工制品、服饰、建筑等)以及习惯性的行动(如鞠躬、去教堂做礼拜等)。以上可看作是真实文化,且一般是人类学家所感兴趣的"文化"。心理学家感兴趣的则一般是作为文化构念的文化,它既可以被看作是一种长期为人们所共同拥有且相对静止的意义系统,也可被看作是人们彼此互动时所从事的动态的意义产生过程,在其中,每个人分享他们对世界和自身的理解(Kashima, 2000)。有学者对将日本人刻画为集体主义者和将美国人刻画成个体主义者的观点提出了疑问,认为这些只是跨文化研究者心目中的文化刻板而非真实文化(Oyserman、Coon,和 Kemmelmeier, 2002)。

尽管文化构念与真实文化有时不一致，但我们仍应思考：文化构念可以无限逼近真实文化吗？当我们反思和质疑以往说法时，当我们强调个体差异、空间分层、时代变迁时，我们的文化构念是不是也在变化？

正如人格心理学的先驱者奥尔波特、默里等人所设想的，文化与人格研究的首要目标既应该了解真实文化如何影响有着不同生物禀赋（endownment）、生活经历和环境的个体，如特定的气质、特质、需要和价值可能在跨文化不同背景中以不同方式表现出来，也应了解个体在多大程度上、在哪些领域以及能否有意识地控制文化对自身的影响（Oishi, 2004）。这些研究不仅会促进人格心理学的发展，还可以促进社会学、发展心理学和文化心理学等邻近领域的发展。

个人主义与集体主义

价值观是文化的一个重要组成部分，也一直是人格研究的重要内容。在跨文化价值观研究中用的最多的是**个体主义**（individualism）—**集体主义**（collectivism）构念。

一般认为，东亚国家奉行集体主义价值观，而欧美社会则推崇个体主义价值观。这种观点受到了一些质疑。如邓晓芒（2005）就认为这种观点有静态化的偏向，它把集体主义和个人主义绝对地对立起来，然后分别归之于东方人和西方人，是很表面的。杨中芳（2005）对"集体主义"这一构念是否适合用于表征中国人的价值倾向提出了深刻的质疑。此外，奥斯特曼等人（Oyserman 等，2002）通过对个体主义—集体主义研究进行元分析，也得出了两点不同于以往的结论：第一，个体主义—集体主义的构念是多方面的。在某些情况下，文化差异的大小会根据个体主义—集体主义被测量的那个方面而产生本质的变化。第二，用自我报告法进行跨文化研究，发现在被认为是集体主义文化代表的日本和个体主义文化代表的美国之间，在个体主义—集体主义量表上的得分显示出了相对较小的文化差异。美国人、日本人与韩国人在个体主义上的得分区别不大，研究甚至发现了与以往假设相反的结果——美国人在集体主义上的得分比日本人的还略高些。由此，我们会产生疑问：个体主义—集体主义这种维度的划分是否还有意义？

高野和大阪（Takano 和 Osaka, 1999）的论述可以解答以上疑问。他们认为，由于经济发展、信息传播以及移民等带来的全球一体化，现今日本和美国之间在个体主义和集体主义上的差异小到可以忽略不计。他们发现，从1981年到1995年期间，在包括日本和美国的许多国家中，都出现了个体主义程度增加的普遍化趋势。

此种矛盾现象还有方法论上的原因。对个体主义—集体主义的评定一般采用李克特量表，被试反应易受与李克特量表联系在一起的两类人为因素的影响：(1) 反应类型（response styles）。有研究发现，由于倾向于选择李克特量表的中点而避免选择端点，日本人在集体主义和个体主义维度上的得分都比较低（Chen, Lee, 和

Stevenson,1995)。除了反应类型化,加之奥斯特曼等人(Oyserman等,2002)的元分析建立在非标准化分数的基础上,故得出的结果与假设相矛盾。为避免反应类型的影响,一些研究者提出应将个体的反应标准化。(2)参照群体效应(reference group effect)。研究发现(Heine, Lehman, Peng,和Greenholtz, 2002),当没有外在参照群体时,日本人和加拿大人在集体主义上没有差异,然而,当参与者被要求与来自外文化的其他人相比较时,就会出现一些人们期待中的文化差异。

鉴于李克特量表的局限性,应使用多种方法来研究文化与人格。坎贝尔(Campbell, 1996)在回顾自己50年的研究历程时指出,反应类型是人格测量中仍未得到解决的一个重要问题,并反复强调采用多方法取向测量的重要性。

文化的维度问题

文化与人格研究一般是寻找人格特质的平均水平与文化特征之间的关系。只有找到某些可以标明文化特征的文化变量时,才能对这种关系进行研究。因此,心理学研究者必然会面临一个问题:如何划分文化的维度?

除了前面提到的按价值观划分的个体主义—集体主义维度,最有影响的是霍夫施泰德(Hofstede)提出的文化维度划分方法(McCrae, 2004)。在1967—1973年间,霍夫施泰德(Hofstede, 2008)从遍及全球的IBM雇员所完成的工作价值调查问卷中抽取出了四个因素,作为文化的四种维度,也是区分不同国家文化和价值观的基点。

(1) **权力距离**(Power Distance),指人们之间平等或不平等的程度。高的权力距离意味着该社会(如拉美国家)允许权力和财富的不平等性增加。这些社会不大允许其成员向上流动。低的权力距离意味着该社会(如欧洲国家)不注重其成员之间权力和财富的差异,平等和机会被赋予每一个人。

(2) **非确定性规避**(Uncertainty Avoidance),指对不确定性和社会内的模棱两可(如非结构化的情境)的容忍程度。高的非确定性规避评价意味着该国家对非确定性和模棱两可有较低的容忍度。这种社会以规则为宗旨,会通过国家法律、法规和控制手段减少非确定性。低的非确定性规避意味着该国家能容忍模棱两可和非确定性,并对许多观点有较高的容忍度,反映了它们较少以规则为定向,更愿意接受变化。

(3) **个体主义—集体主义**,前已述及,主要指社会对个人或集体成就和人际关系的支持程度。

(4) **男性化**(Masculinity)**—女性化**(Femininity),指社会对男性在成就、控制和权力等领域居支配地位的男性角色传统的支持程度。男性化程度较高意味着该国家(如德国)具有较高的性别分化,男性控制着社会和权力结构中重要的位置,女性则处于男性统治之下。女性化程度较高则意味着该国家(如法国)在不同性别之间有低水平的性别分化和歧视中,男女在各方面大体平等。

后来,在以中国员工和管理者为对象所进行的一项国际研究中,霍夫施泰德(Hofstede,2008)又抽取出了文化的第五个维度。

(5) 文化的**长期定向**(Long-term Orientation)—**短期定向**(Short-term Orientation),主要指社会对传统的或前瞻性的思维、价值观的接受或拒绝的程度。高的长期定向意味着国家信奉并遵守长期承诺的传统价值观(如印度);低的长期定向意味着国家(如加拿大)并不支持长期的、传统定向的价值观念。

研究表明,人格五因素分别与霍夫施泰德(Hofstede,2008)文化维度中的一种或几种有较高相关(王登峰,崔红,2003)。

有批评者认为霍夫施泰德的文化维度有贴标签的倾向。此外,霍夫施泰德对国家文化的维度描述是双极的,而有些文化中相互对立的两极能相互依存,如个体主义与集体主义。施瓦茨(Schwartz,1994)后来发现了七种文化维度,与霍夫施泰德的文化维度差异较大。但无论如何,霍夫施泰德的文化维度可以测量许多国家中独特的、长期的和系统的文化特征,并被广泛应用于文化与人格研究中。

文化的同质性与异质性问题

文化与人格的研究主要从两个层面进行:一是不同文化间的比较;二是在同一文化内部,不同亚文化群体间的比较(周晓虹,1997)。前一种研究将处于同一种文化中的个体同质化,关注不同文化中的个体之间人格的差异,如国民性格的研究;后一种研究则将同一文化中的不同个体的人格看作是异质的,并致力于同一文化内部人格的异质性或个体性(heterogeneity/individuality)。

尽管理解个体性和个体差异是人格心理学的基本任务,但在跨文化人格研究中,个体差异常常处于次要地位。如一项跨文化研究显示美国人在外向性上比日本人高,但这并不能说明所有美国人都外向而所有日本人就都内向。有研究者批评这种跨文化研究将文化同质化,并忽略了文化内部(intra-cultural)的变异(Oishi,2002)。

就文化影响人格而言,同一种文化中的个体在人格上可能有某种一致性和同质性(homogeneity),但在任何特定文化中,个体对文化的喜欢/不喜欢以及不同的内化会导致多样化的个体差异。奥尔波特指出,个体主动地选择适合于自己气质、价值观和生活哲学的生活方式。他又进一步指出:"没有哪一个体是典型的或一般性文化模式的镜象(mirror-image),我们是被真实的文化而非被人类学家所提炼的文化概念所塑造的。"(Oishi,2004)

文化与人格研究主要从以下三方面对个体差异进行研究:(1)人格的跨文化研究主要探讨造成不同文化间人格差异的文化因素。(2)多群体潜类别分析(multigroup latent class analysis)方法可以更明确地刻画文化间和文化内的人格差异。潜类别分析可清楚地表明文化内的变异与文化间的变异同样存在,这就使得人格的跨文化研究避免将某一文化群体同质化和刻板化。(3)同时研究个体的内部心理过程差异和文化差异。如尽管来自两种不同文化的两个人体验到同样的积极情绪水平,但这种结果也还是由个体人格和文化两种因素共同决定的。因此,既要考虑个体在心境、自尊等个体内部变量上的差异,也要考虑文化差异。

11.1.3 文化与人格的作用机制问题

在早期文化与人格研究中,对文化与人格的关系一般持循环论观点(钟年,1999):养育制度塑造人格,个体的人格综合成群体人格或基本人格结构,再往上走才是文化,而文化又影响着养育制度。即,养育制度—人格—群体人格—文化—养育制度……随着人格心理学研究的推进,人格心理学家对于人格与文化之间的作用机制问题有了更深入的认识。

文化影响人格的机制

奥尔波特认为,不论个体的气质、需要和价值观如何,文化、个体所扮演的社会角色和所处情境对个体人格都有巨大影响。以奥尔波特的观点为基础,大石(Oishi,2004)提出了人格与文化的新奥尔波特模型(如图 11.1 所示)。该模型包括以下动态过程:(1)个体的气质和生理状态能预先使个体以某种特定方式感觉、思考和行动,如图 11.1 中 A 所示。然而,这种心理倾向会受到诸如养育方式、情境、角色和文化等社会文化因素的制约,如图 11.1 中 B 所示。(2)个体对社会—文化需要的内化程度受其对这些需要的喜好及知觉影响,这些需要反过来又在一定程度上由个体的气质和生理状态决定,如图 11.1 中 C 所示。因此,个体的情感、思维及行动同时是生物因素和社会文化因素的函数。(3)经过一段时间后,个体观察自己的行为和他人对自己的反应以形成自我概念和一种统一的人生哲学,如图 11.1 中 D 所示。自我概念反过

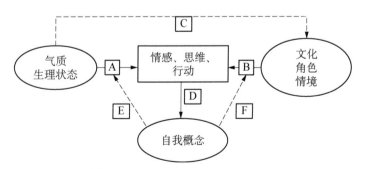

图 11.1　人格与文化的新奥尔波特模型
来源:Oishi, 2004.

来调节生物和社会文化等因素对个体行为的影响,如图 11.1 中 E、F 分别所示,因此,许多个体力争获得并维持特定的自我概念。图 11.1 描绘了人格与文化之间的动态互动:文化在限制或增强人格在行为上的表现方面起了重要作用,同时,个体的气质和人格限制了文化影响个体的程度以及个体对文化的选择性内化。

人格与文化的新奥尔波特模型与奥尔波特的观点相比,不同之处在于:奥尔波特假定个体能有意识地控制绝大多数文化对其生活的影响,而新奥尔波特模型认为,个人不能主动控制文化对自己的影响。即使个体主动使自己远离文化,仍可能会无意识地受其影响。

人格影响文化的机制

与前述观点相反,麦克雷(McCrae, 2004)从特质论的角度提出,人格特质在总体上会影响文化。根据五因素人格理论(FFT),麦克雷(McCrae, 2004)提出了一个人格系统的理论模型,如图 11.2 所示。由该模型可以看出,人格系统包括了生物因素、文化、特质、特征性适应(characteristic adaptation)和行为等成分,各成分之间相互作用。在此模型中,人格特质与文化并非直接相关,而是经由个体特征性适应和行为影响文化。特征性适应是人们为更好地适应社会生活而掌握的所有心理结构,包括知识、技能、态度、目标、社会角色、关系、图式、自我概念以及除人格特质以外的许多心理现象。由该模型可以看出,个体特征性适应、行为同时受人格特质与文化的影响。

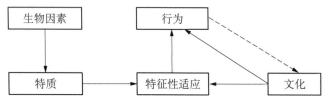

图 11.2　五因素人格理论的人格系统模型
来源:McCrae, 2004.

特别要指出的是,尽管该模型从特质论视角阐述了人格作用于文化的机制,但它过于强调生物因素对人格特质的影响,忽视了环境尤其是文化对于人格的影响。其实,在此图示中,还应加上"特质"通过特征性适应影响"文化",以及"文化"通过"特征性适应"塑造"特质"。该理论的提出者麦克雷亦是五因素模型(FFM)的重要代表人物之一(参见本书 1.4"大五"结构与五因素模型)。麦克雷强调五因素人格特质的普遍性,提出人格特质能独立于文化而存在(Triandis 和 Suh, 2002),这一点正是五因素模型招致诟病的主要原因,也是该模型的重要局限。

11.1.4 未来的研究方向

随着心理学家对人格因素的日益重视,文化与人格研究必将得到发展。要想解决以上论及的几个问题,须从以下几方面努力。

第一,从方法论的角度讲,应将主位研究与客位研究、普遍性策略与特殊性策略有机结合起来。以普遍性策略为指导思想的特质心理学尽管将文化因素纳入自己的研究,但其终极目的却是通过跨文化研究发现超越文化影响的普遍性真理(叶浩生,2004),由此导致了一系列困境。要走出困境,应真正考虑到文化、社会等因素对人格的影响。

第二,应将文化看作是一种动态的过程而非静止的结果。文化并非一成不变,而是随着社会变迁而变化的。此外,在面对文化与人格研究中的文化问题时,不仅要研究不同文化间的人格差异,还应考虑到同一文化内部存在的个体差异,避免将某种人格特质水平的描述归于某一群体中的所有成员。研究者对不同文化应持宽容的态度,在看到文化共同性的同时,还应看到文化的多样性、特殊性和差异性。

第三,在文化与人格的关系上,应充分考虑到文化与人格之间起作用的中间机制。此外,文化与人格研究还应克服一些简单化的倾向,并真正应用交互作用的观点,充分考虑到文化与人格之间双向的、交互的和动态的影响作用。

第四,加强人格心理学与其他学科的联系。现代西方心理学的文化转向有利于拓展心理学的方法论基础(叶浩生,2001),也会改善人格心理学的方法论基础。应将实证方法和现象学的方法结合起来;还应吸收并借鉴人类学、社会学、生物学等不同学科的研究成果和研究方法,并加强人格心理学与其他相关学科的渗透和合作,以更好地促进人格心理学的发展。

11.2 孝文化与中国人人格形成的深层机制[①]

作为四大文明古国之一,中国是唯一在国土、语言和意识形态上保持其连续性和历史感的国家。谈到中国文化,人们马上会联想到儒释道,而最后的重心定格于儒家文化。尽管佛教和道家在人生感悟和学术造诣等方面有突出贡献,诚如陈寅恪所言,中国学术思想转不出佛道两家,但由于儒家文化关注现实人生,为整个社会的运转提供了坚实的学理基础,包括一套文本、一套言说和一套行为方式,儒家思想是思考中国社会的起点和轴心。其中,孝文化最能体现儒家思想对人际伦常关系的规范。自

---

① 本节基于如下工作改写而成:刘超,郭永玉.(2009).孝文化与中国人人格形成的深层机制.心理学探新,29(5),7—12. 撰稿人:刘超。

五四以来,对待孝文化有三种态度。一是彻底的批判,如鲁迅、胡适和陈独秀等,他们认为孝文化是十足的奴才文化,它所设定的种种规范成为中国人的精神枷锁,培养出来的子民都是些老成的子弟、驯良的百姓。二是有保留的批判,如梁漱溟、冯友兰、钱穆和牟宗三等,认为中国往圣之学,最先为孝悌(钱穆,2005,p.76);梁漱溟则认为中国文化是孝的文化,他把孝作为中国文化的第十三条特征(梁漱溟,1988,p.223)。三是积极的赞扬,如海外学者杜维明,他从一种非常具体的父子关系来评价孝文化,认为父子关系意味着一种强迫、限制和支配,然而,它通过这种强迫、限制和支配的力量,同时又为父亲和儿子的自我修养提供了一种必要的手段(杜维明,1991,p.123)。

　　杨国枢(2004,pp.197-321)认为,传统的中国不仅以农立国,而且以孝立国,这两点有效地概括了中国的文化特征,他把孝作为本土心理学的研究主题之一。以杨国枢为代表的学者们从社会心理学的角度,对孝道的概念、内涵提出了一套理论框架,将孝道视为子女以父母为主要对象的一套社会态度与行为的组合,分析了孝道态度与孝道行为的影响因素,探讨了孝道的认知结构与发展,并制定了孝道认知量表(FC)、孝道意愿量表(FI)、孝道行为量表(FB)和孝道感情量表(FA)。然而,孝并非作为单一因素而存在,而是作为一种纽带而存在的,它连接了政治、经济、民俗、信念等诸多领域,当人们将孝行为从个人或家庭提升、扩展到社会、国家范围内,并逐渐形成观念甚至信仰层面的东西时,它就成为一种文化(卢黄熙,郭继民,2006)。人格心理学作为心理学的核心分支,以整个人为研究单位,而人生活于文化中,研究人格就必然关联到人所处的文化环境。把某一特定文化与人格关联起来有助于重新思考并扩大人格的研究范围(Markus,2004)。

　　孝文化是最具有中国特色的文化现象之一。孝文化这种存在了几千年的意识形态,必然在中国人的价值观念、思维方式、行为习惯、民德、民风和民俗中留下深刻的不可磨灭的痕迹,它不但作为内在机理深刻影响着现实的制度设计,也作为外在规范影响着人们的行为习惯(马尽举,2003)。奥尔波特认为人格是个人对文化环境的一种独特的适应机制(Nicholson,1998)。作为文化产物的人格,必定与文化存在着同源性和契合性;中西文化间的巨大差异,必定造成中西人格的巨大鸿沟(刘同辉,2008),正如苹果树上只能结出苹果,而桃树上只能结出桃子一样。因此,不难看出孝文化与人格之间存在的内在联系。

11.2.1　孝文化的解读

孝文化存在的合理性

　　儒家文化的实质是孝文化,孝文化的形成得益于两方面的作用:上级如何规范下级,下级如何服从上级,体现了上级对下级的压迫、强制和命令。而这种文化之所以

能够保持顽强的生命力,理由如下:

其一,中国古代社会没有形成一种合理的社会养老制度,父母年老之后,必须依靠儿女的奉养才能活下去。不难看出,孝文化根植于最为基础的生存困境,所以人们普遍赞成并推崇这种文化。

其二,如果儿女遵从父母的规劝、下级遵从上级和命令,达到社会对德性的要求,就可以获得人们的广泛认可并进而获得生存和发展的机会与条件,可以走上仕途(古代从官的途径有三:世代封爵,学而优则仕,举孝廉)。"忠顺不失,以事其上,然后能保其禄位,而守其祭祀。"(《孝经》)十三经中的《孝经》不足三千字,通俗易懂,《大学》、《中庸》、《论语》、《孟子》和《礼记》里也多次讲到《孝经》,这些言说造成巨大的社会舆论,人们对这套言说习以为常,作为长辈和上级的父母和官方政府会通过不同形式的奖励来强化人们的孝行为,惩罚不孝行为。

其三,佛家文化和道家文化的并存,作为隐形的边缘文化,这二者是孝文化得以存在的一种外部力量,为那些对孝文化失去希望和对人生失去信念的人提供某种意义上的归宿,从而平息了他们内心的不满、愤怒和忧伤。

孝文化的心理学解读

儒家思想的核心是"仁",围绕"仁",孔子认为还有"孝、忠、义、恕、直、恭、谦"等德目,孟子则认为有"义、礼、智、信"等概念。"仁"这个概念带有形而上的色彩,而"孝"则比较具体。对人民实施仁政,对君王尽忠,对父母行孝,对朋友有义,"仁、义、忠"和"孝"虽然是不同的提法,但其内涵却是一致的,其中的核心仍然是孝。"仁者人也,亲亲为大。"(《中庸》)"孝者,所以事君也;弟者,所以事长也;慈者,所以使众也。"(《大学》)"为人臣者,怀仁义以事其君;为人子者,怀仁义以事其父;为人弟者,怀仁义以事其兄。"(《孟子·告子下》)"孝弟也者,其为仁之本与。"(《论语·学而》)封建社会的中国家国同构,忠孝同构,孝的意义已经超出了子女与父母之间亲情关系的狭义范围而进入广阔的政治话语体系之中,孝与不孝不是个人的私事,而是社会共同关注的伦理事务。

尽管孝不限于个人和家庭的范畴,但父母与子女之间天然的血缘关系是不可抹煞的。有诗怀念父母的养育劳苦:"棘心夭夭,母氏劬劳。……有子七人,母氏劳苦。"(《诗经·国风·邶风·凯风》)"哀哀父母,生我劬劳。……哀哀父母,生我劳瘁。"(《诗经·小雅·谷风之什·蓼莪》)有诗记载母亲对游子的牵挂:"慈母手中线,游子身上衣,临行密密缝,意恐迟迟归。"(孟郊,《游子吟》)也有诗叙述自己对亲人的思念:"独在异乡为异客,每逢佳节倍思亲。"(王维,《九月九日忆山东兄弟》)血缘构筑了氏族关系和等级制度,出于意识形态上的自觉,血缘关系已经超出生物种属性质,带有普遍和长久的社会含义。正由于血亲的巨大影响力,移孝作忠在封建社会备受推崇。更重要的一点是,古代中国推崇德性,有德性就是有道德,而有道德才可以治理国家。

"夫孝,德之本也,教之所由生也"(《孝经·开宗明义》),德性的标准不是书是否读得多、读得好,而在于是否对父母行孝、对君王尽忠。

孝文化对孝的主体和对象是有讲究的,主体是指孝行为的发动者,即谁去行孝,一般是子代、臣子、下属;对象是指孝行为的接收者,即向谁行孝,一般是父代、君王、上级。主体和对象视情境而定,一位父亲在家中是被孝的对象,而在君王面前则成了施孝者;长子在父亲面前行孝,而可能在弟弟们那里逞一点小大人的威风。人们首先关注的焦点不是个人的特质和能力,而是他属于哪个层次、级别、地位以及名分。所谓"君君,臣臣,父父,子子"(《论语·颜渊》),"不在其位,不谋其政"、"君子思不出其位"(《论语·宪问》),"名不正,则言不顺,言不顺,则事不成"(《论语·子路》)。因而,不难理解为什么中国人对情境和情境的变化比较敏感,我们可以认为这是一种认知特点,也可以认为这是一种深刻的人格适应机制,使个体对情境保持觉醒的状态,适时调整自己的身心反应和行为方式,使之与文化的期望相匹配,并消除人与人之间的隔阂。

关于孝不仅有一套系统的言论,而且还有一套相当严格的规范,这套规范从各个方面控制着个体:

言语和行为方面,强调不多言,但有问必答,对长辈毕恭毕敬,而且要保证肉身的安全,不做危险之事。"见父之执,不谓之进,不敢进;不谓之退,不敢退;不问,不敢对。""夫为人子者,出必告,反必面,所游必有常,所习必有止,恒言不称老。""为人子者,居不主奥,坐不中席,行不中道,立不中门。""不登高,不临渊。""先生与之言,则对;不与之言,则趋而退。"(《礼记·曲礼上》)"事亲者,居上不骄,为下不乱,在丑不争。"(《孝经·纪孝行》)"父母在,不远游,游必有方。"(《论语·里仁》)

衣着表情方面,强调严肃、端庄、和悦。"不苟訾,不苟笑","为人子者,父母存,冠衣不纯素,孤子当室,冠衣不纯采","正尔容,听必恭"(《礼记·曲礼上》)。"孝子之有深爱者,必有和气,有和气者,必有愉色,有愉色者,必有婉容。"(《礼记·祭义》)

情感方面,强调对父母有尊敬之情。"今之孝者,是谓能养。至于犬马,皆能有养;不敬,何以别乎?"(《论语·为政》)"父母之年,不可不知也。一则以喜,一则以惧。"(《论语·里仁》)"受敬尽于事亲,而德教加于百姓。"(《孝经·天子章》)"资于事父以事母,而爱同;资于事父以事君,而敬同。"(《孝经·士章》)"生事爱敬,死事哀戚","哭不偯,礼无容,言不文,服美不安,闻乐不乐,食旨不甘,此哀戚之情也"(《孝经·丧亲章》)。

11.2.2 孝文化对中国人具体人格特征的影响

不难看出,这些规定极大地限定了个体身体和心灵两方面的自由。在儒家经典中,根本不能看到有关"自由"的信息和表达。正是由于这些言论和由之规定的行为准则牢牢地把人带入现实世界。孝文化下面的孝分两层:第一为底限,爱护身体,"身体发肤,受之父母,不敢毁伤"(《孝经·开宗明义》)。其一,个人失去了自主行动的自由,其身体不是属于"我"的,而是为父母延续生命的活力;其二,发型、服饰和行为规范都由社会礼仪来规定,不遵从这些规范,则会被指责为逾越了礼节,视为不孝。第二为上限,"立身行道,扬名后世,以显父母"(《孝经·开宗明义》)。个人失去了找寻并追求自己人生理想的自由,人生的道路由父母来指定,儿女是父母名垂千古的途径或工具。作为宏观样态存在的孝文化,其核心要素是抑制,即抑制个体的自发性、创造性和情绪表达,其突出表现特征是对个体的言行甚至意图加以限制。孝文化不仅影响到中国人的整体表现特征,即国民性问题,同时也会不可避免地制约个人具体的人格特征的形成。人格领域强调个体的独特性,下面根据特质理论,以情绪稳定性、外向性和开放性为例来探讨孝文化与中国人具体人格特征之间的关联。

第一,情绪稳定性。英文中情绪一词是"emotion","e"是导出来,"motion"作为一种波动的状态,"emotion"即表示把内心的状态加以表达。而孝文化强调"喜怒不露声色",时刻注意不要表现出太过激的情绪,不能表现得太高兴,也不能表现得太悲伤,更不能表现得太愤怒,总之要对自己的情绪作"中性化"和"中庸"的处理。"愤青"一词的贬义色彩显而易见,所谓"宠辱不惊"、"不以物喜,不以己悲",既可以理解为淡泊的处世态度,也可以换一种视角,理解为中国文化语境下一种无可奈何的情绪反应选择。因而在情绪稳定性上,表面上看起来中国人的稳定性较好,实质上个体需要很多的精力和时间去处理内心的波动。

第二,外向性。外向性的特质主要包括好社交,活泼好动,寻求刺激,好冒险等;内向性的特质则包括较安静,好反省,谨慎,深思熟虑,不喜欢充满偶然性和冒险性的生活。相较于西方人,中国人显得内向,不太热爱公共空间的社交活动,《老子》言"鸡犬之声相闻,民至老死不相往来";不主张冒险活动,"不登高,不临渊";主张内省,"吾日三省吾身",等等。这些外在的规定确实使得中国人趋于沉静内敛。

第三,开放性。开放性表现为对经验保持敏感和好奇的态度,乐于探索环境和自我,兴趣广泛和富于创造力。中国文化强调"天人合一"、"天人不分"和"物我两相忘"的状态,强调"自然",因而无所谓探索,即不需要探索,只需要感受即可。孝文化强力限制个体的自主言行和冒险行动,同样限制个体内心生发的新奇思想,久而久之,个体会主动放弃并否认原发性的新念头,并逐渐丧失产生新念头的意愿、习惯和能力,表现为低开放性和创造力不足。

11.2.3 孝文化影响人格形成的机制

目前的家庭结构与古代封建社会差别很大:中国古代实施的是一夫多妻制,妻子的生育一般又不加限制,故一位父亲可以拥有若干子女,而现在施行一夫一妻制,外加计划生育,故一个家庭一般只有一个孩子。孝文化作为数千年的历史积淀,不会由于几次革命就淡出舞台,相反,它会通过不同的形式作用于具体个人的人格形成。在封建社会中属于典型的子代任务畸重,而目前的趋势则变成了父代任务畸重。在子代面临竞争生存的重压之下,父代潜意识中余留的父以子贵、子代有光宗耀祖义务的观念顽强地发挥着作用(马尽举,2003)。这种孝道理论通过具体情境下的教养方式和亲子关系体现出来。

教养方式

教养方式包括父母对子女的态度和期望,是父母对子女单方面的要求。父母教养方式是指在家庭生活中以亲子关系为中心的,父母在对子女进行抚养和教育的日常活动中所表现出来的一种对待孩子相对稳定的行为模式和行为倾向,是父母传达给子女的态度以及从父母的行为中所表达出的情感气氛的集合体。父母的教养行为包括父母履行其职责的专门的目标定向的行为和非目标定向的行为,诸如姿势、手势、语调的变化或是情绪的自然流露(Darling 和 Steinberg,1993)。当孩子一出生的时候,父母总希望自己的孩子能够大富大贵,当大官,成为科学家和艺术家之类,而没有去想孩子是否意愿成为这样的一个人,他的兴趣何在,他的志向何在。这种对待儿童的态度与西方社会对待儿童的态度存在根本上的不同。西方父母尊重儿童的个人兴趣、个性和表达。反映在学术领域上,中国学者倾向于研究教学方法、课堂设计以及学生的认知和性格特点,而西方研究者倾向于研究孩子的社交能力、自我认同和同伴关系等方面的内容;反映在教学方法上,中国偏重填鸭式教学,不注重考虑学生的接受能力和喜好,而西方偏重创造性教学和启发法,鼓励学生形成相关问题的独特表征,并进而找到解决问题的答案。中国父母特别看重子女的学习成绩,这里面有深厚的文化渊源。一方面,中国自古有"学而优则仕"、"书中自有黄金屋"等说法,认为学业突出是个人获得生存的重要条件之一;另一方面,读好书意味着书香门第,同样可以光耀门楣,为父母和祖上添光。当孩子成绩好时,大多数父母觉得"有面子",而当孩子成绩不好时,会认为"脸上无光",别人问起孩子的成绩时觉得尴尬。这种态度同样会影响孩子的自我知觉,当自己获得好成绩时,受到老师的赞扬、同学的羡慕和父母的嘉奖会形成高自我效能感和自信等人格特征,反之,则可能形成自卑、胆怯等人格特征。有研究者采用结构方程模型检验了教养方式和儿童社交能力之间的效应,研究结果表明民主型教养方式与儿童的社交能力呈正相关,而专制型和溺爱型的教养方式与儿童的社交能力呈负相关(Xu,2007)。有研究表明父母采用拒绝、训斥等消极的教养方式与儿童形成焦虑、抑郁、冲动等人格特质存在显著相关(Roelofs,Meesters,Bamelis,和 Muris,2006)。

亲子关系

人们往往用宏大叙事方式,把孝文化的长期存在归结为经济基础决定的上层建筑问题,而没有深入到更为具体的亲子关系的研究(马尽举,2003)。亲子关系探讨父母与子女之间的互动方式,这种互动方式会影响到子女人格的形成。儿童的基本信任从与父母之间的亲密联系中发展而来(Jaffari-Bimmel, Juffer, van IJzendoorn, Bakermans-Kranenburg,和 Mooijaart, 2006)。有研究者认为个体的适应行为是早期适应模式和当前经验的结果,早期依恋模式不仅会影响个体后来的社会性发展,还会在长期的重建中修正工作模型(working models)(Sroufe, 2000),这些工作模型适应相应的情境,不同的情境对应不同的言语、态度和行为表现。近年来,研究者对父母人格影响亲子关系的方式很感兴趣(Kochanska, Friesenborg, Lange, 和 Martel, 2004),其基本的研究范式是寻求父母的人格特质与亲子关系之间的相关程度,一般在用"大五"人格量表、EPQ 人格问卷或 16PF 人格量表测量父母的特质。有研究表明当儿童在正性情绪量表上得分较低,而在负性情绪量表上得分较高时,亲子关系比较糟糕,儿童体验到的幸福感较少;该研究还表明比较富于孩子气且有工作的父母与子女之间的关系更为积极(Belsky, Jaffee, Caspi, Moffitt,和 Silva, 2003),即当父母能够用儿童的视角看问题时,两代人之间的关系则比较融洽。

中国的父母有时比较严肃,往往喜欢采用教训批评的方式,子女与父母之间是一种要求与被要求的关系,导致个体在父母面前容易失去主见和创造性,甚至会出现失语的状态。严格要求的背后是父代对子代深切的希冀,希望子代在同龄人中出类拔萃,同时也希望自己能够在子代身上实现自己未曾完成的理想。这使得亲子关系处于微妙的变化之中,自然亲情驱使二者亲密有加,而社会竞争和父代无意识的投射又使二者的关系变得紧张。

11.2.4 未解决的问题

有关孝文化和人格之间的研究并不多见,要想形成本土化的研究范式和合乎规范的话语表达,还需要深入探讨并澄清以下问题。

首先,西方研究者探讨文化与人格的关系时,一般把文化分为个体主义文化和集体主义文化,二者各自的特征比较如下:第一,前者强调个人的独立性,而后者强调个体之间的相互依赖;第二,前者强调选择的自由和个人的需要,后者强调义务、他人的需要和对命运的接受;第三,前者看重情绪的表达,后者重视对文化所规定的行为方式的遵从(Schimmack, Radhakrishnan, Oishi, Dzokoto, 和 Ahadi, 2002)。也就是说,个体主义文化倾向于发展个人的自主性、独特性和自由意志,在这种文化中,个人的需要、愿望和目标高于集体;相反,集体主义文化倾向于发展人们之间的相互依赖,个人会由于共同的利益要求和团体的压力去牺牲自己的需要和目标。有学者认为个体主义—集体主义这一对概念具有过高的包容度，从而失去解释效用(Suh, Diener, Oishi, 和 Triandis, 1998)。虽然孝文化体现了集体主义文化的许多特征(culture-general)，西方研究者也不谋而合地把包括中国在内的亚洲国家划分为集体主义文化的范畴，但是孝文化的存在具有其独特的语境，故存在不同于一般集体主义文化的特征(culture-specific)。第一，该文化下的个体之间是基于亲人和师友展开的亲疏关系，并没有一个超于现实的法则来调配人们的关系；第二，孝文化重视人们之间的等级关系，处于不同的等级有不同的行为特征。将中国孝文化简单地处理为集体主义文化是一种"强制一致性策略"，这种话语霸权下的研究并不能从真正意义上揭示一种文化的本质和这种文化对人格形成的独特影响。

其次，人与情境两种视角的研究困境。这两种视角的根源在于人性观的根本差异：前者认为人是有自由意志的，个体在情境中能够主动选择自己的行为方式，并相应承担责任，而后者则认为人的行为是由环境决定的，个人的主观能动性微乎其微。人格心理学的建立以奥尔波特的特质理论为基础，认为特质决定个人的行为，人的行为具有跨时间跨情境的一致性，由奥尔波特开创的特质学派一直持续地影响学院派的人格研究。然而，人格研究的发展正不断地挑战着人—情境二元分裂的局面(Kammrath, Mendoza-Denton, 和 Mischel, 2005)。单纯从特质的角度并不能完全解释个体行为，也就是说，人与情境的相互作用已经是不争的事实(Mischel, 2004)。细化孝文化下的情境特征与个体的人格特质则能更有效地预测并解释其行为。当面临某一特定情境时，个体会知觉并评价这一情境，情境中存在哪些人，这些人之间的关系如何，他们与自己的关系如何，谁在此人群中最有影响力和决定权，谁比较无足轻重。这些情境会激活个体的认知、情感和动机，进而影响具体的行为表现，或趋近某人，或疏远某人。在这一过程中，个体的知觉和评价体现了情境与特质之间的相互作用。

最后，孝文化对父代和子代的双向羁绊。自五四以来受到批判的孝文化并没有得到解构，相反，父代和子代的任务变得更加沉重。纵向来看，个体年幼的时候，要完成繁重的学习任务并承受来自老师、家长和同学多方面的压力；成年之后，追求个人理想的同时还要督促子女的成长；年老之后，有可能还要继续支持子代的和孙代的看护任务。横向来看，作为父代，关于未来的希望寄托于唯一的子女身上，因而只有最大限度地帮助子代，才会无愧于心，正所谓"子不教，父之过"，而作为子代，承担了来自父代的全部期望，只有与同侪齐头并进，才不会"辱没门庭"，二者之间相互牵绊的结果是双方都难以实现解放。只有深入了解孝文化的实质，才有可能更好地处理代际关系。

11.3 叙事:心理学与历史学的桥梁[①]

1986年,心理学家萨宾(Sarbin)在其主编的论文集《叙事心理学:人类行为的故事性》中第一次提出了"叙事心理学"的概念。书中集中探讨的一个观点就是:故事是修整经验和指引判断与行为的基础(Lee,1994),而该书更是提出了用叙事范式代替传统实证范式的主张,因此该书通常被人们认为是叙事心理学诞生的标志。

口述史学,简单地说就是搜集、传播口头史料,并以此进行历史研究和历史写作的方法。史学家对口头史料的运用由来已久,但它作为一种独立的历史方法学则诞生于20世纪30—40年代的美国(庞玉洁,1998)。那么,口述历史和叙事心理学又有什么关系呢?

在回答上面问题前,我们不妨先来做个拆字游戏。"历史"是什么呢?英文就是"history",拆开来就是"hi, story",即"你好,故事"。而对故事的问候和描述就是叙事(narrative)。这不是巧合,其实历史知识恰恰具有叙事的结构,无论是人类历史还是人的一生,其实都是建立在叙事文本的基础之上的。不同学派的哲学家也都相信叙事是一种完全有效地再现历史事件的模式,甚至是为历史事件提供解释的有效模式。正如克罗齐的一句名言,没有叙事,就没有历史(White,2003,p. 127)。所以从某种意义上讲,口述历史其实就是一种叙事的研究方法。

可见,作为心理学和历史学两大领域共同采用的一种研究范式,"叙事"的推出不仅促进了叙事心理学和口述历史在各自领域内的兴起,更通过"叙事"自身的特点与功能,搭起了叙事心理学与口述历史彼此连接的桥梁。但是在严谨的学术领域中,讲"故事"无疑是带有平民特色和田野操作特点的,那么"叙事"到底是如何引领叙事心理学、口述历史分别走进心理学和历史学研究的大雅之堂,进而搭建起二者之间连接的桥梁呢?而连接后的叙事心理学和口述历史之间只是泛泛之交,还是有着很深的血缘关系呢?本节接下来将试图就叙事、叙事心理学和口述历史三者之间的关系做出解答与探讨。

11.3.1 叙事的推出

实证主义作为传统范式的霸权

19世纪中叶以后,自然科学在探索自然规律方面取得了巨大成功,进而推进了

[①] 本节基于如下工作改写而成:(1)李然,郭永玉.(2012).叙事:心理学与历史学的桥梁.心理研究,5(2),3—9.中国人民大学复印报刊资料《心理学》月刊2012年第8期全文转载。(2)李然.(2012)."说"出的人格:一位老科学家人生故事的叙事研究.华中师范大学硕士毕业论文.撰稿人:李然。

技术的进步和生产的发展,也给人类生活带来了巨大的收益。于是,自然科学的进步使人们普遍产生了一种信念,认为随着科学的进步,一切都应该被纳入科学的范畴,一切问题也都会随着科学的进步迎刃而解。这种认为只有经典自然科学的科学观和方法论才是唯一正确的实证主义思潮也深深地渗入了历史学领域,以及当时才诞生不久,正试图通过效仿自然科学而确立自己学科地位的心理学领域。

实证主义思潮的渗入使史学家坚信,只要以严谨的科学态度对待史料,研究史实,并以严格的科学逻辑进行考证,就可以获得确凿的历史事实,从而客观地再现往事。"历史事实"这一概念就是由科学史学之父、德国史学家兰克(Ranke)正式提出的。兰克不仅把历史事实等同于自然科学的事实,甚至认为历史事实只存在于那些"曾经目击其事的人"所记载的文献史料中,没有文献便没有历史学。在兰克学派的影响下,文献考证成了19世纪西方职业史学家训练的中心内容。而传统的口述回忆,因其是一种有确定目的的有意回忆,不符合兰克所谓的"纯客观"的原则,必然会随着西方史学专业化的形成而遭到冷落(庞玉洁,1998)。

而心理学采纳自然科学的发展模式,就意味着接受了自然科学的科学观和方法论。经典自然科学的基础假设是决定论、还原论、机械唯物论和元素论的观点。叶浩生(2006,pp.1-22)具体分析了这些基础假设在心理学中的表现:

以"任何自然现象都处在因果关系中"为假设的决定论原则贯穿于心理学中,使得"寻找心理和行为的决定因素"成为心理学家的主要任务。最典型的贯彻者就是行为主义学派,他们力图从环境刺激中寻找特定行为的决定因素,以便为预测和控制行为服务。现代心理学又以各种形式承袭了还原论的原则,或者把复杂的心理过程还原为计算机的符号操作过程,又或者把复杂的社会行为还原到更为简单的基因水平上去解释。秉持机械唯物论观点的心理学家更是把人当作"机器"或是"自动机",以为可以轻而易举地控制人的行为。而心理学家在接纳了元素论基础假设后,便力图寻求心理或行为的元素,进而确定心理元素或行为元素的结构和组合规律。在那个理性至上的时期,以在自然条件下关注人们内心真实体验为研究理念的质化研究自然是被排斥在心理学"科学"的大门之外了。

后现代思潮的挑战

然后,随着时间的发展,越来越多的历史学和心理学领域的研究者开始质疑实证主义的霸权。实证主义研究的物理世界是逻辑的、规律的,有因果关系可循,可以采取统一的模式。但是,历史学和心理学各自的研究对象——历史和人是复杂的、多元化的,虽然有时像物理世界一样,但更多时候往往是非逻辑的、非理性的,无规律可循,因此无法像自然科学那样采取统一的模式。于是,在20世纪中叶,针对长期以来居于霸主地位的科学主义,隐含着反理性主义、反权威主义和反教条主义趋向的后现代思潮开始兴盛。而后现代思潮的核心就是:科学知识并不是绝对的,即使是在科学主义崇尚的观察中,也存在观察者与观察对象的互动,观察对象并不是绝对不变的存在;真理依赖具体的语境而存在,因此不能够用任何非语境的方式予以证实(郭贵春,1998, p. 3)。佩珀(Pepper)在其1942年出版的《世界的假设》一书中描述了四种世界的假设或纯哲学立场:形式论(formism)、机械论(mechanism)、机体论(organicism)和语境论(contextualism)。前三种作为科学主义的基础受到越来越多的质疑后,语境论逐渐崭露头角。因为语境论主张任何一种现象的理解都离不开事件发生当时的历史背景,力求设身处地、历史性地理解语言、心理、行为等各种社会现象,反对任何所谓永恒的、放之四海而皆准的评价标准。叙事心理学之父萨宾认为,语境论的世界观更加适用于人类世界的复杂性,应该"能够为人类科学提供更加合适的指引"(Lee, 1994)。小到个人,大到整个历史,其实都"不是由逻辑或理性所确定的,而是由语言的迂回曲折所确定的。虽然我们可能相信自己是语言的驾驭者,但更合适的说法是语言驾驭着我们"。所以,语言不仅仅是用以描述事物的抽象工具,它更多地用于建构自我和世界,并因此使事件发生(Crossley, 2000)。

随着兰克文献史料学的衰落和文献资料的日益减少,口述史学作为一种独立的历史方法学,重新登上了历史学的大雅之堂。尤其在后现代思潮的影响下,以托什(Tosh)和乔伊纳(Joyner)为代表的一大批西方当代口述史家们也越来越认识到,以往史学家到档案库中去穷本溯源,研究原始文献,试图客观地再现往事的做法是徒劳的。因为口述史料与所有以精神形态存在的史料一样,只是历史认识的"间接客体"或"中介客体",而不是"直接客体"或"原本客体"。所以,从档案库转到现实生活,从查找原始文献转到与被访者互动,叙事这种田野工作开始越来越受到口述史学的重视。

另一方面,当哲学领域轰轰烈烈的后现代思潮超越其探究世界图景的领地而延伸到探究人的内部世界的心理学,并不断摇撼着科学主义在研究中的霸主地位时,一种新的心理学范式便不可避免地出现了。这新的范式就是叙事,叙事的平民思维和话语方式也开始作为常客被推上心理学研究的大雅之堂了(施铁如,2003)。

11.3.2 心理学与历史学的联结
什么是叙事

关于**叙事**(narrative),比较清楚的一种表述是,"叙事是为了'告诉某人发生什么事'的一系列口头的、符号的或行为的序列"。相应地,"叙事研究是指任何使用或分析叙事材料的研究"。在研究中采用叙事方法可以视为对现存的实验、调查、观察和其他传统方法的补充,或作为这些"贫瘠"的研究工具外的另外选择(Lieblich, Tuval-

Mashiach,和 Zilber, 1998)。

　　说到叙事,一个与叙事有着千丝万缕联系而又为我们所熟知的词便是"故事"。从孩提时代开始,故事便伴随我们的成长。多数民间流传的历史故事,往往更离不开口头的方式来编织,特别是在读写尚不普及的年代,这种口耳相传式的文化活动便显得尤其重要。故事的编织一方面提供了帮助人们保留那些对人类社会生活有重要性的信息的方法,另一方面提供了关于事件的不同解释并赋予事件不同的意义。于是我们在故事中认识世界,分辨美丑善恶,了解对和错的道德抉择,而法律、传统、历史也在这种讲故事中得以保存和流传。所以有研究者(Coles, 1989; Howard, 1989; Linde, 1993; Vitz, 1990)很通俗形象地把"故事"比喻成为一个"整理箱"(package),其中有条理地存放着各式各样不同的信息。而抽取这些信息,即叙事,是一种表达自我和将自己内心世界展现给他人的最基本方式。人类学家布鲁纳(Bruner, 1986)更是提出了**叙事思维**(narrative mode of thought)这一概念来说明人们是通过故事来筛选和理解自身经验的。叙事,一种人类天生就被赋予的能力,也恰恰是我们区别于野兽和机器的地方(McAdams, 2009)。

　　而叙事心理学便是主张对人们的生活故事进行研究,在人们对自己生活的叙述中了解自我,用历史发展的眼光去解释昨天的我如何成为今天的我,今天的我又是怎样成为明天期盼的我。叙事人格领域的集大成者麦克亚当斯更是在自己的同一性人生故事模型理论中提出了人生故事(life story)的概念,一个由重构的过去、感知的现在、期盼的未来整合而成的内化的、发展的自我叙事,更提出是个体和文化共同创造了人生故事,并把人生故事作为解释人格的最高水平。相对于倾向性特质(dispositional trait)、个人关注(personal concern),"人生故事"是理解人格最全面且丰富的一种角度。

　　而这也算是心理学和历史学通过"叙事"本身定义中内含的"故事"概念建立的第一次亲密接触。

叙事的时间本质

　　卡尔(Carr, 1986)认为,叙事不仅是人们描述事件的方式,其叙事本身就是故事的一部分。叙事和故事的定义有很大一部分是重合的,二者都有时间这一重要维度。叙事是在时间维度上使事件之间产生联系。难怪有学者会说,叙事的冲动就是寻找失去的时间的冲动,叙事的本质是对神秘的、易逝的时间的凝固与保存。或者说,抽象而不好把握的时间正是通过叙事才变得形象和具体可感的,正是叙事让我们真正找回了失去的时间(龙迪勇,2000)。历史也是对失去时间的寻找。实在的历史世界虽然是由各种坚硬的事实所构成,然而,这些事实并不自动地就构成为故事,历史的实在乃是本身并不具有形式的一片混沌。是叙事结构中的时间之线把古往之事的碎片联结起来,构成一个连贯的整体。时间作为稍纵即逝的东西,在能被我们经验或语言捕捉的每一当下都是现在,而它在本质上却又不在当下,而是由过去、现在、未来构成的绵延。叙事表现时间流中的人生经验,展示的是一个延绵不断的经验流中的人生本质(周建漳,2005,pp. 23 – 29)。正如萨宾在其论文《叙事是心理学的根比喻》中所说,叙事与历史是相通的,它们是同一块布上裁下的料,因为二者都强烈地依赖时间结构:都有过去、现在和将来,都有开头、中间和结尾(Sarbin, 1986)。可见,二者是交叠的。

叙事的方式主要有两种:纪实与虚构。前者主要以实录的形式记述事件,从而挽留和凝固时间;后者则主要以虚拟的形式创造事件,从而以一种特殊的形式保存甚至创造时间。表现在文本形态上,前者主要以历史、传记、自传、回忆录或新闻报道的形式存在;后者则主要以小说、戏剧、电影或电视剧本的形式存在(周建漳,2005,pp. 23 – 29)。英国埃塞克斯大学(University of Essex)社会学教授汤普森(Thompson)认为,口述历史是关于人们生活的询问和调查,包含着对他们口头故事的记录。这在心理学,特别是叙事心理学的研究中,则属于常用的访谈法。因此,口述个人历史可以简单地看作是以访谈的方式建构自传。这种自传就是口述自传,口述自传也就和口述历史融为一体了(施铁如,2010)。

叙事的记忆中介

美国著名历史学家比克尔(Beeker, 1999, p. 567)将历史定义为"说过和做过事情的记忆"。口述历史是将历史与记忆的关系具象化和方法化,将历史对于记忆的依赖性引入历史研究的实践操作中。口述历史正是建立在回忆的基础上,它力图通过回忆来获得关于过去事件的丰富证据,从而记述回忆者自己的历史。所以有人认为"那些能够被提取和保存的记忆是口述历史的核心"(Ritchie, 2006, pp. 16 – 22)。

但是,记忆过程却具有高度复杂性,它既包含着事实,也包含着想象。"记忆并非无数固定的、毫无生气的零星痕迹的重新兴奋。它是一种意象的重建和构念。即使在最基本的机械重复的情况下,记忆也很难达到正确无误,而且记忆成为这个样子也是正常之举。"(Bartlett, 1998, p. 279)于是在口述自传的过程中,人生故事(life story)更像是一个开放式的人生剧本,讲述者与听众分享着经验,通过时间和事件产生联系。故事不可能像录音带那样可以客观地反复重播过去,因为故事包含更多的不是具体事实而是实在意义。在对过去的主观而修饰性的描述中,历史往往是重构的(McAdams, 2009)。因此,如果从绝对意义上来讲,可以说一切叙事,包括之前谈到的纪实的叙事方式也都是虚构的。难怪意大利著名的哲学家、史学家克罗斯(Croce)会在其著作《历史学的理论和实际》中充满洞见地提出"一切历史都是当代史"的著名论断,也就是说,一切历史都是当代人的"重建与构念"。如果说人民大众是历史活动的参与者和创造者,那么他们更是历史故事的参与者和创造者。

和记忆打交道是一件有风险的事情,这在一定程度上也反映出了经验领域研究中存在的主观性与客观性的关系问题。在心理学领域中,就有专门针对记忆的研究。下面我们就试图从记忆过程的编码、存储和提取三个方面来说明记忆的不可靠,以此来进一步说明历史叙事的重构性。

首先,事件进入经历者的意识,也就是记忆过程最初的编码阶段时,往往进行的是选择性加工。因为在如今繁杂的信息社会中,即使面对的是同一件事情,每个人也会根据自己的人格特质、动机、社会地位等的不同来选择性地加工信息。就是说,人们总是从个体的角度以当时的历史语境或情境赋予事件以意义。例如,有位口述史学家研究得克萨斯州的一些教师,他们曾经将学校的规模从一间教室扩展、整合成现代校区制的小学。(此处"整合"所指的是1960年代以后,美国各级学校由种族隔离的黑白分校转变为黑白合校的过程。)他发现白人教师们对于种族隔离与整合过程的细节几乎什么也没说。在他们的记忆里,对于黑人、拉丁裔和残障学生一直都是"视而不见"的。相对地,社会地位的不同,促使黑人教师们清楚地记得整合时的那段日子,因为他们的生活同时也受到了非常直接的影响(Manning,1990)。处在事情核心的当事者能够完整地回想起自己的经历,位居边缘的人则可能比较能够看出主要当事者彼此之间的差异性。一开始加工的信息不同,对同一件事情的看法就会有偏差,回忆时难免就会扭曲。

其次,加工后关于事件的经验在记忆中存储时,会不断受到以后其他信息以及经历者个人情感态度的作用而发生意义的重构,即心理学中提到有关记忆遗忘的消退说或是干扰说。例如作为一个新闻记者,必须不断吸收、消化眼前的信息,距离最新的头条新闻时间越远的事,就越不会想到。以前意义非凡的消息,经过后续发生的事情的对比,便相形见绌,变得不重要或毫无意义了,自然也就被大脑过滤掉。而另一方面,人们是惯于重新评估或解释自己过去所做的决定和行为的,往往会援用"后见之明",赋予过去种种一层崭新的意义。当然,记忆也会在与社会的互动中发生变化。当年口述史学家哈布瓦赫(Halbwachs)便曾对那些在实验室内挖空心思检验个人记忆的科学家们讲到:"忘记个人吧,任何对个人记忆之缘起的讨论必须放在宗族、社区、政治组织、社会阶级和国家的互动之网中来解释,家庭记忆并非仅仅是个人记忆的大杂烩或拼贴画,而是过去的集体再现形式,换句话说,记忆是一种社会结构。"(杨念群,1997)个体记忆、集体记忆、社会记忆三者存在一种互动的关系,个体记忆正是在这种互动的循环之中建构自身,因而叙述者的记忆本身更多的是在叙述着其集体共同意识的声音(陈献光,2003)。

最后,研究者在对经历者调查访问时,其重构历史的意图会影响经历者经验提取和叙说的角度。最明显的就是记忆的怀旧情绪,会让历史因为回顾与联想而变得膨胀失真。许多受访者会谈论自己一生的痛苦、失望、落寞与损失,但有的人则有意或无意地规避透露任何负面的往事,甚至因为不满现状而美化过去,根本重写自己的历史。此外,人们的回忆也会受到现实生活的影响或者说受到现实利益的推动。例如,研究者(李然,2012)对一位老科学家进行人生故事的叙事研究,其在回忆自己人生故事发展过程中的第一个学业成就,即早期童年的学习成绩时,便出现了记忆提取偏差的现象。在1951年6月的自传中,老科学家回忆到自己小学学业成绩是"五年中连续拿了四年的第一";后来在其1956年1月的自传中,提到小学时期"连拿了几年的第一名";而在2010年9月研究者对97岁的老科学家进行采访时,其回忆为"每年都是头榜,六次第一名"。因为重点是落在"老科学家"身份的口述访谈,虽然这只是细微的偏差,却也反映了在记忆提取过程中,回忆者会根据访谈目标和内容,倾向于将过去的自我进行适当地修饰与完善。这恰恰也说明了人们的许多记忆存在将历史和现实相协调或以记忆服务于现实的现象。

既然记忆这么不可靠,那么为什么以记忆为中介的叙事可以在叙事心理学和口述历史的研究中得到重视呢?也就是说,虽然通过"叙事"本身定义中内含的"故事"概念,叙事的时间本质和叙事的记忆中介搭起了心理学和历史学的桥梁,但是这座桥梁是否足够坚固,以促使叙事心理学和口述历史成为具有血缘关系的忘年之交呢?

11.3.3 叙事的深度联结功能
叙事对意识的揭示

麦克亚当斯(McAdams,1996)认为人生故事就是社会心理的构建。也就意味着,虽然故事是由人来讲述和组织,但是故事的建构,在很大程度上是通过叙事自我(narrative identity)的形式由文化所决定的。事实上,是讲述者在通过文化塑造着自我(McAdams,1996)。宗教传统、政治结构、性别、社会阶层、信仰、价值观等根植于个体的复杂文化背景,时时刻刻都在影响着人们选择什么样的故事来讲述以及采用何种方式进行叙事(Franz 和 Stewart,1994;Gregg,2006;Hammack,2006,2008;McAdams,2006)。而叙事话语是意识形态生产的手段,只有通过对现实的叙事性理解,历史上人类生活的无限多样化、深度和史诗般的广度才能被意识所掌握。叙事不仅是意识形态的生产手段,而且还是一种意识模式,一种观察世界的方法。叙事心理学要通过对人们作为符号(包括语言)存在的精神与行为产物的研究,揭示人们的意识状态、特点(施铁如,2010)。

而对于叙事的中介——记忆,其感情色彩往往并不是完全排斥历史事实,它们也承担着一定的文化含义和包含着一定的历史内容。近几年,心理学家们通过对生活在东亚和北美的居民的对比研究,发现了在自传式记忆和自我建构二者之间东西两种文化背景存在的巨大差异。例如,相对于中国、日本和韩国的成年者,北美成年者开始记事的年龄普遍偏小,而且关于童年期的记忆也更具体,尤其更多关注个人经历,谈及事件中的个人角色和情绪,普遍呈现出以自我为中心的特点。相反,中国成年者更多的是回忆社会和历史事件,而在回忆叙事中更多谈及的是社会关系以及生活中的重要他人(Leichtman, Wang, 和 Pillemer; 2003; Wang 和 Conway, 2004)。东方人在集体主义文化的影响下,关于自我的意识更多的是依赖于他人而建构起来的,因为孩子从小就被教育如何做好一个听众而不是一个只谈论自己的演说家,所以在自我的叙事中自然是要首先考虑他人和社会背景。

而记忆的不可靠性也正是客观存在的心理规律的反应。例如前面谈到的老科学家在回忆时出现的记忆偏差。这种记忆的前后出入,恰恰也是一种真实而重要的心理现象,可以反映出主人公晚年时期的记忆和心理特点,即在进行自我整合的时候,老年人往往会更倾向于将过去的自我进行修饰与完善,进而增强自我认同感,保持一种良好的心理状态。

英国口述史学家汤姆森(Thomson, 1998)也明确提出,对历史的分析和重构而言,不可靠的记忆恰恰是一种资源,而不是一个问题。民俗学者波特利(Portelli)在意大利特尔尼(Terni)镇工厂做访谈时,就注意到被访问者对工人特拉斯图利(Trastulli)之死的日子存在误记现象。1949年,为了抗议意大利政府加入北美协议组织,钢厂工人走出工厂参加了共产主义领导者组织的集会。21岁的钢厂工人特拉斯图利在与警察的冲突中不幸丧生。但是当地的人们却把他当作是死于1953年大批钢厂工人被解雇的街头巷战中(Ritchie, 2006, pp. 16-22)。波特利认为,这个错误的记忆对于理解这些事件对个体和工人阶级团体的意义来说是至关重要的线索,因为社群不能接受特拉斯图利的死只是偶然的枪杀而忽略了政治主题。于是他得出结论认为,真正重要的是,记忆并不是事件的消极储存器,而是意义创造的积极进程(Portelli, 1979)。

托什(Tosh)认为:"历史理解不仅要认识普通个体的生活过程,而且更重要的是要弄清大众日常生活经历背后的思想动机,尽管这些思想动机被现实生活过程所掩盖,但它们是现实社会的一个重要的组成部分。"由此托什得出结论:"口述研究的主要意义并不在于它是什么真的历史或作为社会团体政治意图的表达手段,而在于证明人们的历史意识是怎样形成的。"(庞玉洁,1998)西方当代口述史学家们把口述研究的目的从往事的简单再现深入到大众历史意识的重建,特别是把占人口绝大多数的普通劳动群众的愿望、情感和心态等精神交往活动当作口述历史研究的主题时,口述历史这种对心理层面的问候,终于拉近了与后来出现的叙事心理学之间的距离,使二者之间具有了血缘关系。

叙事对自我的整合

很多学者和科学家都已明确表示,叙事最主要的心理学功能就是整合(integration)与治疗(healing)。故事可以统和、治愈我们破碎和受伤的心灵,帮助我们应对危机和释放压力,甚至可以促使我们走向心灵的成熟,达到自我实现(McAdams, 2009)。而人类天生地就是故事的叙说者(Lieblich, Tuval-Mashiach,和Zilber, 1998),所以"我们生活于一个故事塑造的世界"(Sarbin, 1998)。我们每个人也都有一部个人的历史,也都有自己的人生故事(life story)要讲。尤其是老年人,他们更是喜欢回忆和谈论过去。新闻记者亨利·费尔利(Henry Fairlie)晚年时就曾表示:"随着年岁的增长,一个人的记忆就像一间堆得满满的阁楼可以供他翻检折腾;一场流转不停的华丽生命检阅让他细细观赏。"

在口述个人历史中,讲故事的是"我",故事的主人公是"我"(Me),这两个"我"都是自我中的不同侧面。自我可以拥有多个身份,扮演不同的角色,这些身份和角色则可以各自拥有独特的观点,甚至以对话的形式交互作用(Huber 和 Bonarius, 1991)。当一个人在讲自己的人生故事时,是"主体我"以"客体我"为主人公来构造故事,也是"主体我"对"客体我"的审视和反思。麦克亚当斯在其提出的同一性人生故事模型中则把"主体我"看作是从经验中建构自我的基本过程,"客体我"就是自我建构过程中最主要的结果。人们如果要让自己的人生具有统一性和目的性,就某种意义而言就是要使"客体我"具有同一性。只有个体整合了所扮演的角色,融合了自身不同的价值观和技能,并组织起一个包含过去、现在和未来有意义的短暂模式时,个体才有可能建构这种同一性,才能将自己与他人的相似和不同区别开来,并清楚明白地界定自我(McAdams, 1988)。

根据埃里克森(Erikson, 1963)的心理发展阶段理论,老年期充满了自我整合对绝望的斗争。那么如何通过叙事的研究方法来对这一主题进行探讨呢?于是有研究者(Torges, Stewart,和 Duncan, 2009)在 McAdams 等(1996)[①]发展出的对人生故事的主题进行编码的方法基础上,发展出了专门针对老年人整合任务的主题分类和编码。

研究者认为自我整合到绝望是一个连续体,中间还应包括近绝望(near despair)、挣扎(struggle)、近自我整合(near ego integrity)三个过渡状态,且每个类别下包含不同子类别。

[①] 关于详细且系统的主题编码方法,可以参见网站:http://www.sesp.northwestern.edu/foley/。

表 11.1　整合任务编码指南

类别	编码指南	例子
绝望(Despair)		
痛苦(Bitter)	对于过去的描述是一种无情的否定,没有分析,更不会试着想要重新解释。	"我把我的人生交给一个男人。但他却没有成为我想象中完美的救世主。反而他自己先退出了。我拒绝接受这个事实。"
时间(Time)	强烈渴望人生还有更多的时间,希望自己有更长的寿命。	"我对于我的老去充满悔恨和遗憾,因为我还想要有更多的时间停留在中年时期。"
恐惧(Fear)	对于死亡充满恐惧,对于生命的尽头充满忧虑。	"我试着不去思考未来,因为那时刻在提醒着我死亡的到来。"
近绝望(Near despair)		
当下不平和 (Not at peace now)	对于当下的自己、生活和即将老去的现实不满意,但尚且存在一些可能性的愿景。这些感觉并不是一成不变的,被试因为加入这样的叙事过程而促使他们平息或者描述这种不满足。	"试图去理清我的思路,从而变得正常。"
过去不平和 (Not at peace past)	关于过去是未解决的,但尚且存在一些可能性的愿景,即参与者并没有完全认为自己的过去是消极的和令人失望的。	"有时我真的认为,为了成为一个完整的人,我不得不选择结婚。进而我放弃了很多自己的才能和热情以及任何让我看上去迷人的事物。"
挣扎(Struggle)		
矛盾/冲突 (Struggle)	试图去理解自己对于即将老去这个事实和目前生活状态的一种感知和态度。他们或者可以权衡正反两面,或者可以表达他们矛盾的情绪,但是却没有特别明确的取向——到底是趋向于绝望还是自我整合。	"我的确做不到。我希望自己在某一个特定时间采取特定的行动,但是又不是我真正意志上想要去做的。"
近自我整合 (Near ego integrity)		
整合 (Integrate)	既提到过去他对自己的理解,又提到现在他对自己的理解。被试必须要同时提到过去和现在的主题以及自我描述,或者还有纵观一生,对自己的认识。	"最开始的我,非常害羞、安静、内向(直到临近30岁我才意识到我是这样的人),所以我并不是积极看待自己,甚至有时候是消极的。所以我的人生主题曾经是成长,以及好奇自己是否可以成为一个有用的、有价值的人。"
综合的理解 (Complex understanding)	不拒绝消极的感受(例如无望、愤世嫉俗),但是可以整合到一个综合的世界去理解。参与者必须既描述积极的方面,也描述消极的方面,预示着他们对于这个世界可以显示出一种综合的理解,同时还要至少显示出对积极方面的强调。	"虽然我的身体有些老态龙钟,但是我的思想却是越来越充满智慧。"
友爱 (Camaraderie)	相对于看待自己,看待他人相连的人是不同的。当一个被试仅提到渴望去帮助他人,也可以获得分数,因为这也或多或少暗示着和他人的联结。	"现在,对我来说,联结和连续是重要的。那意味着保持着和家人的传统与价值,对群体作出一定贡献。"

类别	编码指南	例子
开放(Open)	开始以开放的心态重新思考过去自己曾经认为发生在自己和他人身上的那些不能相容的事件。所以,被试对于自己、他人、老年化、生活等方面有一个全面而综合的认识,但却是基于过去自己的判断(是一个隐性的对照)。	"我开始不会草率地作出判断,因为我意识到眼见不一定为实,还有更多的信息有待搜集和考证。"
自我整合 (Ego integrity)		
平和 (At peace)	被试表达出一种满足感以及对自己、对生命、对老去的事实的一种接受和解决。	"感到一种释放和收获。"
坦然(Death loses sting)	被试表达出一种对死亡的接受,认为死亡是自然的,并没有什么可怕的。	"当死亡来临,感到一种舒适和淡然。"

来源:Torges, Stewart, 和 Duncan, 2009。

通过表内关于自我整合任务的主题分析,叙事的另一个心理学功能——"治疗",也通过要引导人们在人生故事的叙述中整合自我体现了出来。

达到较高自我整合水平的人,叙述的人生故事更符合麦克亚当斯(McAdams, 2006)提到的一种故事类型:赎回自我(redemptive self)。讲述者往往会从痛苦的经历中获得成长和提升,显示了一种赎回式叙述方式,即赎回序列(redemption sequences)。而这种成长和提升具体会在三个方面有所体现。首先是个人能量的提升(enhanced agency),即建立自信,提升自我效能,深化自我洞察,强化自我认同,完善自我概念,这很接近"近自我整合"下的整合、综合的理解、开放等三个子类别的概念。其次是交流的提升(enhanced communion),即爱他人,包括恋人、朋友、家人等,这很符合"近自我整合"下的友爱的概念。最后是终极关怀(ultimate concern),让主角直面死亡、上帝、或者涉及信仰、人生哲学,触及灵魂的人生故事,这便是自我整合概念下的平和与坦然。

研究发现,赎回序列和人们的心理健康水平是显著相关的。以赎回序列的模式讲述过去的困难和挑战,说明其坚信"宝剑锋从磨砺出,梅花香自苦寒来"这样的人生信条,在逆境中不断寻求进步,并且永远充满希望。因此采取这种叙事策略,秉持这种人生解读的人往往会有更强的幸福感以及良好的社会心理功效(Aldwin, Sutton, 和 Lachman, 1996)。

另一方面,近年来,口述历史引起心理治疗领域瞩目的一个发展便是针对老年人的怀旧疗法,也称回忆疗法,是以过去事件、感觉、想法去促进愉悦、提升生活品质及环境适应,达到调试行为的目的。它引导老人说出人生故事(life story)来组织、统整个人有意义的人生经验,帮助老人觉察自己的生活是有意义的,同时由此重新探索生命中重要及有意义的事件(施铁如,2010)。尤其将过往负性生活事件转换成具有连贯性的人生故事,会进一步促使当事人省察与明晰对这些事件或情境的内在感受或冲突,并领悟事件意义,有助于解决个人的冲突及对自我的了解,增加自我认同感,提高心理健康水平(Pennebaker, Mehl,和 Niederhoffer, 2003)。因此,缅怀过去、叙说自己的故事便成为老年人在发展迅速、变幻不定的世界里保持良好自我感受的一种重要方式。

后现代思潮对科学主义在社会科学研究中霸主地位的挑战,引起了"叙事革命"。叙事的推出不仅促进了叙事心理学和口述历史的发展,同时通过叙事本身定义中内含的"故事"概念,叙事的时间本质和记忆中介搭起了心理学与历史学连接的桥梁,更通过对历史意识的揭示以及对人生故事、口述历史怀旧治疗中自我的统整加固着这座桥梁。

11.4 和平心理[①]

和平(peace)是人类永恒的追求。自心理学成立以来,战争与和平就成为心理学家积极关注的重要内容(Wessells, McKay,和 Roe, 2010)。20 世纪 90 年代以来,"以和平心理研究实现世界和平愿景"(peace psychology for a peaceful world)的心理学运动在西方迅速兴起(Christie, Stint, Wagner,和 Winter, 2008)。当前普遍接受的和平心理学(peace psychology)的定义是"一种研究人类和平心理发生过程的科学,以实际生活中的人类和平行为、经验为研究对象,以预防与减少直接暴力和结构暴力发生,寻求和平化解冲突的方法,达成和平冲突化解的结果,追求社会公平与正义,提升人类尊严与幸福,实现社会和平为目的的科学"(Christie, Wagner,和 Winter, 2001)。

当今,和平心理学的研究主题大致可归结为和平本质研究、个体和平转化研究、和平社会建设研究、国际和平研究等四个方面,并取得了一些重要研究发现。关于和平本质的追问,当今的和平心理学研究已经超越了战争与和平二元对立的消极思维模式,把和平与人类自身价值的关联、个体幸福感的提高、人性尊严的提升等紧密联系起来,将和平视为各种形式歧视的消除、各种不公平制度的废除,以及边缘群体话语权的恢复、和平教育的开展、和平文化的发展、社会公平分配制度的形成等一体化的动态发展过程。近年来大量关于个体和平转化的实证研究发现,和平个体在宜人性、愤怒控制、共情、宽恕、积极、合作、信任、自我认知、灵性等方面具有较高的水平

[①] 本节基于如下工作改写而成:刘邦春,郭永玉,彭运石.(2013).和平心理学:历史、模型和展望.心理科学,36(5),1255—1260.撰稿人:刘邦春。

(Mayton, 2009)。关于和平社会建设,近年来和平心理学研究一改以往过分专注以预防为主的消极和平研究取向,转向心理学促进社会和谐与持续和平研究(Coleman, 2012)。南非、卢旺达等国家20世纪90年以来社会和平建设研究结果表明,在经历了政治暴力动荡之后的社会和平建设过程中,真相讲述、象征性赔偿、正义恢复等社会层面的和解运动,对于新一代社会政权的确立与和平稳定发展,起着举足轻重的作用(Hamber, 2009)。在国际和平研究方面,有越来越多的研究表明,通过组织原本持有某些敌意的国家公民之间自主的、非官方的对话,也就是民间外交活动,有利于减少国家间的敌人形象,改善紧张的国际关系,促进国际和平发展进程(谭晶晶,2012)。

总之,和平心理学在研究战争与和平、攻击性和破坏性、正义、爱与恨、和解、共存等重要的"人类最棘手的社会问题"上,取得了重要成就(Christie, 2006),促进了个体、人际、社会、国际等不同层次的和平发展。本节尝试对和平心理学的历史发展脉络、理论模型进行研究性探索,并在此基础上结合中国本土化研究的特点对和平心理学的发展进行展望。

11.4.1 和平心理学的历史

早期心理学中关注和平的研究大多处于哲学思辨层面。关于和平心理学的发展历史,有心理学家倾向于以19世纪末以来的世界战争与和平发展历史为背景,以西方热爱和平的进步心理学家对战争与和平的态度、持有的和平观点为依据,以美苏冷战为分水岭,把和平心理学的发展历程分为三个阶段:热战中的孕育阶段、冷战中的萌生阶段、后冷战时代的形成阶段(Christie, Stint, Wagner, 和 Winter, 2008)。

热战中的孕育阶段

20世纪初,机能主义心理学家詹姆斯首先从人类本能研究入手,思考人类和平心理问题。他认为,人类有竞争、恐惧、贪婪、攻击等本能,战争能给平庸的人带来积极体验,提出了战争魅力论。在如何促进社会和平问题上,他主张社会必须在年轻人中组成类似于军队的和平组织,作为替代战争的"道德等价物"(moral of equivalent of war)来满足个体的群体归属心理需求。正是由于向人民提出了警惕战争的和平心理忠告,詹姆斯获得了西方心理学历史上"第一位和平心理学家"的美誉(Deutsch, 1995)。

两次大战期间,战争带来的伤亡和痛苦,促使一些西方进步心理学家的和平态度与和平思想发生了转变。马斯洛、勒温等心理学家开始反思美国心理学会支持"为了技术而出卖科学"的参战行为,思考如何采用和平方式实现世界和平。1943年,马斯洛发表论文《人类动机的理论》(A Theory of Human Motivation Psychological

Review),在揭示人性内涵的基础上,提出了著名的人类需要层次论,认为和平是人类应有的价值选择,主张个体的自我实现,完成人类大同和平世界的探索(刘邦春,2010);早期的心理学家阿多诺、弗洛姆等把研究重点放在对法西斯精神背后的权威人格分析上;勒温则关注群体氛围和群体成员领导风格的研究;托尔曼认为,有必要教育各个国家的公民克服狭隘的种族主义与民族主义认知观念,增强人类的世界公民认同感。1945年,二战结束前夕,包括奥尔波特、托尔曼在内的13位美国知名心理学家发表了《心理学家宣言:人类本性与和平》(Psychologists' Manifesto: Human Nature and the Peace: A Statement by Psychologists),他们一致认为,战争是人类有组织的社会发明,并不源于人的本性,而是始于人的头脑。人类有能力避免战争,也有能力创造和平。这个声明此后得到美国心理学会的支持,先后有4 000多名心理学家签名响应,并呼吁心理学界关注人类和平心理的研究(Smith, 1999)。

总体而言,正是在反思热战带来的巨大痛苦的过程中,西方进步心理学家旨在用和平的方式实现和平的心理学思想才得以孕育。追问战争产生的原因、寻求消除战争的和平方法,成为这个阶段和平心理学的研究主题。但这个时期进步心理学家对和平的关注大多停留在哲学思辨的水平,重点是如何消除战争、预防战争等宏观问题,目的是试图探索普适性的和平道路,追求消极和平的结果,属于和平心理学孕育阶段(Christie, Wagner, 和 Winter, 2001)。

冷战中的萌生阶段

在美国国家内部,贫富差距的加大、种族冲突的增多为心理学家缓和群际冲突提供了研究空间,以奥尔波特为代表的改善群际关系的研究促进了美国社会内部的和平发展。

在国际层面,1954年,美苏进入冷战时期,美国政府"以暴治暴"的实力对外的强硬军事政策导致美苏关系日趋紧张。激烈的核军备竞赛威胁人类的生存,世界面临陷入第三次世界大战的危险,公众对第三次世界大战爆发的恐惧与日俱增。这个时期美国一些进步心理学家开始批判美国政府的军事政策,将如何避免第三次世界大战、缓和美苏紧张关系视为己任。1961年,布朗芬布伦纳(Bronfenbrenner)发表了著名文章《东西方关系中的镜像理论:一份社会心理学家的报告》,他以美苏普通公民为被试,研究被试对潜在敌对国家的态度,引起了研究者对美苏双方的敌意态度的重视。1962年,在哥本哈根召开的第14届国际应用心理学大会的开幕式上,奥斯古德(Osgood, 1962)就心理学在解决国际争端中所起的作用持有积极乐观态度,并做了"心理学与国际事务:我们能做哪些贡献?"专题发言,从心理学视角出发,对国际争端进行了分析,并提出了相应的解决策略,即双方**"逐步互惠主动缓解紧张局面"**(graduated and reciprocal initiatives in tension reduction, GRIT),以作为减少双方恶意的"敌人形象"的工具,成为消除第三次世界大战可能的和平手段。奥斯古德的 GRIT 建议得到美国肯尼迪总统的赞赏,也受到美国政府多个部门的重视。据很多和平心理学家评价,此后古巴危机、柏林危机的和平化解,与奥斯古德的 GRIT 的心理学观点有着不可分割的联系。从这时起,和平心理学的研究范围得到扩大,在国际重大和平决策中发挥了独特作用,并愈来愈得到社会的认可(Christie, Wagner, 和 Winter, 2001)。

这个阶段国际层面的和平心理学思想研究呈现出三个方面的特点:第一,一些追求和平的进步心理学家开始以和平心理学家的身份批判美国政府强硬的外交政策;第二,研究主题由过去关注个体外在和平行为转向分析不同民族的内在和平认知态度;第三,研究取向由关注战争爆发的心理根源转向如何防止战争爆发(Morawski 和 Goldstein, 1985)。美国国内层面的和平心理学研究也由早期追求普遍的和平规律转变到关注和平的地域性、社会现实性特点,方法论上也出现了融合量化与质化研究的倾向,为和平心理学的萌生获得了充分的空间。

后冷战时代的形成阶段

20 世纪 90 年代初,苏联解体,冷战结束,世界进入后冷战时代。在和平心理学发展过程中,有两件重大事件促进了和平心理学的正式形成。第一个事件是 1990 年,美国心理学会组建第 48 分会——和平心理学会:和平、冲突和暴力研究分会(Society for the Study of Peace, Conflict and Violence: Peace Psychology of Division),和平心理学获得了官方的正式认可,拥有了专门的研究组织机构,设立了专门的网站。第二个事件是 1995 年,该分会旗舰期刊《和平与冲突:和平心理学》(*Peace and Conflict: Journal of Peace Psychology*)问世,标志着和平心理学拥有了专门的研究组织,具有了真正把和平思想或设想付诸实践的学术阵地。至此,和平心理学进入发展时期。

发展阶段的和平心理学研究呈现出三个主要特点:第一,针对世界多个地区的长期冲突问题,更加关注地缘历史语境的暴力后社会和平恢复研究;第二,针对世界恐怖主义活动的升级,深究恐怖主义产生的心理根源,寻求有效预防策略;第三,对暴力与和平本质的研究更加细化,把积极和平与提升人的尊严、促进人的幸福、促进社会的和谐联系起来,实现了由消极和平到积极和平追求的研究转向。和平心理学成为一门拥有自身的研究视角、研究基础、研究内容与研究方法的新的心理学分支学科(Christie, Stint, Wagner, 和 Winter, 2008)。

11.4.2 和平人格研究

和平人格(peace personality)的概念于 20 世纪末正式提出。和平人格研究主张直接以日常生活中平和个人的气质、性格、能力、个人活动的倾向性等诸多方面为研究对象(Mayton, 2009), 主张挖掘人的和平潜能, 实现个体内心平和。和平潜能(peace potential)是指人本身所固有的利他的、宽容的、维系和平的力量(Fry, 2007), 也就是人类本身具有的和平能力。

和平人格结构

关于和平人格结构, 心理学家们争论不休, 目前主要形成了三维和平人格结构、多层和平人格结构、自我和平人格结构等三种观点。库尔(Kool, 2008)的三维和平人格结构首次将攻击性与道德、权力进行一体化的研究。他认为, 道德维度的和平人格主要包括原则性(principled)、关心他人(caring)、社会正义感(social justice)等三个方面。当个体正义感程度较高、对他人关怀程度较低时, 就会更倾向于坚持正义感标准; 正义感程度低、对他人关怀程度高, 就会更倾向于同情他人; 正义感和对他人的关怀程度较低, 在特殊立场上会比较坚定; 正义感和对他人的关怀程度都很高, 就会倾向于做既持有正义感又关心他人的选择。库尔(Kool, 2008)认为权力就是对他人造成影响的能力。与和平最相关的力量是综合权力(integrative power), 个体通过道德行为促进社会和谐, 就意味着获得了影响别人、反对暴力的和平能力。在他看来, 具有典型和平人格的个体会权衡各方面的关系, 并且会在化解冲突时合理地运用综合权力。

特谢拉(Teixeira)于1999年提出的多层和平人格结构则强调通过个人和社会的转变过程实现和平。他的和平人格结构主要分为四个层面: (1)在内心层面, 和平人格强调自尊的作用, 认为自尊是对自己有利的因素。(2)在人际层面, 自尊的外延包含着对别人的尊重, 既包含对朋友的尊重, 也包含对自己对手的尊重。人际层面的尊重还包括对社会边缘群体的关照。他认为如果重视那些被社会边缘化群体的需求, 那么这些"被忽略"的群体的和平积极性也可以被调动起来, 增强弱势群体的和平信仰和价值, 有利于他们主动加入追求和平的行列, 促进社会的和平变革转变。他还提倡人际冲突中的平等对话与谈判等和平化解方式。(3)在社会层面, 提倡社会文化的多样性, 主张社会结构的和平变革, 创造人类的和平未来。他认为, 如果人类想要得到没有暴力的未来, 就必须消灭社会创造出的各种压迫, 剔除偏见、歧视, 并用社会多样性来取代它们。(4)在人类—自然层面上, 强调对自然的尊重。在这个星球上, 人类与自然的生态上的相互联系也同样重要, 和平运动也意味着减少社会与环境的失调问题。

和平人格测量

近年来, 和平人格测量逐渐成为和平人格研究的一个重要组成部分。为了测量个体的和平倾向, 埃利奥特(Elliott, 1980)阅读了世界各地包括甘地、马丁·路德·

金等和平人士的传记,在此基础上形成了自陈式和平主义人格量表(the Pacifism Scales),该量表含有 57 个项目,包括三个分量表:(1)身体和平分量表,包括在冲突化解中拒绝并寻求替代各种形式的身体暴力行为;(2)心理和平分量表,包括拒绝各种形式的精神暴力;(3)价值观和平分量表,包括各种对和平持有积极倾向的生活准则、价值观。梅顿(Mayton 等,2002)用**青少年和平人格量表**(Teenager Nonviolent Test, TNT)进行了验证。他们认为,在西方文化背景下,样本的数据分析充分说明了这三个分量表之间的关联性强,信度和效度都很高。

早期大多数和平人格量表比较注重个体内心平和的特征。如哈桑和卡恩(Hasan 和 Khan,1983)设计的**甘地人格量表**(Gandhian Personality Scale,GPS),用来测量甘地哲学中反映出来的重要和平人格特征。然而,随着对和平人格研究的深入,研究者不仅注重被试内心的平和特点与得分高低,也开始意识到和平人格与外界环境之间的关联,和平人格测量也逐渐从多个维度展开。如约翰逊等人(Johnson 等,1998)设计的成年人多维和平人格量表,从精神性、控制力、国际和平背景、国内和平状况以及甘地和平人格特点等五个维度测量和平人格。成年人多维和平人格量表注意到了个体内心平和与外界环境的关联,对个体的和平人格特征研究更具说服力。

21 世纪以来,随着校园暴力事件的增多,和平人格心理学研究者开始意识到青少年和平人格测量对青少年暴力行为的干预作用。青少年和平人格量表的开发也因此成为和平人格研究的一个重要领域。梅顿(Mayton,2009)主要根据甘地的和平哲学思想设计了青少年和平人格量表,量表由 55 个题目组成,共分为六个维度:行为平和、精神平和、积极价值取向、助人移情、追求真理、甘心受苦,每个维度的题目数量依次为:16、16、4、5、10、4,信度系数分别为:0.91、0.91、0.65、0.78、0.75、0.73。

梅顿设计的青少年和平人格量表主要被心理学工作者、心理卫生专业人员与有关的教育工作者用来测量 12—19 岁青少年的平和行为与和平人格倾向,得出具体的评估报告,以便在此基础上对量表得分较低(<65 分)的学生进行有效的干预。但青少年和平人格量表依然存在一些局限:首先,该量表只选择一个年龄阶段来测量,因此无法发现平和行为的发生频率、发生形式随年龄增长的变化规律;其次,该量表六个维度的题目数量比例失衡,且信度系数相差较大;最后,该量表在不同文化背景下的应用前景尚不明朗。

和平人格是和平心理学与人格心理学直接对话的产物,为人格心理研究提供了新的视角。和平人格研究的兴起,扭转了长期以来心理学对人类攻击本性、暴力行为与攻击人格过多关注的局面(Mayton 等,2002),丰富了人格心理学理论,实现了由暴力人格向和平人格研究的转向。和平人格理论强调平和情感体验、自尊在和平人格形成中的重要作用,在教育、社会管理、临床心理治疗等领域具有很好的应用前景。

和平人格的研究成果对当今世界的和平教育具有重要的启发意义(Wintersteiner,2010;Johnson 和 Johnson,2010)。如青少年和平人格量表的开发,为广大教育工作者了解青少年的平和倾向,防止青少年暴力冲突、和平化解校园冲突、建设和谐校园提供了强有力的工具(Mayton 等,2002)。

11.4.3 和平心理学理论模型

加尔通(Gultung)、布雷尼斯(Brenes)、克里斯蒂(Christie)等人相继提出了较为系统的、具有影响力的和平心理学理论模型。加尔通(Gultung, 1980)的三维和平理论模型是在对人的需要与和平的内在关联进行分析后得出的理论模型,此模型的贡献在于将终极和平与人的幸福尊严密切联系在一起。而布雷尼斯(Brenes, 2004)提出的和平自我理论模型则着力于将个体嵌入更宽泛的自我、人际、社会、自然等多个层面进行考察,渐露和平心理学的生态理论特征。克里斯蒂等人(Christie 等,2008)的过程式多维积极和平理论模型则倡导从社会体制和平转化的视角促进社会和平心理的发展,凸显和平心理学参与解决社会问题中的重要作用。

三维和平理论模型

图 11.3 三维和平理论模型
来源:Gultung, 1996.

加尔通(Gultung, 1980)在吸收了马斯洛的需要层次理论的基础上,将和平视为与个体生存需要、安全需要、爱与归属需要等密切相关的一项基本人权,提出了和平心理学的三维和平理论模型。加尔通(Gultung, 1996)认为,完善的社会必然能够同时实现包括消极和平、积极和平与文化和平在内的三种和平,也就是说,"和平=直接和平+结构和平+文化和平"(见图 11.3)。

加尔通(Gultung, 1969)认为,战争、暴力不在场,或者武装冲突的消失,仅是一种"消极和平"(negative peace),并不能有效地预防暴力与冲突的发生。而各种不平等关系即结构暴力也是阻碍个体自我实现的重要因素。只有消除社会制度中的所谓合理因素即"结构暴力",才能获得以平等、协调、合作、一体化为基础的"积极和平"(positive peace),和平的生活价值观才能得以确立,和平的社会制度才能建立,人类才能在幸福的生存状态下,享受富裕的生活,体面、有尊严地生存。为了更深刻地表述自己的积极和平思想,为了合法地取代各种暴力的意识形态与价值观念,加尔通(Gultung, 1996)又提出了渗透在宗教、法律、意识形态、语言、艺术和科学、教育和媒体中的"文化和平"(cultural peace)概念。这种"文化和平",使个体重视内在的和平体验的启迪意义,也使个体重视对外部和平事务的主动反应能力,在整个社会树立起尊重生命、和平、民主、自由、正义、团结、合作、平等、关爱、分享等普世价值观念,开发人实现潜能的渠道。

加尔通的和平心理学三维和平理论模型将暴力防止与和平建设辩证地融为一体。一方面,该模型明确提出反对暴力冲突,主张实现传统意义上的和平;另一方面,主张从满足人类基本需要出发,呼吁伸张正义,和平化解冲突,公平分配人力资源、物力资源和所有人的利益等多种因素在内的良好社会结构环境的建立,引领人类朝着肯定生命尊严、提升生命价值、促进人类幸福的和谐、有意义的生活方式发展。

和平自我模型

布雷尼斯(Brenes,2004)的和平自我模型(Model of Peaceful Selfhood,见图11.4)主要从自我和平、人际和平以及人与自然的和平等多个层面关注个体的和平责任,实现个体的和平转化。在此模型中,和平处在同心圆的核心位置,由此向外延伸为三个不同的领域:和谐的身体(peace with the body)、全民健康(health for all)和自然平衡(natural balance)。从模型中心向外扩展时,在每个水平上都有相关的和平价值。

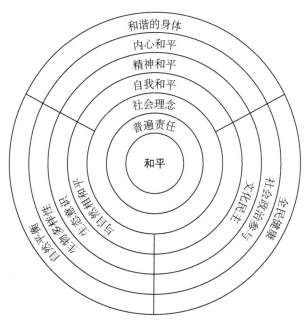

图11.4 和平自我模型

来源:Brenes,2004.

和平自我模型的第一个领域为和谐的身体。具体而言,和谐的身体可划分为**身体和平**(peace in the body)、**内心和平**(peace in the heart)以及**精神和平**(peace in the mind)三个水平。身体和平包括身心和谐、内心合理需求意识得到满足;内心和平意味着个体具有和谐、关爱、同情与宽容意识;精神和平包括自尊、自我实现与自主(Mayton和Gay,2012)。该模型的第二个领域是与他人的和平(即全民健康)。这主要通过关注公民的民主观点、社会责任感、群体凝聚力、促进社会共同利益得以实现,意味着个体在安全的群体氛围中,自身保持良好的心理健康状态。第三个领域是个体与自然的和平(即自然平衡)。和平不仅意味着人类和平,也意味着人与自然的和谐相处、认同宇宙的同一性以及对所有生命的尊重。布雷尼斯的和平自我模型使和平心理学理论具有和平生态学的特点。

相对于加尔通的和平心理学三维和平模型而言,布雷尼斯的和平自我模型更着力于个体层面的和平转化,也就是如何促使个体实现由内心和平到关注人际和谐、生态平衡等具有整合意义的多层自我和平建构。

过程式多维积极和平理论模型

克里斯蒂等人(Christie等,2008)在倡导积极和平的基础上,建构了过程式多维积极和平理论模型(A Multilevel Model of Positive Peace Processes,见图11.5)。他们认为,积极和平意味着对某些不公平的制度内部或几种制度之间的调整与转化。

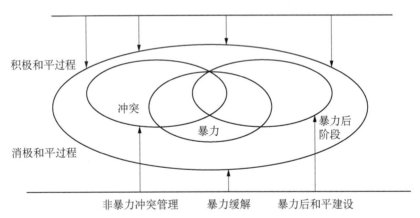

图11.5 过程式多维积极和平理论模型
来源:Christie等,2008.

正如图11.5所示,处于冲突、暴力或者暴力后状态的社会现状无不与特定的社会制度和社会文化背景密切相关。社会不公平的存在意味着潜在的通往积极和平的机会。图中从左到右的主要关系表明:

(1) 处于冲突状态的社会关系不仅为实现和平冲突化解即促进消极和平提供了空间和机会,也可以促使社会实现更合理与公平的状态即积极和平(Lederach, 2003)。

(2) 处于暴力状态的社会关系意味着不考虑不公平社会制度,很可能导致强调"法律与秩序"的高压社会,造成更大的社会冲突隐患。因此,化解社会暴力冲突时,一方面需要改变边缘群体失语的状态,满足弱势群体的话语权需求,增加社会体制的宽容性;另一方面必须充分考虑社会文化与体制的变革,推动社会向着公平的方向迈进。

(3) 处于暴力后的社会关系意味着社会需要谨慎处理社会结构的变革问题。对于那些刚刚经历过战争或创伤的地区来说,一定要注意社会制度和平建设的稳定性,防止循环暴力发生(Wessells, 2006)。

过程式多维积极和平理论模型揭示了和平社会达成的动态发展过程。当未拥有权利的主体开始分析、批判、反对不平等的社会结构形式时,就意味着社会向积极和平的方向发展(张湘一,刘邦春,陈锡友 2012)。可以说,克里斯蒂等人提出的过程式多维积极和平理论模型为促进社会政治结构的改进、对边缘群体话语权的关照,以及社会积极和平建设提供了理论依据。

11.4.4 和平心理学研究展望

西方和平心理学是一个新兴的心理学取向,它使心理学的和平研究价值得到了回归。和平心理学有力地抨击了科学心理学披着"价值中立的外衣"为美国推行霸权主义效命的做法,将"维持世界和平,让世界更好"(Anderson, 2007)视为心理学本应肩负的历史使命,恢复了心理学作为促进"公众利益"的科学的应有地位(Kimmel, 1995)。和平心理学着力进行被科学心理学排斥在外的关于价值、尊严、和平、幸福等方面的主题研究,更多地关注人类的福祉、幸福、尊严与和平等对人类生活产生深刻影响的问题,扩大了心理学的研究视野。

毋庸置疑,留存于和平心理学自身的诸多缺陷与疑惑,制约着和平心理学研究的进步与发展。和平心理学未来的健康发展,需要着力进行以下几个方面的研究:

第一,进行有效的跨领域整合式研究。一方面,目前和平心理学关于个体和平的研究大多聚焦于和平人格的塑造,而较少关注社会文化、环境与后天教育在塑造和平个体中的作用。未来的和平心理学可以吸取已有的社会心理学关于和平教育对和平个体的培养及其对社会变革的作用等方面的研究成果。比如,卡瓦纳(Cavanagh, 2009)关于学校和平教育对和平文化生成的影响、培养青少年的信任关系、增强多元文化理解能力、提高环境安全感等研究,就是社会心理学与和平心理学联姻的极好范例,预示着未来"**社会心理学的和平研究**"(social psychological peace research, SPPR)(Gibson,2011)新趋势。另一方面,既然和平与人的幸福息息相关,那么和平心理学便与积极心理学有着诸多交叉的研究领域。积极心理学对于主观幸福感的研究离不开对个体内心和平(inner peace)的关照,和平心理学与积极心理学在很多方面有着同样的诉求(Mayton,2009),未来的和平心理学研究可以倡导这两个方面的整合。

第二,形成真正意义上的研究方法的多元化。首先,现有的和平心理学的研究观念具有局限性。从表面上看,和平心理学因为将人的和平主观体验纳入了科学心理学的研究范畴,因此扩大了心理学的研究视野,但事实上它依然基于还原论的立场来研究人的内心主观和平世界(Christie 等,2008),因此人们有理由怀疑实证的方法是否真的适合研究人的和平的主观体验。就研究对象来说,和平心理学的发源地是美国,大部分的和平心理学家是美国学者,并且绝大部分的和平心理学资料是用英文写的,研究对象以白人为主,这在一定程度上影响了和平心理学在世界其他国家的发展,这无疑有悖于和平心理学的研究宗旨(Fitzduff 和 Stout,2006)。未来的和平心理学研究需要重视多元方法的运用,以期弥补以往和平心理学第三人称视角研究的缺陷。和平心理学领域内个体的和平理念、和平信仰是一种独特的个体体悟与经验,带有强烈的个体主观印痕,**方法多元主义**(methodological pluralism)视域下的**话语分析**(discourse analysis)是一种比较适宜的质化研究方法。近年来,和平心理学领域中已有借助话语分析来开展美国公众的和平取向与对伊拉克战争态度的差异研究(Gibson,2011),这是一种值得关注的积极趋向。

第三,进行更多的实证研究。整体而言,目前和平心理学研究比较零散琐碎,缺乏系统的整合,相关的理论模型也由于缺乏实证研究的支撑而难以达成共识。当前和平心理学已经积累了大量具有思辨色彩的理论研究成果,但实证与应用研究相对较少。近年来,凯尔曼(Kelman,2010)在种族暴力多发的中东地区,为了促进巴以和平进程,进行了旨在改善种族关系的实地行动研究,改变了和平心理学以往过分关注理论思辨的局面。凯尔曼研究发现,经过训练的巴勒斯坦人对以色列人(敌对方)产生了更积极的态度,他们也愿意采取进一步的和平而非暴力行动。这表明能够运用到现实生活、解决实际问题的实证和行动研究,将是和平心理学未来研究的热点。

第四,开展实质性的本土化、跨文化研究。和平心理学理论产生和植根于资本主义国家,它在不同社会体制下的应用性和适切性有待于进一步探讨,其本土化亦需要一个长期的过程。目前,国际性的军事冲突心理、恐怖主义心理、种族与性别歧视等方面的心理启动机制(priming thoughts)的研究成果,大都基于欧美国家文化背景的和平心理理论框架。而亚洲、非洲国家都有着悠久的和平文化历史,特别是我国拥有悠久、独特、深刻的尚和传统心理文化,具有丰富的和平心理思想蕴含。但目前有关亚洲、非洲国家民族与群体的和平心理研究却相对滞后(Montiel, 2009)。因此,深入开展和平心理学的跨文化研究将会成为未来和平心理学的努力方向。

参考文献

陈献光.(2003).口述史二题:记忆与诠释.史学月刊,7,78—83.
崔红,王登峰.(2004).西方"大五"人格结构模型的建立和适用性分析.心理科学,27(3),545—548.
邓晓芒.(2005).《人格心理学》序.博览群书,(8),87—90.
杜维明.(1991).儒家思想新论.南京:江苏人民出版社.
傅光明.(2007).论口述史.河北大学学报(哲学社会科学版),32(6),37—43.
郭贵春.(1998).后现代科学哲学.长沙:湖南教育出版社.
李然.(2012)."说"出的人格:一位老科学家人生故事的叙事研究.武汉:华中师范大学硕士毕业论文.
梁漱溟.(1988).梁漱溟学术精华录.北京:北京师范学院出版社.
刘邦春.(2010)."和平餐桌"心理学:马斯洛的和平心理关切.心理科学进展.18(7),1193—1198.
刘同辉.(2008).中国人格心理学发展路径的哲学思考.心理科学,31(2),504—506.
龙迪勇.(2000).寻找失去的时间——试论叙事的本质.江西社会科学,9,48—53.
卢黄熙,郭继民.(2006).辩证地审视孝文化.岭南学刊,6,97—100.
马尽举.(2003).孝文化与代际公正问题.道德与文明,4(1),8—13.
庞玉洁.(1998).从往事的简单再现到大众历史意识的重建——西方口述史学方法述评.世界历史,6,74—81.
钱穆.(2005).现代中国学术论衡.桂林:广西师范大学出版社.
施铁如.(2010).口述历史与叙事心理学.广东教育学院学报,30(1),44—48.
施铁如.(2003).后现代思潮与叙事心理学.南京师大学报(社会科学版),2,88—93.
宋文里.(2005).第三路数之必要:转离本土主义的文化心理学.应用心理研究,31,75—92.
谭晶晶.(2012).李克强会见基辛格等中美"二轨"高层对话美方代表.人民日报,2012年1月19日01版.
王登峰,崔红.(2003).中西方人格结构的理论和实证比较.北京大学学报(哲学社会科学版),40(5),109—120.
杨国枢.(2004).中国人的心理与行为:本土化研究.北京:中国人民大学出版社.
杨念群.(1997).历史记忆之鉴.读书,11:55—56.
杨中芳.(2005).中国人真是"集体主义"的吗? 载于杨宜音主编,中国社会心理学评论(第一辑,pp.55—93).中国社会科学文献出版社.
叶浩生.(2001).试析现代西方心理学的文化转向.心理学报,33(3),270—275.
叶浩生.(2004).多元文化论与跨文化心理学的发展.心理科学进展,12(1),144—151.
叶浩生.(2004).当代心理学的困境与心理学的多元化趋势.上海:上海教育出版社.
尤瑾,郭永玉.(2007)."大五"与五因素模型:两种不同的人格结构.心理科学进展,15(1),122—128.
张湘一,刘邦春,陈锡友.(2012).世界和平愿景:西方和平心理学的理论述评.心理研究.5,8—12.
钟年.(1999).文化:越问越糊涂.民族艺术,3,46—51.
周建漳.(2005).历史及其理解和解释.北京:社会科学文献出版社.
周晓虹.(1997).现代社会心理学——多维视野中的社会行为研究.上海:上海人民出版社.
Bartlett, F.C.(黎炜译).(1998).记忆:一个实验的与社会的心理学研究.浙江:浙江教育出版社.
Beeker, C.(1999).人人都是他自己的历史学家.载于何兆武主编,历史理论与史学理论——近现代西方史学著作选.北京:商务印书馆.
Burger, J.M.(陈会昌译).(2000).人格心理学.北京:中国轻工业出版社.
Marsella, A.J., Tharp, R.G., & Ciborowski, T.J.(肖振远等译).(1991).跨文化心理学.长春:吉林文史出版社.
Popenoe, D.(刘云德、王戈译).(1987).社会学.沈阳:辽宁人民出版社.
Ritchie, D.A.(王芝芝,姚力译).(2006).大家来做口述历史:实务指南(第二版).北京:当代中国出版社.
White, H.(陈永国,张万娟译).(2003).后现代历史叙事学.北京:中国社会科学出版社.
Aldwin, C.M., Sutton, K.J., & Lachman, M.(1996). The development of coping resources in adulthood. *Journal of Personality*, 64,837‐871.
Anderson, A.(2007). Alex Rode Redmountain, PhD Founder of Psychologists for Social Responsibility. *Peace and Conflict: Journal of Peace Psychology*, 13(2),131‐134.
Belsky, J., Jaffee, S.R., Caspi, A., Moffitt, T., & Silva, P.A.(2003). Intergenerational relationships in young adulthood and their life course, mental health, and personality correlates. *Journal of Family Psychology*, 17(4), 460‐471.
Brenes, A.C.(2004). An integral model of peace education. In A.L. Wenden (Ed.), *Education for a culture of social and ecological peace* (pp.77‐98). Albany, NY: State University of New York Press.
Bronfenbrenner, U.(1961). The mirror image in Soviet-American relations: A social psychologist's report. *Journal of Social Issues*, 17,45‐56.
Bruner, J.(1986). *Actual minds, possible worlds*. Cambridge, MA: Harvard University Press, 11‐43.
Bruner, J.S.(1990). Culture and human development: A new look. *Human Development*, 33(6),344‐355.

Campbell, D. T. (1996). Unresolved issues in measurement validity: An autobiographical overview. *Psychological Assessment*, 8(4), 363–368.

Carr, D. (1986). *Time, narrative and history*. Bloomington: Indiana University Press.

Cavanagh, T. (2009). Creating schools of peace and nonviolence in a time of war and violence. *Journal of School Violence*, 8, 6–80.

Chen, C., Lee, S., & Stevenson, H. W. (1995). Response style and cross-cultural comparisons of rating scales among East Asian and North American students. *Psychological Science*, 6(3), 170–175.

Christie, D. J. (2006). Post-Cold War peace psychology: More differentiated, contextualized, and systemic. *Journal of Social Issues*, 62, 1–29.

Christie, D. J., Stint, B., Wagner, R. V., & Winter, D. D. (2008). Peace Psychology for a peaceful world. *American Psychologist*, 63, 540–552.

Christie, D. J., Wagner, R. V., & Winter, D. D. (Eds.)(2001). *Peace, conflict, and violence: Peace psychology for the 21st century* (pp. 12–13). Englewood Cliffs, NJ: Prentice-Hall.

Church, A. T. (1987). Personality research in a non-Western culture: The Philippines. *Psychological Bulletin*, 102(2), 272–292.

Coleman, P. T(2012), *Psychological components of sustainable peace* (pp. 67–79.). New York: Springer.

Coles, R. (1989). *The call to stories*. Boston: Houghton Mifflin.

Crossley, M. L. (2000). *Introducing narrative psychology: Self, trauma, and the construction of meaning*. Open University Press.

Darling, N., & Steinberg, L. (1993). Parenting style as context: An integrative model. *Psychological Bulletin*, 113(3), 487–496.

Deutsch, M. (1995). William James: The first peace psychologist. *Peace and Conflict: Journal of Peace Psychology*, 1, 27–35.

Diener, E., & Scollon, C. N. (2002). Our desired future for personality psychology. *Journal of Research in Personality*, 36(6), 629–637.

Elliott, G. C. (1980). Components of pacifism. *Journal of Conflict Resolution*, 24, 27–54.

Erikson, E. H. (1963). *Childhood and society* (2nd ed.). New York: Norton.

Fitzduff, M., & Stout, C. E. (2006). *The psychology of resolving global conflicts: from war to peace* (pp. 23–45). Westport, Conn: Praeger Security International.

Franz, C., & Stewart, A. (1994). *Women creating lives: Identities, resilience, and resistance*. Boulder, CO: Westview Press.

Fry, D. P. (2007). *Beyond war: The human potential for peace*. Oxford University Press.

Gibson, S. (2011). 'I'm not a war monger but …': Discourse analysis and social psychological peace research. *Journal of Community and Applied Social Psychology*, 22, 159–173.

Gregg, G. S. (2006). The raw and the bland: A structural model of narrative identity. In D. P. McAdams, R. Josselson, & A. Lieblich (Eds.), *Identity and story: Creating self in narrative*. Washington, DC: American Psychological Association Press, 89–108.

Gultung. J. (1969). Violence, peace and peace research. *Journal of Peace Research*, 13, 167–191.

Gultung, J. (1980). The basic needs approach. In K. Lederer (Ed.), *Human needs* (pp. 55–125). Cambridge, MA: Oelgeschlager, Gunn & Hain.

Gultung. J. (1996). *Peace by peaceful means: Peace and conflict, development and civilization*. London: Sage.

Hamber, B. (2009). *Transforming Societies after Political Violence: Truth, Reconciliation, and Mental Health* (pp. 46–68.). New York: Springer.

Hammack, P. L. (2006). Identity, conflict, and coexistence: Life stories of Israeli and Palestinian adolescents. *Journal of Adolescent Research*, 21, 323–369.

Hammack, P. L. (2008). Narrative and the cultural psychology of identity. *Personality and Social Psychology Review*, 12, 222–247.

Hasan, Q., & Khan, S. R. (1983). Dimensions of Gandhian (nonviolent) personality. *Journal of Psychological Researches*, 2(1), 100–106.

Heine, S. J., Lehman, D. R., Peng, K., & Greenholtz, J. (2002). What's wrong with cross-cultural comparisons of subjective Likert scales?: The reference-group effect. *Journal of Personality and Social Psychology*, 82(6), 903–918.

Hofstede. G. F. (2008). A summary of my ideas about culture differences. http://feweb.uvt.nl/center/hofstede/index.htm.

Howard, G. S. (1989). *A tale of two stories: Excursions into a narrative psychology*. Notre Dame, IN: University of Notre Dame Press.

Huber, J. M., & Bonarius, H. (1991). The person as co-investigator in self-research: Valuation theory. *European Journal of Personality*, 5, 3–11.

Jaffari-Bimmel, N., Juffer, F., van IJzendoorn, M. H., Bakermans-Kranenburg, M. J., & Mooijaart, A. (2006). Social development from infancy to adolescence: Longitudinal and concurrent factors in an adoption sample.

Developmental Psychology, 42(6), 1143-1153.

Johnson, D. W., & Johnson, R. T. (2010). Peace education in the classroom: Creating effective peace education programs. In S. Gavriel & C. Edward (Eds.), *Handbook on peace education*. New York: Psychology Press.

Johnson, P., Adair, E., Bommersbach, M., Callandra, J., Huey, M., & Kelly, A. (1998). Nonviolence: Constructing a multidimensional attitude measure. *Paper Presented at the Annual Meeting of the American Psychological Association*, San Francisco, CA, USA.

Kammrath, L. K., Mendoza-Denton, R., & Mischel, W. (2005). Incorporating If ... then ... personality signatures in person perception: Beyond the person-situation dichotomy. *Journal of Personality and Social Psychology*, 88(4), 605-618.

Kashima, Y. (2000). Conceptions of culture and person for psychology. *Journal of Cross-Cultural Psychology*, 31(1), 14-32.

Kelman, A. C. (2010). Interactive problem solving: Changing political culture in the pursuit of conflict resolution. *Peace and Conflict: Journal of Peace Psychology*, 16, 389-413.

Kimmel, P. R. (1995). Sustainability and cultural understanding: Peace psychology as public interest science. *Peace and Conflict: Journal of Peace Psychology*, 1(2), 101-116.

Kochanska, G., Friesenborg, A. E., Lange, L. A., & Martel, M. M. (2004). Parents' personality and infants' temperament as contributors to their emerging relationship. *Journal of Personality and Social Psychology*, 86(5), 744-759.

Kool, V. K. (2008). *The Psychology of non-violence and aggression*. New York: Palgrave Macmillan.

Lederach. J. P. (2003). *Conflict Transformation*. PA: Good Books.

Lee, D. J. (1994). *Life and Story: Autobiographies for a Narrative Psychology*. Praeger Publishers.

Leichtman, M. D., Wang, Q., & Pillemer, D. B. (2003). Cultural variations in interdependence: Lessons from Korea, China, India, and the United States. In R. Fivush and C. A. Haden (Eds.), *Autobiographical memory and the construction of a narrative self*.

Lieblich, A., Tuval-Mashiach, R., & Zilber, T. (1998). *Narrative research*. Sage Publications.

Linde, C. (1993). Life stories: The creation of coherence. New York/Oxford: Oxford University Press.

Manning, D. (1990). *Hill country teacher: Oral histories from the one-room school and beyond*. Boston: Twayne Press.

Markus, H. R. (2004). Culture and personality: Brief for an arranged marriage. *Journal of Research in Personality*, 38, 75-83.

Markus, H. R., & Kitayama, S. (1998). The cultural psychology of personality. *Journal of Cross-Cultural Psychology*, 29(1), 63-87.

Mayton, D. M. (2009). *Nonviolence and peace psychology: Intrapersonal, interpersonal, societal, and world peace* (pp. 78-103). New York: Springer.

Mayton, D. M., & Gay, C. K. (2012). Values, nonviolence, and peace psychology. In D. J. Christie (Ed.), *The encyclopedia of peace psychology* (pp. 1160-1164). Malden, MA: Wiley-Blackwell.

Mayton, D. M., Susnjic, S., Palmer, B. J., Peters, D. J., Gierth, G., & Caswell, R. N. (2002). The measurement of nonviolence: A review. *Peace and Conflict: Journal of Peace Psychology*, 8(4), 343-354.

McAdams, D. P. (1988). Biography, narrative and lives: An introduction. *Journal of Personality*, 56, 1-16.

McAdams, D. P. (1996). Personality, modernity, and the storied self: A contemporary framework for studying persons. *Psychological Inquiry*, 7, 295-321.

McAdams, D. P. (2006). *The redemptive self: Stories Americans live by*. New York: Oxford University Press.

McAdams, D. P. (2009). *The person: An introduction to the science of personality psychology* (Fifth Edition). Hamilton: Northwestern University, 390-427.

McAdams, D. P., Hoffman, B. J., Mansfield, E. D., & Day, R. (1996). Themes of agency and communion in significant autobiographical scenes. *Journal of Personality*, 64, 339-377.

McCrae, R. R. (2000). Trait psychology and the revival of personality and culture studies. *American Behavioral Scientist*, 44(1), 10-31.

McCrae, R. R. (2004). Human nature and culture: A trait perspective. *Journal of Research in Personality*, 38(1), 3-14.

Mischel, W. (2004). Toward an integrative science of the person. *Annual Review of Psychology*, 55, 1-22.

Montiel, J. (2009). Overview of peace psychology in Asia: Research, practice, and teaching. In C. Montiel & J. N. M. Noor (eds.), *Peace psychology in Asian* (pp. 2-20). New York: Springer.

Morawski, J. G., & Goldstein, S. E. (1985). Psychology and nuclear war: A chapter in our legacy of social responsibility. *American Psychologist*, 40, 276-284.

Nicholson, I. A. (1998). Gordon Allport, character, and the "culture of personality", 1897-1937. *History of Psychology*, 1(1), 52-68.

Oishi, S. (2002). The experiencing and remembering of well-being: A cross-cultural analysis. *Personality and Social Psychology Bulletin*, 28(10), 1398-1406.

Oishi, S. (2004). Personality in culture: A neo-Allportian view. *Journal of Research in Personality*, 38(1), 68-74.

Osgood, C. E. (1962). *An alternative to war or surrender* (pp. 69-72). Urbana: University of Illinois Press.

Oyserman, D., Coon, H. M., & Kemmelmeier, M. (2002). Rethinking individualism and collectivism: Evaluation of theoretical assumptions and meta-analyses. *Psychological Bulletin*, *128*(1), 3–72.

Pennebaker, J., Mehl, M. R., & Niederhoffer, K. G. (2003). Psychological aspects of natural language use: Our words, our selves. *Annual Review of Psychology*, *54*, 547–577.

Portelli, A. (1979). *What makes oral history different*. London: Rout Ledge.

Roelofs, J., Meesters, C., Bamelis, L., & Muris, P. (2006). On the links between attachment style, parental rearing behaviors, and internalizing and externalizing problems in non-clinical children. *Journal of Child and family Studies*, *15*(3), 319–332.

Sarbin, T. R. (1998). Steps to the narrative principle: An autobiographical essay. In D. J. Lee (Eds.), *Life and Story: Autobiographies for a Narrative Psychology*. Praeger Publishers.

Schimmack, U., Radhakrishnan, P., Oishi, S., Dzokoto, V., & Ahadi, S. (2002). Culture, personality, and subjective well-being: integrating process models of life satisfaction. *Journal of Personality and Social Psychology*, *82*(4), 582–593.

Schwartz, S. H. (1994). Are there universal aspects in the structure and contents of human values? *Journal of Social Issues*, *50*(4), 19–45.

Smith, M. B. (1999). Political psychology and peace: A half-century perspective. *Peace and Conflict: Journal of Peace Psychology*, *5*, 1–16.

Sroufe, L. A. (2000). Early relationships and the development of children. *Infant Mental Health Journal*, *21*, 67–74.

Suh, E., Diener, E., Oishi, S., & Triandis, H. C. (1998). The shifting basis of life satisfaction judgments across cultures: Emotions versus norms. *Journal of Personality and Social Psychology*, *74*(2), 482–493.

Takano, Y., & Osaka, E. (1999). An unsupported common view: Comparing Japan and the US on individualism/collectivism. *Asian Journal of Social Psychology*, *2*, 311–341.

Thomson, A. (1998). Fifty years on: An international perspective on oral history. *The Journal of American History*, *9*, 27–34.

Torges, C. M., Stewart, A. J., & Duncan, L. F. (2009). Appreciating life's complexities: Assessing narrative ego integrity in late midlife. *Journal of Research in Personality*, *43*, 66–74.

Triandis, H. C., & Suh, E. M. (2002). Cultural influences on personality. *Annual Review of Psychology*, *53*(1), 133–160.

Vitz, P. C. (1990). The use of stories in moral development: New psychological reasons for an old education method. *American Psychologist*, *45*, 709–720.

Wang, Q., & Conway, M. A. (2004). The stories we keep: Autobiographical memory in American and Chinese middle-aged adults. *Journal of Personality*, *72*, 911–938.

Wessells. M. G. (2006). *Child soldiers: From violence to protection* (pp. 210–214). Cambridge, MA: Harvard University Press.

Wessells, M. G., McKay, S. A., & Roe, M. D. (2010). Pioneers in peace psychology: Reflections on the series. *Peace and Conflict*, *16*(4), 331–339.

Wintersteiner, W. (2010). Educational sciences and peace education: Mainstreaming peace education into (Western) academia? In S. Gavriel & C. Edward (Eds.), *Handbook on peace education*. New York: Psychology Press.

Xu, Changkuan. (2007). Direct and indirect effects of parenting style with child temperament parent-child relationship, and family functioning on child social competence in the Chinese culture: Test in the latent models. *Humanities and Social Sciences*. *68*(8-A), 3274.

12　人格研究：中国学者的贡献[①]

- 12.1　中国人格心理学的发展历程 / 479
  - 12.1.1　中国古代的人格心理学思想 / 479
  - 12.1.2　中国近代的人格心理学研究 / 480
  - 12.1.3　1949年到20世纪70年代的人格心理学研究 / 480
  - 12.1.4　20世纪80年代以来的人格心理学研究 / 481
  - 12.1.5　中国人格心理学专业委员会的建立和相关工作 / 482
- 12.2　中国当代人格心理学主要研究成果 / 485
  - 12.2.1　人格特质 / 486
  - 12.2.2　人格动力 / 489
  - 12.2.3　人格发展 / 492
- 12.3　中国人格心理学发展前瞻 / 494

12.1　中国人格心理学的发展历程

12.1.1　中国古代的人格心理学思想

在我国古代的哲学、教育学、医学、文学等诸多领域中，都蕴藏着宝贵的人格心理学思想。例如，孔子曾从心理表现的不同侧面，把人分为不同类型，并提出因材施教、因人施用的思想。《论语》中有孔子关于人的性格的生动描述。在人性观方面，儒家的代表人物孔子和孟子主张性善论，法家的韩非子主张性恶论，道家的老子则认为人性无所谓善恶。我国最早的医书《黄帝内经》中详细论述了人在生理和心理上的个体

[①] 此章主要内容原载于韩布新主编：《中国心理学学科史》，中国科学技术出版社2019年版。撰稿人：郭永玉、李静。

差异,以及生理—心理—自然—社会的整体养生模式等。三国时期的刘邵在他所著的《人物志》中系统地探讨了个性问题,并提出鉴定个性的方法,如八观、五视;《庄子·杂篇·列御寇》中提出的九征法,可以被视为最早的系统性的人格测验,这些都与当代心理学有关人才选拔与测量的理论和方法有相似之处。此外,文学作品,如《水浒传》、《红楼梦》、《西游记》等书中,都对人物性格做了典型生动的刻画。

12.1.2　中国近代的人格心理学研究

近代中国由于社会动荡,人格心理学乃至整个心理学科的发展都比较迟缓。1949年以前,学者们通过翻译或综述介绍了西方的一些人格心理学思想和研究。这类研究为数不多,缺乏独创性,但对人格心理学在中国的发展还是产生了一定的积极影响(高玉祥,1997)。

19世纪晚期,我国知识分子开始关注中国人的国民性。当时的中国处于晚清政权的腐朽统治中,列强的枪炮使长期闭关锁国的中国人不得不面临被瓜分的残酷现实。在一系列政治改良运动失败后,一部分爱国知识分子开始反思中国人自己的局限性并提出改造国民性的问题。他们大都曾出国留学并对西方有着比较深入的了解,对中国人性格也进行了较为深刻的反省和思考,认识到中国人国民性中的一些特点尤其是不足。例如,林语堂在1934年出版的《吾国吾民》中认为中国人老成温厚,遇事忍耐,消极避世,超脱老猾,和平主义,知足常乐,幽默滑稽,因循守旧等。有些学者更关注中国人的民族劣根性,如梁漱溟认为中国人"遇到问题不去要求解决,改造局面,就在这种境地上求自己的满足","缺乏集团生活"。梁启超则撰写了长达10万多字的《新民说》,全面剖析了中国几千年封建文化所形成的中国人国民性的种种弊端及其根源,并提出了国民性的改造问题。对国民性进行全面思考和犀利批判的学者是鲁迅,他对中国人的狭隘、守旧、愚昧、迷信、散漫、浮夸、自欺、奴性等民族劣根性进行了深入的解剖。但这些研究大多基于日常经验的观察和思考,虽不乏深刻的见解,但缺乏系统性,也不是基于科学研究的方法。

12.1.3　1949年到20世纪70年代的人格心理学研究

1949年至20世纪70年代末,西方学术包括人格心理学对中国的影响被中断,在此期间中国心理学界被要求必须学习苏联同行。起初主要学习巴甫洛夫学说,对个性(人格"这个中文词被"个性"一词所取代,前者属于西方的概念,后者属于苏联的概念)的认识要基于条件反射及高级神经活动学说,后受社会历史文化学派的影响,社会性因素特别是阶级分析观点得到重视。另外,受苏联个性系统结构观的影响,中国学者也曾提出过类似的个性结构观,而有关个性发展动力的内因外因及其相互关系的看法也大体沿袭自苏联。心理学者们努力用马克思主义辩证统一的矛盾思想和实践学说来思考心理学问题包括个性问题。

这一时期,对中国人格研究作出重要贡献的是中国科学院心理研究所(简称心理所)。早在 1953—1956 年,心理所(当时称心理研究室)即设有动物、感知、思维、个性四个研究组。在个性心理方面,研究组就基本神经过程的特点、高级神经活动的接通机能等方面进行实验研究,以探索对人的高级神经活动类型的鉴定方法,并为开展病理心理研究做准备。当时丁瓒任个性研究组组长,研究人员有许淑莲、郭长燊、龚维瑶、匡培梓、宋维真、赵莉如等。1957 年夏,中国科学院心理学代表团访问德意志民主共和国时,关注并报道了西方人格心理学研究的发展(吴江霖,1958)。1972 年心理所正式恢复,又成立了医学心理学研究室,李心天、宋维真、郭念锋、张瑶等开始开展个体差异、心理测量与心理健康关系的研究。

综观从 1949 年到文革前的 17 年,由于政治原因,人格心理学在中国落脚未稳,没有找到坚固的现实支点,未能发挥它本身所蕴含的现实作用,未能为社会所认同。它总是徘徊在学术圈子里,未能向社会展示其存在的必然性。在 1958 年以后的一段时间内,人格(个性)心理学研究处于被否定的位置,这一时期的人格心理学研究基本处于停滞状态(高玉祥,1997)。

12.1.4　20 世纪 80 年代以来的人格心理学研究

从 20 世纪 70 年代后期开始,在改革开放的背景下,人格心理学研究得到复兴,在研究的内容、方法和应用等方面都发生了变化,研究工作迅速推进,在刊物上发表了许多人格(主要还是用"个性"一词,并且将苏联心理学的一些提法与西方心理学拼在一起)心理学文章。80 年代期间出版的人格(个性)心理学专著包括高玉祥的《个性心理学概论》(1983)、《个性心理学》(1989),陈仲庚、张雨新的《人格心理学》(1986),周冠生的《个性心理学》(1987),这些著作反映了当时中国人格心理学的研究水平。学者们的研究兴趣主要集中在两个方面(高玉祥,1997):一是个性因素的研究,包括个性心理特质、个性心理差异性、个性倾向性、个性类型;二是个性心理量表的修订,主要有**明尼苏达多相人格调查表**(MMPI)、**卡特尔 16 种人格因素问卷**(16PF)、**艾森克人格问卷**(EPQ)。

与此同时,对西方人格心理学的介绍随着改革开放的进程而得以恢复并不断深化扩展。就理论而言,西方各大人格理论流派的思想在中国都得到广泛的传播并引起讨论。方法上,西方众多的人格测验理论、方法及统计分析技术得以介绍,因素分析成为中国探讨人格结构的最主要方法。在应用方面,西方各类人格测验被引入并被应用于人才选拔等领域。

20世纪90年代以来,我国心理学者在了解西方人格心理学的理论和研究方法的基础上,开始着手研究中国社会文化背景下的人格问题,在人格特质(结构)、人格动力、人格发展等各个方面都取得了丰硕的成果,使这一领域的研究进入一个新的发展与繁荣时期。第四节中我们将专门介绍重要研究成果。

12.1.5 中国人格心理学专业委员会的建立和相关工作

进入21世纪,我国人格心理学学科发展史上一个标志性的事件是中国心理学会人格心理学专业委员会的建立。该组织是在黄希庭、王登峰、郭永玉等教授倡导下成立起来的。2005年10月23日,中国心理学会在上海华东师范大学召开第九届第一次常务理事会,决定成立人格心理学会专业委员会;2006年4月25号,学会报科协和民政部,2006年10月26日,学会在西南大学举行第一次筹委会并召开第一次学术年会;2008年5月,国家民政部批准成立人格心理学专业委员会。首届专业委员会主任是北京大学的王登峰教授,副主任包括北京师范大学的许燕教授、西南大学的陈红教授、华中师范大学的郭永玉教授以及河南大学的赵国祥教授;委员有17位,分别来自国内高等院校、科研院所和医院。

人格心理学专业委员会自成立以来举办了10余次大型学术会议或论坛。

2006年10月26—28日,人格心理学专业委员会首届学术年会在重庆西南大学召开。年会的主题是"构建和谐社会中的个人与社会",分别就中国化的人格研究、自我研究、人格发展研究、人格健康研究等专题进行了学术交流。大会宣布中国心理学会人格心理学专业委员会(筹)成立,并决定由王登峰教授担任专业委员会主任。委员们对以下问题达成了共识:第一,人格心理学的研究应强调理论研究、实证研究和应用研究的结合;第二,加强人格心理学的教学工作;第三,加强人格心理学专业委员会委员之间的联系,并举行学术年会。

2007年11月23—25日,人格心理学专业委员会第二次学术年会在福建漳州师范学院召开。包括王登峰、郑雪、黄希庭、杨中芳、郭永玉、侯玉波等学者在内的近50位人格心理学研究人员围绕"健康人格的培养与当代中国人的社会适应"的议题,分别就人格研究的中国化、自我研究、人格健康和人格发展、人格心理学的教材建设等方面进行了交流。

2008年11月8—9日,人格心理学专业委员会第三次学术年会在广州大学举行。会议期间,与会代表围绕"人格心理学与个人的成功、幸福"等主题进行了深入的研讨。大会主题报告有"中国人的人格结构:理论与实证分析"(王登峰)、"人格和社会心理学实验方法的重要性"(彭凯平)等。专题报告有"我们可不可以换一个脑袋来研究个人成功、幸福?"(杨中芳)、"金钱与幸福:理论与相关研究"(郭永玉)、"动物个体差异的研究与人格心理学"(苏彦捷)、"大学生人格特质、液体智力、创造力与学业成绩的关系"(陈少华)、"审美认知与和谐人格建构"(赵伶俐)。分组报告分为五个专题组:人格与自我、人格与心理健康及地震灾后心理干预、人格与认知、人格发展与社会文化、人格与积极心理学及心理测量。

2008年12月31日,人格心理学专业委员会与北京大学人格与社会心理学研究中心在北京大学共同举办了新年论坛,探讨心理学如何为社会服务的问题,200多名心理学工作者参加了此次论坛,10位学者作了主题发言。

2009年2月和5月,人格心理学专业委员会与北京大学人格与社会心理学研究中心、清华大学伯克利文化研究中心以及万千心理等单位合作,分别在北京大学和武汉大学主办了心理学与中国发展论坛。该论坛此后继续在不同的高校开展活动。

2009年12月30日,人格心理学专业委员会、北京大学人格与社会心理学研究中心和万千心理在北京大学共同主办了新年论坛,探讨心理学如何为构建幸福社会服务的问题,来自北京、河北、天津的心理学工作者参加了此次论坛,8位学者作了主题发言。

2011年8月22日,人格心理学专业委员会第四次学术年会在新疆师范大学召开。大会的主题为"中国人人格特征与社会主义和谐社会构建"。全体与会代表围绕大会主题,通过专家报告和分组讨论等形式进行了深入的讨论和交流。会议强调,心理学理论和心理社会行为都有深厚的文化基础,中国心理学研究应该融入中国文化的背景。心理学既要为中国的文化建设服务,也应该反映中国文化的特点。

2012年1月1日,人格心理学专业委员会的新年论坛在北京大学举办,论坛题目为"心理学与文化强国建设"。来自北京和天津等地的200多人参加了此次论坛。

2012年10月22—24日,人格心理学专业委员会第五次学术年会在桂林广西师范大学召开,200人参加了此次会议。本次学术年会的研讨主题是"文化繁荣下人格心理学的新使命"。会议就人格与社会、心理健康与咨询进行了分组报告和讨论。会议期间还召开了专业委员会工作会议,对下一年的工作做了初步安排。

2013年5月23—24日,人格心理学专业委员会第六次学术年会在重庆西南大学召开。黄希庭教授阐释了"健全人格,美丽人生"的大会主题,倡导我国的人格心理学研究要为中国社会发展服务,要用中国人的观点来研究中国人的人格问题。许燕教授的"政治心理学中的人格心理学问题"、郭永玉教授的"社会阶层对人的心理行为的影响"、陈红教授的"健全人格养成教育研究"等大会报告,紧扣中国现实的重大问题,引起了与会代表的强烈反响。年会还分别围绕人格研究的本土化、健全人格的培养与研究、人格与健康研究、自我研究等主题分八个会场进行了分组报告和讨论。与前五次学术年会均与中国心理学会心理学教学工作委员会联合召开不同,本次会议是人格心理学专业委员会独自召开的第一次学术年会,它成为中国人格心理学发展史上一个新的里程碑。

2016年6月,人格心理学专业委员会和北京大学人格与社会心理学研究中心在北京大学举办学术论坛。会议邀请了著名心理学家戴维·G·迈尔斯(David G. Myers)、彭凯平和乐国安等,400多人参加了当天的论坛。

2017年2月16—19日,人格心理学专业委员会在海南博鳌举行工作会议,会议主题为"新形势下人格教育与研究的理论与实践",会议对专业委员会的发展和下一年的工作做了初步安排,许燕、陈红、郭永玉、苏彦捷、侯玉波等报告了自己的研究进展,黄希庭对专业委员会的工作提出了要求和希望。

除了举办学术会议外,人格心理学专业委员会还承担了大量的专业和社会服务工作。

2008年"5.21"地震之后,人格心理学专业委员会在中国心理学会的领导下,积极投入到抗震救灾活动中。专业委员会主任王登峰亲临第一线,指导抗震救灾的心理辅导工作。许燕、陈红、侯玉波、赵国祥、崔红、苏彦捷、杨波等人用不同的方式为灾区重建作出了自己的贡献。分布在全国各个心理学单位的专业委员会委员,积极响应学会的号召,为抗震救灾工作的顺利开展作出了巨大的贡献。奥运会举办期间,人格心理学专业委员会在志愿者选拔、奥运宣传,以及运动员的心理咨询中作出了应有的贡献。2009年,按照中国心理学会的统一部署,人格心理学专业委员会进行了会员登记工作,这项工作对学会未来发展具有重要意义。同年,专业委员会专家王登峰、许燕、赵国祥、郭永玉和侯玉波等在中国心理学会的领导下,参与了《心理学辞典》的编写工作。2012年,专业委员会专家完成了《心理学辞典》的编写工作,同时也完成了中国心理学会年鉴的相关工作。2016年至今,专业委员会专家陈红、许燕、郭永玉负责编撰《中国大百科全书(第三版)·心理学卷》(人格心理学分册)的工作。

教育部高校心理学教学指导委员会和中国心理学会教学工作委员会联合中国心理学会人格心理学专业委员会,于2017年7月5—10日在北京师范大学心理学部举办第一届全国心理学专业"人格心理学"课程任课教师培训班,来自全国100多所高等院校的111位心理学教师参加了此次培训。黄希庭、许燕、陈红、郭永玉、张建新、李红、杨波、朱廷劭、蒋奖、侯玉波、钟杰等知名专家为学员们授课,并与学员们一起研讨人格心理学的教学问题。

此外,人格心理学专业委员会的专家们每年都会面向学术界和社会做大量的学术报告。据初步统计,本专业委员会委员,2009年在全国做了50多场专题报告,2012年有110多场,2016年有100余场。

与此同时,国内人格心理学的研究队伍也在不断壮大。在高校和科研院所中,从事人格心理学教学和研究的人数进一步增加,中科院心理所、北京大学、北京师范大学、清华大学、西南大学、浙江大学、华中师范大学、武汉大学、华东师范大学、陕西师范大学、江西师范大学、吉林大学、南京师范大学、辽宁师范大学、西北师范大学、山东师范大学、深圳大学、广州大学、浙江师范大学等学校的研究生招生和培养,都设置了人格心理学或相近的研究方向。

其中特别是西南大学黄希庭教授和陈红教授、北京大学王登峰教授和侯玉波教授、北京师范大学许燕教授、中国科学院心理研究所张建新教授、南京师范大学郭永玉教授、山东师范大学高峰强教授、华南师范大学郑雪教授等带领的团队,从不同的视角对人格问题展开了研究,并培养出一批从事人格研究的博士和硕士。

12.2　中国当代人格心理学主要研究成果

为了对浩繁的研究文献进行梳理,使已有的研究成果能有条理地呈现,我们按照"3D"模型(郭永玉,张钋,2007)来组织中国当代人格心理学的重要研究成果。人格"3D"模型的内容如下:

(1) **人格特质**(personality disposition)。这里的 disposition 是指有关人格特质(trait,可以将 disposition 视为更基本、更概括意义上的 trait)、人格结构(structure)的研究领域,即对体现在外显行为上的人格特征进行静态描述的知识,可以是整个人的特征结构,也可以是某一个侧面的特征,所涉及的人格变量大多属于维度、因素的范畴。在这一部分我们主要介绍中国人的人格结构("大七"模型、"六因素"结构、微博人格结构、中国人格模型),传统文化人格特质(善良人格、诚信人格、道家人格),其他人格特质(羞怯、认知风格、未来取向人格)及不同群体的人格特质与测量。

(2) **人格动力**(personality dynamics),即探寻人格特质背后的原因和动力,所涉及的人格变量大多属于动态的、功能性的。这一领域主要涉及价值观(青少年价值观、马基雅弗利主义、物质主义),自我("四自"人格、身体自我、内隐自尊、学习自控力),动机(动词人格 CLP 模型、关键需要理论),目标(个人奋斗、目标内容、目标追求),适应与健康(青少年健康人格、人格的社会适应、压力应对人格、人格特质与应激反应、完美主义、异常人格、动物个性与健康)。

(3) **人格发展**(personality development),即体现在人生历程中人格的发展和变化,所涉及的人格变量具有更长的时间跨度,持续性更强。这一部分主要涉及人格发展的稳定性与可变性(人格状态的变化),人格发展的影响因素(中国儿童人格发展、青少年性别角色取向、社会阶层与人格发展、人格的遗传机制),文化与人格(文化与思维方式、文化与自我),人生叙事与心理传记。

12.2.1 人格特质

中国人的人格结构

自从西方学者提出了人格因素的"大五"结构后,各国学者都对"大五"结构是否具有跨文化性产生了兴趣。中国学者杨国枢等较早进行了相关的本土研究。他从中文人格特质形容词入手研究中国人的人格结构,得到了4—5个独立的人格维度,并将其与西方的"大五"进行了类比。结果发现中国人描述他人及自己性格所采用的基本向度,在内涵上不同于西方人(杨国枢,李本华,1971;Yang 和 Bond, 1990)。这说明,中国人的人格具有独特性。但是,所有这些研究都没有直接从中文字典中选词。

鉴于这种情况,北京大学王登峰团队将杨国枢收集到的用于描述稳定人格的形容词与从《现代汉语词典》和刊物中收集到的词汇合并,采用因素分析的方法,最后确定了七个维度(崔红,王登峰,2003),称之为中国人人格结构的**"大七"模型**(Big Seven Model)(Wang, Cui, 和 Zhou, 2005)。该团队对"大七"模型进行了反复验证,编制了**中国人人格的形容词评定量表**(QZAPS)(崔红,王登峰,2004)和完全本土化的**中国人人格量表**(QZPS)(王登峰,崔红,2001,2003),进一步确认了中国人人格的七个维度和18个小因素(如表12.1所示),并对量表的信效度进行了反复验证(崔红,王登峰,2005;王登峰,崔红,2004a, 2005a, 2005b, 2006),在大规模施测的基础上建立了QZAPS 和 QZPS 的常模(崔红,王登峰,2004;王登峰,崔红,2004b)。

表12.1 中国人人格"大七"模型包含的维度及其小因素

人格维度	小因素1	小因素2	小因素3
外向性(WX)	活跃(WX1)	合群(WX2)	乐观(WX3)
善良(SL)	诚信(SL1)	利他(SL2)	重感情(SL3)
行事风格(XF)	严谨(XF1)	自制(XF2)	沉稳(XF3)
才干(CG)	决断(CG1)	坚韧(CG2)	机敏(CG3)
情绪性(QX)	耐性(QX1)	爽直(QX2)	
人际关系(RG)	宽和(RG1)	热情(RG2)	
处世态度(CT)	自信(CT1)	淡泊(CT2)	

中科院心理所张建新等人也编制了符合中国文化和国情的**中国人个性测量表**(Chinese Personality Assessment Inventory, CPAI)(宋维真,张建新,张建平,张妙清,梁觉,1993;张妙清,张树辉,张建新,2004)。他们通过对 CPAI 和中文版人格五因素问卷 NEO-PI 的联合因素分析,提出人格特质的"六因素"结构,其中有四个因素分别与 NEO-PI 中的神经质(N)、外向性(E)、随和性(A)和尽责性(C)相包容;第五个

因素仅容纳了 NEO-PI 中的开放性(O),与 CPAI 不交融;第六个因素人际关系性(IR)是 CPAI 的一个分量表,与 NEO-PI 不交融。这意味着开放性更可能是西方人的典型人格特质,它在中国人身上可能不具有突出的社会生存价值;同样,人际关系性则是中国人特殊的社会性人格特质。"人际关系性"这个因素包含了众多"本土化"人格构念,显示出中国人在社会上如何"做人"的行为模式及其文化内涵,如讲究往来人情、避免当面冲突、维持表面和谐、大家都有面子等。**人格"六因素"结构**(Six-Factor Structure)或许是从多元文化角度发现的第一个共有的人格结构(张建新,张妙清,梁觉,2003;张建新,周明洁,2006)。

随着互联网的发展,中科院心理所朱廷劭团队自 2009 年起结合网络大数据开展有关网络心理方面的研究。他们以用户的新浪微博文本数据为研究材料,用词汇学方法开展研究,得出了微博人格的七个因素:道德善良、独立担当、团结包容、幽默活泼、网络个性、谦虚淡定、自信低调。同时,该团队从网络行为的分析中实现对用户人格、心理健康以及社会态度的感知,并在此基础上实现群体心理的预警预报和有效干预(朱廷劭等,2011;Li, Li, Hao, Guan, 和 Zhu, 2014; Liu 和 Zhu, 2016)。

北京师范大学李庆安团队以邓小平等 29 位中外杰出人物的 32 本传记为编码材料,以《论语管理素质编码手册》为工具,探索了中外杰出人物儒家心理资产和债务的结构。基于该系列研究,研究者修正了西方心理学家提出的人格五因素理论(McCrae 和 Costa, Jr., 1999),提出了具有中国文化特色的中国人格模型(李庆安,2016)。

传统文化人格特质

北京师范大学许燕团队提出对应于中国传统文化中"善良"特性的人格概念并探索其结构。研究者采用人格词汇学研究范式,揭示出善良人格的四个维度:诚信友善、利他奉献、宽容和善、重情重义,并在此基础上编制了善良人格问卷。研究者进一步通过实验法探究善良人格者的认知加工特点,以及善良人格影响个体善行表达的边界条件(张和云,2016;张和云,赵欢欢,许燕,2016)。

苏州大学吴继霞团队自 2004 年起研究中国传统文化中的诚信人格特质(冷洁,吴继霞,2016;吴继霞,2009;赵子真,吴继霞,吕倩倩,李世娟,2009)。研究者运用扎根理论的一般流程对当代中国人的诚信进行自下而上的探索,提出诚信"四因素"模型,即诚实、信用、信任和责任心(吴继霞,黄希庭,2012)。其中,责任心是诚实、信用和信任因素的必要条件,但不是充分条件;诚实是信用和信任因素的基础。研究者以此为理论基础,编制了当代中国人诚信量表(吴继霞,黄希庭,2012;杨帆,夏之晨,陈贝贝,吴继霞,2015)。

华中师范大学郭永玉团队系统地研究了中国人的道家人格。道家人格是指在道家思想文化的影响下,与道家人性论之"自然本真"的内涵一致并表现在知情意行层面的典型的人格特质。研究者首先建构了道家人格结构的理论模型(涂阳军,郭永玉,2011),然后通过收集与分析道家经典著作中的典型词汇,编制了道家人格量表(涂阳军,郭永玉,2014)。进一步研究表明,道家人格具有缓冲负性情绪、应对挫折、对抗死亡焦虑等作用(涂阳军,2010)。

其他人格特质

苏州大学刘电芝团队基于中国本土文化,在全国东、中、西部27所高校有效取样5 008人,通过探索性与验证性因素分析与效标的检验,形成了中国青少年性别角色评估量表(刘电芝,黄会欣等,2011)。

山东师范大学高峰强团队对羞怯进行了系统的研究,内容包括羞怯的成因(韩磊,高峰强,平凡,潘清泉,2012;韩磊,高峰强,贺金波,2011)与心理行为后效(高峰强,任跃强,徐洁,韩磊,2016;高峰强,薛雯雯,韩磊,任跃强,2016;高峰强,杨华勇,耿靖宇,韩磊,2017;韩磊,窦菲菲,朱帅帅,薛雯雯,高峰强,2016;韩磊,任跃强,陈英敏,徐洁,高峰强,2016;Han, Xu, Bian, Gao, 和 Ren, 2016)。同时,该团队还修订和编制了多个羞怯量表。

东北师范大学李力红团队致力于认知风格的研究。该团队自2005年开始对**认知风格分析测验**(Cognitive Style Analysis Test, CSA)进行修订,并确定了该测验各维度的中国大学生常模分数(李力红,车文博,2006;李力红,2007)。其后,进一步系统探讨了言语—表象认知风格维度的记忆作用机制问题。此外,他们还编制了**OSIV认知风格客观测验**(OSIV-CS)(李力红,王海匣,2011)。

北京大学甘怡群课题组致力于研究未来取向的人格特点,在2007年首次提出未来取向应对的概念(Gan, Yang, Zhou, 和 Zhang, 2007),并进一步探讨了未来取向应对的时间折扣机制(甘怡群,2011;Gan等,2015)。课题组近期的一项研究揭示了未来取向是时间多普勒效应的原因(Gan, Miao, Zheng, 和 Liu, 2016)。

中科院心理所张建新团队还开展了大量关于婴幼儿、儿童和青少年人格特质测量方面的工作。他们重新修订了中国0—6岁婴幼儿身心发展量表,为我国婴幼儿身心发展的早期评估提供了新的年龄常模。同时,在大样本调查的基础之上,该团队开发了针对中学生心理健康的人格特质测量工具(李育辉,张建新,2004)。他们还引进了希腊心理学家卡丽娜·库拉柯洛(Carina Coulacoglou)编制的儿童人格测量工具——**童话故事测验**(The Fairy Tale Test, FTT),并制定了中国儿童常模,填补了我国儿童个性投射测验的空白(李育辉,张建新,2002,2006;Coulacoglou, 2014a, 2014b)。

12.2.2 人格动力

价值观

价值观处于人格的核心地位,是人类行为的核心动力机制,支配着人的行为、态度、观点、信念与理想。西南大学黄希庭团队从1985年起,一直致力于当代中国人青少年价值观的研究。该团队发现中国青少年在终极价值观方面最看重合家安宁、幸福、快乐、自由和自尊,在工具价值观方面最看重诚实、有能力、负责任和胸怀宽广。这表明中国青少年在家庭价值和个人品质等方面仍承继了传统文化的某些核心要素,体现了传统性与现代性的共存特征。在充分考虑了中国文化的特殊性后,他们编制了具有良好信效度的青少年自我价值感量表(黄希庭,杨雄,1998;黄希庭,余华,2002;杨雄,黄希庭,1999),并制定了全国常模(黄希庭,凤四海,王卫红,2003)。

郭永玉团队对马基雅弗利主义和物质主义进行了翔实的研究。马基雅弗利主义相当于中国本土的"厚黑学"。研究者发现,中国人马基雅弗利主义的内涵和典型特点包括:对人性的偏见、对情感的漠视、对名利的执着、对手段的滥用。该团队基于这个四因素模型编制了中国人厚黑人格问卷,并进一步探讨了厚黑人格的形成机制及心理行为后效(汤舒俊,郭永玉,2010,2011,2015)。物质主义是强调拥有物质财富重要性的一种价值观,郭永玉团队在国内率先关注了这个主题(李静,郭永玉,2008),对西方的物质主义价值观量表进行了修订(李静,郭永玉,2009),并开发了物质主义的内隐测量工具(王予灵,李静,郭永玉,2016)。同时,对物质主义的形成机制(王予灵,李静,郭永玉,2016;夏婷,李静,郭永玉,2017)和心理行为后效(李静,曹琴,胡小勇,郭永玉,2016;李静,郭永玉,2012;李静,杨蕊蕊,郭永玉,2017)也进行了系列研究。

自我

自我在人格内部各因素之间以及人格与情境之间起到协调、控制的作用,使整个人格构成一个内部各要素之间协调一致、完整统一的体系。从1994年起,黄希庭团队结合中国传统文化与社会现实,提出自立、自信、自尊、自强是健全人格的基础,并分别对这"四自"人格进行了系统的探究(黄希庭,夏凌翔,2004)。例如,夏凌翔等围绕自立人格的结构、功能与影响因素进行了系统的探讨,并编制了一系列自立人格量表(夏凌翔,黄希庭,2008;Xia, Gao, Wang, 和Hollon, 2014)。凌辉等对儿童的自立人格也进行了研究,并开发出6套自立人格评估工具(凌辉,黄希庭,2009;凌辉,朱阿敏,张建人,郭鹤阳,王洪晶,2016;Ling, Huang, Yang, 和Wang, 2012)。郑剑虹等则对自强人格的内涵、结构与影响因素作了较系统的探讨(郑剑虹,黄希庭,2004,2007a,2007b)。

西南大学陈红团队对中国人身体自我进行了理论和实证上的本土化探索。首先,该团队建构了中国人身体自我理论(陈红,2006),提出身体自我概念,并研制了多项中国化身体自我测量工具(陈红,冯文峰,黄希庭,2008;陈红,冯文峰,王洁玉,2007;黄希庭,陈红,符明秋,曾向,2002;Chen, Jackson,和 Huang, 2006)。其次,该团队系统考察了负面身体自我的形成机制(Jackson 和 Chen, 2007a, 2007b, 2008a, 2008b, 2008c),并据此建立了中国文化下负面身体自我的生物—心理—社会文化预测模型。再次,他们提出了"负面身体自我图式"概念和"负面身体图式指导负面身体自我者的认知加工"的重要观点,并通过一系列实验研究对该认知加工机制进行验证(Chen 和 Jackson, 2005;Gao 等,2011;Gao 等,2013;高笑,王泉川,陈红,王宝英,赵光,2012;梁毅,陈红,邱江,高笑,赵婷婷,2008)。最后,该团队考察了限制性饮食者的认知加工偏好、对食物线索加工的脑机制,提出了对学生超重干预的有效模式(Chen, Dong, Jackson, Su,和 Chen, 2016;Jackson 和 Chen, 2015;Jackson, Gao,和 Chen, 2014;Kong, Zhang,和 Chen, 2015)。

中科院心理所蔡华俭及其研究团队多年来致力于对自尊特别是内隐自尊的研究(蔡华俭,2003;Cai, Wu,和 Brown, 2009)。他们通过双生子研究,首次证实了内隐自尊除受环境影响外,还受遗传的影响(Cai 和 Luo, 2017)。此外,该团队还对自我增强(即维持和提高自尊以及使自尊免受威胁的动机)开展了系统的研究,包括自我增强的文化差异(Cai, Wu, Shi, Gu,和 Sedikides, 2016)、遗传基础(Luo, Liu, Cai, Wildschut,和 Sedikides, 2016)、行为表现(Cai 等,2011)、神经机制(Cai, Wu, Shi, Gu,和 Sedikides, 2016)、自尊的促进和维护等(Sedikides, Gaertner,和 Cai, 2015)。

在自我调节领域,张灵聪等人系统研究了学习自控力。根据行动控制理论,编制了初中生学习自控力量表(张灵聪,黄希庭,2002),对初中生学习自控力与自我形象(张灵聪,2002a)、抗干扰表现(张灵聪,2002b)、任务成败表现(张灵聪,2003)和情绪干扰任务表现(张灵聪,张荣伟,2008)的关系等开展了一系列实验研究。

动机与目标

为了研究中国人的社会性动机,许燕团队遵循人格词汇学研究范式,从《现代汉语大词典》等工具书中抽取动词,确定了基于中文动词的人格三因素模型:控制(control)、亲和(love)、追求成功(pursue success),总称为**动词人格 CLP 模型**(许燕,王萍萍,2011)。其中,控制与亲和属于关系特质,追求成功属于个人特质,三者分别对应于戴维·C·麦克莱兰(David C. McClellend)提出的权力动机、亲和动机和成就动机。

李庆安(2016)采用质性研究方法,以邓小平等 29 位中外杰出人物的 32 本传记为编码材料,确定了七种关键心理品质:明、语、功、友、劳、政和变。李庆安认为,这些品质代表着人类共同追求和期待的关键心理需要,并在此基础上提出了具有中国文化特色的动机理论——**关键需要理论**(Theory of Key Needs, TKN)。

目标能够指引我们行为的方向,也具有动机的属性。郭永玉团队围绕目标专题进行了较为系统的研究。在目标单元方面,聚焦于个人奋斗(张钊,郭永玉,2006),并着重探讨了个人奋斗与幸福感的关系(杨慧芳,郭永玉,2008;张钊,郭永玉,2007);在目标内容方面,对中学生学习的目标内容效应和机制进行了深入考察(Wang, Hu, 和 Guo, 2013);在目标追求方面,关注执行意向对目标追求的促进作用(胡小勇,郭永玉,2013),并着重考察了社会公平环境和执行意向对低阶层者目标达成的影响及其过程(胡小勇,2014;胡小勇,郭永玉,李静,杨沈龙,2016)。

适应与健康

华南师范大学郑雪团队长期从事青少年人格与健康的关系研究,强调人格心理学研究为健康和教育实践服务(郑雪,2007)。

华中科技大学陈建文团队深入探讨了人格的社会适应,主要围绕社会适应的心理机制(陈建文,2010)、社会适应的心理结构(陈建文,黄希庭,2004;陈建文,王滔,2003)和社会适应的心理功能三个基本问题展开研究。该团队还提出了"压力应对人格"概念(陈建文,王滔,2008)及其六因素结构模型(陈建文,2009;陈建文,卢忠耀,2010)。

陕西师范大学王振宏和吕薇团队近年来围绕人格特质(如外倾性、开放性、心理弹性、特质积极情感)与应激反应和身心健康的关系及其神经生理基础开展了大量研究,取得了一系列研究成果(Lü 和 Wang, 2017; Lü, Wang, 和 Hughes, 2016; Wang, Lü, 和 Qin, 2013; Zhang, Wang, You, Lü, 和 Luo, 2015)。

北京林业大学訾非等人对与心理健康关系极为密切的完美主义特质进行了系统深入的研究。该团队修订和编制了各种完美主义问卷(訾非,2007,2009;訾非,周旭,2006);撰写的《完美主义研究》(訾非,马敏,2010)是国内完美主义研究领域第一部学术专著;另一本《感受的分析:完美主义与强迫性人格的心理咨询与治疗》(訾非,2012/2017)则是国内首次系统介绍完美主义与强迫性人格障碍的心理咨询与治疗的著作。

中科院心理所王力于 2007 年开辟了异常人格研究方向。其负责的研究组在 2008 年汶川大地震后的很长时间内一直追踪研究患有创伤后应激障碍(PTSD)的人群,并在国际上率先从《精神障碍诊断与统计手册(第五版)》(DSM-5)对 PTSD 的诊断标准中"认知与情绪的负性改变"维度,进一步区分为"负性情绪"和"快感缺失"两个维度,形成了有关 PTSD 异常人格的六因素模型,建立了国际上首个 PTSD 的遗传数据库,获得国际学界的认可(Claycomb 等, 2016; Duan, Wang, Fernández, Zhang, 和 Wu, 2016; Liu, Wang, Cao, Qing, 和 Armour, 2016; Yang 等, 2017; Zhang, Zhang, Wang, Li, 和 Zhang, 2016)。

此外,北京大学苏彦捷团队考察了圈养川金丝猴的个性与健康的关系(Jin, Su, Tao, Guo,和 Yu, 2013),为人格与健康之间的关联提供了动物心理学的研究证据。

12.2.3 人格发展

人格发展的稳定性与可变性

人格是否具有可变性一直是人格心理学领域颇具争议的焦点,人格状态研究的兴起调和了稳定性与可变性之间的矛盾。人格状态是特定时刻与人格特质相关的行为、感觉和思维。通过直接对个体日常生活中与特质相关的、随着时间变化的行为进行评估,可以有效预测个体的人格状态。许燕团队通过追踪研究首先探究了人格状态基线变化的暂时性与稳定性,继而基于认知—情感人格系统理论,分别探讨了认知因素和情感因素对人格状态变化的影响(于淼,2016;于淼,许燕,2018)。研究结果表明,人格不仅存在稳定性也存在状态性,认知和情感因素均能对人格状态的变化产生影响,人格状态暂时的变化能够转化为相对稳定的特质。

苏州大学刘电芝团队致力于我国青少年性别角色取向的研究。团队通过自编的**中国青少年大学生性别角色量表**(CSRI-50)进行大样本调查,结果显示:当代大学生性别角色发展状况是未分化、双性化与单性化三足鼎立(双性化33.0%,未分化30.3%,单性化36.8%),大四年级未分化和双性化同步增长(刘电芝,徐振华等,2009;刘电芝,2009;王金生,刘电芝,刘金光,2011;黄颀,刘电芝,李莹丽,张菀珍,2014);纵向发展上,青少年初三、高三、大四年级是双性化发展、未分化抑制的三个重要时期;重大生活事件是催生双性化发展、抑制未分化的主要原因(刘电芝,余婕婷,黄会欣,2011;龚茜,2011)。

人格发展的影响因素

辽宁师范大学杨丽珠团队经过多年研究,探讨了气质(杨丽珠,2008)、父母教育观念(邹萍,杨丽珠,2005)、父母教育价值观(孙岩,马亚楠,杨丽珠,2015)、同伴和友谊(杨丽珠,徐敏,马世超,2012)、教师期望(杨丽珠,李淼,陈靖涵,沈悦,2016;杨丽珠,张华,2012)、文化差异(杨丽珠,李灵,田中敏明,1999;杨丽珠,孙晓杰,常若松,2007;杨丽珠,王江洋,刘文,2005)对儿童青少年人格发展的影响。在此基础上,他们通过现场教育实验(孙岩,金芳,何明影,沈悦,杨丽珠,2015;杨丽珠,金芳,孙岩,2014;杨丽珠,宋芳,2008),建构出一套培养中国儿童青少年健康人格发展有效可行的教育途径与方法(刘嵩晗,杨丽珠,2016a,2016b)。

苏州大学刘电芝团队采用扎根理论分析法,结合量化分析,权重考虑提及编码的人数与人次,对双性化和未分化大学生展开分析的结果揭示(徐振华,刘电芝等,2010);家庭、自我期待、玩伴是影响性别角色的三大主要因素,儿童期时父母主导着性别角色的形成,青春期时自我认知与调节引导着性别角色的发展、完善。他们还对农民工幸福感(刘电芝,疏德明等,2012)、世界冠军(李涛,刘礼艳,刘电芝,2015)与优秀贫困大学生(刘礼艳,刘电芝等,2013)的心理弹性与保护性因素进行了系列研究。

郭永玉团队近年来聚焦于社会阶层对人格发展的影响。基于社会认知视角的社会阶层理论(胡小勇,李静,芦学璋,郭永玉,2014),该团队进行了大量的实证研究,考察了社会阶层对个体心理行为的影响,并将其应用于理解中国现实社会中的公平问题(郭永玉,杨沈龙,李静,胡小勇,2015;杨沈龙,郭永玉,胡小勇,舒首立,李静,2016)。

自然环境因素对人格发展的影响也不容忽视。北京大学王垒(Wei 等,2017)课题组通过大数据统计分析和机器学习等技术手段,揭示了气候因素中气温与人格特点的关系,其成果发表在《自然》(*Nature*)子刊《自然·人类行为》(*Nature Human Behaviour*)杂志。该项研究是由中国学者领衔组织实施的有关自然—人格关系的重要探索,标志着中国学者在该领域的重要贡献。

上述研究主要关注的是环境对人格的影响,在国内研究人格的遗传机制的学者较少,较有代表性的是中科院心理所蔡华俭研究员及其团队。他们采用行为遗传学的研究方法,探讨了内隐自尊(Cai 和 Luo,2017)、自我增强(Luo 等,2016)、自恋(Luo, Cai, Sedikides, 和 Song, 2014)等人格变量的遗传基础。

文化与人格

关于文化与思维方式的关系,彭凯平等人认为,受中国传统文化和马克思主义的影响,中国人的思维方式是整体性的(holistic),用辩证和整体的观点看待和处理问题,强调事物之间的关系和联系;相反,西方文化中的人则用分析式(analytic)的方式处理问题,强调事物自身的特性(Nisbett, Peng, Choi, 和 Norenzayan, 2001; Peng 和 Nisbett, 1999)。自 20 世纪 90 年代以来,彭凯平等人系统地研究了中国人和美国人的思维方式特性及其对认知过程的影响(例如,Ji, Peng, 和 Nisbett, 2000; Morris 和 Peng, 1994)。侯玉波也就文化对中国人思维方式的影响进行了探讨(侯玉波,朱滢,2002;侯玉波,2007),他还与朱滢、彭凯平合作编制了**中国人整体思维方式量表**(The Chinese Holistic Thinking Styles Scale, CHTSS),并以此为工具研究中国人的思维方式对社会认知、决策判断、责任归因等过程的影响(侯玉波,2002;侯玉波,朱滢,彭凯平,2004)。

朱滢(2007)探索了文化、自我与大脑的关系。研究表明,中国人与自我有关的记忆并不优于与母亲有关的记忆,而是处于同一水平;但是,英国人、美国人与自我有关的记忆优于与母亲有关的记忆。在此基础上进行的东西方人自我的 fMRI 研究发现,对于中国人,内侧前额叶(media prefrontal cortex, MPFC)既表征自我,也表征母亲;而对于西方人,MPFC仅表征自我,不表征母亲。以上研究结果表明东西方个体具有不同的自我结构,东方人的自我在行为、认知(记忆)与神经水平上都表现出联结性(互依性),而西方人的自我在三个水平上都表现出分离性。

人生叙事与心理传记

在对人性的研究过程中,先后出现了三种研究范式:特质、动机和叙事。特质研究考察人格的静态结构,动机研究考察人格的动力机制,叙事研究考察人格的发展过程(郭永玉,胡小勇,2015a)。相对于特质研究和动机研究,叙事研究的优势在于能够真正完整地揭示一个活生生的生命体及其成长历程。但叙事研究刚刚兴起。郭永玉等人系统地介绍了叙事心理学的理论和方法(马一波,钟华,2006;李然,郭永玉,2012;刘毅,郭永玉,2014),并采用叙事的方法对老科学家(中国工程院院士方秦汉)的人格和成长历程进行了实证的探索(郭永玉,贺金波,黄琨,2015)。

另一种致力于深度理解和揭示个体生命历程的视角是心理传记学。近年来,我国学者对心理传记学的基本理论问题以及人物的心理传记案例研究方面进行了一些探讨。在理论研究方面,郑剑虹等人(郑剑虹,黄希庭,2013;郑剑虹,2014;郑剑虹,何承林,2015)在梳理国内外研究的基础上,将心理传记学界定为系统采用心理学的理论和方法来研究非凡人物生命故事的一门学科,提出了质量结合的研究模式及构建理论、案例与应用研究三位一体的学科新体系,并将心理传记学的知识应用于心理咨询领域,提出了心理传记疗法等。在案例研究方面,研究者对政治人物人格(郑剑虹等,2003;谷传华,陈会昌,2009;谷传华,2015)、艺术家人格(傅安国,2006;张建人等,2010;张慈宜,丁兴祥,2012)、当代大学名校长人格(孙菁,吴继霞,2013;吴继霞,曹莉萍,朱泫滥,2012;吴继霞,薛飞,2008;吴继霞,赵子真,2008;Wu和Cao,2011)以及奥运冠军人格(吴继霞,王可,姜华,2014)进行了心理传记学分析。此外,在学科建设方面,2012年海峡两岸学者共同创办了学术期刊《生命叙事与心理传记学》(郑剑虹、李文玫、丁兴祥主编)并举办"生命叙事与心理传记学"学术研讨会,至今已分别在两岸举办了四届;台湾地区于2013年成立了生命叙事与心理传记学会。

12.3 中国人格心理学发展前瞻

通过几代人的付出与努力,中国人格心理学取得了空前的进步,逐渐与国际学术界接轨并形成了自己的特色。在现有成就的基础之上,中国人格心理学大步向前迈进,呈现出以下几种发展趋势。

人格研究对现代化背景关注的趋势

随着改革开放政策的实施和市场经济制度的确立,中国正沿着现代化的道路迅猛发展。作为一场深刻的社会变革,中国的现代化建设一方面带来了市场经济的繁荣发展,另一方面又使得整个社会环境产生了躁动起伏的剧烈变化。与此同时,人的问题也变得越来越突出。虽然传统人格在一定程度上是具有适应性的,但是我们更应该看到,传统人格确有很多特征是不适应甚至阻碍现代化发展的。因此,在我们这个古老民族从传统重负之下迈向现代化的今天,研究现代化背景下的人格是极具现实意义的课题。为此,心理学家杨国枢做了一些开创性的工作,初步探讨了现代化人格的内涵、特征及影响因素。但是现代化背景下人格的形成机制是怎样的,又该如何塑造等,都是摆在我国心理学者面前紧迫的研究任务。同时,当下一些备受关注的研究主题,诸如人格与贪腐行为、人格与犯罪、人格与健康以及和谐社会的健全人格建构等,也是现代化背景下中国人人格研究的重要范畴。

中国化与国际前沿相结合的趋势

我国人格心理学研究面临的最大难题是,人格心理学是在西方的社会历史文化背景下发展出来的。尽管西方国家特别是美国在心理学研究上居于领先地位并引领着世界学术潮流,充分学习西方心理学是必要的,但是不考虑文化差异,盲目地套用西方的人格理论、概念和测量工具来研究中国人人格,显然又是不可取的。随着文化心理学的兴起,心理学研究者越来越重视社会文化因素对人格发展的影响。中国也不例外。例如,有研究者指出马基雅弗利主义人格与中国传统的厚黑学文化不谋而合、异曲同工,进而在批判地吸收马基雅弗利主义研究合理因素的基础上,深入地开展本土厚黑人格的实证研究,得出中国本土厚黑人格的独特结构、形成机制及其心理行为后效(汤舒俊,郭永玉,2015)。在文化心理学思潮的影响下,未来的人格研究将朝向中国化与国际前沿相结合的方向发展。研究者应从中国的社会、历史和文化背景的实际出发,同时批判地吸收西方人格心理学理论的合理因素,构建出既符合中国人实际又能为各国心理学家所采纳的人格概念和理论,从而为普适心理学的建立作出应有的贡献。

黄希庭(2004,2017)指出,人格是一个人的存在方式。人不是一个纯自然的范畴,而是受社会文化和历史制约的。既然中西方社会文化不同,那么人格作为受到社会文化影响的结果,也必然不同。中国人在基本的人格结构、人格动力特征以及自我结构上不同于西方人。黄希庭认为有必要对生活在中国社会、历史、文化背景中的现实的中国人进行研究,并在概念、理论、方法等方面进行创新,从而创建能够真正描述和解释中国人现实人格的心理学体系。他认为,中国化的心理学研究是指在研究中国人的心理和行为时不盲目套用其他国家(特别是西方)的现成概念、方法和理论,而是脚踏实地地考察中国人的社会、历史、文化和其他相关背景,创造性地进行概念分析、方法设计和理论构建,从而得出符合客观实际的结论。至于怎样开展中国化研究,黄希庭指出了三条路径:第一,认真研究中国的社会、历史和文化,提高理论思维能力。当前发展基于中国本土的人格理论比开展实证研究显得更迫切,他主张在对社会、历史、文化的研究基础上,突破西方心理学的框架,站在中国人的立场,用中国人的视野和思路来研究中国人的人格和社会行为问题,形成自己的人格理论。第二,到生活实践中去研究与我国当前经济社会发展密切相关的人格心理学问题。第三,采用多取向、多方法的研究,并且持之以恒地探索下去。人格研究还应该力求学以致用,优化人格,使人成为幸福的进取者。

科学性与人文性相结合的趋势

在这样一个全球化、多样化的时代,尤其是中国社会历史文化巨大变革的时代,心理学研究者若两耳不闻窗外事,一心只做所谓纯科学研究,不能对周遭的问题有所回应,虽然无可厚非,但是令人遗憾。相反,应该追求科学与人文的统一,理论与实际的统一,窗内(实验室)与窗外的统一(郭永玉,胡小勇,2015b)。人格是社会化的产物,它不是一个纯自然的范畴,而是取决于一个人被视为什么、社会角色如何,取决于特定的文化模式。因此,人格研究如果只遵循自然科学研究取向,强调自然科学的逻辑和方法,而缺乏相应的人文传统和人文关怀,忽略了具有个人意义的文化世界,这就从根本上缺失了人格应有的内涵。人格心理学作为心理学的一个分支,是一门真正关怀人性的学科,可以推测,科学性和人文性相结合应该是人格研究的未来发展趋势。

研究方法的多元化趋势

由于人格现象十分复杂,在进行人格研究的过程中,心理学家采用了多种多样的方法,如实验法、问卷法、访谈法、扎根理论分析法、行为遗传学和神经科学的方法等。未来人格研究方法的走向有以下几个特点(许燕,2017, p. 28):(1)研究课题决定研究方法。在进行人格研究时,将依据研究问题来选取相适应的研究方法,而不是以方法为中心对问题类型进行取舍或对特定问题的内容削足适履。(2)研究方法的整合,即考虑采用多种方法并用的研究手段来解决问题。多种方法的并用能取长补短,有利于保证研究的信效度,进而对人格进行全面而深入的把握。(3)研究方法的回归趋势。早期人格研究方法强调描述性的方法,如临床访谈、自我报告、主题统觉测验和Q分类方法。之后统计分析方法的引入,使人格心理学家更重视量的分析。20世纪末,人们又开始重视临床与质的方法,强调定性方法与定量方法的结合。(4)大数据方法开始进入人格研究领域。运用大数据有助于克服人格研究主观偏差的问题,对于群体人格、代际人格以及人格变迁的研究都是合适的描述方法。

参考文献

蔡华俭.(2003).内隐自尊效应及其和外显自尊的关系.心理学报,35(6),796—801.

陈红.(2006).青少年身体自我:理论与实证.北京:新华出版社.
陈红,冯文峰,黄希庭.(2008).大学生负面身体自我认知加工偏好.心理学报,40(7),809—818.
陈红,冯文锋,王洁玉.(2007).中国老年人身体自我问卷编制及特点初探.心理学探新,27(1),79—84.
陈建文.(2009).人格与社会适应.安徽教育出版社.
陈建文.(2010).论社会适应.西南大学学报(社会科学版),36(1),11—15.
陈建文,黄希庭.(2004).中学生社会适应的理论建构及其量表编制.心理科学,27(1),2—4.
陈建文,卢忠耀.(2010).大学生的压力应对人格结构.心理与行为研究,8(2).113—117.
陈建文,王滔.(2003).关于社会适应的心理机制、结构与功能.湖南师范大学教育科学学报,2(4),90—94.
陈建文,王滔.(2008).压力应对人格:一种有价值的人格结构.西南大学学报(社会科学版),34(5),133—138.
陈仲庚,张雨新.(1986).人格心理学.辽宁:辽宁人民出版社.
崔红,王登峰.(2003).中国人人格结构的确认与形容词评定结果.心理与行为研究,1(2),89—95.
崔红,王登峰.(2004).中国人人格形容词评定量表(QZPAS)的信度、效度与常模.心理科学,27(1),185—188.
崔红,王登峰.(2005).西方"愉悦性"人格维度与中国人人格的关系.西南师范大学学报(人文社会科学版),31(3),31—36.
傅安国.(2006).人格与事业生涯的发展——以金庸的心理传记学研究为例.岭南师范学院学报,27(5),117—122.
甘怡群.(2011).未来取向应对的双阶段序列模型及其时间透视机制.心理科学进展,19(11),1583—1587.
高峰强,任跃强,徐洁,韩磊.(2016).羞怯与生活满意度:安全感与自我控制的多重中介效应.中国临床心理学杂志,24(3),547—549.
高峰强,薛雯雯,韩磊,任跃强,徐洁.(2016).羞怯对攻击的影响:自尊稳定性和偏执的多重中介作用.中国临床心理学杂志,24(4),721—723.
高峰强,杨华勇,耿靖宇,韩磊.(2017).相对剥夺感、负性生活事件在羞怯与攻击关系中的多重中介作用.中国临床心理学杂志,25(2),347—350.
高笑,王泉川,陈红,王宝英,赵光.(2012).胖负面身体自我女性对身体信息注意偏向成分的时间进程:一项眼动追踪研究.心理学报,44(4),498—510.
高玉祥.(1983).个性心理学概论.陕西:陕西人民出版社.
高玉祥.(1989).个性心理学.北京:北京师范大学出版社.
高玉祥.(1997).个性研究.见王甦,林仲贤,荆其诚(主编),中国心理科学(pp.206—221).长春:吉林教育出版社.
龚茜.(2011).当代中学生性别角色发展现状调查分析.社会心理科学,3,79—86.
谷传华.(2015).周恩来的柔性人格从何而来.西北师大学报(社会科学版),52(4),100—104.
谷传华,陈会昌.(2009).周恩来中和性人格的心理学分析.武汉大学学报(人文科学版),62(2),207—212.
郭永玉.(2005).人格心理学:人性及其差异的研究.北京:中国社会科学出版社.
郭永玉,贺金波,黄琨.(2015).老科学家学术成长资料采集工程中国工程院院士传记丛书:钢锁苍龙霸贯九州(方秦汉传).上海:上海交通大学出版社.
郭永玉,胡小勇.(2015a).特质、动机和叙事:人格研究的三种范式及其整合.心理科学,6,1489—1495.
郭永玉,胡小勇.(2015b).个人幸福·社会公平·世界和平——心理学家的人文情怀.华东师范大学学报(教育科学版),33(6),55—64.
郭永玉,李静,胡小勇.(2012).人格心理学:人性及其差异的研究.中国科学院院刊,(S1),88—97.
郭永玉,杨沈龙,李静,胡小勇.(2015).社会阶层心理学视域下的公平研究.心理科学进展,23(8),1299—1311.
郭永玉,张钊.(2007).人格心理学的学科架构初探.心理科学进展,15(2),267—274.
韩磊,窦菲菲,朱帅帅,薛雯雯,高峰强.(2016).羞怯与攻击的关系:受欺负和自我控制的中介作用.中国临床心理学杂志,24(1),81—83.
韩磊,高峰强,贺金波.(2011).人格与羞怯的关系:中介效应与调节效应.心理科学,4,889—893.
韩磊,高峰强,平凡,潘清泉.(2012).父母教养方式对羞怯的作用机制.心理与行为,10(6),464—467.
韩磊,任跃强,陈英敏,徐洁,高峰强.(2016).羞怯对自我控制的影响:安全感和应对方式的多重中介效应.中国特殊教育,5,10.
侯玉波.(2002).思维方式与中国人对疾病的认知.第四届华人心理学家学术研讨会会议论文.
侯玉波.(2007).文化心理学视野中的思维方式.心理科学进展,15(2),211—216.
侯玉波,朱滢.(2002).文化对中国人思维方式的影响.心理学报,34(1),106—111.
侯玉波,朱滢,彭凯平.(2004).思维方式如何影响管理者对他人行为的归因.见王登峰,侯玉波(主编),人格与社会心理学论丛(一)(pp.115—130).北京:北京大学出版社.
胡军生,王登峰.(2009).父母对子女人格发展期望与青少年理想人格、现实人格和客观人格的比较研究.中国临床心理学杂志,17(5),601—604.
胡小勇.(2014).低阶层者的目标追求:社会公平与自我调节的影响(博士学位论文).华中师范大学,武汉.
胡小勇,郭永玉.(2013).执行意向对目标达成的促进及其作用过程.心理科学进展,21(2),282—289.
胡小勇,郭永玉,李静,杨沈龙.(2016).社会公平感对不同阶层目标达成的影响及其过程.心理学报,48(3),271—289.
胡小勇,李静,芦学璋,郭永玉.(2014).社会阶层的心理学研究:社会认知视角.心理科学,6,1509—1517.
黄希庭.(2002).人格心理学.杭州:浙江教育出版社.
黄希庭.(2004).再谈人格研究的中国化.西南师范大学学报,30(6),5—9.
黄希庭.(2014).探ющ人格奥秘.北京:商务印书馆.
黄希庭.(2017).人格研究中国化之我见.心理科学,40(6),1—7.

黄希庭,陈红,符明秋,曾向.(2002).青少年学生身体自我特点的初步研究.心理科学,25(3),260—264.
黄希庭,范蔚.(2001).人格研究中国化之思考.西南师范大学学报,27(6),45—50.
黄希庭,凤四海,王卫红.(2003).青少年学生自我价值感全国常模的制定.心理科学,26(2),194—198.
黄希庭,夏凌翔.(2004).人格中的自我问题.陕西师范大学学报(哲学社会科学版),33(2),108—111.
黄希庭,杨雄.(1998).青年学生自我价值感量表的编制.心理科学,4,289—292.
黄希庭,尹天子.(2016).做幸福进取者.南京:江苏人民出版社.
黄颀,刘电芝,李莹丽,张菀珍.(2014).中美大学生性别角色发展的比较与启示.高等教育研究,(1),68—75.
黄希庭,余华.(2002).青少年自我价值感量表构念效度的验证性因素分析.心理学报,34(5),69—74.
冷洁,吴继霞.(2016).从汉字、成语隐喻看诚信概念隐含的结构维度.苏州大学学报(教育科学版),4(1),36—49.
李涛,刘礼艳,刘电芝.(2015).世界级水平冠军运动员的心理韧性要素分析及其相互关系.体育与科学,36(3),98—107.
李静,曹琴,胡小勇,郭永玉.(2016).物质主义对大学生网络强迫性购买的影响:自我控制的中介作用.中国临床心理学杂志,24(2),338—340.
李静,郭永玉.(2008).物质主义及其相关研究.心理科学进展,16(4),637—643.
李静,郭永玉.(2009).物质主义价值观量表在大学生群体中的修订.心理与行为研究,7(4),280—283.
李静,郭永玉.(2012).大学生物质主义与儒家传统价值观的冲突研究.心理科学,1,160—164.
李静,杨蕊蕊,郭永玉.(2017).物质主义都是有害的吗? 来自实证和概念的挑战.心理科学进展,25(10),1811—1820.
李力红.(2007).认知风格的理论与实证研究.长春:东北师范大学出版社.
李力红,车文博.(2006).认知风格分析测验(CSA)修订及大学生样本的划界尝试.心理学探新,26(4),88—93.
李力红,王海匣.(2011).客体表象-空间表象-言语认知风格及其测验的研究进展.心理科学进展,1(3),127—133.
李庆安.(2016).基于中国文化的人格与动机理论——中国人格模型与关键需要理论.心理科学,2,497—511.
李然,郭大勇.(2013).叙事:心理学与历史学的桥梁.心理研究,5(2),3—9.
李育辉,张建新.(2002).童话故事测验(FTT)在儿童个性测量中的应用.中国心理卫生杂志,16(10),672—674.
李育辉,张建新.(2004).中学生人格特质、主观应激与应对风格之间的关系.心理学报,36(1),71—77.
李育辉,张建新.(2006).7—10岁儿童的人格研究—童话故事测验的跨文化比较.中国临床心理学杂志,14(4),331—333.
梁毅,陈红,邱江,高笑,赵婷婷.(2008).负面身体自我女性对身体信息的记忆偏向:来自ERP研究的证据.心理学报,40(8),913—919.
凌辉,黄希庭.(2009).6—12岁儿童自立发展特点的研究.心理科学,32(6),1359—1362.
凌辉,朱阿敏,张建人,郭鹤阳,王洪晶.(2016).3—6岁儿童自立行为问卷的编制.中国临床心理学杂志,24(4),667—670.
刘电芝.(2009).转型期我国青少年性别角色取向的偏移与引领研究.西南大学学报(社会科学版),35(6),1—4.
刘电芝,黄会欣,贾凤芹,龚茜,黄颀,李霞.(2011).新编大学生性别角色量表揭示性别角色变迁.心理学报,43(6),639—649.
刘电芝,疏德明等.(2012).走进幸福——农民工城市融入与主观幸福感研究.苏州:苏州大学出版社.
刘电芝,徐振华,刘金光,张妏,黄颀,李宇青.(2009).当代大学生性别角色发展现状调查分析.教育研究,12,41—46.
刘电芝,余继英,黄会欣.(2011).大学生性别角色发展趋势与关键期研究.中国学校卫生,32(8),936—938.
刘礼艳,刘电芝,严慧一,黄颀,高岚,牛智慧,戴惠.(2013).优秀贫困大学生心理弹性与保护性因素分析.现代大学教育,3,66—73.
刘嵩晗,杨丽珠.(2016a).当代初中生健全人格培养目标体系的构建.教育科学,32(2),66—72.
刘嵩晗,杨丽珠.(2016b).论初中生健全人格培养策略.中国教育学刊,4,90—95.
刘毅,郭永玉.(2014).叙事研究中的语境取向.心理科学,37(4),770—775.
马一波,钟华.(2006).叙事心理学.上海:上海教育出版社.
马振,杨丽珠,范文翼.(2016).小学生健全人格培养目标体系的构建.心理研究,9(2),65—72.
申继亮,陈英和(2014),中国教育心理测评手册,北京:高等教育出版社.
宋维真,张建新,张建平,张妙清,梁觉.(1993).编制中国个性测量表(CPAI)的意义与程序.心理学报,25(4),66—73.
孙菁,吴继霞.(2013).蔡元培的人格特质及其对中国大学教育改革的影响.心理学进展,3,1—8.
孙岩,金芳,何明影,沈悦,杨丽珠.(2015).游戏训练提高幼儿自我控制能力:来自ERP的证据.心理科学,5,1109—1115.
孙岩,马亚楠,杨丽珠.(2015).父母教育价值观对儿童人格的影响:有调节的中介模型.心理发展与教育,5,522—530.
汤舒俊,郭永玉.(2010).西方厚黑学——基于马基雅弗利主义及其相关的心理学研究.南京师大学报(社会科学版),4,105—111.
汤舒俊,郭永玉.(2011).张居正的马基雅弗利主义人格解析.心理学探新,31(3),209—213.
汤舒俊,郭永玉.(2015).中国人厚黑人格的结构及其问卷编制.心理学探新,35(1),72—77.
涂阳军.(2010).道家人格:概念、测量、功能、反思(博士学位论文).华中师范大学,武汉.
涂阳军,郭永玉.(2011).道家人格结构的构建.西南大学学报(社会科学版),37(1),18—24.
涂阳军,郭永玉.(2014).道家人格的测量.心理学探新,34(4),296—300.
王登峰,崔红.(2001).编制中国人人格量表(QZPS)的理论构想.北京大学学报(哲学社会科学版),38(6),48—54.
王登峰,崔红.(2003).中国人人格量表(QZPS)的编制过程与初步研究.心理学报,35(1),127—136.
王登峰,崔红.(2004a).中国人人格量表的信度与效度.心理学报,36(3),347—358.
王登峰,崔红.(2004b).中国人的人格特点与中国人人格量表(QZPS与QZPS-SF)的常模.心理学探新,24(4),43—51.
王登峰,崔红.(2005a).对中国人人格结构的探索——中国人个性量表与中国人人格量表的交互验证.西南师范大学学报

(人文社会科学版),31(5),5—16.
王登峰,崔红.(2005b).西方"公正严谨性"人格维度与中国人人格的关系.浙江大学学报(人文社会科学版),35(4),22—28.
王登峰,崔红.(2006).人格结构的行为归类假设与中国人人格的文化意义.浙江大学学报(人文社会科学版),36(1),26—34.
王金生,刘电芝,刘金光.(2011)我国当代大学生性别角色异性化现象现况调查.中国心理卫生,25(3):228—232.
王予灵,李静,郭永玉.(2016).向死而生,以财解忧? 存在不安全感对物质主义的影响.心理科学,4,921—926.
吴继霞.(2009).诚信品格的养成,安徽:安徽教育出版社.
吴继霞,曹莉滋,朱泼溢.(2012).大学名校长之唐文治:一种心理传记学的探索.生命叙说与心理传记学(第一辑).台湾:龙华科技大学.
吴继霞,黄希庭.(2012).诚信结构初探,心理学报,44(3),354—368.
吴继霞,冷洁.(2014).对不同类型传主的人格特征研究——基于心理传记学方法的应用.心理科学,37(4),783—789.
吴继霞,王可,姜华.(2014).砺硕风雨路,瞻宫三折桂——奥运冠军陈燕青心理传记学研究.生命叙说与心理传记学(第二辑),131—151.
吴继霞,薛飞.(2008).梅贻琦人格特征的历史心理学分析.学术交流,11,224—228.
吴继霞,赵子真.(2008).竺可桢人格特质初探.苏州大学学报(哲学社科版),5,117—120.
吴江霖.(1958).德意志民主共和国的人格心理学研究.心理学报,2(1),36—45.
夏凌翔,黄希庭.(2008).青少年学生自立人格量表的建构.心理学报,40(5),593—603.
夏婷,李静,郭永玉.(2017).家庭社会阶层与大学生物质主义的关系:自尊的中介作用.心理与行为研究,15(4),515—519.
徐振华,刘电芝,黄颀,刘金光,张姣,李宇青.(2010).大学生性别角色形成研究——双性化与未分化个案的对比.心理科学,1,219—222.
许燕.(2017).人格心理学导论.北京:中国人民大学出版社.
许燕,王萍萍.(2011).基于动词分析的中国人人格结构模型探索.中国心理学会成立90周年纪念大会暨第十四届全国心理学学术会议.
薛雯雯,韩磊,窦菲菲,武云鹏,高峰强.(2015).羞怯对攻击和社交回避的影响:同伴侵害的中介作用.中国临床心理学杂志,23(6),1053—1055.
杨帆,夏之晨,陈贝贝,吴继霞.(2015).中国人诚实-谦虚人格的特点及其内隐外显关系.心理科学,5,1162—1169.
杨国枢,李本华.(1971).五百五十个中文人格特质形容词之好恶度、意义度及熟悉度.台湾大学心理学系研究报告,13,36—57.
杨慧芳,郭永玉.(2008).大学生个人奋斗、人格特质与主观幸福感的关系.心理发展与教育,24(3),58—64.
杨丽珠.(2008).儿童人格发展与教育的研究.辽宁省哲学社会科学获奖成果汇编[2005—2006年度].
杨丽珠.(2015).中国儿童青少年人格发展与培养研究三十年.心理发展与教育,31(1),9—14.
杨丽珠,金芳,孙岩.(2014).终身发展理念下幼儿健全人格的培养目标构建及教育促进实验.学前教育研究,8,3—16.
杨丽珠,李灵,田中敏明.(1999).少子化时代幼儿家长教育观念的研究——中、日、韩跨文化比较.学前教育研究,5,32—35.
杨丽珠,李淼,陈靖涵,沈悦.(2016).教师期望对幼儿人格的影响:师幼关系的中介效应.心理发展与教育,32(6),641—648.
杨丽珠,马振,张金荣,沈悦.(2016).6~12岁儿童人格发展的群组序列追踪研究.心理科学,39(5),1123—1129.
杨丽珠,宋芳.(2008).幼儿健全人格培养的意义与模式.学前教育研究,9,3—6.
杨丽珠,孙晓杰,常若松.(2007).中国澳大利亚4~5岁幼儿人格特征的跨文化研究.心理学探新,27(3),76—80.
杨丽珠,王江洋,刘文.(2005).3~5岁幼儿自我延迟满足的发展特点及中澳跨文化比较.心理学报,37(2),224—232.
杨丽珠,徐敏,马世超.(2016).小学生同伴接纳对其发展的影响:友谊质量的多层级中介作用.心理科学,1,93—99.
杨丽珠,张华.(2012).小学教师期望对学生人格的影响:学生知觉的中介作用.心理与行为研究,10(3),161—166.
杨沈龙,郭永玉,胡小勇,舒首立,李静.(2016).低阶层者的系统合理化水平更高吗?——基于社会认知视角的考察.心理学报,48(11),1467—1478.
杨雄,黄希庭.(1999).青少年学生自我价值感特点的初步研究.心理科学,6,484—487.
尤瑾,郭永玉.(2007)."大五"与五因素模型:两种不同的人格结构.心理科学进展,15(1),122—128.
于淼,许燕.内隐人格观与情绪对人格状态变化的影响研究.硕士学位论文,北京师范大学.
于淼,许燕.(2018).内隐人格观与情绪对人格状态的表现.第二十一届全国心理学学术会议摘要集.
张慈宜,丁兴祥.(2012).以"疏离"自"怅惘的威胁"中走出:张爱玲的人格传记.中华辅导与咨商学报,34,19—51
张和云,赵欢欢,许燕.(2016).青少年善良人感知、影响因素及后效作用.青年研究,2,21—29.
张和云.(2016).善良人格的结构、认知加工特点及其对善行表达的影响研究(博士学位论文).北京师范大学.
张建人,周晋彪,凌辉.(2010).鲁迅人格的心理传记学研究.中国临床心理学杂志,18(3),340—342.
张建新,张妙清,梁觉.(2003).大六人格因素的临床价值——中国人人格测量表(CPAI)、大五人格问卷(NEO-PI)与MMPI-2临床量表的关系模式.中国心理卫生协会第四届学术大会论文汇编.
张建新,周明洁.(2006).中国人人格结构探索——人格特质六因素假说.心理科学进展,14(4),574—585.
张灵聪.(2002a).不同自控力的初中生在抗干扰中的表现.心理科学,25(2),236—237.
张灵聪.(2002b).初中生学习自控力与自我形象的相关研究.西南师范大学学报(自然科学版),27(4),600—603.
张灵聪.(2003).不同学习自控力的初中生在成败中的表现.心理科学,4,654—657.

张灵聪,黄希庭.(2002).初中学生学习自我控制量表的编制.湖南师范大学教育科学学报,1(3),125—128.
张灵聪,张荣伟.(2008).不同学习自控力学生情绪变化强度比较.中国学校卫生,12,1139—1140.
张妙清,张树辉,张建新.(2004).什么是"中国人"的个性?——《中国人个性测量表CPAI-2》的分组差异.心理学报,36(4),491—499.
张钊,郭永玉.(2006).个人奋斗及其相关研究.心理科学进展,14(6),950—955.
张钊,郭永玉.(2007).个人目标、主观幸福感与自我效能感:以考研为个人目标追踪研究.第十届全国心理学学术会议.
赵子真,吴继霞,吕倩倩,李世娟.(2009).诚信人格特质初探.心理科学,3,626—629.
郑剑虹.(2014).心理传记学的概念、研究内容与学科体系.心理科学,37(4),776—782.
郑剑虹,何承林.(2015).生命叙事与心理传记学.北京:中央编译出版社.
郑剑虹,黄希庭.(2004).自强意识的初步调查研究.心理科学,27(3),528—530.
郑剑虹,黄希庭.(2007a).论儒家的自强人格及其培养.心理科学进展,15(2),230—233.
郑剑虹,黄希庭.(2007b).当代大学生自强意识特点及影响因素研究.西南大学学报(社会科学版),33(4),15—18.
郑剑虹,黄希庭.(2013).国际心理传记学研究述评.心理科学,36(6),1491—1497.
郑剑虹,黄希庭,张进辅.(2003).梁漱溟人格的初步研究.心理科学,26(1),9—12.
郑雪.(2007).健康与人格.广州:暨南大学出版社.
周冠生.(1987).个性心理学.北京:知识出版社.
朱廷劭,李昂,宁悦,周明洁,刘蓉晖,张建新.(2011).网络社会中个体人格特征及其行为关系.兰州大学学报(社会科学版),39(5),44—51.
朱滢.(2007).文化与自我.北京:北京师范大学出版社.
訾非.(2007).消极完美主义问卷的编制.中国健康心理学杂志,15(4),340—344.
訾非.(2009).积极完美主义问卷的编制.中国临床心理学杂志,17(4),424—426.
訾非.(2012/2017).感受的分析:完美主义与强迫性人格者的心理咨询与治疗.北京:中央编译出版社.
訾非,马敏.(2010).完美主义研究.北京:中国林业出版社.
訾非,周旭.(2006).弗罗斯特多维完美主义问卷的信效度检验.中国临床心理学杂志,14(2),560—563.
邹萍,杨丽珠.(2005).父母教育观念类型对幼儿个性相关特质发展的影响.心理与行为研究,3(3),182—187.
Coulacoglou, Carina. (2014a).探秘童心深处:童话故事测验在发展、临床和跨文化心理学领域中的应用.北京:教育科学出版社.
Coulacoglou, Carina. (2014b).童话故事测验(FTT)中文版使用手册(精编体验版).北京:教育科学出版社.
Allport, G. W. (1937). *Personality: A psychological interpretation*. New York, NY: Holt, Rinehart & Winston.
Block, J. (1965). *The challenge of response sets: Unconfounding meaning, acquiescence, and social desirability in the MMPI*. New York, NY: Appleton-Century-Crofts.
Brown, J. D., & Cai, H. (2009). Thinking and Feeling in the People's Republic of China: Testing the Generality of the 'Laws of Emotion'. *International Journal of Psychology*, 45(2), 111-121.
Buss, D. M. & Cantor, N. (1989). Introduction. In D. M. Buss & N. Cantor (Eds.), *Personality psychology: Recent trends and emerging directions* (pp. 1-12). New York, NY: Springer-Verlag.
Cai, H., & Luo, Y. L. L. (2017). The heritability of implicit self-esteem: A twin study. *Personality and Individual Differences*, 119, 249-251.
Cai, H., Sedikedis, C., Gaertner, L., Wang, C. Carvallo M., Xu, Y, Mara, E., & Jackson, L. E. (2011). Tactical Self-Enhancement in China: Is Modesty at the Service of Self-Enhancement in East Asian Culture. *Social Psychological and Personality Science*, 2(1), 59-64.
Cai, H., Wu, L., Shi, Y., Gu, R., & Sedikides, C. (2016). Self-enhancement among westerners and easterners: A cultural neuroscience approach. *Social Cognitive & Affective Neuroscience*, 11(10), 1569-1578.
Cai, H., Wu, Q., & Brown, J. D. (2009). Is Self-Esteem a Universal Need? Evidence from The People's Republic of China. *Asian Journal of Social Psychology*, 12, 104-120.
Carlson, R. (1971). Where is the person in personality research? *Psychological Bulletin*, 75(3), 203-219.
Chen, H., Gao, X., & Jackson, T. (2007). Predictive models for understanding body dissatisfaction among young males and females in China. *Behavior Research & Therapy*, 45(6), 1345-1356.
Chen, H., & Jackson, T. (2005). Are cognitive biases associated with body image disturbances similar between cultures? *Body Image*, 2(2), 177-186.
Chen, H., Jackson, T., & Huang, X. (2006). The negative physical self scale: Initial development and validation in samples of Chinese adolescents and young adults. *Body Image*, 3(4), 401-412.
Chen, S., Dong, D., Jackson, T., Su, Y., & Chen, H. (2016). Altered frontal inter-hemispheric resting state functional connectivity is associated with bulimic symptoms among restrained eaters. *Neuropsychologia*, 81, 22-30.
Claycomb, M., Roley, M. E., Contractor, A. A., Armour, C., Dranger, P., Wang, L., & Elhai, J. D. (2016). The relationship between negative expressivity, anger, and PTSD symptom clusters. *Psychiatry Research*, 243, 1-4.
Cronbach, L. J., & Meehl, P. E. (1955). Construct validity in psychological tests. *Psychological Bulletin*, 52(4), 281-302.
Duan, H., Wang, L., Fernández, G., Zhang, K., & Wu, J. (2016). Increased anticipatory contingent negative variation in posttraumatic stress disorder. *Biological Psychology*, 117, 80-88.
Edwards, A. L. (1957). *The Edwards personal preference schedule*. New York, NY: The Psychological Corporation.

Eysenck, H. J. (1952). *The scientific study of personality*. London: Routledge & Kegan Paul.
Eysenck, H. J. (2011). The scientific study of personality: A note on the review. *British Journal of Mathematical & Statistical Psychology*, 6(1), 44-52.
Fiske, D. W. (1974). The limits of the conventional science of personality. *Journal of Personality*, 42, 1-11.
Franz, C., & Stewart, A. (Eds.). (1994). *Women creating lives: Identities, resilience, and resistance*. Boulder, CO: Westview Press.
Gan, Y., Miao, M., Zheng, L., & Liu, H. (2017). Temporal doppler effect and future orientation: Adaptive function and moderating conditions. *Journal of personality*, 85(3), 313-325.
Gan, Y., Wang, Y., Meng, R., Wen, M., Zhou, G., Lu, Y., &. Miao, M. (2015). Time discounting mechanisms of future-oriented coping: Evidence from delay discounting and task prioritization paradigms. *Journal of Behavior Decision Making*, 28, 529-541.
Gan, Y., Yang, M., Zhou, Y., & Zhang, Y. (2007). The two-factor structure of future-oriented coping and its mediating role in student engagement. *Personality & Individual Differences*, 43(4), 851-863.
Gao, X., Li, X., Yang, X., Wang, Y., Jackson, T., & Chen, H. (2013). I can't stop looking at them: interactive effects of body mass index and weight dissatisfaction on attention towards body shape photographs. *Body Image*, 10(2), 191-199.
Gao, X., Wang, Q., Jackson, T., Zhao, G., Liang, Y., & Chen, H. (2011). Biases in orienting and maintenance of attention among weight dissatisfied women: an eye-movement study. *Behaviour Research & Therapy*, 49(4), 252.
Han, L., Xu, J., Bian, Y., Gao, F., & Ren, Y. (2016). Effects of problem characteristics on the online helping behavior of shy individuals. *Computers in Human Behavior*, 64, 531-536.
Hogan, R., Johnson, J., & Briggs, S. (Eds.). (1997). *Handbook of personality psychology*. San Diego, CA: Academic Press.
Jackson, D. N., & Messick, S. (1958). Content and style in personality assessment. *Psychological Bulletin*, 55(4), 243-252.
Jackson, T., & Chen, H. (2007a). Sociocultural predictors of physical appearance concerns among adolescent girls and young women from china. *Sex Roles*, 58(5), 402-411.
Jackson, T., & Chen, H. (2007b). Identifying the eating disorder symptomatic in china: the role of sociocultural factors and culturally defined appearance concerns. *Journal of Psychosomatic Research*, 62(2), 241-249.
Jackson, T., & Chen, H. (2008a). Sociocultural influences on body image concerns of young Chinese males. *Journal of Adolescent Research*, 23, 154-171.
Jackson, T., & Chen, H. (2008b). Sociocultural predictors of physical appearance concerns among adolescent girls and young women from China. *Sex Roles*, 58, 402-411.
Jackson, T., & Chen, H. (2008c). Predicting changes in eating disorder symptoms among Chinese adolescents: A nine month prospective study. *Journal of Psychosomatic Research*, 64, 87-95.
Jackson, T., & Chen, H. (2015). Features of objectified body consciousness and sociocultural perspectives as risk factors for disordered eating among late-adolescent women and men. *Journal of Counseling Psychology*, 62(4), 741-752.
Jackson, T., Gao, X., & Chen, H. (2014). Differences in neural activation to depictions of physical exercise and sedentary activity: An fMRI study of overweight and lean Chinese women. *International Journal of Obesity*, 38, 1180-1186.
Ji, L. J., Peng, K., & Nisbett, R. E. (2000). Culture, control, and perception of relationships in the environment. *Journal of Personality and Social Psychology*, 78(5), 943-955.
Jin, J., Su, Y. J., Tao, Y. J., Guo, S. Y., & Yu, Z. Y. (2013). Personality as a predictor of general health in captive golden snub-nosed monkeys (Rhinopithecus roxellana). *American Journal of Primatology*, 75(6), 524-533.
Kenrick, D. T. & Funder, D. C. (1988). Profiting from controversy: Lessons from the person-situation debate. *American Psychologist*, 43(1), 23-34.
Kluckhohn, C., & Murray, H. A. (1953). *Personality, its nature, society, and culture*. New York, NY: Knopf.
Kluckhohn, C., Murray, H. A., & Schneider, D. M. (2012). Personality in nature, society and culture. *Alfred A Knopf*, 139(10), 997.
Kong, F., Zhang, Y., & Chen, H. (2015). Inhibition ability of food cues between successful and unsuccessful restrained eaters: a two-choice oddball task. *Plos One*, 10(4), 741-752.
Li, L., Li, A., Hao, B., Guan, Z., & Zhu, T. (2014). Predicting active users' personality based on micro-blogging behaviors. *Plos One*, 9(1), e84997.
Liebert, R. M., & Liebert, L. L. (1998). Liebert &Spiegler's personality: Strategies and issues (8th ed.). Belmont, CA, US: Thomson Brooks/Cole Publishing Co.
Ling, H., Huang, X., Yang, B., & Wang, L. (2012). Assessing self-supporting behaviors of Chinese children. *Social Behavior & Personality: An International Journal*, 40(5), 815-828.
Liu, L., Wang, L., Cao, C., Qing, Y., & Armour, C. (2016). Testing the dimensional structure of DSM-5 posttraumatic stress disorder symptoms in a nonclinical trauma-exposed adolescent sample. *Journal of Child Psychology & Psychiatry & Allied Disciplines*, 57(2), 204.
Liu, X., & Zhu, T. (2016). Deep learning for constructing microblog behavior representation to identify social media

user's personality. *PeerJ Computer Science*, *2*, e81.

Loevinger, J. (1957). Objective tests as instruments of psychological theory. *Psychological reports*, *3*(7), 635–694.

Lü, W., & Wang, Z. (2017). Physiological adaptation to recurrent social stress of extraversion. *Psychophysiology*, *54*(2), 270–278.

Lü, W., Wang, Z., & Hughes, B. M. (2016). Openness and physiological responses to recurrent social stress. *International Journal of Psychophysiology*, *106*, 135–140.

Lü, W., Wang, Z., & Liu, Y. (2013). A pilot study on changes of cardiac vagal tone in individuals with low trait positive affect: The effect of positive psychotherapy. *International Journal of Psychophysiology*, *88*, 213–217.

Luo, Y. L., Liu, Y., Cai, H., Wildschut, T., & Sedikides, C. (2016). Nostalgia and self-enhancement: Phenotypic and genetic approaches. *Social Psychological and Personality Science*, *7*(8), 857–866.

Luo, Y. L. L., Cai, H., Sedikides, C., & Song, H. (2014). Distinguishing communal narcissism from agentic narcissism: A behavior genetics analysis on the agency-communion model of narcissism. *Journal of Research in Personality*, *49*(1), 52–58.

Maddi, S. R. (1984). Personology for the 1980s. In R. A. Zucker, J. Aronoff, & A. I. Rabin (Eds.), *Personality and the prediction of behavior* (pp. 7–41). New York, NY: Academic Press.

McAdams, D. P. (1990). Unity and purpose in human lives: The emergence of identity as a life story. In A. I. Rabin, R. A. Zucker, R. A. Emmons, & S. Frank (Eds.), *Studying persons and lives* (pp. 148–200). New York, NY: Springer.

McAdams, D. P. (1994). Can personality change? Levels of stability and growth in personality across the life span. In T. F. Heatherton & J. L. Weinberger (Eds.), *Can personality change?* (pp. 229–314). Washington, D. C.: APA Press.

McAdams, D. P. (1997). A conceptual history of personality psychology. In R. Hogan, J. Johnson, & S. Briggs (Eds.), *Handbook of personality psychology* (pp. 3–39). San Diego, CA: Academic Press.

McAdams, D. P., & Pals, J. L. (2006). A new Big Five: Fundamental principles for an integrative science of personality. *American Psychologist*, *61*, 204–217.

McClelland, D. C. (1961). *The achieving society*. New York, NY: D. Van Nostrand.

McCrae, R. R., & Costa, P. T., Jr. (1990). *Personality in adulthood*. New York, NY: Guilford Press.

McCrae, R. R., & Costa, P. T., Jr. (1999). A Five-Factor theory of personality. In L. Pervin & O. John (Eds.), *Handbook of personality: Theory and research* (pp. 139–153). New York, NY: Guilford Press.

Meehl, P. E. (1954). *Clinical versus statistical prediction: A theoretical analysis and a review of the evidence*. Minneapolis, MN: University of Minnesota Press.

Mischel, W. (1968). *Personality and assessment*. New York, NY: Wiley.

Mischel, W. (1973). Toward a cognitive social learning reconceptualization of personality. *Psychological Review*, *80*, 252–283.

Mischel, W., & Shoda, Y. (1995). A cognitive-affective system theory of personality: Reconceptualizing situations, dispositions, dynamics, and invariance in personality structure. *Psychological Review*, *102*(2), 246–268.

Morris, M. W., & Peng, K. (1994). Culture and cause: American and Chinese attributions for social and physical events. *Journal of Personality and Social psychology*, *67*(6), 949–971.

Mroczek, D. K., & Little, T. (Eds.). (2006). *The handbook of personality development*. Mahwah, NJ: Erlbaum.

Nasby, W., & Read, N. W. (1997). 1. Introduction. *Journal of personality*, *65*(4), 787–794.

Nisbett, R. E., Peng, K., Choi, I., & Norenzayan, A. (2001). Culture and systems of thought: holistic versus analytic cognition. *Psychological review*, *108*(2), 291–310.

Peng, K., & Nisbett, R. E. (1999). Culture, dialectics, and reasoning about contradiction. *American Psychologist*, *54*(9), 741–754.

Pervin, L. (1996). *The science of personality*. New York, NY: Wiley.

Pervin, L. (Ed.). (1990). *Handbook of personality theory and research*. New York, NY: Guilford Press.

Robins, R. W., Fraley, R. C, & Krueger, R. F. (Eds.). (2007). *Handbook of research methods in personality psychology*. New York, NY: Guilford Press.

Ryan, R. M., & Deci, E. L. (2008). A self-determination theory approach to psychotherapy: the motivational basis for effective change. *Canadian Psychology*, *49*(49), 186–193.

Sawyer, J. (1966). Measurement and prediction, clinical and statistical. *Psychological Bulletin*, *66*, 178–200.

Schultz, W. T. (Ed.). (2005). *The handbook of psychobiography*. New York, NY: Oxford University Press.

Sedikides, C., Gaertner, L., & Cai, H. (2015). Chapter Six-On the Panculturality of Self-enhancement and Self-protection Motivation: The Case for the Universality of Self-esteem. *Advances in motivation science*, *2*, 185–241.

Shweder, R. A. (1975). How relevant is an individual difference theory of personality? *Journal of Personality*, *43*, 455–484.

Taylor, J. (1953). A personality scale of manifest anxiety. *Journal of Abnormal and Social Psychology*, *48*, 285–290.

Wang, D., Cui, H., & Zhou, F. (2005). Measuring the personality of Chinese: QZPS versus NEO PI-R. *Asian Journal of Social Psychology*, *8*(1), 97–122.

Wang, Z., Hu, X. Y., & Guo, Y. Y. (2013). Goal contents and goal contexts: Experiments with Chinese students. *The*

Journal of Experimental Education, *81*(1), 105–122.

Wang, Z., Lü, W., & Qin, R. C. (2013). Respiratory Sinus Arrhythmia is associated with trait positive affect and positive emotional expressivity. *Biological Psychology*, *93*(1), 190–196.

Wei, W., Lu, J. G., Galinsky, A. D., Wu, H., Gosling, S. D., Rentfrow, P. J., ... & Wang, L. (2017). Regional ambient temperature is associated with human personality. *Nature Human Behaviour*, doi:10.1038/s41562-017-0240-0.

West, S. G. (1983). Personality and prediction: An introduction. *Journal of Personality*, *51*, 275–285.

Wiggins, J. S. (Ed.). (1996). *The five-factor model of personality: Theoretical perspectives*. New York, NY: Guilford Press.

Wu, J. X., & Cao, W. W. (2011). Ma Yinchu's personality and its formation and development: An application of multidimensional scale analysis. ICOACE, IEEE: http://ieexplore.ieee.org/Xplore/guesthome.jsp, 285–288.

Xia, L. X., Gao, X., Wang, Q., & Hollon, S. D. (2014). The relations between interpersonal self-support traits and emotion regulation strategies: A longitudinal study. *Journal of Adolescence*, *37*(6), 779–786.

Yang, H., Wang, L., Cao, C., Cao, X., Fang, R., Zhang, J., & Elhai, J. D. (2017). The underlying dimensions of DSM-5 PTSD symptoms and their relations with anxiety and depression in a sample of adolescents exposed to an explosion accident. *European Journal of Psychotraumatology*, *8*(1), 1–7.

Yang, K. S. & Bond, M. H. (1990). Exploring implicit personality theories with indigenous or imported constructs: The Chinese case. *Journal of Personality and Social Psychology*, *58*(6), 1087–1095.

Zhang, H., Wang, Z., You, X., Lü, W., & Luo, Y. (2015). Associations between narcissism and emotion regulation difficulties: Respiratory sinus arrhythmia reactivity as a moderator. *Biological psychology*, *110*, 1–11.

Zhang, X., Zhang, J., Wang, L., Li, R., & Zhang, W. (2016). Altered resting-state functional connectivity of the amygdala in Chinese earthquake survivors. *Progress in Neuro-Psychopharmacology and Biological Psychiatry*, *65*, 208–214.

结语：个人幸福·社会公平·世界和平

——心理学家的人文情怀[①]

1　心理学家的社会责任 / 505
2　个人幸福 / 507
　2.1　幸福的定义 / 507
　2.2　幸福的影响因素 / 508
3　社会公平 / 509
　3.1　社会公平感的阶层差异 / 510
　3.2　社会公平感的效应 / 510
　3.3　社会公平感的提升 / 511
4　世界和平 / 511
　4.1　和平心理主张 / 512
　4.2　和平心理模式建构 / 512

在这样一个全球化、多样化的时代，尤其是中国社会历史文化发生巨大变革的时代，心理学研究者若两耳不闻窗外事，一心只做所谓纯科学研究，不对周遭的问题积极回应，尽管无可厚非，但也令人遗憾。心理学研究应是科学与人文的统一，理论与实际的统一，窗内（实验室）与窗外的统一。自然科学研究取向，强调研究变量的可操作性，结论的可重复性和可证伪性，这有助于我们认识心理与行为的一般规律。然而人的心理与行为又是社会历史文化的产物，它不是一个纯自然的范畴，而是取决于一个人被视为什么，社会角色如何，取决于特定的文化模式。好的心理学研究当然离不开自然科学的逻辑和方法，但也渗透着研究者深厚的人文素养和深切的人文关怀（黄希庭，2006）。

[①] 郭永玉,胡小勇.(2015).个人幸福·社会公平·世界和平——心理学家的人文情怀.华东师范大学学报(教育科学版),2,55—64.

历史告诉我们,心理学家只有密切关注并联系现实生活中的社会、心理问题及心理学自身所提出和遇到的新问题,并在解决各种问题的基础上进行新的理论探索,才会进入一个良性循环,才能不断得到发展(彭凯平,钟年,2010)。许多心理学理论都是从解决当时现实中的社会问题发展来的。例如,社会心理学的奠基人库尔特·勒温(Kurt Lewin)的群体动力学就是为了回答纳粹德国的政治制度与美国的政治制度究竟有什么不同这一现实问题而建立的,他的著名的独裁、民主、放任三种领导气氛的实验(Lewin, Lippitt,和White, 1939)成为实验社会心理学研究的典范。弗洛姆(Fromm, 1941)研究纳粹崛起的社会心理基础,提出了逃避自由的理论。安娜·弗洛伊德(Freud, 1946)探讨了两次世界大战爆发的宗教原因和人性问题,分析了人类的自我在社会、道德间游离的心理冲突,提出了处理冲突的防御机制。麦克莱兰(McClelland, 1955, 1961)在韦伯(Weber, 1920)《新教伦理与资本主义精神》论述的基础上,提出新教伦理与资本主义发展之间存在一个中介变量,即成就动机(achievement motive)。在与新教伦理相一致的养育环境中成长的个体,渴求成功的动机激励了他们的创业行为。

当今中国社会正面临着一系列的问题,一百多年前梁启超引用李鸿章"三千年未有之大变局"之说(梁启超,1901/1989),时至今日这一变局并未完成。中国改革开放40多年取得了令世人瞩目的成绩。但是随着经济的全球化、信息的便利化、价值的多样化,社会变迁加剧,生活节奏加快,竞争的压力也越来越大,在这种处境下,个人该如何获得幸福?伴随着财富的积累,社会不公问题日益凸显,社会强势群体与弱势群体之间的矛盾不断加深。那么,如何促进社会公平,化解危机,突破黄炎培所谓"历史的周期律",消除"颜色革命"的焦虑(徐崇温等,2015),实现长治久安?社会和谐归根到底是人的和谐。社会现实的矛盾、世界各地的冲突,很大程度上可以归结为人性的根源。那么如何才能化解种族、国际冲突从而维护世界和平?对这些问题,心理学家们关心吗?他们是如何回答的?心理学家们的回答对提升个人幸福、促进社会公平和推进世界和平有所贡献吗?

1 心理学家的社会责任

早在20世纪初,麦克杜格尔(McDougall)就指出,心理学在整个社会科学中具有基础学科的地位。关于人类心理及其作用方式的知识,是各种社会科学顺利发展的前提。但实际上,经过一个多世纪的发展,心理学至今还未取得这样的地位,社会科学研究者并未普遍认可心理学的这一地位,这种局面主要是心理学自身的局限造成的(郭永玉,2002)。其根本问题在于将人还原为物,将心理现象作为单纯的自然现象,将心理学划归为纯自然科学。也就是说,科学取向的心理学,通过实证目标体系,把复杂多变的人类心理还原为简单的生理或物理的事实,把心理学的研究对象——人、人的心理与行为——视为自然物一样的认识客体。例如,艾宾浩斯(Ebbinghaus)是把人当作存贮记忆材料的机器来看待的。到了行为主义,这种倾向走向极端,行为主义心理学不讲人,涉及人时,就用"有机体"(organism)来指称,正如用有机体来指称动物一样。认知心理学把人比拟为计算机,为研究记忆和思维等认知过程的规律性作出了贡献,但这些研究对理解人性帮助不大(郭永玉,1995;刘春蕾,2006)。

事实上心理学更多地属于人文学科和社会科学,依照哈贝马斯(Habermas)的观点,除了科学的"认识"目标之外,更应该注重对人的"理解"和人性的"解放"(董云芳,2007)。人之自然属性与社会属性的统一,以及人性的多面性,造就了心理学的复杂性。因此,为了全面地理解人,心理学不仅需要自然科学取向的研究,更需要人文科学和社会科学取向的研究。为了实现对人性的全面认识,心理学在研究方法的选择上,应调整以往偏重客观、量化及控制实验等狭隘的科学方法取向,采用多元取向,配合人性的多层面去选择设计适当的方法(张春兴,2009)。

基于对心理学学科性质的这一认识,以当代社会思维方式的变革为背景,特别是基于人的心理的社会文化建构性,当代心理学的研究模式正逐渐从经验实证主义向社会建构论转变(杨莉萍,2008)。社会建构论(social constructivism)认为知识不是一种科学发现,而是一种社会建构;知识的生产过程不是个体理性决定的,而是一种文化历史的过程,是社会协商和互动的结果;有关心理现象的分类、心理活动的形式方面的知识都是一定文化历史条件的产物(叶浩生,2009;Liebrucks,2001)。社会建构心理学则是以这些特定的认识论、方法论为理论基础,通过一系列新的研究方法(如深度访谈、焦点团体、文本分析、叙事或话语分析、扎根理论等)以及大量操作技术(心理咨询与治疗、组织变革与管理、社会心理问题诊断与干预等),实现对人性的全面认识,进而超越旧的实证目标体系(Nightingale 和 Cromby,1999)。当代心理学新的研究模式重建了学科的使命,并赋予了心理学家们应当承担的社会责任:首先,要求借助话语、叙事、文本等各种心理的社会建构媒介的桥梁作用,实现对人的内在心理结构和内容的认识。第二,以社会实践为导向,帮助人们改善生活质量,提高主观幸福感,参与对社会变革的建构。第三,促进个人与不同群体间的相互理解、关爱、沟通与合作,消除或缓解现代社会日益激烈的各种心理矛盾与冲突。其中,以社会实践为导向,帮助人们改善生活质量,提高主观幸福感,参与对社会变革的建构是当代心理学的最终目标,也是当代心理学家最重要的社会责任(杨莉萍,2008;Gergen,1985,2001)。

在我国,时代已在召唤心理学家们积极地承担起这一重要的社会责任。如今,我国经济发展进入人均GDP 3 000美元阶段,既是经济加快发展的黄金时期,也是各类矛盾的凸显时期(The World Bank, 2010)。例如,公共安全危机事件、种族和民族矛盾、宗教矛盾、各种犯罪和道德失范问题、国家机关官员和企事业单位管理者的官僚作风和腐败行为、社会各阶层之间的利益冲突、国际交往和国际市场竞争的文化冲突……都在影响着社会稳定和经济发展,也在影响着人们的身心健康与幸福(王二平,2003)。作为一个正处在转型与上升中的大国,公民的社会心态如何,不仅会影响经济发展与社会正常运行,还决定着中国将以何种方式来影响世界,也决定着中国的和平崛起能否得到世界的认同(彭凯平,钟年,2010)。学科的发展趋势和时代的需求,使得中国心理学家们必须以一种更加宽广的视野去关注国家和社会的发展,帮助人们改善生活质量,提高主观幸福感,参与对公平社会的建构,进而促进世界和平。

2 个人幸福

2 000多年前,古希腊哲学家亚里士多德说过,"幸福是人类存在的唯一目标和目的"。近200年前,德国哲学家费尔巴哈也曾说,"人的任何一种追求也是对于幸福的追求"。那么,什么是幸福? 似乎每个人都知道幸福,但却又没人能够给出精确定义。几千年来,人类无时无刻不在通过探索幸福来寻求自己存在的意义,从这一意义上讲,人类的发展史就是幸福的反思史。这种探索,反映在今天,具体到科学心理学领域,就是心理学家们对幸福感的科学研究(黄希庭,2015)。

2.1 幸福的定义

基于快乐论(hedonic)与实现论(eudaimonic)两种不同的哲学传统,对幸福的研究可以被分为两种不同的取向,即主观幸福感(subjective well-being, SWB)和心理幸福感(psychology well-being, PWB)。主观幸福感是指个人根据自定的标准对其生活质量进行整体性评估而产生的体验(Suh等,1998)。而心理幸福感则强调人的潜能实现与人格发展,主要包括自我接受、个人成长、生活目的、良好关系、情境控制、自主等六种因素(Ryff和Keyes,1995)。鉴于两种幸福感的性质和研究现状,这里将着重介绍主观幸福感的相关理论和研究成果。

以迪纳(Diener)为代表的研究者认为,主观幸福感是指个体对其生活满意的认知和总体的情绪健康状态。主观幸福感是指评价者根据自己的标准对其生活质量的总体的评价(Diener,1984),具有主观性、整体性、相对稳定性的特点,它是衡量个人生活质量的综合性心理指标,反映了主体的社会功能与适应状态,也作为衡量心理健康的一项重要指标。一般认为主观幸福感由情感和认知两大基本成分构成,其中情感成分又包括积极情感体验和消极情感体验两个相对独立的方面,认知成分则是个体对自己生活整体满意程度和认知到的人生意义的评价,也包括某些具体领域的生活满意感。生活满意度反映了个体的现实感觉与理想期望之间的距离(Campell等,1976);幸福感是正面影响和负面影响之间斗争、协调、平衡的结果(Bradburn,1969)。

2.2 幸福的影响因素

主观幸福感,作为一种复杂的心理变量,是多种因素共同作用的结果。迪纳(Diener,1984)将这些影响因素区分为内部因素和外部因素两大类。但是研究表明,外部因素与主观幸福感只有中等程度的相关,其中人口统计学变量如经济状况、受教育水平等只能解释主观幸福感不足20%的变异,外在环境也只能解释主观幸福感变异的15%(Diener, Suh, Lucas,和Smith,1999)。相对而言,内部因素尤其是稳定的人格因素常被看作是主观幸福感最可靠、最有力的预测源。个体的主观幸福感水平主要依赖于人格特质,人格特质是主观幸福感个体差异产生的根本原因(Costa, McCrae,和Zonderman,1987)。

早期研究者就性别、年龄、种族乃至社会经济地位等人口学变量对主观幸福感的影响进行了大量的研究。他们发现主观幸福感在性别上不存在显著差异(Diener,2000; Haring, Stock,和Okun,1984);在种族上也不存在显著差异(Crocker和Major,1989; Diener等,1995)。并且,各年龄段的主观幸福感都大体相当,尤其是生活满意度,几乎没有明显变化。但是,情感维度却随年龄而有所变化。迪纳等人(Diener等,1998)的一项跨文化研究也发现,在18—90岁的人生阶段中,生活满意感的平均水平非常稳定,几乎是一条完美的扁平曲线;在20—80岁间,积极情感则呈缓慢而稳定的下降趋势;消极情感在20—60岁间有缓慢的下降趋势,但在70—80岁间却出现了缓慢的回弹趋势(Diener和Suh,1998)。

国家和个人水平的经济因素与主观幸福感的关系不仅是研究者关注的重点,也是争论的焦点。根据几十年来的相关研究结果,研究者总结出收入与幸福感之间的曲线关系:在低收入水平下,收入的增加会导致幸福感水平的显著提升;当收入一旦达到能够满足人们基本生活需要的水平之后,它对幸福感的积极效应就会被社会比较、适应和欲望等心理因素削弱。基于这种关系,要提高国民的幸福感,一方面需要社会的人文关怀与公平调整,特别是制度设计,注重提高低阶层的收入;另一方面需要个人的努力奋斗和心理调节(李静,郭永玉,2010)。

研究者发现,个人的心理因素如人格特质、目标等对幸福感有更大的作用,而人格特质是主观幸福感个体差异产生的根本原因(Costa, McCrae,和Zonderman,

1987)。对 148 项相关研究的元分析表明,与主观幸福感有关的人格因素高达 137 种,不仅包括外向性、神经质等较为宽泛的人格维度,而且包括自尊、控制点等范围较窄的特质(DeNeve 和 Cooper,1998)。其中,主观幸福感水平高的人最突出的人格特征是外向和低神经质。许多研究证明,外向性与积极情感和生活满意度呈高度正相关,神经质与消极情感呈高度正相关。多种测量方法的统计结果表明,外向性与积极情感之间的相关系数通常高达 0.80,神经质与消极情感之间也存在着类似的高相关(Diener,Lucas,和 Oishi,2003)。研究者还进一步对这两种人格维度对于主观幸福感的相对重要性进行了探讨。发现神经质与主观幸福感的关系比外向性与主观幸福感的关系更为密切(Vittersø,2001)。此外,乐观、生活目标等也是主观幸福感的重要预测因素。有研究发现,乐观与主观幸福感的相关系数高达 0.75,尤其在压力条件下,乐观可以使个体保持高的幸福感(Hills 和 Argyle,2001)。关于生活目标的研究也发现,参加有价值的活动和为个人目标努力工作都会对幸福感产生重要的影响(黄蕾,2009;杨慧芳,2006;张钊,2007;Cantor 和 Sanderson,1999)。

心理学家知道许多与幸福有关的知识,但是当一个普通人想维持或者提高其幸福感水平时,心理学家可以给些什么样的建议呢?大部分心理学家认为,幸福是需要人们去争取的(Csikszentmihalyi,1999)。更有研究者(Buss,2000;Lasen 和 Prizmic,2008)提出了一些切实可行的提高获得幸福概率的策略。仅凭期待并不能将幸福变为现实。心理学家建议,人们必须努力去寻找幸福,必须克服生活中的不愉快事件以及每个人所经历的失去和失败,使自己成为幸福的进取者。

3 社会公平[①]

人类不仅追求幸福,还追求公平,对公平的追求也是人类的一种本性(Chomsky,和 Foucault,1974,2011)。然而,近年来我国贫富分化持续加剧,目前我国收入最多的 20% 和最少的 20% 的家庭,收入相差 19 倍之多(国家卫生和计划生育委员会,2015);而国家统计局 2015 年公布的数据显示,近十年来我国的基尼系数(Gini coefficient)一直徘徊在 0.47 左右,超过了社会分配不公警戒线 0.4 这一水平,表明社会发展不均衡问题较为严重。人性的需要以及社会不公的现实引发了越来越多心理学家们对社会公平这一主题的关注。

社会公平(social justice)有多种不同的定义,而被广为接受的是约斯特和凯(Jost 和 Kay,2010)对社会公平的定义。他们认为社会公平是一种真实的或理想的状态,

---

① 本研究小组有关社会公平的研究成果将在另一本书中具体呈现。

在这种状态中:收益和成本是通过一定的分配规则来进行的;具有政治管理性的程序、标准、规则以及其他决策都应保护个体和群体的基本权利和自由;人们不仅受到当局,而且受到其他一切社会人员,包括一切公民的有尊严的对待。该定义的三个方面大体上对应着分配公平(Adams, 1965)、程序公平(Thibaut 和 Walker, 1975)和互动公平(Colquitt, 2001)。社会公平与否是通过众多个体的公平感表现出来的(Jost 和 Kay, 2010)。社会公平感(perceived social justice)是人们对上述社会公平理念达成程度的感受(杨宜音,王俊秀,2011)。通常,心理学家们就是通过人们对社会公平与否的感受来考察社会公平的。

3.1 社会公平感的阶层差异

低阶层者会更多地感到社会不公吗?对于这一问题,过往研究的结论并不一致。起先有研究表明,低阶层者反而对社会抱有更支持、更认可的态度(Jost, Pelham, Sheldon, 和 Sullivan, 2003; Jost 和 Thompson, 2000),这使研究者大为惊讶。但随着研究的深入,更多大样本、跨文化的研究结果支持相反的结论,即低阶层更多地感到社会不公(杨沈龙,郭永玉,李静,2013; Brandt, 2013, Lee, Pratto, 和 Johnson, 2011)。那么在中国样本身上,情况又会如何?如果高低阶层的公平感存在差异,又有何成因呢?

通过我们的研究,来自不同年份、不同样本的数据显示了同样的结论,即在中国被试中,阶层越低,越认为社会不公平,而贫富差距归因倾向在其中都起到了中介作用。也即低阶层更认为社会不公,一定程度上是因为他们更多地将社会贫富差距看作是社会系统的原因如体制问题、家庭背景等(李静,2012,2014;杨沈龙,2014)。吴和艾伦(Ng 和 Allen, 2005)曾对于个体为何感到不公提出了多项假设,结果发现对个体公平感预测力最强的是归因方式。我们的研究再次支持了这一点:低阶层因其更倾向于认为社会贫富差距不是因为个体能力、努力不同而造成,而是因为外部条件引起,进而也更倾向于认为社会不公。

3.2 社会公平感的效应

根据阶层的社会认知理论,低阶层的社会认知方式更依赖环境背景,因而他们的行为也更多地受制于环境;而高阶层的生存与发展则相对自由,不受外部条件的约束(Kraus, Piff, Mendoza-Denton, Rheinschmidt, 和 Keltner, 2012)。那么对于公平,高低阶层的需求是否也会表现出差异呢?结合上述理论观点,我们推断低阶层的目标追求会比高阶层更倾向于受到社会公平感的影响,而且这种影响会体现在目标承诺和目标达成两个阶段。对此,我们采用了相关、准实验和实验研究三种不同的方法,三个研究都支持了一个有中介的调节模型的成立。对于低阶层来说,他们越是感到社会公平,目标达成的程度就越高;而在高阶层身上,社会公平感对于目标达成的预测作用则不显著。进一步分析表明,阶层对于社会公平感影响目标达成的调节作用是通过目标承诺来实现的:对于低阶层者来说,社会公平感越高,则其目标承诺水平越高,进而其目标达成得分也越高;而对于高阶层者来说,这种效应则不显著(胡小勇,2014)。这一结果不仅支持了阶层的社会认知理论的观点,也启示我们,在努力实现目标的过程中,低阶层对于公平环境的依赖是更强的,只有促进不同阶层平等竞争,低阶层畅通地向上流动才更有可能实现。

3.3 社会公平感的提升

既然低阶层比高阶层更认为社会不公,并且低阶层比高阶层更依赖公平的社会环境,那么显然,有必要考虑如何才能提升低阶层者的社会公平感。前述研究显示,贫富归因是个体形成公平感的重要心理机制,如果能改变低阶层者的这一归因倾向,从理论上说就可以增强其公平感。对此,有研究表明,减少社会限制、增强个人控制感,可以增强被试的内归因倾向(赵志裕,区颖敏,陈静,2008; Kraus, Piff, 和 Keltner, 2009)。因此我们尝试从这两方面入手,来探索低阶层者公平感的调节变量。

研究首先以情景模拟实验方法操纵被试面临的社会限制,结果发现,在社会限制相对较少的情境下,低阶层对贫富差距的内归因倾向会明显提高(李静,2012,2014)。接下来的研究又用实验室操纵控制感的方法,检验了一个有调节的中介作用。在被试无控制感的情况下,低阶层更多地对贫富差距做出外归因,因而其公平感也较低;而在被试有控制感的情况下,低阶层的内归因倾向和公平感均显著提升(杨沈龙,2014)。这两个实验研究体现了社会限制和个人控制对于低阶层者的重要作用,要想让民众更倾向于认为个人奋斗可以创造财富,进而感到社会的公平正义,就应出台相应的措施来减少对其的限制,提升其控制感,让低阶层者感到自己可以通过自身努力获得自己想要的成功。

4 世界和平

和平是人类永恒的追求,但战争和暴力冲突与人类文明发展如影相随。20世纪末在心理学内部兴起的和平心理学,主张从研究人性与和平的内在关联出发,运用多元化方法,充分调动人类创造和平的积极性与主动性,反思人类冲突根源,防止暴力发生,和平化解冲突,创建和平文化,提升人的幸福与尊严,促进社会和平与进步,以和平的方式实现和平(刘邦春,郭永玉,彭运石,2014)。

4.1 和平心理主张

世界范围内的和平心理学家们积极研究如何促进社会和平。挪威和平心理学家加尔通(Gultung, 1969)提出了暴力本质论、和平本质论、和平建设方案、和平诊断论、对话式消除恐怖主义等观点。美国心理学家德里维拉(De Rivera, 2007)在动态人性论的基础上提出了世界和平文化测量论,他还提出在美国成立和平部的构想。弗莱(Fry, 2007)提出和平潜能说与和平社会变革论,为展望和平社会提供了图景。梅顿(Mayton, 2009)的和平人格论在和平人格特质、和平人格测量与和平人格培养等方面进行了有益的探讨。罗森伯格(Rosenberg, 2003)提出了爱意沟通和平心理治疗理论,把促进个体和平意识转化与和平观念成长、建立关爱的人际关系作为和平心理治疗的重要目标。平克(Pinker, 2011)提出了和平进化心理学观点,认为人具有和平营造能力,在适当的环境下,人类将朝着和平的方向发展。

4.2 和平心理模式建构

20世纪以来,世界范围内掀起了和平心理模式建构浪潮。不同社会、国家间的和平心理模式建构的轨迹,彰显了人类追求和平的巨大潜能,印证了人类和平建设的无限创造力。

第一,社会和平心理模式建构。20世纪以来,世界视阈下出现了三种最为典型的和平心理建构模式。一是南非"真相与和解"和平心理建构模式。新南非政府在缺少起诉和审判所有过去侵权案件的人力和财力的情况下,通过曼德拉总统和图图大主教等人的努力,选择了"真相与和解"的和平心理重建之路,是南非人民在权衡伸张正义与维持社会和平的辩证关系之后,为摆脱种族隔离和暴力冲突而做出的切实可行的选择(Rigby, 2001)。新南非真相、和解和团结的理念给非洲这个种族与部族矛盾不断的大陆带来了希望,对结束非洲大陆以眼还眼、以牙还牙的政治暴力循环具有非常重要的借鉴意义。二是卢旺达"加卡卡"和平心理建构模式。1994年,卢旺达发生的内战和种族屠杀,震惊世界。卢旺达创造性地运用独具民间色彩、极具本土和平文化性质的"加卡卡"和平心理模式,为受害者和作恶者提供了真相叙事的机会,具有轻惩罚、重正义恢复的功能,体现了对历史的铭记与尊重,有利于促进社会成员和谐关系的重构。"加卡卡"和平心理模式在应对大规模暴力冲突之后的社会和平心理模式建构过程中,在消除大屠杀带来的部族仇恨的过程中,有效改善了社会局面,发挥了巨大的和平心理恢复作用,具有创新性与独特性。三是澳大利亚"政治道歉"和平心理建构模式。1901年以来,澳大利亚联邦政府开始执行"白澳政策"(white Australia policy),上万澳大利亚土著居民流离失所,心理遭受严重创伤。2008年,总理陆克文代表政府,向土著居民上百年来经历的苦难正式道歉,这也是政府首次道歉。"政治道歉"是澳大利亚土著居民尤其是"被偷的一代"的心理安慰剂,是沟通土著居民与非土著居民之间的心理桥梁,让人民对未来充满了希望(汪诗明,2011)。"政治道歉"表明了澳大利亚新一届政府改正错误的勇气和决心,对于促进澳大利亚的种族和解,产生了深远的、积极的和平心理学意义。

第二,国际和平心理模式建构。二次世界大战以来,国际格局发生了巨大变化,世界不同国家都意识到消除敌人印象,建立合作共赢和平国际的心理模式的重要性。一些典型的国际和平心理建构模式也值得我们借鉴。一是"主动示好"国际和平心理建构模式。20世纪五六十年代是美苏关系最为紧张的时期,也是两个国家对第三世界争夺最为激烈的时期。美苏对革命后的古巴的争夺,以及古巴导弹危机的和平化解的过程,与肯尼迪(John F. Kennedy)运用"渐进的、互惠的率先行动缓解紧张局势"的和平策略具有重大关联(Floyd, 1991),体现出主动示好的和平心理模式在逐渐缓解国际紧张局势过程中的作用,是美苏冷战过程中一缕和平的亮色,也是冷战期间两个超级大国特有的和平心理实践。二是"政治下跪"国际和平心理模式。1970年,西德总理勃兰特(Willy Brandt)向华沙无名烈士墓和华沙犹太人殉难纪念碑敬献花圈,下跪赎罪,赢得了重塑德国新和平形象的机会,表达了二战后德国重新融入世界的和平诉求,使德国赢得了国际社会的认可、接纳和尊重,融进了和平世界。

第三,中国和平心理模式建构。中国和平心理思想是人类历史上框架完整、思想深刻、内涵丰富的和平心理学思想体系,保证了中华民族的长期发展和繁荣,为世界和平发展作出了巨大贡献。汉民族传统上具有独特的和平性格:国力强大却不征服,资源紧张而不扩张,自卫防御而不先发,文明包容而不冲突,自始至终坚持王道立国而不霸道。儒家和平心理在本质上是秩序和平的"和而不同"的中庸之道的心理模式,墨家奉行的是明确的"兼爱非攻"的和平心理模式,道家奉行的是"自然无为"的和平心理模式,佛家"众生平等"的观念以及"戒定慧"的修行实践更是一种解脱苦难的和平心理模式。从世界视阈的角度而言,中国现代化必须在和平的世界环境下实现,并且现代化本身是中国对于当今世界和平的巨大贡献。

心理学是一门研究人性的学科。心理学不仅需要自然科学取向的研究,更需要人文科学和社会科学取向的研究;其目的可以是基础性的,也可以是应用性的;其视野可以是很细微的,也可以是很宏大的;从个人幸福,社会公平,直到世界和平,都可以成为心理学研究的核心关切,而这些关切又都统一于对人性奥秘的揭示。当然,三者的顺序也可以是反过来的:和平的世界环境是社会公平建设的条件,而公平的社会环境也是个人幸福的条件。

心理学关心个人幸福。基于快乐论的哲学传统,心理学将幸福界定为个人根据自定的标准对其生活质量进行整体性评估而产生的体验,包括积极情感、消极情感和生活满意度三个维度。通过大量实证研究发现,性别、年龄、种族、收入以及受教育水平等人口学变量能解释幸福20%左右的变异,外在环境解释幸福变异的15%(Diener,Suh,Lucas,和Smith,1999)。相对于这些外部因素来说,内部因素尤其是稳定的人格因素对幸福有着更强的预测力,例如外向性与积极情感之间的相关系数通常高达0.80,神经质与消极情感之间也存在着类似的高相关(Diener,Lucas,和Oishi,2002)。一个普通人想维持或者提高其幸福感水平,可以通过针对这些影响因素而提出的切实可行的提高获得幸福概率的策略,以争取幸福(Buss,2000;Lasen和Prizmic,2004;Csikszentmihalyi,1999)。

某种意义上,个人幸福还受到社会公平环境及其感知的影响,所以心理学家还要关心公平社会的建构。在大量实证研究基础上,研究者发现,不同社会群体对社会公平的感知存在显著差异,相对于高阶层群体来说,低阶层群体更多地感到社会不公(杨沈龙,郭永玉,李静,2013;Brandt,2013;Lee,Pratto,和Johnson,2011)。更重要的是,社会公平感越低,人们追求目标的动机水平也就越低,进而不利于教育、职业等重要人生目标的达成(胡小勇,2014)。减少社会限制、提高个人控制感被证实是提升社会公平感的有效途径(李静,2012,2014;杨沈龙,2014)。心理学从社会阶层、社会分配等宏观的视角,建立社会公平感的概念与理论体系,开展增强社会公平的应用研究,进而有利于促进整个社会的公平正义。

因人性与和平之间有着内在的关联,使得世界和平这样宏大的主题也成为心理学的一个基本关切。和平心理学运用多元化方法,主张充分调动人类创造和平的积极性与主动性,反思人类冲突根源,防止暴力发生,和平化解冲突,创建和平文化,提升人的幸福与尊严,促进社会和平与进步,以和平的方式实现和平(刘邦春等,2014)。不同社会、国家间的和平心理模式建构的轨迹,彰显了人类追求和平的巨大潜能,印证了人类和平建设的无限创造力,体现了心理学对于促进世界和平发展的独特的价值。结合我国当前外交、军事、国内社会现状,在我国开展和平外交心理研究、转型期社会和平稳定发展心理研究,将势在必行,并大有作为。

参考文献

董云芳.(2007).哈贝马斯沟通行动理论对实证主义的批判.安徽农业大学学报:社会科学版,16(1),63—67.
郭永玉.(1995).心理学欠缺人文精神 教育学欠缺科学精神.教育研究与实验,(4),18—19.
郭永玉.(2002).麦独孤策动心理学的贡献.华中师范大学学报:人文社会科学版,41(5),69—74.
国家卫生和计划生育委员会.(2015).中国家庭发展报告.http://news.xinhuanet.com/house/xa/2015-05-14/c_1115276914.htm
胡小勇.(2014).低阶层者的目标追求:社会公平与自我调节的影响.武汉:华中师范大学博士论文.
黄蕾.(2009).贫困大学生的个人奋斗对其主观幸福感的影响研究.武汉:华中师范大学硕士学位论文.
黄希庭.(2006).人格心理学知识结构的探索——读郭永玉著的《人格心理学》.心理科学,29(6),1507.

黄希庭.(2015).从个人幸福到世界和平——郭永玉主编《人格研究》序.载于郭永玉(主编),人格研究(pp.1-2).上海:华东师范大学出版社.
李静.(2012).不同社会阶层对贫富差距的归因倾向研究.武汉:华中师范大学博士学位论文.
李静.(2014).不同社会阶层对贫富差距的心理归因研究.广州:世界图书出版公司.
李静,郭永玉.(2010).收入与幸福的关系及其现实意义.心理科学进展,18(7),1073—1080.
梁启超.(1901/1989).李鸿章传.载于梁启超,饮冰室合集.北京:中华书局.
刘邦春,郭永玉,彭运石(2014).和平心理学:历史、模型和展望.心理科学,36(5),1255—1260.
刘春蕾.(2006).人性的观点及当代心理学研究者的使命.聊城大学学报:社会科学版,(6),100—104.
彭凯平,钟年.(2010).心理学与中国发展.北京:中国轻工业出版社.
汪诗明(2011).澳大利亚政府的政治道歉与种族和解进程.华东师范大学学报(哲学社会科学版),(4),21—29.
王二平.(2003).心理学的社会意义与心理学家的社会责任.心理科学进展,11(4),361—362.
王俊秀,杨宜音.(2011).2011年中国社会心态研究报告.北京:社会科学文献出版社.
徐崇温,等.(2015)."颜色革命"为何行不通.人民日报,6月14日,第5版.
杨慧芳.(2006).大学生主观幸福感与人格特质、个人奋斗的关系研究.武汉:华中师范大学硕士学位论文.
杨莉萍.(2008).后现代社会建构论对心理学研究目标的质疑.南京师大学报:社会科学版,(6),107—111.
杨沈龙.(2014).不同社会阶层系统公正感的差异及其机制.武汉:华中师范大学硕士学位论文.
杨沈龙,郭永玉,李静.(2013).低社会阶层者是否更相信系统公正.心理科学进展,21(12),2245—2255.
叶浩生.(2009).社会建构论与心理学理论的未来发展.心理学报,41(6),557—564.
张春兴.(2009).现代心理学——现代人研究自身问题的科学(第三版).上海:上海人民出版社.
张钊.(2007).个人目标、主观幸福感与自我效能感:一项纵向研究.武汉:华中师范大学硕士学位论文.
赵志裕,区颖敏,陈静.(2008).如何研究社会、文化和思想行为的关系?——共享内隐论在理论和研究方法上的贡献.载于杨宇(编),中国社会心理学评论(第四辑,pp.147-170).北京:社会科学文献出版社.
Weber, M.(马奇炎,陈婧,译).(1905/2012).新教伦理与资本主义精神.北京:北京大学出版社.
Adams, J. S. (1965). Inequity in social exchange. *Advances in Experimental Social Psychology*, 2, 267-299.
Bradburn, N. M. (1969). The structure of psychological well-being. *NORC Monographs*, 331, 409-432.
Brandt, M. J. (2013). Do the disadvantaged legitimize the social system? A large-scale test of the status-legitimacy hypothesis. *Journal of Personality and Social Psychology*, 104(5), 765-785.
Buss, D. M. (2000). The evolution of happiness. *American Psychologist*, 55(1), 15-23.
Campell, A., Converse, P. E., & Rodgers, W. L. (1976). *The Quality of American Life: Perceptions, Evaluations, and Satisfactions*. New York: Russel Sage Foundation.
Cantor, N., & Sanderson, C. A. (1999). Life task participation and well-being: The importance of taking part in daily life. In D. Kahneman, E. Diener, & N. Schwarz (Eds.), *Well-being: The foundations of hedonic psychology* (pp. 230-243). New York: Russell Sage Foundation.
Chomsky, N., & Foucault, M. (1974). Human nature: Justice versus power. In A. J. Ayer & Fons Elders (Eds.), *Reflexive water: The basic concerns of mankind* (pp. 133-197). London: Souvenir Press.
Chomsky, N., & Foucault, M. (2011). *Human nature: Justice versus power: The Chomsky-Foucault Debate*. London: Souvenir Press.
Christie, D. J., Barbara, S., Richard. V., Wanger, D., & Dunan, W. (2008). Peace psychology for a peaceful world. *American Psychologist*, 63(6), 540-552.
Christie, D. J., Wagner, R. V., & Winter, D. D. (2001). *Peace, conflict, and violence: Peace psychology for the 21st century*. Englewood Cliffs, NJ: Prentice-Hall.
Colquitt, J. A. (2001). On the dimensionality of organizational justice: A construct validation of a measure. *Journal of Applied Psychology*, 86(3), 386-400.
Costa, P. T., McCrae, R. R., & Zonderman, A. B. (1987). Environmental and dispositional influences on well-being: Longitudinal follow-up of an American national sample. *British Journal of Psychology*, 78(3), 299-306.
Crocker, J., & Major, B. (1989). Social stigma and self-esteem: The self-protective properties of stigma. *Psychological Review*, 96(4), 608-630.
Csikszentmihalyi, M. (1999). If we are so rich, why aren't we happy? *American Psychologist*, 54(10), 821-827.
De Rivera, J. (2007). Transforming the empire with a department of peace. *Peace & Change*, 32(1), 4-19.
DeNeve, K. M., & Cooper, H. (1998). The happy personality: Emergence of the five factor model. *Annual Review of Psychology*, 41, 417-440.
Diener, E. (1984). Subjective well-being. *Psychological Bulletin*, 95(1), 11-58.
Diener, E. (2000). Subjective well-being: The science of happiness and a proposal for a national index. *American Psychologist*, 55, 34-43.
Diener, E., Lucas, R. E., & Oishi, S. (2002). Subjective Well-Being: The Science of Happiness and Life Satisfaction. In C. R. Snyder, & S. J. Lopez (Eds.), *Handbook of Positive Psychology* (pp. 63-73). New York: Oxford University Press.
Diener, E., Oishi, S., & Lucas, R. E. (2003). Personality, culture, and subjective well-being: Emotional and cognitive evaluations of life. *Annual Review of Psychology*, 54(1), 403-425.
Diener, E., Smith, H., & Fujita, F. (1995). The personality structure of affect. *Journal of Personality and Social*

Psychology, 69(1),130-141.

Diener, E., & Suh, E. M. (1998). Subjective well-being and age: An international analysis. In K. W. Schaie & M. P. Lawton (Eds.), *Annual Review of Gerontology and Geriatrics* (Focus on emotion and adult development, Vol.17, pp.304-324). New York: Springer.

Diener, E., Suh, E. M., Lucas, R. E., & Smith, H. E. (1999). Subjective well-being: Three decades of progress. *Psychological Bulletin*, 125,276-302.

Floyd, R. (1991). Seventeen early peace psychologists. *Journal of Humanistic Psychology*, 31(2),12-43.

Freud, A. (1946). *The ego and the mechanisms of defense*. Oxford, England: International Universities Press.

Fromm, E. (1941). *Escape from freedom*. New York: Farrar & Rinehart.

Fry, D. P. (2007). *Beyond war: The human potential for peace*. Oxford, New York: Oxford University Press.

Galtung, J. (1996). Peace and conflict research in the age of the cholera: Ten pointers to the future of peace studies. *International Journal of Peace Studies*, 1(1),25-36.

Gergen, K. J. (1985). The social constructionist movement in modern psychology. *American Psychologist*, 40(3),266-275.

Gergen, K. J. (2001). Psychological science in a postmodern context. *American Psychologist*, 56(10),803-813.

Gultung, J. (1969). Violence, peace and peace research. *Journal of Peace Research*, 3,176-191.

Haring, M. J., Stock, W. A., & Okun, M. A. (1984). A research synthesis of gender and social class as correlates of subjective well-being. *Human Relations*, 37(8),645-657.

Hills, P., & Argyle, M. (2001). Emotional stability as a major dimension of happiness. *Personality and Individual Differences*, 31(8),1357-1364.

Jost, J. T., & Kay, A. C. (2010). Social justice: History, theory, and research. In S. T. Fiske, D. T. Gilbert, & G. Lindzey, (Eds.), *Handbook of social psychology*, Vol.2 (5th ed., pp.1122-1165). Hoboken, NJ: John Wiley & Sons Inc.

Jost, J. T., & Thompson, E. P. (2000). Group-based dominance and opposition to equality as independent predictors of self-esteem, ethnocentrism, and social policy attitudes among African Americans and European Americans. *Journal of Experimental Social Psychology*, 36(3),209-232.

Jost, J. T., Pelham, B. W., Sheldon, O., & Sullivan, B. N. (2003). Social inequality and the reduction of ideological dissonance on behalf of the system: Evidence of enhanced system justification among the disadvantaged. *European Journal of Social Psychology*, 33(1),13-36.

Kraus, M. W., Piff, P. K., & Keltner, D. (2009). Social class, sense of control, and social explanation. *Journal of Personality and Social Psychology*, 97,992-1004.

Kraus, M. W., Piff, P. K., Mendoza-Denton, R., Rheinschmidt, M. L., & Keltner, D. (2012). Social class, solipsism, and contextualism: How the rich are different from the poor. *Psychological Review*, 119(3),546-572.

Larsen, R. J., & Prizmic, Z. (2008). Regulation of emotional well-being: Overcoming the hedonic treadmill. In M. Eid, & R. J. Larsen, (Eds.), *The science of subjective well-being*. (pp.258-289). New York: Guilford Press.

Lewin, K., Lippitt, R., & White, R. K. (1939). Patterns of aggressive behavior in experimentally created "social climates". *The Journal of Social Psychology*, 10(2),269-299.

Lee, I. C., Pratto, F., & Johnson, B. T. (2011). Intergroup consensus/disagreement in support of group based hierarchy: An examination of socio-structural and psycho-cultural Factors. *Psychological Bulletin*, 137(6),1029-1064.

Liebrucks, A. (2001). The concept of social construction. *Theory and Psychology*, 11(3),363-391.

Louw, J., & Van Hoorn, W. (1997). Psychology, conflict, and peace in South Africa: Historical notes. *Peace and Conflict*, 3(3),233-243.

Mayton, D. (2009). *Nonviolence and peace psychology*. New York: Springer.

McClelland, David. (1955). *Studies in motivation*. New York: Appleton Century Crofts, Inc.

McClelland, David. (1961). *The achieving society*. New York: The Free Press.

Morawski, J. G., & Goldstein, S. E. (1985). Psychology and nuclear war: A chapter in our legacy of social responsibility. *American Psychologist*, 40(3),276-284.

Ng, S. H., & Allen, M. W. (2005). Perception of economic distributive justice: Exploring leading theories. *Social Behavior and Personality*, 33(5),435-454.

Nightingale, D. J. & Cromby, J. (1999). *Social constructionist psychology: A critical analysis of theory and practice*. Buckingham, United Kingdom: Open University Press.

Okun, M. A., Stock, W. A., Haring, M. J., & Witter, R. A. (1984). The social activity/subjective well-being relation a quantitative synthesis. *Research on Aging*, 6(1),45-65.

Pinker, S. (2011). *The better angels of our nature: Why violence has declined* (Vol.75). New York: Viking.

Rigby, A. (2001). *Justice and reconciliation: After the violence*. London: Lynne Rienner Publishers.

Rosenberg, M. (2003). *Nonviolent communication: A language of life*. Encinitas, CA: Puddle Dancer Press.

Ryff, C. D., & Keyes, C. L. (1995). The structure of psychological well-being revisited. *Journal of Personality and Social Psychology*, 69(4),719-727.

Suh, E., Diener, E., Oishi, S., & Triandis, H. C. (1998). The shifting basis of life satisfaction judgments across cultures: Emotions versus norms. *Journal of Personality and Social Psychology*, 74(2),482-493.

The World Bank. (2010). *Robust recovery, rising risks, world bank east asia and pacific economic update 2010, Volume 2*. Washington, DC.

Thibaut, J. W., & Walker, L. (1975). *Procedural justice: A psychological analysis*. Hillsdade, NJ: Erlbaum.

Vitterso, J. (2001). Personality traits and subjective well-being: Emotional stability, not extraversion, is probably the important predictor. *Personality and Individual Differences, 31*(6), 903-914.

中英术语索引

"3D"模型　3D Model　17
emic/etic 问题　emic/etic problem　438
F 量表　Fascist Scale, F Scale　116
OSIV 认知风格客观测验　OSIV-CS　488
Ryff 心理幸福感量表　Ryff's Well-Being Scales　310

A

艾森克人格问卷　EPQ　481
安全港　safe haven　328
安全基地　secure base　328
安全需要　security needs　277

B

榜样启动　exemplar priming　299
闭合需求　need for closure　165
表面特质　surface trait　75
表现型人格　phenotypic personality　37
补偿性次级控制　compensatory secondary control　284
补偿性控制　compensatory control　285
补偿性控制理论　compensatory control theory　285
补偿性首要控制　compensatory primary control　284
不安全感　insecurity　98

C

层级整合　hierarchical integration　51

长期定向　Long-term Orientation　442
常识心理学　folk psychology　38
超越他人　get-ahead　46
成就　achievement　49, 54
成人依恋访谈　Adult Attachment Interview, AAI　348
成人依恋理论　adult attachment theory　62
承诺剧本　commitment script　381
创伤后成长　posttraumatic growth, PTG　303
创伤后成长问卷　Posttraumatic Growth Inventory, PTGI　304
次级控制　secondary control　284
次要特质　secondary trait　75
刺激驱动　stimulus-driven　61
促进定向　promotion-focus　274

D

大理论　grand theory　13
大理论加上问题研究　grand theories plus research topics　14
"大七"模型　Big Seven Model　486
大视野型架构　big perspectives frameworks　14
"大五"结构　"Big Five" Structure　6, 33
当前关注点　current concerns　181
道德性　morality　56
敌意量表　Buss-Durkee Hostile Scale　118
地位效应　status effect　416
第三方效应　third-person effect　166
动词人格 CLP 模型　490

动机毕生发展理论 Motivational Theory of Life-Span Development 284
动力平衡模型 dynamic equilibrium model 408
独立 independent 57
短期定向 Short-term Orientation 442

E

二人群体 dyad 60
二人群体系统 dyadic system 60

F

反犹主义量表 AS 量表 115
泛化结构确认 nonspecific structure affirmation 285
方法多元主义 methodological pluralism 474
非确定性规避 Uncertainty Avoidance 441
非整合的动机 nonintegrated motives 102
分离 separation 54
封闭的信念体系 monological belief system 168

G

概念形成任务 concept formation task 285
甘地人格量表 Gandhian Personality Scale, GPS 469
个人—情境之争 person-situation debate 91
个人发生学 ontogeny 56
个人奋斗 personal strivings 15, 183
个人奋斗量表 the Striving Assessment Scales, SAS 184
个人关注 personal concerns 15
个人关注点问卷 the Personal Concerns Inventory, PCI 181
个人计划 personal projects 181
个人控制 personal control 285
个人认同 personal identity 57
个人特质 personal traits 32, 75
个人自主 personal autonomy 120

个体间 inter-individual 60
个体内 intra-individual 60
个体内宽恕 intrapersonal forgiveness 89
个体主义 individualism 440
根源特质 source trait 75
跟从者的权威主义 follower's authoritarianism 117
工具性的物质主义 instrumental materialism 103, 410
工作卷入量表 Job Involvement Scale, JIS 147
工作倾向问卷 Work Preference Inventory 238
公共关系取向 communal relationship orientation 140
共同特质 common traits 32, 75
关键需要理论 Theory of Key Needs, TKN 490
关系 relatedness 7, 49, 101
关系图示 relational schemas 62
关系问卷 Relationship Questionnaire, RQ 340, 349
过度目的论 inferences of intentionality 165

H

哈特兰德宽恕量表 Heartland Forgiveness Scale, HFS 93
合取谬误 conjunction fallacy 165
和平 peace 464
和平人格 peace personality 467
和谐控制量表 Harmony Control Scale, HCS 285
核心剧本 nuclear script 381
厚黑学 152
互依 interdependent 57
话语分析 discourse analysis 474

J

积极品质 positive attributes 308

积极心理学　positive psychology　185
基本关切　fundamental concerns　4
基因型人格　genotypic personality　37
基于幻想的期望　fantasy-based expectations　104
基于现实的期望　reality-based expectations　104
集体主义　collectivism　440
嫉妒效应　jealousy effect　416
加大阶层的合法化神话　hierarchy-enhancing legitimizing myths　127
家庭团体认知—行为干预训练　family group cognitive-behavior intervention, FGCB　290
减少阶层的合法化神话　hierarchy-attenuating legitimizing myths　127
简效　parsimonious　50
交换关系取向　exchange relationship orientation　140
交流或共生　communion　28,45
结构需求　personal need for structure, PNS　360
谨慎策略　vigilant strategies　277
尽责性　conscientiousness　35,76
进取策略　eagerness strategies　277
近端防御　proximal defenses　359
经验抽样法　experience-sampling method, ESM　185
精神和平　peace in the mind　472
精神质　psychoticism　75
精英主义　meritocracy　286
竞争丛林信念　competitive jungle belief　120
拒绝敏感性模型　model of rejection sensitivity, RS　62
剧本理论　script theory　380

K

卡特尔16种人格因素问卷　16PF　481
开放性　openness　35,76
可得性　availability　60
可得性　feasibility　200
可及性　accessibility　60
渴望性　desirability　200
客位　etic　38
恐惧管理理论　terror management theory, TMT　98,357
跨文化普遍性　cross-cultural universality　38
快乐论　hedonic　185
宽恕　forgiveness　88
宽恕自我量表　Forgive of Self, FS　93

L

拉普拉斯决定论　Laplacian determinism　260
浪漫关系　romantic relationship　343
浪漫依恋　romantic attachment　343
理论—理论型架构　theory-by-theory frameworks　13
理论—研究型架构　theory-research frameworks　14
理论型架构　theories frameworks　13
理想自我指导　ideal self-guide　273
理性思维　rational thinking　164
利益寻求体系　promoting interests scheme　54
联结　affiliation　49
临终关怀　hospice care　366
领导行为描述问卷　Leadership Behaviour Description Questionnaire, LBDQ　147
领导者的权威主义　leader's authoritarianism　117

M

马基雅弗利人格量表　Machiavellian Personality Scale, MPS　146
马基雅弗利主义　Machiavellianism　143
马基雅弗利主义行为问卷　Mach B　146
马洛-克罗恩社会称许性量表　Marlowe-Crowne Social Desirability Scale　145
密度假说　The Density Hypothesis　54

民族中心主义量表　E量表　115
敏感性动因觉察　hypersensitive agency detection　165
明尼苏达多相人格调查表　MMPI　481
模式识别　pattern recognition　285
目标单元　goal units　180
目标蔓延理论　goal contagion　215
目标内容　goal content　189
目标追求　goal pursuit　199

N

男性化　Masculinity　47, 441
内部工作模型　working models of attachment　327
内部调节　intrinsic regulation　26, 235
内化　internalization　246
内群体偏好　ingroup favoritism　132
内摄调节　introjected regulation　26, 235
内外控制量表　Internal-External Locus of Control Scale　148
内心和平　peace in the heart　472
能动与共生价值观量表　Agentic and Communal Values scale, ACV　53
能量或能动　agency　28, 45
拟人论　anthropomorphism　165
女性化　Femininity　47, 441

P

培养理论　cultivation theory　100
偏执人格　paranoia　164
普世主义　universalism　127

Q

亲近目标　target for proximity maintenance　344
亲密　intimacy　49
亲密关系体验量表　Experiences in Close Relationships Scales, ECRS　331, 347
亲社会行为自我调节问卷　SRQ-Prosocial　243
青少年和平人格量表　Teenager Nonviolent Test, TNT　469
青少年抑郁体验问卷　the Depressive Experiences Questionnaire Adolescent version, DEQ-A　79
情感放大　affective magnification　380
情境中的人格　personality-in-context　60
趋近/回避的成就动机层级模型　a hierarchical model of approach and avoidance achievement motivation　274
趋向量表　Directiveness Scale　118
权力　power　49, 54
权力距离　Power Distance　441
权威主义　authoritarianism　114
权威主义服从　authoritarian submission　116
权威主义攻击　authoritarian aggression　116
权威主义人格　authoritarian personality　116
《权威主义人格》　The Authoritarian Personality　114
群体极化　group polarization　166

R

人格　personality　2
人格—事件权变模型　Personality-events Congruency Hypothesis　83
人格动机　personality motivation　25
人格动力　personality dynamics　177, 485
人格发展　personality development　485
"人格房子"　the house of personality　15
人格"六因素"结构　Six-Factor Structure　487
人格特质　personality disposition　485
人格系统化架构模型　system framework for personality　15
人格心理学　personality psychology　2
人际环状模型　interpersonal circumplex, IPC　48

人际脚本　interpersonal script　62
人际宽恕　interpersonal forgiveness　89
人际特质　interpersonal traits　48
人际形容词量表"大五"修订版　Interpersonal Adjective Scales Revised-Big Five Version, IASR–B5　48
人生故事　life story　383
人生叙事　life narratives　15,29
认同调节　identified regulation　26,235
认知—动机理论　cognitive-motivational theory　118
认知—情感系统　Cognitive-Affective Personality System, CAPS　7,57
认知风格分析测验　Cognitive Style Analysis Test, CSA　488
认知偏差　cognitive biases　165
认知情感单元　CAUs　58
认知自主　cognitive autonomy　234
认知自主和自我评价问卷　Cognitive Autonomy and Self-Evaluation, CASE　234

S

社会称许性　social desirability　343
社会服从　social conformity　118
社会强制　social constrain　182
社会心理学的和平研究　social psychological peace research, SPPR　474
社会支配理论　social dominance theory, SDT　126
社会支配倾向　social dominance orientation, SDO　117,126
社会支配倾向量表　Social Dominance Orientation Scale　136
社交性　sociability　56
身份　identity　98
身份配置　identity configuration　383
身体和平　peace in the body　472
神经质　neuroticism　35,75
渗溢理论　spillover theory　101
生活满意度量表　the Satisfaction with Life Scale, SWLS　186
生活任务　life tasks　15,182
生活意义　life meaningfulness　308
胜任　competence　7,49,101
施瓦茨价值量表　Schwartz Value Survey　127
实现论　eudaimonic　185
视角—视角型架构　perspective-by-perspective frameworks　14
世界观防御　worldview defense　357
首要—次级控制优化量表　Optimization in Primary and Secondary Control, OPS　284
首要控制　primary control　284
首要特质　cardinal trait　75
受控调节　controlled regulation　190
受控动机　controlled motivation　26,242
死亡提醒　mortality salience　98,357
死亡提醒效应　mortality salience effects　357
死亡想法通达性　death-thought accessibility　359
死亡意识　death awareness　356
宿命应对策略　fatalistic coping strategies　309
随和性　agreeableness　35,76
隧道效应　tunnel effect　416

T

特定结构确认　specific structure affirmation　285
特则　idiographic　341
特则研究　idiographic research　32
特则研究法　idiographic approach　180
特质　traits　15,23
提升需要　advancement needs　277
调节定向理论　regulatory focus theory　272
调节定向问卷　Regulatory Focus Questionnaire　275
调节匹配　regulatory fit　278
通则　nomothetic　341

通则研究　nomothetic research　32
通则研究法　nomothetic approach　180
童话故事测验　The Fairy Tale Test, FTT　488
投射　projection　220
凸显性指标　indicators of saliency　391
图式驱动　scheme-driven　61

W

外部调节　external regulation　26,235
外部控制　external control　285
外向性　extraversion　35,75,76
危险世界信念　belief in a dangerous world　118
文化构念　cultural constructs　439
问题中心型架构　problem-centered frameworks　14
无意识目标　nonconscious goal 或 unconscious goal　212
五因素模型　Five-Factor Model, FFM　6,33
五因素人格理论　Five-Factor Theory of Personality, FFT　16
物质价值观量表　Material Values Scale, MVS　97
物质主义　materialism　96,409

X

系统公正理论　system justification theory　136
系统合理化　system justification　286
先在的气质　predisposition　120
现实自我　actual self　273
小理论　mini-theory　13
协同的外部动机　synergistic extrinsic motivation　236
心理放大　psychological magnification　380
心理距离体系　psychological distance scheme　54

心理韧性　psychological resilience　304
心理痛苦　psychological distress　303
心理幸福感　psychology well-being, PWB　185,403
心理传记学　psychobiography　377
信号效应　signal effect　416
行动阶段模型　the model of action phase　200
行动意向　implementation intention　299
行为测量系统　the Behavioral Assessment System, BAS　93
幸福的概念所指理论　The Conceptual Referent Theory of Happiness, CRT　419
叙事　narrative　455
叙事思维　narrative mode of thought　456
叙事心理学　narrative psychology　377
选择性—补偿维度　selectivity-compensation　284
选择性次级控制　selective secondary control　284
选择性首要控制　selective primary control　284
学业自我调节问卷　SRQ-Academic　243

Y

压力反应问卷　Responses to Stress Questionnaire, RSQ　285
压力应对策略　COPE　285
研究主题型架构　research topics frameworks　14
一般性调节定向问卷　General Regulatory Focus Measures　275
一般阴谋主义信念量表　Generic Conspiracist Beliefs Scale, GCB　162
依恋　attachment　327
依恋表征　attachment representation　62
依恋风格　attachment style　331
伊斯特林悖论　Easterlin paradox　412
以情境为中心　situation-centered　182
以人为中心　person-centered　182

以问题为中心　problem-centered　182
抑郁体验问卷　the Depressive Experiences Questionnaire, DEQ　79
抑郁自评量表　CES-D　310
意识形态不对称　ideological asymmetry　135
因素　domain　35
因袭主义　conventionalism　116
阴谋论　conspiracy theory　161
阴谋论问卷　Conspiracy Theory Questionnaire, CTQ　162
阴谋论信念问卷　Belief in Conspiracy Theories Inventory, BCTI　162
阴谋心态量表　Conspiracy Mentality Scale, CMS　162
阴谋心态问卷　Conspiracy Mentality Questionnaire, CMQ　162
印象形成　impression formation　213
应该自我指导　ought self-guide　273
右翼权威主义　Right-Wing Authoritarianism　116
右翼权威主义量表　Right-Wing Authoritarianism Scale, RWA　116
与人相处　get-alone　46
预防定向　prevention-focus　274
元理论　meta-theory　7
原型情境　prototypical scene　391
远端防御　distal defenses　359

Z

真实文化　real culture　439
整合调节　integrated regulation　26, 235
政治无力感　political powerlessness　167
执行功能　executive function　293
执行意向　implementation intentions　199, 202
直觉思维　intuitive thinking　164
秩序需求　need for order　165
中国青少年大学生性别角色量表　CSRI-50　492

中国人个性测量表　Chinese Personality Assessment Inventory, CPAI　486
中国人人格的形容词评定量表　QZAPS　486
中国人人格量表　QZPS　486
中国人整体思维方式量表　The Chinese Holistic Thinking Styles Scale, CHTSS　493
中心特质　central trait　75
终极性的物质主义　terminal materialism　103, 410
重要人物　significant persons　62
逐步互惠主动缓解紧张局面　graduated and reciprocal initiatives in tension reduction, GRIT　466
主—客体互倚模型　actor-partner interdependence model, APIM　347
主观幸福感　subjective well-being, SWB　185, 403
主位　emic　38
状态自我宽恕量表　State Self-Forgiveness Scale, SSFS　93
子维度　facet　35
自动激活模型　auto-motive model　212
自上而下　top-down　61
自我差异理论　self-discrepancy theory　272
自我导向强度测量　Self-guidance Strength Measures　275
自我决定论　self-determination theory, SDT　7, 26, 241
自我损耗　ego depletion　55
自我调节　self-regulation　202, 272
自我调节问卷　Self-regulation Questionnaires, SRQ　243
自我控制　self-control　272, 291
自我宽恕　self-forgiveness　89
自我批评　self-criticism　79
自我实现　self-realization　274
自我指导　self-guide　273
自我整合的动机　self-integrated motives

102
自下而上 bottom-up 61
自由意志 free will 250
自主 autonomy 7,49,101,177,229
自主调节 autonomous regulation 190

自主动机 autonomous motivation 26,242
自主支持 autonomy support 246
组句测验 scrambled-sentence verbal fluency task 164

英中术语索引

3D Model "3D"模型 17
16PF 卡特尔16种人格因素问卷 481
动词人格CLP模型 490
厚黑学 152

A

accessibility 可及性 60
achievement 成就 49,54
actor-partner interdependence model, APIM 主—客体互倚模型 347
actual self 现实自我 273
adult attachment theory 成人依恋理论 62
advancement needs 提升需要 277
affective magnification 情感放大 380
affiliation 联结 49
agency 能量或能动 28,45
Agentic and Communal Values Scale, ACV 能动与共生价值观量表 53
Agreeableness 随和性 35,76
a hierarchical model of approach and avoidance achievement motivation 趋近/回避的成就动机层级模型 274
anthropomorphism 拟人论 165
AS量表 反犹主义量表 115
attachment 依恋 327
attachment representation 依恋表征 62
attachment style 依恋风格 331
authoritarian aggression 权威主义攻击 116

authoritarian personality 权威主义人格 116
authoritarian submission 权威主义服从 116
authoritarism 权威主义 114
auto-motive model 自动激活模型 212
autonomous motivation 自主动机 26,242
autonomous regulation 自主调节 190
autonomy support 自主支持 246
autonomy 自主 7,49,101,177,229
availability 可得性 60

B

"Big Five" Structure "大五"结构 6,33
big perspectives frameworks 大视野型架构 14
Big Seven Model "大七"模型 486
belief in a dangerous world 危险世界信念 118
Belief in Conspiracy Theories Inventory, BCTI 阴谋论信念问卷 162
bottom-up 自下而上 61
Buss-Durkee Hostile Scale 敌意量表 118

C

cardinal trait 首要特质 75
CAUs 认知情感单元 58
central trait 中心特质 75
CES-D 抑郁自评量表 310

Chinese Personality Assessment Inventory, CPAI 中国人个性测量表 486
Cognitive-Affective Personality System, CAPS 认知—情感系统 7, 57
Cognitive Autonomy and Self-Evaluation, CASE 认知自主和自我评价问卷 234
cognitive autonomy 认知自主 234
cognitive biases 认知偏差 165
cognitive-motivational theory 认知—动机理论 118
Cognitive Style Analysis Test, CSA 认知风格分析测验 488
collectivism 集体主义 440
commitment script 承诺剧本 381
common traits 共同特质 32, 75
communal relationship orientation 公共关系取向 140
communion 交流或共生 28, 45
compensatory control 补偿性控制 285
compensatory control theory 补偿性控制理论 285
compensatory primary control 补偿性首要控制 284
compensatory secondary control 补偿性次级控制 284
competence 胜任 7, 49, 102
competitive jungle belief 竞争丛林信念 120
concept formation task 概念形成任务 285
conjunction fallacy 合取谬误 165
conscientiousness 尽责性 35, 76
Conspiracy Mentality Questionnaire, CMQ 阴谋心态问卷
Conspiracy Mentality Scale, CMS 阴谋心态量表 162
conspiracy theory 阴谋论 161
Conspiracy Theory Questionnaire, CTQ 阴谋论问卷 162
controlled motivation 受控动机 26, 242
controlled regulation 受控调节 190

conventionalism 因袭主义 116
COPE 压力应对策略 285
cross-cultural universality 跨文化普遍性 38
CSRI－50 中国青少年大学生性别角色量表 492
cultivation theory 培养理论 100
cultural constructs 文化构念 439
current concerns 当前关注点 181

D

death awareness 死亡意识 356
death-thought accessibility 死亡想法通达性 359
desirability 渴望性 200
Directiveness Scale 趋向量表 118
discourse analysis 话语分析 474
distal defenses 远端防御 359
domain 因素 35
Dyad 二人群体 60
dyadic system 二人群体系统 60
dynamic equilibrium model 动力平衡模型 408

E

eagerness strategies 进取策略 277
Easterlin paradox 伊斯特林悖论 412
ego depletion 自我损耗 55
emic 主位 38
emic/etic problem emic/etic 问题 438
EPQ 艾森克人格问卷 481
etic 客位 38
eudaimonic 实现论 185
exchange relationship orientation 交换关系取向 140
executive function 执行功能 293
exemplar priming 榜样启动 299
experience-sampling method, ESM 经验抽样法 185
Experiences in Close Relationships Scales,

英中术语索引 527

ECRS 亲密关系体验量表 331,347
external control 外部控制 285
external regulation 外部调节 26,235
Extraversion 外向性 35,75,76
E量表 民族中心主义量表 115

F

facet 子维度 35
family group cognitive-behavior intervention, FGCB 家庭团体认知—行为干预训练 290
fantasy-based expectations 基于幻想的期望 104
Fascist Scale, F Scale F量表 116
fatalistic coping strategies 宿命应对策略 309
feasibility 可得性 200
Femininity 女性化 47,441
Five-Factor Model, FFM 五因素模型 6,33
Five-Factor Theory of Personality, FFT 五因素人格理论 16
folk psychology 常识心理学 38
follower's authoritarianism 跟从者的权威主义 117
Forgive of Self, FS 宽恕自我量表 93
forgiveness 宽恕 88
free will 自由意志 250
fundamental concerns 基本关切 4

G

Gandhian Personality Scale, GPS 甘地人格量表 469
General Regulatory Focus Measures 一般性调节定向问卷 275
Generic Conspiracist Beliefs Scale, GCB 一般阴谋主义信念量表 162
genotypic personality 基因型人格 37
get-ahead 超越他人 46
get-alone 与人相处 46

goal contagion 目标蔓延理论 215
goal content 目标内容 189
goal pursuit 目标追求 199
goal units 目标单元 180
graduated and reciprocal initiatives in tension reduction, GRIT 逐步互惠主动缓解紧张局面 466
grand theories plus research topics 大理论加上问题研究 14
grand theory 大理论 13
group polarization 群体极化 166

H

Harmony Control Scale, HCS 和谐控制量表 285
Heartland Forgiveness Scale, HFS 哈特兰德宽恕量表 93
hedonic 快乐论 185
hierarchical integration 层级整合 51
hierarchy-attenuating legitimizing myths 减少阶层的合法化神话 127
hierarchy-enhancing legitimizing myths 加大阶层的合法化神话 127
hospice care 临终关怀 366
hypersensitive agency detection 敏感性动因觉察 165

I

ideal self-guide 理想自我指导 273
identified regulation 认同调节 26,235
identity 身份 98
identity configuration 身份配置 383
ideological asymmetry 意识形态不对称 135
idiographic approach 特则研究法 180
idiographic research 特则研究 32
idiographic 特则 341
implementation intentions 执行意向 199,202
implementation intention 行动意向 299

impression formation 印象形成 213
independent 独立 57
indicators of saliency 凸显性指标 391
individualism 个体主义 440
inferences of intentionality 过度目的论 165
ingroup favoritism 内群体偏好 132
integrated regulation 整合调节
inter-individual 个体间 60
interdependent 互依 57
Internal-External Locus of Control Scale 内外控制量表 148
internalization 内化 246
Interpersonal Adjective Scales Revised-Big Five Version, IASR–B5 人际形容词量表"大五"修订版 48
interpersonal circumplex, IPC; Wiggins, 1979 人际环状模型 48
interpersonal forgiveness 人际宽恕 89
interpersonal script 人际脚本 62
interpersonal traits 人际特质 48
intimacy 亲密 49
intra-individual 个体内 60
intrapersonal forgiveness 个体内宽恕 89
intrinsic regulation 内部调节 26, 235
introjected regulation 内摄调节 26, 235
insecurity 不安全感 98
instrumental materialism 工具性的物质主义 103, 410
intuitive thinking 直觉思维 164

J

jealousy effect 嫉妒效应 416
Job Involvement Scale, JIS 工作卷入量表 147

L

Laplacian determinism 拉普拉斯决定论 260
leader's authoritarianism 领导者的权威主义 117
Leadership Behaviour Description Questionnaire, LBDQ 领导行为描述问卷 147
life meaningfulness 生活意义 308
life narratives 人生叙事 15, 29
life story 人生故事 29
life tasks 生活任务 15, 182
Long-term Orientation 长期定向 442

M

Mach B 马基雅弗利主义行为问卷 146
Machiavellianism 马基雅弗利主义 143
Machiavellian Personality Scale, MPS 马基雅弗利人格量表 146
Marlowe-Crowne Social Desirability Scale 马洛-克罗恩社会称许性量表 145
Masculinity 男性化 47, 441
Material Values Scale, MVS 物质价值观量表 97
materialism 物质主义 96, 409
meritocracy 精英主义 286
meta-theory 元理论 7
methodological pluralism 方法多元主义 474
mini-theory 小理论 13
MMPI 明尼苏达多相人格调查表 481
model of rejection sensitivity, RS 拒绝敏感性模型 62
monological belief system 封闭的信念体系 168
morality 道德性 56
mortality salience 死亡提醒 98, 357
mortality salience effects 死亡提醒效应 357
Motivational Theory of Life-Span Development 动机的毕生发展理论 284

N

narrative 叙事 455
narrative mode of thought 叙事思维 456

narrative psychology 叙事心理学 377
need for closure 闭合需求 165
need for order 秩序需求 165
Neuroticism 神经质 35,75
nomothetic 通则 341
nomothetic approach 通则研究法 180
nomothetic research 通则研究 32
nonconscious goal 或 unconscious goal 无意识目标 212
nonintegrated motives 非整合的动机 102
nonspecific structure affirmation 泛化结构确认 285
nuclear script 核心剧本 381

O

ontogeny 个人发生学 56
openness 开放性 35,76
Optimization in Primary and Secondary Control, OPS 首要—次级控制优化量表 284
OSIV-CS OSIV 认知风格客观测验 488
ought self-guide 应该自我指导 273

P

paranoia 偏执人格 164
parsimonious 简效 50
pattern recognition 模式识别 285
peace 和平 464
peace in the body 身体和平 472
peace in the heart 内心和平 472
peace in the mind 精神和平 472
peace personality 和平人格 467
person-centered 以人为中心 182
person-situation debate 个人—情境之争 91
personal autonomy 个人自主 120
personal concerns 个人关注 15
personal control 个人控制 285
personal identity 个人认同 57
personal need for structure, PNS 结构需求 360
personal projects 个人计划 181
personal strivings 个人奋斗 15,183
personal traits 个人特质 32,75
personality 人格 2
personality development 人格发展 485
personality disposition 人格特质 485
personality dynamics 人格动力 177,485
Personality-events Congruency Hypothesis 人格—事件权变模型 83
personality-in-context 情境中的人格 60
personality motivation 人格动机 25
personality psychology 人格心理学 2
phenotypic personality 表现型人格 37
political powerlessness 政治无力感 167
positive attributes 积极品质 308
positive psychology 积极心理学 185
Posttraumatic Growth Inventory, PTGI 创伤后成长问卷 304
posttraumatic growth, PTG 创伤后成长 303
power 权力 49,54
Power Distance 权力距离 441
predisposition 先在的气质 120
prevention-focus 预防定向 274
problem-centered 以问题为中心 182
problem-centered frameworks 问题中心型架构 14
projection 投射 220
promoting interests scheme 利益寻求体系 54
promotion-focus 促进定向 274
prototypical scene 原型情境 391
proximal defenses 近端防御 359
psychobiography 心理传记学 377
psychological distance scheme 心理距离体系 54
psychological distress 心理痛苦 303
psychological magnification 心理放大 380
psychological resilience 心理韧性 304

psychology well-being, PWB 心理幸福感 185, 403
psychoticism 精神质 75

Q

QZAPS 中国人人格的形容词评定量表 486
QZPS 中国人人格量表 486

R

rational thinking 理性思维 164
real culture 真实文化 439
reality-based expectations 基于现实的期望 104
regulatory fit 调节匹配 278
Regulatory Focus Questionnaire 调节定向问卷 275
regulatory focus theory 调节定向理论 272
relatedness 关系 7, 49, 101
relational schemas 关系图示 62
Relationship Questionnaire, RQ 关系问卷 340, 349
research topics frameworks 研究主题型架构 14
Responses to Stress Questionnaire, RSQ 压力反应问卷 285
Right-Wing Authoritarianism Scale, RWA 右翼权威主义量表 116
Right-Wing Authoritarianism 右翼权威主义 116
romantic attachment 浪漫依恋 343
romantic relationship 浪漫关系 343
Ryff's Well-Being Scales Ryff心理幸福感量表 310

S

safe haven 安全港 328
scheme-driven 图式驱动 61
Schwartz Value Survey 施瓦茨价值量表 127
scrambled-sentence verbal fluency task 组句测验 164
script theory 剧本理论 380
secondary control 次级控制 284
secondary trait 次要特质 75
secure base 安全基地 328
security needs 安全需要 277
selective primary control 选择性首要控制 284
selective secondary control 选择性次级控制 284
selectivity-compensation 选择性—补偿维度 284
self-criticism 自我批评 79
self-determination theory, SDT 自我决定论 7, 26, 241
self-discrepancy theory 自我差异理论 272
self-forgiveness 自我宽恕 89
Self-guidance Strength Measures 自我导向强度测量 275
self-guide 自我指导 273
self-integrated motives 自我整合的动机 102
self-realization 自我实现 274
self-regulation 自我调节 202, 272
Self-regulation Questionnaires, SRQ 自我调节问卷 243
separation 分离 54
Short-term Orientation 短期定向 442
signal effect 信号效应 416
significant persons 重要人物 62
situation-centered 以情境为中心 182
Six-Factor Structure 人格"六因素"结构 487
sociability 社交性 56
social conformity 社会服从 118
social constrain 社会强制 182
social desirability 社会称许性 343
Social Dominance Orientation Scale 社会支

配倾向量表 136
social dominance orientation, SDO 社会支配倾向 117,126
social dominance theory, SDT 社会支配理论 126
social psychological peace research, SPPR 社会心理学的和平研究 474
source trait 根源特质 75
specific structure affirmation 特定结构确认 285
spillover theory 渗溢理论 101
SRQ-Academic 学业自我调节问卷 243
SRQ-Prosocial 亲社会行为自我调节问卷 243
State Self-Forgiveness Scale, SSFS 状态自我宽恕量表 93
status effect 地位效应 416
stimulus-driven 刺激驱动 61
subjective well-being, SWB 主观幸福感 185,403
surface trait 表面特质 75
synergistic extrinsic motivation 协同的外部动机 236
system framework for personality 人格系统化架构模型 15
system justification 系统合理化 286
system justification theory 系统公正理论 136

T

target for proximity maintenance 亲近目标 344
Teenager Nonviolent Test, TNT 青少年和平人格量表 469
terminal materialism 终极性的物质主义 103,410
terror management theory, TMT 恐惧管理理论 98,357
The Authoritarian Personality 《权威主义人格》 114
the Behavioral Assessment System, BAS 行为测量系统 93
The Chinese Holistic Thinking Styles Scale, CHTSS 中国人整体思维方式量表 493
The Conceptual Referent Theory of Happiness, CRT 幸福的概念所指理论 419
The Density Hypothesis 密度假说 54
the Depressive Experiences Questionnaire, DEQ 抑郁体验问卷 79
the Depressive Experiences Questionnaire Adolescent version, DEQ-A 青少年抑郁体验问卷 79
The Fairy Tale Test, FTT 童话故事测验 488
the house of personality "人格房子" 15
the model of action phase 行动阶段模型 200
the Personal Concerns Inventory, PCI 个人关注点问卷 181
the Satisfaction with Life Scale, SWLS 生活满意度量表 186
the Striving Assessment Scales, SAS 个人奋斗量表 184
theories frameworks 理论型架构 13
theory-by-theory frameworks 理论—理论型架构
Theory of Key Needs, TKN 关键需要理论 490
theory-research frameworks 理论—研究型架构
third-person effect 第三方效应 166
top-down 自上而下 61
traits 特质 15,23
tunnel effect 隧道效应 416

U

Uncertainty Avoidance 非确定性规避 441
universalism 普世主义 127

V

vigilant strategies 谨慎策略 277

W

working models of attachment 内部工作模型 327

Work Preference Inventory 工作倾向问卷 238

worldview defense 世界观防御 357

跋：学会说话和写文章[1]

《心之翼》是心理学专业的大学生杂志，编者约我写"卷首语"，我却想到这样一个题目。是不是太小看同学们了？因为人从一岁多就开始说话，我们已经说了20年的话了，还要学说话？我们从上小学就开始学写文章，到了大学还要学写文章？那么，我问你，你都说了些什么话，写了些什么文章？恐怕你就无话可答。如果你这样问我，我也无话可答。

说话，可是件了不起的事。《旧约·创世记》开篇就讲，在宇宙还是一片混沌黑暗的时候，"神说，要有光，于是就有了光"。(And God said, Let there be light: and there was light.)《新约·约翰福音》开篇也讲："太初有话，话与神同在，话就是神。"(In the beginning was the Word, and the Word was with God, and the Word was God.)因为"有"话，我们有了依据，所以我们"在"。写字更是了不起的事。《淮南子》中记载："昔仓颉作书，而天雨粟，鬼夜哭。"相传黄帝的史官仓颉设计并创造了文字，大功告成之时上天降下粮食以示庆贺，而鬼怪则吓得彻夜痛哭。据张彦远解释："造化不能藏其秘，故天雨粟；灵怪不能遁其形，故鬼夜哭。"人类一旦创造出文字，就彻底脱离动物式的存在，启动了人的创造性活动，并使古今世代人类的智慧、感情、意愿和行动得以积累和延续，从而成就了人类文明。

作为一个大学生，说话写文章似乎不在话下，但会说话会写文章却不是一件容易的事。如果同学们压根儿就没想到这件事，就更值得我在这里提醒一下了。为什么说话写文章不是一件容易的事？这是从较高的标准而言的。较高的标准之一，你是一位受过高等教育的知识分子；之二，你是一位专业人士，受过系统的专业训练。大学生的学习和未来的工作都离不开说话写文章。做学生、做教师、做研究者、做管理

---

[1] 这是几年前我应约为一份心理专业大学生内部刊物写的"卷首语"，近来为《人格研究》一书统稿，隐约感到这篇短文与不久前我为本书写的"自序"有某种呼应关系，因而与这本书也有某种呼应关系，所以放在这里，权当本书的"跋"，尽管这种文体在当代学人的著作中已经很少见了——郭永玉。

者、做咨询师……都要说话写文章。而话是说给别人听的,文章是写给别人看的,别人就自然要用以上两个标准来评价你。现在很强调动手能力或操作能力,可是你动完手还是要说给人听、写给人读,会说会写就是你成功的优势。有的人说的比做的好,有的人做的比说的好,前者不踏实,后者不划算,最好是会做也会说,并且还会写。当然口头表达能力和书面表达能力都可能与天赋有关,但一个人的天赋实现到何种程度还是取决于学习。

说话写文章的基本功训练在大学阶段还要加强。如讨论发言、主题演讲、课程论文、文学创作等,都是训练自己的机会。除了自己做,也要留意别人怎么做,通过观察他人而获得学习,真正掌握做事的标准,也就是在实践中了解怎样讲话才会受欢迎,什么样的文章才是好文章。北京大学心理学系的周晓林教授曾抱怨他的研究生(北大的研究生!)很少有能不经帮助而写出文法正确、前后连贯的句子,更不用说做到结构严谨、条理清晰(F. T. L. Leong & J. T. Austin 著,周晓林等译:《心理学研究手册》,中国轻工业出版社 2006 年版,译者序)。这种评价恐怕大学生们会感到震惊,但老师们(包括我本人)深有同感。不管原因何在,这已经成为一个普遍现象和趋势。反思基础教育制度特别是考试制度是必要的,但作为大学生本人,意识到问题所在并加强学习,亡羊补牢,才是直接见效的补救之策。不要到研究生阶段再来补这一课(如果不念研究生,就没人帮你补了)。

除了基本功,说话写文章的根基还在学养。就心理学专业而言,主要包括**知识之爱、人文关怀**和**独立思考**。知识之爱是指对知识本身的热爱,学习是为了好奇心和求知欲。一个好理论,一项好研究,之所以好是因为其中体现了人的智慧,揭示了世界的奥秘。爱知识是科学精神的基础,也是学好心理学的心理前提。人文关怀是指一个心理学专业人士要对人性、人的行为、人生意义和命运怀有优先的关注、深刻的体验和悲悯的情怀。独立思考是指用自己的头脑学习和创造,在掌握前人成果的基础上争取有自己的贡献,哪怕是很小的贡献,因为人类文明就是靠逐步积累才得以发展的。

多一点对知识本身的热爱,多一点人文关怀,多一点独立思考,也就是让我们的认知、情感和意志三大心理机能得到充分发展,这是我们说话写文章的根基,也是我们一生不懈的追求。

中国心理学会　组织编写

"十三五"国家重点出版规划　国家出版基金项目

当代中国心理科学文库

总主编：杨玉芳

1. 郭永玉：人格研究
2. 傅小兰：情绪心理学
3. 王瑞明、杨静、李利：第二语言学习
4. 乐国安、李安、杨群：法律心理学
5. 李纾：决策心理：齐当别之道
6. 王晓田、陆静怡：进化的智慧与决策的理性
7. 蒋存梅：音乐心理学
8. 葛列众：工程心理学

9. 白学军：阅读心理学
10. 周宗奎：网络心理学
11. 吴庆麟：教育心理学
12. 苏彦捷：生物心理学
13. 张积家：民族心理学
14. 张清芳：语言产生：心理语言学的视角
15. 郭永玉：人格研究(第二版)
16. 苗丹民：军事心理学
17. 张力为：运动与锻炼心理学研究手册
18. 董奇、陶沙：发展认知神经科学
19. 左西年：人脑功能连接组学与心脑关联
20. 张亚林、赵旭东：心理治疗
21. 许燕：社会心理问题的研究
22. 余嘉元：心理软计算
23. 樊富珉：咨询心理学：理论基础与实践
24. 郭本禹：理论心理学
25. 罗非：心理学与健康
26. 韩布新：老年心理学：毕生发展视角
27. 施建农：创造力心理学
28. 王重鸣：管理心理学
29. 吴国宏：智力心理学
30. 张文新：应用发展科学
31. 罗跃嘉：社会认知的脑机制研究进展